Le livre des dieux

BERNARD SERGENT
AUX ÉDITIONS PAYOT

Les Indo-Européens. Histoire, langues, mythes
Le Livre des héros. Celtes et Grecs I
Le Livre des dieux. Celtes et grecs II
Genèse de l'Inde
Homosexualité et initiation chez les peuples indo-européens

Bernard Sergent

Le livre des dieux

Celtes et Grecs II

PAYOT

Retrouvez l'ensemble des parutions
des Éditions Payot & Rivages sur

www.payot- rivages.fr

À Marion

On trouvera en fin d'ouvrage (p. 583) la liste des abréviations les plus couramment utilisées.

INTRODUCTION

Le présent livre traite de rapprochements entre dieux grecs et dieux celtiques. Dans un ouvrage précédent[1], je réunissais un certain nombre d'études portant sur la comparaison entre des *héros* grecs et celtes : Celtchar et Kephalos[2], Cúchulainn et Bellerophôn[3], Cúchulainn et Melanthios[4], Brian et Hèraklès[5], Cúchulainn et Achille[6]. J'aborde ici des comparaisons théologiques, c'est-à-dire concernant des *divinités*. À vrai dire, la comparaison entre Achille et Cúchulainn débouchait déjà, inévitablement, sur une mise en parallèle de la déesse de la guerre hellénique, Athèna, et de son homologue irlandaise, Bodb-Mórrígan[7], tant leur rôle respectif envers leurs protégés est équivalent – et par cela seul commençait à se révéler la parenté des théologies grecque et celtique. Et de manière analogue, la mise en parallèle des exploits-épreuves de Brian et de ses frères avec ceux d'Hèraklès et de ses compagnons impliquait, identiquement, celle, à l'arrière-plan, de leurs adversaires, le dieu de la mer, Poséidon en Grèce, Manannán en Irlande[8].

Ce n'était qu'un début. La fréquentation, durant quelque quatre décennies, des dieux grecs et des dieux celtiques m'a appris à lire leur théologie, et à déceler progressivement les points communs qu'ils présentent, par couple, dès lors qu'on dispose de dossiers suffisamment denses à leur sujet.

Ces dieux, que la comparaison montre communs aux anciens Grecs et aux anciens Celtes, au-delà de la divergence de leurs noms, sont relativement nombreux, et surtout appartiennent généralement au groupe des divinités principales. Ce sont, par exemple, côté grec, Apollon, Hermès, Athèna, Poséidon et Hèphaïstos, auxquels s'ajoute un groupe de démons.

On commencera en effet par deux dieux, de tout premier plan dans leurs panthéons respectifs, mais dont les points communs sont manifestes et rigoureux : Apollon et Lug.

On étudie ensuite les figures d'Hermès et d'Óengus. On verra qu'ils se correspondent aussi précisément qu'Apollon et Lug.

Suivra la déesse de la guerre, Athèna et Mórrígan, et l'on dira comment apparaît alors une dysharmonie : à une pluralité de déesses grecques s'oppose une unicité de la grande déesse celtique, de sorte que la Mórrígan est englobante par rapport à Athèna. Cela ne retire rien à la comparaison : les mythes d'Athèna se retrouvent effectivement autour de la Mórrígan, et il s'ensuit, non pas une relativisation de la comparaison, mais un questionnement sur la nature même du polythéisme grec.

Deux autres comparaisons de dieux figurent ensuite : celle entre les dieux de la mer, qui s'appellent Poséidon en Grèce ancienne et Manannán dans les textes irlandais. Puis celle entre les dieux des techniques, et principalement de la métallurgie, dont les noms sont Hèphaïstos en Grèce, et Goibniu en Irlande. Dans l'un et l'autre cas, comme dans les trois rapprochements précédents, les traits, les mythes, les modes d'action sont identiques.

Enfin, c'est un groupe de magiciens grecs, les Telkhines, et de démons irlandais, les Fomóire, qui s'offrent à la mise en parallèle. Les dénominations de « magiciens » et de « démons » ne doivent pas faire illusion : les Telkhines sont aussi mythiques que les Fomóire, et ceux-ci ne sont démoniaques qu'aux yeux des rédacteurs, tous chrétiens, des textes irlandais. Telkhines et Fomóire sont en fait très proches, ont mêmes caractères physiques, sont liés à des animaux analogues, ont même action mauvaise, ont même capacité d'action sur la production agricole.

Au détour d'une des comparaisons théologiques – celle entre Hermès et Óengus –, l'étude d'un mythe, celui d'Iô, auquel l'Irlande fournit un parallèle rigoureux, fera apparaître, sous les traits de Fuamnach, épouse de l'un des principaux protagonistes, l'équivalent d'Hèra, l'épouse de Zeus : c'est Hèra, dans le mythe d'Iô, qui persécute celle-ci et entraîne sa transformation en vache puis sa persécution par un taon, comme c'est Fuamnach, dans le mythe d'Ethne, qui entraîne la transformation de celle-ci en grosse mouche. Fuamnach est l'une des Túatha Dé Dánann, le texte le dit explicitement, et lesdits Túatha Dé Dánann ne sont autres que le groupe des anciens dieux celtiques principaux, réunis sous ce nom dans les textes médiévaux irlandais. Cette seule mention assure que Fuamnach est une ancienne déesse – hélas peu connue par ailleurs, et la comparaison Fuamnach-Hèra se limite à ce seul mythe.

Ainsi s'engage une mise en parallèle des théologies grecque et celtique, dont il apparaîtra progressivement à quel point elles sont, originellement, proches.

De tels parallélismes, entre divinités grecques et divinités celtiques, suscitent quelques interrogations.

Il y a en effet des dieux qui s'offrent à la comparaison, d'autres qui y échappent. Ainsi, et pour nommer le principal, il n'y a pas d'exact correspondant irlandais de Zeus. Ce devrait pourtant, en toute logique, être le cas : Zeus, en son nom, est apparenté au Jupiter des Latins ; or les Romains, conquérant la Gaule, ont identifié leur Jupiter à un dieu local – qu'on appelle donc désormais le « Jupiter gaulois » – et, à son tour, ce Jupiter gaulois (ou plus exactement « gallo-romain ») a été identifié, dès la fin du XIXe siècle, à un important personnage du légendaire irlandais, appelé le Dagda, le « Bon Dieu », qu'on mentionnera souvent dans les pages qui suivent en raison de son apparition dans les mythes tant de Lug que d'Óengus et de la Mórrígan. S'ensuit-il que Zeus est l'équivalent du Dagda ? Sur un plan théologique général, oui, en ce que l'un et l'autre expriment la sphère de la souveraineté. Ils sont dieux célestes, maîtres de la foudre et du tonnerre (je pense ici aux figurations du Jupiter gallo-romain, appelé aussi Taranis : il tient la foudre, et *Taranis* dérive d'un nom du tonnerre). Mais c'est à peu près tout : aucun des mythes et des aspects du Dagda, si l'on excepte son caractère séducteur, ne se retrouve autour de la figure du grand dieu souverain grec. Tout se passe comme si certains thèmes concernant le Dagda étaient, en Grèce, déplacés sur les fils du dieu souverain : le Dagda est un glouton, c'est Hèraklès, l'un des fils de Zeus, qui l'est, par excellence, en Grèce ancienne ; le Dagda détourne des vaches, c'est Hermès, on y reviendra ci-dessous, qui le fait, dans un mythe grec célèbre ; le Dagda, ivre, porte des culottes en peau de cheval, ce qui ne concerne en aucun cas le grand Zeus, mais rappelle des traits précis d'un de ses fils, Dionysos ; le Dagda s'unit à la déesse de la guerre, la Mórrígan : Zeus ne saurait s'unir à la déesse de la guerre, Athèna, mais c'est un fils issu de sa propre femme, Hèphaïstos, qui tente de le faire.

On perçoit la complexité du dossier, et la comparaison entre Zeus et le Dagda mériterait bien une étude spécifique. Dans le présent livre, je veux plutôt montrer des faits évidents, qui se révèlent simplement dès qu'on prend connaissance des dossiers : le dossier grec d'un côté, le dossier celtique de l'autre.

Se pose alors un autre problème, que je ne peux aborder qu'en quelques mots, tant il est complexe. Ce n'est pas qu'il y ait de difficultés d'ordre historique : comme je l'ai indiqué[9], les correspondances mythiques et théologiques entre Grecs et Celtes remontent à une époque, fort lointaine, où il y avait intercompréhension entre locuteurs des langues celtiques et locuteurs du grec, et à une longue fréquentation entre les uns et les autres. Cela a pu se faire au IVe ou au début du IIIe millénaire avant notre ère, quelque part sur le Danube, du côté de la Roumanie actuelle. Le véritable problème est ailleurs.

De longue date, les linguistes ont signalé, à l'intérieur de la vaste famille dite indo-européenne, les affinités particulières de certaines langues avec d'autres : c'est ainsi qu'on souligne celles du grec avec les langues indo-iraniennes, le phrygien, l'arménien[10], et d'un autre côté celles du groupe des langues celtiques avec les langues italiques (le latin, l'ombrien et d'autres connues par divers textes courts[11]). De la sorte, on s'attendrait surtout à des affinités religieuses, d'une part, entre Grecs et Indo-Iraniens – sans parler des Phrygiens, dont la religion est à peine connue, et des Arméniens, iranisés puis christianisés précocement, de sorte que les restes religieux indigènes sont infimes –, d'autre part, entre Latins et Celtes.

Il n'en est pas ainsi, et la religion romaine, la mieux connue, de loin ! des religions italiques, ne présente que bien peu d'affinités avec ce que l'on entrevoit de la religion celtique.

À cela, à ce paradoxe, il y a des explications. Je les résume :

– Les peuples les plus voisins par leurs langues peuvent connaître une évolution religieuse toute différente : l'exemple le plus connu est fourni par l'Inde et l'Iran, dont les langues sont si proches que c'est la connaissance des langues anciennes de la première qui a permis, au XIXe siècle, la compréhension des textes les plus anciens du second, et dont pourtant les religions, à tendance monothéiste du côté de l'Iran, polythéiste de manière exubérante du côté de l'Inde, diffèrent du tout au tout. On soupçonne qu'il a pu se passer quelque chose d'analogue entre Celtes et Romains, ou entre Celtes et Italiques.

– De fait, nous ne connaissons la religion romaine qu'en un état fort évolué. L'hellénisation d'un côté, l'influence étrusque de l'autre, ont profondément modifié, dès une haute époque, la théologie romaine, et l'on rappellera, par exemple, que si Georges Dumézil a pu identifier une triade « précapitoline », composée des trois dieux Jupiter, Mars, Quirinus, ce dernier dieu était pratiquement inconnu des auteurs latins d'époque historique, et le grand savant français a dû déduire son rôle théologique de l'analyse de son nom, et de son apparition dans le patronage de certaines fêtes. Il n'a pas de mythes – hormis celui qui l'identifie à Romulus mort –, et la comparaison que Dumézil a faite entre Quirinus et les dieux de « troisième fonction » indo-européens, comme Freyr en Scandinavie ou les Aσvina en Inde, relève d'une typologie religieuse plus que d'une analyse de mythes.

– Plus généralement, et c'est encore Dumézil qui l'a montré, les Romains n'avaient plus de mythes proprement dits ; il a fallu chercher leur mythologie dans leur histoire, et en fait ni Jupiter ni Mars n'avaient plus de mythes que Quirinus. C'est également leur action théologique, la paternité de Romulus le fondateur, né de Mars, la protection qu'il reçut de Jupiter Stator, pendant la guerre contre les

Sabins, l'apport de divinités par le chef sabin, Titus Tatius, avec qui Romulus fit alliance, qui définissent les places théologiques de tous ces dieux. Il y a alors une différence qualitative de matériaux, entre domaine latin et domaine celtique : des actions théologiques, nous ne savons pas grand-chose, puisque nos sources sur la religion celtique à l'époque où elle était vivante, dans l'Europe proto-historique, dans la Gaule, l'Espagne, l'Italie septentrionale, la Grande-Bretagne à l'époque romaine, l'Irlande avant l'arrivée de saint Patrick et la christianisation, sont infimes. À de nombreuses reprises dans les pages qui suivent, je serai amené à déduire la fonction théologique d'un dieu celtique, d'une part de son action dans un mythe, d'autre part de la comparaison grecque. Et inversement, grâce aux textes médiévaux irlandais et gallois, nous possédons un grand nombre de mythes, dont il sera fait abondamment usage dans les chapitres de ce livre[12].

En somme, et en résumé, nous connaissons la religion celtique grâce à un grand nombre de textes qui mettent en acte les dieux, et la religion romaine par des mythes qui ne les font pas agir, mais les font présider aux actions des hommes. On ne saurait trouver matériaux plus hétérogènes[13].

L'avantage de la Grèce est de livrer à la fois des récits mythiques et des pratiques religieuses. La comparaison grecque enrichit la connaissance de la religion celtique, car elle fait deviner les patronages de nombre d'actions humaines par des dieux qui, autrement, dans la Gaule romaine par exemple, ne sont que des noms. Certes, on y voit bien tels dieux liés à des sources, à des cours d'eau, à des sites oraculaires – mais qu'en est-il de la guerre, de l'éducation, de la musique, des sons, du temps et du vent… toutes choses qu'on verra surgir au fil de nos rapprochements théologiques et mythiques ?

Cet ouvrage a bénéficié de la collaboration précieuse de Claude Sterckx, qui a publié nombre des premières formes des travaux que je livre ici, de Jean-Loïc Le Quellec, qui a transmué des textes « papiers » en textes informatiques, d'Anne Plaud, à qui je dois une relecture attentive, et bien entendu de la collaboration intellectuelle de tous ceux – Claude Sterckx, Marco García Quintela, Dominique Hollard, Daniel Gricourt, Marcel Meulder, Alain Moreau, Patrice Lajoye… – qui m'ont envoyé leurs riches livres ou articles, alimentant ainsi mon propre travail.

PREMIÈRE PARTIE

Lug et Apollon

À côté de rapprochements entre héros (ci-dessus), d'autres ont porté, au cours de mes études comparatives des dernières années, sur des dieux : Hermès et Óengus[1] d'une part, Lug et Apollon d'autre part. Il s'agit dans ce dernier cas d'un rapprochement déjà opéré antérieurement, dans le cadre de la comparaison entre Achille et Cúchulainn[2] : il convenait de le reprendre et de l'approfondir. En effet, si des chercheurs avaient déjà remarqué l'affinité entre le grand dieu celtique Lug et le dieu grec, de premier plan, Apollon[3], elle n'avait pas fait l'objet d'une exploration dans toute son étendue. C'est à cela qu'est consacrée cette première partie[4] : le couple Lug-Apollon peut l'occuper tout entière, parce que la matière est très importante, tandis que les autres comparaisons théologiques seront regroupées en une seconde partie.

On rappellera d'abord qui est le premier de ces dieux. Si Apollon est à peu près connu d'un large public, en fonction du phénomène historique qui fait de la France une héritière culturelle de la Grèce et de Rome, Lug n'a pas eu cette chance : lors même qu'il a laissé son nom à de nombreuses villes françaises (dont l'une des principales, Lyon, sur la fondation de laquelle on aura à revenir), il souffre du discrédit général des études celtiques en France. Rappelons à ce sujet que la matière celtique n'est enseignée que dans trois universités françaises, dont deux en Bretagne (Rennes et Brest, la troisième étant l'École des Hautes Études à Paris), et que si le Collège de France dispose actuellement de deux postes d'iranologie, il n'en offre aucun consacré en propre aux études celtiques[5]. Or, Lug était la principale, et de loin, des divinités celtiques. Lorsqu'il présente à son public romain, dans la *Guerre des Gaules*, en quelques mots, les divinités des *Galli*, que nous appelons les Gaulois, c'est-à-dire les Celtes habitant la *Gallia*, César commence ainsi : « Mercure est le dieu qui reçoit le plus d'hommages chez les *Galli* » (*B.G.*, VI, 17). Il avait parfaitement raison, car, une fois ce Mercure des *Galli* identifié, par Henri d'Arbois de Jubainville[6], au dieu *Lugus* des Celtes, tous les recoupements opérés par l'étude de la toponymie, des sanctuaires gallo-romains, de la numismatique, sans oublier l'héritage mythique dans les vies de saints de France, d'Espagne ou d'Irlande, confirment que ce dieu était celui qui recevait le plus d'attention dans l'Antiquité celtique. En statuaire, on connaît plus de 500 représentations de Mercure, c'est-à-dire qu'il était le dieu le plus souvent figuré[7], et plus de 442 dédicaces[8]. Dans l'Espagne celtique, il était de loin le dieu le plus adoré[9].

Ces documents prouvent également qu'il s'agissait bien d'une divinité panceltique[10], honorée dans tout l'ancien domaine de ce groupe de peuples aux langues proches, de l'Irlande à la Galatie (dans l'actuelle Turquie).

La dévotion gallo-romaine, fortement influencée par Rome dont la langue commençait à se répandre en Gaule, a donc adoré son Lugus sous la forme et le nom du *Mercurius* latin. Encore l'a-t-elle fait en faisant subir à son iconographie des adaptations qui le caractérisent nettement par rapport à ses modèles gréco-romains : il a souvent une barbe, un lourd manteau, siège parfois sur un trône majestueux, adopte la pose dite par certains « en bouddha », ou il est accroupi, toutes choses qui le distinguent de son modèle méditerranéen, et qui témoignent de l'influence de la divinité indigène. De même ses organes sexuels parfois prononcés, le pavot, la capuche, la serpe, l'arc qu'il a parfois, et la déesse qui l'accompagne, alors que le Mercure gréco-romain est toujours seul. Enfin, divers animaux l'accompagnent, qui ne coïncident que de temps en temps avec ceux qu'on trouve en compagnie du Mercure-Hermès des Gréco-Latins ; avant tout, le serpent à tête de bélier, mais aussi le chien, le bouc, le cerf[11].

De leur côté, les langues celtiques, comme toutes, ont évolué, et divergé. Le nom du dieu a suivi l'évolution phonétique de chacune, et se présente sous diverses formes. C'était *Lugus*, *Lugos*, en celtique ancien ; *Lug* en moyen-irlandais ancien, *Lugh* dans la graphie plus récente du moyen-irlandais, et c'est enfin *Lleu* dans les textes médiévaux gallois. Dans un souci de simplification, j'utilise, pour désigner globalement ce personnage, la graphie moyen-irlandaise ancienne, qui indique suffisamment sa prononciation, étant admis que tous les *-u-* sont en fait des *ou*. On prononcera donc *Loug*, comme, pour le nom antique, *Lougous*. J'emploie la forme moyen-irlandaise récente, *Lugh*, à prononcer également *Loug*, lorsqu'il s'agit spécifiquement du personnage des textes irlandais. De même, les formes antique ou galloise désigneront le dieu selon l'époque ou les textes correspondants. Je résume : *Lugh*, c'est l'irlandais ; *Lleu*, c'est le gallois ;

Lugus, c'est le vieux-celtique, si l'on veut le « gaulois » ; et *Lug*, c'est le même, indifféremment à ces formes et graphies locales.

Et, puisqu'on est amené ici à citer et utiliser de nombreux textes, qui ne sont pas connus du public même cultivé, il semble nécessaire de les présenter rapidement, car plusieurs reviendront souvent : il est utile et commode de les identifier.

Côté grec, un texte abondamment cité est l'*Hymne homérique à Apollon* (en abrégé : *HHA*), œuvre composée vraisemblablement à la fin du VIe siècle avant notre ère[12], attribuée par les Anciens à Homère. Il raconte la naissance d'Apollon à Dèlos, puis son installation à Delphes. La critique moderne a souvent voulu séparer l'hymne en deux parties secondairement reliées, la seconde, celle qui conte la prise du site de Delphes par le dieu, prenant le nom de « Suite pythique ». Les contemporains sont plus prudents, et, à l'instar de Jean Humbert ou de Marcel Detienne, on s'en tiendra ici à « une lecture "unitaire" qui permet de faire l'économie des débats houleux entre philologues sur les différences entre la partie "délienne" et la partie "pythique" de l'œuvre[13] ». Je cite la traduction française procurée par J. Humbert en 1959.

Beaucoup plus tardifs, mais non moins informés des réalités religieuses helléniques, deux hymnes de Callimaque seront souvent cités. Ce sont l'*Hymne à Apollon* (*HAp*) et l'*Hymne à Dèlos* (*HD*). Callimaque est un poète d'époque hellénistique, né à Cyrène, et qui vécut à Alexandrie ; sa chronologie est très mal connue : il a dû naître vers 315-310 avant notre ère, mourir vers 240-235.

De son contemporain et rival à Alexandrie, Apollonios de Rhodes, la grande épopée de style homérique *Les Argonautiques* sera parfois citée également. Lui aussi excellent connaisseur de la tradition religieuse et mythologique grecque, il propose, en ce poème de 1781 vers, un récit complet des aventures des Argonautes : il leur est arrivé d'avoir à faire à Apollon.

Côté irlandais, les principaux textes où Lugh apparaît sont l'*Oidhe Chloinne Tuireann* (« La mort tragique des enfants de Tuireann »), le *Suidigud tellaig Temra* (« Fondation du domaine de Tara »), la *Táin bó Cualnge* (« La razzia des bœufs de Coolley »), le *Baile an Scáil* (« L'extase prophétique du fantôme »), le *Cath Maige Turedh an scél so sis ocus Genemain Bres Meic Elathain 7 a righe* (« La bataille de Mag Tured est le récit ci-après, et la naissance de Bres, fils d'Elatha ») et le *Do chath Mhuighe Tuireadh ann so* (« Telle fut la seconde bataille de Mag Tured »).

Le premier de ces récits (cité ici en abrégé *OCT*) raconte la vengeance de Lugh après le meurtre de son père par les fils de Tuireann ; il est connu par plusieurs manuscrits, récents (XVIIIe siècle en majorité), mais dont la langue recèle des archaïsmes indiquant que c'est un rajeunissement de textes antérieurs en moyen-irlandais. Le texte le plus complet[14] a été publié en français par Ch. Guyonvarc'h dans ses *Textes mythologiques irlandais* (abrégé *TM*), aux pages 105 à 123.

Le second expose l'aménagement de l'Irlande (Tara en est la capitale légendaire), par la bouche d'un héros nommé Fintan, qui l'attribue à un personnage appelé Trefuilngid Tre-Eochair, dont on verra qu'il convient de l'identifier à Lug. Le texte repose sur deux manuscrits, et l'un des deux[15] a été édité par R. I. Best en 1910. C'est sur cette édition que repose la traduction de Guyonvarc'h, dans *TM*, 157-166.

La *Táin bó Cualnge* (ici citée en abrégé *TBC*) est la grande épopée irlandaise, qu'on peut désormais appeler avec de bonnes raisons l'*Iliade* irlandaise, tant son héros, Cúchulainn, est semblable à celui de l'*Iliade* grecque, Achille[16]. La *TBC* narre l'attaque des « quatre cinquièmes » de l'Irlande, c'est-à-dire d'une armée coalisée de quatre provinces irlandaises, dirigée par la reine Medb et son époux Ailill, rois de Connaught, contre la cinquième, l'Ulster, défendue longtemps par le seul Cúchulainn. Lug y apparaît à certains moments, comme protecteur du héros, qui n'est autre que son fils.

Le *Baile an Scáil* est un court récit dans lequel on apprend comment le roi Conn est emmené par un cavalier, à travers un brouillard, dans une forteresse, où il rencontre Lugh, et une jeune fille qui incarne la Souveraineté d'Irlande. Connu par un seul manuscrit[17], il a été publié par E. O'Curry[18], et a été traduit par Guyonvarc'h dans un numéro d'*Ogam*[19].

Enfin, les deux récits intitulés respectivement *Cath Maige Turedh an scél so sis ocus Genemain Bres Meic Elathain 7 a righe* et *Do chath Mhuighe Tuireadh ann so* sont deux versions de la même série d'événements, la révolte des Túatha Dé Dánann – les dieux – contre leurs oppresseurs les Fomóire, révolte qui conduit à l'affrontement entre eux, et Lugh joue un rôle principal et décisif dans l'enchaînement des événements. Il se pose ici un problème de nomenclature, car il y a deux batailles de Mag Tured, et la première, qui opposa les Túatha Dé Dánann aux Fir Bolg, est l'objet d'un récit qui, en irlandais, porte un titre qui ne permet pas de différencier cette bataille de la seconde. On suivra donc le traducteur français en intitulant le *Cath Maige Turedh...* « Seconde bataille de Mag Tured, première version », et le *Do chath Mhuighe Tuireadh ann so* « Seconde bataille de Mag Tured, seconde version », titres abrégés ici en, respectivement, *CMT I* et *CMT II*. La « première version » n'est connue que par un manuscrit[20], elle a été éditée par Wh. Stokes (1891), et complétée par R. Thurneysen (1918). Ch. Guyonvarc'h traduit tout ce qui peut l'être dans *TM*, 47-59. La « seconde version », dont l'auteur, contrairement à ceux des autres textes, est connu – il s'appelait David Duigenan – est connue par un unique manuscrit, de la Royal Irish Academy[21] ; éditée par B. O'Cuiv en 1945, elle est traduite dans *TM*, 60-78.

Tel est, et encore, pour l'essentiel, l'impressionnant dossier irlandais sur le dieu Lug. Il se complète du versant gallois de la documentation, contenu dans un unique texte, mais d'importance capitale, le *Mabinogi de Math fils de Mathonwy* : il raconte la naissance et le début de la vie, puis la mort et la résurrection, enfin l'accès à la royauté, de Lleu, c'est-à-dire de Lug. On appelle *Mabinogion*, ou plus exactement les *Quatre branches du Mabinogi*, un ensemble de quatre contes (en fait de véritables mythes) du Moyen Âge gallois, dont les personnages se retrouvent partiellement d'un récit à l'autre. Les deux manuscrits qui les exposent en entier sont du XIVᵉ et du début du XVᵉ siècle, mais des fragments de manuscrits sont antérieurs, le plus ancien datant de 1225, et différents arguments indiquent une date de composition au XIᵉ ou au XIIᵉ siècle. La traduction la plus récente en français est celle de P.-Y. Lambert (1993), le *Mabinogi de Math* se trouvant aux pages 98-119.

Le travail qui suit repose naturellement sur la publication en monographie de mon étude « Lug et Apollon » en 1995. Mais, au cours des huit dernières années, la matière s'est profondément enrichie, et d'importantes études ont renouvelé partiellement la connaissance du dieu Lug, sinon celle d'Apollon.

Pour ce dernier, le livre de Marcel Detienne, *Apollon le couteau à la main*, synthétise des études antérieures du même auteur, et fait écho à certaines des parties de ma monographie de 1995, où, par exemple, un paragraphe s'intitulait « Des méchants », montrant qu'Apollon, comme Lug, n'était pas toujours le dieu spirituel, aimant la musique et la poésie, sur lequel l'historiographie, en particulier allemande, avait insisté. Le livre de Detienne renouvelle le « dossier » Apollon, et j'inclus nombre de ses remarques dans le travail comparatif qui suit.

C'est cependant du côté celtique que les choses se sont le plus modifiées et enrichies. Si Claude Sterckx, à Bruxelles, a exploré certains aspects particuliers du personnage de Lug, comme ceux afférant à sa paternité (« Lugus, Lugh, Lleu… : recherche en paternité », 1997 ; « Sangliers père et fils. Rites, dieux et mythes celtes du porc et du sanglier », 1998), à ses mariages (« Les malheurs conjugaux de Lleu et de Lugh », 1999), et son ornithomorphose (« Des dieux et des oiseaux. Réflexions sur l'ornithomorphisme de quelques dieux celtes », 2000), à Paris, des numismates, parfaitement informés des travaux sur la mythologie celtique, Daniel Gricourt, Dominique Hollard et leurs collaborateurs, ont publié des monnaies de billon du

Bas-Empire (IIIe et IVe siècles de notre ère), où des imitations de frappes officielles ont fait apparaître des personnages directement issus du fonds religieux celtique, et avant tout Lug, avec son bras démesuré, sa main immense, parfois un œil gigantesque, signe de sa vision exceptionnelle[22] : ces figurations témoignent de l'affaiblissement de la religion officielle impériale en ces époques troublées, et de la réapparition du fonds celtique, qu'indiquaient déjà des phénomènes comme les cultes du Donon, dans les Vosges – et c'est cette réapparition qui explique que la christianisation aura à affronter avant tout une religiosité celtique, bien plus que romaine. Enfin, en Galice, sous la houlette d'un comparatiste lui aussi parfaitement informé des travaux récents sur la religion celtique, Marco García Quintela, de jeunes savants analysent l'art rupestre d'époque celtique de la péninsule Ibérique, et y découvrent la place éminente jouée par Lug[23]. On discerne un « courant » international d'« études lugiennes », et il est arrivé, lors des colloques d'études indo-européennes organisés tous les deux ans à l'École normale supérieure de Paris par François Delpech, Dominique Briquel, Gérard Capdeville et moi-même, que se trouvent réunis, sur une trentaine de personnes, cinq spécialistes du dieu Lug…

On comprendra que la matière, déjà immense en 1995, l'est encore bien davantage aujourd'hui. Dans un souci de clarté, je divise l'exposé en trois chapitres, qui comprennent, le premier, les traits communs à Lug et Apollon, le deuxième, les attributs, les corrélats qui apparaissent dans les mythes, communs aux deux dieux ou au moins voisins, le troisième enfin, les récits mythiques.

Et je préviens le lecteur : la matière comparative est immense.

CHAPITRE PREMIER

Caractères communs

Des dieux lumineux

Que Lug et Apollon soient des dieux par excellence lumineux est le plus évident, et le plus important, des éléments qui les rapprochent.

Pour cet aspect de Lug, l'un des textes qui le signalent le plus manifestement est celui de l'*Oidhe Chloinne Tuireann* (« La mort tragique des enfants de Tuireann »), où les Túatha Dé Dánann, alors soumis à l'exploitation des Fomóire, voient arriver Lug et ses compagnons :

> Un jour qu'une assemblée était tenue par le roi d'Irlande [Nuada au Bras d'Argent] sur la colline de Balar, que l'on appelle Uisnech aujourd'hui, ils n'étaient pas là depuis longtemps quand ils virent une troupe et une bonne armée dans la plaine, venant tout droit vers eux de l'est. Il y avait un jeune homme en tête de la troupe, avec une grande autorité sur chacun. Semblable au coucher du soleil était l'éclat de son visage et de son front [*fa cosmhail re fuineadh greine dealradh a aighte agus a eadain*]. Ils ne purent regarder sa figure à cause de son brillant. Et celui qui était là, c'était Lugh aux Longs Bras [*Lámhfhháda*], aux coups puissants, et la cavalcade féerique de la Terre de Promesse, ses propres frères de lait, à savoir les enfants de Manannán[24].

Peu après, les Fomóire envoient des collecteurs d'impôt chez les Túatha Dé Dánann ; Lugh les tue ; la guerre paraît dès lors inévitable, mais le dieu tente néanmoins une dernière négociation, pour laquelle il se rend chez Bres, roi des Fomóire ; et là se situe un texte célèbre dans le « dossier » de Lug :

> Bres, fils de Balor, se leva alors et dit : « Il me semble étrange que le soleil se lève à l'ouest aujourd'hui et à l'est tous les autres jours.
>
> – Il vaut mieux qu'il en soit ainsi, dirent les druides.
>
> – Qu'est-ce d'autre ? dit-il.

– C'est l'éclat du visage de Lugh aux Longs Bras », dirent-ils.
Le Technicien vint alors à eux et les salua…

Cette négociation – sur laquelle on reviendra – ayant échoué, Lugh se prépare à la guerre, et c'est encore l'occasion d'une métaphore solaire :

> Lugh prit alors sur lui l'armure de Manannán. Quiconque l'avait n'était blessé ni par-dessous, ni à travers elle. Il mit la cuirasse de Manannán sur la partie étroite de son cou et il prit le casque que l'on appelle Cinnbheart. Son visage avait l'éclat du soleil [*grianainech*] par la réflexion de la lumière sur le casque[25]…

De son côté, le sage Fintan, dans le *Suidigud tellaig Temra* (« Fondation du domaine de Tara »), raconte : « Une fois nous tenions une grande assemblée des hommes d'Irlande autour de Conand Bec Eclach, roi d'Irlande. Un jour dans cette assemblée, nous vîmes un grand héros, beau et puissant, venir vers nous de l'ouest au coucher du soleil. Nous fûmes très étonnés par la grandeur de sa forme. Le sommet de ses épaules était aussi haut qu'un bois, le ciel et le soleil étaient visibles entre ses jambes, à cause de sa taille et de sa beauté. Il avait autour de lui un voile de cristal brillant comme un vêtement de lin précieux. Il avait deux sandales aux pieds, et l'on ne savait de quelle matière elles étaient faites. Il avait une chevelure jaune d'or tombant en boucles jusqu'au haut de ses jambes », et il portait « une branche d'or aux multiples couleurs », chargée de fruits. « "Je suis venu en vérité, dit-il, du coucher du soleil et je vais à son lever. Mon nom est Trefuilngid Tre Eochair – Pourquoi ce nom t'a-t-il été donné ? dirent-ils. – Ce n'est pas difficile, dit-il, parce que c'est moi qui suis la cause du lever du soleil et de son coucher[26]"… »

Trefuilngid est certainement un autre nom de Lugh[27], et le dernier propos, où il s'attribue le maniement du soleil, est sans doute de toute première importance quant à la compréhension du personnage. Mais n'anticipons pas.

Une autre version du même événement, du manuscrit Egerton 1742, présente l'apparition ainsi :

> Quand nous étions à Druimm Léith,
> troupes de l'île de Fal [= l'Irlande], hommes qui n'étaient pas faibles,
> nous vîmes un homme grand
> venir vers nous à notre réunion
>   Le grand jeune homme portait un [illisible] blanc brillant,
>   tout brodé d'or,
>   il nous manque le soleil brillant
>   de son ombre en venant à Tara.
> Il y avait une branche pleine de fruits dans la main du héros […]
>   Sa chevelure était blond roux comme de l'or,

son corps était plus blanc que l'écume.
C'est le plus bel homme que j'ai vu ici,
quand il vint en terre d'Irlande.

Il s'assit à côté de nous. C'est une merveille de le dire. Nous vîmes tous son aimable visage [...]

« Qui es-tu, ô guerrier à la grande taille ?
– Je suis Trefuilngid le Fort,
le roi suprême du ciel des nuages,
je suis venu de l'est,
du Paradis, du port d'Adam[28]. »

La blondeur de Lugh est encore signalée dans ce passage de la *Táin bó Cualnge* où Cúchulainn, épuisé par le combat qu'il a mené solitairement contre les quatre cinquièmes des hommes d'Irlande, voit venir son père divin[29] qui va le soigner et le secourir ; Laeg, le cocher de Cúchulainn, aperçoit en premier le dieu passant au travers des troupes adverses :

« Un homme seul vient vers nous maintenant, ô petit chien, dit Laeg.
– Quelle sorte d'homme est-ce ? dit Cúchulainn.
– Ce n'est pas difficile ; c'est un homme beau et grand, avec les cheveux courts et une chevelure blonde frisée ; il a un manteau vert enroulé autour de lui, une broche d'argent brillant au manteau sur sa poitrine ; une tunique de soie royale avec des broderies rouges, d'or rouge sur sa peau blanche [tombant] jusqu'aux genoux ; un bouclier noir avec une bosse dure de bronze blanc ; une lance à cinq pointes, à la main un javelot denté en outre... »

Quand ce jeune guerrier fut arrivé à l'endroit où était Cúchulainn, il lui parla et eut pitié de lui.

« Ceci est viril, ô Cúchulainn, dit-il.
– Ce n'est pas grand-chose, dit Cúchulainn.
– Je t'aiderai, dit le jeune guerrier.
– Qui es-tu donc ? dit Cúchulainn.
– C'est moi qui suis ton père des *sidhe*, Lugh, fils d'Ethle[30]. »

Dans le *Do chath Mhuighe Tuireach ann so*, ou seconde version de la « Seconde bataille de Mag Tured », l'équipement de Lugh en vue de la bataille contre les Fomóire, déjà évoquée ci-dessus dans l'*Oidhe chloinne Tuireann*, est décrit ainsi :

Ensuite le Polytechnicien [*Samildánach*] revêtit son équipement merveilleux, inconnu, d'outre-mer, à savoir sa chemise de lin, brodée de fils d'or sur sa peau blanche, et sa tunique bien connue, confortable, de satin multicolore, de la brillante Terre de Promesse, sur lui, à l'extérieur. Il revêtit son tablier très large et très beau d'or fin, avec des franges, des agrafes et des bordures, sa ceinture de guerre compacte, avec sa boucle et son ouverture. Il prit sa nouvelle cuirasse d'or avec de belles gemmes d'escarboucle, avec de belles pommes incrustées d'or d'où retentissaient

> les appels d'une armée multiforme et inconnue. Il prit le large bouclier d'or, terrible, en bois rouge pourpre avec une pointe très acérée et terrible, avec un umbo magnifique de bronze blanc et une bosse d'or bien disposée, avec des chaînes de vieil argent entrelacées et tendues, avec des courroies splendides marquées de nombreux signes[31].

Pourtant, au moment où la bataille va avoir lieu, les compagnons du jeune dieu veulent le mettre à l'abri et l'empêcher de participer au combat. Nuada et les autres Túatha Dé Dánann le soûlent, le font endormir par le harpiste, puis « ils enchaînèrent et ils lièrent solidement le héros royal sans qu'il s'en aperçût ». Lorsque les cris et les bruits de l'engagement de la bataille se font entendre, Lugh se réveille. Il demande au harpiste, qui le garde, de le délivrer, mais celui-ci invoque sa faible force pour ne pas le faire. La suite est l'une des descriptions les plus grandioses que l'Irlande, pourtant fertile en scènes évocatrices, ait laissées à notre admiration :

> Lugh se secoua alors fortement et énergiquement si bien qu'il rejeta les lourds piliers de pierre fixés en terre et qu'il entraîna à leur suite les énormes chaînes par la force du coup qu'il leur porta, lui, le héros illustre aux nombreux arts. Il livra une course très rapide à la suite des troupes pour les retenir. Le vacarme de cette course était grand, en vérité, par le frottement des rudes chaînes de fer et par le choc des piliers à tête dure et solide contre les pierres nues et lourdes, si bien qu'elles auraient pu faire un jour plein de lumière de la nuit la plus sombre. Le jet des chaînes et le heurt des piliers étaient tels, avec des étincelles et des particules de feu rouge, que chaque flamme de feu rouge qui surgissait sur leurs bords était semblable à la toison moutonneuse d'un fort bélier de trois ans.
>
> Le grand guerrier vint alors dans son assaut rapide, dans sa fureur de guerrier, dans sa splendeur étincelante, comme un lion furieux, comme un loup très agile au combat, la main droite brillante de ses lances. Il tourna son visage vers les hommes des Fomóire, vers les visages des guerriers sombres comme la nuit, et vers la troupe [mot incompréhensible] dense des champions, vers les combattants hirsutes et ridés, la race de Caïn perverse et méchante, qui a mérité la malédiction de son père[32].

Dans un autre texte encore, on voit Lugh jeter des rayons. On y raconte comment l'éloquence est rendue à un nommé Fintan, malheureusement bègue, par un aimable jeune homme, envoyé du Seigneur, qui « lance par la bouche des coups d'un rayon solaire si bien qu'ils passent par le creux de ses deux nuques et qu'il y a sept chaînes ou sept éloquences après cela[33] ». Ce jeune homme aux pouvoirs solaires est évidemment un envoyé du dieu Lug, ou Lug lui-même[34].

Tous les textes cités jusqu'ici sont médiévaux, mais, au-delà du Moyen Âge, une ballade écossaise, notée au début du XIXe siècle, garde nettement un souvenir de Lug : dans ce récit, appelé « La bataille des oiseaux », et où finalement un seul oiseau, le corbeau, a pu survivre, le prince qui l'a sauvé le suit vers une destination féerique (par-delà neuf collines, neuf vallées, neuf landes...), puis le perd de vue. Il aperçoit bientôt sur un rocher un beau jeune homme, aux cheveux blonds et bouclés, tenant dans chaque main un peigne, l'un d'or, l'autre d'argent ; ce jeune homme lui révèle bientôt qu'il n'est autre que le corbeau, métamorphosé naguère par un méchant magicien... Comme l'ont reconnu D. Gricourt et D. Hollard, tout dans la description du jeune homme – son aspect, sa coiffure, l'or et l'argent, la métamorphose en corbeau, et jusqu'à la mention du nombre neuf – renvoie à Lug, dont seul le nom est oublié[35].

Pour l'Antiquité – où, rappelons-le, nous n'avons qu'un nombre infime de récits mythiques d'origine celtique –, on peut tout de même citer un fait significatif : une *Vie* du haut Moyen Âge, celle de saint Taurinus d'Évreux, fait mention d'une statue de Mercure (gallo-romain), c'est-à-dire Lug, en argent[36].

Lug est donc bien, comme l'a reconnu Joseph Lot[37], et comme l'ont toujours dit Françoise Le Roux et Christian Guyonvarc'h, « le dieu lumineux par excellence[38] », et l'étymologie est en harmonie avec ce caractère essentiel : « Il n'y a aucun inconvénient au point de vue linguistique à opérer le rapprochement *Lug* = *lux* à l'instar de l'auteur de la *Vie de saint Germain*, Hericus[39], qui écrit *Lucduno, quod sit mons lucidus*. On admet l'alternance de *g* et de *k* vélaire en indo-européen, et, tout en refusant le "dieu solaire" de Rhys, nous accepterons donc comme fondée l'affirmation selon laquelle le nom du dieu *Lug(us)* se rattache au thème indo-européen **luk* qu'on retrouve entre autres dans le latin *lux* (*luc-s* = **lug-s*), *lucere*, *luna *luqsna* et sans doute aussi dans le nom breton de la Lune *loar, lloer* = **lugra*... *Lug(us)* signifie à proprement parler "le Lumineux, le Brillant", et l'épithète de *grianainech* ["Au visage de soleil"] est appelée presque obligatoirement par le nom qu'elle qualifie[40]. »

La tradition galloise au sujet de Lug a joué sur cette signification. Dans le *Mabinogi de Math*, Arianrhod, qui voulait se faire passer pour vierge, accouche d'un bébé blond et d'une sorte d'avorton qui, recueilli par Gwydion, frère d'Arianrhod, deviendra un enfant normal. Ne supportant pas son déshonneur, Arianrhod refuse de reconnaître cet enfant, et de surcroît proclame qu'il n'aura pas de nom qu'elle ne lui en ait donné un elle-même. Mais Gwydion est rusé : il est en fait exactement, quoique le terme ne figure pas dans le texte gallois, le druide du roi Math. Il organise une mise en scène au terme de laquelle l'enfant et lui, déguisés en cordonniers, approchent Arianrhod en bateau[41] :

Sur ces entrefaites un roitelet vint se poser sur le pont du vaisseau. Le garçon lui décocha un coup qui l'atteignit entre le muscle de la patte et l'os. Arianrhod se mit à rire :

« Par ma foi, dit-elle, c'est d'une main [*llaw*] adroite [*cyffes*] que le blond [*lleu*] l'a frappé !

– Eh bien, dit Gwydion, que Dieu te maudisse ! L'enfant a un nom maintenant. Et ce nom lui suffit ! Il s'appellera Lleu Llaw Gyffes désormais[42]. »

Le gallois *lleu* signifie « brillant, lumière[43] », et *Lleu* est la forme à laquelle aboutit l'ancien celtique *Lugus*[44].

On ne saurait s'étonner que les adorateurs de Lug aient pris le caractère brillant du dieu au pied de la lettre : des astronomes italiens étudiant les coordonnées astronomiques des anciens sanctuaires celtiques ont observé que sur des monnaies de la même époque, on a d'un côté un sanglier (animal dont on verra les relations avec Lug aussi bien qu'avec Apollon), de l'autre une tête humaine, mais le sanglier est parfois remplacé par une comète ; or, la plus importante des comètes, celle dite de Halley, est passée en juillet de l'année 87 avant notre ère – et juillet est mois « lugien[45] ». D'autres monnaies associent le cheval et le soleil, et le cheval est assurément une épiphanie de Lug ; d'autres encore montrent le cheval monté d'un cavalier armé, et précédé d'un soleil, ce en quoi on doit voir Lug dans son rôle d'impulseur du soleil (ci-dessous[46]).

Lumineux, blond, porteur d'objets en or, tel est le portrait de Lug[47] : c'est aussi celui d'Apollon.

Le fils de Zeus et de Lètô porte d'abord un autre nom, *Phoibos*, employé soit comme qualificatif du nom propre Apollon[48], soit seul[49] : il signifie « clair, brillant », et également « pur[50] ». Synonymie partielle, donc, avec le nom de Lug, question qui pourra être approfondie plus bas.

Tout ce qui est dit du dieu confirme cette caractéristique. Selon l'hymne homérique à Apollon d'abord, lorsque le dieu, encore enfant, joue avec d'autres divinités de la jeune génération de l'Olympe, « il est environné de lumière, des éclairs jaillissent de ses pieds et de sa fine tunique » (*HHA*, 202-203).

Lorsqu'il naquit, et fit aussitôt ses premiers pas, « Dèlos tout entière se couvrit d'or » (*ibid.*, 135), ce que Callimaque, quelques siècles plus tard, développera : à la naissance du dieu, « d'or, à cette heure, fut toute ta terre, ô Dèlos ; d'or, tout au long du jour, coula le flot de ton lac arrondi, et d'or fut la frondaison de l'olivier qui vit naître le dieu, d'or les hautes eaux de l'Inôpos en son cours sinueux. Et toi, de dessus le sol d'or tu soulevas l'enfant et le pris dans ton sein » (*HD*, 260-265).

Le nom même de l'île évoque cet événement, puisque *dèlos*,

adjectif signifiant « évident » en grec classique[51], est issu d'une racine dont le sens n'est autre que « briller[52] ».

Et voici comment le même poète décrit le dieu, dans l'hymne qu'il lui a consacré :

> D'or est son manteau, et l'agrafe aussi ; d'or la lyre et l'arc luktien, et le carquois ; d'or aussi les sandales. Apollon est tout or, et toute richesse ; on le voit bien par Puthô. Dieu toujours beau, dieu toujours jeune ; jamais duvet ne recouvrit ses joues tendres. Sa chevelure épanche à terre l'huile parfumée qu'elle distille... (*HAp*, 32-38).

Toute la tradition grecque s'accorde avec ce portrait : d'or est son arc[53], ou d'argent (il est *Argurótoxos*, « À l'arc d'argent[54] »), d'or son glaive (il est *Khrusaôr*[55], *khrusáoros*[56]), les bandelettes qui l'entourent[57], la coupe qu'il reçoit de Zeus[58], sa lyre[59], son trépied[60], son diadème[61], et son prêtre troyen, du nom de *Khrusès*, est muni d'un bâton d'or[62]. D'or encore, et bien sûr, ses cheveux (il est *Khrusokomès*[63] et *Khrusétheiros*[64]), car ils sont blonds – Apollon est dit *Xanthós* –, comme l'ont chanté les poètes[65], et l'on verra dans les chapitres à venir que ses représentants rituels sont toujours de jeunes garçons aux cheveux blonds.

De même pour Lug : les textes irlandais cités parlent de sa chevelure jaune d'or, ou blond-roux comme de l'or, de sa branche d'or, son manteau, son tablier, sa chemise, sa cuirasse, tous d'or ou brodés d'or, de son bouclier d'or, des pommes d'or de sa cuirasse, et des chaînes d'argent de son bouclier[66].

Bien sûr, Apollon est lui-même lumineux. Un épisode fameux de l'histoire des Argonautes[67] veut que, tout proches de leur retour à leur point de départ, ils aient été surpris, au large de la Crète, par une soudaine « nuit sépulcrale » (Apollonios), sans étoile, sans lune, rendant impossible le contrôle de la navigation. Jason, alors, implora Phoibos. Et, proclame Apollonios :

> Lètoïde, tu l'entendis aussitôt et descendis du ciel vers les rocs mélanteiens, plantés en pleine mer : parvenu d'un seul bond sur la cime de l'un des deux écueils, tu brandis en l'air ton arc d'or de la main droite et l'arc alluma tout à l'entour une éblouissante clarté. À leurs yeux apparut l'une des Sporades, minuscule îlot proche de la petite île d'Hippouris. Ils y jetèrent leurs pierres-amarres et firent escale. Bientôt brillait l'aurore à son lever : pour Apollon, ils aménageaient dans un bosquet ombreux un splendide enclos et un autel de cailloux en invoquant Phoibos sous le nom d'Éblouissant (*Aiglètès*) à cause de l'éblouissante lueur qui avait guidé leur regard : quant à l'île escarpée, ils l'appelaient île de l'Apparition (*Anaphè*[68]), parce que Phoibos la leur avait fait apparaître dans leur angoisse[69].

Pour Apollodore, les Argonautes étaient pris dans une tempête – c'était aussi l'avis de Conon, contre les ténèbres de Callimaque et d'Apollonios –, et Apollon projeta un éclair en tirant une flèche dans la mer.

Ainsi les épiphanies d'Apollon, comme celles de Lug, sont éblouissantes. On citera plus bas un autre passage de l'hymne homérique, très proche des textes irlandais, en ce qu'Apollon y est comparé à « un astre qui luit en plein jour », des « feux sans nombre » jaillissant « de sa personne », illuminant l'univers ; et peu après, le dieu va allumer le feu sacré de Delphes « en faisant luire ses traits fulgurants ». C'est sur ce trait fulgurant d'Apollon que se fonde la coutume signalée par Strabon, selon laquelle les pythaïstes, c'est-à-dire les Athéniens qui se rendaient cérémonieusement à Delphes, guettaient, d'un autel situé au sud-est de l'Acropole, à raison de trois jours et trois nuits répartis sur trois mois, l'apparition d'un éclair en un point du Cithéron indiqué par la direction de la localité d'Harma, et ne partaient pour Delphes en procession qu'après avoir vu briller cet éclair[70].

La ressemblance entre les deux dieux porte donc à la fois sur leur rayonnement et sur leur lien à l'or et l'argent. Ces métaux, mais aussi pour Apollon ses flèches, ou l'épée, la roue, le plectre[71], le cheval, le cygne, ont une connotation solaire[72], comme pour Lug ses longs bras ou ses cheveux bouclés, et certainement aussi le cheval[73]. À côté des épiclèses qui le couvrent d'objets en or, Apollon est encore, simplement, *Asgelátas* et *Aiglètès* à Anaphè, *Selásphoros*, « Porteur de la lumière[74] », *Phanaîos*, « Celui qui apporte de la lumière », épiclèse qu'il partage avec Zeus, *Marmarinós*, « le Brillant », *Leukátas*, « Celui de l'île Blanche ». À Amyclées, au sud de Sparte, on voyait une remarquable statue d'Apollon, dont on reparlera, car elle le présentait en guerrier : mais si Pausanias, à qui nous devons la meilleure description de l'œuvre, ne parle pas d'or, il y a tout de même des raisons de penser que la statue était originellement dorée, car on utilisa pour elle l'or que Crésus avait envoyé en Grèce, avant d'être vaincu par les Perses, donc vers 545 avant notre ère[75].

Il y a peut-être plus que cela encore. Apollon a pour épiclèses, très fréquentes, *Lúkeios*, *Lúkios*[76], *Lukêgenès*[77]. Les deux premières étaient interprétées le plus souvent par les Anciens comme renvoyant au nom du loup, *lúkos* : Apollon, protecteur des troupeaux (ci-dessous) étant « Celui qui écarte les loups[78] » – ou au contraire parce qu'Apollon a des affinités précises avec cet animal[79] ; la troisième épiclèse était comprise comme « né en Lycie[80] », ce que des auteurs tardifs dirent aussi de *Lúkeios* ou *Lúkios*[81]. À partir, au moins, des stoïciens, au IVe siècle avant notre ère, une étymologie différente a été proposée pour les formes *Lúkios* et *Lúkeios* : un vieux nom grec de la « lumière », en particulier de l'« aube », est **lúkê*, l'astérisque que je mets à ce mot signifie qu'il n'apparaît pas tel quel dans les textes grecs, mais il est attesté dans des formes composées[82], et la racine, **leuk-*, se retrouve dans le mot grec désignant la « torche », la « lampe portative » : *lúkhnos* ; Apollon étant un dieu lumineux, des exégètes ont proposé de comprendre *Lúkeios* et *Lúkios* à partir de ce mot *lúkê* : Apollon *Lúkeios*, *Lúkios*, aurait été le « Lumineux[83] », et cette idée refit surface à la fin du XIXe siècle[84].

Cette étymologie par *lúkê* des épiclèses d'Apollon *Lúkios* et *Lúkeios* est cependant inadmissible d'un point de vue linguistique, et la période contemporaine voit donc son rejet à peu près général[85]. Notons pourtant deux choses.

1 – Entre *lúkos* « loup », *lúkê* « lumière » et *Lukía* « Lycie », des superpositions et confusions se sont continuellement produites : Chantraine parle, au mot *lúkos*, « loup », de « diverses interférences d'étymologie populaire[86] ». Dans un bel article sur la fondation de Lugdunum, que je citerai à diverses reprises, G. Charrière et A. Audin notent que les interférences entre *lukê*, lumière matutinale, le nom du loup, *lúkos*, et aussi celui du choucas, *lúkos*, *lúkios*, ont été parfaitement volontaires : il s'agit d'équivalences définissant Apollon, comme d'autres, toutes similaires, ont défini Lug[87]. On notera qu'une forme de l'épiclèse *Lúkeios*, attestée à haute époque dans Alkmân et dans une inscription de peu antérieure à notre ère en Attique, est *Lukêos*[88], où le *-ê-* peut provenir de la contraction de *-ei-*, mais fait évidemment aussi jeu de mots avec le terme **lukê*. Les anciens n'avaient pas la notion moderne de l'étymologie, et les difficultés qu'ont précisément eues les contemporains pour cerner la véritable origine des termes *lúkios*, *lúkeios* en dit long sur l'ambiguïté de ces termes aux oreilles des Grecs eux-mêmes.

2 – D'après le mythe grec, Apollon n'est nullement né en Lycie, mais à Dèlos, ou, parfois, dans d'autres cités grecques[89]. Le culte d'Apollon et Artémis ne se fixe en Lycie qu'après le IVe siècle avant notre ère. Le terme *Lukêgenès* apparaît dès l'*Iliade*[90]. Mis dans la bouche d'un Lycien, il paraît certes représenter une revendication de la part de certains membres de ce peuple d'avoir vu Apollon naître chez eux ; ou peut-être déjà l'auteur de l'*Iliade* fait-il le jeu de mots. Par contre aucun Grec n'acceptera véritablement cette idée avant plusieurs siècles : ce n'est qu'à l'époque hellénistique que la naissance d'Apollon est placée, par certains auteurs, en Lycie. Antérieurement, il faut lui supposer, en grec, un autre sens. Il est vrai que la découverte des noms divins anatoliens *Pldãn* en Lycie, *Appaliuna* en hittite, a engagé des chercheurs modernes à « confirmer » l'idée ancienne – tirée en fait du terme *Lukêgenès* ! – d'une origine

asiatique d'Apollon[91]. Mais ces rapprochements reposent sur l'assonance formelle de noms dont le contenu théologique n'est pas connu : on ignore tout des mythes de Pldãn et d'Appaliuna. Tout indique plutôt que l'épithète *Lukê-genès* était indigène en Grèce, et que, les Grecs ne la comprenant plus, ont fabriqué l'hypothèse d'une origine lycienne d'Apollon. Or, si l'on prend garde à cela, le rapprochement entre le premier élément de *Lukêgenès* et le nom de la « lumière » s'impose : le premier *-ê-* du mot, long, évoque **lukê*, tandis que la lecture « né en Lycie » supposerait un arrangement de *-genès* en *-êgenès* pour des raisons métriques[92]. Apollon Lukêgenès est plus vraisemblablement « né de la lumière » que « né en Lycie[93] », et c'est ainsi que le comprenait déjà l'auteur, nommé Héraclite, des *Allégories d'Homère*, vers le Ier siècle avant notre ère, il est vrai en se fondant sur la thèse alors dominante d'une identité entre Apollon et le soleil : « Homère appelle [Apollon] *Lukêgenès* – non qu'il soit né en Lycie, c'est là un mythe récent, inconnu d'Homère – mais de même, j'imagine, qu'il appelle le jour *êrigéneia*, "celui qui produit le matin, c'est-à-dire l'aurore", de même il appelle le soleil *Lukêgenès* parce qu'il est la vraie cause de la lumière qui demeure, par temps clair, au crépuscule, ou bien parce qu'il est l'auteur du *lukábas*, de l'année[94]. »

Dans ces conditions, non seulement il y a synonymie de certaines des épiclèses d'Apollon et du nom de Lug (ci-dessus), mais il est donc très vraisemblable qu'Apollon possède aussi des épiclèses fondées sur la même racine, **leu-k-* pour Apollon, **leu-g-* pour Lug[95].

Ces points communs, étroits, entre Lug et Apollon, ces noms ou qualificatifs partagés, s'expliquent-ils simplement par le fait qu'Apollon et Lug sont des divinités « solaires » ?

En un sens oui, en un autre non. Question complexe qui s'exprime par exemple dans les hésitations des auteurs les plus scrupuleux : si, au début des années 1950, J. R. F. Piette et F. Le Roux refusaient la définition que J. Rhys, au début du XXe siècle, donnait de Lug, lorsqu'il en faisait un « dieu solaire[96] », dans des travaux plus récents, de Mme Le Roux et de son mari Ch. Guyonvarc'h, Lug est expressément qualifié de « solaire[97] ».

Chose remarquable, la même « hésitation » traverse… l'histoire grecque, car si Apollon, très explicitement distingué du Soleil à haute époque, apparaît comme un dieu beaucoup plus important qu'Hèlios, les textes marquent, au fil des siècles, une assimilation de plus en plus étroite entre les deux divinités, ou, plus rigoureusement parlant, entre Apollon et l'astre du jour[98].

Ces hésitations portent en fait sur la définition même du dieu : on y reviendra *in fine*, lorsqu'on examinera l'« origine » d'Apollon et de Lug.

Pour l'heure, on notera que si ces dieux ont de puissants rapports avec le soleil, ils en ont également, de plus discrets, avec la lune. Pour Apollon, c'est le rituel qui l'atteste : on verra qu'en plusieurs endroits il était fêté à chaque nouvelle lune, c'est-à-dire à chaque changement de mois : il portait l'épiclèse de *Neomênios*, c'est-à-dire dieu de la *Noumênia*, ou néoménie, changement de mois à l'occasion de la nouvelle lune[99]. Dans une fête célébrée à Thèbes en l'honneur d'Apollon, les Daphnèphoria, une procession portait un objet au sommet duquel une boule de bronze représentait le soleil, tandis qu'au milieu une boule plus petite était une image de la lune, d'autres boules encore plus petites suspendues à la première représentant les planètes et les étoiles[100]. Il porte aussi l'épiclèse de *Selásphoros*, « Porteur de lumière » (ci-dessus), mais *sélas* est le mot à partir duquel a été forgé le nom de la lune, *Sélènè* : tout se passe comme si la lumière de la lune, aussi bien que la lumière solaire, et finalement toute lumière, caractérisaient Apollon. Du côté de Lug, à côté de ses aspects solaires, il y a son nom qui, comme on l'a dit, est proche de celui de la lune dans les langues celtiques : si le moyen-irlandais *luan*, *lón*, « lumière, lune », vient de **louksno* ou **leuksnâ*, avec la forme **leu-k-* de la racine **leu-*, comme notre propre mot *lune*, les formes britonniques, gallois *lleuad* et *lloer*, vieux-cornique *luir*, breton *loar*, proviennent de **leu-g-*, exactement comme le nom de Lug[101] : coïncidence telle qu'on peut se demander si les locuteurs des langues celtiques, au temps du paganisme, n'entendaient pas dans le nom de Lug celui de la lune, ou, inversement, dans le nom de la lune le sens de « la luguienne » ou « le luguien », autant que « la lumineuse » ou « le lumineux ».

De fait, différents documents antiques attestent que la lune appartient comme le soleil à Lug ; une figuration de Mercure, trouvée au XVIIe siècle dans la cathédrale Saint-Pierre de Lisieux et connue par un dessin, le montre adossé à un arbre, croissant lunaire à côté de lui[102] ; commentant une monnaie celtique où l'on a vraisemblablement une figuration de Lug, D. Gricourt et D. Hollard notent qu'elle s'inscrit dans « un nimbe éclatant qui correspond à la nature héliaque de Lugus » ; mais le croissant de lune qui figure aussi à l'intérieur « pourrait rappeler la nature duale du dieu qui, bien qu'essentiellement solaire, est peut-être aussi dans une moindre mesure lunaire[103] » : c'est exactement ce qu'on a dit à l'instant d'Apollon. Une autre monnaie montre un oiseau ailes éployées dont la figure s'inscrit exactement dans un cercle solaire, son corps est traversé d'une flèche : Gricourt et Hollard y ont reconnu une figuration à la fois de la mise à mort et de la transformation de Lug en oiseau, toutes choses sur lesquelles on reviendra ; mais on note pour l'instant qu'il y a un petit croissant de lune à droite de l'oiseau[104]. Un remarquable dépôt découvert en 1844 à Felminghan Hall, dans le Norfolk, comprenait une roue à douze rayons, deux oiseaux, et surtout une figure de tête de jeune dieu barbu entourée d'un disque sans doute solaire et surmonté d'un croissant de lune : M. García Quintela l'identifie justement à Lug[105], de même qu'une figure gravée à l'âge du fer à la station d'As Canles, à Fentáns (Campo Lameiro, Pondevedra), représentant un anthropomorphe partiellement oiseau, qui tient un soleil de la main droite, et un demi-croissant lunaire se trouve à gauche de sa tête[106].

Maîtres de la lumière, solaires d'une manière ou d'une autre, également lunaires, Lug et Apollon ont naturellement d'étroites relations avec le feu. On a vu ci-dessus Lug en produire au moment où il court avec les chaînes qui étaient censées l'immobiliser. De même, Apollon, débarquant du navire des Crétois qui l'a mené jusqu'à Krisa, sous l'apparence d'un astre d'où jaillissent des feux sans nombre, gagne l'emplacement de son temple de Delphes, et alors « y alluma la flamme, en faisant luire ses traits fulgurants », de sorte que « Krisa tout entière en fut illuminée » (*HHA*, 440-447) ; après quoi le culte d'Apollon se fait entièrement sous le signe du feu : feux du sacrifice, sur lesquels on reviendra, et qu'exprime bien une épiclèse récemment découverte à Chypre, *Lakeutês*, tirée d'une racine *lak-* qui exprime le grésillement de la flamme[107] ; foyers entretenus éternellement en son temple de Delphes, en celui d'Apollon Karneios à Cyrène[108], en celui d'Apollon Lukios à Argos, où le feu perpétuel fut créé par le premier roi, Phorôneus[109] ; divination par le feu (empyromancie), pratiquée à Thèbes au sanctuaire d'Apollon Isménios, où flammes et cendres de l'autel sont également prophétiques, car le dieu Isménios est aussi dit *Spódios*, « Celui des cendres[110] » – les Tragiques ont montré le grand devin thébain, Tirésias, pratiquer la divination devant les autels à feu[111] –, et à Delphes aussi, selon certains lexicographes, des *purkóoi* auraient pratiqué une divination par *émpura*[112] ; association d'Apollon avec Hestia, la déesse du foyer, à Delphes – « Dans le *mégaron* d'Apollon, écrit M. Detienne[113], Hestia occupe la place du foyer central au cœur de la demeure du dieu architecte [Apollon, *cf.* ci-dessous, p. 113-123[114]]. C'est sur son autel que la Pythie brûle les feuilles de laurier[115] ; c'est son feu, toujours éveillé, qui dévore les offrandes sacrificielles destinées au maître de maison[116] », tandis qu'à Dèlos, l'archonte éponyme et stéphanophore d'Apollon siège dans le prytanée, à proximité du sanctuaire du dieu, où il sacrifie à Hestia de qui il tient sa charge[117] ; feu de la colonisation, les oikistes (c'est-à-dire les chefs d'expéditions de colonisation) prenant au foyer de Delphes celui qu'ils apporteront dans la colonie à fonder[118]

– Aristophane, parodiant cette coutume dans les *Oiseaux*, où deux Athéniens s'en vont fonder une nouvelle cité chez les oiseaux, les fait d'abord sacrifier à Hestia, puis aussitôt après à Poséidon et à Apollon[119], tout comme, dans le mythe de la fondation de Mégare, le roi Alkathoos sacrifie avant tout, sur un foyer, *hestíâ*, aux dieux *Prodomeîs*, « D'avant la construction », puis reçoit l'aide d'Apollon pour celle-ci[120]. Un passage célèbre d'Eschyle, parlant de la procession organisée annuellement d'Athènes à Delphes (*cf.* ci-dessus), campe ses participants comme enfants d'Hèphaïstos – dieu du feu –, traçant le chemin pour Apollon, « apprivoisant pour lui le sol sauvage[121] », et le scholiaste ajoute que les Athéniens portent alors des *pelékeis*, des double haches, façonnées par Hèphaïstos[122].

Les philosophes, identifiant, dans une tradition manifestement due aux pythagoriciens, le Soleil et Apollon, celui-ci est feu, bientôt feu central : pour le pythagoricien Philolaos, de la génération antérieure à Platon, le feu central est Hestia[123], mais pour Théagène de Rhégion, au Ve siècle, tenu parfois pour le fondateur de l'interprétation allégorique des mythes, ce qu'Homère nommait le feu est à la fois Apollon, Hèlios et Hèphaïstos[124], et pour Speusippe, neveu de Platon, et son successeur à la tête de l'Académie, le Soleil s'appelle Apollon « parce que sa force [son être ?] est constituée de beaucoup de feux[125] ».

Nous sommes dans une ignorance à peu près totale des rites sacrificiaux celtiques anciens. Il est donc impossible de trouver des parallèles à ce qui a été dit ci-dessus d'Apollon. Pourtant, les liens entre Lug et le feu s'attestent dans diverses légendes irlandaises. Dans l'une d'elles, Lugh est éduqué chez le forgeron Gavida[126], dont on verra dans dans un autre chapitre qu'il est l'exact équivalent de l'Hèphaïstos grec[127] ; il n'est donc pas surprenant que, parmi ses innombrables capacités, Lugh puisse revendiquer celle de forgeron[128], ni qu'au moment du meurtre de Balor pendant la seconde bataille de Mag Tured, il soit en mesure d'attraper une boule de fer brûlant que lui envoie le forgeron Goibniu (identique à Gavida) pour la renvoyer dans l'œil (unique) de Balor à l'instant précis où il s'entrouvre[129], opération qu'il réalise seul, en saisissant une barre de fer chez Gavida, pour tuer Balor, dans la légende irlandaise mentionnée à l'instant[130] – aussi n'est-il pas indifférent que le Mercure gallo-romain soit parfois joint à Vulcain[131] (le *Vulcanus* latin était le dieu du feu, le dieu-feu, comme l'Hèphaïstos grec), et que sur un relief fragmentaire de Strasbourg Mercure brandisse un marteau[132]. Selon une autre légende, localisée dans l'un des sites où l'on a célébré les équivalents de la fête de Lug, l'ancienne Lugnasad, jusqu'à notre époque, à savoir Cullen, dans le sud-ouest de l'île, une fille, membre d'un de ces trios de sœurs que l'on rapproche des groupes de trois déesses de l'ancienne Gaule[133], transporta le feu, dans son tablier, de chez un forgeron jusqu'à chez ses sœurs[134] : relation indirecte avec Lug. Et celui-ci, comme Apollon, a de fortes relations à la fois avec le roitelet, oiseau à qui l'on doit, dans le légendaire d'Europe occidentale, la conquête du feu, qu'il prit au soleil, et avec le corbeau, auteur du même exploit en diverses régions du monde[135]. Rien ne permet donc de dire que Lug « est » le feu[136], mais tout indique qu'il entretient avec lui des rapports très étroits : comme pour Apollon, la brillance du feu est de son ressort.

Des dieux jeunes, beaux, grands

Lug et Apollon sont non seulement brillants mais, toujours, également jeunes, grands et beaux. Les textes cités ci-dessus l'ont déjà indiqué clairement.

La jeunesse de Lug est ainsi mentionnée par l'*Oidhed Chloinne Tuireann*, le texte issu du manuscrit Egerton 1742, et le passage de la *Táin bó Cualnge* où l'on voit le dieu venir au secours de son fils Cúchulainn.

Sa haute taille est évoquée, ou décrite, par le *Suidigud tellaig Temra*, le manuscrit Egerton 1742, le passage de la *Táin* évoqué ci-dessus, et la version citée de la « Seconde bataille de Mag Tured » le qualifie de « grand guerrier ».

Il est beau selon le *Suidigud tellaig Temra*, l'Egerton 1742, et la *Táin*. Un poème de Gafraith Fionn O'Dalaigh, en 1387, décrit Lugh en ces termes : « Pas une créature faite de terre ou d'eau ne pourrait lui disputer le prix de la beauté : sa langue est plus suave [que les sons] des cordes de la harpe entre les mains des maîtres[137]. »

Quant à Apollon, on a déjà cité Callimaque, dans l'hymne qu'il lui consacre : « Dieu toujours beau, dieu toujours jeune[138]. »

Dans leurs panthéons respectifs, Lug et Apollon appartiennent à la seconde génération divine. Nonobstant l'importance considérable de chacun, les textes en font bien des « tard venus ».

En Irlande d'abord, une des scènes les plus célèbres de la mythologie de Lugh est celle, dans la version de la « Seconde bataille de Mag Tured » fournie par le manuscrit Harleian 5280 (ou Première version), où il arrive devant Tara alors qu'y règne Nuada et que les Túatha Dé Dánann sont encore sous l'oppression des Fomóire. Lugh demande à entrer, mais le portier lui pose des questions sur ce qu'il sait faire pour justifier cette intention de s'intégrer aux habitants de la cité : à chaque qualification qu'annonce Lugh, le portier répond qu'on a déjà le spécialiste correspondant. On citera plus loin cette scène en entier, lorsqu'il s'agira de comparer les dons d'Apollon aux capacités de Lug. Voici en tout cas comment elle commence :

> Après Bres, Nuada fut à nouveau roi des Tuatha Dé. En ce temps-là, il fit pour les Tuatha Dé à Tara un grand festin. Il y avait alors un autre guerrier qui approchait de Tara : son nom était Samildánach. Il y avait deux portiers à Tara en ce temps-là : leurs noms étaient Gamal fils de Figal et Camall fils de Riagall. Quand l'un d'entre eux était là, il vit une troupe extraordinaire venir vers lui. Devant elle marchait un jeune guerrier aimable et beau, avec un équipement de roi.
>
> Ils dirent au portier d'annoncer leur arrivée à Tara. Le portier dit :
>
> « Qui est-ce ?
>
> – C'est Lugh Lonnandsclech fils de Cian fils de Diancecht et d'Eithne fille de Balor. Il est fils adoptif de Tallan fille de Magmor, roi d'Espagne, et d'Eochaid le Rude, fils de Duach. »
>
> Le portier demanda à Samildánach [c'est-à-dire à Lugh] :
>
> « Quel art pratiques-tu ? Car personne ne vient sans art à Tara.
>
> – Pose-moi des questions, dit-il, je suis charpentier. »
>
> Le portier répondit :
>
> « Nous n'en avons pas besoin, nous avons déjà un charpentier, Luchtai fils de Luachaid… »

et ainsi de suite[139] : le mythe présente nettement les Túatha comme une société complète, entièrement constituée, établie ; c'est donc un jeune dieu, en « surnombre », qui veut s'intégrer à la communauté divine, et, on le verra, y réussit. Lugh est bien un dieu de seconde génération, par rapport aux Nuada, Luchtai, Dagda, Goibniu, etc.

Le *Mabinogi de Math*, de son côté, repose entièrement sur l'opposition de deux générations, l'une représentée par le roi Math et ses contemporains exacts, les enfants de Dôn, c'est-à-dire Gwydion, sa sœur Arianrhod, son frère Govannon, etc.[140] La génération suivante est représentée par les deux fils d'Arianrhod, l'un, Dylan, précocement tué par son oncle Govannon[141], l'autre, Lleu, élevé par son oncle Gwydion. À partir de leur naissance, le *Mabinogi de Math* se transforme en ce qu'on peut appeler « les enfances de Lleu », c'est-à-dire l'histoire de son éducation, de sa triple acquisition d'un nom, d'armes, d'une femme, puis raconte sa mort, à valeur initiatique, enfin son accès au trône : les premiers mots du *Mabinogi* mentionnent le règne de Math, les derniers disent que Lleu succéda à Math[142].

Apollon est, de la même façon, un jeune dieu, tard venu dans la société divine. Fils de Zeus, il appartient à la seconde génération divine comme Arès, Athèna, Hermès. L'hymne homérique à Apollon, sans dire explicitement que le dieu n'a pas de *klêros*, de « domaine » propre, lui oppose nettement les dieux antérieurs chez qui, cherchant un lieu où s'établir, il passe : Poséidon à Onkhestos, Telphousè près d'Haliartos, enfin, à Delphes même, le dragon femelle, gardien du site, qu'il tue, et dont on sait (ci-dessous) qu'il représentait la Terre, première titulaire du site[143]. De la même façon, lorsqu'Apollonios évoque le meurtre du dragon Delphunè par Apollon, il note que cela eut lieu « alors qu'il était encore un tout jeune garçon nu, tout heureux encore de ses cheveux bouclés » (*Arg.*, II, 606-607), et si ces deux textes ne mentionnent pas la Terre, possesseur antérieur du site, Euripide comble cette lacune dans le passage suivant :

> Qu'ils sont beaux les enfants de Lètô, qu'a mis au monde la Dèlienne, dans les vallons féconds de l'île, le dieu aux cheveux d'or, docte joueur de lyre, et la déesse orgueilleuse de son adresse à tirer l'arc !
>
> Et de la colline insulaire, quittant le lieu de ses couches illustres où l'eau ruisselle, sa mère aussitôt le porta au sommet du Parnasse, au sommet animé par les danses bacchiques, où le serpent couleur de vin, au dos tacheté et couvert, ainsi que par une cuirasse, du laurier ombreux et feuillu, monstre énorme issu de la Terre, gardait l'oracle chtonien.
>
> Et toi, encore enfant [*bréphos*], qui bondissais encore dans les bras de ta mère chérie, tu l'immolas, ô Phoibos : tu t'emparas de l'oracle divin. Et te voilà siégeant au trépied d'or, sur le trône véridique, chantant aux mortels l'avenir, du fond du prophétique sanctuaire, voisin des flots de Kastaliâ, dans son temple, centre du monde[144]...

Et dans l'*Iliade*, son oncle Poséidon ne manque pas de souligner sa jeunesse. Le provoquant au combat, il lui dit : « Commence : tu es le plus jeune [*neôteros*] ! » (XXI, 439).

Dans l'hymne homérique, Apollon, après avoir vaincu le dragon, va chercher des desservants pour son sanctuaire[145], puis revient à Krisa ; c'est là qu'il prend successivement « l'apparence d'un astre qui luit en plein jour », puis celle « d'un homme robuste et fort, aux premières années de la jeunesse », dont la chevelure « couvrait les larges épaules[146] », et ce sera là son aspect sculptural classique de *koûros*[147], au point qu'il lui arrivera de l'exiger de ses adorateurs : le règlement pour la fête d'Apollon à Actium, en Épire, prescrit de « faire croître sa chevelure » ; on rend donc hommage au dieu en portant, comme lui, les cheveux longs[148], et cela rend parlant ce passage de l'*Odyssée*, où, pour la fête d'Apollon, se rassemblent « les Achéens aux longs cheveux[149] ».

Ce lien avec la jeunesse est systématique : ce sont aussi des jeunes filles, appelées les Vierges hyperboréennes, et cinq jeunes gens, les Perpherées, qui apportent annuellement les prémices des récoltes à Dèlos[150], ou des garçons (*paîdas*) que Callimaque montre faisant chanter leur cithare et résonner leur pas pour accueillir Apollon à Alexandrie, ou aussi bien pour le servir au val de Tempè, en Thessalie[151]. À Sicyone de même, à la suite d'un fléau – une épidémie – infligé à la ville par Artémis et Apollon, raconte Pausanias[152], on envoya les enfants les prier et les persuader de revenir à leur rôle de protecteurs de la cité ; depuis, ce sont les enfants qui, lors de la fête d'Apollon, conduisent les dieux dans le sanctuaire de la Persuasion (Peithô), puis les ramènent au temple d'Apollon, tandis qu'à Mykonos, après une « hécatombe » en l'honneur d'Apollon, les parts d'honneur reviennent au prêtre du dieu, aux enfants (*paîdes*), et aux « nouveaux époux[153] ». Apollon patronnait également les épreuves sportives, ce qui lui valait le surnom d'*Enagôgios*, « Celui qui est concerné par les *agônes*[154] ».

Seuls deux autres personnages mythologiques importants dans les traditions grecque et celtique sont ainsi présentés comme des jeunes : ce sont en Irlande Óengus[155] et en Grèce Hermès[156]. Or ces deux divinités sont extrêmement proches l'une de l'autre, au point qu'il est possible d'affirmer qu'elles représentent un seul et même dieu, séparé en deux du jour où proto-Grecs et proto-Celtes ont formé des peuples distincts l'un de l'autre[157]. La double rencontre, Lug et Apollon, Hermès et Óengus, n'en est que plus impressionnante. Ce d'autant qu'il existe entre les deux couples des différences corrélatives.

Aucun texte irlandais ou gallois ne nous dit que Lugh-Lleu manquait de quelque chose. Lugh apparaît devant Tara, satisfait aux épreuves qu'on lui impose (ci-dessous), et le voici dans la place ; Lleu succède à Math après une terrible épreuve, mais sans avoir rien réclamé. Les choses sont semblables pour Apollon. À peine né, il réclame, et obtient aussitôt, ses armes, puis s'empare de Delphes, et est accueilli dans l'Olympe[158] : jamais il ne se plaint de ne pas avoir de part. Inversement, c'est tout à fait explicitement que les textes concernant Hermès, en Grèce, Óengus en Irlande, les montrent privés de domaine et en exigeant un, puis utilisant la ruse pour se servir aux dépens d'un dieu antérieur. Le double parallélisme est rigoureux.

Or cette différence de traitement de la « promotion » des dieux se répercute dans l'état final : Lug s'impose immédiatement face au roi Nuada, apparaissant alors comme au sommet de la hiérarchie divine, Apollon terrorise dans l'Olympe tous les dieux, hormis Zeus et sa mère Lètô[159]. Quoique jeunes, Lug et Apollon sont *ipso facto* des dieux souverains, du plus haut niveau[160]. Ce qui n'est nullement le cas de ces autres jeunes que sont Óengus et Hermès : l'un et l'autre restent, dans les mythes, subordonnés, le premier soit à son père le Dagda, soit à Manannán, le second à Zeus dont il est, dès les plus anciens récits, le serviteur[161]. Là encore le parallélisme est rigoureux et la mythologie commune celto-hellénique comprend manifestement, solidairement, le couple Lug/Apollon-Óengus/Hermès dont les deux termes sont soigneusement distingués[162].

La beauté et la taille de Lug sont encore mentionnées dans le récit irlandais intitulé le *Baile in Scáil* (« Extase du Fantôme »), initiatique s'il en est : Conn Cétchatach, futur grand roi d'Irlande, voit sa royauté « révélée » en deux étapes. D'une part, étant dans la forteresse de Tara, il marche sur une pierre qui crie sous son pas, et un de ses druides lui explique que le cri de cette pierre, la fameuse pierre de Fál, annonce sa royauté et celle de sa descendance ; d'autre part, alors qu'il se trouve devant Tara, cinquante-trois jours plus tard, il est subitement enveloppé de brouillard et enlevé par un cavalier qui le mène dans une forteresse devant la porte de laquelle se trouve un arbre d'or, à côté d'une maison au toit de bronze blanc. Ils entrent. Ils voient une jeune fille, buvant à une coupe d'or, à côté d'un chaudron d'argent aux anses d'or et d'un vase également en or. Dans la même pièce, « ils virent le champion lui-même dans la maison, devant eux, sur le siège royal ; on n'aurait pas trouvé à Tara d'homme qui le surpassât par la taille, pour l'amabilité, pour la beauté de sa forme et la nature étrange de son visage.

Il leur parla et leur dit : "Je ne suis pas un champion en vérité et je te révèle quelque chose de mon mystère et de ma gloire : c'est après la mort que je suis venu, et je suis de la race d'Adam. Voici mon nom : Lugh fils d'Ethlenn fils de Tigernmas. Je suis venu pour te révéler le destin de ta propre souveraineté et de chaque souveraineté qui sera à Tara." La jeune fille qui était dans la maison avec eux était la souveraineté éternelle d'Irlande[163] ».

On reviendra sur ce texte, pour le rôle oraculaire de Lug. Mais ici, notons que ce qui est dit de son *alter ego* gallois Lleu correspond tout à fait à ce que racontaient les Irlandais : Gwydion ayant entendu des cris dans le coffre où il avait rapidement mis l'avorton issu d'Arianrhod, on ouvrit, on trouva un bébé ; Gwydion le confia à une nourrice, puis « on le nourrit une année. Au bout de l'année, il était d'une taille qui eût paru forte même pour un enfant de deux ans. Au bout de la deuxième année, c'était un grand enfant capable d'aller tout seul à la Cour... Il fut élevé à la Cour ainsi jusqu'à l'âge de quatre ans. Il eût été bien assez développé pour un enfant de huit ans ».

Bientôt Gwydion le présente à sa mère Arianrhod, laquelle (ci-dessus) refuse de le reconnaître car elle voit en lui une atteinte à son honneur. Réponse de Gwydion : « Si tu n'as pas d'autre déshonneur que celui de voir nourrir par moi un enfant aussi beau que celui-ci, ce sera peu de chose. » Peu après, Gwydion ayant réussi, par ruse, à faire procurer à Lleu, par sa mère, à la fois un nom et une armure, il va, avec le roi Math, lui fabriquer une épouse. Or Lleu « avait alors la stature d'un homme et c'était bien le jeune homme le plus accompli qu'on eût jamais vu[164] ».

Ainsi, Lugh, Lleu, Apollon sont blonds, grands, beaux. Aussi bien en Grèce qu'au pays de Galles les textes insistent sur leur précocité : c'est dès sa première année que Lleu dépasse en taille tous les autres enfants ; c'est encore petit, nourrisson même, qu'Apollon marche sur

Dèlos, y réclamant son arc et sa lyre, ou qu'il va tuer le dragon à Delphes, âgé de cinq jours, selon Hygin (*F.*, 165, 5), et c'est dès l'âge de quatre ans, selon Callimaque, qu'il assemble les premières assises de son futur temple à Dèlos (*HA*, 58).

Sur la haute taille de ce dieu que je suis donc en droit d'appeler « celto-hellénique », notons un dernier élément : Apollon est le dieu auquel les Grecs ont consacré le plus de statues colossales. On connaît le célèbre Colosse de Rhodes, statue d'Apollon ou d'Hèlios, et qui était la plus importante des cent statues colossales d'Hèlios que les Rhodiens avaient édifiées sur leur île : elle était haute de 32 mètres ; ils avaient été précédés par les gens de Naxos qui consacrèrent, au VIe siècle ou dès la fin du VIIe siècle, une statue colossale d'Apollon en son sanctuaire de Dèlos, qui devait mesurer environ 9 mètres, ce qui en fait de très loin la plus grande statue grecque de l'époque[165] ; il y eut aussi la statue d'Apollon à Apollonia du Pont, qui atteignait 13,86 mètres, et fut prise par les Romains qui en firent la statue d'Apollon Capitolin ; l'Apollon de Tarente, œuvre de Lysippe, de 18 mètres ; une statue d'Apollon « de taille colossale » consacrée par les gens de Géla en Sicile sur leur rivage – celle-ci fut enlevée par les Carthaginois[166] ; les Étrusques, dont on sait l'intérêt pour les choses grecques, adoptèrent Apollon ; imitant leurs modèles, ils réalisèrent un colosse en bois du dieu, de 14 mètres ; les Romains le volèrent aussi et l'installèrent devant le temple d'Apollon Palatin. Toutes ces statues succédaient à un premier Apollon colossal : celui édifié par Bathuklès pour les Spartiates à Amyclées, d'entre 13 et 14 mètres de hauteur[167].

En dehors de ses statues d'Apollon, on cite, comme statues de grande taille, celle de Zeus à Olympie, assis, haute d'11 mètres, et quelques autres : Athèna Parthènos à Athènes, Hèra à Argos...

C'est donc Apollon que les Grecs ont avant tout représenté comme un être colossal, et, en second lieu, Zeus. Il en est exactement de même chez les Celtes : les statues et figurations gigantesques connues dans le monde celtique sont en effet :

– la statue colossale de « Zeus » que Strabon mentionne à Taouion, l'une des trois places fortes des Trokmoi, tribu galate d'Asie Mineure[168]. Ce « Zeus » celtique est vraisemblablement l'équivalent du Dagda irlandais[169] ;

– la gravure d'un géant, dans le calcaire du Dorset, à Cerne Abbas : c'est, sans doute, également le Dagda[170] ;

– la statue gigantesque de Mercure que les Arvernes avaient commandée au sculpteur grec Zênodôtos et qui fut édifiée au sommet du puy de Dôme, et alors la plus grande connue[171]. Il est significatif que, jaloux, Néron ait demandé au même artiste une statue de lui-même, mais consacrée au Soleil, et mesurant 119 pieds (33 mètres) ;

– un Mercure herculéen, avec bourse et caducée, bouc à ses pieds, au Wasserwalt, site gallo-romain près de Saverne[172] ;

– la plus importante, qui n'est plus représentée que par un torse nu colossal, et devait avoir 9 mètres de hauteur, dans un groupe de neuf statues, dont les huit autres étaient de taille un peu plus grande qu'humaine, au Montmartre, à Vault-de-Lugny, situé près d'Avallon en Bourgogne, lieu d'une dédicace à Mercure[173] ;

– deux Epona marchant vers un buste de Mercure beaucoup plus grand qu'elles sur un relief découvert en 1924 dans les fondations de la cathédrale de Strasbourg[174] ;

– les restes d'une statue monumentale de Mercure, livrés par des fouilles, à Chambéry[175].

Or le « Mercure » gaulois n'est autre que Lug. Ainsi, la plus grande statue gauloise connue, celle des Arvernes, représentait Lug : on rappellera ici ce texte de la « Fondation du domaine de Tara » où Lugh (sous le nom de Trefuilngid) est décrit comme si grand que ses épaules atteignaient la taille des arbres et qu'on pouvait voir ciel et nuages entre ses jambes[176].

On voit donc comment les Grecs ont réalisé des statues gigantesques d'Apollon, et en second lieu de Zeus, tout comme les Celtes en ont fait surtout de Mercure, et en second lieu de Jupiter, c'est-à-dire du Dagda. Ce gigantisme commun à deux dieux souverains de chacune des deux théologies, et se correspondant deux à deux, est un point commun de plus entre elles.

Mais parfois polycéphales !

Nous en sommes nécessairement d'accord, Apollon et Lug sont de beaux jeunes hommes.

Et pourtant ! Celtes et Grecs s'accordent sur ce qui nous paraît une anomalie : ils ont parfois figuré, certes indépendamment les uns des autres, leur si beau dieu comme un être à plusieurs têtes.

Pour Apollon, c'est un document unique qui l'assure, mais il est mentionné dans des conditions telles que son authenticité ne fait aucun doute. La statue d'Apollon polycéphale se trouvait, de même que celle qui le représentait en guerrier, à Amyclées, ville située au sud de Sparte, en Laconie, lieu du principal sanctuaire du dieu dans ce pays. Elle est évoquée par des auteurs qui ont été des spécialistes de Sparte, comme Sôsibios, Spartiate lui-même, au IIIe siècle avant notre ère, ou plus exactement par ceux qui le citent, dans la basse Antiquité ou au Moyen Âge. C'est ainsi qu'au IIe siècle de notre ère, Zénobios évoque Sôsibios, pour signaler l'Apollon *tetrákheir* (à quatre mains) et *tetráôtos* (à quatre oreilles) des Lacédémoniens, en précisant : « Les Lacédémoniens élevèrent une statue à ce dieu, parce qu'il leur était apparu quand ils combattaient pour Amyclées[177]. » De même Diogénianus[178] parle de l'Apollon à quatre oreilles des Lacédémoniens, et Apostolios[179], comme Zénobios, lui attribue quatre oreilles et quatre mains. Libanios, Hésykhios encore mentionnent ce dieu, le second ajoutant qu'on appelle *kunakías*, en laconien, les lanières découpées dans la peau d'un bœuf sacrifié à Apollon *Tetrákheir*. Enfin son aspect est connu par des stèles lacédémoniennes d'époque hellénistique[180].

Il s'agit donc d'un Apollon janus, à deux visages et deux bustes, mais il est à souligner que ses dénominations insistent sur le nombre quatre, et non sur la dualité. Celle-ci est implicite.

Or, des traits semblables se retrouvent avec Lug. Il lui arrive d'abord d'être, comme l'Apollon Tétrakheir, double. On connaît, sur la petite île de Boa, en Ulster, au nord du Lower Lough Erne, une statue en pierre d'un Ésus *bifrons*, aux yeux immenses, accroupi[181] : j'ai montré ailleurs qu'Ésus est Lug[182], et ici la mention des yeux immenses confirme cette identification[183].

Mais on a aussi, à Bordeaux, un Mercure quadricéphale : deux des visages sont imberbes, les deux autres barbus[184] – pilosité significative, puisque Lug est le héros qui, jeune, a réussi des épreuves qui l'ont fait passer d'un statut d'adolescent à un statut de jeune adulte : la barbe connote ce dernier état, tandis que les têtes imberbes expriment sa jeunesse antérieure[185]. Comme le « dieu aux oiseaux » gallo-romain, caractérisé par deux de ces animaux perchés sur les épaules[186], est vraisemblablement Lug (ci-dessous), on notera qu'à Avenches, dans le canton de Vaud[187], et à Martigny, dans celui du Valais, en Suisse[188], on a des chapiteaux décorés des quatre têtes du dieu, barbues, et encadrées aux angles par des oiseaux.

Plus que cela, Lug est, dans l'Antiquité, souvent pluralisé : on parle des *Lugoves*, en particulier en Espagne, où presque toutes les dédicaces qui le mentionnent[189] sont ainsi au pluriel, sous les formes *Lugoues*, *Lugouibus*, *Lucoubu*, *Lucubo*, et aussi *Lougoues* à Avenches en Suisse, à Nîmes et à Alès en France, dans le Gard, et à Bonn en Allemagne[190]. Peut-on préciser combien sont ces Lugoves ? C. Sterckx remarque que tous les autels connus aux Lugoves portent trois foyers[191], et, en Galice, où l'on a plusieurs de ces inscriptions au datif pluriel, elles sont surmontées dans deux cas de trois *foci* ou orifices[192]. Or, on connaît, en Gaule, plusieurs figures d'un Mercure tricéphale : sur l'une des faces d'un pilier du sanctuaire de la Cité, à Paris, ou encore à Beaune[193], et à Condat (statue aujourd'hui au musée de Bordeaux[194]). On a, à Reims, un pilier couronné d'une triple tête de Mercure[195]. À Soissons, la tricéphalie de Mercure est suggérée, sur un pilier, par un visage qu'encadre un bandeau qui vient coiffer un groupe de trois motifs végétaux ; au registre inférieur, sous cette curieuse tête, on a deux oiseaux[196]. En Irlande, une tête de pierre à triple face (aujourd'hui au musée de Dublin) a été découverte à Corleck Hill, dans le comté de Cavan : c'est l'un des sites où se célébrait jusqu'à des temps récents la fête irlandaise correspondant à l'ancienne Lugnasad[197]. On connaît, dans le nord de la France et dans le Benelux, une série de vases ornés sur leur pourtour de figures divines en relief ; on les appelle les « vases à bustes » : et, parmi ceux-ci figure généralement un être tricéphale, comme sur les vases trouvés à Bavai, Tournai, Traisdorf, Blicquy, Élonges, Rosmeer, Vodecée, Baudour, Pommerœil ; sur l'un de ceux de Bavai, un buste est orné d'ailerons sur les tempes, un autre porte des embryons de cornes, signes qui l'identifient clairement à Mercure[198]. Par ailleurs, un récit, de la tradition orale irlandaise, fait arriver Lug à Tara avec deux compagnons, et d'autres lui attribuent deux frères du même nom que lui, mais morts en bas âge[199] : on ne peut que rapprocher ces données du pluriel *Lugoves*[200].

D'autre fois, la triplicité s'exprime en ce que Mercure a un triple phallus[201].

Mais d'autres faits indiquent que les Lugoves étaient deux – ce qui n'est pas incompatible, manifestement, ni avec la triplicité, ni avec la quadricité, du dieu Lug ! L'une des inscriptions hispaniques qui invoquent ce dieu pluriel, celle d'Osma (ancienne *Uxama*, nom celtique), dans la province de Soria, est : *Lvgovibvs sacrum L. L. Vrcico Collegio Svtorvm D. D.*[202] C'est donc le collège des cordonniers (*sutores*) d'Osma qui a dédié ce sanctuaire ou ex-voto (*sacrum*) aux Lugoves. Les mythologues ont précocement remarqué que, dans le *Mabinogi de Math*, il arrive à Lleu de se déguiser en cordonnier. Il s'agit de cet épisode, déjà mentionné et sur lequel on aura à revenir, où Gwydion ruse pour obtenir de la mère de Lleu, Arianrhod, qui a rejeté son fils, le nom qu'elle a juré qu'elle ne lui donnerait pas : Gwydion transforme Lleu et lui-même en cordonniers, à qui Arianrod s'empresse de commander des souliers ; c'est à ce moment que Lleu frappe habilement un roitelet, et ce que dit Arianrod de cet exploit formera désormais le nom du jeune héros[203]. Comme certains des patrons (chrétiens) des cordonniers, Crépin et Crépinien, forment un couple aux noms presque identiques, on conclut qu'ils prolongent un couple de dieux, ce qui correspond dans le *Mabinogi* au fait que Lleu avait un frère, et aussi à celui que deux personnages y changent leur aspect en celui de cordonnier[204]. Un autre saint protecteur des cordonniers et des métiers du cuir est Gengoult, dont l'histoire est une forme continentale de l'histoire galloise de Lleu Llaw Gyffes[205] : comme lui il fut victime d'un adultère, mais, imposant à son épouse, comme ordalie, de plonger sa main dans une source, celle-ci l'en retira, n'ayant plus de peau, ou parfois même plus de main. Cela fonde une double compétence de saint Gengoult, pour les travailleurs des peaux et pour les maris cocus.

Il se trouve que, des deux fondateurs de Lyon (Lugdunum), l'un s'appelle *Atepomaros* : or, le même nom se retrouve comme épiclèses de l'Apollon et du Mercure gaulois. Dès lors, il est logique de considérer les fondateurs de Lyon, Atepomaros et Mômoros, comme des formes humanisées des Lugoves[206]. *Atepomaros* signifie « Le très grand cheval » ou « Au très grand cheval », et précisément Lug – à la différence d'Apollon, cette fois[207] – a d'importantes relations avec le cheval. C'est pourquoi D. Gricourt et D. Hollard peuvent encore rapprocher des Lugoves la dédicace trouvée sur une éminence rocheuse[208] à La Vid, à Pola de Gordón, dans la province de León en Espagne : *Deis Equeunu(bo)*, au datif pluriel, « aux dieux "chevalins" », qui évoque à son tour la double représentation d'un homme à tête de cheval sur un vase peint de Numance[209].

La disproportion qu'on observe, entre un Apollon à la fois double (par sa figuration) et quadruple (par ses dénominations), attesté par un unique document grec, et le foisonnement de formes double, triple, quadruple de Lug, ne doit pas surprendre : la Grèce a précocement normalisé l'image de ses dieux, et celle qui a prévalu pour Apollon est tout ce qu'il y a de plus « normal » : c'est un dieu jeune, viril et beau, tant sous forme de *koûros* archaïque que citharède sur les peintures de vase (ci-dessous). On doit attribuer au très grand conservatisme religieux de Sparte qu'une statue hétérodoxe ait pu survivre durant des siècles, et même exister. Le monde celtique n'a jamais opéré, du moins de lui-même, cette normalisation, et ses dieux témoignent d'une diversité qui ne peut être que déroutante pour les esprits contemporains, issus, précisément, d'une éducation d'origine grecque. Et c'est encore un quasi-miracle que des auteurs de l'Antiquité tardive aient mentionné cette statue spartiate, à titre de singularité, et pour mieux dénoncer les aberrations du paganisme. Heureusement, car ainsi ils permettent de découvrir un point commun original entre Lug et Apollon.

Et hermaphrodites...

Les bizarreries ne sont pas finies : s'il arrive à notre dieu celto-grec d'être polycéphale, il est aussi parfois hermaphrodite.

Du côté celtique, ce sont à nouveau D. Hollard et D. Gricourt qui ont mis en lumière ce caractère, grâce à l'étude de monnaies. Sur l'une émise par les Boïens, le peuple qui a laissé son nom à la Bohème (*Boi-haemum*), on voit « Lugus figuré comme un hermaphrodite, nu mais probablement chaussé de bottes, [gisant] couché sur le dos, le flanc transpercé d'une lance ; sa main droite, schématique et énorme, est dotée de quatre doigts alors que sa main gauche paraît atrophiée. Le dieu est surmonté d'un rapace d'une dimension égale à la sienne et dont les serres prennent appui sur son corps. La tête de l'oiseau, ronde et centrée sur un globule figurant l'œil, peut être interprétée comme un motif solaire. Elle se confond avec celle de Lugus terrassé, le bec du rapace pouvant aussi bien figurer le cou du dieu ». C'est donc une représentation de la transformation de Lugus en aigle, connue par le *Mabinogi de Math*, lorsque Lleu est percé d'une lance par l'amant de sa femme. On reviendra donc sur les différents éléments de cette scène[210], mais on doit retenir ici l'hermaphrodisme, indiqué sur la monnaie par deux seins proéminents[211]. Certes, rien, dans la littérature, n'évoque cet aspect de Lug, et comme l'ont signalé pertinemment les auteurs que je viens de citer, on peut l'attribuer à une censure médiévale : nos textes sur Lugh, l'Irlandais, et sur Lleu, le Gallois, ont été transcrits et transmis par des clercs[212].

Les auteurs rapprochent alors de la figuration monétaire, d'abord, une stèle sculptée découverte dans la vallée d'Oo (Haute-Garonne), conservée au musée de Toulouse, attribuée à tort au Moyen Âge et qu'il convient à leur avis de dater plutôt du IVe siècle, et qu'ils décrivent ainsi : « Le personnage est entièrement nu, vu debout de face, le bras gauche le long du corps, celui de droite incliné vers le nombril. La poitrine, bien développée, est gonflée. De sa vulve part un phallus long et sinueux, en forme de serpent, qui se nourrit au sein gauche[213] », ensuite, deux tessons découverts en Angleterre, l'un à Lothbury (Londres), l'autre à Great Chesterford (Essex), et figurant des hermaphrodites armés de la lance – laquelle est l'arme canonique de Lug[214].

Ainsi, Lug est, au moins au moment où il meurt, homme et femme. Or, le même dieu grec d'Amyclées, à quatre oreilles et quatre mains, dont il a été question au paragraphe précédent, a, sur les quelques figurations qu'on a de lui[215] une tête masculine et une tête féminine.

Par ailleurs, la féminité d'Apollon apparaît dans une autre sorte de documents : sur les peintures de vases, Apollon est fréquemment en vêtements féminins, avec longue robe décorée, et ce, toujours lorsqu'il est musicien, muni de la lyre ou de la cithare[216].

On soupçonnera le dernier aspect (le vêtement féminin) d'être un affaiblissement du précédent : il est arrivé un temps où la Grèce n'admettait plus la bisexualité de leur grand dieu parfaitement masculin par ailleurs. Les vêtements sont venus rappeler plus discrètement l'ambivalence sexuelle, au lieu des traits franchement féminins, que seule conserve une figuration archaïque de Sparte.

Mais il y a donc bien une ambivalence sexuelle inhérente à l'image que les anciens Grecs et Celtes se faisaient respectivement d'Apollon et de Lug. Pour l'expliquer, je m'écarterai de l'interprétation qu'en donnent Gricourt et Hollard[217], préférant trouver une explication dans un renseignement fourni par le lexicographe Hésykhios : un même mot, dit-il, *kourídion*, d'une part désigne un jeune marié, d'autre part est une épithète de l'Apollon Tetrakheir des Lacédémoniens. Or, si on remarque que Lug est hermaphrodite dans un moment précis – lorsqu'il est tué et va se changer en aigle –, on voit qu'il a un point commun entre l'Apollon Tetrakheir d'Amyclées et le Lugus mourant de la monnaie des Boïens : ils franchissent l'un et l'autre un moment critique, la mort initiatique pour le dernier, le mariage pour le premier[218]. Or, à Sparte comme en d'autres endroits de Grèce, le mariage impliquait des rites d'inversion sexuelle : la nouvelle épousée était tondue et habillée en homme ; dans la cité voisine, et également dorienne, d'Argos, la nouvelle mariée était habillée en homme, tandis que des coutumes attestées en Grèce plus récente, en pays slave, en Europe occidentale, font tout simplement échanger leurs vêtements aux mariés au moment de la noce. La raison de tous ces rites homologues est de tromper les esprits, car le mariage est un moment dangereux, autant que la naissance, les funérailles – ou l'initiation[219]. Lleu était certes marié lorsqu'il est tué, mais tout est à recommencer : sa femme, Blodeuwedd, est complice de son assassinat, il ne la reprendra pas comme épouse après sa résurrection. Ainsi, il convient de voir dans la féminisation partielle et transitoire de Lug et d'Apollon l'illustration d'un moment clef de leur carrière : Apollon et Lug/Lleu sont ceux qui ont triomphé dans des épreuves à valeur de rites de passage.

On doit rappeler que la Grèce connaissait la tradition d'un amour pédérastique d'Apollon pour le roi Admète, en Thessalie, chez qui il dut servir comme esclave[220]. J'ai montré qu'il devait y avoir là une inversion, Admète étant une hypostase du dieu Hadès, et l'exil en Thessalie équivalant à une mort initiatique d'Apollon[221]. Or, la raison même de la pédérastie éducative et initiatique est que le jeune qui en en cours d'études auprès d'un maître n'est pas un homme au sens plein, donc est féminisé[222]. Ainsi, il y a là trace d'une féminisation initiatique d'Apollon[223].

Pratiquant des épiphanies, pour élus

Un des points communs les plus nets entre les deux figures théologiques ici étudiées est leur caractère épiphanique, la soudaineté et la fulgurance de leur apparition. Les textes principaux ont déjà été cités

(« Des dieux lumineux ») : Lug est un dieu qui surgit à l'horizon. On a vu que la première version (du manuscrit Harleian 5280) de la « Bataille de Mag Tured » expose comment un guerrier anonyme approche de Tara et arrive devant ses portes pendant que le roi est au banquet – c'est Lugh, bien sûr –, et la « Mort tragique des enfants de Tuireann » raconte le même événement en disant qu'alors que les Túatha Dé Dánann étaient en assemblée, ils virent « une troupe et une bonne armée dans la plaine, venant tout droit vers eux de l'est » : aucun récit ne nous relate le voyage antérieur de Lugh, des événements qui auraient pu se produire entre son point de départ (à la lettre, l'Espagne, où il aurait été élevé) et son point d'arrivée ; dans le *Suidigud tellaig Temra*, sous le nom de Trefuilngid, il est soudain là, immense et rayonnant, venant de l'ouest au coucher du soleil ; dans le passage de la *Táin Bó Cualnge* cité plus haut, le cocher de Cúchulainn voit un homme traverser les lignes ennemies et venir droit sur eux : c'est encore Lugh, intervenant cette fois comme père du héros. Lugh apparaît, un point c'est tout.

Ailleurs, lié par ses compagnons qui tiennent trop à lui pour le laisser combattre, le dieu se libère et surgit, éclatant de lumière et de force, sur le champ de bataille. Dans le *Baile an Scáil* et dans une des versions de la naissance de Cúchulainn, celle précisément où il apparaît comme son père[224], Lugh n'a pas à apparaître : il est là, on le découvre soudainement dans la pièce où l'on pénètre. Tel est le mode d'apparition de Lugh : soudain, inattendu, éclatant.

Il en est tout à fait de même pour Apollon. On a cité sa formidable épiphanie lumineuse devant les Argonautes et la création subséquente, ou, dans des versions moins mythiques, l'apparition de l'île d'Anaphê. Il y reçoit alors l'épiclèse d'*Aiglêtês*, « Éblouissant[225] ». Et Anaphê elle-même jaillit dans une épiphanie. Mais bien avant cela, dès sa naissance, Apollon « surgit » : « Hors du sein maternel, il jaillit à la lumière [*ek d'éthore prò phóôsde*] et toutes les déesses lancèrent des cris », dit l'hymne homérique à Apollon[226], formulation reprise par Callimaque : « Il bondit du sein maternel » [*ho d'ékthoren*[227]]. Le verbe *thróisko*, ici utilisé par Callimaque à l'aoriste, signifie « s'élancer, bondir, fondre sur » : la naissance d'Apollon est ainsi en elle-même une épiphanie violente, soudaine ; il se libère de la matrice comme, en un autre âge de la vie, Lugh s'est libéré des liens qui lui avaient été imposés.

Or, après la naissance du dieu, poursuit l'hymne homérique, le bébé divin est confié à Thémis, qui le nourrit de nectar et d'ambroisie[228]. Alors, « après que tu eus, Phoibos, consommé l'aliment immortel, les bandelettes d'or ne suffisaient plus à te contenir, tant tu te débattais ; ces entraves ne t'arrêtaient plus, et cédait tout ce qui limitait ta volonté[229] », ce après quoi le petit

Apollon réclame sa lyre et son arc, tandis que l'île se couvre d'or, comme on le notait plus haut. Il se confirme en ce passage que ce qui correspond en Grèce à l'enchaînement et à l'autodélivrance du dieu Lugh est l'épisode même de la naissance d'Apollon : le bébé Apollon ne supporte pas plus ses bandelettes que Lugh ne supportait ses chaînes, et dans l'un et l'autre cas, la délivrance se fait par arrachement, accompagné d'une production de lumière.

L'Irlande, elle, n'a raconté ni la naissance ni les enfances de Lugh, se concentrant sur ses exploits de guerrier achevé. Le *Mabinogi de Math*, par contre, au pays de Galles, apporte précisément ce qui manque en Irlande. Or comment naissent Lleu et son frère Dylan ?

Le roi Math cherchait une vierge pour tenir en permanence ses pieds dans son giron – condition de sa royauté –, et Gwydion propose sa propre sœur Arianrod.

> La jeune fille entra.
>
> « Jeune fille, dit Math, es-tu vierge ?
>
> – Je ne suis rien d'autre, à ma connaissance », dit-elle.
>
> Il prit alors sa baguette et la recourba.
>
> « Fais un pas par-dessus cette baguette, dit-il, je saurai alors si tu es vierge. »
>
> Elle fit un pas par-dessus la baguette, et au même moment elle laissa derrière elle un garçon grand et blond. L'enfant poussa un cri aigu. Après ce cri, elle gagna la porte, mais elle laissa encore quelque chose derrière elle. Avant que quiconque ait pu la regarder deux fois, Gwydion prit la chose, l'enveloppa dans un drap de *paile*, et la cacha dans un petit coffret au pied de son lit[230].

Ainsi, Arianrod n'accouche pas plus normalement que Lètô : ses enfants *tombent* d'elle, ce qui peut être une version affaiblie d'une forme du récit où, tel Apollon, ils « jaillissaient » de leur mère.

Le dieu grec, qui a si bien commencé, continue. Voici les premiers mots de l'hymne homérique à lui consacré : « Loin de l'oublier, je parlerai de l'Archer Apollon, dont les pas dans la demeure de Zeus font trembler les dieux ; tous se lèvent de leur siège à son approche, lorsqu'il tend son arc illustre. Seule, Lètô reste auprès de Zeus qui aime la foudre » (*HHA*, 1-5), et Jean Humbert commentait : « La brusque irruption du dieu Archer ne vise sans doute qu'à dépeindre sa puissance altière, qui s'impose à cet Olympe dont la Dame a mal accueilli sa naissance[231]. »

Oui, Apollon est altier ; mais surtout il arrive sur l'Olympe comme il est né, et comme il apparaîtra aux Argonautes : par soudaine épiphanie[232].

Dans la partie du même hymne qui, parce qu'on l'a pensée rajoutée, reçoit le nom de « Suite pythique », le dieu, après avoir tué le dragon femelle à Delphes, décide de trouver des desservants pour son tout nouveau sanctuaire. Il détourne donc un navire crétois, en prenant la forme d'un gigantesque dauphin[233], et le mène devant Krisa, le port de Delphes. Alors, « c'est là que surgit du navire Apollon, le Seigneur Archer, sous l'apparence d'un astre qui luit en plein jour ; il jaillissait de sa personne des feux sans nombre dont l'éclat allait jusqu'au ciel ; passant à travers les trépieds de grand prix, il pénétra dans son sanctuaire et y alluma la flamme, en faisant luire ses rayons fulgurants. Krisa tout entière en fut illuminée : les femmes des Kriséens et leurs filles aux belles ceintures poussèrent un long cri au choc de Phoibos ; une grande terreur s'empara de chacun » (*HHA*, 440-447[234]).

Voici donc une nouvelle épiphanie, et celle-ci rappelle directement, avec les mêmes images, la même ampleur, celles auxquelles les textes irlandais nous ont accoutumés au sujet de Lug. Le cri que poussent les femmes et jeunes filles de Krisa est l'*ololugê*, « qui salue l'épiphanie d'Apollon[235] ».

Il reste à préciser toutefois que ces épiphanies ne concernent proprement que des élus. Callimaque le dit explicitement : « Apollon ne se montre pas à tous, mais aux bons exclusivement. Qui le voit est grandi, qui ne le voit pas est abaissé. Nous te verrons, Archer [*Hekáerge*], nous ne serons pas abaissés » (*HAp*, 9-11[236]).

Il en est de même de Lugh : lorsque, dans la *Táin*, il vient à l'aide de son fils et traverse l'armée d'Ailill et de Medb, « Cúchulainn et Loeg, son cocher, voient ce dieu bienveillant mais il est invisible pour l'armée ennemie[237] ».

Cette vertu d'invisibilité sélective n'est pas spécifique de Lug et d'Apollon – il en est fait état, dans l'*Iliade*, pour Athèna, en Irlande pour Manannán[238] –, mais ce sont bien Lug et Apollon qui sont spécialistes de l'épiphanie – un auteur grec, Istros, avait écrit un livre intitulé *Les Épiphanies d'Apollon* – , et l'apparition de l'un et de l'autre est souvent accompagnée d'une lumière éblouissante.

Et à son tour, la marche de Lugh à travers l'armée ennemie, visible pour le seul Cúchulainn et son cocher, rappelle un trait sur lequel M. Detienne, en son livre récent consacré à Apollon, a insisté : la marche d'Apollon. « Dès l'ouverture de l'Hymne qui conjoint la gloire de Délos et l'éclat du sanctuaire de Delphes, Apollon impose la figure d'un dieu en marche. Son pas retentit dans les deux premiers vers : "Je ne t'oublierai pas et je dirai en ma mémoire Apollon et son arc et la crainte des dieux dans la demeure de Zeus en l'entendant venir[239]". » Puis, lors de son arrivée à Krisa, il passe, rayonnant, à travers une double rangée de trépieds. C'est aussi lorsqu'il marche sur Dèlos que l'île se couvre d'or, comme « c'est sur le pas de Phoibos que les humains tracent et dessinent les cités », dit Callimaque, et c'est précisément d'un bon pas que marche Alkathoos, quand, après une victoire sur un lion (épreuve initiatique s'il en est), il s'en va fonder un sanctuaire à Apollon[240].

Des rapides

Lug va vite : le texte de la « Seconde bataille de Mag Tured » (seconde version) insiste sur « la course très rapide » que livre Lugh pour rejoindre le champ de bataille, lors même qu'il est chargé de lourdes chaînes, et sur son « assaut rapide », comparable à ceux des lions et des loups. Les Túatha Dé Dánann « étaient saisis d'étonnement au choc des piliers et des rochers dans leur course à sa suite, se brisant en haut et en bas. Il leur était étrange, si c'était Lugh qui les traînait, que les hauteurs et les déclivités de la plaine très rocheuse ne ralentissent pas le guerrier dans son assaut rapide devant les armées qu'il retenait ».

On signalait ci-dessus qu'une monnaie des Bellovaci, ou des Veliocassi, figure au droit un personnage courant, entouré de chaînes, et au revers un cheval entouré de motifs astraux, les chaînes étant une allusion directe au thème de la délivrance du dieu qu'on vient de lire[241]. Un autre document est un fragment de vase d'époque gallo-romaine, découvert à Stanwick, dans le Northamptonshire, où l'on voit un homme jeune, aux cheveux longs, aux bras très longs, et dont l'écartement des jambes indique qu'il bondit ou du moins marche à larges enjambées[242] ; D. Gricourt et D. Hollard l'identifient, à juste titre, à Lug, en raison de sa course et de la longueur de ses bras. Ces données fournissent la preuve que le mythe de la course de Lug était déjà connu dans l'Antiquité.

Plus près de nous, là où il a survécu dans le légendaire irlandais, Lugh est le « gagnant vite arrivé », *quick-witted bester*, celui qui arrive à point pour profiter d'une situation[243].

Apollon n'est pas en reste pour la vitesse. Dès l'hymne homérique qui raconte l'essentiel de son histoire, lorsque, quittant Dèlos pour la première fois après sa naissance, il décide d'aller visiter les dieux dans l'Olympe, il s'y rend « rapide comme la pensée » (*HHA*, 186).

Le mythe rend compte de cet aspect du dieu : il est à Puthô (Delphes) lorsqu'il apprend « l'adultère » de sa maîtresse Korônis. La punition est radicale : Artémis est chargée de porter la peste dans le pays où vit Korônis, c'est-à-dire au bord du lac Boibéis en Thessalie. De la sorte, les bûchers funéraires flambent, et Korônis, morte, y est déposée. Mais elle était enceinte ! « Alors Apollon déclara : “Mon cœur ne souffrira pas plus longtemps que je laisse périr un fils de mon sang d'une mort lamentable, et qu'il partage le destin affreux de sa mère." Il dit, et du premier pas il atteignit l'enfant et le ravit au cadavre : devant lui s'entrouvraient les flammes » (Pind., *Pyth.*, III, 38-44 [68-78]).

Rappelons que Delphes est au centre du monde, et que la Thessalie est la province la plus septentrionale de la Grèce ancienne.

À la fin du chant XXI de l'*Iliade*, les massacres opérés par Achille sont tels que le héros peut prendre Troie dans son élan. Apollon sauve la ville : il pousse un jeune Troyen, Agènôr, fils d'Antènôr, à provoquer Achille, puis à s'enfuir pour le détourner. Mais Achille, « aux pieds légers », va bien sûr le rejoindre. Alors Apollon fait disparaître Agènôr dans une nuée, prend sa forme, et « se dresse devant Achille. Aussitôt celui-ci se rue à sa poursuite. Longtemps il le poursuit par la plaine fertile ; puis il le fait tourner et longer le Scamandre aux tourbillons profonds. Apollon se dérobe, mais en ne gardant qu'une faible avance. Perfidement il berne Achille de l'espoir toujours nouveau que ses pieds vont enfin l'atteindre. Et, pendant tout ce temps, les autres Troyens, saisis de panique, en masse, atteignent la ville, trop heureux d'être saufs » (*Il.*, XXI, 600-607) : le plus rapide des héros ne peut atteindre le plus rapide des dieux, qui, à la course, en fait son jouet !

D'après l'un des mythes fondateurs des Jeux olympiques[244], ce sont les dieux eux-mêmes qui ont concouru à Olympie. Alors Apollon vainquit Hermès – le messager des dieux : un rapide par excellence ! – à la course. Le poète Stace se souvient de cette rapidité d'Apollon lorsqu'il le dit plus rapide que ses propres flèches ou que le feu de Zeus, et arrivant d'un bond de Thèbes, en Béotie, à la région de Némée, en Argolide[245].

Et Apollon, comme Lugh, est crédité de la création de jeux comprenant des courses de chevaux[246].

On comprend que, dans certaines localités, Sparte et des cités de Crète, Apollon ait été qualifié de *Dromaîos* « dieu de la course[247] », qu'à Sparte on l'ait adoré aussi sous l'épiclèse d'*Aphetaîos*, « Celui qui fait aller », parce qu'il avait présidé le départ de la course des prétendants de Pénélope[248], et l'on ne doutera pas que cela ait fondé dans la cité des courses rituelles. Dès lors, son autre épiclèse d'*Aphêtôr*, attestée déjà dans l'*Iliade*[249], doit avoir sens analogue[250]. Et comme bondir fait partie du comportement de ces dieux rapides (*cf.* ci-dessus, pour Lug), on comprend aussi qu'Apollon soit qualifié de *Thoúrios*, l'« Impétueux », sur un mont nommé Thouria, près de Chéronée, en Béotie[251], mots formés sur la racine qui a donné le verbe *thróisko*, utilisé (ci-dessus) par Callimaque pour exprimer le jaillissement d'Apollon hors de la matrice de sa mère.

Mais cette rapidité, cette impétuosité du grand dieu lumineux ne sont en fait que fonction d'un caractère plus important : ce dieu a une prise lointaine, puissante, inéluctable, ce qu'on va voir ci-dessous.

Disposant d'une puissance foudroyante

On citait plus haut ce passage du *Mabinogi de Math* où le jeune garçon fils d'Arianrhod, élevé par Gwydion, parvient à atteindre un roitelet (le plus petit oiseau), qui s'était posé sur le navire où tous trois se trouvaient, « entre le muscle de la patte et l'os ». Alors sa mère, ignorant encore qu'elle l'est, le baptise involontairement *Lleu Llaw Gyffes* « le Blond à l'Adroite Main[252] ».

Les dispositions que le jeune Lug – puisque Lleu est Lug – montrait dès l'enfance s'épanouissent lorsque, guerrier adulte, il est mis en scène dans les textes irlandais.

Ceux-ci le gratifient de deux qualificatifs : *Lámfáda* « à la Longue Main » (ce qui est un équivalent tout à fait clair du *Llaw Gyffes* gallois[253]) et *Lonnbéimnech* « Celui qui frappe furieusement[254] ». Ces deux épiclèses sont corrélées : le long bras de Lug lui permet des actions violentes à distance.

Il s'agit là d'un trait remontant à la plus grande antiquité perceptible, puisque, comme D. Gricourt et D. Hollard l'ont abondamment révélé, plusieurs monnaies et autres monuments antiques montrent un personnage que soit ses longs bras (ci-dessus, pour le vase de Stanwick), soit un seul long bras, soit encore une main disproportionnée, signalent précisément comme Lug. Citons d'abord, à l'époque de l'indépendance celtique, une série de trois monnaies des Celtes du Danube, imitations de monnaies de l'île grecque de Thasos, où Lug remplace les divinités helléniques : il est repérable à ses « mains exagérément allongées, aux doigts démesurés », « dont les extrémités et les articulations entre les première et deuxième phalanges sont tout particulièrement accentuées » ; sur l'une des trois monnaies, la main gauche est remplacée par une massue, ce qui fait déjà de ce personnage, corrélativement, un *Lámfáda* et un *Lonnbéimnech*[255] ! Ensuite, une monnaie beaucoup plus tardive, œuvre d'une officine de faussaires à l'époque de l'empereur gallo-romain Postumus (260-269[256]), où le dieu figure au revers (le droit porte une image de l'empereur), en vêtements indigènes et cuirasse, accompagné d'un corbeau[257], trident dans la main gauche, et dans la droite, qui est de taille disproportionnée, un aigle en posture d'agonie[258] : le corbeau, l'aigle mourant, la grande main, le caractérisent comme *Lugus*. En Galice, P. García Quintela a signalé un lieu original : à Corme, dans l'abri sous roche O Petón da Compaña, l'un des sites « lughiens » indiqués par un pétroglyphe, il y a une sorte de siège : si quelqu'un, un adulte, s'installe à cette place, ses mains se posent à un endroit où des lignes prolongent ses doigts : cela reproduit un attribut de Lug[259] !

Lugh a aussi une lance, l'un des quatre joyaux des Túatha Dé Dánann. Elle est invincible : « On ne livrait jamais bataille contre celui qui l'avait en main[260]. » Je reviendrai sur cet objet lorsqu'on se penchera sur les armes des deux dieux ici comparés. De même, c'est dans l'étude des mythes guerriers de Lugh qu'on le verra proprement « frapper furieusement » ses adversaires. Rappelons seulement ici, pour la rapidité et l'efficacité du geste de Lugh, son principal exploit : le meurtre, ou au moins l'aveuglement, du géant Balor.

C'est un véritable concours de foudroiement. L'œil de Balor a un pouvoir maléfique, mortifère, non moins que les flèches d'Apollon, et l'exploit de Lugh va consister à le frapper d'une balle de fronde à l'instant même où il s'ouvre. Selon la première version,

> Lugh et Balor à l'œil perçant se rencontrèrent dans la bataille. Balor avait un œil maléfique qui n'était jamais ouvert, excepté sur le champ de bataille. Quatre hommes en soulevaient la paupière avec un crochet poli. Si une armée regardait cet œil, elle ne pouvait résister à quelques guerriers, quand bien même elle était au nombre de plusieurs milliers d'hommes. Il y avait du poison en lui : un jour que les druides de son père étaient en train de faire bouillir des charmes, il vint et regarda par la fenêtre, si bien que la fumée de l'ébullition vint jusqu'à lui et que le poison lui entra dans l'œil. Il rencontra alors Lugh. Lugh dit :
>
> « O dieux [?], qui sont ces hommes qui [mots incompréhensibles] ?
>
> – Soulève ma paupière, ô garçon, pour que je voie le bavard qui me parle. »
>
> On leva la paupière de Balor. Lugh lui lança alors une balle de fronde si bien que l'œil lui traversa la tête, et c'était sa propre armée qui regardait. Balor tomba sur l'armée des Fomóire et trois fois neuf hommes moururent à côté de lui[261].

La version de David Duigenan, qui sépare l'aveuglement et le meurtre, développe spécialement le premier :

> Il fut proclamé par eux de dégager l'œil empoisonné et venimeux, dangereux et destructeur de Balor, de ses chaînes et de ses liens. Se levèrent alors trois fois neuf bons guerriers pour libérer l'épaisse paroi et la peau parcheminée et le voile neuf, épais et large. Les Tuatha Dé Danann saisirent alors l'abri de leurs épais boucliers et de leur ombre pour que le jet du flot de venin de l'œil empoisonné ne les atteignît pas, et ils se mirent le haut du corps, la poitrine et le visage à l'abri du bouclier, à l'exception du guerrier brave et tenace, le lion rapide et coléreux, Lugh au Long Bras, le héros aux grands coups, car il attendait lui-même résolument pour lancer ses pierres rondes de fronde.

Balor se met à se contorsionner autour de Lugh et terrorise les troupes avec « la cavité sombre, le sang noir, regardant de loin les troupes ». Lugh fait alors appel à Goibniu[262], le forgeron divin :

> « Qu'il me soit lancé de ta main rapide la balle de fronde terrible, blessante... merveilleuse, pour que je porte mon coup mortel par la balle de fronde... »
>
> Goibniu fit appel promptement et résolument à ses fils adoptifs en cette urgence. Ils se levèrent tous, prêts, rapides et résolus à l'appel de leur tuteur. Ils mirent les cent cinquante pinces de forgeron dans le feu autour de la balle de fronde, mais quel que fût l'angle sous lequel ils se tournaient, ils ne purent ni la prendre ni la bouger à cause de son poids et de sa chaleur, à cent cinquante fils adoptifs qu'ils étaient.
>
> C'est alors que se leva le héros hardi devant chaque danger, Goibniu le Forgeron, fils d'Eithle. Il pénétra lui-même dans la forge et, brusquement, il entoura la balle de fronde de ses pinces et il la bougea d'une seule main en la faisant tourner, si bien que l'air au-dessus de lui fut une flamme très rouge et étincelante. Lugh appela encore violemment et fortement Goibniu qui lançait la peau noire et parcheminée et fière contre la bouche impure de cette grande source empoisonnée de peur du grand jet sorti de l'œil sur les troupes.

Après un dialogue partiellement en vers, Goibniu lance enfin la boule à Lugh, pendant que les deux armées se couchent par terre, sauf les vingt-sept hommes chargés de soulever la paupière et qui tournent le dos à Balor :

> Alors la balle de fronde arriva d'en haut devant Lugh. Lugh prit adroitement et vivement la dure pomme de fer, il la brandit au-dessus de sa tête et il porta un coup guerrier, héroïque, résolu, rapide, de la balle de fronde pour atteindre l'œil en particulier. Il n'y eut pas d'erreur de tir bien que Lugh fût à une grande distance, et il traversa la peau très dure de cuir de faon, les voiles de lin tendus et épais, si bien que le trou de la balle de fronde dans la tête du héros fut une grande lanterne large et vide et que la trace de l'œil sombre, triste et rouge, fut à travers de la tête, en arrière, à l'extérieur, et que l'œil fut une grande masse diabolique et un tas rond et informe devant lui. La balle de fronde transperça cette masse de feu d'avant en arrière si bien que ce sont les gens qui ouvraient l'œil noir qui le virent tout d'abord. Son poison et sa force terrible de prophétie et de prédiction allèrent dans la race rude des Fomóire, et ils furent tristes et affaiblis par le long jet de l'œil derrière eux[263].

J'ai cité longuement ce récit, non seulement parce qu'il est exemplaire des capacités et des exploits de Lug, mais aussi parce qu'il a un parallèle précis dans la mythologie d'Apollon, comme on le verra[264].

Toutefois le caractère inéluctable des coups portés par ce dernier se manifeste moins dans les mythes que dans cette partie de sa théologie qui veut qu'il ait été l'auteur, avec sa sœur Artémis, des épidémies mortifères qui frappaient parfois les Grecs comme tous les peuples de l'Antiquité. Toute peste, toute mort collective est attribuée à Apollon : la peste qui frappe les Grecs au début de l'*Iliade*, à la demande expresse du prêtre d'Apollon, au nom d'ailleurs significatif de Khrusès[265] ; celles dont sont victimes les Argiens parce qu'ils ont condamné à mort Psamathè, amante du dieu[266] ; les Doriens, lorsqu'ils s'apprêtent à passer le golfe de Corinthe pour gagner le Péloponèse, car un homme, incarnation d'Apollon[267], a été assassiné[268] ; Laomédon, roi de Troie, qui a été parjure envers Apollon et Poséidon[269] ; et les gens d'Aigialeia (Sicyone, en Péloponèse), parce qu'Apollon et Artémis avaient d'abord été effrayés alors qu'ils venaient chez eux pour être purifiés[270]. On citait ci-dessus la troisième *Pythique* de Pindare, selon qui Apollon, pour punir son amante infidèle Korônis, envoya sa sœur répandre la peste en Thessalie. Dans une autre histoire, un prêtre de la ville de Khrysè en Mysie, sur la côte anatolienne de la mer Égée, nommé Krinis, mit Apollon en colère parce qu'il n'était pas pieux ; le dieu envoya des souris détruire ses cultures ; le prêtre fit amende honorable, pria le dieu, lui promit un temple : Apollon détruisit les souris à l'arc – ce qui n'est pas sans rappeler l'exploit de Lleu frappant le roitelet – et Krinis fonda un sanctuaire à Apollon Smintheus – *smíntha*, *smínthos*, serait un mot (crétois, ou plutôt anatolien) signifiant « souris[271] ».

Ces morts épidémiques sont les conséquences de tirs de flèches des deux divinités archères, et ils sont donc aussi inéluctables, aussi définitifs que les coups portés par Lug. Il est intéressant que le pouvoir de répandre la maladie apparaisse dans les textes irlandais que l'on vient de citer, mais transposés sur l'adversaire de Lug : l'œil de Balor a le pouvoir d'agir à distance et d'anéantir par son poison ceux que son regard balaie. On observera plus loin d'autres échanges et renversements de caractères.

Enfin joignons à ce caractère d'Apollon cette autre faculté qui est la sienne, de semer la panique[272] : le dieu qui terrorise les dieux de l'Olympe terrorise *a fortiori* les hommes !

Des polytechniciens

L'un des plus célèbres surnoms de Lug, qui vaut d'ailleurs souvent comme nom autonome dans les textes, est *Samildánach* : textuellement « Sympolytechnicien[273] ». C'est que Lug possède toutes les techniques, tous les savoirs. Il est par là au-dessus des fonctions sociales puisqu'il les subsume toutes[274].

Cette omnivalence est démontrée par un passage de la *Seconde bataille de Mag Tured* auquel il a déjà été fait allusion lors de la discussion sur l'aspect épiphanique du dieu. Il faut le citer ici en entier puisqu'un texte grec lui sera ensuite comparé.

Lugh arrive donc devant Tara, où les Túatha Dé Dánann sont en train de banqueter. Il se présente au portier, qui lui demande :

« Quel art pratiques-tu ? Car personne ne vient sans art à Tara.

– Pose-moi des questions, je suis charpentier.

– Nous n'en avons pas besoin. Nous avons déjà un charpentier : Luchtai fils de Luachaid.

– Questionne-moi, je suis forgeron.

– Nous avons déjà un forgeron : Colum Cualeinech aux trois nouveaux procédés.

– Questionne-moi, je suis champion.

– Nous n'avons pas besoin de toi. Nous avons déjà un champion : Ogme fils d'Ethliu.

– Questionne-moi, je suis harpiste.

– Nous n'avons pas besoin de toi. Nous avons déjà un harpiste, Abhcan fils de Biclemos, que les hommes des trois dieux choisirent dans les *síde*.

– Questionne-moi, je suis héros.

– Nous n'avons pas besoin de toi. Nous avons déjà un héros : Bresal Echarlam fils d'Eochaid Baethlam.

– Questionne, ô portier, je suis poète et historien.

– Nous n'avons pas besoin de toi. Nous avons déjà un poète et un historien : En fils d'Ethaman.

– Questionne-moi, je suis médecin.

– Nous n'avons pas besoin de toi. Nous avons Diancecht pour médecin.

– Questionne-moi, je suis échanson.

– Nous n'avons pas besoin de toi. Nous avons déjà des échansons : Delt, Drucht et Daithe, Tae, Talom et Trog, Glei, Glan et Glesi.

– Questionne-moi, je suis bon artisan.

– Nous n'avons pas besoin de toi. Nous avons déjà un artisan : Credne Cerd.

– Demande au roi s'il a un seul homme qui possède tous ces arts et s'il en a un je n'entrerai pas dans Tara. »

Le portier alla dans le palais du roi et il lui raconta tout :

« Un jeune guerrier est venu à la porte de l'enceinte. Il s'appelle Samildánach et tous les arts que ta maison pratique, il les possède à lui tout seul, si bien qu'il est l'homme de chaque art et de tous[275]. »

Un seul dieu, à ma connaissance, a fait l'objet, dans tout le monde indo-européen, d'un tel exposé « polyfonctionnel » et c'est, à nouveau, Apollon. Voici en effet un fragment de l'hymne à Apollon du grand poète hellénistique Callimaque (*HAp*, 42-71). Il fait suite au passage cité plus haut dans lequel était décrite le beauté du jeune dieu :

Personne qu'Apollon n'a tant d'art [*téknei*] en sa main. Il a dans son lot et l'archer et l'aède, car l'arc est son bien et le chant aussi. À lui prophétesses et devins, et de Phoibos aussi les médecins tiennent la science de retarder la mort.

Phoibos, nous l'invoquons comme Pasteur [*Nómios*] aussi depuis le jour qu'aux bords de l'Amphrussos, il se fit gardien des cavales d'attelage, brûlé d'amour pour le jeune Admète [...]

> C'est sur les pas de Phoibos qu'on trace l'enceinte des cités [...]
> Apollon, on t'appelle dieu Secourable [*Boêdrómios*], on t'appelle Clarien [*Klários*]. Sous bien des noms on t'invoque en tout lieu. Mais moi, je te dis dieu Karnéien : telle est ma tradition.

Seuls Apollon, Artémis et Hécate, notait Dumézil, sont des divinités libres et multivalentes, aux compétences diversifiées[276]. Encore s'agit-il pour Hécate d'une situation toute différente[277], et Artémis n'a pas fait l'objet, que je sache, d'un tel exposé « multifonctionnel ».

On pourrait entreprendre de comparer terme à terme les deux listes d'attributions, celle de Lugh et celle d'Apollon, mais ce serait assez vain : la première est plus longue que la seconde – il y a donc déséquilibre –, et surtout tel trait qui caractérise l'un des deux dieux – par exemple la protection de l'élevage pour Apollon – n'apparaît pas dans la liste des fonctions de cour de Tara, bien que l'étude mythologique de Lug le montre, comme Apollon, on le verra, protecteur du bétail. Ce ne sont donc pas les fonctions une à une qui sont ici pertinentes, mais bien le fait même de la définition des compétences de l'un et l'autre dieux par une énumération de savoirs/pouvoirs. Notons seulement la triple série grecque de l'*archer* (la série irlandaise comprend le *champion* et le *héros*), de l'*aède* (la série irlandaise comprend le *harpiste* et le *poète-historien*) et du *médecin* (la série irlandaise le comprend aussi). Et d'autres fonctions apparaîtront encore dans les lignes qui suivent, qui montreront effectivement la « multicompétence » tant de Lug que d'Apollon.

De très grands « druides »

Lug est, entre autres choses, druide[278]. Cette capacité est mise en lumière dans la suite du texte cité ci-dessus : après avoir été admis à Tara, Lugh est soumis à des épreuves – sur lesquelles on reviendra[279] – qu'il réussit brillamment. Il prépare la bataille contre les Fomóire et bientôt les chefs des Túatha Dé Dánann se réunissent autour de lui. Lugh demande à chacun d'eux quel sera son office pendant la bataille. Il passe alors en revue tous les spécialistes qui lui avaient été nommés lors de son arrivée à Tara – Diancecht le médecin, Credne l'artisan, Luchtai le forgeron, Ogme le champion, etc. –, mais d'autres s'y ajoutent à présent : la Mórrígan (déesse de la guerre), les sorciers, les druides, les sorcières, le Dagda. La compétence de Lugh sur l'office de chacun est implicite : cette liste ne fait que prolonger celle des réponses du portier à Lugh, et confère donc à Lugh pouvoir sur la guerre, sur la sorcellerie, sur le druidisme[280].

La dernière de ces capacités ne tarde pas à s'exprimer. Lorsque, plus tard, les armées furent face à face, « Lugh chanta le chant ci-après, sur une seule jambe, avec un seul œil, en faisant le tour des hommes d'Irlande[281] ». Dans la version du XVIIe siècle, l'aspect fantastique de cet acte à la fois de sorcellerie et de druidisme est accentué : « Lugh prit alors lui-même la forme d'une vieille femme au côté tors, avec une jambe, une main, un œil, faisant le tour des armées respectives, prophétisant toute difficulté et toute mort aux Fomóire et disant des encouragements aux hommes d'Irlande[282]. » Or ce comportement, qui fonde en magie la puissance des incantations aussi bien de bénédiction que de malédiction, est celui du druide prononçant la « malédiction suprême » *glam dicin*[283].

On vient de mentionner les prophéties de Lug. Il est bien certain que la divination celtique était étroitement liée à ce dieu. Le plus ancien texte le concernant a été livré par le pseudo-Plutarque, auteur du traité *Des fleuves et des montagnes*, dans le récit célèbre de la fondation de Lyon (*Lugdunum*) :

> Près de l'Arar [la Saône] se trouve le mont Lugdunum qui changea aussi de nom, et pour la raison que voici : Mômoros et Atepomaros, chassés par Sereroneos, vinrent sur cette colline, d'après l'ordre d'un oracle, pour y bâtir une ville. On creusait déjà les fossés pour les fondations quand tout à coup apparurent des corbeaux qui, volant çà et là, couvrirent les arbres des alentours. Mômoros, qui était très habile dans la science des augures, appela la nouvelle ville Lugdunum. Car dans leur langue le corbeau se nomme *lougos* et un lieu élevé *dounos*, ainsi que nous l'apprend Kleitophôn (de Rhodes) au livre treizième des *Fondations*[284].

Sans discuter ici de l'exactitude du sens donné à *lougos* – j'y reviendrai –, attachons-nous à l'essentiel : Lugdunum, *Lugudunum* en celtique, tire en réalité son nom de celui du dieu Lug[285], et le texte qu'on vient de citer établit de la manière la plus claire un rapport entre un oracle, des corbeaux prophétiques et la fondation d'une cité qui devait contenir un sanctuaire de Lug.

Prophétique, Lug l'est encore explicitement dans ce récit irlandais appelé le *Baile an Scáil*, dans lequel un cavalier emmène le roi Conn Cetchatach auprès de Lugh et d'une jeune fille qui est la Souveraineté d'Irlande. Là, Lugh dit à Conn : « Je suis venu pour te révéler le destin de ta propre souveraineté et de chaque souveraineté qui sera à Tara. » De fait, la jeune fille propose bientôt une coupe, et Lugh dit que pour l'attribuer on nommerait « chaque souverain depuis Conn jusqu'à l'éternité[286] ».

Marquons au passage les liens précis entre ce récit et celui de la fondation de Lyon. Dans les deux cas il s'agit de souveraineté : celle de Conn et de ses descendants dans le récit irlandais, celle de deux frères chassés par un usurpateur dans le cas antique. Dans les deux cas des cavaliers sont présents : c'est celui qui enlève Conn d'une part, c'est, d'autre part, implicitement, Atepomaros, l'un des deux fondateurs de Lyon, car son nom est formé du préfixe itératif *ate-*, du nom du « cheval » *epos* et de l'adjectif *maros* « grand[287] », ce qui donne une signification exocentrique « Au très grand cheval ». Les druides sont présents – c'est normal – dans l'un et l'autre cas : ils étaient à côté de Conn lorsque celui-ci fut enlevé, et l'un venait de lui enseigner le sens du cri de la pierre de Fál ; Mômoros, « très versé dans la science des augures » et capable de décider de la fondation royale[288], est évidemment un druide[289].

Un autre élément confirme l'importance du rôle oraculaire de Lugh. L'une de ses épouses (on reviendra sur ses mariages, et ses difficultés avec ses femmes[290]) s'appelait *Nás* : le nom signifie « présage, augure », selon le glossaire d'O'Mulconry, et c'est dans la localité portant ce nom (Naas, dans le comté de Kildare, au centre-sud-est de l'île, localité où se trouve l'épicentre du culte de sainte Brigitte en Irlande depuis le haut Moyen Âge), que les gens de Leinster venaient interroger l'avenir, le 1er août[291], c'est-à-dire exactement à la date centrale de Lugnasad. On ne peut que rappeler ici qu'à Delphes, c'est une femme, la Pythie, qui servait d'intermédiaire entre Apollon et les consultants de son oracle ; et qu'une autre femme, Kassandrè, est une prophétesse avec qui Apollon se brouilla, comme Lugh avec Nás.

De son côté, l'histoire du malheureux Lleu du *Mabinogi de Math* ne semble par contre guère propre à mettre en valeur ses éventuelles qualités intellectuelles. Elle exalte davantage celles de son protecteur, Gwydion – et en fait, Lleu paraît un total idiot lorsqu'il révèle à son épouse Blodeuwedd la manière dont il peut être mis à mort[292], mais on a remarqué que ce faisant, il est semblable à d'autres personnages de la tradition celtique, Merlin, Suibhne, Lailoken, qui savent prévoir et prédire leur mort, laquelle, comme la sienne, requiert parfois la réalisation de conditions *a priori* impossibles[293]. Ceux-là, c'est en toute connaissance de cause qu'ils révèlent les moyens d'être mis à mort, et cela même est preuve de leur immense sagesse[294]. Le parallèle entre Lleu et eux peut d'ailleurs être poussé : Suibhne se transforme en homme-oiseau, et est qualifié de *geilt*, mot qui vient peut-être d'un terme signifiant « oiseau[295] ». Merlin aussi fut, au moins, traité en oiseau, lorsqu'il se fait un esplumoir et y disparaît pour toujours : car un esplumoir est, au Moyen Âge, une cage obscure où doit s'opérer la mue des rapaces de chasse[296]. Ainsi, Lleu, qui disparaît également, sous forme d'oiseau, lorsqu'il reçoit un coup de lance, est bien l'homologue de Merlin ou de Suibhne Geilt[297].

Et puis le pays de Galles a bel et bien conservé le souvenir d'un Lug disposant de grandes capacités intellectuelles. Car un autre récit ancien, appartenant à la même sphère littéraire que les *Quatre branches du Mabinogi*[298], est la « Rencontre de Lludd et de Llevelys ». Lludd, roi à Londres, voit son royaume frappé de trois fléaux chaque année[299]. Dans l'incapacité de s'en débarrasser, il va demander conseil à son frère Llevelys, roi de France. On a reconnu depuis longtemps dans *Lludd* le *Nuada* irlandais, roi des Túatha Dé Dánann à l'arrivée de Lugh : car il est qualifié de *Llawereint*, « à la Main d'Argent », tout comme Nuada, ayant eu la main sectionnée par Sreng mac Sengainn, porta un moment une main d'argent[300]. Quant à *Llevelys*, on admet souvent que c'est un allongement homologique du nom *Lleu*, c'est-à-dire Lug[301]. Or, dans ce récit, de ses trois frères, Llevelys était celui que Lludd aimait le plus, « parce que c'était un homme prudent et sage », qui d'ailleurs « ne cessa de gouverner ses États avec prudence, sagesse et bonheur jusqu'à la fin de sa vie ». C'est pourquoi, lorsque les fléaux frappèrent le royaume de Lludd : « Sur l'avis unanime de ses nobles, Lludd, fils de Beli, se décida à se rendre auprès de Llevelys, roi de France, qui était connu pour l'excellence de ses conseils et de sa sagesse, afin de lui demander avis[302]. » De fait, Llevelys trouve des solutions à tous les problèmes, parce qu'il connaît intuitivement leurs causes et les résultats des opérations qu'on mènera contre eux : autrement dit, Llevelys, souvenir gallois de Lug, connaît le passé, le présent et l'avenir.

Notons encore ici que, comme dans la fondation de Lyon, il s'agit d'un problème de souveraineté – Lludd n'était plus maître chez lui –, mettant en scène deux frères dont l'un est doué de pouvoirs druidiques[303]. La mythologie celtique est bien une[304].

Ce qui se confirme encore avec les documents issus de l'Antiquité. Le Mercure gaulois est qualifié, neuf fois dans la documentation actuelle, de *Visucius* : « le Savant, le Voyant », si on rapproche cette épiclèse de l'irlandais *fios*, « vision, inspiration[305] ». D'autres épiclèses de Mercure, *Adsmerios*, *Atesmerios*, peuvent se traduire par « Le Grand Penseur » ou « Le Grand Prévoyant[306] ».

Et surtout, l'un des traits distinctifs du personnage que, dans l'art gallo-romain, on peut identifier à Lug, est celui aux grands yeux, ou au grand œil. Une statue célèbre est appelée « le dieu d'Euffigneix » (d'une commune de Haute-Marne, proche de Chaumont) : c'est le tronc d'un homme apparemment assez jeune, torque au cou (ce qui oriente déjà son identification vers Lug), lyre dans les cheveux, un sanglier sur la poitrine, un œil immense sur le côté, une oreille aussi grande de l'autre[307]. Publiant une statuette de Mercure découverte à Châteaubleau (Seine-et-Marne), D. Gricourt, D. Hollard et F. Pilon donnent à leur article le titre évocateur de « Lugus macrophthalme, visionnaire et guérisseur » : non seulement la tête de la statuette s'orne effectivement de deux grands yeux oblongs[308], mais une patère découverte en 1990 sur le site porte une inscription (une dédicace)

DEO MERCVRIO SOLITVMARO AVG, donc « à Mercure Solitumaros », épiclèse traduisible par « aux Grands Yeux » ou « à la Grande Vue[309] ». C'est l'occasion pour eux de rassembler une documentation exhaustive sur le thème. Ainsi, sur le même site, une monnaie découverte en 1972 au théâtre gallo-romain, inspirée de celles de l'empereur romain Constance II (337-361), donne un portrait de celui-ci, agrémenté d'un œil démesuré, étiré, très semblable à ceux de la statuette[310], et le sanctuaire de source, au lieu-dit La Tannerie, a livré d'autres documents, des ex-voto en os et en tôle de bronze figurant des yeux, certaines fois longitudinaux, en relation avec la guérison d'affections oculaires[311]. Un objet semblable a été trouvé à Genainville (Val-d'Oise[312]), de même qu'une statuette de Mercure aux très grands yeux[313]. À Trèves, c'est un Mercure aux yeux ronds dilatés qui a été découvert en 1924 au sanctuaire de l'Altbachtal[314]. P. Lajoye ajoute une statuette de Mercure en bronze trouvée en 1825 à côté de Lisieux, hélas abîmée, au point qu'on ne distingue sur la figure que l'œil droit, qui était rond[315]. D'autres documents concernent l'Apollon gaulois, dont ces mêmes auteurs ont pu montrer dans différents travaux l'interférence avec Mercure : à savoir, certains Apollon ne sont autres, eux aussi, que Lugus. Ils évoquent ainsi l'Apollon qualifié d'*Amarcolitanus*, dans une inscription de Monthelon près d'Autun, le terme signifiant « au large regard[316] » ; et la statuette au torque de la grotte de la Male Coste, à Saint-Amand-de-Coly (Dordogne), découverte en 1995, est explicitement nommée *Apollon* dans la dédicace, mais elle a, outre le torque, deux grands yeux ronds, comme ceux du Mercure de Trèves, ce qui invite à nouveau à voir en lui un Lugus[317]. Dès le temps de l'indépendance celtique, des monnaies du peuple des Abrincatui (ceux qui laissèrent leur nom à *Avranches*) montrent un personnage au long bras et à l'œil long, muni d'un arc qui paraît plus musical que militaire[318].

Les auteurs rapprochent de ces documents un passage du texte irlandais appelé le *Glossaire de Cormac*[319], selon lequel le *file* (poète) Senchan voit un jour une vieille femme hideuse et lépreuse se métamorphoser en un jeune homme blond, « plus beau que les hommes du monde pour la forme et le vêtement » ; c'est le génie de la poésie, dit le glossateur. C'est là lui attribuer une fonction apollinienne, mais le texte précise que ce bel homme est « à l'œil long dans la tête », ce que Ch. Guyonvarc'h a interprété comme « au regard perçant[320] » : en ce cas, le récit irlandais dirait par des mots ce que les artistes gallo-romains disaient par l'iconographie. Le grand œil, l'œil long, indiquent assurément une vision excellente, et, selon le double sens de la racine indo-européenne *wid- (qu'on a donc peut-être dans *Visucius*), corrélative d'un savoir total.

Le pouvoir de Lug sur la vision s'est maintenu dans la tradition française. Les sources dédiées à saint Gengoult, le « Lleu » français (ci-dessus[321]), ont parfois le pouvoir de guérir les ophtalmies[322].

Par ailleurs, D. Gricourt et D. Hollard, « dissociant » la divinité appelée *Apollon* par les Gallo-Romains, puisqu'ils considèrent que certaines de ces formes doivent être identifiées à Lugus, tandis que d'autres se ramènent, comme je l'avais montré dans une étude antérieure à leurs propres travaux, à un dieu des eaux, proche du Nechtan et du Manannán irlandais, du Neptunus latin, de l'Apam-Napât indo-iranien, et du Poséidon grec[323], rattachent en effet à Lugus une des principales formes de l'Apollon gaulois, celui qui est appelé *Belenos*, connu par un grand nombre de documents, principalement des Alpes Juliennes et de l'Istrie, mais aussi de Provence, du Languedoc, d'Auvergne, du Piémont, d'Autriche, et au IVe siècle Ausone témoigne de son importance auprès des Armoricains et des Baiocassi (peuple qui laissa son nom à Bayeux, en Normandie) résidant à Bordeaux[324] – autrement dit, il était connu dans la plus grande partie de l'espace celtique. Il y a apparemment synonymie, notent ces auteurs, entre les noms de Lugus et de Belenos[325], ce à quoi s'ajoute qu'une épigramme de Tivoli[326] compare Belenos à Antinoüs, le favori d'Hadrien, pour leurs communes jeunesse et beauté, que Tertullien[327] en fait le dieu national de la province celtique du Norique – situation de prééminence que l'on connaît pour Lug, et guère pour le dieu médecin aquatique –, que d'autres sources en font un combattant victorieux[328], que deux des inscriptions d'Aquilée invoquent *Phoebus* là où toutes les autres nomment Belenus, de sorte qu'on peut penser que le terme grec *Phoíbos* est utilisé pour désigner Belenos[329], enfin qu'un anthroponyme médiéval gallois a été *Llywelyn*, c'est-à-dire, étymologiquement, *Lugubelinos*[330], et un autre connu par une inscription gallo-romaine, *Belinatepos*, textuellement « le grand cavalier Belenos[331] ». Telles sont donc les principales raisons qui invitent à voir dans Belenos une épiclèse de Lugus[332]. Dès lors, ses fonctions oraculaires doivent être jointes au présent dossier. Elles sont attestées par le rhèteur Hérodien, lorsqu'il rapporte qu'à l'époque où Maximin menaçait Aquilée, « certaines prophéties circulaient, selon lesquelles le dieu local promettait la victoire aux Aquiléens ; il est Belen, identifié à Apollon, et son culte est très sain[333] ».

Dès lors, on peut conclure avec les auteurs que j'ai suivis ici : si « l'Apollon delphique est un dieu oraculaire, dont les révélations extatiques passent par l'intermédiaire de la bouche de son officiante, la Pythie, son équivalent chez les Celtes, Lugus, possède aussi le don de divination qui semble se manifester essentiellement par la vision – il est celui "qui voit tout" (*Solitumaros*) –, une capacité que traduisent ses yeux dilatés sur la statuette de la Male Coste. Il est le dieu visionnaire par excellence, et c'est à ce titre que le dédicant de l'ex-voto le remercie de l'avoir inspiré en lui procurant une telle perception (*ex vissu*[334]) ».

Côté grec, il n'est pas besoin, je crois, d'insister sur le pouvoir prophétique d'Apollon : maître du sanctuaire oraculaire le plus fréquenté du monde grec, Delphes[335], et d'autres lieux oraculaires tels Teguraï[336], Thèbes[337], Eutrêsis, Husiaï, Thespiaï et le Ptoion en Béotie, Orobiaï en Eubée, Koropè, sur la côte de la Thessalie[338], Argos[339], Sicyone et Aigaï en Éolide, Klaros en Ionie, les Diduma près de Milet[340], Éphèse, également en Ionie, dont il fonda l'oracle avec Thémis[341], figure qu'on retrouvera associée à Apollon à Delphes, Pyla dans le sud de Chypre[342], Adada en Pisidie, Zeleia, Gergis, Thumbra et Adrasteia en Troade, Hiérakomè en Carie, Kymè (Cumes) en Italie, Hybla en Sicile, Mallos en Cilicie, Telmissos en Lycie[343]... Il est ainsi par excellence le dieu de ce que les Romains appelaient les augures. De nombreuses épiclèses et épithètes évoquent ce pouvoir : Apollon est *klutómêtis*, « Aux oracles célèbres[344] », *krêsmôdós*, « au chant prophétique[345] », *enólmios*, « Celui du trépied[346] », *Thóazos*, « Celui qui s'assoit [sur le trépied prophétique] », à Milet *Thúios*, « Celui qui est saisi d'un transport prophétique », et encore *sophós*, « sage[347] ». Et c'est bien souvent en raison des oracles qu'il possédait dans telle ou telle ville qu'il recevait des épiclèses : il est *Abaîos* à Abaï en Phocide, *Dêlios* à Dèlos, et aussi *Kúnthios*, à cause du petit mont Kunthos, principal relief de l'île, *Didumaîos* aux Diduma, *Gergíthios* à Gergis en Troade, *Eutrêsótês* à Eutrêsis et *Ptôos* au Ptoion en Béotie, *Koropaîos* à Koropê, *Soúrios* à Sura en Lycie, *Thumbraîos* à Thumbra en Troade...

Apollon est naturellement le maître ou l'inspirateur des devins et devineresses, de Kassandrè[348], de la Sibylle[349], des filles de Diôn, dont la femme Amphithéa l'avait si bien accueilli dans son palais de Laconie[350], de Brankhos, ancêtre des Brankhides qui desservaient l'oracle de Diduma[351], de Kalkhas, le devin des Grecs lorsqu'ils faisaient le siège de Troie[352], de Tirésias à Thèbes[353], de Laokoôn à Troie[354], de Mélampous, qui sut guérir les filles du roi d'Argos Proïtos rendues folles par Dionysos[355], de Phinée, qui, capable de connaître par divination les secrets des dieux, fut puni par Zeus de l'aveuglement[356], de Karneios, qui fut amant du dieu, à Sicyone[357] ; il est aussi le père de devins célèbres, tels Iamos, l'ancêtre des Iamides, famille de devins d'Olympie[358], Idmôn, qui savait lire les vols des oiseaux et servit de devin aux Argonautes bien que sachant qu'il mourrait durant l'expédition[359], Iapis, qui fut selon Virgile « le plus aimé des favoris de Phoibos[360] », Tènéros, qui aurait régné sur Thèbes et fut prêtre d'Apollon Ptoios[361], et aussi de personnages originaux, en ce qu'ils sont, un peu comme Minôs – lui, fils de

Zeus –, des sortes de rois-prêtres : ce sont Mopsos en Anatolie, devin et fondateur de villes[362], et Anios, seul « roi » légendaire de Dèlos[363] ; enfin des descendants plus lointains d'Apollon, Amphiaraos et Polupheidès, furent encore les protégés du dieu, qui en fit successivement les meilleurs des devins de leur temps (*Od.*, XV, 244-253).

Or l'opinion unanime des Grecs est que, dans sa fonction prophétique, Apollon parle d'abord au nom de son père Zeus. C'est, ainsi, l'avis de l'auteur de l' « hymne homérique » à Apollon, qui fait dire au tout jeune dieu : « Je révélerai dans mes oracles les desseins infaillibles de Zeus » (*HHAp*, 132) ; celui d'Eschyle : « Zeus, lui emplissant le cœur de divine science, l'assied sur ce siège [de Delphes], quatrième prophète : Loxias, ici, parle pour Zeus, son père » (Esch., *Eum.*, 17-19[364]) ; celui de Sophocle, car, un prêtre de Thèbes ayant rapporté un oracle d'Apollon delphique, le chœur peut chanter : « Ô douce parole de Zeus, que viens-tu apporter de Puthô l'opulente à notre illustre ville, à Thèbes ? » (*Oed. R.*, 151-153) ; celui aussi de Callimaque : « Au chœur, pour tant qu'il chante au plaisir du dieu, au chœur les grâces d'Apollon ; il les peut accorder, séant à la droite de Zeus » (*HAp*, 28-29), ou, s'adressant à Artémis : « Toi-même, déesse, tu entres en la demeure de ton père : chacun t'appelle à son côté ; tu prends place auprès d'Apollon » (*HArt*, 168-169) ; et de Nonnos : Zeus venant de faire une longue prédiction à Kadmos, le futur fondateur de Thèbes, il déclare : « Voilà les seules prophéties que je te ferai moi-même ; j'abandonne les autres à Phoibos » (*Dion.*, II, 966-967), ou encore, chez le même auteur, on voit Zeus qualifier son fils de « Maître de l'axe prophétique de Puthô, Interprète des dieux, Souverain archer, Dispensateur de la lumière » (*Dion.*, XXVII, 251-253).

De fait, l'hymne homérique à Apollon montrait, en son début, Apollon arrivant dans l'Olympe et les dieux tremblant, à l'exception, on l'a déjà vu, de Zeus et de Lètô. Celle-ci, ayant débarrassé son fils de son arc, « mène Apollon prendre place sur un trône. Alors le Père offre le nectar à son fils, et l'accueille avec une coupe d'or ; ensuite les autres divinités s'asseyent, à ce moment » (*HHA*, 9-12). On comprend donc pourquoi, s'installant à Delphes, le jeune dieu proclame : « Je suis le fils de Zeus, je me fais gloire d'être Apollon » (*HHA*, 480).

Il est vrai que, selon Euripide, Apollon, ayant ravi les oracles à Thémis, en fut à son tour partiellement dépouillé par Gaia, la Terre.

> Mais aussitôt le dieu s'élança vers l'Olympe. Il enlaça de son bras enfantin le trône de Zeus, suppliant celui-ci d'apaiser le courroux chtonien qui pesait sur le temple pythique.

> Et Zeus sourit en voyant que l'enfant était ainsi parti d'emblée pour conquérir les honneurs d'un sanctuaire riche en or.
>
> Il secoua sa chevelure, marquant qu'il consentait à supprimer les oracles nocturnes : il affranchit les hommes de la mantique ténébreuse. À Loxias il remit ses honneurs. Il rendit aux humains confiance dans le chant des oracles promulgués sur ce trône que viennent visiter de nombreux pélerins (Eur., *Iph. T.*, 1270-1283).

La Pythie, expose Pindare, siège « auprès des aigles de Zeus, en présence d'Apollon[365] », et dans la huitième *Olympique*[366], c'est Apollon qui interprète un signe envoyé par Zeus.

Ainsi, toutes les sentences d'Apollon viennent de Zeus, et le premier parle à l'unisson avec le second[367]. On comprend qu'Apollon soit qualifié de *diiphilos*, « cher à Zeus », dans l'*Iliade*[368].

Or Zeus est l'équivalent grec du Dagda irlandais, le dieu-druide : on le signalait à l'instant. Ainsi Apollon a hérité de Zeus les fonctions prophétiques, les plus « druidiques » donc, tout en lui restant subordonné, tandis que Lug a, entre autres, les fonctions druidiques du Dagda[369], mais en les subsumant.

Il est alors possible de revenir à Lleu : sans doute fort naïf, si l'on suit la lettre du récit, puisqu'il révèle à sa propre épouse les moyens de le tuer, il est l'élève de Gwydion, lequel, en magie, est le disciple du roi Math[370]. S'il y a continuité de Zeus à Apollon, il y a aussi continuité du premier roi à celui qui sera son successeur. Math a donné à Lleu le *cantref* de Dinoding, pour qu'il puisse s'exercer au gouvernement d'une région. Le *Mabinogi* s'arrête avec la prise de royauté de Lleu : on ne saurait alors douter, en vertu de la filiation de Math à lui, de son éducation par Gwydion, et des parallèles faits ci-dessus avec Merlin et ses semblables, que Lleu sera un excellent roi – c'est peut-être pour cela que le texte gallois n'en a plus rien à dire –, en somme, une sorte de Llevelys ! sachant, comme Apollon, le présent, le passé, l'avenir.

Autre parallélisme : si Mômoros et Atepomaros fondent Lugdunum après avoir observé le vol de corbeaux, les devins d'Apollon ne sont pas en reste : Kalkhas, dans l'*Iliade*, chargé d'interpréter la colère d'Apollon, est à ce moment qualifié d'*oiônopólos*, « observateur des oiseaux[371] » ; dans l'*Odyssée* (XV, 526) le devin Theokluménos, descendant de Mélampous et donc protégé d'Apollon, interprète un oracle fourni par l'envol d'un faucon, « prompt messager d'Apollon », et Tirésias, à Thèbes, étudie le vol des oiseaux, depuis son « ornithoscope[372] ».

Et si Lugh a eu une épouse nommée Nás, dont le nom signifierait « Présage », l'une des amantes d'Apollon s'appelait Daphnè, c'est-à-dire « Laurier », car c'est en cette plante qu'elle fut transformée : or, disait-on, le laurier était une plante spécifiquement protégée d'Apollon, et qui en mettait sur sa tête pour dormir faisait des rêves qui se révélaient vrais[373] ; la Pythie mangeait des feuilles de laurier avant de s'asseoir sur le trépied prophétique[374], et en secouait une branche pendant son action prophétique[375]. Apollon et Lug ont donc chacun une compagne au nom connotant la prophétie.

F. Bader a noté que la voyance d'Apollon était corrélative de sa brillance : elle est son inverse[376]. Ce qui vaut pour Apollon vaut évidemment aussi pour Lug, non moins brillant, non moins voyant. On rappellera aussi qu'à l'intelligence mise en exergue de Llevelys correspond la relation qu'établissaient les anciens Grecs entre Apollon et les hommes les plus brillants de leur nation : c'est Apollon qui enjoint à Socrate de pratiquer le genre de vie « philosophique », comme il le recommande également à Pythagore, qui, d'ailleurs, était son porte-parole et, pour certains, sa véritable incarnation[377].

Dans ce cas, le rapprochement entre Apollon et un druide est poussé jusqu'au détail, car le costume choisi par Pythagore, comme celui des druides, était de couleur blanche[378]... Parallélisme que je ne développerai pas ici, tant discuter de l'origine du pythagorisme et des pythagoriciens constituerait une digression volumineuse !

Par contre, on conclura sur ce point avec Henri Jeanmaire qu'Apollon était un « dieu sacerdotal, le seul peut-être du panthéon hellénique auquel convienne cette appellation[379] ».

Je signale pour terminer un dernier parallèle celto-grec concernant la divination. Dans certains des « sites Lugnasad » d'Irlande, on parle d'un individu, souvent un aide du saint dans son combat contre un potentat local, qui dormit dans une peau. Il s'agit en particulier du taureau que le potentat voulait utiliser contre le saint nouveau venu, et que celui-ci retourna contre son adversaire[380]. Par exemple, à Donaghanie dans le comté de Tyrone, le saint, Patrick, est aidé par un nommé Oisín, un géant, qui tue le taureau, puis dort dans sa peau. Patrick le trouve endormi, et prie pour que la force d'Oisín le quitte en grande partie, car sinon ce géant aurait la capacité de détruire le monde ; des versions rappelant celle-ci ont été relevées aussi à Cashel, et à Slieve Gussion, ce dernier site n'étant cependant pas le lieu d'une survivance de Lugnasad[381]. Comme le note l'auteur à qui j'emprunte ces données, dormir dans une peau est un rite de divination, bien attesté en domaine celtique, par plusieurs textes irlandais et un texte écossais[382]. Or, le même mode de divination est attesté dans la tradition grecque, et en relation – au moins indirecte – avec Apollon : sur la côte de l'Italie orientale se trouvait un couple de sanctuaires, à savoir au sommet de la colline appelée le mont Drion, celui de Kalkhas – devin, descendant d'Apollon –, et à son pied celui de Podaleiros – héros médecin, descendant d'Apollon. Selon Strabon, « on y prend l'oracle [de Kalkhas] en sacrifiant au héros un bélier noir et en dormant ensuite dans sa peau ». Par contre, à la base du mont s'écoule un ruisseau dont l'eau guérit toutes les maladies du bétail jeune[383]. Apollon n'est pas mentionné, mais dans l'*Iliade*, où il apparaît, Kalkhas est le dévot par excellence d'Apollon.

En Grèce, la divination par rêve, ou incubation, concerne surtout le dieu Hermès[384], mais elle est attestée également dans le domaine apollinien : c'est dans un rêve qu'il serait apparu à Periktionè, la mère de Platon (D. L., III, 1). Pausanias raconte que les gens de Themisônion, en Ionie, menacés par les Galates, furent aidés par Hèraklès, Apollon et Hermès, qui apparurent à leurs magistrats dans une caverne, qui leur conseillèrent de cacher leurs concitoyens. C'est pourquoi il y a, devant la caverne, des statues des trois dieux qualifiés de *Spêlaîtai*, « [Dieux] de la Grotte » (Paus., X, 32, 5).

Il reste que le fait de dormir dans une peau est original ; et que cette forme précise de divination est en relation, indirectement, en Irlande, avec Lug, en Grèce, avec Apollon.

Des guerriers

Lug est néanmoins un formidable guerrier, et les récits irlandais médiévaux, racontant la bataille de Mag Tured, la deuxième du nom, mettent naturellement cet aspect au premier plan. Nous l'avons vu qualifié de « grand guerrier[385] », « guerrier à la grande taille[386] » et surtout de « jeune guerrier[387] ». Nous avons dit comment il abat ou aveugle le formidable Balor. Dans la première version de la bataille, le rôle militaire de Lugh se borne à peu près à cela : le récit est beaucoup plus développé en ce qui concerne l'arrivée de Lugh, sa préparation du combat et la négociation finale, après la victoire, avec les Fomóire. C'est dans la seconde version, celle de David Duinegan, que l'aspect guerrier de Lug est hypertrophié. Il y est « le fort héros batailleur des champions de la Terre », le « grand guerrier », le « guerrier », le « héros royal[388] ». Le texte que j'ai cité plus haut[389], pour la brillance de l'équipement de Lug, se poursuit avec l'énumération de ses armes :

> Il prit son épée longue, sombre et très tranchante, sa lance empoisonnée, large, cruelle, au fût épais, héroïque, à cinq pointes, dans l'autre main. Il saisit sa boule de fronde pour le jeu de briser les boucliers des héros aux armes rapides. Il chercha sa massue de bataille à lourde tête pour en faire usage contre les crânes puissants…
>
> C'est de cette façon que se leva le soutien puissant du pays et de la province, le champion prêt à attaquer, terrible, de l'Irlande, l'homme qui était le plus fort et le plus courageux, sans trembler devant les exploits du maître. C'était la colère d'un lion enragé, le bruit de la mer aux grandes

vagues, le grondement de l'océan aux franges bleues, que la colère du héros rapide, Lugh, massacrant les ennemis, luttant contre leurs tribus et défendant l'Irlande. Il n'y avait personne de supérieur au héros suprême en Irlande et dans toutes ses provinces ou ses royaumes pour ce qui était de la forme, de l'intelligence, du courage, du savoir, de la prophétie, de la science, de l'enseignement, des jeux guerriers, de l'héroïsme, de la vaillance, de la force, de la violence, de la qualité de champion.

C'est là la description de Lugh pour la bataille de Mag Tured[390].

Après l'aveuglement de Balor, la bataille s'engage pour de bon. Et voici comment cela se passe : une série de duels met aux prises un héros des Túatha Dé Dánann et un homologue du camp des Fomóire. Chaque fois, cela se termine par l'intervention de Lugh qui achève l'adversaire. Nuada se bat avec Tren, fils de Triosgadal, et ils se sont déjà sérieusement abîmés… « Quand Lugh entendit l'intensité des coups et la violence du combat, il s'approcha et fit une grave blessure à Tren, fils de Triosgadal. Tren se retourna pour rendre à Lugh sa blessure, mais Lugh le blessa à nouveau et il lui coupa soigneusement la tête[391]. »

Il en est ainsi pour sept combats successivement[392], après quoi Lugh abat personnellement un grand nombre d'adversaires, se lance à leur poursuite, massacre les guerriers par centaines, achève enfin Balor et le décapite. Il n'accorde la vie qu'aux poètes, et le récit se termine par le chant de Lugh célébrant ses propres exploits[393].

L'écrivain peut avoir exagéré, amplifié le rôle guerrier de Lug. Mais ce caractère militaire du dieu est bien attesté, on l'a vu, dans toute la tradition. Gafraith Fionn O'Dalaigh, dans le poème cité plus haut, l'appelle « Ioldanach à l'arme bleue acérée ». Dans la *Táin*, lorsqu'il vient au secours de Cúchulainn, il lui conseille de s'endormir pendant trois jours, pendant lesquels il combattra à sa place[394]. Après un massacre de guerriers par Cúchulainn, le texte commente :

Si bien que le nom en est le *Sesrech Breslige* dans la Razzia. Et c'est un des trois [massacres] qu'on peut dénombrer dans la Razzia, à savoir *Sesrech Breslige, Imslige Glendamnach* et la bataille de Garech et Ilgarech, si ce n'est qu'il y avait ici égalité de chiens, de chevaux et d'hommes. D'autres disent que Lugh, fils d'Ethle, combattit avec Cúchulainn dans le *Sesrech Breslige*[395]. »

Cette proximité de Lugh et de Cúchulainn, et le fait que Lugh soit l'un des pères de Cúchulainn, ont conduit plusieurs auteurs à voir dans l'un le doublet de l'autre : « Cúchulainn est l'enfant de Lugh, ou plus exactement il est un avatar de Lugh car il est, en un certain sens, Lugh même re-né. Il possède beaucoup des attributs de Lugh et il est gratifié, plus que tous les autres héros du cycle [d'Ulster] de la beauté de son corps, de sa force, de sa dextérité et de ses prouesses[396]. » Il y a exagération dans cette comparaison[397] car Cúchulainn n'est que guerrier et, ce faisant, il est toujours subordonné à son roi Conchobar, tandis que Lugh n'est ni seulement guerrier ni subordonné à qui que ce soit. Mais qu'elle ait pu être faite souligne bien la parenté, certes partielle mais réelle, des deux personnages mythiques, le dieu et le héros. Lugh est aux Fomóire dans la seconde version de la « Bataille de Mag Tured » ce que Cúchulainn est à l'armée de Medb et d'Ailill dans la *Táin Bó Cualnge.*

Au pays de Galles, Lleu est aussi un guerrier de premier plan, puisque l'une des *Triades* galloises le considère comme l'un des trois *rudd-voaux*, « héros laissant un sillage rouge[398] ».

Et cet aspect guerrier du dieu a dû être connu dans l'Antiquité celtique, puisque sur des monnaies de peuples de l'orbite des Parisii, de la fin des années 50 avant notre ère, le cavalier devant lequel se trouve le soleil (ci-dessus), et qui doit être Lug en sa qualité d'impulseur de l'astre, brandit une épée à poignée anthropomorphe. Les auteurs qui les publient notent que le dieu est ici « l'arme à la main, en sa qualité de premier et de plus puissant des guerriers divins[399] ».

Apollon obtient, de son côté, à peu près les mêmes résultats que Lug, avec cette différence que l'aspect proprement « guerrier » a été largement évacué au profit de l'aspect « meurtrier[400] ». Voici par exemple ce que Pindare nous dit de la mort de Porphuriôn, le roi des Géants. Il s'adresse ici à Hèsukhiâ, fille de Dikê, c'est-à-dire « la Tranquillité Bienveillante » fille de « la Justice » : « Porphuriôn ne comprit pas qu'il avait tort de te provoquer. Le gain le meilleur est celui d'une maison dont le maître vous le cède. L'orgueilleux, un jour ou l'autre, est perdu par sa violence. Typhôs le Cilicien n'évita pas ce sort, ni même le roi des Géants. Ils furent domptés par la foudre et par les flèches d'Apollon » (*Pyth.*, VIII, 12-18 [15-25]).

Ainsi Porphuriôn a été fléché par le dieu archer sans plus de difficulté que les enfants de Niobè (ci-dessous) ou les hommes victimes de maladies épidémiques. Or, dans d'autres versions, l'affrontement entre les dieux et les Géants fut une vraie guerre et, comme Porphuriôn et Alkuoneus étaient les plus grands des Géants et qu'ils étaient immortels tant qu'ils combattaient sur leur sol natal, il fallut aux dieux demander l'aide du héros de force, Hèraklès, pour qu'il les pousse hors de chez eux. Apollodore dit que Porphuriôn attaqua Hèraklès et Hèra, tenta de violer cette dernière et qu'alors Zeus le foudroya en même temps qu'Hèraklès le tua d'une flèche (Apd., I, 6, 1-2). L'allusion que Pindare fait à la mise à mort de Porphuriôn par Apollon isole le motif et réduit ce qui est ailleurs un combat à une action banale de ce dernier. Est-ce toutefois la trace d'une version où

Apollon participait à la Gigantomachie, et avait en charge de tuer le roi des Géants ?

De même, Apollon se contente, encore bébé[401], de flécher le dragon de Delphes là où, dans tout le monde indo-européen, l'affrontement entre un héros ou un dieu et un dragon est un vrai combat d'où généralement même le vainqueur ne sort pas absolument indemne[402] ou a du mal à parvenir à ses fins[403].

De la même façon encore, et ici nous sommes très proches du meurtre de Balor[404], Apollon tue les Cyclopes : mais là où l'Irlande offre la fantastique séquence de la balle de foudre incandescente, de l'œil mortifère, de la collaboration de Goibniu, de l'extraordinaire habileté de Lugh, la Grèce présente un meurtre collectif aussi simple et aussi banal que les morts dont Apollon et sa sœur sont habituellement responsables. Dans son récit de la Gigantomachie, Apollodore dit encore que le Géant Ephialtès « fut frappé par Apollon dans l'œil gauche et par Hèraklès dans le droit » (Apd., I, 6, 2). Tout cela est propre, sans risque pour le vainqueur : Apollon apparaît comme un Lug édulcoré.

Mais il y a d'autres choses, et il faut ici élargir le débat.

1 – Apollon, à la suite de sa victoire tenue tout de même pour exemplaire sur le dragon de Delphes, était le dieu auquel on faisait confiance pour accorder la victoire dans les *agônes*, ou concours, qu'affectionnaient sous toutes formes les Grecs, entre autres dans la guerre[405]. Apollon est *Enagôgios*, spécialiste des *agônes*, par exemple à Dèlos, et *Stratágios*, dieu de la campagne victorieuse. Il excelle d'ailleurs au pugilat, qu'il a inventé en gagnant les surnoms de *Pugmaîos*, de *Púxios*[406], de *Púktes*[407]. Aussi vainquit-il de cette manière non seulement le formidable héros guerrier Phorbas[408], du peuple des Phlégues, ses ennemis[409], mais également le dieu de la guerre lui-même : Arès[410]. À ces victoires il doit d'être souvent invoqué dans des dédicaces agonistiques, et, pour l'aide qu'il fournit aux hommes, il reçoit les épiclèses de *Boêdrómios*, « Celui qui accourt à l'appel » c'est-à- dire « le Secourable », ou de *Boásôn*, « Celui qui crie [dans les combats] », de même qu'il est *Eleleùs*, « Celui du cri de guerre », *Thoúrios*, « Dieu qui s'élance [dans la mêlée] », et, à Rome, il a été qualifié de *Propugnator*, « Combattant pour [celui qui l'adore[411]] ». Dans l'*Iliade*, il déclenche le combat[412] ; il chante le Paian après sa victoire sur le serpent de Delphes, et à Hermionê on l'adorait comme gardien de la frontière, *Órios*. À Athènes, les rites célébrés dans le sanctuaire hors les murs d'Apollon Lukeios mettaient en avant des aspects militaires[413].

2 – Au VIe siècle avant notre ère, l'artiste Bathuklès de Magnésie sculpta, pour les Spartiates, à Amyklées, un formidable « trône »

décoré d'un nombre imposant de statues, pour le dieu qui régnait sur la localité, Apollon, et en rapport avec la fête annuelle qui s'y déroulait, les *Huakinthia*. Et c'est la statue du dieu, au sommet de l'édifice, qui doit retenir notre attention. Voici comment la décrit Pausanias (III, 19, 2) :

> Je ne sache pas que quelqu'un ait mesuré la hauteur de la statue, mais on peut estimer qu'elle a au moins trente coudées. Elle est trop ancienne et trop grossière pour être l'œuvre de Bathuklès : car quoiqu'il y ait un visage, des pieds et des mains, le reste ressemble à un pilier en bronze. Sur sa tête est un casque, et dans ses mains il tient une lance et un arc.

Voici bien un Apollon *guerrier*. Sa date ? La statue est de type très archaïque, du genre qu'on appelle les *xoana*, sculptures les plus anciennes de l'art grec du Ier millénaire. Elle est donc datable du VIIe siècle avant notre ère au plus tard, du huitième au plus tôt. Un éléments des *Huakinthia*, la grande fête célébrée à Amyklées[414], confirme cet aspect militaire : selon une scholie à Pindare,

> les Aigéides sont une phratrie thébaine ; certains de ses membres allèrent à Sparte porter secours aux Lacédémoniens pendant la guerre contre Amyklées. Leur chef Timomakhos fut le premier à donner des instructions militaires aux Lacédémoniens, et il reçoit d'eux de grands honneurs : aux *Huakinthia* notamment, on expose sa cuirasse de bronze que les Thébains appellent *hóplon* (« cuirasse »). Cette histoire se trouve en particulier chez Aristote, dans la *Constitution des Laconiens*[415].

On ne discutera pas ici les multiples problèmes que pose ce petit texte[416]. L'essentiel est qu'on mettait en scène, lors de la fête des *Huakinthia* – ainsi nommée à la suite du meurtre, involontaire nous dit-on, du héros Huakinthos par Apollon – un objet on ne peut plus militaire, lequel évoque une conquête du territoire où se déroule la fête. Cet Apollon militaire archaïque n'est pas uniquement spartiate. Apollon avait aussi, à Thèbes précisément, une fête très importante, les *Daphnèphoria*. Or en voici le mythe fondateur[417] :

> Les Aioleis qui habitaient Arnê et la contrée voisine partirent de là sur l'ordre d'un oracle et vinrent, pour en faire le siège, camper devant Thèbes, alors occupée par les Pélasges. Une fête d'Apollon, commune aux deux belligérants, étant imminente, ils conclurent une trêve et allèrent, les uns sur les flancs de l'Helikôn, les autres sur les bords mêmes du Mélas, couper du laurier pour le porter à Apollon. Or il advint un songe à Polématas, le chef des Béotiens. Il crut voir un jeune homme qui lui remettait une armure complète et lui ordonnait d'organiser, à chaque neuvième année, une procession qui porterait des branches de laurier en chantant des prières à Apollon. Trois jours plus tard, Polématas fit une attaque et remporta la victoire sur les ennemis. Puis, en personne, il accomplit la *daphnèphoria*, et la coutume a persisté depuis ce temps-là.

Le texte se poursuit par la description, remarquable pour son symbolisme stellaire et calendaire[418], de la hampe d'olivier portée lors de cette fête, où, nous dit-on, « la boule [mise] au sommet représente le Soleil, dans lequel ils reconnaissent Apollon » ; le daphnèphore, « porteur de laurier », a les cheveux flottants, la tête couronnée d'or, une longue robe d'apparat ; la procession aboutit au sanctuaire d'Apollon Isménios et Khalazios. La statue du dieu n'est pas décrite dans le résumé que fait Photios du récit de Proklos, et c'est dommage. Car l'histoire de ce culte d'Apollon fondé, ou plutôt annexé, là même où eut lieu une conquête militaire, celle de ce chef de guerre qui reçoit en songe une armure, rappellent beaucoup ce qu'on vient de dire de la cuirasse de Timomakhos, chef d'origine thébaine, portée, montrée lors des Huakinthia. En tout cas, le songe de Polématas lui avait été évidemment envoyé par Apollon. Voici donc, à nouveau, un Apollon guerrier, du moins qui dut l'être à haute époque, tout comme à Sparte.

Ces aspects guerriers d'Apollon s'attestent en d'autres endroits du monde grec. À Enkomi, dans l'est de Chypre, deux statuettes ont été découvertes, qu'on identifie à Apollon Kereátas : sur l'une, il a des cornes, sur l'autre, c'est son casque qui en est muni, et le dieu, jeune, en pagne, porte lance et bouclier[419]. Ces statuettes datent du XIIe siècle avant notre ère.

On a parlé aussi de l'épée d'or d'Apollon, de son arc d'or ou d'argent, on reparlera de sa lance, avec laquelle il était également représenté à Mégare[420] ; à Hiérapolis de Phrygie, il l'était avec cuirasse et lance et brandissait l'égide[421] ; les monnaies de Métaponte, en Italie du Sud, et de Larymna, en Locride, le montrent casqué[422], comme il l'est à Amyklées et à Enkomi, et les peintres de vases ont aimé le représenter brandissant l'épée contre le géant Tituos.

D'après Plutarque, les Mégariens n'ont mis une lance aux mains d'Apollon qu'à la suite d'une victoire sur les Athéniens, en 446 avant notre ère. Je n'en crois rien : la lance appartient à des Apollon archaïques, on verra qu'elle a précédé l'arc dans les offrandes de statuettes delphiques, et elle est l'arme par excellence de Lugh. De plus, j'ai montré, dans un article de 1994, que les Huakinthia, fête célébrant chaque été Apollon, à Amyklées, répondaient rigoureusement à la fête célébrée annuellement par les Slaves de l'île de Rügen, au haut Moyen Âge, en l'honneur d'un dieu lumineux et guerrier, Svantovit[423]. Il s'agit là d'héritage commun, non d'emprunt ! Par là se confirme l'ancienneté du type de l'Apollon guerrier. Et une autre fête consacrée à Apollon à Sparte, les Karneia, avaient pour caractéristique, lors même qu'elle était en relation avec les vendanges, que les participants y adoptaient une disposition en ordre militaire[424].

Ailleurs, à Chypre, à côté de Kourion, dans le grand sanctuaire d'Apollon Hulátès, des milliers de figurines en terre cuite de guerriers, de cavaliers et de chars ont été consacrées au dieu en ex-voto[425].

3 – L'aspect guerrier d'Apollon est encore confirmé par d'autres données. L'hymne homérique à Apollon qualifie celui-ci, par la bouche de Telphousè, de « fort et vaillant[426] ». Il est vrai qu'hormis l'affrontement, aisé, avec le dragon femelle de Delphes, l'hymne ne met guère en scène cette vaillance. Mais l'on sait que dans la mythologie grecque, les enfants des dieux représentent souvent un caractère de leur père ou de leur mère, et que même, parfois, on a déplacé sur un enfant d'un dieu un motif que le développement théologique (moral, idéologique, axiologique...) ne permettait plus de rapporter au dieu lui-même, et tout à l'heure l'exemple de Tennès nous fournira précisément un exemple de ce phénomène. Trois des fils d'Apollon sont alors spécialement intéressants pour le sujet ici traité. Le premier est Kuknos : « Apollon et Thuriè, fille d'Amphinomos, eurent un enfant, Kuknos. Celui-ci était de belle apparence, mais de caractère rustre et désagréable ; il montrait une passion extraordinaire pour la chasse et habitait à mi-distance de Pleurôn et de Kaludôn. Nombreux furent ceux qui l'aimèrent pour sa beauté » (A. L., *Mét.*, XII). Son caractère fait que tout le monde le prend finalement en haine, sauf un nommé Phulios. Mais Kuknos abuse de son amour : il lui fait accomplir de redoutables épreuves[427] ; le jeune impudent prend alors conscience du mal qu'il a causé, et l'histoire se termine par le saut de Kuknos, désespéré, et de sa mère Thuriè, dans un lac, où Apollon les change en cygnes, desquels désormais le lac tire son nom. Ce Kuknos, chasseur désagréable et insensible, beau comme Apollon son père, rappelle aussi le caractère irritable et bien peu pitoyable de celui-ci. Mais surtout, Kuknos est aussi, à travers la tradition grecque, le nom d'un – ou de plusieurs qui se ramènent évidemment tous au même – formidable guerrier, ennemi du genre humain, et finalement tué, selon les lieux, par Achille ou par Hèraklès[428], et très semblable au nommé Phorbas tué, celui-ci, on l'a vu, par Apollon. Voici donc un pur guerrier qui, dans une tradition au moins, est fils d'Apollon et, de toute manière, porte le nom d'un oiseau lié par excellence à Apollon, le cygne.

C'est précisément d'un autre Kuknos, ou bien d'Apollon[429], qu'était fils un autre formidable héros, Ténès (ou Tennès). Celui-ci colonisa l'île de Leukophrys et lui laissa son nom : Ténédos. Les gens de cette île, qui l'honoraient comme un dieu, racontaient qu'il avait tenté d'empêcher les Grecs en route vers Troie de débarquer, en leur lançant des pierres : voici une raison de revenir sur ce personnage dans quelque temps. Dans une autre version, exposée par Plutarque,

Achille, ayant débarqué, voulut séduire, ou violer, la sœur de Tennès ; l'issue est de toute manière un duel entre Achille et Tennès, et la mort de ce dernier. On racontait aussi qu'Apollon avait prévenu Thétis qu'il tuerait son fils, Achille, si celui-ci portait atteinte à Tennès[430].

Un personnage assez voisin de Tennès est Amphissos, fondateur de la ville du même nom et d'un sanctuaire à Apollon en Dryopide, fils de ce dieu et de Druopè, et qui, nous dit-on, « à peine arrivé à l'âge viril, surpassa en force tous les hommes » (A. L., *Mét.*, XXXII, 3-4), sans préciser, toutefois, s'il a eu l'occasion de l'exercer.

En tout cas, ces fils d'Apollon, Kuknos, Tennès, Amphissos, ressemblent à leur père, sont liés à son culte, et sont très forts, comme Apollon dut l'être en un temps où il était moins exclusivement archer. La conclusion s'impose : l'Apollon meurtrier mais non combattant de Pindare et de la théologie classique est un Apollon évolué. La Grèce conserve le souvenir d'un Apollon, maître de conquêtes militaires, armé, cuirassé, père de héros de force. La comparaison, slave avec Svantovit et celtique avec Lug, le confirme.

Et il arrive, comme on a pu le voir en plusieurs occasions, que la correspondance entre Lug et Apollon aille jusque dans le détail. Au chant de Lugh célébrant ses propres exploits fait écho l'orgueil d'Apollon : lorsque l'île de Dèlos s'apprête à accepter Lètô, pour qu'elle accouche, elle s'écrie : « Mais je tremble de ce que l'on dit, et je ne le cacherai point : on raconte qu'Apollon sera d'un orgueil sans limite [*atásthalos*] et qu'il viendra commander en maître aux Immortels et aux mortels[431] », et, de fait, Apollon à peine né se met à arpenter l'île en réclamant sa lyre et son arc, puis s'en va terroriser les dieux dans l'Olympe. La modestie n'est l'affaire ni d'Apollon, ni de Lug.

Apollon a eu des fils guerriers, bien plus strictement guerriers que lui-même : on vient de parler d'eux, et le parallèle s'impose avec Cúchulainn, fils de Lugh, bien plus spécifiquement guerrier que lui. Cependant, on ne voit pas Apollon intervenir dans les combats que mènent ses fils comme on a vu Lugh le faire lorsque son fils était blessé. Le motif est déplacé : il y a un homme, jeune, pour lequel Apollon est intervenu activement, mais ce n'est pas son fils, c'est Oreste, son protégé. C'est d'abord lui, Apollon, qui, selon Stésichore, donne l'ordre au jeune Oreste, à Delphes, de tuer sa mère et son amant, et lui remet pour cela son terrible arc[432]. Lorsque, après cet assassinat, Oreste est meurtri, ce n'est pas des coups de ses adversaires, comme Cúchulainn, mais des douleurs que lui cause le remords du meurtre qu'il a commis, c'est-à-dire, c'est tout un, les Érinyes de sa mère. La purification, brève ou longue, a Apollon pour agent : « Ma souillure était fraîche quand au foyer de Phoibos l'offrande purificatrice d'un pourceau égorgé l'a chassée loin de moi » (Esch., *Eum.*, 282-283).

Purification rapide à Delphes, tandis que Trézène, au nord de l'Argolide, conservait et célébrait la tradition d'une longue purification d'Oreste, logé dans une cabane face au sanctuaire d'Apollon Theôros[433]. À Rhègion en Italie, on disait que c'était en ce lieu que vint se purifier Oreste, et, qu'y laissant l'arme du matricide, il fonda un temple à Apollon[434]. Surtout, tels que les Tragiques athéniens l'ont conçu, le sort d'Oreste est entre les mains du dieu. Dans les *Euménides* (179-759), d'Eschyle, Apollon est l'avocat d'Oreste lorsqu'il passe devant le tout premier tribunal de l'Aréopage, réuni pour le juger. Et Euripide, dans son *Oreste*, fait intervenir *in fine* (1617-1665) Apollon pour qu'il s'interpose entre Oreste et Ménélas prêts à s'entretuer – et enjoigne au premier d'aller fonder une cité en Arcadie, après avoir régné sur Argos pendant que Ménélas garderait Sparte. Apollon a ainsi accompagné le malheureux fils d'Agamemnon tout au long de sa purification, jusqu'au jugement du tribunal qui l'absout. C'est pourquoi Marie Delcourt, rappelant qu'Apollon fut également un meurtrier qui dut s'exiler pour être purifié, fait d'Oreste le « double » d'Apollon, et d'Apollon un « premier Oreste[435] » : ce qui n'est pas sans rappeler les études signalées plus haut qui voudraient aller jusqu'à identifier Lugh et son fils Cúchulainn.

Des protecteurs des troupeaux

Ces aspects guerriers et militaires de Lug et d'Apollon n'empêchent pas qu'ils président également à des activités fort pacifiques.

C'est ainsi que le rôle de protecteur des troupeaux d'Apollon est l'une de ses fonctions les plus importantes[436] : une de ses épiclèses des plus fréquentes est *Nómios* « [le Dieu protecteur] des troupeaux[437] » ; elle est attestée depuis Hésiode[438], et l'on citait plus haut le beau passage de Callimaque où le poète, commentant ce terme, exposait qu'Apollon l'avait mérité depuis qu'il avait gardé brebis et chèvres chez le roi Admète, en Thessalie : tout le bétail de ce roi s'était multiplié[439]. Astreint à servir aussi le roi Laomédon de Troie, il collabora avec Poséidon pour fortifier la ville, ou bien, selon une variante assurément ancienne, se consacra à la garde des troupeaux du souverain, Poséidon s'occupant seul des murailles[440]. D'autres épiclèses le confirment : Apollon est *Poímnios*, « Dieu des pâtres », *Arnokómês*, « Aux cheveux bouclés comme une toison d'agneau », *Epimélios*, « Protecteur des moutons », *Opaôn mélôn*, « Surveillant des moutons », *Trágios*, « Dieu des chèvres », *Kereátas*, « Celui des cornes » à Chypre[441], *Malóeis* et *Maleátâs* « [Protecteur des]

Troupeaux de moutons », *Galáxios* « [Dieu de] la lactation[442] ». À Sparte et en d'autres cités doriennes, il était *Karneîos*, nom dérivé, disait-on, d'un héros Karnos[443], mais en fait, plus prosaïquement, d'un des noms grecs du « bouc » : *kárnos*[444]. On disait encore, à Sparte, que le héros s'appelait déjà *Karneîos*, et il aurait habité dans la maison d'un devin nommé Kriós, « Bélier[445] » : personnage apollinien, bien sûr – et on connaît, à Sparte, un cippe d'Apollon surmonté de la tête d'un bélier. Le dieu a en charge la fécondité animale – et, en même temps, humaine : il est *Genétôr*, « Géniteur », *Aeigennêtês*, « Toujours fécondant », *Thoraîos*, *Thorátês*, « Fécondateur », *Spermíos* ; il encourage les naissances, *Phérésbios* « Apportant la vie », *Biodôtês*, « Donneur de vie », et l'un de ses enfants s'appelle *Kallíteknos*, « Bel enfant[446] ». Les figurations du dieu ont souligné cet intérêt pour les bêtes domestiques : il est parfois accompagné d'un bouc, d'un bélier[447], une statuette du British Museum le montre tenant un crâne muni de cornes de bélier[448], et sur un statère de Métaponte, du ve siècle avant notre ère, il a lui-même des oreilles de bouc ou de bélier[449]. Sur deux de ses représentations les plus anciennement attestées, puisqu'elles remontent au XIIe siècle avant notre ère, il porte un casque à cornes, et c'est de cela qu'il tire l'épiclèse de *Kereátâs*[450]. C'est là, une fois de plus jusqu'aux détails, un point commun avec Lug, puisqu'il existe dans le nord de la France une représentation d'un dieu identifiable à Mercure et portant des embryons de cornes, et en Espagne une représentation d'un dieu qui ne peut être que Lug, muni de grandes mains et de cornes[451]. D'ailleurs, selon D. Hollard, comme les ailerons du Mercure gallo-romain « sont souvent implantés dans la chevelure même (et non pas sur le pétase) », comme c'est le cas pour les cornes du dieu espagnol de Vestio Alonero, « il est en fait possible que Lugus porte parfois la trace de petites cornes ou des protubérances laissées par la chute de ces cornes, comme la *cornamenta* du cerf… [Et] la représentation du dieu bicéphale de Peñalba de Villastar semble bien porter des cornes[452] ». Le Mercure du Wasserwalt, près de Saverne, a un bouc couché à ses pieds, et les ailes de son pétase sont « si curieusement dressées qu'elles évoquent des cornes[453] ».

Aux limites septentrionales extrêmes de la Grèce, au-delà même des frontières de la Grèce historique, en Piérie, c'est-à-dire dans le sud de la Macédoine, Apollon possédait des troupeaux de bovins[454]. Ils sont attestés depuis l'hymne homérique à Hermès puisque c'est là que ce dernier alla lui voler une partie de ses vaches[455].

On évoquait plus haut l'épiclèse, très fréquente elle aussi, de *Lúkeios* : on disait comment, même si un sens « lumineux » se décèle à l'entour de ce qualificatif, les Anciens, et les Modernes, le comprennent comme dérivé du nom du « loup » ; Apollon est d'ailleurs aussi *Lukoktónos* « Tueur de loups[456] » : Apollon bien est celui qui écarte les loups des troupeaux[457]. S'il tua le dragon de Delphes, c'est que, nous dit l'hymne homérique à Apollon (v. 304), celui-ci ravageait la région en enlevant les moutons. Et, en remerciement pour la protection qu'il accordait ainsi aux troupeaux, aussi bien en éloignant les prédateurs qu'en faisant prospérer les bêtes domestiques, Apollon recevait d'imposants sacrifices d'animaux : dès l'*Iliade* (I, 40-41) on voit son prêtre troyen, Khrusês, l'invoquer en brûlant pour lui des cuisseaux de taureaux et de chèvres, et surtout, après que la peste a frappé les rangs des guerriers grecs, ceux-ci délibèrent, découvrent qu'Apollon réclame une hécatombe, décident, contre le vœu d'Agamemnon, de rendre la jeune Khrusêis à son père, et pour ce ils chargent une hécatombe sur le vaisseau où on l'installe, puis, après s'être purifiés : « Ils sacrifient ensuite à Apollon des hécatombes sans défaut de taureaux et de chèvres, au bord de la mer infinie ; et la graisse en monte au ciel dans des spirales de fumée[458]. »

De pareilles hécatombes sont attestées ensuite fréquemment dans le culte d'Apollon, à Dèlos[459], à Delphes[460], à Cyrène[461], l'*Odyssée* en mentionne à Ithaque[462], et Pindare évoque les massacres d'ânes en son honneur en la lointaine Hyperborée[463]... En raison de ce type de sacrifice, Apollon recevait l'épithète d'*Hékatombaios*, à Hyampolis en Phocide orientale, à Athènes, à Mykonos dans la mer Égée[464]. Certes, une hécatombe, malgré son étymologie « [sacrifice] de cent bœufs » ne consistait que rarement en un massacre de cent bovins : les passages cités de l'*Iliade* l'indiquent déjà, et à Mykonos l'offrande à Apollon Hékatombaios, chaque 7 du mois, consistait en un taureau et dix moutons ! Mais on peut être sûr que les cités les plus riches, telle Cyrène, s'offraient ce luxe dès qu'elles en avaient les moyens.

Marcel Detienne a mis récemment l'accent sur cet Apollon amateur de sacrifices, à Delphes, où, « son sanctuaire à peine inauguré, tables et autels jamais ne désempliront », à Troie, où, après qu'Apollon l'ait servi, Laomédon prévoit que ce seront « des victimes, des sacrifices odorants qu'Apollon recevra[465] », à Cyrène, où les victimes d'Apollon se succèdent à tel rythme que lorsqu'elles arrivent les charbons de la veille sont encore chauds du sacrifice précédent[466], à Pyla en Chypre, où il a pour épiclèse *Lakeutês*, terme dont la racine exprime « le sifflement de la flamme, le grésillement des entrailles embrasées, l'éclatement des estomacs, la crevaison des ventres... », à Drèros, en Crète, où sont gravées sur les murs de son sanctuaire, côte à côte, les décisions politiques et les règles de partage des viandes[467]. Et, à l'observation de Callimaque sur les charbons qui n'ont pas le temps de refroidir, répond une figure peu connue d'Apollon dieu des cendres : à Thèbes, il reçoit l'épiclèse de *Spódios*,

« de la Cendre [*spodós*[468]] », et à Kameiros, dans l'île de Rhodes, il était surnommé *Epiknísios*, le « Cendrillon » (d'*íknus*, autre mot pour « cendre[469] ») ; à Diduma, enfin, on prétendait l'autel situé dans le sanctuaire d'Apollon créé par Hèraklès entièrement de l'amoncellement du sang séché des victimes[470]. Tout le chapitre de Detienne serait à citer pour exposer en détail les relations entre Apollon et le sacrifice : les indications présentes suffisent pour l'assurer.

Notons pour terminer que ce sont spécifiquement des taureaux qui sont offerts à Apollon[471], ce qu'on opposera aux sacrifices à Zeus, consistant préférentiellement en bœufs[472]. À Chypre, sur l'autel d'Apollon Hulátès à côté de Kourion, dans le sud de l'île, des centaines de figurines de taureaux ont été déposées, la majorité en terre cuite, mais une en or, et une en argent[473].

À cet Apollon protecteur des troupeaux correspond dans le monde celtique l'égal intérêt de Lug pour les animaux domestiques. C'est dans les textes irlandais que son intérêt pour les troupeaux s'atteste de la manière la plus patente. On citait plus haut ce passage de l'histoire de « la mort tragique des enfants de Tuireann », où l'on montre Lugh rendant visite aux chefs des Fomóire, et Bres, le voyant venir de l'ouest, s'étonnant que le soleil se lève de ce côté. Mais quelle était la raison de cette visite ?

> « Quel est le but de ta salutation ? dirent-ils.
>
> – Grande est pour vous la cause de ma salutation, car je ne suis que pour moitié des Tuatha Dé Danann, et pour moitié de vous. Faites-moi restitution des vaches à lait des hommes d'Irlande, dit-il.
>
> – Ce ne sera pas le matin de bonne heure, dit l'un d'eux avec colère et avec amertume, avant que tu ne prennes d'ici une vache stérile ou une vache laitière. »
>
> Lugh mit alors un charme druidique sur les dépouilles et il envoya sa vache laitière à la porte de chaque maison d'Irlande ; il leur laissa les vaches stériles afin qu'ils ne quittassent pas ce pays avant que la cavalcade féerique ne les ait vaincus, [et c'est ensuite qu'on voit Lugh s'équiper de l'armure de Manannán[474]].

Car, sous Nuada, les Fomóire oppressaient les Túatha Dé Dánann et leur extorquaient des tributs sans nombre. L'enjeu de la guerre, que Lug déclenche précisément lorsqu'il tue les percepteurs d'impôt des Fomóire, portera donc non seulement sur la libération des Túatha Dé Dánann et l'éviction des Fomóire, mais aussi sur la restitution des troupeaux de bovins dont les premiers avaient été spoliés. Les textes sont tout à fait explicites sur ce point.

À la fin de la bataille (*CMT I*), après la déroute des Fomóire,

> Bres fut découvert sans protection. Il dit : « Il vaut mieux m'épargner que me tuer.

– Que s'ensuivra-t-il de cela ? dit Lugh.

– Les vaches d'Irlande auront toujours du lait, dit Bres, si vous m'épargnez.

– Je ferai connaître cela à nos sages », dit Lugh.

Lugh alla trouver Maeltne Mor-Brethath et lui dit : « Bres sera-t-il épargné pour avoir fait en sorte que les vaches d'Irlande aient toujours du lait ?

– Il ne sera pas épargné, dit Maeltne, il n'a pas de pouvoir sur leur âge ou sur leur progéniture, bien qu'il puisse leur faire avoir du lait aussi longtemps qu'elles vivent[475]. »

Il faudra que Bres accorde de surcroît quatre moissons par an aux hommes d'Irlande pour avoir la vie sauve. On voit donc ici Lugh, après avoir été le négociateur avant la guerre, qui exigeait la restitution des vaches, négocier ainsi avec le roi vaincu un accord portant sur la fertilité des ressources de la terre d'Irlande, et cela commence par l'abondance de la lactation bovine.

Un troisième texte encore, dans le *Dindshenchas* de Rennes, met en scène Lugh et Bres au sujet d'une histoire de troupeaux :

Le Carn de Hui Neit, pourquoi fut-il nommé ainsi ? Ce n'est pas difficile. Bres, fils d'Elada, fils de Net, c'est-à-dire Net, fils de Nuacha ou Net, fils d'Angaid, grand-père de Bres, mourut là. Mais c'est Bres lui-même qui mourut là, car c'est lui qui, sous le règne de Nechtan le Rouge ou Nechtan au Bras Rouge, demanda à boire pour cent hommes, de chaque toit d'Irlande, du lait d'une vache brune ou d'une vache d'une seule couleur. Le bétail de Munster fut donc passé pour lui dans un feu de fougère. Il fut tout enduit d'une bouillie de cendre de roseau, si bien qu'il fut brun foncé. Cela fut fait sur le conseil de Lugh, fils d'Eithle, et de Figol, fils de Findamnas le druide, et ils formèrent trois cents vaches de bois avec des seaux brun foncé entre les pattes à la place de mamelles. Ces seaux furent plongés dans de la tourbe noire. Bres vint alors pour examiner l'apparence de ce bétail et pour qu'il fût trait en sa présence. Cian était au milieu des bêtes. On secoua tout ce qu'elles avaient de tourbe comme si c'était du lait qui était trait. Il était interdit aux Irlandais de rester sans venir tous en même temps et il était interdit à Bres de ne pas boire tout le lait qui était là. Il fut trait pour lui trois cents seaux de tourbe rouge et il but tout. D'autres disent qu'il fut sept jours, sept mois et sept ans à en souffrir. Il traversa toute l'Irlande à la recherche de guérison et il atteignit ce carn où il mourut. C'est de là qu'est nommé Carn Ui Neit[476].

Ainsi la mort de Bres est due directement à une ruse de Lugh[477], et Bres est puni par où il a péché.

Ce Lugh qui, par ruse, ne livre pas des bêtes qu'on demandait à son peuple, inverse le thème de l'hymne homérique à Hermès, où l'on voit ce dieu, dès son premier jour, aller voler en Piérie les vaches d'Apollon, et les emmener en multipliant les ruses : or j'ai montré en 1994[478] que ce thème du vol des vaches par Hermès a des parallèles irlandais directs, précisément dans la première version de la bataille de Mag Tured. Autrement dit, le réseau des parallélismes et des inversions se joue entre quatre personnages mythiques : Lugh, Apollon, Hermès, Óengus. Intéressant quatuor, qu'on retrouve à nouveau[479].

Les textes irlandais montrent combien Lugh s'intéresse aux vaches laitières. À en croire le récit de la bataille où Bres est vaincu, celui-ci avait un tel pouvoir sur la production laitière des vaches que Lugh était prêt à s'en contenter, car il demande à Maeltne Mor-Brethath si cela suffit. Seul ce dernier exigera davantage.

Or, là encore Lugh rencontre Apollon. Plutarque explique en effet que « ceux qui habitent près du Galaxion en Béotie reconnurent la présence du dieu à une abondance extraordinaire de lait » :

> De toutes les brebis jaillissaient bruyamment
> Comme des sources coule une eau délicieuse,
> Des flots de lait ; en hâte on emplissait les jarres ; dans les maisons, plus d'outre ou d'amphore inutile ;
> Les seaux de bois et les jarres, tout était plein[480].

Le temple, *Galáxion*, et l'épiclèse d'Apollon en cet endroit, *Galáxios*, où il était honoré d'une cérémonie appelée les Daphnèphoria (*cf.* ci-dessous[481]), sont tirés du nom du lait, en grec *gála*, génitif *gálaktos*.

La relation entre Lugh et les vaches doit aussi rendre compte du nom de l'une de ses épouses, *Bói*, *Búa*, car il signifie peut-être bien « la bovine[482] ».

Ce Lug qui prend tant d'intérêt aux vaches d'Irlande et à leur lactation, avait-il alors, comme Apollon, un rôle de protecteur des troupeaux aux yeux des Celtes préchrétiens ? Ne disposerait-on pas des documents gallo-romains, on serait néanmoins déjà en droit de le supposer. Mais ceux-ci sont tout à fait clairs sur ce point : les formes gauloises de Lug sont étroitement liées aux bêtes à cornes, et singulièrement aux bovidés. Distinguons trois types de sources. A) Depuis César, Lug est assimilé à Mercure ; c'est donc l'iconographie du Mercure gallo-romain qui nous renseigne sur les attributs de ce dieu, or ils comprennent plusieurs animaux[483] dont, très fréquemment, un bouc et/ou un bélier[484]. B) Les archéologues identifient, dans la statuaire gallo-romaine, un dieu dit « à la pose de bouddha » ; ses attributs, identiques à ceux de Mercure, impliquent son identification à ce dieu, c'est-à-dire à Lug ; lui aussi a donc parmi ses attributs le bouc[485] – et est parfois lui-même cornu[486], ou reprend à l'iconographie gallo-romaine le type du Mercure criophore, « porteur du bélier », et tient la corne d'abondance[487]. C) Cela lui vaut apparemment une épiclèse : au-dessus de Saverne (Bas-Rhin), au Wasserwald, on a une dédicace à un dieu *Bucio*, que J.-J. Hatt interprète comme le Mercure dieu au bouc[488].

Au sujet du bouc, qui était apparu déjà dans l'entourage d'Apollon, puisque celui-ci était *Karneios*, de Sparte à Cyrène – et, version féminine, selon une tradition, une nommée Akakallis eut d'Apollon des jumeaux, Phulakides et Philandros, qui furent exposés, et une chèvre les nourrit, événement tel que les gens d'Elyros en Crète en envoyèrent en ex-voto à Delphes une statue le représentant[489] –, on doit souligner que c'est précisément avec un pied sur un bouc que Lleu, le Lug gallois, s'offrit à la lance de son assassin : c'était en effet l'une des conditions, pour qu'il fût tué, qu'il touchât cet animal[490]. Quant au bélier, si déjà Lugh courant est comparé à « un fort bélier de trois ans[491] », l'archéologie a révélé à Sanxay (Vienne) le lieu d'un sanctuaire d'époque gallo-romaine, comprenant des statuettes en bronze de Mercure et du « dieu au maillet » assis, accompagnés d'« un très abondant dépotoir de cornes de bélier, analogue à celui du temple de Mercure au puy de Dôme », écrit Fernand Benoît, temple où l'on a découvert beaucoup de cornes de bouc[492], et ces deux dépôts de cornes d'ovidés évoquent nécessairement quelque chose de bien précis pour l'helléniste : on attribuait à Thésée la construction à Dèlos, en l'honneur d'Apollon et d'Artémis, d'un autel entièrement formé des cornes gauches de boucs[493].

Enfin, un dieu celtique étroitement lié à Lug, qu'il lui ait été identique ou qu'il ait été son éducateur (l'équivalent du Gwydion gallois), était Ésus[494], associé à une scène de sacrifice sur le célèbre pilier des Nautes Parisiens, conservé au musée de Cluny à Paris : il montre sur une de ses faces Ésus dans une attitude de bûcheron, et sur une autre un taureau, derrière lequel se trouve un arbre, l'animal portant sur son dos trois grues : l'inscription qui le surmonte, TARVOS TRIGARANVS, signifie textuellement « le Taureau aux Trois Grues[495] » ; certes, rien n'implique ici une liaison particulière entre Ésus et le Taureau puisque les deux autres faces du pilier portent d'autres divinités, mais sur un autel trouvé à Trèves, une scène (anépigraphe) montre à la fois un dieu au manteau court en train d'abattre un arbre dans les branches duquel on distingue une tête de taureau et deux grues ; le dieu est évidemment Ésus et ce document assure que la scène avec Ésus et celle avec le Tarvos Trigaranus sur le pilier des Nautes sont deux épisodes proches du même récit, l'abattage de l'arbre et le Taureau supportant trois grues représentant deux moments du même mythe et/ou du même rite. Or, il est très vraisemblable que le taureau était voué au sacrifice, ce qui rappelle les sacrifices de bovins en l'honneur d'Apollon[496].

Il faut rapprocher ces documents du matériel réuni par Máire MacNeill, et publié en 1962, sur les rituels qui, dans l'Irlande contemporaine, ont continué la tradition de Lugnasad, l'ancienne fête de Lug – et dont j'appellerai les lieux, dans la suite de ce livre, de manière synthétique les « sites Lugnasad ». Dans un grand nombre de cas, on connaît les « mythes fondateurs » de ces fêtes, c'est-à-dire qu'un récit justifiait leur célébration en tel ou tel endroit. Bien souvent, ces récits sont de même type : ils racontent comment un nouveau venu, jeune par rapport au potentat local, engage la lutte avec ce dernier, et gagne. Dans la majorité des cas, ce nouveau venu est un saint, et l'enjeu du combat se présente comme l'effort du saint pour christianiser un pays qui ne l'était pas encore ; sa victoire est marquée lorsque le chef local se convertit. Ce saint est, dans la plupart des légendes, saint Patrick, le grand évangélisateur de l'Irlande. Et comme celui-ci est présenté comme un jeune homme brillant, aux mêmes pouvoirs qu'un druide, et que l'affaire se déroule à l'époque de Lugnasad, Mme MacNeill conclut logiquement que saint Patrick a pris la place d'une figure antérieure, païenne, qui ne saurait être autre que le dieu Lug[497].

Or un taureau joue souvent un grand rôle dans tout ce groupe de légendes. Le thème est le suivant : le saint arrive dans le pays et commence à y édifier une église ; lorsque ses réserves alimentaires menacent épuisement, il demande au potentat local de lui fournir de la nourriture pour ses travailleurs. Mais ce chef possède un puissant taureau, qui tue tous ceux qui l'approchent. Il l'offre donc au saint, avec espoir que le taureau l'en débarrassera. C'est le contraire qui se passe : le taureau devient doux comme un agneau, l'équipe de bâtisseurs peut s'en emparer, le tuer, le manger sans encombre – le saint recommandant toutefois d'en garder soigneusement la peau et les os. Le païen, furieux que son plan ait échoué, redemande au saint son taureau. Aussitôt dit, aussitôt fait : le saint personnage rassemble peau et os, et ressuscite le taureau. Il y a alors deux variantes principales : dans l'une, devant ce miracle, le païen se convertit ; dans l'autre, le taureau ressuscité se retourne contre son méchant ex-propriétaire, et le tue. Dans l'un et l'autre cas, la fête annuelle, située fin juillet ou début août, commémore l'événement. Une variante, de la péninsule de Dingle, dans l'ouest de l'Irlande, évite la manducation et la résurrection du taureau : le païen se convertit dès qu'il voit son taureau devenir tout doux, tandis que dans des variantes du Kerry (sud-ouest de l'île), le païen donne seulement au saint un morceau de bœuf. Ailleurs, le taureau massacrait tous les passants, et Patrick le bannit, lui enjoignant de s'engloutir dans un petit lac de montagne. Ou encore, en Armagh (centre-nord), tous les efforts de Patrick pour construire une église étaient anéantis chaque nuit par un taureau qui détruisait ce qui avait été fait dans la journée. L'animal est finalement tué et enterré[498]. Exceptionnellement, l'animal est remplacé par un bouc[499]. Dans quelques endroits, on dit aussi que, le taureau tué, quelqu'un (son propriétaire ou son adversaire) dormit dans sa peau : ce qui évoque des rites de divination celtiques[500]. On reviendra sur ce vaste mythe, tant il ressemble à celui de l'appropriation qu'Apollon réalisa à Delphes au dépend de la Terre et de Poséidon, dieu maître du taureau. Ce qu'il faut noter ici, c'est qu'au-delà de l'affabulation mythique, les motifs du taureau mis à mort, enterré, ou réduit à un morceau de viande, laissent planer l'idée d'un sacrifice animal[501]. En cela, cette documentation traditionnelle irlandaise rejoint pleinement certaines interprétations, citées ci-dessus, du taureau accompagnant trois grues et le dieu Ésus sur le pilier des Nautes[502]. Quant à la divination dans une peau d'animal, elle rappelle une pratique connue dans les marges du monde grec : l'un des héros de la guerre de Troie, Podaleiros, aurait abouti en Italie lors de son retour, et fondé, au pied de la colline appelée Drion, proche de l'actuel mont Gargano, un rite de divination, en association avec le devin Kalkhas, installé, lui au sommet : il fallait sacrifier un bélier noir à l'un des deux héros, et dormir dans sa peau pour avoir des visions ; Strabon, notre principale source à ce sujet, ajoute qu'il s'échappe de la colline « un ruisseau dont l'eau guérit toutes les maladies du jeune bétail[503] » : Podaleiros est fils d'Asklèpios, fils d'Apollon, et il est en relation ici avec la guérison des animaux comme son père et son aïeul avec celle des humains. Lugh s'occupe apparemment de l'une et de l'autre.

On comparera surtout les mythes irlandais rassemblés par Mme Mac Neill avec ceux de Delphes (ci-dessous, III, 9), mais dans l'immédiat il faut faire intervenir ceux de la ville d'Argos, où l'on disait que Danaos, l'un des plus anciens rois de la cité, était arrivé un jour en bateau, avec ses cinquante filles, et s'empara de la royauté, à la suite d'événements ainsi contés par Pausanias :

> Parmi les sanctuaires situés dans la cité des Argiens, le plus illustre est celui d'Apollon Lukios. La statue qui est parvenue jusqu'à nous est l'œuvre de l'Athénien Attale, mais à l'origine le temple et le *xoanon* furent consacrés par Danaos. Je crois que toutes les statues de l'époque, et surtout les œuvres égyptiennes, étaient des *xoana*. La raison pour laquelle Danaos fonda ce sanctuaire d'Apollon Lukios est la suivante : à son arrivée à Argos, il réclama le pouvoir à Gêlanôr, le fils de Sthénélos. Les deux parties fournirent au peuple des arguments nombreux et séduisants, et le discours de Gêlanôr ne parut pas moins juste que celui de son adversaire. Le peuple, dit-on, repoussa sa décision au lendemain. Au lever du jour, un loup se jeta sur le troupeau de bovins qui paissait devant la muraille ; il attaqua et combattit le taureau qui menait le troupeau. Il vint à l'esprit des Argiens que le taureau était l'image de Gêlanôr et le loup celle de Danaos, parce que le loup ne partage pas la vie des humains, et Danaos jusque là n'avait pas partagé la leur. Le loup ayant vaincu le taureau, Danaos prit le

pouvoir. Ainsi, dans la pensée que c'était Apollon qui avait conduit le loup vers le troupeau, il fonda le sanctuaire d'Apollon Lukios[504].

Le parallèle est étonnant, mais il est là[505] : comme en Irlande, un nouveau venu, sans forces militaires, s'impose à un souverain antérieur et prend sa place, sans guerre, à la suite d'un combat où l'adversaire est représenté par un taureau. On a dit comment saint Patrick remplace Lug, et le loup est envoyé par Apollon. Si le taureau d'Argos représentait Gêlanôr aux yeux de ses concitoyens, Mme MacNeill peut conclure de la documentation irlandaise que le taureau représente un dieu païen, c'est-à-dire qu'il est fondamentalement identique à son propriétaire le potentat local[506]. Une autre version de l'épisode argien[507] situe l'intervention d'Apollon avant le combat : c'est pour suivre le conseil d'un oracle du dieu que Danaos chercha un loup qui combattait un taureau ; si le taureau gagnait, il devait construire un temple à Poséidon, et si c'était le loup, à lui, Apollon. Ajoutons qu'on voyait dans le temple d'Apollon Lukios la statue d'un homme portant un taureau, à savoir un ancien héros argien, Bitôn, à qui l'on attribuait un pareil exploit[508]. Cela ne peut qu'évoquer, non pas directement le mythe de Danaos, où c'est un loup qui vainquit le taureau, mais celui de saint Patrick, puisque c'est là un homme qui révéla, à la stupéfaction du païen propriétaire du taureau, qu'il était plus fort que celui-ci.

Enfin, Mme MacNeill, s'appuyant sur le matériel traditionnel pour essayer de reconstituer les anciens rituels qui devaient accompagner la fête aux temps païens, et évoquant les souvenirs de sacrifice du taureau dans les « sites Lugnasad », ajoute qu'il pouvait y avoir en chacun de ces sites un enclos pour garder des bovins, et un personnel spécialisé pour le monter en haut de la colline où était accompli le sacrifice[509]. Côté grec, on parlait ci-dessus des troupeaux sacrés d'Apollon. Eux aussi servaient à alimenter des sacrifices.

Ainsi, d'une part, les documents gallo-romains prouvent, de la manière la plus incontestable, que les formes de Lug de l'époque étaient chargées de la protection des troupeaux, elles attestent qu'un mythe reliait Ésus, et donc Lug, à un taureau sans doute divin, enfin elles suggèrent qu'Ésus recevait ou accomplissait le sacrifice de taureaux. D'autre part, l'ensemble de ces éléments se retrouve dans l'autre direction temporelle, c'est-à-dire postérieurement aux textes médiévaux irlandais et gallois, puisque les traditions sur les fêtes prolongeant l'ancienne Lugnasad montrent un substitut chrétien de Lug lié au taureau et à sa consommation, avec les souvenirs très nets d'une pratique sacrificielle au sujet de cet animal.

Quant à Tarvos Trigaranus, on le retrouvera : entre autres, parce qu'Apollon, on le verra, est lui aussi lié aux grues[510]...

Des maîtres des moissons

Outre les troupeaux, l'office de Lug et d'Apollon s'est également étendu à la protection des moissons[511]. Pour Lug on citait ci-dessus la négociation qui fit suite à la bataille entre Túatha Dé Dánann et Fomóire, menée par Lugh avec Bres. Celle-ci, outre la lactation des troupeaux, porte sur une production mirifique : quatre moissons par an !

La fête de Lugnasad, située début août, et formant l'une des quatre grandes fêtes de l'année celtique, était, dans l'un de ses aspects, une fête de la moisson[512], et un autre de ses noms, selon une glose du *Tochmarc Emire* (« Courtise d'Emer ») était *Bron Trogin*, où *Trogin* signifie « Producteur » : c'est désigner Lugh[513].

Voici qui est, si l'on peut s'exprimer ainsi, dans les cordes d'Apollon ! Protecteur des troupeaux contre les loups (ci-dessus), il était également protecteur des champs contre les incursions des sauterelles (il est dit *Parnópios*, *Parnopíôn* : *párnôps* désigne en grec une espèce de sauterelle[514]) et contre celle des souris (il est *Smintheùs*, *Smínthios*[515]) ; à Rhodes, où elles ravageaient les vignes, on dit qu'Apollon et Dionysos les massacrèrent[516]. Plusieurs autres des épiclèses du dieu évoquent le travail agricole : il est *Énagros*, « Le Champêtre », *Arótrios*, « Celui de l'araire[517] », *Ergátès*, « Le Travailleur » à Mégalopolis en Arcadie, *Eritháseos* ou *Eríthios*, « Le Moissonneur », *Sitálkas*, « Celui de la gloire du grain », c'est-à-dire protecteur contre les maladies, à Delphes[518], de même *Erusíbios*, ou protecteur contre la rouille du blé, à Rhodes[519], *Sitaphúlakos*, « Protecteur du grain », *Eríphullos*, « Celui au feuillage abondant », *Phutálmios*, « Celui qui produit la croissance », *Paspários*, « Celui de la fine farine », à Pergame et à Paros, épiclèse qui fait de lui le protecteur du blé[520], *Therelímios*, chargé de s'occuper de la faim en été, et encore *Múlas*, « Celui de la meulerie », *Hérsos*, « Celui de la rosée [qu'il envoie aux plantes[521]] ». Ces activités agraires sont surtout d'été, telle la moisson, et, si la plupart des traditions font partir Apollon au loin en hiver et revenir au printemps (ci-dessous), selon Alcée il revient en été[522]. Une autre de ses épiclèses, *Aristaîos*, « Le Meilleur », a en fait un sens agraire, puisqu'il fait écho au nom d'un de ses fils, Aristée (*Aristaîos*), qui se consacra entièrement à des activités rurales (ci-dessous), et en particulier sacrifia pendant la canicule. Plutarque définit Apollon comme le « dispensateur de tout fruit », et félicite les gens de Myrina et d'Apollonie d'avoir envoyé à Delphes des moissons d'or. Apollon était aussi appelé *Thargêlios*, car les Thargêlia, fête ionienne des moissons, étaient célébrées en l'honneur d'Apollon et de Dèmèter les 6 et 7 du mois *Thargêliôn* (vers nos mois de mai et juin), marquant la fin de la récolte de l'orge et le début du cycle agraire du blé de printemps – dont la moisson était à son tour fêtée aux Puanupsia, fête apollinienne de purification[523]. À Dèlos, les deux jours correspondant aux Thargêlia étaient respectivement ceux des naissances d'Artémis et d'Apollon[524]. On reviendra sur le fait que dans la même île, il recevait les prémices des moissons ; et y il eut, d'une nommée Rhoiô, « Grenade », son premier roi, Anios, qui eut à son tour, d'une nymphe nommée Dorippê, trois filles, Oinô (dont le nom évoque celui du vin), Spermô (qui évoque la semence) et Elais (dont le nom est tiré de celui de l'huile). On appelle ces trois jeunes filles ensemble les *Oinótropoi*, « celles qui fournissent le vin », et leurs noms évoquent en fait les trois piliers de l'agriculture méditerranéenne, vin, blé et huile[525]. Anios, dont le nom pourrait venir du verbe *anúô*, « porter à maturité », était adoré comme un *daimôn*, à Dèlos, chargé naturellement d'aider à la croissance des plantes cultivées dont ses filles portaient les noms[526].

C'est à Dèlos encore qu'affluaient chaque année des prémices, de partout : selon Callimaque, s'adressant à l'île elle-même, « chaque an te ramène les dîmes et les prémices, et les chœurs de danse, que t'envoient toutes cités, celles qui occupent les terres de l'orient, et celles du couchant ; et celles qui tiennent le milieu, et les peuples aussi, race la plus chargée d'ans, qui habitent au nord, au-delà des rivages de Borée. De la paille de froment, des gerbes d'épis sacrés, ils sont, vers toi, les premiers porteurs » (*HD*, 278-295), et le poète d'énumérer ensuite, comme l'avait déjà fait Hérodote (IV, 33-34), le long trajet de ces prémices des Hyperboréens jusqu'à l'île égéenne.

Apollon est le père d'un héros, Linos, qui fut élevé parmi les agneaux, et dont les circonstances de la mort nous retiendront ailleurs[527]. Cette mort était chantée, et le *Chant de Linos* était celui des moissonneurs ; il était ainsi la version grecque (béotienne, attique, argienne) d'un thème qu'on retrouve en Phrygie, celui du moissonneur et tueur d'hommes Lituersès, dont le chant, la *Lituersè*, était chantée pendant la moisson[528]. Linos appartient à la légende d'Apollon, tandis que Lituersès fut tué par Hèraklès : mais une trace du rattachement du second personnage au même dieu s'atteste dans le fait que Lituersès avait pour esclave un beau berger, Daphnis[529] : son nom provient de celui du laurier, l'arbre sacré d'Apollon par excellence.

On mentionnait plus haut Apollon Karneios, « Bouc » : mais sa fête, les Karneia, évoque (entre autres) le mûrissement des grappes, car certains de ses participants appellent les *staphulodrómoi*, « ceux qui courent pour les grappes de raisin », et on édifiait pour cette fête des huttes de branchages[530]. La fête célébrait officiellement un ancien devin, Karnos, dont un auteur nous dit qu'il n'était autre qu'une « apparition d'Apollon[531] ». Lors de cette fête, les *staphulodrómoi* poursuivent un homme, ce qui rappelle qu'aux Thargêlia les gens chassent de la cité un homme chargé de tous les maux, le *pharmakês*, ou « bouc émissaire[532] ». Apollon est également honoré comme protecteur de la vigne à Mesembria, sur la côte thrace[533], mais de nombreuses épiclèses – *Bakheîos*, *Dionusódotos*, *Kômaîos* (« Celui de la troupe dionysiaque »), *Epikômaîos* [*id.*[534]], *Sikerênós* (« Celui de la boisson fermentée »), *Priapaîos* (« Le Priapique », du nom du dieu Priape), le mettent en relation avec Dionysos, comme dans le mythe rhodien évoqué ci-dessus. Plus généralement, à l'époque où il entendait civiliser l'humanité, Apollon est celui qui a apporté les fruits[535], et on aura à revenir sur la relation particulière que Lug et lui ont avec les pommes.

Quant à la relation du premier avec les céréales, elle se confirme de mille façon – M. Detienne parle du « goût obsessif d'Apollon pour les prémices[536] ». Dès l'*Hymne homérique* qui lui est consacré, les Crétois qu'il a détournés vers Delphes pour qu'ils y fondent son sanctuaire commencent par offrir à la flamme de l'autel de « blanches farines[537] », et en la même cité les Labyades, qui en sont une famille chargée de fonctions religieuses, lui offrent les prémices de la terre le jour des Boukátia[538]. Aux dîmes que mentionne Callimaque fait écho l'épithète de *Dékatèphoros*, « Porteur de dîmes », au sens de « Celui à qui on apporte la dîme », ou bien « Celui qui l'enlève[539] », qu'il reçoit à Mégare, Gortyne, Apollonia de Crète – quoique le terme renvoie aussi à d'autres dîmes qu'il reçoit, soit de prises maritimes, soit d'êtres humains, de sorte que, comme le dit encore Detienne, « la signification spécifique du terme *Dékatèphoros* excède le sens plus familier de ces offrandes en forme de prémices agraires adressées à des puissances comme Déméter, Artémis ou Héra[540] ».

On mentionnait l'orge, au sujet des Thargêlia : il faut évoquer alors un passage de Strabon, qui a été mis en relation avec le culte de Lugh[541], car il y est question de corbeaux, oiseaux dont on sait combien ils sont liés à ce dieu, comme on l'a déjà vu dans le mythe de la fondation de Lyon[542]. Citant Artémidore, le géographe grec parle d'un port de l'océan, en Gaule, hélas aucunement localisé[543], et qu'on appelle le « port des Deux Corbeaux », à cause des deux corbeaux à aile droite blanche qu'on y voit. « Ceux qui ont un différend sur un objet quelconque se rendent ensemble à cet endroit et, après être monté sur une hauteur, y disposent une planche sur laquelle ils jettent des galettes d'orge, chacun de son côté. Les oiseaux que nous avons dits, s'abattant alors sur ces galettes, mangeraient les unes et éparpilleraient les autres : à l'homme dont les galettes ont été éparpillées reviendrait la victoire[544] », ordalie qui se rattache aux capacités prophétiques des corbeaux.

Quant à l'homologue gallo-romain de Lug, Mercure, son lien avec la fécondité a été souvent souligné[545], à juste titre : il reçoit l'épithète de *Smertrios* « Pourvoyeur[546] » – c'est bien ce pouvoir qu'obtient Lugh dans le mythe irlandais –, et un jeune dieu à la lance de Dijon, tenant dans son autre main un épi, est vraisemblablement Mercure[547].

Cet élément agraire est celui qui a le mieux survécu en Irlande, après la christianisation, et tous les aléas qu'a subis la culture de ce malheureux pays. Mme MacNeill peut intituler un chapitre de son livre sur les survivances de Lugnasad en Irlande « Le commencement de la moisson[548] », et un paragraphe, dans le chapitre portant sur les traditions associées aux lieux de célébration de ces continuations de Lugnasad, « Le donneur de moisson et le maître du temps[549] ». Naturellement, les dates sont décalées par rapport à la Grèce, la récolte de blé est beaucoup plus tardive – rappelons-nous la stupéfaction de César et de ses hommes débarquant en Grande-Bretagne début août : la moisson du blé n'était pas encore faite ! –, et cette dernière époque est précisément celle où les Irlandais, du haut Moyen Âge sinon avant jusqu'à l'époque subcontemporaine, ont célébré Lugnasad, éventuellement sous d'autres noms. Ainsi, la fête s'appelle parfois aujourd'hui, en anglais, *Garlic Sunday*, ou *Garland Sunday*, « le dimanche des guirlandes[550] ». Ce dimanche était le dernier de juillet, et lesdites guirlandes étaient faites de fleurs[551] – ce qui rappelle l'étroite relation entre Apollon et les fleurs : selon l'*Hymne homérique à Apollon*, lorsque naît le dieu, si Dèlos se couvre d'or, c'est aussi qu'« elle fleurit, comme la cime d'un mont sous la floraison de sa forêt[552] ». En Irlande, ces fleurs étaient censées marquer « la fin de l'été[553] ». Et l'on verra qu'au pays de Galles, c'est la femme de Lleu qui fut faite de fleurs de chêne, de genêt et de reines-des-prés, et elle-même se nommait, *Blodeuwedd*, « Aspect de fleurs ».

Les choses peuvent être plus précises encore. Mme MacNeill cite une description (hélas un peu imprécise) de Jane Wilde d'un ensemble plus complexe qu'une simple guirlande, utilisé dans les campagnes irlandaises pour le Garland Sunday (que l'auteur cité place, par erreur sans doute, au premier dimanche de septembre) : « La guirlande, ou cerceau, était décorée la nuit précédente de rubans colorés, mais les fleurs qui devaient l'entourer n'étaient pas cueillies avant le matin du grand jour, et seules des jeunes filles non mariées étaient autorisées à cueillir les fleurs et à les assembler en guirlande, car il était ressenti comme de mauvais augure que la main d'une femme mariée touchât les décorations. Alors tout le monde se rendait au cimetière, le jeune homme le plus élégant du village étant choisi pour porter la guirlande. Au sommet de celle-ci quelques pommes étaient suspendues par leurs tiges, et si l'une tombait pendant la procession, cela était tenu pour un *omen* de bon augure pour le porteur, une prophétie de longue vie, et de succès en amour ; mais si la pomme tombait après que la guirlande eut été déposée dans le cimetière, on le ressentait comme un signe de mauvaise chance, une menace de mal, particulièrement pour ceux dansant à ce moment ; car toujours une danse terminait la célébration, après les prières, et les fleurs étaient répandues, avec plaintes et pleurs, sur les tombes les plus récentes[554]. »

Ce qui interpelle l'helléniste dans cette description est qu'elle rappelle directement deux éléments du culte apollinien. Quoique Lady Wilde ne le dise pas explicitement, il faut penser que l'on avait un assemblage présentant une certaine verticalité, puisqu'elle parle de la partie *topmost* du cerceau : les guirlandes devaient orner une armature dont un cercle de bois formait la base. Or, d'une part, on citait plus haut la fête thébaine des Daphnèphoria, au cours de laquelle on portait un objet appelé *kôpô* et dont voici la description complète dans le texte de Proklos : « Au sommet on adapte une boule de bronze, à laquelle sont suspendues d'autres boules, plus petites. Le milieu de la hampe est entouré d'une autre boule, moindre que celle du sommet, et à laquelle on attache des bandelettes de pourpre. Quant à l'extrémité inférieure de la hampe, on la pare d'étoffe safranée. Aux yeux des Béotiens, la boule du sommet représente le Soleil, dans lequel ils reconnaissent Apollon ; la boule du milieu représente la Lune ; les petites boules suspendues figurent les planètes et les étoiles, tandis que les bandelettes symbolisent le cours annuel, car on en attache trois cent soixante-cinq », et la procession menait, on l'a dit, jusqu'au sanctuaire d'Apollon Ismènios et Khalazios[555].

Cette description rappelle bien, directement, celle de J. Wilde : assemblage de bois, comprenant des rubans colorés (« étoffe safranée », J. Wilde parlait de *coloured ribbons*), surmontés de boules – de pommes, disait J. Wilde. L'objet est porté au sanctuaire d'Apollon, pourvu de l'épiclèse de *Khalazios*, « Celui de la grêle », évidemment pour le propitier : donc, de même que dans le rite irlandais, pour en obtenir une heureuse chance dans les activités agraires.

L'autre élément du culte apollinien grec que la description de J. Wilde évoque est un objet appelé l'*éirésiônè*, apparaissant à Athènes dans une fête du cycle apollinien, les Puanepsia[556]. C'était une branche d'olivier, chargée de fruits et entourée de laine blanche et rouge : voici, avec l'armature en bois, les fruits, les rubans de couleur, trois des éléments qu'on a constatés dans l'objet irlandais. L'*éirésiônè* était portée par un enfant dont les deux parents étaient encore vivants, et il allait l'installer à l'entrée du temple d'Apollon : encore un élément du rite irlandais, qui requiert le jeune homme le plus élégant du village – l'« élégance » étant, du côté grec, plus rituelle et sociale que personnelle. Dans la tradition athénienne, c'est

Thésée qui crée l'*éirésiônè*, car, avant le départ pour la Crète des jeunes gens qu'il voulait accompagner, il va offrir le rameau sacré (*ikétèria*), branche d'olivier entourée de laine blanche, au Delphinion, sanctuaire d'Apollon[557], puis c'est son retour qui est fêté, avec l'*éirésiônè*, aux Puanopsia[558], et, dit Plutarque, « on la garnit avec des prémices de fruits de toute sorte pour rappeler la fin de la stérilité[559] ». En dehors d'Athènes, l'*éirésiônè* est attestée à Dèlos, à Samos, à Rhodes. Elle est appelée *kôpô* (ci-dessus) à Thèbes et dans la Béotie du Sud, peut-être aussi à l'ouest, dans la région du lac Kôpaïs[560]. Bien qu'utilisée en Puanepsiôn, l'*éirésiônè* a été confondue avec le *thargêliôn*, gâteau réuni à des plantes de toutes espèces, comme ce qui accompagne l'*éirésiônè* aux Puanepsia, et offert lors des Thargêlia, fête de printemps. Ces deux offrandes de prémices connotent donc respectivement la fin et le début de la belle saison, et, en ce dernier cas, le renouveau de la nature[561] : elles coïncident ainsi avec le cycle apollinien puisque le dieu, on l'a dit, quitte Delphes pour les trois mois d'hiver. À Dèlos, le premier mois de printemps s'appelle *Galáxios*, et l'on disait comment en son sanctuaire de Galaxion Apollon était honoré de Daphnèphoria.

Enfin, le texte de J. Wilde signale des danses, à juste titre, car presque tous les rapports concernant les « sites Lugnasad » parlent de danses sur les hauteurs, avec souvent concours permettant l'élection du meilleur couple, ou bien le choix de la fiancée[562] : Callimaque parlait des danses des jeunes vierges, à Dèlos.

Outre les fleurs, le lien avec le blé est opéré dans deux légendes irlandaises – pas davantage, car, on le sait, la pomme de terre a remplacé en Irlande la majorité des cultures de céréales. L'une de ces légendes est connue à Askeaton en Limerick (sud-ouest), l'autre à Bal-Lymacarbry en Waterford (côte sud-est), et toutes deux parlent des fées, qui moissonnaient pour les gens tant qu'elles n'avaient pas eu de réponse à une question concernant ce qui leur arriverait lors du Jugement dernier ; depuis qu'elles ont eu la réponse, à savoir qu'elles ne seront pas sauvées, elles ne le font plus, et les gens sont obligés de moissonner eux-mêmes[563]. On parle aussi de bataille pour la récolte (nette survivance, dans la tradition populaire, de la seconde bataille de Mag Tured !) ; on pense souvent en Irlande que la prospérité des récoltes provient des fées, et qu'une bataille féerique en décide[564].

À la notion de prémices, dont on signalait les importants liens avec Apollon, l'Irlande répond par celle de première gerbe. Dans les Hébrides, terre naguère gaélique, à l'époque de l'ancienne Lugnasad, le père de famille coupait la première gerbe, et invoquait la protection divine contre les maux qui menaçaient la récolte ; à l'origine, note Mme MacNeill, ce devait être le roi qui coupait la première gerbe. Le rite se retrouve en Écosse, autre terre gaélique, et avec cette première gerbe on fait du grain hâtivement vanné et moulu, pour composer un gâteau partagé ensuite entre tous les membres de la famille. En Irlande, où les pommes de terre sont devenues la nourriture principale, on en fait un plat spécial au premier jour de la fête. Le partage familial vise à éviter la famine et le manque de vivres pendant l'année à venir[565]. Que le dirigeant de la fête ait pu être à l'origine le roi est indiqué par un texte du IXe siècle, le *Livre des droits*, où l'on parle de nourritures spéciales données au roi, certainement pour être mangées par lui[566]. L'auteur souligne encore que dans les récits fondateurs de ces fêtes prolongeant l'ancienne Lugnasad, il est parfois fait mention d'une femme, ennemie de Patrick ; cela rappelle les femmes qui, dans la tradition médiévale, sont elles aussi liées à la fondation de lieux où était célébrée Lugnasad – Tailtiu, Carman[567] ; à Croagh Patrick, important site de célébration de ces rituels, une des étapes marquant l'ascension au sommet s'appelle *Roilig Mhuire*, « Cimetière de Marie » : c'est certainement la christianisation d'une figure divine antérieure. Ces figures féminines, dit Mme MacNeill, peuvent représenter trois choses : soit un pouvoir sur la nature, et alors la dépossession cyclique du pouvoir sur les forces productives, ce sur quoi on reviendra[568] ; soit elles représentent la rouille du blé, et c'est pourquoi Patrick en est l'ennemi : il faut en effet les chasser. Soit enfin, elles expriment la religion ancienne, païenne, que le saint est venu éliminer. Les trois hypothèses ne s'excluent pas, elles se superposent plutôt. En tout cas, la première trouve renfort dans plusieurs éléments, note l'auteur que je suis ici : il y a d'un côté les relations entre les « sites Lugnasad » et les cultes locaux de sainte Brigitte et sainte Anne : chacune de ces deux saintes représente la christianisation de la grande déesse irlandaise des temps antérieurs au christianisme, connue sous les noms de *Brigid* et d'*Anu*, *Ana*. On a des fêtes Lugnasad dans au moins deux sites de sainte Brigitte, et elle est nommée dans plusieurs. Il est vrai qu'elle ne joue pas de rôle dans les légendes. On remarque que sainte Anne a sa fête le 26 juillet, ce qui est entièrement dans le « cadre » Lugnasad, puisque, disent les textes médiévaux, celle-ci avait son épicentre au 1er août, mais s'étendait quinze jours avant et quinze jours après. Un autre élément est la légende de la vieille femme appelée Cailleach Bhéara, mentionnée sur deux des « sites Lugnasad » : la tradition insiste sur sa connaissance en agriculture, quoiqu'elle ne joue pas de rôle dans les mythes. Un autre encore est qu'en plusieurs endroits (Drung Hille, en Kerry ; Topped Mountain, en Fermanagh (centre-nord de l'Irlande), The Duna, Portacloy, en Mayo (ouest), Cullen Well, en Cork, et Tulaghanoge, en Meath, comté de l'Est malgré son nom qui évoque le « milieu »), est fait mention d'un trio de sœurs : ce sont évidemment des héritières des figures connues dans l'ancienne Gaule romaine sous les noms de *matrae*, *matronae*, et figurées comme une triade de femmes portant, souvent, l'une un enfant, une autre un récipient, une troisième une corne d'abondance[569]... Et l'on notera que le Mercure gaulois porte parfois, lui aussi, la corne d'abondance, et la serpe, instrument de labour de l'époque[570], et qu'il est associé à l'arbre, qu'il soit adossé contre un tronc[571], ou que le jeune homme installé au sommet d'une petite colonne, sur un monument trouvé à Limoges, ait des bras qui se transforment en ailes d'aigle, ce en quoi les spécialistes aient à juste titre une représentation de Lleu installé en haut de son chêne (et, dans le mythe, changé en aigle), tandis qu'au pied de la même colonne un homme qui tente de grimper à l'arbre en regardant le jeune homme en haut ne peut être que la forme celtique ancienne de Gwydion[572]. Enfin, dans la tradition populaire, la femme ennemie de Patrick porte les noms d'*Áine*, *Ana*, *Aithne*, en lesquels on doit voir des substitutions de celui d'*Ethne*, porté par la fille de Balor et mère de Lug dans les traditions médiévales : or, le nom en question paraît signifier « grain, noyau », et connoterait alors le passage de richesses du païen, allié de la mauvaise femme, à Patrick[573]. Quant à la seconde hypothèse sur la fonction des fées, elle peut s'appuyer sur le fait qu'on attribuait à Lugh le pouvoir de repousser et de confiner dans un trou la famine ou la rouille du blé[574].

Les familles irlandaises assez aisées pratiquaient le même jour la mise à mort d'un mouton : l'auteur note que cela témoigne d'anciennes célébrations communautaires[575] – et de fait on rappellera qu'à Sparte, c'est bien le bouc, *Karnos*, qui était célébré, et était lié à un nommé Krios, Bélier, car le devin Karnos fut accueilli à Sparte par Krios.

En réunissant les données rituelles des « sites Lugnasad » d'une part, les légendes associées d'autre part, Mme MacNeill pense pouvoir reconstituer l'ancien rite païen comme réunissant les éléments suivants : « Une moisson solennelle du premier grain, dont on fait offrande à la divinité en la portant au sommet et en la brûlant ; un repas fait des nouvelles récoltes de nourriture et d'airelles que tout le monde partage ; le sacrifice du taureau sacré, la fête avec sa viande, et quelques rites impliquant sa peau, et le remplacement du taureau par un plus jeune ; une danse rituelle, peut-être évoquant une lutte pour la déesse, et un combat rituel ; l'installation d'une tête sur la montagne, et le triomphe sur elle par un acteur personnifiant Lugh ; un autre jeu représentant le confinement de Lugh par le monstre de la rouille et de la famine : une célébration de trois jours présidée par le brillant jeune dieu ou son représentant humain. Finalement, une cérémonie indiquant que l'interrègne a pris fin, et que le dieu principal est revenu à sa juste place[576]. » Et tous ces rites servaient à favoriser les récoltes.

Or comme on l'a vu en d'autres cas, par exemple au sujet de l'*eirésiônè* et de la « guirlande » irlandaise, il arrive que la correspondance entre ces données irlandaises et les données grecques antiques aille jusqu'au détail.

Le dieu invoqué contre la rouille du blé en Grèce est Apollon – il est *Erusíbios, Eruthíbios* à Rhodes, épiclèses tirées des deux formes du mot qui en grec signifie « rouille du blé », *erusíbé, eruthíbè* (de même, et pour la même raison, Dèmèter est dite *Erusibiè*, en Lydie[577]), et il est encore *Erethmíos*, en Lycie[578], à Chypre, à Argos[579] ; il fut emprunté à Rome sous le nom d'*Apollo Robigus*, proche donc de Robigo, lui ancien dieu indigène de la rouille du blé[580]. On a dit comment Mme MacNeill, se demandant pourquoi apparaissent parfois dans l'histoire de Patrick et du possesseur indigène du sol des figures féminines qui sont hostiles au saint, a supposé qu'elles peuvent représenter, entre autres choses, la rouille du blé, et qu'il faut donc les chasser ; car cela rappelle, note-t-elle, l'histoire médiévale de Carman, « femme fière et pillarde[581] », dont un texte nous dit qu'elle et ses fils « allèrent en Irlande pour nuire aux Túatha Dé Dánann, y perdre le blé de l'île à leur détriment[582] », et un autre que « par les incantations de sa gloire » Carman « détruisait le suc de tous les fruits orgueilleux », et « ses trois fils en faisaient autant », avant d'être vaincus par des héros, au nombre desquels un « Lug Laebach, fils de Cacher[583] » ; Mme MacNeill voit en elle une personnification de la famine causée par la rouille du blé, car la famine et les souffrances semblables sont souvent l'objet de personnifications sous la forme d'une figure féminine[584]. Il est certain que l'action prêtée à Carman et à ses fils paraît exprimer la maladie que redoutaient tant les populations agricultrices européennes, l'attaque des végétaux par un parasite, et Lug Laebach est évidemment une forme anthropomorphisée de Lug, le précurseur mythique de Patrick.

Une autre encore porte sur la notion de dîmes. On la signalait ci-dessus au sujet d'Apollon. Les dîmes, agraires et autres, lui étaient dues, et il en portait l'épiclèse de *Dekatèphoros*. À cela, l'Irlande répond de manière étonnante. C'est en effet souvent lors des « fêtes Lugnasad », qui du coup n'étaient plus tellement des fêtes, qu'étaient versées les dîmes. À Rock de Barnane, par contre, on enterrait les dîmes au pied du rocher : cela paraît un véritable rite de consécration, qui rappelle alors l'envoie des dîmes de tout le pays grec à Delphes. Mme MacNeill en rapproche trois choses : la coutume de brûler les fleurs dans un trou au sommet de la colline à Ganiamore en Donegal (nord de l'Irlande[585]), le motif fréquent dans les légendes associées aux « sites Lugnasad » de l'enterrement de quelqu'un, partiellement et pour une durée déterminée ; et le rite de la première gerbe[586] : c'est suggérer que la consécration pouvait atteindre un dixième de la récolte. Et de fait, il existe des traditions, toujours associées aux mêmes sites, selon lesquelles les fées demandaient un dixième, ou bien « la meilleure marinade » (*tip-top pickle*) de la moisson. Le versement des dîmes, et les assemblées, se déroulaient au sommet des collines, pour qu'on y soit plus près de la divinité[587].

Précisément, l'enfouissement joue également un rôle dans l'une des plus archaïques fêtes de Delphes, où la dimension agraire était au premier plan, la *Kharilâ*, célébrée tous les huit ans : à la suite d'une famine et de la distribution de nourriture (farine et grain) par le roi – titre qui renvoie à une lointaine époque ! –, celui-ci refusa de servir une orpheline, et de plus lui jeta sa semelle à la figure. Elle se pendit. Bientôt, des souffrances s'abattirent sur les Delphiens, et les amenèrent à consulter l'oracle ; il leur dit d'apaiser Kharilâ, et une fête fut instituée, au cours de laquelle le roi distribuait farine et grains à tous, frappait de sa semelle le mannequin appelé Kharilâ, puis, la principale d'un groupe de prêtresses, les Thuiades, « le ramasse pour l'emporter dans un ravin et, là, après avoir attaché une corde de jonc au cou du mannequin, [et] l'enfouissent à l'endroit où, après s'être pendue, Kharilâ avait été enterrée[588] ».

Plutarque ne donne pas la date de la fête, mais la mention de la farine issue de la moisson puis du battage indiquent une date vers fin juillet-début août[589], donc très proche de Lugnasad, laquelle, à Carman, n'était pas célébrée tous les ans, mais tous les trois ans[590], périodicité qui évoque celle de la Kharilâ. Il y a de plus un net point commun entre Lugnasad et cette dernière fête : le roi refuse de la nourriture à une orpheline, et cela enclenche une catastrophe. Dans la fête de Lugnasad, instituée elle-même à la suite du décès d'une femme (Tailtiu ou Carman, selon les endroits), le roi doit être généreux avec son peuple – « le roi noble et honoré paye à chacun selon ce qui est dû à l'honneur de son art[591] » –, car c'est une fête « sans contestation, sans réclamation », et qui, si tous les interdits sont respectés, conditionne « blé et lait à chaque hauteur[592] ». À Carman, on disait que la femme éponyme du site et ses trois fils ravageaient les moissons des Túatha Dé Danann, détruisant « le suc de tous les fruits orgueilleux », et que les Túatha Dé les vainquirent ; Carman trouva la mort « sous une hideuse apparence », « parmi les chênes des solides tombeaux » (est-ce à dire qu'elle aussi se pendit, ou fut pendue[593] ?). La femme enterrée, fête est instituée. Sont alors promis, par la célébration des rites, et la rectitude morale (pas de satires, de réclamation de dettes...), et l'abondance de blé, de fruits, de lait, du poisson dans les lacs et les rivières, etc. ; le non respect des traditions concernant cette fête entraînait le dépérissement[594], et Mme Le Roux peut conclure : « Le souverain qui ne célèbre pas Lugnasad est l'archétype du mauvais roi, laid au physique et au moral, qui réduit ses sujets à la misère, les accable d'impôts et s'abstient de la fonction royale essentielle : le don généreux et gratuit. Lugnasad placée au moment des récoltes devait lui faciliter la besogne, mais il n'avait pas le droit d'y faillir[595]. »

Il est clair que, dans une autre disposition, on retrouve dans la Lugnasad irlandaise tous les éléments du mythe de la Kharilâ, avec ce fait remarquable que ce dernier exemplifie ce qu'il ne faut pas faire à Lugnasad : le roi refuse de donner généreusement, il est donc typiquement un mauvais, car la récolte récente, dont il bénéficie comme le roi irlandais, ne lui sert pas à satisfaire tous les ressortissants à son autorité ; il déclenche donc inévitablement une catastrophe, née du suicide de la malheureuse enfant, tout comme en Irlande, Lugnasad naît d'abord comme célébration des funérailles d'une femme, à la mort violente dans un cas (Carman), et évite la catastrophe par la générosité du roi.

Je viens de dire que pour être distribuée, la farine doit d'abord être issue du battage du blé : la tradition irlandaise a précisément maintenu le souvenir d'un battage prodigieux dans certains des sites où Lugnasad, sous un autre nom, s'est maintenue. On signalait plus haut comment Patrick se heurte, là où il s'installe et décide de construire une église, à un possesseur sourcilleux, souvent nommé Crom Dubh, qui rechigne à lui fournir de la nourriture lorsque le saint lui en demande parce qu'il n'en a plus. Dans certaines versions, Crom Dubh promet à Patrick autant de grains qu'un homme pourra en battre en un jour. Alors l'aide de Patrick se fait un fléau – dans une version, en pliant en deux un arbre qu'il arrache pour la circonstance – et bat tant et tant de blé qu'il laisse au propriétaire des lieux peu ou pas du tout de grains. Ou c'est un géant qui l'aide à battre le blé. Une variante parle d'autant de blé qu'un mauvais cheval pourra en porter ; et, sac après sac, le cheval vide le grenier du possesseur, Crom Dubh[596].

Décidément, l'Irlande et Delphes se répondent point par point, car le battage aussi joue un rôle, implicite, dans une autre de ces fêtes archaïques que mentionne Plutarque – qui fut lui-même prêtre à Delphes –, et qui avaient lieu tous les huit ans, le Septèrion, « Purification[597] » : on construisait alors, sur l'aire sacrée (*alôè*), une cabane, que de nuit des gens venaient par surprise incendier après avoir introduit un jeune homme possédant ses deux parents vivants, ils renversaient la table puis s'enfuyaient du sanctuaire sans retourner la tête ; alors le jeune homme partait en une longue course errante vers le val de Tempè, dans le nord-est de la Thessalie, pour y être purifié[598]. La cabane représentait « la demeure d'un tyran ou d'un roi », dit encore Plutarque, et il faut croire qu'on imputait au jeune homme le double crime d'avoir brûlé la cabane et renversé la table, puisque c'est lui qui devait aller se faire purifier à Tempè. Bien évidemment, ce faisant il reproduisait le mythe d'Apollon qui, après avoir tué Python, fuit jusqu'à Tempè[599]. Le jeune homme du rite est *amphithalès*, il a ses deux parents vivants, comme le porteur de l'*éirèsiônè* à Athènes (ci-dessus). Et le « roi » est évidemment le possesseur du site, exactement comme Crom Dubh ou Cormac Dubh en Irlande, à la fois souverain et monstre (comme Balor), vaincu par le jeune saint brillant, substitut de Lugh[600]. Soulignons l'opposition du clair et de l'obscur : Lug est brillant de par son nom, tandis que *dubh*, qui qualifie l'adversaire de Patrick, signifie « noir[601] ». Mais *alôè* désigne proprement en grec l'aire de battage du blé. Le mythe n'insiste pas sur cet élément, il dit seulement que la cabane (le palais) du roi est sise dessus. Le battage est donc deux fois implicite : dans le Septèrion, par le nom de l'*alôè* ; dans la Kharilâ, où la distribution de farine par le roi implique que celui-ci, ou ses serviteurs, aient battu le blé. Le Septèrion, comme la Kharilâ, se célébrait tous les huit ans : la même année que l'autre fête ? En continuité ?...

La phase du Septèrion que décrit Plutarque portait le nom, à Delphes, de *Dolonie.* C'était là une allusion à un épisode de l'*Iliade*, où le Troyen Dolôn s'est proposé pour aller, de nuit, revêtu d'une peau de loup, espionner le camp des Grecs, mais il se fait prendre par les deux espions envoyés au même moment par ces derniers, Ulysse et Diomède (*Il.*, X, 314-464). Quel est alors le rapport entre la Dolonie homérique et l'épisode rituel delphique raconté par Plutarque ? Sans doute, l'attaque nocturne, le camouflage, l'affrontement, suivi de la fuite de certains des protagonistes. Jeanmaire a rapproché alors les combats rituels de jeunes gens, bien attestés en Grèce ancienne, et dont l'importance dans un culte de fécondité est manifeste : l'*Hymne homérique à Dèmèter* (266-268) en mentionne à Éleusis, et des parallèles africains éclairent ceux de Grèce[602]. Mais alors, ce qu'il faut rapprocher davantage, puisque Lug et Apollon sont si proches, ce sont les combats de factions de jeunes gens lors des fêtes prolongeant Lugnasad, lors des assemblées ; combats qui trouvent leur expression dans le mythe lorsqu'on parle des fées qui, entre districts irlandais, se battent, de sorte que le groupe vainqueur apporte la prospérité agraire pour son propre district[603]. Ainsi c'est un jeu de miroir continuel qui fait se renvoyer entre eux des éléments de la Lugnasad irlandaise et des rites apolliniens grecs.

Enfin, ce n'est pas qu'en Irlande que les fêtes ou traditions qui poursuivent l'ancienne fête de Lug sont en relation avec la moisson. Dans le vaste dossier français, je ne cite qu'un exemple : à Laudun, dans le Gard, sans doute un ancien Lugdunum, à une chapelle dédiée à Saint-Pierre-aux-Liens (29 août), et lieu d'assemblée le 1er août, les pèlerins offraient un chapeau rempli de grains, « ce qui en fait, comme en Irlande, une fête des moissons[604] ».

Associés aux arbres

Les fleurs, les céréales : Lug et Apollon ont aussi, pareillement, des relations, étroites, avec l'arbre. À Dèlos, où Apollon et Artémis naquirent, leur mère Lètô s'accrocha pour accoucher à un arbre, un palmier selon la plupart des auteurs[605], un olivier, selon une autre tradition, également bien attestée[606], arbre qui a été précieusement sauvegardé (et sans doute tout aussi précieusement renouvelé), au point qu'à l'époque de Pline l'Ancien encore, au Ier siècle de notre ère, on le disait toujours visible sur l'île[607]. Apollon est protecteur de la forêt, il en tire les épiclèses de *Hulátès*, « Celui des bois », d'*Alsênòs*, de même sens, et de *Napaîos*, « [Protecteur] des vallons boisés », et protecteur de la chasse qui s'y déroule (*Agraîos*, *Agreùs*, *Agreutês*) ; il est surtout associé au laurier, qui joue un grand rôle dans la divination delphique (il est dit *Daphnèphóros*, « Celui qui porte le laurier », *Daphnítès*, *Daphnaîos*, « Celui du laurier », Euripide le qualifie de *Philódaphnos*, « Celui qui aime le laurier », et une de ses plus célèbres maîtresses s'appela *Daphnè*), au point que certaines variantes tardives remplacent le palmier ou l'olivier de sa naissance par un laurier[608], mais il est également associé au tamaris (ce qui lui fournit l'épiclèse de *Murikaîos*), au myrte (il est *Murtôos*), au gui (il est *Íxios*), au platane (*Platanístos*), au térébinthe (*Termintheús*), au lierre (*Kisseùs*, *Kíssios*[609]). À Mesembria il protège la vigne, comme à Sparte il est en relation avec les *staphulodrómoi*. En plusieurs endroits du monde grec, à Ithaque, Onkeion en Arcadie, Patara en Lycie, Khios, Abydos en Égypte, et jusqu'à Chypre à Kourion, il possède des bois sacrés. On reviendra sur le laurier d'Apollon plus bas, lorsqu'on étudiera le motif de la branche plantée donnant naissance à un nouvel arbre (chap. II, « La pomme et la branche nourricière »).

Du côté celtique, on dira comment Lleu, mort, est retrouvé sur un chêne, et comment à ce mythe s'associait un rite antique consistant à attacher quelqu'un sur un arbre et à l'y laisser mourir[610]. En Gaule, l'association de Mercure et surtout d'Ésus avec l'arbre est systématique : c'est, à Lisieux, un Mercure adossé à un arbre[611], à Paris, un arbre situé derrière le taureau aux trois grues, et à Trèves, dans le document qui rappelle celui-là, la tête de taureau et deux grues dans l'arbre[612], à Lyon – ville de Lug –, sur un splendide gobelet en argent, le dieu est associé au serpent qui se love autour d'un arbre et fait face à un aigle dressé sur un roc[613]. En Irlande, Trefuilngid est comparé pour sa taille à des arbres[614], et un arbre d'or se trouve devant la demeure de l'Autre Monde où Conn va rencontrer Lugh[615].

Il y a là aussi des rencontres précises. Au sanctuaire d'Apollon Hulátès à Kourion, les fouilles ont révélé, près du logis des prêtres, un espace rocheux entouré d'une allée circulaire de 16 mètres de diamètre, avec sept trous creusés dans la roche : on suppose que c'était pour y planter des lauriers, et s'y livrer à des danses pour le dieu[616]. Or, dans le domaine celtique, M. García Quintela a étudié toute une série de structures semblables, avec un nombre variable de trous, mais toujours circulaires et destinées à recevoir des piliers de bois : on en a observé au Donon dans les Vosges, à Pedra Fita en Galice, à Gournay-sur-Aronde en Picardie, à Libenice près de Prague, à Knockaulin près de Kildare en Irlande : or, dans trois au moins de ces cas, au Donon, à Pedra Fita, à Libenice, il s'agit de sanctuaires de Lugus – c'est certain pour le premier et probable pour les second et troisième[617].

Des maîtres du temps

En Irlande, dit Mme Mac Neill : « Le donneur de moisson [est aussi] maître du temps[618]. » En effet, dans certains récits, Crom Dubh, le potentat antérieur à Patrick, prend un aspect favorable. En Limerick, on racontait qu'il fut le premier à apporter le blé en Irlande ; dans le Mayo nord (ouest de l'Irlande), où sa réputation est mauvaise, car il y fut, comme à l'ordinaire, l'adversaire de Patrick, on lui attribue pourtant l'alternance du jour et de la nuit, et des saisons. Au pied du mont Brandon, on lui reproche d'apporter un temps sombre et brouillardeux. Ailleurs Crom Dubh a accepté de se faire baptiser, mais le saint lui impose comme condition de passer trois jours en terre, sa tête seule dépassant du sol ; dès qu'il est enterré, une tempête éclate, qui est pire encore le troisième jour. C'est ce jour qui est appelé depuis Domhnach Chrom Dubh, ce qui est l'un des noms de Lugnasad dans l'Irlande moderne[619]. Sous le nom de Donn Fírinen, on le retrouve comme chevaucheur de tempêtes. Et à Ballynoy en Mayo on connaît la formule : « Le vent de Lugh aux Longs Bras vole dans l'air la nuit, oui, et les étincelles de son père, Balor Béimeann. » Ils y sont donc tous deux dieux du tonnerre[620]. Dans un des « sites Lugnasad », Tristia, en Mayo, lorsque les femmes se livrent à des circumambulations, afin de « restaurer l'affection jalouse de leurs époux », c'est bon signe que le tonnerre se fasse entendre. Dans d'autres, des prophéties annoncent que personne ne sera blessé par la foudre ce jour-là. En plusieurs, des offrandes de produits céréaliers sont faites au sommet des montagnes, et en échange de leurs dons, les hommes peuvent recevoir d'autres produits végétaux, principalement les airelles poussant sur les pentes des montagnes à cette époque[621]. Tout cela indique donc que si assemblées et dîmes ont lieu sur le sommet des montagnes, c'est parce que le tonnerre est la voix du dieu maître du temps. Les souvenirs des Irlandais sur les « Lugnasad » subcontemporains l'évoquent souvent comme un jour pluvieux, et déjà on disait que saint Patrick annonçait aux Dési – petit peuple irlandais localisé principalement dans le centre-nord et le sud-ouest du pays – que « vos assemblées seront toujours sous des averses », de sorte que les « souvenirs » de Lugnasad pluvieux peuvent reposer davantage sur une tradition que sur des observations, comme l'observe pertinemment Mme MacNeill, d'autant que cette pluviosité était douée d'un pouvoir prophétique : qu'il pleuve ou non ce jour-là entraînait une mauvaise ou une bonne année agraire, et que les inondations ou élévations du niveau des fleuves se produisent au même moment était considéré comme un *omen* favorable[622].

Or, tout cela se retrouve du côté d'Apollon : l'aspect prophétique est patent, le culte sur les hauteurs, qui fera l'objet d'un prochain paragraphe, lui est rendu comme à Lug[623], et, par ailleurs, parmi les dieux grecs, c'est bien lui, après son père Zeus, le maître du temps, aussi bien du temps atmosphérique que du temps qui s'écoule, car il est étroitement corrélé aux changements de saison. Et Lug aussi.

Pour le premier, les données sont innombrables. À Thèbes, Apollon est dit *Khalázios*, « Celui de la grêle[624] ». Dans l'histoire de Crésus, telle que la raconte Hérodote[625], ce roi de Lydie ayant été vaincu, capturé, et condamné au bûcher par Cyrus, roi des Perses, Apollon éteignit les flammes par l'orage et la pluie[626], et le mythe fondateur des Puanopsia (en octobre-novembre à Athènes) faisait état d'un épisode analogue, lorsque Thésée, se rendant en Crète, fit une halte hivernale à Dèlos, et promit à Apollon un autel, des pots de gruau et de purée de légumes si ses compagnons et lui étaient sauvés du Minotaure[627]. Le poète grec (d'expression latine) Stace campe Apollon sur le Parnasse et envoyant vers Argos des nuages, chargés de miasmes, pour punir la cité du meurtre de son fils Linos[628]. Certains des fils d'Apollon ont des noms qui sont en fait des épiclèses du dieu. Le plus célèbre est Aristée, héros étroitement lié aux activités agraires : découvreur de l'apiculture après avoir été pasteur des moutons des Muses, introducteur de la technique laitière, de l'élevage bovin, de la chasse et de la culture de la vigne, et introducteur des vents étésiens, qu'il demanda à Zeus lors d'une peste dans les Cyclades en période caniculaire, et qui favorisent la navigation[629] ; à Kéos, une cérémonie en l'honneur d'Aristée visant à obtenir la pluie rappelait celle célébrée en Arcadie et adressée à Zeus, dans le même but[630].

Aucun document antique ou médiéval ne relie explicitement, à ma connaissance, Lug et l'apiculture. Il a dû pourtant en être maître également, si l'on en croit deux indices. D'une part, l'un des saints qui, au haut Moyen Âge, ont été pourvus du légendaire de Lug – pour mieux christianiser des populations attachées à leurs croyances – est apiculteur : saint Eusice, à trois ans, possédait sept abeilles, et plus tard en captura un essaim ; d'autre part, B. Robreau, qui a montré les parentés entre ce saint et Lug[631], note que l'épouse de Lleu a été fabriquée en mélangeant diverses fleurs des champs : or, c'est ce que font les abeilles avec des pollens pour faire le miel. L'épouse de Lleu, Blodeuwedd, « Faite de fleurs », est comme un miel.

Mais Apollon, qui reprend certaines des fonctions de Zeus concernant la pluie ou le tonnerre, montre surtout des corrélations, dans le domaine atmosphérique, avec le vent : avec Borée, le vent du Nord, principalement, car c'est ce dernier dieu qui porta Lètô à Dèlos ou, sur l'ordre de Zeus, la conduisit à Poséidon, qui la mena à Dèlos[632]. Apollon est le dieu qui allait en Hyperborée (« au-delà de Borée ») chaque hiver, et cette Hyperborée est naturellement étroitement liée au dieu qui porte le nom de Vent du Nord : selon Hécatée d'Abdère, les prêtres d'Apollon et les rois des Hyperboréens furent vingt-sept géants aux grands pieds issus de Khionè et de Borée[633]. Strabon[634], citant Sophocle[635], place la demeure de Borée au bout de la terre, où est l'ancien jardin d'Apollon : ce « jardin d'Apollon » est évidemment l'Hyperborée ; Callimaque nomme trois des vierges hyperboréennes, Oupis, Loxô et Hékargê, dont les deux dernières ont des noms apolliniens (ils rappellent les épiclèses d'Apollon *Loxías* et *Hèkaergos*) : elles sont filles de Borée[636]. On disait à l'instant comment un célèbre fils d'Apollon, tenu pour divin en certaines régions de Grèce, obtint de Zeus les vents de l'époque estivale.

Apollon était aussi étroitement lié à des *khásma*, des fentes ou trous dans la terre d'où étaient censées s'échapper des émanations. Le plus célèbre est Delphes, où une fente laissait passer les gaz qui inspiraient le délire de la Pythie[637] ; à Éphèse se situe l'histoire d'Apollon *Gupaiéus*, dont on reparlera, et qui est en relation avec un *khásma*[638] ; à Argos, on montrait devant le temple d'Apollon Lukios un *bóthros*, une fosse[639], sans doute un katavothre ; à Phénée, on racontait qu'Apollon causa un déluge, en bouchant les conduits de drainage, pour punir les gens de ce que, bien auparavant, Hèraklès avait apporté ici le trépied qu'il avait volé à Delphes[640]. Ce n'est pas le seul déluge qui lui soit attribué car, disait-on parfois, après que Laomédon, roi de Troie, eut refusé de payer le service que Poséidon et Apollon lui avaient rendu, ces dieux s'unirent pour inonder la ville. Voici un Apollon responsable de déluges, ce qui rappelle les traditions qu'on rapportait ci-dessus d'inondations tenues pour favorables, en Irlande, le jour de Lugnasad.

La relation entre Apollon et le vent est aussi confirmée par celle qu'il entretient avec le loup. En effet, les relations entre le loup, le vent et la tempête sont manifestes[641] ; on disait notamment, en Grèce ancienne, qu'entendre un loup hurler ou le voir traverser un champ annonçait une tempête de trois jours[642] ; D. Gershenson relève plusieurs cas de relations toponymiques entre vent et loup dans les régions venteuses (Parnasse, Hélicon[643]...).

La documentation ne permet guère de percevoir une relation entre Lug et le vent. Il y a des indices qu'elles ont existé. L'Irlande parle de « vent de Lugh ». Dans la péninsule Ibérique, en des sites dont les recherches modernes ont marqué le caractère « lughien », à savoir Lisbonne et le secteur de Santa Tecla à la limite de l'Espagne et du Portugal[644], les traditions parlent de juments fécondées par le vent[645] : en Grèce, Borée, le vent dont on vient de voir les étroites relations avec Apollon, était crédité des mêmes capacités, puisqu'il féconda, sous forme lui-même d'étalon, les trois mille pouliches du roi de Troie Erikhthonios (*Il.*, XX, 221-225).

Quant au temps comme durée, un parallèle remarquable est le suivant. Il a été souligné[646] que la grande bataille de la *Táin bó Cualnge*, au cours de laquelle le peuple des Ulates, et, principalement, son héros Cúchulainn, longtemps seul, affrontent une colossale armée réunissant les « quatre [autres] cinquièmes » de l'Irlande, se déroule de Samain à Imbolc – c'est-à-dire, en calendrier romain, du 1er novembre au 1er février, sur trois mois. Le texte le dit deux fois, la première lorsque Lug vient au secours de son fils, qui a combattu tout ce temps, et lui permet de dormir trois jours en le remplaçant : « Cela était normal, car, aussi grand qu'était le sommeil, aussi grande était la fatigue : du lundi avant Samain exactement jusqu'au mercredi après Imbolc, Cúchulainn n'avait dormi, si ce n'est qu'il avait dormi son poing autour de sa lance et sa lance sur son genou, massacrant, abattant et tuant les quatre grandes provinces de l'Irlande pendant tout ce temps[647] » ; la seconde lorsque son père adoptif, Sualtam, appelle au secours les Ulates : « Il y a trois mois d'hiver que les branches pliées de coudriers tiennent son manteau », et que le roi Conchobar confirme : « Cela est vrai [car], depuis le lundi de la nuit de Samain jusqu'au lundi de la nuit d'Imbolc, il a été à cette veille[648]. »

Ainsi, Lug apparaît après l'hiver, au bout de trois mois.

Tout helléniste connaît cette durée : c'était exactement celle de l'absence d'Apollon. Suivant une croyance nettement attestée, Apollon quitte Delphes durant l'hiver, pour trois mois, se rendant chez les Hyperboréens[649], Dionysos étant en son absence le maître de Delphes. Apollon revenait au mois appelé Busios, et alors seulement reprenaient les consultations oraculaires[650]. La liturgie marquait cette différence, les trois mois d'hiver étant consacrés au dithyrambe, musique dionysiaque, et les autres au péan, musique apollinienne.

À Dèlos de même, Apollon quittait l'île en hiver, sur un char tiré par des cygnes, et se rendait, selon Servius[651], en Lycie. Cette distinction, delphique ou délienne, vaut en fait pour toute la Grèce : aucune fête d'Apollon n'avait lieu durant la période hivernale.

Les deux moments d'apparition du dieu, en Irlande et en Grèce, sont ceux d'un changement de saison. Avant de récuser ce qu'il tient pour une fausse étymologie, Plutarque peut écrire : « Le mois Busios, comme la plupart le croient, est le mois de la nature. Il commence en effet au printemps et c'est à ce moment-là que la plupart des plantes poussent et germent[652]. »

Le printemps commence pour nous en mars, mais beaucoup de croyances de l'ancienne Europe le faisaient débuter, éventuellement, au 1er février : c'était jusqu'en des temps récents une idée répandue que l'ours sort de son antre au 1er février et hume l'air ; s'il est humide, il reste dehors, s'il gèle, il rentre ; ou encore, et plus souvent, qu'une température douce au 1er février annonçait pour l'année un temps catastrophique, qu'au contraire le froid à la même date laissait prévoir des saisons bien marquées, un beau printemps et un bel été[653]. Cette datation au 1er février prolonge directement l'ancienne date celtique, car, je ne le montrerai pas ici, les quatre fêtes irlandaises connues sous les noms de Samain, Imbolc, Beltene et Lugnasad existaient assurément dans l'Antiquité celtique, sous d'autres noms, approximativement aux mêmes dates (nos 1er novembre, 1er février, 1er mai et 1er août), et la tradition rurale française en a donc hérité[654].

Non seulement la durée après laquelle Lug/Apollon apparaît est la même, mais les dates étaient *grosso modo* les mêmes : Busios se déplaçait (les calendriers antiques étant lunaires, à correction solaire) sur nos mois de février-mars, et l'absence d'Apollon devait commencer durant le mois (delphique) de Dadophorios[655], dont la période d'oscillation couvrait nos mois de novembre-décembre[656]. Cela coïncide donc avec les mois celtiques, dont on n'oubliera pas que les dénominations (novembre, février) aussi bien que les datations fixes (premier lundi de novembre, etc.) remontent à la christianisation de l'Irlande : auparavant, comme les mois grecs, les mois celtiques, lunaires, se déplaçaient par rapport à notre propre calendrier, prenant du retard sur l'année solaire jusqu'à ce qu'un rétablissement raccorde le calendrier à l'année solaire. Mais, en Grèce, le climat est méditerranéen, c'est-à-dire subtropical, le printemps commence plus authentiquement au mois de février qu'en Irlande, et la relation entre Apollon et cette saison était fortement marquée. À Delphes, les grandes fêtes apolliniennes, les *Puthaeîa*, se déroulaient au début du printemps[657], et c'est vers cette époque qu'avait lieu l'une des deux réunions de l'assemblée dite des hiéromnémones, délégués des villes formant une fédération, l'Amphictyonie delphique. Le 7 Busios, jour anniversaire d'Apollon selon Plutarque (donc, non seulement il revenait à Delphes à cette date, mais il était né à Dèlos ce jour-là), on confectionnait en l'honneur du dieu un gâteau, fait de fromage, de miel et de blé[658], véritable panspermie symbolisant le retour de la végétation et le renouveau de la vie. À Dèlos, le premier mois du printemps s'appelle *Galaxiôn*, et on connaît en diverses cités un Apollon Galaxios[659]. Non seulement à Delphes et à Dèlos Apollon avait sa fête au printemps, mais c'était le cas dans la plupart des cités où une date de cet événement est connue : à Mégare, Théognis, s'adressant à Apollon, chante « la joie, quand revient le printemps, [lorsque] la foule en ton honneur processionne les hécatombes éclatantes. Et tous sont au plaisir de la cithare, ils dansent en chantant le péan, tandis que les chœurs et les cris font cercle autour de ton autel[660] » ; à Athènes, au mois de Mounikhiôn, qui oscillait sur nos mois d'avril et mai, un rituel marquait le début de la saison de navigation : les jeunes Athéniennes allaient supplier Artémis au temple d'Apollon Delphinios, pour célébrer le départ de Thésée et de ses compagnons vers la Crète[661] ; à Argos, au moins Arneios, au printemps, avait lieu une fête en l'honneur d'Apollon et appelée « le Massacre des chiens », *Kunophóntê*, ou « Fête de l'agneau », *Arnís*[662] ; des épiclèses cultuelles d'Apollon sont celles de *Horomédon*, « le Régisseur de la [belle] saison[663] », et de *Horítês*[664], de même sens, et les Romains l'honoreront sous l'épiclèse d'*Aperta*, « l'Ouvreur[665] » ; dès l'*Odyssée*, le massacre des prétendants, qui se fait entièrement sous signe apollinien puisqu'il commence à l'arc[666], a lieu le jour de la fête d'Apollon[667], et N. Austin a montré que le retour d'Ulysse en son île d'Ithaque a lieu au printemps, au point qu'il peut interpréter le massacre en question comme une victoire du printemps sur l'hiver[668] : c'est aussi par un massacre au printemps que se termine la *Táin bó Cualnge*, et par un meurtre (de Balor par Lug) que se marque la cyclicité du temps dans l'Irlande ancienne – on y reviendra[669].

À sa manière, l'Irlande marque aussi le renouveau végétal : dans une des versions de la *Táin bó Cualnge*, pendant le sommeil de trois jours de Cúchulainn, Lug le soigne en l'oignant « des herbes et des plantes de santé », complétées de « charmes de guérison[670] ». Voici un office médical du dieu, qui trouvera évidemment un parallélisme, ci-dessous, avec de semblables dons d'Apollon.

Arrivant donc en fin d'hiver ou au printemps, les deux dieux connotent le changement de saison. Soulignant la fonction spécifique de Lug d'opérer les passages d'un moment à un autre, comme du jour à la nuit ou de la nuit au jour, D. Gricourt et D. Hollard ont pu écrire que « de par sa nature même, Lugus intervient dans tous les changements de saison, à commencer bien sûr à la Lugnasad qui lui est consacrée et qui est le passage de l'été à l'automne[671] », et « qu'il est à ce titre le maître incontesté du temps qui s'écoule et du calendrier celtique[672] », car « c'est certainement Lugus qui est représenté sous la forme d'un Mars apollinien [jeune, imberbe, à la chevelure bouclée] dans cette belle et célèbre statue gallo-romaine retrouvée à proximité du calendrier de Coligny (Ain), au sein d'un sanctuaire qui lui était consacré[673] ». Apollon était fêté lors de son retour printanier à Delphes, mais aussi, en bien des endroits, à chaque nouvelle lune, c'est-à-dire à chaque changement de mois : selon Philochore d'Athènes, au IVe siècle, à la « *nouménie*, le premier jour du mois, on offre aux dieux des récoltes et des nourritures », et de ces dieux Apollon devait être le plus notable, lui qui porte l'épiclèse de *Neomênios* ou *Noumênios*. La fête était célébrée à Samos, à Sparte où les deux rois sacrifiaient à Apollon tous les jours de nouvelle lune, à Olbia, où l'on connaît un collège de *Nêomêniastai*[674]. Mais l'*Odyssée* (XIV, 161-162) déjà mentionne, précisément avant le massacre des prétendants, un changements de temps important : Ulysse, déguisé en mendiant, annonce à son fidèle berger Eumée qu'« Ulysse reviendra cette *lukábas*-ci, tandis qu'un mois finit et qu'un autre commence ».

Que signifie *lukábas* ? À époque tardive, le mot est employé au sens d'« année ». En était-il de même à l'époque homérique ? La question est discutée[675], et M. Detienne, par exemple, pense qu'il peut s'agir d'une désignation de la nouvelle lune[676], car dans le passage cité et dans un autre où le même faux mendiant dit une chose semblable, cette fois à Pénélope, le mot ne peut désigner que la proximité temporelle : « Le moment précis que désigne *lukábas* semble se situer dans l'immédiat, à l'intersection de deux mois, vraisemblablement lunaires[677] » – pourquoi « vraisemblablement », les mois grecs étant évidemment lunaires ? Mais ne pourrait-on comprendre qu'on est effectivement à l'extrême fin de l'année, et qu'Ulysse insiste sur l'importance du moment en disant qu'il revient « cette année même », qui s'achève ces jours-ci, pour mieux marquer l'imminence de l'événement ?

Si donc Apollon avait un rapport avec le changement d'année, on rapprocherait la tradition d'Europe occidentale qui associe la chasse au roitelet à la fin de l'année. Dans le comté de Pembroke, en pays de Galles, elle avait lieu le jour des Rois, et la chanson de la fête se terminait par les mots : « Adieu à la vieille année, grande joie pour la nouvelle. S'il vous plaît, laissez entrer le roi[678]. » Si l'on songe aux rapports entre le roitelet et Lug[679], si l'on compare à d'autres rites où des rois (provisoires) sont associés à la chasse au roitelet, on soupçonne que le « roi » de la chanson est un souvenir de Lug[680]. Dès lors, celui-ci est associé au changement d'année comme, semble-t-il,

Apollon l'a été en Grèce ancienne. En tout cas, en suivant le roitelet, ci-dessous, on découvrira les rapports communs de Lug et d'Apollon avec le solstice d'hiver.

On est fondé à conclure, avec Wilhelm Roscher ou Françoise Bader, qu'Apollon est maître du temps[681]. Encore faut-il préciser : le maître du temps qui s'écoule, en terre celtique, était le Dagda, qui, en sa forme ancienne de « Jupiter gallo-romain » ou de Taranis, tenait la roue, et, dans un célèbre mythe irlandais, manipule le temps pour permettre à sa maîtresse Bóand d'accoucher en un jour, ou plus exactement en faisant que ce qui est un jour pour le mari de Bóand est neuf mois pour celle-ci[682]. Par contre, maître des solstices, des changements de saisons, des débuts de mois ou d'année, Lug/Apollon se différencie du maître de la roue qui tourne : il a charge des ruptures temporelles.

Une autre rencontre entre les deux dieux est la suivante. On signalait comment Apollon quitte Delphes en hiver. Mais il fait alors le contraire de ce que font les oiseaux migrateurs : au lieu de se réfugier dans un pays chaud, au sud, il va à l'extrême nord, « au-delà de Borée », c'est-à-dire en Hyperborée. Or, dans le célèbre récit de la naissance de Cúchulainn, c'est au début de l'hiver que se situe la rencontre entre les Ulates et Lugh : une troupe d'oiseaux importunait les Ulates, qui se lancent à sa poursuite, et c'est alors qu'« il tomba sur eux une grande neige », puis les Ulates sont accueillis, le soir, dans une maison apparue mystérieusement, par un couple, dont la femme accouche ; le lendemain, la maison a disparu, il ne reste que le bébé qui vient de naître et deux poulains nés en même temps que lui au-dehors. On apprend peu après que l'homme, père de l'enfant, était Lugh, fils d'Ethne[683].

Dans ce récit, Lugh est maître d'une magie (l'apparition et la disparition de la maison) à la fois hivernale et nocturne. Et les oiseaux qui ont été les moyens de faire venir les Ulates ne sont pas des migrateurs cherchant les pays chauds – pas plus que les cygnes d'Apollon.

La tradition insiste d'ailleurs sur ce pouvoir de Lugh sur la nuit : il s'échappe ainsi de liens qui l'immobilisaient en causant dans sa course des étincelles telles qu'« elles auraient pu faire un jour plein de lumière de la nuit la plus sombre[684] », et on a vu qu'une tradition de Mayo dit que : « Le vent de Lugh aux Longs Bras vole dans l'air la nuit », attribuant les étincelles à son père Balor[685].

Or ce pouvoir sur les nuits est aussi celui d'Apollon : l'épiphanie du dieu près de l'île nommée, à la suite de l'événement, Anaphè, se produit lors d'une « nuit sépulcrale » – l'équivalent le plus net de « la nuit la plus sombre » du texte irlandais – et alors son « arc alluma tout à l'entour une éblouissante clarté[686] », jouant dans la nuit un rôle semblable aux étincelles des chaînes de Lugh.

Si Mme Le Roux évoquait déjà le « Lug de Samain, préparant à l'hiver et à l'obscurité[687] », les Grecs ont effectivement connu un Apollon sombre : « Il va, pareil à la nuit », dit de lui l'*Iliade*[688]. C'est de nuit que son fils Iamos invoque Poséidon et lui, au milieu du fleuve Alphée, et Apollon lui répond en lui enseignant la mantique[689]. À Athènes, les Puanopsia, fête de purification dont Apollon est le dieu, ont lieu le 7 du mois Puanopsiôn, après le coucher du soleil. Un autre fils d'Apollon, grand archer comme lui et conquérant, s'appelait Mélas ou Mélaneus, c'est-à-dire « le Noir, le Noiraud[690] ». Enfin, le plus célèbre devin de la mythologie grecque, avec sans doute Tirésias, est Mélampous d'Argos, protégé d'Apollon : son nom signifie « Aux pieds noirs[691] ». On n'examinera pas plus avant ici ce dossier, qui trouvera sa place dans un prochain paragraphe.

Élargissant encore l'office de ces dieux, on notera, avec Françoise Bader, que le nom de Delphes est issu d'une racine indo-européenne **gwel-bh-* qui se retrouve dans deux autres noms de l'hymne homérique qui conte les exploits d'Apollon, à savoir *Délphousa* (forme alternative, sur les manuscrits, du nom de la nymphe *Telphoûsè*, ci-dessous), puis dans le dauphin, *delphis*, forme qu'il prend lui-même et qui lui vaut l'épithète de *Delphínios*. La racine se réfère à la naissance (*delphús* est la matrice), et ainsi « la succession de ces actes, à travers l'onomastique, se rapporte à la maîtrise du cycle embryonnaire et de la mort des hommes », comme le confirme aussi le mythe qui le fait naître après un long blocage de l'accouchement de sa mère, à cause d'Hèra jalouse, soudainement résolu par l'intervention de la déesse de l'accouchement, Eileithuia[692]. Mais la victoire d'Apollon se déroule à Delphes, qui est aussi appelée *Puthô*, et il tire de sa victoire l'épithète de *Púthios*[693] : ces mots-ci dérivent d'une racine **puth-*, qui évoque le « pourrissement[694] » : par là, en tuant le dragon qui sera d'ailleurs appelé plus tard *Puthôn*, Apollon est maître de la mort.

Quant à la source qu'il rencontre avant d'arriver à Delphes, et près de laquelle il faillit s'arrêter, elle a nom *Telphoûsè*, ou *Delphoûsa*, selon les manuscrits des *Hymnes homériques*, mais l'ambivalence a des parallèles : nom de *Delphes* d'un côté, autres toponymes *Telphoûsa* de l'autre, et, dit Mme Bader, « tout se passe comme si *Delphousa* était un participe d'un **delphô*, "être enceinte", sens qui conviendrait bien à la source, dont les eaux, parce qu'elle porte un nom en **gwel-bh-*, symbolisent les eaux du sein maternel ». Or, Apollon, voyant le site, avait envisagé de construire là son sanctuaire. Nenni, avait répondu la nymphe qui ne souhaitait pas être importunée, il n'y a pas de place ici pour les courses de char qui doivent contribuer à ton culte[695]. Et le dieu passa, découvrant peu après le site de Delphes. Mais, après le meurtre du « dragon femelle », appelé ailleurs Delphunè[696], il repense à l'altercation avec Telphousè, considère qu'elle l'a trompé, et vient la voir : « Telphousè, ce n'était pas ton destin de garder ces lieux charmants en trompant mon esprit, pour y épancher le cours de tes belles ondes. Ici la gloire sera aussi pour moi, et non pas pour toi seule. » À ces mots, Apollon, le Seigneur Archer [*hekáergos*], poussa sur la source un rocher, avec une pluie de pierres : il fit disparaître le cours d'eau, et se bâtit un autel dans le bois sacré d'arbres touffus, tout près de la source aux belles ondes. C'est là que tous invoquent le Seigneur sous le nom de *Telphoúsios*, parce qu'il a humilié les eaux sacrées de Telphousè » (*HHA*, 379-387). Ce que Mme Bader commente : le nom *Telphoûsa* doit venir de **dhel-bh-*, d'une racine attestée en germanique et en balto-slave, « jaillir » et « enterrer », double sens qui convient bien à une source. Apollon a donc successivement tué Delphousa, « Celle qui est enceinte », et enterré, recouvert de pierres Telphousa, « Celle qui jaillit », faisant « disparaître le cours d'eau », donc, proprement, « avorter[697] ».

Ainsi, l'analyse des noms propres qui entourent Apollon dans l'*Hymne homérique* qui lui est consacré le montre à la fois maître de la vie, de l'embryogenèse et de la mort, en particulier de l'avortement[698].

Voici qui trouve immédiatement son parallèle avec Lug, non pas dans les vocables, mais dans le mythe, en l'espèce ici celui de Lleu, la forme galloise de Lug. On a dit comment, dans le *Mabinogi de Math*, qui constitue le récit d'une véritable « enfance de Lug », Arianrhod accouche successivement de deux enfants : un bébé blond, qui deviendra Dylan et mourra précocement, et surtout une « chose », une sorte d'avorton, aussitôt mis dans une étoffe par Gwydion, le frère d'Arianrhod, et enfermé dans un coffre au pied de son lit. Plus tard, « un jour, comme Gwydion se reposait sur son rit, éveillé, il entendit des cris venant du coffre, au pied de son lit. Bien que les cris ne fussent pas très forts, ils étaient assez hauts pour qu'il les entendît. Il se leva en toute hâte et ouvrit le coffre. En l'ouvrant, il vit un petit garçon qui agitait les bras dans les plis du drap et s'en dégageait. Il prit l'enfant et l'emporta à la ville, dans un lieu où il savait qu'il y avait une femme pouvant allaiter[699] ». On sait la suite : le garçon grandit merveilleusement, et obtient plus tard un nom – Lleu Llaw Gyffes –, puis une femme. Alors s'enchaîne son malheur : l'amant de sa femme le tue – c'est la « passion » du dieu, sur laquelle je reviendrai –, mais, mort et ayant forme d'aigle, Lleu est finalement ramené à la vie par Gwydion, et deviendra roi après Math.

Si l'on ajoute que Lug et Apollon ont, parmi leurs innombrables points communs, celui d'être en rapport avec la pourriture[700], les choses sont claires : *comme Apollon*, mais sur un tout autre mode, *Lleu* est à la fois *celui qui a triomphé au plan embryogénique*, né d'une femme qui se disait vierge, avorton succédant à un vrai nouveau-né, connaissant une seconde gestation dans des conditions qui eussent tué tout autre (dans un drap plié dans un coffre !), puis il *domine la pourriture* par un exploit (le meurtre d'un roitelet) ; et il *triomphe de la mort*, et de sa propre pourriture, par une résurrection.

Apollon et Lug sont maîtres de la vie et de ses termes : naissance y compris embryogenèse, et mort, en particulier par pourriture.

Cela s'exprime peut-être dans l'iconographie celtique ancienne : Lleu ayant eu un frère jumeau, on peut rapprocher cela du fait que les Dioscures sont représentés faisant tourner une roue, sur un fourreau d'épée de la nécropole de Hallstatt, du Vᵉ siècle avant notre ère, et cela à deux reprises : D. Gricourt évoque précisément à ce sujet l'alternance entre hiver et belle saison attestée aussi bien dans le mythe de Lug que dans celui d'Apollon[701]. Sur d'autres images, c'est Lug seul qui est associé à une roue, ou encore, sur le chaudron de Gundestrup, il paraît faire tourner une roue que tient un autre dieu, certainement Taranis, autre maître du temps, à savoir celui qui s'écoule (ci-dessus) dans la tradition celtique[702]. Sur un document très récemment publié, une petite roue à rayons est surmontée par un cavalier aux très longs bras : certainement Lugus, car cet autre cavalier qu'est le Jupiter gallo-romain n'a jamais les membres supérieurs pareillement développés[703].

Des médecins

Apollon est un dieu médecin : ses épiclèses, ses liens familiaux, ses mythes l'attestent. Il est dit *Ouliós* à Dèlos et à Milet et *Iatrós* « Médecin », dans l'aire de colonisation milésienne (à Apollonia du Pont, Istros, Tyras, Olbia, toutes villes de l'ouest de la mer Noire, dans la dernière, son sanctuaire était appelé le *Iètrôon*, « Cabinet médical », à Panticapée, proche du détroit de Kertch, et Hermonassa), des noms propres comportant l'élément *Iétro-* permettent de penser qu'il était également connu à Sinope et Gorgippia[704], *Iatrómantis* « Médecin-Prophète[705] », *Akéstor, Akésios* (sur l'agora de la ville d'Elis) « Guérisseur, Soigneur », *Boêdromíos* « Secourable », *Loímios* « [Protecteur] contre les Épidémies » à Lindos sur l'île de Rhodes, *Alexíkakos* « Celui qui écarte les Maux », *Apotrópaios* « Celui qui écarte [le Mal] » à Erythrai (en Ionie) et Kameiros (à Rhodes[706]), *Nousolútès*, « Éliminateur de maladies », *Akesôdunos*, « Celui qui calme la douleur », *Euphrôn*, « Bienveillant »,

Epikoúrios « Secourable », près de Phigalia en Arcadie, *Epèkoos*, « Celui qui prête oreille », *Ôtakós*, de même sens, et *Paián*, médecin divin. Près de Koronê, en Messénie, on adorait Apollon *Kórunthos* comme protecteur contre les maladies. En tant que *Prostatèrios*, *Prostátès*, *Prophúlax*, il protège de tous les maux[707]. Il est par ailleurs le père d'Asklèpios, le dieu spécialiste de la médecine, qui, selon une tradition, tient son pouvoir d'Apollon[708], est père à son tour des héros médecins Makhaôn et Podaleiros (*cf.* ci-dessus), et ancêtre des familles de médecins grecs. Un des plus anciens oracles de Diduma le qualifie de « Médecin par la puissance », *Iêtêr dunámei*[709]. À Élée en Italie, il était *Phôlarkhos*, « chef de l'école de médecine[710] » ; à Épidaure, lieu du sanctuaire principal d'Asklèpios, on sacrifiait à Apollon Maléatâs (« du cap Maléas ») avant d'aller consulter son célébrissime fils. Avant d'être identifié à lui, il était le père de Paiân, et d'après Proklos « le *paiân* est une espèce de chant adressé de nos jours à tous les dieux, mais autrefois il était spécialement attribué à Apollon et à Artémis pour la cessation des fléaux et des maladies[711] ».

Il est aussi père d'Apis, prophète médecin, qui par des « remèdes décisifs » nettoya la terre du Péloponèse des serpents qui la souillaient et la polluaient (Esch., *Suppl.*, 260-270), et le protecteur de Mélampous qui guérit les Proïtides de la folie (ci-dessus).

Apollon soigne. Lorsque Glaukos, au chant XVI de l'*Iliade* (527-529), est blessé par Teukros, il invoque Apollon, lui demandant de le guérir : « Il dit. Apollon entend sa prière. Aussitôt il arrête ses souffrances, il sèche le sang noir de sa plaie douloureuse, il lui met la fougue au cœur. » À la demande de Zeus, il restaure les forces d'Hector (XV, 527-529), recevant à cette occasion le qualificatif de *Hekáergos* qui, de l'avis de plusieurs exégètes, a pour sens originel celui de « Préservateur[712] ». Ailleurs, il soigne Inô de sa folie meurtrière[713]. Un long oracle rendu, par la Pythie, à la ville de Cyrène en Afrique expose que : « Lorsque sur la terre et dans la cité surviennent une maladie, une peste ou famine, ou bien la mort, il faut sacrifier devant les portes une victime purificatrice pour l'*Apotrópaios*, un chevreau à la robe rouge pour Apollon *Apotrópaios*[714]. »

Sa fonction perdure aussi à travers l'histoire romaine, puisque les Latins empruntent à leurs voisins Italiotes (ou Grecs d'Italie) les cultes d'*Apollo Medicus*, dès 433, puis d'*Apollo Paean*[715]. Lorsque Platon veut définir Apollon en quelques mots essentiels, il lui attribue quatre caractères : Apollon est *toxikès* (ce qui renvoie à la fois par jeu de mots à l'« archerie » et à la « toxicité »), *iatrikès*, mantique, musicien[716]. Ainsi, Apollon peut faire le mal comme le bien : ses flèches, qui causent les épidémies[717], sont créditées du pouvoir inverse dans un oracle de Klaros, en Asie Mineure, qui prescrit, lorsque la maladie sème la mort dans la cité de Hiérapolis en Phrygie, d'élever « une sainte statue de Phoibos, le dieu de Klaros, le dieu bien armé de flèches qui détruisent le mal[718] ».

Comme à l'accoutumée, le matériel celtique va largement correspondre au matériel grec. Apollon est père du dieu spécialiste de la médecine – Lugh en est le petit-fils : son père Cian est de Diancecht, lequel est le spécialiste de la médecine au sein des Túatha Dé Dánann[719]. Et si le dossier « médical » de Lug n'est pas aussi dense que celui d'Apollon – nous avons tellement peu de textes, je dois le répéter, sur l'aspect cultuel de ces divinités celtiques –, il consiste dans la *Táin bó Cualnge*, dont Mme Bader a montré la parenté avec l'*Iliade*[720], en un beau parallèle avec la guérison de Glaukos par Apollon. Comme l'ont d'abord écrit F. Le Roux et C. Guyonvarc'h, « Un autre médecin[721], et non des moindres, est le dieu Lug en personne, ce qui s'explique aisément puisqu'il possède à lui seul les capacités de tous les autres dieux. Il prend la peine de guérir Cúchulainn accablé de fatigue et de blessures alors qu'il empêchait l'armée d'Irlande d'envahir l'Ulster. Il n'a pas de fontaine miraculeuse à sa disposition mais, comme Diancecht et ses enfants, quand la chirurgie n'est pas indispensable, il utilise la médecine médicale et magique. En outre il accorde à son patient un sommeil réparateur : “Il lui chanta alors le *ferdord* et il s'endormit avec cela [...] Pendant trois jours et trois nuits Cúchulainn fut dans le sommeil. Et il était normal en vérité que la mesure de son sommeil fût égale à la mesure de sa fatigue. Depuis le lundi après Samain précisément jusqu'au vendredi après Imbolc, Cúchulainn n'avait pas dormi pendant tout ce temps, si ce n'est qu'il avait dormi un peu sur sa lance après le milieu du jour, la tête sur le poing, le poing à la lance, la lance sur le genou, mais il frappait, il tuait, il attaquait et massacrait les quatre cinquièmes de l'Irlande pendant tout ce temps. C'est alors que le guerrier du *sidh* mit des herbes et des plantes de santé et des charmes de guérison sur les blessures, les plaies et les meurtrissures et les nombreuses blessures de Cúchulainn. Et Cúchulainn se rétablit pendant son sommeil sans remarquer quoi que ce soit[722]”. »

On a vu de même Apollon voler au secours d'Hector et contribuer au rétablissement de ses forces. Il n'est peut-être pas indifférent que Lugh soit le père divin de Cúchulainn, comme Apollon, dans une certaine tradition[723], était le père divin d'Hector.

Comme on l'a constaté déjà à plusieurs reprises, l'accord des mythes ou des représentations concernant Lug et Apollon va jusqu'au détail. C'est déjà une belle rencontre de les voir l'un et l'autre s'occuper de médecine. Mais voici qu'on découvre au détour d'une des « fables » d'Hygin (CCLXXIV, 9) la notation suivante : « Apollon créa le premier l'art de la médecine oculaire. »

En effet, s'il est celui qui est vu, Apollon est aussi celui qui voit, *Theários* à Argos, *Epópsios*, *Proópsios*. On ne s'étonne pas que le texte, même tardif, d'Hygin confère à Apollon un pouvoir sur l'art oculaire.

Or, dans la documentation antique (gallo-romaine), la compétence de Mercure, c'est-à-dire de Lug, pour la médecine oculaire est la chose la mieux attestée qui soit. Je me fonde à nouveau sur les travaux novateurs de D. Gricourt et D. Hollard : l'article déjà utilisé ci-dessus, qu'ils ont publié en 1999, avec un troisième auteur, Fabien Pilon, parle de « Lugus macrophthalme, visionnaire et guérisseur », le résumé précisant que Lug est, « à l'occasion, un dieu médecin qui présente une affinité particulière avec la guérison des maladies oculaires[724] ». Étudiant alors la vision de Lug en rapport avec ses pouvoirs druidiques, on signalait comment sont associés à des statuettes et des monnaies représentant un personnage assimilable à Mercure et donc à Lug, qui a un ou deux grands yeux, des ex-voto indiquant le pouvoir du dieu sur les maladies d'yeux, au sanctuaire de source de La Tannerie et à Genainville (Val-d'Oise). Et à Mandeure (Doubs), on a découvert deux cachets d'oculiste, portant la signature de *L. F. Mercurialis*. « Il est évident, écrivent les auteurs, qu'en adoptant un tel surnom, le praticien a voulu se placer sous le patronage de Mercure[725]. »

On signalait aussi ce passage du *Glossaire de Cormac*[726] où une vieille femme hideuse et lépreuse se métamorphose en un jeune homme blond, le génie de la poésie, « à l'œil long dans la tête », c'est-à-dire « au regard perçant[727] ». Que ce jeune homme, qui ne peut être que Lug[728], soit d'abord une femme lépreuse, dont la guérison est concomitante de sa métamorphose, renvoie à la fois à l'ambiguïté sexuelle de Lug et Apollon[729], et au pouvoir des mêmes dieux sur les maladies.

Ainsi donc, la documentation permet de voir la compétence d'ensemble des deux figures divines sur la maladie, et, singulièrement, leur rôle dans la médecine oculaire.

Les maîtres des fondations

Apollon et Lug sont maîtres des fondations de nouvelles cités ; en tant que tels, ils sont liés aux pierres, et aux défrichements ; enfin, ces nouveaux sites sont, en Irlande, lieux d'assemblées, institutions que patronnent précisément Lug et Apollon. C'est ce qui va être développé dans ce paragraphe et les suivants – pour les grosses pierres, le dernier de cette partie. La liaison intime entre les quatre phénomènes apparaît dès celui-ci, car, du côté irlandais, ce sont pour l'essentiel les mêmes textes qui fournissent le matériel comparatif à ces différents aspects.

Lugh a fondé la fête dont le nom contient le sien, *Lugnasad.* Mais cela ne se fait pas n'importe où. Les textes le disent clairement. Ils ont été rassemblés par Françoise Le Roux, dans un important article publié en 1961 et 1962. Le *Sanas Cormaic*, le « Glossaire de Cormac », pose d'abord que « Lugnasad, jeu ou foire dont le nom est *nasad*, c'est-à-dire solennité ou jeu de Lug, fils d'Ethne [ou Ethle], [a été] institué par lui au milieu de l'automne ». Où cela ? Selon Geoffrey Keating dans son *Histoire d'Irlande* :

> Bien que ce fût Lughaidh à la Longue Main qui créa le premier l'assemblée de Tailtiu, en commémoration annuelle de sa propre nourrice, Tailtiu, fille de Maghmor, roi d'Espagne, et femme d'Eochaidh fils d'Erc, dernier roi des Fir Bolg comme nous l'avons vu plus haut, quand Tailtiu eut été ensevelie par Lughaidh sous cette colline il fonda la foire de Tailtiu ou *nasad* en souvenir d'elle ; c'est pour cette raison qu'on appela *Lughnasa*, c'est-à-dire *nasadh* ou commémoration de Lug, le premier août qui est aujourd'hui la fête des chaînes de Pierre ; bien que le mont et la foire existassent depuis le temps de Lughaidh à la Longue Main, Tailtiu ne fut pas forteresse royale jusqu'au temps de Tuathal Teachtmhair.

Et ailleurs :

> Lug à la Longue Main, fils de Cian, fils de Diancecht, fils d'Easar Breac, fils de Ned, fils d'Iondaoi, fils d'Allaoi, eut pendant quarante ans la royauté d'Irlande. C'est Lug qui fonda l'assemblée de Tailtiu en commémoration annuelle de Tailtiu, fils de Madhmor, roi d'Espagne [...] C'est par cette femme que Lug à la Longue Main fut nourri et élevé jusqu'à ce qu'il fût capable de porter les armes ; c'est pour honorer sa mémoire que Lug institua les jeux de l'assemblée de Tailtiu, quinze jours avant Lugnasad et quinze jours après, en ressemblance des jeux nommés « Olympiades ». Et c'est de cette commémoration instituée par Lug qu'on appelle Lugnasad le premier jour des calendes d'août, *nasad* ou commémoration de Lug.

D'après le *Dindshenchas de Rennes* :

> Tailtiu, d'où vient ce nom ? Ce n'est pas difficile. Tailtiu, fille de Magmor, femme d'Echach le Rude fils de Duach le Sombre, c'est elle qui fit la forteresse des Otages à Tara. Elle était nourrice de Lug fils de Scal le Muet. C'est elle qui demanda à son mari de défricher la forêt de Cuan pour qu'on tînt une assemblée autour de son tombeau. Puis elle mourut aux calendes d'août. Sa plainte et ses jeux furent célébrés par Lugaidh, d'où nous disons Lugnasad [...]

Selon le *Dindshenchas métrique*,

> Tailtiu, fille de Magmor l'Aimable, fils d'Eochu le Rude, fils de Dui l'Aveugle, vint ici avec l'armée des Fir Bolg, à la forêt de Cuan après une grande bataille.
>
> La forêt de Cuan, c'était un taillis d'arbres depuis Escir jusqu'à Ath

Dromman, depuis la grande tourbière – un long voyage –, depuis Sele jusqu'à Ard Assuide...

Grand l'exploit qui y fut accompli à l'aide de la hache par Tailtiu : faire des pâturages de ce qui était exactement une forêt, c'est ce que fit Tailtiu fille de Magmor.

Quand la belle forêt eut été abattue avec ses racines, jusqu'à terre, avant la fin de l'année ce fut Bregmar, une plaine fleurie de trèfle...

Elle mourut aux calendes d'août, un lundi, à la Lugnasad de Lug ; autour de sa tombe, depuis ce lundi-là a lieu la première assemblée de la belle Irlande[730].

Deux autres petits textes du *Dindshenchas* mentionnent les tombes, non de sa mère adoptive, mais de deux épouses de Lug, le premier opérant même une confusion entre femme et fille[731] :

Bua, fille de Ruadhri le Rouge,
Fille de Lug, fils de Cian aux Glaives Rouges,
C'est ici que fut déposé son corps ;
On bâtit sur elle un grand tertre[732],

et, au sujet de l'assemblée de Naas, dans le comté de Kildare :

Nás des Lagin, éclatant d'une magnifique générosité,
C'est là que la femme fut ensevelie ;
C'est d'elle qu'il fut, en toute certitude, nommé [...]
Les troupes des vrais Gaëls vinrent
Pour pleurer les femmes, du Brug ;
De Tailtiu, où il avait allumé un feu,
De là ils vinrent avec Lug.
C'était l'assemblée de Lug le parfait
Satisfaction joyeuse, plaisir qui n'était pas petit :
Les lamentations des [femmes] de Fail, brillantes et à la belle voix
La complainte des filles de Ruaidh le Rouge[733].

Tara, la capitale légendaire de l'Irlande, fut fondée sur un territoire acquis par Tea[734], mais d'une part cette Tea est dite fille de Lugaid[735] – et Lugaid est un nom souvent appliqué à Lug[736] –, et d'autre part, selon le récit de « la fondation du royaume de Tara », c'est Lug, sous le nom de Trefuilngid[737], qui organise les activités et festivités de la ville : « Il resta avec eux pendant quarante jours et quarante nuits, jusqu'à ce que les hommes d'Irlande fussent rassemblés pour lui en ce temps-là à Tara. Quand il les vit tous au même endroit, il leur dit : "Quelles histoires du synchronisme des hommes d'Irlande avez-vous dans le palais de Tara ?" », et ses questions lui servent à fonder tout l'enseignement traditionnel irlandais[738].

Selon la variante du même récit, dans un poème du manuscrit Egerton 1782 : « Il passa trois jours à Tara des troupeaux, à une douce conversation qui n'était pas mensonge, jusqu'à ce que la belle troupe blanche se rassemblât autour de lui[739]. » Cette éducation, Trefuilngid en charge Fintan qui, à la dissolution de l'assemblée, à Uisnech, dresse au sommet de la colline un pilier de pierre à cinq faces, et partage l'Irlande en cinq provinces[740].

Lug est ainsi lié aux fondations des sites les plus importants d'Irlande[741] et ces sites, plutôt que des « villes », étaient des capitales religieuses et des centres politiques, lieux, pour l'une et l'autre raisons, de grands rassemblements de l'aristocratie irlandaise, rassemblements qui s'accompagnaient de jeux : on aura l'occasion, plus bas[742], de comparer ceux de Tailtiu et ceux de Delphes.

Apollon, de son côté, est le grand dieu grec des fondations coloniales, et parfois également de villes de Grèce propre. On citait plus haut le début du passage par lequel Callimaque salue cet office du dieu :

> C'est sur les pas de Phoibos qu'on trace l'enceinte des cités : Phoibos se plaît à leur établissement, et sa main en bâtit les fondements. Dieu de quatre ans, il fit pour la première fois un tel ajustement dans la belle Ortugiâ [Dèlos], près du lac arrondi [suit la description de la construction de l'autel des Cornes, le *Kêratôn*, sur lequel on reviendra].
>
> Telle fut sa première école, à bâtir les cités.
>
> Phoibos encore à Battos désigna ma ville au sol fécond, guida, corbeau divin, à la droite du chef, l'entrée de son peuple en Libye, et fit promesse de remettre un jour ces murailles aux mains de nos rois. Toujours Apollon tient sa parole[743].

Pour « tracer les cités », Callimaque emploie le verbe (rare) *diametreísthai*, dont le sens est précisé par des commentateurs anciens : c'est « tracer le plan, *diagráphein*, et diviser le territoire, *dialankhánein* ». De fait, la première opération des colons, dont Apollon est toujours le patron (ci-dessous), est de répartir et diviser le pays conquis, en ménageant la place pour la ville, parfois même en en traçant le plan, et en répartissant les lots (*klêroi*) de la terre à cultiver[744]. Ce que faisant, Apollon exerce exactement un office prêté, en Irlande, à Lugh : après avoir demandé à sept hommes sages de servir de témoins et d'historiens, Trefuilngid s'adresse au roi Conaing, celui qui l'a accueilli à Tara : « Viens toi-même à part, que je t'explique, à toi et à ta troupe d'hommes d'Irlande qui t'entoure, comment nous avons partagé l'Irlande, comment nous l'avons fait connaître aux quatre groupes de sept. »

Et il explique aussitôt, à ces hommes et en particulier à Fintan, la répartition de l'Irlande en quatre grandes provinces, en fonction des points cardinaux[745].

Mais, en évoquant un événement, la fondation de la ville de Cyrène, Callimaque, outre l'intéressante mention d'Apollon sous la forme d'un corbeau, sur laquelle on reviendra, ouvre un très vaste dossier : il a été souvent traité[746], de sorte qu'il est inutile de le reprendre ici en son entier. Signalons seulement que dès les plus anciens textes sur la colonisation grecque, c'est à l'oracle de Delphes que les futurs oikistes (c'est-à-dire « fondateurs » de nouvelles cités) vont, le plus souvent, demander ce qu'ils doivent faire et, si la réponse du dieu est qu'ils doivent partir chercher des terres au loin, on lui demande aussi une indication sur la direction à prendre. C'est ainsi que la majorité des récits de fondation coloniale grecque que nous connaissons font intervenir Delphes et/ou Apollon, et c'est pourquoi celui-ci reçoit les épiclèses d'*Arkhêgétês*[747], *Ktistês*, *Oikistês*, tous termes qui le désignent comme « Fondateur », le premier étant le plus fréquent – le catalogue dressé par W. Leschhorn recense ving-six occurrences du premier terme pour qualifier le dieu, loin devant les autres[748]. Apollon intervient aussi parfois personnellement dans l'œuvre coloniale, comme à Cyrène (ci-dessus) : il fonde Phasis, colonie de Milet au fin fond de la mer Noire, étant *Hêgemôn*, « Conducteur », avec l'oikiste officiel, nommé Thémistagoras[749]. C'est d'ailleurs *Puthókhrêstos hêgemôn*, « chef-guide désigné par [Apollon] Puthios », que Plutarque appelle le fondateur de colonie[750]. Et ne pas consulter l'oracle de Delphes avant de se lancer dans une aventure de colonisation était une faute : pour avoir manqué à cette exigence religieuse, le Spartiate Dôrieus alla d'échec en échec[751].

Aucune ville en Grèce propre, sinon une petite localité proche de Knôsos en Crète, ne tire son nom d'Apollon. Par contre il existait des villes nommées *Apollonia* en plusieurs points des terres coloniales (en Épire, en Illyrie, en Macédoine, sur la côte de la Thrace, en Mysie, en Bithynie, en Carie – Apollonia Selkakia –, en Phrygie). Cela repose sur l'origine delphique de la consigne que reçurent les colonisateurs d'aller fonder une ville au-delà de la mer.

Le corbeau guide ou indicateur pour une fondation se retrouve dans celles de Magnésie du Méandre[752] en Ionie ; de Korakai, dans le nord-est de la Thessalie – et dans ces deux derniers cas, l'oracle était thessalien, c'est-à-dire n'était pas Delphes : il est certain qu'Apollon a pu être Archégète indépendamment de Delphes, antérieurement au rayonnement de ce sanctuaire[753] ; de Kardia dans la Chersonnèse de Thrace, au nord de la mer Égée ; de Mallos, en Cilicie. Dans les deux premiers cas, thessaliens, le corbeau est blanc, comme il l'est initialement dans le mythe qui associe sa coloration en noir à l'intervention d'Apollon (ci-dessous[754]). Or, le plus ancien mythe connu mentionnant Lug (sans que son auteur le sache !) est celui rapporté par le pseudo-Plutarque et selon lequel deux Celtes, Atepomaros et Mômoros, fondèrent Lyon, *Lugdunum*, après avoir observé le vol de nombreux corbeaux et la manière dont ils se posèrent[755]. On rappellera ici l'abondance des cités celtiques portant ce même nom[756] : il est vraisemblable que Lug avait présidé à chacune !

Même en Grèce intérieure, disais-je, dont les villes ont généralement des mythes de fondation distincts, c'est-à-dire non coulés dans le moule de l'intervention delphique, il arrive qu'Apollon intervienne : c'était le cas à Mégare, et sans doute aussi à Égine[757]. Tout près de Mégare, la petite localité de Tripodiskos a été fondée par un nommé Koroïbos, de la manière suivante : un enfant d'Apollon ayant été déchiqueté par des chiens à Argos, le dieu punit les habitants en leur envoyant le monstre Poïnè, « Vengeance », qui fit mourir les nouveau-nés ; bientôt Koroïbos parvint à tuer Poïnè, mais alors une seconde épidémie s'abat sur la cité ; Koroïbos va consulter l'oracle de Delphes, et la Pythie lui dit d'emporter l'un des trépieds sacrés du dieu, et de fonder une ville là où il lui glissera des mains, ce que fait Koroïbos : la ville fondée porte le nom deTripodiskos, qu'elle tire du nom du trépied[758]. Selon Euripide, c'est Apollon qui dit à Oreste, après que celui-ci a fondé moult autels et sanctuaires, à titre de purification et de retour à la socialisation après le meurtre de sa mère Clytemnestre, qu'il doit enfin fonder une cité portant son propre nom, en Arcadie[759] ; homonymie également entre le nom du fondateur et celui de la cité lorsqu'Amphissos, fils d'Apollon, fonde au pied de l'Oïta, donc au cœur de la Grèce, la ville d'Amphissos, et corrélativement un sanctuaire d'Apollon[760]. On mentionnait de même, ci-dessus, un autre fils d'Apollon, Tennès, colonisateur aux temps mythiques de l'île de Ténédos.

Plus souvent, Apollon fonde, bâtit son temple. C'est ce thème qu'a développé, avec le talent et l'érudition qu'on lui connaît, Marcel Detienne dans son récent ouvrage sur Apollon, au premier chapitre duquel il a donné pour titre « J'ai l'intention de bâtir ici un temple magnifique », propos que le dieu prononce à deux reprises dans l'*Hymne homérique* qui lui est consacré[761] : la première fois elle est adressée à Telphousè, lorsqu'Apollon parvient à la hauteur de la fontaine qu'elle patronne, car l'emplacement lui plaît, et, « en parlant ainsi, Phoibos posa les fondations du temple : elles étaient vastes, et s'étendaient très loin » (*HHA*, 254-256). Telphousè, on le sait, affolée, va trouver le moyen d'écarter le dieu, et de l'envoyer vers Krisa et le Parnasse ; c'est donc à Delphes qu'il va bientôt fonder le « temple magnifique » initialement prévu en Béotie. C'est là qu'il répète son intention de bâtir un temple magnifique, lieu oraculaire où afflueront les hécatombes, et, « en parlant ainsi, Phoibos Apollon posa les fondations du temple : elles étaient vastes et s'étendaient très loin. Sur ces bases un seuil de pierre fut placé par les fils d'Erginos, Trophonios et Agamèdès. Autour du seuil, les familles innombrables des hommes élevèrent un temple avec de la pierre à bâtir, pour qu'il fût digne d'être chanté à jamais » (*HHA*, 287-300[762]). Et déjà sa mère, Lètô, implorait l'île de Dèlos, pour qu'elle permette à son fils près de naître d'y construire « un temple prospère », ce à quoi l'île elle-même acquiesce (*HHA*, 52, 80-81).

On attribuait aussi à Apollon la fortification de certaines villes : celle de Troie sous le roi Laomédon, en collaboration avec Poséidon[763], et celle de Mégare ; selon la tradition locale, le héros Alkathoos, après avoir vaincu un lion qui terrorisait la région du mont Cithéron, put épouser la fille du roi, Mégareus ; devenu roi à son tour, il fonda un temple à Artémis Agrotérâ et à Apollon Agraios[764], puis aménagea la ville : Apollon construisit lui-même les murailles, selon le poète Théognis de Mégare, ou du moins assista le nouveau roi dans cette construction[765]. À Byzance, colonie de Mégare, on racontait aussi qu'Apollon avait construit les murailles de la cité[766]. À Cyrène, Callimaque (*HAp*, 67-68) lui attribue implicitement la fondation et la construction des murailles de la cité : Phoibos « fit promesse de remettre un jour ces murailles aux mains de nos rois », et dès le début de l'hymne qui mentionne cette promesse, le poète évoque la visite du dieu en la ville, les enfants célébrant son culte par le chant accompagné de lyre, et, à cette occasion, « les murs [qui] restent fermes sur les antiques fondements[767] ». Pour Thèbes en Béotie, selon Hygin, c'est Apollon qui dit à des jumeaux, Amphiôn et Zèthos, de la fortifier[768].

Ainsi, « il y a en Apollon un goût inné des constructions monumentales », « chemins [ci-dessous], autels de chemin [tels les autels *epáktioi*, « sur le rivage », l'un dressé par les Argonautes en Lycie après une vision fugitive d'Apollon à l'aube[769], un autre par les Crétois débarquant à Krisa, dans l'*Hymne homérique*[770], et « beaucoup d'autres élevés par les fondateurs de colonies[771] »], sanctuaires, temples avec autels, portes et murailles : ce sont travaux à la mesure d'un dieu exprimant dès ses premiers pas le désir de « se faire une habitation[772] ».

Les Irlandais n'ont pas affectionné les édifices de pierre à la manière des Grecs – même les palais royaux étaient en bois, au temps où ramènent les textes –, et les sanctuaires fondés par Lugh sont encore, fidèlement à une antique tradition indo-européenne, des lieux saints en plein air[773]. Mais il semble y avoir une attestation de l'intérêt que Lug porte à l'architecture dans le fait qu'on attribue (ci-dessus) la fortification de Tailtiu – fortification elle-même en terre et bois, dans la haute époque irlandaise, comme dans tout le haut Moyen Âge européen – à un nommé Tuathal Techtmar, donné comme postérieur à Lugaidh ; mais le nom de ce personnage signifie « Celui qui vient par la mer » : comme Lugh est aussi venu de loin, de l'Espagne selon certains textes, en tout cas par la mer, qu'il apparaît aux autres Túatha Dé Dánann en compagnie de ses frères de lait, fils de Manannán, dieu de la mer, on soupçonne que Tuathal

Techtmar n'est qu'un avatar de Lug[774]. En ce cas la séquence événementielle concernant Tailtiu est proche de celle concernant Thèbes : si Apollon, selon l'hymne homérique, passe sur le site de Thèbes encore vierge de toute occupation humaine[775], la ville est ensuite fondée par Kadmos, qui, exactement comme Apollon à Delphes, doit tuer un dragon associé à une source pour s'emparer du site ; nettement plus tard, deux frères, Amphiôn et Zèthos, fortifient la ville, et ils le font sur l'ordre d'Apollon tout comme Lugaid (c'est-à-dire Lug) fonde Tailtiu, qui est plus tard fortifiée par un homme qui paraît n'être qu'un avatar, une forme anthropomorphisée, du même dieu.

Quant à la fondation de Mégare, elle rappelle beaucoup celle de Tara : d'une part, elle est le fruit de la collaboration d'un roi, Alkathoos, et d'un dieu, Apollon ; de même, la « Fondation du domaine de Tara » par Trefuilngid Tre-Eochair, c'est-à-dire Lug, a lieu en présence d'un roi, les premiers mots de Fintan qui raconte cette fondation étant : « Une fois nous tenions une grande assemblée des hommes d'Irlande autour de Conand Bec Eclach, roi d'Irlande », et c'est avec ce roi et ses compagnons que Trefuilngid reste quarante jours[776]. D'autre part, Trefuilngid organise l'Irlande, je l'ai dit, en fonction des quatre points cardinaux : en effet, selon le récit que fait Fintan de l'événement,

> « Ô Fintan, dit [Trefuilngid], comment a-t-elle été partagée et qu'est-ce qui y a été mis ?
> – Ce n'est pas difficile, dit-il, à l'ouest la science, au nord la bataille, à l'est la prospérité, au sud la musique, au centre la souveraineté.
> – Cela est vrai, en effet, dit Trefuilngid, car tu es un très bon historien. C'est ce qui a été alors et c'est ce qui sera toujours[777]. »

Il y a donc une division en quatre régions, autour de la capitale, Tara, qui n'appartient à aucune des quatre, et s'ajoute donc en cinquième. Or, c'est une habitude des peuples doriens, en Grèce, que de s'être eux-mêmes répartis en cinq districts[778], et la Mégaride en constitue l'un des exemples. Selon Plutarque, en effet, « dans le passé, la population de la Mégaride habitait des villages, les citoyens étaient répartis en cinq groupes. Ils s'appelaient Hèraïens, Piraïens, Mégariens, Kynosouriens et Tripodiskiens[779] ». Qui plus est, ces groupes comprennent les habitants d'une ville principale, Mégare, et ceux de quatre régions, lesquelles sont périphériques par rapport à elle : les Hèraïens tirent leur nom du temple d'Hèra Akraia, à l'ouest de Mégare, les Piraïens habitaient les pentes sud du mont Gêrania, lequel est le gros massif qui forme l'essentiel de l'isthme, au sud-ouest de Mégare ; les Kynosouriens « devaient être installés du côté d'Aigosthène, dans le nord de la Mégaride », et les Tripodiskiens, d'après Thucydide[780], se trouvaient sur les pentes nord-est du mont

Gêrainia[781]. Ainsi, les quatre districts se répartissent au nord, au nord-ouest, à l'ouest et au sud-ouest, « imitant » au mieux la répartition irlandaise, sachant en effet que Mégare ne pouvait avoir de voisins ni au sud – ils auraient été dans l'eau ! –, ni à l'est exact, qui appartenait à l'Attique, dont la frontière était très proche. La répartition mégarienne ne saurait non plus avoir la riche sémantique de la répartition irlandaise[782] : nous ne connaissons, grâce à Plutarque, que des noms, et certains même restent bien mystérieux, de sorte que c'est surtout le fait de la répartition en cinq qui s'offre à la comparaison avec le matériel irlandais.

D'autres données convergent avec celles-ci : après avoir exposé que c'est Apollon en personne qui a construit les murailles de Mégare, le grand poète de cette ville, Théognis, mentionne ses fêtes (ci-dessus) et rend grâce au dieu, lui « qui mène droit la langue et les pensées[783] ». C'est dire, de manière succincte, ce que l'Irlande exprime aussi, dans le récit de la « Fondation de Tara », de manière plus prolixe : après avoir dit à Fintan qu'il est un très bon historien, et que « ce qui a été alors [...] sera toujours » (ci-dessus), Trefuilngid explicite, pour la partie ouest : « À savoir, son enseignement, ses bases, sa science, ses alliances, son jugement, ses chroniques, son conseil, ses récits, ses antiquités, son savoir, son élégance, son éloquence, sa beauté, sa pudeur, sa générosité, son abondance, ses richesses[784] », partie d'un ensemble trifonctionnellement réparti[785], tout comme, on le verra, les capacités intellectuelles de Lugh et d'Apollon forment une partie de leurs compétences, également trifonctionnelles[786].

Il est intéressant de noter que si, en Irlande, les sites sont d'abord fondés ou occupés par des femmes, puis sont aménagés par des personnages masculins, Lugh en particulier, trois des mythes qu'on vient d'évoquer montrent de même Apollon intervenir dans des villes déjà fondées, et qu'il contribue donc à équiper[787]. De plus, il est systématique, Ellen Ettlinger l'a naguère montré, que les sites sacrés de l'Irlande soient associés à des sépultures féminines : or l'île de Dèlos, dont l'aménagement par Apollon était évoqué ci-dessus par Callimaque, était aussi le lieu de sépultures archaïques, dites des « Vierges hyperboréennes[788] », et à Mégare, près de l'Hêrôon d'Alkathoos, « il y avait, disent [les Mégariens], la tombe de Purgô, qui était la femme d'Alkathoos avant qu'il n'épouse Euaikhmê, la fille de Mégareus, et la tombe d'Iphinoê, la fille d'Alkathoos ; elle mourut, disent-ils, encore vierge. La coutume veut que les jeunes filles portent des libations à la tombe d'Iphinoê et y offrent une boucle de leurs cheveux avant leur mariage, exactement comme les filles de Dèlos jadis coupaient leurs cheveux pour Hekaérgê et Opis », lesquelles sont deux des dites Vierges hyperboréennes[789]. Ainsi, en deux endroits où Apollon agit comme fondateur ou colonisateur, des tombes de femmes ou de jeunes filles sont associées à son culte ou à l'époque mythique de son activité.

Dès l'Antiquité, il a été observé que les sanctuaires gallo-romains à Mercure, c'est-à-dire Lugus, sont associés à des tombes : c'était le cas du grand sanctuaire vosgien du Donon, véritable sanctuaire-nécropole dédié à Mercure, de ceux de Blanchefontaine et du Mont-Mercure à Barjon, chez les Lingones, de celui de Niederburg, sans doute consacré également à Mercure, près de Trèves, et dont « l'oppidum entouré d'une enceinte renfermait des "tombes princières[790]" ». De son côté, M. Detienne a souligné que les autels d'Apollon sont parfois des tombes – c'est le cas à Amyclées, où le lieu saint se compose de la tombe du héros Huakinthos surmontée de la statue colossale d'Apollon, et à Delphes, où deux tombes étaient dans le temple même d'Apollon[791]. À Mégare, c'est Iskhêpolis, l'un des fils d'Alkathoos, personnage qu'on a vu en relation si étroite avec Apollon, qui avait sa tombe dans le Prytanée de la cité[792]. Et en fait, les archégètes, fondateurs de cités, protégés d'Apollon, étaient normalement enterrés eux aussi dans le cœur de la cité, et y recevaient un culte en tant que tels[793].

Une dernière remarque : si, pour la clarté de l'exposé, je choisis d'exposer la parenté entre Lug et Apollon caractère par caractère, il est bien évident que ce faisant je tranche dans ce que les croyants en ces dieux percevaient comme des ensembles corrélés de traits. De telles corrélations se manifestent par exemple dans deux thèmes, en rapport avec les fondations. Ainsi, les récits grecs de fondation mettent parfois en relation la pierre qui servira à la construction, et la lyre, instrument de musique d'Apollon. À Mégare, Pausanias signale près du foyer des dieux *Prodomeîs*, « d'Avant-la-construction », « une pierre sur laquelle, dit-on, Apollon aurait déposé sa cithare au moment où il aidait Alkathoos à faire monter le rempart... Si, par hasard, quelqu'un lance un caillou sur cette pierre, elle résonne comme une cithare sous les doigts d'un citharède[794] ». Le rapport entre cette pierre musicale et la construction est explicité par le mythe d'Amphiôn et Zèthos, ces frères jumeaux qui fortifièrent Thèbes sur l'ordre d'Apollon : on racontait que si Zèthos, héros voué aux efforts physiques, transportait les pierres sur son dos, Amphiôn, qui avait reçu une lyre d'Hermès, d'Apollon ou des Muses, et qui a de multiples points communs avec le second de ces dieux (gémellité, intérêt pour les troupeaux et pour la musique[795]), les faisait se lever et prendre leur place aux accents de sa lyre[796]. Apollonios de Rhodes s'est plu à les présenter en cette même action lorsqu'ils venaient rejoindre la troupe des Argonautes : « Zèthos sur son épaule portait la cime d'une haute montagne et semblait peiner ; Amphiôn, derrière lui, au son de sa phorminx d'or, s'avançait et un rocher deux fois aussi grand suivant ses pas[797]. »

Il ressort de cette tradition que la musique apollinienne a le pouvoir d'agir sur les pierres, et sans doute la pierre musicale de Mégare sur laquelle Apollon aurait posé sa lyre témoignait-elle du pouvoir de celle-ci lors de la construction des murailles de la cité.

Or, ce qui apparaît ainsi conjoint dans la conception grecque se retrouve, mais juxtaposé, dans la tradition irlandaise. Lorsque Lugh arrive à Tara, et qu'il s'y fait accepter après avoir proclamé qu'il possédait tous les savoirs (ci-dessus), il est successivement soumis à trois épreuves, dont on verra plus bas qu'elles se répartissent sur les trois fonctions indo-européennes. Mais voici les deux dernières, qui se suivent immédiatement (respectivement § 72 et 73 de *CMT II*) :

> La grande pierre pour laquelle il fallait les efforts de quatre-vingts jougs, Ogme la traîna à travers la maison, si bien qu'elle fut devant Tara, à l'extérieur. Il portait ainsi un défi à Lugh. Lugh la jeta en arrière et elle fut sur le sol de la maison royale. Il jeta le morceau qu'Ogme avait placé devant elle, à l'extérieur, à côté de la maison royale, si bien que ce morceau fut entier.
>
> « Qu'on nous joue de la harpe », dirent les troupes. Le jeune guerrier joua alors un refrain de sommeil aux troupes et au roi la première nuit. Il les jeta dans le sommeil depuis cette heure-là jusqu'à la même heure du jour suivant. Il joua un refrain du sourire et ils furent tous dans la joie et la gaieté. Il joua le refrain de tristesse, si bien qu'ils pleurèrent et se lamentèrent[798].

Ce mythe exprime un double pouvoir de Lug, l'un où il est l'égal et le semblable de Zèthos, l'autre où il est l'égal d'Apollon et Amphiôn. Le motif même de la pierre agie par le son de l'instrument de musique n'est pas attesté dans la mythologie de Lug, mais le récit qu'on vient de citer montre que ces concepts étaient voisins également dans l'esprit des anciens Irlandais.

Enfin, Carol Dougherty a montré comment un genre poétique spécifique avait pour origine les récits de fondation[799] : en Irlande également, la poésie est inséparable de cette forme de tradition portant sur les fondations. Dans le *Suidigud tellaig Temra*, le désir de certains guerriers de partager l'immense domaine de Tara à leur profit entraîne une enquête sur les origines de celui-ci ; elle remonte alors à celui qui sait, pour en avoir été témoin, Fintan, fils de Bochra. À peine celui-ci est-il arrivé à Tara et a-t-il prononcé quelques paroles de bienvenue, qu'il entame un chant,

> L'Irlande, bien qu'il me soit demandé,
> Je sais convenablement
> Chaque conquête qu'elle a subie,
> Depuis le commencement du monde agréable…

et il résume en quinze quatrains l'histoire totale du monde depuis son origine[800], puis, dans la suite, quand, à la demande des autres, il centre davantage son discours sur l'activité de Trefuilngid à Tara, il ponctue régulièrement son discours de chants semblables[801] ; d'autres textes conservent des poésies attribuées à Fintan, dont il apparaît ainsi que ce mode d'expression est normal pour un homme qui représente la mémoire du monde et a charge de raconter les origines[802].

Apollon est donc un fondateur, au même titre et de la même façon que Lug, et de multiples détails – rôle du dieu sous forme de corbeau, fondation de Tara comparable à celle de Mégare, collaboration entre le dieu et un roi, fortification d'un site fondé antérieurement, et marqué par des sépultures, entre autres féminines, liaison entre pierre et musique, et entre fondation et poésie ou savoir – forment, autour des deux dieux, une mythologie manifestement apparentée.

Les responsables des défrichements et des chemins

On a cité plus haut (« Des médecins ») des textes qui, avec insistance, soulignaient que l'endroit où Lugh fonda l'assemblée de Lugnasad à Tailtiu était auparavant une forêt, et que Tailtiu, la nourrice de Lugh, ou bien, pour elle, son mari Echach le Rude, avaient défriché cette forêt de Cuan, la transformant en prairie[803]. Le *Livre de Leinster* souligne l'importance de ces défrichements : ils permirent la constitution, au bout d'un an, d'un épais tapis de fleurs de trèfle. La forêt a fait place à la prairie, où paîtront des animaux qui, on le sait, sont sous la protection de Lug[804].

Dès l'Antiquité, le dieu Ésus est précisément représenté, sur des reliefs gallo-romains, en train de couper un arbre[805] : cela suggère un mythe celtique où Ésus, c'est-à-dire sans doute Lug, défrichait, avant le sacrifice du taureau que paraît évoquer une autre des faces du pilier des Nautes à Paris[806], et les motifs concernant Lugh et la fondation de la fête de Lugnasad en Irlande le confirment.

Le motif se retrouve pleinement dans la mythologie d'Apollon : ce dieu est le grand défricheur, et le grand ouvreur de chemins, du monde grec. Voici par exemple comment Eschyle raconte, en quelques mots, son installation à Delphes : « Délaissant donc Dèlos, son lac et sa croupe rocheuse, il s'en vient aborder aux rives de Pallas, familières aux nefs, pour gagner cette terre et le Parnasse, son nouveau séjour. Il y trouve une escorte et d'éclatants honneurs ; les enfants d'Hèphaïstos lui ouvrent son chemin, apprivoisant pour lui le sol sauvage. Il arrive et reçoit ici le franc hommage du peuple et de son roi, Delphos, pilote du pays » (Eschyle, *Eum.*, 9-16). La « cité de

Pallas » est Athènes, les « enfants d'Hèphaïstos » sont les Athéniens : les Athéniens prétendent ainsi, par la bouche d'Eschyle, qu'Apollon, venant de Dèlos, débarque à Athènes, qu'ils l'accompagnent jusqu'à Delphes, créant le chemin qui l'y mène – en l'ouvrant, donc en défrichant les zones boisées – et civilisant la terre à l'entour. Esprit de clocher ? Pourtant, cette idée d'une relation directe entre Athènes et Delphes n'est pas sans évoquer un temps où, comme je l'ai indiqué ailleurs[807], il semble qu'une « grande Béotie » mycénienne s'étendait de la région de Delphes, précisément, jusqu'à l'extrémité de l'Attique. Et, surtout, pour notre objet, l'idée que l'établissement d'Apollon à Delphes correspond à une époque de défrichement est comme suggérée, en négatif, par l'hymne homérique à Apollon : là en effet on expose comment Apollon, cherchant un lieu pour son principal sanctuaire en Grèce, passe par plusieurs endroits qui le laissent indifférent, et parmi eux : « Tu es arrivé sur l'emplacement de Thèbes, alors recouvert de forêt : il n'habitait pas encore de mortels dans Thèbes la sainte, il n'y avait pas encore de routes ni de sentiers dans la plaine thébaine qui produit le froment, mais rien d'autre que des bois. De là, poussant plus avant… » (*HHA*, 225-230). Le site de Delphes était tout aussi vide d'hommes, puisqu'Apollon, dès qu'il a jeté son dévolu sur lui, s'inquiète de trouver des desservants de son culte, et porte son choix sur des navigateurs crétois passant bien loin de là[808].

Si Apollon établit les sanctuaires de Dèlos (Callimaque), île créée pour sa naissance même, on racontait encore que Tennès, son fils, avait colonisé une île entièrement vide avant son arrivée, Leukophrus, et lui avait laissé son nom[809].

C'est pourquoi un verbe clef de l'activité apollinienne est *ktízein*, « défricher, cultiver, aménager ». Certes, « une terre se défriche, un terrain s'aménage, il devient aire ou plantation : verger bien cultivé [*euktímenos*], vigne aux plans alignés », mais *ktízein* a été « le verbe majeur de la fondation, singulièrement des cités nouvelles, tout au long de la colonisation des terres d'Occident et des bords de la mer Noire depuis le VIIIe siècle avant notre ère[810] ».

Il y a ainsi conjonction, autour d'Apollon, des motifs de défrichement et de traçage des routes.

Un texte au moins, en Irlande, paraît opérer assez explicitement la même jonction, c'est celui du *Dindshenchas métrique* cité plus haut, et selon lequel Tailtiu, fille de Magmor, vint à la forêt de Cuan avec l'intention de la défricher, et le texte définit celle-ci en termes d'extension et de « voyage » : « La forêt de Cuan, c'était un taillis d'arbres depuis Escir jusqu'à Ath Dromman, depuis la grande tourbière – un long voyage –, depuis Sele jusqu'à Ard Assuide. »

Mais, si la jonction entre défrichement et traçage des voies n'est guère marquée dans les textes, on rappellera que, selon César, dans la définition très succincte qu'il donne du Mercure gaulois, celui-ci est le dieu « qui guide les voyageurs sur les routes, qui protège les marchands et peut leur faire gagner beaucoup d'argent » (*B. G.*, VI, 17).

Lug est donc maître des défrichement *et* des chemins. Apollon, lui, est maître *en même temps* des défrichements et des chemins.

Là encore, le récent livre de M. Detienne sur Apollon a beaucoup insisté sur cet aspect du dieu[811]. Car « d'un bout à l'autre de l'Antiquité, Apollon reste un dieu de la voirie, une puissance qui trace elle-même sa voie en direction du lieu où s'établir et où instituer ses autels, ainsi que la parole oraculaire, celle que, par tous les chemins de la Grèce, des mortels sans nombre s'en viendront interroger à leurs propres fins[812] » – au point qu'il semble que l'organisation du monde autour de Delphes ait largement contribué à la mise en place du réseau routier de la Grèce ancienne[813], avant tout, du fait de l'existence de celui qui faisait converger vers Delphes des voies sacrées, comme celle que l'on a mentionnée ci-dessus d'Athènes au grand site apollinien[814]. Dès sa naissance, dit l'*Hymne homérique à Apollon* (v. 133), celui-ci « se met en marche sur la terre aux larges routes » – d'autant que c'est lui qui les crée –, et son trajet va le mener de Dèlos à Delphes. Cette « manière apollinienne de "faire du territoire[815]" » est aussi celle de Lug/Mercure. Pour l'heure, le tout jeune Apollon commence par explorer – M. Detienne résume et synthétise ainsi ce que raconte l'*Hymne* : « Très vite, une première reconnaissance des alentours ; depuis Dèlos, une vision panoramique. Apollon découvre d'un coup les provinces de son empire, la Lycie, l'aimable Méonie et Milet au bord de la mer. Reconnaissance « à vol d'oiseau » depuis les points culminants en descendant le long des chaînes montagneuses jusque vers les vallées et les fleuves qui courent à la mer. Ensuite, Apollon se fait piéton, marchant d'un bon pas, explorant des régions encore inconnues. Il traverse, il longe, il gagne ; les toponymes défilent, les lieux dessinent une géographie touffue, à parcours superposés. Sur la route qui mène à Crisa, trois sites successifs marquent le cheminement du dieu connu dans tout le monde grec comme le dieu des chemins, l'*aguieús*. Depuis son lieu de naissance, Apollon ouvre une route à travers un espace encore vierge : il traverse de vastes étendues sauvages, il pénètre dans les paysages vides, laissés en blanc » – la plaine lélantine en Eubée (plus tard site d'un important sanctuaire à Apollon Daphnèphoros), le site de Thèbes (plus tard lieu de culte apollinien important), et, délaissant Onkhestos, domaine poséidonien, la terre de la source et nymphe Telphousè[816].

Ce sont aussi bien des terres pareillement vierges que Tailtiu ou

Tea, ou Echarch le Rude, affrontent en Irlande, et transforment en plaines cultivées, c'est-à-dire habitées.

Mais arrêtons-nous sur l'apparition d'Apollon *Aguieús*. Sous la forme d'un autel, d'une pierre conique, ce dieu était communément présent dans les cités grecques, où ces objets étaient placés devant les portes de temples, de maisons, de villes, pour qu'il protège portes et seuils[817] (d'où aussi son épiclèse de *Prostatèrios*, « Celui qui se tient devant[818] »), les gardant de toute influence néfaste[819]. L'épiclèse est construite sur un mot *aguiá*, « voie, rue, route », lui-même peut-être participe parfait féminin du verbe *ágein*, « mener, conduire[820] ». C'est lui que Kassandrè invoque, et accuse, dans les *Choéphores* d'Eschyle (v. 1085-1087), lorsqu'elle découvre que la route que lui a fait prendre Agamemnon, vers Mycènes, est mortelle. À Mégare, le dieu se retrouve sous la forme d'Apollon *Karinós* : son image, une pierre de taille moyenne, de forme pyramidale, était dans l'ancien gymnase, près de la porte dite des Nymphades[821]. Ailleurs Apollon est qualifié de *Propulaîos*, « Celui qui se tient devant les portes[822] », de *Pulaîos*, « Celui des portes[823] », et il y avait encore des statues d'Apollon aux portes de Hiérapolis en Phrygie, à Kaisarea Troketta en Lydie et à Kallipolis en Sicile[824]. Or, à cet Apollon statique – mais ce n'est que pour mieux contrôler les passages – font écho, dans l'Antiquité gallo-romaine, ces cas où Mercure était figuré par une colonne : en Bretagne par exemple, les dévots de Mercure érigeaient en son honneur une « colonne de bois[825] ».

Si Mercure, celui des Gaulois, guide le voyageur sur les routes, sans que César daigne donner la moindre précision, la maîtrise semblable d'Apollon sur les voies[826] s'exprime par de multiples éléments. Dès l'*Iliade*, il promet à son protégé Hector aide pendant la mêlée, et, lui disant qu'il va « aplanir le chemin en allant devant les meneurs de chars » (troyens), il donne un coup de pied dans le talus du camp des Achéens, le fait crouler dans le fossé qui le précédait, et forme ainsi un pont, « une chaussée longue et large[827] ». À ceux qui viennent le consulter à Delphes, il indique (le verbe employé est *sêmaínein*, « signifier, faire connaître par des signes ») le chemin, ou du moins la direction à prendre[828]. Il indique aussi le guide, dans cette série d'oracles où il est dit, aux uns – ici le peuple thrace des Dolonces – de choisir pour les mener en leur futur pays « le premier, quand ils s'en iraient du sanctuaire, qui les inviterait à un repas d'hospitalité[829] », aux autres – les Magnètes –, plus simplement, de confier cette mission à l'homme qui se tient devant les portes du temple : « C'est lui qui marcherait à leur tête et ouvrirait la route[830] », enfin aux Héraklides, s'apprêtant à entrer dans le Péloponnèse, il est prescrit de prendre pour guide l'« homme aux trois yeux » : ce fut Oxylos, qui rentrait chez lui, en Aitolie, sur un cheval borgne, ou au contraire qui était lui-même borgne et dans ce cas avait un cheval normal[831].

Dans le mythe, c'est au contraire auprès des premiers êtres qui lui offriraient l'hospitalité qu'un héros, Athamas, devait s'arrêter : il traversa toute la zone de montagnes et de forêts qui séparent la Béotie de la Thessalie, et ce furent des loups qui l'invitèrent à partager leur repas[832]. Lors même que Delphes n'est pas le point de départ, Apollon reste maître des trajets : comme il est normal, lorsque les Théores de Naxos, ville de Sicile, doivent se rendre à Delphes, ils sacrifient sur l'autel à Apollon fondé dès l'arrivée des colons au temps de l'oikiste Thouklès[833], et ceux de Mégare adressent des prières à leur Apollon *Prostatèrios*, à la porte sud de la ville[834] ; le noble corinthien Arkhias, s'en allant fonder Syracuse, part, non pas de Delphes, mais de Ténéa, à quelque distance de Corinthe : c'est un haut lieu apollinien, car les habitants tiennent Apollon pour leur principal dieu[835]. Dans le mythe aussi, les grands voyages sont sous protection apollinienne : c'est à Apollon que sacrifient les Argonautes à leur départ, et ses apparitions pendant le trajet de la nave Argô sauvent plus d'une fois les hardis compagnons de Jason[836] ; inversement c'est à leur arrivée à Argos que Danaos et ses filles montent au sanctuaire du dieu, à l'entrée de la ville, pour l'implorer[837]. Oracles et interventions d'Apollon encadrent les errances d'Oreste[838], d'Alcméon, autre matricide[839], tous deux ayant tué leur propre mère sur ordre exprès du dieu, ou de Leukippos et des Magnètes[840]. Non seulement Oreste reçut l'ordre, à la fin de son interminable purification, de fonder une ville qui porterait son nom en Arcadie, mais, à Rhègion en Italie du Sud (actuelle Reggio de Calabre), il aurait fondé un temple à Apollon[841], et c'est encore l'oracle de Delphes qui organise sa purification lorsqu'il revient du pays des Taures (en Crimée actuelle), portant la statue de l'Artémis adorée par ce peuple cruel pour en fonder à son tour le culte (sous le nom de *Phakêlitis*) à Rhègion[842].

Le monde dorien adorait Apollon lors d'une grande fête, les Karneia, qui célébrait le retour des Hèraklides (les chefs des Doriens, et ce « retour des Hèraklides » était conçu en Grèce ancienne comme l'histoire de l'invasion du Péloponèse par les Doriens) : Karnos, qui est censé donner son nom à la fête (en fait, elle le tire d'une épiclèse d'Apollon, Karneios), a joué un moment dans ce « Retour » le rôle de devin, avant d'être tué par Hippotès, l'un des Hèraklides ; son nom signifie le « Bélier » ; il était prêtre d'Apollon, selon le pseudo-Apollodore[843], tandis que Conon dit qu'il était une apparition (*phásma*) d'Apollon et qu'elle servait de devin aux Doriens[844], et que Pausanias recueille à Sparte une version plus complexe selon laquelle un nommé Karneios fut accueilli dans la maison d'un devin, nommé

Kriós, terme qui signifie aussi « Bélier[845] » : or, pour la tradition antique comme plus tard pour Rabelais, le bélier est par excellence celui qui mène, et que le troupeau suit[846].

Les épiclèses disent encore la compétence du dieu sur les trajets : Apollon est *Hêgemôn*, « Conducteur » – titre officiel dans certaines cités coloniales, telle Phasis, colonie de Milet –, à Argos, *Hêgêtor*, de même sens, ailleurs *Ithupóros*, « Celui qui se dirige en droite ligne », protégeant donc les trajets par terre ou par mer, à Milet et à Kalymna *Prokathêgemôn*, « Celui qui mène de bout en bout[847] » – et l'on faisait allusion plus haut au terme de *Puthókhrêstos hêgêmôn* par lequel Plutarque qualifie le guide d'une expédition coloniale, désigné par l'Apollon de Delphes, *Puthókhrêstos* étant par ailleurs à Athènes le nom d'une catégorie de devins d'Apollon[848]. Il y avait un Apollon du départ, *Aphêtor*, « Celui qui fait aller », *Aphetaîos*, de sens identique – sa statue à Sparte était à l'endroit du départ lors de la course des prétendants de Pénélope[849], ce qu'on rapprochera de son titre de *Dromaîos*, « Celui de la course », dieu de la piste dans le gymnase, à Sparte et en Crète –, et un *Embásios*, « Celui de l'embarquement » – c'est sous ce nom que Jason le salue lorsqu'il part, non sans avoir consulté l'oracle delphique, pour l'expédition des Argonautes[850]. À l'arrivée, Apollon préside au débarquement, il est alors *Ekbásios*[851]. Ces épiclèses apparaissent dans les *Argonautiques* d'Apollonios de Rhodes[852], récit où, d'un bout à l'autre, Apollon rend des oracles qui montrent et indiquent le chemin à suivre aux jeunes héros[853] ; « alors qu'Athèna, par l'intermédiaire du pilote envoyé à Jason, conduit d'une main experte le navire façonné par ses soins, Apollon ponctue le trajet de ses épiphanies éclatantes qui sont pour les Argonautes autant de signaux, de *sêmata*, de balises placées par un dieu, fidèle à sa promesse de donner des signes et de marquer l'itinéraire de ses protégés[854] ». Apollon est encore *Épibatèrios*, « Celui qui favorise le retour », à Trézène, à Cyrène *Apobatèrios*, « Protecteur du débarquement », ailleurs *Eurúalos*, « Celui de la vaste mer », *Néossóos*, « Sauveur du navire[855] », *Nasiôtas*, « Celui qui préside aux [stations dans les] îles », *Metageítnios*, protecteur de l'installation outre-mer, *Xénios*, « Celui de l'étranger » : ces épithètes font de lui, sur mer, ce qu'*Aguieús* faisait de lui sur terre[856]. C'est évidemment sa protection des trajets maritimes qui l'amène à être souvent adoré sur des caps, dont il tire de nombreuses épiclèses : *Akrítas*, « Celui du cap Akritas », en Messénie, *Áktios*, *Aktaîos*, « Celui du cap Aktè », à savoir, surtout, l'Apollon d'Actium qui sera tant favorable à Auguste, mais aussi des Apollon de caps de Troade et d'Acarnanie, *Epáktios*, « Sur le cap », à Pagasai en Thessalie, *Zôstèrios*, « Celui du cap Zôstêr », sur la côte sud de l'Attique[857], *Leukátas*, « Celui du cap Leukâs », sur l'île de Leucade, *Lithésios*,

« Celui de la pierre », au cap Malée qui achève la pointe sud-est du Péloponèse, *Múlas* au cap Mylantia à Rhodes, *Triópios* sur un cap proche de Cnide[858]. La première chose que font les Crétois débarqués à Krisa, selon l'*HHA*, est de construire « un autel sur le rivage de la mer[859] ». Ils eurent des émules : les Chalcidiens d'Eubée allant fonder une ville nouvelle, du nom de Naxos, en Sicile, établirent un autel à Apollon Arkhégêtès, « sur lequel les théores, quand ils quittent la Sicile [pour Delphes], offrent d'abord un sacrifice[860] ». En réponse à un oracle, les gens de Géla, également en Sicile, consacrèrent hors la ville une colossale statue d'Apollon[861]. Le sanctuaire d'Apollon Hulátès, à Chypre, au sud de l'île, était à quelques encablures de la mer. Ce n'est donc pas seulement dans le mythe qu'Apollon protégeait la navigation : les navigateurs grecs attendaient son intervention dans leur pratique quotidienne. À Tarquinia en Étrurie, les fouilles ont livré une grande ancre votive du VIe siècle avant notre ère, offerte par un nommé Sostratos (nom grec), et portant une dédicace à Apollon. Et ce que Plutarque dit du rite célébré par Thésée au Delphinion d'Athènes implique qu'Apollon Delphinios aidait les navigateurs : de fait, on a remarqué que la plupart des villes où son culte est attesté sont côtières[862], et ses relations avec la navigation sont attestées aussi à Khios et à Érythrai en Asie Mineure[863].

Ainsi, Apollon favorise la navigation d'autre manière qu'Athèna : il envoie des vents qui poussent le navire – à vrai dire, si l'on en croit l'*Hymne homérique*, il tire ce pouvoir, comme d'autres, de Zeus, et, encore une fois, des passages cités, je ne saurais tirer, avec D. Gershenson, qu'Apollon est un « dieu-vent ». Il a le pouvoir le manier les vents : c'est un pouvoir parmi beaucoup d'autres.

Mais, ce qui est remarquable, c'est que là encore nous rencontrons de semblables conceptions du côté de Lug. On parlera plus bas d'un personnage nommé Huccan, en lequel H. d'Arbois de Jubainville a reconnu une forme démonifiée de Lug : il se définit lui-même comme « bon marin ». Et un autre « bon marin » de la tradition bretonne, célèbre pour une navigation lointaine, et connu sous le nom de *saint Malo*, est en breton *saint Maclou* : nom en lequel on peut voir un **Mac-Lov*, « fils de Lug[864] ».

Si César est bien laconique quant à la définition du « Mercure » celtique, la documentation archéologique a fourni quelques compléments. La proximité de sanctuaires de Mercure et de routes a été notée[865]. Par exemple, en pays allobroge, on a des dédicaces à Mercure « à Tamié, où passait peut-être la route de Vienne à Genève par *Boutae*, à Saint-Félix, où [...] passait le chemin qui reliait les deux routes de *Boutae* à Cusy et de Condate (Seyssel) à Albens, et peut-être plus sûrement au Bourget-du-Lac où la route entre le pied de la montagne du Chat et le bord du lac du Bourget traversait des lieux marécageux et encore presque déserts, propices aux attaques des brigands », tandis qu'à Châteauneuf, un nommé Publius Attius Firmus s'est acquitté d'un vœu à Mercure pour avoir été protégé durant une tempête[866]. Au sanctuaire de Lux (Côte-d'Or), les dédicaces à Lug sont ornées d'une charrette[867]. En pays carnute, B. Robreau observe que trois des cités dont les noms paraissent dériver de Lugdunum, à savoir Lion-en-Sullias, Lion-en-Beauce et Laons, sont quasiment alignées sur un axe passant par Chartres : comme si Lugus contrôlait ici une route rectiligne[868]. En Vendée, un mont Mercure est au centre d'un réseau de distances[869]. En Normandie, le cours inférieur de la Seine, laquelle était une importante voie d'eau, est parsemé de dédicaces à Mercure, tandis qu'à l'intérieur elles dessinent rigoureusement une direction d'est en ouest[870]. À Beauvais, une stèle conservée au musée de la ville montre Mercure barbu, entouré de serpents, caducée en main : la stèle provient d'un *sacellum* (sorte de chapelle romaine) situé à une croisée de chemins, la route de Bavai d'une part, celle de Reims d'autre part[871]. Tout cela confirme César.

C'est enfin une maîtrise particulière que celle des routes de l'Autre Monde. Apollon recevait en Thessalie l'épiclèse de *Kataibásios*, « Celui qui mène vers le bas », ce qu'on doit rapprocher de l'épithète de *Moiragétas*, « Celui qui conduit les Moires », les déesses du destin, dénomination qu'il portait à Delphes[872]. Dans une belle étude publiée en 1961, l'helléniste belge Émile Janssens a eu le mérite de mettre en corrélation des faits jusqu'alors étudiés séparément : à l'extrême occident de la Grèce, Apollon avait, d'une part, un temple à la pointe sud de l'île de Leucade, au cap Leukatas, où se célébrait annuellement un curieux rite au cours duquel un personnage, emplumé et attaché à des oiseaux qui ralentissaient sa chute, était jeté à la mer, du haut des 72 mètres du rocher[873], et d'autre part un autre dans le nord de l'Acarnanie, sur un cap fermant le golfe d'Ambracie, le dieu y recevant l'épiclèse d'*Aktios* (« Celui du cap »), sanctuaire qui fut rendu célèbre par la victoire d'Octave sur Antoine et Cléopâtre devant ce cap, en – 31. Ces deux sanctuaires n'avaient pas été mis en relation jusqu'à ce que Janssens remarque qu'ils étaient proches du Nekuomanteion (« lieu de divination grâce aux morts ») d'Éphyra, seul sanctuaire à Hadès du monde grec[874], situé dans une partie de l'Épire (province dont le golfe d'Ambracie formait la limite avec l'Acarnanie) appelée la Thesprotie. Si l'on met ces trois lieux en relation, ils dessinent une route, qu'Apollon contrôle à ses deux extrémités maritimes : ainsi, la route de l'Autre Monde est sous sa protection, et le rite célébré en son honneur au cap Leukatas est une image en quelque sorte « raccourcie » du trajet entre ce monde-ci et l'Autre[875].

On doit noter que ce saut de Leukas a tout à la fois des aspects d'expulsion du bouc émissaire, d'ordalie, de purification et d'initiation[876]. Or, dans deux récits irlandais le « voyage dans l'Autre Monde » aboutit chez Lugh, qui est ainsi non pas au point de départ mais au point d'arrivée du chemin : d'une part dans le *Baile an Scáil* (« L'extase prophétique du fantôme »), le roi Conn, dans un récit que je qualifiais précisément d'initiatique[877], est enlevé à Tara en plein brouillard et emmené par un cavalier dans une maison mystérieuse, où ne se trouvent qu'une jeune fille, dont on apprend peu après qu'elle est la Souveraineté d'Irlande, et un « champion », qui est Lugh. D'autre part, dans une des versions de la « Naissance de Cúchulainn », la maison non moins mystérieuse, apparue miraculeusement dans la tempête de neige qui avait surpris les Ulates aux marges de leur pays, puis disparue non moins miraculeusement au matin suivant, était occupée par un couple dont l'homme se révèle plus tard avoir été le dieu Lugh[878].

Il existe aussi des indices suggérant que Lug se trouvait, aussi bien qu'Apollon, au point de départ des « routes de l'Autre Monde ». On peut voir, près de l'embouchure du Miño qui fait actuellement la frontière entre l'Espagne et le Portugal, la curieuse figuration d'un personnage gravé dans la roche près du Castro de Santa Tecla : les Castros sont des établissements des populations celtiques du nord-ouest de la péninsule Ibérique, et le personnage est pourvu d'un curieux appendice que certains ont pris pour une mèche de cheveux[879], mais que Marco García Quintela considère comme un bec, par analogie avec une figure semblable au sanctuaire (de Lug, on y reviendra) de Peñalba de Villastar ; ce personnage a aussi un bras droit très fortement marqué, et, s'appuyant sur les études de D. Gricourt et D. Hollard sur les représentations monétaires, l'auteur identifie cette figure à Lug. Il se trouve que les environs du dit Castro sont plats, et qu'ainsi la colline de Santa Tecla se détache bien dans le paysage : elle était donc l'endroit idéal pour un lieu saint consacré à Lug[880]. Or, une légende recueillie chez les pêcheurs portugais de l'embouchure du Miño parle d'une barque qui, au cours d'une des nuits entourant la Saint-Jean, disparut mystérieusement dans la brume, puis, naviguant à une vitesse surnaturelle, arriva à une île de l'Atlantique, que l'on identifie – c'est évidemment une rationalisation – à l'une des îles Canaries[881]. Cette barque qui accélère miraculeusement et parvient dans une île loin dans l'Atlantique évoque directement des traditions celtiques ; ainsi celle-ci rapportée par Procope : les âmes des morts doivent être transportées en « Brittie », et les riverains de l'Atlantique sont sollicités, village après village, pour le faire ; celui dont c'est le tour attend les ordres, chez lui ; quelqu'un d'invisible lui parle à minuit ; il se lève, va vers le rivage, il y a là un bateau prêt mais vide ; pourtant, lorsqu'il monte à bord, il sent qu'il y a une grande foule dedans. Lorsqu'il a ramé une heure, il est en Brittie – alors qu'en temps normal, naviguant à la voile avec son propre bateau, il met un jour et une nuit pour faire le même trajet[882]. On admettra donc aisément, avec M. García Quintela, que la tradition des pêcheurs du Miño conserve une très ancienne conception celtique, transformée chez eux en légende, et qu'ainsi le sanctuaire de Lug, comme le lieu saint d'Apollon à Leukas, était au départ d'une route de l'Autre Monde.

La tradition galloise inverse le point de vue, mais conserve l'idée d'un lien privilégié entre Lug et les voies de l'autre monde : c'est parce que Lleu avait été tué que Gwydion se lança à sa recherche et « se mit à cheminer ; il sillonna le Gwynedd, puis le Powys dans toute son étendue [c'est-à-dire qu'il a parcouru la totalité du pays de Galles]. Après être passé partout, il arriva en Arvon, dans le Maenawr Bennardd, devant la maison d'un vilain », où il découvrit la truie qu'il suivit à son tour et qui le mena à l'arbre de l'aigle pourrissant[883]. Autrement dit, c'est la quête de Lleu qui amène Gwydion à tracer tous les chemins. Quant à Lleu, il a gagné l'Autre Monde, puisqu'il est mort, de sorte que si Apollon se tient au départ de la route de l'Autre Monde ou Lug à son arrivée, Lleu, avant Gwydion, a tracé le trajet d'un terme à l'autre[884].

Les protecteurs des assemblées

Les textes qui racontent la fondation de la fête de Lugnasad insistent sur le sens du mot : on le comprenait, uniformément dans les textes irlandais médiévaux et postérieurs, comme « l'assemblée de Lug », et il est fermement indiqué qu'à Tailtiu se réunissaient alors des assemblées des hommes d'Irlande. En voici d'autres témoignages. Le premier est tiré d'une version de l'histoire des enfants de Tuireann, publiée par Rudolf Thurneysen à partir du manuscrit Rawlinson B512 : « Lug fils d'Ethliu, c'est lui qui le premier inventa au commencement l'assemblée, les courses et les combats de chevaux, ainsi qu'il est dit : "Lug, fils d'Ethliu, falaise sans aspérité, c'est avec lui que s'est réunie pour la première fois une haute [assemblée[885]]". » Le second est un passage du *Lebor Gabála Erenn* : « Lug fils d'Ethlenn fut le premier qui inventa une assemblée, des courses de chevaux et une contestation dans une assemblée, *ut dicitur*[886]... » Un troisième est une glose explicative du manuscrit appelé le *Livre de Leinster* à un passage du *Dialogue des deux sages* : « C'est Lug qui a inventé une assemblée... », laquelle est évidemment Lugnasad[887]. Cette grande fête était donc l'occasion d'assemblées politiques, autour du roi de chaque région, et celle également d'assemblées judiciaires, où l'on infligeait et appliquait des peines[888]. Et ç'a été l'élément le plus résistant à tous les changements de la tradition dans l'histoire irlandaise, puisque les assemblées se sont maintenues dans les frairies qui poursuivent l'ancien Lugnasad, où elles se déroulent sur des hauteurs, ou sur des rives de lacs ou de rivières[889].

Une « contestation dans une assemblée », qu'évoque le second texte, c'est exactement ce que les Grecs appelaient un discours politique. Or Apollon est le plus « politique » des dieux grecs. Là encore le dossier est vaste, et je me contente de rappeler les principales données.

1 – De même que les décisions de colonisation, les textes de lois, lors même qu'ils étaient issus de la délibération d'une assemblée du peuple[890], étaient dans nombre de cas portés à Delphes, et on interrogeait le dieu sur leur validité. C'était une règle assez générale pour les colonies, mais des cités comme Érétrie, Sparte, Milet, opéraient systématiquement cette démarche – la deuxième attribuait à l'Apollon de Delphes ses lois fondamentales, contenues dans un texte appelé la Grande Rhètra, expression que M. Detienne rend par le « Haut Dit[891] », et deux « fonctionnaires » appelés les Pythiens, choisis par les rois et entretenus par l'État, avaient pour mission de consulter régulièrement l'oracle delphique[892] –, et les réformateurs politiques du VIe siècle y eurent également recours[893]. Au VIe siècle avant notre ère, le poète Alcée témoigne de la projection dans le mythe de cette intimité entre Apollon et le droit : Apollon dit la justice en Hyperborée, pendant un an, avant de revenir en Grèce[894].

2 – À partir de l'époque archaïque, les textes des lois et des traités ont été écrits et, pour plus de sûreté, gravés sur la pierre. Il était naturel qu'on mette ces stèles solennelles et sacrées dans un sanctuaire. Or c'est de loin dans des sanctuaires d'Apollon que ce dépôt a été le plus fréquent. Ainsi à Argos, les décrets publics étaient déposés dans le temple d'Apollon Lukeios, à Sparte, dans celui d'Apollon Amuklaios, à Érétrie dans celui d'Apollon Daphnèphoros, à Gortyne en Crète du Centre-Sud dans le Púthion, sanctuaire d'Apollon Puthios, à Istros dans celui d'Apollon Iétros, à Larisa de Thessalie, dans le temple d'Apollon[895]. Dans plusieurs des cités où l'on adorait Apollon Delphinios, telles Drèros, dans l'est de la Crète, dès le VIIIe siècle, et Milet, au moins à partir du VIe, c'est en son sanctuaire, le Delphinion, que ces textes étaient conservés[896]. C'était également dans les temples d'Apollon que les traités étaient conservés à Delphes, à Athènes, à Dèlos, à Téos, à Amorgos, à Knôsos, à Gythion (Laconie), à Geronthrai (en Ionie), à Mesambria

(dans la Chersonnèse de Thrace), à Épidaure Limera (Épire), à Phaïstos (Crète)[897]... De fait, Apollon joue un rôle central dans l'organisation de la cité à l'époque archaïque, aussi bien à Argos qu'à Thèbes, à Athènes qu'à Érétrie, et l'on y note souvent une triade composée de ce dieu et de deux déesses, Athèna et Aphrodite, qui ont également des rapports précis avec les magistrats[898]. À Thasos, les amendes étaient payables à Apollon[899]. De cette fonction, il tire les épiclèses et épithètes de *Thérmios*, « Protecteur des lois », *Hórios*, « Protecteur des frontières », *díkaios*, « juste ».

3 – Dans les exemples précédents, Apollon joue le rôle de confirmateur et de conservateur des lois. Mais dans d'autres cas il préside à leur élaboration. En de nombreuses cités grecques (par exemple Argos, Corinthe, Érétrie, Sparte), un temple d'Apollon se trouvait sur l'agora, la place centrale de la cité, lieu de « l'assemblée du peuple », à Métaponte le temple d'Apollon Lukeios, grand dieu de la cité, jouxte l'agora, et Apollon continua dans les temps classiques à présider à ces assemblées à Delphes, Dèlos, Athènes, Sparte, Thermos, Khios, Axos, parfois sous les épiclèses de *Kômaios* « Celui de la localité », à Naucratis en Égypte, ou *Epikômaios*, « Celui qui protège la localité », à Thourioi en Italie[900]. Selon les lois de l'île de Khéos, dans une inscription du deuxième quart du VIe siècle, le Conseil devait se réunit chaque mois, « trois jours après la Hebdomaia », c'est-à-dire après le 7, jour de la fête d'Apollon[901]. À Larisa en Thessalie, on adorait Apollon Leskhaios, donc le « dieu protecteur des *léskhai* », lesquelles étaient des portiques ou galeries « où les gens se rassemblent, le lieu du village où l'on se rend pour se reposer et dormir », et B. Helly en rapproche le nom du mois *Leskhanórios* connu à la fois en Thessalie et à Gortyne en Crète, comme explicable par un Apollon *Leskhanórios*, protecteur des *léskhai*[902]. Une épigramme de l'*Anthologie palatine*, attribuée à Simonide de Kéôs, appelle Apollon le « Prytane de l'Agora[903] » ; or le prytane était souvent le premier magistrat d'une cité (à Delphes, à Milet, à Téos, à Khios, à Pergame), où il était fréquemment éponyme de l'année (il lui donnait son nom) ; à Athènes les prytanes étaient un groupe de magistrats de premier plan, chargés, entre autres choses, d'offrir des sacrifices « avant les assemblées » à Apollon Prostatêrios et à d'autres divinités ; à Milet, *Prytane* était le titre du chef de la confrérie, à la fois politique et religieuse, des *Molpoí*, ou « Chantres », d'Apollon ; et parfois le temple du même dieu servait de Prytanée, ou en remplissait les fonctions (ainsi à Hyrtakina en Crète, et à Olbia sur la mer Noire[904]). Ainsi, en le qualifiant de « Prytane de l'Agora », Simonide indique la double fonction politique et rituelle du dieu[905].

Les assemblées peuvent être fédérales : en Irlande les assemblées de Tailtiu, d'Uisnech, de Tara étaient des solennités communes à toute l'Irlande et ces sites jouaient le rôle de sanctuaires fédéraux – un peu ce qu'était Delphes aux yeux des Hellènes : on y reviendra. Dès l'Antiquité, au célèbre sanctuaire du Donon, dans les Vosges, trois peuples celtiques, les Leuci, les Triboci et les Médiomatrici, adoraient Mercure en commun[906], et celui de Lyon paraît avoir été commun également à trois peuples, les Segusiavi, les Allobroges et les Ambarri[907]. On connaît des situations semblables dans la Grèce ancienne : un texte de Photios, résumant Proklos, qu'on citait ci-dessus, mentionnait, lors d'une guerre entre les Aioleis (« Éoliens ») thessaliens et les gens de Thèbes (qualifiés de « Pélasges ») une fête d'Apollon « commune aux deux belligérants » ; ils conclurent une trêve, de manière à la célébrer chacun de son côté. Cela n'empêcha pas, bien au contraire, la guerre : un peu comme ce sanctuaire d'Artémis Limnatis, dans les montagnes du Taygète, où longtemps Lacédémoniens et Messéniens célébrèrent des fêtes ensemble, accompagnées d'intermariages, jusqu'au jour où un drame y fut l'origine de la première guerre de Messénie[908].

La relation qui s'atteste donc par de multiples voies entre Apollon et les assemblées a été souvent soulignée[909], et on admet souvent que le nom même du dieu est apparenté au mot grec *ápella*, qui est l'équivalent, en dorien, de l'*agora* des autres contrées grecques[910]. Au pluriel, *Apéllai* était le nom d'une fête, attestée par le nom d'un mois qui en est tiré, dans le domaine éolien et dorien : M. P. Nilsson a montré qu'il s'agissait de l'équivalent des Apatouria ioniennes, c'est-à-dire de la fête qui réalisait l'intégration des jeunes gens au corps des citoyens adultes[911]. Ces Apatouria étaient, à Athènes, sous la protection d'Apollon. À Sparte, les Apéllai ne sont pas attestées, mais leur fonction est tenue par les Huakinthia, fête dont Apollon est le fondateur et le grand dieu.

Du côté de Lug également, des épiclèses, ou d'autres noms, ont fait allusion à son pouvoir sur les assemblées. On connaît, dans le nord-est de l'Espagne, un dieu nommé *Coso*, identifié localement à Mars, nom qui se retrouve en France (*Cososus Deus Mars*), et il est qualifié, dans une inscription de Galice, d'*Oenaeco*, mot dans lequel on lit exactement le nom irlandais de l'« assemblée », *oenach*, terme employé en particulier pour désigner les assemblées de Lugnasad. L'identification à Mars pourrait laisser penser qu'il s'agit là d'un autre dieu que Lug, cependant Strabon paraît appeler Arès le principal dieu des peuples du nord-ouest de l'Espagne, et ce qu'il en dit (on lui sacrifie des boucs, des chevaux et des prisonniers de guerre[912]), évoque avant tout Lug[913] ; de surcroît il décrit, immédiatement après cette mention d'Arès, des hécatombes et des concours sportifs et militaires qui rappellent également les fêtes célébrées, en Irlande, dans la tradition de Lugnasad[914] : il est donc probable que ce Coso, assimilé à Mars en vertu d'un aspect guerrier marqué, était en fait le Lug local[915].

Par ailleurs, en lisant les textes irlandais sur la fondation de Lugnasad, on a pu voir que la mère nourricière de Lug, Tailtiu, fille de Magmor, est régulièrement citée comme étant la femme en l'honneur de laquelle Lug a créé la fête de Lugnasad. Mais dans certaines versions, il s'agit plus que de commémoration : Tailtiu a activement préparé le terrain. Ainsi, dans le *Dindshenchas de Rennes*, on dit que Tailtiu « fit la forteresse des Otages à Tara », et que « c'est elle qui demanda à son mari de défricher la forêt de Cuan pour qu'on tînt une assemblée autour de son tombeau ». Ce défrichement lui est aussi attribué par les *Dindsenchas métriques*.

Or, il y a à cela un parallèle grec complet : la déesse Thémis fut à la fois la nourrice d'Apollon et celle qui le précéda à Delphes. On reviendra sur l'un et l'autre de ces points, qui impliquent évidemment que l'identification Lug-Apollon entraîne une autre identification, celle entre Thémis et Tailtiu. Pour l'heure, ce qu'il y a à souligner est le rapport de Thémis, cette déesse si liée à Apollon, avec les assemblées politiques… divines. L'*Odyssée* le dit explicitement, Thémis est la déesse « qui convoque ou dissout les assemblées du peuple[916] », et l'*Iliade* la montre en action. Alors que le récit approche de son dénouement, avec le retour d'Achille sur le champ de bataille, Zeus décide de convoquer l'assemblée des dieux : « Zeus, de la cime de l'Olympe aux mille replis, donne l'ordre à Thémis de convoquer les dieux à l'assemblée [*agorè*]. Elle va donc de tous côtés leur porter l'ordre de se rendre au palais de Zeus. Pas un fleuve n'y manque – excepté Ôkéanos –, pas une des nymphes habitant les bosquets charmants, les ondes des fleuves ou les prés herbus. Tous s'en viennent au palais de Zeus, assembleur des nuées, tous s'assoient sous les portiques polis qu'a construits, pour Zeus Père, Hèphaïstos aux savants pensers » (*Il.*, XX, 3-12).

Ce qui est situé au ciel dans les poèmes homériques repose sur une croyance, sur un pouvoir attribué à la déesse et s'appliquant à la cité des hommes. C'est d'ailleurs lorsqu'il convoque pour la première fois l'assemblée du peuple (*agorà andrôn*, textuellement « assemblée des hommes ») que Télémaque est amené à invoquer conjointement Zeus *Olúmpios* et Thémis, rappelant qu'elle convoque et dissout les assemblées. Thémis qualifiée d'*Agoraía* est connue à Atrax, en Thessalie, et à Kallatis, sur la côte de la mer Noire, dans l'actuelle Roumanie[917], et dans la première de ces villes elle est associée à Athèna, portant la même épiclèse, et à Zeus *Olúmpios*. Il ne fait donc pas de doute que Thémis, associée à ces deux autres divinités jouait, à Atrax, et sans doute aussi à Kallatis, un rôle, politique, de protectrice des assemblées, rôle déjà connu de l'*Odyssée*, et en association avec le même Zeus de l'Olympe que dans l'*Odyssée* et l'*Iliade*[918]. Le mot même, *thémis*, signifie « ce qui est établi par la coutume », et, au pluriel, « droits, jugements », également « tributs » et « oracles ». Elle paraît donc dépasser, en ampleur, la Tailtiu irlandaise. Encore faudra-t-il revenir sur celle-ci : il n'est pas exclu qu'elle ait été, dans l'Irlande et la celticité païennes, une déesse de premier plan, comme Thémis paraît l'avoir été dans la Grèce archaïque. Et toutes deux associent leur action à celle de leur fils adoptif, Lug/Apollon.

4 – Un élément central du droit ancien est le serment[919], et Apollon, en concurrence en quelque sorte avec Zeus – mais l'on sait que son pouvoir prolonge celui de son père – en était le dieu protecteur[920]. Dans l'*Iliade* et l'*Odyssée*, des personnages jurent par Zeus, Athèna, Apollon[921]. Les Athéniens juraient par Apollon Patrôos ; en Crète, on prêtait serment par Apollon Puthios à Drèros, Gortyne, Itanos, et il est invoqué dans le traité entre les gens de Latô et d'Olynthe[922]. À Halicarnasse, on explique que les décisions concernant la cité sont gravées dans le temple d'Apollon, « telles qu'elles ont été jurées sur les victimes[923] », c'est-à-dire que, là comme ailleurs, toute décision politique était accompagnée de sacrifices, et que ceux-ci étaient l'occasion de serments. On comprend que Platon, prévoyant la meilleure Constitution possible dans son livre intitulé *Les Lois*, ait prévu qu'on jurerait par Zeus, Apollon et Thémis[924]. Ce dernier trait d'Apollon se retrouve sans doute chez Lug, comme l'a naguère souligné H. Wagner, car la fête de Lugnasad était un moment où se concluaient des mariages et des préliminaires matrimoniaux, occasions essentielles d'échanges de serments entre familles[925].

Ainsi, les « contestations dans les assemblées » sont sous la surveillance de Lug dans le paganisme celtique, et les discussions des assemblées du peuple sous celle d'Apollon dans la Grèce ancienne. Et si Apollon est au centre de la cité dès ses origines, Lug l'est également, lui qui préside à l'organisation de la cité de Tara[926].

Les maîtres des initiations (féminines)

Apollon est, de loin, le dieu le plus concerné par l'initiation en Grèce : son exploit delphique en fait le modèle de tous les jeunes gens grecs, et il était coutumier, à l'époque archaïque, pour une famille aristocratique, de dédier au dieu, dans un de ses sanctuaires, une image le représentant, qui était en même temps, celle, idéalisée, du jeune membre du *génos* venant de franchir l'étape définitive de son intégration au corps civique : c'est ce qu'on appelle les *koûroi* archaïques[927]. Apollon reçoit d'ailleurs des épiclèses issues de ce nom, *Kourídios*, *Kouréas*, un hymne orphique le qualifie de *kúdimos koûros*, « glorieux jeune garçon[928] », un autre texte de *Mégistos Koûros*, « Le Plus Grand Garçon[929] ».

Cette compétence perdure à travers toute l'Antiquité. Dès les textes de Drèros, au VIIIe siècle, les troupes de jeunes gens, les *agélai*, sont mises sous la protection d'Apollon Delphinios[930]. À Sicyone, un rituel concernant à la fois Apollon et la déesse Persuasion (*Peithô*) était célébré par les enfants (*paîdes*) : il commémorait un événement fondateur mythique qui vit sept garçons et autant de filles aller prier la déesse Peithô de réconcilier Apollon et Artémis avec la cité[931]. Dans l'*Odyssée*, Ulysse dit que son fils, le jeune Télémaque, a eu Apollon pour éducateur, rôle traditionnellement connu sous le nom de *kourotrophe*[932]. De même, dans les *Khoéphores* d'Eschyle, ce sont Hermès et Apollon qu'Oreste a pour kourotrophes[933]. L'une des inscriptions de Delphes, celle dite des Labyades, révèle que ces derniers, qui forment une famille et corrélativement une confrérie de desservants d'Apollon, accueillent, le jour de la fête des Apéllaia, leurs nouveaux membres, à savoir les *koûroi* parvenus à l'âge adulte : cette fête, consacrée à Apollon, n'est pas connue ailleurs sous ce nom, mais M. P. Nilsson rappelle qu'elle est indirectement attestée par des noms de mois en pays dorien (Épidaure en Péloponèse, Olous en Crète, Kalkhedon en Chersonnèse de Thrace, Hèrakleia et Tauromenion en Sicile), en Grèce centrale (Khaleion, Lamia, Oianthea, Oitè, Tolophon), en Macédoine et dans l'île de Ténos[934]. Elle est analogue aux Apatouria des Ioniens[935], destinées également à l'inclusion des jeunes dans les phratries, et qui étaient célébrées dans les villes ioniennes d'Asie Mineure et à Athènes, dans cette dernière au mois de Puanopsiôn, lequel correspondait approximativement à notre mois d'octobre ; elles étaient placées sous la protection de Zeus Phratrios et d'Athèna Phratria, mais l'une des étapes de la fête, appelée la *Kouréôtis*, ou « coupe des cheveux », consistant en l'oblation de la chevelure des garçons à l'époque de la puberté[936], prolongeait un geste de Thésée adolescent, car, expose Plutarque, « c'était encore l'usage alors d'aller à Delphes, au sortir de l'enfance, et d'offrir au dieu les prémices de sa chevelure. Thésée s'y rendit, et l'on dit que l'endroit qui s'appelle encore aujourd'hui “la Thèseia” tient ce nom de lui. Mais il ne se rasa que le devant de la tête [...] [de sorte que] ce genre de coupe fut appelé, d'après lui, la coiffure “à la Thésée[937]” ». Plus tard, à son retour de Crète, où il avait vaincu le Minotaure – exploit initiatique qui constitue l'équivalent dans sa carrière du meurtre du dragon pour Apollon –, et ayant ainsi sauvé les jeunes gens avec qui il était parti d'Athènes, Thésée sacrifie à nouveau, à

Dèlos, avant tout, au dieu (Apollon[938]), y consacre une statue d'Aphrodite apportée de Crète, puis crée un rituel en l'honneur d'Apollon comprenant une danse dont on reparlera pour le parallèle qu'elle offre avec un geste rituel de Lug[939]. Or, cette chevelure caractéristique des jeunes, Apollon la porte aussi, et en reçoit les qualificatifs d'*Akersekómas* (« Aux cheveux non coupés »), en latin d'*intonsus*, de même sens, de *crinitus*, « Chevelu ». Un autre jeune protégé d'Apollon est Télémaque, le fils d'Ulysse, au point que lorsque celui-ci, revenu à Ithaque déguisé en mendiant, se fait injurier par la servante Melanthô, il lui rappelle que, même si Ulysse ne revient pas, il reste Télémaque – car « tu sais ce qu'en a fait la grâce d'Apollon[940] ! ». Selon Hésiode, Apollon, et avec lui les Océanides et les Fleuves, *kourídzousi* les hommes, c'est-à-dire les élèvent et les font aussi passer de l'enfance à l'âge adulte que désigne le terme *ándras*[941].

Toujours dans le domaine du mythe, Apollon est, plus que tout autre dieu, en relation avec les pratiques pédérastiques, dont j'ai montré comment leur succès dans la culture grecque ancienne avait pour origine l'importance donnée à l'aspect homosexuel de la pratique pédagogique et initiatique[942]. Dans la partie intitulée « Apollon et la promotion civique » de mon livre de 1984 sur cette question, j'évoque les amours d'Apollon pour des jeunes gens, Huakinthos et Kuparissos, et je démontre que le motif de la mort du jeune homme, commun aux deux récits, exprime symboliquement la mort des initiés avant leur renaissance dans un état social nouveau, manière à peu près universelle de signifier le changement de statut, le passage de l'enfance ou de l'adolescence à l'âge adulte. Le mythe de Huakinthos est localisé en Laconie, et il fondait là une fête, les Huakinthia, dont j'ai exposé, après H. Jeanmaire et A. Brelich, comment elles répondaient aux Apatouria ioniennes ou Apéllai d'autres cités, mais sur un plan plus général : elles marquaient le moment où, à Sparte, tous les changements de statuts étaient opérés, la société dans son ensemble se « déplaçant d'un cran » à cette occasion[943]. Et, sur la base de la statue représentant Apollon en armes à Amyclées, qu'on mentionnait plus haut, des dizaines de sculptures évoquaient, pour une large part, des motifs de résurrection ou d'apothéose, et parmi elles celle de Huakinthos, pour la circonstance figuré barbu[944] : la clef de cette double singularité – la résurrection et la barbe –, que le mythe de la mort de Huakinthos ne mentionne pas, car nous n'en avons que des versions dues à la plume de littérateurs qui ont presque tous négligé « la suite » pour s'en tenir à la belle histoire de l'adolescent mourant, est pourtant fournie par une allusion de Nonnos[945], disant qu'au cours de la fête des Huakinthia, l'hymne chanté célébrait la résurrection de Huakinthos, ramené à la vie par Apollon. Dès lors, l'apothéose de Huakinthos sur la base de la statue d'Amyclées exprime cette résurrection, et il est barbu parce que cette résurrection se fait dans un autre statut : il meurt éromène adolescent et imberbe, il renaît barbu, adulte – et éraste[946].

Callimaque veut aussi qu'Apollon ait aimé le jeune roi Admète, chez qui il était exilé, et que ce soit la raison pour laquelle il aurait tant et tant favorisé l'abondance végétale et animale chez lui[947]. J'ai cependant soutenu que, ce faisant, Callimaque ramenait la relation entre Admète et Apollon à un modèle courant (le dieu est éraste, l'homme est son éromène), alors qu'il était possible de discerner qu'une version plus ancienne devait bien faire d'Admète l'éraste et d'Apollon l'éromène : en effet, il y a de bonnes raisons de voir en Admète une figure anthropomorphisée du dieu des Enfers, Hadès – son propre nom signifie « l'Indomptable », ce qui est bien un caractère du dieu des morts, et Hésykhios rapporte une tradition selon laquelle il fut le père… de la déesse Hécate[948] ! –, et l'exil d'Apollon chez lui, en punition du meurtre des Cyclopes[949], est parfaitement parallèle à son autre exil, après le meurtre du dragon de Delphes, à Tempè dans le nord de la Thessalie – Admète était un roi thessalien. Dans ces conditions, il convient de penser que le séjour d'Apollon à Tempè puis chez Admète correspond à la mort initiatique du dieu – ce que les Grecs ne pouvaient plus dire, tant ils voyaient en celui-ci un parangon d'éternelle jeunesse, et d'autant plus que pour eux les dieux sont des *athánatoi*, des immortels –, et que le motif pédérastique initial était bien celui où le dieu des morts était l'éraste, le maître d'initiation, du tout jeune dieu[950]. Autrement dit, « Apollon, modèle des Kouroi, Kouros lui-même, et éducateur par excellence, a dû passer par un cycle complet d'éducation pour devenir ce qu'il est par exemple dans le mythe d'Huakinthos, l'éraste et l'enseignant[951] ».

La fonction d'Apollon comme maître des initiations se maintient encore à l'époque romaine : on a découvert à Pompéi, dans la maison de Caius Julius Polybius, une statue d'Apollon en *koûros*, « variante archaïsante de l'Apollon Philesius de Kanakhos », dont les attributs iconographiques originels étaient le coq et l'arc, et cette découverte invite à se demander, dit l'auteur à qui je dois la mention de cette statue, si les « éphèbes » trouvés antérieurement à Pompéi, celui de la maison de Fabius Rufus et celui de la via dell'Abbondanza, ne sont pas en fait également des Apollon en *koûros*[952].

Certes moins documentée, la fonction initiatique de Lug, dans le monde celtique, est incontestable. À côté des épiclèses grecques qui font d'Apollon un jeune homme et un protecteur des garçons, on a, en pays celtique, des épithètes du Mercure gallo-romain : *Iovantucarus*, « Protecteur de la jeunesse », ou bien « Qui aime la jeunesse », et peut-être *Vassocaletes*, s'il signifie bien « Le Jeune Homme dur[953] ». Et c'est bien Lug qu'on voit intervenir en pleine bataille pour aider, soigner, protéger le jeune Cúchulainn blessé : or Cúchulainn, âgé de dix-sept ans au moment des faits, est le modèle idéalisé du jeune guerrier[954]. Chose remarquable, lorsqu'il intervient à ce moment, Lugh est décrit comme « un homme grand et beau, avec une large tonsure, avec des cheveux blonds et bouclés[955] » : ainsi il ressemble apparemment à Thésée, dont on a dit qu'il se rase le devant de la chevelure mais garde les cheveux à l'arrière de la tête, ce que faisaient aussi les Abantes de l'île d'Eubée[956] ; Lugh, Thésée et les nobles Abantes conservent donc une partie de leurs cheveux mais en rasent une autre, le tout, à en croire les données grecques sur la *kouréôtis*, dans un contexte initiatique.

On signalait plus haut[957] une ballade écossaise où un fils de roi sauve un corbeau : l'oiseau vit un an auprès du jeune homme, puis l'emmène chasser, « le portant au-delà de neuf collines, neuf vallées, neuf landes », puis le lendemain par-delà six collines, six vallées, six landes, le troisième jour au-delà de trois collines, trois vallées, trois landes ; le fils de roi perd alors la trace de son guide, mais, après avoir longtemps cherché, découvre sur un rocher un beau jeune homme aux boucles blondes, qui, après avoir mis à l'épreuve son attachement pour le corbeau, lui révèle être cet oiseau transformé. Et il donne au prince un livre lui permettant de voir à distance la maison de son père. Comme l'ont noté D. Gricourt et D. Hollard[958], le jeune homme blond est un net souvenir de Lug, et dans ce mythe il joue pleinement le rôle de maître d'initiation : il mène le prince à la chasse, l'y perd, l'y soumet à des épreuves, lui fournit un moyen magique de triompher d'autres épreuves. On remarquera que le codage social est absolument identique à celui de la Grèce ancienne : l'initié et l'initiateur sont tous deux des jeunes, et c'est seulement implicitement, parce que le corbeau est maître d'initiation, qu'on doit supposer que le jeune homme aux boucles blondes avait à peu près l'âge d'un éraste de la Grèce ancienne, et le prince celui d'un éromène…

À son tour, cette ballade écossaise, une fois interprétée selon les termes initiatiques qui se décèlent effectivement à l'arrière-plan des motifs du conte, trouve un parallèle en Grèce, dans la relation faite entre jeunes, corbeaux et Apollon. George Huxley a étudié ce petit dossier en 1967. Il s'agit d'un mythe thessalien de colonisation et de fondation, soit de la localité de Korakes, « Corbeaux », sur la côte nord-est de la Thessalie, soit d'une cité de Crète. On en connaît en effet plusieurs versions. Dans l'une[959], Apollon avertit par un oracle les Béotiens en cours de migration qu'ils devront s'arrêter là où ils verront des corbeaux blancs. Ils aperçoivent bientôt des corbeaux, près du golfe Pagasétique (la grande échancrure de la côte, au sud-est de la Thessalie), que des garçons avaient saupoudrés de craie. Ils se fixent donc là, et appellent le lieu *Korakes*. Plus tard les Éoliens les chassent de Thessalie et occupent toute la province. Dans une autre version[960], les Béotiens apprennent qu'ils seront chassés de leur pays, Arnè ou Kièrion, en Thessalie, quand apparaîtront des corbeaux blancs. Quelques jeunes hommes en état d'ivresse attrapent des corbeaux, les blanchissent puis les lâchent. L'affaire crée le tumulte parmi les Béotiens ; les jeunes gens préfèrent s'enfuir, et gagnent Korakes. Plus tard, les Éoliens chassent les Béotiens. Dans une troisième, connue par la grande inscription de Magnésie du Méandre[961], les Magnètes, avant de fonder cette ville, migrent de Thessalie en Crète ; le dieu (Apollon) leur a dit de s'installer entre Phaïstos et Gortyne ; lorsque des corbeaux blancs leur apparaîtront, il sera temps pour eux de rentrer en Thessalie. Cela se produit quatre-vingts ans après leur arrivée, mais l'oracle delphique leur dit de s'installer, non dans leur ancienne patrie, mais en Asie[962].

Il est remarquable que dans ce récit les relations entre jeunes hommes, corbeaux et dieu soient toutes différentes de ce qu'elles sont dans la ballade écossaise, mais qu'on y ait les mêmes êtres et les mêmes motifs : un dieu lumineux (Apollon ; le jeune homme blond, souvenir de Lug), susceptible de s'exprimer par l'intermédiaire ou sous la forme d'un corbeau (on verra ci-dessous qu'Apollon fait l'un et l'autre), prend en main la migration (Grèce) ou le voyage (Écosse) de jeunes gens, à travers des plaines et montagnes (pour aller d'Arnè-Kièrion à Korakes, il faut traverser la plaine de Thessalie orientale puis franchir la chaîne du Pélion). Une autre rencontre étonnante est la suivante : le corbeau transformé en jeune homme du récit écossais donne à son protégé un moyen de voir à distance jusqu'à la demeure de son père, un livre, à condition qu'il le lise au sommet d'une colline ; Korakes était situé à côté d'une localité, Koropè, lieu, en altitude, d'un sanctuaire et d'un oracle d'Apollon, et il est probable que Koropè n'était autre que le lieu du culte apollinien de Korakes[963]. Ainsi le héros écossais acquiert la vision, tandis que les jeunes Grecs qui vont fonder Korakes bénéficient d'un oracle tout proche. Enfin, le corbeau-héros blond de la ballade soumet son protégé à des épreuves, caractérisant bien l'épisode comme initiatique, ce que l'on décèle évidemment aussi dans le triple récit grec : le départ des jeunes gens de leur propre société pour aller fonder une nouvelle cité est typique de récits grecs où les fondateurs de colonie sont des jeunes d'un âge donné[964]. Dans l'histoire des Magnètes apparaît un nommé Leukippos, personnage dont on reparlera ci-dessous, et dont le nom est lié, en divers endroits de Grèce, aux rites de mariage – les mariages, souvent, achèvent l'initiation, et l'épiclèse de *Kourídios* que reçoit Apollon (ci-dessus) fait aussi allusion au mariage, car, comme adjectif, il signifie « de jeune époux ».

Mais Lug et Apollon ont par ailleurs une affinité toute particulière avec les initiations féminines. Dans beaucoup de cités grecques, et davantage à l'époque archaïque qu'aux siècles classiques, les adolescentes étaient réunies en des sortes d'écoles, dites *thiases* ou simplement chœurs, où elles apprenaient à danser, à chanter, et pratiquaient divers sports, comme la course à pied et la chasse. Un grand nombre de textes nous renseignent sur ces chœurs de jeunes filles de la Grèce archaïque, dont le dossier a été réuni par l'helléniste suisse Claude Calame : nous connaissons donc les noms des dieux qui y présidaient. C'est, dans l'immense majorité des cas, Apollon[965]. Bien souvent les rites initiatiques, lorsqu'ils sont assez bien connus ou bien lorsqu'on en connaît le mythe fondateur, sont liés à des histoires de métamorphoses : les jeunes Athéniennes qui célébraient les rites d'Artémis à Brauron, sur la côte orientale de l'Attique, étaient des *árktoi*, des « ourses », et pour cette raison revêtaient des robes couleur safran[966]. De même, le petit recueil de *Métamorphoses* d'Antoninus Liberalis, qui livre un grand nombre de mythes, souvent de forme et de goût tardifs, de genre hellénistique, mais dont l'ancienneté et l'archaïsme ne sont généralement pas mis en doute, fait intervenir Apollon et/ou sinon sa sœur dans la grande majorité des histoires, ce qui n'étonne pas puisque ces mythes de métamorphoses sont eux-mêmes directement liés à des initiations, soit qu'ils en fondent les rituels, soit qu'ils en transposent la problématique.

Or ce (gros) dossier grec est comparable sans hésitation possible à un (petit) dossier irlandais. Il s'agit du récit, en ses différentes versions, de la conception du héros Cúchulainn, dont il a été question ci-dessus. Ch. Guyonvarc'h a traduit et publié ces textes en 1965 dans *Ogam*. Voici de quoi il s'agit.

1 – D'après une première version, connue par le *Lebor na hUidre* d'une part, le manuscrit Egerton 1782 d'autre part,

> Un jour, les nobles d'Ulster étaient autour de Conchobar à Emain Macha. Une troupe d'oiseaux descendit dans la plaine d'Emain. Ils se mirent à paître si bien qu'ils ne laissèrent ni racine, ni herbe, ni plante sur la terre. Les Ulates furent contrariés à voir la destruction de leur pays. Ils attelèrent neuf chars pour les chasser ce jour-là car ils avaient l'habitude de chasser les oiseaux. Conchobar était dans son char avec sa sœur Dechtine [qui était] quant à elle une jeune fille. C'était elle le cocher de son frère. Les Ulates montèrent dans leurs chars, à savoir Conall et Loegaire et tous enfin. Bricriu même [était] avec eux. La troupe des oiseaux était belle et gracieuse, et le chant des oiseaux [était] beau. Ils étaient cent quatre-vingts oiseaux et il y avait une chaîne unissant chaque

couple d'oiseaux. À chaque vingtaine ils étaient séparés et il y en avait ainsi neuf troupes. Les deux oiseaux qui étaient devant avaient un joug d'argent entre eux.

Les Ulates sont ainsi entraînés fort loin, d'autant qu'à l'époque l'Irlande était une plaine unie, sans barrières ni haies. Mais voici que le soir tombe, accompagné d'une grande averse de neige. Conchobar envoie ses compagnons chercher un abri. Conall et Bricriu trouvent une maison où un couple les accueille, mais que Bricriu trouve bien misérable. Les Ulates s'y rendent néanmoins et y bénéficient de force nourriture et boisson. À ce moment, l'homme du couple annonce que sa femme est dans la cuisine, sur le point d'accoucher. Deichtine y va et, au moment où le bébé naît, une jument qui était à la porte de la maison donne naissance à deux poulains. Deichtine recueille l'enfant. Le lendemain, lorsque les Ulates se réveillent, il n'y a plus ni maison, ni couple, ni oiseaux, mais seulement le bébé et les poulains.

Deichtine élève l'enfant à Emain mais bientôt il tombe malade et meurt. Après l'enterrement, Deichtine demande à boire. Le vase qu'on lui apporte contient un petit animal. Elle veut l'éviter, en vain, et l'avale. « Elle dormit cette nuit-là et elle vit quelque chose : un homme qui venait vers elle. Il s'adressa à elle et il lui dit qu'elle était enceinte de lui. C'était lui qui l'avait amenée vers lui dans la maison. C'était chez lui qu'ils avaient dormi. C'était lui le fils qu'ils avaient élevé, c'était lui qui viendrait dans son ventre et son nom serait Setanta. C'était lui aussi Lug, fils d'Ethne, et on éleva les poulains pour l'enfant. » Suivent les soupçons des Ulates que le père réel de l'enfant ne soit autre que Conchobar car la nuit de l'ivresse, ils avaient dormi ensemble, puis le mariage de Deichtine avec Sualtam, sa fausse couche, sa nouvelle grossesse, enfin la naissance, cette fois définitive, de Setanta, le futur Cúchulainn[967].

2 – D'après un autre texte intitulé « Le festin de la maison de petite richesse », contenu dans le manuscrit Egerton 1782, « Dechtire, sœur de Conchobar, s'enfuit avec cinquante jeunes filles, sans permission, de chez les Ulates et de chez Conchobar. On n'avait ni indice ni trace à leur sujet et on les chercha pendant trois ans. Elles vinrent alors sous la forme d'oiseaux dans la plaine d'Emain et elles se mirent à paître dans la plaine jusqu'à ce qu'elles ne trouvent plus un brin d'herbe sur la terre. Les Ulates en furent très contrariés », et, comme dans la version précédente, ils se lancent à la poursuite des oiseaux. De même on va bien loin, de même on trouve une maison dont le maître est « un jeune prince, beau et noble ». Et lorsque Bricriu entre dans la maison, ce jeune prince demande :

« Ne vous manque-t-il personne à Emain ?

– Il nous manque en vérité, dit Bricriu, cinquante jeunes filles depuis plus de trois ans.

– Les reconnaîtrais-tu si tu les voyais ? dit l'homme.

– Si je ne les reconnais pas, dit Bricriu, c'est que peut-être la croissance de trois ans ou le vieillissement de trois ans sont cause que nous ne reconnaissons pas ou que nous nous trompons.

– Cherche à les reconnaître, dit l'homme. Les cinquante jeunes filles sont dans cette maison. Leur maîtresse est ici en mon pouvoir. Dechtire est son nom, et ce sont elles qui sont venues sous la forme d'oiseaux à Emain Macha pour attirer les Ulates et [faire] en sorte qu'ils vinssent ici. »

Les Ulates s'installent finalement dans la maison et, comme elle se trouve tout de même sur les terres de Conchobar, celui-ci exige que l'habitant lui prête sa femme pour la nuit. Il se réveille le lendemain avec un bébé dans son giron, et Bricriu lui révèle que c'est l'enfant de Dechtire[968].

Concluons :

1 – cette histoire, en ces deux versions, raconte une initiation féminine ; elle est exceptionnelle, parce qu'est exceptionnel l'enfant dont la naissance la clôt ;

2 – cette initiation est centrée sur l'héroïne, la future mère, Dechtine/Dechtire, mais, dans la seconde version, Dechtire n'est qu'un membre parmi les autres dans un groupe de cinquante jeunes filles ;

3 – le processus initiatique est entièrement décrit, à savoir séparation (les jeunes filles se sont enfuies), phase de latence (trois ans) dans une maison des marges, féerique, et ce sous une forme métamorphosée, enfin (dans la première version), mariage de l'héroïne qui devient mère[969] ;

4 – le maître de cette initiation, le possesseur de la maison féerique et l'initiateur jusques et y compris dans le domaine sexuel, c'est Lug.

Ce texte, ou plus exactement ce couple de textes, atteste donc de manière formelle que Lug, tout comme Apollon, présidait à des rituels initiatiques féminins dans l'ancien monde celtique.

Ajoutons, parallèle supplémentaire avec la Grèce, que cette curieuse maison, qui est dans des marges mystérieuses, mal connues des Ulates qui y parviennent, mais néanmoins dans la zone de souveraineté du roi d'Ulster, rappelle beaucoup la pratique grecque qui consistait à célébrer les rituels initiatiques féminins aux limites des territoires civiques, les Athéniens à Brauron, les Spartiates soit à Limnatis dans le Taygète, à la frontière messénienne, soit à Karuai dans le nord de la Laconie, à la frontière arcadienne[970].

On disait ci-dessus comment Hésiode attribue aux Okéanides, filles d'Okéanos et de Têthys, au seigneur (*ánax*) Apollon et aux Fleuves le pouvoir de « nourrir la jeunesse des hommes[971] » : il énumère alors tout de go les noms de quarante et une d'entre elles. Ces protectrices mythiques, avec Apollon, de l'éducation des jeunes, ne sont pas très éloignées des cinquante ou cent quatre-vingts jeunes filles-oiseaux, protégées de Lug et accompagnant la naissance du petit Setanta.

Ainsi, Lug et Apollon sont les principaux dieux maîtres des initiations respectivement dans l'ancienne société celtique et en Grèce ancienne.

Des méchants

On a vu que lorsqu'Apollon arrive dans l'Olympe, dès après sa naissance, les dieux tremblent devant lui[972]. Or, de même, les Túatha Dé Dánann, c'est-à-dire les plus grands dieux de l'ancien paganisme celtique, tremblent lorsque Lugh – pourtant leur allié – surgit sur le champ de bataille : « Les armées reculèrent de part et d'autre devant le combat rapide de Lugh et devant les chaînes qui se séparaient. Ses amis avaient peur et tremblaient à le regarder. Son aspect était étrange, insupportable et inconnu[973]. » On a donc peur. Et c'est à juste titre. Car notre dieu, Lug/Apollon, est un méchant, ainsi que veut, pour le second, l'indiquer en son titre, *Apollon le couteau à la main*, le récent livre de Marcel Detienne consacré à l'étude de plusieurs aspects, les moins « recommandables », de ce dieu[974].

Le caractère vindicatif d'Apollon et de sa sœur est connu. Passent encore qu'ils flèchent le Géant Tituos qui a tenté de violer leur mère[975]. Mais comment excuser qu'ils fassent la même chose aux enfants de cette pauvre Niobè, cinq, sept, douze, quatorze, dix-huit ou vingt selon les versions, pour la seule raison qu'elle avait osé ironiser sur Lètô qui n'en avait eu que deux[976] ? Qu'Apollon tue le meilleur archer de son temps, Eurutos d'Oikhalia, parce que celui-ci l'avait défié à l'arc[977] ? Et il y a pis encore ! Un jour, Apollon, Artémis et Hèraklès se présentent à un sage vieillard, Kragaleus, pour lui demander de juger sur la question suivante : lequel d'entre eux convient-il que les gens de la ville d'Ambrakia, en Épire, prennent pour protecteur, pour divinité poliade ? Kragaleus, dans sa grande justice, écoute les arguments présentés par chacun des trois, et il rend son verdict : la ville sera à Hèraklès. Alors « Apollon courroucé le toucha de sa main et le transforma en rocher, à l'endroit même où il se tenait » (A. L, *Mét.*, IV). L'injustice est patente. Même injustice, avec un surcroît de cruauté qui étonne, et dont je tâcherai de rendre compte plus loin, dans l'histoire de Marsuâs. Celui-ci était un Silène et il était tout fier d'avoir inventé un instrument de musique : la flûte à deux tuyaux. Apollon est maître de la lyre, et voici qui est suffisant pour qu'ils se jettent un défi. Passons sur les péripéties du duel. Toujours est-il qu'Apollon est finalement déclaré vainqueur. Le perdant est à sa merci. Que fait-il ? Se « contente »-t-il de le tuer, comme il le fit d'Eurutos ? Non, il suspend Marsuâs à un arbre et l'écorche vif[978] : peine atroce dont les Grecs, à l'époque historique, rejetaient l'usage pour eux-mêmes, l'attribuant aux Barbares[979]. En l'affaire, c'est Apollon qui agit en barbare. Quant au juge, le roi de Phrygie Midâs, il est, comme Kragaleus, puni, ce qui est tout aussi injuste, même si la punition est moindre : le dieu lui fit pousser des oreilles d'âne. Il est vrai que, selon une autre version, Midâs avait condamné la rigueur d'Apollon (Diodore, III, 59).

On a vu Apollon envoyer sa sœur répandre la peste en Thessalie parce que son amante Korônis l'avait trompé avec un humain[980]. Mais ce n'est pas là d'exceptionnel : une certaine jeune fille, Marpèssa, lui plaisait : il l'enlève. Le prétendant humain de ladite, Idâs, poursuit et attaque le dieu. Zeus les sépare, et Marpèssa est autorisée à choisir ; Idâs étant, comme elle, un mortel, elle préfére l'élire, lui, comme époux. La vengeance d'Apollon est terrible : il fait mourir Marpèssa à la naissance de son premier enfant[981].

Or cette méchanceté, cet esprit terriblement vindicatif, caractérisent également Lug : ils forment le ressort de l'*Oidhe Chloinne Tuireann*. Dans ce récit, auquel il a déjà été fait plusieurs fois allusion pour les descriptions de Lugh qu'il contient, celui-ci, cherchant des alliés pour la guerre qui s'annonce contre les Fomóire, envoie ses oncles et son père en chercher. Malencontreusement, le père de Lugh, ici appelé Cian, rencontre trois ennemis mortels de sa lignée, les fils de Tuireann, qui, saisissant l'occasion de frapper un homme seul, le tuent aussitôt[982]. Lugh découvre le meurtre, puis le corps de son père, devine qui en sont les auteurs et, en assemblée des Túatha Dé Dánann, promet la vie sauve aux coupables s'ils se dénoncent et acceptent de payer un prix de composition. Les fils de Tuireann agréent à ce marché, et Lugh énonce le contenu du prix de composition : « Trois hommes, une peau de porc, une lance, deux chevaux, un char, sept porcs, un jeune chien, une broche à rôtir et trois cris sur une colline[983]. » Mais c'est là un piège mortel : car la quête de chacun de ces objets, dont il précise ensuite la nature exacte, est une épreuve redoutable. Il faut aux trois enfants de Tuireann toutes leurs forces et tout le savoir druidique du principal d'entre eux, Brian, pour ne pas succomber dès les premières. Mais le pire est la dernière : la colline où il faut pousser trois cris est gardée par trois héros aussi forts que les fils de Tuireann, et tous, dans le combat, reçoivent des blessures mortelles. Or, entre-temps, Lugh avait reçu la première partie du prix de composition, dont la peau de porc, qui avait la vertu de guérir toute blessure. Alors, recevant ses fils qui arrivent mourants,

« Tuireann partit pour Tara et il trouva Lugh au Long Bras. Il lui donna la broche et demanda la peau de porc pour guérir ses enfants. Lugh dit qu'il ne la donnerait pas. Il retourna après cela vers ses enfants et il leur annonça qu'il n'avait pas obtenu la peau. Brian dit alors : "Emmène-moi vers Lugh pour voir si je n'obtiendrai pas de lui la peau." C'est ce qu'ils firent alors. Brian alla vers Lugh et il lui demanda la peau. Lugh dit qu'il ne la donnerait pas, et que si on lui donnait en or toute la largeur de la Terre il n'accepterait pas à moins qu'il ne pensât que leur mort pouvait s'ensuivre, à cause de l'action qu'ils avaient faite. Quand Brian entendit cela, il partit où étaient ses deux frères et alla s'étendre entre eux... Tuireann tomba parmi ses enfants et son âme le quitta. On les enterra aussitôt dans la même tombe[984]. »

Lugh est ainsi responsable d'une formidable tricherie : le marché entre les assassins de son père et lui voulait qu'ils soient quittes par le versement d'un prix de composition. Lugh fait en sorte que la quête des objets formant ce prix soit mortelle et, les ayant obtenus, assure la mort de Brian et de ses frères alors qu'il possédait l'unique moyen de les sauver. Ils ont en somme payé deux fois le prix du meurtre de Cian. C. Guyonvarc'h commentait à ce sujet : « Lug fait preuve de traîtrise, en dieu des contrats violant ce à quoi il préside[985] » ; « L'attitude des trois frères, de leur père et de leur sœur, leur insistance à demander de l'aide, leur déception et leur surprise qu'elle ne soit pas accordée, tout révèle que l'attitude de Lug est exceptionnelle et incomprise. Son "implacable rigueur" tranche cruellement car, en dépit de la vivacité et du caractère emporté de la plupart des héros irlandais, les absences de pitié sont rares : Conchobar martyrisant et avilissant la douce Deirdre, Find refusant de secourir Diarmait, quelques mauvais druides et c'est tout. Encore Find est-il l'homologue de Lug[986]. »

On comprend que lorsqu'il se présente à Tara, le dieu dise s'appeler *Lugh Lonnandsclech*, la première partie du second mot signifiant « fier, coléreux, violent[987] ».

Or, combien de fois un oracle d'Apollon, à Delphes, ordonne purement et simplement la mort ! C'est à l'instigation d'Apollon que Turô tue les deux enfants qu'elle avait eus de Sisyphe[988], que Thésée tue son épouse Antiope[989], qu'Adraste et Hipponous se suicident[990]. Ces ordres sont fonction d'un trait plus fondamental d'Apollon : ce dieu, comme M. Detienne l'a fortement marqué, est un meurtrier. Le navire de Ménélas revenant de Troie doublait le cap Sounion, à l'extrémité de l'Attique, lorsque voici que « Phoibos Apollon, atteignant de ses douces flèches le pilote de Ménélas, le tua, comme il tenait entre les mains le gouvernail du vaisseau qui voguait, Phrontis, fils d'Onètor[991] ». Mort soudaine, inattendue, bien dans le style d'Apollon.

Car si le meurtre d'un jeune amant du dieu, Huakinthos, peut (et doit) être interprété comme une mort initiatique, suivie de résurrection[992], en d'autres cas la mort est aussi arbitraire, et aussi définitive, que dans le cas de Phrontis : dans l'*Odyssée* toujours, un jeune Phéacien, Rhèxènor, fils de l'ancien roi Nausithoos, a été terrassé par les flèches d'Apollon au lendemain de ses noces – ce qui rappelle la mise à mort de Marpèssa juste après la naissance de son premier enfant[993]. Quant au massacre des prétendants par Ulysse, son fils et les pâtres Eumée et Philoïtios, il est doublement sous le signe d'Apollon : il a lieu un jour de fête d'Apollon, au printemps (ci-dessus), et il se place sous l'invocation du même dieu – Ulysse, ayant réussi l'épreuve de l'arc, « s'élance vers le grand seuil, ayant en main son arc et son carquois plein de flèches », et annonce : « La voilà terminée, cette lutte si difficile ; maintenant, c'est un tout autre but que je vais viser : nul ne l'a encore frappé et je veux voir si je l'atteindrai, si Apollon m'accordera cette gloire[994]. » Et il vise Antinoos, dont le meurtre ouvre le massacre de l'ensemble des jeunes gens.

On comprend qu'Euripide, au sujet d'une autre mort, accomplie cette fois en son sanctuaire même, à Delphes, et à l'appel même du dieu[995], celle de Néoptolème, le fils d'Achille, qu'on évoquera dans un autre contexte en raison de ses parallèles irlandais[996], puisse écrire : « Voilà comment le Seigneur qui donne à autrui des oracles, l'arbitre du droit pour tout le genre humain a traité, pendant qu'il offrait réparation, le fils d'Achille. Comme un méchant homme, il s'est souvenu de vieilles querelles » (*Andr.*, 1161-1165) : comme Lug, Apollon est « rancunier et vindicatif[997] », et Alain Moreau peut écrire que cette rancune est « indigne d'un dieu[998] ».

L'ambiguïté d'Apollon s'exerce aussi, et surtout, dans le registre nosologique. On a vu Apollon et Lug médecins[999], protecteurs des troupeaux[1000] : ils sont aussi bien l'inverse. On le rappelait plus haut[1001] pour Apollon l'épithète de *Loímios* qu'il reçoit à Lindos sur l'île de Rhodes[1002] signifie aussi bien « Pestilentiel » ; car il est avec sa sœur le responsable de toutes les épidémies, et c'est lui qui, au début de l'*Iliade*, à la prière de son prêtre Khrusès offensé, massacre aussi bien les hommes que les bêtes : « Phoibos Apollon entend sa prière, et il descend des cimes de l'Olympe, le cœur en courroux, ayant à l'épaule, avec l'arc, le carquois aux deux bouts bien clos ; et les flèches sonnent sur l'épaule du dieu courroucé, au moment où il s'ébranle et s'en va, pareil à la nuit. Il vient se poster à l'écart des nefs, puis lâche son trait. Un son terrible jaillit de l'arc d'argent. Il s'en prend aux mulets d'abord, ainsi qu'aux chiens rapides. Après quoi, c'est sur les hommes qu'il tire et décoche sa flèche aiguë ; et les bûchers funèbres, sans relâche, brûlent par centaines » (*Il.*, I, 43-52).

Il y a quelques indices qu'en terre celtique les mêmes pouvoirs maléfiques aient été attribués à Lug. Outre une attitude ambivalente à l'égard des troupeaux (il les protège [*cf.* plus haut] mais il parvient magiquement à prendre aux Fomóire leurs vaches laitières et à leur laisser leurs vaches stériles[1003]), on sait qu'il est étroitement lié au roitelet[1004] ; or, des interdits sévères portaient, dans l'Europe rurale occidentale, sur le fait de dénicher les œufs du roitelet : on risquait de « voir ses doigts se coller, raccourcis, handicapés ou atteints d'un panaris », châtiment qui est à mettre en rapport avec les membres supérieurs particulièrement développés de Lug (il est « Longue-Main »), et cela va jusqu'à la mort dans une chanson flamande qui raconte l'histoire d'un petit enfant pendu pour avoir tué un roitelet – mode de mise à mort qui à son tour rappelle les rites de pendaison associés à Lleu, c'est-à-dire à Lug[1005]. Par ailleurs, une légende montre saint Patrick disposer des mêmes pouvoirs nosologiques qu'Apollon : arrivant à Armagh (qui sera plus tard le siège de l'archevêché d'Irlande), il demande au potentat local, Dáire, une certaine colline pour construire une église. Celui-ci refuse, préfère donner une autre colline au saint, mais il y envoie son cheval pour qu'il y broute. Le cheval meurt. Dáire, furieux, dépêche quelques-uns de ses hommes pour tuer Patrick. Aussitôt, ces hommes tombent malades, et Dáire également. Sa femme lui conseille de demander un remède à Patrick. Ce qui est fait : Patrick donne aux messagers de l'eau sacrée, ou bien il en arrose lui-même d'abord le cheval, qui ressuscite, puis Dáire, qui est ainsi guéri[1006]. On se rappelle que Patrick est substitut humain et chrétien de Lug[1007], et que ces légendes sont racontées au sujet de sites où se déroulent des fêtes qui sont la continuation de l'ancienne Lugnasad. Ainsi, on peut attribuer à Lug, caché « derrière » Patrick, un pouvoir de mort sur les hommes et les animaux, pouvoir ambivalent puisqu'il comporte aussi bien celui de guérison ou de résurrection.

À côté de ces compétences partagées, d'autres rencontres entre les mythes des deux dieux montrent, comme souvent, que la mythologie qui leur est commune va jusqu'aux détails, qui attestent, non seulement une même théologie, mais une même mythologie.

On a vu que Tuireann accompagne ses enfants dans leur mort : de même, racontait-on parfois, après le meurtre de ses enfants, Niobè s'était suicidée, se jetant du haut d'un rocher, ou bien avait été transformée en rocher. Et selon Hygin[1008], le père, Amphiôn, fut également tué par Apollon, car il voulait s'emparer du temple du dieu (pour venger le meurtre de ses enfants ?).

Kragaleus, le juge qui avait osé ne pas voter pour Apollon, et Niobè, la mère *hubristès*, ont été pétrifiés : il n'est donc pas indifférent qu'à l'issue de la *Seconde bataille de Mag Tured* (version 2), à la fin de la série des innombrables massacres accomplis par Lugh, se produise une série de pétrifications : « C'est alors que l'on détruisit les Fomóire et qu'on les extermina tous. Les poètes se mirent sous les apparences de pierres et de piliers dans la plaine et Goibnionn mit l'autre forgeron, Greas, sous la forme d'un rocher. Lugh alla vers eux et il les menaça dans ces apparences. Ils reprirent donc leurs propres formes et ils s'entretinrent avec Lugh », qui, cette fois, leur accorde merci s'ils acceptent de lui chanter la bataille et le nombre de ses morts[1009]. En Grèce aussi, les aèdes sont les seules personnes qui trouvent grâce aux yeux d'Apollon[1010] !

Au sujet d'un autre épisode du même récit, le meurtre des collecteurs d'impôts des Fomóire par Lugh[1011], où il est dit : « "Je fais le serment qu'il m'est venu le désir de les tuer". Et Lugh dit avec cela que le désir de les tuer lui était venu... Il se leva, les massacra et les défigura, si bien qu'il en tua huit neuvaines[1012] », M. Guyonvarc'h commentait encore : « La phrase par laquelle il proclame son désir de tuer est remarquable de redondance, et, après traduction, de maladresses stylistiques, mais, quant au fond, elle affirme et accentue son caractère justicier et impitoyable. Il n'est pas anormal que le dieu solaire, lumineux, clair et brillant, radieux de santé et de jeunesse, soit aussi un dieu vindicatif et sombre. Au niveau de Lug, polytechnicien et hors classe, ces traits sont complémentaires et non contradictoires. Au surplus, ils rappellent quelques aventures d'Apollon dans la mythologie classique[1013]. »

Un autre élément est le suivant : Lug et Apollon sont en rapport étroit avec des histoires de lapidation. Cian, père de Lugh, fut tué par les fils de Tuireann par lapidation. Lugh est donc ici du côté de la victime. Mais on retrouve la lapidation avec Apollon, et il en est parfaitement responsable. On célébrait en plusieurs endroits du monde grec des rites d'expulsion du bouc émissaire, mais, plus grave que chez les Hébreux à qui l'on doit l'expression, les « boucs émissaires » grecs étaient des hommes, appelés les *pharmakoi*, qu'on chassait de la cité, à date fixe, à coups de pierres. La fête (c'en était une en effet) au cours de laquelle cette opération était réalisée à Athènes était les Thargêlia, fête consacrée à Apollon[1014] ; à Naxos également, Apollon présidait aux lapidations[1015] ; dans le récit de la migration du peuple des Ainianes, ceux-ci, arrivant à Kirrha (c'est-à-dire dans la région de Delphes), lapidèrent le roi local, Oïniklos, « sur l'ordre du dieu[1016] », et, dans la tradition selon laquelle le fabuliste Ésope fut tué par les Delphiens pour une histoire de vol d'or[1017], si la majorité des versions le font mourir par précipitation du haut d'une roche, certaines veulent qu'il ait été lapidé – et qu'Apollon ait participé à l'opération[1018]. En deux régions du monde grec, Chypre et la Crète, on connaît des figurations d'Apollon pierre en main : sur une statuette du musée de Nicosie, provenant du sanctuaire d'Apollon

Hulátès, il tient une pierre dans chaque main ; sur des monnaies d'Eleutherna, ville située à l'ouest de Knôsos, il tient en main une pierre, parfois l'arc dans l'autre[1019].

Aucun mythe, me semble-t-il, ne montre Apollon lapider lui-même. Mais, en Grèce ancienne, les enfants des dieux expriment souvent un caractère du père. C'est ainsi que le motif de la lapidation intervient, et deux fois, dans l'histoire de Ténès, dont il a été plusieurs fois question ici. Dans la version que rapporte Apollodore, il est fils de Kuknos ou d'Apollon – équivalence significative, puisque le cygne est l'oiseau d'Apollon. Kuknos épouse d'abord Prokliâ, qui sera la mère de Ténès, puis il a une seconde épouse, plus jeune, Philonomè. Ici se place une histoire du type « Putiphar », dont Lévi-Strauss a montré qu'elle inversait, en Amérique, celle du « dénicheur d'oiseaux[1020] » : Philonomè tombe amoureuse de Ténès et, sur son refus de s'unir à elle, elle dit à Kuknos que c'est lui qui avait tenté d'abuser d'elle ; de surcroît elle soudoie un joueur de flûte, Eumolpos, qui confirme l'accusation. Kuknos exile Ténès, et avec lui sa sœur Hémitheâ. Mais plus tard il apprend toute la vérité, alors « il lapida à mort le joueur de flûte et enfouit vivante en terre sa femme ». Puis, le jet de pierre étant manifestement une habitude familiale, lorsque les Grecs, en route vers Troie, voulurent aborder à Ténédos, Ténès essaya de les en empêcher en les bombardant de pierres, ce qui n'empêcha pas Achille de le tuer (Apd., *Epit.*, III, 23-26).

Et il a existé un Apollon météore. Dans l'*Hymne homérique* qui chante ses exploits, il bondit hors du navire crétois « sous l'apparence d'un astre qui luit en plein jour » (v. 441). Une épiclèse confirme cette capacité astronomique du grand dieu : un homme se vante de ce que personne ne le surpassera lorsqu'il se livrera à une hécatombe d'hommes en l'honneur d'Apollon Kataibasios, « Celui qui tombe vers le bas », donc « du ciel », commente le texte qui fait ce récit[1021].

On a signalé comment, dans le domaine celtique et en particulier irlandais, des héros qui ont des noms identiques à ceux de dieux sont des doublets, des hypostases, de ces dieux. Ainsi, un nommé Lugaid Láigde tua trois hommes nommés Fergus – respectivement Fergus aux dents noires, Fergus aux longs cheveux et Fergus Feu-sur-Bregia –, d'une seule pierre plate[1022] : un homme d'une telle force et d'une telle adresse rappelle Lug, celui à la prise foudroyante[1023]. Quant à Lleu il tua son adversaire Gronw Pebyr à la lance en traversant une pierre.

Il s'établit ici entre Lleu, aigle pourri tué par un rival amoureux, Ténès jeteur de pierres, Kuknos jeteur de pierres (et tous deux fils d'Apollon), enfin le « dénicheur de miel » protégé par Apollon grâce à des vautours (ci-dessous), un système de relations qui laisse penser que ce n'est peut-être pas qu'en Amérique que « motif Putiphar » et « motif du dénicheur d'oiseaux » sont en relation d'équivalence. Cela sera un sérieux motif de recherches[1024]...

Mais voici aussi l'exact inverse de la vengeance de Lugh contre les fils de Tuireann : dans le cadre du culte delphique, il existait un mécanisme d'expiation des meurtres, véritable contrepartie, a noté Erwin Rohde, de la coutume indo-européenne de la vengeance de sang[1025], et donc précisément le contraire de ce que Lugh imposa aux meurtriers de son père. C'est cet organisme qui purifia pour meurtre Oreste, Hèraklès, et d'autres lieux apolliniens exerçaient le même office, par exemple à Athènes le Delphinion, où Thésée fut purifié du meurtre des Pallantides ; au-delà du mythe, une catégorie de « fonctionnaires » religieux, les *exègètaì puthókhrèstoi* avaient charge d'opérer les rites d'expiation pour meurtre[1026]. Ainsi, le dieu qui, dans le mythe, est capable des pires assassinats, pour ce que nous appellerions une vétille, est aussi celui qui, dans le rite, préside aux expiations et purifications de meurtriers analogues à ceux du père de Lugh.

L'ambivalence d'Apollon, et de Lug, du dieu qui est homme et femme, jeune et vieux, ingambe et danseur sur une jambe[1027], blanc mais associé au corbeau, dieu du serment mais trahissant ses promesses[1028], se manifeste en sa méchanceté, inattendue de la part d'un dieu dont les dévots, si nombreux en Grèce et en terre celtique, attendaient tant.

Des rusés

À la méchanceté de ces dieux s'ajoute, on l'a vu, leur goût pour la ruse et l'ambiguïté. Comme pour les fils de Tuireann, une ruse méchante de Lugh, on l'a dit[1029], trompe Bres et cause sa mort :

> Breas mourut à Carn ui Néit,
> Par la ruse de Lugh, sans trahison complète :
> Ce fut pour lui une cause de querelle
> Que de boire de la tourbe au lieu de lait[1030].

Lug est donc fondamentalement ambigu – ce qu'est Apollon par excellence, lui dont l'épiclèse de *Loxías*, « L'Oblique », était utilisée couramment pour le désigner, parmi les Grecs, aussi bien que *Phoíbos*. Oblique il est, car ses oracles sont ambigus : dans l'histoire du « retour des Hèraklides », par exemple, un premier oracle (delphique) enjoint aux descendants d'Hèraklès de rejoindre la terre de leurs pères, le Péloponèse ; mais, « à peine se sont-ils ébranlés que de grands maux les arrêtent. Apollon, consulté, leur fait savoir qu'ils sont partis avant l'heure ». Les Hèraklides préfèrent attendre, et ce n'est qu'au bout de cinquante ans qu'ils font une nouvelle tentative ; l'oracle, à nouveau consulté, leur conseille d'attendre « le troisième fruit ». Ils prennent le mot au sens de troisième fructification, donc trois ans, et se mettent en route au bout de ce temps. Nouvel échec : vaincus, ils sont réduits en esclavage. Nouvelle tentative des descendants des vaincus, même réponse, et alors seulement Apollon explique le contresens qu'ils avaient commis : le « troisième fruit » désignait la « troisième génération[1031] ». Un autre exemple célèbre, en époque historique celui-ci, est la terrible aventure arrivée au roi Kroisos (« Crésus ») de Lydie : ce roi était un grand adorateur de l'Apollon des Grecs, et, lorsque les Perses de Cyrus étendent leurs conquêtes de la Mésopotamie jusqu'à l'Anatolie centrale, jusqu'au fleuve Halys qui fait dès lors frontière entre Lydiens et Perses, Kroisos se demande s'il convient d'attaquer ces dangereux et turbulents voisins. Réponse de l'oracle delphique : « Si tu passes le Halys, un grand empire tombera. » Kroisos comprend trop bien : le grand empire ne peut être que celui des Perses ; il franchit le Halys – et est vaincu à plate couture, fait prisonnier, la Lydie entière est conquise par les Perses. Le « grand empire » n'était pas celui qu'il avait pensé[1032]. Une autre fois, ce sont les Phocéens – fuyant précisément les Perses, et abandonnant par mer leur ville de Phocée pour la Méditerranée occidentale – qui sont victimes de l'ambiguïté du verbe *ktízein*, « fonder » (une cité) ou « consacrer » (un autel) : l'oracle de la Pythie leur dit de *ktísai kúrnon* ; le second mot est le nom grec de la Corse, Kúrnos, à l'accusatif, les Phocéens comprennent donc qu'il leur faut aller fonder une colonie en Corse ; ils vont y fonder Alalia (l'actuelle Aleria), mais peu après Étrusques et Carthaginois alliés les chassent de l'île. Ils se réfugient à Élée, en Italie du Sud (en latin, Velia), et là apprennent que l'on y adorait un héros local, du nom de Kûrnos : l'oracle s'explique alors, il leur avait dit de fonder un autel à ce personnage, et non de fonder une colonie en Corse[1033]. Selon le philosophe Héraclite, « le roi dont l'oracle est à Delphes ne parle pas, ne dissimule pas, il indique[1034] ». Certes, mais il faut comprendre – ce n'est pas facile !

Lug, lui aussi, est un maître de la parole à double sens : c'est bien le thème de sa vengeance aux dépens des fils de Tuireann, dont on a vu qu'elle permet de juxtaposer prix de composition et vendetta familiale.

Apollonios de Rhodes a parlé de la *mètis* d'Apollon[1035]. La *mètis* est l'intelligence rusée[1036], et elle se situe chez cet auteur dans un contexte précis : celui de la navigation[1037]. Il y a toujours une part essentielle d'aléa dans le fait de naviguer, tout comme les épreuves des fils de Tuireann comportent un aléa – ils pouvaient gagner, ils gagnent de fait longtemps, puis, à la dernière épreuve, ils perdent.

Des maîtres des techniques

Du côté celtique, la compétence technique et technologique de Lug est fortement affirmée. On a dit comment Lug coiffe tous les « arts », c'est-à-dire tous les savoirs techniques, ce qui lui vaut en Irlande l'épiclèse de *Samildánach* , textuellement « SymPolyTechnicien », et ce trait survit dans la *Vie de saint Hervé* où un personnage démoniaque, Huccan, en lequel on a reconnu Lug de longue date[1038], est polyartisan et connaît tous les tours de magie[1039]. Dès l'Antiquité, ces compétences devaient exister, car l'iconographie du Génie de Lyon, dont on dira qu'il est une romanisation de Lug, le montre parfois pourvu d'attributs techniques, qui correspondent aux savoirs de ce dieu[1040]. Mais c'est singulièrement du côté de la peausserie que la capacité de Lug apparaît dans la documentation : on signalait plus haut comment ce sont des *sutores*, « cordonniers », qui en Espagne ont fait une dédicace aux Lugoves[1041], tandis que Mercure est qualifié de *Sutus Augustus*, « l'Auguste Cordonnier[1042] », ce qui se relie à la fois au fait que Gwydion a un jour déguisé Lleu et lui-même en cordonniers, et à la tradition du martyre des saints Crépin et Crépinien, patrons des cordonniers, savetiers, corroyeurs, tanneurs, gantiers et tisserands, martyre au cours duquel on leur arrache des bandes de peau dans le dos[1043] ; un autre héritier de Lug, saint Gengoult, est également patron des gantiers, tanneurs et cordonniers ; on se rappelle que la raison en est que lorsqu'il soumet son épouse adultère à une ordalie consistant à mettre le bras dans l'eau, la peau s'en retire ensuite comme un gant[1044]. Lorsque la tradition populaire attribue aux fontaines des vertus médicales, celles qui sont dédiées à saint Gengoult guérissent, outre les ophtalmies, les maladies de peau[1045]. La *Vie* de saint Martial de Limoges mentionne un « démon » dont le nom est « Mille Métiers » : P. Lajoye le rapproche pertinemment de Lug[1046].

Tant un statère d'or de Bavière, datant de l'indépendance celtique, qu'une monnaie de billon du Bas-Empire, plusieurs siècles plus tard, mettent bien en évidence les bottes de Lugus[1047]. On a aussi comparé le fait qu'en Bretagne, le soleil est parfois appelé « le Sabotier » ou « le Cordonnier[1048] », et l'on rapprochera encore le fait que dans certains récits irlandais liés aux sites Lugnasad, on parle d'un personnage qui dormit dans la peau du taureau sacrifié[1049].

Côté grec, quelques indices montrent que de pareils savoirs ont été attribués à Apollon. L'un des plus notables se situe à Chypre, pays dont on a dit qu'il est des plus précieux pour repérer quelques aspects archaïques d'Apollon. On a mentionné ci-dessus la statuette remarquable, trouvée à Enkomi et montrant un dieu jeune, avec pagne, casque à corne, lance et bouclier, qu'on identifie à Apollon. Or, il est debout sur une base qui a la forme d'un lingot : dès lors, l'Apollon apporté par les Grecs a été identifié au dieu protecteur des mines de cuivre du pays[1050], identification qui n'était possible que si l'on attribuait déjà antérieurement au dieu grec une capacité technique.

De cela, la Grèce propre paraît n'avoir que des traces. On racontait par exemple qu'un personnage plus mythique qu'historique, Aristéas de Proconnèse, poète disciple d'Apollon, mourut (une première fois !) dans la boutique d'un foulon[1051], fait, notent D. Gricourt et D. Hollard, qui « n'est certainement pas gratuit et met Apollon en relation avec le travail des tissus et des peaux qui précisément chez les Celtes se trouve sous le patronage de Lugus[1052] ».

Un autre souvenir semble être le suivant : l'une des compagnes d'Apollon, Khionè, était fille d'un nommé Daidaliôn. Elle fut tuée, après la naissance de deux enfants, par Artémis, à qui elle avait osé comparer sa beauté. La douleur de Daidaliôn fut telle qu'Apollon le changea en épervier[1053], oiseau dont on verra qu'il est effectivement proche d'Apollon. Le nom de ce Daidaliôn, présenté comme un violent et un conquérant, rappelle pourtant celui de l'artisan par excellence de la tradition grecque, *Daídalos*, « Dédale ». Or celui-ci est lié, et en quelque sorte doublement, à une histoire de métamorphose en oiseau : son disciple et neveu Perdix devenant plus habile que lui, par jalousie, il le jeta du haut de l'Acropole. Athèna le changea alors en perdrix[1054]. Et ce sont Dédale et son fils Icare qui se fabriquèrent des ailes pour s'échapper du Labyrinthe où Minôs les avait enfermés ; Icare tomba quand, s'étant trop approché du soleil, la cire qui tenait ses ailes fondit. L'histoire de Dédale contient ainsi deux fois le motif de la chute d'un jeune homme, partiellement oiseau avant elle (Icare) ou devenu oiseau après elle (Perdix). Ce récit met donc indirectement un technicien, Dédale, en rapport avec Apollon.

Selon Suètone *(Auguste, 57)*, une statue à Apollon *sandalarius* (« des sandales », mot d'origine grecque) fut consacrée par Auguste à Rome.

On signalera enfin la découverte, sur un relief de Dèlos, de la représentation de deux hommes maniant des instruments de métiers (de charpentiers et de maçons[1055]). Ce relief est tardif (IIᵉ-Iᵉʳ s. av. J.-C.), et il a de plus été découvert dans le temple de la déesse, d'origine orientale, Atargatis. Cependant, au terme de son étude de l'objet, W. Deonna concluait que les deux personnages peuvent êtres les Cabires. Or, ceux-ci, d'origine orientale comme Atargatis, ont été mis en relation avec Apollon : une inscription d'Argos enseigne que les Messéniens sacrifiaient aux Megaloi Theoi, les « Grands Dieux » (c'est-à-dire les Cabires, dont le nom vient d'une racine sémitique signifiant effectivement « grand ») lors des Karneia, autrement dit les fêtes d'Apollon Karneios, lien confirmé par des inscriptions d'Andania en Messénie, par lesquelles on apprend que les Cabires sont adorés dans le sanctuaire même d'Apollon Karneios[1056].

Tels sont les éléments qui montrent que Lug et Apollon ont été maîtres des techniques. On observera qu'à la compétence de Lug, côté celtique, quant au traitement de la peau, paraît correspondre, côté grec, la relation particulière d'Apollon avec les métamorphoses en oiseaux.

Des maîtres, tout court

Il apparaît que si Lug est le principal des dieux celtiques, Apollon est un personnage à peine moindre dans le panthéon grec. Ces dieux terribles, qui font peur même à leurs pairs, sont d'authentiques « maîtres », au plein sens du terme, c'est-à-dire, comme on le notera plus bas[1057], des souverains. Lug, en effet, régna. Le *Mabinogi de Math* se termine sur ces mots : « Lleu Llaw Gyffes reprit possession de son royaume [après sa vengeance[1058]], et il eut un règne prospère. D'après ce que dit le conte, il devint ensuite seigneur de Gwynedd[1059]. » Traduisons : Lleu retrouve le « royaume » qui était le sien avant d'être assassiné, donc sa seigneurie, tandis que lorsqu'il devient « seigneur » de Gwynedd, il acquiert le véritable statut royal, en succédant à Math, précédent roi de Gwynedd. Le texte ne parle donc que de son avènement, et ne précise pas combien de temps il régna. Il faut se tourner vers l'Irlande pour le savoir. Là, un texte expose que Lugh succéda à Nuada après la bataille de Mag Tured, et occupa pendant quarante ans la royauté d'Irlande[1060].

Il est vrai qu'après avoir obtenu le droit d'entrer à Tara et subi trois épreuves[1061], Lugh paraît avoir reçu immédiatement la royauté de Nuada : « Quand Nuada vit les pouvoirs du jeune guerrier, il réfléchit s'il ne pourrait pas se délivrer de l'esclavage dans lequel ils étaient tenus par les Fomóire ; ils tinrent donc conseil à ce propos ; l'avis auquel se rangea Nuada fut de changer de siège avec le jeune guerrier ; Samildánach alla donc sur le siège du roi, et le roi se tint debout devant lui pendant treize jours[1062]. » De fait, la première des épreuves, le « jeu d'échecs », c'est-à-dire l'ancien *findchell*, est une « épreuve royale », et Lugh y vainc Nuada[1063] ; cependant le texte ne parle pas encore de royauté ; Nuada rend hommage à Lugh, et il est possible qu'il ne lui laisse sa place que par politesse royale[1064]. Cette hésitation ne modifie pas l'essentiel : Lugh a été roi des Túatha Dé Dánann, tout comme Lleu a été roi du nord-ouest du pays de Galles.

Une semblable royauté sur les dieux, Apollon, lui, ne peut pas l'occuper : elle appartient à Zeus, à Zeus seul, depuis qu'il en a évincé Kronos. Pourtant, sans la mettre « en mythe », si j'ose dire, les

Grecs ont connu la souveraineté d'Apollon et l'ont dite « en parole » : car un substantif récurremment associé à son nom, et systématiquement dans les poèmes homériques, est le mot *ánax*, textuellement « seigneur, maître[1065] ». Certes, d'autres dieux reçoivent parfois cette épiclèse, mais Apollon est, de loin, le dieu auquel elle est le plus souvent appliquée[1066]. De manière synonyme, il est aussi qualifié parfois de *Despótès*, « Maître[1067] », de *Kúrios*[1068], de même sens, ou de *Mégas*, « Grand[1069] ». Le mot grec *ánax* existait déjà à l'époque mycénienne, sous la forme *wa-na-ka*, à lire *wanax* ; il désignait avant tout le roi : le roi de Pylos était le *wa-na-ka* du royaume[1070]. Qualifier Apollon d'*ánax*, c'est donc lui accorder un ancien titre royal grec. Mais, si *wa-na-ka* s'applique, sans ambiguïté, dans la majorité des cas, au souverain du petit royaume de Messénie à l'Helladique récent, on s'est interrogé sur le sens du mot dans une série de tablettes de Pylos, dites conventionnellement Fr, où un certain nombre de personnages, souvent des dieux, se voient attribuer des rations d'huile : parmi eux figure le (ou un) *Wanaka*, associé trois fois[1071] à des *Wanasoi*, des « reines » au duel : comme les Grecs ne pratiquaient pas la bigamie, du moins officiellement, on a soupçonné de bonne heure[1072] que ces *Wanasoi* étaient deux déesses, et, par conséquent, le *Wanaka* à elles associé aurait été un dieu[1073]. Alors quel dieu ? Les auteurs ont pensé à Poséidon[1074], à Zeus[1075] – identifications douteuses car ces deux divinités sont désignées sous leurs propres noms à Pylos – et, plus rarement, à Apollon[1076]. Cette dernière identification est pourtant d'autant plus tentante que, si *wanasoi* désigne bien, au duel, « les deux déesses », il peut s'agir là d'une désignation d'Artémis et de Lètô. Car dès lors l'expression *wanasoi wanakate* « aux maîtresses et au maître », désignerait exactement la triade apollinienne.

De fait, Apollon agit souvent en maître. Selon l'hymne homérique qui lui est consacré : « On raconte qu'Apollon sera d'un orgueil sans limite, et qu'il viendra commander en maître [*prutaneusémen*] aux Immortels et aux mortels, sur la terre qui donne le blé » (*HHA*, 67-69). D'autres textes le montrent tenant à distance l'armée : pour Théognis de Mégare, il est le dieu qui « repousse loin de Mégare l'armée en marche » (*Élégie* I, 775-776). C'est là déjà ce qu'il fait à Troie, la cité qu'il protège, et, dans l'*Iliade*, il est le dieu qui intervient le plus pour la défendre, se placer devant les portes quand elles sont menacées par l'armée achéenne, protéger les guerriers troyens. Trois fois il fait reculer Patrocle qui donnait l'assaut. À Sicyone, le culte d'Apollon et d'Artémis est lié à celui de Phobos, le dieu qui est la Peur personnifiée[1077].

À Argos, le temple d'Apollon Lukeios contient un trône, celui de Danaos, le fondateur du sanctuaire (Paus., II, 19, 4) : voici un

Apollon offrant une relation avec la royauté qui rappelle comment, dans la Pylos mycénienne, le roi et lui paraissent désignés par le même terme. Le trône dans le temple d'Apollon fait aussi penser à celui que Nuada céda à Lugh dès qu'il le vit triompher de toutes les épreuves, d'autant que Danaos fonda le temple d'Apollon Lukeios également après son triomphe, indirect, dans une épreuve, lorsqu'un loup le symbolisant vainquit le taureau symbolisant son prédécesseur.

On a dit comment, dans le légendaire irlandais contemporain, un saint, le plus souvent Patrick, a succédé au dieu Lugh, et, de fait, son prédécesseur, le potentat local, possède un taureau grâce auquel il espère se débarrasser du nouveau venu[1078]. Il y a homologie totale entre le récit argien et les récits irlandais liés aux sites Lugnasad : le taureau représente le maître antérieur. Ce n'est pas tout : saint Patrick a un trône, ou du moins un siège particulier, *Saint Patrick's Chair*, connu en Irlande en plusieurs endroits[1079], sous forme de sièges de pierre, ou de pierres ayant grossièrement la forme d'un siège, et situés en des endroits particulièrement sacrés, tels les sommets de collines ; dans l'un au moins (à Struel), les pèlerins devaient s'asseoir dessus un instant, puis en faire trois fois le tour, rituel de circumambulation qui, dans toute l'aire celtique (et indo-européenne[1080]) est le moyen de sanctification par excellence. Sachant que les Irlandais anciens ne construisaient pas de temples, l'homologie avec la situation argienne est complète.

C'est aussi la royauté qui sera en jeu dans le « dossier » du roitelet : lié à Apollon comme à Lleu, le petit oiseau nous entraînera, à la suite de Marco García Quintela, dans une enquête sur des formes de souveraineté d'Europe occidentale les plus conservatrices où le roitelet porte bien son nom de « petit roi », car il l'emporte, ne serait-ce qu'un moment, sur l'aigle.

Enfin, la destinée ultérieure de l'hellénisme accroîtra encore, en certains secteurs, le poids théologique d'Apollon : avec le pythagorisme, qui voyait en lui le père de son fondateur[1081], Apollon devient une sorte de dieu universel, dans une perspective panthéiste.

Dieux des hauts lieux

Un autre des points communs à nos deux divinités est leur prédilection pour les hauts lieux[1082].

En ce qui concerne Apollon, les textes l'attestent à l'envi : « Tous les hauts lieux te sont chers, et les cimes altières des caps montueux, et les fleuves qui coulent vers la mer, et les falaises qui tombent dans les flots, et les ports de la mer » (*HHA*, 22-24), chante l'auteur de l'hymne homérique, tandis que Pindare dit d'Apollon qu'il s'est arrêté, alors qu'il parcourait le monde, « sur les guettes élevées des monts », et, « errant dans leurs replis, y jeta les fondements des bois sacrés[1083] ».

Il est ainsi le dieu qui règne sur la petite élévation de Dèlos qui porte le pompeux nom de mont Kunthos (francisé en « mont Cynthe » !) (*HHA*, 141 ; *HD*, 10), et c'est généralement sur des élévations ou des montagnes qu'il est adoré : ainsi en Béotie sur le mont Ptoion à Akraiphnia (Paus., IX, 23, 6) ; en Attique sur l'Hymète et le Parnès, et à Athènes même sur le flanc de l'Acropole[1084] ; en Triphylie à Bassai (où il est Épikourios[1085]) ; près de Mégare, à Tripodiskos, sur le mont Gerania[1086] ; en Argolide, à Argos sur la Deiras (une des deux acropoles de la cité ; il y est appelé *Deiradiôtès*, et son sanctuaire était situé à l'extérieur de la porte d'Argos donnant sur les plateaux du mont Lukônè par le col de la Deiras[1087]), à Épidaure sur le mont Kunortion[1088], et à Ténéa près de Corinthe[1089] ; à Sicyone, où lui était consacrée une « colline de l'Archer[1090] » ; à Thornax, sur le mont du même nom, aux confins de la Laconie et de l'Arcadie[1091], et de l'autre côté de l'Arcadie sur le mont Lukaion, où il porte l'épiclèse de *Parrhásios* ; à Geronthrai dans le sud de la Laconie, sous l'épiclèse de *Maléatas*, dans les montagnes à l'est de Sparte, et il y surplombe l'autel d'Apollon *Akrítas*, « De la cime[1092] » ; en Acarnanie au cap Aktion et, non loin, au-dessus de la cité d'Ambrakia[1093] ; en Thrace, sur le mont Rheskynthos ; en Asie Mineure, sur le mont Lusson à côté d'Éphèse[1094], à Pergame, sur la citadelle de Troie[1095], de même sur les acropoles de Kymé, en Éolide, et de Massalia, notre Marseille ; à Hulai, près de Magnésie du Méandre, une grotte contenait une statue d'Apollon, et elle était en altitude puisque, nous dit-on, des prêtres du dieu sautaient dans le précipice et tombaient sur les arbres en contrebas[1096] ; dans le sud de la Macédoine la Piérie, dont le mont Olympe forme la partie méridionale, est son domaine[1097], et, évidemment, il règne sur le Parnasse et sa ville d'altitude de Lukôreia[1098], etc. : autrement dit, sa prédilection pour les hauts lieux est manifeste dans toute la Grèce, dans les terres coloniales grecques, et dans les régions sous influence grecque.

Lug n'est pas en reste. Partout son culte est lié aux montagnes, ou, à défaut, aux collines. Dans la Gaule romaine, le culte de Mercure est souvent en montagne : au sommet du puy de Dôme, où le culte survécut jusqu'au Moyen Âge[1099], les Arvernes firent construire une gigantesque statue à Mercure[1100] ; au Donon, sommet des Vosges, les Leuci et les Mediomatrici honoraient le même dieu en commun, et lui consacrèrent plusieurs dizaines de statues[1101] ; au mont Mercure de Barjon (Côte-d'Or[1102]) chez les Lingones ; au Heiligenberg près de Heidelberg, et près de Bierbach dans la Sarre, ces sanctuaires ayant le point commun d'être souvent accompagnés de « puits sacrés » ; à Abreschwiller, dans la vallée de la Sarre[1103] ; au Wasenbourg, près de Niederbronn, d'où provient une statue de Mercure[1104] ; un autel, et sans doute un sanctuaire, dédiés à Mars et Mercure à la fois, se trouvaient au sommet du mont du Chat, « au sommet de la crête qui domine le lac du Bourget[1105] » ; au-dessous du puy de Dôme, Mercure possédait encore un magnifique temple de marbre, aux murs de trente pieds d'épaisseur ; un autre était à Clermont-Ferrand (en latin *Clarus Mons*[1106]) ; dans le pays des Aedui, coïncidant en grande partie avec la Bourgogne, le culte de Mercure est attesté au mont de Sene[1107], au mont Saint-Jean[1108], et au mont Marte, près d'Avallon dans le sud de la Bourgogne, où l'on a aussi les restes d'un Mercure colossal, au torse nu, faisant une libation de la main droite ; l'identification à Mercure est assurée par une dédicace[1109], et est à rapprocher d'une tête semblable, en marbre, de l'acropole de Merida, en Lusitanie[1110] ; et, à Paris, « Montmartre » vient de *mons Mercore*, nom attesté par la *Chronique de Frédégaire* au VIIe siècle[1111]. De même, en Espagne, les sanctuaires dédiés à Lug sont souvent sur une éminence rocheuse, ainsi à Peñalba de Villastar, dans la région de Teruel, où Lugus (ici au datif singulier : *Luguei*) est qualifié d'*eniorosei equlisuigue*, ce que l'on peut traduire par « Montagneux » ou bien : « au festival annuel » et « Cavalier[1112] » ; à La Vid, Pola de Gordón, province de León, dans un ermitage consacré à saint Laurent[1113], où une inscription votive est une dédicace à des dieux « chevalins[1114] », certainement liés à Lug, d'autant que c'est sur une colline que Mômoros et Atépomaros (« Le très grand cheval ») fondèrent Lugdunum[1115] ; à Peña (Roc) de Santa María, en Galice, et une statue qui peut être celle de Lug, le *Colosso* de Guimaraes, également en Galice, se trouve à Pedralva, dont le nom est synonyme de celui de *Peñalva*[1116]. On a pu supposer que tous les « Clermont », nombreux en France, cachent en réalité des « Lug-dunum, donc des hauteurs de Lug[1117] », comme aussi Montdidier, et, par voie d'étymologie populaire, divers Saint-Désir[1118].

Quant à l'Irlande, la documentation y est tellement vaste qu'elle forme une large partie du travail de Mme MacNeill sur *The Festival of Lughnasa*, où le matériel rassemblé montre comment les rites conservés dans ce pays, et dont la date montre qu'ils prolongent Lugnasad, sont très fréquemment attachés à des montagnes ou collines. Je renvoie donc à son travail sur ce point, pour ne pas surcharger celui-ci des dizaines de pages qu'il faudrait pour résumer le sien, car « The Mountain Pilgrimages » (pèlerinages de montagnes) et « Festive Assemblies on Heights » (assemblées festives sur les hauteurs) forment l'essentiel de la matière de son livre[1119]. Si les assemblées et le paiement des dîmes ont lieu sur les monts, note-t-elle, c'est parce qu'on est plus près du dieu[1120], et, lorsqu'elle tente de reconstituer les rites disparus à partir des traditions sur l'origine des fêtes, elle est amenée à conclure, d'un côté, qu'il devait y avoir près de chaque site Lugnasad un enclos pour garder des bovins qu'un personnel spécialisé avait charge d'amener en haut, sans doute pour un sacrifice, d'un autre, que cela pouvait aussi concerner des êtres humains, car le mythe de la mort d'un jeune homme au sommet d'une colline, site d'une fête de fin juillet ou de début août, est récurrent[1121].

Lors de la christianisation, c'est principalement saint Michel, l'archange, intermédiaire entre les hommes et Dieu, et régulièrement placé en hauteur, qui, en France, a pris en charge les anciennes dévotions en altitude à Lugus[1122]. La continuité est souvent visible : en Vendée, on connaît Saint-Michel-Mont-Mercure ; dans la Sarthe, saint Michel est patron de Parigué-L'Évêque, où il y a un manoir dit de *Loudon*, ancien *Lucduno* (en 692), une chapelle saint Michel s'y trouvant depuis au moins le XIIe siècle[1123]. On le soupçonne aussi à Saint-Michel-d'Aiguilhe au Puy-en-Velay[1124]. Un des autres saints qui a pris la succession de Lugus est saint Loup, dont la vie présente des points communs avec ce que l'on sait de Lug[1125] ; or le pic Saint-Loup est un mont qui domine l'est du Languedoc, et en Gâtinais, sur la hauteur de Cépoy, se trouve l'église, partiellement romane, de l'ancien prieuré de saint Loup[1126].

Par cette prédilection pour les hauts lieux, Lug/Apollon se rapproche de l'autre dieu souverain, inférieur à lui en Irlande (Dagda, le Jupiter gallo-romain[1127]), supérieur à lui en Grèce (Zeus) : car solaire et royal, Lug/Apollon a autant de raisons que ce dieu souverain d'occuper les sommets qui le rapprochent du ciel.

Et des grosses pierres

La prédilection de Lug et d'Apollon pour les grosses pierres, et même la propension du second à prendre cette forme, est apparue en diverses occasions dans les paragraphes précédents. Apollon établit lui-même les fondations de Delphes, sur une vaste étendue, ce qui est bientôt suivi de l'installation du seuil de pierre, autour duquel se grouperont les futurs habitants de la cité, par Trophonios et Agamédès[1128] ; il fortifie également plusieurs villes[1129] ; tandis qu'en Irlande – pourtant peu vouée aux constructions architecturales en pierre –, Fintan, opérant sur le conseil de Trefuilngid la répartition des territoires selon les points cardinaux et le centre, installe à Uisnech un « pilier de pierre à cinq faces[1130] ». À cette pierre centrale irlandaise répond évidemment une autre pierre, célèbre, en Grèce :

l'Omphalos de Delphes, « Nombril » du monde représenté par une pierre ovoïde entourée de bandelettes (elles-mêmes sculptées dans la pierre).

Mieux, on a souligné que le geste d'Apollon posant sa lyre sur une pierre à Mégare à l'époque où il aidait le roi Alkathoos à fortifier la ville, de sorte que depuis cette pierre est musicale, renvoie à la fois au mythe d'Amphiôn bâtissant les murailles de Thèbes grâce au son de sa lyre, et au mythe de Lugh arrivant à Tara, et soumis à deux épreuves consécutives, d'abord relancer une énorme pierre là où elle était après qu'un héros de force (Ogme, Ogma) l'eut déplacée, puis jouer de la harpe[1131]. À son tour, la première de ces deux épreuves a un parallèle apollinien : non seulement le fils de Lètô est capable de placer d'énormes pierres de fondation, mais, cela fait, raconte l'*Hymne homérique*, il retourne chez Telphousè qui avait voulu le piéger, et pousse un rocher (*pétra*) sur la source[1132].

À côté de ces exploits, où Apollon manie des pierres colossales, un ample « dossier » le montre lui-même... pierre. Dans un grand nombre de cas, en Grèce ancienne, une simple pierre, plus ou moins volumineuse, a été l'image du dieu. On citait déjà plus haut les cas d'Apollon Aguieus et d'Apollon Karinos, le premier largement répandu en Grèce[1133], le second spécifique de Mégare : ils avaient forme d'autel, ou de pierres coniques, pyramidales[1134].

À Tégée, on voyait aussi un Apollon ayant la forme d'un hermès, c'est-à-dire d'un pilier quadrangulaire[1135]. À Amyclées, la statue d'Apollon était une sorte de pylône, surmonté d'une tête et pourvu d'armes[1136]. L'érudit Stéphane de Byzance a relevé une épithète d'Apollon, *Lithèsios*, « Celui de la pierre », et le définit comme « Apollon sur le [cap] Maléas », en Laconie méridionale. *Hólmos* désigne en grec une pierre cylindrique[1137], et s'applique aussi au trou du trépied de la Pythie[1138] : pour l'une ou pour l'autre raison, Apollon dispose de nombreux noms formés sur celui-ci : *Enólmios*, *Énolmos*, *Énolmis*, et le savant byzantin Hésykhios dit que ce dernier terme désigne « une sorte de devin ». Un mot rare, *gullòs*, signifie également « pierre », et une inscription de Milet expose que la guilde des chanteurs qui sacrifie à Apollon Delphinios porte deux *gulloí*. Hésykhios nous apprend qu'il s'agit de « pierres cubiques et tétragonales », c'est-à-dire assez proches des hermès[1139], quoique sans doute plus petites, de manière à être portables. Plutarque raconte aussi l'histoire suivante : un nommé Temôn, noble de la tribu grecque des Ainianes qui désirait envahir le pays des Inakhiens (dans l'ouest de la Thessalie), promet à Apollon une hécatombe en cas de victoire de son peuple. Il s'ensuit un duel des deux rois, et celui des Ainianes, Phèmios, parvient à tuer celui des Inakhiens en lui lançant une pierre. Depuis, cette pierre est sacrée, on lui offre des victimes et on la recouvre de leur graisse[1140] – autrement dit, elle est une image du dieu qui a permis la victoire, Apollon[1141].

Oreste, à travers toute son histoire, de son matricide à sa purification finale, est étroitement lié à Apollon[1142] : il faut alors noter combien il est en relation avec des pierres : c'est sur des pierres qu'il est purifié[1143], et à Thèbes une pierre appelée Sôphronistès, « Donneuse de sagesse », fut donnée à Oreste par Athèna, mais appartenait au sanctuaire d'Apollon Spodios (« des Cendres[1144] »). De même, au sanctuaire d'Apollon Ismènios dans la même ville, la prophétesse Mantô se livrait à la divination sur une pierre[1145]. À Delphes, une autre pierre que l'Omphalos se trouvait auprès de la tombe de Néoptolème : les Delphiens versaient chaque jour de l'huile d'olive dessus, et à chaque fête y plaçaient de la laine brute ; une tradition locale voulait que ce fût la pierre que Gaia donna à avaler à Kronos à la place de Zeus, et que le Titan vomit[1146]. On rapprochera le culte rendu à Kragaleus, cet homme juste qui eut le malheur de rendre un jugement défavorable à Apollon[1147] : il fut pétrifié, et dès lors les gens d'Ambrakia lui offrirent un sacrifice funéraire[1148]. Toutes ces pierres liées à des tombes ou bénéficiant d'un rituel funéraire se trouvaient donc en relation avec Apollon[1149].

Côté celtique, ce n'est évidemment pas l'Irlande, pays où les grosses pierres (mégalithes, à savoir menhirs, cromlechs…) sont antérieures à l'arrivée des populations celtiques, qui peut fournir, au sujet de Lug, un parallèle au lien si dense entre Apollon et les pierres[1150]. Il est par contre un secteur archéologique où s'observe pleinement la relation entre Lug et les pierres volumineuses. Il s'agit du nord-ouest de l'Espagne. Les importants travaux de M. García Quintela[1151] comprennent en effet les observations suivantes.

Sachant l'importance du pied dans l'histoire de Lleu Llaw Gyffes – il gagne son nom alors qu'il a pris l'aspect d'un jeune cordonnier et est précisément en train de mesurer la taille du pied de sa mère[1152] ; plus tard il est tué alors qu'il a les pieds en équilibre sur un chaudron et sur un bouc[1153] –, et également l'importance du rite qui consiste à placer précisément son pied sur une pierre, dans un emplacement prédéterminé, au cours de rites de souveraineté associés au roitelet en Bretagne, en Écosse, en Galice, en Irlande[1154], on peut penser que les « cupules » en forme de pieds (podomorphes) qu'on observe sur les pierres proches de *castros* de l'âge du fer (sites fortifiés attribuables aux anciens peuples celtiques de la région) indiquent une relation entre ces pierres et le culte de Lugus. Le sanctuaire d'A Ferradura, en Galice, consiste en deux rochers, situés au centre d'un plateau ; le premier a plusieurs podomorphes de la taille du pied humain, tels qu'on peut s'y mettre debout ; il mesure 10 mètres de long, 3,20 m de large, 1,50 m de haut ; des onze podomorphes gravés, certains correspondent à des pieds chaussés, d'autres à des pieds nus ; certains sont des pieds gauches, d'autres des pieds droits ; deux regardent vers l'ouest, vers un *castro* proche, celui d'A Zana, quatre sont tournés vers le nord, un autre vers le *castro* de San Trocado, et un vers San Cibrán de Las, de sorte que si l'on met successivement les pieds dans chaque podomorphe, on fait un tour d'horizon complet, et on regarde vers chacun des *castros* de la vallée[1155]. Des podomorphes se retrouvent à la Peña de Santa María à Salamanque : un phallus et des testicules sont gravés entre deux pieds, associés à une main droite, le tout de taille normale. M. García Quintela ne manque pas de souligner que la main rappelle le long bras de Lugh – un homme debout sur ces podomorphes ne peut toucher l'empreinte de main qu'en ayant le bras droit très long ! –, tandis que les organes sexuels font penser à ce que l'on a sur des stèles spartiates et qui garantit le caractère masculin de certaines des figurations d'Apollon Tétrakheir[1156].

Quant aux pieds, ils rappellent l'importance des pas d'Apollon[1157].

Mais ce qu'il faut retenir avant tout ici, c'est l'importance donnée à la pierre en tant que telle. Les toponymes la soulignent : on a la *Peña* de Santa María, et le mot que je mets en italique signifie « pierre » ; le plus célèbre sanctuaire lughien d'Espagne[1158] s'appelle *Peñalba* de Villastar, le terme en italique signifiant « Pierre blanche » ; une sculpture grossière, le *Colosso* de Guimarâes, identifiable à Lugus – il a le bras droit levé[1159] –, se trouve en Galice à *Pedralva*.

Les recherches de M. García Quintela ont permis de préciser et de confirmer par d'autres voies la relation entre les roches à podomorphes et Lugus. L'autre des deux roches les plus importantes d'A Ferradura forme un abri rocheux naturel dont l'ouverture naturelle triangulaire est tournée vers le sud-est. Il est possible de montrer que cette disposition est en relation avec le solstice d'hiver : le 21 décembre 2001, le savant espagnol et ses collaborateurs ont pu vérifier l'alignement entre l'abri, la roche et le soleil à son coucher, entre 17 heures et 17 h 20, le soleil illuminant alors l'unique pétroglyphe de la roche. Vu de l'abri, il descend verticalement sur la cime de San Trocado. En même temps, de l'autre côté, l'ombre faite par l'abri rocheux où se trouve la roche se prolonge jusqu'au Coto do Castro – autre site de l'âge du fer. Alors, un alignement parfait est réalisé entre l'ouverture triangulaire de l'abri, la cime du Coto do Castro et le pétroglyphe, au moment où le soleil cesse de l'illuminer, et plus loin la cime de San Trocado.

Il s'agit donc d'une disposition voulue, qui rappelle d'autres installations celtiques « archéoastronomiques », et l'auteur rappelle ainsi comment le célèbre bassin de Bibracte, construit entre 40 et 30 avant J.-C., chez les Aedui, voit son axe ajusté sur le lever du soleil au solstice d'hiver, et que ce jour-là, le soleil se lève et se couche sur les deux hauteurs les plus détachées de Bibracte, le Porrey et le Theurot de la Roche. Cependant, rien ne permet de rattacher ce bassin au « dossier » de Lugus, et les autres parallèles qu'invoque l'auteur, telles l'orientation de certains sanctuaires et oppida celtiques, ou les coordonnées calendaires repérables sur des monnaies[1160], n'apportent rien sur la présente question : je laisse cela de côté. Il importait seulement ici de souligner que Lugus est en relation étroite, consubstantielle pourrait-on dire, comme Apollon Aguieus ou Karinos, avec des pierres, et qu'il ne s'agit pas du hasard du support conservé : la disposition rigoureuse du sanctuaire lughien à A Ferradura l'inscrit dans l'espace. Le roitelet et les rites de souveraineté confirmeront, ci-dessous, l'originalité et l'importance de ces pierres.

CHAPITRE II

Attributs et corrélats

Après l'étude des caractères communs attribués à Lug et à Apollon dans les sociétés de leurs adorateurs respectifs, on montrera que ces deux dieux ont des rapports précis avec :

– une arme de jet et un instrument de musique à cordes ;

– des animaux : le corbeau, le cheval, le chien ou loup, le sanglier et le porc, le roitelet, le serpent, la tortue, l'ours, le dauphin ou phoque, « l'aigle pourri », le cygne, le coq ;

– un végétal : la pomme ;

– des nombres : le trois, le sept et le neuf ;

– enfin, une danse.

Pour tout cela les points communs entre Lug et Apollon sont rigoureux, et au plus les différences, lorsqu'il y en a, tiennent à l'histoire des sociétés qui les ont vénérés, et consistent en inversions, ou décalages. Compte tenu de ces phénomènes, on va voir se dessiner des tableaux comparatifs complets, confirmant les résultats de la partie précédente, et montrant l'homologie totale du grand dieu celtique et du grand dieu grec.

L'arme de jet

Apollon, dans la tradition grecque de part en part, est considéré comme un dieu archer[1].

Lug est défini, dans les textes, et sur bien des figurations, comme dieu à la lance[2].

C'est par ailleurs avec une troisième arme de jet, la fronde, qu'il tue ou au moins aveugle Balor[3].

Le caractère électif, sélectif, de ces attributs est dénoté en Grèce par le fait que le terme d'Archer vaut comme nom alternatif d'Apollon (*Hekèbólos*, *Argurótoxos*), tandis qu'en Irlande, sur quatre objets canoniquement définis comme les joyaux des Túatha Dé Dánann, l'un, la lance, est attribué spécifiquement à Lug. Un texte dit d'elle : « C'est de Goirias que fut apportée la lance de Lug. Aucun assaut ne put jamais être soutenu contre elle ni contre celui qui la tenait[4]. »

Le pays de Galles confirme cette compétence, puisque, si Lleu est tué d'un coup de lance dans le dos – ce qui, à soi seul, confirme son « affinité » avec cette arme de jet –, c'est de la même façon qu'il tue, à titre de vengeance, Gronw Pebyr, d'un coup si puissant qu'il transperce la pierre que le lâche avait souhaité qu'on mît entre lui et Lleu. La pierre est certes « un motif destiné à rehausser la force du coup et la solidité de l'arme », comme le note P.-Y. Lambert[5], mais on doutera qu'il s'agisse d'un motif purement littéraire : le fait qu'on ait dans l'Antiquité, à Ampilly-les-Bordes (Côte-d'Or), une dédicace DEO BE/MILVCIO/VI, à lire « au dieu Bemilugus », ou « au dieu Lugus le Frappeur[6] », indique que dès alors la force des coups de ce dieu était célèbre au point de susciter une forme canonique de son nom.

Et de fait, la documentation archéologique prouve que Lug était déjà dieu à la lance dans l'Antiquité. À Alise-Sainte-Reine, une stèle montre une figuration de Mercure, imberbe, torse nu, tenant une bourse (emprunt au Mercure latin, et au-delà à l'Hermès grec) et une lance[7]. Une monnaie de Gaule du Nord, de la fin de l'Indépendance, montre un guerrier brandissant une lance au fer énorme, caractère irréaliste qui en fait une arme divine, et désigne son possesseur, Lugus[8]. La lance se retrouve au Bas-Empire, sur certaines des monnaies de billon imitant des monnaies officielles : d'une part un double sesterce irrégulier de Postumus, frappé en 266-267, montre « un dieu courant à droite en brandissant de la dextre une lance et un bouclier », en lequel Gricourt et Hollard avaient reconnu initialement Taranis[9], et pensent aujourd'hui qu'il s'agissait de Lug[10], d'autre part « une imitation radiée à l'effigie de Tetricus, provenant du trésor d'Allonnes II (Sarthe), abandonné vers 275-276 ap. J.-C. La scène du revers représente Lugus debout à gauche, tenant une lance du bras droit (qui apparaît démesuré) et doté d'un bras gauche d'une taille monstrueuse prolongé [comme en d'autres endroits] par une main réduite à trois doigts[11] ».

La lance, arme de Lug, est aussi aux mains de ses descendants. Dans un des récits qui racontent la mort de Cúchulainn, intitulé *La Grande Ruine de la plaine de Murthemne*, Erc, l'un de ses futurs meurtriers, décrit le héros : « Il y a un bel homme blanc à la large chevelure dans le char [qui approche]. Il a une lance rouge brûlante dans la main, jetant des étincelles rouges[12]. » Un autre est Gae Glos, fils de Luinde, fils de Lug Liamna : il était champion de Fiacha Srabstine, et possédait une lance infaillible[13].

Enfin, il a existé des survivances rituelles du caractère canonique de la lance de Lug. Lors de fêtes irlandaises du 1er août, en certains endroits (à Ringsend, à la limite de Dublin, et à Cork), on célébrait des rituels à résonance juridique (marquage des limites juridictionnelles) en jetant des lances dans la mer, cérémonie connue sous le nom *Throwing the Dart* à Cork[14]. Même survivance en France, d'autre manière cependant : saint Gengoult est le continuateur de Lug, puisqu'il lui arriva une aventure identique à celle de Lleu[15] ; or, son arme canonique est une lance[16], au point que lorsque R. Delavigne relève les noms des saints qui ont provoqué le jaillissement d'une eau miraculeuse, parmi divers moyens – prière ou ordre du saint, marque de son pied, ou bien crosse de sainte Aubierge, bâton de saint Géroche, baguettes de sainte Bathilde –, c'est une lance pour saint Gengoult seul (à Vaux-sur-Lunain[17]).

Quant à Apollon, son caractère d'archer s'exprime à la fois dans ses épiclèses et qualificatifs les plus nombreux (surtout *Argurótoxos*, « Celui à l'arc d'argent », *Hekatêbólos*[18] ou *Hekatêbelétês*[19], « Lanceur de traits » – l'*Hymne homérique* juxtapose *Argurótoxos, ánax hekatèból'Apollon* : « Seigneur Apollon à l'arc d'argent et archer[20] » –, *Khrusótoxos*, « Celui à l'arc d'or[21] », *Hékatos*, « Celui qui frappe au loin[22] », *Hekeíos*, *Hekêbelétès*[23], *Hekêbólos*[24], *kallítoxos*, « Au bel arc[25] », *klutótoxos*, « Célèbre par son arc[26] », *toxophóros*, « Porteur d'arc[27] », *toxobélemnos*, « Qui envoie des flèches à l'arc[28] », *eupharétras* ou *euruphármetros*, « Au large carquois[29] », en latin, dans Virgile, *arcitenens*, « Celui qui tient un arc[30] », et, à Sicyone, il était adoré comme *Tóxios*, « Celui à l'arc[31] ») ; dans son iconographie (par exemple l'Apollon Philêsios fixé par Kanakhos avait pour attributs canoniques le coq et l'arc[32]) ; et dans ses mythes : on a dit comment, avec sa sœur Artémis, il flèche les ennemis de sa mère ou les rivales de sa sœur (il tue ainsi le serpent Python, Achille[33], les deux frères géants appelés les Aloades, Méléagre[34], les Niobides (ci-dessus), Phléguâs, et comment, surtout, il cause les épidémies, durant lesquelles gens et animaux tombent, frappés par les flèches d'Apollon ; ou, plus simplement, c'est lui, accompagné d'Artémis, qui achève « de ses plus douces flèches » les gens au terme de leur vie[35]. Naturellement, il protégeait les archers, et chacun d'entre eux, avant de tirer, lui adressait une rapide prière[36], à moins bien sûr qu'il n'aille jusqu'à oser se croire plus fort que lui, comme Eurutos[37] à qui cela coûta la vie.

Les cultures celtiques et grecques ont ainsi campé leur grand dieu armé de la lance et leur grand dieu armé de l'arc. Ces armes sont les moyens principaux de leurs coups et prises foudroyants, examinés plus haut[38].

Et pourtant, la proximité des deux dieux est en fait plus grande encore qu'il n'y paraît. D'une part, foudroyantes, ces armes sont brillantes : d'or ou d'argent, pour Apollon, de feu pour Lug, puisque *Goirias*, nom de l'île d'où fut apportée l'arme du dieu, est sans doute un dérivé de *gor*, « feu »[39], et qu'il est dit de celle de son fils Cúchulainn qu'elle était « rouge brûlante dans sa main, jetant des étincelles rouges[40] ». D'autre part, il a été souligné que, dans plusieurs sanctuaires apolliniens, les figurations, les plus archaïques de l'art grec, au VIIIe siècle avant notre ère, sont les statuettes en bronze d'un guerrier armé d'une lance – ainsi à Delphes, à Marmaria à l'entrée de Delphes, à Thèbes, à Amyclées. Ce sont assurément des images d'Apollon. Les statuettes de guerriers semblables, munis cette fois d'un arc, n'apparaissent, semble-t-il, à Delphes et en Béotie, apparemment qu'au VIIe siècle : certains auteurs voient en cela l'influence de l'*Iliade*, qui mentionne l'arc, et non la lance, d'Apollon[41].

En fait, qu'Apollon ait disposé de l'arc et de la lance, alternativement ou en même temps, s'atteste dans diverses œuvres à peine postérieures aux précédentes. Ainsi le sculpteur anonyme qui a fait la statue-xoanon d'Apollon à Amyclées mettait dans une main du dieu, un arc, dans l'autre une lance[42], et il en était de même à Thornax, cité située tout près de Sparte également[43]. En tout cas, qu'Apollon ait possédé une lance aussi bien qu'un arc était connu des Grecs, puisque Callimaque, auteur très postérieur aux œuvres qu'on vient de mentionner, n'hésite pas à fournir au cri *hie, hie paian* des rituels apolliniens une étymologie (artificielle) par le nom de la lance : « *Hie, hie paieon*, lance ton trait [*hiei belos*], dieu auxiliateur dès que tu naquis[44]. » Si l'on se fonde sur les documents archéologiques, on doit donc conclure qu'Apollon a *d'abord* été muni d'une lance, *puis* est devenu archer. Il y a alors un point commun manifeste entre Lug et Apollon, et il est d'autant plus frappant que l'arme de jet (flèche, javelot ou fronde) était également méprisée des Hellènes et des Celtes[45], qui valorisaient, à l'instar de tous les peuples indo-européens occidentaux, le combat rapproché.

Mais ce mépris même de l'arme de jet parmi ces peuples fournit l'explication du fait que deux dieux de première importance en sont pourvus : c'est que l'arme de jet est par excellence une arme de *jeunes*[46], et Lug et Apollon, on l'a dit, sont des jeunes – non point des adolescents, comme l'Hermès grec, mais des éphèbes, des jeunes en âge de porter les armes. Plus précisément, l'arc, l'arme de jet, connotent l'état de « non-guerrier adulte », et, dans les mythes, en sont donc pourvus, outre les jeunes, les étrangers, les femmes, les marginaux de diverses sortes[47]. Car un jeune homme non encore initié est proche, en son statut social, de ceux des femmes et des esclaves[48].

Pourtant, Lug et Apollon sont par excellence des jeunes qui ont franchi, en réussissant magnifiquement leurs épreuves, la limite entre statut de jeune et statut d'adulte : les Grecs aisés de haute époque consacraient, je l'ai dit, des statues de *koûros*, image d'Apollon, pour célébrer l'intégration de leurs jeunes au corps civique. Les mythes, s'ils étaient « complets », nous montreraient donc, par exemple, Lug armé de la lance, avant son entrée à Tara, et pourvu d'une autre arme après, Apollon pourvu d'un arc jusqu'au meurtre du dragon inclus, puis équipé d'un autre engin de mort. S'ils ne le font pas, c'est bien qu'il s'agit d'une image théologique : la lance du premier, la lance puis l'arc du second connotent définitivement leur statut, à l'un comme à l'autre, de « Jeune » paradigmatique, fixé, en quelque sorte, sur le sommet de la carrière initiatique, ce que symbolise précisément une statue de *koûros*.

Il va sans dire que le tir de Lug ou d'Apollon va toujours droit au but. Dans la seconde version de la *Seconde bataille de Mag Tured*, il est dit de Lugh, lorsqu'il reçoit à la main la balle de fronde lancée par Goibniu avec ses pinces, qu'il la renvoie dans l'œil de Balor, et alors : « Il n'y eut pas d'erreur de tir bien que Lugh fût à une grande distance. » C'est parce qu'il a atteint un roitelet, situé à distance, entre le muscle et l'os de la jambe, que Llew Llaw Gyffes reçoit un nom. Apollon et sa sœur Artémis ne manquent non plus jamais leur but. Notons ici une étonnante conservation jusqu'à l'époque récente d'un matériel rituel remontant à l'Antiquité celtique. En Catalogne, il y a encore une génération, les jeunes gens se livraient, à la saint Étienne (26 décembre) ou à la saint Sylvestre (31 décembre), à la chasse au roitelet, dont on verra ci-dessous qu'il s'agit d'une pratique prolongeant un rite lié à Lug. Lors « les confrères de [la confrérie de] saint Étienne passaient pour des experts aux jeux d'adresse, ils s'entraînaient au tir avec des lance-pierres, des frondes et de longs tubes de roseaux, selon une technique connue des bergers (*balístia de la canya*). Ils visaient le goûter que les journaliers suspendaient à la fourche d'un arbre, ou s'exerçaient à jeter consécutivement et rapidement neuf pierres entre deux traverses de bois. En Allemagne, comme en Catalogne, saint Étienne est aussi le patron des frondeurs et autres lanceurs de pierre (*Schlender*) ». L'auteur à qui j'emprunte ces lignes souligne qu'il y avait là à la fois pratique cynégétique et production de bruit[49]. Tout, ici, rappelle Lug : le roitelet, la fronde et les autres armes de jet, l'arbre, le nombre neuf (ci-dessous), la production de bruit (ci-dessous également), et le jeu d'adresse au tir corrélatif de la chasse au roitelet rappelle directement le mythe de Llew.

L'instrument à cordes

Qu'Apollon soit musicien, cela n'a pas besoin d'être démontré. Depuis l'*Hymne homérique à Apollon* où, à peine né, celui-ci exige sa lyre[50], et l'*Hymne homérique à Hermès* où le dieu, *in fine*, donne à son frère la cithare qu'il avait faite[51], les festins des dieux où il joue de la lyre[52], cet instrument d'Apollon fait partie de son image et fait de lui le maître de la musique, des aèdes, des concours musicaux[53]. Lorsque Platon retient quatre traits pour définir Apollon, la musique est l'un d'eux[54], et l'on évoquait plus haut comment, dans des récits de fondation, la lyre d'Apollon, ou celle de son semblable humain Amphiôn, se reliaient aux processus de fortification[55]. Avec les Muses, Apollon chante, accompagné de son instrument, aux fêtes nuptiales des dieux et de certains héros[56]. Il en tire bien entendu plusieurs épiclèses et qualifications : *Eulúras*, « Excellent à la lyre », *luroktúpos*, « celui qui frappe la lyre », *Khrusolúrès*, « À la lyre d'or », *himeróphônos*, « à la voix charmante », *ligúphônos*, « à la voie claire », *kerasphóros*, « porteur [du plectre en] corne[57] ». Il joue aussi bien de la cithare, et de la flûte[58], dont il découvrit la technique comme celle de la lyre[59]. C'est pourquoi il est aussi qualifié d'*Aulètès*, « Celui qui a la flûte », ou de *Donáktas*, « [Le dieu] du pipeau des bergers » ; on évoquera ci-dessous les flûtes de Delphes, et à Kition, dans le sud de Chypre, les fouilles ont livré la statuette d'un Apollon local, appelé Opaôn Mélantheus, et tenant un aulos dans la main[60].

Lié aux Muses, Apollon est dit *Mousagétès*, « conducteur des Muses[61] », *Mouseîos*, « Dieu associé aux Muses », à Mégare, et il est le père de trois d'entre elles, selon l'ancien poète Eumèlos de Corinthe[62]. Avec elles, et avec les Kharites, il danse – d'où les épithètes que lui donnent les poètes, *orkhèstès*, « le danseur[63] », ou *khoropoiós*, « conducteur du chœur[64] », *Agèsikhóros*, « Meneur du chœur[65] ». À partir du IVe siècle[66], il devient « dieu musicien du cosmos », et sa lyre « représente le *kósmos* que le dieu frappe avec le Soleil comme avec son plectre[67] » ; en particulier pour les stoïciens, du moins à partir de Cléanthe, « c'est grâce à Apollon que chaque partie du monde vibre harmonieusement et que le monde est lui-même en accord musical avec toutes ses parties », et « grâce au Soleil, le dieu amène le cosmos à sa marche harmonieuse[68] » – idée certes attestée tardivement, mais dont on aura l'occasion de voir qu'elle peut se fonder sur d'anciennes représentations théologiques ; Pierre Boyancé, que je cite ici, la croit lui-même d'origine pythagoricienne[69], c'est-à-dire d'âge notablement plus ancien que l'apparition de la doctrine stoïcienne.

La place de la lyre, qui figure sur des situles, des urnes, des monnaies celtiques[70], est tenue en Irlande par la harpe[71]. Simple remplacement comme l'histoire de la musique en montre incessamment, et que la Grèce connut aussi, car les figures de vases montrent qu'Apollon, après avoir longtemps tenu la lyre, fut aussi muni de la harpe[72]. Le dieu à la harpe est en Irlande par excellence le Dagda[73], qui est, on l'a dit, l'homologue de Zeus. Si donc les liens de Lug avec l'instrument de musique à cordes sont moins marqués que ceux d'Apollon, ils ne sont pourtant pas absents. Et ils s'insèrent dans un contexte qui rappelle un mythe apollinien. En effet, lors de sa première réception à Tara, Lugh est soumis à trois épreuves : l'une des trois consiste à démontrer sa maîtrise de la harpe. Et l'ensemble de ces trois épreuves, on le verra, est trifonctionnel. Or, c'est précisément le cas aussi des motifs qui marquent l'apparition d'Apollon à Dèlos, et l'un d'eux est son exigence, immédiate, d'une lyre[74]. On soupçonne ici un état théologique où c'était bien Lug, plutôt que le Dagda, qui était maître de la musique, car l'épreuve indiquée consiste pour Lugh à démontrer une maîtrise totale de l'art musical, en jouant successivement les trois airs qui font dormir, puis être en joie, puis pleurer et se lamenter les troupes rassemblées dans la cité[75]. Lors de son arrivée à Tara, Lugh énumère ses capacités (ci-dessus), et parmi elles figurent celles de harpiste, poète, historien, sorcier, toutes fonctions qui requièrent la maîtrise de la musique ; quant à sa forme galloise, Lleu, elle se déguise une fois en barde. L'idée que Lug ait été alors effectivement maître de la musique avant le Dagda est confortée par des documents antiques : parmi les formes du Mercure gallo-romain, l'une est celle du dieu au plectre[76], et la sculpture appelée le dieu d'Euffigneix, dans lequel on reconnaît une figuration très riche en motifs de Lug[77], a, dans les cheveux, le dessin d'une lyre inversée[78] ; des monnaies attribuées aux Morini (peuple du nord de l'actuelle France) montrent au droit un cheval et une lyre, d'autres au droit un cheval, au revers un sanglier entouré d'un grénetis encadré par deux têtes de bélier, d'autres encore au droit un cavalier armé d'un trident, au revers un cheval ailé ou un griffon[79]. D'autres monnaies celtiques, des Abrincatui du sud de l'actuelle Manche, montrent une tête d'homme avec une lyre sur la joue, ou, parfois, à la place, un triangle pointé. Ces associations caractérisent Lug, et non le Dagda, dont l'équivalent gallo-romain, le « Jupiter gallo-romain », n'est d'ailleurs jamais mis en relation avec des instruments de musique. À la fin de la *Seconde bataille de Mag Tured*, les Fomóire, vaincus, ont emmené avec eux, en s'enfuyant, Uaitne, la harpe du Dagda. Les dieux qui se lancent à leur poursuite pour la récupérer sont Lugh, le Dagda et Ogme[80]. Il est donc clair que Lug demeure en Irlande, aux côtés du Dagda, un authentique maître de la musique[81].

Si Lugh doit jouer à la harpe l'air qui apporte le sommeil,

endormant les troupes présentes, Apollon, maître de la lyre, est aussi parfois tenu pour le maître du sommeil, fonction qu'il partage avec son frère et complice Hermès[82], et c'est précisément en jouant de la lyre qu'il endormit l'aigle de Zeus et assoupit le dieu de la guerre[83].

Que Grecs et Celtes aient pu hériter d'un mythe, ou d'un théologème, qui mettait un instrument à cordes aux mains d'un des dieux souverains n'étonne pas : contrairement à une idée répandue[84], liée au remplacement fréquent, signalé ci-dessus, d'un instrument existant par un instrument d'un nouveau type ; il est certain que la lyre, ou le luth, ou la cithare – en tout cas un instrument à cordes – fait partie du plus ancien fonds culturel indo-européen : c'est la rote celtique, attestée dès l'époque hallstattienne[85], la *vina*, « cithare » de l'Inde védique[86], la cithare signalée par les auteurs anciens aux mains des Thraces, des Phrygiens, des Grecs bien sûr, des Macédoniens[87], des Goths[88], des Slaves[89], etc. : il ne fait guère de doute que les bardes/aèdes auteurs des chants préhistoriques dont mes *Celto-hellenica* témoignent étaient équipés d'un ou plusieurs types d'instruments à cordes[90].

Il faut maintenant élargir la discussion sur la musique à des considérations de deux autres ordres : d'une part, Apollon est maître non seulement de la musique, mais également, en général, comme G. Dumézil l'a montré, de tous les sons[91]. Au passage d'Apollon chantent les rossignols, les hirondelles, les cigales[92], et le cygne[93], le laurier tremble, ou, quand paraît Apollon, les voix des forêts et des grottes s'éveillent[94]. D'autre part, la lyre, la harpe, la cithare, sont munies de cordes, ce qui constitue un point commun entre elles et l'arc : les Grecs en ont tenu compte dans leur conception d'Apollon, où arc et instrument à cordes alternent dans les mythes. « D'Homère à Héraclite », note Jean-François Mattéi, les Muses inspirent Apollon, le dieu possédant l'arc et la lyre, « dont les cordes chantent l'air de la paix et de la violence, la tension des opposés[95] ». L'affinité entre l'arc et la lyre est en effet exprimée dès l'*Odyssée*, dans une atmosphère tout apollinienne, puisqu'il s'agit du moment où Ulysse va commencer, un jour de fête d'Apollon, à flécher les audacieux prétendants de son épouse ; le passage suivant marque doublement la proximité de l'arme et de l'instrument de musique : « Ulysse, l'avisé, n'eut pas plus tôt soupesé et regardé le grand arc sous toutes les faces que – tel un homme habile en l'art de la lyre et du chant tend facilement la corde sur la cheville neuve, fixant de part et d'autre le boyau bien tordu – sans effort il tendit, Ulysse, le grand arc, puis de sa droite prit et essaya la corde qui rendit un son clair, pareil au cri de l'hirondelle. Pour les prétendants, ce fut un grand coup : tous changèrent de couleur. Zeus en un instant fit retentir sa foudre, présage manifeste[96] ! »

Ulysse sait manier la corde, et celle-ci chante, comme chanterait celle d'une lyre ! Il est d'ailleurs remarquable que dans l'*Odyssée* Ulysse se fasse l'aède de ses propres exploits, puisque ce qu'on appelle « les aventures d'Ulysse » sont le récit qu'il en fait chez les Phéaciens qui l'ont recueilli[97].

Dans l'*Iliade*, au premier chant, la maladie décime l'armée grecque, c'est-à-dire qu'Apollon la tue de ses flèches[98], et le prêtre troyen Khrusès, le sait, qui a appelé Apollon Argurotoxos, « À l'arc d'argent », pour qu'il frappe les Achéens de ses traits[99]. Plus tard, les mesures susceptibles d'apaiser le dieu ayant été prises – hécatombes, purification, restitution de la belle Khrusè à son père –, Khrusès, invoquant à nouveau l'Argurotoxos, lui demande d'écarter le fléau qui frappe les Achéens[100]. Alors, et alors seulement, les immortels peuvent se réjouir, et banquettent, tandis qu'Apollon joue de la lyre et que chantent les Muses[101]. Le dieu utilise la corde de l'arc pour frapper et les cordes de la cithare pour accompagner le chant. Et ce passage de l'un à l'autre est significatif : il a le sacrifice et la purification pour médiation[102], qui ont fait passer le dieu de la colère à la joie, marquée chacune par un instrument à cordes.

Dans l'*Hymne homérique* également, l'affinité, mieux la continuité, entre arc et cithare est fortement marquée : à peine né et nourri pour la première fois, Apollon, ordonne : « Qu'on me donne ma lyre et mon arc », et « à ces mots Phoibos Archer [*Hekatèbolos*] » se met à arpenter Dèlos, puis, toujours qualifié d'Hekatèbolos, et d'Argurotoxos, « À l'arc d'argent », il se met en marche vers les autres pays, non sans penser, continue le texte, aux Ioniens qui s'assembleront sur son île pour se livrer, « fidèlement », pour lui plaire, « à la danse et aux chants, lorsqu'ils organisent leurs jeux », et aussi aux filles de Dèlos, qui, pensant « aux hommes et aux femmes de jadis, chantent un hymne à leur gloire, en charmant les familles humaines », d'autant que « les langues de tous les hommes et leurs parlers confus, elles savaient les imiter ; chacun jurerait que c'est lui-même qui parle : tant leur beau chant s'adapte avec fidélité[103] » ! Puis, le début de la seconde partie de l'hymne, celle qu'on a appelée la « Suite pythique », montre Apollon commençant à parcourir la terre, « en jouant sur sa phorminx creuse », et, tandis qu'il marche vers « la rocheuse Pythô » (Delphes), « sous le plectre d'or sa phorminx rend d'aimables accords », et il décide de visiter d'abord les immortels dans l'Olympe ; dès qu'il y est arrivé, « les immortels ne songent plus qu'à la cithare et aux chants », les Muses l'accompagnent de leur voix splendide, les Grâces (Kharites), les Hôrai (Saisons), Hèbè (Jeunesse), Aphrodite et Artémis dansent avec Arès et Hermès, tandis que lui, Phoibos Apollon, « joue de la cithare et exécute un beau pas relevé[104] », passage à mettre en opposition avec les tout premiers mots de l'hymne, où le poète invoque le dieu si terrible qu'il fait trembler les dieux dans l'Olympe, qui lèvent à son approche, surtout « lorsqu'il tend son arc illustre[105] ». Un autre texte encore expose qu'Apollon créa la cithare quand, charmé par le bruit fait par l'arc de sa sœur, il y ajouta deux cordes[106]. Ainsi dès les premiers mots, les premiers gestes et les premières pensées du dieu s'opposent, se juxtaposent et se conjoignent l'arc, la lyre, et le chant[107].

Il est dès lors intéressant de souligner combien Lug se rapproche d'Apollon quant à la maîtrise de l'utilisation des cordes. On a dit comment Lug dieu était maître de l'instrument à cordes, et c'est alors à bon droit que, dans l'énumération des capacités qu'il s'attribue lorsqu'il se présente à la porte de Tara, il se dit, entre autres, harpiste[108]. Ce n'est évidemment pas du côté de l'arc qu'on vérifiera son lien avec les cordes, puisque Lug est lancier et non archer[109], mais cette relation se confirme pleinement si l'on se tourne du côté des techniques : c'est en cordonnier que le jeune Lleu est transformé par Gwydion dans un passage du *Mabinogi de Math* – ce après quoi, dit le texte, Lleu fut appelé « l'un des trois fabricants de souliers dorés[110] », et ce sont des cordonniers (*sutores*) qui, à Osma en Espagne, ont fait une consécration aux Lugoves. Les cordonniers sont bien des spécialistes des cordons (ils en tirent leur nom !), et de même le mot latin *sutur* est formé sur le verbe *suere*, « coudre[111] ».

Mais il y a plus étonnant encore. On a dit que l'empereur Auguste fit installer une statue d'Apollon « des sandales » – dans la rue des fabricants de sandales –, et comment un récit, tardivement attesté mais fort significatif, fait naître la cithare d'Apollon de l'arc, par augmentation du nombre de ses cordes. Or, une monnaie celtique montre un instrument, par ailleurs connu surtout en Afrique, et appelé l'arc musical. Une série de monnaies de bronze appelée conventionnellement « au personnage courant », et frappées dans les années 50 avant J.-C., montrent un personnage soit courant effectivement soit agenouillé, et l'une d'entre elles lui attribue un long bras, un œil allongé, tous traits qui caractérisent Lug, un petit cheval se trouve devant lui (on soulignera ci-dessous les relations entre Lug et le cheval), et le personnage tient un arc dans une position telle qu'il ne peut pas s'agir d'une arme : en somme, Lug tient un arc musical[112]. Autrement dit, Apollon a inventé la cithare parce qu'il a considéré l'arc de sa sœur comme un instrument de musique, et, bien avant d'avoir été maître (en Irlande) de la harpe, Lug l'a été, dans l'Antiquité celtique, de la lyre et de l'arc musical.

Dès les Ve-IVe siècles avant notre ère, une tombe de la nécropole de Vasseny, dans l'Aisne, a livré une pendeloque figurant « un personnage aux jambes en forme de lyre », qui constitue *ipso facto* la plus ancienne représentation de cet instrument dans le monde celtique[113] ;

or, la présence d'une lyre dans les cheveux du dieu d'Euffigneix, et les « confusions » fréquentes et voulues entre l'image de Lug et ses métamorphoses[114], laissent penser que le personnage en question n'est autre que Lugus, transformé en lyre dans la partie inférieure de son corps. Et sur les monnaies des Bituriges Cubi, des Arvernes, des Leuci, de la bouche d'un personnage identifiable à Lugus paraît sortir une volute : sans doute, suppose D. Hollard, pour exprimer le flux de la parole, ou bien le chant[115].

Dans ces conditions, il faut considérer la relation entre le dieu Lug/Apollon et les liens comme première, et c'est par des applications de cette représentation du dieu qu'il est devenu, en Grèce, maître de l'arc et de la cithare, en pays celtique, maître à la fois de l'instrument à cordes et des techniques réclamant des cordons ou des fils. Il n'est évidemment pas seul dans ce cas, dans le monde indo-européen : il existait bien des dieux-lieurs, et le plus notable était en Inde Varuṇa – dont on verra en conclusion qu'il n'est précisément pas étranger au « dossier » Lug/Apollon.

Apollon est maître également de la voix humaine : on soulignait ci-dessus l'apparition du chant dans toutes les manifestations musicales apolliniennes, et les qualificatifs qui font de lui un chanteur. C'est ce caractère que Dumézil a mis en évidence, lorsqu'il comparait les pouvoirs d'Apollon à ceux de la déesse védique Vac [prononcer *Vatch*], la « Voix[116] » : c'est grâce à sa voix, *omphè*, qu'Apollon exprime la volonté de Zeus et la rend sonore parmi les hommes. Elle s'exprime en effet parfois sans intermédiaire (ce qui n'est pas le cas à Delphes, avec la Pythie) : dans l'*Andromaque* d'Euripide, lorsque Néoptolème parvient à repousser les hommes envoyés pour l'assassiner[117], « du cœur du sanctuaire, une Voix s'élève, terrible, épouvantable, ranimant la troupe des spadassins et lui rendant la force de faire front[118] ». Cette Voix est celle du dieu, et elle peut dire aussi le droit : il y a une relation étroite entre les pouvoirs juridiques d'Apollon et le chant ; ainsi, les lois de Kharondas étaient chantées à Athènes[119], ce dont s'inspirèrent les gens de Mazaka, c'est-à-dire l'actuelle Kayseri, en Anatolie centrale, car, selon Strabon[120], ils ont adopté pour constitution les lois de Kharondas, et le chantre des lois (*nomôidós*) a pour charge d'expliquer les lois (*nómoi*), étant leur *exêgêtês*. Or, remarque J. Svenbro[121], Apollon porte précisément l'épiclèse d'*Exêgêtès*, ce qui conforte le rapport entre ce dieu et le chant des lois.

Lug présidait-il également à la voix ? Les mythes ne permettent guère de le savoir. On rappellera seulement ici le curieux motif suivant : lorsque, demandant aux fils de Tuireann qui ont tué son père un prix de composition, Lugh énumère en public les objets qui devront figurer dans ce prix, il exige d'abord une série d'objets ou d'êtres vivants (un char, une lance, une broche, des chevaux, un chien...), et, *in fine*, « trois cris à pousser sur une colline[122] ». Demande singulière, et sans moyen de vérification – à cela près que c'est une épreuve mortelle, car les gardiens de la colline en question blesseront à mort les trois fils de Tuireann. En faisant cette demande, Lugh manifeste-t-il un désir de « posséder », donc de dominer, les sons de la voix humaine ?

Une autre manifestation sacrée de la parole est la poésie. Elle avait pour protecteurs Apollon et les Muses, en Grèce ancienne, et est étroitement liée à l'activité oraculaire du dieu, dont les paroles étaient mises en vers par les exégètes chargés de « traduire » les propos de la Pythie[123]. Là encore, un lien indissociable unissait un domaine apollinien que j'ai dû considérer à part, pour le comparer avec le domaine équivalent de Lug, à savoir ce qui concerne les fondations, et la poésie[124]. De fait, la poésie apparaît systématiquement, en terre celtique, en relation avec Lug : ses capacités, lorsqu'il se présente devant Tara, comprennent bien entendu celles de « poète et historien[125] » ; dans un autre récit irlandais, le génie de la poésie qui apparaît au *file* Senchan est manifestement Lug[126] ; dans le *Mabinogi de Math*, l'un des états que prennent Gwydion et Lleu pour obtenir d'Arianrhod, mère de Lleu, tout ce qu'elle a promis de ne pas lui donner, est celui de bardes[127] ; plus tard, c'est en récitant une poésie que Gwydion fait revenir le malheureux Lleu à une forme humaine après qu'il eut été tué et qu'il se fut métamorphosé en aigle[128]. Au sujet des travestissements de Gwydion et de son protégé en cordonniers (ci-dessus), puis en bardes, c'est-à-dire en exact équivalents celtiques de ce qu'étaient les aèdes de la Grèce ancienne, D. Gricourt et D. Hollard notent que ces formes ne relèvent pas du hasard, pas plus que les déguisements que prennent les Paṇḍava au chant IV du *Mahâbhârata*, puisque ces états correspondent aux statuts sociaux que patronnent leurs pères divins respectifs[129], et qu'au contraire elles signalent au lecteur les « compétences les plus remarquables » de Lleu : celles qui ont trait à la couture et au liage, dans un cas, ceux des cuirs animaux, dans l'autre, des vers et récits[130].

D'autres sons encore sont associés à Apollon. Les anciens croyaient à une musique cosmique, à une harmonie des sphères, idée attribuable aux pythagoriciens : cette musique a Apollon pour responsable[131]. Que le Soleil soit le plectre avec lequel Apollon ramène le monde à l'harmonie[132] relève de la même conception. Il est remarquable que l'idée d'un soleil « sonore » ait existé également en terre celtique, puisque Strabon dit que dans la région du Promontoire sacré, au sud-ouest de la péninsule Ibérique, « on voit le soleil plus grand au moment où il se couche et il plonge avec un sifflement tout pareil à celui que ferait la mer en l'éteignant, par le fait qu'il s'enfonce sous les eaux[133] », en une région où, on le verra, le culte de Lug a été présent, et important.

Pour la Grèce, P. Boyancé pense que l'idée du soleil-plectre peut cependant tenir à une exégèse allégorique de la lyre d'Apollon, telle qu'elle apparaît dans un écrit de Varron, l'*Ónos lúras*[134]. Voici qui ouvre à un autre son, car ce titre fait allusion à un proverbe grec, *Ónos lúras akoúôn*, « L'âne écoutant la lyre », qui, comme en plusieurs autres traditions européennes, oppose la grossièreté du braiment de l'âne à la douceur du son de la cithare[135]. Mais il faut bien admettre que si cette représentation pointe vers un antagonisme entre Apollon et l'âne, peut-être exprimé par le mythe de Marsuâs[136] – c'était un Silène, catégorie d'êtres qui a des rapports avec l'âne : ils ont des jambes d'équidés, et leur éponyme, le dieu Silène, est habituellement représenté à califourchon sur un âne –, Apollon présidait également au braiment des ânes : ce sont en effet ces animaux, dit Pindare[137], qu'on lui sacrifiait chez les Hyperboréens, forme d'« anti-sacrifice[138] » qui assure les affinités entre le dieu et l'animal[139]. Elles sont confirmées par une découverte assez récente : on savait, grâce à Pline, que les Anciens faisaient des flûtes, l'instrument justement inventé par Marsuâs, avec des os d'âne[140] ; François Poplin a pu montrer que certaines des flûtes découvertes à Delphes étaient précisément en cette matière[141]. Ainsi, ce n'était pas seulement chez les Hyperboréens que les ânes étaient tués, et appartenaient au culte d'Apollon.

Une légende irlandaise répandue est celle d'une lumière nocturne qui tuait les gens lorsque ceux-ci l'apercevaient, jusqu'à ce que saint Patrick arrive et l'éteigne. En trois occasions, la légende est liée à ce que j'ai appelé des « sites Lugnasad ». Et, parfois, elle justifie la coutume de prononcer une bénédiction quand quelqu'un éternue par le fait que la lumière entraînait une attaque d'éternuements mortelle, jusqu'à ce que Patrick introduise ladite bénédiction pour briser son pouvoir[142]. Voici bien un « bruit » particulier, et lié entre autres à Apollon, en Grèce ancienne, puisqu'il est porteur de présages[143]. Dans l'*Odyssée*, lorsque Télémaque émet un éternuement retentissant, sa mère conclut tout de suite que cela peut annoncer la mort de ses prétendants[144], dont on a dit qu'elle aura lieu un jour de fête d'Apollon.

En fait, tous les sons appartiennent à « Apollon sonore » : frapper à une porte était sous la protection d'Apollon Loxias, indique Helladios[145], qui confond sans doute avec Apollon Aguieus, dont la statue se trouvait devant les portes dans les cités.

Enfin, qui commande le son et la voix commande aussi la mutité : certains textes irlandais donnent comme père à Lugh *Scál Bald*, c'est-à-dire le Fantôme muet[146] ; ce curieux nom s'explique partiellement si l'on songe à la terreur qu'inspire parfois Apollon, terreur à couper le souffle : dans l'*Hymne homérique*, lorsqu'il prend la forme d'un énorme dauphin et s'abat sur le pont du navire de Crétois naviguant vers Pylos, ceux-ci « restaient immobiles sur le navire et muets de terreur[147] ».

Le corbeau

Lug et Apollon ont des relations avec de nombreux animaux, et tout particulièrement avec des oiseaux. En fait, c'est surtout en oiseaux qu'il leur arrive de se métamorphoser, et les spécialistes emploient le terme d'*ornithomorphose*, ou « métamorphose en oiseau », pour désigner le phénomène. Les oiseaux avec lesquels ces deux dieux sont en relation, et en lesquels ils se changent parfois, sont principalement le corbeau et l'aigle ou le vautour, mais aussi le cygne, le roitelet, et un échassier.

De fait, le lien de Lug et d'Apollon avec le corbeau, et plus précisément le corbeau oraculaire, est l'un des plus évidents qui soit. On rappelle ici les principaux documents qui attestent cette double relation. Plutarque, qui fut prêtre à Delphes, expliquait que « nous croyons que ce dieu [Apollon] se sert de la voix des hérons, des roitelets et des corbeaux pour donner des signes de sa volonté » et que « le dieu suprême [Apollon] aime les corbeaux, les cygnes, les loups et les éperviers[148] ». Il mentionne encore, pour leur usage oraculaire, les corbeaux et les geais[149].

Apollon aime en fait tellement ces animaux que parfois, en sa fonction oraculaire, il en prend la forme : on citait plus haut le texte magnifique de Callimaque selon lequel Apollon, toujours véridique, prit la forme d'un corbeau pour, à la droite de Battos, montrer à celui-ci le chemin de la Libye où il devait fonder une colonie, Cyrène, où, antérieurement à Callimaque, dès les environs de 550, une inscription qualifie Apollon de *Kọrax*, « Corbeau[150] ». De même, on disait parfois que, lors de la grande peur des dieux face au colossal Tuphaön qui menaçait l'univers entier, Apollon se changea en corbeau[151]. Les gens de Métaponte, en Italie, racontaient qu'un nommé Aristéas, de la ville de Prokonnêsos, les avait visités, leur demandant de fonder un temple à Apollon car « ils étaient les seuls Italiotes chez qui Apollon était venu jusqu'alors ; et lui, qui était présentement Aristéas, l'avait accompagné ; en ce temps-là, quand il accompagnait le dieu, il était un corbeau », toutes choses que la Pythie avait approuvées[152]. La formulation laisse penser qu'Aristéas avait pris la forme d'un corbeau pour accompagner le dieu parce que celui-ci avait également cet aspect. Pline l'Ancien ajoute que lorsqu'Aristéas mourut, on vit son âme s'échapper de sa bouche sous la forme d'un corbeau[153].

D'ailleurs, le corbeau étant le principal oiseau oraculaire[154], les Delphiens, semble-t-il, l'ont fait figurer sur leurs monnaies à l'époque romaine[155], et selon Clément d'Alexandrie, on dressait des corbeaux, dans les sanctuaires apolliniens, à se manifester au bon moment[156]. Une légende célèbre en Grèce était celle des deux aigles que Zeus fit partir des extrémités du monde situées à l'est et à l'ouest, pour en déterminer le centre, et qui se rencontrèrent à Delphes ; mais Strabon, l'évoquant, ajoute que « pour d'autres, c'étaient des corbeaux[157] ». Cette étroite relation entre Apollon et le corbeau ressort encore de documents figurés[158], et est évoquée dans un grand mythe : Apollon s'était uni à Korônis (« Corneille », oiseau également oraculaire[159]), fille de Phléguâs, et elle était enceinte de lui – elle portait le dieu Asklèpios – lorsqu'elle quitta Apollon pour Iskhus, fils d'Élatos, simple mortel[160]. Or si, d'après Pindare, Apollon « apprit la trahison, sans d'autre confident que le plus droit de tous, son esprit omniscient » (*Pyth.*, II, 28-30 [50-54]), d'après Hésiode, notre plus ancien témoin, la dénonciation vint d'un intermédiaire : « l'adultère » ayant, selon lui, eu lieu en Thessalie, « lors, pour porter son message, le corbeau du festin sacré s'envola vers la divine Puthô et, à Phoibos à la longue chevelure, il rapporta le grand forfait, comment Iskhus, fils d'Elatos, avait épousé la fille du divin Phléguâs[161] ». Cette version est assurément plus ancienne, et plus répandue, que celle, idéalisée en quelque sorte, de Pindare. Selon un autre texte, « c'est Phérécyde qui nous dit, dans son livre premier, que Korônis vivait à Lakereiâ, près des sources de l'Amuros, et c'est lui qui parle du corbeau, et qui nous dit qu'Apollon envoya Artémis, laquelle fit périr avec elle une foule de femmes, tandis qu'Apollon tuait Iskhus et confiait Asklèpios à Kheirôn[162] ».

L'ancienneté de ce mythe est confirmée par le fait qu'on en connaît des versions très divergentes : il ne s'agit donc pas d'un simple *topos* littéraire, repris d'auteur en auteur. Selon un mythe noté par Antoninus Liberalis, un homme, aimé d'Apollon et d'Artémis, eut le malheur d'avoir des fils qui voulurent imiter les sacrifices que les Hyperboréens faisaient à Apollon : des sacrifices d'ânes ! L'affaire se termina très mal, par une folie cannibalique des dits ânes, et les dieux – Poséidon, Lètô, Artémis, Apollon – décidèrent de changer toute la famille en oiseaux. Ainsi, l'un des deux fils responsables, Lukios, « fut transformé en un corbeau blanc mais, ensuite, sur l'ordre d'Apollon, il devint noir parce qu'il fut le premier à annoncer l'union de Korônis, fille de Phléguâs, avec Alkuoneus[163] ».

On notera que le nom de l'époux de Korônis change, mais cela aussi peut être ancien, car toute l'affaire se déroule ainsi, explicitement, entre oiseaux : *Alkuoneus* fait référence au nom de l'alcyon, *Phleguâs* est le nom d'une espèce d'aigle, *Korônis* est la corneille, et ces deux derniers noms appartiennent bien aux plus anciennes expressions du mythe. Quant au motif du changement de couleur du corbeau, il est largement attesté, en dehors des auteurs cités, par Callimaque, par Istros et par ceux d'époque romaine[164], et l'idée que le corbeau a changé de couleur, passant, toujours, d'une couleur blanche initiale à une couleur sombre, est un thème très répandu dans tout l'hémisphère nord, comme l'a précocement signalé A. H. Krappe[165] ; ce changement a généralement pour cause une faute du corbeau : soit qu'il ait trop parlé[166], comme c'est le cas en Grèce lorsqu'il dénonce Korônis, soit qu'il ait cédé à un caprice alimentaire[167], motif également connu en Grèce, où une légende veut qu'Apollon ait envoyé le corbeau lui chercher de l'eau pure pour un sacrifice, et que celui-ci se soit attardé parce qu'il avait vu des figues presque mûres : Apollon eut l'humiliation de devoir utiliser une eau moins pure que celle qu'il attendait et punit l'animal[168]. Le rôle négatif du corbeau figure aussi dans un mythe athénien, selon lequel, Athèna ayant confié une corbeille aux trois filles du roi Kékrops, avec interdiction d'en regarder le contenu, deux d'entre elles, ou une seule, selon Ovide, furent trop curieuses, et ouvrirent la corbeille ; elles y découvrirent un enfant (le futur roi Erikhthonios) avec un serpent, ou entouré de serpents ; devenant folles de peur, elles se jetèrent du haut de l'Acropole ; une corneille alla révéler leur désobéissance à Athèna, et celle-ci, de colère, laissa tomber un gros rocher qu'elle apportait de Pellène, en Achaïe (nord du Péloponèse), qui forma le mont Lykabette, proche de l'Acropole[169]. Rôle négatif, encore, lorsqu'Aristote expose que le cri du corbeau présage pluie et vent[170].

Il est temps de passer au matériel celtique. Il est tout aussi déterminant que le matériel grec, tant la relation entre le dieu Lug et le corbeau est abondamment attestée. Il y a d'abord le texte, cité plus haut, et essentiel, attribué à Plutarque, décrivant la fondation de Lyon par Mômoros et Atepomaros. Selon l'auteur, la ville en était au début de son édification lorsqu'apparurent des corbeaux qui se posèrent sur les arbres à l'entour. Mômoros, versé dans la science des oracles, en tira le nom de la ville, c'est-à-dire comprit la volonté des dieux quant au nom, quant à l'identité de celle-ci : *lugos* signifiant « corbeau » en celtique, et *dunon* « forteresse », la ville prit le nom de *Lugudunon*, latin *Lugdunum*. Ce qui atteste :

– le lien étroit entre Lug et les corbeaux, car Lyon et tous les autres Lugdunum tirent assurément leur nom de celui du dieu[171] ;

– le fait que les corbeaux sont l'expression directe de Lug, de même que le corbeau qui accompagnait Battos, allant fonder une ville, à sa droite, était Apollon ;

– la fonction oraculaire de ces corbeaux[172], et ceux de Lugdunum sont autant liés à cette ville que ceux de Delphes à cette dernière ; M. García Quintela souligne que, dans trois mythes fort différents, les corbeaux ont fonction homologue : ils *signalent* un lieu (fondation de Lugdunum) ; ils *désignent* un vainqueur (au port des Deux-Corbeaux, ci-dessous), ils *indiquent* la présence d'un héros, dans le texte irlandais appelé le *Serglige ConCulaind*, « Maladie de Cúchulainn » (« Les deux corbeaux druidiques [*fíach druídechta*] annoncèrent ce que les armées faisaient : "Il est probable, dit l'armée, que c'est le contorsionniste d'Irlande qu'annoncent les corbeaux[173]" ») ;

– la bonne connaissance que l'auteur, Kleitophôn, donné comme source de ce récit, a de la langue celtique : le sens qu'il donne à *dunon* est tout à fait exact. Dès lors, il est vraisemblable que cela vaut également pour l'autre terme. Je sais que les textes insulaires ne fournissent guère de recoupement à un tel vocable[174], mais c'est à mon sens pécher d'orgueil que d'en tirer que l'auteur grec s'est trompé[175] : tant notre ignorance de la langue, des langues celtiques anciennes, est immense. Songeons aux difficultés qu'ont les exégètes pour déchiffrer les quelques textes en vieux-celtique qui nous sont parvenus, et l'on mesurera l'abîme qui sépare souvent, au point de vue lexicologique, les langues celtiques anciennes et celles de nos textes irlandais ou gallois médiévaux. Je tiens donc qu'il est tout à fait possible que *lugos* – en fait *lugus*, comme l'indique le nom *Lugudunum*, mais les auteurs grecs ont ramené le mot celtique à leur déclinaison dominante en *-o* – ait effectivement eu le sens de « corbeau » en celtique, ou dans une partie du groupe des langues de ce nom[176]. Or cela fournit un dernier, et très précis, parallèle aux données grecques rapportées à l'instant. Car, si le corbeau a reçu le nom de *lugus* en celtique, ce ne peut être que par antiphrase : *lugus*, on l'a signalé, remonte à une racine **leug-* « brillant, lumineux », et cela s'applique très logiquement au grand dieu lumineux. Si donc les Celtes ont nommé ainsi le corbeau, animal noir par excellence, ne serait-ce pas parce qu'ils avaient eux aussi le mythe de l'animal autrefois blanc et noirci à la suite de quelque circonstance mythique ? Le fait, en tout cas, qu'en Grèce le noircissement du corbeau soit directement lié à sa fonction d'intermédiaire oraculaire engage à penser qu'il a pu en être ainsi dans le monde celtique.

D'autres explications, il est vrai, ont été apportées. Charrière et Audin rappellent que les corvidés, connus pour leur cleptomanie, sont particulièrement attirés par les objets brillants : plus que cela, le corbeau aime se rouler dans les braises (cela s'appelle l'*igniphilie*), et il peut transporter dans son bec un tison, grâce à une salivation abondante. C'est pour cette raison que, depuis l'Antiquité, il est accusé d'incendier les récoltes. Par là, il est lié à la lumière, il porte le feu du ciel, et on entrevoit la raison de son rapprochement avec le soleil, dans des mythes de Chine[177] ou de l'est de l'Asie du Nord (Japon, Inuit, Koriak, Yakut[178]), ou *a fortiori* dans les mythes de la même région qui en font le voleur du feu. De son côté, M. García Quintela a souligné que le corbeau *est* brillant. Ce savant cite des ornithologues qui ont signalé comment, au soleil, le plumage des corbeaux renvoie des reflets frappants, presque blancs. Voici donc un oiseau noir qui peut paraître blanc, ou lancer des reflets blancs, au soleil : ambivalence chromatique qui répondait à l'ambivalence de Lug, note le même auteur[179].

Si donc les corbeaux jouent un rôle dans la fondation d'une cité celtique – et peut-être était-ce aussi le cas de tous les autres *Lugdunum* d'Europe –, rappelons qu'un récit grec, connu en plusieurs versions, fait semblablement fonder une cité par des jeunes gens, en rapport avec Apollon, en fonction de la rencontre qu'ils feraient de corbeaux blancs[180]. La cité fondée, certes moins notable que Lyon, s'appelait *Korakes*, « les Corbeaux », et semble avoir été éminente dans la Thessalie la plus anciennement perceptible, puisque la célèbre migration du peuple des Magnètes reposait sur un oracle concernant cette vision de corbeaux blancs, et que, comme le suppose à juste titre G. Huxley, cet oracle devait être celui de Koropè – tout proche de Korakes –, avant que Delphes n'attire à elle le mythe de fondation de Magnésie du Méandre[181]. En Thessalie également, où corbeaux et corneilles étaient protégés parce qu'ils mangeaient les sauterelles, on honorait un couple de corbeaux conservés dans la ville de Krannon ; les monnaies de la ville les représentent avec un char, ce qui fait allusion à un rite que l'on pratiquait, en attachant les corbeaux à l'énorme chaudron posé sur le char et en le frappant ; les cris des corbeaux, faut-il penser, provoquaient la pluie[182]. Il est remarquable qu'il s'agisse de deux corbeaux, utilisés rituellement, tout comme en Gaule au « port des Deux-Corbeaux » signalé par Strabon, deux volatiles étaient utilisés rituellement, cette fois pour départager des plaideurs d'une manière ordalique.

À côté de la tradition de la fondation de Lyon, qui est l'un des rares mythes celtiques conservés par les auteurs de l'Antiquité gréco-latine, et qui révèle clairement le rôle oraculaire des corbeaux et leur liaison avec Lug, le matériel découvert à Lyon même et dans ses proches environs complète et confirme la légende sauvée par Kleitophôn. Joseph Loth le remarquait déjà : une monnaie d'époque romaine de Lyon porte la tête d'un corbeau ; une autre, un *aureus* (monnaie d'or) frappé en 196 ou 197 sur l'ordre d'Albinus, très temporaire empereur d'Occident, et trouvé entre Lyon et Trémoux, représente un corbeau au pied du Génie de Lyon, lequel est nu et tient la corne d'abondance[183]. Un médaillon en terre cuite du Ier siècle, découvert à Orange, montre le Génie de Lyon, sceptre et corne d'abondance en mains, un corbeau posé sur un rocher à ses pieds[184]. Ce médaillon fait partie d'une série, due au talent du potier Amator, et figurant souvent le fondateur (romain) de Lyon, L. Munatius Plancus, devant le jeune dieu, tandis que le corbeau est à côté, sur une rocaille ; le dieu est coiffé d'une couronne en forme de murailles, qui l'identifie à la ville – c'est donc bien le Génie de Lyon[185]. Un autre *aureus*, frappé à Lyon sous Marc-Aurèle (IIe siècle), représente le même corbeau sur la rocaille, mais le jeune dieu, nu, porte une couronne radiée, il tient caducée et corne d'abondance : il partage donc les traits du Génie de Lyon et ceux de Mercure, ce qui est la meilleure preuve de l'assimilation[186], car de l'un à l'autre ils prolongent tous deux Lug. Tous ces objets, médaillons et monnaies, qui montrent toujours, à travers les siècles, le corbeau sur un monticule, et associé au Génie, se fondent, selon Charrière et Audin, sur un monument qui devait se trouver dans le temple du Génie de Lyon, visible de tous ; ils en voient confirmation dans le fait que la monnaie frappée sous Marc-Aurèle commémore la fondation de la colonie romaine de la ville (en – 43), de plus le monticule rappelle le toponyme, où – *dunum* évoque une élévation[187].

Enfin, un document exceptionnel est un gobelet en argent découvert à Lyon en 1929, et entièrement décoré d'une scène en relief. On y voit un homme assis, un tout petit personnage sous son siège, un sanglier derrière le personnage assis qui paraît tenir un sac dans la main gauche, et rattraper sur le dos de la main une bourse lancée par un corbeau ; un peu plus loin, sur la gauche, on a un arbre entouré d'un serpent entre les enroulements duquel on aperçoit une tête humaine, puis un chien assis, qui regarde un dieu paraissant assis sur une sorte de divan et dont le bras droit touche un cerf[188]. En l'absence de toute légende, l'interprétation en est délicate : pour Jean-Jacques Hatt, le personnage assis est Mercure-Teutates, le petit personnage sous son siège est Ésus sortant du sol, et c'est encore Ésus qui touche le cerf[189] ; C. Sterckx a proposé successivement deux lectures du document : dans un premier temps, il a pensé, pour le dieu assis, à Mercure, à qui son animal sacré le corbeau apporte une bourse, c'est-à-dire la richesse[190] ; dans un second temps, il rejoint l'interprétation de Hatt, mais modifie à juste titre les équations de celui-ci entre dieux latins et celtiques : le dieu assis est Teutates, figure jupitérienne, avec son sanglier, qui reçoit la richesse du corbeau de Lugus, tandis qu'Ésus sort du sol[191]. En somme, Lug est présent d'une manière ou d'une autre, soit dans le dieu assis, soit dans Ésus se hissant hors de terre, et le corbeau est présent.

Les documents montrant la relation entre Lug et le corbeau ne se limitent pas à Lyon. D. Gricourt et D. Hollard ont publié une monnaie de faussaire de l'époque de l'empereur ou usurpateur Postumus, datée de 266-267, où l'on voit un dieu identifiable comme Lug par tout ce qui le caractérise : une grande main, un corbeau posé sur le bras gauche, un aigle mort dans l'autre main, et sur le pourtour l'inscription SUTUS AUG, le « Saint Cordonnier[192] ». On connaît par ailleurs une série de monnaies de bronze, du tout début de l'époque gallo-romaine (entre 6 av. J.-C. et 1 « après »), frappées entre Somme et Oise, donc dans l'ancien territoire des Bellovaci, la tribu belge qui laissa son nom à Beauvais : elles figurent en général un oiseau, « qui offre souvent les traits d'un corvidé », soit deux, « qui sont alors moins nettement caractérisés », parfois encore des rapaces, ailes éployées ; et une variante exceptionnelle, de Rouvroy-les-Merles, représente, au droit, « un buste masculin à droite », devant le visage duquel « un corbeau campé à la verticale, les ailes repliées, pose une patte sur le menton et la bouche du personnage, l'autre étant placée devant son nez » ; le revers montre un aigle, ailes ouvertes. Les auteurs qui publient ce bronze identifient, sans hésitation, l'homme au corbeau à Lugus[193].

Toujours en France, Gricourt, Hollard et Pilon identifient Lugus sur un bas-relief publié par Espérandieu[194], et appelé le pilier de Malvilly : l'un des huit reliefs de ce pilier figure un homme à la main droite plus longue que l'autre, un corbeau sur l'épaule, tandis qu'à l'arrière-plan un personnage porte la main à ses yeux. Tous ces traits – longue main, corbeau et pouvoir oculiste du dieu[195] –, permettent d'identifier le grand dieu Lugus[196]. Signalons aussi, à Conweiler, un monument gallo-romain représentant Mercure et Apollon, sous des arcades, où un coq est représenté au-dessus de Mercure, un corbeau au-dessus d'Apollon[197].

Et il faut joindre à ce « dossier » celui du dieu gallo-romain appelé conventionnellement le « dieu aux oiseaux », parce qu'il en porte sur les épaules, en position de lui parler à l'oreille[198]. Les oiseaux paraissent des colombes[199] ou des corvidés[200], mais, quels qu'ils soient, le dieu est de toute façon bel et bien Lug. En effet, sur une douzaine de figurations, deux seulement sont accompagnées de dédicaces. L'une, sur un chapiteau gallo-romain d'Avenches, en Suisse, est une inscription LUGOVES[201], dont on a dit que c'est la pluralisation de *Lugus*. L'autre, à Ampilly-les-Bordes (Côte-d'Or), sur une stèle qui montre ce dieu nu (ce qui est le cas aussi dans la seule autre représentation qu'on a de lui en pied, à Alise-Sainte-Reine), portant une grappe de raisins dans la main droite, des fruits dans la gauche, est *Bemilu-ciovi*[202], ce que Holder a proposé de corriger en *Bemilugovi*[203], donc, « Au lugove frappeur » suggestion d'autant plus pertinente que Lugh reçoit en Irlande le qualificatif de *Lonnbéimnech* « Celui qui frappe furieusement[204] ».

On a objecté à cette identification que les reliefs du « dieu aux oiseaux » présentent généralement un homme barbu : sur les douze que relève C. Sterckx en 2000[205], tous sauf peut-être un le sont. Lugh, dans les textes irlandais, est un dieu jeune, auquel jamais n'est attribuée une barbe[206]. Cependant, en étudiant le dieu quadricéphale[207], on notait qu'il est parfois barbu, et qu'un relief de Bordeaux montre un Mercure avec deux têtes barbues, deux têtes imberbes. Sont barbus aussi bien le Mercure de Beauvais, l'hermaphrodite d'une stèle trouvée près de Saint-Bertrand-de-Comminges (ci-dessus), que le Lugus vraisemblablement figuré à Lourizán en Espagne[208]. J'interprétais cela en termes sociaux : imberbe, le jeune dieu est au stade antérieur à l'initiation ; barbu, il est au stade postérieur, il a changé de statut. De fait, c'est après son épreuve initiatique, le meurtre du dragon femelle à Delphes, qu'Apollon acquiert sa fonction mantique. Il est donc tentant de voir dans le « dieu aux oiseaux » un Lug « adulte ». À vrai dire, les documents ici mentionnés le confirment : le « dieu aux oiseaux » n'est appelé que *Lugus*, soit au pluriel, soit en composition, et cela implique qu'il existait une forme barbue de ce dieu.

Plusieurs auteurs[209] ont rapproché cependant le fait que six reliefs du dieu aux oiseaux ont été découverts à Alise-Sainte-Reine (soit la moitié de la collection complète de reliefs du dieu) de ce qu'au même endroit on a relevé quatre dédicaces à un même dieu masculin, Apollon *Moritasgos*, ajoutant qu'Apollon, comme le dieu aux oiseaux, est oraculaire. On notera deux choses : a) Apollon gréco-romain paraît avoir été identifié, à l'époque gallo-romaine, à plusieurs dieux celtiques : principalement, un dieu des eaux, médecin, ordalique, dieu jeune que son épiclèse de *Maponos* permet d'identifier au *Mabon* des récits gallois médiévaux, et que j'ai pu rapprocher aussi du Nechtan irlandais, de l'Apam Napât des Indo-Iraniens, etc.[210] ; mais, comme il présente de nets points communs avec Lugh (jeunesse, pouvoir oraculaire et médical), il est arrivé qu'à côté de l'identification classique à Mercure, on reconnaisse Lug dans certains Apollon gallo-romains[211]. b) L'épiclèse du dieu, *Moritasgos*, signifie très exactement « Blaireau de mer[212] ». Comme le blaireau n'est en rien un animal marin, on devine une épithète cultuelle, dans le genre des *kenningar* scandinaves, c'est-à-dire la désignation métaphorique d'un être ou d'un objet (du type « Bouclier de la mer » pour parler d'un navire) consistant souvent en l'accolement de deux substantifs. Dans cet esprit, un « Blaireau de mer » pourrait être un phoque, un dauphin, ou un saumon… animaux dont on verra précisément[213] les relations avec Apollon et Lug. Dès lors, Apollon Moritasgos serait bien un Lugus local, et son identité avec le dieu aux oiseaux serait, fort indirectement, confirmée.

L'Espagne celtique contribue à la documentation sur Lug et le corbeau, de manière moins abondante, mais par un document remarquable, dans l'un des principaux sanctuaires du dieu, à Peñalba de Villastar – Lugus y est en effet mentionné à deux reprises dans une inscription –, une gravure représente un corvidé courant[214].

Un dernier élément de l'Antiquité est à verser au dossier. On évoquait plus haut le surnom de *Visucius*, donné à Mercure dans plusieurs inscriptions d'Allemagne et de France. Un des sens plausibles est celui de « Sage, Savant ». Mais d'autres rapprochements avec les langues celtiques connues sont possibles, et, si on le rapproche du gallois *gwyach*, « grèbe », de l'irlandais *fiach*, « corbeau », le sens peut avoir été « Corvin, Corvidé[215] ».

Les textes insulaires médiévaux ne fournissent pas de recoupement explicite à ces données antiques. Le corbeau n'est mentionné, dans les récits irlandais, en relation avec Lugh qu'en fonction de ses actions guerrières : Lugh, meurtrier, est pourvoyeur de chair pour les corbeaux[216]. Il y a toutefois le curieux personnage de Fintan, ce druide borgne à qui Lugh, sous le nom de Trefuilngid, enseigne toute la tradition irlandaise, à charge pour lui de la transmettre aux nobles d'Irlande : il dialogue longuement, dans un texte connu par le manuscrit Egerton 1782, avec un « oiseau d'Achill » – lieu-dit, à l'ouest de l'Irlande –, oiseau qui est faucon, corbeau ou aigle[217], échange avec lui des connaissances d'ordre traditionnel, et meurt, comme lui, le lendemain du dialogue[218]. Or il a connu lui-même des métamorphoses animales, étant successivement saumon et aigle[219], il a vécu depuis l'origine du monde, et son nom signifie « Blanc-Ancien[220] » : toutes choses qui s'appliqueraient aisément au corbeau puisque celui-ci est intermédiaire de Lug comme Fintan l'est de Trefuilngid, puisque le corbeau est connu pour avoir une longévité exceptionnelle[221], enfin parce qu'on a tiré à l'instant du nom celtique *lugus* l'idée que les Celtes ont pu procéder, comme les Grecs, le mythe du corbeau anciennement blanc et devenu ultérieurement noir : en ce cas, le nom même de Fintan pourrait évoquer le temps où les corbeaux étaient blancs[222].

On notera encore, au sujet de l'« oiseau d'Achill » et de Fintan, qu'en irlandais, faucon, aigle, corbeau sont interchangeables (ils sont « oiseau noir », *blackbird*[223]), et que le mot *badb* signifie à la fois « corneille, corbeau, vautour », autrement dit, « charognard[224] ».

Au pays de Galles, la seconde branche du *Mabinogi* est celle dite de Branwen. Le nom de cette héroïne signifie « Corneille blanche ». Elle est la sœur d'un géant, Bran (« Corbeau »), roi de l'île de Grande-Bretagne. Le roi d'Irlande, Matholwch, la demande en mariage, mais, à cause d'un décepteur, Evnyssen, la noce tourne à l'affront, et bientôt Branwen est traitée par les Irlandais avec le plus grand mépris. Elle prévient son frère grâce à un étourneau. Bran emmène ses troupes en Irlande, une terrible bataille a lieu, et il ne reste que sept survivants parmi les attaquants. Branwen étant morte de tristesse, ils retournent au pays de Galles, et, à Harddlech, ils vivent pendant sept ans à table, en un banquet interminable. « Comme ils se mettaient à boire et à manger, il arriva trois oiseaux qui chantèrent pour eux une sorte de musique – toutes les musiques qu'ils avaient pu entendre jusque-là n'avaient aucun agrément en comparaison de celle-ci. Et de les voir dehors, au-dessus de l'océan, leur donnait une vision nette du lointain : les oiseaux au loin leur apparaissaient aussi clairement que s'ils avaient été près d'eux[225]. »

On penserait, *a priori*, à des oiseaux de mer. Pourtant, M. García Quintela opère une série de rapprochements qui orientent vers d'autres oiseaux. Il y a d'abord le texte de Strabon, déjà cité, selon lequel au port des Deux-Corbeaux, on détermine la victoire dans une contestation grâce à deux corbeaux à l'aile droite presque blanche qui mangent ou au contraire éparpillent des galettes. Par ailleurs, le même Strabon, se fondant sur le voyageur Artémidore, signale qu'au Promontoire sacré, à l'extrême sud-ouest de l'Espagne, d'un côté on voit le soleil cent fois plus gros que la normale au moment où il se couche[226], d'autre part il y a un sanctuaire d'Hèraklès, où l'on ne peut sacrifier, ni se rendre de nuit, car les dieux sont alors présents. « Les voyageurs qui viennent le voir doivent passer la nuit dans un village voisin, puis y aller de jour et, comme on n'y trouve point d'eau, en apporter avec eux[227]. » Le « Promontoire sacré » des anciens s'appelle aujourd'hui cap Saint-Vincent, et, en Espagne comme en France[228], saint Vincent est en relation avec les corbeaux : selon Jacques de Voragine, l'auteur de la *Légende dorée*, le corps de Vincent mort fut protégé par deux anges et un corbeau, qui empêchaient toute bête et tout oiseau d'en approcher[229], et, selon une tradition rapportée par M. Leite de Vasconcellos[230], il y en avait deux, sur une île proche du cap autrefois attachée au continent, qui furent ensuite conduits à la cathédrale de Lisbonne, où, le 23 janvier (jour de la Saint-Vincent), les gens allaient les voir dans la cour, jusqu'au début du XXe siècle ; lors dans la translation du corps de saint Vincent à Lisbonne, le corbeau qui le protégeait le suivait tout au long[231]. Enfin – découverte originale –, un texte du géographe arabe Idrisi, au XIIe siècle, signale, au cap Saint-Vincent, en arabe *Tarf al-gharb*, « Extrémité de l'Occident », c'est-à-dire exactement au Promontoire sacré des Anciens, une église chrétienne, qu'il appelle *Kanisat al Gurag*, « église du Corbeau » – c'est assurément l'église Saint-Vincent –, et voici ce qu'il en dit :

> Cette église, depuis l'époque des premiers chrétiens, n'a point éprouvé de changements. Elle jouit de richesses dont on lui a fait don et d'offrandes apportées par les chrétiens qui y viennent. Elle est sur un promontoire qui s'avance dans la mer. Sur le faîte de l'édifice se tiennent dix corbeaux ; personne ne les a jamais vus disparaître ni manquer [ou manger]. Les prêtres desservant l'église rapportent au sujet de ces oiseaux des informations merveilleuses qui rendraient suspect qui les répéterait. Du reste il est impossible de passer par là sans prendre part au repas d'hospitalité que donne l'église ; c'est une obligation, un usage permanent, jamais abandonné ni interrompu ; les anciens l'ont légué à leurs successeurs, et sa pratique est inscrite dans la durée[232].

Sachant que tout le sud-ouest de la péninsule Ibérique était sous domination celtique avant la conquête romaine, García Quintela voit dans cette présence de corbeaux dans un sanctuaire chrétien du promontoire une survivance celtique, ce d'autant plus que le même Strabon, lorsqu'il parle du « port des Deux-Corbeaux », dit – exactement comme Idrisi ! – qu'on raconte à leur sujet une histoire fantastique. García Quintela les inclut dans le dossier du dieu Lug, puisqu'ils sont oraculaires comme les corbeaux qui ont suggéré à Atepomaros et Mômoros la fondation de la ville de Lugdunum. Mais, sachant que les survivants de la bataille contre les Irlandais, dans le *Mabinogi de Branwen*, passent sept ans à banqueter, en compagnie d'oiseaux qui leur apparaissent au loin sur la mer, et ont une forte voix, puisqu'ils passent encore quatre-vingts ans à banqueter toujours, à Gwales en Pembroke, « dans une belle et royale demeure au-dessus de l'océan », cela rappelle le rite célébré dans l'« église du Corbeau » sur le promontoire, rite caractérisé par un perpétuel banquet. Telles sont les raisons de penser que les oiseaux du banquet perdurant sept ans, suivi d'un autre de quatre-vingts ans, étaient des corbeaux[233]. De plus, l'auteur fait l'hypothèse, très séduisante, que les « informations merveilleuses » d'Idrisi, et l'histoire fantastique « tenant trop de la fable » d'Artémidore qu'évoque Strabon, ne sont autres qu'un mythe de fondation semblable à celui de Lyon, le mythe de Lleu, et, en particulier pour le point qui nous intéresse ici, celui de Lug raconté dans le récit irlandais de la « Fondation de Tara[234] » : en effet, dans celui-ci, Trefuilngid dit qu'il dispose d'une branche qui nourrit à satiété hommes et femmes, jour et nuit[235]. Qui plus est, le récit irlandais oppose les gens (hommes et femmes) qui pourront manger indéfiniment grâce à la branche de Trefuilngid, et ce dernier, qui ne mange pas, tandis qu'Idrisi oppose les dix corbeaux, qui ne mangent pas, et les visiteurs de l'église, qui doivent obligatoirement participer à un banquet ininterrompu. Dans le récit gallois à présent, les sept survivants de la bataille sont accompagnés de la tête de Bran : cette tête ne mange pas, mais la durée pendant laquelle les compagnons banquettent est appelée « L'honorable hospitalité de la tête[236] ». Autrement dit, les Gallois survivants mangent de manière ininterrompue au bord de la mer, accompagnés de trois oiseaux chanteurs et/ou de la tête d'un géant nommé « Corbeau », alors que ni les oiseaux ni la tête ne mangent, tandis qu'à ce qui avait été le Promontoire sacré des Anciens, les deux corbeaux qui ne mangent pas tiennent en permanence compagnie aux visiteurs qui, eux, se succèdent en un banquet ininterrompu.

Je n'ajouterai à cette démonstration de mon collègue espagnol qu'une remarque comparatiste au sujet de Branwen. Celle-ci, je l'ai dit, porte un nom qui signifie « Corneille blanche » (ou « Corbeau blanc » femelle). Korônis, l'amante d'Apollon est textuellement la « Corneille » ; il faut penser, si l'on respecte la lettre du mythe, qu'elle était une corneille blanche, puisque c'est en conséquence de la dénonciation de son adultère, dans une des versions du mythe, que le corbeau devint noir. Ce n'est pas là le seul point commun que l'on discerne entre les deux héroïnes. Branwen, Galloise, a épousé Matholwch, roi d'Irlande : grand écart exogamique, que Korônis dépasse encore puisque, humaine, elle devint la maîtresse d'un dieu. Bientôt, à la suite d'une rumeur, Matholwch maltraite Branwen – bientôt, Apollon, en conséquence d'une dénonciation, frappe Korônis, tandis que sa sœur Artémis fait mourir quantité de femmes en punition de l'adultère de la jeune fille. Dans le récit gallois, au cours du combat entre Gallois et Irlandais, et c'en est même le point de départ, Evnyssen a jeté dans le feu le fils unique issu de Matholwch et de Branwen. Celle-ci veut se précipiter elle aussi dans le feu, mais Bran la retient, et elle ne mourra, peu après, de désespoir, qu'à son arrivée en Grande-Bretagne, où elle est aussitôt enterrée. Selon Pindare, en sa troisième *Pythique*[237], Korônis n'a pas été tuée par Apollon, mais est l'une des premières victimes de l'épidémie provoquée par Artémis ; elle est mise sur le bûcher, mais elle était enceinte : Apollon se précipite et arrache du bûcher funéraire l'enfant à naître. Ce sera Asklèpios. On se demandera donc s'il n'y a pas, dans le récit gallois, souvenir, très littérarisé, d'un mythe semblable à celui d'Asklèpios – d'autant qu'on signalera plus bas de nets parallèles irlandais au mythe grec. En effet, les mêmes éléments – souffrance d'une héroïne « mal mariée », et à la fois Corneille ou corbeau et blanche, mort soudaine de celle-ci, rôle du feu, mention de l'enfant unique, qui est jeté dans le feu (pays de Galles) ou extrait du feu (Grèce) – suggèrent un même mythe, mais, tandis qu'en Grèce et en Irlande le dieu médecin (Asklèpios, Miach) domine la mort (ci-dessous), dans le *Mabinogi*, le fils de Branwen n'a aucune caractéristique, pas même de nom, et son meurtre ne sert que de mobile à un affrontement meurtrier. Si, comme je suis amené à le penser, il y a eu un antique récit, demeuré mythe divin en Grèce et en Irlande, littérarisé au pays de Galles, on soupçonnera qu'un dernier fragment en est le motif suivant : à la mort de Branwen, « on lui fit une tombe à quatre côtés, et elle fut enterrée là, à Glan Alaw[238] » ; à la mort de Korônis, « ses parents mirent la jeune femme sur le bûcher dressé comme un mur[239] ». Ainsi, au-delà de la différence entre incinérants et inhumants, tout se passe comme si un récit, à savoir un mythe déjà mis sous la forme littéraire, avait indiqué que le lieu où l'on mit à sa mort la jeune Corneille, amante ou épouse condamnée, était un tombeau de pierre monumental.

Et, si la relation entre Lug et le corbeau s'est maintenue en Espagne du Sud avec la tradition concernant l'église du Corbeau, elle se maintient encore en France : à Lautenbach, en Alsace, lors de la foire de saint-Gengoult – personnage qui, on l'a dit[240], prolonge directement Lug par son légendaire –, on vendait des sifflets qui imitaient les passereaux, le hibou ou le corbeau[241] : la première catégorie d'oiseaux comprend le roitelet, dont on verra les relations avec Lug et Apollon ; la deuxième rappelle la punition de la femme, adultère, de Lleu, qui fut transformée en chouette. La troisième est celle dont il est question ici même.

C'est en Espagne que les survivances sont les plus patentes. En Galice, on a plusieurs lieux-dits « Enfant (*Niño*) des Corbeaux » : tous sauf un sont sur la côte, un d'entre eux est sur une île. Un autre est tout proche du sanctuaire de Santa Tecla (Sainte-Thècle), où l'on connaît une figuration d'un dieu identifiable à Lug, et où est raconté une histoire de navigation mystérieuse dans l'Atlantique[242]. Il est également proche d'un autre lieu-dit du même nom, et à deux kilomètres du Facho de Donón où l'on a un sanctuaire à un dieu nommé *Larius Breus*, qui paraît, comme Lug, en relation avec l'Autre Monde[243]. À l'extrême sud-ouest de la péninsule, on a signalé le groupe de survivances qui connecte le cap Saint-Vincent, les corbeaux et la cathédrale de Lisbonne.

L'Écosse a conservé un net souvenir du rapport entre Lug et le corbeau dans cette ballade qu'on évoquait plus haut[244], « La bataille des oiseaux », où le corbeau est le seul survivant et se révèle plus tard au prince qui l'a sauvé sous la forme d'un beau jeune homme, aux cheveux blonds et bouclés : ce corbeau qui se change en homme et devient maître d'initiation du jeune prince est évidemment Lug. Et ce récit où un corbeau est le seul survivant d'une bataille d'oiseaux rappelle le *Mabinogi de Branwen* où, pour une nommée « Corneille blanche », une bataille oppose deux camps, de telle sorte qu'il n'y a que sept survivants du côté gallois, qui rentrent chez eux accompagnés de la tête de leur chef, Bran, « Corbeau ».

D'un autre côté, des textes médiévaux irlandais montrant saint

Patrick au sommet du Croagh Patrick, la plus importante montagne qui lui soit consacrée, dans l'ouest de l'Irlande, disent l'un, que de grands oiseaux se mirent à voler autour de lui, lui cachant le ciel, la terre et la mer ; un autre, un poème sur le Find-Loch Cera, aujourd'hui Loch (lac) Carra, que Dieu envoya à Patrick des oiseaux angéliques qui, volant au-dessus du lac, encourageaient le saint, tandis que de leurs ailes ils faisaient briller la surface du lac ; un troisième, qu'une troupe d'oiseaux de la Terre de Promesse vint vers saint Patrick lorsqu'il était à Cruach Aigle, et battirent le lac de leurs ailes jusqu'à ce qu'il devienne blanc comme du lait, et ils chantèrent aussi longtemps que Patrick était sur le Cruach[245]. Curieusement, Mme MacNeill, qui rapporte ces légendes, pense qu'elles remontent à un thème, non irlandais, de la victoire de Patrick sur des démons à forme d'oiseaux[246]. Pourtant ces oiseaux ne sont pas hostiles, et ils participent à l'œuvre de Patrick, en l'encourageant et en chantant pendant qu'il est là. Comme on sait – et elle-même l'a montré – que Patrick a hérité d'un légendaire lugien, on peut légitimement voir en ces curieux oiseaux du saint sur la montagne un souvenir des oiseaux qui entouraient Lug, et se perchaient sur ses épaules pour lui apporter des nouvelles, par exemple d'un au-delà qui apparaît dans ces légendes médiévales sous le nom de Terre de Promesse.

Si l'on cherche à présent à expliquer cette si grande importance des corvidés dans la mythologie du grand dieu, qu'il soit Lug ou Apollon, ou encore Ódhinn, chez les Germains, on doit sans doute tenir compte de deux facteurs.

L'un est la fonction médiatrice du corbeau. Comme le dit Mme Anne-Victoire Charrin, spécialiste des Koriak de Sibérie orientale, « le corbeau se trouve, en effet, qualifié pour assumer à plusieurs titres un rôle de médiateur. Entre le ciel et la terre, car, tout en étant associé au ciel, il est en même temps lié au royaume des morts – il creuse la terre pour assurer sa subsistance et se nourrit même de charogne. Entre l'hiver et l'été, car il ne migre pas mais reste sur place toute l'année. Et au-delà de ces données de l'observation, entre le sec et l'humide, car sa voix est “rauque” et c'est lui qui obtient l'eau douce (chez certains paléo-Asiatiques[247], il crée même les rivières). Entre le masculin et le féminin car il essaie parfois de changer de sexe… Enfin, il apparaît parfois sous forme humaine, parfois sous une forme animale, se posant ainsi comme médiateur entre ces deux hypostases[248] », et Gricourt et Hollard, à qui j'emprunte cette définition, ajoutent la médiation entre nuit et jour, en vertu du mythe qui le dit être passé du blanc au noir[249]. Le rapprochement entre le Grand Corbeau, qui est démiurge, décepteur ou dieu dans toute la côte nord-ouest de l'Amérique du Nord et dans la Sibérie la plus orientale, et le corbeau des mythes indo-européens, esquissé dès 1936 par A. H. Krappe, est d'autant plus judicieux que plusieurs des traits retenus par Mme Charrin, pour le corbeau sibérien, évoquent directement le « dossier » Lug-Apollon : médiation entre ciel et terre (d'où entre divinité et homme), entre masculin et féminin (on a vu Lug et Apollon parfois hermaphrodites), entre animalité et humanité, puisqu'Apollon, au moins, lui aussi, peut apparaître sous forme humaine ou sous forme de corbeau.

La seconde raison tient certainement aux capacités de cet animal. Il est d'abord extrêmement intelligent. L'éthologie a différencié les animaux sous cet angle, et l'on sait aujourd'hui que les corvidés font partie, avec les psittacidés (perroquets, perruches, aras...) et les rapaces, des oiseaux les plus intelligents : le cerveau du grand corbeau, qui peuplait toute l'Europe jusqu'au Moyen Âge, est, proportionnellement, sept fois plus grand que celui du pigeon ; et l'on s'est aperçu qu'il peut compter jusqu'à sept[250].

Sans avoir fait les expériences qui mènent à de pareils résultats, les Anciens savaient tout de même que le corbeau a d'étranges capacités. L'auteur de la *Première mythologie vaticane*, par exemple, se demandant pourquoi le corbeau est le protégé d'Apollon, avance diverses explications, dont celle-ci : « Selon les livres d'ornithomancie [...], il est le seul oiseau à être capable de soixante-quatre sons dotés de signification[251]. »

Le roitelet

On citait ci-dessus le passage de Plutarque selon lequel Apollon se sert de hérons, de roitelets, de corbeaux, pour montrer sa volonté. C'est à ma connaissance le seul texte grec qui mentionne cette relation entre le roitelet et notre dieu, mais Plutarque, qui fut prêtre delphique, je le répète, est une source des plus sûres.

Or il existe une relation précise entre Lug et le roitelet : on citait également[252] ce texte du *Mabinogi de Math*, selon lequel le garçon que sa mère Arianrhod n'avait pas encore nommé Lleu Llaw Gyffes, frappe à distance un roitelet, entre l'os de la jambe et le nerf.

Que ce dernier motif ne soit pas fortuit, le nom même, en français, du roitelet, « petit roi », le montre. Lleu est à l'époque un tout jeune garçon, appelé à devenir plus tard roi : il est donc bien lui-même un « petit roi », et, dans le légendaire irlandais moderne, ma collègue Sylvie Muller a pu montrer les liens étroits, et abondamment attestés, entre le roitelet et la royauté[253]. Dans les versions qu'elle a recueillies – environ soixante, auprès d'une centaine d'informateurs –, l'aigle lance au roitelet un *geis*, une malédiction, selon lequel il sera chassé à la Saint-Étienne (le 26 décembre, date solsticiale) : il sera alors roi, mais ne volera pas plus haut qu'un arbuste, un mur, une clôture.

De même, dans une large partie de la France, le nom du roitelet paraît dériver d'un terme celtique, *biturix*, textuellement « Roi du monde[254] » ; il est considéré comme le roi des oiseaux dans plusieurs pays, notamment au pays de Galles[255], tandis que des textes hagiographiques irlandais appellent le roitelet *magus avium*, « mage des oiseaux[256] », et que dans le *Glossaire de Cormac*, il est considéré comme un druide capable de faire des prédictions, le mot *dreán* ayant le double sens de « druide » et de « roitelet[257] » ; plus étonnant encore, en gallois, le mot *druide* ne s'est conservé qu'au sens de « roitelet » : *dryw*, dont l'adjectif dérivé *drywon* a bien, lui, le sens de « druidique[258] » : non seulement on a montré plus haut que Lug, et Apollon, sont bien des « mages » et des « druides », mais ce dernier texte donne au roitelet, en Irlande, le rôle que Plutarque lui donnait en Grèce. Le lien entre Lug et le roitelet est donc essentiel, et que le roitelet soit aussi lié à Apollon constitue dès lors un des points communs les plus solides entre les deux dieux[259]. Un prolongement à cette rencontre est le suivant : le roitelet est, en Irlande et ailleurs en Europe occidentale, lié au cycle des Douze Jours[260] ; or, une tradition dit plus haut que Lètô, avant de donner naissance à Apollon et à Artémis, se changea en louve pendant douze jours, ce qui constitue d'ailleurs en soi l'une des meilleures preuves de l'existence des Douze Jours en Grèce ancienne[261]. Les Douze Jours sont un raccourci des douze mois à venir, et servent à prédire ce qu'ils seront : le temps qu'il fait un de ces jours-là est celui qu'il fera lors du mois correspondant. Ici encore, la fonction oraculaire du roitelet est présente.

Poursuivant l'enquête à partir de ces remarques, mes collègues Gricourt, Hollard, García Quintela, ont rappelé que l'oiseau fait l'objet, vers l'époque du solstice d'hiver, donc des Douze Jours, d'une chasse rituelle, menée par une confrérie de jeunes gens : la date renvoie donc à la relation déjà soulignée entre Lug/Apollon et le solstice d'hiver, les groupes de jeunes gens rappellent ceux liés en Grèce à Apollon[262] et à Cúchulainn un jeune protégé par Lug. À la suite de cette chasse, le roitelet, censé peser un poids gigantesque, est transporté dans un char tiré par plusieurs bœufs ; parfois, ce char est surmonté d'une roue, ou, en Irlande, le roitelet est présenté dans deux cercles entrecroisés, ou une sphère : notion de tournoiement déjà marqué par le mouvement du char, confirmé par une tradition selon laquelle un roitelet empalé sur une branche de cornouiller se met à tourner spontanément au-dessus d'un feu, et par le fait singulier, car il donne une grande antiquité au motif, que *trokhílos*, nom du roitelet en Grèce ancienne, dérive de *trokhós*, « roue[263] ». « Il ne fait guère de doute que l'oiseau représente ici le cycle du temps en mouvement qui tourne et se renouvelle, une caractéristique précisément dévolue chez les Celtes à Lugus, maître des passages : changements de saison, alternance nuit-jour et inversement, franchissement d'une année à l'autre et, bien entendu, traversée de la période des solstices d'hiver[264]. » Dans certains endroits, par exemple du midi de la France, le roitelet est mis à peser dans une énorme balance[265], ce que les mêmes auteurs rapprochent des « balances de Lugbad » mentionnées dans un passage du *Glossaire de Cormac*[266]. On citait plus haut d'autres traditions sur le roitelet – sa chasse est étroitement liée à des jeux d'adresse, en Catalogne, on risque ailleurs de voir ses doigts se coller, se raccourcir, être atteints d'un panaris, si on en déniche les nids : cela évoque les mains particulièrement longues, et imposantes, de Lug –, ou la chanson flamande qui parle d'un enfant pendu pour avoir tué un roitelet – la pendaison est un genre de mort associé à Lug (*cf.* ci-dessus). Un autre risque pour les coupable de vol des œufs du roitelet est de voir les pieds de leurs bêtes estropiés[267] : ce qu'on peut rapprocher de la capacité qu'ont Lug, et Apollon, d'envoyer la maladie, par exemple sur les troupeaux[268].

Un mythe répandu est celui de la conquête du feu, pris au soleil par le roitelet, qui avait pour cela réussi à se placer sur la tête de l'aigle[269] : on verra Lug aigle, et on l'a dit maître du feu. Une variante de ce récit a été recueillie à Vergisson, près de Mâcon, au XIXe siècle : la « Bête Faramine » était un oiseau si grand qu'il lui arrivait d'obscurcir le soleil, jusqu'à ce que des chasseurs en viennent à bout en tirant sur elle. Sa chute fit trembler la terre, mais, lorsque les femmes la plumèrent et qu'on la pesa, elle ne représentait plus grand-chose : c'était un roitelet[270]. De ce mythe, Gricourt et Hollard rapprochent deux monnaies celtiques de l'Indépendance, l'une, quart de statère en or attribué aux Leuci, où l'on voit un homme vêtu de braies, marchant vers la gauche, les bras remplacés chacun par trois ailes, et une flèche lui passant entre les jambes : « Les ailes, le nombre trois, les volutes et les vêtements sont autant d'éléments caractéristiques qui appartiennent à l'iconographie de Lugus » ; l'autre, également quart de statère attribué aux Leuci, représente un oiseau à queue trifide, vu de dessus, le corps traversé de biais par une flèche : ce peut être une version du même mythe, l'oiseau, dont la queue trifide répond à la triplicité des ailes de l'homme-oiseau, ressemblant à un passereau, pouvant être un roitelet, et l'homme ailé, Lug se transformant en oiseau – lorsqu'il est chassé, comme la Bête Faramine[271].

Dans la péninsule Ibérique, en Irlande, en Angleterre, au pays de Galles, en France – c'est-à-dire exactement dans d'anciennes, ou encore actuelles, terres celtiques –, la chasse au roitelet est rituelle, et a lieu aux alentours du solstice d'hiver. Elle est étroitement liée à la royauté : celle de l'aigle, en Irlande, ci-dessus, celle du « roi de Brest », en Bretagne ; ailleurs, le pouvoir de maires ou d'alcades. Les jeunes qui mènent le roitelet tué en procession en Irlande le proclament roi des oiseaux, dans leurs chansons. Il en était de même dans le comté d'Essex, en Angleterre. Dans celui de Pembroke, le jour des Rois (donc à l'autre extrémité des Douze Jours), on promenait un roitelet « qu'on appelait le Roi, dans une boîte de verre surmontée d'une roue d'où pendaient des rubans multicolores », et cela servait à une quête accompagnée de chansons promettant le bonheur. En France méridionale, « à Entraigues, les hommes et les garçons chassaient le roitelet la veille de Noël. Quand ils en avaient pris un vivant, ils l'offraient au prêtre qui le lâchait dans l'église, après la messe de minuit. À Mirabeau, le prêtre bénissait l'oiseau. Si les hommes n'arrivaient pas à prendre un roitelet et que les femmes y réussissent, elles avaient le droit de se moquer des hommes, de les insulter, de leur barbouiller le visage de boue et de suie. À La Ciotat, près de Marseille, une foule d'hommes armés d'épées et de pistolets allaient à la chasse au roitelet, chaque année, vers la fin de décembre. Quand ils en avaient pris un, ils le suspendaient au milieu d'un bâton que deux hommes portaient comme s'il s'était agi d'un lourd fardeau. Ils faisaient ainsi le tour de la ville ; on pesait l'oiseau dans d'énormes balances, puis tout le monde se mettait à table joyeusement[272] ».

La cérémonie de Brest a été rapprochée du matériel celtique par J. Loth, dans le cadre d'une recherche sur les *omphaloi*[273], et l'on dispose à présent de la bonne description de B. Tanguy[274]. Célébrée jusqu'à la Révolution, elle avait lieu tous les trois ans, le premier dimanche de décembre[275]. Après la messe, le nouveau maire allait poser les pieds sur une pierre comportant un trou, et y prêtait serment. Alors, toute la compagnie partait à la chasse au roi Bérichot. Lorsqu'il était pris, on le mettait dans une cage posée sur deux piques portées par quatre des principaux notables jusque devant la première porte du château. Le maire se dirigeait alors vers le gouverneur ou son représentant, faisait acte de soumission au roi, et le priait de maintenir les droits et privilèges anciennement accordés à la cité, car, sinon, les Brestois auraient été prisonniers comme l'oiseau en cage, alors qu'ils espéraient la liberté. Le gouverneur promettait tout cela, et on libérait l'oiseau.

On connaît un rituel tout semblable à Carcassonne, célébré jusque durant la première moitié du XIXe siècle. Le premier dimanche de décembre – comme à Brest –, les jeunes de la cité Saint-Jean sortaient de la ville armés de bâtons pour chasser les roitelets. Le premier qui réussissait à en attraper un était proclamé roi, il accrochait l'oiseau à son bâton, et se mettait en tête du groupe qui retournait en ville. Une procession nocturne avait lieu, de la rue Saint-Jean à l'église Saint-Vincent – c'est-à-dire d'une rue connotant le solstice d'été (23 juin) à une église connotant le 23 décembre, et l'on a vu ci-dessus les rapports entre saint Vincent et Lug, en raison des corbeaux du premier. Cette procession commémorait à la fois le roi et la nouvelle année. On célébrait la messe dans l'église. Peu après, au matin du jour de l'Épiphanie, le roi défilait en grand costume, portant couronne, cape blanche et sceptre. Le roitelet capturé était porté devant lui, attaché à une perche entourée d'une guirlande de feuillages d'olivier, de chêne, de gui – ce qui rappelle l'*éirésiônê* grecque, dont on verra les rapports avec Apollon, et avec Lug ; une messe était célébrée à l'église Saint-Vincent, puis le roi, entouré de ses courtisans, rendait visite à l'évêque, au maire, aux magistrats, aux notables ; partout, il y recueillait de l'argent, qui allait être utilisé pour le banquet qui terminait la journée et était suivi d'un bal. J. G. Frazer, à qui j'emprunte cette description, donne encore les exemples de l'île de Man, où les domestiques, au soir du 24 décembre, se livraient à la chasse au roitelet, en tuaient un, et l'attachaient, ailes éployées, à une longue perche ; ils le promenaient dans tout le village en chantant et en recueillant de l'argent, en échange duquel ils connaissent une plume du roitelet, ensuite précieusement conservée toute l'année dans chaque famille ; après quoi, ils enterraient cérémonieusement le roitelet dans une bière et allaient danser à l'écart du cimetière. En Irlande aussi il était tué le jour de Noël, et mené en procession le lendemain (la Saint-Étienne[276]). Je rapportais plus haut les rites catalans décrits par J.-L. Olive.

Avec M. García Quintela, on soulignera la différence entre les endroits, les plus nombreux, où la chasse au roitelet n'est qu'un jeu donnant prétexte à un repas, et l'ancien rite de Brest, où la chasse à cet oiseau engageait authentiquement le pouvoir. Or, note ce savant, c'est en Galice qu'on retrouve des situations rituelles analogues à celle de Brest. À Cabanas, dans le cercle de Ferrol, la tradition rapporte que l'élection des maires se faisait sur une grande pierre appelée « Roche d'élection », dominant le rio Eume. Elle porte une marque de pied (trace d'érosion ou non). On y faisait de la musique la nuit de la Saint-Jean : ainsi, on a les mêmes éléments qu'à Brest – élection du maire qui doit poser son pied sur une pierre où se trouve la marque d'un pied –, avec inversion de solstice, et absence de chasse rituelle au roitelet. Par contre, celle-ci se retrouve à Villanova de Lourenzá, dans la province de Lugo. Là, en un rite attesté du XVIe au XXe siècle, « le premier jour de l'année, les deux maires ordinaires se réunissent avec les secrétaires officiels et, avec les habitants, ils vont à la cellule du Père abbé, apportant un petit oiseau appelé Roi (*Regaliorum*) ; il est attaché avec un ruban à une lance, et la lance est portée sur les épaules par deux des habitants qui choisissent les maires, et ils l'offrent à l'abbé en disant : “Seigneur, nous vous offrons cet oiseau en signe de vasselage.” L'abbé le reçoit de la main du maire des nobles, et en lui coupant rituellement quelques plumes avec des ciseaux, et en disant qu'il le reçoit comme signe du dit vasselage, il lui rend la liberté. Après ceci, les voisins vont au Conseil et ils élisent de nouveaux maires, dont l'élection est soumise à la confirmation de l'abbé... S'il arrive qu'ils n'accomplissent pas la cérémonie de l'oiseau le jour indiqué faute d'avoir pu le capturer, ils ont l'obligation de la célébrer le jour des Rois, sous peine d'une certaine quantité de maravedis, qu'ils payent en cas de manque dans l'exécution[277] ». Les textes sur cette cérémonie indiquent encore que l'oiseau est appelé *rey Charlo* – c'est évidemment un roitelet –, que la chasse doit avoir lieu dans une pommeraie – ce à quoi il faudra songer quand on se penchera sur les relations entre Lug/Apollon et les pommes –, et que là aussi il y a quête de pain et de vin pour un repas. La date est donc identique à celle qu'on trouve en Irlande, en Angleterre et sporadiquement en France, et comme à Brest le roitelet symbolise le statut des habitants et intervient dans la « négociation » entre ceux-ci et l'autorité régalienne (tenue par le roi de France à Brest, par l'abbé à Villanova). Les ressemblances sont telles que l'auteur de la description citée, J. L. Pensado Tomé, se demande si l'ensemble de la cérémonie n'est pas d'origine française. Mais, vu l'expansion de la chasse rituelle au roitelet, d'une part, et le parallèle déjà fourni partiellement à la cérémonie brestoise à Cabanas, d'autre part, M. García Quintela a raison de penser à un parallèle indépendant, ou plus exactement à une commune source celtique des cérémonies aussi bien de Brest que de Villanova de Lourenzá.

Il souligne alors la commune intervention du pied dans trois occurrences du dossier : à Brest, à Cabanas, et dans le *Mabinogi*, car c'est au moment où il est en train de mesurer exactement la taille du pied d'Arianrhod pour lui faire une chaussure que le jeune Lleu aperçoit un roitelet et le vise. Et, à Brest comme à Villanova, les gens de la commune reçoivent leur liberté de l'autorité suprême lors de la chasse à un « roi », le roi Berthaud ou le roi Charlo ; Lleu, de son côté, reçoit alors un nom – Arianrhod, on l'a dit, dit alors que « le petit a la main habile », *Lley Llaw Gyffes*, c'est-à-dire une identité parmi les hommes.

Sans doute y a-t-il des différences : la chasse au roitelet de Lleu est à la fois individuelle et nominale, tandis que les chasses rituelles du solstice sont collectives et anonymes ; les chasses rituelles sont précisément très marquées dans le temps, elles concernent un moment déterminé de l'année, tandis que rien dans le texte du *Mabinogi* ne précise le moment de la chasse de Lleu ; la chasse, dans les cérémonies de Brest et de Villanova, a une résultante politique, débouchent sur la liberté, tandis que celle de Lleu est une étape dans son initiation.

Ces différences ne peuvent pas être des hasards, surtout si l'on songe que l'initiation de Lleu le mènera finalement à la royauté : les différences tiennent alors à ce qu'elles concernent les deux pôles de la société, la collectivité des hommes dans un cas, le roi dans l'autre.

Et en revanche, comparée à la relation entre les hommes et le corbeau, la chasse de Lleu et celle des confréries d'hommes ou de citoyens montrent leur unité. Le roitelet, on l'a vu, est chassé rituellement des îles Britanniques à la péninsule Ibérique : le corbeau ne l'est nullement. Cela seul indique une polarité dans les oiseaux liés à Lug et Apollon. M. García Quintela rappelle de plus la légende de la translation du corps de saint Vincent, le saint au corbeau, de son tombeau dans le sud du Portugal à la cathédrale de Lisbonne : un corbeau, je l'ai dit, a suivi la barque qui transportait le corps. Mais, nous raconte le chroniqueur Duarte Galvâo, un jeune garçon qui servait dans l'église, Joane, accueillit le corbeau en lui lançant une pierre et l'atteignit. Aussitôt voici le garçon paralysé. Son père désespéré se met en prière devant le corps du saint : bientôt Joane est guéri, alors plus jamais il ne s'en prend au corbeau, qui continue à voleter dans la cathédrale comme bon lui semble. Ainsi, autant la chasse au roitelet (qui comprend sa mise à mort, en Irlande, Angleterre, dans une partie de la France) est un acte positif, autant s'attaquer au corbeau est une faute. Celle de Joane n'est réparée que par la prière.

M. García Quintela montre que cette histoire s'oppose trait pour trait à celle de Lleu, précisément dans l'épisode du roitelet. Je reprends, en le modifiant, son tableau :

Lleu et le roitelet	Joane et le corbeau
Le jeune cordonnier aperçoit un roitelet	Le jeune Joane voit un corbeau
sur un bateau	venu avec un bateau
Il le frappe en lui lançant une pierre	Il le frappe en lui lançant une pierre
Arianrhod félicite la justesse de la main du garçon	Il est puni de paralysie
Gwydion dit à Arianrhod que Dieu ne la récompensera pas	Le père prie Dieu intensément
Le garçon s'appellera Lleu Llaw Gyffes (Lleu à la main sûre)	Joane retrouve toute sa santé, et l'usage de ses membres

Autrement dit, il était utile de frapper le roitelet, il était absolument interdit de frapper le corbeau.

À cette opposition, se relie un chapelet d'autres, qui forment un ensemble systématique. Dans les rites mentionnés par les Anciens ou par Idrisi, dans le *Mabinogi de Branwen*, si les oiseaux qui chantent au-dessus de la mer sont bien des corbeaux, cet oiseau connote la durée, le temps éternel ; au contraire, le roitelet connote l'éphémère, la vie brève, la chasse momentanée, annuelle (ou même tous les trois ans, à Brest), elle est périodique, portant à la fois sur la rénovation des relations sociales et sur celle de la nature (le solstice). Le corbeau se trouve dans des sanctuaires, des églises, même des cathédrales : le roitelet est chassé dans les haies des jardins, dans une pommeraie, dans la forêt. À la lettre des textes, la relation de Lug, comme d'Apollon, avec le corbeau est consubstantielle – il en prend la forme –, celle avec le roitelet est circonstancielle (Lleu frappe un roitelet au loin, Apollon a le roitelet parmi ses oiseaux auguraux, la chasse rituelle est très circonscrite dans le temps). Enfin, les corbeaux échappent à la condition humaine, ils sont médiateurs entre hommes et dieux quand ils ne sont pas eux-mêmes des dieux, le roitelet n'est messager des dieux qu'en Grèce, dans toute l'Europe occidentale il est lié à la société, dont il connote la liberté. Le roitelet est lié au roi, aussi bien du côté de ses sujets que dans sa propre initiation, ai-je dit, tandis que le corbeau est lié au divin. Le jeune Joane, en frappant un corbeau dans la cathédrale de Lisbonne, a ignoré la distance entre l'humain et le divin ; son père, par ses prières, l'a restituée[278].

Il ne nous est pas possible de déterminer si la même opposition existait en Grèce ancienne entre corbeau et roitelet. L'un et l'autre sont oiseaux oraculaires d'Apollon. Cela dit, le simple nom de *trokhílos* du roitelet suggère que cet oiseau était également mis dans des roues, *trokhós*, et que donc pouvaient exister des chasses au roitelet semblables à celles attestées ultérieurement en Europe occidentale. Rien n'indique par contre des chasses rituelles au corbeau, de sorte que ces indices, certes ténus, laissent penser que la situation symbolique de ces oiseaux pouvait être identique chez les Grecs à ce qu'elle a été chez les Celtes.

« L'aigle pourri »

Lleu, après avoir obtenu un nom de sa mère, bien malgré elle, reçut de ses protecteurs Gwydion et Math une femme : Blodeuwedd. On reviendra sur celle-ci, sur son adultère, sur la mort de Lleu tramée par les amants. Seul va me retenir ici le motif singulier de la transformation de Lleu en aigle. Frappé d'un coup de lance par Gronw Pebyr, l'amant de Blodeuwedd, « Lleu s'envola sous la forme d'un oiseau en jetant un cri strident, affreux, et on ne le revit plus ».

Gwydion part à sa recherche, et l'heureux hasard le mène chez un porcher qui le met, grâce à une truie, sur la piste d'un arbre où se passe un curieux phénomène : au sommet se trouve un aigle et, chaque fois que cet aigle remue, des morceaux de chair en décomposition tombent, que mange la truie. Gwydion devine que l'aigle n'est autre que Lleu, et obtient qu'il reprenne forme humaine[279]. Ce mythe, l'un des plus importants de la théologie indo-européenne, puisqu'il montre une véritable « passion », au sens christique, d'un des plus grands dieux, nous retiendra souvent. Ce qui m'intéresse pour l'instant est la transformation passagère de Lleu (Lug) en un aigle pourrissant.

Car Apollon a de puissantes relations avec les vautours : dans l'*Iliade* on voit, au chant VII, Apollon et Athèna se mettre d'accord pour arrêter le carnage guerrier entre Achéens et Troyens, et le remplacer (provisoirement !) par un combat singulier qu'Hector, averti par son frère le devin Hélénos, s'empresse de proposer aux chefs adverses. Alors, nous dit-on, Troyens et Achéens s'asseyent et « pour Athèna et Apollon à l'arc d'argent, pareils à des vautours, ils se posent sur le chêne de Zeus Père qui tient l'égide. Ils entendent jouir du spectacle des hommes, assis en rangs serrés où frissonnent écus, casques et javelines[280] ». Ce que Paul Mazon commentait : « Nous n'avons pas là une simple comparaison, comme par exemple au v. 778 du chant V [où Hèra et Athèna sont comparées à des colombes]. Le poète se représente bien les deux divinités comme se transformant en vautours et allant se percher sur un arbre, pour observer la scène qui va suivre[281]. » Dans l'*Agamemnon* d'Eschyle, la plainte des guerriers grecs accompagnant Agamemnon et Ménélas est comparée à celles de vautours à qui on a volé leurs petits au nid ; un dieu entend cette plainte et vole à leur secours – ce dieu est-il Apollon, ou Pan, ou Zeus ? demande le coryphée[282], pour qui il est donc évident qu'Apollon peut prendre la forme de cet oiseau. Enfin, on adorait dans la région d'Éphèse, au sommet d'une montagne, Apollon gratifié de l'épiclèse *Gupaiéus* « Aux vautours[283] ». On reviendra dans un instant sur le mythe qui justifie cette épithète, mais il faut avant tout exposer ce que représente le vautour pour les Grecs. On y sera aidé par une belle analyse de Marcel Detienne, qui a montré qu'en Grèce, autant l'aigle est admiré, autant le vautour est craint et méprisé, et surtout que le premier est aux aromates ce que le second est à la pourriture. Le mieux est de citer la partie cruciale, pour ce qui est étudié ici, de cette analyse :

> Le pourri et le parfumé dessinent [...] un plan sur lequel s'opère un partage décisif entre l'aigle et le vautour. Comme le note le traité ornithologique attribué à Denys le Périégète, l'aigle ne touche jamais à un cadavre si ce n'est celui de l'animal qu'il vient de tuer, tandis que le

vautour arrive, dit-on, trois jours d'avance sur les lieux où il pourra se repaître de charogne. Dès qu'il a senti l'odeur de la pourriture, rien ne peut l'arrêter. Rien, si ce n'est une odeur à l'antipode de la première : le parfum des aromates. En effet, le même traité ornithologique enseigne que « si les vautours s'éjouissent à l'odeur putride des cadavres, ils haïssent tellement les parfums que jamais ils ne toucheraient à une bête crevée dont les chairs seraient couvertes d'aromates ». L'horreur des parfums est chez ce charognard parfaitement symétrique de sa passion pour la pourriture, car si cette dernière lui procure vie et force, les aromates ont la réputation de le tuer instantanément. De manière inverse, c'est le contact des aromates et l'onction des parfums qui rendent vie à l'aigle. Une fable d'Ésope raconte comment une friction de myrrhe fit repousser les plumes d'un aigle maltraité par un homme qui l'avait réduit à la condition de volatile de basse-cour... Le même contraste se retrouve dans les traditions parallèles sur les vertus merveilleuses des plumes de l'un et l'autre rapaces. Quand les plumes de l'aigle sont mises en contact avec celles d'autres oiseaux, les premières ont la réputation de faire dépérir les secondes, qu'elles réduisent en pourriture, alors qu'elles-mêmes ne subissent aucune altération : comme si, dans ce partage radical, les plumes de l'aigle avaient pouvoir de dénoncer la distance entre l'oiseau de l'empyrée et tous les autres volatiles. Par ailleurs, au contraire de ces plumes imputrescibles, celles du vautour sont les seules dont la combustion dégage une odeur assez répugnante pour attirer les reptiles et les faire sortir de leurs trous. Aux plumes de myrrhe dont l'aigle est revêtu répond le plumage pourri du vautour qui apparaît, ici encore, comme un aigle inversé[284].

Arrêtons la citation ici : Detienne y a dit tout ce qu'il fallait pour déceler le rapport entre Lleu aigle pourri et Apollon « aux vautours ». Lug est aigle pourrissant tandis qu'Apollon est honoré d'un qualificatif, *Gupaiéus*, et de métamorphoses, qui le relient au vautour, aigle inversé connotant le pourri.

Sur le plan strictement théologique grec, cette jonction entre Apollon et le vautour étonne[285], elle n'est pourtant pas exceptionnelle[286]. On comprend mieux que le vautour soit parfois oiseau d'Arès, dieu des carnages[287]. Mais l'on étudiera ci-dessous un autre rapport particulier, spécifique, et singulier, entre Lug et Apollon : tous deux sont liés à la pourriture, Lug par le mythe qu'on vient de dire, et par sa relation étroite avec le roitelet, oiseau qui connote la mauvaise odeur, et avec les corbeaux, oiseaux charognards, Apollon par son lien avec les mêmes oiseaux, et par le mythe delphique[288].

Quant à la transformation d'Athèna et d'Apollon en vautours dans l'*Iliade*, elle est fonction de l'activité militaire : Athèna est déesse de la guerre, Apollon étant de son côté donneur de victoire[289]. Athèna et Apollon, vautours, se sont posés sur un chêne : l'arbre n'est pas ainsi désigné au hasard, par exemple pour des raisons prosodiques – il est celui de Zeus, leur père commun, dont ils tiennent leurs pouvoirs. Or c'est aussi sur un chêne que se trouvait Lleu-aigle, comme cela est précisé dans le chant de Gwydion[290]. Les deux divinités grecques qui se posent sur cet arbre sont donc semblables à ces vautours dont parlait Denys le Périégète, qui arrivent trois jours en avance pour se repaître des chairs des morts après un combat ; on rapprochera cela de ce qui est dit plus haut de Lug : son lien avec les corbeaux, essentiel dans l'histoire de la fondation de Lyon, n'apparaît plus en Irlande que dans la guerre, où le grand dieu, massacrant à tour de bras, est pourvoyeur pour les charognards[291].

Or, si le corbeau donne des présages[292], le vautour est, lui aussi en Grèce, oiseau de divination, mais entièrement négatif. Dans un des mythes racontés par Antoninus Liberalis (XXI, 5), deux géants qui ont méprisé les dieux sont finalement transformés, sur intercession d'Arès, en variétés de vautour : le premier devenant « un *lagôs* qui ne présage rien de bon », l'autre un *gùps*, « l'oiseau de tous le plus détesté des dieux et des hommes ». Dans un autre récit (Apd., I, 9, 12), le devin Mélampous, si lié à Apollon, est chargé par le roi Phulakos de guérir son fils Iphiklos frappé d'impuissance. Il souhaite pour cela connaître la cause de la maladie, et a recours à un singulier procédé : il sacrifie deux taureaux et reste à côté d'eux. Bientôt des vautours s'installent au festin mortuaire, et Mélampous, qui comprenait le langage des oiseaux, les écoute parler… et apprend ainsi les origines lointaines de l'impuissance d'Iphiklos (Apd., I, 9, 12).

Il est intéressant de voir, dans l'*Iliade*, Apollon-vautour attendant, sur un arbre, la mort d'un homme. On soulignera que le vautour, par son comportement – lui-même vivant, il arrache des morceaux de chair d'un corps mort –, inverse Lleu : mort (il a été tué par le coup de lance de Gronw Pebyr), il voit son propre corps se déliter. Or, deux mythes qui relient Apollon et le vautour parlent d'un homme qui s'était de lui-même lacéré les chairs, ou couvert de sang, pour attirer des vautours.

Le premier est celui-là même qui était raconté pour expliquer l'épiclèse de *Gupaiéus* accordée à Apollon près d'Éphèse : un homme s'était fait descendre par un compagnon le long d'une paroi rocheuse pour chercher du miel dans une cavité. Là il trouva de l'or et en chargea trois corbeilles successives. Quand ce fut le moment pour lui de remonter, il craignit une trahison de la part de son compagnon et mit une pierre dans la corbeille à sa place. Bien lui en prit, car l'autre laissa tomber la corbeille au fond du précipice.

« Alors que le pâtre, qui était dans la grotte, était dans l'impossibilité de se sauver, Apollon lui ordonna en songe de se lacérer le corps à l'aide d'une pierre pointue et de s'étendre tranquillement. Quand il eut exécuté l'ordre, des vautours s'abattirent sur lui comme sur un cadavre, accrochèrent leurs serres les uns dans ses cheveux, les autres dans ses vêtements, le soulevèrent et l'emportèrent sans mal dans le vallon voisin. »

L'homme se fait rendre justice, récupère l'or, en garde la moitié et dédie l'autre à Apollon et Artémis. C'est lui enfin qui consacre sur le sommet d'une montagne un autel à Apollon « aux vautours[293] ».

Le second raconte comment un fils d'Apollon, Kuknos, persécutait un de ses amoureux, Phulios, en lui imposant des épreuves quasi irréalisables[294]. L'une d'elles devait consister à s'emparer de « vautours d'une taille prodigieuse qui massacraient beaucoup de gens ». Phulios eut recours à une ruse : un aigle ayant laissé tomber un lapin « à demi mort », il se souilla de son sang et se coucha par terre ; lorsque les vautours vinrent sur lui, il en saisit deux par les pattes (A. L., *Mét.*, XII, 5-6).

Ni Phulios ni les vautours ne sont ici mis en relation directe avec Apollon, mais celui-ci figure en quelque sorte aux deux extrémités du mythe : le responsable de tout, Kuknos (textuellement « Cygne »), était son fils, et lorsque celui-ci et sa mère, finalement, se jettent dans un lac, c'est Apollon qui les change en cygnes.

Ce qui amène les observations suivantes :

1 – Marcel Detienne a souligné que la chasse aux vautours de Phulios applique exactement la méthode de la chasse aux aigles pratiquée par les Hidatsa, tribu sioux de la vallée du Missouri[295]. Et, comme motif mythique, la même méthode de chasse est attestée aussi bien dans les récits d'Amérique du Nord (Assiniboines, Pieds-Noirs, Menomini, Omaha, Arapaho[296]) que d'Amérique du Sud (surtout chez les peuples de langue Tupi – Apapocuva, Mbya, Tembé, Shipaia, Guarayu –, et aussi chez les Choroti, Tapiété et Ashluslay de Bolivie du Nord-Est et du Chaco, chez les Botocudo, Bakaïri et Tereno du sud du Brésil[297]). Or le mythe du pâtre sauvé d'une caverne par les vautours rappelle beaucoup, avec une inversion partielle, le mythe du « dénicheur d'oiseaux » dont Claude Lévi-Strauss a étudié les motifs et la répartition qui comprend elle aussi l'Amérique du Sud et l'ouest de l'Amérique du Nord[298].

2 – Apollon est le protecteur de ce « dénicheur de miel » et les vautours sont en quelque sorte ses représentants[299] : penser à Apollon vautour dans l'*Iliade.*

3 – Mais Apollon est par excellence le dieu qui accomplit des épreuves, comme Lugh ; il meurt[300], comme Lleu. Or, dans les deux mythes ci-dessus évoqués, les héros accomplissent des épreuves qualifiantes : le pâtre « dénicheur de miel » devient riche après son aventure et quitte l'état de pâtre ; Kuknos oblige Phulios à accomplir trois épreuves, nombre d'épreuves auxquelles Lugh satisfait en

arrivant à Tara. On évoquait plus haut le mythe de Mélampous identifiant la cause de l'impuissance d'un jeune garçon, Iphiklos : c'est encore un groupe de motifs initiatiques. Notons que Mélampous sacrifie deux taureaux pour attirer des vautours, tandis que Phulios est chargé par Kuknos, après la capture des vautours, de faire de même avec un taureau sauvage, et le nom de *Phulios* est un hypocoristique suffixé en *-i-o-s* de *Phulakos*, nom du père d'Iphiklos qui charge Mélampous de cette mission.

Il est alors possible de conclure : la maîtrise d'Apollon sur les vautours prolonge un matériel initiatique extrêmement archaïque, puisqu'il est commun à l'Europe ancienne et à l'Amérique du Nord et du Sud ; en modalité indo-européenne, ce thème initiatique a donné naissance au mythe de la « passion du dieu suprême[301] », laquelle s'exprime directement dans la mort de Lleu transformé en aigle pourrissant, et en Grèce éclate en une multitude de motifs qui ont pour point commun d'être liés à Apollon mais de laisser ce dieu lui-même intact ; ainsi Phulios au service de Kuknos, le pâtre d'Éphèse, et aussi, on le verra plus loin, le pâtre Marsuâs, sont autant de formes « hypostasiées » d'Apollon, de même, que, corrélativement, les vautours qu'ils capturent[302].

Le couple notionnel est bien aigle/vautour ou aigle pourri, qui se superpose au couple rapace/charognard, d'autant plus pertinent qu'en irlandais le même mot *badb* désigne corvidés et vautour[303], et ce couple est très général, puisqu'il structure des oppositions de type totémique en Sibérie, Australie et Colombie britannique[304].

En somme l'aigle pourri/vautour exprime la mort, ce qui explique que les présages qu'on tire de sa vision sont mauvais, mais cette mort est provisoire : Lleu est ressuscité, il est devenu roi, et Apollon revenait chaque printemps à Delphes, de l'Hyperborée.

Si la mythologie montre ainsi nettement l'ancienneté de la métamorphose de Lug en oiseau, il est utile de signaler aussi que plusieurs documents archéologiques celtiques ou gallo-romains attestent son existence parmi les populations d'alors. Sur une monnaie des Boïens du Danube, on a « Lugus figuré comme un hermaphrodite, nu mais probablement chaussé de bottes », gisant couché sur le dos, le flanc transpercé par une lance et il est « surmonté par un rapace d'une dimension égale à la sienne et dont les serres prennent appui sur son corps ». Et, ce qui est au plus haut point significatif, la tête du rapace se confond avec celle du dieu, « le bec du rapace pouvant aussi bien figurer le cou du dieu » ; la figuration constitue donc « un raccourci visuel spectaculaire », montrant la mort du dieu, et son identité avec l'oiseau qui le surplombe[305]. Beaucoup plus tard, sur une monnaie de billon de l'époque de Postumus, en 266-267 de notre ère, déjà signalée ci-dessus parce que le personnage debout aux grandes mains qu'elle représente au revers tient un corbeau posé sur son bras le montre, de l'autre main soutenir « un aigle dans une posture d'agonie[306] ». Le personnage est évidemment Lugus, et, s'il montre un aigle mort, c'est que la monnaie réunit elle aussi en une vision synthétique divers épisodes centraux du mythe de ce dieu, selon un processus dont on voit encore ci-après d'autres exemples. Le gobelet de Lyon, lui aussi signalé plus haut pour la même raison (présence d'un corbeau et de Mercure/Lug), montre également un aigle, un sanglier, une tête imberbe sur une branche d'arbre. Les mêmes éléments (tête, aigle, sanglier) sont aussi ensemble sur un monument trouvé à Saint-Maurice-lès-Châteauneuf (Saône-et-Loire) : il s'agit de la statue d'un dieu trônant, identifiable à Mercure, flanqué d'un bélier ; derrière lui, un aigle tient dans ses serres un médaillon orné de la tête imberbe d'un bel adolescent au-dessus d'un sanglier (ou d'une laie) : on a donc là, à nouveau sous une forme synthétique, tous les détails de la guérison de Lleu par Gwydion, puisque celui-ci retrouve son protégé, « parangon de jeunesse et de beauté », sous la forme d'un aigle, et grâce à une laie[307]. On signalait plus haut un autre monument, de Limoges : sur le chapiteau d'une colonne galbée est assis un jeune dieu dont les bras se métamorphosent en ailes d'aigle (ou de vautour !), à moins qu'au contraire ce soit la dernière partie de son corps qui n'ait pas encore repris forme humaine ; au bas du fût, un autre personnage, nu, pourrait être Gwydion[308]. En Espagne, à Peñalba de Villastar et à Fentán, des êtres mi-anthropomorphes, mi-ornithomorphes sont gravés dans la roche : M. García Quintela donne des raisons de penser que ce sont des figurations de Lugus[309].

Il existe aussi des documents qui figurent l'ornithomorphose d'un dieu, et peut-être corrélativement sa mort : on les évoquait ci-dessus, au sujet du roitelet. Il s'agit d'un homme dont les bras sont remplacés par trois paires d'ailes, entre les jambes duquel passe une flèche, sur une monnaie attribuée aux Leuci, tandis qu'une autre figure un oiseau, transpercé de biais par une flèche. D. Gricourt et D. Hollard comparent à cela l'histoire du roitelet dans des contes français où il est tué[310]. On se défait cependant difficilement de l'idée que l'homme partiellement oiseau et à la flèche entre les jambes n'est autre que Lug en cours de métamorphose après avoir été frappé par la lance de Gronw Pebyr[311]. Les deux lectures ne sont d'ailleurs pas incompatibles : le texte gallois dit que Lleu, frappé du coup de lance, s'envola sous la forme d'un oiseau (il ne précise pas lequel) et ne fut retrouvé sous celle d'un aigle pourrissant que nettement plus tard. Il s'ensuivrait que le meurtre de Lleu, qui se déroule au bout d'une année de préparation, donc à un moment précis, aurait quelque chose à voir avec la chasse au roitelet…

Dans un autre conte du roitelet, déjà évoqué ci-dessus, et célèbre, alors qu'il s'agissait, lors d'un concours entre les oiseaux, d'atteindre le soleil, l'aigle y réussissait presque, mais, comme le roitelet s'était caché sur sa tête, c'est lui qui réussit[312] : autrement dit, à l'opposition évoquée ci-dessus entre l'aigle et le vautour répond une opposition entre l'aigle et le roitelet. Dans l'une et l'autre histoires, le second terme est du ressort de Lug/Apollon. Comme il est bien connu, le premier terme appartient à Zeus en Grèce, et à Taranis en pays celtique[313] : ces dieux ont pour oiseau un aigle intact, et non pas pourri.

Enfin, à côté de ses relations avec le vautour, Apollon en a quelques-unes avec l'épervier : il lui est souvent comparé[314]. Porphyre attribue explicitement « le faucon et le corbeau » à Apollon lorsqu'il cite les relations entre différents dieux et différents oiseaux[315], et, dans la version d'Antoninus Liberalis (*Mét.*, XXVIII, 3), lors de la grande crainte des dieux devant le géant Tuphôn, chacun prenant une forme animale, c'est en *hiérax*, « faucon, milan, épervier », que se change Apollon. Dans l'*Odyssée*, lorsqu'à Ithaque on aperçoit un épervier plumant une colombe, le devin Théoklyménès y déchiffre immédiatement un présage d'Apollon (*Od.*, XV, 525-534). Élien raconte qu'à Delphes, un épervier dénonça un profanateur sacrilège en se jetant sur lui et en le frappant à la tête[316]. On a parlé aussi de Daidaliôn, héros violent, qui, au moment où il voulait se tuer, après le meurtre de sa fille par Artémis, en se jetant du haut du Parnasse, fut changé en épervier par Apollon, ce qui, note C. Sterckx, répond à la première partie de l'histoire de la mort de Lleu, puisque le suicide de Daidaliôn se résout en une transformation en oiseau, tout comme le meurtre de Lleu lui donne la forme d'un oiseau. Selon Ovide, alors qu'il tombe, Daidaliôn est pourvu par Apollon « d'ailes qui le soutiennent en l'air[317] ». Or une monnaie celtique montre un homme dont les bras sont remplacés par trois paires d'ailes, au moment où une flèche passe entre ses jambes : comme celle de Daidaliôn, sa mort commence par la transformation de ses bras en ailes.

L'insistance des anciens Grecs à ne pas attribuer l'aigle à Apollon, parce qu'il appartient à Zeus, a eu aussi pour résultat qu'Apollon prend en charge un rapace diurne comme l'aigle, mais plus petit, épervier ou faucon, et l'aigle inversé, le vautour. On discerne un codage analogue chez les Celtes : si Lug est un aigle pourri, et le corbeau un charognard, des figurations gallo-romaines de Jupiter, c'est-à-dire du Dagda irlandais, lui attribuent l'aigle (ci-dessus) ; on interprète traditionnellement cette association comme un emprunt à l'iconographie classique gréco-romaine. Tout ce qui est dit dans le présent paragraphe laisse entrevoir une autre possibilité, selon laquelle l'aigle était bien l'oiseau du dieu céleste des Celtes – ce qui aurait certes favorisé l'emprunt aux traditions iconographiques gréco-romaines[318] !

Il est enfin une autre manifestation remarquable de ce « refus » d'attribuer l'aigle à Apollon : on parle d'un roi d'Athènes, Périphas, si juste et si respectueux du culte d'Apollon, qu'il recevait des honneurs qui rendirent Zeus jaloux ; il projeta d'anéantir Périphas et sa maison, mais Apollon détourna sa colère ; Zeus se rendit chez Périphas, et le surprit en train de s'unir à sa femme ; il pressa l'homme de ses deux mains, et le transforma en aigle. La femme pria le dieu de la métamorphoser aussi, et ce fut en orfraie (A. L., *Mét.*, VI). Ensemble étonnant, si l'on songe qu'après son adultère, Blodeuwedd fut changée en chouette, tandis qu'à cause du même adultère, Lleu fut aigle. La jalousie de Zeus étant tout de même largement immotivée dans ce récit, on se demandera si, d'aventure, l'épouse n'était pas, initialement, une maîtresse de Zeus, qu'elle aurait trompé avec Périphas : car alors, la double transformation en aigle et en orfraie aurait un parallèle gallois rigoureux. Il est intéressant de remarquer sur ce point que, dans l'*Iliade* (XVII, 322-324), Apollon prend un instant la forme d'un héraut nommé *Périphos*, nom qui est un véritable doublet de *Périphas*. Si adultère il y a eu, à l'arrière-plan de l'histoire de Périphas, il s'est joué entre Apollon et Zeus...

Quoi qu'il en soit, dans cette histoire comme ailleurs, tout se passe comme s'il n'était pas question d'attribuer l'aigle à Apollon : lors même que Périphas était son dévot, c'est de Zeus que ce roi devint l'aigle.

Le cygne

Le cygne est, avec le corbeau, l'oiseau le plus lié à Apollon : on évoquait ci-dessus son fils Kuknos, qu'il changea en cygne[319], et l'on verra ci-dessous des cygnes faire sept fois le tour de Délos lors de sa naissance[320]. Selon le poète Alcée, du VIe siècle avant notre ère, à la naissance du dieu, Zeus lui donna un char tiré par des cygnes, ce qui lui permit son voyage annuel chez les Hyperboréens[321]. Selon Nonnos, lorsque le géant Tuphôn menaçait les dieux, Apollon se changea en cygne pour lui échapper[322]. Pour l'auteur du très bref second *Hymne homérique à Apollon*, c'est pour Phoibos « que chante le cygne harmonieux en s'accompagnant de ses ailes » (*HHA* II, 1[323]).

La même association s'atteste au sujet de Lug dans le matériel, aussi bien archéologique que littéraire, dont nous disposons.

– Jan De Vries signale, dans un matériel celtique nord-italien, la jonction des motifs suivants : cheval, cygne, svastika, triskèle, soleil[324]. Un tel groupement évoque Lug, dieu des épiphanies solaires[325].

– Dans le récit de la naissance de Cúchulainn, Lugh est nettement le patron des initiations féminines au cours desquelles les jeunes filles sont changées en oiseaux, qui sont assurément des cygnes[326].

– Une des plus célèbres transformations en cygnes de la tradition irlandaise est celle du dieu Midir et de son amante Etain lorsque le premier enlève la seconde au roi Eochaid qui, se méfiant, avait pourtant fait cerner de soldats la maison où tous deux se trouvaient ; pour leur échapper, « [Midir] prit ses armes dans la main gauche, il prit la femme sous le bras droit et il l'emmena à travers l'orifice du toit de la maison. Les troupes se levèrent autour du roi, pleines de honte. Ils virent deux cygnes faisant le tour de Tara [et qui] se dirigèrent vers le Síd ar Femuin[327] ».

Or il y a des points communs entre Midir et Lugh : tous deux eurent un œil crevé, que guérit Diancecht, le dieu médecin[328]. Midir est spécifiquement responsable de l'éducation des jeunes garçons[329], ce qui rappelle la fonction éducatrice de Lug et d'Apollon[330]. Midir est amant d'Etain et Lugh est fils d'Ethne : ce sont là deux formes de la même déesse. Mais on s'engage ici dans un dossier difficile : certains auteurs tiennent Midir pour une forme du dieu Manannán[331] et d'autres, ou les mêmes, tiennent Manannán pour identique à Lug[332] : discuter cela multiplierait encore les pages de ce travail... Notons simplement que si ces identifications étaient assurées, Lug serait identique à Midir transformé en cygne, et c'est dès lors la quasi-totalité des animaux, terrestres, aériens, aquatiques, de l'environnement d'Apollon qui se retrouverait dans celui de Lug.

Divers détails comparatifs iraient en tout cas dans le sens de l'identification entre Lugh et Midir. Apollon et Midir ont fait des trajets identiques, en sens inverse : Midir quitta Tara (ville centrale) pour le Síd ar Femuin[333] (textuellement, le « *Síd* des Femmes »), tandis qu'Apollon est né à Dèlos dont les premiers habitants furent des femmes, les Vierges hyperboréennes, et se rendit à Delphes, au centre du monde – dans un char tiré par des cygnes, selon Alcée[334].

Ainsi, à la forme de Midir répond le moyen de transport d'Apollon : le premier s'envole sous forme de cygne pour gagner le Síd ar Femuin, Apollon se rend à Delphes ou chaque année rejoint l'Hyperborée sur un cygne ou dans un char tiré par des cygnes[335]. La métamorphose n'est pas loin. Lorsque des héros d'Aristophane invoquent les dieux sous forme d'oiseaux, dans la pièce qui porte ce dernier nom (v. 872), Apollon est remplacé par « le cygne pythien et délien ».

Il reste à rappeler que les héros appelés Kugnos, ou Kuknos, « Cygne », sont des guerriers sauvages, *hubristaí*, cruels, et celui qui était fils d'Apollon, construisit même un temple à son père avec les crânes des étrangers de passage qu'il avait tués[336].

Le coq

Le coq, qui annonce le lever du soleil, était aussi consacré à Apollon : certaines statues représentaient le dieu tenant un coq en main[337]. À Asiné en Méssenie, il portait l'épiclèse de *Kórunthos* (Paus., IV, 34, 7), or Hésikhios donne un mot *kórunthos* comme signifiant « coq ». Commandant au renouvellement du temps, au printemps, Apollon présidait tout aussi bien à l'aurore, on l'a vu surnommé « Porteur de lumière », *Sélásphoros*, *Phanaîos*[338], et, à Thynias, île qui reçut également le nom d'*Apollonia*, située près de la côte de la Bithynie (nord-ouest de la Turquie actuelle), il portait l'épiclèse d'*Eôos*, « Celui de l'aurore[339] ».

En Gaule, les stèles représentant Mercure le montrent accompagné, entre autres animaux, d'un coq[340], et il est plusieurs fois qualifié de *Matutinus*, synonyme exact de l'*Eôos* de Thynias[341].

Voilà qui, apparemment, complète la série des équivalences entre les deux divinités. Cela dit, il ne peut s'agir ici d'un héritage commun aux Grecs et aux Celtes : le coq et la poule se sont diffusés en Europe, en provenance d'Asie, bien après l'époque où Proto-Celtes et Proto-Grecs ont pu communiquer quant à leurs traditions et à leurs théologies. D'un autre côté, on verra ci-dessous que la place « Gallinacé » dans le « système des oiseaux » de Lug et Apollon pouvait difficilement être vide. Il est possible qu'un autre oiseau (faisan, tétras... ?) ait été initialement celui du dieu, puis, quand la connaissance du coq s'est répandue, cet oiseau splendide, auroral, et à la voix remarquable, a naturellement pris la place de l'oiseau antérieur.

Le héron et la grue

C'est une indication de Plutarque, connaisseur en la matière, mais une indication isolée, qui nous enseigne qu'Apollon, pour faire connaître le futur, se sert de la voix des hérons, des roitelets et des corbeaux (ci-dessus).

Ainsi, Apollon était associé à un échassier.

Lug l'était aussi, indirectement, en l'état de notre documentation, mais néanmoins certainement. Un document iconographique dont on a parlé[342], et dont on devra encore utiliser les riches informations, est le

« pilier des Nautes » de Paris : une de ses faces montre un taureau associé à un arbre et supportant trois grues, une inscription, TARVOS TRIGARANVS, « le Taureau aux Trois Grues », confirmant la solidarité des animaux. On a vu que ce motif se relie à Ésus, car un autel de Trêves montre un dieu en train d'abattre un arbre entre les branches duquel on distingue une tête de taureau et deux grues ; le dieu est assurément Ésus, qui abat un arbre sur le pilier de Paris. Et Ésus, on l'a dit, est Lug[343], à moins, selon C. Sterckx, que ce ne soit Gwydion, le maître de Lug. Quoi qu'il en soit, une corrélation est établie entre Lug, éventuellement par l'intermédiaire de son maître, et des échassiers.

Il est possible de conclure sur la série de parallèles entre Lug et Apollon dont on vient de parcourir les éléments. L'ensemble, comme D. Gricourt et D. Hollard l'ont souligné, forme un véritable système. Je leur emprunte le tableau qui le démontre[344] :

oiseaux	LUG	APOLLON
Rapaces	aigle « pourrissant »	vautour, épervier
Corvidés	corbeau	corbeau
Passereaux	roitelet	roitelet
Échassiers	grue	héron
Palmipèdes	cygne	cygne
Gallinacés	coq	coq

On remarque qu'à l'exception des rapaces liés à Apollon, où l'épervier est redondant par rapport au vautour, il y a effectivement une espèce par ordre d'oiseaux : on doutera qu'il y ait là un « hasard ». Et s'il n'y en a pas, il faut admettre que les auteurs de ce « système », c'est-à-dire les Celto-Grecs préhistoriques, ont consciemment élaboré une théologie en vertu de laquelle le grand dieu, régnant sur les trois niveaux de l'univers, pouvait s'incarner, ou du moins avait des relations étroites, avec un oiseau représentant chacune des catégories que ces fins observateurs qu'ont toujours été les peuples plus proches que nous de la nature ont distinguées parmi les oiseaux, bien avant que les zoologistes n'en fassent le baptême scientifique. Le critère d'affiliation entre dieu et oiseau a sans doute été d'abord le son, qui caractérise tant le corbeau que la grue, le cygne que le coq. Un second critère a été ce qu'on pourrait appeler le « roi à l'envers », le roi paradoxal, ce que sont aussi bien l'aigle pourri et le vautour que, sur un tout autre mode, le roitelet. Le « système des oiseaux » fait alors pénétrer au cœur de la définition des deux dieux, qui n'en font (de plus en plus !) qu'un seul, puisque le son se retrouve dans la musique, et la royauté paradoxale dans la souveraineté qui ne se confond pas exactement avec la souveraineté au ciel, tenue en Grèce par Zeus et en Irlande, implicitement, par le Dagda.

Le chien, le loup

On mentionnait plus haut que l'épithète, fréquente, d'Apollon, *Lúkeios*, était tirée du nom du loup *lúkos*. C'est textuellement « le Maître des loups », sens qu'indique le suffixe *-ios*[345], c'est-à-dire soit « Celui qui écarte les loups » des troupeaux, qu'Apollon, on l'a dit, protège, soit « [le dieu] des loups », car on a vu ci-dessus comment Plutarque exposait qu'Apollon aime, entre autres animaux, le loup. Or il a des raisons de les aimer. Selon une tradition bien attestée – en premier lieu par Aristote lui-même –, la mère d'Apollon, Lètô, à qui il resta toujours si étroitement lié, fut parfois louve : « On prétend que les louves mettent toujours bas dans une limite de douze jours déterminés de l'année. On donne la raison de cette singularité sous une forme mythique : quand, dit-on, en ce même nombre de jours on conduisait Lètô du pays des Hyperboréens à Dèlos, elle revêtit l'apparence d'une louve par crainte d'Hèra[346]. »

Bien que ce texte soit l'un des très rares de l'Antiquité grecque qui fasse allusion au cycle des Douze Jours[347], on lui trouve une triple confirmation : d'une part, Élien répète ce mythe en expliquant directement par lui l'affection qu'Apollon porte au loup et en le reliant, lui aussi, à des événements saisonniers tel celui, d'interprétation difficile, dénommé *lukábas* dans Homère – peut-être le changement d'année, comme ce sera le cas des Douze Jours dans une grande partie de l'Europe[348] –, tandis que Plutarque connaît une version du mythe selon laquelle c'est après avoir erré douze jours et être arrivée à Dèlos que Lètô est changée en louve[349] ; d'autre part, un récit tout différent, garant là encore de l'antiquité du motif, est connu par Antoninus Liberalis : c'est, cette fois, après la naissance de ses jumeaux que Lètô, voulant les baigner, s'approche de la fontaine Mélitè, en Lycie. Des bouviers, qui voulaient y faire boire leurs bœufs, l'en chassèrent. Alors, « des loups venus à sa rencontre lui firent fête et l'amenèrent jusqu'au fleuve Xanthos[350] ».

Ici Lètô n'est pas louve, mais les liens avec la naissance des enfants divins d'un côté, l'aspect processionnel de l'autre, sont maintenus. La localisation en Lycie est évidemment secondaire, le mythe n'a rien de lycien[351], et c'est au contraire le nom de la Lycie, rapproché par les Grecs de celui du loup (*cf.* ci-dessous), qui a attiré la fixation de ce mythe, corrélativement à ceux d'Artémis, Apollon et Lètô, en ce pays, et de fait Antoninus Liberalis explique le nom de la Lycie par la venue de Lètô en ce pays et sa rencontre avec les loups. Selon les meilleures sources, la métamorphose de Lètô est étroitement liée à son accouchement à Dèlos, qu'elle ait eu lieu avant celui-ci (Aristote, Élien, Antigone), ou que la rencontre avec des loups se produise immédiatement après[352].

Le riche dossier des autres relations entre Apollon et le loup a été rassemblé d'abord par Wilhelm Roscher, dans son dictionnaire de mythologie grecque[353], puis par R. P. Eckels[354], C. Mainoldi[355], enfin par D. Gershenson, dont le livre de 1991 s'intitule *Apollo the Wolf-God*, ce dans l'optique particulière à cet auteur de ramener Apollon à un dieu du vent, un dieu-vent, dont le loup aurait été l'aspect essentiel. Sans adhérer à cette thèse fortement réductionniste – Apollon, et Lug, sont d'une bien plus grande richesse –, on donnera ici l'essentiel de la documentation qu'il a exposée.

Une scholie à l'*Énéide*[356] présente huit hypothèses pour expliquer les diverses épithètes d'Apollon formées sur le radical *luk-* : six d'entre elles font intervenir le loup. Selon la première, Apollon est dit *Lycius* (en grec, *Lúkios*), car il prit la forme d'un loup pour dormir avec Kurènè ; cette explication se fonde vraisemblablement sur l'existence d'un culte d'Apollon Lukeios à Cyrène, ville qui tire son nom de l'héroïne ; d'un autre côté, on racontait que Kurènè veillait sur les troupeaux de son père en Thessalie, et avait vaincu à mains nues un lion qui les menaçait ; c'est alors qu'Apollon devint amoureux d'elle ; ce lion peut être la transposition mythique d'un plus prosaïque loup... Kurènè sera la mère d'Aristée, fils d'Apollon dont on a parlé plus haut. La deuxième explication fournie par la scholie à l'*Énéide* est qu'Apollon prit la forme d'un loup pour tuer les Telkhines[357]. La troisième veut que le loup ait été le premier à apporter la branche de laurier à Apollon après la victoire sur le serpent Puthôn[358]. La quatrième reprend l'idée bien connue selon laquelle Apollon est protecteur des troupeaux contre les loups[359]. La cinquième explique le terme par le nom de la Lycie, *Lukía*, ou plus exactement *Lukía* a même origine que *Lúkios*, Artémis aimait chasser dans ce pays, mais une invasion de loups chassa le gibier (et sans doute, Apollon les extermina-t-il ensuite). La sixième reprend la célèbre histoire du combat d'un loup contre un taureau à Argos[360], combat dans lequel le loup représentait Apollon ; dans cette version, l'histoire est reliée à la découverte de la source d'Amumônè, qui forme un épisode différent dans la plupart des récits de l'événement : Danaos consulte un oracle d'Apollon pour savoir comment rendre humide la source découverte par sa fille, mais le dieu lui dit de chercher un lieu où un loup combatte un taureau. Si le taureau gagne, il devra construire un temple à Poséidon, si c'est le loup, un temple à Apollon[361].

Ces histoires présentent aussi bien Apollon chassant les loups, parce qu'il protège les animaux domestiques, qu'aimant les loups, ou étant aimé d'eux, ou encore représenté par un loup. Il n'y a pas à choisir[362] : la relation entre un dieu et les animaux qui lui sont liés est toujours ambiguë. Apollon peut être corbeau, et à un autre moment punir le corbeau[363]. Il en est de même avec le loup : il lui est très lié, depuis que sa mère a été louve, mais il peut aussi bien le favoriser (si l'animal combat le taureau qui représente l'ancien roi d'Argos) que s'opposer à lui (s'il s'en prend aux troupeaux des hommes). À Sicyone[364], à Argos[365], Apollon est dit *lukoktónos*, « tueur de loups », et il semble que le nom soit connu aussi à Lerne, un peu au sud de Sicyone[366]. Cela entre dans le dossier d'Apollon protecteur des troupeaux, comme l'ont vu en leur majorité les auteurs[367]. À Athènes, selon l'*Etymologicum Magnum*, encyclopédie d'époque byzantine, le loup était spécialement honoré, au point qu'un Athénien qui tuait un loup devait verser une amende pour payer des funérailles à l'animal[368]. L'ambiguïté est donc totale, et assumée : on félicite Apollon de protéger les troupeaux contre les loups, et on honore grandement les loups, animaux d'Apollon.

Une scholie à Sophocle[369] explique *lukoktónos* : selon les uns, le terme vient de ce qu'Apollon protège les troupeaux et tue leurs prédateurs ; et c'est pourquoi on lui sacrifie des loups à Argos (ci-dessous) ; selon les autres, le loup est à Apollon ce que le cerf est à Artémis, et c'est pourquoi il figure sur les monnaies d'Argos. Le lexicographe byzantin Hésykhios[370] cite les deux théories, attribuant l'explication par la protection des troupeaux à Aristarque (au IIIe siècle avant notre ère), mais la lui reproche, parce que le loup est sacré pour Apollon. On a eu l'occasion de dire que l'argumentation est spécieuse[371].

Quant aux deux épiclèses célèbres, et très communes[372], d'Apollon, que sont *Lúkeios* et *Lúkios*, on a dit plus haut[373] comment la grande majorité des auteurs actuels[374] considère que ce sont des dérivés du nom du loup. On n'ajoutera ici que quelques détails. Le sanctuaire d'Apollon Lukios à Xanthos en Lycie aurait été fondé par un Telkhine nommé Lukos, « Loup[375] ». Le mois Lukíos, très répandu, correspondait selon les calendriers à février-mars ou à avril-mai, il était donc printanier et proche du mois Busios qui voit la naissance d'Apollon à Delphes. À côté des formes indiquées, Hésykhios[376] parle aussi d'un Apollon *Lúkaios* à Khrysè, ville de l'île de Lemnos, et ce culte est lié à Delphes. À côté de cela, plusieurs anecdotes mettent en relation Apollon et les loups. Il y avait devant le sanctuaire d'Apollon à Delphes la statue d'un loup[377]. Élien en explique l'existence par le mythe de Lètô changée en louve[378]. Les Delphiens ont fourni à Pausanias une tout autre explication : un voleur ayant dérobé des biens d'Apollon en son temple, et s'en allant par les pentes du Parnasse, fut attaqué et tué par un loup, qui ensuite descendit vers la ville en hurlant. Les gens comprirent qu'il avait été envoyé par Apollon et, en le suivant, ils découvrirent l'or volé. Après quoi ils consacrèrent la statue du loup. Un des sommets du Parnasse s'appelait Lukôreus, « la Guette du loup », et il était dédié à Apollon, qui en tirait les épiclèses de *Lukôreios*[379] ou *Lukôreus*[380]. Tout un légendaire se relie à cet endroit. Il y avait, tout près du sommet, une ville de Lukôreia qui était lieu d'un oracle, et l'aurait été avant Delphes, car elle fut fondée par les survivants du déluge, avant que ceux-ci ne descendent dans la vallée[381]. Elle tirait son nom de ce que des loups auraient guidé quelques hommes vers les crêtes du Parnasse, les sauvant ainsi de l'inondation qui recouvrait le monde entier[382]. Dans les *Argonautiques* d'Apollonios de Rhodes[383], il est question de la mort d'un nommé Kaphauros, petit-fils d'Apollon Lukôreios, qui, en Crète, se serait uni à Akakallis. Il est intéressant que le même couple – Apollon et Akakallis – se retrouve dans une histoire racontée par Antoninus Liberalis[384], d'après les *Métamorphoses* de Nicandre, et selon laquelle l'enfant né de ses amours prohibées s'appelait Milètos ; de peur de son père, « Akakallis exposa son enfant dans la forêt où, sur l'ordre d'Apollon, des louves venaient souvent le trouver pour le protéger et lui offrir à tour de rôle leur lait ». Ainsi le Parnasse est lié de sa base à son sommet à des histoires de loup, et l'on sait que l'*Odyssée* parle d'un nommé Autolukos (« Le vrai loup »), grand-père d'Ulysse, qui chassait dans la chaîne du Parnasse[385]. On remarque que cet Autolukos est fils du dieu Hermès et d'une femme, Khionè (au nom formé sur celui de la « neige », et fille de ce Daidaliôn dont on parlait ci-dessus en raison de sa métamorphose en oiseau) qui eut aussi un enfant d'Apollon, en s'étant unie à lui le même jour qu'à Hermès, et ce fut un poète et musicien, Philammôn. Ce qui fait que cette « famille » est tout à fait parallèle à la précédente, car, si Akakallis eut des fils d'Apollon, elle en eut un également d'Hermès, à savoir un nommé Kudôn, qui fut allaité par une chienne, pendant que son demi-frère l'était (ci-dessus) par des louves – et les monnaies de Kydônia, la ville dont Kudôn fut l'éponyme, porte l'image d'une chienne[386]. Quant à Pausanias, il propose, pour les noms *Lukôreus* et *Lukôreia*, une étymologie par le nom d'un héros, Lukôras, fils d'Apollon et de Korukiè[387], laquelle a un nom qui évoque l'antre du Parnasse dit Korukien. Tout cela montre qu'Apollon est associé au loup, dans la région delphique, depuis les plus anciens temps[388]. À Sicyone, on expliquait l'épiclèse de *Lukíos* donnée à Apollon par l'histoire suivante[389] : les loups faisaient tant de ravages dans le bétail des Sicyoniens que ceux-ci n'en tiraient plus aucun profit ; mais le dieu leur rendit un oracle, mentionnant un endroit où se trouvait une poutre asséchée, et disant qu'il fallait mélanger l'écorce de cette poutre à de la viande, et la donner à manger aux loups. Dès qu'ils y touchèrent, ceux-ci moururent, et la poutre fût conservée dans le temple d'Apollon. Dans un sens voisin, Eschyle[390] établit une connexion entre Apollon Lukeios et le comportement agressif du loup : « Lukeios, dit le chœur formé de Thébaines, sois un loup envers l'armée ennemie » (celle des Sept Chefs qui assiège la ville).

À Halos, ou Alos, en Thessalie, le roi Athamas eut pour épouse une nommée Thémistô. C'est là aussi le nom d'une des femmes d'Apollon[391]. Or, Athamas est surtout célèbre pour avoir dû s'exiler à la suite d'un crime, et être allé, en quittant la ville sur laquelle il avait régné, Orchomène de Béotie, jusqu'en Thessalie, où il fut accueilli par des loups[392]. À Tarse, en Cilicie, Apollon figure sur les monnaies, associé à un loup[393]. Dans un récit d'Antisthènès de Rhodes, cité par Phlégon de Tralles[394], lors de l'invasion romaine de l'Aitolie, en 189-188, où régnait le roi Antiokhos le grand, un loup rouge apparut, messager d'Apollon Puthios, venant à l'aide des Grecs. Sur le rivage, un Romain nommé Publius prophétisait, et il dit qu'un grand loup rouge viendrait et le dévorerait ; de fait, cela se produisit, mais le loup laissa la tête de Publius, qui continua à prophétiser. Une armée entière fut témoin de cela – sans doute, en transe[395]. Une autre épiclèse d'Apollon est *Phúxios*, traditionnellement expliquée par le verbe *pheúgô*, « fuir », car selon Philostrate[396], la neuvième année de la guerre de Troie, des loups descendirent de l'Ida vers la plaine de Troie ; le Grec Palamède comprit que c'était un signe d'Apollon annonçant une peste, et demanda qu'on fasse une supplication pour Apollon Lukios et Phuxios. Le mot signifie donc qu'on doit « fuir » la peste, et Apollon est ici dans sa fonction médicale. Certains auteurs ont par contre relié *Phúxios* à l'histoire de Danaos et du loup, car Danaos était un « fugitif » qui avait abandonné l'Égypte avec ses filles, ce qui se relie au fait que l'épiclèse vaut aussi pour Zeus, protecteur des fugitifs, parfois aussi à Deukaliôn – sauvé du déluge – ou à Phrixos[397]. Apollon Phuxios est donc à la fois celui qui fait fuir (la peste, ou les loups), et celui qui protège le fugitif, tel Danaos, et d'ailleurs tous les colons, émigrants de leur pays[398].

On comprend que, parmi les diverses théories visant à expliquer les noms d'Apollon commençant par *luk-* (selon les anciens, soit à partir du nom du loup, soit à partir de celui de la lumière, ou encore d'un homme, ou de plusieurs, nommés Lukos, enfin du nom de la Lycie), les modernes aient choisi : *Lúkeios* vient de loup : les histoires de Delphes, Lukôreia, Sicyone (ci-dessus), d'Argos (ci-dessus et ci-dessous) connectent récurremment Apollon avec les loups, et en font bien le patron des loups[399].

Apollon a non seulement des rapports avec le loup, mais il en a aussi, de plus discrets, avec le chien. Hékabè, la femme du roi de Troie Priam, donna de très nombreux enfants à celui-ci. Mais du dernier, Troïlos, on disait également qu'elle l'avait eu d'Apollon[400]. Cela ne nous retiendrait pas particulièrement si nous ne savions par ailleurs qu'Hékabè fut changée… en chienne ! Ce qui se produisit, rapportait-on, après la chute de Troie et la mort de Priam : soit elle s'était jetée dans la mer et avait été métamorphosée[401], soit les Erinyes avaient fait d'elles « une chienne aux yeux brillants[402] » ; en tout cas, le monument connu sous le nom de *Kunòs Sêma* « Tombeau de la Chienne » en Troade, était tenu pour le sien[403]. Troïlos étant le dernier fils d'Hékabè, et un oracle ayant relié sa mort à la prise de Troie, il s'ensuit que la métamorphose d'Hékabè en chienne suit d'assez peu la naissance de cet enfant, un peu comme celle de Lètô en louve suit, selon Élien, la naissance d'Apollon et d'Artémis. Un autre fils d'Apollon, Asklèpios, a une relation étroite avec les chiens : ses temples, notamment le plus célèbre, celui d'Épidaure, comprenaient des chenils dont les chiens, consacrés au dieu, pouvaient guérir les malades venant le consulter en les léchant[404]. Et un troisième, Linos, qu'il eut de Psamathè (nom qu'on retrouvera ci-dessous au sujet des relations entre Apollon, le loup et le phoque), fut dévoré par des chiens ; depuis, une fête – c'est la *Kunophontê* ou *Arnida* d'Argos – comprend le chant de la complainte de Linos, et le sacrifice des chiens qu'on rencontre au hasard des rues[405]. Selon une autre version, le massacre de chiens avait pour but d'apaiser Apollon qui avait envoyé une peste aux gens d'Argos, parce que Psamathè avait été mise à mort par son père[406]. Dans la version thébaine de la légende, Linos était un musicien remarquable, qui innova dans la fabrication de la lyre, mais commit l'erreur fatale de vouloir rivaliser en son art avec Apollon ; bien sûr, il fut vaincu, et, comme Marsuâs (ci-dessous), fut tué par Apollon[407]. Ainsi, Apollon et les chiens alternent dans la fonction de tueurs de Linos[408]. Sophocle évoque manifestement le rituel argien lorsqu'il parle d'Apollon *Lukoktónos* honoré à Argos sur une place dite elle-même *Lukeios*[409] : ainsi Apollon est à Argos à la fois, et corrélativement, « tueur de chiens » et « tueur de loups ». C'est sans doute en s'inspirant de la fête argienne, peut-être par l'intermédiaire de colonies italiques, que les Romains identifièrent Apollon à leur vieille divinité Robigus, dieu de la rouille du blé, à qui l'on sacrifiait des chiens lors de sa fête, les Robigalia, en avril, c'est-à-dire à l'apparition de Sirius, étoile appelée le Chien par les Grecs et la Canicule par les Latins, à qui l'on sacrifiait aussi des chiens au début des « jours du chien », en septembre, dans le contexte de fraternités de jeunes gens[410]. Si Apollon joue un rôle dans l'élimination de chiens, à Argos, il se peut qu'il ait joué un rôle semblable à Dèlos : on disait qu'il n'y avait plus de chien dans cette île, depuis que Thasios, prêtre d'Apollon, avait été dévoré par des chiens (Hygin, *F.* CCIIIL).

Côté celtique, la documentation gallo-romaine assure d'abord la relation entre Mercure (c'est-à-dire Lug) et le chien. Sur le pilier de Mavilly, sur lequel on a pu reconnaître une figuration du dieu Lugus, un chien se tient à ses pieds[411], et déjà Fernand Benoît voyait Mercure dans le dieu au chien gallo-romain[412]. À Nettleton, en Wiltshire, un autel découvert en 1958 porte une dédicace à « Apollon Cunomaglos ». L'Apollon gallo-romain est parfois Lugus. Dès lors, l'épiclèse est sans doute à joindre au présent dossier : elle signifie « Prince-Chien[413] ».

En Irlande, le vieux nom indo-européen du loup s'est perdu, et pour dire « loup », on utilise le mot « chien », avec ou sans déterminant[414]. Ce qui signifie que le loup est conçu comme une catégorie de chien. Moyennant quoi, on estimera à sa juste valeur cette donnée : l'un des quatre fils de Diancecht, le dieu médecin dont on reparlera plus bas[415], donc un oncle de Lug, s'appelait Cú, textuellement « Chien » ou bien « Loup[416] ». Ainsi, en Grèce, Apollon a été fils d'une louve (passagère), et amant d'une chienne (tardive) : en Irlande, Lugh est neveu d'un chien ou loup (permanent, quant à son nom), et aussi père d'un « chien », Cúchulainn.

Lugh est en effet l'un des pères du héros Cúchulainn, dont le nom signifie exactement « le Chien de Culann », et bien souvent, dans les textes épiques qui le mettent en scène, il est appelé simplement Cú, « le Chien[417] ». On a cité plus haut un passage de *CMT I* où Lug est comparé à un « lion furieux » et à un « loup très agile au combat » – simple métaphore peut-être, quoique, on le sait par l'*Iliade*, les métaphores soient parlantes : elles expriment une qualité du dieu, qui peut aller jusqu'à sa métamorphose, comme on l'a vu dans le cas d'Athéna et d'Apollon vautours. Et Apollon, qui est si étroitement et abondamment lié au loup, s'est uni à Kurènè, que la tradition disait victorieuse d'un lion. Plus curieux est le texte suivant : « Delbaeth, fils d'Ogma, était le nom de Tuirill Piccreo, et ce sont ses fils qui tuèrent Ethlend, père de Lug, dont le nom était Cian, alors qu'il allait sous la forme d'un petit chien dans le Brugh. Lugh vint pour venger son père sur eux ou pour qu'ils payassent le prix de composition », assertion répétée dans un autre texte, cette fois en vers :

> Tuirill Bicrenn, c'était exact
> Était le père des dieux du pillage.
> Les noms des dieux, dans tous les pays,
> Étaient Brian, Iuchar et Iucharba.
> Les dieux étaient, selon leur volonté,
> Avec Ethliu, père de Lug.
> Ethliu vint dans le Brug
> Sous la forme d'un petit chien, en secret.
> Lug ne savait pas, qui usait de sa valeur,
> Lequel d'entre eux avait tué son père[418]...

Ce double résumé de l'histoire des enfants de Tuireann et du meurtre de Cian, plus ancien que l'*Oidhed Chloinne Tuireann*, appelle les remarques suivantes.

– Il opère une grossière confusion, dans laquelle il s'embrouille lui-même, entre le père et la mère de Lugh. Le nom du premier est bien Cian, et Ethlenn/Ethlend/Ethliu est le nom de la seconde.

– Il paraît opérer une seconde confusion : ce n'est pas sous la forme d'un « petit chien » que, dans la version la plus connue, celle de l'*OCT*, Cian est tué, mais sous celle d'un sanglier.

Mais alors, s'il y a confusion, avec quoi se fait-elle ? Autrement dit, d'où vient le remplacement du sanglier par un petit chien ?

Ne pourrait-on supposer qu'une version du meurtre de Cian, ou de la naissance de Lugh, présentait Ethliu, mère de celui-ci, sous la forme d'un petit chien ?

Ce qui, certes, est entièrement hypothétique, mais reçoit du parallélisme avec les légendes apolliniennes un appui indirect patent[419] !

Si l'on réunit l'ensemble des données présentées ici, on voit que Lugh est « fils, neveu et père de chiens et/ou loups[420] ».

Dans le *Mabinogi de Math*, le roi Math punit les responsables du viol de Goewin, action qui, on l'a dit, a entraîné l'arrivée d'Arianrhod pour remplacer la jeune fille, et la naissance à ce moment de Lleu et de Dylan, en touchant le violeur, Gilvaethwy, et son complice, Gwydion, de sa baguette magique, ce qui les change en animaux : successivement, cerf et biche, laie et sanglier, loup et louve, qui, à chaque fois, produisent un rejeton[421]. C. Sterckx a noté que chacune de ces trois espèces animales a des rapports avec Lug. Si Gwydion est en fait le père de Lleu et Dylan, comme l'a justement supposé le même auteur[422], il s'ensuit que les trois enfants de chaque couple d'animaux sont demi-frères de Lleu, et tout se passe alors comme si chaque naissance explicitait un aspect de Lug[423]. Ainsi, l'enfant de la louve et du loup, Bleiddwn (« Petit Loup »), louveteau lorsqu'il naît, changé en homme vigoureux par Math, serait une forme de Lug.

Notons enfin que la relation entre Lug et le chien ou le loup a survécu dans le légendaire ouest-européen. En Irlande, le chien est un des animaux qui apparaissent dans les légendes des sites Lugnasad, et assez couramment, puisqu'on le mentionne sur des sites du Derry (nord de l'actuel Ulster), du Kerry, du comté de Cavan (sud de l'actuel Ulster), et sur ceux des montagnes entre Carlow et Wexford, dans le sud-est de l'île[424]. Dans la France médiévale, il a été montré que la *Vita* de saint Hervé conserve le souvenir de Lug, bien sûr en le christianisant, et en le dédoublant : saint Hervé combat un démon, Huccan, en lequel on a reconnu une démonisation de Lug[425], et par ailleurs on lui attribue le pouvoir d'avoir domestiqué le loup.

B. Merdrignac, à qui l'on doit la démonstration de ce double héritage à partir du Lug celtique, rappelle qu'Apollon écarte les loups, et que précisément ce qui est raconté de saint Hervé laisse penser qu'il devait en être de même de Lug[426].

Cela dit, aucun mythe ne fait de Lug lui-même un loup, ou un chien. Le dossier « chien/loup » de Lug est plus mince, de beaucoup, que celui d'Apollon, et ne confirme donc pas que celui-ci ait pu être initialement, essentiellement, un « dieu-loup ». Faire le tri des hypothèses est d'ailleurs, j'y reviendrai, l'un des avantages du comparatisme.

Le cerf

Les relations entre Lug et le cerf sont incontestables. Dans l'Antiquité, le dieu Mercure gallo-romain est « un dieu cornu, un dieu au cerf », selon Fernand Benoît[427], ce que confirment pleinement Anne Ross pour la Grande-Bretagne, lorsqu'elle note que, dans le Nord, Mercure est un dieu cornu ou accompagné de cerfs ou de daims[428], et Marco García Quintela pour la péninsule Ibérique, puisqu'on a, à Vestio Aloniego, dans la paroisse de Lourizán, près de Pontevedra (Galice) un dieu identifiable à Lugus, muni de cornes et de grandes mains[429]. En France, Mercure est ainsi le « dieu au cerf » du Donon, ou celui d'Alzey[430]. Un cerf figure sur le gobelet de Lyon, associé à un dieu porteur d'un torque, qui peut être Lugus[431]. Selon Jean-Jacques Hatt, le dieu est Ésus – dont on a dit les relations, d'identité ou de proximité, avec Lug – et le cerf doit être sacrifié pour sa libération après son séjour sous terre[432]. D'un autre côté, on identifie parfois les pieds d'animaux du dieu, juvénile et imberbe, dit de Bouray – lieu de sa découverte – à ceux d'un cerf[433]. On a dit comment, au sujet de la figure de dieu cornu de Vestio Alonieco, D. Hollard note qu'il arrive que les ailerons du Mercure gallo-romain soient implantés dans la chevelure même, et qu'ainsi Lugus paraît parfois porter de petites cornes ou leur trace après la chute d'andouillers, et que le dieu bicéphale de Viñalba de Villastar « semble bien porter des cornes[434] ».

Le petit dossier qui vient d'être réuni pose une grave question : Lugus est-il le dieu aux andouillers si fréquemment représenté dans l'Antiquité, et connu sous son nom celtique de *Cernunnos*, le « Cornu » ? Les avis sont très partagés sur cette question : les uns y répondent affirmativement[435], Patrice Lajoye y oppose que la seule fois où un théonyme romain est associé à « Cernunnos », c'est le nom de Jupiter[436], tandis que Daniel Gricourt pense que Lugus et Cernunnos constituent un couple gémellaire[437]. Ces contradictions se résoudraient aisément si, avec Michael Altjohann, on concluait à une pluralité des figures pourvues de bois de cerf[438]. Mais l'on conçoit qu'il faudrait alors une discussion exhaustive de cet épineux dossier, laquelle n'apporterait rien de nouveau à ce qu'il s'agit d'établir ici – l'établissement de relations entre le cerf et Lug : il est sage de la laisser ici de côté, puisque les documents que je rassemble ci-dessus sont concluants sur ce point.

On y ajoutera le suivant : certaines des figurations du dieu gallo-romain que l'on identifie souvent à Mercure le montrent pourvu de grandes oreilles (ou d'une grande oreille), qui paraissent parfois être des oreilles de cerf[439]. Le spectaculaire dieu d'Euffigneix est doté d'un œil immense à gauche, et d'une grande oreille à droite[440]. De même, le dieu de Mavilly a des oreilles (humaines) grandes et bien marquées[441]. W. Deonna a étudié une série de figurations d'un personnage, assurément divin, aux oreilles animales, à savoir des oreilles de cervidés. La plus spectaculaire est une statuette trouvée dans une grotte, au mont Salève, en Haute-Savoie, qui domine la plaine genevoise : les deux oreilles pointent en directions inverses l'une de l'autre, ce qui, note pertinemment cet auteur, signifie certainement que le dieu écoute à la fois vers le haut – vers le ciel – et vers le bas – vers les enfers[442]. Rien n'indique que ce dieu est Lugus, mais les parallèles donnés ci-dessus invitent à le penser. De même, à Vidy, près de Lausanne, un chapiteau gallo-romain montre un personnage dont la tête, humaine, porte des cornes bovines et a des oreilles animales[443]. Ainsi, cornes, oreilles animales, grands yeux, semblent former un ensemble de signes qui désignent un seul et même dieu.

Comme à l'accoutumée, la relation ainsi marquée dans l'Antiquité sur le continent entre Mercure et un animal se retrouve dans la tradition insulaire. Ainsi, en Irlande, dans l'histoire de Daire : ce personnage apprend qu'un de ses fils, s'il était appelé *Lugaid*, deviendrait roi d'Irlande. Aussi nomme-t-il ses cinq fils successifs Lugaid. L'élu est finalement le dernier, car il réussit à attraper un daim à la toison d'or, lors d'une course de chevaux. On aura l'occasion de voir que les personnages nommés *Lugaid* dans la tradition irlandaise sont des hypostases de Lugh, et que la fête qui comprend une course de chevaux est certainement Lugnasad, puisque Lugh est le fondateur de ces courses et de cette fête[444].

Une survivance traditionnelle de cette relation transparaît encore dans la légende qui veut que saint Patrick et ses compagnons, ayant à fuir leurs persécuteurs païens, se transformèrent en cerfs[445].

Au pays de Galles, on notera, avec D. Gricourt, que ce n'est sûrement pas un hasard si, dans le *Mabinogi de Math*, Gronw Pebyr chassait le cerf lorsqu'il demande l'hospitalité chez Lleu, et, celui-ci absent, rencontre Blodeuwedd – pour le plus grand malheur de Lleu. Gricourt y voit une notation calendaire : la rencontre des futurs amants se situe à la fin de la saison claire, peu avant ce qui est en Irlande la fête de Samain (1er novembre[446]). Antérieurement dans le même *Mabinogi*, l'une des trois espèces animales en lesquelles Math a changé Gwydion et Gilvaethwy est celle du cerf, et l'enfant qui naît du couple est un faon, que Math transforme en homme, et appelle Hyddwn, « Petit Cerf » : c'est une forme de Lug, si l'on suit l'analyse de C. Sterckx[447]. Il est remarquable, également, que le cerf symbolise parfois, en Europe occidentale, le mari trompé, ce qui a amené Waldemar Deonna a l'observation suivante : si déjà en Grèce ancienne le cocu est un « cornard » (*kerasphóros*, dans une épigramme de l'*Anthologie palatine*), ses cornes ne deviennent-elles pas en Occident des andouillers de cerf, raison d'une influence du personnage divin celtique à bois de cerf – Cernunnos et/ou Lug[448] ?

Par ailleurs, certains auteurs ont récemment montré les rapports qui existent entre Lug et un personnage qui apparaît dans la tradition médiévale sous le nom – le plus connu, bien sûr – de Merlin, au pays de Galles sous celui de Taliesin, en Irlande sous ceux de Tuán et de Fintan, ou encore de Suibhne, en Écosse sous celui de Lailoken[449]. Tuán, entre autres métamorphoses, a été cerf 80 ans, après avoir été sanglier 20 ans, et avant d'être aigle pour 100 ans[450]. Dans la *Vita Merlini* de Geoffroy de Monmouth, lorsque Gwendolyne, divorcée de Merlin, se remarie, celui-ci vient à la noce à la tête d'un troupeau de cerfs, de daims, de chèvres, et, à la vue de son successeur, il arrache, furieux, les bois du cerf qu'il chevauchait et les jette sur lui, tuant ainsi le malheureux[451]. Le texte anonyme et sans titre appelé *Suite-Vulgate* va plus loin : Merlin y est un homme sauvage qui, en certaines occasions, se change en cerf, « le plus grand et le plus étonnant qu'on ait vu », avec un pied antérieur blanc et cinq andouillers[452]. Mais voici alors, à nouveau, un dossier complexe, car ce personnage est un homme, ou un héros, non pas un dieu, et il a la propriété d'être coextensible au temps, alors que Lug est par excellence un dieu jeune, c'est-à-dire tard venu. Quoi qu'il en soit, il est notable que ce personnage soit apte à la métamorphose. On reviendra sur lui, car la série de ses métamorphoses produit assez exactement… des formes d'Apollon !

Pourtant, en Grèce, ce n'est pas précisément Apollon qui a des rapports avec le cerf, mais sa sœur Artémis. Le loup est à Apollon, dit un texte, ce que le cerf est à Artémis[453]. De fait, celle-ci est dite *Elaphêbólos*, « chasseuse de cerf[454] » – et une fête des Elaphêbolia est connue à Athènes, et à Hyampolis, aux confins de la Béotie et de la Phocide, où l'on sacrifiait toutes sortes d'animaux, dont des cerfs à Artémis, on lui offrait aussi des gâteaux en forme de cerf[455] –, *Elaphoktónos*, « Tueuse de cerf », et à Olympie, *Elaphíaia*, « Celle des cervidés ». Mais frère et sœur sont étroitement associés : à

Hyampolis, Apollon est mentionné en relation avec les Elaphêbolia[456] ; à Olympie, Strabon, grâce à qui on connaît l'épiclèse d'Elaphiâ portée par Artémis, ajoute que la déesse reçoit en même temps celle de *Daphnaiâ*[457], bien que ce ne soit pas elle qui ait des relations avec le laurier (*dáphnê*), mais son frère[458]. Dans les deux brefs *Hymnes homériques* consacrés à Artémis, celui qui la nomme Elaphêbolos dit qu'elle rend visite à son frère, l'autre la décrit l'attendant.

Il n'est donc pas étonnant qu'un cerf se trouve fréquemment dans la proximité du dieu : si un cratère « mélien », datant des environs de 640, montre le char d'Apollon, la cithare en main, tiré par des chevaux ailés, et, précédant le char, Artémis tenant un cerf par les bois[459] – le cerf est alors bien à la déesse –, un skyphos lucanien représente Apollon chevauchant un cerf – le cerf est à son frère[460]. De même, sur un statère de Caulonia en Italie du Sud, on a l'image d'Apollon le bras tendu, un garçon courant dessus, et un cerf en dessous[461]. À Kourion, à Chypre, le dieu possédait, dans son bois, des cerfs consacrés[462]. Par ailleurs, on doit rappeler qu'il existait, à Chypre et en Arcadie, un Apollon dit *Kereátas*, « Celui des cornes », dont la statue, à Enkomi en Chypre, était pourvue de deux cornes[463]. Ce ne sont certes pas des andouillers, mais il est notable que la racine du nom est la même que celle qu'on trouve dans le nom du dieu celtique Cernunnos[464].

Il reste à signaler un intéressant parallèle gréco-irlandais. D'après l'*Hymne à Artémis* de Callimaque – beaucoup plus développé que les *Hymnes homériques* consacrés à la même déesse –, dès l'âge de trois ans, celle-ci va demander un arc, des flèches et un carquois au cyclope forgeron Brontès. Cela fait, elle se rend aussitôt chez le dieu Pan, et obtient de lui une meute de chiens de chasse. Mais, sans même avoir besoin d'eux, elle capture quatre biches, et fait d'elles l'attelage de son char.

Ainsi, le premier exploit cynégétique de la déesse de la chasse est la capture d'un groupe de cervidés. En Irlande, c'est exactement le cas de Cúchulainn. Après avoir obtenu de son père adoptif le roi Conchobar des armes, qui, il est vrai, lui permettent d'abord d'affronter et de tuer les trois vigoureux fils de Nechta, il revient en char, avec Ibar, le cocher à qui le roi a confié l'enfant (il a six ans), et voit un troupeau de cerfs. Il demande à Ibar de les poursuivre, mais « les gros chevaux du roi ne pouvaient pas aller en même temps [= à la même vitesse] que les cerfs. Le petit garçon sortit du char et prit parmi eux deux cerfs rapides et forts. Il les attacha aux montants, aux traits et aux courroies du char[465] ». Artémis et Cúchulainn accomplissent des exploits identiques, à des âges voisins, et dans un même but : accrocher des cerfs à leur char. Le mythe est trop analogue pour qu'il s'agisse d'un hasard, et l'on découvre alors que le motif est lié à la sœur d'Apollon en Grèce, au fils de Lug en Irlande[466].

On sait que Lug n'a pas de sœur, tout juste un frère, que le *Mabinogi de Math* nomme Dylan. Dès lors, on entrevoit un jeu de déplacement de motifs à l'intérieur d'un cercle familial étroit, entre frère et sœur (Grèce), père et fils (Irlande), frère et frère (pays de Galles : certes, Dylan fut changé en poisson, et fut tué ; mais rappelons que D. Gricourt tient Cernunnos pour le frère de Lugus...). Les liens d'Apollon avec le cerf sont peu nombreux et souvent indirects, et néanmoins denses.

Le sanglier

Un autre animal avec lequel Lug et Apollon ont des rapports étroits est le sanglier.

Pour le premier, l'Antiquité l'atteste de la manière la plus nette, d'abord par des inscriptions. À Langres (Haute-Marne), et à Crevoladóssola, dans le Piémont, un surnom donné à Mercure est *Moccus*[467]. L'irlandais *mucc*, le gallois *moch*, le breton *moc'h* désignant le porc, Mercure Moccus serait donc exactement Mercure Porc, mais, d'une part, le vocabulaire désignant le porc et celui désignant le sanglier se confondent, d'autre part, figurations et mythes indiquent nettement que c'est avant tout avec le sanglier que Lug a des relations. Il vaut donc mieux traduire Mercure Sanglier[468]. C'était manifestement une divinité importante aux yeux des Lingones (dont Langres était la capitale et tire son nom), car une colline voisine de la ville, sur le territoire de la commune d'Andilly, conserve un double nom : mont Moque et mont Mercœur ! On a aussi, en Galice, à Ourense et à Chaves, les noms divins *Mocio* et *Muciaeco*, qu'on a à juste titre rapprochés de l'épiclèse de Mercure Moccus[469].

C'est ensuite la documentation archéologique. Elle a été rassemblée par Claude Sterckx dans son étude intitulée *Sanglier père et fils*, de 1998. Je la synthétise ici. Le dieu d'Euffigneix, dont on a noté qu'il est une figuration de Lug, avec son torque et son aspect juvénile, porte sur la poitrine un sanglier aux soies hérissées, et qui « se confond » donc peut-être avec le dieu[470]. Une image analogue s'observe sur une monnaie d'or des Aulerci Eburovices, car « le même sanglier s'aperçoit à la base du cou du dieu[471] ». À Conweiler, en Alsace, un monument gallo-romain représente Mercure et Apollon, un sanglier à leurs pieds[472]. Les savants numismates D. Gricourt et D. Hollard ont récemment reconnu Mercure/Lug sur une monnaie éravisque de la première moitié du Ier siècle avant notre ère, conservée au cabinet du Musée national hongrois à Budapest, où le dieu, bouclé, porte un casque sommé d'un sanglier[473]. C. Sterckx évoque encore une association entre Mercure et le sanglier sur un bronze de Schwarzenacker, en Rhénanie-Palatinat[474]. Quant aux pieds d'animaux du dieu de Bouray, dont on disait ci-dessus qu'ils sont tenus parfois pour des pieds de cerf, « aucun zoologue ne jurera pourtant qu'il ne s'agit pas d'onglons de sanglier[475] »...

Le sanglier figure aussi sur ce magnifique document qu'est le gobelet de Lyon qu'on décrivait plus haut[476] : on a dit comment un personnage assis, jeune et imberbe, qui domine la scène figurée, et qui est identifié par les spécialistes, soit à Teutates, soit, plutôt, à Mercure, est entouré en tout cas de trois animaux qui caractérisent Lug : le sanglier derrière lui, le corbeau au-dessus, l'aigle devant. Comme l'a souligné P. Wuilleumier, ni le sanglier, ni le corbeau ne caractérisent le Mercure romain : le dieu du gobelet de Lyon est donc bien indigène[477]. Or, note C. Sterckx, la tête, celle qui figure dans l'arbre face à l'aigle du gobelet, l'aigle et le sanglier se retrouvent sur le curieux monument de Saint-Maurice-lès-Châteauneuf. Statue de dieu assis « dans le dos duquel est figuré un aigle serrant entre ses serres un médaillon orné d'une tête imberbe, au-dessus d'un sanglier » ou d'une laie[478]. Il observe alors[479] que le monument réunit tous les détails de la guérison de Lleu par Gwydion, puisque c'est une truie qui mena ce dernier à l'arbre où Lleu pourrissait sous la forme d'un aigle[480].

On terminera cette revue des corrélations entre Lug et le sanglier en signalant une observation des astronomes italiens S. Cernuti et A. Gaspani : sur certaines monnaies celtiques, où figure d'un côté un sanglier, de l'autre une tête humaine, le sanglier est parfois remplacé par une comète : or, la comète de Halley est passée en juillet – 87, en une époque de l'année correspondant à la fête de Lugnasad[481].

On se gardera bien entendu de rapporter l'ensemble – considérable – des figurations de sangliers dans le monde celtique ancien à Mercure/Lug[482]. Il suffit ici d'avoir montré que ce dernier dieu a effectivement d'étroites relations avec le sanglier et le porc, pour poursuivre notre enquête et opérer ensuite le rapprochement qui s'imposera avec Apollon.

Dans la tradition irlandaise, ce n'est pas Lugh, mais son père, qui prend la forme d'un porc. On a dit comment Cian, père de Lugh, s'était changé en cet animal pour essayer d'échapper aux trois fils de Tuireann. Voici le récit de l'événement : « Cian se dirigea vers le nord. Il ne prit aucun repos qu'il n'ait atteint la plaine de Muirthemne. Il traversait la plaine et il y était depuis peu quand il vit trois jeunes gens armés, équipés devant lui, traversant la plaine ; et ceux qui étaient là, c'étaient les trois fils de Tuireann, dont les noms étaient Brian, Iucharba et Iuchair. Les trois fils de Cainte et les trois fils de

Tuireann étaient des gens qui se détestaient et se haïssaient mutuellement au point que, quel que soit l'endroit où ils se seraient rencontrés, il ne s'en serait allé de là que la troupe la plus forte. Cian se dit alors : "Si mes deux frères étaient ici, nous livrerions une fière bataille, mais puisqu'ils n'y sont pas, c'est une bonne résolution pour moi que de fuir." Il vit un grand troupeau de porcs à côté de lui, il se frappa lui-même d'une baguette druidique, il prit l'apparence d'un porc et il se mit à fouir la terre comme chacun des autres porcs. Brian, fils de Tuireann, dit alors : "Frères, avez-vous vu le guerrier qui traversait la plaine au loin ? – Nous l'avons vu, dirent-ils. – Vous n'avez pas bonne intelligence, dit-il, à ne pas bien observer, en temps de guerre, les plaines et les étendues plates. Je sais pourquoi il a disparu, parce qu'il s'est frappé lui-même d'une baguette d'or et qu'il a pris l'apparence d'un porc parmi ces porcs-là. Et il fouit la terre comme chacun des autres porcs, ce n'est pas un ami pour nous." » Brian transforme alors ses frères en chiens, qui aussitôt se lancent dans la chasse aux porcs. Cian reste isolé : « Il vit un buisson de coudrier et s'en approcha, mais quand il s'approchait du coudrier, Brian lui porta un coup de sa lance si bien qu'il la lui passa à travers la poitrine. Le porc cria et dit : "Vous avez mal fait de me frapper puisque vous me connaissiez. – Mais cela est une voix humaine, dit Brian. – Je suis un homme à l'origine, dit-il, et je suis Cian, fils de Cainte ; faites-moi quartier." » Brian refuse, et la seule grâce qu'il lui accorde est de retrouver sa forme humaine avant de mourir. Ce que fait Cian : c'était une ruse, car ainsi, dit-il, s'ils le tuent, son prix de composition sera beaucoup plus élevé que s'ils l'avaient tué sous forme de porc ! « Ils se mirent après cela à le frapper de cette manière avec des pierres, rudement, violemment, et si bien qu'ils firent du héros une masse misérable et informe[483]. »

Le caractère porcin de Lug lui-même s'atteste dans d'autres traditions. Dès la fin du XIXe siècle, Henri d'Arbois de Jubainville a reconnu un souvenir de Lug dans le curieux personnage de démon que mentionne un épisode de la vie latine de saint Hervé[484]. Ce dernier, « sur l'ordre d'une révélation venant d'un ange, se rendit à la demeure de saint Majan, qui avait parmi ses serviteurs un démon d'apparence humaine. Celui-ci fit venir devant lui tous ses familiers : à sa demande, chacun déclara, à son tour, son nom, son origine et d'où il était. Le dernier, épouvanté à la vue du saint homme, déclara tout tremblant : "Je m'appelle Huccan : c'est d'Irlande que je suis venu ici ; je travaille le fer, le bois, la pierre ; je suis également bon marin et je sais faire de mes mains tous les tours de magie… Je suis l'un des esprits impurs. Je suis donc venu séduire, par toutes sortes de ruses, les moines trop nombreux dans ce pays." Alors saint Hervé dit : "Allons donc, frère Majan, trouver le saint abbé Gouëznou ; emmenons avec nous le séducteur enchaîné. Il nous dira ce que nous devons faire de celui-ci." Arrivés auprès du saint, ils lui montrèrent l'ennemi humain. Le saint leur dit : "Allez le précipiter dans les profondeurs de la mer et interdisez-lui de toucher désormais les rivages des pays chrétiens." Oh, le tumulte de la mer lorsqu'on y précipita le démon Huccan qui a donné son nom au rocher d'Huccan ! Ce rocher s'élève au-dessus de la mer et là même on le voit très souvent sous diverses formes[485] ». Le rocher d'Huctan est la pointe de Roz-Huzan, anciennement Rots-Hucan, à Brest[486] : cela seul indique qu'Huctan n'est pas seulement un personnage de légende dans une vie de saint, mais a été l'objet de croyance en Bretagne[487] (même s'il prétend, dans le texte, venir d'Irlande !).

Polytechnicien, car il travaille aussi bien la pierre que le bois et le métal, magicien, Huccan prolonge des pouvoirs attribués, dans la tradition irlandaise, à Lugh, et dont on a dit qu'ils remontent à l'Antiquité celtique. Or son nom s'explique aisément dans les langues celtiques : breton *houíh*, cornique *hoch*, gallois *hwych* signifient « verrat ». Le suffixe est diminutif, Huctan est donc « le Petit Cochon ».

Certes, le porc est tenu au Moyen Âge pour l'un des animaux en lesquels s'incarne le diable. Ce n'est pourtant pas le cas ici : Huccan n'est nullement tenu pour un porc dans le récit, et son caractère porcin ne se décèle que dans l'étymologie de son nom. On vient de noter qu'il a appartenu à la tradition légendaire bretonne. Il s'agit donc bien d'un prolongement de Lug, christianisé, et dont le nom révèle l'aspect porcin.

Au pays de Galles, on a dit comment le *Mabinogi de Math* raconte la transformation par le roi Math des responsables du viol de Goewin, Gwydion et Gilvaethwy, en trois couples d'animaux successifs, qui donnent naissance à des enfants, que Math change en êtres humains, et qui paraissent expliciter des aspects de Lleu[488] : une des trois métamorphoses est en sanglier et laie, et le marcassin qui en nait est changé par Math en un « grand garçon, bien fait, aux cheveux châtains », nommé Hychdwn, « Petit Porc » – du même radical que le nom d'*Huccan*, ci-dessus.

Enfin, on a déjà plusieurs fois cité le travail de Mme Mac Neill, qui a montré comment saint Patrick joue un rôle tel, dans les sites irlandais où se prolonge la fête de Lugnasad, qu'il faut voir en lui un personnage en lequel sont réunis des mythes qui appartenaient antérieurement à Lugh. Régulièrement, Patrick doit vaincre un être démoniaque, souvent femelle – ce qu'on aura à comparer à ce qu'Apollon fit à Delphes –, et, dans certaines versions, on parle d'une lumière nocturne qui tuait les gens qui l'apercevaient, jusqu'au jour où Patrick parvint à l'éteindre. C'est une légende répandue en Irlande, mais localisée à trois reprises sur des sites « Lugnasad ». Comme l'observe Mme Mac Neill, on ne peut séparer cette légende de celle de l'œil maléfique de Balor, le géant que Lugh aveugla durant la seconde bataille de Mag Tured. Dans une forme de la légende, le saint réussit à éteindre la lumière maléfique en la suivant jusqu'à chez elle (elle avait un domicile, puisqu'elle était un démon...), et là il l'appelle par son nom ; lequel est généralement une forme de *Suicín*, nom de personnage maléfique qui se retrouve dans l'entourage de Crom Dubh, le principal adversaire de Patrick – c'est par exemple celui de son serviteur –, ou bien comme surnom de méchant personnage. Le nom, dit la savante irlandaise, peut être apparenté à *soc*, et rappellerait alors la connotation agraire des actes de Patrick, ou il rappelle *Huccan*[489] : or, les deux rapprochements se ramènent à un seul, car le français *soc* dérive du vieux-celtique *succos*, « porc », et suppose l'emploi métaphorique du terme, le soc fendant la terre comme le groin du porc[490]. Mais quel « porc » peut avoir été un démon lumineux ? Évidemment, le personnage complexe de Lug, à la fois porcin et lumineux, se tient à l'arrière-plan de *Suicín* !

Ne serait-on en Irlande, ce pourrait être tout aussi bien... Apollon, car celui-ci, comme Lug, est à la fois lumineux et porcin.

En premier lieu, si, dans le mythe de la mort de Cian, c'est le père de Lugh qui prend une forme porcine pour tenter d'éviter les assassins, dans un mythe grec c'est Apollon lui-même qui se change en sanglier, pour commettre un meurtre : « Erumanthos, fils d'Apollon, fut aveuglé pour avoir vu Aphrodite qui se baignait après son union avec Adônis, et Apollon, irrité, se changea en sanglier et tua Adônis en le frappant de ses défenses[491]. »

Cela formerait un remarquable parallèle au mythe de Cian, et l'on décèlerait volontiers dans le mythe grec une transposition du motif de métamorphose du père au fils, accompagnée d'une inversion quant au meurtre (de chassé à chasseur)... mais les choses sont en fait plus complexes. Bien que Ptolémée Héphaistion soit l'un des auteurs les moins crédibles de l'Antiquité[492], il n'a pas inventé la légende du meurtre d'Adônis par un sanglier : d'origine phénicienne, ce personnage a hérité, entre autres, des traits du héros babylonien Tammuz, et ce dernier prolonge le dieu sumérien Dumuzi. Or, dans les textes mésopotamiens, Dumuzi, tué, devient un sanglier[493], et la tradition grecque avait recueilli ce motif, en disant qu'Adônis fut tué, à la chasse, par un sanglier envoyé par Artémis en colère[494]. La singularité, dans le petit mythe qu'on a noté à l'instant, est que le sanglier meurtrier est identifié à Apollon.

Cela s'appuie sur des traditions authentiquement grecques. Avant qu'un mythe réunisse un nommé Erumanthos, aveuglé, et Adônis, tué par un sanglier, un sanglier bien plus célèbre est celui dit d'Érymanthe, créature redoutable envoyée par Artémis, sœur d'Apollon, pour ravager les cultures des hommes, et dont l'élimination constitue l'une des épreuves, bien connue, des travaux d'Hèraklès. Artémis règne sur ces régions montagneuses de l'Arcadie, lieux de chasses héroïques[495].

Par ailleurs, les légendes de Psôphis, ville de l'Arcadie du nord proche du mont Erumanthos, connaissaient un héros portant ce même nom, et fils d'Aristâs, ou d'Arkâs[496] : or ce nom d'*Aristâs* est presque identique à celui d'un des plus célèbres dévots d'Apollon, Aristeâs de Prokonnèsos, dont il a été question plus haut.

On discerne que ce n'est pas par hasard que Ptolémée Héphaistion a mêlé Apollon à l'affaire du meurtre d'Adônis. De fait, il y a des relations étroites entre Apollon et le sanglier : les gens de Cumes, en Campanie, conservaient dans leur sanctuaire d'Apollon des défenses de sanglier qu'ils considéraient comme étant celles de l'animal tué par Hèraklès[497] ; à Mégalopolis en Arcadie, cité créée de toutes pièces par synœcisme de plusieurs petites cités, on adorait, au cours d'une fête, Apollon Epikourios, dont la statue était située sur l'agora de la ville, et Apollon Parrhasios, disposant, sur le territoire de la cité, d'un bois qui lui était consacré sur le mont Lukaion. Et voici ce que Pausanias dit de cette fête : « Lors de la célébration de sa fête annuelle, on sacrifie sur l'agora de Mégalopolis un sanglier à Apollon Epikourios ; aussitôt après, on porte la victime au sanctuaire d'Apollon Parrhasios, au son des flûtes et en cortège ; on lui coupe les cuisses qu'on fait brûler et l'on consomme les chairs de la victime sur place[498]. » Enfin, dans le mythe de la fondation d'Éphèse, on racontait que les immigrés grecs, d'abord installés sur une île au large de la côte, apprirent d'un oracle qu'ils devaient se fixer là où un poisson et un sanglier leur en donneraient l'indication. Ce qui se produisit peu après, lorsque des pêcheurs faisant cuire un poisson, celui-ci sauta, fit se déplacer une braise, qui incendia un buisson d'où jaillit un sanglier. On le tua à coups de javelots, et à cet emplacement fut plus tard édifié un temple d'Athèna. En effet, aussitôt après l'incident du poisson et du sanglier, les fondateurs établirent en cet endroit la ville nouvelle, autour de temples consacrés à Artémis et à Apollon Puthios[499], lequel était tenu en Arcadie pour identique à Apollon Parrhasios[500].

En trois endroits du monde grec au moins, donc, autres que la région du mont Erumanthos, à savoir à Cumes en Italie, Mégalopolis en Arcadie du Sud, Éphèse en Asie, Apollon était lié à la mort d'un sanglier, au cours d'un sacrifice ou d'une chasse.

Tout se passe alors comme si Ptolémée Héphaistion n'avait pas tout inventé, mais éventuellement manipulé le motif en le coulant dans des mythes connus par ailleurs[501]. Il est notable qu'il établisse d'autres liens entre Adônis et Apollon : d'une part il fait du premier l'amant du second[502], d'autre part il raconte qu'après le meurtre de son amant, Aphrodite errait à la recherche de son cadavre, qu'elle le trouva dans le sanctuaire d'Apollon Erithios à Argos de Chypre. Comme elle confiait sa douleur à Apollon, celui-ci lui conseilla de faire le saut de Leucade – site apollinien[503] – pour l'apaiser[504]. Il n'est donc pas tout à fait impossible que Ptolémée Héphaistion livre un matériel mythique authentique dans l'histoire d'Apollon transformé en sanglier[505] : lorsqu'on voit Artémis envoyer un sanglier tuer Adônis d'une part, Apollon envoyer sa sœur tuer Korônis d'autre part, la collaboration entre le frère et la sœur laisse penser qu'une version a pu effectivement identifier le sanglier meurtrier à Apollon.

Au sujet de l'épiclèse *Moccus* du Mercure gallo-romain de Langres, Françoise Le Roux soulignait que « le porc (ou plus précisément le sanglier) est un des symboles de la classe sacerdotale celtique. Le *cognomen* évoque la qualité sacerdotale de Lu(gus) et non une quelconque zoolâtrie[506] » : c'est tout à fait certain, et de même Apollon n'est pas un ancien sanglier divinisé ; sa relation avec cet animal s'exprime autant dans les mythes de chasse que dans les actes cultuels qui lui sont dédiés.

Si l'on reproche à un Aktaiôn d'avoir tant chassé qu'il finit par découvrir Artémis au bain – tout comme Erumanthos découvrit Aphrodite également au bain, également dans un contexte de chasse –, il existe un mythe irlandais où Lugh est découvert à l'issue d'une chasse. On racontait en effet plus haut[507] comment, dans l'histoire de la naissance de Cúchulainn, tout commence lorsque les Ulates s'élancent à la poursuite d'oiseaux qui les importunaient. C'est parvenus dans une plaine éloignée qu'ils rencontrent un homme, « prince jeune, beau et noble » dans l'une des deux versions, et qui n'est autre que Lugh ; il deviendra à cette occasion le père de Cúchulainn, car une femme, Deichtine ou Dechtire, sœur du roi Conchobar, a accompagné les Ulates.

Il y a ainsi connotation sexuelle à la chasse des Ulates, comme il y a connotation sexuelle à l'aveuglement d'Erumanthos et que la mort d'Aktaiôn est le résultat d'une chasse outrancière s'exprimant dans la vision de la nudité de la déesse[508].

Le savant byzantin Tzetzès mentionne enfin une légende selon laquelle Lètô accoucha en Béotie, effrayée par un sanglier, et ce serait là l'origine des cultes de Lètô Ptôa et d'Apollon Ptôos, au nord de Thèbes[509]. Il s'agit d'une étymologie populaire, expliquant le toponyme [en fait, le nom des épiclèses divines provient du nom de la montagne où était adoré Apollon, le mont Ptôos] par le verbe *ptôssô*, « avoir peur ». Cela dit, la tradition béotienne de la naissance locale d'Apollon et Artémis est certainement authentique, et le mythe qu'on vient d'évoquer réunit lui aussi les motifs de naissance et d'intervention d'un sanglier : il peut être ancien.

Je résume : Apollon peut prendre la forme d'un sanglier, et Lug est Moccus, « Sanglier ». Le père de Lug est tué bien qu'il ait pris la forme d'un porc pour se cacher, tandis qu'Apollon tue un jeune homme alors qu'il a acquis la forme d'un sanglier. Le même animal est continuellement associé à Mercure (Lug) sur les monnaies celtiques ou les documents figurés gallo-romains, il est récurremment lié à Apollon dans le mythe et dans le rite grec. Par là encore se confirme l'étroitesse de la relation entre les deux grands dieux.

Le serpent et la tortue

Un mythe, raconté par le seul Antoninus Liberalis – excellente source, celui-ci –, présente deux étranges métamorphoses d'Apollon : « Druops était fils du fleuve Sperkheios et de Poludôrê, l'une des filles de Danaos. Il régna dans la région de l'Oïta et eut une fille unique, Druopê, qui faisait paître les moutons de son père. Les Nymphes Hamadruades l'aimaient prodigieusement. Elles firent d'elle leur compagne de jeux et lui enseignèrent les chants qui célèbrent les dieux, et la danse. Apollon la vit au milieu de leurs chœurs et désira s'unir à elle. Il commença donc par se transformer en tortue ; Druopê s'en amusa avec les Nymphes comme d'un jouet, et la mit dans son sein. Alors Apollon changea encore d'aspect et devint un serpent. Frappées d'effroi, les Nymphes abandonnèrent Druopê. Apollon s'unit alors à elle[510]. »

C'est de cette union que naquit Amphissos, le fondateur de la ville d'Amphissos en Dryopide, dont nous avons parlé plus haut.

Or cette double métamorphose successive en tortue puis en serpent renvoie directement aux documents gallo-romains : sur les stèles qui représentent Mercure, il est parfois accompagné d'une tortue et, plus souvent, du serpent à tête de bélier[511]. Un autel de Chalon-sur-Saône, consacré à Mercure, associe ainsi au dieu le bouc, le coq, la tortue, et un serpent barbu. Sur un autre, de Beauvais, Mercure, barbu, tient une bourse et un caducée, il est accompagné de serpents et de deux dauphins adossés ; un troisième, de Vignory, montre Mercure debout, portant un diadème à trois pointes, un serpent à crête à sa droite[512]. En Savoie, une tortue des marais en bronze a été découverte en 1975 dans le fanum de Châteauneuf ; une tortue paraît aussi se trouver au pied d'un Mercure représenté sur une tablette de terre cuite de Vienne, et une autre au pied du même dieu sur un médaillon d'applique de Sainte-Colombe-lès-Vienne[513]. On se rappelle qu'un serpent figure sur le gobelet de Lyon – mais là il s'oppose à l'aigle, les deux animaux se toisant –, et que l'objet qui se dresse sur la main du dieu assis, assurément Mercure/Lugus, s'il est une bourse pour la majorité des auteurs, est une tortue, la tortue du Mercure gallo-romain, pour les numismates D. Gricourt et D. Hollard[514]. Deux de ces animaux se retrouvent sur des monnaies carnutes : certaines montrent un aigle becquetant un rameau chargé de fruits – motif évidemment mythique, l'aigle étant un strict carnivore – et d'autres un aigle et un aiglon accompagnés d'un serpent : B. Robreau interprète l'un et l'autre animaux à la lumière de la théologie de Lug[515].

Il est bien clair que la relation entre Mercure et la tortue peut être empruntée à la tradition classique, puisque Hermès, ainsi que l'enseigne l'*Hymne homérique* qui lui est consacré, inventa la cithare en transformant une carapace de tortue en instrument de musique. Cela dit, si les Gallo-Romains ont adopté cet attribut du dieu et l'ont tant reproduit à côté de lui, c'est que le dieu celtique à qui ils l'identifiaient – Lugus – devait avoir également le chélonien comme attribut.

Quant à la relation entre Apollon et le serpent, elle s'atteste dans quelques autres motifs que le meurtre du serpent de Delphes, sur lequel on reviendra tout spécialement : la métamorphose d'Apollon en serpent se retrouve dans un mythe romain, selon lequel Attia, future mère d'Auguste, s'unit à un serpent, ou rêva qu'elle le faisait ; Auguste, né à la suite de cet événement, fut considéré comme fils d'Apollon. Par ailleurs, c'est alors qu'il sacrifiait à Apollon que Philoktète, l'ancien compagnon d'Hèraklès, fut mordu par un serpent ; cette blessure, sentant très mauvais, lui interdit d'accompagner les Grecs contre Troie[516]. D'un autre côté, Pindare est le seul témoin – mais quel témoin ! – d'une version, de l'île d'Égine, de la construction de la muraille de Troie. Dans la version la plus commune, ce sont les dieux Apollon et Poséidon qui ont fortifié la ville pour le compte du roi Laomédon[517]. Dans le récit éginète mis en vers par Pindare, les deux divinités se sont adjoint un mortel, Aiakos « Eaque », roi d'Égine. Mais, « des serpents verdâtres, dès que [le mur] fut construit, bondirent vers la tour ; ils étaient trois ; deux tombèrent sur place et, frappés de stupeur, rendirent le souffle. L'autre passa, en sifflant. Aussitôt Apollon, en face de ce prodige, en dégagea le sens et proclama : "Héros ! Pergame succombera par l'endroit même où tes mains ont travaillé ! voilà ce que me dit l'apparition envoyée par le fils de Kronos, Zeus qui fait retentir la foudre[518]." » Et ce sera effectivement par un descendant d'Aiakos, Néoptolème, fils d'Achille, que Troie sera prise.

Ainsi les manifestations du serpent entourent discrètement la théologie d'Apollon, avant de le faire bien davantage avec son fils Asklèpios.

Les textes irlandais et gallois ne portent plus trace d'une relation entre Lug et le serpent : mais les nombreuses figurations antiques ne laissent point de doute sur l'existence d'une mythologie mettant en scène un ou des serpents dans les mythes concernant Lugus.

L'ours

Lleu succéda, sur le trône de Gwynedd, à Math, fils de Mathonwy : c'est-à-dire textuellement « Ours fils d'Ourson[519] ». Le lien qui se décèle ici entre Lug et l'ours se vérifie par l'un des quelque quarante-cinq surnoms donnés en Gaule au Mercure gallo-romain : *Artaius* à Vienne (Dauphiné) et à Beaucroissant (Isère[520]). L'irlandais *arth*, le gallois *arth*, le breton *arzh* désignent « l'ours[521] ». On a une confirmation semblable en Galice, où Lug reçoit les épiclèses d'*Arquenobo* (au datif singulier), *Arquienis* (au datif pluriel), qui s'expliquent comme des dérivés celtibères à partir d'un indo-européen **okso-s*, « ours[522] ».

Apollon n'est pas aussi immédiatement lié à l'ours. Mais cet animal est dans son environnement : c'est sa sœur, Artémis, qui, d'une part, était adorée à Brauron en Attique par des jeunes filles qualifiées d'ourses (*árktoi*), et habillées comme telles d'une robe safran[523], d'autre part transforma en ourse, puis tua, sa compagne Kallistô qui s'était laissée séduire par Zeus ou par Apollon. Par ailleurs, une légende racontait qu'un certain Képhalos s'étant rendu à Delphes consulter l'oracle, celui-ci lui répondit de s'unir au premier être féminin qu'il rencontrerait en sortant du sanctuaire : ce fut une ourse[524]. Et ce mythe rappelle celui qui fonde les rites de Brauron.

Revenons un instant sur le mythe de Kallistô. Tel qu'il nous est parvenu, il est coulé dans une forme classique, celle-là même qu'illustreront abondamment les *Métamorphoses* d'Ovide ou d'Antoninus Liberalis. Mais on décèle aisément, à l'arrière-plan, d'autres formulations. J'ai déjà eu l'occasion d'exposer ailleurs, en prenant précisément l'exemple de Kallistô, que dans certains cas, lorsqu'un mythe attaché à une figure divine n'était plus adapté à l'image de celle-ci dans une conception théologique qui avait évolué, le mythe était détaché de la divinité et transposé sur un substitut[525]. C'est évidemment le cas ici : Artémis reçoit ailleurs, mais toujours en Arcadie, le surnom de *Kallistê* « la plus belle[526] », et Kallistô est évidemment son substitut : à partir du moment où s'est imposée une théologie où il fallait qu'Artémis fût éternellement vierge, il n'était plus possible de raconter à son sujet qu'elle avait été grosse des œuvres… de son père ou de son frère.

Supposer un état de la légende où Kallistô était Artémis elle-même supprime l'idée de métamorphose due à la colère, laquelle n'apparaît plus que comme une justification secondaire (une « rationalisation »). Par ailleurs, les rituels de Brauron, où les jeunes filles étaient « ourses », les habilitaient au mariage[527]. On devine alors un état du mythe où l'union entre un dieu et Artémis se produisait non pas avant, mais pendant qu'elle était ourse. C'est-à-dire exactement ce qui arrive à Képhalos en sortant de Delphes. D'un autre côté, connaissant la manière dont Apollon s'était approché de Druopê – en se transformant en tortue, puis en serpent – et sachant qu'une version du mythe gratifie Zeus d'une ruse analogue[528], il n'est pas trop audacieux de se demander si, pour s'unir, Artémis et son séducteur n'avaient pas pris tous deux des traits d'ours : dans une région voisine, toujours arcadienne, on racontait qu'Atalante, grande chasseresse elle aussi, s'unissait à Mélaniôn, tous deux étant alors changés en lions[529]. Enfin, l'enfant né de cette aventure de Kallistô est Arkâs, l'éponyme des Arcadiens. Kallistô était la fille du premier roi mythique d'Arcadie, Lukaôn. Celui-ci découpa un jour Arkâs en morceaux pour tester la sagacité de Zeus, son invité. Non seulement son hôte le punit en foudroyant sa maison, mais il transforma aussi Lukaôn en loup. Plus tard Arkâs succéda à Nuktimos, fils de Lukaôn. Et l'on racontait aussi que, Kallistô étant devenue la Grande Ourse, Arkâs était devenu Arktouros (l'étoile Arcturus), son gardien. Ainsi Arkâs, dont le nom est évidemment tiré de celui de l'ours (grec *árktos*[530]), apparenté au celtique *arth*, est, après Nuktimos, le successeur d'un roi-loup. Situation inverse du royaume de Gwynedd où le roi lié au loup (comme à tant d'autres animaux), à savoir Lleu, succède au roi-ours.

On notera que l'ours, comme le serpent, a une signification calendaire : ils hibernent, et, dans le cycle catalan de ces animaux, ils sont cachés d'octobre à fin avril[531]. On se rappellera alors qu'Apollon « hiberne » aussi, puisqu'il quitte Delphes pendant trois mois d'hiver, et qu'il est fortement lié au marquage du temps. Par ailleurs, F. Le Roux et Ch. Guyonvarc'h ont montré que l'ours, en pays celtique, connotait la royauté[532], ce qui a pu être aussi le cas en Grèce, puisque Arkâs a été un roi, et l'éponyme de tout un peuple, les Arcadiens.

Le dauphin, le phoque, le poisson

L'une des plus célèbres métamorphoses d'Apollon, et la première de sa vie, est exposée par l'hymne homérique si souvent cité tout au long du présent travail. Le dieu, ayant tué le dragon femelle qui occupait le site de Delphes, se demandait qui allait former le premier personnel de son sanctuaire. Il aperçoit un navire de Crétois de

Knôsos et décide : « “Ce sont eux qui exerceront le ministère sacré et publieront les arrêts de Phoibos Apollon au glaive d’or, tous les oracles qu’il peut exprimer par l’organe du laurier, au pied des gorges du Parnasse.” Pour leur commerce et leurs affaires, ils voguaient sur un vaisseau noir vers la sableuse Pylos et les natifs de Pylos ; de son côté, Phoibos Apollon marchait à leur rencontre. En pleine mer, il bondit sur le vaisseau rapide avec l’apparence d’un dauphin ; il s’y abattit, monstre énorme et effrayant : ceux des marins qui avaient l’idée de le regarder, il les rejetait de tous côtés et ébranlait les bois du navire. Ils restaient immobiles sur le navire et muets de terreur : ils ne pensaient même pas à carguer les agrès sur le vaisseau noir, ni non plus à carguer la voile du vaisseau à la proue sombre ; mais ils continuaient à naviguer »... et, sous la conduite prodigieuse du dauphin, ils vont droit vers Krisa, le port de Delphes, sans pouvoir s’arrêter à Pylos, leur destination initiale (*HHA*, 388-451).

Apollon, je l’ai dit, fait passer d’une étape à l’autre : les garçons deviennent de jeunes adultes sous sa protection. Or, dans l’*Hymne homérique* qui lui est dédié, tout le temps qui précède la métamorphose en dauphin est sous le signe de l’enfance, puisque la partie appelée la « Suite pythique » s’ouvre sur la danse d’Apollon et d’Artémis avec les autres dieux, danse telle que Lètô et Zeus se réjouissent de voir leur fils « jouer [*paídzonta*] avec les dieux immortels[533] », tandis que c’est à l’issue de sa métamorphose, lorsqu’il se présente aux Crétois qu’il a amenés à Krisa sous forme humaine, foulant le sol de Delphes pour la seconde fois, que pour la première fois le texte le qualifie d’*anèr*, « homme[534] ».

Mais pourquoi associer à ce passage une métamorphose en dauphin ? Il y a à cela plusieurs raisons. Le dauphin est un nageur très rapide, qu’Aristote compare à une flèche, et c’est aussi un kourotrophe, car il prend grand soin de ses petits – trait qui avait également frappé les Anciens[535]. Or ces deux caractères sont également ceux d’Apollon[536], et la flèche elle-même fait penser à ce dieu, l’Archer par excellence. La rapidité extraordinaire de la navigation qu’Apollon dauphin impose au navire crétois rappelle que la course était l’une des épreuves composant la probation des jeunes dans la Grèce ancienne[537]. S. Vilatte[538], D. Gershenson ont souligné un autre caractère du dauphin. Il est le loup de la mer : dans l’*Iliade*, une des métaphores utilisées par le poète pour exprimer la peur des Troyens face à Achille est celle des poissons fuyant devant le dauphin, carnivore qui ne manquera pas d’en dévorer un (XXI, 22-24). Le dauphin, comme le loup, chasse les troupeaux devant lui ; tous deux ont grand appétit et grande gueule.

Le savant américain note aussi que si, dans la mythologie germanique, le monstre avaleur est un loup, en Grèce le monstre avaleur est issu de la mer. Le loup, l'animal marin, le corbeau (et tous les oiseaux, en fait) ont un point commun : apparaissant et disparaissant soudainement, ils connectent le visible et l'invisible, ce monde-ci et l'autre. Mais, dans ce cadre assez ample d'animaux qui peuvent ainsi jouer un rôle oraculaire, le dauphin, le loup et le corbeau sont des carnassiers dans chacun des trois univers[539]. De fait, le dauphin jouait un rôle oraculaire : favorable parfois[540], défavorable plus souvent, car des dauphins nageant vers la côte, dans une baie, ou bien des calmars sautant en l'air, annonçaient la tempête[541].

Moyennant quoi, les relations de Lug avec les animaux marins prennent un relief qu'en se limitant [aux données celtiques éparpillées] on n'aurait pu soupçonner.

Le premier texte, et le plus clair, est celui du *Mabinogi de Math.* On a raconté plus haut la naissance de Lleu : Arianrhod, prétendument vierge, donne naissance successivement, lorsque Math la fait passer par-dessus sa baguette magique, à un enfant blond et à un « petit quelque chose », qui deviendra Lleu. Je citais le passage concernant ce dernier, où l'on voit Gwydion cacher dans un coffre ce « quelque chose ». Pour l'autre : « "Eh bien, dit Math, fils de Mathonwy, en parlant de l'enfant blond, je vais faire baptiser celui-ci, et je lui donnerai le nom de Dylan." On le baptisa. À peine fut-il baptisé qu'il se dirigea vers la mer. Aussitôt qu'il y entra, sur-le-champ, il en prit la nature et devint aussi bon nageur que le plus rapide des poissons. Aussi l'appela-t-on Dylan Eil Ton[542]. Jamais vague ne se brisa sous lui. Le coup qui causa sa mort partit de la main de Govannon son oncle, et ce fut l'un des trois coups funestes[543]. »

Ainsi, si Apollon est successivement enfant puis dauphin, Arianrhod donne successivement naissance à un enfant qui deviendra poisson, puis au « quelque chose » qui sera Lleu-Lug, l'homologue d'Apollon.

Ce mythe n'a pas de répondant du côté de la littérature irlandaise médiévale ; pourtant, une tradition orale fournit un curieux parallèle à la tradition galloise qu'on vient de noter : dans ce récit, Lugh fait partie d'une triade de frères, dont deux moururent noyés[544], et il avait eu de plus une demi-douzaine de demi-frères, qui devinrent des phoques[545].

Ainsi, à la métamorphose delphinienne d'Apollon répond une solide tradition du monde celtique qui confère à Lug un ou des frères, ou demi-frères, des affinités marines (poisson, ou dauphin, ou phoques) explicites. Et il se confirme que ce qui est diachronie en Grèce (Apollon est bébé, puis dauphin) est synchronie dans le domaine celtique (Lleu et Lugh ont des frères qui deviennent des êtres marins).

Ces affinités maritimes des deux grands dieux, qu'indiquent on ne peut plus clairement les mythes, se confirment par bien d'autres données.

Il semble, d'une part, que dès l'Antiquité les relations entre Lug et les animaux marins aient existé. Le grand autel de Beauvais, consacré à Mercure, associe au dieu, entre autres motifs, deux dauphins adossés[546]. À Bonn, une représentation de Mercure, identifié exceptionnellement à Erôs, montre le dieu coiffé d'un casque à tête de griffon et tenant un poisson dans la main gauche[547]. D'un autre côté, on a signalé l'oreille de grande taille de la statuette d'Euffigneix, et qui rappelle d'autres documents où un dieu identifiable à Lug est pourvu d'une grande oreille[548] : celle-ci suggère évidemment l'ouïe exceptionnelle attribuée au dieu, et cela n'est pas sans évoquer la croyance antique selon laquelle les dauphins bénéficiaient d'une telle ouïe.

Dans l'ignorance des rites, on ne peut savoir pourquoi le Mercure de Bonn tient des poissons. Mais Apollon présente lui-même une relation avec les poissons, puisqu'au sanctuaire d'Apollon Kourios à Myra, en Lycie, on prophétisait par le comportement de poissons : si, appelés trois fois par la flûte, ils se disputaient avidement des morceaux de viande, c'était un bon signe, un mauvais s'ils les dédaignaient et les repoussaient avec la queue[549] – ce qui rappelle tout à fait le jugement par les corbeaux au port des Deux-Corbeaux, selon qu'ils mangent ou dispersent les galettes que leur offrent les plaideurs. On parle aussi d'un poisson, non identifié – peut-être le turbot –, dont le nom était tiré de celui de la lyre, *kítharos*, et qui était « en grande faveur auprès d'Apollon[550] ». Ce poisson se caractérise par des dents aiguës[551], de sorte qu'il rappelle le poisson appelé *dealgán* en irlandais, caractérisé par ses épines, et dont le nom est peut-être apparenté à celui de *Dylan* !

En Grèce, les phoques appartiennent en quelque sorte au « cercle » d'Apollon. Il eut en effet pour maîtresse une nommée Psamathè, textuellement « Celle du sable », dont une « homonyme » béotienne fut mère de Phôkos « Phoque », et d'ailleurs se métamorphosa elle-même en phoque pour échapper – en vain ! – à Aiakos qui voulait la saisir[552]. C'est dire qu'Apollon aima une femme-phoque. D'un autre côté, un épisode célèbre de l'*Odyssée* est celui où Ménélas et ses compagnons veulent interroger le dieu Protée, qui mène les troupeaux de phoques, car il a pouvoir de prophétie[553]. Par là même, s'il est plus proche de Poséidon en tant que dieu marin, il possède un pouvoir qui est du ressort d'Apollon. D. Gershenson a noté que le phoque, tout comme le dauphin a des affinités avec le temps et la tempête, car on disait que sa peau le protégeait de l'éclair, et on en pendait aux vergues des navires pour les protéger de la grêle[554], ce qui rappelle qu'Apollon a pouvoir de créer l'orage, l'éclair, la grêle (on a dit qu'il est *Khalázios*, « [Dieu] de la grêle »).

Il existe dans le même pays un certain nombre de relations, mythiques et toponymiques, entre loup, phoque et dauphin, bien mises en lumière par D. Gershenson : la Phocide, en grec *Phôkis*, province où se situait Delphes, tirait son nom, d'après le mythe, de ce Phôkos[555] ; il fut tué par ses frères Télamon et Pélée, et le récit que fait Nicandre de la vie de ce dernier se termine par l'histoire d'un loup qui dévore tout un troupeau de moutons, puis est transformé en rocher, à la frontière qui sépare la Phocide de la Locride ozolienne[556]. Ce loup fut envoyé par Psamathè, en punition du meurtre de son fils Phôkos, selon Ovide[557], et Tzetzès va plus loin, en disant que c'était peut-être l'esprit du frère assassiné[558] : il y a alors homologie directe entre le phoque et le loup. Dans un autre mythe, un nommé Phôkos épouse Antiope, fille d'un roi de Thèbes, qui fut persécutée par son oncle Lukos, « Loup ».

La relation entre Apollon et le dauphin ne se limite pas non plus au motif de sa métamorphose dans l'*Hymne homérique* qui la raconte. Selon Plutarque, le dauphin est chéri d'Apollon[559], et cela apparaît de manière particulièrement nette dans la légende d'Ariôn. Synthétisant les diverses sources[560], P. Grimal en fait le résumé suivant :

« Arion était un musicien de Lesbos, qui avait obtenu de son maître, le tyran de Corinthe Périandre, la permission de parcourir la Grande Grèce et la Sicile, gagnant de l'argent à chanter. Au bout de quelque temps, il voulut retourner à Corinthe [ou aller de Sicile au cap Ténare, dans le sud du Péloponèse, selon Hérodote et Hygin]. Mais des esclaves [les siens, selon Hygin] et des matelots du navire qui le ramenait formèrent un complot pour le tuer et s'emparer de son argent. Alors, Apollon lui apparut en rêve, revêtu d'un costume de citharède, et lui dit de se tenir en garde contre ses ennemis, lui promettant son aide. Quand Arion fut attaqué par les conjurés, il leur demanda la grâce de le laisser chanter encore une fois. Ce qui lui fut accordé. À sa voix, les dauphins, qui sont les favoris d'Apollon, accoururent. Alors Arion, se fiant au dieu, sauta dans la mer. Un dauphin le recueillit et le porta sur son dos jusqu'au cap Ténare. Une fois à terre, le musicien dédia un ex-voto à Apollon et se rendit à Corinthe, où il raconta son histoire au tyran. Cependant, le bateau contenant les assassins ne tarda pas à arriver à Corinthe. Périandre demanda aux marins où était Arion. Les autres répondirent qu'il était mort en route. Arion se montra et les assassins furent mis en croix, ou, selon d'autres, empalés. Apollon, en souvenir de l'aventure, transforma en constellations la lyre d'Arion et le dauphin compatissant[561]. »

Dans un autre mythe, de la ville de Patara, en Lycie, son fondateur, nommé Icadius (latinisation du grec *Eikadios*), fils d'Apollon et de Lukiâ, ayant subi un naufrage alors qu'il se rendait de Patara en Italie, fut sauvé par un dauphin, qui le mena aux abords du mont Parnasse, et il y fonda Delphes, du nom du dauphin (*delphís*) ; il fonda aussi le culte d'Apollon à Patara, et les habitants identifient ce héros fondateur au dieu Apollon Delphinios[562]. Or, *Eikadíos* est une épiclèse d'Apollon : le mot signifie « Vingtième », car le vingtième jour du mois, en plus du septième, était consacré à Apollon[563]. Dans un autre mythe, Eikadios est le père de Dôrieus, l'éponyme des Doriens, que lui donna Korôneia[564] : cela localise le personnage à l'ouest de la Thessalie – lieu d'origine des Doriens –, et, comme le remarque E. Gershenson, le couple composé d'Eikadios et de Korôneia est un simple doublet de celui formé par Apollon et Korônis, les parents d'Asklèpios, en Thessalie[565].

Et, des autres héros grecs dont on nous dit qu'ils chevauchèrent des dauphins, plusieurs sont également liés à Apollon : le fondateur de la ville de Tarente, colonie de Sparte, en Italie du Sud, s'appelle selon les cas Phalanthos (version lacédémonienne) ou Taras (création locale, évidemment[566]). De l'un et l'autre on disait qu'ils eurent l'obligation d'utiliser les services d'un dauphin. Or, Phalanthos aurait fondé Tarente à la suite d'un complot, parce qu'on lui refusait les droits civiques, ainsi qu'à ses compagnons, garçons du même âge nés de façon irrégulière pendant la guerre de Messénie et appelés les Parthéniens : furieuse, cette troupe envisageait de prendre le pouvoir à Sparte, pendant le déroulement même de la fête des Huakinthia ; dénoncés, ils durent quitter la ville. Les Huakinthia, fête du héros Huakinthos, ancien élève et amant d'Apollon, étaient sous la protection de ce dieu. En somme, les Huakinthia étant une fête de promotion civique[567], les autorités de Sparte ont refusé aux Parthéniens l'accès à la citoyenneté sur place, et ont envoyé une classe d'âge acquérir la citoyenneté dans une cité à fonder.

Enfin, un autre héros, Énalos, était l'amant d'une jeune fille, dans l'île de Lesbos, ou bien d'un des immigrants qui allaient coloniser cette île. Un oracle ordonna que la fille fût jetée à la mer. Énalos préféra la suivre, et se jeta à l'eau avec elle. Les dieux, touchés de cet amour, envoyèrent des dauphins sauver les jeunes gens. Plutarque donne deux versions de cette légende. Dans l'une le père de la fille s'appelle *Smintheus*[568] : ce nom n'est autre qu'une célèbre épiclèse d'Apollon en Anatolie du Nord-Ouest. Dans l'autre le père s'appelle Phineus[569] : c'est là le nom d'un célèbre devin qui officiait, selon le mythe, sur la côte thrace, c'est-à-dire non loin de Lesbos : en tant que devin, c'était un disciple d'Apollon. Par ailleurs, Athénée[570] situe la légende à Méthymna, ville de Lesbos, qui est aussi la patrie d'Ariôn. Ainsi, Apollon n'apparaît pas explicitement dans ce mythe, mais tout le contexte est apollinien.

De plus, dans la version de ce mythe où ce sont des navigateurs qui sacrifient la jeune fille, il s'agissait pour eux d'obtenir une bonne navigation. Et l'on touche là l'une des raisons, peut-être *la* raison, de la relation entre Apollon et le dauphin. En effet, cet animal est également lié à Poséidon, le dieu de la mer, mais, connaissant les pouvoirs et modes d'action de ce dernier dieu, on perçoit immédiatement qu'Apollon joue un autre rôle bien qu'il est mis en rapport avec les mêmes animaux. Rappelons d'abord la belle démonstration, de Jean-Pierre Vernant et Marcel Detienne, de la complémentarité entre Poséidon et Athèna dans le domaine des choses de la mer[571] : Poséidon est maître de la mer, mieux, il est la Mer en action, il amène les tempêtes, il est redoutable aux marins, et c'est par crainte que les hommes lui sacrifient ; l'action d'Athèna est tout autre : elle aida Danaos à construire le premier navire, elle aide les Argonautes dans leur navigation, et son office est depuis lors de toujours aider l'homme dans l'action technique et intelligente qui lui permet de dominer la mer ; elle inspire le pilote comme le constructeur du bateau, parce que son action s'oppose à celle du dieu de la mer. Toute navigation place donc l'homme entre deux divinités – au moins –, Poséidon parce qu'il faut se méfier de lui et dominer la situation s'il la rend périlleuse, Athèna parce qu'elle est celle qui rend possible ce contrôle sur les éléments déchaînés.

Que fait Apollon dans cette affaire ? Comme Athèna, il forme couple avec Poséidon : lorsque Amumônè s'en va chercher de l'eau du côté de Lerne, si Apollon lui procure un dauphin pour voyager, c'est Poséidon qui la séduit et, par gratification, fait surgir une source qui rend l'eau à l'Argolide ; dans la légende de fondation de Lesbos, si la jeune fille qu'on allait sacrifier est fille d'un homme qui s'identifie à Apollon par son nom, c'est explicitement à Poséidon que le sacrifice s'adressait ; et plus tard, lorsqu'une vague gigantesque menaça l'île, Enalos s'avança seul face à elle[572], « une troupe de poulpes, dit Plutarque, le suivit jusqu'au sanctuaire de Poséidon », et le plus grand portait une pierre qu'il consacra au dieu : elle devint le roc Énalos, ou roc « Marin » – c'était un récif[573]. En quoi consiste alors l'action d'Apollon ? Là encore, les documents sont clairs : de ce dieu, les marins attendaient le vent favorable. Dès l'*Hymne homérique à Apollon*, celui-ci, prenant la forme d'un dauphin avec l'intention de détourner un navire crétois vers Delphes, s'est à peine abattu sur le bateau qu'« un *notos* impétueux excite à l'arrière le navire rapide » (v. 408-409), qui se met à contourner le Péloponèse, car « Apollon, le Seigneur Archer, le dirigeait facilement avec l'aide du vent » (v. 420-421) ; puis, à l'entrée du golfe de Corinthe, pour donner au navire une direction ouest-est, Zeus fait se lever un grand zéphyr (v. 433), et les Crétois font donc désormais voile vers l'aurore, car « c'était le Seigneur Apollon, fils de Zeus, qui les dirigeait » (v. 437).

Lorsqu'il s'apprête à naviguer vers la Crète, où il rencontrera le Minotaure, Thésée, accompagné des autres enfants désignés par le sort pour le voyage, se rend au temple d'Apollon Delphinios, « Apollon du dauphin », comme les Grecs le comprenaient, pour y consacrer le rameau des suppliants. Aussitôt après, le 6 du mois Mounykhiôn, il descend à la mer pour monter sur son navire. C'est « encore aujourd'hui, continue Plutarque dans sa *Vie de Thésée*, le jour où l'on envoie les jeunes filles au Delphinion pour y faire des supplications[574] », évidemment par « solidarité » avec les jeunes hommes qui, eux, se font marins : car cette date n'est autre que celle de la reprise de la navigation après l'hiver[575].

Ainsi, Apollon, dont on a signalé le rôle de protecteur des traversées maritimes[576], était celui dont on attendait, non pas l'intelligence technicienne comme dans le cas d'Athèna, mais les conditions favorables, la mer calmée après l'hiver et le bon vent.

Si Apollon a des relations avec Poséidon, Lugh n'en a pas moins avec Manannán, l'équivalent irlandais du dieu de la mer grec[577] : il en est le fils adoptif, il en revêt l'armure et monte son cheval, Enbarr, la « Branche unique » ; les fils de Manannán forment avec lui la Cavalcade féerique[578]. C'est donc Manannán qui a éduqué Lugh : or, selon l'helléniste Sylvie Vilatte, c'est parce que Poséidon appartient à la génération antérieure à celle d'Apollon, et qu'il est son oncle paternel, qu'il peut jouer envers lui un rôle d'éducateur : la métamorphose en dauphin d'Apollon lui fait acquérir un pouvoir poséidonien, le dieu de la mer lui donnant aussi, avec l'arrivée d'un navire chargé de Crétois, la souveraineté sur Delphes ; et la marque de cette filiation est l'autel de Poséidon à l'intérieur du temple d'Apollon[579].

C'est peut-être cette relation entre Lugh et le dieu de l'eau qui explique la fréquente apparition des lacs, rivières, sources, dans les traditions qui concernent, en Irlande, les « sites Lugnasad » étudiés par Máire MacNeill. Elle y mentionne des concours de nage de chevaux, à Lough Owel (*lough* = « lac »), la nage nocturne qu'on leur fait pratiquer ailleurs ; l'offrande de beurre, à Loch Ciaráin, et le bain de taureaux[580]. On a dit comment saint Patrick apparaît souvent dans les légendes associées aux sites Lugnasad, en position de vainqueur d'un possédant antérieur, ce qui témoigne de la transposition sur lui de mythes auparavant associés à Lugh. À ce possédant sont associés des chevaux ou des taureaux[581], les animaux même que l'on vient de voir signalés dans des rites aquatiques. Et l'on verra comment Patrick est ainsi à l'ancien possesseur exactement ce qu'Apollon est à Poséidon à Delphes[582].

Dans une autre légende, de Manann Castle, saint Patrick

emprisonne le magicien Manann, sous la forme d'un poisson, dans un petit lac sur la colline : cela rappelle les métamorphoses d'Apollon, et, dans ce cas, surtout de Poséidon, en dauphin[583] : d'ailleurs, le nom *Manann* est évidemment une forme simplifiée de *Manannán*. À Teltown, Patrick jette son ennemi Loeghaire dans un trou de marécage près du fleuve. Ceux qui ont osé troubler l'eau du trou ont vu Loeghaire sous l'aspect d'un horrible serpent. Mme MacNeill signale les points communs entre cette histoire et un épisode de la *Vita* de Muirchú : le violent tyran Mac Cuil a voulu battre Patrick, puis s'en repent. Il est alors enchaîné sur un bateau et envoyé à la dérive, puis, aboutissant à l'île de Man (celle-là même qui a donné son nom à *Manannán*), il y devient un saint, dont le sanctuaire est situé dans un site où l'on célébrait une fête à l'époque de Lugnasad[584]. On note que dans tous ces cas, l'intervention du saint ou la date calendaire relient ces punitions aquatiques à Lug, l'équivalent d'Apollon, tandis que l'adversaire est proche de Poséidon : c'est bien le même couple opératoire de divinités qu'en Grèce.

Peut-être Lug protégeait-il aussi la pêche. Mme MacNeill a noté que, durant Lammas (l'un des noms irlandais de Lugnasad), il y a souvent tabou sur la pêche en Irlande, et de même dans les Orcades et les Shetlands, anciennes îles de peuplement celtique[585]. Ce tabou se comprend si les poissons risquent d'être des dieux métamorphosés : nul mythe ne dit que Lug prenait parfois la forme d'un poisson, d'un dauphin, d'un phoque, mais le dossier ici réuni le suggère. Et il était inconcevable de pêcher le dieu ! Je ne sache pas qu'on dise explicitement d'Apollon qu'il jouait un rôle dans la pêche en Grèce ancienne, mais on le disait assurément d'un de ses fils : une peinture dans une tombe de Cyrène montre Aristée entouré de poissons et de bestiaux[586]. Il est surtout un pasteur et un apiculteur, mais il est aussi celui qui obtint des dieux la création des vents étésiens qui favorisent la navigation ; la peinture lui attribue donc le pouvoir, que ne citaient pas les sources écrites, de présider à la pêche. Comme les vents et les troupeaux sont du registre d'Apollon, cela suggère que la pêche devait l'être également.

Le lien entre Apollon et l'eau se poursuit dans la relation que ce dieu entretient avec certaines sources. Lors même que le dieu qui les crée en Grèce est par excellence Poséidon, au besoin par cheval interposé[587], Apollon le remplace parfois. C'est lui, et sa sœur, qui, tuant Niobè, on fait naître la source qui jaillit de ses pleurs[588]. Il faut dire qu'il est attiré par les fontaines naturelles : selon l'*HHA*, lorsqu'il se cherche un emplacement pour son temple, il néglige la région d'Érétrie en Eubée, puis Thèbes, lieux où, dit l'auteur de l'hymne, il n'y a alors que des bois, puis encore le bois d'Onkhestos, domaine qu'il laisse à Poséidon[589], et ne s'arrête que devant Telphousè, la source ; lorsque celle-ci parvient à le détourner et à se débarrasser de lui en l'envoyant vers Krisa, il découvre avec ravissement Delphes, l'« âpre vallon » (au fond duquel coule un petit fleuve, le Pleistos), y tue le dragon femelle, dont on apprend qu'il se trouvait à l'endroit d'une « source aux belles ondes[590] » ; puis il revient vers Telpousè, la punit de son mensonge en la recouvrant de pierres – et gagne par cela le qualificatif de Telphoúsios, « Dieu [de la source] Telphousè[591] ». On ne s'étonne pas alors de le voir en relation avec d'autres sources. Pour connaître le futur, il fallait boire l'eau d'une source, à Husiai, en Béotie[592], et à Klaros, en Ionie[593]. À Éphèse, il y avait une source ordalique : elle noyait les conjoint(e)s infidèles, et ce sous protection d'Apollon, non de Poséidon. Parmi les sites consacrés à Apollon Smintheus, Larissa, en Troade, était le lieu de sources chaudes[594]. En Lycie, outre la source de Myra où on observait le comportement, oraculaire, de poissons (ci-dessus), il y avait à Kuaneai une fontaine dédiée à Apollon Thuxeus, où en regardant le miroir de l'eau l'on pouvait deviner le futur[595].

Comme à l'accoutumée, cette relation d'Apollon avec les sources a son équivalent en Irlande en ce que, pendant l'époque des fêtes dont la date montre qu'elles prolongent l'ancienne Lugnasad, les fontaines des sites où elles sont célébrées ont souvent des vertus particulières[596]. Enfin, les sources jouent un grand rôle dans la légende de saint Gengoult, dont on a dit plus haut[597] qu'il prolongeait Lug, car sa légende ressemble trait pour trait à celle de Lleu Llaw Gyfes. Dans cette dernière, cependant, Lleu et Gwydion n'ont pas recours à une ordalie pour savoir si Blodeuwedd, l'épouse adultère du premier, est coupable ; ils le savent d'emblée, et la punissent – il est vrai tout à côté d'un lac. Dans la légende de saint Gengoult, c'est une fontaine qui révèle la faute de son épouse : qu'il l'ait créée lui-même ou non, sa femme, sur l'ordre de son époux de retour de guerre, plonge la main dedans et, lorsqu'elle la retire, la peau s'en détache et tombe. Événement d'importance considérable, car d'une part il fonde la fonction de Gengoult comme patron à la fois des cordonniers et de divers ouvriers du cuir, ce qui rappelle directement, bien sûr, l'un des offices de Lug[598], et des cocus, ce qui correspond aux ennuis du même dieu[599], d'autre part il donne lieu, dans une large partie de la zone où ce saint est honoré, à des légendes sur les vertus ordaliques ou guérisseuses des fontaines[600]. Dans ces conditions, on ne saurait douter, puisque rien ne permet d'attribuer à saint Gengoult une origine insulaire, que les légendes qui lui sont attachées représentent un héritage celtique local, et qu'en conséquence le motif ordalique soit un élément originel de la légende : cela, au point qu'on peut supposer qu'il existait dès l'origine, et que l'auteur du *Mabinogi de Math* l'a ignoré, ou que le lac mentionné est un souvenir de la fontaine ordalique, d'autant que cette ordalie en rappelle une autre dans le domaine celtique, celle de Boand, la mère d'Óengus, en Irlande, dont on parlera ci-dessous[601], et qui avait également pour cause un adultère ; l'acteur de l'action ordalique y est le maître d'une source, nommé Nechtan, que je pense devoir identifier à Manannán[602]. Elle rappelle également l'ordalie pour conjoints adultères, dont le protecteur est, singulièrement, Apollon, et qu'on signalait ci-dessus à Éphèse[603] : autrement dit, ces ordalies, comme d'autres faits en rapport avec l'eau, sont aux mains d'un couple divin, qu'on peut appeler Manannán/Poséidon d'un côté, Lug/Apollon de l'autre.

Quant au lien posé, naturellement, par les anciens entre le nom de Delphes et celui du dauphin, il est parfaitement fondé phonétiquement (les deux termes sont issus d'une racine indo-européenne **gwel-bh-*, désignant le petit d'un animal ou d'un être humain), mais il ne l'est pas sémantiquement : Delphes ne doit son nom ni à la forme de dauphin que prit Apollon, ni au dauphin sur lequel Eikadios de Patara aborda près de Delphes, mais au fait que la même racine a fourni les noms qui caractérisent l'exploit initiatique d'Apollon. C'est en effet lui-même enfant, voire bébé sur certaines figurations[604] (âge qui se dirait en vieil-indien *gárbhah*, de **gwel-bh-o*), qu'il tue à Delphes (également de **gwel-bh-o-*) un dragon femelle qui s'appelle Delphunè (de **gwel-bh-u-*[605]). Le dauphin doit son nom à la même racine, manifestement en fonction d'une métaphore : sa grosse tête a pu le faire comparer à un petit d'homme, ou, si l'on songe au terme grec *délphax*, qui signifie « truie » et parfois « jeune truie, porcelet », le dauphin pourrait être le « goret de la mer[606] ». Dès lors, en passant à l'état de dauphin, Apollon franchirait une étape dans sa croissance, hypothèse confirmée par le fait que c'est bien comme jeune homme radieux qu'il revient ensuite à Delphes avec les Crétois qui vont devenir ses premiers prêtres.

Concluons. C'est une gamme complète de relations avec l'élément aqueux que présentent d'un côté Apollon, de l'autre les représentants (antiques, médiévaux et modernes, gallo-romain, irlandais, gallois, britannique) du personnage de Lug : avec la navigation, la pêche, la divination par l'eau ; avec les sources ; avec les phoques et les poissons, et en particulier, en Grèce, ce poisson extraordinaire qu'est le dauphin. Ce faisant, il (= Lug/Apollon) empiète sur le territoire de Poséidon/Manánnan. Est-ce à dire qu'il se déguise[607] ? Il est remarquable que la métamorphose en dauphin d'Apollon corresponde à son passage d'une classe d'âge à l'autre, tandis que les frères de Lugh et de Lleu meurent en bas âge – si l'on considère que la mort est précisément un moyen de coder le passage initiatique. De fait, un récent travail de D. Gricourt tend à voir dans la mort de Dylan une étape dans un déroulement cyclique, tel que le jeune garçon ressusciterait annuellement, et serait non moins annuellement tué[608]. En somme, il semblerait que les Celtes aient préféré coder la mort de leur grand dieu par sa métamorphose en oiseau (ci-dessus), réservant la mort sous forme de poisson à son frère, tandis que les Grecs ont codé la transformation ontologique du dieu, de jeune garçon à homme adulte, par la métamorphose en dauphin – aussi bien que, par ailleurs, par l'exil à Tempè –, et réservé ses métamorphoses en oiseaux à ses manifestations prophétiques. Ce n'est là, bien sûr, qu'un bilan provisoire d'une question si riche que je ne peux m'y consacrer pleinement ici.

Le cheval

J'aborde à présent une des questions les plus complexes du dossier « Lug et Apollon ». Il est en effet difficile tout d'abord du côté *interne* au monde celtique, car, si les relations entre Lug et le cheval sont certaines, divers aspects, pourtant importants d'un point de vue théologique, font l'objet de discussions – ainsi, on verra que la relation entre la déesse chevaline Épona et Lug est patente, mais de quelle nature est-elle ? Il y a des arguments pour voir en Épona (avec ses descendantes insulaires) aussi bien la mère de Lug que son épouse ou même sa fille. Le dossier est également complexe du point de vue *externe*, car, autant les relations entre le cheval et le grand dieu brillant sont évidentes en terre celtique, autant elles prennent un tour singulier en Grèce, où Apollon a de multiples liens avec le cheval, mais *jamais directs*. Il y a là une dissymétrie, dont il faudra rendre compte.

Le dossier celtique a été admirablement rassemblé par mes collègues Daniel Gricourt et Dominique Hollard. Je vais suivre ici leur exposé – en le résumant bien sûr –, et le compléter de quelques autres données. J'indiquerai naturellement aussi les quelques divergences que j'ai avec leur analyse, divergences qui ne retirent rien à l'essentiel : Lug est bien un dieu – entre autres ! – chevalin.

On a dit comment l'un des deux fondateurs de Lugdunum s'appelle *Atepomaros*, c'est-à-dire « Le très grand cheval » ou, en signification exocentrée, « Au très grand cheval », et, comme ce nom est aussi une épiclèse des Apollon et Mercure celtiques (à Mauvières, dans l'Indre, pour le premier ; à Rennes, sur une base de statue découverte en 1968, pour le second), on doit considérer Atepomaros comme une forme héroïsée du dieu qui préside aux destinées de Lyon, Lug lui-même[609], et, corrélativement, puisqu'il y a deux fondateurs, ce couple doit être tenu pour un équivalent des Lugoves[610].

Les deux significations possibles du nom *Atepomaros* renvoient l'une et l'autre à la mythologie de Lug : d'une part parce que Lug, en Irlande, a effectivement un cheval ; d'autre part parce qu'il paraît bien identifié, dans l'ancienne Gaule et dans les autres terres de langue celtique, à un cheval.

Gricourt et Hollard rapprochent, aussi bien des Lugoves que du couple Atepomaros-Mômoros, une dédicace trouvée à La Vid, à Pola de Gordón, dans la province de León : *Deis Equeunu(bo)*, « aux dieux "chevalins" », et la représentation, à Numance, ville des Celtibères Arouakoi, sur deux vases peints, d'un homme à tête de cheval[611]. À Peñalba de Villastar, une autre dédicace s'adresse à Lug *(luguei) eniorosei equeisuique*, « Montagneux (ou : Au festival annuel) et Cavalier[612] », épithètes qui rappellent à leur tour les nombreuses figurations de chevaux androcéphales sur les monnaies celtiques de Gaule, en particulier d'Armorique[613]. Les fouilles du site de Numance ont aussi livré des figurations, sur vases, de chevaux tricéphales[614], ce que les auteurs rapprochent de celles de Mercure tricéphale, en Gaule, et de chevaux à tête d'oiseaux[615], cela évoque évidemment les relations riches et multiples que Lug entretient, comme on l'a vu dans les paragraphes précédents, avec plusieurs espèces d'oiseaux. La numismatique gauloise et danubienne a de son côté livré un grand nombre de figurations d'un oiseau cavalier, qui peuvent alors être celles de Lug oiseau sur son cheval[616].

Le cheval est d'ailleurs associé au corbeau, aussi bien lors de la fondation de Lyon, puisque des corbeaux indiquent aux deux frères le lieu où ils doivent fonder une ville, qu'à Peñalba de Villastar, où Lug, mentionné à deux reprises, est associé à un grand corbeau courant, gravé sur la roche juste en dessous du texte.

Quant au qualificatif qui accompagne Lugus « Cavalier » au même endroit, s'il signifie bien « Au festival annuel » (étymologie proposée par Michel Lejeune), il rappelle à la fois la fête de Lugnasad, qui était effectivement un festival annuel dédié à Lugh, le fait qu'on attribuait à Lugh l'invention de la cavalerie[617], et encore la mention d'un mois *Equos*, « [mois du] Cheval », sur le célèbre calendrier celtique de Coligny : il se situait effectivement à l'époque de la Lugnasad irlandaise, si l'on fait commencer l'année celtique du calendrier de Coligny aux « trois nuits de Samonios », « comme tout y invite[618] ».

Les monnaies de l'Indépendance celtique livrent d'autres associations : il arrive souvent que les chevaux y soient entourés de motifs solaires – « roue, astres, annelets, svastikas, etc. » –, ce qui rappelle les aspects brillants, solaires, de Lug, et par ailleurs « ne fait que prolonger une identité iconographique explicite en Europe depuis l'âge du bronze[619] ». Une monnaie attribuée aux Helvètes montre aussi un cavalier dont la tête est un soleil rayonnant[620], sur un statère d'or helvète du IIIe siècle avant notre ère, le cavalier dispose d'une main de longueur démesurée, d'un avant-bras semblable sur une monnaie de billon des Riedones (le peuple dont Rennes garde le nom) du Ier siècle avant notre ère et sur un hémistatère nord-armoricain en or allié, découvert à Ribemont-sur-Ancre (Oise) et datant d'environ – 250, membres dont l'allongement, notent les auteurs dont je suis, assure irréfutablement l'identité du cavalier avec Lugus[621]. De même, une pièce appartenant à une petite série de statères armoricains montre un cavalier dont les bras, démesurés, se terminent respectivement par quatre et par trois doigts : soit sept en tout, ce qui évoque la relation que Lug et Apollon entretiennent tous deux avec le nombre sept (ci-dessous[622]).

Sur un hémistatère d'or des Ambiani (le peuple qui a laissé son nom à *Amiens*), une tête de dieu à la chevelure digne de celle d'Apollon couronnée d'un bandeau, se détache sur le corps d'un cheval occupant le second plan[623]. Dans la même région, on a une série de monnaies en bronze, des années – 50, attribuées aux Ambiani ou aux Bellovaci (ceux-ci ont laissé leur nom à *Beauvais*), dite « au personnage courant », dont on connaît plus de soixante variétés ; sur l'une, le personnage est plutôt agenouillé que courant, et présente un long bras, un œil fort large, un arc qui semble plus musical que militaire, et est associé à un petit cheval, animal qui se retrouve au revers, sous la forme d'un cheval à œil identique à celui du personnage du droit, et a comme lui une mèche dans la crinière, ce qui suggère évidemment l'identité du personnage figuré au droit et du cheval figuré au revers[624].

Dans un article antérieur, les mêmes auteurs citaient une petite monnaie d'argent de la région d'Esztergom (dans le nord de la Hongrie, pays occupé alors par les Boii qui ont laissé aussi leur nom à la *Bohême*), où l'on voit d'un côté un jeune homme imberbe, bouclé, coiffé d'un casque surmonté d'un sanglier, sa couronne, rayonnante, étant surmontée de symboles astraux : donc, certainement, Lug ; au revers, on a un sanglier, un cheval « monté par un cavalier céleste schématique » derrière lequel brille un soleil[625].

Les numismates nous ont appris aussi que des motifs celtiques anciens refont surface dans l'Empire romain déclinant, par affaissement du poids de la domination romaine. C'est ainsi qu'en Gaule, sous l'empereur usurpateur Postumus, des monnaies de billon ont été pourvues par les monétaires de motifs s'inspirant directement de la mythologie celtique. Sur un double sesterce frappé en 266-267, on voit un dieu courant vers la droite, tenant une lance et un bouclier dans la main droite, et menant par la gauche un cheval qui caracole derrière lui. Une roue à huit rayons se trouve sous le bras qui tend la lance. Gricourt et Hollard avaient publié cette monnaie en 1992, et identifiaient alors le personnage comme Taranis, le Dagda irlandais, car l'attribut du Jupiter gallo-romain est la roue. Mais les traits du personnage de la monnaie rappellent davantage Lugus que Taranis, et l'on sait, par le chaudron de Gundestrup, que plusieurs divinités sont en relation avec la roue cosmique : parmi les plaques qui ornaient ce magnifique objet, l'une représente un dieu assis, en majesté, tenant une roue, tandis qu'un « personnage juvénile et imberbe, vêtu d'un justaucorps et coiffé d'un casque à cornes », tient la jante sur le côté : le premier est certainement Taranis, maître de la roue ; mais l'autre doit être Lug qui, on y reviendra, impulse le mouvement solaire. La lance figurant sur la monnaie, le cheval, le mouvement de course, caractérisent tous Lug. La scène paraît représenter le grand dieu lumineux entraînant le soleil à travers l'éther – et, notent Gricourt et Hollard, la monnaie de Postumus a en fait comme modèle une monnaie de bronze d'un empereur romain antérieur, Élagabal, monnaie sur laquelle on voyait déjà le soleil avancer vers la gauche[626].

À ce dossier iconographique déjà riche, mes érudits collègues ajoutent encore les documents suivants :

À Neuvy-en-Sulias, sur la Loire, ont été découvertes des statues, en bronze, d'animaux, dont quatre sangliers et un cheval[627]. Ce dernier porte une dédicace : AUG(VSTO) RUDIOBO SACRUM. Donc à un dieu, l'« Auguste Rudiobos » : de petites monnaies de bronze des Morini (peuple qui occupait notre actuel département du Pas-de-Calais) représentent des cavaliers armés de tridents, et ont pour légende *Rudios* ou *Rupios*. Le cavalier doit être Lug, qu'on retrouve ailleurs armé d'un trident[628], et dès lors le cheval de Neuvy-en-Sulias est soit une figuration de Lug en cheval, soit une offrande au dieu – ce qui n'est d'ailleurs nullement incompatible !

Un autre « très grand cheval de bronze » avait été découvert au XVIIIe siècle dans un site autrichien célèbre, le Magdalensberg (antique *Virunum*, chez les Taurisci), non loin de Klagenfurt, et une mosaïque romaine dans un temple sur les hauteurs du même site montre un jeune homme nu dans un canot[629]. Lequel ne peut être que Lug, dont on a vu précisément dans le paragraphe précédent les relations étroites avec la navigation.

Un document de provenance inconnue, déjà mentionné plus haut, est une lamelle de plomb d'époque gallo-romaine, et montrant un cavalier sur une roue à huit rayons ; de manière manifestement volontaire, l'artiste auteur de cet objet – sans doute un ex-voto – a pourvu le cavalier de bras très longs : il est clair qu'il a souhaité représenter Lugus, et non le Dagda, autre maître de la roue[630].

Un autre aspect des relations entre Lug et le cheval s'exprime par les figurations qui mettent le Mercure gaulois en rapport avec la déesse Épona. Le nom de celle-ci est formé sur le radical **epos*, « cheval », et elle est donc une « Jument divine », quoiqu'à l'époque gallo-romaine elle apparaisse à peu près toujours comme une cavalière. Pour cette relation étroite, intrinsèque, avec le cheval, on la rapprochera ci-dessous d'Athèna[631].

D. Gricourt et D. Hollard notent d'abord qu'Épona est rarement associée à un dieu. Cependant, des figurations de la déesse dans deux sanctuaires mitriaques peuvent suggérer qu'elle avait un aspect solaire, et effectivement on trouve des astres sur certaines stèles qui représentent Épona[632]. Surtout, un bloc, découvert en 1924 dans la cathédrale de Strasbourg[633], montre deux Épona en amazone, allant respectivement vers la gauche et la droite, encadrant un buste de Mercure, beaucoup plus grand – ce qui rappelle que Mercure est souvent représenté par des statues colossales. Épona est par ailleurs associée au Génie des Leuci sur un autel de Naix-aux-Forges (Meuse[634]). Ce Génie, vêtu et chaussé à la mode indigène peut être encore Lugus, comme l'est le Génie de Lyon[635], d'autant que le monnayage des Leuci paraît le figurer sous une forme d'oiseau[636]. Mercure et Épona sont encore associés au sanctuaire de Châteaubleau (Seine-et-Marne[637]).

Les auteurs envisagent alors quelle pouvait être la nature des liens entre Épona et Lug. Ils notent qu'il existe des points communs entre les deux divinités : certaines Épona sont triples, comme sur un bas-relief à Uckange, où l'on voit une triple Épona amazone ; et sur un fragment de stèle d'Hagondange, en Moselle aussi, où Épona est représentée en majesté, trônant entre deux autres Épona assises en amazone ; et le groupe de Nanzweiler (Hesse, en Allemagne), montre trois déesses-mères assises, selon un type fréquent, mais elles sont accompagnées d'un cheval, sculpté sur le dos de leur siège, de sorte que Lambrechts a rapproché cela des monuments précédents[638] : serait-ce une Épona triple, dont la nature de déesse au cheval ne ferait l'objet que d'une allusion ? En tout cas, ces exemples de triplicité rappellent celle, fréquente, de Lug-Mercure, et l'on peut penser que ces Épona triples, comme ce dernier dieu, règnent sur les trois mondes[639]. Un autre point commun est le suivant : toujours représentée en marche, et souvent honorée à des carrefours, des relais de poste, d'anciennes écuries, Épona règne manifestement sur la circulation, ce qui rappelle que Lug-Mercure, comme l'Apollon grec, a les routes sous sa responsabilité[640].

Si Épona est en relation avec Lug au plan théologique, on peut soupçonner que c'est aussi le cas au plan mythologique. Autrement dit, elle a pu être mère ou épouse, ou même fille, du dieu. Wolfgang Meid a proposé la seconde hypothèse[641] : en effet, Lug est le père divin de Cúchulainn, et un nommé Sualtam son père humain ; l'épouse de ce dernier s'appelle Macha, et on a reconnu de longue date en elle une héritière d'Épona[642] ; par ailleurs, la mère de Cúchulainn, Deichtire ou Deichtine, conduisait son frère le roi Conchobar en char. Dès lors, écrit Meid, il s'ensuit que la mère (réelle ou adoptive) du héros est en relation étroite avec les chevaux, et, puisque Lug est son père, il suppose une hiérogamie entre le grand dieu et la déesse. Un célèbre rite irlandais, signalé par l'historien anglo-normand Giraud de Cambrie au début du XIIIe siècle, voyait le roi d'un petit canton de l'Ulster, près de Kenelcunnil (en irlandais *Tír Cenel*), s'unir à une jument blanche, qui était découpée et cuite dans l'eau ; le roi se baignait dans ce bouillon, mangeait de la viande, et tout le peuple en consommait avec lui. Il est tentant de voir dans cette jument l'incarnation d'Épona, et dans le roi l'image du dieu, Lug[643], qui s'unit à elle. Pourtant, Gricourt et Hollard critiquent la position de W. Meid en développant des arguments qui me paraissent bien légers : Macha, l'épouse de Sualtam, accouche à la suite d'une course terrible[644] de jumeaux, Fíor et Fial, garçon et fille, accouchement dont C. Sterckx a montré la « correspondance structurelle », « trait pour trait », avec celui de Lètô donnant naissance à Apollon et Artémis[645]. Or, acceptant ma démonstration déjà de 1995 selon laquelle Apollon est Lug, ils en tirent que Fial s'identifie à Artémis et Fíor à Apollon, donc à Lug[646]. Par ailleurs, Macha, disent-ils, s'identifie à Ethne, mère de Lug. Malheureusement, ils ne donnent pas de référence pour ce dernier point, et je n'ai pas pu en trouver non plus[647]. Le premier point n'est pas convaincant : a) nulle part Fíor n'est assimilé à Lug ; b) aucun texte ne donne une sœur à Lug, mais un ou plusieurs frères. Autrement dit, il est d'une part dangereux de plaquer des données grecques sur des données celtiques, ou l'inverse : ce sont des mythologies indépendantes, et seule la comparaison d'éléments homologues est parlante ; d'autre part, Fíor et Fial sont parfaitement inconnus en dehors de la légende de leur naissance. La comparaison qu'a faite Sterckx au sujet de leur naissance et de celle d'Artémis et d'Apollon, aussi pertinente soit-elle, est actuellement en l'air : rien ne permet, à l'intérieur de la documentation irlandaise, d'identifier ces personnages à d'autres. En somme, les arguments qui aboutiraient à voir dans Épona la mère de Lugus me paraissent plus faibles que ceux qui engagent à voir en elle sa femme – ou l'une de ses compagnes[648].

Et il reste, sur cette question, une dernière possibilité : le mythe de la naissance d'Épona transmis par un texte attribué, à tort, à Plutarque (donc à un « Pseudo-Plutarque ») a l'avantage d'être le seul mythe que possédions sur Épona et contemporain de son culte. Or, l'auteur raconte qu'un nommé Fulvius Stellus était misogyne, tellement qu'il s'unit à une jument. Celle-ci accoucha bientôt d'une belle fillette, Épona. Tout latin qu'il est, le nom de Fulvius Stellus est intéressant : *fulvus* signifie « brillant, couleur de feu, fauve », et le *cognomen*, *Stellus*, est une masculinisation de *stella*, « étoile » : il est ainsi tout céleste et brillant. Est-ce la trace évhémérisée d'un dieu céleste, et, si oui, lequel ? Comme l'observent Gricourt et Hollard, si la couleur rouge peut renvoyer au Jupiter gallo-romain, Taranis, qualifié de « Rouge » dans les textes irlandais, la misogynie est bien plus lugienne que « gallo-jupitérienne » – le Dagda, l'équivalent irlandais de Taranis, est un bon vivant, séducteur de femmes. Fulvius Stellus paraît donc être une image affaiblie d'un Lugus[649]. Mais ce personnage, qui s'unit à une jument, comme le roi d'Irlande évoqué ci-dessus, est le père d'Épona. Ainsi, le seul mythe ancien concernant cette déesse lui confère un père qui semble une forme de Lug. Autrement dit, selon ce qu'on prend en compte, on peut voir en Épona la mère, la maîtresse, ou la fille, du dieu Lug. Je l'ai dit, l'exégèse de la mythologie et de la théologie celtiques n'est pas chose facile ; et l'on ne regrettera jamais assez l'ignorance où nous sommes des mythes de l'Antiquité celtique.

Quoi qu'il en soit, les relations entre le cheval et le grand dieu Lug sont amplement attestées par les documents antiques. Et ce dossier est pleinement confirmé par les données que fournissent les textes irlandais. Cependant, Lugh ne monte pas son propre cheval. On citait, au début de cette partie, le remarquable passage de l'*Oidhe Chloinne Tuireann*, où Lugh apparaît brillant, « semblable au coucher du soleil », au point que les Túatha Dé Dánann « ne purent regarder sa figure à cause de son brillant. Et celui qui était là, c'était Lugh aux Longs Bras, aux coups puissants, et la cavalcade féerique de la Terre de Promesse, ses propres frères de lait, à savoir les enfants de Manannán[650] ». Ainsi, Lug vient avec ses frères de lait, fils de Manannán, le dieu de la mer, ce qui implique, en fonction de la coutume du fostérage, qu'il a été élevé avec eux, et qu'il a donc Manannán pour père adoptif. C'est pourquoi Lugh monte le cheval de Manannán, Enbarr[651]. Et c'est avec ce cheval que Lugh accomplit des exploits. Pour commencer, il invente la cavalerie, c'est-à-dire la monte à cheval. Une des versions de la *Mort de Cúchulainn* montre le frère de lait de ce dernier, Conall Cernach, sauter sur un cheval, et elle précise : « C'est le troisième homme qui fit de l'équitation [en tenant] les rênes d'un seul cheval en Irlande autrefois : Lugh Lámfada à la bataille de Mag Tured, massacrant les Fomoire, Subalthach Sidech sur le Gris de Macha lors de l'expédition de la Razzia du Taureau de Cooley, et Conall sur le Rouge impétueux[652]. » D'autres textes confirment cette invention : le *Dialogue des Deux Sages* mentionne « l'aiguillon de Lugh » et une glose du *Livre de Leinster* précise : « C'est Lugh qui a inventé une assemblée, une balle [de fronde] et un aiguillon pour chevaux[653]. » Cette invention est directement liée à celle de la monte, car les anciens Celtes ne dirigeaient pas un cheval avec un fouet, mais avec un aiguillon.

La tradition folklorique irlandaise a gardé souvenir de cette relation étroite entre Lug et le cheval. Les légendes racontées dans ou au sujet des « sites Lugnasad » parlent souvent d'un cheval merveilleux, et mystérieux, le Gearrán Phádraig, « Bidet de Patrick ». Une légende typique est celle-ci : Cormac Dubh, le potentat du lieu où arrive Patrick, possède un cheval minable, et une grange pleine de blé. Comme Patrick demande du blé pour nourrir son groupe, Cormac Dubh accepte de lui en vendre, très cher, et seulement selon la quantité que le cheval pourra porter. Mais, au désespoir du riche, l'animal vide la grange en portant sans fatigue sac après sac, ce qui n'était jamais arrivé. Maire Mac Neill note, à juste titre, que l'histoire doit se fonder sur un motif mythique qui, antérieurement à l'arrivée de Patrick, parlait d'un cheval lié à un personnage divin[654]. Et on a déjà dit comment saint Patrick a récupéré, sur sa personne, tout un légendaire lughien.

Si les relations entre Lug et le cheval sont ainsi assurées, prouvées qu'elles sont depuis l'Antiquité celtique jusqu'au folklore contemporain grâce à saint Patrick[655], qu'en est-il d'Apollon ?

La situation n'est nullement symétrique. Les innombrables relations que la documentation révèle entre le grand dieu celtique et le cheval manquent chez son correspondant grec. Plus exactement, tout se passe comme si le cheval était en quelque sorte dans la périphérie d'Apollon. Aucune statue, aucune peinture, ne représente ce dieu à cheval, si ce n'est exceptionnellement, uniquement dans des documents anatoliens et thraces qui indiquent qu'il doit sa monture à une identification avec un dieu local qui, lui, était tenu pour cavalier[656] ; il est tout aussi exceptionnellement en char, sur les peintures de vases ou des monnaies, et cela dans des conditions telles qu'elles laissent penser que c'est un emprunt au dieu Soleil[657]. Aucun de ses exploits n'est accompli à cheval, il tue le dragon de Delphes à pied, ou encore dans les bras de sa mère – Apollon n'est pas saint Georges.

C'est dans les relations du dieu avec diverses figures mythiques que le cheval apparaît. Et cela pose des questions, qu'on devra envisager ne serait-ce que succinctement.

La donnée la plus suggestive est sa relation avec des jeunes filles appelées les *Leukippides*. Dans le rite, à Sparte, ce sont celles qui tissent chaque année le nouveau péplos d'Apollon d'Amyclées, ce dieu dont j'ai déjà beaucoup parlé, et dont la fête, les Huakinthia, constituait un des moments principaux de l'année rituelle lacédémonienne[658]. Dans le mythe qui fonde l'action des jeunes tisserandes, les Leukippides sont les filles d'un nommé *Leukippos*, « Cheval blanc » ou « Celui qui possède un cheval blanc », et elles furent les épouses des Dioscures. Comme ceux-ci sont figurés, extrêmement fréquemment, comme des cavaliers[659], et que les textes disent que leurs chevaux sont blancs, la couleur des chevaux auxquels fait allusion le nom de Leukippos paraît directement fonction de celle des chevaux de ses gendres.

Pourtant, Apollon est fort présent dans cette affaire, et bien proche de Leukippos. Outre que c'est pour lui que les Leukippides travaillent à Sparte, des traditions donnent à Leukippos une autre fille, Arsinoè, qui fut la maîtresse d'Apollon, et, dans cette version péloponnésienne de la naissance d'Asklèpios, la mère de ce dernier[660], aux lieu et place de Korônis, qui est maîtresse d'Apollon et mère d'Asklèpios en Thessalie et Béotie.

Par ailleurs, le dieu se substitue à Leukippos : selon un fragment des *Kupria* que cite Pausanias, les Leukippides sont filles d'Apollon[661].

Leukippos est en fait un héros multiple. Mais chaque fois qu'il apparaît, il est en relation, directe ou indirecte, avec Apollon. Il est ainsi le héros des Magnètes, peuple grec qui, parti de Thessalie, alla séjourner en Crète, puis s'installa définitivement en Anatolie occidentale, où il fonda la ville de Magnésie du Méandre. Auparavant, ce Leukippos avait tué son père, sans le reconnaître – il est homicide comme Oreste, et, comme lui, ce héros est un protégé d'Apollon –, et il avait consulté l'oracle de Delphes pour savoir ce qu'il devait faire. L'oracle lui fit rencontrer les Magnètes, voués précisément à Apollon par le roi thessalien Admète, et se mettre à leur tête : comme tant d'autres, il partit de Delphes pour mener une colonie[662]. C'est la version d'Hermésianax, connue par une source littéraire[663]. Mais une autre a été découverte lors des fouilles de Magnésie, gravée sur pierre[664] : selon elle, les Magnètes quittèrent la Thessalie, et se rendirent en Crète sur l'ordre d'Apollon – c'est-à-dire sans doute de l'oracle de Delphes –, où ils devaient attendre l'apparition de deux corbeaux blancs ; ce qui se produisit au bout de quatre-vingts ans ; aussitôt ils allèrent consulter Delphes, pour savoir « où et comment ils doivent se préparer à partir ». L'oracle répondit qu'ils devaient se rendre à un endroit précis de la côte anatolienne, et précisa qu'il y aurait là un homme, devant le temple, prêt à se mettre à leur tête et à leur ouvrir le chemin. Une seconde question permit de préciser l'identité de l'individu : c'était Leukippos, meurtrier de son père – et « posé sur le seuil, d'évidence par les soins d'Apollon[665] ». Dès lors, ce Leukippos est bien, non pas une « hypostase », une forme d'Apollon, mais son servant cultuel privilégié, tout comme, d'ailleurs, les Leukippides sont servantes cultuelles d'Apollon à Sparte[666]. Un « autre » Leukippos est fils de Kalkhas, lequel était un prêtre d'Apollon ; un « autre » encore fut amoureux de la nymphe Daphnè, « Laurier », mais hélas ! Apollon l'était aussi, et cela causa la perte du héros : comme il s'était déguisé en fille pour approcher les compagnes d'Artémis dont faisait partie Daphnè, Apollon, jaloux, leur inspira l'envie d'aller se baigner ; le pauvre Leukippos fut obligé, malgré sa résistance, de se déshabiller, et l'on découvrit sa ruse : les filles s'élancèrent vers lui avec leurs lances[667]. Cela rappelle une histoire racontée par Antoninus Liberalis, selon laquelle un père, à Phaïstos en Crète, ayant déclaré qu'il tuerait son bébé à naître si c'était une fille, la mère le sauva – car c'en était bien une –, et l'éleva comme un garçon, sous le nom de Leukippos. À l'époque de la puberté, la mère alla prier Lètô de changer réellement le sexe de l'enfant, et la déesse – la mère d'Apollon – l'exauça[668]. Enfin, l'*Hymne homérique à Apollon* évoque un affrontement entre le dieu et un nommé Leukippos, « pour l'amour de la femme de Leukippos », au cours duquel ils luttèrent, le dieu à pied, le héros à cheval[669]. L'opposition est remarquable : Leukippos est à cheval, ce qui est conforme à son nom, le dieu est à pied, conformément à l'image traditionnelle qui ne fait jamais de lui un cavalier.

Il est à noter que les fouilles d'Amyclées ont livré, aux très hautes époques (Helladique récent III), des figurines animales, associées à des figurines féminines. Les animaux sont des chiens, des chevaux, des moutons[670] : tous animaux dont on a pu ci-dessus signaler les affinités à la fois avec Apollon et avec Mercure-Lugus.

Il s'atteste donc un lien récurrent, de Magnésie à la Laconie, entre Apollon et le cheval, plus précisément le cheval à robe blanche comme celle de la jument à laquelle s'unissait le roi d'un petit canton d'Irlande à l'époque de Giraud de Cambrie. Mais ce lien n'est pas d'identité.

Ce type de relation entre Apollon et le monde caballin s'atteste également dans un groupe de mythes arcadiens. On exposera plus bas, en étudiant les points communs entre Poséidon et Manannán, comment ces deux dieux de la mer ont une relation précise et importante avec le cheval. En particulier, on racontait, au lieu-dit Onkeion, à Telphousa, en Arcadie occidentale, comment Poséidon prit la forme d'un cheval pour s'unir à Dèmèter qui avait pris celle d'une jument. Ils eurent une fille, au nom secret, dit Pausanias, et le cheval Areiôn. Mais le même auteur rapporte la version d'un ancien poète, Antimakhos, selon qui Areiôn est fils de la Terre ; car, racontait celui-ci, le roi Adrastos, en Thessalie, eut pour chevaux Kairos et Areiôn le

Telphousien, « que la terre produisit près du bois d'Apollon Onkaios ». De plus, Onkos, héros qui donna son nom à Onkeion, était fils d'Apollon ; il régnait sur le pays des Telphousiens. Hèraklès combattant les Éléens (dont la frontière était très proche de Telphousa) demanda ce cheval Areiôn à Onkos, et il l'avait attelé à son char lorsqu'il conquit l'Élide ; puis il le donna à Adrastos[671].

Curieux groupement de motifs, où l'apparition du cheval est due, soit à une naissance biologique « normale », lorsque ses parents ont pris la forme de chevaux, et Poséidon est effectivement qualifié fréquemment de *Híppios*, « Celui du cheval », soit à une naissance miraculeuse, sous la protection d'Apollon. Apollon ne prend jamais la forme d'un cheval, n'est jamais qualifié de *Híppios*, mais son fils peut offrir le cheval Areiôn. Cela rappelle la distinction, mentionnée ci-dessus et sur laquelle on reviendra, entre un dieu possesseur du cheval, Manannán, et celui qui le lui emprunte, Lug, qui refusera par ailleurs de le prêter aux fils de Tuireann[672], dont les exploits rappellent précisément, très exactement, ceux d'Hèraklès[673]. Autrement dit, alors que le dieu de la mer est cheval (Grèce), ou en est le propriétaire (Irlande), le dieu étudié ici en dispose (Irlande) ou préside à sa naissance (Grèce), et peut alors à sa guise le donner (Onkos, fils d'Apollon) ou le refuser (Irlande) au héros qui accomplit une série d'exploits (Hèraklès, Brian).

C'est sans doute un rapport de même nature qu'évoque l'*Hymne homérique à Apollon*, lorsqu'il montre le dieu, alors qu'il cherche un emplacement pour y édifier son sanctuaire, passant à Onkhestos (nom de lieu apparenté à *Onkeion*[674]), au centre de la Béotie : le poète y décrit assez longuement un rituel, sur lequel on reviendra, et qui montre l'épreuve d'un poulain au sanctuaire de Poséidon (*HHA*, 229-238). On s'est étonné de cette longue description, qui n'intéresse pourtant pas le dieu, puisqu'il s'établira ailleurs. Une première raison, on le verra, est qu'Onkhestos a certainement eu valeur, à haute époque, de centre du monde. Mais ce n'est là aussi, comme le note M. Detienne, que la première des occasions où « les routes » du « seigneur d'Onchestos » vont croiser celles d'Apollon[675]. Apollon est alors à pied : là encore, le cheval est laissé à Poséidon, mais Apollon, faut-il croire, s'y intéresse. On racontait encore que, lors de sa captivité chez Admète, en Thessalie, Apollon avait particulièrement fait prospérer les chevaux[676]. Et on terminera cet examen des relations entre Apollon et le cheval en rappelant un curieux « dossier » : comme on l'évoquait plus haut, Apollon a des relations importantes avec l'âne ; autant le cheval lui est extérieur, même s'il est proche des chevaux et des cavaliers, autant l'âne lui appartient intimement. On a dit comment, selon Pindare, les Hyperboréens font des sacrifices d'ânes à Apollon[677]. Sacrifice mythique, anti-sacrifice, ai-je écrit, car l'âne n'appartient pas au registre des animaux sacrifiés en Grèce ancienne, mais sacrifice tout de même, et spécifique : Apollon est le seul dieu, avec Priape, à qui la tradition dit que l'on offre des ânes[678]. Une légende qu'Antoninus Liberalis dit avoir trouvée dans l'*Ornithogonía* de Boios et l'*Apóllôn* de Simmias de Rhodes confirme cela : un nommé Kleinis, riche en bœufs, ânes, petit bétail, aimé d'Apollon et d'Artémis, « avait très souvent accompagné ces dieux au temple d'Apollon hyperboréen ; là, il avait vu que l'on offrait des ânes en sacrifice au dieu » ; mais lorsque Kleinis veut en faire autant chez lui (à Babylone !), Apollon apparaît et lui interdit de sacrifier autre chose que « les victimes ordinaires, chèvres, moutons et bœufs », car « ce n'est que chez les Hyperboréens que le sacrifice des ânes lui était agréable ». Là-dessus sa famille se partage, entre ceux qui entendent respecter l'injonction d'Apollon et ceux qui veulent la transgresser. Les seconds détachent les ânes, mais Apollon les rend furieux, et ils s'attaquent aux gens de la famille pour les manger : l'anti-sacrifice tourne à la dévoration d'humains ! Finalement tout le monde est métamorphosé en oiseaux, et, des deux garçons qui voulaient transgresser l'interdit, l'un, Harpasos, devient un rapace, l'autre Lukios, devient un corbeau blanc – celui-là même, dit l'auteur, qui trahira plus tard Apollon et verra sa couleur changée en noir[679]. Le lien entre Apollon et l'âne est donc ambigu, mais il est étroit. Si jamais Apollon n'a d'épiclèse qui le désignerait comme chevalin, d'une manière ou d'une autre, il recevait à Killa, en Mysie, l'épiclèse de *Killaîos* : or, *kíllos* signifie « âne[680] ». Il y a là jeu de mots, entre le nom de la ville et un nom de l'animal, mais il ne relève pas du hasard ; n'aurait-on voulu signaler que le lien étroit d'Apollon aux ânes, l'épiclèse *Killaîos* n'aurait pu exister. Selon Clément d'Alexandrie[681], les Arcadiens disaient leur dieu Apollon Nomios fils de Silènos : lequel est un personnage généralement représenté assis sur un âne. Cette relation entre Apollon et l'âne étonne. Il est certain que l'âne est remarquable par ses braiments, et cela le voue à Apollon, maître du son. Mais cela suffit-il à expliquer les sacrifices (mythiques) d'ânes, ou l'épiclèse de *Killaîos* ? Je ne peux m'empêcher de remarquer ceci : Apollon est en relation avec le vautour[682], il laisse l'aigle à Zeus. Il est en relation avec l'âne, il laisse le cheval, beaucoup plus noble animal, à son oncle Poséidon.

Il reste un aspect notable de la question : il y a un autre dieu qui est lié aux chevaux, parce qu'il en a continuellement besoin : c'est Hèlios, le Soleil. Hèlios, de l'*Iliade* à la fin des temps du paganisme, circule en char. Et l'on pourrait penser que c'est le rapprochement entre Apollon et Hèlios qui a finalement pourvu le premier d'un char[683].

Mais on devra revenir sur la relation exacte entre Apollon et soleil. Si, comme je le dirai, il semble que ce lien soit ancien, car Apollon et Lug ont dû être dès leur origine des dieux maîtres de la lumière, alors la curieuse nature des relations entre Apollon et le cheval, faites de décalage, de proximité, d'affinités avec distances maintenues, s'expliquerait par une sorte de refoulement : le dieu *ne peut avoir* le cheval, car celui-ci appartient au Soleil, au Maître des eaux, aux Dioscures, tandis que la pensée grecque se serait attachée à bien le séparer d'Apollon, à le pourvoir d'un « anti-cheval » comme elle l'a pourvu d'un « anti-aigle ». Les Celtes auraient poussé moins loin l'écart entre Lug et le cheval, le réduisant même au contraire : Lug a mieux gardé tout son spectre d'affinités avec l'animal qui court dans le ciel en traînant le char solaire, mais pourtant, le mythe irlandais est clair, il l'a emprunté à celui qui devait être son véritable créateur et propriétaire, le dieu de la mer.

J'ai parcouru tout le spectre des relations entre les deux dieux ici comparés et un certain nombre d'animaux.

Au sujet des oiseaux, on notait ci-dessus, avec D. Gricourt et D. Hollard, qu'ils forment système. Il est alors à présumer qu'il en est de même des autres animaux. Reprenons-en la liste. Elle comprend, outre les oiseaux : le chien et le loup, le cerf, le sanglier, le serpent, la tortue, l'ours, un animal marin (dauphin, phoque ou poisson), et le cheval ou l'âne.

Un premier système se dégage aisément : Lug-Apollon est chez lui dans tous les espaces : aérien, avec les diverses espèces d'oiseaux, ceux qui volent dans l'empyrée (aigle, épervier, vautour, grue, héron) et ceux qui volent plus bas (corbeau), voire très bas (roitelet) ou ne volent pas (coq) ; marin, avec le dauphin, le poisson, le phoque ; terrestre, soit en hauteur, puisque l'ours est en Europe surtout un animal de montagne, soit en forêt, avec le cerf et le sanglier, dans la proximité de l'homme, lorsqu'il s'agit du cheval ou de l'âne, ou encore du mouton, loin de lui, lorsqu'il s'agit de l'ours et du cerf ; soit enfin en profondeur, avec les animaux à affinités chthoniennes marquées, comme le serpent, la tortue, ou cet animal fouisseur qu'est le sanglier.

Dès lors, ces affinités signalent le patronage que Lug-Apollon exerce sur les trois mondes : celui de l'empyrée, celui de la terre, et celui des profondeurs[684].

Une autre affinité paraît se dégager : celle de ces dieux avec le temps. On a signalé comment de récents travaux permettent de relier en un dossier cohérent plusieurs personnages, des traditions irlandaises (Tuán Fintan), galloises (Taliesin), et du cycle breton (Merlin[685]). Or, les traditions concernant ces personnages les définissent toujours comme surmontant la totalité du temps ; ils sont primordiaux et coextensifs au déroulement de l'histoire[686].

Un des textes les plus expressifs est celui où Tuán raconte sa « vie » antérieure : il dit avoir été homme 100 ans, sanglier 20 ans, cerf 80 ans, aigle 100 ans, saumon 30 ans, à nouveau homme 100 ans. Ce qui frappe ici, c'est que les formes citées sont, autant que de Lug, des formes d'Apollon ! Car c'est bien Apollon qui fut sanglier (pour Lugh, ce ne fut que son père), et le saumon fait penser au dauphin, forme que prit Apollon, alors que Lugh n'eut que des frères poisson ou phoques.

Ce phénomène ne peut guère s'expliquer que si la mythologie grecque a gardé le souvenir des métamorphoses que la mythologie irlandaise ou galloise a oubliées. Il tendrait ainsi à indiquer que la relation entre Lug et le poisson, entre Lug et le sanglier, fut anciennement plus étroite que ne le laissent percevoir les textes. La documentation gallo-romaine ne va pas là contre, elle qui attribue souvent des traits animaux à des statues anthropomorphes.

Enfin, je soulignais plus haut qu'il y a un contraste entre le personnage « humain » appelé Merlin, Taliesin, Fintan, Tuán, et Lug, précisément en ce qu'il est primordial et coextensible au temps, alors que Lug, Apollon est un dieu jeune. La contradiction se résout, me semble-t-il, de la manière suivante : l'histoire des religions montre que la création de l'hypostase d'une divinité répond au besoin de dire d'un dieu quelque chose que sa définition théologique interdit[687]. Un bon exemple est fourni par l'histoire de la nymphe Kallistô, dont on a vu (p. 234) qu'elle est une forme humanisée d'Artémis. Le mythe voulait dire que les Arcadiens descendaient d'Artémis et de Zeus, mais, la déesse étant vierge, cela était formellement impossible. La création de Kallistô – dans laquelle les Grecs devinaient naturellement Artémis – résolvait l'antinomie. Je suppose qu'il en a été de même de la création du personnage « humain » coextensible au temps : s'il s'agissait de dire que Lug exerce son pouvoir sur la totalité du temps, comme il l'exerce sur la totalité de l'espace, on heurtait la lettre du mythe divin, qui fait naître le dieu en deuxième ou troisième génération parmi les grands dieux. La création d'une hypostase humaine résout la difficulté : ce n'est pas Lug, c'est Tuán, etc., qui est primordial et vivant jusqu'à la fin des temps[688], mais alors, ce héros humain réalise sa perpétuation en prenant successivement certaines des formes animales du grand dieu dont il est l'image et la projection.

C'est une hypothèse. Je la donne à penser à mes pairs.

La pomme et la branche nourricière

Outre un rapport général avec la végétation, les arbres, les fleurs, les céréales[689], Lug et Apollon ont des affinités précises avec des éléments végétaux spécifiques. À savoir : d'une part avec la *pomme*, d'autre part avec une *branche féconde*.

Un petit texte, du manuscrit H 4.25 du Trinity College, publié par Brian Ó Cuiv en 1952, expose que « Lugh au Long Bras vint de Cruithean na Cuan, c'est-à-dire Emain Ablach, de la Terre de Promesse, et les fils du síd, les Tuatha Dé Danann, vinrent avec lui pour aider l'Irlande[690] ». *Emain Ablach* est textuellement « l'île des Pommes ». Seul ce texte, à ma connaissance, en fait venir Lugh, mais la tradition est solide : un autre au moins identifie Cruithean na Cuan à Emain Ablach[691], et l'on comprend par ce motif pourquoi le nom de *Cian*, « le Lointain[692] », que porte le père de Lug : Emain Ablach est une terre de l'Autre Monde[693]. On a vu que d'autres textes font venir Lugh d'Espagne, où il aurait été élevé par Tailtiu : on ne doutera pas que cette localisation « géographique » soit une historicisation, une rationalisation d'une expression mythique[694], dont le petit texte cité à l'instant fournit manifestement la version primitive.

De fait, la relation entre Lug et la pomme paraît très ancienne. Un groupe sculpté mutilé trouvé à Auxerre (Yonne) montre un personnage tenant une pomme ; pourvu d'un torque et de bracelets, il est identifiable à Lugus[695]. C'est sans doute aussi le cas du dieu figuré par une stèle conservée à Moux, hameau de Corgoloin (Côte-d'Or) : des oiseaux perchés sur les épaules, un chien à ses pieds, il tient un bâton noueux dans la main droite, ressemblant à un cep de vigne, une serpe dans la main gauche, et il y a des fruits sphériques – sans doute des pommes – dans son tablier[696]. Et curieusement, la relation entre le dieu et l'île des Pommes paraît avoir survécu – mais comment ? – dans le folklore français, puisqu'une tradition situe à Avallon (l'« île des Pommes » des romans arthuriens) la mort de saint Gengoult, blessé par l'amant de son épouse[697] : la mythologie de saint Gengoult, on l'a dit, reprend intégralement celle de Lleu Llaw Gyffes[698]. Une autre tradition intéressante est la suivante : en Espagne, en l'un des lieux où se célébrait la chasse au roitelet, dont Marco García Quintela a montré qu'elle continue des rituels attachés à Lug, à savoir à Villanova de Lourenzá, une exigence rituelle était de le chasser dans une pommeraie[699]. Dans les récits qui mettent Lugh en scène sous le nom de Trefuilngid, celui-ci arrive porteur « d'une branche pleine de fruits », et « il y avait sur cette branche des noix, des pommes et des prunelles ». Ces fruits nourrissent à satiété, peuvent guérir les maladies, transformer un jeune homme en vieillard[700]. En résumé,

Lugh vient d'un pays où il y a des pommes merveilleuses et d'autres fruits, et il en fait bénéficier l'homme qu'il avait initié aux connaissances essentielles[701].

Côté Grèce, un petit poème anonyme de l'*Anthologie palatine* expose différentiellement les plantes dont étaient gratifiés les vainqueurs des grands concours panhelléniques : il s'agit, dit-il, pour les Jeux olympiques, d'olivier sauvage, pour les Jeux pythiques, de pomme, pour les Jeux isthmiques, d'ache, pour les Jeux néméens, de pin[702]. Rappelons que ces jeux étaient placés respectivement sous l'égide de Zeus, celle d'Apollon, celle de Poséidon, et à nouveau celle de Zeus.

La pomme caractérise donc, de manière spécifique, Apollon.

Le cadeau le plus connu pour le vainqueur de la course de chars des Puthia est une couronne de laurier, mais le texte qu'on vient de citer, et bien d'autres documents[703], remplacent le laurier par une pomme. Comprenons : les Grecs, originaires du nord, ont découvert le laurier en parvenant dans la zone climatique méditerranéenne. Si Apollon, comme la comparaison avec Rudra, avec Svantevit, avec Ódhinn, avec Lug, le laisse penser, est venu du nord avec les Grecs, on comprend que son lien avec le laurier soit secondaire par rapport à celui avec une plante des régions tempérées. Et cette plante était le pommier. Voilà qui procure un nouveau lien direct avec Lug.

Il semble que, dans le mythe qui doit justifier ce don de pommes lors des Puthia, Apollon en ait reçu des nymphes du Parnasse qui avaient assisté au combat contre le dragon et félicitaient le dieu par ces cadeaux[704]. Contrairement à celles de Lug, elles ne proviennent donc pas de l'île où naquit le dieu : c'est un palmier qui poussa à Dèlos quand Lètô vint y accoucher[705]. Cela dit, un document au moins – tardif il est vrai – met en relation les pommes des Puthia delphiques et les pommes de l'Autre Monde : une monnaie de Philippopolis, frappée sous Caracalla, a une légende *Puthia* dans le champ[706] et représente Hèraklès debout, appuyé de la main gauche sur sa massue et tenant dans la droite des pommes : évidemment les pommes du jardin des Hespérides[707], lequel était situé, dans le mythe, à l'extrémité occidentale du monde. Or, si la monnaie est tardive, il existe bien un texte qui renvoie à un passé notablement plus ancien : selon les gens de Phlious, en Argolide, Hèraklès, revenant avec les pommes des Hespérides, rencontra là un ami, Oineus d'Aitôliâ. Un incident eut lieu alors et Hèraklès tua l'échanson d'Oineus, Kuathos. « Une chapelle conserve cet événement dans la mémoire des Phliasiens[708] ; elle est construite sur le côté du temple d'Apollon et contient des statues en pierre représentant Kuathos offrant une coupe à Hèraklès » (Paus., II, 13, 8). On doit conclure de ce récit que si

Hèraklès est dit revenir du jardin des Hespérides, c'est que la statue de ladite chapelle le représentait pommes en main. Ainsi, comme sur la monnaie de Philippopolis, mais des siècles plus tôt, Hèraklès avec ses pommes était voisin d'Apollon.

Enfin on sait les liens d'Apollon avec l'Hyperborée, et Diodore de Sicile en fait état ainsi : « [L'île mentionnée par Hécatée d'Abdère] est située au nord et habitée par ceux qui sont nommés Hyperboréens parce qu'ils sont au-delà du souffle de Borée ; cette île, au sol fertile qui permet toutes sortes de productions et au climat favorable, produit deux récoltes par an. D'après les mythologues, c'est là que Lètô vint au monde ; aussi Apollon est-il adoré chez eux plus que les autres dieux » (Diodore, II, 47, 1-2).

Strabon mentionne aussi, d'après Sophocle, l'antique jardin d'Apollon, situé au bout de la terre, au-delà de la demeure de Borée[709], et on évoquait plus haut le voyage fait par Lètô, sous forme de louve, de l'Hyperborée à Dèlos. Ce que faisant, elle effectuait le trajet suivi ensuite chaque année, d'après Hérodote, par les « Vierges hyperboréennes » qui venaient en Grèce, apportant des offrandes enveloppées dans de la paille de froment[710]. Des prémices agricoles donc, et l'on vient de voir signalée la fertilité de l'île hyperboréenne.

En somme, d'une part Apollon est le seul dieu masculin lié et depuis une haute époque[711], à la pomme, et d'autre part sa mère vient d'une terre, où lui-même va souvent, située à l'extrémité septentrionale du monde, notable par son abondance agricole, dont des prémices sont apportées rituellement en Grèce, à Dèlos, son île natale... Tandis que Lugh, né à Emain Ablach, l'île des Pommes, apporta en Irlande une branche comportant les trois premiers fruits et qui, plantée, donna richesse et santé, et arbres sacrés, au pays.

On faisait plus haut le rapprochement entre cette île, l'Hyperborée et la maison où arrivent les Ulates en plein hiver, au bout de leur pays, et qu'ils ignoraient auparavant[712] : car cette modeste maison parvient pourtant à les nourrir, faisant preuve d'une ressource finie. Comme le « jardin d'Apollon », la « maison » de Lug produit à satiété.

Lug et Apollon ont ainsi en commun la pomme, la relation avec l'autre monde, la mystérieuse terre lointaine et fertile. Et encore autre chose : la branche fertile. Celle-ci présente une triple parenté entre Irlande et Grèce : elle nourrit autant qu'on veut, elle donne naissance à des arbres, et ces arbres sont au centre du monde. Il s'agit même d'une quadruple parenté si l'on rappelle la branche pourvue de fruits, l'*éirésiônè* ou la *kôpô* grecques, dont on parlait plus haut pour la comparer à une branche ornée pareillement dans un rituel irlandais attaché à l'un des « sites Lugnasad[713] ». En effet, la branche qu'apporte Trefuilngid « est la satiété des hommes et des femmes », car, peut-il dire, « j'ai une nourriture qui n'est pas petite : le parfum de ma belle branche, chaque jour et chaque nuit[714] ». Ainsi elle nourrit la communauté des personnes là réunies, apparemment pendant quarante jours[715]. Mais cette branche est elle-même féconde : Trefuilngid laisse à Fintan quelques-unes de ses baies, qui, plantées, elles donnent naissance à des arbres – « voici [ceux] qui poussèrent de ces graines : l'Arbre de Tortu, l'If de Ross, l'If de Mugna, la Branche de Dathe et l'Arbre d'Uisnech[716] ». Cette dernière idée existait en Gaule, déjà attachée à Lug, puisqu'elle survit dans la tradition française : le bâton de saint Gengoult, l'équivalent local de Lleu, était capable de faire jaillir des sources, mais aussi, se plantant tout seul en terre, de donner naissance à un arbre, par exemple, en Lorraine, à un chêne colossal[717].

Les trois aspects, dis-je, se retrouvent en Grèce, mais dispersés.

La Grèce, sans attribuer à ses branches rituelles le pouvoir de satisfaire l'humanité indéfiniment, le leur attribue toutefois pour une assemblée donnée, comme c'est finalement le cas à Tara autour de Trefuilngid. Lors des Puanopsia, fête consacrée à Apollon le 7 du mois Puanepsiôn, « l'usage de faire bouillir des légumes vient, dit-on, de ce que les jeunes gens sauvés par Thésée [au retour de Crète] mêlèrent ensemble ce qui leur restait de vivres et, les ayant fait cuire dans une seule marmite commune, s'attablèrent tous ensemble pour un même repas. On porte aussi ce jour-là l'*éirésîonè* », qui, on l'a dit, est garnie des prémices de fruits de toute sorte, pour rappeler la fin de la période de stérilité imposée par une malédiction du roi Minôs, et l'on chante :

> "L'*éirésiônè* porte des figues, des pains gras,
> Un petit pot de miel, de l'huile pour s'en oindre,
> La coupe de vin pur qui l'enivre et l'endort."

Cependant, continue Plutarque, « certains disent que l'on fit cela pour les Héraklides, qui furent ainsi nourris par les Athéniens ; mais j'ai suivi la tradition la plus répandue » (*Thésée*, XXII, 5-7).

Quelle que soit la tradition, en fait, on voit qu'Apollon, comme Lug, est associé à une branche qui nourrit une collectivité[718].

On ajoutera que, si l'Irlande a conservé presque jusqu'à notre époque le rituel de confectionnement d'une sorte d'*éirésiônè* pour une fête héritée de Lugnasad, il est remarquable que tout un « sous-dossier » du « dossier Lug », celui du corbeau, concerne la nourriture : comme le souligne M. García Quintela, le texte d'Idrisi cité plus haut[719] oppose nettement les corbeaux, que personne n'a jamais vu manger, et les hommes, qui sont tenus de manger au sanctuaire du Promontoire sacré, et y sont effectivement nourris par les prêtres desservants. La capacité des corbeaux à demeurer indéfiniment au même endroit rappelle directement la longévité attribuée à cet oiseau, dans le monde celtique comme ailleurs (elle est mentionnée précisément dans l'histoire du *Colloque de Fintan et du faucon d'Achill*[720], lequel Fintan est précisément l'homme qui raconte, dans ce dialogue et dans l'autre récit intitulé « La fondation du royaume de Tara », l'arrivée et les faits et gestes de Trefuilngid, c'est-à-dire Lugh). À l'opposé des corbeaux tels qu'on les voit, quasi immortels, les hommes sont mortels[721], et ne peuvent survivre que s'ils sont nourris[722].

De même le texte de Strabon sur les corbeaux du port des Deux-Corbeaux situe la fonction divinatrice de ces oiseaux sur le plan de l'alimentation, et de la même façon par une opposition entre ce qui, des galettes déposées, est mangé et n'est pas mangé.

Accueil et rassasiement des pèlerins sous la protection de dix corbeaux au cap Saint-Vincent, accueil et rassasiement des Héraklides sous la protection d'Apollon, le dieu grec au corbeau qu'il faut nourrir.

Par ailleurs, l'idée d'une branche qui donne naissance à un arbre est clairement suggérée par les motifs suivants : selon une tradition recueillie par Pausanias à Delphes, le tout premier temple du site fut fait de laurier « dont les branches avaient été apportées du laurier qui se trouve à Tempè[723] ». Si l'on sait que le laurier est un élément central du sanctuaire (ci-dessus), et qu'il inspira même Apollon avant la construction de tout édifice, on discerne que le « premier temple » était le laurier lui-même, et que ce laurier était issu d'un rameau venu du nord et replanté. L'idée se retrouve implicitement à Trézène, sur la côte nord de l'Argolide, ville qui accordait une grande importance au motif de la purification d'Oreste. On sait que celui-ci avait commis le plus grand des crimes, un matricide. Et que dans tout le théâtre attique, le protecteur d'Oreste, celui qui l'oblige à se faire purifier, quand il ne l'a pas lui-même obligé à tuer[724], est le dieu Apollon. Nous en avons d'ailleurs confirmation tout de suite à Trézène. En effet, raconte Pausanias, les gens qui avaient purifié le jeune homme, dans leur ville, plantèrent ensuite en terre les objets qui leur avaient servi à la purification. Et, à cet emplacement, poussa un laurier – arbre apollinien[725]. Le Périégète ne détaille malheureusement pas quels furent les outils de cette purification – il mentionne seulement l'eau d'une fontaine voisine. Mais, ce qui interpelle, c'est que l'instrument universel de purification, en Grèce, et surtout dans un contexte apollinien, est… un rameau de laurier[726]. En somme, il se discerne en filigrane, bien que cela ne soit pas dit explicitement, que le laurier de Trézène était issu d'un rameau de laurier : en ce cas, comme en Irlande, la branche plantée a donné naissance à un arbre.

Enfin, la pluralité des arbres auxquels donnent naissance les baies de la branche de Trefuilngid provient de la volonté de pourvoir chacune des cinq provinces d'Irlande d'un arbre saint. On admettra sans difficulté qu'il s'agit de la multiplication d'un arbre unique, si l'on sait que chacun d'eux, selon les autres textes qui les mentionnent, a des points communs avec l'Arbre du monde scandinave, le frêne Yggdrasil : par exemple, l'arbre de Tortu est également un frêne ; l'if de Mugna, qui est un chêne, domine la source de poésie et de savoir, la Segais – et cette source rappelle la source de Mîmir, qui est l'une des trois dans lesquelles plongent les racines de l'arbre Yggdrasil[727]. Je ne développe pas ici cette comparaison. En fait, d'ailleurs, les Celtes semblent avoir eu plutôt la notion d'un bosquet sacré, un bois, un *nemeton*, dans lequel se trouvait l'Arbre du monde, celui que le *Dindsenchas en prose* appelle l'Arbre vivant, équivalent local de l'Arbre cosmique des peuples germaniques. C'est ce bosquet qui, éclaté, fournit un arbre à chaque province irlandaise.

Cet arbre est l'équivalent de celui qui a fourni la branche fertile à Trefuilngid. Un texte explique : c'est « un if avec des qualités variées, avec trois fruits choisis. Le gland et la noix étroite et sombre, et la pomme, ce qui était excellent [...] Trois cent coudées étaient la hauteur de l'arbre sans défaut ; son ombre abritait mille personnes[728] ». Et, dominant la source de la Segais, il est, par définition, au centre du monde[729] – même si les textes irlandais ont au contraire plaisir à disperser leurs arbres mythiques aux divers points cardinaux.

Ce faisant, ils trouvent un correspondant grec précis : il y avait un laurier au centre du monde. Une scholie d'Aristophane dit explicitement qu'« à côté du trépied [de la Pythie] se dressait un laurier que la Pythie, lorsqu'elle prophétisait, secouait[730] ». G. Roux a fourni des raisons de penser que cela avait été réellement la situation. Il souligne l'importance qu'il faut donner à une courte expression d'Euripide dans *Andromaque* (v. 1115) : les spadassins qui veulent tuer Néoptolème s'embusquent « à l'ombre du laurier », *dáphnè skiatheís*. Or, Néoptolème est tué dans l'*adyton* d'Apollon, dans le saint des saint, là où siègeait la Pythie. Les deux mots n'ont de sens que si un spectateur athénien du Ve siècle savait parfaitement qu'il y avait là un laurier. Dans *Iôn* (v. 76), pièce du même auteur, Hermès veut descendre dans le temple pour savoir quel sort Apollon réserve à son fils, le personnage qui donne son nom à la pièce : il dit alors qu'il va se mettre « dans le creux du laurier », c'est-à-dire au plus près de la Pythie, et cela confirme la présence du laurier à côté du trépied pythique. Dans *Iphigénie en Tauride* (v. 1244-1246), le dragon est sous « le beau feuillage ombreux du laurier », et « entoure de ses plis la faille oraculaire ouverte dans le sol ». Et Callimaque confirme : « La Pythie en effet dans le laurier s'installe, prédit grâce au laurier, s'étend sur le laurier[731]. » Avant la Pythie, Apollon déjà prophétisait *ek dáphnês*, « sous l'inspiration du laurier » (*HHA*, 396).

Si l'on rappelle que, selon le même hymne, la mise à mort du dragon femelle se déroula près d'une source (*HHA*, 300-304), et que, selon une tradition, le premier temple delphique fut en laurier[732], c'est-à-dire, disais-je, ne fut autre que le laurier lui-même, on conclura, non pas que la présence du laurier est « une des nombreuses survivances à Delphes de la dendrolatrie des temps préhelléniques[733] », mais que le premier site cultuel de Delphes ressemblait diablement à un sanctuaire celtique ou germanique ! Il n'est pour s'en convaincre que d'en évoquer un : la Segais « est une source auprès de laquelle se dressent les neuf coudriers [...] de l'inspiration poétique. Leurs fruits, leurs fleurs et leurs feuilles tombent en même temps dans la source et la colorent royalement de pourpre. Alors le saumon mâche les noisettes et leur jus donne sa pourpre à son ventre. Et sept fleuves de science en émanent et y refluent[734] ».

Avec un bosquet au lieu d'un arbre – ce sont les Germains qui auraient préféré un seul arbre –, le coudrier à la place du laurier, l'inspiration poétique au lieu de l'inspiration prophétique, et un saumon en lieu et place d'un dieu qui fut dauphin, l'Irlande offre, en version locale, l'image la plus proche possible de la Delphes primitive.

Le nombre trois

Lug et Apollon sont liés à certains nombres précis : nommément, le trois et son carré le neuf, et le sept. Certes, chacun de ces nombres joue un rôle considérable dans les religions, les rites et légendes européennes (et eurasiatiques[735]). Il n'empêche qu'il y a une nouvelle série de rencontres entre les deux divinités, car ces nombres ne sont pas aléatoires[736].

L'aspect triadique de Lug est fortement marqué. On a signalé déjà comment les sanctuaires aux Lugoves (forme plurielle de *Lugus*) sont triple, ce qui indique que ces Lugoves peuvent être trois aussi[737], et la légende irlandaise qui fait naître Lugh dans un trio de frères paraît le confirmer[738], tout comme le conte gallois qui parle d'une triade de frères parmi lesquels Llevelys est Lug, et doit régler trois problèmes[739] ; ce sont trois frères, Brian, Iuchar et Iucharba, qui tuent le père de Lug[740], et celui-ci leur impose, parmi les épreuves du prix de compensation, de pousser trois cris sur une colline, mais ils se heurteront là à trois héros qui les blesseront à mort[741] ; on a aussi mentionné, pour l'Antiquité, les figurations tricéphales de Mercure[742], et celles de Mercure triphallique[743]. On rapprochera une figuration de Mercure à Vignory, à la tête ornée d'un diadème à trois pointes[744]. Ajoutons cette monnaie de l'Indépendance celtique de la Somme, où un personnage au grand avant-bras est assurément Lugus, mais il n'y a que trois doigts au bout de ce bras[745], et ces statères armoricains où un cavalier a une main à trois doigts et l'autre à quatre[746] ; des Mercure tricéphales, D. Gricourt et D. Hollard ont rapproché, en vertu des liens entre Lug et le cheval (ci-dessus), des chevaux dessinés sur des céramiques de Numance et dont la tête est remplacée par un trident, ou est triple[747]. Le trident se retrouve d'ailleurs sur ces monnaies des Morini à légende *Rudios* ou *Rupios*, où le cavalier, armé d'un trident, est assimilable à Lugus[748], d'autant que dans le mythe, c'est le dieu Lugh qui confie un trident à Cúchulainn. C'est de même parce qu'un personnage à très grandes mains, sur une monnaie de billon du temps de Postumus, tient un trident[749], que les numismates qui l'ont publiée ont intitulé un article « Le trident de Lugus et les trois mondes[750] ». Une autre association est celle d'Ésus avec trois grues[751], tandis qu'une dernière monnaie à signaler, un statère d'or des Leuci, montre un personnage dont les bras sont remplacés chacun par trois ailes[752].

Le légendaire irlandais parle encore de l'arrivée de Lugh à Tara avec deux compagnons[753], veut qu'il ait remplacé Cúchulainn au combat pendant trois jours[754], qu'il ait joué trois airs de harpe[755], que la branche qu'il apporte à Tara ait porté trois sortes de fruits[756]. Une des versions de l'histoire de Trefuilngid ne le fait séjourner à Tara que trois jours[757], on compare Lugh à un bélier de trois ans[758], et les Ulates, avant de découvrir le dieu dans une petite maison en plein hiver, ont cherché les jeunes filles disparues de chez eux pendant trois ans[759]. Quant à Lugaid Láigde, en lequel il y a des raisons de voir une hypostase de Lug, il tue trois hommes nommés Fergus[760]. Dans l'Irlande moderne, des trios de sœurs sont associés occasionnellement aux fêtes prolongeant Lugnasad[761], et ces fêtes, en plusieurs endroits, durent trois jours[762].

Le dossier est nettement plus mince du côté d'Apollon, qui n'est pas né parmi une triade de germains et n'est pas armé d'un trident, ni certes n'a trois têtes ou trois phallus. Plus discret, le trois est néanmoins certain à l'entour d'Apollon : on a dit comment ce dieu, de même que Lug, règne sur les trois mondes[763], et on verra qu'il accomplit des épreuves réparties sur les trois fonctions indo-européennes[764].

Il est absent de Delphes pendant trois mois, c'est-à-dire passe neuf mois à Delphes et trois mois chez les Hyperboréens[765]. Certains rituels lui associent le nombre trois : dans celui qui prépare la visite religieuse des Athéniens à Delphes, ceux-ci attendent l'apparition d'un éclair au-dessus du Cithéron pendant trois jours et trois nuits étalés sur trois mois[766]. Trois serpents apparaissent devant les murs de Troie, et Apollon en tire immédiatement un oracle[767] ; un « jeune homme » ordonne en rêve à Polématas de célébrer désormais les Daphnèphoria tous les neuf ans, et le guerrier remporte la victoire trois jours après[768]. Les Hèraklides reçoivent à Delphes un oracle selon lequel ils doivent attendre « le troisième fruit » avant d'entamer une nouvelle migration[769], tandis qu'à Dèlos le culte d'Apollon est en relation à la fois avec un trio d'Hyperboréennes[770] et avec un trio d'Oinotropoi, filles du premier roi de l'île[771].

Le nombre sept

Apollon est étroitement lié au nombre sept : il naquit le septième jour du mois[772] et, depuis, le 7 de chaque mois lui est consacré. À l'origine, les oracles n'étaient rendus à Delphes qu'un jour par an, à l'anniversaire du dieu, qui est aussi le jour où il revient à Delphes de l'Hyperborée, le 7 Busios : « C'est tard, en effet, explique Plutarque, que les consultations mensuelles ont été permises pour ceux qui en avaient besoin : auparavant, la Pythie vaticinait une seule fois dans l'année, au cours de ce jour-là, comme Callisthène et Anaximandridas l'ont raconté[773]. » Il est donc probable que le départ d'Apollon de Delphes trois mois avant se faisait le 7 Dadophorios[774].

De même, à Sparte, les rois sacrifiaient à Apollon chaque septième jour du mois, pour son anniversaire[775], et à Olbia un collège des *Hebdomiastaí* – au nom tiré du nom du nombre sept – avait charge des rituels du septième jour, assurément pour Apollon[776].

Selon Plutarque encore : « Le nombre sept, attribut sacré d'Apollon, absorberait à lui seul la journée entière avant que nous parvenions à énumérer toutes ses propriétés[777]. » De fait, lors de sa naissance, des cygnes tournèrent sept fois autour de Dèlos[778]. Sa lyre, la *phorminx*, a sept cordes, et cela est important dans la tradition musicale grecque[779]. Exilé chez Admète, le dieu le sert durant sept ou huit ans. Dans Eschyle, les sept chefs argiens qui attaquent Thèbes se mettent chacun face à l'une de ses sept portes, les Thébains vainquent dans six des sept combats, mais, raconte le messager, « la septième, c'est l'auguste dieu Septime, sire Apollon, qui se l'est réservée, pour achever sur la race d'Œdipe le châtiment de Laïos et de ses erreurs anciennes », signifiant par là qu'à cette porte-là, les deux fils d'Œdipe, Étéocle et Polynice, se sont entre-tués[780]. À Sicyone, lorsqu'Apollon et Artémis envoient une épidémie pour punir la ville, ce sont sept jeunes garçons et sept jeunes filles qui vont au bord du fleuve Suthas tenter de séduire les dieux pour les apaiser[781]. Dans l'histoire d'Énalos que j'évoquais plus haut, les émigrants qui quittaient la Grèce pour s'établir à Lesbos étaient menés par « sept rois comme chefs », tandis qu'« un huitième, Ekhéalos, investi par l'oracle delphique, en était le guide[782] ». On a dit comment, au sanctuaire d'Apollon Hulátès à Kourion, une allée circulaire de 16 m. de diamètre comprenait sept trous creusés dans la roche, sans doute pour y planter des lauriers[783].

Si, des enfants de Niobè, fléchés par Apollon et Artémis, le nombre est très variable[784], une majorité d'auteurs veut qu'ils aient compris sept garçons et sept filles[785]. Deux fois sept, cela fait quatorze, et c'est avec quatorze jeunes Lydiens que Crésus fut mis sur le bûcher – avant qu'Apollon n'éteigne le feu[786]. Hygin parle d'un groupe de sept musiciens accompagnant le pythaule (textuellement, aulète delphique) pour chanter les hymnes d'Apollon lors du mariage de Jason et d'Hupsipulè[787]. On comprend qu'il reçoive les épiclèses de *Hebdómeios*, *Hebdomaîôn*, *Hebdómenos*, *Heptamêniaíos*, *Hebdomagenês*[788]. La tradition pythagoricienne reprend cette affiliation, et Jean le Lydien pourra citer un vers d'« Orphée » évoquant « l'hebdomade qu'a chérie le prince Apollon qui agit au loin[789] ». Une interprétation, due à Walter Burkert, d'un graffito de Berezan' exposerait que « les quatre emblèmes d'Apollon [à Diduma, oracle proche de la ville grecque d'Olbia, sur la mer Noire occidentale] désigneraient une séquence chronologique spéculative de 7 + 70 + 700 + 7 000 années[790] ». Le protégé par excellence d'Apollon, Oreste, est deux fois lié au nombre sept : il passa sept ans chez Strophios, le père de son ami Pylade, en Phocide[791], et il régna soixante-dix ans à Mycènes, de vingt à quatre-vingt-dix ans[792].

En Irlande, la correspondance entre Lugh et le nombre sept est estompée par le fait que ce nombre est l'un des plus fréquemment cités dans tous les textes mythologiques. Quoi qu'il en soit, de même que le trois, le sept, apparaissant, de fait, en relation avec Lugh comme avec Apollon, forme un point commun de plus entre eux. Lorsque l'*Oidhed Chloinne Tuireann* décrit l'arrivée de Lugh en Irlande, le visage semblable à l'éclat du Soleil, il est accompagné de la « cavalcade féerique » formée des fils de Manannán[793] : ceux-ci sont au nombre de sept[794]. Ces sept garçons qui accompagnent Lugh dans son épiphanie solaire, alors qu'il vient, on le sait à présent, de l'île où il était né, rappellent le motif des cygnes, animaux solaires, qui accompagnent la naissance du dieu lumineux en tournant sept fois autour de Dèlos. La seconde bataille de Mag Tured, où Lugh prit la part déterminante puisqu'il l'avait causée en provoquant les Fomóire et qu'il dirigeait la préparation des Túatha Dé Dánann, dura sept ans[795]. Lors de la fête de Lugnasad à Carman en Leinster, on organisait sept courses en sept jours[796]. Dans la *Veillée de Fingen*, on raconte que Fintan était bègue, mais que l'éloquence lui fût rendue par un aimable jeune homme, envoyé par Lugh, ou Lugh lui-même, comme le note pertinemment Ch. Guyonvarc'h[797], d'autant qu'il réussit cela en lui lançant par la bouche un rayon de soleil, et lui fit obtenir « sept chaînes ou sept éloquences après cela[798] ». Un document antique dont il a déjà été fait état montre un cavalier aux bras démesurés – signature iconographique de Lug – ayant trois doigts à une main et quatre à l'autre, ce en quoi Gricourt et Hollard ont su reconnaître une expression du nombre sept, si cher à Lug en Irlande[799].

Le nombre neuf

Un autre nombre avec lequel Apollon présente des liens systématiques est le neuf : selon l'hymne homérique à Apollon (v. 91), c'est durant neuf jours que Lètô enlaça le palmier de Dèlos, ne pouvant accoucher ; pour fléchir Eileithuiâ, déesse de l'accouchement, les déesses qui entourent Lètô envoient Iris lui promettre un collier d'or entrelacé d'anneaux, long de neuf coudées (v. 108). Le dragon de Delphes enserrait le Parnasse de ses neuf orbes (*HD*, 93). Au chant I de l'*Iliade* (v. 51), la colère d'Apollon s'abat neuf jours durant sur les Grecs. Les Daphnèphoria, la grande fête thébaine en l'honneur d'Apollon Isménios et Khalazios, avaient lieu tous les neuf ans[800]. À Delphes, l'inscription qui a révélé le règlement de la famille sacerdotale des Labyades apprend qu'ils sacrifiaient au dieu non seulement le 7 Busios, comme il est normal (ci-dessus), mais également le 9. Selon Phérécyde[801], Apollon eut deux fils de Rhêtia, les Kurbantes de Samothrace. À Trézène, on disait que c'est un groupe de neuf hommes qui purifia Oreste[802] – et l'on sait que le guide de cette purification fut Apollon –, nombre que Roscher a rapproché[803] du nombre des neuf hommes qui, lors des Karneia, participent à un banquet[804] : et les Karneia sont une fête d'Apollon, surnommé *Karneios*. Le multiple de neuf par trois est vingt-sept : une tradition qui remonte à Hécatée d'Abdère[805] parle de vingt-sept géants aux grands pieds, fils de Borée et de Khionè, et qui furent à la fois rois de l'Hyperborée et prêtres d'Apollon.

Lug n'a certes pas un pareil palmarès en matière de neuf. Il n'est toutefois pas indifférent que lorsque les Túatha Dé Dánann, avant la bataille, décident d'écarter Lugh du combat et le lient de puissantes chaînes, ils le confient à la garde de neuf tuteurs, exactement[806]. Lorsque l'envol de jeunes filles transformées en oiseaux permet aux Ulates de rencontrer Lugh, elles sont, dans une des deux versions (*cf.* plus haut), au nombre de 180, c'est-à-dire vingt fois neuf.

Il est possible qu'un autre nombre commun aux dieux soit 40 : Lug règne 40 ans sur l'Irlande, Trefuilngid passe 40 jours à Tara, et Battos le fondateur de Cyrène, étroitement lié à Apollon, régna 40 ans sur cette ville (Hdt., III, 159).

Quant à ces nombres, on notera – sans développer ces points – que trois note la totalité temporelle (début-milieu-fin), et neuf le multiplié par lui-même ; sept connote la totalité spatiale (4 points cardinaux, zénith et nadir, centre) ; tandis que 40 marque un ancien compte de l'année en cycles de 40 jours.

La danse en rond sur un pied

Lorsque, dans le texte auquel il vient d'être fait allusion, Lugh échappe à ses neuf tuteurs, il gagne immédiatement le front et encourage les guerriers. Entre autres, « Lugh chanta le chant ci-dessous, sur une seule jambe, avec un seul œil, en faisant le tour des hommes d'Irlande[807] ». Du chant, deux vers seulement sont conservés et il y est question de bataille. Lugh célèbre donc un rituel où, par une circumambulation accompagnée d'un chant, dans une posture très spécifique, il propitie et fortifie l'armée de ses compagnons. Dans la version *CMT II*, la dimension fantastique de l'opération est décuplée ; elle se déroule après que Lugh a crevé l'œil de Balor[808] : « Lugh prit alors lui-même la forme d'une vieille femme au côté tors, avec une jambe, une main, un œil, faisant le tour des armées respectives, prophétisant toute difficulté et toute mort aux Fomóire et disant des encouragements aux hommes d'Irlande[809]. »

Ceci va nous valoir un des plus beaux jeux de miroir entre la Grèce et les terres celtiques.

Notons d'abord que les anciens Celtes paraissent avoir également connu le double motif de l'œil unique et de la danse sur un pied. À Strasbourg, un Mercure brandissant un marteau présente un œil ouvert et un œil fermé. La statue est brisée, et on ignore tout des pieds du personnage. Toujours est-il que Mercure est ici évidemment Lugus patron des artisans, et qu'il se livre à un rite comprenant la fermeture d'un œil[810]. Une statuette de bronze de Saint-Révérien, dans la Nièvre, complète le dossier : là, Mercure ne porte qu'une sandale, l'autre pied est nu. Comme le note pertinemment J.-J. Hatt, cela répond à Lugh faisant à cloche-pied le tour d'une armée, de sorte que cette statuette « atteste la survivance [dans la Gaule romaine] des traditions concernant les exploits du Lug panceltique[811] ».

Or, les Grecs célébraient à Dèlos, île d'Apollon, un rituel dont l'élément essentiel était une danse appelée le *Géranos*. On le connaît assez mal, mais toutefois suffisamment pour déceler qu'il présente une ressemblance directe avec le rite guerrier accompli par Lugh durant la bataille de Mag Tured ; le texte principal est celui de Plutarque, dans sa *Vie de Thésée* :

> Thésée, à son retour de Crète, aborda à Dèlos et, après avoir sacrifié au dieu [Apollon] et consacré la statue d'Aphrodite qu'Ariadnè lui avait donnée, il exécuta avec les jeunes gens un chœur de danse qu'on dit être encore en usage chez les Dèliens, et dont le figures imitaient les tours et les détours du Labyrinthe, sur le rythme scandé de mouvements alternatifs et circulaires. Les Dèliens donnent à ce genre de danse le nom de « grue » [*géranos*], à ce que raconte Dikaiarkhos. Thésée la dansa autour du Kératôn, autel formé de cornes, qui sont toutes des cornes gauches. On dit qu'il institua aussi à Dèlos des jeux et que les vainqueurs du premier concours reçurent de lui une branche de palmier[812].

Les auteurs ont montré[813], en s'appuyant sur de nombreux parallèles ethnographiques, que les danses grecques aux noms d'animaux devaient, à l'origine du moins, imiter des mouvements typiques de l'animal éponyme. Nous avons dès lors les éléments essentiels pour comparer le Géranos au comportement rituel de Lugh :

– Lugh a tourné autour d'une ou de deux armées ; la danse du Géranos comporte des mouvements « alternatifs et circulaires » et consiste à opérer une circumambulation de l'autel du Kératôn ;

– Lugh se tenait sur un pied ; une attitude typique de la grue est d'adopter la même position. Ces oiseaux dorment en se tenant alternativement sur un pied et sur l'autre, dit Aristote[814].

Il y a donc un net parallélisme entre ce que fit Thésée après son combat contre le Minotaure, et ce que fit Lugh au début ou au milieu de la bataille de Mag Tured seconde du nom, en ce dernier cas juste après l'aveuglement de Balor. Le parallèle se précise si l'on observe que les liens entre la danse du Géranos et Apollon sont plus étroits qu'il y paraît à la seule lecture du texte de Plutarque.

L'autel dit Kératôn résulte des chasses d'Artémis, raconte Callimaque, et a été édifié par Apollon : « Artémis en chasse amassait têtes sur têtes des chèvres du Kunthos ; Apollon en arrangeait un autel. De cornes il fit la base, de cornes il en ajusta la table, tout autour les parois furent de cornes » (*HAp*, 60-63). On a donné aussi des raisons de penser que ce rite était célébré le 7 Thargêliôn, jour où est célébrée à Dèlos la naissance d'Apollon et d'Artémis[815].

Le tribut imposé par Minôs à Athènes, pour nourrir le Minotaure, était de sept jeunes gens et sept jeunes filles : ce sont eux qui dansent, derrière Thésée, le Géranos. Et sept, on l'a dit, est le chiffre apollinien, autant que lughien. L'expédition avait d'ailleurs été explicitement placée sous protection d'Apollon :

> Le tirage au sort ayant eu lieu [à Athènes], Thésée prit au prytanée les enfants qui étaient désignés et se rendit au Delphinion où il offrit pour eux à Apollon le rameau des suppliants. C'était une branche de l'olivier sacré, entourée de laine blanche. Puis, après avoir fait un vœu, il descendit vers la mer le 6 du mois Mounukhiôn, jour où aujourd'hui encore on envoie les jeunes filles au Delphinion pour y faire des supplications ; à ce qu'on raconte, le dieu de Delphes lui ordonna par un oracle de prendre Aphrodite pour guide et de la prier de l'accompagner dans son voyage ; puis, comme il sacrifiait au bord de la mer une chèvre, celle-ci fut miraculeusement changée en bouc, ce qui fit donner à la déesse le nom d'*Epitragiâ* (« déesse au bouc[816] »).

Apollon, Aphrodite, Artémis[817], la chèvre : ce sont les mêmes que l'on retrouve à Dèlos autour de l'autel Kératôn lors du retour de Thésée[818]. La Géranos répond à un processus commencé à Athènes.

Au retour dans cette dernière ville, « Thésée accomplit son vœu à Apollon, le 7 du mois Puanepsiôn car c'est ce jour-là qu'ils rentrèrent sains et saufs dans la ville[819] ». Enfin, de fait, Thésée et ses compagnons, revenant de Crète, célèbrent la sortie du « stage » initiatique, tous ayant vécu dans le Labyrinthe une mort symbolique, et Thésée ayant accompli l'épreuve qualifiante : le meurtre du Minotaure. Et je disais plus haut comment chaque jeune homme grec parvenant au terme de l'initiation s'identifie à Apollon vainqueur du dragon, ce que signifiaient les statues archaïques de *koûroi*. Il s'ensuit que les jeunes gens qui célébraient le Géranos derrière leur chef, le *geranoulkós*[820], imitaient un comportement apollinien.

Or, tout, dans ce matériel grec où Thésée est à la fois un protégé et un imitateur d'Apollon, a des parallèles celtiques, à l'entour de Lug.

Le contexte de la danse à cloche-pied, d'abord. Si Lugh se livre à celle-ci après avoir réduit la force de Balor à néant, c'est manifestement parce qu'il peut enfin célébrer la victoire sur les Fomóire, qui avaient imposé un lourd tribut aux Túatha Dé Dánann : la victoire sur le géant à un œil délivre définitivement les seconds du tribut imposé par les premiers ; si Thésée danse le *Géranos* à Dèlos, après la victoire sur le Minotaure, c'est manifestement parce que cette victoire met fin au tribut cruel que Minôs avait imposé aux Athéniens.

Les animaux, ensuite. Thésée a vaincu un homme à tête de taureau, puis imite aussitôt après les grues dans sa danse. La liaison entre les mêmes animaux est opérée par deux documents exceptionnels, le

« pilier des Nautes » à Paris et un autel de Trèves, qui montrent le dieu Ésus en relation avec un taureau accompagné de trois grues. La corrélation entre eux est si étroite que l'ensemble porte, à Paris, le nom de *Taruos Trigaranos*, textuellement « le Taureau aux Trois Grues ». Le mot *garanos* est le reflet celtique exact du grec *géranos*. Certes, le mythe auquel renvoie le motif représenté à Trèves et à Paris est inconnu, et en particulier il est impossible de voir s'il a un rapport avec la bataille de Mag Tured – c'est alors la comparaison grecque qui nous fournit le lien, puisque la danse du Géranos renvoie d'un côté, par sa gestuelle, au comportement rituel de Lugh, d'un autre, par son nom, au Taruos Trigaranos d'Ésus.

Le groupe formé par Thésée, le Minotaure et le Géranos rappelle donc exactement le groupe formé par Ésus, le taureau et les trois grues. Au plan théologique, il s'insère dans le rapport qu'Apollon et Lug entretiennent à la fois avec les échassiers[821] et avec les troupeaux de bovins[822]. Au plan rituel, il est peut-être possible de serrer encore la comparaison. Sur le pilier parisien, le taureau est pourvu d'une couverture : on a tiré de là qu'il s'agissait d'un animal préparé pour un sacrifice[823]. Or, le meurtre du Minotaure – fils d'un taureau envoyé par Poséidon et de Pasiphaê, femme de Minôs[824] – peut être, entre autres choses, la dramatisation d'un sacrifice : en effet, il a lieu en Crète et a valeur initiatique pour Thésée ; or, nous savons par Éphore, que cite Strabon, que les rites initiatiques pratiqués par l'aristocratie crétoise d'époque historique comportait l'enlèvement d'un adolescent par un guerrier adulte, qui allait vivre, avec lui de leur chasse dans la « brousse » pendant deux mois ; puis, au retour en ville, le guerrier (l'éraste) offrait à l'adolescent (l'éromène) de nombreux cadeaux, le principal étant un bœuf que l'adolescent devait sacrifier[825]. J'ai souligné le parallélisme entre ces rites initiatiques et ceux d'autres sociétés indo-européennes, où l'épreuve finale est la mise à mort d'un gros animal lors d'une chasse. Le rite crétois décompose en quelque sorte cette pratique : la chasse est pratiquée durant la phase de brousse, dans un cadre pédagogique, et pédérastique, tandis que la sortie de cette phase probatrice est marquée par le sacrifice. Le bœuf était le plus gros animal sacrifié en Grèce ancienne, et ce ne devait pas être une opération facile pour un tout jeune homme[826]. À son tour, l'exploit de Thésée réunit ce que le rite crétois historique sépare : il consiste à tuer un homme à tête de taureau, il est donc meurtre d'un côté (le meurtre d'un ennemi est une épreuve initiatique connue de bien des peuples indo-européens[827]), sacrifice d'un autre.

En somme, Thésée sacrifie le Minotaure, puis danse la danse des grues ; Ésus est en relation avec le sacrifice d'un taureau, lequel est en relation avec des grues.

L'autel des cornes, ensuite. On signalait plus haut comment le

Mercure gallo-romain tient parfois la corne d'abondance, et, surtout, comment en deux endroits – à Sanxay dans la Vienne et au Puy-de-Dôme – des sanctuaires gallo-romains de Mercure ont livré de très abondants dépotoirs, de cornes de bélier dans le premier, de cornes de bouc dans le second[828]. Le dieu Mercure, ou Lug, paraît donc avoir été associé à des amoncellements de cornes d'ovins et de caprins, comme Apollon à Dèlos. On signalera ici une possible survivance de cela dans la tradition française. On a dit plus haut comment saint Gengoult est un saint dont le légendaire reprend massivement celui de Lug[829]. Il est le patron des maris trompés. C'est pourquoi, naguère, en Lorraine, « la nuit du 10 au 11 mai, les jeunes gens dessinaient des têtes cornues ou déposaient des tas de cornes devant la porte des maris cocus[830] ». À Saint-Mihiel dans la Meuse, la veille du 11 mai, les plaisantins allaient déposer des cornes devant les fenêtres des domiciles des couples où les femmes étaient tenues pour « légères », ou en peignaient sur les volets[831].

Il est vrai que rien dans notre documentation, ni celtique, ni hellénique, ne met en corrélation les tas de cornes et une histoire d'adultère[832]. Elle existe pourtant. La date, déjà, du rite consacré à saint Gengoult est à souligner : un rituel situé début mai évoque à la fois l'ancienne fête de Beltene, fixée au 1er mai dans l'Irlande chrétienne, et le 7 Thargêliôn, qui a été proposé comme date de la célébration du Géranos (ci-dessus) ; ce mois grec oscillait sur nos mois de mai et juin, et le 7 Thargêliôn n'était donc pas éloigné dans le temps de Beltene, moins encore de la saint Gengoult. Par ailleurs, plusieurs auteurs ont établi qu'il y a une équivalence entre diverses formes de déséquilibres : la boiterie, la danse ou le saut à cloche-pied, le monosandalisme (ou port d'une seule chaussure[833]). Or, a montré F. Delpech, certaines pratiques magiques espagnoles, par exemple celle où l'amoureuse demande au *Diablo Cojuelo* (Diable boiteux !) de lui amener son amant, « à cheval sur un bouc, un pied déchaussé », sont proches d'un motif de conte, celui recensé par Aarne et Thompson sous le nº 875, qui implique également un bouc, mais d'autre façon : dans ce conte, le roi demande à l'héroïne de remplir ce qu'on appelle des « conditions paradoxales », à savoir venir le voir ni nue, ni vêtue, ni de jour, ni de nuit, ni à jeun ni rassasiée, ni à cheval ni à pied… Dans certaines des versions, elle remplit la dernière condition en se présentant un pied sur un bouc, un pied sur le sol[834].

On observe alors que cette dernière situation est très proche de celle de Lleu au moment où il va être tué, en conséquence directe de l'adultère de sa femme : là aussi sa mort est soumise à des conditions paradoxales, et il doit avoir un pied sur un bouc, l'autre sur le bord d'un baquet. Dès lors, il y a proximité entre le cloche-pied auquel se livre Lugh et la mort de Lleu. Ces deux motifs, à la fois différents et jouant un rôle très distinct dans l'économie des mythes respectivement irlandais et gallois, sont pourtant mis en relation à travers tout un matériel folklorique européen. Il se pourrait donc bien qu'une forme du mythe celtique originel, dont l'Irlande et le pays de Galles conservent chacun une partie, ait mis plus étroitement en relation le motif des cornes de bouc et celui de l'adultère qu'il n'y paraît dans nos sources.

C'est par contre à Lugnasad, la fête irlandaise de Lug, que fait allusion un autre aspect du Géranos. Lors de cette fête, la statue d'Aphrodite reçoit une couronne de fleurs fraîches[835]. Invoquer la déesse de l'amour, et par des fleurs, n'a qu'un sens : les jeunes gens qui dansaient s'ouvraient à l'amour, et la danse est prometteuse de mariage[836]. En Irlande, les mariages étaient célébrés lors de Lugnasad[837]. De même, lors des fêtes irlandaises prolongeant celle-ci, les danses sont très fréquemment mentionnées, et certains de leurs aspects rappellent la danse des compagnes et compagnons de Thésée à Dèlos : soit qu'elles aient l'aspect d'un concours entre les couples, et on sélectionne le meilleur couple – l'épreuve de Knôsos a permis de sélectionner un héros, Thésée, associé à une femme, Ariadnè –, soit que le meilleur danseur ait le droit de choisir sa fiancée parmi les filles. En quelques endroits, la danse conduisait à des affrontements, et Mme MacNeill observe que « dans les récits qui connectent la danse, les contestations et la lutte », il semble qu'on a des restes de mythes, où l'on parlait de choix d'un partenaire par la danse ou par le combat[838] : on note qu'on a, de Knôsos à Dèlos, dans l'histoire de Thésée, l'un et l'autre. Même si les fêtes de l'époque de la moisson sont tenues dans l'Irlande chrétienne pour un moment impropre au mariage (la bonne saison pour cela est l'hiver), on continue, dans la tradition de l'ancienne Lugnasad, en certains lieux, à parler de mariages à cette occasion, au moins comme d'une ancienne coutume[839].

Ce n'est pas encore tout. On disait comment, dans un texte – *CMT II* –, Lugh prend non seulement l'aspect « fomorique[840] » de l'être composé d'un seul côté (une jambe, un bras, un œil…) mais aussi celui d'une « vieille femme au côté tors ». Voici que le mythe de Thésée nous procure un parallèle à cela même : selon Plutarque encore, parlant du retour de Thésée et de ses compagnons à Athènes, « la fête des Oskhophoria, qu'on célèbre encore, a été instituée par Thésée. Car il n'avait pas emmené, dit-on, toutes les jeunes filles désignées par le sort : il avait deux adolescents de ses amis, qui étaient d'apparence féminine et délicate mais dont le cœur était viril et ardent ; par des bains chauds, une vie à l'ombre, des lotions et des parures appliquées à leurs cheveux, à leur peau lisse, à leur teint, il les transforma autant qu'il put, il leur apprit aussi à imiter la voix, le maintien, la démarche des jeunes filles, de manière à les rendre le plus possible semblables à elles sans en différer en rien, puis il les glissa au nombre des jeunes filles, et personne ne s'en aperçut. À son retour, il conduisit lui-même la procession avec les jeunes gens habillés comme le sont à présent ceux qui portent les rameaux[841] ». Il découle de ce récit que les deux jeunes gens déguisés en femmes n'avaient pas abandonné leur déguisement de leur départ d'Athènes à leur retour : donc ils avaient célébré le Géranos à Dèlos dans ce costume. Selon Pollux d'ailleurs, le chœur du *géranos* était dirigé par deux chefs de chœur (*hegemónes*) se tenant par les mains[842]. Lugh a pris l'aspect d'une femme pour danser sur un pied, deux compagnons de Thésée étaient travestis en femmes et ont dansé sur un pied en l'honneur d'Apollon.

En conclusion :

– le rituel grec du *Géranos*, qui célèbre une chasse d'Artémis et un exploit de Thésée, Apollon étant partie prenante de l'une et de l'autre, correspond dans tous ses éléments (mouvements circulaires, circumambulation, danse sur un pied, déguisement en femme) au rite guerrier opéré par Lug à Mag Tured ;

– ce rite évoque par son nom la grue, ce qui renvoie au Taruos Trigaranos d'Ésus, lequel, semble-t-il, devait sacrifier le taureau, de même que Thésée venait de tuer un homme-taureau, ce qui conjoint d'ailleurs une épreuve cynégétique et un sacrifice de bœuf des jeunes Crétois historiques ; ainsi ce rite et le mythe grecs opèrent une connexion entre l'Ésus gaulois et le Lugh irlandais, entre l'épisode de l'arbre coupé à côté du taureau aux trois grues et la bataille de Mag Tured ;

– les amoncellements de cornes de caprins ou d'ovins concernent Lugus (Mercure) chez les Celtes, Apollon à Dèlos ;

– il s'ensuit que Grecs et Celtes ont eu en commun non seulement des mythes et des données théologiques, mais aussi des rites, ici à valeur initiatique puisqu'ils concernent des exploits de jeunes, et des pratiques religieuses.

La pourriture

Comme je l'ai déjà souligné, c'est l'un des points communs les plus curieux de nos deux divinités que la relation qu'elles entretiennent l'une et l'autre avec la pourriture.

Côté celtique, on a dit comment, lorsque Lleu est tué par Gronw Pebyr, il s'envole sous forme d'oiseau, et est plus tard retrouvé par Gwydion sous la forme d'un aigle pourrissant. Le texte du *Mabinogi* insiste sur cet élément puisque, si la truie qui guidera Gwydion sur les lieux a étonné son gardien, c'est qu'elle allait tous les jours manger la chair pourrie tombant de l'aigle perché sur un chêne, chaque fois qu'il remuait[843]. Lleu, c'est-à-dire Lug, a donc un rapport *intrinsèque* avec la pourriture, puisqu'il pourrit lui-même dans un état qui connote sa mort.

Aucun mythe grec connu ne fait pourrir Apollon sous forme d'oiseau ! Pourtant, comme Lleu, le dieu grec est étroitement lié à la pourriture, et cela multiplement :

– par le vautour, qui connote le pourri, comme on l'a vu[844] ;

– par le corbeau, autre charognard, et l'on citait, en parlant de cet oiseau[845], une ballade écossaise selon laquelle les animaux célestes (les oiseaux) et terrestres se firent la guerre, au point qu'il ne resta plus qu'un corbeau et un serpent, que le fils du roi tua pour sauver l'oiseau ; or, un des textes utilisés par M. Detienne dans son étude de la symbolique grecque du vautour, dit que les plumes de celui-ci ont le pouvoir d'attirer les reptiles et de les faire sortir de terre ;

– par le roitelet[846], animal puant, appelé localement *rou perere*, « roi pèteur », et qui va chercher le feu au ciel à une époque où, comme il n'y en a plus sur terre, tout pourrit, lui seul supportant donc l'odeur de ce monde pourri[847] ;

– enfin, et surtout, par l'autre nom que portait Delphes, à savoir *Puthô* ou *Puthôn*, que les Anciens ont expliqué en général par le verbe *púthô*, « pourrir, se putréfier », parce que là avait pourri le dragon après qu'Apollon l'eut tué[848]. En effet, pour ces auteurs, le serpent se mit à pourrir et empuantit la vallée. Dans l'*Hymne homérique*, Apollon se lance dans un chant de victoire après avoir frappé le serpent, et termine :

> En ce lieu même te feront pourrir [*púsei*] la terre noire et le radieux Hupériôn.
>
> Il parlait ainsi avec fierté ; les ténèbres voilèrent l'œil de la Bête, et l'ardeur puissante du Soleil la fit pourrir (*katépus'*) en ce lieu même. Depuis, jusqu'à ce jour, on l'appelle *Puthô* – et on donne au Seigneur le nom de *Púthios* – parce que c'est là que l'ardeur pénétrante du Soleil a fait pourrir [*pûse*] le monstre.

Le nom même de ce dragon, lorsqu'on le pensa masculin (alors que dans l'*Hymne homérique à Apollon* il est Delphunè, dragon féminin[849]) fut *Púthôn*. Cette étymologie de *Puthô* et *Puthôn* par le verbe *pûthomai* est refusée par Pierre Chantraine[850], à cause de la différence de longueur des *-u-*, elle est par contre acceptée, et justifiée, par Françoise Bader[851]. Du point de vue mythologique, peu importe : l'étymologie peut être authentique ou « populaire », il n'empêche que la conception grecque était que le dragon avait pourri, et que cet épisode était suffisamment important pour donner son nom au site, au dragon et même à la prophétesse d'Apollon, la Pythie (en grec, *Puthía*). C'est donc pertinemment que Gricourt et Hollard ont rapproché la décripitude de Lleu de l'épiclèse d'Apollon *Púthios*[852].

Le lien d'Apollon avec la pourriture se confirme dans la curieuse interprétation que Cléanthe, l'un des premiers stoïciens, a donné de l'épiclèse *Lúkios* que porte fréquemment le dieu[853] : interprétant le terme à partir du nom du loup, *lúkos*, et assimilant Apollon au soleil, il dit que le dieu est appelé ainsi parce qu'il dévore de ses rayons les moisissures du monde, tout comme les loups mangent les moutons[854]. Il inverse en quelque sorte le rôle du soleil : dans l'*Hymne homérique à Apollon*, celui-ci faisait pourrir la chair du dragon, pour Cléanthe au contraire l'astre du jour absorbe les moisissures. Mais, quoi qu'il en soit, Apollon est bien un maître de la pourriture[855].

Dès lors, au lien intrinsèque de Lug avec la pourriture répond le lien extrinsèque d'Apollon avec la même notion : Lleu a pourri, alors qu'il était dans un état de mort, Apollon a causé la pourriture en apportant la mort au serpent. Puthios, Apollon est maître de la pourriture[856], ce qu'est Lleu d'autre manière, puisque malgré son état lamentable d'aigle pourrissant il a ressuscité.

Gricourt et Hollard rapprochent judicieusement le motif du roitelet maître d'un monde pourri de celui, attesté dans le *Mabinogi*, de Lleu mort et retrouvé par Gwydion sous la forme d'un aigle pourrissant[857]. Ainsi Lleu atteste doublement sa domination de la pourriture, en blessant le roitelet et en devenant aigle pourri. Apollon l'avait fait en tuant à Puthô un serpent qu'il laissa à pourrir, et gagnant par cet exploit l'épiclèse de *Púthios*. Et le mot français *puer*, que C. Gaignebet[858] applique au roitelet, vient d'un latin *putere*, apparenté au grec *púthomai*, « pourrir, se putréfier », à l'origine des mots grecs cités.

En poussant la logique du mythe plus loin, on dira que Lug et Apollon ont apporté la pourriture sur terre : en effet, elle n'apparaît pas, dans ce corpus de mythes que sont les *Quatre branches du Mabinogi*, avant que des chairs ne tombent du corps de l'aigle ; et, de tous les êtres cosmiques tués par les dieux (Titans, Géants...), le mythe ne mentionne pas leur pourrissement avant celui tué par Apollon. Et ils ne l'ont pas apporté n'importe où : Apollon la fait surgir au centre du monde, en son sanctuaire ; l'arbre sur lequel se trouvait Lleu pourrissant est décrit par Gwydion comme un « Chêne entre deux vallées », *dont le souvenir a été conservé dans la toponymie* : *Baladeu-lyn*, « Bala des deux vallées[859] ». On note que la position du chêne est inverse de celle de Delphes (qui est dans une vallée entre deux massifs montagneux), et que la conservation du toponyme du

Moyen Âge à nos jours implique l'importance de l'endroit. Le chêne était sacré, et la pourriture est apparue en un lieu saint. Et l'on touche là l'un des points communs des plus curieux entre Lug et Apollon : celui-ci pourrit le monde, mais est le grand dieu des purifications. Lug est celui qui tue, mais meurt et ressuscite, il est dieu des *coincidentia oppositorum*[860] !

CHAPITRE III

Les mythes

J'aborde enfin, dans ce chapitre III, les mythes proprement dits : Apollon et Lug ont en commun un certain nombre d'aventures, auxquelles il a été nécessairement fait allusion dans les pages qui précèdent puisque tant les traits qui les caractérisent que les objets, animaux, nombres, etc. qui les concernent sont essentiellement empruntés à ces récits.

Il s'agit ici d'examiner des ensembles plus vastes, en leur cohérence d'ensemble.

Naissance

Ce qui a déjà été dit des dieux ici comparés a permis de noter quatre points communs entre les naissances de l'un et de l'autre :

– en Grèce comme au pays de Galles, le dieu fait partie d'un couple de jumeaux : avec Artémis dans la première, avec Dylan dans le second ; certes ces jumeaux n'ont aucun point commun entre eux – sinon qu'Artémis est déesse de la chasse et que Dylan fut « chassé » et tué par son oncle ; et qu'Artémis et Dylan sont, chacun à leur manière, le contraire de leur frère : Artémis, parce qu'elle est féminine, et autant agreste qu'Apollon est civique ; Dylan, parce qu'il fut un beau bébé, précocement tué, d'une mort si définitive que « le coup qui provoqua sa mort [...] fut l'un des trois coups funestes » de l'île de Bretagne[1], tandis que Lleu naît en avorton et triomphera de la mort par une résurrection[2] ; seul le motif même de la naissance gémellaire est vraiment semblable, et, avec lui, l'importance attribuée par les textes à chacune des naissances : celle d'un des nouveaux-nés est beaucoup plus importante que celle de l'autre : l'hymne homérique à Apollon ne mentionne que la seule naissance de celui-ci à Dèlos, renvoyant celle d'Artémis en une terre dite Ortugiâ, qui, ailleurs, est identifiée à Dèlos, mais elle est ici tenue pour distincte[3] ; le *Mabinogi de Math* élimine Dylan en quelques mots, et consacre toute la suite du récit au seul Lleu ;

– la naissance du jumeau de Lleu, qui se change en poisson aussitôt après, trouve un parallèle dans l'hymne qui vient d'être cité lorsque Apollon, encore enfant, se transforme en dauphin ;

– Lugh est né à Emain Ablach ou en Espagne, en tout cas dans une terre transmarine[4], il a été élevé par le dieu de la mer Manannán, et c'est en venant de ce pays lointain qu'il gagne Tara, capitale de l'Irlande ; la tradition populaire irlandaise a gardé un souvenir de cette naissance lointaine et insulaire dans la légende du Donegal qui veut que Lugh soit né d'une princesse recluse sur l'île de Tory[5]. De même, Apollon naît dans une île, Dèlos, et gagne ensuite la Grèce continentale (l'Olympe, au nord de la Grèce, puis Delphes, en son centre). L'isolement de la princesse dans l'île de Tory rappelle la situation de Lètô, absolument isolée à Dèlos tant que Hèra n'avait pas donné le « feu vert » pour qu'Eileithuia vienne l'aider à accoucher ;

– les textes irlandais font venir Tailtiu, l'éducatrice de Lug, de la terre transmarine où elle fut élevée (elle est « fille de Magmor, roi d'Espagne ») ; or une tradition grecque voulait que Lètô vint de l'Hyperborée : Hygin connaît deux versions, l'une selon laquelle Borée, le vent du nord, porta Lètô à Dèlos, et une autre selon laquelle, sur l'ordre de Zeus, il la mena à Poséidon, qui la conduisit à Dèlos[6], et Élien précise que c'est en douze jours que Lètô fut conduite du pays des Hyperboréens à Dèlos, et qu'elle revêtit alors l'apparence d'une louve par crainte d'Hèra[7]. Certes l'Espagne et le pays des Hyperboréens sont dans des directions opposées, respectivement à l'extrême sud de l'Irlande et à l'extrême nord de la Grèce, mais en matière de pays mythiques on ne demande pas à la géographie d'être exacte ! et il serait possible que cette opposition fût significative, tant on observe de pareilles alternances entre mythes de dieux grecs et de dieux celtiques.

À ces quatre points communs, déjà remarquables, s'en ajoutent plusieurs autres. Un cinquième, d'abord, aussi notable, est le suivant : on a cité les textes qui, avec insistance, font de Lugh un enfant élevé, non par sa mère Eithne, mais par une autre femme, Tailtiu. Or l'hymne homérique à Apollon affirme exactement la même chose de son héros : « Apollon ne fut pas allaité par sa mère mais Thémis, de ses mains immortelles, préleva pour lui la fleur du nectar et l'ambroisie délicieuse » (*HHA*, 123-125).

L'éducation par une autre famille, le fostérage, était une institution celtique généralisée ; la Grèce des temps historiques l'ignorait à peu près, mais le mythe en conserve de nombreuses traces[8]. Il n'empêche que le parallélisme des situations de Lugh et d'Apollon est rigoureux. On en jugera par l'élément suivant : en Grèce, ont pu écrire Jean-Pierre Vernant et Marcel Detienne, Gaia, la Terre, « s'apparente d'abord à Thémis, avec laquelle souvent elle se confond et qui représente, comme puissance oraculaire, la loi d'un destin irrémédiablement fixé[9] ». Si, pour Hésiode (*Théog.*, 135), Thémis est fille de Gaia, Eschyle fait dire à Prométhée : « Moi, plus d'une fois, ma mère, Thémis ou Gaia, forme unique sous maints noms divers, m'avait prédit comment se réaliserait l'avenir » (*Prom.*, 209-211). Thémis est donc une forme spécialisée de la déesse Terre[10].

En Irlande, Tailtiu *est* la déesse Terre : son nom ne signifie pas autre chose, dérivé qu'il est de l'irlandais *talam*, gén. *talman*, « terre », apparenté au latin *tellus* « terre », au sanskrit *tala* « plaine[11] ». On l'a vu aussi[12] sous la forme *Tallan*.

L'éducatrice de Lug/Apollon est donc la déesse Terre, en tant que telle ou sous une forme spécifiée.

On ne s'étonnera pas, dans ces conditions, que les textes, aussi bien grecs qu'irlandais, expriment une sorte de complicité, d'amitié, entre la Terre et le jeune dieu : au moment où naît Apollon, dit l'hymne homérique, Lètô « enfonça ses genoux dans l'herbe tendre et, sous elle, la Terre [*Gai'*] sourit » (*HHA*, 117-118).

Lorsque les fils de Tuireann ont tué Cian, le père de Lugh, et qu'ils veulent l'enfouir, non seulement la terre refuse de le recevoir à six reprises[13] mais, plus tard, lorsque Lugh est parti à la recherche de son père avec la cavalcade féerique, « ils arrivèrent à l'endroit où il s'était séparé de son père, puis à l'endroit où Cian avait été vu sous l'apparence d'un porc, puis sous son apparence naturelle, par les enfants de Tuireann. La terre parla alors à Lugh », lui révélant exactement les circonstances du meurtre[14]. Commentant ce passage, C. Guyonvarc'h observe très justement : « La familiarité de Lug et de la terre, qui l'instruit des circonstances du meurtre de Cian, est celle du dieu souverain qui a eu Tailtiu, la Terre-Mère d'Irlande, pour mère adoptive[15]. »

Mais ce qui retiendra le comparatiste, c'est que Thémis est la Terre spécifiée précisément *comme savante et prophétesse*[16] : or, dans l'*Oidhe Chloinne Tuireann*, la Terre parle à Lugh, lui révélant sinon le futur, du moins la vérité. On disait aussi que Thémis avait enseigné la musique à Apollon. Évohé, que ces déesses ont d'étranges points communs !

Un sixième et un septième points communs relèvent des circonstances suivantes. Une tradition bien attestée voulait que Dèlos ait été à la fois, d'abord un astre tombé du ciel, puis une île flottante. Ainsi, dit Callimaque, Poséidon avait créé les îles en brisant des montagnes, mais : « Toi [Dèlos], tu n'avais pas subi ce destin violent : libre, tu voguais sur les flots. Ton nom était alors Astériê ; tel un astre, en effet, tu bondis du haut du ciel dans le gouffre profond, pour fuir l'hymen de Zeus. Tu n'avais pas encore reçu la brillante Lètô ; tu étais encore Astériê, tu n'étais point Dèlos. Souvent les matelots, passant de Trézène, la ville de Xanthos, à Éphurâ, t'aperçurent dans le golfe Saronique, qui à leur retour ne te virent plus ; tu courais par les eaux rapides du détroit d'Euripe, aux flots sonores ; puis, le même jour, te détournant de la mer de Chalcis, tu voguais jusqu'au promontoire d'Attique, jusqu'au Sounion, ou jusqu'à Chios... » (*HD*, 35-47).

Il y a là deux points communs avec la naissance de Lleu Llaw Gyffes.

D'une part, Lleu naquit sous une forme qui n'est pas tout à fait humaine, il était un petit quelque chose, informe, qui mit quelque temps à prendre forme humaine[17] ; Apollon naît dans une île qui n'en était pas tout à fait une, puisqu'elle flottait, et c'est sa naissance même qui la fixe au fond de la mer. On a vu de semblables basculements entre Lug et Apollon, lorsque Lleu pourrit, par exemple, et que c'est le serpent tué par Apollon qui pourrit ; ou lorsque le frère de Lleu devient un poisson, et Apollon, lui-même, un dauphin. Et, de manière étonnante, ce point commun, qui exprime un changement de registre, se complète du suivant, qui exprime une inversion de direction : Dèlos est une île tombée du ciel ; inversement, la maison de la mère de Lleu, Caer Aranrot, est le nom d'une constellation, la Couronne boréale, ce qui expliquerait le nom de l'héroïne : Arianrhod, « Roue d'argent[18] ».

À son tour, ce caractère nocturne d'Arianrhod, tel qu'on peut voir sa demeure dans le ciel parmi les étoiles, rappelle un trait de Lètô : elle est, par excellence, une déesse nocturne[19]. Dans Hésiode, elle a une sœur du nom d'Astériê[20] : c'est là le nom de Dèlos lorsqu'elle tomba du ciel.

Arianrhod a donné naissance à deux êtres : d'une part, un bébé, d'autre part, un embryon, au sujet duquel une étude de C. Sterckx a montré que l'idée s'en retrouvait dans le droit gallois relatif à l'avortement[21]. Or, se fondant sur les noms propres des partenaires (et adversaires) d'Apollon, c'est-à-dire en les prenant au sérieux, F. Bader a établi le rôle d'« avorteur » de celui-ci : d'une part, le dragon de Delphes s'appelle *Delphunê* lorsqu'il est tenu pour femelle, et ce nom en **gwelbh-u-* évoque l'idée de « matrice » : en la tuant, en la rendant *Puthô*, « Putréfaction », le dieu a « fait pourrir le pourrissement [de l'embryon[22]] » ; il réitère avec la source Télphousa, aussi bien appelée *Délphousa*, mot qui a l'apparence d'un participe présent d'un verbe à supposer, **delphô*, « être enceinte » ; là « Apollon va faire avorter et inhumer l'avorteuse [enceinte] », en comblant la source avec des pierres – ainsi, écrit Mme Bader, « il a fait avorter l'avorteuse, en faisant de *Délphousa* une *Télphousa*[23] ». Dès lors, Lug et Apollon sont maîtres de l'avortement : Lleu, parce qu'il y a survécu, Apollon, parce qu'il y réduit ses adversaires féminins.

Et on notera pour terminer que nos dieux ont connu l'un et l'autre une croissance rapide. C'est le *Mabinogi de Math* qui nous raconte bien entendu la croissance de Lleu.

Après son allaitement par une nourrice, « quand il eut un an, on aurait admiré sa force s'il avait eu deux ans. À deux ans, c'était un grand garçon, qui pouvait aller tout seul à la cour... Il fut élevé à la cour jusqu'à l'âge de quatre ans. On aurait alors admiré un enfant de huit ans qui aurait eu sa force[24] ».

C'est encore plus fort pour Apollon. On a déjà cité l'*Hymne homérique* qui lui est consacré, et qui porte :

a) que Thémis allaite Apollon, dès sa naissance, en lieu et place de Lètô ;

b) qu'elle prélève pour lui nectar et ambroisie ;

c) qu'alors, ayant consommé ces nourritures d'immortalité, « les bandelettes d'or ne suffisaient plus » à le contenir, il se débat et fait céder ses entraves, réclame sa lyre et son arc, annonce qu'il révélera les desseins de Zeus :

d) et aussitôt : « À ces mots il se mettait en marche sur la terre aux larges routes, l'Archer Phoibos à la chevelure d'or », faisant fleurir Dèlos, et sa marche ne s'arrêtera plus (*HHA*, 123-139).

Ainsi, à peu près tous les motifs qui composent l'histoire de la naissance d'Apollon ont un répondant du côté de Lleu ou de Lugh.

En synthétisant ces données, cela donne :

Lug/Apollon est né d'une femme située dans une terre insulaire ou transmarine (Grèce, Irlande), ou qui possède une demeure insulaire (pays de Galles) ; cette terre insulaire est un aspect de l'Autre Monde[25] ; la mère a des affinités nocturnes marquées, que l'île où elle accouche soit une ancienne étoile, ou que sa maison soit une constellation, elle règne sur les nuits. L'enfant qui naît est élevé par la Terre ou une forme spécifiée de celle-ci, qui le nourrit, l'enseigne, dès l'époque du séjour sur l'île lointaine, et cette Terre a fonction oraculaire. Il naît en fait des jumeaux, mais l'autre enfant est défini par contraste avec le dieu Lug/Apollon (Grèce, pays de Galles). Au pays de Galles ce jumeau prend forme d'animal marin, chose qui est faite en Grèce par Apollon lui-même. La naissance du dieu, au pays de Galles, ou ses premiers exploits, en Grèce, le constituent comme maître de l'avortement. Et l'enfant divin est précoce, marche très tôt, est très fort encore petit (Grèce, pays de Galles). Soit dès ce moment (Grèce), soit une fois jeune homme (Irlande) il quitte sa terre transmarine de naissance pour gagner un lieu de pouvoir (Tara, l'Olympe) et/ou le centre du monde (Tara, Delphes).

Le père : le grand dieu céleste

La paternité d'Apollon ne fait l'ombre d'aucun doute : Apollon est fils de Zeus, et la littérature grecque est à peu près unanime à le dire, tout comme la pratique religieuse grecque, qui fait d'Apollon le porte-parole prophétique de son père[26].

Les choses sont moins claires du côté celtique, et il y eut manifestement une volonté de discrétion sur ce sujet. On a l'impression que la connaissance du père du grand dieu appartenait à un milieu spécialisé – celui des druides, naturellement – et n'était pas divulguée dans le public. Voici en effet comment les choses se présentent.

Le seul récit qui nous raconte la naissance de Lug est le *Mabinogi de Math*. J'ai cité le passage plus haut[27], lorsque j'ai parlé des épiphanies de Lug et Apollon : Math voulant une jeune femme vierge pour remplacer Goewin qui avait été violée se renseigne auprès de ses proches, et Gwydion lui propose sa sœur. Las ! lorsque cette sœur, Arianrhod, arrive, Math lui impose une épreuve, qui consiste simplement à sauter par-dessus sa baguette, et, à l'aller comme au retour, Arianrhod laisse tomber, un bébé d'abord, un avorton ensuite. Rien n'est dit sur le père : Arianrhod est enceinte mystérieusement, et personne ne s'inquiète de savoir ce qui a pu arriver. Certes, Arianrhod attribue un instant la paternité de Lleu à Gwydion, lorsqu'elle lui dit : « Quel nom porte ton fils ? », mais ailleurs dans le même texte, Gwydion parle du garçon comme de son neveu (« Je n'aurai pas de repos tant que je n'aurai pas de nouvelles de mon neveu… »). Et un autre texte gallois fait de Math lui-même le père de Lleu[28].

L'Irlande est très discrète également sur la paternité de Lugh, et paraît aussi contradictoire. Sa mère est une grande déesse, Ethné (ci-dessous), mais c'est en compagnie de sa nourrice Tailtiu que Lugh vient de la terre lointaine où il est né. Les textes qui font état de cet événement ne mentionnent aucunement un père pour le dieu. Ce sont d'autres récits qui, presque par hasard, donnent un nom à ce père divin. Mais, d'une part ce ne sont pas les mêmes noms selon les textes, d'autre part, ce sont alors des personnages à peine connus. Dans quelques récits, le père de Lugh s'appelle Cian. C'est le cas dans l'*Oidhe Chloinne Tuireann*, où le malheureux Cian est tué par des rivaux familiaux, les fils de Tuireann, et tout le récit est celui de la vengeance de son fils, Lugh. Un autre fait mourir Cian dans un combat, à l'époque de la fête de Samain, c'est-à-dire de l'ouverture des passages entre ce monde et l'autre monde. Dans un autre texte encore, le père de Lugh est appelé Scál Bald[29] ; le *Livre des conquêtes de l'Irlande*, texte compilé, l'identifie à Cian[30], mais le récit de la *Seconde bataille de Mag Tured* le place dans le camp des adversaires de Lug[31] ! Le moins qu'on puisse dire est que ces noms sont discrets : outre leur faible attestation, le premier, *Cian*, signifie « le Lointain », et le second, *Scál Bald*, veut dire « Fantôme muet » !

Un texte au moins fait de Lugh le fils du Dagda, puisqu'il parle de « Lugaid le Polytechnicien, fils de Ruadh Ródhfesach », nom qui est l'un des nombreux que porte le dieu communément appelé le Dagda[32].

Troisième variante, il est vrai folklorique : dans la légende du Donegal qui connaît encore Lugh, celui-ci est dit fils de Mac Cinnfhaolid, nom anglicisé en *Mac Kineely*, et qui signifie « Fils de tête de loup[33] ».

Pour démêler l'écheveau[34], C. Sterckx s'est appuyé sur la comparaison entre le *Mabinogi de Math* et des légendes généalogiques irlandaises – en rappelant que souvent, les ancêtres mis à la tête de généalogies clanales sont des personnages divins humanisés. Dans la plus parlante de ces légendes, un nommé Cairbre Músc, devenu roi du Munster, viole sa propre sœur, Duibhfionn. Il naît des jumeaux, Corc Duibhne et Cormac. Les Munstériens veulent les brûler, mais le druide du palais sauve Corc, tandis que l'autre enfant est effectivement brûlé et ses cendres sont jetées à l'eau. Le druide emmène Corc Duibhne dans son île – à savoir, Tech Duinn, une des formes de l'Autre Monde irlandais[35] – accompagné d'une vieille femme nommée Bói, qui nourrit l'enfant grâce à une vache blanche aux oreilles rouges qu'elle possède. Peu après l'enfant est ramené en Irlande, mais, lorsqu'il le présente à sa grand-mère, Sáraid, elle le rejette : « Bói, aussi longtemps qu'il vivra, je n'aimerai pas ce petit-fils… Je n'aime pas ce fils de mon fils à cause de son inceste avec ma fille. Je dénie sa légitimité. » Bói prédit cependant que cet enfant amènera le bien à l'Irlande et que ses exploits seront grands.

Comme l'a souligné mon éminent collègue de Bruxelles, les parentés entre ce récit et tant le *Mabinogi de Math* que la légende de Lugh sont notables : naissance de jumeaux masculins, dont l'un est tué et jeté à la mer (dans le *Mabinogi*, Dylan se jette à la mer puis est tué), éducation du jeune garçon survivant par une femme, dans une île qui est l'Autre Monde, comme Lugh, retour de l'enfant en Irlande (Lugh y revient jeune adulte), rejet de l'enfant par sa grand-mère (par sa mère, dans le *Mabinogi*) ; ajoutons que Bói est aussi le nom d'une des épouses de Lugh (ci-dessous), tandis qu'Ethne, nom de sa mère, est dans le même récit irlandais le nom d'une petite fille qu'adopte Corc Duibhne[36].

Si l'on accepte les leçons de ce parallélisme, on voit que l'affaire commence par un inceste.

On est alors porté à le soupçonner, dans la légende de Lleu. En effet, « si Gwydion est le père de Lleu, ce ne peut être que par un inceste avec sa sœur Aranrhod ». Une allusion de celle-ci le confirmerait, on l'a vu, puisqu'elle dit incidemment de Lleu qu'il est le fils de Gwydion. Or, « Gwydion, incarnant la première fonction sacerdotale, est jupitérien », ce qu'est également, en Irlande, le Dagda, « qu'un texte donne comme père à Lugh » (ci-dessus[37]). Certes, cette conclusion heurte la lettre du récit du *Mabinogi*, dans lequel tant Gwydion qu'Arianrhod paraissent ignorants de ce qui va arriver lorsque Math tendra sa baguette à la première[38]. Mais, je l'ai dit, tout indique une volonté de cacher au profane la paternité authentique de Lug, et la surprise aussi bien d'Arianrhod que de son frère peut faire partie du cryptage.

Ce sont pourtant des fils de leur mère...

Un trait tout à fait original, parmi tous ceux qui sont communs à Lug et à Apollon, est qu'ils sont aussi fréquemment désignés par leur matronyme qu'ils le sont rarement par leur patronyme. Et cela renforce le caractère à tout le moins discret, du côté celtique, de leur paternité, envisagé au paragraphe précédent.

Chaque fois en effet qu'il s'agit de parler du dieu seul, c'est-à-dire sans sa famille, mais en le désignant comme il était coutumier chez les peuples indo-européens anciens par sa filiation, c'est le nom de la mère qui apparaît presque toujours. On a vu ainsi Lugh fils d'Ethle, d'Ethlenn, d'Ethliu, d'Eithle, d'Ethne ; au sujet de la fête de Lugnasad, Geoffrey Keating écrivait : « L'assemblée de Lug fils d'Ethlenn est le nom des jeux[39]. » Ce caractère matrilatéral avait été noté par J. Loth, lorsqu'il écrivait « il est remarquable que, comme d'autres héros irlandais, par exemple Conchobar, Lug est désigné par le nom de sa mère. Le nom de son père est incertain et varié[40] ».

En Grèce, non seulement le couple Apollon-Artémis est toujours désigné par l'expression « les Létoïdes », c'est-à-dire « les enfants de Lètô », mais ce même mot, ou d'autres voisins, au masculin, servent toujours à désigner la filiation d'Apollon ou même s'emploient seul à la place de son nom : il est *Letoídes*[41], *Letoídas*[42], *Latôos*[43], *ho Letôos*[44], c'est-à-dire toujours « le fils de Lètô ».

À cela s'ajoute un point commun... négatif : l'étymologie du nom de Lètô est aussi incertaine que celle du nom d'Ethne/Ethniu[45].

Je ne prétends pas en proposer ici. Je note seulement que les comparaisons celto-helléniques ont révélé en certains cas de curieux parallélismes onomastiques, qui ne remontent assurément pas à des étymologies communes mais qui, assonant, renvoient certainement au passé où (Proto-) Grecs et (Proto-) Celtes voisinaient et célébraient des fêtes et des rituels ensemble : telle la femme adultère des histoires si semblables de Celtchar et de Képhalos, *Brig Brethach* dans un cas, *Prokris* dans l'autre ; ou le chien merveilleux associé à ces personnages : *Ailbe* en Irlande, *Lailaps* en Grèce[46].

Cela m'autorise à supposer une situation identique ici : entre la forme *Lâtô* et la forme *Ethle*, il y a assonance avec métathèse des consonnes[47]. Est-ce seulement un hasard ?

... mais sans épouse

Un autre trait, négatif également, mais non moins caractéristique, qui rapproche Lug et Apollon est ce qu'on peut appeler leurs difficultés avec les femmes. En résumé, Lug fut marié peu de temps et fut victime d'adultère ; Apollon est l'un des rares dieux masculins grecs à qui la tradition ne donne pas véritablement d'épouses[48] ; il eut de nombreuses aventures mais fut victime d'abandons et d'adultères. Lug et Apollon se distinguent en cela fortement de ces autres coureurs de femmes que furent Zeus, Poséidon ou Hèraklès en Grèce, le Dagda en Irlande.

La tradition irlandaise connaissait quatre épouses (successives ?) à Lugh : Nás, Búi (Bói, Búa, Buach[49]), Echtach, aussi appelée Anghir, Englic[50]. Les deux premières ne sont guère mentionnées que pour être mortes, les deux autres ne sont que des noms. On a cité déjà l'essentiel de ce qui est su de Búa et de Nás : d'après des textes des *Dindshenchas*, leurs tombes sont des lieux d'assemblées, respectivement à Cnogba[51] et à Naas[52]. Il est intéressant que cette dernière ait été célèbre parce qu'on y recueillait des présages[53], car cela rappelle une des fonctions essentielles de Lug et d'Apollon : ce dieu a eu aussi parmi les femmes qu'il a aimées une prophétesse, Kassandrè, et il désira également une nommée Daphnè, dont le nom est celui (au féminin) du laurier, l'arbre apollinien prophétique par excellence. Nás n'a guère d'autre légende, rien n'est raconté au sujet de son mariage avec Lugh, si ce n'est qu'elle commit une folie (on ignore laquelle) qui entraîna sa mort ; alors Búa mourut de chagrin, et Lugh créa la fête de Lugnasad, « pour les deux filles de Ruairín Ruadh[54] » – corrélation qui suggérerait qu'elles avaient été en même temps ses deux épouses[55] –, et par ailleurs il est répété qu'elle eut un fils, Ibheach des chevaux[56] : pour le reste, elle n'a d'existence qu'au passé, c'est-à-dire pour autant qu'il s'agissait d'honorer sa mémoire par une fête. Lugh, ici, n'est pas un mari mais un (jeune) veuf.

Les textes parlent un peu plus de son mariage avec Búa, appelée alors Buach, fille de Daire Donn. Voici comment elle est présentée dans un texte du *Livre jaune de Lecan* : « Buach, fille de Daire Donn, femme de Lugh fils d'Eithliu, Cermait fils du Dagda dormit avec elle et il fut tué par Lug[57] ». Ou encore :

> Cermait, fils du divin Dagda,
> Lugh le [mot incompréhensible] le blessa.
> Ce fut une terrible colère dans la plaine,
> Sous le règne d'Eochu Ollathair.
> Cermait Milbel le puissant tomba
> Devant Lugh fils d'Ethliu, le terrible
> De jalousie pour sa femme, grande mode,
> Et à son sujet le druide lui a menti[58].

Et ce meurtre causera sa propre mort, puisque les trois fils de Cermait, Mac Cuill, Mac Cecht et Mac Greine, tuèrent Lugh[59].

Lugh fut donc victime d'un adultère, dont le responsable est un fils du Dagda, qui ressemblait en ce rôle de séducteur à son propre père. Voici qui conforte l'identité de Lugh et de Lleu, car, on le sait, ce dernier fut aussi victime d'un adultère, si important qu'il forme l'élément clef du récit du *Mabinogi de Math*. On se rappelle que Math et Gwydion ayant fait pour Lleu une femme, Blodeuwedd, à partir des fleurs, on maria le jeune Lleu et cette femme ; Math donna un domaine à Lleu pour l'entretien du couple. Mais bientôt Lleu part rendre visite à Math et, pendant son absence, Blodeuwedd est amenée à proposer l'hospitalité à Gronw Pebyr, seigneur de Penllyn, amené près de chez elle par une chasse qui avait duré jusqu'à la fin du jour :

> Des messagers allèrent lui porter l'invitation. Il accepta avec plaisir et se rendit à la cour ; elle alla au-devant de lui pour lui souhaiter la bienvenue et le saluer. « Princesse, dit-il, Dieu te récompense de ton bon accueil. » Il se désarma et ils s'assirent. Blodeuwedd le regarda et, à partir de ce moment, il n'y eut pas une place dans tout son être qui ne fût pénétrée de son amour. Il jeta lui aussi les yeux sur elle et il fut envahi par les mêmes sentiments ; il ne put lui cacher qu'il l'aimait ; il le lui dit. L'amour qu'ils avaient conçu l'un pour l'autre fut l'unique objet de leur entretien ce soir-là. Ils ne tardèrent guère à s'unir : cette nuit même ils couchèrent ensemble[60].

On parlera sous peu des conséquences de ce coup de foudre, mais l'important est déjà que Gronw Pebyr et Blodeuwedd, ayant fait connaissance, ne peuvent plus se quitter. Il s'en suivra drames et morts. L'affaire est donc exactement identique à celle qui vit la trahison de Lugh par son épouse Buach et Cermait Milbel, avec la même suite d'événements funestes[61].

Une autre histoire irlandaise parle d'un roi nommé Morann, qui découvrit que sa femme le trompait avec un nommé Lugh Scigmaig. Il le changea en veau coloré[62] : comme si, en s'humanisant, le mythe s'inversait, Lugh devenait le responsable de l'adultère ; quant à la métamorphose, elle rappelle les relations de Lug, et d'Apollon, avec les bovins.

Une des épouses de Lug porte un nom qui pourrait se rattacher au même mythe. *Englic*, *Éingleic*, paraît décomposable en *éin*, « oiseau », *-gh*, marque de pluriel, et *leic*, « hostilité, combat, bataille ». Ce serait donc « celle qui est en but à l'hostilité des oiseaux ». Or, à la fin de l'histoire de Blodeuwedd, Gwydion la change en chouette, et lui assure qu'elle « n'osera plus jamais montrer sa face à la lumière du jour, par peur des autres oiseaux », en effet, dit-il, « tous les autres oiseaux seront tes ennemis ; ils seront naturellement portés à te molester et à t'outrager partout où ils te trouveront », et *Blodeuwedd*, dit le texte, signifie encore « chouette[63] ». *Éingleic* est donc sans doute aussi la chouette, et deux des épouses de Lugh se partagent ainsi les traits de l'épouse du gallois Lleu[64] – à moins, comme le suggère C. Sterckx, en tenant compte des textes qui font de Búa une épouse « sans traîtrise » (*cen brat*), « sans faute ni impudeur » (*cen chláine cet chol*), qu'il y ait eu déplacement de la tradition d'une femme sur l'autre, et qu'*Éingleic* soit la véritable épouse adultère, car un autre texte[65] dit que c'est à cause d'elle que périt « le fils du rapide Dagda[66] ».

Cette difficulté que Lug, pourtant dieu jeune, brillant, merveilleusement doué, rencontre avec les femmes, on va la retrouver, de manière tout aussi paradoxale, avec Apollon.

Apollon ne s'étant jamais marié, on ne trouve pas, dans les légendes qui le concernent, adultère semblable à celui dont fut victime Lug. Il n'empêche, je l'ai dit, que ce dieu, le plus beau, le plus rayonnant, a néanmoins vécu, au moins deux fois, le triste abandon par une femme, et toujours pour un homme. L'histoire la plus connue est celle de Korônis, qui sera mère de son fils célèbre Asklèpios. La version la plus pathétique, qui rappelle au mieux le texte du *Mabinogi de Math* qu'on vient de lire, est celle de Pindare, dans sa troisième *Pythique* :

> La fille de Phlèguâs, le bon cavalier, n'avait point encore porté son fils jusqu'au terme normal avec le concours d'Eleithuiâ, protectrice des mères, quand, domptée par l'arc d'or d'Artémis en sa chambre, elle descendit dans la demeure d'Hadès par la volonté d'Apollon. Le ressentiment des enfants de Zeus n'est jamais vain. Elle l'avait dédaigné, dans l'égarement de son cœur : elle avait consenti à une autre union, à l'insu de son père, elle qui avait d'abord été aimée de Phoibos aux longs cheveux.
>
> Elle portait en son sein la pure semence du dieu et elle n'attendit pas que vînt l'heure de la table nuptiale, l'heure où résonne le bruyant

> hyménée que les jeunes vierges, compagnes de l'épouse, aiment à venir chanter à la vêprée. L'espèce la plus vaine parmi les hommes, ce sont ceux qui méprisent ce qui les entoure et rêvent de ce qui est au loin, laissant leurs espérances irréalisables poursuivre des fantômes !
>
> Telle fut l'erreur fatale où la passion entraîna l'élégante Korônis. Un étranger vint d'Arcadie et elle partagea sa couche. Mais elle ne put échapper au regard du dieu[67].

Nous savons la suite : la vengeance d'Apollon, la peste, la mort de Korônis, le sauvetage d'Asklèpios[68].

On remarque que la principale différence entre ce récit et la version celtique des événements est que Korônis était enceinte d'Apollon, ce qui n'est pas le cas ni de Buach, épouse de Lugh, ni de Blodeuwedd, épouse de Lleu. Mais on a l'impression que cette différence est corrélative de l'autre : tout se passe comme si les Grecs, refusant l'idée d'un Apollon marié[69] et ne pouvant évoquer, à son sujet, un véritable adultère, avaient été amenés à « corser » l'affaire, à aggraver le cas de Korônis en la présentant comme enceinte du dieu. À en croire Pindare, Apollon aurait pardonné si la jeune fille avait attendu le terme de sa grossesse et s'était mariée en justes noces.

Si différences il y a donc, les points communs sont manifestes : la trahison de la femme au profit d'un « inconnu », le coup de foudre immédiat, l'union sans plus attendre, et il s'y ajoute celui-ci : l'amant de Korônis, chez Pindare et d'autres auteurs, s'appelait *Ískhus*, textuellement « Force » ; l'amant de Blodeuwedd est Gronw *Pebyr*, c'est-à-dire Gronw le Fort. Et un autre encore : Korônis est, textuellement, « la Corneille » ; la punition de Blodeuwedd, bien après son adultère, sera d'être transformée en chouette, et son nom désigne en gallois cet animal[70]. Ce sont certes des oiseaux distincts mais l'un et l'autre connotent, respectivement par métonymie et par métaphore, l'obscurité ; et une légende grecque réunit la corneille et la chouette comme oiseaux prophétiques protégés par Athèna, la première devenue oiseau parce que, alors qu'elle se promenait sur le rivage[71], le dieu de la mer s'était enflammé pour elle et Athèna l'avait transformée en oiseau pour la protéger, la seconde parce qu'elle avait eu une relation incestueuse avec son père[72]. Ovide, qui raconte cette histoire, ajoute que la corneille fut placée par Athèna au deuxième rang de la hiérarchie des oiseaux qui lui étaient attachés parce qu'elle lui avait révélé qu'une princesse athénienne, Aglauros, avait transgressé un interdit[73] : de même, on se le rappelle, le corbeau fut puni par Apollon, et donc noirci, de blanc qu'il était, pour lui avoir révélé les amours de Korônis et d'Iskhus. On remarque en tout cas que Lug/Apollon a une épouse fortement oiseau : Blodeuwedd, Englic, et Korônis, qui est fille de Phléguâs (sorte d'aigle), et s'unit à

Alkuoneus (au nom proche de celui de l'alcyon, oiseau maritime mythique).

La seconde histoire qui met en scène un Apollon trahi par une femme est celle de Marpèssa. Dans la version la plus ancienne, celle de l'*Iliade*, il nous est dit que Kléopatrè, femme de Méléagre, était « née de Marpèssa aux fines chevilles, fille d'Euènos, et d'Idès, héros qui s'était en son temps montré le plus vaillant des mortels d'ici-bas : c'était lui en effet qui avait pris son arc en face de Phoibos Apollon, cela pour une fille aux jolies chevilles que son père et sa digne mère, en ce temps-là dans leur manoir, appelaient Alkuonè et dont le nom disait assez que sa mère avait eu par elle le sort même de l'alcyon douloureux, quand elle pleurait l'enfant que lui avait ravi Phoibos Apollon, le Préservateur » (*Il.*, IX, 542-595).

Apollon a donc bien enlevé la jeune Marpèssa, et plus tard Idès la lui a reprise. Dans les versions ultérieures, les choses sont présentées différemment : Idâs (dorme dorienne du nom : c'est un héros messénien) a enlevé Marpèssa à son père et, au terme de sa fuite, il rencontre Apollon qui veut la lui reprendre. Un combat entre eux s'ensuit et Zeus sépare le dieu et le guerrier : il demande à la jeune fille de choisir et, ici il y a comme une trahison, celle-ci se prononce pour Idâs parce que, humain comme elle, il vieillirait également et ne serait donc pas tenté de l'abandonner comme le ferait inéluctablement le dieu[74].

Ce récit présente un abandon de femme plutôt qu'un adultère et apparaît donc comme une sorte de version faible de l'histoire de Korônis. On notera, sur le lien entre les deux légendes, que selon l'*Iliade*, Marpèssa s'appela d'abord Alkuonè, or certaines versions de l'histoire de Korônis nomment son amant, non pas Iskhus, mais Alkuoneus[75].

D'autres amours d'Apollon, sans inclure d'adultère, attestent d'autre manière les difficultés qu'il rencontre avec les femmes. De Kréousâ, fille du roi d'Athènes Erektheus, on disait qu'Apollon l'avait violée dans une grotte de l'acropole où elle s'était réfugiée[76]. En parlant de Leukippos[77], on signalait ce passage de l'*HHA* qui fait allusion à un conflit entre un personnage de ce nom et Apollon, au sujet de l'épouse du premier[78] : alors, c'est Apollon qui se fait responsable d'un adultère.

Il y a enfin les amours d'Apollon avec la nymphe Daphnè : dans une version, il la poursuit – il veut donc là aussi la violer –, et elle obtient de son père, un fleuve, qu'il la métamorphose en laurier ; dans une autre, il était amoureux d'elle, mais un nommé Leukippos (« Cheval blanc ») parvient à se faire aimer d'elle, et, par ruse, Apollon obtient qu'il soit tué (à moins que les dieux ne le rendent invisible et ne lui permettent d'échapper[79]) ; dans une troisième enfin, il parvient à séduire Daphnè, mais il l'oublie aussitôt après et l'abandonne[80].

On a parlé plus haut à plusieurs reprises d'un héros nommé Leukippos, et qui apparaît, sinon comme un doublet humain (une hypostase) d'Apollon, du moins comme un personnage étroitement lié au dieu[81].

On obtient le bilan suivant sur ce point : Lug et Lleu, après l'adultère de leurs femmes respectives, ne se remarièrent pas ; Apollon n'a pas d'épouse divine : ses enfants, nombreux, sont humains et, partant, mortels. Or, tous les héros nommés Leukippos ont des problèmes avec les femmes ou la féminité ; deux sont des rivaux d'Apollon, dont celui cité ci-dessus qui se déguisa en fille pour se mêler aux compagnes de Daphnè ; voisin de celui-ci est celui de Phaïstos, en Crète, dont parle les *Métamorphoses* d'Antoninus Liberalis, car il fut d'abord une fille élevée en garçon, puis changée en homme par Lètô ; un autre – celui qui aida les Magnètes dans leur fondation d'une ville coloniale – fut amoureux de sa propre sœur[82].

Il est habituel qu'un dieu exerce les pouvoirs qu'expriment les mythes qui le concernent. Cela ne manque pas ici. Pour Apollon, on a déjà cité[83] un fait remarquable : à Éphèse, une source avait fonction ordalique, car elle noyait les conjoints infidèles ; or, elle était placée sous la protection d'Apollon, et non sous celle de Poséidon comme on l'attendrait normalement. Autrement dit, le dieu qui a subi l'adultère en est devenu l'expert.

On cherchera vainement un fait homologue du côté celtique, tant les rituels de la Gaule indépendante nous sont méconnus. Par contre, la fonction d'expert ès adultère de Lug survit bellement dans la tradition : le récit du *Mabinogi de Math* concernant la trahison de Blodeuwedd et le meurtre de Lleu se retrouve dans la vie d'un saint continental, Gengoult[84].

En effet, ce Gengoult, ou Gengoulph, Gangolphe, Gangulfe, Gengoux, Gingolf, Gigoult, Genou, Jangou… selon les endroits, honoré dans toute une zone qui va de la Savoie aux Pays-Bas et à la région de Trèves, revenant de guerre, ou des croisades (malgré l'anachronisme : car c'est aussi un personnage historique, mort en 760 !), prévenu ou non de l'adultère de sa femme (Brigitte, dans la version lorraine[85] ! ailleurs en France Ganéa) – elle avait été séduite par un visiteur, page, clerc ou jeune seigneur –, la soumet à une ordalie qui consiste à plonger la main dans une fontaine (à Moyeuvre, selon les Lorrains, à Montgesoye[86], dans la vallée de la Loue, selon les Franc-Comtois[87]), mais lorsqu'elle l'en retire, la peau de son avant-bras s'en détache comme un gant. Plus tard le séducteur parvient à tuer Gengoult, avec un glaive, dans la *Vita Gangulphi*, d'un coup de couteau, dans la versions lorraine[88], ou bien au contraire

Gengoult tue son rival. Il y a donc là comme une ample copie de l'histoire de Lleu, dont l'épouse Blodeuwedd[89] est séduite par l'arrivée d'un chasseur, jeune noble, Gronw Pebyr ; tous deux organisent le meurtre du mari, mais celui-ci ressuscite – on reviendra longuement sur cet épisode – et tue son rival, tandis que sa femme disparaît transformée en oiseau. On dit aussi que Gengoult avait été possessionné par le roi Pépin le Bref en récompense de ses brillants services[90], tout comme Lleu reçut un domaine de Math, roi du pays de Gwynedd (nord du pays de Galles). Détail intéressant, on raconte parfois[91] que Gengoult punit sa femme en l'enfermant dans une peau de vache, et en la jetant à la rivière. Outre que ce motif confirme la relation entre Gengoult et le travail de la peau, celui de l'ordalie dans la source et celui-ci connectent le mythe de Lleu, gallois, avec un mythe irlandais qui est aussi une histoire d'adultère : Boinn, c'est-à-dire Vache blanche, trompa son mari Elcmar avec le frère de celui-ci, le dieu Dagda, et, après ordalie, se transforma en rivière, la Boyne[92]. Autrement dit, l'histoire de la femme de Gengoult contient des éléments de l'histoire de Lleu et d'autres de l'histoire de Boyne. Il s'ensuivrait qu'Elcmar serait Lug, et que le responsable de son adultère serait son frère... Discussion celtologique qu'il convient que je laisse de côté ici, après cette parenthèse déjà longue, mais nécessaire ! sur Gengoult.

Quoiqu'il en soit, l'origine celtique des légendes entourant Gengoult est bien établie par ces parallèles[93]. Or ce saint « protège la pureté des sources potables [et] il est le terrible gardien de la fidélité conjugale[94] », car, dans l'ensemble des pays où il est honoré, il patronne des rites en relation avec l'adultère. On a dit comment en Lorraine, la nuit du 10 au 11 mai, les jeunes allaient dessiner des têtes cornues ou déposaient des tas de cornes devant les portes des cocus. Des rites de charivari, appelés « cornages », étaient célébrés à Lantages et à Vougrey en Champagne, en relation avec les sources de saint Gengoult[95] ; à la chapelle de Courmononcle (toponyme à expliquer sans doute comme *curtis monoculis*, « enclos du borgne[96] » !) ; à Saint-Benoît-sur-Vanne, une source servit à Gengoult, retour de croisade, à imposer une ordalie à son épouse, elle dut y plonger le bras qui en sortit « tout dépiauté », et depuis, Gengoult est le patron des maris trompés[97] ; une source située entre Briey et Avril, en Meurthe-et-Moselle, démasque toujours les femmes infidèles[98]. À Varennes en Haute-Marne, l'un des lieux qui revendiquent la tombe de saint Gengoul, il suffisait de mettre cinq sous dans le tronc de l'église pour s'assurer la fidélité de son épouse[99].

Cela seul suggère que Lugus, au sujet duquel les Celtes de l'Antiquité devaient raconter un mythe qui ressemblait fort, déjà, au *Mabinogi de Math*, en avait tiré une spécificité, le patronage des adultères.

Lesquels, on le sait fort bien, préoccupaient les anciens Celtes, qui se livraient déjà, sur le Rhin par exemple, à des ordalies à ce sujet[100]. On connaît d'ailleurs une statuette en terre cuite du Mercure gallo-romain, découverte à Vienne, qui porte une chouette, ou une harpie, à hauteur de l'épaule gauche[101], ce qui confirmerait que dès l'Antiquité l'oiseau de nuit aurait été en relation avec Lugus.

On signalait, au sujet de Nás, qu'elle offre un parallélisme avec Daphnè, toutes deux ayant un rapport avec le prophétisme, attribut de leur mari ou amoureux. On discerne un autre cas semblable. Si les tombes de Nás et de Búa sont des lieux d'assemblées, ces figures féminines sont dans une situation analogue à celle de Tailtiu, dont on a dit qu'elle représente la Terre. De fait, enterrées, et sans doute divines puisqu'elles ont épousé un dieu, que l'une a commis l'adultère avec le fils d'un autre, elles sont sans doute bien des figures analogues à Tailtiu, et, épouses d'un dieu qui fut roi, elles s'identifient à la terre d'Irlande. Il y a alors un cas, parmi les amours d'Apollon, qui évoque ceux-ci. Je suis ici Pierre Chuvin, qui note que Kurènè a des affinités puissantes avec la Terre : elle est l'éponyme d'une ville (Cyrène), et est fille de Hupseus, lui-même petit-fils de Gaia, la Terre[102]. Dès lors, Lugh et Apollon ont eu une épouse/maîtresse chthonienne. Il est intéressant aussi que le rôle de protectrice du bétail de Kurènè soit fortement affirmé : car, en Thessalie, elle gardait le bétail de son père, puis, menée par Apollon en Libye, elle se trouve dans une « contrée féconde en troupeaux et enfants », et si elle tue un lion, c'est que celui-ci était ravisseur de bœufs[103]. Il est remarquable alors que Búa, réunie à Nás comme déesse chthonienne, tire vraisemblablement son nom de celui du bœuf[104]. Kurènè est associée aux bovins parce qu'elle les protège, Nás est associée au bœuf parce qu'il est à l'origine du nom de sa sœur.

Ainsi, dans les relations féminines d'Apollon et de Lug, sont communs les motifs mythiques, les noms des personnages (significations parfois identiques), et les traits de certaines des épouses.

Les épreuves et les acquisitions trifonctionnelles

On a dit plus haut comment Lugh et Apollon, jeunes dieux, sont les seuls de leurs panthéons respectifs à qui il est demandé d'accomplir des épreuves qualifiantes pour avoir accès à leur statut accompli de maître de Delphes pour l'un, de futur roi de Tara pour l'autre.

Pour Apollon l'épreuve est unique et héroïque : il s'est agi de tuer le dragon gardien du site.

Pour Lugh, les épreuves ont été au nombre de trois et aucune n'est héroïque. Il y eut par contre une épreuve de force qui consista à lancer une immense pierre que le dieu fort, l'Hercule celtique[105] Ogma, avait déplacée volontairement pour provoquer Lugh[106]. Par contre, les exploits héroïques vinrent après pour Lugh, durant la bataille de Mag Tured contre les Fomóire.

Cela dit, ce qui est beaucoup plus pertinent, c'est qu'aussi bien Apollon que Lugh et Lleu voient leur statut défini à la suite d'acquisitions – épreuves dans un cas, dons dans les autres – trifonctionnelles : et ceci aussi est unique dans les théologies respectivement grecque et celtique.

On rappellera que la découverte que les anciens Indo-Européens classaient le monde selon trois principes, appelés les trois fonctions, composant la « tripartition fonctionnelle », revient à Georges Dumézil[107], lorsqu'il constata, en comparant des groupes divins et des mythes de divers peuples de langue indo-européenne, qu'ils se répartissaient ou mettaient en scène des personnages, ou des idées, caractérisés d'un côté par la puissance spirituelle, religieuse ou politique, d'un autre par la force physique, qui s'illustre principalement dans la guerre, et d'un troisième par l'abondance et les conditions pour l'obtenir (fertilité, beauté physique, médecine). Telles sont les trois fonctions indo-européennes. Les mythes concernant Lugh et son équivalent gallois Lleu, et Apollon, en fournissent de parfaites illustrations.

Cela se situe, pour Apollon, au moment même de sa naissance. Il faut reprendre ici dans leur ensemble des vers de l'hymne homérique à Apollon qui ont déjà été cités plus haut dans des contextes différents : le nouveau-né divin vient à peine d'être recueilli par Thémis et nourri par elle de nectar et d'ambroisie, qu'il fait craquer les bandelettes qui le retenaient et « Phoibos Apollon dit aussitôt aux Immortelles : "Qu'on me donne ma lyre et mon arc recourbé ; je révélerai aussi dans les oracles les desseins infaillibles de Zeus." À ces mots, il se mettait en marche sur la terre aux larges routes, l'archer Phoibos à la chevelure vierge. Toutes les immortelles l'admiraient et Dèlos tout entière se couvrit d'or pendant qu'elle contemplait la race de Zeus et de Lètô, dans sa joie que le dieu l'avait élue pour sa demeure et préférée aux îles ainsi qu'à la terre ferme. Elle fleurit comme la cime d'un mont sous la floraison de sa forêt » (*HHA*, 130-139).

En 1982, Georges Dumézil a fait de ce passage le commentaire suivant :

> Tel sera, tel est dès ce moment le statut du dieu : 1° et 2° il réclame comme son bien propre (mot-à-mot « que soit à moi ») « sa » lyre et « son » arc ; 3° puis il déclare qu'il a le pouvoir de révéler en forme d'oracles les volontés de Zeus, son père ; 4° enfin il couvre le sol de Délos

d'une chape d'or, avalisant ainsi la promesse de sa mère et préfigurant l'afflux de richesses qui tiendra lieu, pour l'île, de l'impossible couverture végétale.

[...] Bien distincts et étroitement unis – les trois premiers même en deux vers denses comme une formule –, ces quatre termes sont une analyse des services du dieu. Pour trois d'entre eux, l'appartenance à l'un des trois niveaux fonctionnels indo-européens et à un seul est évidente et soulignée par le contexte de l'hymne. À la plus haute fonction, l'administration du sacré, ressortit l'oracle ; l'arc permet une forme particulièrement efficace d'action guerrière ; l'or garantit à Délos sa future opulence. Seul le quatrième terme, le premier dans la proclamation d'Apollon, la lyre, fait problème. Nous admettrons, par première approximation et en attendant d'autres lumières, qu'elle appartient pour l'essentiel à ce que la suite de l'hymne met presque exclusivement en valeur : le culte, la fête annuelle, dont elle accompagne les chants et les danses. La première fonction reçoit ainsi, dans le bagage du dieu, une double expression[108].

Les pages qui suivent dans l'étude du grand savant reprennent un à un ces éléments et montrent, par comparaison avec les données indiennes (d'âge védique) concernant la déesse Vac, « la Parole », qu'en fait la lyre, permettant l'expression du dieu, coiffe les trois fonctions[109].

Or le Lug gallois, Lleu Llaw Gyffes, a été pareillement gratifié de dons trifonctionnels. On se rappelle comment Arianrhod, mère de Lleu, a refusé de le reconnaître pour son enfant et, pour l'anéantir civilement en quelque sorte, déclara qu'il n'aura pas de nom tant qu'elle ne lui en aura pas donné un elle-même, ce qu'elle exclut, bien entendu. Mais Gwydion ruse, camoufle l'enfant, le présente à Arianrhod, et les premiers mots qu'elle dit à son sujet, à l'occasion du tir sur le roitelet[110], sont retenus comme nom pour lui : le Blond à la Main Agile[111]. Or, cet interdit sur le nom que prononce Arianrhod n'est que le premier d'une série de trois. Lorsque Gwydion rend à Lleu son aspect normal, Arianrhod s'aperçoit qu'elle a été trompée, et proclame :

« Eh bien, je jure que l'enfant aura pour destinée de n'avoir pas d'armure avant que je l'en revête moi-même.

– Par moi et par Dieu, dit Gwydion, tu peux être aussi perverse que tu voudras, il aura des armes. »

Les années passent, et Lleu devient un grand et beau jeune homme, habile à monter à cheval. Mais il se désole de n'avoir point d'armes – souhait classique des récits d'« enfances » héroïques. Gwydion à nouveau va ruser et agir par magie. Tous deux se déguisent en ménestrels, et se font accueillir à Caer Aranrot, la « Demeure d'Arianrhod », située, on l'a dit, sur un rocher proche de la côte. Alors, Gwydion « appela à lui sa magie et son pouvoir. Un grand mouvement de navires et un grand bruit de trompettes, auxquels répondirent de grands cris dans la campagne, se firent entendre ». Arianrhod est terrorisée. Gwydion annonce que son compagnon et lui-même sont prêts à défendre la demeure ; elle va leur chercher des armes, et, dit Gwydion,

> « Princesse, revêts son armure à ce jeune homme ; moi, je revêtirai l'autre avec le secours de deux pucelles. J'entends le tumulte de gens qui arrivent.
>
> – Volontiers », répondit-elle.
>
> Elle le revêtit avec empressement d'une armure complète.
>
> « As-tu fini, dit Gwydion à Arianrhod, d'armer ce jeune homme ?
>
> – C'est fait, répondit-elle.
>
> – J'ai fini moi aussi. Tirons maintenant nos armures ; nous n'en avons plus besoin.
>
> – Oh ! pourquoi ? Voici la flotte autour de la maison.
>
> – Non, femme, il n'y a pas la moindre flotte.
>
> – Que signifiait donc toute cette levée ?
>
> – C'était pour rompre le sort que tu as jeté sur ce jeune homme et lui procurer des armes, et il en a eu sans que tu aies droit à des remerciements.
>
> – Par moi et Dieu, tu es méchant homme. Il se pourrait que bien des jeunes gens perdissent la vie à cause de la levée que tu as occasionnée dans ce district aujourd'hui. Je jure que ce jeune homme aura pour destinée de n'avoir jamais une femme de la race qui peuple cette terre en ce moment[112]. »

Cela constitue la troisième et dernière malédiction d'Arianrhod. On sait la suite : Math et Gwydion feront pour Lleu une femme, à partir « des fleurs du chêne, de celles du genêt et de la reine des prés ».

Dès 1959, Dumézil remarquait la disposition trifonctionnelle de ces interdits : Lleu, dit-il, « ne doit pas recevoir de *nom*, ni d'*armes*, ni d'*épouse* [...] compte tenu de la valeur magique du nom, bien établie chez les Celtes comme ailleurs, on notera que les trois interdictions qui [le] menacent se distribuent sur les trois fonctions de magie, de force guerrière et de fécondité[113] ».

Il s'agit en effet d'un magnifique exemple d'épreuve trifonctionnelle, répartie sur les trois principes qui, pour les anciens Indo-Européens, définissaient le monde.

Venons-en à présent à Lugh. Nous avons vu, lorsqu'il était question de sa polyvalence, son arrivée à Tara, selon *CMT I* et l'interrogatoire que lui fait subir le portier[114]. Celui-ci étant allé prévenir les chefs des Túatha Dé Dánann, Lugh « dit alors qu'on allât lui chercher le jeu d'échecs de Tara, et il gagna la partie. Il fit l'enclos de Lugh[115] ». Le caractère exceptionnel de la multiplicité des dons du dieu amène le roi, Nuada, à dire qu'on le laisse entrer. Ce que fit

Lugh, et « il s'assit sur le siège des sages car il était sage en chaque art ».

On citait plus haut l'épisode suivant, qui voit le dieu Ogma traîner hors de Tara, pour lancer un défi à Lugh, « la grande pierre pour laquelle il fallait les efforts de quatre-vingt jougs ». Alors Lugh la rejette en arrière, dans la maison royale, et jette encore « le morceau qu'Ogma avait placé devant elle, à l'extérieur, à côté de la maison royale, si bien que ce morceau fut entier ».

Ensuite, les troupes demandent : « "Qu'on nous joue de la harpe" », et « le jeune guerrier » fait aussitôt preuve de sa maîtrise en jouant un refrain de sommeil qui plonge le roi Nuada et les troupes dans le sommeil, puis un refrain du sourire qui les met tous « dans la joie et la gaieté », enfin le refrain de tristesse, « si bien qu'ils pleurèrent et se lamentèrent ». Alors Nuada, ébloui, s'incline devant Lugh, car « ils tinrent conseil au propos [de Lugh]. L'avis auquel se rangea Nuada fut de changer de siège avec le jeune guerrier. Samildanach alla donc sur le siège du roi et le roi se tint debout devant lui pendant treize jours[116] ».

Les frères Alwyn et Brinley Rees ont, les premiers, proposé de voir en cette série d'épreuves une tripartition fonctionnelle[117]. Il y a toutefois une difficulté : certes, le « jeu d'échecs », en fait *fidchell*, « intelligence du bois[118] », est un jeu « royal par excellence », et Lugh gagne contre le roi Nuada[119]. Le jet de la prodigieuse pierre est une épreuve de force, proposée par le dieu champion ; elle annonce l'exploit ultérieur de Lugh, le lancement d'une énorme boule de métal incandescent dans l'œil de Balor[120]. Il est remarquable qu'elle connaisse un parallèle grec : on a cité plus haut l'importance des pierres dans les fondations apolliniennes, mais un récit est plus précis encore : selon l'un des hymnes découverts à Delphes, Apollon y rencontre le dragon femelle alors qu'il « traînait de sa main immortelle d'énormes quartiers de pierre[121] ». Lugh réalise bien des épreuves qui répondent aux première et seconde fonctions indo-européennes. Mais la troisième épreuve, musicale, n'est pas évidemment de troisième fonction. « La musique est à la fois un *divertissement*, une *magie* et une *thérapeutique* » ont noté F. Le Roux et Ch.-J. Guyonvarc'h[122] et, en leur dernier commentaire, « l'épreuve musicale est à la fois technique et incantatoire puisque la musique est comprise comme telle. Il s'agit donc d'une épreuve partielle de "vérification de l'initiation sacerdotale" ». Dès lors, « il n'est demandé à Lug aucune épreuve de troisième fonction » – ce que les auteurs expliquent par le fait que « nos textes sont archaïques de fond mais de transmission tardive[123] ».

Sans doute, mais il est remarquable qu'aussi bien en Grèce, dans l'*Hymne homérique à Apollon*, qu'en Irlande, dans la version (la plus ancienne des deux) du *Cath Maighe Tuired*, ce soit le même objet (l'instrument musical à cordes) qui fasse problème. Dans l'un et l'autre cas, elle paraît doubler une manifestation de première fonction, les dons oraculaires d'Apollon, l'intelligence de Lugh au *fidchell*, mais, dans le cas grec, Dumézil a pu suggérer que la lyre sublimait, en quelque sorte, les pouvoirs des trois fonctions. Or, dans le récit irlandais, l'épreuve musicale figure *in fine*, et elle consiste à exercer trois pouvoirs, l'un sur le sommeil, l'autre sur la joie, le troisième sur la tristesse. Cela échappe aux « fonctions », et, en un sens, les « coiffe » là aussi. Je me demande dans ces conditions si l'« épreuve » de troisième fonction n'est pas constituée, dans *CMT I*, par la litanie des savoirs des professions (dans leur grande majorité, techniques) que le portier énumère à Lugh lorsqu'il arrive devant la porte de Tara et auxquels celui-ci dit toujours satisfaire : dans l'ordre, charpentier, forgeron, champion, héros, poète-historien, sorcier, médecin, échanson, artisan – et cette diversité même évoque en soi la troisième fonction[124]. Autrement dit, on aurait : d'abord, l'exposé de « polytechnicité » de Lug (dont le titre est bien *Samildánach*, « sympolytechnicien »), puis l'épreuve de première fonction (le « jeu d'échecs »), puis l'épreuve de force, enfin l'épreuve en quelque sorte synthétique, ou subsumante, l'épreuve musicale qui a pouvoir à peu près universel, puisque la harpe est incantatoire, et peut aussi bien endormir des troupes, ou – dans l'histoire, grecque, d'Amphiôn, un émule humain d'Apollon – transporter des pierres pour construire une muraille[125].

Un chercheur irlandais a proposé une autre lecture des événements, qui n'est nullement incompatible avec la précédente : il note que Lugh remporte trois victoires, dans le même récit de la *Seconde bataille de Mag Tured* : la première sur Nuada, puisque les trois succès au jeu du bois intelligent, au jet de pierre, à la lyre, éblouissent celui-ci et l'amènent à céder sa place pour treize jours ; la deuxième sur le redoutable et meurtrier Balor ; la troisième sur Bres ; or, la première concerne la fonction sacrée du roi, la deuxième la fonction militaire, et la troisième la fonction agraire, puisque, comme on l'a vu, Bres ne sauve sa vie qu'en promettant aux vainqueurs abondance de récoltes et de lactation des vaches[126].

Ainsi, les histoire de Lleu et de Lugh fournissent, du côté celtique, des parallèles à la série trifonctionnelle des acquisitions d'Apollon[127].

Ce n'est pas tout. On évoquait plus haut[128] l'« Aventure de Lludd et de Llevelys », ce récit médiéval gallois où l'on voit le roi de Bretagne Lludd venir en France demander à son frère le roi Llevelys comment se débarrasser de trois fléaux qui frappaient son royaume. Dès 1955, Dumézil a reconnu dans ces trois fléaux, les *teir gormes ynys Prydein*, « trois oppressions de l'île de Bretagne » de la tradition galloise, une série trifonctionnelle. Ces trois fléaux consistent en effet :

– en l'action d'une race d'hommes, les Coranniei, sages et savants, et dont l'ouïe était si fine qu'ils entendaient toute conversation dans le royaume de Lludd ;

– en l'effet d'un cri terrible qui, chaque 1er mai, terrorisait hommes et animaux, et la nature entière en était stérilisée (Llevelys expliquera à son frère que ce jour-là se produisait le duel de deux dragons, l'un insulaire, l'autre étranger, et le cri était celui du premier) ;

– en la disparition quotidienne des réserves de nourriture que le roi, en toute prévoyance, essayait de constituer (Llevelys expliquera qu'un magicien puissant venait chaque nuit entasser tout dans un panier).

Ces fléaux se répartissent sans hésitation possible sur les trois fonctions : les *Coranniei*, parce qu'ils sont des « savants », intelligents, et que science et intelligence caractérisent, dans de nombreux récits du monde indo-européen, la première fonction, et parce qu'ils concurrencent le roi au niveau de son savoir ; les dragons, parce qu'ils symbolisent la guerre entre ennemis ; le magicien voleur, parce qu'il faisait porter le mal sur la nourriture.

C'est Llevelys qui indique, pour les deux derniers fléaux, leur origine, et, pour les trois, les moyens d'en venir à bout.

Les avantages sont considérables pour Lludd – et se répartissent à leur tour sur les trois fonctions (je cite Dumézil) :

« 1. Outre la liberté retrouvée de gouvernement et de parole, *il garde une provision de drogue magique* anéantissante pour le cas où la race trop savante reparaîtrait ;

2. les deux dragons, enterrés vivants dans l'endroit le plus fort de l'île, en un point du montagneux Eryri gallois (le massif de la Snowdonia), constituent *un talisman qui garantit qu'aucun envahisseur ne pénétrera en Bretagne* ;

3. le voleur, dompté, promet de *restituer les immenses quantités de nourriture qu'il a volées* et de se mettre loyalement au service de Lludd, sans doute pour lui procurer d'autres nourritures, puisque c'était là, comme voleur, son unique spécialité[129]. » Il a été remarqué à ce sujet que ce que promet le voleur, une fois vaincu, ressemble beaucoup à ce que promet le roi des Fomóire Bres[130].

Llevelys est donc maître d'un savoir que Lludd (le Nuada irlandais) ne possédait pas, du moins tant que son frère ne l'avait pas mis à sa disposition. Comme dans le récit irlandais, Lug surpasse Nuada, entre autres quant au savoir.

De fait, qui a acquis un savoir peut le transmettre. Un texte – latin, mais d'inspiration grecque évidente – met précisément Apollon en situation de donneur de biens répartis trifonctionnellement, avec, là également, la lyre en surcroît : « Déjà se tenait près de lui [Énée] le plus aimé des favoris de Phoibos, Iapis, fils d'Iasus. Jadis Apollon, captif de sa passion, mettait sa joie à lui offrir les arts qui lui sont propres : la science de l'augure, et la cithare, et les flèches rapides. Mais lui, pour prolonger la destinée d'un père déjà posé devant le seuil, préféra connaître les pouvoirs et l'usage médicinal des herbes et pratiquer sans gloire un métier sans renom[131] », c'est-à-dire, commente Dumézil, « le dieu amoureux offre à son éromène les deux éléments les plus séduisants de sa dotation surnaturelle, qui sont aussi les trois moyens d'une rapide gloire : deux, jumelés, appartiennent à la première fonction, la divination et la musique ; l'autre, les flèches rapides, à la deuxième. Il lui reste un art plus humble, qui est de troisième : celui de cueillir et d'utiliser les plantes curatives... À l'Apollon prophète et cithariste, à l'Apollon archer, c'est l'*Apollon medicus* qu'il préfère[132] ».

Le parallèle avec l'histoire de Lludd est frappant : de même qu'Apollon, ayant dès sa naissance exercé un pouvoir sur la totalité des fonctions, est en mesure de transmettre semblable pouvoir à son disciple Iapis, de même, Llevelys, gratifié, sous le nom de Lleu, de dons trifonctionnels, dispose des connaissances capables de résoudre les difficultés, trifonctionnelles, de Lludd.

La tripartition fonctionnelle exprime une analyse globale du monde[133]. En montrant Lug/Apollon triompher sur les trois plans, les théologiens fondateurs de ces mythes ont voulu dire comment ce dieu avait pouvoir sur la totalité des aspects composant le monde. De fait, les caractéristiques relevées dans la première partie nous ont révélé un dieu druide et roi (première fonction), guerrier et tueur (deuxième fonction), au rôle déterminant dans le soin apporté aux troupeaux et maître du temps, en particulier de la belle saison (troisième fonction).

Rappelons que cette analyse tripartite n'est pas exclusive d'une autre, plus précise, multifonctionnelle, qui voit Lugh en Irlande, Apollon en Grèce, définis tous les deux par une somme de métiers ou de capacités, phénomène unique, je l'ai dit, dans leurs panthéons respectifs, et qui assure leur commune habilitation à s'occuper de l'ensemble des activités humaines. Ils sont ainsi des dieux « totaux » sur deux plans, celui, philosophique et théorique, des trois fonctions indo-européennes, et celui, pratique, du patronage des techniques et productions les plus diverses.

Le meurtre des géants borgnes

L'acte le plus célèbre de Lug, dans la mythologie irlandaise, est d'avoir tué le géant Balor, à l'œil unique : j'ai longuement cité ce récit[134]. Le lecteur voudra bien s'y reporter pour ce qui va suivre.

Car ce mythe a un parallèle rigoureux dans le domaine grec ; il s'agit du meurtre des Cyclopes par Apollon. Les Cyclopes sont, depuis l'*Odyssée*, des géants à l'œil unique, grand et rond (ce qui signifiait le nom de *Kúklôpes*). Au début de l'*Alkestis* d'Euripide, Apollon, qui sert comme esclave chez Admète pour un an (ou pour neuf), explique ainsi sa situation : « Ô demeure d'Admète, où je consentis à accepter la table du mercenaire, moi un dieu ! Zeus en fut cause : il avait abattu mon fils Asklèpios, d'un trait de flamme en pleine poitrine ; alors, en mon courroux, les artisans du feu de Zeus, les Cyclopes, je les tuai, et c'est ainsi que la condition de mercenaire chez un mortel me fut imposée en rançon par mon père[135]. » Le meurtre des Cyclopes est donc de la famille de la vendetta : Zeus a tué le fils d'Apollon, alors celui-ci tue les associés de Zeus[136]. Mais pourquoi Zeus avait-il tué Asklèpios – son petit-fils, après tout ?

Asklèpios – dieu de la médecine – avait reçu, du Centaure Kheirôn, ou d'Athèna, les moyens et connaissances, non seulement de soigner, mais même de ressusciter les morts. Les dieux en furent effrayés : Hadès, parce qu'il ne recevrait plus personne ; Zeus, parce qu'alors l'expansion de l'humanité n'aurait plus de limite. Il fallut couper court au processus, et Zeus foudroya Asklèpios[137].

Ce qui donne lieu aux comparaisons irlandaises suivantes :

1 – La principale différence entre ce mythe et celui de Lugh est que le meurtre de Balor accompli par ce dernier est l'acte principal d'une bataille, tandis que le meurtre des Cyclopes se situe hors d'un contexte guerrier. Mais son contexte propre – celui d'une vendetta – se retrouve assurément en Irlande : le meurtre d'un ou de plusieurs personnages pour venger le meurtre d'un parent est à la fois le fait de Lugh, lorsqu'après le meurtre de son père Cian, il exige un prix de composition des fils de Tuireann qui, en réalité, les mène à la mort[138], et le fait des adversaires de Lugh, car, après qu'il a tué Cermait Milbel qui lui avait pris sa femme[139], le fils de ce dernier, Mac Cuill, le tua à son tour[140]. On remarque que les Cyclopes sont généralement au nombre de trois, Brontès, Stéropès et Argès[141], comme les fils de Tuireann sont trois, Brian, Iuchar et Iucharba.

2 – Les mythes concernant les dieux-médecins grecs ont un rigoureux parallèle irlandais.

D'abord d'un point de vue familial : Apollon, dieu, entre autres, médecin, eut pour fils Asklèpios, dieu spécialisé dans la médecine et celui-ci est accompagné d'une figure féminine, Hugeiâ (d'où notre mot « hygiène »), considérée en général comme sa fille[142]. Le plus important dieu médecin irlandais est Diancecht[143]. Or « Diancecht avait quatre fils : Cú, Cian, Cethen, et Miach. Etan la poétesse était sa fille et Armed la femme-médecin était une autre fille de Diancecht[144] ».

Le Miach qu'on vient de nommer étant aussi un médecin émérite (ci-dessous), on voit que le groupe des dieux-médecins irlandais[145] comprend trois personnes : Diancecht, son fils Miach et sa fille Armed : exactement comme le groupe des dieux médecins grecs comprend Apollon, son fils Asklèpios, sa « petite-fille » Hugeiâ.

On se rappelle que Cian, fils de Diancecht, est le père de Lugh. Ainsi Lugh est le petit-fils du dieu-médecin ; Apollon est, lui, le père du dieu-médecin.

Ensuite, si Apollon est lui-même médecin, Asklèpios a fait mieux que son père, puisqu'il ressuscitait les morts. Il en est exactement de même de Miach vis-à-vis de son père Diancecht :

> [Le roi Nuada] avait un bras d'argent avec tout le mouvement de chaque main et chaque doigt à chaque jointure, que Diancecht le médecin lui avait mis avec l'aide de Creidne l'artisan. Mais Miach, fils de Diancecht, lui mit jointure sur jointure, et veine sur veine de sa propre main ; il le guérit en trois fois neuf jours et le bras d'argent lui fut donné en récompense[146].

Là où Diancecht faisait de la prothèse, Miach fait de la chirurgie. Or, cet exploit médical de Miach, qui consistait à reconstituer le vivant, ne plaît pas plus à son père que l'exploit d'Asklèpios ressuscitant les morts ne plaisait à son grand-père : selon *CMT I*, qui raconte également la guérison du bras de Nuada.

> Cette guérison sembla mauvaise à Diancecht. Il brandit une épée au-dessus du sommet de la tête de son fils si bien qu'il coupa la peau jusqu'à la chair de la tête. Le garçon guérit en mettant en œuvre son art. Il le frappa à nouveau : il coupa la chair et atteignit l'os. Le garçon guérit encore par la même mise en œuvre de son art. Il le frappa d'un troisième coup et il atteignit la membrane de son cerveau. Le garçon guérit encore par la même mise en œuvre de son art. Il frappa alors un quatrième coup si bien qu'il atteignit la cervelle et que Miach mourut. Diancecht dit que le médecin lui-même ne l'aurait pas guéri de ce coup.
>
> Puis Miach fut enterré par Diancecht, et des plantes au nombre de trois cent soixante-cinq poussèrent sur sa tombe, identiques au nombre de ses jointures et de ses nerfs. Airmed ouvrit son manteau et rangea ces plantes d'après leurs qualités. Mais Diancecht vint à elle et mêla les plantes, si bien qu'on ne connaît pas leurs effets propres, à moins que le Saint-Esprit ne l'ait révélé par la suite. Et Diancecht dit : « Si Miach n'est plus, il reste Airmed[147]. »

Ainsi, pour avoir trop bien fait, Asklèpios est frappé de la foudre par son grand-père et Miach est tué à l'épée par son père. Ces morts tragiques n'empêchent évidemment pas Asklèpios d'avoir pourtant été le grand dieu invoqué durant toute la période du polythéisme grec comme dieu guérisseur, ni Miach de jouer un rôle actif dans la bataille de Mag Tured, laquelle se déroule bien après la guérison de Nuada[148]. Autrement dit, la mort du médecin-fils est un mythe celto-hellénique qui signifie que la médecine, la guérison, ont dû être payées, *ab origine*, par la mort du dieu, ce qui ne porte en rien atteinte à sa nature divine. De même, d'ailleurs, Lug (Lleu) et Apollon sont morts et ressuscités[149].

3 – Ceux qui ont le pouvoir de tuer les géants borgnes ont corrélativement un pouvoir sur la vision. On a cité au fil de ce travail la plupart des faits qui se rapportent à cet aspect des choses : Lugh se livrant à une danse sur un pied et avec un œil fermé avant la bataille imite donc son grand-père Balor à l'œil unique. De fait, le Mercure de Strasbourg, muni d'un marteau, ferme un œil[150] : il est à la fois l'artisan et l'oculiste, en même temps que Lugh magicien. Le grand œil de certaines figurations monétaires et sculptées permettent de l'identifier à Lug[151]. La fréquente épithète *Visucius* du Mercure gallo-romain semble faire allusion à sa vision[152]. Un des personnages qui paraissent des humanisations de Lug dans la tradition irlandaise, Fintan, eut un œil arraché par un corbeau[153]. Côté grec, Hérodote signale qu'à Apollonia d'Illyrie des troupeaux sont consacrés au dieu Soleil, et si celui qui veille sur eux s'endort, il est puni de l'aveuglement[154].

4 – On remarque que dans les comparaisons mythiques précédentes, les parallélismes permettent de repérer des inversions : par exemple, Lugh est petit-fils de Diancecht, et neveu de Miach, tandis qu'Apollon est père d'Asklèpios. De même, le mythe du meurtre des Cyclopes, comparé à celui du meurtre de Balor, montre une sorte de basculement des notions à l'intérieur d'un même groupe de personnages. À savoir…

Pour tuer Balor, Lugh n'utilise pas son arme de jet habituelle, la lance, mais une boule de métal incandescente : par contre Apollon utilise son arme de jet habituelle, l'arc, pour tuer les Cyclopes, mais c'est Zeus qui, dans le récit d'Euripide, abat Asklèpios du jet d'une lame de feu dans la poitrine.

Ce jet de feu est la foudre, que les Cyclopes fabriquaient pour Zeus. Ces Cyclopes sont effet des forgerons divins[155]. Soit le basculement suivant :

– le forgeron divin Goibniu fournit à Lugh la boule de feu avec laquelle il tue Balor ;

– les forgerons divins fournissent à Zeus la lame de feu avec laquelle il abat Asklèpios, ce qui leur vaut d'être abattus à leur tour par Apollon[156] ;

– la théologie grecque comprend elle aussi un forgeron divin singulier : Hèphaïstos ; celui-ci fit, comme les Cyclopes, de nombreux objets pour les dieux[157] ; il était fils de Zeus et d'Hèra, donc demi-frère d'Apollon : Goibniu est fils d'Eithle[158], donc demi-frère (matrilatéral, cette fois) de Lugh.

Les noms des Cyclopes évoquent l'orage : *Stéropès* est lié à *steropè*, « éclair », *Brontès* à *brontè*, « tonnerre », et *Argès* évoque un mot signifiant « blanc, brillant, lumineux ». Et c'est bien la foudre qu'ils fabriquaient.

Ce qui débouche sur la question des rapports entre Lugh, Balor, et la foudre. Plusieurs auteurs, invoquant le motif de la boule incandescente qui frappe Balor, et le surnom de *lonn-béimenech*, « celui qui frappe furieusement », appliqué à Lugh, ont conclu que celui-ci représentait le pouvoir de l'orage[159]. La comparaison avec la foudre, autre boule de feu, avec laquelle Zeus tue Asklèpios, paraîtrait confirmer cette interprétation, de même que la tradition irlandaise moderne qui fait de Lugh et de Balor des dieux du tonnerre, comme en témoigne une formule relevée en Irlande à Ballynoy en Mayo, conjoignant « le vent de Lugh aux Longs Bras » qui « vole dans l'air la nuit » et « les étincelles de son père, Balor Béimeann[160] ».

Cependant, Lugh est fondamentalement lumineux, et la comparaison entre Apollon et lui confirme, bien davantage, son caractère essentiellement solaire. Il y a donc une contradiction. Comment se résout-elle ?

En fait, c'est l'œil unique de Balor, œil foudroyant, qui évoque la foudre, face à un Lugh rayonnant. On accordera tout son poids à la description de cet œil dans *CMT II* : « Grande était en vérité la détresse de Lugh en cet endroit car il n'y avait pas de guerrier au corps sans blessures avec les vents rapides et froids du printemps, de ce lac large et empoisonné, avec la rude goutte lourde, froide, neigeuse, avec le poison du liquide ardent et vénéneux, avec les lourdes et prodigieuses averses d'eau venant des sourcils et des bords de cet œil empoisonné, ici et là, depuis le moment de son ouverture, et à cause de la lourdeur et de la chaleur de la boule de fronde de l'autre côté, à cause des lourds nuages de feu qui en venaient, à cause des décharges bouillonnantes et rouges d'étincelles bariolées qui l'entouraient, et à cause de la grêle tremblante et empoisonnée qui courait devant elle, à cause du jet des liquides brûlants et empoisonnés jaillissant de ses trous, et à cause des étincelles bien connues, longues et brûlantes qui surgissaient de ses bords[161]. »

C'est une fantasmagorie solaire mêlée et opposée à un ciel d'orage.

Bien évidemment, Lugh tient l'objet solaire, la boule en métal incandescent, et Balor exprime le côté sombre et obscur du monde[162].

Il s'ensuit que la contradiction relevée ci-dessus a pour explication une inversion sémantique : la boule de feu jetée est foudre en Grèce, elle est soleil en Irlande.

Rappelons encore à ce sujet ce rite apollinien déjà évoqué ci-dessus, à cause de son mythe fondateur où apparaît un Apollon guerrier[163], les Daphnèphoria thébaines, où l'on portait une hampe d'olivier, fortement décorée, au sommet de laquelle une boule de bronze, représentant le Soleil, identique à Apollon, d'autres boules plus petites suspendues à la première figurant les planètes et les étoiles, une autre boule au milieu de la hampe, moins grande que celle du sommet, représentant la Lune, enfin trois cent soixante-cinq bandelettes de pourpre symbolisent le cours annuel du Soleil. La procession menait cet objet jusqu'au sanctuaire d'Apollon Ismènios et Khalazios[164] : c'est-à-dire, « de la grêle ». Symbolisme clair : Apollon, on ne peut plus solaire ici puisqu'il est figuré sous la forme d'une boule brillante, ce qui rappelle celle qu'a lancée Lugh, est invoqué contre la grêle : on est très proche du mythe de Lugh et de Balor, dans lequel Lugh solaire combat et abat la puissance orageuse.

Il est intéressant de noter, dans cette cérémonie, l'occurrence du chiffre trois cent soixante-cinq, qui apparaissait déjà précisément ci-dessus dans l'histoire du meurtre de Miach, où il connotait nécessairement le temps annuel[165] : ces matériels mythiques grec et celtique sont bien un seul et même.

Il est vrai qu'une autre tradition exégétique a par contre voulu voir en Balor un soleil âgé, vaincu par le soleil plus jeune[166], et elle a pour elle des arguments : il y a des points communs entre Lug et Balor, justement dans le monoculisme, et dans les surnoms qui leur sont donnés, *balc-beimnech*, « aux forts coups », pour le second, *lonnbéimenech* pour le premier, de sens synonyme ; et, dans la tradition orale irlandaise, c'est Balor qui décapite Lugh ; des traditions irlandaises modernes mentionnent les manifestations d'une lumière funeste, dont le possesseur habite une île, dans les récits sur saint Patrick, qui l'éteint, et M. MacNeill tient ces traditions pour des souvenirs de Balor, puisque saint Patrick a repris une large partie du légendaire de Lugh[167]. Le pouvoir igné de Balor s'exprime dans cette autre tradition moderne selon laquelle il est un géant menaçant d'incendier l'Irlande[168].

Or, dans une étude de 1995, j'ai montré que la mort de Balor dans la bataille de Mag Tured a la même place que celle de Karṇa dans le *Mahâbhârata*. Dans l'un et l'autre cas, le meurtre de ce personnage occupe la place la plus importante, sa mort enchaîne la défaite de son camp, elle a lieu bien que le personnage en question soit presque invulnérable, et aussi bien Arjuna que Lug, pour vaincre leur adversaire, frappent vers l'ouest[169]. Mais, si elle oppose, en Irlande, un héros lumineux à un héros orageux, le premier (Lug) étant le vainqueur, et le second (Balor) le vaincu, la situation s'inverse en Inde, où le vainqueur, Arjuna, est fils du dieu de l'orage, Indra, tandis que le vaincu, Karṇa, est fils du Soleil (Sûrya). Si l'on ajoute à cela que le nom d'*Arjuna* signifie « blanc, brillant », et est construit sur le radical *arj-* qu'on retrouve, sous la forme *arg-*, dans le nom d'*Arianrhod*, mère de Lleu, qui signifie « Roue d'argent », et que précisément, suffixé en *-u-*, comme dans le nom (très proche) *Arjuna*, il se retrouve dans le grec *árguros*, « argent », on voit que le côté « Lug/Arjuna » est marqué par l'argent. En face, Karṇa est fils du dieu Soleil, et le nom de *Balor* pourrait dériver, comme celui de Lug lui-même, d'une racine signifiant « briller[170] ».

Dès lors, on voit que le dossier est complexe : tout se passe comme si Rhys et ses continuateurs avaient raison sur le fond, comme si Balor était un vieux soleil occidental, tout comme Karṇa, tandis qu'Arjuna et Lug, héros et dieu jeunes, sont marqués par la blancheur (*arg-*) de l'aube ; mais qu'à cette symbolique solaire se soit mêlée, dans les temps les plus anciens de l'épopée indo-européenne, l'intervention de dieux de l'orage, Zeus et ses Cyclopes, Indra père d'Arjuna, de sorte qu'une imagerie orageuse se superpose à l'imagerie solaire : ainsi le vieux soleil, Balor, prend des traits orageux, tout comme, dans le *R̥g-Veda*, le dieu Soleil affronte Indra et voit sa roue de char enfoncée par lui.

Il y a donc eu, selon les traditions nationales des peuples issus des anciens Indo-Européens, redistribution des rôles, selon que c'est le personnage solaire ou le personnage orageux qui gagne, assimilation du soleil vaincu à l'orage en Irlande, mais aussi en Grèce, puisque Apollon tue les Cyclopes ou est invoqué contre la grêle.

Je termine ce paragraphe en notant, à la suite de Jean-Jacques Hatt, que le rapprochement entre Balor et les Cyclopes a déjà été opéré... par les Romains ! Cet auteur a en effet souligné que, d'une part, une fontaine de Lyon, datable de l'époque de la victoire de l'empereur Claude sur les Bretons en 44, est décorée d'une tête de Cyclope, d'autre part, que le potier gallo-romain Satto, travaillant en Alsace, a aimé représenter la scène, inspirée de l'*Odyssée*, où Ulysse se trouve chez le Cyclope Polyphème ; mais l'artiste a ajouté un corbeau, par exemple au-dessus de la porte lorsque Ulysse est assis au-dessous : ce détail est parfaitement absent de l'*Odyssée* ! Par contre il appartient à la tradition celtique, où le corbeau est oiseau de Lug. Il n'y a alors qu'une interprétation possible à ces documents : d'un côté, de la part de Satto, Ulysse vainqueur du Cyclope est assimilé à Lug vainqueur de Balor ; de l'autre, pour célébrer la victoire de Claude sur les Bretons, on assimile l'empereur à Lug et les Bretons aux Fomóire, de sorte que leur chef Balor se retrouve dans la ville de Lug (Lyon) sous les traits du Cyclope[171] !

La succession de Terre

Le plus grand mythe, peut-être, commun à Lug et à Apollon, et à affinités cultuelles, est qu'ils sont tous deux des jeunes dieux ayant succédé, dans leurs sites les plus célèbres, à une mère adoptive qui est la Terre elle-même.

Pour Lug, on a cité plus haut[172] les textes, nombreux, qui font de Lug le successeur à Tailtiu de sa nourrice, du même nom. Ajoutons un dernier texte : « Tailtiu cependant, fille de Mag Mor roi d'Espagne, reine des Fir Bolg, arriva après la défaite infligée aux Fir Bolg dans la bataille de Mag Tured, à Coill Cuan et la forêt fut défrichée par elle, si bien que ce fut une plaine fleurie avant la fin d'une année. C'est cette Tailtiu qui était femme d'Eochu, fils d'Erc, roi d'Irlande, jusqu'à ce qu'il fût tué par les Tuatha Dé Danann. C'est ce fils d'Erc qui la prit en Espagne, chez son père, Mag Mor le Lent, roi d'Espagne. Tailtiu cependant s'établit à Tailtiu et dormit avec Eochu le Rude, fils de Dui l'aveugle, des Tuatha Dé Danann. Et Cian, fils de Diancecht, c'est-à-dire le Scal Balb selon un autre nom, lui donna son fils à élever, à savoir Lugh, dont Eithne, fille de Balor le Fort frappeur, était la mère. Puis Tailtiu mourut à Tailtiu, et son nom fut donné au lieu. Sa tombe est au nord-est du terre-plein de Tailtiu, et les jeux ont été faits chaque année par Lugh, quinze jours avant Lugnasad et quinze jours après Lugnasad. L'assemblée de Lugh, fils d'Ethlenn, est le nom des jeux[173]. »

Dans ce texte, et également dans ceux des *Dindsenchas de Rennes* et des *Dindsenchas métriques* cités plus haut, deux étapes sont donc nettement distinguées : la première occupation du site, sa préparation, avec défrichement, est l'œuvre de Tailtiu. Ensuite vient Lugh, son fils adoptif, qui, en commémoration de sa mémoire, crée les jeux et l'assemblée de Lugnasad.

On a noté que *Tailtiu* n'est autre qu'un mot désignant la « Terre[174] ».

Moyennant quoi, la totalité des motifs ici évoqués dans un mythe irlandais se retrouve dans le grand mythe de l'occupation de Delphes par Apollon.

La tradition grecque, unanime, affirme qu'Apollon a succédé à Delphes à Gaia, la Terre.

Presque aussi unanimement, elle affirme également qu'une autre occupante du site, antérieure à Apollon, fut Thémis : laquelle fut la nourrice d'Apollon, selon l'*Hymne homérique* à lui consacré[175].

Elle se partage par contre sur la modalité de la passation : une tradition, très proche de la version irlandaise des événements, parle d'une succession sans conflit, par héritage en quelque sorte. Une autre version veut au contraire qu'il y ait eu affrontement, et que le meurtre du dragon (féminin dans les plus anciens textes) de Delphes ait correspondu à une prise de pouvoir violente sur le site. Rappelons sur ces points les principaux textes.

Pindare, dans une ode perdue, mais citée par Pausanias et Strabon, disait qu'Apollon s'empara de Puthô (Delphes) par la force, et qu'en conséquence Gê voulut le jeter dans le Tartare[176].

Eschyle prend le contre-pied de cette thèse, lorsqu'au début des *Euménides*, il fait exposer par la Pythie l'histoire du site où elle officie :

> Ma prière, parmi les dieux, fait une place à part en premier lieu à la première prophétesse, à la Terre ; après elle, à Thémis, qui s'assit la seconde au siège prophétique laissé par sa mère, comme l'affirme un vieux récit. La troisième, à son tour, avouée de Thémis, sans violence faite à personne, une autre Titanide, fille de la Terre, s'y assit ensuite, Phoibê, et c'est elle qui l'offre en don de joyeuse naissance, à Phoibos – Phoibos, qui doit à Phoibê ce surnom. Délaissant donc Dèlos [...] il arrive et reçoit ici le franc hommage du peuple et de son roi, Delphos, pilote du pays. Et Zeus, lui emplissant le cœur de divine science, l'assied sur ce siège, quatrième prophète (*Eum.*, 1-18).

Cette version, « ultra-pacifique », parle donc d'une lignée de figures féminines, Gaia, puis sa fille Thémis, puis son autre fille Phoibê, enfin, « le dernier dieu et le plus grand des prophètes », Apollon. Le meurtre du dragon est tu, l'occupant antérieur du site est un roi éponyme, *Delphos*, qui accueille avec joie le fils de Lètô.

Euripide, postérieur à Eschyle de quelques décennies, revient à la première version. Pour lui, Lètô porta le bébé à peine né au sommet du Parnasse, « où le serpent couleur de vin, au dos tacheté et couvert, ainsi que par une cuirasse, de laurier ombreux et feuillu, monstre énorme issu de la Terre [*gâs*], gardait l'oracle chthonien [*manteîon khthónion*] !

Et toi, encore enfant, qui bondissais encore dans les bras de ta mère chérie, tu l'immolas, ô Phoibos : tu t'emparas de l'oracle divin ! Et te voilà siégeant au trépied d'or, sur le trône véridique, chantant aux mortels l'avenir, du fond du prophétique sanctuaire, voisin des flots de Kastaliâ, dans ton temple, centre du monde.

Or, comme il avait écarté de l'oracle divin de Puthô Thémis, la fille de Gaia, la Terre suscita les visions nocturnes des Songes qui disaient le passé, le présent, tout ce qui devait être ensuite, à de nombreux mortels, dans leur sommeil obscur : et Gaia, vengeant sa fille, prit à Phoibos les honneurs fatidiques », alors Apollon court demander l'aide de Zeus, et celui-ci, par un sourire, rend l'oracle à son fils (*Iph. T.*, 1245-1269).

Apollodore[177] et Ménandre[178] affirment tout simplement qu'Apollon prit l'oracle à Thémis par le meurtre du dragon.

Pausanias rapporte que, selon les Delphiens, l'oracle appartint au début des temps à Gê, qui avait pour prophétesse Daphnis, une nymphe de la montagne. Il cite par ailleurs un poème, l'*Eumolpiâ*, attribué à Mousaios, fils d'Antiophèmos, selon qui l'oracle appartint d'abord en commun à Poséidon et à Gê, la seconde prophétisant elle-même, le premier utilisant les services d'un nommé Purkôn. « [Les Delphiens] disent qu'ensuite Gê donna le site à Thémis, qui en fit don à Apollon[179]. » Selon un texte découvert à Delphes, et appelé le *Péan d'Aristonoos*, Apollon persuada Gê et Thémis de lui céder l'oracle[180].

Autre modalité chez un scholiaste à Pindare qui raconte, en donnant un poème d'Orphée comme source, qu'il y eut en premier à Delphes Nux (Nuit) comme prophétesse – ce qui rappelle le texte d'Euripide, au sujet des « oracles nocturnes » –, puis il y eut Thémis, et à cette époque Puthôn, le dragon, possédait le trépied prophétique, où Dionysos, en premier, s'installa pour prophétiser[181]. Plutarque confirme qu'Apollon et Nux, la Nuit, possédèrent un moment l'oracle en commun[182], mais il souligne surtout la complicité d'Apollon et de Thémis : c'est elle, la déesse, qui garda le sanctuaire pendant l'exil du dieu après le meurtre du dragon[183], elle encore qui, installée comme pythie, reçoit la lumière qui rayonne du trépied delphique[184], et prophétise de conserve avec Apollon[185]. De la même façon, Éphore, auteur du IVe siècle avant notre ère, voulait qu'Apollon et Thémis eussent d'abord l'oracle en commun[186], et Euripide montre, dans un autre texte que celui que j'ai cité, Apollon rendant la justice sur le trépied de Thémis[187].

Arrêtons ici cette revue des témoignages sur ce qui aurait précédé (ou accompagné) Apollon à Delphes[188]. Elle suffit à documenter les principales différences, et les points communs entre les versions.

De son côté, l'Irlande gardait le souvenir que Tailtiu avait été également prophétesse. Les *Dindshenchas métriques*, après avoir mentionné sa mort « aux calendes d'août[189] », ajoutent : « Elle a fait une prophétie véritable, / Tailtiu au côté brillant, dans son pays ; / aussi longtemps qu'un prince la reconnaîtrait, / l'Irlande ne serait pas sans perfection de chant[190]. »

On sait que le principal texte irlandais qui fasse de Lugh un dieu prophétique, le *Baile in Scáil*, le montrait annonçant au roi Conn Cetchathach l'avenir de sa dynastie, avec, à côté de lui, une jeune fille qui était la Souveraineté d'Irlande[191]. Or, il y a identité intrinsèque, en Irlande, entre la Souveraineté et la Terre : c'est l'une et l'autre que le roi « épouse » lors de l'intronisation[192]. C'est donc en association que Lugh et la Souveraineté, ou Tailtiu, sont divinités prophétiques : tout comme, à Delphes, selon ce prêtre delphique qu'était Plutarque, Thémis et Apollon sont associés dans l'activité oraculaire ; et Tailtiu fut la nourrice de son jeune compagnon, comme Thémis du sien ; sans doute, à suivre la lettre des textes, Tailtiu a prophétisé avant de « mourir », mais en fait la Terre et la Souveraineté sont éternelles, tout comme Lug et Apollon sont éternellement jeunes.

Dans l'optique comparative avec le matériel irlandais, on rappellera aussi que Thémis est un autre nom de la Terre, dans une fonction spécifiée[193], comme donneuse de loi et porteuse de vérité – donc oraculaire ; que Gê était effectivement une divinité delphique, possédant un sanctuaire dans le *téménos* d'Apollon[194] ; que le motif des défrichements, attachés en Irlande à la figure de Tailtiu, figure aussi dans l'histoire de Delphes[195]. Ainsi, en Grèce comme en Irlande, la déesse Terre (Tailtiu, Gê, Thémis) est fondatrice du lieu oraculaire, lequel a fait l'objet d'un défrichement primordial, et elle y fut première prophétesse, Lug/Apollon est le successeur de la déesse Terre, mais elle est en fait toujours présente, soit que les jeux créés par Lugh prolongent les rites funéraires qu'il célébra pour sa mère nourricière dont la tombe marque l'emplacement de la fête, soit que Thémis accompagne Apollon, ou que celui-ci occupe le trépied de Thémis. Toutes les versions grecques sont des variantes autour de ce thème de la passation de pouvoir qui n'est pourtant pas une éviction de la grande divinité chthonienne féminine, et l'on observera que telle des versions grecques (celle d'Eschyle, et des Delphiens eux-mêmes, à la fois au témoignage de Pausanias et à celui du *Péan d'Aristonoos*) est plus proche de la version irlandaise où Lugh succède à Tailtiu pacifiquement, par succession et héritage, que des autres versions grecques où la passation entre la Terre ou l'une de formes et Apollon s'opère par la violence meurtrière de ce dernier.

Ce n'est pas tout. À côté de cette trame d'ensemble identique, on note encore :

Tailtiu était située dans la province « centrale » de l'Irlande, le Mide (c'est, toujours, aujourd'hui, Teltown, en Meath, comté dont le nom est l'anglicisation de l'irlandais *Mide*) ; et, en conclusion d'une étude exhaustive des documents la concernant, Mme F. Le Roux a pu écrire : « Tailtiu est l'Irlande concentrée en un point que nous pourrions appeler l'*omphalos* royal[196]. »

Est-il besoin de rappeler que, dans la Grèce historique, Delphes est unanimement tenue pour le centre du pays et, corrélativement, du monde ? L'expression même d'*omphalos* qu'utilise spontanément Mme Le Roux est empruntée au culte delphique, où elle désigne une pierre entourée de bandelettes, et liée aux personnages de Dionysos et du dragon Puthôn, qu'on disait enterrés dessous.

Soulignons aussi le nom de *Daphnis* donné à la prophétesse – la Pythie – de la Terre dans une tradition de Delphes notée par Pausanias : le nom est évidemment une variante de *Daphnè*, nom d'une des maîtresses d'Apollon qu'on a comparée à l'une des épouses de Lugh, *Nás*, dont le nom signifie « présage, augure[197] », et le laurier a en lui-même, en Grèce, fonction d'inspiration divinatoire[198]. Il y a ainsi large homologie entre Nás et Daphnè/Daphnis.

En somme, Daphnis est associée à Apollon dans le mythe comme Thémis lui est associée à Delphes dans la théologie, et cela est confirmé par Euripide lorsqu'il fait de Puthôn, fils de la Terre, un monstre couvert de laurier. Si l'on ajoute que Daphnis fut première Pythie selon les Delphiens, et que le trépied sur lequel elle s'asseyait est consédéré par Euripide comme celui de Thémis, qu'enfin selon l'*Eumolpiâ* c'est Gê elle-même qui joua le rôle le première Pythie, Gê dont Thémis n'est qu'une forme, il s'ensuit que la Pythie, à Delphes, incarnait à la fois la puissance du laurier et la Terre.

Et l'on peut alors conclure :

1 – Grecs et Irlandais sont d'accord pour situer une première occupation du site, au centre du monde, qui sera ensuite celui du culte d'un jeune dieu lumineux, par une créature féminine, chthonienne, qui est aussi la nourrice du dieu.

2 – Ils ne paraissent s'opposer que dans la version, alternative d'une plus pacifique, en Grèce, selon laquelle Apollon s'empara par la violence, par le meurtre d'un dragon, du site chthonien. C'est une différence superficielle. Car, chose remarquable, la même opposition des versions avec ou sans violence existe en Irlande. À côté de celles concernant Tailtiu, d'où la violence dans la passation de la déesse au jeune dieu est exclue, une autre tradition médiévale irlandaise dit que Carman, éponyme d'un autre site irlandais dont on reparlera ci-dessous, fut tuée par quatre personnages dont l'un s'appelait *Lugh Laebach* : c'est vraisemblablement le souvenir d'une version où la succession entre l'éponyme du site (féminine comme Tailtiu et Thémis) et Lugh n'était pas aussi pacifique qu'à Tailtiu. En tout cas, Carman mourut assassinée, au contraire de Tailtiu qui mourut de mort naturelle. Les textes médiévaux établissent par ailleurs une connexion entre Tailtiu et les exploits de Lugh, puisqu'un texte dit que Tailtiu « bâtit la forteresse des Otages à Tara[199] », là même où, selon un autre récit, Lugh arriva et accomplit des épreuves, dont l'une de force, qui l'habilitèrent à commander les Túatha Dé Dánann[200]. Enfin, surtout,

grâce à Máire MacNeill, on verra plus bas que les traditions irlandaises postmédiévales conservent nettement le souvenir d'un affrontement entre un ancien possesseur, âgé, des sites où se célèbrent les fêtes prolongeant Lugnasad, et un nouveau, jeune. Je réserve cela à un prochain paragraphe, pour ne pas « couper en tranches » la riche et cohérente matière réunie par la savante irlandaise.

3 – De même, ils semblent s'opposer aussi en ce que les Grecs ont démultiplié la figure chthonienne : Gaia, plus Thémis, plus parfois une Phoibê et/ou une Daphnis, tandis qu'en Irlande, les fondatrices féminines ne sont qu'une (Tailtiu, Carman, Nás) pour chaque site. On rapprochera cela de la conception différente que Grecs et Celtes se sont fait du versant féminin de la divinité : les Celtes, comme les Indiens, ont gardé une notion très précise de l'unité de la grande déesse, malgré ses innombrables formes et ses nombreux noms ; les Grecs ont élaboré par contre une véritable symétrie entre dieux et déesses, de sorte qu'à la pluralité des dieux masculins répond une pluralité de déesses. Cela dit, la démultiplication de la déesse Terre s'est opérée également en Irlande : synchroniquement, entre Tailtiu, Carman, Nás, et la Souveraineté du *Baile in Scáil* ; diachroniquement, car, si Daphnis (première Pythie, homologue à Gê et à Thémis) est identique à Daphnè (maîtresse d'Apollon), il s'ensuit que Nás, maîtresse de Lugh, est une forme dédoublée de la déesse Terre, une hypostase de Tailtiu[201].

Un autre élément de ce dossier est l'intervention, en plus des déesses, et associé à elles, d'un être divin masculin antérieur à Apollon : soit Poséidon, soit Dionysos, soit le serpent Puthôn. Question complexe : il n'appartient pas à cette étude de discuter en détail cet aspect purement grec des choses, pas plus que les différentes attributions oraculaires delphiques, avec le rôle respectif de la Terre, de Poséidon, de Dionysos, et de Puthôn lui-même[202]. Par contre, il convient de souligner que dans la tradition populaire irlandaise, recueillie aux XIXe et XXe siècles, c'est un homme, un « potentat » local, comme je l'ai appelé à la suite de Mme MacNeill, qui est maître du pays où s'installe saint Patrick. J'y reviens ci-dessous : ce qu'il faut noter ici, c'est que les versions « à homme (dieu) » et celles « à déesses » sont alternatives, aussi bien en Irlande qu'en Grèce.

La comparaison enseigne alors une chose essentielle : à savoir, que la succession Terre-Apollon n'a rien d'historique ; Apollon n'est pas un tard venu, ayant supplanté un oracle antérieur de la déesse Terre. Le couple Terre (Thémis)-Apollon a pour parallèle exact le couple Tailtiu-Lugh, lequel apparaît bien, dans la tradition irlandaise, comme complémentaire : la succession Terre – jeune dieu solaire est donc d'ordre théologique, elle forme un mythème cohérent, et, si histoire il y a, c'est celle qui vit un jour les Grecs créer à Delphes un sanctuaire et y apporter, *dans le même mouvement*, et Apollon et son prédécesseur féminin mythique la Terre[203].

Il peut paraître étonnant que, dans l'examen comparatif que je viens de faire des traditions sur l'installation d'Apollon à Delphes, le texte le plus ancien et vénérable, l'*Hymne homérique à Apollon*, si souvent utilisé dans tous les chapitres précédents, n'a pas été mentionné. C'est qu'il présente une situation tout à fait originale. Lorsque Apollon arrive là où sera Delphes, aucune déesse de la Terre n'y est mentionnée, le dragon (femelle, il est vrai) n'est qu'un occupant des lieux, monstre ravageur des alentours, et seule la mention de la source à proximité évoque un élément du futur sanctuaire. Par contre, pour parler du dragon, l'auteur se lance dans une immense digression de cinquante vers (305-355) au sujet de la parthénogenèse de la déesse Hèra, lorsque, seule, elle donna naissance au gigantesque Tuphaôn, pour se venger de Zeus qui avait accouché, seul, d'Athèna – il n'est pas inintéressant de noter qu'Hèra, précisément, avait été la déesse qui, dans la première partie du même hymne, avait persécuté Lètô et empêché son accouchement.

Non seulement il change ici de sujet, mais l'auteur de l'hymne accorde par ailleurs une grande importance à deux épisodes précédant l'arrivée d'Apollon à Delphes : alors qu'il traversait la Béotie, le dieu passa à Onkhestos, où le poète décrit assez longuement, on l'a dit, le rituel consacré au maître des lieux, Poséidon[204] ; puis Apollon jette son dévolu sur un autre site, qui ressemblait comme un frère à celui de Delphes[205]. L'occupante de ces lieux – celle-ci, explicitement mentionnée –, Telphousè, proteste, et, par son discours, décourage Apollon de s'installer là, en l'envoyant tenter sa chance à Delphes. Elle lui fait ainsi courir un danger terrible, mais, heureusement, c'est le jeune (tout jeune !) dieu qui bat le dragon. C'est pourquoi, on l'a dit, après l'exploit, il revient auprès de son informatrice malveillante, lui adresse-t-il de durs reproches, et finalement fait disparaître un cours d'eau local sous un rocher et une pluie de pierres, ne laissant sauvegarder que la source, qu'il s'approprie[206].

Or, on a reconnu, d'une part, en *Télphousâ*, une forme faisant couple avec le nom même de *Delphí*[207] ; d'autre part, Telphousè est aussi appelée en Béotie, *Erinús Tilphossâ*, et fut mère du cheval Areiôn[208], tandis qu'en Arcadie, à *Thélpousâ*, la déesse était *Dèmèter Erinús*, et, s'unissant sous forme de jument à Poséidon, fut mère du cheval Areiôn[209]. Enfin, le poète Antimakhos, dans sa *Thèbaïde*, donnait Gaia pour mère à Areiôn[210]. Dès lors, il est aisé de reconnaître, en réunissant ces éléments, que Tilphossâ/Telphousè est une forme de Gaia-Dèmèter[211].

On vient de mentionner Poséidon, parèdre de Dèmèter en Arcadie :

or, c'est précisément Poséidon que l'auteur de l'*Hymne homérique* mentionne et sur le rite en l'honneur duquel il insiste, lors du passage d'Apollon à Onkhestos. Poséidon, qu'une des traditions relevées ci-dessus, de l'*Eumolpiâ*, établit comme premier occupant du sanctuaire, avec Gê.

En conséquence de quoi, on discerne que l'auteur de l'*Hymne homérique à Apollon* n'a pas voulu mentionner la déesse Terre à Delphes, mais il a triplement déplacé le motif :

– en parlant de Poséidon, non pas à Delphes, mais bien avant, à Onkhestos (dont on a d'ailleurs signalé que ç'a dû être un centre du monde, antérieurement à Delphes[212]) ;

– en délocalisant l'affrontement avec une divinité chthonienne : Apollon ne dépossède aucune déesse à Delphes, mais, dans un site posé comme jumeau, anéantit une déesse-rivière. On note qu'en tant que rivière, elle est de même nature que Poséidon ; et cela recoupe le mythe qui voit Poséidon s'unir à Dèmeter Erinús, identique à Erinús Telphousè ;

– en insistant sur la naissance parthénogénétique de monstres, due à la jalousie et à la colère d'Hèra.

Ces subtilités n'intéresseraient guère, en soi, le comparatiste, si l'on ne remarquait :

1 – que la mention de cette persécutrice, Hèra, et de cette trompeuse, Telphousè, ne rappelait les rapports, de rivalité également, de rejet, de refus de reconnaissance, qui sont ceux d'Arianrhod envers son fils Lleu ;

2 – qu'à en croire le texte du *Mabinogi*, Arianrhod conçoit sans mâle, tout comme Hèra dans le texte cité ;

3 – qu'Arianrhod était à la fois une divinité ouranienne (sa demeure est devenue une constellation[213]) ; et une divinité chthonienne, régnant au bord de la mer, installée sur un récif, un gros rocher, qui porte, comme la constellation, le nom de *Caer Arianrhod*, « Maison d'Arianrhod[214] » ; cette division des fonctions d'Arianrhod est réalisée dans l'*Hymne homérique à Apollon* entre deux déesses : Hèra, divinité ouranienne, et partiellement nocturne, puisque la Voie lactée n'est autre que son lait[215] ; Telphousè, divinité chthonienne, dont le site est marqué à la fois par une source et par un gros rocher placé par Apollon ;

4 – enfin que le mythe, arcadien, de l'union de Poséidon et de Dèmeter sous forme de chevaux a l'un de ses plus nets parallèles indo-européens dans une autre des quatre branches du *Mabinogi*, celle de *Pwyll, prince de Dyvet*[216] : ce sont là d'autres « celto-hellenica », qui devront être développées dans un autre contexte[217], mais

qui corroborent la notion d'un héritage celto-grec commun entre tradition grecque et *Mabinogi*.

Il se confirme donc que *l'ensemble des motifs qui concernent l'établissement d'Apollon à Delphes a ses parallèles dans l'histoire de Lug*. Curieusement, l'*Hymne homérique à Apollon* rappelle principalement l'histoire de Lleu, tandis que la succession de Terre à Delphes, l'association de la prophétesse chthonienne au jeune dieu, et le remplacement d'un dieu âgé, potentat local, par un jeune dieu, tradition amplement attestée dans les temps posthomériques, a ses parallèles complets en Irlande. On ne saurait mieux dire que, si un mythe se définit par l'ensemble de ses variantes, comme l'ont souligné aussi bien Claude Lévi-Strauss que Jean-Pierre Vernant, les variantes en question ne sont pas seulement grecques d'un côté, celtiques de l'autre : c'est dès l'époque celto-grecque que mes travaux impliquent d'envisager qu'un paquet de variantes autour du mythe de l'installation de Lug/Apollon réunissait toute la matière qu'on allait, dans les siècles historiques, voir partagée, dans le monde celtique, entre Irlande et pays de Galles, et en Grèce, entre traditions « homériques » et posthomériques.

La fondation des Jeux

La fête de Lugnasad, à Tailtiu, était l'occasion d'une assemblée, de festins, d'échanges, de mariages, et aussi de jeux, les « Jeux de Lug » si souvent mentionnés par les textes. Les *Dindshenchas métriques* les évoquent ainsi, après avoir dit l'œuvre de défrichement de la mère nourricière de Lug, Tailtiu, puis sa mort, et sa prophétie[218] :

> Une assemblée avec de l'or, avec de l'argent,
> Avec des jeux, avec la musique des chars,
> Avec l'ornement du corps et de l'esprit
> Par le savoir, par l'éloquence.
> Une assemblée sans blessure, sans mensonge de quiconque
> Sans injure, sans querelle, sans pillage,
> Sans contestation, sans réclamation, sans assemblée légale,
> Sans évasion, sans arrestation.
> Une assemblée sans reproche, sans ruse,
> Sans injure, sans honte,
> Sans dispute, sans saisie,
> Sans vol, sans rachat.
> Les hommes ne vont pas au terre-plein des femmes ;
> Les femmes ne vont pas au terre-plein des hommes beaux et purs,
> Mais chacun est à la place de son sang
> À l'endroit de la grande assemblée.

C'est la grande assemblée
Par l'Irlande et l'Écosse,
Que les hommes y aillent et viennent
Sans aucune inimitié méchante.
  Blé et lait à chaque hauteur,
  Paix et beau temps, à cause d'elle
  Ont été donnés aux tribus des Grecs
  Pour maintenir la justice.
Depuis la lamentation de Tailtiu à Sele
Jusqu'au règne de Loegaire fils de Niall
L'assemblée a été tenue par les troupes célestes
Chaque année[219].

Retenons : des jeux de course de char, et des concours d'esprit, fondés sur le savoir et l'éloquence. Un moment de paix et de suspension des conflits (ce qui n'est pas rien, dans l'Irlande ancienne), et où les procédures judiciaires habituelles sont censées perdre leur raison d'être. Il y avait séparation des hommes et des femmes, et l'aspect agraire (blé et lait) était souligné. Enfin, l'origine funéraire des rites est fortement soulignée[220]. La fête était annuelle.

Lugnasad était également célébrée à Carman, en Leinster, et le même recueil de textes évoque ainsi la fête, qui présente quelques différences avec la précédente :

Carmun, l'endroit de l'assemblée de fête,
Avec la prairie préparée pour la course ;
Les troupes qui sont venues pour la célébrer
Y ont gagné de belles courses.
  Il y a une sépulture de rois dans la noble cité,
  Très aimée des troupes de tout rang ;
  Sous les tertres de l'assemblée il y en a beaucoup
  De sa troupe qui sont d'une lignée très révérée.
Pour pleurer les reines et les rois
Se lamenter sur les vengeances et les mauvaises actions
Beaucoup de belles troupes sont venues à l'automne
Le long de la douce joue de la vieille Carman...
  La mort et le trépas emportèrent Carman[221].
  Ils lui vinrent sous une hideuse apparence.
  Elle trouva une mort violente, comme il était dû,
  Parmi les chênes des solides tombeaux.
Il arriva alors, à cause de l'excellence de sa beauté, la première [lamentation
Qui se fit jamais chez les Tuatha Dé Danann dans la noble plaine de [l'Est,
La première assemblée convenable de Carman.
  La tombe de Carman, qui l'a creusée ?
  L'apprenez-vous ou le savez-vous ?

Conformément à l'avis de chaque aïeul estimé.
C'est Bres, fils d'Eladu, écoutez…
Les peuples des Gaels tinrent
Souvent avec de grandes louanges,
Une assemblée sans loi, sans transgression,
Sans action violente, sans impureté,

et l'on évoque encore « la riche assemblée avec des fleuves – de selles et de traits de chevaux, l'assemblée des guerriers, celle des saints, celle des femmes, des candidats-rois, des "enfants de Condla" », « sept courses pour une action brillante, sept jours dans la semaine »,

Ils agitaient là dans des contestations de parole
Les droits et les tributs de la province, chaque loi royale, pieusement,
Était établie tous les trois ans…
Ce sont les grands privilèges de la fête :
Trompette, violons, cornes à gorges creuses,
Ménétriers, cymbaliers qu'on ne dérange pas,
Poètes et douces bandes de musiciens,
Joueurs de flûte, violoneux, acrobates,
Joueurs de castagnettes et sonneurs,
Foule horrible, bruyante et profane,
Hurlant et criant,

enfin, « les courses de chevaux d'Ossory[222] ».

Retenons donc : un rythme triennal, cette fois ; l'aspect funéraire à nouveau très nettement souligné ; l'affirmation de la paix entre les guerriers ; l'importance de la musique, et celle des courses de chars.

On célébrait à Delphes plusieurs fêtes ; la plus importante, consacrée à Apollon, s'appelait les *Púthia*. Il est frappant de voir combien elle a de points communs avec Lugnasad.

Comme la plupart des grands concours panhélléniques, écrit Georges Roux, les concours pythiques passaient pour avoir été d'abord des cérémonies funéraires, instituées selon Pindare par Apollon lui-même en mémoire de la mort de Python. À l'origine, on les célébrait tous les huit ans, selon le cycle de la grande année, la troisième année de chaque olympiade impaire, durant le mois de Boucatios (août-septembre), sous la présidence des Delphiens. Les épreuves se bornaient alors à un concours musical, un hymne chanté en l'honneur d'Apollon avec accompagnement de cithare. Le prix était une somme d'argent. Le premier vainqueur fut le Crétois Chrysothémis, fils de Carmanor.

Dans la période qui suivit la destruction de Cirrha, en 590, les Jeux pythiques furent profondément remaniés : les Amphictions en assurèrent désormais la présidence à la place des Delphiens ; un concours gymnique et un concours hippique s'ajoutèrent au concours musical… [À partir de 582], on célébra [la fête] tous les quatre ans, toujours durant le mois de

Boucatios. Un hippodrome fut aménagé dans la plaine, sur le territoire confisqué à Cirrha, et le programme s'enrichit d'une nouvelle épreuve, aristocratique et spectaculaire, la course de char.

Quand arrivait l'année de la fête... la cité de Delphes dépêchait à travers le monde grec, dès le mois de Byzios (février-mars), six mois avant la célébration du concours, les « spondophores », messagers chargés de proclamer la « hiéroménie pythique », la trêve sacrée d'un an qui garantissait l'immunité à tous les pèlerins se rendant au sanctuaire.

Entre tous les concours panhelléniques, les *Pythia* se distinguaient par la place remarquable accordée aux épreuves musicales et artistiques. En grande tenue d'apparat, les aèdes s'y affrontaient dans l'épreuve du « nome citharédique », une cantate exécutée avec accompagnement de cithare. Le genre avait ses lois, un plan et un thème imposés, probablement la lutte d'Apollon contre Python[223]. Cette lutte était aussi le sujet du « nome pythique », morceau de flûte dont Pollux nous a conservé le plan en cinq parties illustrant les cinq épisodes de la bataille[224].

Cette description, par un spécialiste, de la principale fête d'Apollon à Delphes offre au comparatiste les éléments suivants de rapprochements avec la fête irlandaise de Lugh :

– Puthia et Lugnasad se célébraient d'abord à peu près au même moment de l'année : la seconde, depuis quinze jours avant et durant quinze jours après le 1er août, la première durant un mois qui oscillait sur nos mois d'août et de septembre (rappelons que les Irlandais appelaient le moment de leur Lugnasad « l'automne », car cette saison commençait début août).

– Les Puthia sont corrélées au mois de Busios, qui oscillait sur nos mois de février et mars, avec donc un écart de six mois : le 7 Busios était le jour de la naissance d'Apollon, celui de son retour du pays des Hyperboréens[225], et, à l'origine, celui de l'unique consultation oraculaire annuelle[226]. Le départ des spondophores six mois avant les jeux ne répond donc pas seulement à une commodité pratique : il s'agissait de corréler la naissance du dieu, et le moment de son plus célèbre exploit. Or, le début de février était une fête aussi aux yeux des Celtes, celle d'Imbolc[227], et l'écart, remarquable, de six mois entre Imbolc et Lugnasad permettait l'établissement de correspondances entre les deux fêtes – qu'il serait trop long d'examiner ici[228]. C'est à Imbolc que Lugh apparut à Cuchúlainn pour le soigner, et l'on notait qu'ainsi Lugh apparaît à la fin de l'hiver, exactement comme Apollon revenait à ce moment de l'Hyperborée[229].

La naissance d'Apollon le 7 Busios est un événement d'ampleur cosmique, où la déesse des naissances, Eileithuia, intervient pour délivrer Lètô[230] : or, les fêtes occidentales de début février, à savoir Imbolc et celles qui l'ont suivi dans la tradition chrétienne, célèbrent avant tout la maternité[231].

– L'origine des Puthia comme celle de Lugnasad est funéraire. Il y a deux versions, pour la première : soit Dionysos est enterré sous l'omphalos de Delphes[232], soit c'est le serpent tué par Apollon[233]. Il est remarquable que ces *deux variantes* correspondent aux *deux situations* irlandaises vues ci-dessus : à Tailtiu, Lugh fonde les jeux à la mémoire de sa nourrice, qu'il n'a pas tuée – pas plus qu'Apollon n'a tué Dionysos ; à Carman, les Túatha Dé Dánann, dont un nommé Lugh Laebach, fondent les jeux à la mémoire de Carman qu'ils ont tuée ainsi que ses fils, de même qu'Apollon a tué le dragon – fils, ou fille, de Gaia. Carman tient la place du dragon femelle Delphunè.

Le fait, souligné ci-dessus par G. Roux, que la plupart des jeux helléniques ont une origine prétendument funéraire rejoint entièrement les faits celtiques[234], et cela constitue en soi une autre corrélation celto-hellénique.

Une autre encore est celle-ci : le meurtre de Carman est à l'origine des lamentations funéraires, faites pour la première fois par les Túatha Dé Dánann ; or Apollon était à Argos à l'origine directe des plaintes funéraires, car, après le meurtre du musicien Linos, qu'il avait eu de Psamathè, et l'exécution de celle-ci, Apollon envoya une pestilence sur la ville et n'accepta d'y mettre fin que moyennant une fête annuelle au cours de laquelle les femmes prononçaient la lamentation funèbre de Linos, appelée elle-même le *línos*[235]. Dans une autre tradition, mais qui s'est parfois confondue avec la précédente, Apollon est aussi le père de Ialémos, personnification de la plainte pour les personnes mortes jeunes[236].

Enfin, j'ai souvent attiré l'attention sur les curieuses rencontres phonétiques entre noms propres grecs et celtiques au cours des recherches comparatives[237] : dans cet esprit, comme il est vraisemblable que le Krusothémis premier vainqueur des Jeux pythiques est mythique (il contient en son nom le double référence à l'or, *khrusós*, et à Thémis, c'est-à-dire que ce nom est tout apollinien et delphique), il est intéressant qu'il soit fils de *Karmanôr*, tandis que la fête de Lugnasad était célébrée entre autres à *Carman* en Irlande, dont l'éponyme a été tuée par Lugh Laebach (ci-dessus[238])…

– L'aspect agraire, bien évoqué dans les textes médiévaux sur Lugnasad (ci-dessus, « blé et lait »), est celui qui s'impose dans les survivances irlandaises modernes de cette fête : elles sont avant tout des fêtes de la moisson[239]. Absente, apparemment, des Puthia, la dimension agraire était par contre, comme on l'a vu[240], au premier plan dans une autre fête delphique, célébrée tous les huit ans également, la *Kharilâ*, où il était question de famine, de distribution de nourriture par le roi, d'une injustice faite à une orpheline, qui était enterrée rituellement après son suicide. Voici donc, après le dragon Delphunè, une autre créature féminine enterrée à Delphes, et cela donne naissance à une fête : tout comme les célébrations de Lugnasad suivent les décès de Tailtiu ou de Carman.

Par ailleurs, les données agraires sont également au premier plan des préoccupations apolliniennes dans l'important rite, international, dans lequel des « vierges hyperboréennes », venues d'une contrée européenne en fait imprécisée, apportaient, chaque année, à Apollon, à Dèlos, les prémices agraires, enveloppées dans de la paille de froment[241]. Callimaque parle à ce sujet de « gerbes d'épis sacrés » : cela reporte donc le rite à l'époque de la moisson, en un temps proche des Puthia – et de Lugnasad.

– La périodicité de Lugnasad varie : la fête était annuelle à Tailtiu, triennale à Carman. Sans développer davantage ici une étude sur les significations des périodes, on notera qu'une opposition semblable caractérisait, à Delphes, le retour annuel d'Apollon au jour de sa naissance, le 7 Busios, et le caractère périodique espacé (huit ans) des Puthia originelles, ou du Septèrion.

– L'année des Puthia, et l'époque de Lugnasad, étaient moments de trêve sacrée. Il n'y avait pas moins de nécessité en Grèce qu'en Irlande de l'affirmer énergiquement.

– Le rite celtique sépare les hommes et les femmes ; du moins celles-ci sont-elles présentes, et ont-elles à accomplir leurs propres épreuves. À Delphes, comme dans la plupart des grandes festivités grecques, la séparation va plus loin : les femmes en sont exclues. La différence ici observable entre Grecs et Celtes tient à la différence d'écart entre statut masculin et statut féminin dans l'une et l'autre ethnies. Sans épiloguer sur elle, rappelons qu'elle apparaissait déjà dans les histoires d'adultère[242] : l'Irlandais s'en vengeait en tuant l'homme responsable, le Grec en tuant la femme… Cela dit, on connaît au moins un rite où, en l'honneur d'Apollon, hommes et femmes paraissent avoir participé à des repas communs, à Golgoi dans le sud-est de Chypre, devant un autel en forme d'*omphalós*[243]. Quant on connaît l'archaïsme, c'est-à-dire le conservatisme, des rituels grecs chypriotes[244], on ne peut s'empêcher de penser que s'était maintenue là une forme sociale et religieuse antérieure à celle qui prévaut dans la Grèce d'époque historique : comme les Celtes, les plus anciens Grecs ne devaient pas séparer radicalement hommes et femmes, l'écart entre les sexes s'étant accru au fil des siècles. Et l'histoire de la Kharilâ, fondatrice du Septèrion, suggère effectivement qu'il a pu en être ainsi dans une Grèce antérieure à l'histoire : c'est la jeune orpheline, et non toutes les femmes, qui est alors exclue de la distribution de nourriture par le roi.

– On vient de parler de l'*omphalós* de Golgoi. La strophe 31 des *Dindshenchas métriques* irlandais mentionne, à Tailtiu, une série de pierres, dont Françoise Le Roux a justement souligné l'importance, en regrettant qu'on ne dispose pas de plus d'informations[245] : « La pierre de Gorp, la pierre de Gar, la pierre des malades – la pierre des lépreux à côté des sièges –, la pierre des nombres, la roue de Fal Fland – le pilier de Colman, le Cairn de Conall[246]. »

Il est connu que le sanctuaire de Delphes se caractérisait, lui, par une pierre notable, centre par excellence, l'*omphalós*, « Nombril » de la Grèce, modèle assurément de celui de Golgoi et de quelques autres à travers le monde grec – et bien des pierres sculptées celtiques ont une forme rappelant celle de l'*omphalós* delphique[247].

– Parmi les épreuves, d'abord, le rôle, essentiel, de la musique est commun à Lugnasad et aux Puthia. Elle paraît bien avoir formée l'épreuve principale, conformément aux attributs de Lug et d'Apollon, maître des sons[248]. Les musiciens devaient chanter en s'accompagnant de l'instrument à cordes – cithare en Grèce ancienne, harpe dans l'Irlande médiévale. Ce n'est que plus tard qu'à Delphes on ajouta un concours pour flûtiste et un autre pour musiciens sans accompagnement de chant[249].

– La récompense pour le vainqueur consistait en une somme d'argent, dans la forme la plus anciennement connue des Puthia : or et argent sont mentionnés au sujet des jeux de Tailtiu.

– Un problème particulier est posé par les courses de chars et de chevaux. Elles font partie intrinsèque des Lugnasad de l'Irlande ancienne, les textes le disent assez. Pour les Puthia, les Anciens prétendaient que les épreuves montées, et de même l'épreuve gymnique, avaient été ajoutées au début du VIᵉ siècle. De fait, avant l'expansion du territoire de Delphes aux dépens de Kirrha, l'étroite vallée accidentée du Pleistos ne se prêtait guère à des courses de chevaux. On a vu que G. Roux, à la suite de la majorité des spécialistes de Delphes, pense qu'il a fallu attendre la victoire de Delphes et de ses alliés, les Amphictyons, sur la petite cité de Kirrha, pour que le sanctuaire dispose d'un territoire de plaine suffisant pour y établir un stade. La situation n'est tout de même pas aussi simple, et l'histoire est sûrement moins linéaire qu'on a coutume de le dire.

Considérons ce passage de l'*Hymne homérique à Apollon* : c'est celui où la nymphe Telphousè, à qui le dieu a annoncé son intention de s'établir dans son domaine, essaye de l'en dissuader[250] :

> Phoibos, Seigneur Archer, il est une parole que je veux faire entrer dans ton esprit, puisque tu songes à fonder ici un temple magnifique, oracle pour les homme qui, sans cesse, conduiront à tes autels de parfaites hécatombes. Hé bien ! je vais te la dire, et fais-la entrer dans ton esprit : le piétinement continuel des cavales rapides te gênera, ainsi que les mules qui s'abreuvent à mes sources sacrées. Quant aux hommes, ils voudront voir ici des chars bien faits, ou le galop sonore des cavales rapides, plutôt qu'un grand temple, avec tous les trésors qu'il renferme. Hé bien ! si tu

> veux m'en croire – tu es d'ailleurs plus fort et plus vaillant que moi, Seigneur, et très grande est ta puissance –, fais-toi un temple à Krisa, au pied des gorges du Parnasse. Là, tu ne verras pas s'affairer les beaux chars, et les cavales rapides ne feront pas sonner la terre autour de ton autel bien construit. Alors, que les familles illustres des hommes amènent des offrandes au dieu de Iê Paiân ; le cœur tout joyeux tu recevras certainement de beaux sacrifices des hommes d'alentour[251].

Telphousè oppose donc nettement deux endroits, celui où elle est, qui est prédestiné aux courses de chars et de chevaux, et le site de Delphes, réservé aux sacrifices et à l'activité oraculaire.

Or, on a vu :

1 – que *Télphousè* est un nom assonant avec celui de *Delphoì*, et que le site même a des particularités semblables à celles de Delphes ;

2 – qu'après avoir affronté le dragon femelle, Apollon, furieux, revient vers Telphousè, recouvre sa rivière, s'approprie le site, y construit son propre autel – et y reçoit désormais le nom de *Telphousíos*[252]. Comment mieux dire qu'avant que des courses ne soient possibles à Delphes même, il a pu s'en célébrer dans un site apparenté, dédié au même dieu, et voisin ?

L'idée peut choquer pour l'époque classique, où Telphousè appartient à la Béotie, et est donc politiquement détachée de Delphes. Mais il n'en a pas toujours été ainsi. Il fut un temps, on l'a signalé, où Delphes *et* Telphousè faisaient partie d'un même État, le royaume mycénien d'Orchomène ; initialement même, Delphes devait former un sanctuaire-frontière avec l'État voisin de celui d'Orchomène à l'ouest[253]. En ce temps, l'*Hymne homérique* suggère que les rites apolliniens célébrés à la source Telphousè et à Delphes étaient liés, et les courses des chevaux des Puthia devaient se dérouler aux abords de la première.

On invoquera des phénomènes voisins au sujet des pommes, qui apparaissent comme prix du concours au début du VIe siècle, et l'épreuve gymnique, qui est créée, nous dit-on[254], à la même époque : les liens entre Apollon et les pommes sont certainement anciens (je l'ai dit, nécessairement antérieurs à ceux du même dieu avec le laurier[255]), et l'explication la meilleure est que ces éléments existaient ailleurs dans le culte apollinien (à l'instar des offrandes agraires, davantage mises en valeur à Dèlos qu'à Delphes[256]), et ont été intégrées aux Puthia delphiques lorsqu'elles commencèrent à se développer.

Geoffrey Keating notait que la fête de Lugnasad ressemblait aux Jeux olympiques[257] : il avait tout à fait raison, et je montrerai cela dans d'autres « Celto-Hellenica ». Mais les Jeux olympiques se célébraient à Olympie : leur place, chronologique en tout cas, est tenue à

Delphes par les Puthia. Et celles-ci ressemblent tout autant à la même grande fête celtique.

Irlande, Delphes, Argos

Si le précédent paragraphe, sur la fondation des fêtes de Delphes et de la Lugnasad irlandaise, est repris, avec quelques modifications, de la première publication de cette étude comparative sur Lug et Apollon en 1995[258], le paragraphe que je commence ici est entièrement nouveau. Il se fonde en effet sur ma lecture, survenue entretemps, de la thèse de Mme MacNeill sur les survivances de l'ancienne Lugnasad dans l'héortologie irlandaise moderne. La lisant, c'est à chaque page que je retrouvais des données qui évoquaient très précisément celles connues en Grèce ancienne à l'entour d'Apollon. C'est pourquoi cet ouvrage a déjà été souvent cité dans les pages antérieures du présent livre. Dans un souci de clarté, je rassemble ici ce que la savante auteure a dit des fêtes prolongeant Lugnasad et des légendes qui y sont liées, et je marque alors, soit en l'annonçant par deux points, soit entre parenthèses, la correspondance hellénique au matériel livré, qui est particulièrement, on le verra, delphique et argien.

Que la fête de Lugnasad[259] ait laissé d'amples souvenirs dans la tradition populaire irlandaise et d'autres terres celtiques britanniques a été reconnu par J. Rhys, E. Hull, et surtout Th. Westropp[260], avant la synthèse de MacNeill. Celle-ci a recensé 195 sites d'assemblées à une époque proche du 1er août, et elle souligne que, vu la nature des sources, très hétérogènes et souvent dues au hasard du témoignage d'un écrivain, il devait y en avoir beaucoup plus encore au XIXe siècle. Après avoir étudié, une par une, les 195 attestations de fête sur ce que j'ai appelé des « sites Lugnasad », elle consacre deux chapitres aux traditions, l'un intitulé « Les types de légendes associées[261] », l'autre « Les mythes dans les légendes », où elle note que le saint de loin le plus souvent nommé dans ces légendes, Patrick, l'évangélisateur de l'Irlande, a repris sur lui du matériel mythique appartenant antérieurement à Lugh[262]. Ce sont ces chapitres que je vais résumer ici, en soulignant au fur et à mesure les correspondances helléniques. Les textes de ces légendes irlandaises sont rassemblés par Mme MacNeill dans un appendice, en irlandais, avec résumé en anglais, et groupés par types[263].

Le thème dominant de ces récits est celui d'une lutte entre un tenant du pouvoir, établi sur un territoire, et un nouveau venu, qui gagne (c'est donc exactement le thème de l'arrivée d'Apollon à Delphes, qui gagne sur le maître des lieux, le dragon, ou remplace des divinités antérieures, dont l'élément masculin est représenté par Poséidon ; c'est aussi le thème du grand mythe argien du triomphe, par animaux interposés, de Danaos sur le roi antérieur Gêlanôr, tandis que Danaos remerciera Apollon pour sa victoire ; l'animal de Gêlanôr est un taureau, animal lié à Poséidon, dans le récit même de cet épisode, celui de Danaos un loup[264]). Dans certaines des versions irlandaises, l'adversaire du nouveau venu est anéanti (comme le dragon à Delphes), dans d'autres, plus nombreuses, il est finalement converti à la foi nouvelle apportée par son adversaire (tout comme, à Delphes, Thémis, Gaia, Poséidon, à la fois sont censés avoir précédé Apollon, mais coexistent finalement avec lui dans le sanctuaire). M. MacNeill note d'ailleurs que ces légendes sont mieux conservées dans les sites christianisés que dans les autres, car ils se sont adaptés au thème du triomphe du christianisme sur le paganisme.

Dans le type le plus fréquent, le saint, fort pauvre, arrive dans un pays où un potentat dispose de toutes les richesses. Un premier thème, très répandu, met en scène un conflit entre le saint et le chef local au sujet d'un taureau que possède ce dernier[265] : j'ai déjà donné l'essentiel des éléments de ce dossier lorsqu'on envisageait les rapports de Lug et d'Apollon avec l'élevage[266], et souligné alors combien de motifs rappelait le mythe argien, où c'est également un taureau qui joue un rôle dans la passation de pouvoir de Gêlanôr à Danaos. On a vu que dans certaines versions, le taureau que le potentat avait envoyé pour tuer saint Patrick se retourne finalement contre son ex-maître : comme dans le mythe argien, le taureau assure la défaite de l'ancien roi. À Slieve Donard, dans le Down (nord-est), le païen s'appelle Donnart (forme anglicisée de Domhanghart), et, à la suite de l'affaire avec le taureau, il se convertit, devient un ermite, se retire sur une montagne, et est depuis vénéré comme un saint[267] : à Delphes, tout évincé qu'il ait été par Apollon suivant le mythe, qui veut par exemple que celui-ci lui ait donné en échange l'île de Calaurie[268], Poséidon possédait un autel dans le temple même d'Apollon – il y est son égal en sainteté, et son associé[269].

Le nom du païen varie (c'est Donnart dans le texte qu'on vient de citer, Dáire dans la *Vie* de saint Patrick, Coirpre dans la *Vie tripartite* de saint Patrick, Deódruisg, « Yeux de feu », à Downpatrick Head, dans le comté de Mayo...), mais le nom le plus fréquent, dans la tradition populaire, est Crom Dubh, ou ses variantes Corm Dubh, Cormac Dubh (ainsi le premier occupant du site est fortement caractérisé par la noirceur : *Dubh* signifie « noir » ; il est remarquable qu'il en soit de même en Grèce, car on rapportait plus haut comment les premiers possesseurs du site de Delphes sont souvent la Terre, Gaia ou Gê, ou des formes de celle-ci, comme Thémis : en Grèce, l'épithète de « noir » est canoniquement appliquée à la Terre ; ainsi tout Grec savait qu'avait précédé le lumineux Apollon un maître noir du sanctuaire).

On a cité cette tradition de la péninsule de Dingle selon laquelle Crom Dubh se convertit simplement en voyant son féroce taureau devenu tout doux au contact de saint Patrick : ce passage de la sauvagerie à la douceur, c'est exactement ce que les Grecs attendaient des chevaux lors du rituel consacré à Poséidon à Onkhestos en Béotie et que l'*Hymne homérique à Apollon* décrit longuement lorsque le jeune dieu y passe[270]. Et, dans une histoire racontée par Plutarque dans sa *Vie de Thésée*, ce jeune héros arrivant à Athènes passe à côté du temple d'Apollon Delphinios en construction ; les ouvriers se moquent de son aspect féminin, dû à son âge et à la longue robe ionienne qu'il porte ; alors Thésée saisit des bœufs qui étaient là, attelés à une charrette, et les lance par-dessus le mur du temple dont le toit n'était pas encore en place[271] : ce mythe, quoique très différent formellement du mythe irlandais, en est proche dans sa structure : en effet, si, en Irlande, le taureau est envoyé par le chef parce qu'il est féroce et doit tuer le saint qui a demandé à manger, en présence de celui-ci, il devient tout doux, et peut être effectivement mangé ; il y a donc dans le mythe irlandais et dans le mythe grec un changement de destination des bovins, ils passent d'actifs (taureau agressif, bœufs tireurs de véhicule) à passifs (bœufs lancés en l'air, taureau prêt à être viande). On a ainsi dans le matériel grec des transformations portant sur des bovins (à Athènes) et sur des chevaux (à Onkhestos), animaux qui sont les uns et les autres poséidoniens, et ce sont les mêmes animaux qui alternent dans les légendes irlandaises sur saint Patrick et son ennemi le potentat[272].

Une autre tradition irlandaise, de Cloghane, ou Clochán, en Kerry, associe Crom Dubh à une tempête, qui se produit lorsque saint Patrick, pour le punir, l'oblige à rester enterré, seule sa tête émergeant, pendant trois jours[273] : de même, le précédent maître des lieux apolliniens est lié à la tempête, puisque c'est Poséidon à Delphes, aussi bien qu'à Argos, Gêlanôr étant représenté par un taureau.

Dans cette légende, et dans quelques autres, on trouve ainsi le thème de la sépulture temporaire, dans laquelle se met un homme, sur l'ordre de Patrick, par exemple pour apporter une réponse à des fées qui l'ont interrogé sur leur sort lors du Jugement dernier. La version de Cloghane précise que Crom Dubh devait s'enterrer, en croisant au-dessus de sa tête une pelle et une bêche. Cette curieuse méthode relève de ce qu'on appellerait en Grèce un oracle chthonien : la réponse attendue vient de la terre ou de sous terre. Et, précisément, la tradition parlait à Delphes d'un oracle chthonien : Pausanias, décrivant le sanctuaire autel par autel, signale un édicule consacré à Gê, le *Gaîon*, fait de cendres accumulées, et, dit-il, la tradition rapporte qu'il y avait jadis en cet endroit un oracle de la terre[274]. Dans l'un et l'autre cas (Irlande, Delphes), il s'agit d'un rite et d'une pratique posés comme appartenant au passé : l'actualité est au culte d'Apollon, à la religion de saint Patrick. Mais le mythe indique aussi une présence théologique. De même que Poséidon est antérieur à Apollon à Delphes, et toujours là à côté de lui, le Gaiôn est toujours un autel du sanctuaire, et, on l'a dit, la Pythie représente à Delphes la Terre, parlant au nom du dieu. Mme MacNeill note que le thème de la tombe provisoire, de l'enterrement du païen désormais soumis à Patrick, est important, qu'il repose sans doute sur d'anciens rites, et qu'il fonde, dans le sud-ouest de l'Irlande, une pratique funéraire selon laquelle on commémore l'événement en croisant pelle et bêche sur les tombes[275]. Cet aspect proprement funéraire n'est pas absent de Delphes, on le sait, puisque le trépied oraculaire y était censé surmonter une tombe, soit du dragon, soit de Dionysos, à moins que les os de celui-ci n'aient été dans la cuve du trépied[276].

Une version plus rare de l'histoire du taureau, connue à Mám Éan (le « Trou des oiseaux », dans le comté de Galway, à l'ouest de l'Irlande), dit que c'était un terrible animal, qui, situé sur une passe, tuait tous les gens qui tentaient de la franchir ; lorsque saint Patrick y arriva, il vainquit le taureau en lui disant de se précipiter dans un petit lac de montagne, Loch a'Tairbh, « Lac du Taureau » : on évoquait plus haut[277] l'épisode selon lequel un guerrier ennemi d'Apollon, Phorbas, contrôlait la route de Delphes, forçait les passants à se battre avec lui, et les tuait ; jusqu'au moment où Apollon, sous les traits d'un enfant, se présenta et le vainquit. Mais l'épisode est en quelque sorte redoublé, et le héros négatif porte précisément alors un nom d'oiseau : il s'agit d'un nommé Kugnos, fils d'Arès, qui arrêtait les voyageurs sur la route de Delphes et les offrait en sacrifice à son père ; scandalisé, Apollon poussa Hèraklès à prendre ce chemin, et le héros tua Kugnos. L'histoire irlandaise ne dit pas pourquoi le taureau meurtrier se trouvait au « Trou des oiseaux » : la Grèce, elle, donne à un guerrier au nom d'oiseau un rôle identique à celui de ce taureau, et un « autre » Kugnos était fils, lui, de Poséidon, le dieu des taureaux[278], et un troisième se jeta dans un lac !

Un groupe de légendes de Carrickatube, dans le comté d'Armagh, expose que tous les efforts de Patrick pour construire une église sur la pente de la colline étaient ruinés par un taureau surnaturel qui détruisait chaque nuit ce qui avait été fait dans la journée. L'animal est finalement écarté, tué, enterré, et l'on voit encore les marques de ses sauts, ainsi que la pierre sur sa tombe : la toucher confère de la virilité. Non seulement ce taureau rappelle les précédents, également hostiles à Patrick, mais l'exploit d'Apollon vainquant Phorbas est une épreuve typique d'accès à l'âge adulte, donc à la virilité, et, par ailleurs, la présence de Poséidon dans le *téménos* delphique était marquée par une grosse pierre.

La *Vita* de saint Patrick par le moine Muirchú parle d'une autre punition d'un adversaire du saint : le cruel tyran Mac Cuil veut le battre, puis se repent ; Patrick l'envoie alors, enchaîné sur un bateau, à la dérive ; plus tard Mac Cuil devient un saint dans l'île de Man, où son sanctuaire était le lieu d'une célébration « Lugnasad ». Il y a là comme un écho de la tradition grecque selon laquelle les Argonautes, perdus en mer, naviguaient à l'aveuglette, lorsque soudain Apollon leur apparut, et leur révéla une île, Anaphè[279]. Man est l'île du dieu Manannán[280], l'éducateur de Lug, proche de celui-ci comme Poséidon l'est d'Apollon. Mac Cuil pourrait être un héritier de Manannán, et un protecteur des navigateurs, comme Apollon le fut à l'égard des Argonautes.

Une autre légende parle d'un cadeau fait par le potentat païen à saint Patrick. Aussi bien dans la *Suite* donnée à la *Vie* de Patrick par Muirchú que dans sa *Vie tripartite*, autre texte du haut Moyen Âge sur saint Patrick, le chef local, Dáire, une fois converti, offre au saint un magnifique vase de bronze. Patrick le remercie, disant *Gratias agam*. Dáire comprend *grazacham*, et considère qu'il est bien peu remercié de son cadeau. Il reprend le vase. Patrick répète les mots qu'il avait prononcés, et Dáire comprend encore *grazacham*. Impressionné par la constance du saint, il lui rend le vase et lui offre le site le plus élevé de son domaine : c'est aujourd'hui Armagh, siège du primat d'Irlande. En Grèce aussi, à Delphes, un vase joue un grand rôle, car un objet essentiel du culte delphique était le chaudron qui reposait sur le trépied delphique et dont il était indissociable, puisque le trépied était simplement son support ; la Pythie s'asseyait sur le bord de ce chaudron, sur le trépied, pour prophétiser. Un mythe célèbre est celui du vol du trépied delphique par Hèraklès : comme il était allé à Delphes pour se faire purifier d'un meurtre, la Pythie refusa de lui répondre, alors, furieux, il s'empara du trépied, et partit ; Apollon le poursuivit, et essaya de lui reprendre l'objet ; une lutte les mit aux mains, jusqu'à ce que Zeus sépare ses fils d'un coup de foudre ; Apollon put reprendre son trépied, et Hèraklès reçut enfin une réponse à sa demande à la Pythie[281] ; dans un autre récit, le héros Koroïbos emporte très légalement un des trépieds de Delphes, et, là où il lui glisse des mains, il fonde une ville, Tripodiskos[282] : on a donc, en Grèce et en Irlande, fondation d'une ville à la suite du don d'un récipient précieux, et thème du vol de ce même récipient.

Dans la tradition populaire, la légende a survécu, mais elle est ramenée au type plus courant d'un don de nourriture : bœuf, ou morceau de viande. Elle est y attestée sous cette forme à Clochán, dans la péninsule de Dingle, au pied du mont Brandon. Clochán est au fond d'un petit estuaire sur la côte nord de la péninsule, et le mont Brandon est d'un des principaux « sites Lugnasad[283] ». La situation est alors fort semblable à celle même de Delphes, dont le port Krisa est au fond d'un petit estuaire sur la côte nord du golfe de Corinthe, et qui est dominée par la masse du Parnasse, domaine divin, associé aux nymphes, au serpent et à Dionysos[284].

Outre le taureau, les légendes irlandaises mentionnent aussi en rapport avec les « sites Lugnasad » l'apport de nourriture, de blé, par Crom Dubh, et un battage prodigieux opéré en un temps record par un géant auxiliaire de Patrick, Oisín : j'a évoqué ces récits lorsqu'on examinait les rapports de Lug et d'Apollon avec les moissons, et une légende delphique, celle qui fonde le rite du Septèrion, mentionne expressément l'aire de battage[285].

Plus étonnant encore, une légende extrêmement répandue, puisqu'on en connaît rien moins que quarante versions, presque toutes localisées sur des « sites Lugnasad[286] », veut que l'adversaire du saint n'ait pas été un être humain, mais un monstre féminin sous forme de serpent[287]. Or, on l'a dit plus haut, l'adversaire d'Apollon à Delphes dans les plus anciennes versions connues n'est pas un serpent masculin (Python), mais une « dragonne », la *Drákaina* ou *Delphunè*. Dans d'autres versions irlandaises, on a une simple victoire de Patrick sur un serpent, qui est tué ou confiné dans un petit lac. D'ailleurs, plus généralement, on dit que Patrick a chassé les serpents d'Irlande, et il se rattache ainsi à la série des saints sauroctones[288].

On a donc en Irlande, dans les exploits de saint Patrick sur des « sites Lugnasad », des versions alternantes qui correspondent exactement aux versions, qui apparaissent nécessairement pour nous comme successives, dans les textes grecs. Le saint vainc soit un potentat maître des lieux et possesseur d'un taureau, soit un serpent féminin, soit un serpent masculin ; Apollon vainc soit un dragon femelle, soit un dragon masculin, soit succède à des divinités féminines associées à un dieu, Poséidon, maître du taureau, soit encore assure la victoire de Danaos sur un roi dont l'animal est le taureau poséidonien.

Dans le plus important des sites irlandais, le mont de Croagh Patrick, les versions ne sont pas alternantes mais juxtaposées, et d'autres motifs remarquables apparaissent : le grand saint est assailli par des démons qu'il parvient à repousser grâce au son de sa cloche, et à les faire entrer dans une caverne à la base du mont. C'est alors qu'il est assailli pour le démon le pire de tous, leur mère, appelée la Caorthannach ou parfois la Corra[289] ; dans certaines versions de l'événement, il parvient à l'emprisonner temporairement dans un petit lac au pied du mont ; dans d'autre, elle parvient à échapper, mais c'est pour aboutir là aussi dans un lac, le Loch Derg ; il la poursuit, et parvient à la tuer dans un combat qui se déroule dans l'eau. Dans une troisième version, la démone a réussi à s'enfuir, elle se change en une belle femme, trouve refuge chez un ermite, vit avec lui et en a bientôt un garçon et une fille. Patrick parvient enfin à la retrouver, mais, lorsqu'il arrive chez elle, elle révèle sa nature démoniaque ; alors le saint la bannit « comme un rayon de soleil », et change les enfants en chiens – c'est pourquoi, désormais, les chiens ont une double nature, humaine et démoniaque. Dans une autre version encore, elle fuit jusqu'à une autre élévation, Dún Briste, et y reste.

On trouve là réunis :

– l'enfermement des dragons dans une caverne : or, au-dessus de Delphes, une caverne célèbre, l'antre Corycien, était également le lieu d'une collectivité d'êtres divins, à savoir Pan et les nymphes, et l'endroit est étroitement lié à Delphes puisque c'est aux alentours de cette caverne que se célébrait la fête triétérique (c'est-à-dire tous les deux ans) de Dionysos, dont les principales participantes sacrées étaient les Thuiades de Delphes[290].

– Puthôn lui-même est associé au Parnasse, et, à la démone qui se réfugie à Dún Briste, on comparera Puthôn qui, dit Ovide, était un objet de terreur « tant était grande la place qu'il tenait sur la montagne » (*Mét.*, I, 440) ; un autre texte précise que le gigantesque serpent entourait le Parnasse de neuf anneaux[291] ;

– la mère des démons qui s'avère le principal adversaire de Patrick est par là l'exact équivalent de la forme féminine du dragon, la Drakaina de l'*Hymne homérique à Apollon* ;

– la variante où elle fuit Patrick mais est rattrapée par lui rappelle une version delphique du mythe de Puthôn, selon laquelle il s'enfuit devant Apollon, bien que blessé, en suivant la Voie sacrée, et qu'Apollon ne put s'emparer de lui qu'alors qu'il était mort de ses blessures et que son fils, Aix, lui avait rendu les honneurs funèbres[292] ;

– l'enfermement de la démone dans un lac rappelle qu'il existait à Delphes des fontaines, dont certaines, Kastalia, Kassôtis, selon certains textes, jouaient un rôle oraculaire[293] : par là, elles rejoignent les déesses antérieures à Apollon, la Terre, Thémis, Phoibè, ou le serpent lui-même, tous crédités d'avoir rendu des oracles à Delphes avant le fils de Zeus[294], ce que confirme leur association avec des déesses chthoniennes, Gaia et Dèmèter[295] ; la principale de ces sources, Kastalia, est également liée aux Thriai et à Dionysos[296], et c'est juste à côté qu'Apollon tua la Drakaina selon l'*Hymne homérique à Apollon* et d'autres textes[297]. Dès lors, écrivais-je il y a plus de vingt ans dans un autre contexte, Kastalia « est l'équivalent symbolique, intérieur au sanctuaire », de l'antre Corycien[298] : or, Patrick enferme son adversaire féminin dans un petit lac « au pied du mont » de Croagh Patrick, ce qui est exactement l'emplacement de la source Kastalia au pied de la paroi verticale du Parnasse. Autrement dit, ce qui est disjoint à Delphes (la fontaine Kastalia en bas, l'antre Corycien en haut) est conjoint à Croagh Patrick, par le petit lac au pied du mont ;

– enfin, la métamorphose de la démone en belle femme qui se réfugie chez un ermite, puis est mère d'un garçon et d'une fille qui seront changés en chiens tandis qu'elle-même est chassée par Patrick « comme un rayon de soleil » et confinée dans un trou d'eau dans la mer[299] paraît une véritable transposition de mythologie apollinienne : c'est avec ses flèches et sa foudre qu'Apollon tue Puthôn, selon Pindare[300], tandis qu'ici c'est la démone serpentine qui devient un rayon lumineux, Apollon et Artémis sont également un garçon et une fille, nés dans une île (terre isolée) tandis que le garçon et la fille de la démone naissent d'un ermite (homme isolé), et leur transformation en chiens rappelle la transformation de Lètô en louve avant son accouchement, aussi bien que celle en chienne de Hékabè, une des maîtresses d'Apollon[301]. Par ailleurs, la Grèce connaît le thème de la transformation de chiens en êtres humains[302], en relation avec Apollon, puisqu'il s'agit des Telkhines, dont l'un fonda un temple d'Apollon Lukios, ce qui n'empêcha pas le même dieu de les exterminer à l'arc[303], et celle d'homme en chien, dans le mythe d'Aktaiôn, où la responsable de la métamorphose est Artémis, sœur d'Apollon. Enfin, on mentionnait plus haut[304] cette fête argienne de la Kunophontê, « Massacre des chiens », justifiée par le fait que le petit Linos, fils d'Apollon et de Psamathè, avait été déchiré par des chiens. Ainsi, les chiens sont à la fois positifs et négatifs dans l'entourage d'Apollon, hommes transformés en chiens ou l'inverse, mi-divins (*cf.* Lètô), mi-démons (les Telkhines), tandis que ceux de Patrick sont des hommes transformés, et que les chiens partagent désormais une double nature, humaine et animale.

Ainsi, cette seule légende localisée dans le principal des « sites Lugnasad » conserve des motifs qu'il n'y a aucune raison pour les Irlandais de les avoir empruntés à Delphes, et qui, pourtant, se regroupent, en Grèce, autour de Delphes et de son dieu.

À Teevurcher, dans le comté de Meath, on parle également d'un monstre vorace, Garbhóg (anglicisé *Garravogue*) ; c'était une belle femme, qui soudain changeait de forme pour se mettre à dévorer des baies : on a dit plus haut comment Patrick la soumet, en jetant sur elle son goupillon, elle éclate en quatre morceaux qui donnent naissance en tombant à des petits lacs : cet éclatement du dragon fait penser, du côté de Delphes, au meurtre de Puthôn, qui fut selon certains auteurs un véritable carnage[305], puis à son pourrissement, qui a donné son autre nom, *Puthô*, au site.

Le groupe de légendes que M. MacNeill étudie à la suite des précédentes est celui de la lumière maléfique, qui tuait les gens qui l'apercevaient, jusqu'à ce que Patrick arrive et l'éteigne. C'est une légende répandue en Irlande, mais qui n'est attestée que trois fois en relation avec des « sites Lugnasad ». À juste titre, l'auteur considère qu'on ne peut séparer ce thème de celui de l'œil maléfique de Balor, que Lugh parvint à aveugler[306]. Or, à son tour la victoire de Lugh sur Balor a pour équivalent grec le meurtre des Cyclopes par Apollon, Cyclopes dont la caractéristique était aussi une lumière, puisqu'ils fabriquaient la foudre pour Zeus. Leur lumière n'était pas maléfique en soi, mais elle le fut pour Asklèpios, qu'elle tua, et... pour Apollon, qui, faut-il croire, surmonta pourtant les Cyclopes en brillance et en puissance de foudroiement.

Le possesseur de la lumière maléfique des récits irlandais est mâle ou femelle, c'est parfois un serpent, *athairanimhe*, ou, dans celle de Carrigogunel en Limerick, c'est une sorcière nommée *Beamon*[307] – ce qui recoupe le rapprochement avec Balor, puisque celui-ci reçoit l'épithète de *Béimeann*, le « fort frappeur ».

Dans certaines versions de ce récit, le saint réussit à vaincre la lumière (forme d'un démon) en la suivant jusqu'en sa demeure, et « en l'appelant par son nom », généralement une forme de *Suicín* (ce que j'ai mentionné plus haut, puisque ce mot est tiré peut-être du nom du « porc »). Curieuse façon de dominer un démon, mais qu'on doit rapprocher du pouvoir d'Apollon sur les sons : Lug et Apollon ont pour point commun leur relation à la musique, mais la documentation irlandaise médiévale ne permettait pas de voir si la compétence du dieu s'étendait aux autres sons, comme c'est le cas pour Apollon. En voilà l'indice.

Le groupe de légendes envisagé ensuite par Mme MacNeill est intitulé par elle « l'épreuve de la maison brûlante ». Sa plus ancienne version se trouve dans la *Vita* de Patrick écrite par Muirchú. Elle décrit une épreuve réalisée à Tara, capitale de l'Irlande d'alors : un garçon, Benen (en latin *Benignus*), serviteur de Patrick, est placé dans la partie sèche d'une maison, et le serviteur d'un druide dans sa partie humide. On met le feu à la maison. On retrouve Benen indemne, et le serviteur du druide brûlé. Une version légèrement différente se trouve chez un autre biographe de Patrick, Tírechán : au lieu de maison, l'épreuve porte sur des vêtements, qu'échangent le serviteur de Patrick et celui des druides. Après l'épreuve du feu, le serviteur et le vêtement de Patrick pourtant porté par le serviteur des druides sont indemnes, ce dernier et le vêtement druidique sont brûlés. Il existe plusieurs versions populaires de cette légende, non liées à des « sites Lugnasad » en règle générale, mais deux des versions nomment l'adversaire de Patrick Crom Dubh ou Cormac Dubh, comme dans les histoires du taureau ou dans celle de la lumière magnifique (ci-dessus[308]).

Le parallèle delphique à ce mythe est connu, et évident : il s'agit de la fête du Septèrion, dont on a parlé ici à plusieurs reprises[309], par exemple en relation avec le battage du blé. Dans ce rite on dressait une cabane, puis, dit Plutarque, « les Aiolades amènent, à la lueur des torches, un jeune garçon dont les parents sont vivants, puis mettent le feu à la cabane, renversent la table et s'enfuient sans retourner la tête par la porte du sanctuaire », ce qui est suivi de l'exil du jeune garçon à Tempè, de sa servitude et de purifications. Les points communs avec le récit irlandais sont étonnants : incendie d'une cabane, dans laquelle on a fait s'installer des jeunes garçons, conflit entre deux camps (les Aiolades et le « tyran ou roi » dont la cabane représente le palais, aux dires de Plutarque), enfin épreuve telle qu'un jeune est vainqueur et survit – étant admis que le Septèrion représente le renversement du « tyran » Puthôn par le jeune Apollon, et il en est puni ensuite par un exil à Tempè. Il n'y a pas de meurtre dans le Septèrion, mais il est symbolisé par le renversement de la table. Quant aux Aiolades, ce ne sont ni des saints, ni des druides, personnages que la Grèce ancienne ignorait, mais c'est assurément ce qu'elle pouvait procurer de plus proche : à savoir, une famille liée au sanctuaire, jouant un rôle dans une cérémonie archaïque, et peut-être, vu leur nom (il est vrai reconstitué, le texte de Plutarque étant corrompu) lié au culte des vents (Aiolos est le père des vents) que signale Hésykhios à Delphes[310]. Dans ces conditions, on ne doutera pas que le récit qui apparaît dans la *Vita* de saint Patrick et s'est maintenu dans la tradition populaire irlandaise ne témoigne d'un ancien rite, manifestement homologue par plusieurs traits au Septèrion delphique, ni que celui-ci ne soit une authentique fête en relation avec Apollon depuis les plus lointaines origines de ce dieu[311].

Rubrique suivante de Mme MacNeill : « La mort d'un jeune homme sur la montagne[312]. » Il s'agit d'une légende notée au XIXe siècle au sujet du site si riche en traditions de Croagh Patrick ; mais déjà un texte médiéval parle du meurtre d'un nommé Aigle (nom qu'on ne doit pas prononcer comme le français « aigle », mais entre **ayglé* et **ayyé* !) par son oncle Cromderg qui entendait ainsi venger Cliara, femme tuée par Aigle alors qu'elle était sous sa protection[313]. D'autres récits parlent de morts de jeunes gens, sans assassinat : à Mauherslieve dans le comté de Tipperary (centre-sud de l'Irlande), un cairn au sommet de la colline est la marque de la sépulture d'un jeune homme qui chassait dans la région au lieu d'aller à la messe, et perdit la vie dans une tempête de neige. Il faut croire que le motif est fortement ancré en Irlande, car les *Dindsenchas* mentionnent la mort de jeunes gens dans deux autres « sites Lugnasad »,

Slieve Donard en Down (mort de Slanga, fils de Partholon) et Tullaghan Well en Sligo (nord-ouest), en ce dernier cas un nommé Gam fut décapité pour avoir commis une impiété et sa tête fut jetée dans une source[314]. À Croagh Patrick déjà, dans la *Vie* de Patrick par Tírechán, c'est l'aurige du saint, Totmael, qui meurt à Murrisk et est enterré sous un cairn. Croagh Patrick domine Murrisk, qui est proche de l'endroit où est localisée la tradition notée au début du XIXe siècle, à savoir Leacht Mionnáin, première étape lors du pèlerinage à Croagh Patrick : le jeune homme, Meeniune (forme corrompue de *Benen*, « Benoît »), se tenait là, alors qu'au sommet Patrick était engagé dans la lutte contre les démons, ou contre les serpents ; lorsque ceux-ci firent retraite, ils tuèrent le garçon. Une variante dit que celui-ci fut ensuite ressuscité.

Or, la mort d'un jeune homme dans la proximité d'Apollon à Delphes est également connue. Un épisode singulier du légendaire de ce site est la mort du célèbre Néoptolème, fils d'Achille, le vainqueur de Troie, le roi d'Épire, second mari d'Andromaque, par un assassinat au cœur du sanctuaire d'Apollon – et encouragé par celui-ci, selon Euripide, ou même réalisé par le dieu, selon Pindare[315]. Néoptolème est alors un jeune homme[316], il régna en effet peu de temps sur l'Épire[317], et, si la cause du meurtre est variable – c'est le résultat d'une machination de Ménélas et Oreste, pour Euripide ; la conséquence d'une rivalité sur le partage des viandes après un sacrifice, pour Pindare –, il s'agit souvent d'une impiété – la plus grave, sur laquelle s'accordent Apollodore, Strabon, Pausanias, et un scholiaste de Pindare, est que, venu à Delphes demandé des comptes à Apollon pour le meurtre de son père, il vola les offrandes votives et mit le feu au temple ; dans une autre version (Phérécyde, Pausanias), le partage des viandes dans lequel il intervient est à son tort, car il aurait dû laisser les viandes aux Delphiens, il a donc troublé le sacrifice, et ce sont bien les prêtres du sanctuaire qui ordonnent sa mise à mort ; dans une troisième, celle d'Euripide, reprise par Apollodore, Hygin, Servius, Velleius Paterculus, Néoptolème fit deux visites à Delphes, la première pour reprocher au dieu le meurtre de son père, la seconde pour faire amende honorable après avoir compris la démesure que constituaient des reproches à un dieu, mais celui-ci, rancunier, le fit mettre à mort, ou le tua lui-même. Néoptolème fut ensuite enterré dans le sanctuaire même, plus exactement sous le seuil du temple[318].

Les points communs, encore une fois, sont manifestes : mise à mort d'un jeune homme qui a commis une impiété (Gam, jeune de Mauherslieve, Néoptolème), en un sanctuaire de tout premier rang (Delphes, Croagh Patrick), et sa tombe est la trace de l'événement (Néoptolème, Slanga, Totmael/Meeniune, jeune de Mauherslieve).

Dans le premier tome de ces comparaisons mythiques entre Celtes et Grecs, j'ai comparé le meurtre de Néoptolème à Delphes avec un autre épisode de la mythologie irlandaise : la mise à mort de Lugaid Reo nDerg, fils de Cúchulainn, à Tara – centre du monde, comme Delphes –, par un autre Lugaid, celui-ci fils d'un ennemi traditionnel de Cúchulainn et des Ulates, Cú Rói. Les points communs sont en effet nombreux (c'est une impiété qui a été cause du meurtre, la couleur rouge caractérise les victimes, lesquelles ont désormais une tombe au centre du monde, et ont même fonction, manifestement, en tant que guerriers, qui est d'être une protection, un *apotropaïon*, enfin le responsable du meurtre est le même dieu, Apollon en Grèce, Lugh en Irlande[319]). Il est alors possible de synthétiser ce rapprochement et celui des lignes précédentes en voyant dans l'histoire de Lugaid Reo nDerg le prototype des récits irlandais de mort et de meurtre de jeunes gens en relation avec les « sites Lugnasad[320] ». À elle seule la comparaison entre Lugaid Reo nDerg et Néoptolème induisait celle entre Lug et Apollon. Le présent travail la confirme évidemment entièrement.

En quatre des « sites Lugnasad », un autre motif apparaît, celui de la rivalité pour une femme : par exemple, un géant et un héros se battent près d'un lac appelé Loch an Scáil, dans le comté de Fermanach (lac du Fantôme : on se rappelle que *Scál* est le qualificatif ou l'un des noms du père de Lugh), se battent pour une femme ; à Anascaul en Kerry et à Taur Hill en Cork le héros est Cúchulainn[321]. Voici qui a encore un parallèle grec, puisqu'il est arrivé, on l'a vu, qu'Apollon et un héros, Idâs, s'affrontent pour une femme. Si, dans la légende irlandaise recueillie à Anascaul, Cúchulainn et son adversaire se bombardent de blocs de rocher pendant une semaine, Idâs, rival d'Apollon au sujet de Marpessa affronte le dieu avec son arme : l'arc. Dans un cas comme dans l'autre, l'utilisation d'« armes » de jet accroît la ressemblance des épisodes. Il est aussi intéressant que dans un autre combat, non pas contre Apollon, mais contre les Dioscures, Idâs blessa Pollux à la tête en lui lançant une grosse pierre[322] : il y a donc souvenir d'un épisode où Idâs se battait par des moyens analogues à ceux de Cúchulainn et de son ennemi à Anascaul.

Un autre groupe de légendes, dans le catalogue de Mme MacNeill, parle d'un trou où l'on peut tomber, où l'on peut être englouti[323]. Dans l'un, un géant jetait les enfants, dans un autre, à Ballymagauran en Cavan, c'est l'adversaire de Patrick, Crom Cruaich, qui disparaît dans le sol. On rappellera ici que le site de Delphes était censé être pourvu d'un trou béant, le fameux *khásma*, par où la tradition veut que soient passées les émanations qui inspiraient la Pythie, assise au-dessus, sur son trépied, et dont l'archéologie a pourtant montré l'inexistence[324]. Dans ce trou aussi des êtres ont été jetés :

principalement Puthôn, soit que son cadavre ait été précipité sous le trépied, soit même qu'il soit toujours vivant, mugissant sous le trépied[325]. On est en cela très proche de la légende irlandaise qui fait disparaître Crom Cruaich dans un abîme, car dans l'un et l'autre cas, c'est l'adversaire du héros (Apollon, Patrick) qui subit ce sort – il n'est peut-être pas inutile de souligner ici que *Crom* signifie « courbe », et que les textes insistent (ci-dessus) sur les plis faits par le serpent Puthôn ! Quant à l'autre légende irlandaise, où ce sont des enfants anonymes et innocents qui sont jetés dans un trou, elle rappelle une autre tradition delphique, que Diodore de Sicile raconte ainsi : à l'origine, ce sont des chèvres paissant à l'entour d'un abîme dans la terre qui, en l'approchant, commençaient à se comporter bizarrement ; le berger – nommé Korètas, dans Plutarque[326] – alla voir ce qui se passait, et se mit à prédire l'avenir ; les gens de la région s'approchèrent à leur tour, et comme les chèvres ils entraient en transe en arrivant à proximité du trou. C'est ainsi que les émanations furent découvertes, et qu'on comprit qu'il y avait là un oracle de la Terre. Mais, « par la suite, comme nombre de gens sautaient dans le trou en raison de leur état de possession et y disparaissaient, les habitants du voisinage, pour écarter tout danger, nommèrent une femme seule prophétesse pour tous[327] ». Pour Plutarque, c'est après être tombé dans la crevasse que le berger Korètas se mit à prophétiser. Or, ce nom, *Korètas*, n'est manifestement que la contraction d'une épiclèse d'Apollon, *Kereátas*, « Celui qui des cornes ». Le mythe dit, discrètement, que l'établissement de l'oracle de la Terre est corrélatif de la prophétie inspirée par Apollon. Ainsi, la chute dans le *khásma* exprime à la fois le début de l'oracle et l'établissement d'Apollon, comme, à Ballymagauran, la chute dans un trou est corrélative de la victoire de Patrick et de l'avènement du christianisme.

Autre motif encore : on parle parfois, sur les « sites Lugnasad », de la présence d'une vieille femme dans les premiers temps du site. Près d'Adavoyle, en Armagh, un siège de pierre est appelé la chaire de la Cailleach Bhéara[328] ; à Gowlin Hill, dans la péninsule de Dingle, on a la tombe de la mère du héros Finn[329], et non loin la tradition d'une sorcière qui vivait dans une caverne et était la rivale d'une autre. À Tory Hill, en Kilkenny (sud-est), ladite vieille femme aurait causé une inondation sur la place de jeu et noyé les joueurs. À Mullinakill, en Kilkenny, et à Ardagh Hill, en Longford (centre de l'Irlande), elle triomphe d'un saint (respectivement Moling et Patrick) en empêchant la construction d'un édifice religieux[330].

Presque tous ces motifs ont un parallèle delphique. En effet, a) qu'il y ait un siège à Delphes, et féminin, est la chose la mieux connue : le trépied prophétique est l'endroit où s'asseyait la Pythie pour prophétiser ; b) l'endroit est aussi celui d'une tombe, non pas d'une créature féminine – ce sont Puthôn on Dionysos qui sont enterrés là, on l'a dit –, mais d'un dieu ou d'un serpent qui y sont étroitement associés, puisque Puthôn gardait l'oracle pour les divinités Terre (Gaia) et Thémis, et que Dionysos a, comme Puthôn, le Parnasse pour domaine ; d'ailleurs Mme MacNeill a comparé la tradition sur la tombe de la mère de Finn à celles conservées dans les textes médiévaux, qui parlent de la fondation de Lugnasad en des lieux où des femmes étaient enterrées, comme Tailtiu et Carman, ce que je comparais déjà plus haut à l'enterrement de personnage au cœur du site de Delphes ; c) lequel site est étroitement associé à un mythe de déluge, et d'ailleurs le plus célèbre de Grèce. Selon Pausanias, la tradition delphique, qu'il recueillit sur place, disait que « la cité fut submergée par les pluies qui tombèrent à l'époque de Deukaliôn. Certains des habitants eurent la possibilité d'y échapper en étant guidés par les hurlements de loups ; ils furent menés sur le sommet du Parnasse par ces animaux, puis ils fondèrent, dit-on, une cité du nom de Lukôreia (Ville de la montagne des loups[331]) ». Il est remarquable que si, pour tout le reste de la Grèce, le déluge de Deukaliôn fut le principal, et fut universel, le récit delphique noté par le Périégète semble limiter ce déluge à une affaire locale, les victimes et les rescapés en étant des voisins de Delphes, et la fondation de Lukôreia précédant celle de Delphes[332] ; d) que la vielle femme, dans la tradition irlandaise, empêche victorieusement la construction d'une église est exactement l'exploit auquel parvint Telphousè en détournant Apollon dans son intention de s'installer là où elle se trouvait. Telphousè envoya Apollon vers Delphes, et c'est là qu'il finit par construire son « temple magnifique ». Le mythe de Mullinakill est singulièrement proche de celui-ci : la femme reproche à saint Moling de se baigner dans une fontaine (de même que Telphousè garde sa fontaine) ; furieux, Moling s'en va, se réfugiant auprès de Columcille, près de Thomastown – non sans maudire Mullinakill, où, décréta-t-il, on trouverait toujours un imbécile ou un clochard ; Apollon aussi maudit Telphousè, en gâchant sa source. À Ardagh Hill, également, Patrick s'enfuit lorsqu'une petite femme rousse vint lui parler ; e) la rivalité entre sorcières dont l'une habite une caverne rappelle qu'on parlait à Delphes de la caverne de Puthôn, le rival d'Apollon. On rappellera qu'une statuette d'un Apollon au torque a été découverte dans la grotte de la Male Coste, en Dordogne, que cet Apollon est vraisemblablement, en raison de des yeux dilatés, de son torque, de ses cheveux bouclés, un Lug, et précisément J. Santrot a comparé la grotte, avec sa position retirée, son environnement sombre, comme un lieu propice aux contacts avec l'au-delà, au sanctuaire de Delphes[333].

Il est connu par ailleurs que les grottes servaient parfois de lieu à incubation divinatoire en terre celtique[334].

Cinq des « sites Lugnasad » possèdent par ailleurs la tradition d'un trio de femmes qui auraient séjourné ou seraient enterrées là : trois princesses danoises enterrées dans le Topped Carn, en Ferghana ; trois rochers qui sont la transformation de trois femmes par une sorcière, à Dúna, à Portacloy, en Mayo ; à la fontaine de Cullen, en Cork, saint Beretchert vécut en la compagnie de trois saintes sœurs, et la tradition locale les nomme Latheiran, Lasser, Ingen Buidhe, ou les trois filles blondes ; à Tobar Nuadh-ghlas (« Nouvelle source verte »), sur le territoire de Tullaghanoge (Meath), on raconte que l'église de Tulachán óg fut construite par trois sœurs ; à Drung Hill en Kerry, trois nones eurent une vision trois jours de suite, une dernière semaine du mois de juillet, vision qui semblait suggérer qu'un prêtre avait été tué, et qu'il fallait créer un pèlerinage[335].

Il est frappant que ces triades féminines soient, dans trois des cas sur cinq, formées de saintes femmes ; et les deux autres cas ne sont pas non plus ceux de méchantes femmes, l'une des triades, au contraire, a été victime d'une sorcière. Ce faisant, ces femmes en trios s'opposent radicalement à la femme solitaire dont on a parlé plus haut, qui traditionnellement est une démone ou une ennemie des saints.

Là encore, le parallèle delphique est stupéfiant : à la Drakaina, adversaire d'Apollon, unique, s'opposent évidemment des triades de femmes de Delphes, parfaitement positives puisque sacrées. Les premières, un seul texte – mais vénérable – en parle, l'*Hymne homérique à Hermès*, dont on aura l'occasion de redire la valeur exemplaire dans un chapitre prochain, tant ce qui y est dit d'Hermès offrira de parallèles avec ce que l'Irlande disait d'un de ses anciens dieux, Óengus. À la fin de l'hymne, Zeus a obligé Apollon à faire la paix avec Hermès, qui lui avait auparavant volé ses vaches. Dans le cadre de la négociation et de l'accord entre les deux dieux, le premier dit au second : « J'ai encore autre chose à te dire, fils de la glorieuse Maia et de Zeus qui porte l'égide, dieu bienfaisant entre tous. Il est des Destinées (*Moîraï*), sœurs par la naissance, trois vierges fières de leurs ailes rapides. Une poudre brillante parsème leur tête ; elles ont leur demeure au pied des gorges du Parnasse. Sans dépendre de moi, elles m'ont appris l'art divinatoire que j'ai exercé, auprès de mes bœufs, encore enfant : mon père ne s'y opposait pas. C'est de là qu'elles prennent leur vol pour aller de tous côtés se repaître de cire, en faisant se réaliser toute chose. Quand, nourries de miel blond, elles sont saisies d'un transport prophétique, elles consentent volontiers à dire la vérité ; si, au contraire, elles sont privées du doux aliment des dieux, elles tâchent ensuite de vous fourvoyer », et Apollon confie cette divination – par le vol des abeilles – à son jeune frère[336].

Les secondes sont appelées les Thriai : ce sont trois nymphes, qui avaient été nourrices d'Apollon, et, celui-ci ayant inventé la divination par le sort, la leur confia[337].

Comme en Irlande, on a là des triades de sœurs, qui accompagnent le dieu et participent à l'origine de son office, la divination, tout comme les nones ou trois saintes femmes accompagnent de saints personnages dans leur office, l'établissement du christianisme en Irlande. Il est singulier, et peut-être est-ce un élément commun de plus, que la « blondeur » apparaisse à la fois en Grèce et en Irlande, pour qualifier le miel dans la première, les cheveux dans la seconde. D'ailleurs, en Grèce, les abeilles elles-mêmes sont « blondes », et tirent leur nom, *mélissa*, du miel.

En continuant à suivre l'exposé de M. MacNeill, on trouve à la suite du motif précédent celui de la « femme porte-feu », puis celui de l'« offrante brûlée[338] », avant « l'enterrement des dîmes ». J'ai parlé de ce dernier motif lorsque j'ai souligné comment aussi bien Lug qu'Apollon avaient des relations avec les dîmes et décimations[339]. Le premier des deux autres motifs est principalement une histoire d'ordalie : des femmes soupçonnées d'inceste avec leur frère prouvent leur innocence en portant du feu dans leur tablier. Il est intéressant qu'une légende récente attribue l'épisode à sainte Brigitte. Car, au sanctuaire de celle-ci à Kildare, on entretenait jadis un feu perpétuel ; il brûla sans interruption jusqu'à l'arrivée des Anglo-Normands au XIIe siècle[340]. Cette pratique est attestée, en Grèce, entre autres dans le culte apollinien : à Delphes, un feu perpétuel était entretenu, avec du sapin, dans le foyer (*hestía*) du temple[341], et il avait valeur de foyer commun de la Grèce[342] ; à Argos, dans le temple d'Apollon Lukeios, brûlait un feu perpétuel allumé par Phorôneus, le premier roi[343] ; à Athènes, c'était au temple d'Apollon Puthios, et à Cyrène, dans celui d'Apollon Karneios[344]. La divination elle-même était à Delphes fonction du feu : on appelait *Purkóoi* les prêtres qui prophétisaient d'après les flammes lors des sacrifices ; et, au temps où Poséidon était lui-même oraculaire, disaient les Delphiens, son prophète s'appelait *Púrkôn*[345]. Quant à la légende concernant l'offrande brûlée, elle est un mythe expliquant la fête Domhnach Crom Dubh, actualisation de Lugnasad, à Cois Fhairrge, dans la baie de Galway : on y expose que la fête vient de ce qu'on consacrait des animaux en les cuisant sur un feu en l'honneur de Crom Dubh, d'où le nom de la fête, et chaque maître de maison doit continuer à en faire autant. C'est pratiquement un mythe de fondation du sacrifice grec dans sa forme la plus générale : on faisait cela à Delphes, et partout ailleurs. L'intérêt du motif est donc de portée plus générale, car il atteste, là comme si souvent, le parallélisme des rites celtiques et helléniques.

Ainsi, la *quasi-totalité des « types de légendes associés »* aux sites Lugnasad, dans la revue exhaustive qu'en a faite l'ethnologue irlandaise, a des répondants, parfois extrêmement précis et rigoureux, dans le légendaire delphique. Il s'ensuit que les « sites Lugnasad » irlandais sont autant de petits Delphes locaux, mais aussi, que les fondateurs de Delphes apportaient avec eux tout un légendaire dont ils savaient qu'il devait s'appliquer à une localité où ils installaient un oracle d'Apollon.

La passion du dieu suprême

En 1984, commentant, dans la revue *Romania*, le livre remarquable de Joël Grisward intitulé *Archéologie de l'épopée médiévale*, publié en 1983, et où l'auteur montrait que des traditions indo-européennes se décelaient pleinement dans un groupe de récits épiques du Moyen Âge français, dénommé le « Cycle des Narbonnais », j'ai appelé « passion du dieu souverain » le mythe, attesté à la fois en Scandinavie et au pays de Galles, où l'on voit un personnage divin de tout premier plan, respectivement Ódhinn et Lug (Lleu), subir de terribles souffrances, et bel et bien mourir, avant de renaître, muni d'un savoir ou de capacités nouveaux[346].

Les données sont les suivantes.

Du côté gallois, il s'agit du mythe, auquel il a déjà été fait plusieurs fois allusion ici, selon lequel l'épouse de Lleu, Blodeuwedd, tombée amoureuse de Gronw Pebyr, complote bientôt avec lui la mort de son époux. Celui-ci bénéficie d'une « invincibilité conditionnelle », c'est-à-dire qu'on ne peut le tuer qu'en remplissant certaines conditions très précises[347]. Blodeuwedd parvient à les connaître, sur l'oreiller. Gronw s'attache à les remplir méthodiquement, et, au jour et à l'instant prévus, Blodeuwedd parvient à amener Lleu à s'installer un pied sur le dos d'un bouc, l'autre sur le bord d'une cuve – double condition requise pour le meurtre ; alors :

> Gronw se leva, à l'abri de la colline qu'on appelle Brynn Kyvergyr, et, appuyé sur un genou, il le frappa de la lance empoisonnée, et l'atteignit si violemment dans le flanc que la hampe sauta, et que le fer resta dans le corps. Lleu s'envola sous la forme d'un oiseau en jetant un cri strident, affreux, et on ne le revit plus.

On a dit déjà comment Gwydion part à la recherche de son protégé, et le trouve bientôt, grâce aux renseignements d'un porcher, en suivant une truie qui va chaque jour manger quelque chose au pied d'un arbre…

> Gwydion vint sous l'arbre et regarda ce que mangeait la truie. Il vit que c'était de la chair pourrie et des vers. Il leva les yeux vers le haut de l'arbre et aperçut un aigle au sommet. À chaque fois que l'aigle se secouait, il laissait tomber des vers et de la chair en décomposition que mangeait la truie. Gwydion pensa que l'aigle n'était autre que Lleu, et chanta cet *englyn* :
>
> « Chêne qui pousse entre deux vallons, l'air et le vallon sont sombres et agités : si je ne me trompe, ces débris décomposés sont ceux de Lleu. »
>
> L'aigle se laissa aller jusqu'au milieu de l'arbre, Gwydion chanta un second *englyn* :
>
> « Chêne qui pousse sur cette terre élevée, que la pluie ne peut plus mouiller, n'a pas amolli, qui a supporté cent quatre-vingts tempêtes : à son sommet est Lleu Llaw Gyffes. »
>
> L'aigle se laissa aller jusque sur la branche la plus basse de l'arbre. Gwydion chanta un troisième *englyn* :
>
> « Chêne qui pousse sur la pente [...] si je ne me trompe, Lleu viendra dans mon giron. »
>
> L'aigle se laissa tomber sur les genoux de Gwydion. D'un coup de sa baguette enchantée, Gwydion lui rendit sa forme naturelle. On n'avait jamais vu quelqu'un présentant plus triste aspect : il n'avait que la peau et les os.
>
> Gwydion se rendit avec lui à Kaer Dathyl. On amena, pour le soigner, tout ce qu'on put trouver de bons médecins en Gwynedd. Avant la fin de l'année, il était complètement rétabli[348].

Lleu, tué d'un coup de javelot, est passé dans l'autre monde[349], et est ressuscité grâce au savoir de son éducateur et maître Gwydion, qui, pour ce faire, récite trois fois trois vers (un *englyn* est un groupe de trois vers). Moyennant quoi, cette mort (initiatique, s'il en est) présente une ressemblance frappante avec la mort du grand dieu des anciens Scandinaves, en islandais *Ódhinn*, en allemand *Wotan*, telle qu'elle est racontée, par Ódhinn lui-même, dans les *Hávamál* :

> Je sais que je pendis à l'arbre rempli de vent,
> Neuf nuits entières,
> Par la lance blessé et donné à Odhinn,
> Moi-même à moi-même,
> À cet arbre, dont nul ne sait
> De quelles racines il surgit.
> Ils ne me réconfortèrent ni avec le pain ni avec la corne ;
> J'épiais en bas ;
> Je ramassai les runes, ramassai en hurlant,
> Ensuite je tombai de là.
> Neuf grands chants je pris au fils célèbre
> De Bolthorn, père de Bestla,

Et je bus un trait de ce précieux hydromel
Puisé à Odhrerir.
Je me mis alors à grandir et à être sage,
Et à croître et à prospérer.
Le mot du mot pour moi cherchait le mot,
L'acte de l'acte pour moi cherchait l'acte[350].

Cet autosacrifice d'Ódhinn à lui-même présente les points communs précis suivants avec la « passion » de Lleu :

– la cause de la mort du dieu est un coup de lance (ou de javelot) ;

– cette mort comprend une pendaison ou une suspension sur un arbre : à Ódhinn pendu et à Lleu aigle pourrissant au sommet d'un chêne, il faut encore ajouter la célèbre « scholie bernoise » commentant la mention de trois dieux gaulois dans la *Pharsale* de Lucain, scholie selon laquelle on sacrifiait à Ésus des hommes en les « suspendant » à des arbres jusqu'à ce qu'ils meurent, et ce avec un écoulement de sang, donc blessure vive[351]. J'ai montré que ce sacrifice met en scène la mort de Lleu. Et il correspond étroitement à la manière sacrificielle d'Ódhinn[352] ;

– cette mort est marquée par le chiffre neuf : Gwydion récite trois fois trois vers pour obtenir la résurrection de Lleu ; Ódhinn reste neuf jours pendu à l'Arbre du monde, et il s'empare ensuite de neuf chants ;

– car le moyen de résurrection, ou sa condition, est effectivement l'acquisition d'un savoir : Ódhinn découvre les runes – signes à pouvoir originellement magique[353] – et apprend neuf chants, Gwydion compose trois *englynion* : dans la mesure où les *Mabinogion* sont, comme l'ont reconnu Georges Dumézil, John Carey, Claude Sterckx, Diego Poli, Pierre-Yves Lambert et d'autres, des récits qui exposent l'origine et la mise en place du monde, c'est-à-dire d'authentiques mythes fondateurs, la poésie apparaissant lors pour la première fois, il faut admettre que Gwydion crée la poésie pour ressusciter son protégé.

Cette irruption d'Ódhinn dans la présente discussion n'a pas lieu d'étonner : nombreux ont été les auteurs qui ont signalé la ressemblance entre Lug et Ódhinn[354].

Le motif, grandiose, de la passion du dieu suprême, commune à Lug et à Ódhinn, manque par contre dans la mythologie d'Apollon. C'est qu'en fait, les Grecs étaient attachés à leurs images divines, et n'y portaient atteinte que le moins possible : l'idée, par exemple, selon laquelle Tuphôn, le dernier grand adversaire de Zeus, l'avait dévitalisé en lui arrachant ses nerfs, cette tradition, donc, ne se trouve que dans des sources tardives[355] ; elle est absente d'Hésiode, et des autres maîtres à penser de la Grèce ancienne. Apollon, jeune homme éternellement beau, ne pouvait donc souffrir d'être pendu à un arbre ou transformé en aigle pourrissant.

Pourtant, il est possible de trouver des traces de la « passion » d'Apollon. Le motif a été en quelque sorte évacué de la théologie, et réparti à la périphérie de la mythologie du dieu. En effet :

– Apollon, comme Lug et Ódhinn, a connu une *mort initiatique* : après le meurtre du dragon de Delphes, il dut aller se purifier dans le val de Tempè, à l'extrême nord de la Grèce. Le sens de cet exil s'éclaire grâce à un doublet : on racontait qu'ayant tué les Cyclopes (ci-dessus), Apollon fut condamné par Zeus à aller servir comme esclave le roi Admète, à Phères, ville située en Thessalie[356], comme l'est le val de Tempè. Apollon esclave est déjà une dégradation forte. On a reconnu depuis longtemps dans cet Admète une anthropomorphisation du dieu des Enfers, Hadès[357]. Autrement dit, l'idée de mort étant incompatible, en Grèce, avec celle du divin (puisque les dieux sont *athánatoi*, « immortels », par opposition aux humains, qui sont des *thnêtoí*, « mortels »), la mort d'Apollon, son passage dans l'outre-tombe, ont été tus, sont devenus tabous, et ont été transformés en une légende sympathique : durant son séjour chez Admète, Apollon fit prospérer ses troupeaux et apporta la prospérité dans sa maison[358]. Il est probable qu'un Grec ancien comprenait à demi-mot le sens de l'histoire, mais, grâce à elle, les principes théologiques étaient saufs.

– Par ailleurs, Apollon, comme Ódhinn et Lug, *a été tué d'un coup de lance*. Voici encore qui est incompatible avec l'idée même d'un dieu. Mais voyons comme ces choses sont dites.

Selon un mythe bien attesté, celui du passage en Péloponèse des Hèraklides, c'est-à-dire les nombreux descendants d'Hèraklès, venant de Grèce centrale, l'armée qu'ils constituaient se trouvait à Naupaktos, sur la rive nord du golfe de Corinthe, et ils avaient construit des vaisseaux pour passer sur l'autre rive, lorsque arriva parmi eux un devin, d'Acarnanie, province voisine, qui se mit, raconte Apollodore, à réciter des oracles de manière enthousiaste (c'est-à-dire inspirée) ; malheureusement, on le prit pour un agent des Péloponésiens, qui l'auraient envoyé pour semer la panique chez les Hèraklides, alors l'un d'eux, Hippotès, fils de Phulas, fils d'Antiokhos, fils d'Hèraklés, saisit un javelot, le lança sur le devin et le tua[359].

D'autres sources nous donnent le nom de ce devin : il s'appelait Karnos, et, comme sa mort déclencha un désastre pour les Hèraklides (destruction de la flotte, famine, maladie...), pour expier le meurtre on célébrait sa mémoire, à l'époque historique, par les grandes fêtes dites Karneia, à Sparte en particulier[360]. Mais une version, due à Conon, est particulièrement intéressante. En voici un passage important, pris dans le résumé qu'en a fait le Byzantin Photios :

> Le vingt-sixième récit [de Conon] relate qu'un être étrange qui incarnait Apollon[361] et qu'on appelait Karnos, suivait les Doriens ; il fut tué par un certain Hippotès, descendant d'Hèraklès, lorsque les Hèraklides revinrent vers le Péloponèse. Une peste s'abattit sur eux et, à la suite d'un oracle qui leur fut rendu, ils chassèrent Hippotès de leur camp ; c'était le spectre [*tó phásma*] qui avait servi de devin aux Doriens[362].

On ne saurait mieux dire que Karnos n'était pas exactement un être humain, mais une incarnation, une forme, d'Apollon. Ainsi, Apollon est tué d'un coup d'une arme de jet[363], tout comme Lleu – et également comme Lugh : on se rappelle que celui-ci, jaloux de Cermait Milbel pour qui sa femme Buach le quitta, l'avait tué. Comme il est coutumier en Irlande, cette mort attire vendetta. De la sorte, nous dit-on, « Lug, bien que [mot illisible] par le fils de Cermat, par mutuelle jalousie, / la lance de Mac Cuill bondit, sans se cacher, / et elle lui brisa le dos, bien que vous l'entendiez[364] ».

Les deux mythes celtiques sont très proches : Lugh et Lleu sont frappés d'un coup de lance par-derrière, en conséquence directe de l'adultère dont ils ont été victimes. Cette affabulation paraît purement celtique, car ni la version scandinave de la mort du grand dieu, ni la version grecque du meurtre de Karnos ne respectent le même canevas. Le seul point commun aux trois cultures est le suivant : le dieu, maître de l'arme de jet, a lui-même été tué par une arme de jet.

On notait ci-dessus[365] que le motif du bébé Apollon se débattant dans ses bandelettes renvoyait à un épisode placé, en Irlande, dans la vie adulte de Lugh, à savoir celui de sa ligature par ses compagnons, qui voulaient l'empêcher de participer à la bataille qui allait commencer ; et corrélativement, l'idée qu'Apollon, naissant, avait « bondi », « s'était rué », hors du sein maternel, rappelait l'épiphanie de Lugh s'arrachant à ses liens et surgissant au milieu des troupes.

Or, un motif qui précède cette naissance rappelle, lui, la passion d'Ódhinn : Lètô, nous dit l'*Hymne homérique à Apollon*, « pendant neuf jours et neuf nuits, fut traversée par les douleurs indicibles de l'enfantement[366] », et, pour accoucher, elle jeta ses bras autour du Palmier[367]. Ódhinn, lui, resta neuf nuits pendu au frêne Yggdrasil, puis « tomba » de cet arbre, et se mit alors à croître.

À la douleur terrible de Lètô fait écho la douleur épouvantable d'Ódhinn se penchant en hurlant pour saisir les runes.

La comparaison est d'autant plus pertinente que plusieurs des motifs qui tournent autour d'Apollon se retrouvent dans le cycle des mythes odhinniques. Ainsi, avant que Lètô ne trouve finalement l'île de Dèlos pour accoucher, elle avait demandé à tous les lieux, idéalement parlant du moins, de l'accueillir, et tous, terrorisés par Hèra, avaient refusé – sauf Dèlos[368] : dans le mythe de la légende de la mort de Baldur, fils d'Ódhinn et de Frigga, cette dernière avait demandé à tous les êtres, le feu, l'eau, le fer et tous les métaux, les pierres, la terre, les bois, les maladies, les animaux, les oiseaux, les serpents, de jurer qu'ils ne feraient aucun mal à Baldur. Tous l'ont promis. Mais Frigga a négligé un être, un seul, parce qu'il était « trop jeune », à savoir la pousse de gui qui croissait sur un arbre, « à l'ouest de la Valhall ». C'est avec cette pousse de gui que Loki fera tuer Baldur par son frère Hödr[369]. Ce qui est une inversion totale du mythe grec : dans un cas *tous les lieux refusent d'accueillir une femme (adultère) du dieu souverain pour favoriser une naissance*, par crainte de l'épouse légitime du même dieu ; dans l'autre, *tous les êtres acceptent de jurer à la femme (légitime) du dieu souverain qu'ils empêcheront une mort*[370].

Les études mythologiques ont montré qu'en fait, si Frigga n'avait pas interrogé la ramure de gui, c'est que celle-ci était en un lieu sans existence propre, entre ciel et terre[371]. Or, une tradition, attestée par Pindare et par Callimaque, voulait que Dèlos eût accepté d'accueillir Lètô précisément parce qu'elle était, elle aussi, un lieu qui n'existait pas[372]. Entre ciel et terre, entre est et ouest, nord et sud, Astériê-Dèlos n'était pas plus un lieu que la ramure de gui n'était un être. Elle s'immobilisa, une base de pierre l'enracinant soudain au fond de la mer, quand Lètô accoucha, de même que la fragile ramure de gui, au moment où elle atteignit Baldur, se transforma en un trait de bois rigide qui transperça le jeune dieu.

La correspondance se complète encore du point suivant : si Baldur est le fils du dieu suprême, comme Apollon, s'il est « le plus beau des Ases » – « il est si beau et si brillant qu'il émet de la lumière » –, comme Apollon est brillant, et le plus beau des dieux, si enfin il avait don de prophétie, comme le Lètôide, « il possède cependant cette caractéristique essentielle qu'aucun de ses jugements ne peut se réaliser[373] ».

Il diffère en cela de Loxias, dont les jugements sont infaillibles, mais l'on racontait qu'il avait précisément puni quelqu'un en le dotant du même trait que Baldur : il condamna son élève, la prophétesse Kassandrè, fille de Priam le roi de Troie, à n'être jamais crue, parce qu'elle ne voulait pas se donner à lui[374].

Ainsi, Baldur et Ódhinn se répartissent les caractères que présentent Apollon et Kassandrè, tandis que, complémentairement, des épisodes qui concernent la naissance d'Apollon renvoient à ceux qui concernent la mort de Baldur, et la vie adulte de Lugh et de Lleu.

On tirera encore de cette série de comparaisons que le motif de la passion du dieu suprême, qui manque en Irlande (la mort de Lugh, d'un coup de lance est, elle, « définitive »), paraît se retrouver dans celui de l'enchaînement de Lugh à des « piliers de pierre », avec des « cordes de fer », et de sa soudaine et violente libération, selon *CMT II*[375] : cela rappelle en effet l'enchaînement d'Ódhinn à l'arbre du monde, et sa chute libératrice. Mais la transformation est double : Lugh se libère dans le plan horizontal, et, comme son savoir a été acquis avant (au contraire d'Ódhinn qui apprend la magie des runes en conséquence de sa pendaison), il va tout de suite faire subir à ses ennemis sa puissance magique en tournant autour d'eux sur un pied.

Les correspondances entre Lug et Ódhinn sont ainsi patentes. Tous deux ont connu une mort par un coup de lance et la position sur un arbre avant leur résurrection.

Quant à Apollon, on a donc noté deux motifs qui sont très proches de ceux concernant ses correspondants germanique et celtique : le meurtre par un coup de lance, et la libération après un liage. Dès lors, on soit se demander si un autre élément de la « passion » nordique et occidentale, le corps du dieu posé ou pendu sur un arbre, n'a pas également laissé une trace dans la tradition grecque.

Connaissant le processus de transposition à l'œuvre dans la pratique mythique – ce n'est pas Apollon qui a été tué par un coup de lance, c'est son devin, et homologue, Karnos ; Apollon n'est pas allé aux Enfers, mais chez Admète, en fait image humaine du roi des Enfers ; de même, on disait plus haut comment jeune fille, Kallistô, a été engrossée par Zeus, en lieu et place de la *kallistè* Artémis, qui ne pouvait pas l'être puisqu'elle est déesse théologiquement vierge[376] –, je soupçonne depuis longtemps l'un des épisodes les plus curieux, et les plus cruels, de l'histoire d'Apollon, de provenir d'un mythe, préhistorique, concernant celui-ci, et tel qu'il aurait subi un sort aussi misérable que Lleu et Ódhinn, jusqu'à ce que les Grecs, en venant à concevoir l'incompatibilité de cette mort avec la majesté, l'esthétique et l'immortalité du jeune dieu, la transposent sur un autre personnage, issu d'une mythologie étrangère.

Il s'agit de l'écorchement de Marsuâs.

Résumons l'histoire : Athèna ayant découvert la double flûte, mais ne voulant pas s'en servir parce que l'usage de cet instrument déformait ses joues et la rendait ridicule, un Silène nommé Marsuâs s'en empara, et y devint bientôt virtuose. Un concours fut alors organisé, entre Apollon, à la lyre, et Marsuâs, à la double flûte. Soit que les participants aient décidé d'emblée que le vaincu serait entièrement soumis au vainqueur, soit que l'attitude procédurière de Marsuâs eût irrité Apollon, le résultat est toujours le même – on possède sur ce mythe de nombreuses sources[377], et bien des œuvres d'art l'illustrent –, à savoir qu'Apollon, déclaré finalement vainqueur, écorcha Marsuâs.

Cette légende n'apparaît pas, dans les sources littéraires, avant Hérodote, qui la localise en Phrygie, à Kêlainai, et tous les auteurs postérieurs s'accordent à faire de Marsuâs un Asiatique, originaire de Phrygie ou d'un autre pays anatolien. De fait, le mot n'a pas d'étymologie grecque, et la plus solide est celle qui en rapproche les mots arméniens *mort,* « peau », *mort'el,* « écorcher », *mort'vadz,* « écorché[378] » – rappelons que, selon Hérodote précisément, les Arméniens sont une colonie des Phrygiens[379], et l'écorchement est attesté dans des rites et des mythes du monde anatolo-iranien[380]. En somme, tradition antique, étymologie et parallèles rituels ou mythiques s'accordent pour voir en Marsuâs un personnage issu du légendaire centre-anatolien.

Mais, dès lors qu'ils ont adopté le mythe de Marsuâs, les Grecs l'ont profondément intégré à leur propre mythologie. La tradition l'a pourvu d'un père grec, dont le nom varie considérablement, ce qui prouve par là même l'emprunt : il s'appelle Olumpos, ou Piéros, ou Oiagros, ou Huagnis. Or, au-delà de leur différence, trois de ces noms relient Marsuâs à la Grèce du Nord : *Ólumpos* est le (célèbre) nom de la montagne qui forme la limite de la Grèce au nord-est ; Oiagros était tenu pour un roi de Thrace, père d'Orphée[381] ; Piéros est l'éponyme de la Piérie, contrée s'étendant au nord de la chaîne du mont Olympe. Ces traditions assurent qu'une localisation du mythe de Marsuâs a été la région située au nord-est du mont Olympe, dans le sud de la Macédoine, et non loin du val de Tempè, où fut exilé Apollon.

Ce n'est pas la seule : il est clair, au témoignage de Pausanias, que la légende de Marsuâs a eu une localisation ancienne, avant toute influence littéraire, à Sicyone en Argolide, car on y montrait les flûtes de Marsuâs, dans le temple de Peithô – dont le mythe de fondation met en scène Apollon et Artémis[382] –, où elles auraient été portées par le cours du Méandre, en Anatolie, puis de l'Asôpos, celui des fleuves de ce nom qui passe à Sicyone, où un berger les trouva et les consacra à Apollon[383].

Ainsi, Marsuâs, adopté, intégré à la mythologie grecque, en est devenu un personnage[384].

Mais l'opération s'est faite dans un contexte précis, en étroite relation avec Apollon. Le seul mythe concernant Marsuâs en fait la victime de ce dieu. Et on vient de voir ses flûtes consacrées à ce dernier, à Sicyone ; à Mantinée, en Arcadie, Marsuâs est figuré, jouant de la flûte, sur la base d'une statue des Lètôïdes[385] ; selon Ptolémée Héphestion, il naquit le jour d'une fête d'Apollon[386].

Marsuâs n'a donc trouvé place dans la mythologie grecque qu'en tant que partenaire d'Apollon. Or, plusieurs auteurs précisent que celui-ci, pour se livrer à l'écorchement de son rival, l'attacha à un arbre : un pin, selon la majorité des auteurs[387], un platane, selon Pline[388].

Voici qui autorise le rapprochement avec les mythes d'Ódhinn et de Lleu. Car eux aussi ont souffert sur un arbre : le premier en y étant tué et y demeurant neuf jours, battu des vents, le second en y pourrissant. Le motif de l'arrachement de la peau rappelle celui du décharnement de Lleu par pourrissement, et l'attachement à un pin l'autosacrifice d'Ódhinn pendu à l'arbre du monde[389]. Quant à l'attachement, il existe dans la mythologie de Lugh, on l'a vu, et cela a été rapproché de l'attachement du roitelet à un câble pour tirer un véhicule[390]. L'adoption, en profondeur, dis-je, et rapide, à partir du Ve siècle au moins, du mythe de Marsuâs, se comprendrait alors d'autant mieux si un matériel mythologique existait déjà, autour d'Apollon, dans certaines traditions orales, et concernait l'attachement d'un personnage, transposition du dieu, sur un arbre, et sa souffrance suivie de sa mort.

Je fais donc l'hypothèse d'un état archaïque de la mythologie d'Apollon, proche de l'état celto-germanique, où ce serait le dieu maître de l'inspiration poétique et musicale lui-même qui aurait subi un supplice en étant accroché à un arbre, peut-être déjà par un écorchement[391], ou par un décharnement. Ce mythe, refoulé à la fois par le triomphe d'un « apollonisme » idéalisé et par l'établissement définitif de l'idée de l'immortalité des dieux, mais conservé dans quelques cantons grecs, aurait trouvé à s'actualiser, projeté sur un autre personnage, lorsque, à la faveur d'échanges musicaux, des idées, des mythes, des rythmes et des vocabulaires phrygiens auraient pénétré en Grèce[392].

Il existe des confirmations indirectes au phénomène que je suppose. Lugh, Lleu, ne sont pas en relation mythique avec un écorchement dans les textes irlandais et gallois que nous possédons. Mais on a dit comment ils sont en rapport avec les peaux, les cuirs ; et, là où le souvenir de Lug s'est maintenu dans la tradition chrétienne en étant transposée dans des vies de saints, le motif de l'écorchement apparaît en toute netteté. Durant le martyr de Crépin et Crépinien[393], le préfet du prétoire de l'empereur Maximien, nommé Rictiovaire, fait enfoncer des broches entre les ongles et la chair des martyrs, et arracher de leur dos de longues lanières de peau[394]. C'est pourquoi Crépin et Crépinien, qui étaient cordonniers à Soissons, sont devenus patrons non seulement de cette profession, mais aussi de celles des corroyeurs, tanneurs et gantiers. De même, un autre patron des gantiers, cordonniers et tanneurs, de la tradition franco-allemande, saint Gengoult, fut tué d'un coup de glaive dans le flanc (comme Ódhinn, Lugh et Karnos d'un coup de lance), après avoir obligé sa femme à une ordalie, car il soupçonnait son adultère, et cela avait consisté à lui faire plonger le bras dans une source miraculeuse : lorsque la femme l'en retira, sa peau se détacha de son bras et de sa main comme un gant. Les légendes de Crépin et Crépinien, d'un côté, de Gengoult, de l'autre, sont parfaitement indépendantes : il en résulte que le motif de l'arrachement de la peau dans l'une et l'autre doit puiser son origine dans un mythe antique, et, en conséquence, que les versions continentales, au moins elles, du mythe de Lug le connectait avec l'écorchement.

En Irlande, il est possible aussi qu'il existe un souvenir de pratiques du même type en relation avec Lugh, dans ces versions de l'histoire de l'affrontement entre saint Patrick et un potentat qui lui envoie son taureau avec l'objectif que l'animal tue le saint[395], car il est parfois question du dépeçage du taureau, deux versions précisant que quelqu'un dormit dans la peau du taureau[396], ce qui rappelle un peu le traitement opéré sur la peau de Marsuâs : on en fit une outre (elle était montrée à Kêlainai) ; selon Arkhias de Mitylène, les vents agitaient cette peau, tout comme Ódhinn suspendu à l'arbre du monde était battu des vents, et, selon Nonnos, Apollon, ayant dépouillé le Silène de sa peau « en le suspendant à une branche », fit de cette peau « une outre animée : souvent, au sommet de l'arbre, le vent qui s'y engouffrait lui donnait forme à son image, comme si le pâtre babillard chantait à nouveau[397] ».

C'est également à Ódhinn que l'écorchement est lié dans le monde germanique, et, chez les Baltes, au dieu Patollo, ou Velinas, Velnias, dont D. Gricourt et D. Hollard ont montré la proximité avec Ódhinn et Lug, car il « ne recule devant aucune cruauté, écorchant vives les femmes dans les saunas ou lacérant les draps et couvertures des dormeurs qu'il surprend[398] ». Quant à Rudra, le dieu indien qui offre tant de points de ressemblance avec Apollon et Lug, il « tue des êtres vivants et revêt leur peau sanguinolente[399] ».

L'écorchement appartient donc bien à ce groupe de dieux apparentés, et cela confirme que s'il se rencontre, dans la légende d'Apollon, au sujet de Marsuâs, il s'agit d'un simple déplacement.

Un dernier détail : selon un curieux texte de l'historien latin Solin, Marsyas, roi de Phrygie, aurait envoyé aux Étrusques un ambassadeur, Cacus (lequel est en fait un héros italique, mentionné dans la légende d'Hercule en Italie[400] !) ; et ce Cacus, fait prisonnier, enchaîné, se serait évadé[401] : c'est ce que fit, réduit à la même condition, Lugh, pour gagner le champ de bataille dans le récit de la *Seconde bataille de Mag Tured.*

– Un autre mythe évoque une « passion » d'Apollon : c'est un récit originaire de Crotone en Italie (colonie grecque où l'influence du pythagorisme fut importante) et selon lequel Apollon Puthagoras (*sic*) « subit les épreuves de la cuisson » dans un chaudron, comme le héros grec Pélops, puis du remodelage autour d'une prothèse d'ivoire[402] : mythe fort proche de celui de Pélops, héros péloponésien coupé en morceaux et cuit pour un repas des dieux, puis reconstitué – d'autant que ce Pélops a une épaule d'ivoire.

Il n'offre par contre guère à la comparaison avec le matériel celtique, sinon que Lleu Llaw Gyffes fut tué alors qu'il avait le pied sur le bord d'un chaudron. Plutôt, le mythe que je mentionne ci-dessous donnera sans doute la clef de ce motif crotoniate.

En effet, une singulière tradition, mais qui a l'autorité de Porphyre, veut que Puthôn ait tué Apollon[403]. Tradition aberrante, et qui pourtant trouve une explication : on sait qu'Apollon laissait Delphes à Dionysos pour trois mois d'hiver ; or, écrivais-je, il y a quelques années, après avoir comparé les mythes et fêtes (Septèrion, Kharilâ[404]) de Delphes avec des faits iraniens qui permettaient de déceler l'identité du méchant roi et du Dragon :

« Dionysos a des rapports directs étroits avec le serpent Puthôn : sa tombe située sous l'Omphalos de Delphes était dite celle du serpent[405], ou celle de Dionysos[406] ; le Parnasse est le domaine du serpent[407] ou de Dionysos[408] ; Puthôn est identique à un roi *hubristês*, et les royautés avec lesquelles Dionysos a des rapports concernent également des rois violents, cruels, tels Pentheus, Oinomaos, Oinopiôn. Puthôn célèbre un repas cannibale où un enfant a dû être démembré : on offrait des sacrifices humains, dont autrefois d'enfants, à Dionysos en divers endroits de Grèce[409]. Si l'on ajoute à cela qu'Apollon tuait Puthôn en fin d'hiver[410], on voit que le meurtre du dragon exprime la reconquête de son domaine par Apollon, en fait annuelle, à la fois sur Dionysos et sur le dragon... Leicester Holland[411] n'avait donc pas tort de se demander si Dionysos et le serpent n'étaient pas fondamentalement identiques, ou, plus exactement, si le serpent n'était pas l'un des nombreux avatars du dieu[412] ». On ajoutera, outre les rapports étroits de Dionysos et du serpent (il fut, entre autres, le serpent Zagreus), que dans la tradition indo-européenne l'hiver est souvent symbolisé par un dragon[413].

Dès lors, la mort d'Apollon est tout ce qu'il y a de plus normal : il meurt lorsque Dionysos prend possession du site de Delphes. Il est donc tué par le serpent, et fuit vers le nord, en Hyperborée, transposition mythique du val de Tempè où il est exilé en expiation du meurtre du dragon. D. Gricourt remarque que l'histoire est parallèle à celle de Lleu : Gronw Pebyr rencontre Blodeuwedd alors qu'il chasse le cerf, donc en automne, en fin de saison claire[414]. Le texte ne dit pas que la recherche de Gwydion dure trois mois, mais elle s'achève par la résurrection de Lleu : de même, à chaque printemps, Apollon revenait de l'Hyperborée, c'est-à-dire ressuscitait, et à son tour tuait le dragon.

On note que cette analyse peut rendre compte du mythe de Crotone cité ci-dessus : selon Tzetzès, les os de Dionysos furent recueillis dans un chaudron et enterrés à Delphes, tandis que Porphyre dit qu'Apollon ayant été tué par Puthôn, ses os furent déposés dans le trépied. Les choses sont claires : un enterrement est l'inverse de l'autre ; au printemps, Dionysos/Puthôn est tué et enterré ; inversement, en début d'hiver, puisque Puthôn, forme de Dionysos, tuait Apollon, ce devait bien être Dionysos qui mettait les os d'Apollon dans le chaudron delphique !

Mourant et ressuscitant, Lug, Ódhinn, et aussi bien qu'eux, Apollon, sont maîtres de la mort[415], comme ils le sont déjà de la pourriture[416]. En même temps, leur résurrection leur confère un pouvoir nouveau, exprimé dans l'histoire de Lleu par l'accès à la royauté[417], dans celle d'Ódhinn par la découverte des runes, et dans celle d'Apollon par sa prise de possession de l'oracle de Delphes.

On comprend aussi pourquoi de tels dieux sont liés à des rites de sacrifices humains et de mises à mort rituelles, au besoin dans le cas d'une procédure pénale. Les Germains pendaient des condamnés, mais tout pendu appartenait à Ódhinn. Cette pendaison pouvait être complétée d'un coup de lance, comme il est arrivé à Ódhinn lui-même, ou au roi Víkarr[418]. On a dit comment le sacrifice à Ésus était très proche, d'après la « scholie bernoise » qui décrit les modes sacrificiels pratiqués en l'honneur de trois divinités celtiques : pour Mercure, un homme pendu dans un arbre est percé de la lance et laissé à mourir[419], et comment, en Irlande, les histoires de jeunes qui meurent, sur des collines qui sont les lieux de « sites Lugnasad » doivent constituer d'autres survivances[420]. De fait, l'interprétation de documents archéologiques espagnols amène à la conclusion qu'on a pratiqué, chez les Celtibères, des sacrifices humains à Lugus[421]. En Grèce, il n'y a plus de sacrifices humains en l'honneur d'Apollon à l'époque historique, mais il en existe de nombreuses traces : lors de la fête des Karneia, à Sparte, un homme, imitant Karnos[422] – incarnation d'Apollon, on l'a dit –, est poursuivi par des jeunes gens appelés les *staphulodrómoi*, munis chacun d'une branche de vigne, et ils doivent l'attraper[423] ; souvenir d'un sacrifice humain[424] ? Plus sûrement, on évoquera la légende du musicien Ariôn, protégé d'Apollon, victime de marins qui ont essayé de le tuer, et qui sont finalement punis soit de la crucifixion, soit de l'empalement[425], supplices qui rappellent, chacun à sa manière, des aspects de ceux infligés tant à Marsuâs et à Ódhinn qu'aux victimes d'Ésus (suspension à un arbre, longue période dans cet état, coup de lance). On rappellera aussi qu'Apollon préside, en divers endroits de Grèce, aux rituels de *pharmakoi*, c'est-à-dire de boucs émissaires, lesquels étaient ici des hommes qu'on chassait à coups de pierre, et qui risquaient donc la mort. La lapidation judiciaire a existé en Grèce, et là encore c'est Apollon qui la patronnait, s'il n'y participait pas lui-même[426]. Enfin, bien des traditions parlent de mort violente, dans d'autres mythes qui, comme celui qu'on vient de rappeler, impliquent Apollon – dans celui de Linos, son fils, tué par des chiens, avant qu'on ne décide une fête de massacre des chiens ; dans celle d'Athamas, dont les premiers enfants furent également massacrés, avant que leur père ne rejoigne, en Thessalie, une troupe de loups, d'autant que la première épouse d'Athamas s'appelait Themistô, ce qui est également le nom d'une des compagnes d'Apollon, fille d'un roi des Hyperboréens[427] ; dans celles de Huakinthos ou de Kuparissos, éromènes du dieu et tués par lui ; et, projection étrange, plusieurs sources font état de sacrifices humains à Apollon... chez les Hyperboréens[428] ! À Chypre, toute personne qui touchait l'autel d'Apollon Hulatès, près de Kourion, était jetée à la mer[429] : comme si une ancienne pratique religieuse était transformée en punition – selon un phénomène connu également dans le monde germanique –, et à l'instar de ce qui est arrivé dans le rite du saut de Leucade, où un homme était jeté à l'eau, muni d'ailes et de plumes, en l'honneur d'Apollon Leukatas[430] : pour Strabon, qui décrit le rite, il s'agissait bien d'un sacrifice, l'homme n'étant qu'éventuellement sauvé, avant que l'endroit ne devienne le lieu de suicides pour désespoirs amoureux. On a dit comment les Grecs aimaient offrir des hécatombes à Apollon, c'est-à-dire des sacrifices de bovins, mais un récit parle d'hécatombe d'hommes, en l'honneur d'Apollon Kataibasios[431]. Tous ces éléments paraissent indiquer nettement qu'il fut une époque, en Grèce, où l'on a pratiqué des sacrifices humains pour le dieu au « couteau à la main[432] ».

CONCLUSIONS

L'immense exposé qui précède sur les rapports entre le dieu celtique Lug et le dieu grec Apollon a d'importantes conséquences méthodologiques. Je les expose succinctement ici.

1. Une première question est celle de l'*interpretatio latina*.

Lorsque César identifiait *Lugus au Mercure latin, en fonction d'un caractère très partiel, il était mal inspiré : c'est assurément d'Apollon qu'il fallait le rapprocher. Mais, Romain, il connaissait surtout, du dieu grec, son aspect de *medicus* : entendant parler par les druides d'un grand dieu médecin – vraisemblablement, l'équivalent gaulois du Diancecht irlandais –, il l'identifia à Apollon, et celui-ci n'était ainsi plus disponible pour l'*interpretatio* qui eût été la meilleure[1]. Par contre, apprenant qu'un grand dieu patronnait les voies de circulation et protégeait les commerçants, il l'identifia au dieu latin dont c'était exactement l'office, Mercure (dont le nom est tiré de *merx*, « marché »).

Le général romain n'était pas un historien des religions. C'était un homme cultivé qui parlait latin à ses concitoyens, et essayait du mieux qu'il pouvait de rendre intelligibles des réalités étrangères avec les concepts à sa disposition.

Par contre, les études que je mène depuis quelques années montrent que la religion celtique ancienne ressemblait beaucoup plus à la religion grecque qu'à la religion latine, aussi paradoxal que cela soit, si l'on songe à la proximité linguistique nettement plus grande entre celtique et italique qu'entre celtique et grec[2]. Óengus est étroitement proche d'Hermès[3], la Bodb est très voisine d'Athèna[4], sont de mêmes très proches les dieux de la mer[5] et les dieux forgerons[6], Lug, enfin, est équivalent à Apollon – alors que les caractères discernables du *Mercurius* et de la *Menerva* latins primitifs n'offrent rien de commun avec les divinités celtiques, et qu'il n'y avait pas de dieu romain indigène équivalent à l'Apollon grec. C'est pourquoi d'ailleurs les Romains avaient dû l'adopter, tandis qu'ils se contentaient, par ailleurs, de pourvoir de traits empruntés à la Grèce leurs dieux nationaux (Minerve modelée sur Athèna, Neptune sur Poséidon, Jupiter sur Zeus, Mercure sur Hermès, Junon sur Hèra, Vulcain sur Hèphaïstos...).

Il faut donc se méfier des *interpretationes* latines ou gallo-romaines. Toutes se sont faites en fonction d'un petit nombre de caractères, ceux qui frappaient, d'abord César, ensuite les Gallo-Romains. Lug a été identifié à Mercure, parce qu'il patronnait les voies de circulation – cela concernait donc les marchands –, et le dieu ou les dieux médecins ont été identifiés à Apollon parce qu'aux yeux des Romains le dieu médecin par excellence était ce dernier.

Il s'en est suivi, naturellement, quelques confusions. Si les habitants de la Gaule, aussi bien colons romains qu'élites celtiques ralliées à l'État impérial, ont suivi en gros le système d'identifications proposé par César dans la *Guerre des Gaules*, leur Apollon est par contre systématiquement lié à l'eau : autrement dit, ce n'est pas, principalement, à un *Diancecht indigène qu'il est assimilé, car rien ne montre dans le dieu irlandais le maître de sources, mais un dieu médecin dont le pouvoir s'exerce dans des sources, et dont le seul équivalent connu dans la mythologie irlandaise est le mystérieux maître de la source ordalique à laquelle se heurte Boann[7] ; je dirai dans un chapitre ultérieur que ce dieu, qui a un pouvoir attribué en Grèce à Poséidon, en est effectivement l'équivalent, mais, là encore, ce n'est pas à ce dieu, c'est-à-dire à son équivalent romain Neptune, que les Gallo-Romains ont pensé pour donner un nom latin au dieu dont le pouvoir se manifestait dans les sources, car Poséidon/Neptune n'avait à leurs yeux aucun pouvoir de guérison ; c'est alors à Apollon, le *medicus*, là encore employé pour répondre à une demande essentielle, que les Gallo-Romains ont eu recours pour désigner le dieu médecin et aquatique, lors même que l'Apollon grec n'a que peu de relations avec les sources[8].

Pourtant, la proximité entre Lugus et Apollon a été ressentie, et il s'en est suivi quelques confusions. On a par exemple à Reims un bloc portant les figures de quatre divinités, « où Mercure porte une corne d'abondance en sus de son attribut classique, le caducée, et est accompagné d'une lyre et d'une massue, ces divers objets correspondant aux multiples capacités de Lugus comme dieu fructificateur, mais aussi maître poète et musicien, et enfin comme redoutable champion combattant[9] », la lyre étant quant à elle théoriquement un objet caractéristique d'Apollon. De la même façon, mes savants collègues Daniel Gricourt et Dominique Hollard ont pu montrer que dans un certain nombre de cas, le dieu qui répond à une forme gallo-romaine d'Apollon n'est assurément pas le dieu médecin et aquatique que désigne habituellement ce nom en Gaule, mais bien Lug.

Tels sont l'Apollon Atepomaros, évidemment identique à Mercure Atepomaros[10], l'Apollon Amarcolitanos de Monthelon[11], Apollon Grannos[12], Apollon Belenos[13], et vraisemblablement l'Apollon Moritasgus[14]. Il y a donc eu hésitation[15], parce que les identifications n'avaient pas été faites avec tout le soin et l'acribie que peut se permettre un chercheur contemporain, armé de textes s'étalant sur plusieurs siècles, d'une bibliographie imposante, d'étymologies, des sources grecques, et d'un héritage scientifique dumézilien !

Je précise enfin un point qui me paraît important : on ne doit pas dire que César ou les Gallo-Romains « se sont trompés » dans leurs identifications, qui nous paraissent aujourd'hui maladroites : les systèmes théologiques latin et celtique ne coïncidant pas[16], ce sont des pouvoirs marquants (protection des commerçants, médecine) qui ont retenu l'attention, et déterminé les assimilations. Il ne s'agit alors pas d'erreur, mais d'opportunité. Le dieu celtique des eaux bouillonnante était médecin et ordalique : la Gaule romanisée a retenu la médecine, et largement laissé de côté l'ordalie, puisque le pouvoir judiciaire appartenait à l'État. Il fallait un dieu pour surveiller les routes, présider à la circulation, et ce fut naturellement Mercure : peu importe que ce Mercure eut, par ailleurs, tous les atouts qu'on vient de voir dans la comparaison entre Lug et Apollon. On cherchait, auprès des dieux, l'efficacité, et on ne s'y trompait pas.

2. Le comparatisme mythologique a une autre utilité. Il permet de faire le tri entre les hypothèses qui ont été proposées lorsque n'était étudié, par les spécialistes respectifs, qu'un seul des dieux en cause, soit Lug, soit Apollon. C'est évidemment ce dernier qui, sous la plume des hellénistes, a fait l'objet du plus grand nombre d'hypothèses. Le rapprochement avec le dieu celtique Lug permet de déceler, dans l'immense majorité de ces hypothèses, soit une fausse route, soit un formidable réductionnisme.

Une thèse qui a eu un énorme succès dans la première moitié du XXe siècle faisait venir Apollon de l'est : d'Anatolie, ou de Syrie-Palestine[17]. Soutenue par les plus grands noms de l'hellénisme, comme Ulrich von Wilamowitz-Möllendorff ou Martin Nilsson, elle a joui d'un très grand prestige, et se rencontre encore sporadiquement de nos jours[18]. La comparaison opérée ici annule cette perspective. En aucun cas les chercheurs cités n'ont pu produire un dieu proche-oriental dont les points communs avec Apollon approcheraient ne serait-ce qu'une fraction du matériel livré dans la comparaison opérée ici entre ce dieu et le dieu celtique Lug. Ce n'est que tout dernièrement qu'un chercheur, spécialiste du domaine hittite, y a identifié un dieu présentant de nets points communs avec Apollon (ci-dessous), mais aucun des auteurs antérieurs, même les plus affirmatifs, n'avait fourni d'arguments de poids en la faveur de leur théorie.

Par exemple, dans son livre sur Python, J. Fontenrose montrait que le mythe du combat d'Apollon contre le dragon avait des parallèles mésopotamiens, égyptiens, hittites, indiens, etc., tous *asiatic myths*, notait-il, et il en concluait à une origine asiatique du motif. Certes, mais telle quelle la recherche est phénoménologique. Elle ne prend pas en compte les affinités linguistiques, et ne peut donc distinguer ce qui est emprunt d'un motif mythique d'un peuple à l'autre et ce qui représente un héritage commun à plusieurs peuples apparentés. Hittites, Grecs et Indiens parlent des langues indo-européennes, et, avant de comparer séparément les mythes de combat contre un dragon dans leurs cultures réciproques avec ceux d'Égypte ou de Mésopotamie, il convient de voir s'il n'existe pas un mythe indo-européen du combat contre le dragon[19]. Et surtout, on sait désormais qu'au combat d'Apollon contre Puthôn répondent les épreuves de Lug : dans l'un et l'autre cas, ces combats appartiennent à des ensembles structurés[20] : on ne peut donc pas isoler le combat d'Apollon du reste de sa « carrière ». Or, cette « carrière » divine est apparentée à celle de Lug. Il est alors impossible de décréter seul d'origine orientale un des éléments de la carrière d'Apollon. Et le ferait-on, voici que les parallèles à son combat ne sont pas seulement orientaux : Apollon tue Puthôn comme Lugh tue Balor.

Dans un livre célèbre, deux hellénistes français, L. Séchan et P. Lévêque, écrivaient qu'Apollon était le résultat de la synthèse d'éléments orientaux, égéens, indo-européens, et peut-être préhistoriques zoomorphiques[21]. C'est là mettre sur le même plan des choses toutes différentes. Les éléments égéens et orientaux, d'abord, deviennent invisibles dans le travail comparatif que j'ai mené : *tous les caractères* d'Apollon, pour ainsi dire, se retrouvent dans Lug, et les quelques-uns qui manquent – à vrai dire, je n'en voit pas, du moins, de significatif – pourraient tenir à notre ignorance des pratiques religieuses de l'Antiquité celtique. On sent bien qu'il serait totalement arbitraire de dire que tout ce qui a échappé à la présente comparaison est *ipso facto* d'origine autre. Quant à la zoomorphie, patente dans toutes les formes animales qu'on a vues, et qui sont communes à Lug et à Apollon, elles sont manifestement indo-européennes. Je l'ai dit, et je le répète : tous les dieux indo-européens ont une forme de base humaine, et un certain nombre d'entre eux ont, aussi, d'autres formes, animales. Apollon et Lug sont, à cet égard, des plus riches. Ils sont, en leur forme fondamentale, de beaux jeunes hommes, mais ils sont aussi corbeaux, aigles pourris, etc.

E. Sturtevant, critiquant les thèses orientales sur l'origine d'Apollon, soulignait qu'il n'existe aucune preuve qu'Apollon vient d'Anatolie ; mais, ajoutait-il, la fameuse forme lycienne *Pldãn*, et les variantes du nom d'Apollon en Grèce même, indiquent qu'Apollon trouve son origine dans l'« *Aegean before the coming of the Hellenes*[22] ». Les comparaisons faites ici impliquent au contraire qu'Apollon et sa mythologie sont arrivés en Grèce en même temps que les Grecs. L'étymologie de son nom est grecque, et le mieux dans ces conditions est de laisser complètement de côté le *Pldãn* lycien, dont au demeurant nous ne savons à peu près rien[23].

La comparaison celtique, et aussi bien la comparaison indienne[24], germanique[25], hittite[26], amènent également le rejet radical des thèses qui ont voulu réduire le dieu à un type initial simple. Certains auteurs ont par exemple soutenu qu'Apollon était initialement dieu des bergers[27] ; d'autres qu'il était dieu-feu[28], dieu-vent[29], dieu des tempêtes[30], ou encore dieu des arbres[31], dieu-pierre[32], etc.

Toutes ces thèses ont été critiquées. La présente étude leur porte le coup de grâce : la comparaison avec Lug fait intervenir un nombre considérable de traits, et, si les rapports entre Apollon et le vent, les arbres, les troupeaux, les pierres, le feu sont tout à fait réels, ils s'intègrent dans un ensemble beaucoup plus vaste, où le patronage d'éléments naturels n'est lui-même qu'un élément parmi d'autres, qui comprennent aussi la divination, la médecine, la guerre, les fondations et défrichement, les activités « druidiques », la présidence des initiations, etc.

À vrai dire, la comparaison, en amenant la recherche à considérer le couple Lug-Apollon, et non plus le seul Apollon, pourrait paraître ne rejeter l'étude des origines que d'un cran : au lieu d'étudier les origines d'Apollon, il faudrait étudier les origines de Lug/Apollon.

Sans doute : mais on conviendra que s'il s'agit de retomber dans un semblable réductionnisme (Lug/Apollon ayant été initialement dieu des troupeaux, etc.), ce n'est pas la peine. La comparaison enseigne la complexité du dieu *avant* les Grecs, c'est-à-dire avant que ne s'individualise une ethnie grecque, autrement dit montre que dès cette époque lointaine le dieu était fort divers, possédait plusieurs attributs, était lié à plusieurs animaux.

Est-ce à dire que la diversité était première ? Peut-être pas, mais à tout le moins que la situation première nous est très difficilement accessible. Nul n'a jamais dit, par exemple, que parvenir à reconstituer une mythologie commune indo-européenne était atteindre un premier absolu : les Indo-Européens ont été eux-mêmes les héritiers de cultures antérieures[33]. Ce faisant, on remonte les millénaires, mais, plus on le fait, moins on perçoit les états de pensée, ce, d'autant que si les choses étaient déjà complexes, la comparaison, par définition, laisse passer une partie de la matière, du simple fait qu'elle diverge.

S'en tenir au comparatisme indo-européen est prudent. Et, à cet état « indo-européen ancien », le dossier est déjà suffisamment complexe.

3. Lug, Apollon et les astres.

On ne peut en effet pas éluder, à l'issue d'un travail comme celui-ci, la question des relations entre Apollon/Lug et l'astre solaire. Le premier paragraphe de la première partie a été, tout naturellement, consacré au trait commun le plus notable – et le plus spectaculaire – de ces divinités : ce sont des dieux lumineux, dont les mythes ou les épiclèses nous disent à longueur de temps qu'ils ressemblent à des astres, et, parmi les astres, au plus brillant de tous, le soleil.

Au XIXe siècle, dans le cadre d'une conception naturaliste[34], il était généralement admis qu'Apollon était un ancien dieu Soleil[35]. Rapp, l'auteur de l'article « Helios » dans le *Lexikon* de la mythologie gréco-latine de Roscher, pouvait écrire que « le souvenir de l'identité originelle de nature entre Apollon et Hélios se poursuit à travers toute la littérature grecque[36] », tandis qu'E. G. Welcker, l'un des plus fins des premiers grands mythologues, tout en admettant qu'Apollon ne se confondait pas avec Hèlios, concluait de ses recherches qu'Apollon et Artémis s'étaient initialement dégagés d'Hèlios et de Sèlènè[37].

Puis se produit une réaction : L. R. Farnell[38], puis W. Otto[39], aussi bien que P. Boyancé[40], F. Fontenrose[41], A. Moreau[42]... soulignent que l'identification entre Apollon et Hèlios ne s'observe pas avant Eschyle[43], dans la première moitié du Ve siècle, puis chez Euripide[44] et dans un fragment de Timothée[45], vers la fin du même siècle, enfin chez les stoïciens, à partir de qui elle va s'imposer. Boyancé pose la question du quand et du pourquoi Apollon devint solaire[46], et Moreau, de même, intitule son article « Quand Apollon devint soleil[47] ».

Apollon et Hèlios en effet sont bien distincts dans les premiers siècles de la littérature grecque. Apollon, dieu anthropomorphe, joue un rôle essentiel dans l'*Iliade*, tandis que l'*Odyssée* mentionne l'épisode des vaches du Soleil, Hèlios, qui n'implique aucunement Apollon. Le Soleil est plusieurs fois mentionné dans l'hymne homérique à Apollon[48] : il y est tout à fait distinct d'Apollon ; l'auteur du traité hippocratique *Du régime*, texte datable de la fin du Ve siècle ou du début du IVe, recommande, en cas de signes favorables vus en rêve, de prier un certain nombre de divinités : il cite en tête Hèlios, à la fin Apollon[49], etc.

Pourtant, les chemins d'Apollon côtoient ceux du Soleil, par exemple au plan rituel : la belle saison, en Grèce, plus précisément à Athènes, s'étendait des mois de Thargèliôn (approximativement, mai) à Puanopsiôn (approximativement, octobre). Les fêtes éponymes de ces mois, les Thargêlia et les Puanopsia, formaient les termes de la belle saison, et on sacrifiait lors de ces deux fêtes aux divinités qui avaient été si bénéfiques pendant celle-ci, le Soleil et les Saisons (*Hôrai*[50]). Or, ce sont l'une et l'autre des fêtes consacrées à Apollon. À Thèbes, la fête des Daphnêphoria est consacrée à Apollon mais on y porte des images des astres[51], tandis qu'à Rhodes le célèbre colosse était une image apollinienne d'Hélios[52].

La claire répartition des choses entre des auteurs antérieurs à Eschyle qui distinguent Apollon et le Soleil, et ceux qui le suivent, lesquels, au contraire, parleront de plus en plus fréquemment de cette identification, rappelle les données irlandaises. Pas plus qu'Apollon, Lug n'est identifié et identifiable à un dieu soleil : de pâles figures de la mythologie irlandaise, Grian, au masculin, Aine, au féminin, sont Soleils – ils en portent les noms – sans beaucoup de mythes[53]. Pourtant, Lug est si lumineux qu'on le confond avec le soleil.

Les chemins de Lug/Apollon et ceux de l'astre du jour se côtoient donc, ce qui se produit aussi pour le dieu Telipinu et le Soleil hittite, s'ils ne se superposent pas.

Il est frappant qu'un auteur, vraisemblablement du IVe siècle, Skythinos de Téos, ait pu dire d'Apollon qu'il a pour plectre « l'éclat radieux du soleil[54] ». C'est faire du dieu, non pas l'identique du soleil, comme l'a écrit Boyancé, mais son utilisateur.

Or une telle figure divine est connue : dans l'Inde védique, le dieu Savitṛ, caractérisé par ses longs bras, est avant tout l'impulseur du soleil, qu'il manipule, pousse, contrôle, et, par là, il est le maître du temps[55], ce qui est aussi le cas d'Apollon et de Lug. Comme ces longs bras de Savitṛ sont l'un des points communs qu'il possède avec Lug, il est tentant d'interpréter de la même façon ceux qui sont attribués à ce dernier, à savoir qu'ils servent également à manipuler, à pousser, le soleil[56]. Et, à son tour, Apollon, quoiqu'il ne soit pas crédité de longs bras (idée incompatible avec celle que les Grecs se faisaient de sa beauté, de son harmonie), joue sans doute un rôle analogue à celui de Savitṛ : outre l'Apollon au plectre solaire de Skythinos, on a mentionné plus haut l'existence d'un Apollon *Eôos*, « de l'Aurore ». Il fait penser à Lugh, dont il est dit quelque part qu'il est « cause du lever et du coucher du soleil », ce qui confirme précisément son rôle d'impulseur du soleil, et, l'aurore étant souvent rougeâtre, un texte dit de lui qu'il est rouge du coucher au lever du soleil[57]. De même, dans un mythe hittite intitulé « La disparition du Soleil », c'est le dieu Telipinu qui va le chercher et le ramène, rétablissant lumière et chaleur sur terre[58]. Voici qui permet de définir le dieu indo-européen : Savitṛ, Lug, Apollon, Telipinu sont l'impulseur du soleil, et l'on rappellera bien sûr ici la célèbre illustration figurant sur l'une des plaques du chaudron de Gundestrup : un dieu barbu brandit une roue de la main droite, et un personnage imberbe, sur le côté, muni d'un casque à cornes, tient la roue de ses deux mains l'une plus haute que l'autre, ce qui suggère bien qu'il la fait tourner. Or, le casque à cornes caractérise Lug[59], et on reconnaît dans ce jeune dieu la figure de Lugus impulsant le temps, ou le soleil[60].

Lug est donc rouge la nuit : voici qui pose la curieuse question des aspects nocturnes de ces dieux. Dès les premiers mots de l'*Iliade*, il est dit qu'Apollon, à l'appel du prêtre Khrusès, descend de l'Olympe, et va, « pareil à la nuit[61] ». C'est justement par une « nuit sépulcrale » qu'il apparaît aux Argonautes[62], et M. Detienne peut alors écrire d'Apollon qu'il « est parmi les Immortels celui qui marche le plus loin dans la nuit », et qu'« il a l'éclat sinistre d'un astre resplendissant au milieu d'un ciel de ténèbres[63] ». Un texte populaire irlandais déjà cité dit de Lugh aux longs bras qu'il « vole dans l'air la nuit[64] », et de même, tout maître du soleil qu'il soit, le dieu germanique Ódhinn est qualifié de *hofodhingi myrkranna*, « chef de l'obscurité[65] ».

On signalait plus haut comment[66], alors que le nom de Lug n'évoque aucun des noms du soleil dans les langues celtiques, il n'en est pas de même de la lune, puisque les formes bretonne, galloise et cornique du nom de cet astre sont issues d'un radical **leugh-*, le même que celui sur lequel a été formé le nom de *Lug*[67]. En irlandais, on a *lúan*, *lón*, qui dérivent d'un **louksnâ*, analogue aux formes de la plupart des langues indo-européennes : latin de Préneste *losna*, latin de Rome *luna*, vieux slave *luna*, arménien *lusin*, avestique *raσxsuà* ; et, le vieux prussien, sur le même radical, a *lauxnos*, « étoiles ». Autrement dit, un mot indo-européen, formé sur **leuk-* avec un suffixe *-nα*, désignait la lune ; une partie du celtique a innové, et doublement : en remplaçant le suffixe *-nα* par un suffixe *-rα* (breton *loar*, etc.), et en passant de la forme **leu-k* de la racine à la forme **leu-gh*. Ce que faisant, elle rapprochait le nom de l'astre nocturne et celui du grand dieu lumineux.

Il s'agit donc de lumière nocturne, et on comprend que le vieux prussien ait pu passer du sens de « lune » à celui d'« étoiles ». On rappellera alors que les étoiles sont présentes dans les mythes d'Apollon et de Lug, puisque le premier naît sur une île qui fut d'abord une étoile, Astéria, et le second est issu d'une femme dont la demeure est, entre autres, une constellation[68]. La lune est présente implicitement dans la mythologie d'Apollon – outre les affinités de sa sœur avec cet astre, semblables aux siennes avec le soleil – par le caractère lunaire qu'on discerne dans la Pythie[69], et par le motif des cinquante vaches que lui a volées Hermès, si, comme F. Bader a donné des raisons de le penser, « par leur nombre, elles appartienennt à une année lunaire », comme paraît le confirmer la mention par le poète de leurs cornes recourbées[70], symbole lunaire s'il en est, tandis que le taureau et les quatre chiens brillants qu'Apollon s'étonne d'avoir gardés lors du larcin[71] semblent signer l'année et les quatre événements solaires que constituent les deux solstices et les deux équinoxes[72].

Solaire par son apparence, Lug est lunaire par son nom. Mais les autres lumières, éclairs, étoiles, sont aussi de son registre, comme de celui d'Apollon. Si, comme Savitṛ et Telipinu, Apollon et Lug ont été les manipulateurs du soleil, alors on perçoit ce qui doit avoir été un des plus anciens attributs du dieu : il était le maître des lumières célestes, autant nocturnes, d'une part (lune, étoiles, éclairs, halos...), que diurnes, d'autre part (c'est lui qui poussait le soleil vers le haut et créait l'Aurore, puis faisait se coucher l'astre à l'occident).

Tel pourrait bien être le « socle » à partir duquel s'est élaborée la riche mythologie commune à Lug et Apollon : créateur des lumières, maître du mouvement des astres, il était propre à prendre toutes les métamorphoses qui ont exprimé le mouvement solaire (cheval, oiseaux), à présider aux événements solaires comme à l'aurore, aux autres apparitions lumineuses la nuit. Si tel a été le point de départ, je me garderai de raconter ici la genèse qu'il faut ensuite supposer : ce serait un roman, et bien long !

4. Apollon : un dieu grec, dès les origines grecques.

Quoiqu'il en soit de cette interprétation, Apollon n'est en tout cas pas, pas plus que Lug[73], un dieu préindo-européen : fondamentalement identique à Lug et au prototype hittite de Telipinu, proche aussi d'Ódhinn, et des dieux indiens Rudra et Savitṛ, sans oublier Dyaus, le Dieu-Ciel[74], il a été apporté en Grèce par ses adorateurs, qui ne sont autres que les locuteurs de la langue grecque. Il est venu déjà avec sa mère Lètô, son père Zeus, et tout le légendaire qu'on a étudié au fil de ces pages. Cela signifie qu'il était, dès ses origines en Grèce, le dieu à l'arme de jet et à l'instrument de musique à cordes, qu'il régnait sur les trois mondes, et avait avec les êtres qui les expriment – oiseaux, mammifères, poissons – des relations qui allaient jusqu'à la métamorphose. Les mythes du meurtre de géants borgnes, de la danse sur un pied de ses jeunes adorateurs, de la branche qui fleurit, des épreuves réparties sur les trois fonctions indo-européennes, de la mort initiatique, les relations avec les hauts lieux, les assemblées, les troupeaux, la médecine, les moissons, la pourriture, les fondations et le défrichement, les initiations et la guerre, son ambiguïté sexuelle et sa bisexualité, ses relations avec les nombres 3, 7, 9, tout cela lui appartenait avant même son arrivée sur les futurs territoires grecs. Plus que tout, l'idée qu'en son sanctuaire au centre du monde il a été précédé par une ou plusieurs déesses est un mythe qui lui appartient : ainsi, je ne peux pas écrire l'histoire telle que l'ont écrite nombre de mes prédécesseurs, en supposant qu'Apollon a réellement été précédé, à Delphes, par d'autres divinités, et en particulier par des grandes déesses. Il ne l'a pas été plus que Tailtiu n'a été adorée avant Lug à Tara. Le mythe irlandais est celui de la fondation du sanctuaire lughien par une déesse ; il éclaire le mythe grec, et dit que l'antériorité de la déesse sur le dieu appartient à la mythologie du dieu. En d'autres termes, le jour où le culte d'Apollon a été fixé à Delphes, il était corrélativement décidé qu'en un temps antérieur une déesse, ou Poséidon, ou Dionysos, ou le dragon – tous personnages équivalents au « potentat » qui a précédé Patrick en Irlande, sachant que saint Patrick a repris sur lui une partie du légendaire de Lug –, avaient tenu le site avant lui, et lui avaient fourni l'occasion d'un triomphe.

Je crois pouvoir préciser quand cela s'est fait. Dans un travail récent[75], j'ai montré que Delphes avait dû appartenir, pendant une grande partie des siècles mycéniens, à la ville d'Orchomène, la rivale de Thèbes dans l'occident de la Béotie. À cette époque, ce n'était pas le centre du monde, rôle qui devait être tenu, aux yeux des Béotiens tout au moins, par le sanctuaire d'Onkhestos[76], mais un sanctuaire marginal, vraisemblablement aux limites occidentales de l'État orchoménien. Il est frappant que les Orchoméniens aient également fixé un autre sanctuaire d'Apollon à leur extrémité occidentale, au Ptoion. Frappant également que ce soit sur leur territoire qu'une cité, Teguraï, ait, ultérieurement, prétendu être le lieu de naissance d'Apollon, en appelant la montagne qui domine la ville *Dèlos*, et les sources voisines le Palmier et l'Olivier[77]. Je ne pense pas qu'il s'agisse là d'une version « apocryphe[78] », mais au contraire d'une tradition très ancienne, car, comme le remarque pertinemment Plutarque, qui admet d'ailleurs cette version des choses, le mythe de Puthôn, et celui de Tituos qui tenta de violer Lètô, sont géographiquement proches[79], et Pindare, sept siècles avant lui, composa un hymne pour Apollon Ptôos où il faisait du héros éponyme du sanctuaire, Ptôos, le fils d'Apollon et de Zeuxippè, fille du roi d'Orchomène Athamas[80]. Bien plutôt donc, les gens de Teguraï possédaient de très longue date un mythe qui localisait chez eux la naissance d'Apollon, et, beaucoup plus tard, lorsque la version, certainement due aux Ioniens, qui plaçait cette légende dans l'île de Dèlos s'est imposée, Teguraï s'est défendue comme elle a pu, en se dotant des éléments les plus « parlants » des prérogatives déliaques[81].

Dans ces conditions, le culte d'Apollon a été fixé à Delphes à l'époque mycénienne, et le sanctuaire attesté à cette époque, à partir de l'Helladique Récent II (XVe siècle[82]), devait être déjà consacré à Apollon[83].

Apollon est venu tout d'un bloc. Non pas que je refuse l'idée même qu'il ait évolué. On soupçonne qu'en un lointain temps préhistorique il devait être dieu de la lumière, époque à laquelle Artémis est devenue sa sœur, puis qu'il s'en est détaché, comme sa sœur se détachait de la lune, qu'enfin, au Ve siècle avant notre ère, il est à nouveau identifié au soleil. Une autre évolution a porté sur son armement : on a vu que son arme initiale est la lance, et qu'il n'a reçu l'arc que secondairement. Mais il s'agit là d'un aménagement de détail. Apollon est pour l'essentiel le même dieu à travers toute l'histoire grecque. Soleil ou non, il est lumineux ; arc ou non, il a une arme de jet. D'aucuns ont pensé qu'il y avait eu une « réforme religieuse » à son sujet, entre le temps de l'*Iiade*, où il est tueur, et son installation à Delphes, où il est dieu de la mesure qui rend les hommes raisonnables. Tout ce qui est dit ici anéantit une telle différenciation : Apollon et Lug sont tueurs en même temps que médecins, splendides jeunes gens en même temps que maîtres de la pourriture, méchants et protecteurs, Apollon est ami des loups et maître des troupeaux. L'ambiguïté est en eux, elle n'est pas le résultat d'une évolution.

5. Promotion

Il est intéressant de remarquer, en conclusion de cette étude, que, si Lug a été élevé au niveau de plus grand dieu celtique – coiffant les dieux des trois fonctions, y compris les dieux souverains Ogma et Dagda –, tous les dieux auquel il a été comparé ont connu des sorts analogues : Ódhinn a assumé, Dumézil l'a montré, le pôle « Varuṇa » de la souveraineté théologique germanique, mais en déséquilibrant à son profit le couple « égalitaire » de type Varuṇa-Mitra, car le dieu Tyr, équivalent germanique de Mitra, est très secondaire par rapport à lui[84] ; Rudra, de second rang à l'époque védique, se prolonge dans Śiva, le plus grand dieu de l'hindouisme avec Viṣṇu ; et Apollon, célébré dès le IVe siècle avant notre ère par Platon comme dieu présidant de l'harmonie « s'étendant à la totalité des choses, à la fois dans l'ordre divin et dans l'ordre humain[85] », devient, six siècles plus tard, dans l'Empire romain, le plus grand dieu du paganisme finissant. Comme s'il y avait, en ce dieu solaire qui était bien plus que le soleil, quelque chose comme une vection qui le portait vers les sommets.

DEUXIÈME PARTIE

CHAPITRE PREMIER

Hermès et Óengus

Les mythes

Un personnage nommé Óengus, ce qui s'écrit aussi *Aengus*, et appelé encore Mac ind Óic, Mac Óc, joue un rôle central dans cinq mythes rapportés par les textes irlandais médiévaux. Or, *tous les cinq* ont des parallèles précis dans l'histoire d'un autre grand dieu, de la Grèce ancienne, et un seul : Hermès ; et ces cinq mythes sont, au sujet de ce dieu, les plus importants et les plus anciennement attestés. Si l'on introduit un homonyme, « humain », d'Óengus, le total monte à sept mythes communs, et sature pratiquement l'ensemble des motifs mythiques de l'*Hymne homérique à Hermès*.

La correspondance entre Óengus et Hermès présente corrélativement des différences qui rendent impossible l'emprunt : ce n'est donc pas une mythologie d'Hermès, hypothétiquement connue dans le Moyen Âge irlandais, qui a inspiré les rédacteurs des légendes mettant en scène Óengus/Mac ind Óic ; là comme ailleurs dans le matériel mythique celto-hellénique, il s'agit en fait d'un fonds commun à ces deux ethnies indo-européennes, et remontant à un temps où, voisinant et communiquant, elles partageaient les mêmes conceptions[1], les mêmes rites[2], et partiellement les mêmes mythes ou récits poétiques[3].

Que soient communs la quasi-totalité des mythes où apparaît le personnage divin celtique et les plus importants de ceux qui concernent Hermès invite à se demander s'il ne s'agissait pas, comme dans le cas de Lug et d'Apollon, d'une même figure divine, scindée par l'histoire, lorsque Celtes et Grecs ont formé des ethnies distinctes. Poser la question en ces termes est la résoudre : les sept mythes communs à Óengus et à Hermès permettent à eux seuls de définir les principaux traits de ces divinités, traits qui se dévoilent par là même communs à l'une et l'autre. Sur cette lancée, d'autres éléments mythiques et d'autres traits, qui ne se sont pas nécessairement exprimés dans les sept mythes initiaux de la comparaison, complètent le tableau comparatif, et vérifient entièrement l'identité foncière de l'un et l'autre dieux.

Commençons donc par les cinq mythes en question.

UNE NAISSANCE FURTIVE

Le mythe de la naissance d'Óengus est l'un des plus célèbres, sans doute, de la littérature irlandaise médiévale. Il est en tout cas mentionné par plusieurs sources. Voici l'une des plus explicites, dans le texte appelé la « Courtise d'Etaín », *Tochmarc Etaíne* (version I[4]).

> Il y avait un roi célèbre sur l'Irlande, de la race des Tuatha Dé Danann, du nom d'Eochaid Ollathair. Il avait aussi pour autre nom le Dagda, car c'était lui qui leur faisait des miracles et qui leur mesurait les tempêtes et les récoltes. C'est pour cela que l'on disait qu'il avait pour nom le Dagda. Il y avait aussi une femme chez Elcmar de Brug : Eithne était son nom. Un autre nom qu'elle avait était Bóand. Le Dagda désira pour lui son amitié charnelle. La femme aurait cédé au Dagda si elle n'avait pas eu peur d'Elcmar tant son pouvoir était grand. Le Dagda envoya alors Elcmar en voyage chez Bres, fils d'Elatha, à Mag Inis. Le Dagda mit de grands charmes sur Elcmar qui s'éloignait pour qu'il ne revînt pas à temps, c'est-à-dire tôt. Il l'éloigna de l'obscurité de la nuit et le garda de la faim et de la soif. Il mit sur lui de longues errances si bien que neuf mois lui furent comme un jour. Car il avait dit qu'il reviendrait entre le jour et la nuit. Le Dagda alla pendant ce temps à la femme d'Elcmar et elle lui engendra un fils, du nom d'Aengus. La femme était guérie de ses souffrances quand Elcmar revint. Il ne remarqua pas sa faute en elle, c'est-à-dire qu'elle avait couché avec le Dagda[5].

Cet adultère est aussi raconté dans un poème de Cináed úa hArtacáin (Xe siècle[6]) ; retenons-en que, pour mener l'opération jusqu'à son terme, le Dagda arrête le soleil pendant neuf mois (strophe 20), que Bóand accouche « sur le gazon de la forteresse » pendant qu'Elcmar est de retour, et elle dit que son fils sera son « choix unique » (ce que signifie *Óengus*) (str. 37), tandis que le Dagda annonce que, puisque « le fils est jeune », il s'appellera *Óengus Mac Óc* (str. 38[7]).

L'adultère a pour Bóand une suite, à savoir la tentative qu'elle fit de se disculper de la faute par une ordalie au « puits de Nechtan », ordalie qui échoue et non seulement blesse et mutile l'héroïne, mais s'achève sur la création de la Boyne, rivière dont le nom est l'anglicisation de celui de *Bóand*[8] ; à cet épisode du mythe, Dumézil[9] a trouvé de remarquables parallèles iraniens, indiens, latins, sur lesquels il n'y a pas à revenir ici, et H. Wagner un parallèle grec dont il ne sera pas fait état ici, mais dans une autre comparaison théologique, entre

Poséidon et le dieu irlandais Manannán[10], car il ne met pas en cause le dieu Hermès. Par contre, la naissance d'Óengus a deux parallèles grecs : l'un, dans le mythe de la conception d'Hèraklès, l'autre, dans celui de la naissance d'Hermès.

On rappellera rapidement le premier, qui est extérieur à l'étude présente : Zeus visite Alcmène pendant que son époux, Amphitryon, est parti en expédition militaire chez les Tèléboens, peuple qui occupe des îles situées à l'ouest de la Grèce (et Elcmar est envoyé dans un pays appelé Mag Inis, textuellement « Plaine de l'île », que le poète Cináed situait « vers l'est », à la strophe 29 de son poème cité ci-dessus) ; il n'y a pas exactement séduction de la femme, comme dans le récit irlandais, car le dieu se contente de prendre la forme du mari, mais il y a, et deux fois, manipulation du temps : pour bien profiter d'Alcmène, Zeus fait durer une nuit autant que trois[11] ; et un texte[12] précise qu'il persuada le Soleil de ne pas se lever pendant ces trois jours : soit exactement l'équivalent, inversé, de l'histoire du Dagda, avec cette coïncidence supplémentaire que trois est un, et même *le seul*, diviseur de neuf. Plus tard, lorsque la naissance approche, Hèra, jalouse, prolonge la grossesse d'Alcmène, ce qui a pour résultat de faire naître son cousin, et bientôt maître, Eurustheus, avant Hèraklès[13]. Notons encore un détail : d'après le texte d'Apollodore, à son retour, Amphitryon est étonné de ne pas être bien accueilli par sa femme : exactement de la même façon, selon Cináed, lorsqu'Elcmar rentra chez lui,

> Il s'approcha du grand Brug blond,
> et comme personne ne venait à sa rencontre,
> et que les jardins étaient mûrs,
> il fut contrarié par ce qu'on lui avait fait (str. 32).

Je n'insiste pas plus sur cette ressemblance des deux mythes, qui nous entraînerait dans une direction autre que celle prise dans cette étude, et secondaire, car Óengus ne présente pas de points communs avec Hèraklès autres que cette naissance issue d'un adultère pendant l'absence du mari.

La naissance d'Hermès, de son côté, n'inclut pas les motifs très précis qu'on vient de remarquer, et qui sont communs à l'histoire d'Óengus et à celle d'Hèraklès. En revanche, l'ambiance et le cadre général sont très semblables :

– il y a pareillement adultère, dont le responsable est le grand dieu céleste ;

– Zeus est un coureur de femmes (c'est l'un de ses points communs avec le Dagda), et les adultères sont donc nombreux dans sa légende, mais, pour la naissance d'Hermès, on insiste sur l'aspect furtif de l'union entre Maiâ et lui, bien plus que dans les autres histoires du même type. Selon l'*Hymne homérique à Hermès*, « Fuyant la société des dieux bienheureux, [Maiâ] demeurait dans un antre plein d'ombre ; c'est là que le Kronide venait, en pleine nuit, s'unir à la nymphe aux belles tresses, tandis qu'un doux sommeil possédait Hèra aux bras blancs – à l'insu des dieux immortels et des hommes mortels » (v. 5-9), et le bébé naît dans la caverne.

On comparera par exemple, pour mieux mesurer la spécificité de ce texte, celui, homologue, consacré, dans l'*Hymne homérique à Apollon* à la naissance de ce dernier (v. 11-119) : bien loin d'une naissance furtive, cachée, clandestine, et tranquille, on assiste à une fuite de Lètô à travers toute la Grèce et toute l'Égée, si « publique » que nul lieu ne veut l'accueillir et la rejette, puis à son accouchement, en plein air, au pied d'un arbre, dans l'île, déserte, de Dèlos. Le contraste est total – et évidemment voulu.

Or, ce contraste se retrouve entièrement du côté celtique : autant la naissance de Lug est refusée – par sa mère, lorsqu'Arianrhod s'enfuit après avoir donné naissance à deux enfants, puis refuse de reconnaître Lleu pour son fils – tout comme Hèra condamne Lètô à l'errance et refuse de lui envoyer la déesse de l'accouchement, dans le mythe grec –, tandis que la naissance d'Óengus et celle d'Hermès ne font l'objet d'aucun refus, car elles sont clandestines ; Maiâ accouche dans nue caverne à l'insu de tous, et en particulier d'Hèra, épouse de son amant, Bóand accouche à l'insu de son mari, trompé par la manipulation du temps à laquelle se livre son amant le Dagda. La naissance d'Hermès et d'Óengus relève du « ni vu ni connu », celle de Lug/Apollon du scandale publique.

Élargissons encore le débat : l'*Hymne homérique à Hermès* est le seul texte, dans la littérature grecque, qui insiste sur le fait que le dieu accomplit ses exploits en sa prime enfance. Des autres dieux, on n'évoque qu'en quelques mots la naissance, quand elle n'est pas monstrueuse, comme dans les cas d'Athèna et de Dionysos, nés l'une de la tête, l'autre de la cuisse de Zeus, ou dans celui d'Hèphaïstos, fils, selon plusieurs textes, d'Hèra seule. Apollon est adulte à peine né – vision qui entre en contraste avec celle selon laquelle il tua le serpent de Delphes encore bébé, celle-ci n'étant qu'un motif qui insiste sur la précocité du dieu sans constituer le moins du monde un véritable récit de ses « enfances ». Hermès est donc bien le seul né naturellement et dont soit évoquée la toute petite enfance[14]. On reviendra sur la raison de cette insistance. Mais ce qu'il importe de voir pour l'instant est qu'il en est exactement de même pour son correspondant irlandais : sa naissance, conséquence, comme celle d'Hermès, d'un adultère, est tout à fait naturelle, et il est bébé lorsque sa mère le nomme et que son père l'enlève, puis petit garçon chez Midir. Il y a donc bien des « enfances » d'Óengus. Et pareillement, cela s'oppose, d'une part à la parfaite ignorance des naissances des autres dieux dans la tradition irlandaise, qui se contente habituellement de préciser, au plus : « Un tel naquit de tel autre... », et, d'autre part, à la naissance de Lleu, dans le *Mabinogi de Math*, extraordinaire, puisqu'il est issu d'une femme qui se prétend vierge... Hermès et Óengus sont les seuls bébés divins, nés normalement et furtivement de leurs traditions respectives.

Et un autre trait remarquable, noté, pour Hermès, par Claudine Leduc[15], est que sa théogonie est la seule de la mythologie grecque qui fasse l'objet d'une chronologie précise : on y indique explicitement que le dieu est né « le quatrième jour de la première moitié », que, « né au matin, il jouait de la cithare dès le milieu du jour, et [que], le soir, il déroba les vaches de l'Archer Apollon », avant de rentrer chez lui pour la nuit[16]. Une telle précision se retrouve au sujet d'Óengus : de lui seul, dans toute la tradition celtique, il est précisé qu'il naquit au bout de neuf mois qui équivalèrent à un jour d'Elcmar, et qu'il fut porté chez son éducateur aussitôt après.

Soulignons ensuite la mention de la nuit : Zeus choisit la nuit pour s'unir à la nymphe, ce qui est *a priori* inutile, puisqu'elle vivait, seule, dans une caverne. C'est aussi la nuit qu'il choisissait, en s'allongeant à côté d'elle, pour s'unir à Alcmène. À l'inverse, c'est explicitement de jour que le Dagda s'unit à Bóand. De jour aussi, dans un autre mythe qui forme un épisode de la « Seconde bataille de Mag Tuired » (version I), qu'il s'unit à la Mórrígan, la déesse de la guerre[17]. L'inversion, entre Grèce et Irlande, est donc nette, et générale. Elle renvoie sans aucun doute à des pratiques : en Grèce, l'union sexuelle est nocturne, car la nuit est le moment d'Aphrodite, tandis que l'union sexuelle diurne est du domaine de la transgression[18] ; telle n'était pas, assurément, la coutume celtique[19]. Mais, au-delà de cette différence de comportements, on note ici, comme en d'autres cas, une inversion comme il en est classiquement entre mythes apparentés appartenant à deux traditions distinctes. Et en voici une autre.

Le nom de *Maiâ* n'est pas synonyme de celui de *Bóand*. Par contre, le nom de celle-ci, textuellement « Vache blanche », s'appliquerait fort bien à Hèra – la victime de l'adultère, non sa responsable –, qui est à la fois *Boôpis*, « au regard de vache », et *leukôlenos*, « aux bras blancs ». Inversion qui se prolonge de la manière suivante : si Bóand va, une fois et une seule, au puits de Nechtan, pour en obtenir la preuve qu'elle n'a pas fauté, et échoue dans cette démarche, Hèra, à Argos – ville où les jeunes participantes à son culte étaient, rituellement, des vaches[20] –, se baignait chaque année dans la fontaine Kanathos, et y retrouvait sa virginité[21]. Enfin, si Bóand crée, dans sa fuite, une rivière, mère de toutes les rivières d'Irlande[22], Hèra, en

Argolide toujours, s'est opposée à Poséidon, pour dominer le pays, et c'est ce dieu-ci, maître des eaux, qui créa toutes les rivières d'Argolide (*cf.* ci-dessous, p. 475).

On voit la richesse de la comparaison théologique celto-hellénique. Lorsque Claude Sterckx[23] écrit d'Óengus qu'« engendré de façon vaudevillesque par le Daghdha, il est, à cause de sa naissance adultérine, éloigné par son père et caché en un exil lointain », cela s'applique exactement à Hermès, à cette différence près qu'Óengus est caché et envoyé au loin après sa naissance, tandis que c'est la naissance même d'Hermès qui est, d'emblée, lointaine et camouflée[24].

LE DÉTOURNEMENT DES VACHES

Le célèbre récit irlandais de la « Seconde bataille de Mag Tuired », *Cath Maige Tuired* (= version I dans les *TM* de Christian Guyonvarc'h), raconte comment, depuis qu'un nommé Bres a été élu roi des Túatha Dé Dánann, les Fomóire, auxquels il se rattache, exploitent les membres des Túatha Dé Dánann, et les obligent à travailler. C'est ainsi que le Dagda, le grand dieu-druide[25], l'équivalent de Jupiter[26], est obligé de construire des forteresses[27].

Après une aventure qui fera l'objet d'une comparaison ultérieure, car ce sera l'un de ces cinq mythes où Óengus joue un rôle central, le Dagda reprend son dur travail. Alors, dit le texte[28] :

> Le Mac Óc vint à lui et lui dit : « Tu auras bientôt fini son travail et tu ne demanderas pas d'autre récompense qu'on ne t'amène le bétail d'Irlande et tu choisiras une génisse à crinière noire. »
>
> C'est ainsi que le Dagda accomplit son travail jusqu'à la fin, et Bres lui demanda ce qu'il désirait en récompense de son travail. Le Dagda répondit : « Je te confie le soin de rassembler les troupeaux d'Irlande en un seul endroit. » Le roi fit comme il lui avait dit et le Dagda choisit parmi eux la génisse que le Mac Óc lui avait dite. Cela sembla à Bres sans force. Il pensait que ç'aurait été quelque chose de mieux choisi.

Il s'agit d'une ruse, bien entendu, comme cela se révèle vers la fin du récit, lorsque après la bataille, et la défaite des Fomóire, les Túatha Dé Dánann récupèrent tous les biens qui leur étaient dus. Alors[29] :

> Le Dagda emmena le bétail d'Irlande par le mugissement de la génisse qui lui avait été donnée pour son travail. Car lorsqu'elle appela son veau, tous les troupeaux d'Irlande, que les Fomóire avaient emmenés comme tribut, se mirent à paître.

Le sens du récit est clair : la revanche du Dagda a été manigancée par le Mac Óc, et elle consiste à faire jouer à la génisse le rôle du bélier de Panurge, en détournant les vaches – toutes les vaches d'Irlande – des domaines des Fomóire à ceux des Túatha Dé Dánann. Le Mac Óc est le fils du Dagda (on revient sur ce point important ci-dessous), et il y a en général une très grande complicité entre eux : ici c'est Óengus qui aide le Dagda à récupérer les troupeaux des Túatha Dé, tandis que dans une autre légende, c'est le Dagda qui l'aide à acquérir ce que les Grecs auraient appelé un *klêros*, un apanage foncier (voir également ci-dessous). Nous devons laisser pour l'instant de côté ces aspects du mythe, car dans l'immédiat un parallèle grec s'offre d'emblée à la comparaison.

En effet, le plus important texte grec consacré à Hermès, et l'un des plus anciens (il est datable du VIe siècle avant notre ère[30]), l'*Hymne homérique à Hermès* (abrégé ici *HHH*), est entièrement axé sur un grand mythe, celui du *vol des vaches d'Apollon* par le bébé Hermès. Ce mythe fonde le rôle théologique du dieu, comme maître de la ruse, du vol, des chemins, des passages, des liens, et est aussi l'occasion d'un regroupement de tous les motifs qui lui sont attachés par la légende et la religion grecques : fondation du sacrifice, invention du feu, découverte de la lyre et de la syrinx, acquisition d'une baguette d'or et du don de prophétie, collaboration avec Zeus et Apollon... Le vol des vaches a une telle importance qu'il y est raconté rien moins que trois fois. Rappelons donc cette affaire.

Dès sa naissance, Hermès pense à voler les vaches d'Apollon : « Né au matin, il jouait de la cithare dès le milieu du jour et, le soir, il déroba les vaches de l'Archer Apollon : c'était le quatrième jour de la première moitié[31], quand la noble Maiâ l'enfanta » (*HHH*, 17-1).

Ayant donc fabriqué la *kithára*, cithare ou lyre, au milieu du jour, il parvient le soir en Piérie (c'est-à-dire dans le sud de la Macédoine, qui formait alors la région-frontière nord de la Grèce, et est aujourd'hui une partie de la Grèce du Nord), « où les vaches immortelles des dieux bienheureux possédaient leurs étables et paissaient des prairies délectables, respectées de la faux » (v. 71-72).

Hermès s'empare de cinquante vaches – soit la moitié d'une hécatombe, ou sacrifice de cent animaux, ce qui était souvent offert à Apollon – et les emmène. Or, « il les poussait devant lui – piste illusoire – à travers le terrain sablonneux, en retournant leurs traces ; il n'oubliait pas ses talents de ruse quand il renversa les empreintes des sabots – les premiers en arrière, ceux de derrière en avant – tandis qu'il marchait en sens contraire » (v. 75-78).

C'est là une ruse double : marcher dans le sable pour que les traces s'effacent, et en inversant le sens de la marche des bêtes, pour faire croire que le troupeau allait dans l'autre direction. Ce n'est pas tout : Hermès se fabrique ensuite des raquettes munies de feuillage (v. 79-81), pour effacer les traces dans le sable, puis, après avoir inventé le feu (v. 109-111), il sacrifie deux vaches aux douze dieux (v. 125-140) ; enfin il cache les vaches.

Bientôt Apollon s'aperçoit du rapt, se lance sur la piste du voleur – il est devin ! –, est renseigné, en un lieu nommé Onkhestos, sur le chemin à prendre, par un vieillard – épisode sur lequel il y aura à revenir –, et découvre le bébé Hermès dans son berceau, dans la caverne où il est né, sur le mont Kullênos en Arcadie. En un dialogue savoureux, Apollon exige la restitution de ses vaches, et Hermès affirme qu'il n'a rien pris (v. 254-318). Son aîné décide alors de le mener devant leur père, Zeus, pour demander à celui-ci de juger. Hermès continue à nier, et le grand dieu, celui « aux profonds pensers » de la tradition homérique, éclate de rire : il ordonne au petit malin de rendre les vaches, et aux deux frères de se réconcilier (v. 333-394). L'idée n'enthousiasme guère Apollon, mais voici que le petit Hermès se met à jouer de la lyre : Apollon est séduit ! Et la volonté de Zeus peut se réaliser : ses deux fils échangent des cadeaux, Hermès recevant la garde des troupeaux (v. 492), et une partie des pouvoirs de prophétie, Apollon la lyre, qui sera désormais son attribut (v. 461-556).

Il est visible que les mythes du Mac Óc et d'Hermès sont *entièrement différents* dans leur trame narrative, mais qu'*ils reposent sur les mêmes données.*

– Le ressort de l'un et de l'autre est la *ruse* d'un *jeune* dieu, fils du dieu souverain (et mitrien[32]).

– Cette ruse consiste dans les deux cas en un *vol*, ou du moins un détournement.

– Ce vol ou détournement porte ici et là sur des *vaches.*

– Partiel dans l'*Hymne homérique*, le détournement est total dans le récit irlandais ; il l'est aussi dans d'autres versions grecques : selon Apollodore[33], Hermès vole simplement « les vaches » d'Apollon ; Antoninus Liberalis[34] se fait plus précis : Hermès vole douze génisses, cent vaches, et le taureau destiné à couvrir les vaches. Or, « cent » connote la totalité d'une hécatombe : c'est ainsi un vol complet qu'évoque l'auteur[35].

– Les victimes sont dans l'un et l'autre cas des *rivaux* : Hermès voit en son frère aîné un rival, et en est jaloux ; les Fomóire sont, dans le mythe, les *alter ego* et les adversaires par excellence des Túatha Dé Dánann[36].

– *Le voleur l'emporte* finalement : le Dagda acquiert tous les troupeaux d'Irlande, et cela n'est pas remis en discussion ; dans le mythe grec, Hermès devient le protecteur des troupeaux, même si Apollon reconquiert ses vaches – et cette reconquête occupe plus de la moitié de l'hymne !

– Elle inclut une *réconciliation* : Apollon et Hermès seront désormais amis (*HHH*, v. 506-510), tandis que dans le mythe irlandais, dans lequel la rivalité des parties va jusqu'à la guerre, à la fin de la bataille, dans la version I suivie jusqu'ici, Bres, fait prisonnier, obtient finalement la liberté, en promettant que désormais « les vaches d'Irlande auront toujours du lait » (*TM*, I, 58, § 148-151), et que l'on aura « une récolte à chaque quart d'année » (*ibid.*, § 153-159).

On voit ainsi clairement comment le mythe d'Hermès n'a pas pu inspirer le récit sur la génisse du Dagda, puisque les récits sont radicalement différents, mais que l'un et l'autre utilisent *le même matériel* pour construire des histoires différentes.

Il apparaît, à la suite de cette première comparaison mythologique, que Hermès et Óengus sont des *rusés*, plus même, des *maîtres de la ruse*, dans leurs panthéons respectifs, et qu'ils n'ont aucun scrupule à utiliser cette ruse contre leurs rivaux.

LA CONQUÊTE D'UN APANAGE

Un point commun tout à fait précis entre Hermès et Óengus est qu'ils sont des dieux jeunes, tard venus, c'est-à-dire nés dans un monde où le partage des fonctions entre les divinités était déjà fait. Et le plus important de leurs mythes respectifs raconte précisément leurs efforts pour se tailler une part, pour s'approprier un apanage, dans ce monde que leurs aînés monopolisent.

Hermès est le dernier-né de Zeus, nous dit-on[37], et l'on a vu comment sa toute première manifestation a été de penser à voler les vaches de son frère aîné Apollon. Cela fait, lorsque sa mère lui fait des remontrances pour être sorti aussi précocement, il lui expose quelques justifications, et, parmi elles, celle-ci :

> Nous ne souffrirons pas de rester ici tous deux, seuls, parmi les Immortels, à ne recevoir ni offrandes ni prières, comme tu m'y engages. Il vaut mieux vivre tout le temps avec les Immortels, riche, opulent, prospère, que de croupir chez soi dans un antre obscur : en fait d'honneurs [*timês*], j'aurai, moi – je vais m'y mettre – les même privilèges sacrés qu'Apollon. Si mon père ne me les accorde pas, hé bien ! j'essaierai (j'en suis capable) d'être le Prince des Brigands. [...] J'irai à Puthô [Delphes], pour forcer sa vaste demeure [celle d'Apollon]. Dans le pillage, j'emporterai en quantité des trépieds, des chaudrons magnifiques et de l'or, en quantité aussi du fer brillant et beaucoup d'étoffes (*HHH*, v. 167-181).

Le programme est on ne peut plus explicite : des honneurs égaux à ceux des autres dieux, et en particulier à ceux d'Apollon, ou bien le vol généralisé – en particulier chez Apollon.

Or, la conclusion du vol des vaches est précisément, à la fois, qu'Hermès obtient un apanage comme il le rêvait, et que celui-ci fait la synthèse de ce qui, dans le dernier texte cité, était présenté comme une alternative. Lorsque Apollon a enfin récupéré ses vaches, sur l'ordre de Zeus, il entend le petit Hermès jouer de la cithare. On a dit comment il en fut séduit. Et il déclare :

> J'admire, fils de Maiâ, ta grâce à jouer de la cithare. Maintenant puisque, si petit encore, tu as de si nobles desseins, assieds-toi, mon ami, et écoute attentivement les paroles d'un aîné : vous allez désormais connaître la gloire parmi les Immortels, toi-même ainsi que ta mère. En vérité je le déclarerai : oui, par ma lance de cornouiller, je vais te laisser aller pour que tu sois, entre les Immortels, le Guide opulent et glorieux. Je te donnerai aussi de superbes présents, sans jamais te tromper à la fin (*HHH*, v. 455-462).

Ce n'est qu'après avoir rappelé tous les privilèges accordés à son frère qu'Hermès lui tend la cithare. Alors « Phoibos Apollon l'accepta, puis il donna séance tenante à Hermès un fouet brillant, et lui confia la garde du troupeau : le fils de Maiâ reçut ses faveurs avec joie » (v. 496-498), et plus tard :

> Je vais, dit-il, faire de toi un dieu prophétique aux sûrs présages, entre les Immortels et entre tous les êtres ; tu seras fidèlement cher à mon cœur ; par ailleurs, je te donnerai ensuite une baguette merveilleuse d'opulence et de richesse – en or et à triple feuille : elle te protégera contre tout danger en faisant s'accomplir les décrets favorables – paroles et actes – que je déclare connaître de la bouche de Zeus (v. 526-532).

Ainsi le vol des vaches est comme légitimé – Apollon avait d'abord déclaré que le *gêras*, le privilège, d'Hermès, serait d'être le prince des brigands (*HHH*, v. 291-292), et de fait il sera le dieu des voleurs –, et la protection des troupeaux, le soin de la richesse en bétail deviennent l'apanage d'Hermès, qu'il a bien conquis.

Disposées autrement, les choses ne sont pas, en leur essence, différentes dans le mythe du Mac Óc. La nécessité de trouver un apanage au jeune garçon est tout aussi explicite.

Après sa naissance, l'enfant a été récupéré par un dieu nommé Midir, ou confié à lui par le Dagda, et il l'élève pendant neuf, ou sept ans. Selon le récit de la « Courtise d'Étaín » (version I), Óengus s'entend dire, au cours d'une querelle avec un garçon de son âge, qu'il n'est pas, comme il le pensait, le fils de Midir. Il va s'enquérir auprès de celui-ci, apprend que ses parents réels sont Bóand et le Dadga. Il souhaite alors se faire reconnaître par son père. Pour le satisfaire, Midir le conduit à Uisnech, au centre de l'Irlande, où réside le Dagda. Mais ici la revendication change quelque peu :

Midir appela le roi à part pour qu'il s'entretînt avec le jeune garçon. « Que désire le jeune guerrier qui n'est encore jamais venu ? – Il désire être reconnu par son père, et qu'on lui donne de la terre, dit Midir, car il ne convient pas que ton fils soit sans terre alors que tu es roi d'Irlande. – Qu'il soit le bienvenu, dit Eochaid, il est mon fils. Mais la terre que je désire lui donner n'est pas encore vide. – Quelle terre est-ce ? dit Midir. – Le Brug au nord de la Boyne, dit Eochaid. – Qui y est établi ? dit Midir. – Elcmar, dit Eochaid, est l'homme qui y est. Je ne désire pas l'importuner plus longtemps[38]. »

Dagda, dont l'un des nombreux autres noms est Eochaid, possède Uisnech, Elcmar possède le Brug de la Boyne (*na Bóinne*), Midir habite à Brí Léith : ces dieux sont pourvus, chacun a son *síd*. Seul Óengus, le jeune, le nouveau, n'a rien. À la différence du récit grec, où c'est Hermès qui, de lui-même, décide de s'approprier les biens d'Apollon, le récit irlandais montre que c'est le Dagda qui fixe le but des entreprises du Mac Óc. La suite est l'exposé de celles-ci :

« Une question : quel avis donnes-tu au jeune garçon ? dit Midir. – J'ai ceci pour lui, dit Eochaid : qu'il entre le jour de Samain dans le Brug et qu'il ait des armes sur lui. C'est un jour de paix et d'amitié chez les hommes d'Irlande ; personne n'est en inimitié avec son compagnon. Elcmar sera à Cnoc Side de Broga, sans arme, excepté une branche de coudrier à la main, son manteau replié autour de lui et une broche d'or à son manteau. Cent cinquante hommes joueront devant lui sur le terrain de jeu. Qu'Óengus aille à lui et menace de le tuer. Mais il ne le tuera pas, à condition qu'il lui promette de faire sa volonté. La volonté d'Óengus sera d'avoir la royauté d'un jour et d'une nuit sur le Brug. Il ne rendra pas sa terre à Elcmar qu'il ne se soit soumis à ma volonté. L'argument d'Óengus sera que le pays lui revient en apanage pour avoir épargné Elcmar et ne pas l'avoir tué. Ce qu'il a demandé est la royauté d'un jour et d'une nuit, et, dit-il, c'est en jours et en nuits que le monde se passe. »

Midir repartit pour son pays avec son fils adoptif. Óengus prit les armes à la Samain suivante et il entra dans le Brug, faisant semblant de vouloir tuer Elcmar jusqu'à ce que celui-ci lui promît, pour sa vie, la royauté d'un jour et d'une nuit comme roi du pays et les gens d'Elcmar lui obéissaient. Elcmar vint le lendemain matin réclamer sa terre au Mac Óc et il le menaça grandement. Le Mac Óc dit qu'il ne laisserait la terre que s'il se fiait à la décision du Dagda devant les hommes d'Irlande.

Ils firent appel au Dagda. Il jugea chacun selon ce qu'il avait entrepris. « C'est à ce jeune guerrier qu'appartient donc maintenant la terre selon ta volonté, dit Elcmar. – C'est exactement cela, dit le Dagda. Tu as été pris par surprise, un jour de paix et d'amitié ; tu as donné la terre pour ta vie car ton âme t'était plus chère que ton pays. Tu recevras de moi une terre qui ne te sera pas moins profitable que le Brug. – Où est-ce ? dit Elcmar. – Cleitech, dit le Dagda, avec les trois pays qui l'entourent ; tes jeunes gens joueront dans le Brug chaque jour devant toi et tu consommeras les fruits de la Boyne dans le pays. – C'est bon, dit Elcmar, qu'il en soit ainsi. » Il partit pour Cleitech. Une forteresse fut construite par lui et le Mac Óc demeura dans le Brug, dans son pays (*TM*, I, 243, § 6-8[39]).

Là encore, points communs et différences entre ce récit et le mythe de l'*Hymne homérique à Hermès* éclatent.

– Le but essentiel de l'un et de l'autre « jeunes » est de *se conquérir une « place au soleil »*. Elle n'est évidemment pas de même nature : en Grèce ancienne, dans un pays de polythéisme vivant, les « parts » des dieux consistent en offices, en fonctions, différentes et complémentaires, et l'« apanage » revendiqué, sous une forme matérielle, par Hermès, se concrétise par les attributs et responsabilités qui résultent de son échange avec Apollon. En Irlande, dans des textes notés par des clercs chrétiens, les fonctions divines ont perdu leur contenu, elles ne se devinent que par l'étude et l'extrapolation – ce en quoi ont excellé, en particulier, Françoise Le Roux et Christian Guyonvarc'h –, tandis que ce qui fait l'objet de l'ambition d'Óengus – ou plus exactement de celle que le Dagda a pour lui – est le domaine souterrain qu'ont reçu en partage, selon le mythe, les Túatha Dé Dánann, après leur défaite devant les fils de Mil (les Irlandais), et qui est matérialisé par les *síd*. À cette différence près, le thème est identique : un dieu par définition jeune n'a pas pu participer à un partage initial des apanages ou fonctions, et le problème est donc le même pour l'un et l'autre. Ils doivent trouver leur part.

– Le moyen de la réalisation de cet objectif est défini, dans les deux cas, comme un *vol* : Hermès va voler les vaches d'Apollon, puis il menace de piller Delphes. En Irlande, le motif du vol des vaches existe, mais déplacé et transposé dans un autre contexte, celui de la « Seconde bataille de Mag Tuired » (ci-dessus « Une naissance furtive »), tandis que c'est explicitement un site qu'Óengus a charge de conquérir. Le vol des vaches est l'occasion pour Hermès de mettre en œuvre plusieurs ruses, et c'est une ruse qui permet à Óengus de s'emparer du Brug d'Elcmar.

– On a vu que, dans le mythe du vol des vaches, celui-ci est finalement légitimé, ou accepté : de même, le jugement du Dagda légitime l'appropriation du site du Brug na Bóinne.

– De fait, dans l'un et l'autre récits, les protagonistes, à savoir le voleur et sa victime, ont recours au dieu souverain mitrien : le Dagda et Zeus. C'est ce dieu qui tranche ultimement. Entre son frère et son fils, en Irlande ; entre deux de ses fils, en Grèce. Ici se situe une inversion : le Dagda est complice du voleur, et juge évidemment en sa faveur ; Zeus n'est pas complice d'Hermès : au contraire, il rit de sa prétention, et lui ordonne de rendre les vaches à son frère aîné. Mais il rit, ne gronde pas, et c'est pourquoi il reste responsable de l'accord final, qui satisfait Hermès, puisque c'est lui qui a ordonné aux deux frères de devenir amis : ce qui se réalise dès le moment où le petit Hermès a saisi la cithare.

– On notera l'occurrence, distincte, mais explicite, du centre du monde, dans l'un et l'autre récits : c'est Delphes, tout simplement, que l'ambitieux Hermès décide de piller s'il ne reçoit rien, et Delphes est, pour la tradition grecque unanime, le centre de la Grèce et du monde. Or, le texte que j'ai longuement cité expose ainsi la visite de Midir et Óengus à Eochaid (c'est-à-dire au Dagda) :

> Midir se rendit alors avec son fils adoptif pour s'entretenir avec Eochaid. Ils vinrent à Uisnech de Meath dans le centre de l'Irlande, car c'est là qu'était la maison d'Eochaid. L'Irlande s'étendait également de chaque côté, au sud et au nord, à l'est et à l'ouest[40].

Cette allusion au centre du monde est, si j'ose dire... centrale, dans le mythe, car elle est en quelque sorte redoublée, dans la version grecque. L'*Hymne* situe en effet en un lieu dit *Onkhestos* un épisode important : y passant avec les vaches volées, Hermès voit un vieillard qui soignait ses vignes. Il le prie de se taire, si quelqu'un l'interroge au sujet de ce qu'il a vu (v. 87-92). Mais bientôt le vieillard « mange le morceau » : il révèle – involontairement, dans cette version – à Apollon qu'un petit enfant est passé, marchant en zigzag, et poussant les bêtes devant lui à reculons (v. 185-211). Dans une autre version, Hermès revient voir, camouflé, le vieillard, nommé Battos, et lui propose un manteau de laine pour le faire parler ; l'homme dit ce qu'il avait juré de taire : alors, le dieu le transforme en rocher[41]. L'occurrence d'Onkhestos dans l'*Hymne* étonne : c'est le seul endroit où il est mentionné une possible hésitation d'Apollon sur la direction à prendre, alors que les carrefours ne manquaient assurément pas sur le trajet, Hermès et son frère se rendant de Piérie en Arcadie ! De plus, Onkhestos est, à l'époque historique, un sanctuaire assez secondaire, consacré à Poséidon[42]. Or, ce dernier dieu ne joue aucun rôle dans l'aventure d'Hermès[43]. Pourquoi donc l'*Hymne* mentionne-t-il cet endroit ?

Il y a une explication. Elle réclame simplement un peu d'audace historique. Si Onkhestos joue un rôle mineur aux siècles classiques, il n'en avait pas été de même antérieurement. La mythologie béotienne lui accorde une place considérable : c'est à l'occasion de rites à célébrer à Onkhestos qu'éclate la guerre entre les deux grandes villes de la Béotie primitive, Thèbes et Orchomène[44]. Or, la prééminence de ces deux villes, qui ne correspond plus à l'état des choses en Béotie à l'époque historique – Orchomène n'y est plus qu'une bourgade parmi les autres, seule Thèbes demeurant une puissance authentique –, se vérifie archéologiquement, pour l'époque mycénienne et avant elle : Thèbes et Orchomène sont nettement les deux principaux sites béotiens, avec tombes princières et palais, au IIe millénaire avant notre ère[45]. Dès lors, la place mythologique d'Onkhestos s'explique : avant la rupture entre les deux villes[46], elle était le lieu de cultes communs, une sorte de sanctuaire fédéral – et elle est encore, à l'époque archaïque, le centre d'une amphictyonie, une de ces fédérations de villes dont Poséidon était effectivement le dieu, avant ou concurremment avec Apollon[47]. Or, pour des raisons que j'ai partiellement données ailleurs[48], il est à penser que le site de Delphes, avant de devenir celui d'une cité autonome, était une fraction du territoire d'Orchomène, qui couvrait une large fraction de la Phocide[49]. En conséquence, il est tout à fait logique de penser qu'avant que Delphes ne devienne, aux yeux de l'ensemble des Grecs, le centre du monde, ce rôle était tenu par le sanctuaire d'Onkhestos, central pour les Béotiens tout au moins, et peut-être pour d'autres Grecs, au IIe millénaire.

On comprendrait dans ces conditions l'hésitation sur le chemin : s'il est un endroit d'où partent plusieurs directions, c'est bien le centre du monde[50]. Il s'ensuit que la mention d'Onkhestos dans l'*Hymne homérique à Hermès* conserve la trace d'une très ancienne localisation du centre de la Grèce ou du monde[51] : ce n'est pas le seul archaïsme dans ce récit (*cf.* ci-dessus note 31). Et la mention de Delphes, au vers 178, témoigne simplement d'une actualisation, comme il est normal dans un texte datable du VIe siècle, en un temps où le rôle préhistorique d'Onkhestos était oublié et où la primauté de Delphes était largement établie[52].

– On notera pour terminer qu'il y a des points communs entre les deux victimes du vol : en effet, Elcmar est un frère du Dagda[53], et son nom signifie le « grand méchant[54] ». On l'identifie parfois à un autre des Túatha Dé Dánann, Ogma, qui est, par rapport au Dagda, le dieu « varunien » du panthéon irlandais[55]. Le Dagda a donc à juger entre son frère et son fils. Et il est supérieur au premier, puisque Elcmar s'exécute dès le jugement, non moins qu'Hermès devant l'ordre de Zeus. Celui-ci, de son côté, a à juger entre son fils aîné et son fils cadet. Or, sans entrer dans une discussion complète sur ce sujet, indiquons ici qu'Apollon joue effectivement par rapport à son père, aux aspects mitriens dominants, le rôle de dieu varunien : dieu prophétique (et proche en cela d'Ódhinn), dieu qui donne la mort (proche ici encore d'Ódhinn, ou de Varuṇa[56]), il est explicitement, dans plusieurs textes, et en particulier dans l'hymne à Hermès, en opposition à ce dernier, et se donne des allures de « méchant ». Lorsqu'il exige restitution de ses vaches, le petit dieu Hermès lui dit :

> Par où m'entraînes-tu, Archer, ô toi le plus violent de tous les dieux ? Est-ce par colère, à cause de tes vaches, que tu me fais ainsi la guerre ? (*HHH*, 307-308).

et même lorsqu'Apollon, enfin amadoué par le son de la cithare, satisfait par la restitution de son troupeau, prie Hermès de lui donner son instrument de musique, la longue réponse du jeune dieu se termine ainsi :

> Toi qui aimes ton profit, tu ne dois pas rester violemment irrité ! (v. 494-495).

Colère et violence célèbres, dans la tradition grecque, et qui ne tiennent pas seulement à l'opinion qu'un petit dieu voleur peut se faire d'un grand frère vindicatif : innombrables sont les mythes où Apollon et sa sœur, pour venger un affront, fait à eux ou à leur mère Lètô, abattent de leurs flèches l'auteur de l'outrage[57]. Apollon est bien, comme Ogma/Elcmar, un « grand méchant[58] ».

Ainsi, avec des déplacements et des inversions qui interdisent de penser à de simples emprunts littéraires, les trois grands thèmes unis dans le mythe d'Hermès (la naissance furtive, le vol, la conquête d'un apanage) se retrouvent, tous, dans la mythologie d'Óengus/Mac Óc, et seulement, dans tout le monde indo-européen, de ce dieu. Il est impossible de n'en pas conclure qu'ils prolongent le même personnage divin préhistorique.

L'INVENTION D'UN INSTRUMENT DE MUSIQUE

Il faut introduire ici une autre histoire irlandaise, attestée par des manuscrits dès le Xe siècle, car elle parle d'un nommé Óengus, humain, mais dont la comparaison s'impose avec Hermès, ses actions rappelant celle du dieu dans l'*Hymne homérique* : un roi nommé Eochaid avait des oreilles de cheval ; aussi faisait-il disparaître successivement tous les barbiers à qui il demandait de le raser. Son neveu, nommé Óengus, fils de Dichaime (« la Laide »), était « un magnifique jeune homme, vif et ingénieux », qui savait peigner les chevaux, jouait pour le public de la flûte et du tambourin, était adroit à la chasse et à la nage, et tout le monde l'aimait. Son oncle lui demande un jour d'être son barbier, et l'emmène au loin. Lorsque Eochaid, une fois rasé, va tirer son épée, Óengus est plus rapide que lui, et le menace. Eochaid lui promet de l'associer à la royauté. Cependant, Óengus ne peut supporter le secret qu'il connaît désormais. Un jour, il tombe face contre terre, et du sang coule de ses narines et de son nez. Ce sang emporte en terre son secret. Un an plus tard, on découvre que trois arbres ont poussé à cet endroit. Óengus les entoure d'une clôture, et revient plus tard, pour se faire du bois de ces arbres une double flûte (ce qu'un grec on appellerait un *aulos*), et la conservera lorsqu'il deviendra roi à son tour[59].

Comme bien souvent, cet Óengus, qui est un homme et non un dieu, me paraît une simple hypostase du dieu homonyme, en raison des points communs qu'il présente précisément avec Hermès : comme celui-ci, il est désigné par le nom de sa mère (« fils de Maïa », pour le dieu, *Mac Dichaime*, pour le héros irlandais), comme lui il est jeune, vif et ingénieux, leste et rapide dans ses gestes, malin. Autrement dit, au-delà même de l'Óengus divin irlandais, cet Óengus humain complète le tableau des ressemblances avec le dieu grec que je compare ici à ce dieu.

Entre autres, et précisément, le dieu grec est crédité de l'invention d'instruments de musique. Selon l'hymne homérique qui lui est consacré, Hermès, au milieu de son premier jour, utilisant une carapace de tortue, inventa la cithare, ou lyre, et la donna plus tard à Apollon[60] ; puis, après cet accord, « lui-même inventa encore l'instrument d'un autre art : il fit la syrinx (ou flûte de Pan), dont la voix s'entend de loin » (v. 511-512).

Ainsi, le dieu grec invente la lyre, instrument à cordes, à partir d'un élément animal, et un Irlandais nommé Óengus invente un instrument à vent à partir d'un élément végétal : preuve à la fois de la solidarité des personnages et de l'indépendance des mythes – l'un n'est pas copié sur l'autre.

La compétence d'Hermès sur la musique est bien attestée. C'est lui qui, selon la légende thébaine, donna la lyre à Amphiôn, l'un des deux bâtisseurs de la ville, doux et musicien, par opposition à son frère Zêthos[61]. Dans l'histoire d'Iô, qu'on évoquera ci-dessous, lorsqu'il vient libérer l'héroïne de la surveillance d'Argos, il endort ce dernier au son de la flûte.

Élément important : lorsqu'Apollon, émerveillé, entend pour la première fois le son de la lyre, il en fait un long panégyrique, qui contient entre autres ces mots : « Quel est cet art ? [...] Il contient vraiment trois plaisirs à la fois : gaieté, amour et doux sommeil – au choix ! » (*HHH*, v. 446-449[62]).

Ces compétences d'Hermès quant à la pratique de la musique se retrouvent pleinement du côté du dieu Óengus :

– dans le « Rêve d'Óengus », le héros rencontre son amoureuse Caer « à Loch Bél Dracon, à la Harpe de Cliach[63] », et surtout, à la fin du même récit, lorsque tous deux s'envolent sous forme de cygnes jusqu'au Brug, demeure d'Óengus, on dit qu'« ils chantèrent ensemble de la musique et plongèrent les hommes dans le sommeil pendant trois jours et trois nuits ».

– À l'issue de la « Seconde Bataille de Mag Tuired » (version I), lors de la récupération générale des objets que les Fomóire avaient pris aux Túatha Dé Dánann pendant la royauté de Bres, les vaches sont détournées, comme on l'a vu, grâce à la génisse naguère reçue en paiement par le Dagda pour ses travaux. Or, les deux paragraphes précédant immédiatement le court récit de cet événement sont consacrés à une autre reconquête, celle de la harpe (et du harpiste) du Dagda. Lug, le Dagda et Ogma se lancent à la poursuite des Fomóire vaincus, qui emportaient l'homme et l'objet, et ils arrivent dans une maison où Bres et son père Elatha banquettent. La harpe était accrochée au mur, et elle en descend toute seule quand le Dagda l'invoque. Puis : « Il leur joua alors les trois airs par lesquels ils reconnaissent les harpistes : le refrain de sommeil, le refrain de sourire et le refrain de lamentation. Il leur joua le refrain de lamentation et leurs femmes pleureuses pleurèrent. Il leur joua le refrain du sourire et leurs femmes et jeunes garçons rirent. Il leur joua le refrain de sommeil et l'armée s'endormit. C'est à cause de ce sommeil qu'ils purent s'échapper sains et saufs tous les trois de chez les Fomóire bien que ces derniers voulussent les tuer[64]. »

L'effet de la musique du Dagda sur les Fomóire est semblable à celui de la musique d'Hermès sur Apollon. En particulier, les deux textes, le grec et l'irlandais, parlent d'une triade de vertus de cette musique : gaieté, amour et sommeil pour le premier, lamentation, sourire et sommeil pour le second. Soit deux termes, sur trois, qui coïncident, et les troisièmes qui sont en opposition (la lamentation est funèbre, l'amour crée la vie). Il s'ébauche ici comme une théorie indo-européenne de la musique…

Sans doute cette harpe n'est-elle pas mise aux mains d'Óengus, elle appartient au Dagda, mais l'anecdote précédente montre qu'Óengus n'est pas moins maître en musique que son père. Et il y a, on l'a vu, très grande complicité entre eux : l'épisode qui suit la récupération de la harpe est celui de la captation des vaches par le Dagda, résultat d'une ruse ourdie par son fils.

LA NAISSANCE DES ARBRISSEAUX

Aussi originale qu'elle soit, l'histoire d'Óengus fils de Dichaime a encore un parallèle grec, à nouveau dans la légende d'Hermès racontée dans son hymne homérique[65]. On y raconte qu'Apollon, lorsqu'il prend conscience de la force d'Hermès qui, quoique nouveau-né, a pu sacrifier deux vaches, entreprend de lier le petit enfant à l'aide de branches de gattilier. Hermès opère alors un miracle : ces branches, « sous ses pieds, prenaient aussitôt racine en terre, et gagnèrent facilement, selon le dessin du subtil Hermès, toutes les vaches agrestes : Apollon considérait le prodige avec étonnement » (*HHH*, 410-414).

Le gattilier, ou agnus-castus, est un arbuste méditerranéen. Ainsi, en Irlande, *trois arbustes* naissent *du sang versé par Óengus*, et en Grèce, *un arbuste* prolifère *à la suite du sang versé par Hermès*[66]. De plus, c'est peu avant le sacrifice de vache qu'Hermès a inventé la lyre, tandis que c'est après que des arbres eurent poussé de son sang qu'Óengus fabriqua une double flûte.

UNE UNION LACUSTRE

Un autre des mythes attachés à Óengus Mac ind Óc a un parallèle dans la mythologie d'Hermès, mais attesté, cette fois, très postérieurement à l'*Hymne homérique*.

Le mythe irlandais fait l'objet d'un beau récit, connu en une seule version, grâce à plusieurs manuscrits tardifs, mais la langue est le vieil irlandais : c'est le « Rêve d'Óengus », *Aislinge Óenguso*[67]. Je me contente ici de le résumer, le matériel comparatif grec ne justifiant pas une étude développée : Óengus, endormi, rêve un jour d'une jeune fille, la plus belle qui fût en Irlande. Il tombe malade d'amour. Fingen, « médecin de Conchobar », lui conseille d'aller consulter sa mère Bóand, puis, un an plus tard, son père le Dagda, qui le renvoient à Bodb, roi du Síd de Femen en Munster. Celui-ci, un an plus tard encore, peut fournir des informations : on a vu la jeune fille au Loch Bél Dracon, on connaît son nom et sa famille ; Óengus, après un festin de trois jours, est mené au lac, au bord duquel il reconnaît, parmi cent cinquante jeunes filles, celle de son rêve. Il revient un an plus tard, mais, chaque année, elle change de forme : elle est oiseau un an sur deux. Citons la suite :

> Le Mac Óc vint au Loch Bél Dracon et il vit cent cinquante oiseaux blancs sur le lac, avec des chaînes d'argent et des boucles d'or autour de leurs têtes. Óengus était sous forme humaine au bord du lac. Il appela à lui la jeune fille. « Viens me parler, ô Caer. – Qui m'appelle ? dit Caer. – C'est Óengus qui t'appelle. – J'irai si tu me promets sur ton honneur que je reviendrai dans le lac demain. – Je me charge de ta protection », dit-il.
>
> Il alla à elle. Il tendit les deux bras vers elle. Ils dormirent sous la forme de deux cygnes et ils firent par trois fois le tour du lac. Il n'y eut et il n'y aura là rien qui lui fasse perdre son honneur. Ils partirent sous la forme de deux oiseaux blancs et ils allèrent au Brug du Mac Óc. Ils chantèrent ensemble de la musique et ils plongèrent les hommes dans le sommeil pendant trois jours et trois nuits. Puis la jeune fille demeura avec lui[68].

On a dit les liens d'Óengus avec la musique (ci-dessus, « L'instrument à cordes »), on reviendra sur ceux avec le sommeil et le rêve (ci-dessous). Ce qui importe pour l'instant est sa rencontre avec la jeune fille : elle se situe au bord d'un lac. Or, on connaissait en Thessalie un épisode semblable dans la légende du dieu Hermès. C'est ainsi qu'une élégie de Properce[69] peut évoquer, parmi quelques figures féminines célèbres, une certaine « Brimô, quand, ainsi qu'on le conte, près des flots saints du Boebeis, elle plaça son corps de vierge aux côtés de Mercure[70]. »

Mercure est ici le nom latin d'Hermès : la légende évoquée par Properce est purement grecque. Cependant, l'épisode est à peine connu, et rien ne vient répondre à la richesse de l'histoire irlandaise. Le parallèle est pourtant manifeste, et appelle le commentaire suivant :

1 – Le cygne n'est pas un oiseau d'Hermès. Mais c'en est un d'Apollon : soit un glissement, ou une inversion, semblable à d'autres que nous avons déjà rencontrés.

2 – L'aventure d'Óengus et de Caer évoque de très près une autre histoire irlandaise (la « Courtise d'Étaín », version III), où l'on voit le dieu Midir (celui-là même qui éleva le Mac Óc) enlever une femme, Étaín, épouse d'Eochaid, roi de Tara, en prenant la forme d'un cygne : « Il l'emmena à travers l'orifice du toit de la maison. Les troupes se levèrent autour du roi, pleines de honte. Ils virent deux cygnes faisant le tour de Tara. Ils se dirigèrent vers le Síd ar Femuin[71] » – lequel *síd* est précisément celui de ce Bodb qui, dans le « Rêve d'Óengus », parvient à localiser les jeunes filles du lac... Or, Midir est, sinon une forme du Dagda[72], lequel est théologiquement proche de Zeus (tous deux sont dieux souverains mitriens), du moins son ami, donc un dieu proche de lui – et Zeus prit la forme d'un cygne pour séduire une autre femme mariée, Lèda, et en avoir des enfants[73]. Ainsi, entre le cygne appartenant à Apollon et le cygne métamorphose d'Óengus, Dagda, Midir et Zeus font jonction.

3 – Si ni Brimô, ni Hermès ne sont l'objet d'une légende de transformation animale, une autre histoire d'amour située au bord du même lac Boibeis en Thessalie a pour héroïne une nommée *Korônis*, textuellement, la « corneille », et c'est d'Apollon qu'elle fut aimée (les corbeaux sont oiseaux consacrés à Apollon, comme à Lug et à Ódhinn[74]) : elle fut mère d'Asklèpios[75]. Une « autre » Korônis (c'est-à-dire la même héroïne, dédoublée dans la tradition) fut poursuivie par Poséidon, et Athèna la changea en corneille[76].

Faute de connaissances plus précises sur la religion et les mythes en Thessalie, il est difficile de tisser un réseau de relations entre Hermès et Brimô d'un côté, Apollon et Korônis de l'autre : on soupçonne, entre Apollon et Hermès, un échange de motifs, par rapport au groupement de motifs unis autour du personnage d'Óengus. Ainsi, une tradition grecque, attestée depuis Hésiode, associait la couleur du corbeau à l'histoire des amours d'Apollon et de Korônis : c'est le corbeau, en effet, à l'origine blanc, qui aurait le premier révélé au dieu que la jeune fille avait finalement choisi d'épouser un mortel : pour le punir d'une aussi mauvaise nouvelle, Apollon le rendit noir[77]. Toute cette histoire baigne dans une atmosphère ornithologique : le père de Korônis s'appelle *Phlegúas*, ce qui est le nom d'une espèce d'aigle ; son époux humain, dans Antoninus Liberalis[78], s'appelle *Alkuoneùs*, nom dérivé de celui de l'oiseau *alkuôn*, et, chez ce dernier auteur, le corbeau appartenait à l'origine à une famille humaine, dont tous les membres furent changés en oiseaux par Poséidon et Apollon. De ces deux unions « lacustres », celle d'Hermès et celle d'Apollon, l'un au moins, donc, ne baigne pas moins que celle d'Óengus dans un contexte avien. Et, dans l'Antiquité méditerranéenne, les expressions « corbeau blanc » et « cygne noir » sont synonymes : elles signifient « chose rare et extraordinaire[79] ».

4 – La « Vision », ou « Rêve », d'Óengus rappelle encore autre chose : dans la tradition grecque, le rêve est envoyé – lorsqu'il n'est pas un cauchemar – par Hermès, l'« Introducteur des songes[80] ». Le récit irlandais débute avec le sommeil d'Óengus, or, en Grèce, Hermès est le dieu qui amène le sommeil : il est le dernier à qui l'on fasse une libation avant d'aller dormir[81] ; il a coutume d'endormir quelqu'un d'un coup de sa baguette, et il s'en sert aussi bien pour réveiller[82]. C'est ainsi que, dans l'*Iliade*, il endort les Grecs qui pouvaient voir Priam arriver de nuit chez Achille, où le vieux roi venait, de nuit, demander au héros le corps de son fils ; Hermès l'a guidé, et protégé[83]. Sa lyre apporte « gaieté, amour et doux sommeil[84] ». Voici pourquoi on l'appelle le « conducteur des rêves[85] », et on le remercie lorsqu'on a eu un rêve significatif[86]. Le lien d'Óengus avec le rêve n'est pas aléatoire : un autre récit le confirme, lorsqu'il est dit que, pendant sept fois quinze nuits, quatre oiseaux apparaissant à Cairpre Lifechar étaient les formes prises par quatre baisers du Mac Óc[87]. Il n'est pas précisé si le « Rêve d'Óengus » est nocturne, mais cette dernière indication le laisse penser. De même, on verra ci-dessous un Óengus mentionné au cours de la « Nuit de Fingen », au cours de laquelle une femme divine lui apporte la révélation de choses mystérieuses. Dès lors le parallélisme est total : car non seulement Hermès envoie les rêves nocturnes, mais est bien – entre autres ! – un être de la nuit, conçu nuitamment par ses parents, dans une caverne obscure, habitué de l'Hadès[88], rêvant d'« agir comme les brigands agissent, dans la nuit noire[89] », et de fait opérant de nuit le vol des troupeaux d'Apollon ; c'est aussi la nuit qu'il va s'unir furtivement à une jeune vierge (*parthénos*), Polumela,

en sa chambre[90], et ici, comme souvent, le mythe correspond à une fonction : il existait en Eubée un Hermès de la chambre nuptiale, *Épithalamitès*[91]. Enfin la fumée le manifeste[92].

5 – Étudiant la figure et le mythe de Brimô, Salomon Reinach faisait l'hypothèse qu'Hermès l'avait d'abord aperçue dans le lac[93] : heureuse intuition ! Car c'est effectivement dans le lac qu'Óengus voit Caer lors de la seconde, et décisive, rencontre.

6 – Si seule l'histoire de Brimô offre un (mince) parallèle avec l'histoire d'Óengus et Caer, on notera qu'à ce héros, amoureux fidèle à sa vision, répond en Grèce un Hermès fortement marqué par la dimension amoureuse : il ne craignait pas, dans un épisode célèbre de l'*Odyssée*, de s'unir à Aphrodite, dût-il, comme Arès pris avec elle, être emprisonné dans le filet lancé sur le couple adultère par Hèphaïstos[94], et l'*Hymne homérique à Aphrodite* rappelle que les Silènes et lui « s'unissent amoureusement [aux nymphes] au fond des grottes charmantes[95] » ; et c'est encore furtivement, « en douce », qu'il gagne la chambre de la jeune Polumèla qu'il avait vue danser, et engendre avec elle un fils, Eudôros, dont on reparlera[96].

Ainsi, un quatrième mythe d'Óengus a un net parallèle dans l'histoire d'Hermès – et *vice versa* – et des attributs théologiques du dieu grec (maîtrise du sommeil et des rêves) concernent précisément son équivalent irlandais : on est en droit de supposer que le « Rêve d'Óengus » était le récit fondateur d'une capacité théologique homologue.

IÔ ET ETAÍN

Un cinquième mythe du dieu Óengus doit être ici rapproché d'un des plus importants d'Hermès. Et cette comparaison ouvre de tels horizons qu'il serait possible de concevoir une étude consacrée spécifiquement aux deux héroïnes dont les noms sont réunis dans l'intitulé ci-dessus. On devra s'en tenir pour l'instant à ce qui concerne ce chapitre : le rôle d'Óengus/Hermès dans l'un et l'autre mythes.

Commençons par le grec.

Un Argien, qu'il s'agisse d'Inakhos, principal fleuve d'Argolide, ou d'un certain Iasos, roi du pays, eut une fille d'une grande beauté, Iô. Zeus en tomba amoureux. Il s'unit à elle au bord du marais de Lerne (ce qui n'est pas sans évoquer des traditions précédemment examinées...), puis, comme Hèra était jalouse, il changea Iô en génisse, pour la camoufler. La déesse exigea qu'on la lui livrât. Pour se disculper, le dieu accepta, et son épouse attacha l'animal à un olivier, dans un bois sacré, à Mycènes, en le confiant à la garde d'un géant, Argos. Ce géant avait une particularité oculaire : selon les variantes, un seul œil, ou quatre, une paire regardant par-devant, l'autre en arrière, ou encore cent, répartis sur tout le corps. Voici campé un bon gardien. Pourtant Zeus souhaita délivrer son amante : il envoya Hermès la débarrasser d'Argos. Pour ce faire, le jeune dieu, soit le tua d'une pierre lancée, soit l'endormit en jouant de la flûte, soit le frappa de sa baguette magique, et, dans les deux derniers cas, le décapita avec une faucille.

Alors commencent de nouvelles épreuves pour l'héroïne. Hèra lui envoie un taon pour la persécuter. Iô, toujours génisse, fuit, le taon la poursuit et la harcèle. Elle commence un immense voyage, à travers l'Argolide d'abord, puis en Grèce centrale, puis dans le Nord, jusqu'au Bosphore qui garde en son nom (le « passage du Bovin ») le souvenir de sa traversée, en Asie alors, enfin en Égypte, où elle met au monde l'enfant issu de Zeus, Epaphos : les Kourètes, sur l'ordre d'Hèra, enlèvent le nourrisson. Après avoir retrouvé son fils, Iô retourne en Égypte, où demeure sa descendance, qui reviendra en Grèce trois générations plus tard, en deux groupes adverses menés par Aiguptos et par Danaos[97].

Or, tout ce mythe grec a un parallèle extrêmement proche dans le récit irlandais, déjà partiellement cité (*cf.* « La conquête d'un apanage »), de la « Courtise d'Etaín » (version I).

Le long passage en question où l'on voit Midir mener Óengus au Dagda pour l'aider à obtenir un apanage, puis Óengus, sur le conseil du Dagda, s'emparer du domaine d'Elcmar, a pour suite directe le récit suivant, que, comme le mythe d'Iô, je résume[98].

Un an après l'installation d'Óengus au Brug na Bóinne, lors de la fête de Samain, Midir décide d'aller le visiter. Il y a là deux troupes de jeunes gens qui jouent, et bientôt se querellent. Midir se propose pour aller les séparer. L'affaire s'avère difficile, et Midir reçoit dans l'œil une branche de coudrier qui le lui arrache. Introduisons ici une variante très importante[99], selon laquelle c'est Óengus lui-même qui creva l'œil de Midir. Le dieu médecin Diancecht, à la demande d'Óengus, guérit l'œil, mais Midir a encore droit à un prix de composition[100], composé d'un char, d'un manteau, et de la plus belle fille d'Irlande, Etaín Echraide. Les deux objets, Óengus les fournit sur son bien. La jeune fille, il faut l'obtenir de son père, Ailill, roi d'Ulster. Celui-ci accepte après marchandage, et moyennant la réalisation de travaux colossaux d'aménagement du territoire (défrichement, drainage du réseau hydrographique) qu'Óengus est bien incapable d'exécuter, de sorte que c'est son père le Dagda qui s'en charge. Cela fait, Óengus peut enfin emmener Etaín, et la donner à Midir. Citons ici un passage important :

> Le jour où il le quitta, le Mac Óc dit à Midir : « Fais attention à la femme que tu emmènes à cause de la femme redoutable et experte qui t'attend avec tout le savoir, la connaissance et le pouvoir qui appartiennent à sa race. »

Or cette épouse légitime, Fuamnach, fille de Beothach,

> était sage, prudente et avisée dans la science et les pouvoirs des Tuatha Dé Danann, car c'était le druide Bresal qui l'avait élevée avant qu'elle ne fût mariée à Midir.

De la sorte, Etaín est à peine installée chez Midir que ses ennuis commencent :

> Quand Etaín était assise au milieu de la maison, Fuamnach la frappa avec une baguette de coudrier pourpre, et elle en fit une flaque d'eau au milieu de la maison.

Après quoi Fuamnach retourne chez son tuteur Bresal, et Midir doit évacuer les lieux à cause de l'eau. Puis, une sorte de fermentation de celle-ci fait que la flaque est transformée en ver.

> Et ce ver devint ensuite une mouche pourpre. Elle était de la taille de la tête d'un homme, et c'était la plus belle qui fût au monde [...]. Elle accompagnait et entourait Midir par toute la terre, partout où il allait.

Bientôt Fuamnach vient visiter Midir. Elle déverse sa haine d'Etaín :

> Elle dit de grandes incantations et les enseignements de Bresal le druide pour repousser et rejeter Etaín loin de Midir, car elle savait que la mouche pourpre qui faisait le plaisir de Midir était Etaín... Et Etaín fut rejetée de Brí Léith si bien qu'elle ne put trouver d'endroit, ni cime d'arbre, ni colline, ni hauteur où se poser pendant sept ans, excepté les rochers de la mer et les vagues de l'océan. Elle flotta dans l'air pendant sept ans devant la poitrine du Mac Óc sur la colline du Brug.

Le texte veut sans doute dire ici « au bout de sept ans », car le paragraphe suivant raconte l'accueil que lui fait le Mac Óc, le traitement amoureux dont il l'entoure, ses petits soins pour elle. Alors :

> Fuamnach entendit parler de l'amour et de l'honneur dans lesquels [Etaín] était chez le Mac Óc. Fuamnach dit à Midir : « Fais appeler ton fils adoptif pour que je fasse la paix entre vous deux, et j'irai à la recherche d'Etaín. » Un messager vint chez le Mac Óc de la part de Midir et il alla pour s'entretenir avec lui. Fuamnach vint en faisant un détour jusqu'au Brug et elle envoya sur Etaín le même souffle qui la chassa de la pièce et l'envoya dans le même vol qu'elle avait fait auparavant pendant sept ans à travers l'Irlande. Le souffle du vent la poussa dans la misère et dans sa faiblesse jusqu'à ce qu'elle se posât sur le toit d'une maison dans laquelle les Ulates étaient à boire. Elle tomba dans la coupe d'or qui était

> dans la main de la femme d'Etar, le champion d'Inber Cíchmaine, dans la province de Conchobar. Elle l'avala avec le liquide qui était dans la coupe. Elle fut conçue ensuite dans son sein et elle fut sa fille. On lui donna le nom d'Etaín, fille d'Etar. Il y eut mille douze ans depuis la première conception d'Etaín par Ailill jusqu'à la dernière conception par Etar.

Le texte se termine par la vengeance d'Óengus : il retrouve Fuamnach chez Bresal le druide, et la décapite. Selon une autre version, ajoute le texte, c'est le dieu Manannán qui tua à la fois Fuamnach et Midir à Brí Léith.

À travers parallélismes et inversions, c'est pratiquement l'ensemble de chacun de ces deux mythes, l'irlandais et le grec, que l'on retrouve l'un dans l'autre :

– l'affaire se joue entre quatre personnages principaux : d'une part le couple formé d'un dieu souverain et de son épouse – Zeus et Hèra, Midir et Fuamnach ; on disait plus haut comment Midir est un dieu proche, un doublet selon certains auteurs, du Dagda –, d'autre part la maîtresse du dieu, Iô/Etaín, et le jeune aide du dieu souverain, Hermès/Óengus.

– L'épouse légitime est jalouse, hostile, et jouit de pouvoirs considérables – Hèra, parce qu'elle est déesse ; Fuamnach, parce qu'elle reçoit l'enseignement d'un druide.

– La jeune maîtresse est la plus belle femme du pays au moment considéré.

– Cette jeune femme passe sous la coupe de l'épouse légitime, soit qu'on la lui amène à domicile (Irlande), soit que cette épouse la demande pour la mettre dans son bois sacré (Grèce). La conséquence de cette dépendance est une métamorphose animale : Iô devient vache, Etaín devient flaque d'eau, puis ver, enfin mouche. De la première, Ovide dit que « génisse, elle reste encore belle[101] » ; de la mouche, le récit irlandais dit qu'elle est la plus belle qui soit au monde.

– Inversion remarquable : si, en Irlande, le pouvoir qu'a Fuamnach de pousser Etaín devenue mouche au loin tient à son souffle, celui d'Hèra, qui a le même résultat, est incarné par un taon qui harcèle la génisse.

– Inversion non moins remarquable dans le rôle d'Óengus/Mac Óc/Hermès : en Irlande, Etaín n'a pas un gardien terrible semblable à Argos, et personne n'a donc à l'en débarrasser. Mais le motif du mythe grec est comme éclaté en trois dans le mythe irlandais :

a) au lieu d'un gardien hostile tué par Hermès pour la libérer, avant le grand voyage de la génisse, on a un Óengus qui recueille Etaín à la fin de son premier éloignement et la soigne de son mieux[102] ;

b) au lieu d'un Hermès qui décapite le gardien au service d'Hèra, et cela dans son bois sacré, on a Óengus qui décapite Fuamnach, près du domicile de son âme damnée, le druide Bresal ;

c) le but d'Hermès était d'interrompre la surveillance de l'homme aux yeux étranges : c'est involontairement, dans une version de la légende, qu'Óengus crève un œil de Midir.

– À Argos qui veille sur Iô pour qu'elle ne s'échappe pas, en ne dormant jamais, répond, exactement opposée, dans le récit irlandais, l'attitude d'Etaín devenue mouche : « [Midir] s'endormait à son bourdonnement et elle le réveillait quand il venait vers lui quelqu'un qui ne l'aimait pas[103]. »

– Après la métamorphose d'Etaín en flaque d'eau, c'est à deux reprises que Fuamnach la repousse au loin par son souffle : de même, dans certaines versions du mythe de son mythe, Iô eut deux grandes errances, une avant d'être mise sous la coupe d'Argos, et elle passa alors en Argolide et en Eubée, une autre ensuite, la grande et définitive, qui la mena en Asie puis en Égypte[104]. Etaín est, elle aussi, séparée pour toujours des siens, au terme de sa seconde errance.

– Mille douze ans plus tard, dit le texte irlandais, naît une nouvelle Etaín, fille d'Etar, en Ulster : même insistance sur la durée dans la version grecque, car les descendants d'Iô qui reviennent en Argolide, Danaos et Aiguptos, sont fils de Bêlos, fils de Libua, fille d'Épaphos. Y a-t-il là également réincarnation de l'héroïne ? Les auteurs grecs ne le disent pas ; mais lorsque Danaos revient à Argos (la ville !) et y acquiert la royauté, sa fille Hypermnestre devient prêtresse d'Hèra[105] : ce qu'avait été Iô[106] ; et par ailleurs ses arrière-petites-filles les Proïtides, se croyant changées en vaches (par Hèra), errèrent à travers l'Argolide et l'Arcadie, jusqu'à ce qu'elles fussent guéries par Mélampous[107]. Il y a donc, sinon réincarnation, du moins continuité cultuelle, dans la même famille, d'une figure féminine à sa lointaine descendante.

– L'un et l'autre mythes donnent une curieuse importance à l'eau : on a vu, dans la « Courtise », Etaín transformée en flaque, ou le Dagda chargé de créer le réseau hydrographique de l'Irlande ; par ailleurs Ailill, père d'Etaín, porte le même nom qu'un Ailill plus célèbre, l'époux de Medb, roi de Connaught : celui-ci est fils d'un ou d'une Mata, ce qui est le nom d'un monstre de la rivière Boyne[108]. Côté grec, les auteurs diffèrent sur la paternité d'Iô ; selon une majorité d'entre eux, son père est Inakhos, le fleuve qui passe à Argos ; selon d'autres, c'est un roi, Iasos, fils d'une nommée Ismènè, fille d'Asôpos : l'Asôpos est un fleuve à l'ouest de l'Argolide, et le nom d'Ismènè est le féminin de celui d'Ismènos, fleuve de Thèbes en Béotie ; enfin d'autres encore la disent fille de Peirênos : nom qui est cette fois la masculinisation de celui de la fontaine Peirènè à Corinthe, cité proche d'Argos[109].

Un autre mythe raconte comment Inakhos, ayant à choisir entre Hèra et Poséidon pour la protection de l'Argolide, décida en faveur de la première : le dieu, furieux, assécha le fleuve et avec lui le pays. Il ne le remit en eau qu'au retour de Danaos, lorsqu'une de ses filles, Amumônè, se donna à lui[110].

Ne développons pas davantage : le parallélisme rigoureux de ces mythes est patent. Il en ressort, et ce sera l'essentiel, que pour un cinquième mythe d'Óengus, un équivalent grec existe, et c'est, encore et toujours, au dieu Hermès que le dieu irlandais correspond.

Insistons par contre sur le rôle de ces derniers : si Hermès nous paraît avoir un rôle assez mineur dans le mythe grec, tel n'était pas l'avis des Grecs, car c'est au meurtre d'Argos que la tradition rattachait son épithète fort connue d'*Argeïphontès* ; il y est complice et agent de Zeus, son père. Óengus, lui, est complice, ami, collaborateur, à la fois de Midir, son père adoptif, et de Dagda, son vrai père. Dans l'un et l'autre mythes, Óengus et Hermès ont le rôle, exceptionnel pour eux tant en Irlande qu'en Grèce, de coupeur de têtes. À ce sujet, on notera que la décapitation est un motif rare en Grèce[111] et qu'ainsi Hermès se singularise, tandis qu'en Irlande, où décapiter est l'acte guerrier le plus banal qui soit, couper la tête d'une femme est tout à fait rare, en sorte que par là aussi Óengus se singularise. Tout se passe comme si la fonction de coupeur de tête exceptionnel concernait tant Hermès qu'Óengus, dans un mythe spécifique, et qu'évidemment cette spécificité n'est pas marquée par les mêmes moyens dans le pays où la décapitation est banale et dans celui où elle ne l'est pas.

SACRIFICE ET LIMINARITÉ

La coïncidence entre les deux personnages est telle, tant par les mythes dont il vient d'être question, que par leurs attributs dont on parlera ci-dessous, qu'on se demandera légitimement si, en cas de non-concordance entre leurs mythes respectifs, il ne s'agit pas en fait d'une transformation, au sens lévi-straussien du terme. On le soupçonne dans le cas du curieux sacrifice célébré par Hermès avec les vaches d'Apollon[112]. Il n'a pas de répondant dans l'histoire d'Óengus. Cependant, au terme de la fine analyse de Laurence Kahn[113], fondée sur le vocabulaire et les tournures utilisées par le poète, ce sacrifice d'Hermès le met exactement en situation ambiguë, à cheval entre l'humain et le divin, sacrificateur et bénéficiaire du sacrifice : on sent ici une analogie avec la situation d'Óengus lorsqu'il vient demander à Elcmar (ou à son propre père) « jour et nuit », l'ambiguïté n'étant plus entre le divin et l'humain, mais entre le présent et l'éternité. On rappellera à ce sujet une autre situation liminaire faisant entrer en jeu ces mêmes éléments du jour et de la nuit : au cours de leur pacte d'amitié, Indra avait juré à Namuci qu'il ne le tuerait ni avec une arme de jet ni avec une arme de combat rapproché, ni avec une matière solide, ni avec une matière liquide, ni le jour ni la nuit... Il le tue finalement, au crépuscule, avec de l'écume[114].

Cette parenté, il est vrai, s'intègre, pour Hermès et Óengus, dans leur pouvoir d'ensemble sur les transitions[115]. Il n'en reste pas moins qu'un même thème, le jeu sur l'ambiguïté, appartient d'un côté au mythe d'Hermès, de l'autre à celui d'Óengus.

Aspects et attributs

Les cinq mythes étudiés épuisent la plus grande partie du corpus mythologique d'Óengus/Mac ind Óic, et comprennent une partie importante des mythes d'Hermès. Ce sont bien, sur toute la ligne, les répondants respectivement celtique et grec du même dieu. La comparaison avec un « autre » Óengus, fils de Dichaime, complète le tableau, grâce à l'apparition d'autres motifs mythiques concernant Hermès.

Avant de conclure sur quelques conséquences théologiques de cette démonstration, complétons-la en considérant certains aspects et attributs des deux personnages ici comparés.

ASPECTS COMMUNS

Des jeunes, très jeunes

Hermès et Óengus sont par excellence des *jeunes*, voire des *très jeunes* : le second en témoigne par le nom que lui donna sa mère, *Mac Óc*, le « Fils jeune » ; le premier l'est par ses mythes – où on le voit agir, déjà intelligent, rusé, et musicien, le jour de sa naissance, puis dans sa conquête d'un apanage et son rôle d'échanson de Zeus[116] –, par l'iconographie[117], et par ses fonctions dans l'éducation (ci-dessous). Hermès est donc d'abord un dieu nouveau-né, célébré comme tel par le mythe. G. Durand a pu parler des enfances « sempiternellement » répétées d'Hermès[118], mais ce n'est pas là un trait de dérive ou de dégénérescence du mythe : c'est un trait structural. Hermès est le dieu enfant parce qu'il est le dieu des enfants, et de tous les commencements. Il est remarquable que lorsque Platon décrit cet être singulier qu'est le bébé[119], il voit en lui un être sauvage, perpétuellement agité, qui balbutie, vagit, « mais qui est, tout de même, de toutes les bêtes sauvages, la plus rusée et la plus insolente ». C'est là un tableau qui s'applique largement à Hermès : agité, rusé, insolent avec son frère dans l'*Hymne* qui le met en scène. Ne nous méprenons pas sur le sens de l'analogie : Platon exprime un point de vue qui devait être commun parmi ses concitoyens, et, dans ce pays où Zeus pleut, où « boire le dieu » signifie boire du vin, car Dionysos en est le dieu, où être fécondé par la mer est l'être par Poséidon, dieu de la mer[120], où lorsque, dans une chambre où se trouvent une femme et un homme, Aphrodite entre dans la pièce du simple fait que la lumière s'éteint, annonçant l'ouverture à l'érotisme, on ne pouvait que penser au bébé Hermès de l'*Hymne homérique*, non seulement en lisant ou entendant Platon, mais, plus généralement, en voyant un authentique bébé.

Sans que les choses soient aussi marquées, Óengus est fortement caractérisé comme nouveau-né, puisqu'à sa naissance le mythe mentionne à la fois que sa mère lui donne un nom (ce qui est exceptionnel dans les textes irlandais médiévaux), et que son père l'emmène pour le placer en fostérage chez un éducateur, autre notation rare.

Le second état dans lequel apparaît Óengus est celui de jeune garçon, chez Midir : on dira plus bas comment, en Grèce, l'éducation des garçons est sous la protection d'Hermès. Plus tard Óengus est à son tour éducateur, il est un jeune homme. De la même façon, Hermès apparaît souvent sous les traits d'un adolescent proche de l'âge adulte, de ce que l'on appelait un *koûros* : dans l'*Iliade*, lorsque Priam quitte Troie, de nuit, pour le périlleux trajet qui doit le mener auprès d'Achille à qui il demandera le corps de son fils Hector, Hermès – protecteur nécessaire pour une telle entreprise (ci-dessous) – lui apparaît, sous la forme « d'un jeune prince [*koûros*], chez qui commence à percer la moustache, et dont l'âge est entre tous charmant[121] » ; dans l'*Odyssée*, lorsqu'il se montra à Ulysse, à Aiaiê, l'île de Kirkê, « il avait pris les traits d'un de ces jeunes gens [*neanías*] dont la grâce fleurit en la première barbe[122] ».

L'iconographie présente généralement Hermès barbu – c'est un jeune adulte. Mais il est caractéristique qu'elle le montre imberbe lorsqu'elle l'oppose à d'autres dieux, tels Zeus ou Apollon, qui sont alors barbus, précisément lorsqu'il s'agit d'illustrer l'hymne homérique qui lui est consacré[123].

La symétrie est complète du côté irlandais. La « Courtise d'Étaín » (version I) parle de « la beauté de la forme et de la noblesse de la race » d'Óengus, ce qui en fait le favori de Midir parmi les cent cinquante jeunes gens et cent cinquante jeunes filles qu'il élève à Brí Léith[124]. Dans un autre texte, intitulé l'« Ivresse des Ulates », le druide Crom Deróil décrit aux rois de Connaught, Ailill et Medb, chacun des guerriers de l'armée des Ulates. Parmi eux, il a vu « trois hommes beaux, légers, avec des équipements de guerriers. Deux d'entre eux [sont] jeunes et adolescents. Le troisième garçon [porte] une barbe à deux pointes brun pourpre. Ils n'emportent pas une goutte de rosée à cause de la rapidité et la légèreté avec lesquelles ils sont venus. [...] – [Ce n'est] pas difficile, en vérité, dit Cú Roi : ce sont les trois jeunes gens nobles des Tuatha Dé Danann : Delbáeth fils d'Ethlenn et Óengus Óc ["le Jeune"] fils du Dagda et Cermait à la bouche de miel[125] ».

Une autre histoire irlandaise est celle du « Cochon de Mac Dathó » où, lors d'un banquet, Ulates et Connachtiens s'affrontent autour du « morceau du héros », c'est-à-dire de l'honneur qui reviendra au guerrier qui recevra la plus belle pièce de viande. Il faut la mériter. Un formidable héros s'est d'abord levé, Cét, fils de Mága, et il défie tous les Ulates présents. Ils se lèvent pourtant à tour de rôle pour réclamer le « morceau du héros » : en quelques mots, où il leur rappelle un affront qu'il leur a fait subir, Cét les met chaque fois hors jeu. Voici que se lève un excellent guerrier, Óengus Gábuid (« Main-de-danger »). Pourquoi ce nom ? demande Cét, qui connaît en fait la réponse, et la donne : un jour qu'il allait piller dans la propriété du père de cet Óengus, on l'attaqua pour l'empêcher, mais, de son javelot, il trancha la main de l'homme. Or, cet Óengus Gábuid est décrit comme « un beau et grand guerrier », et c'est le seul cas où Cét dit avoir blessé le père, non le héros lui-même[126] : cet Óengus, comme son « homonyme » le Mac Óc, est donc par excellence un jeune.

Il se retrouve d'ailleurs dans la « Razzia des vaches de Cooley », version I[127] : « Óengus, fils d'Œnlam ["Main-unique"] le Beau, jeune guerrier des Ulates, fit alors faire demi-tour à toutes les troupes à Moda Loga », avant d'être lui-même tué. Ainsi tous les « homonymes » d'Óengus/Mac Óc, quand ils sont décrits, sont spécifiquement des jeunes. Hermès en est un autre.

On verra ci-dessous qu'à cet aspect qui fait d'eux de jeunes hommes modèles, répond une fonction : Hermès et son cousin irlandais sont par excellence des kourotrophes.

Encore une remarque : c'est sans la moindre contradiction qu'un Grec pouvait représenter, le même jour, sur un vase, Hermès sans barbe, et, sur tel autre, Hermès barbu, puis, rentrant chez lui, reconnaître Hermès en son bébé nouveau-né. Hermès, dieu du polythéisme grec, coiffe une somme d'aspects en lesquels un Grec ancien ne voyait pas de contradiction : un Hindou moderne n'en verrait pas davantage. L'essentiel étant de connoter la jeunesse du dieu et ses fonctions, une série d'images correspondait à ces besoins. Je ne doute pas qu'il en ait été de même chez les anciens Celtes, quant aux images mentales du moins.

Des rusés

Ils sont, non moins spécifiquement, des *rusés* : le thème central de l'*Hymne homérique à Hermès* est la ruse dont il a fait preuve pour ravir ses vaches à Apollon, et le texte lui applique toute une palette de termes le désignant comme rusé[128], l'évoquant comme Perce-Muraille (v. 14-15), dévaliseur de maison, puisqu'il est capable de se « glisser obliquement à travers la serrure pareil à la brise d'automne, comme un brouillard[129] ». Il est dans la religion le dieu des voleurs[130] et des astuces, et c'est pourquoi, dans l'*Iliade*, les dieux lui demandent d'enlever secrètement le corps d'Hector pour le mettre à l'abri[131] ; c'est lui qui, lorsque les dieux donnent à la première femme, Pandôrâ, tout ce qui définira la femme, la fournit en « mensonges, mots trompeurs, cœur artificieux[132] ». Une pièce de Sophocle, *Les Limiers*, montre Apollon et ses amis les Silènes pris dans les tours d'Hermès. Ses épiclèses portent témoignage de ces capacités : il est *Polútropos*, « Aux mille tours », *Dolómâtis*, « Intelligent en ruse », à Pellène en Achaïe *Dólios*[133], « Rusé », à Corcyre *Psudrós*, « Menteur[134] », et à Samos lors de la fête en l'honneur d'Hermès Kharidotès (« Donneur de joie » !), toutes les rapines étaient permises[135]. D'Óengus, deux des mythes exposés ci-dessus se fondent sur une ruse : celle qu'il suggère au Dagda pour obtenir, *in fine*, les vaches des Fomóire, et celle que lui conseille le Dagda pour s'emparer du domaine d'Elcmar, et qu'il exécute scrupuleusement ; une troisième ruse sera mentionnée ci-dessous, dans l'histoire de Cridenbél. On conçoit dans ses conditions qu'Óengus ait l'image du personnage rusé, par excellence, dans le légendaire irlandais[136].

Menteur, Hermès peut aller jusqu'à être parjure : il n'hésite pas à dire à Apollon, qui lui réclame ses vaches volées, qu'il est prêt à jurer le grand serment sur la tête de leur père Zeus, pour témoigner qu'il n'a pas volé les vaches. Il aura un fils Autolukos, « le plus grand voleur et le meilleur parjure », dit l'*Odyssée*, car son père « l'avait ainsi doué et la bonté du dieu accompagnait ses pas[137] », et cet homme-là aura jusqu'au pouvoir de rendre invisibles les objets qu'il touchait[138]. Un autre de ses fils, Murtilos, n'est célèbre que pour la ruse par laquelle il permit à Pélops de triompher sur son propre maître, Oinomaos : dans le concours de chars entre eux, il remplaça, sur le char de ce dernier, les goupilles de métal des roues par de la cire ; le char se renversa, et Oinomaos fut tué[139]. Ce n'est pas qu'un mythe, cela fondait une pratique culturelle : Murtilos avait sa tombe à Phénéos en Arcadie, derrière un temple d'Hermès, et une fois par an on y célébrait un rituel pour les morts[140].

La tradition faisant d'Óengus un parjure a dû également exister, si l'on en croit un texte des *Dindsenchas de Rennes*. On dit que les fils d'Umor (*cf.* ci-dessous), dont un se nommait Óengus, et apparaît comme leur leader, arrivèrent en Irlande d'Écosse, demandant de la terre à Cairbre Niafer, roi de Tara ; il leur en donna, et les mit sous la garantie de quatre héros, Cét mac Magach, Ross fils de Deda, Conall Cernach, et Cúchulainn. Mais, exploités par le roi, ils s'enfuirent, se rallièrent à Ailill et Medb, souverains du Connaught, et s'installèrent dans les îles à l'ouest de l'Irlande. Les garants, sur l'ordre du roi, vinrent leur demander d'acquitter les sommes qu'ils avaient négligé de verser en partant, sous peine de mort. Ils préfèrent le combat, et sont tous tués. Óengus fut enterré avec son fils Conall à Carn Conoill[141]. Il y a donc là aussi parjure, de nature différente et plus tragique que pour l'Hermès de l'*Hymne*, mais qui rappelle davantage les faits et gestes d'Autolukos, et ses conflits avec divers rois de la Grèce de son « époque ».

Des bienfaisants

Ils sont néanmoins, fondamentalement, *bienfaisants* : Óengus, note Pierre-Yves Lambert[142], est un « dieu bienfaisant, comme son père le Dagda ». L'*Iliade*[143], l'*Hymne homérique* (v. 145), Aristophane[144], qualifient Hermès d'*erioúnios*, terme que les scholies et lexiques anciens comprennent comme signifiant « bienfaisant[145] », l'*Iliade*[146] le qualifie encore de *sôkos*, mot vraisemblablement apparenté à *sôs*, *sáos*, donc « celui qui apporte la santé[147] », et un autre qualificatif important est *akákêta*, ou *akakêsios*, « celui qui ne fait jamais de mal[148] ». Apollon, s'adressant à lui, le qualifie de « semeur de richesses », *dôtor eaôn*[149], et l'un de ses fils, dans l'*Iliade*, s'appelle *Eudôros*, nom comprenant un élément commun et de sens quasi synonyme[150]. L'aubaine, ce qui est trouvé inopinément, se dit *to hérmaion*, « ce qui est d'Hermès » ; lorsqu'on recherche un gain, on invoque le même dieu : *koinòs Hermès*, « Hermès avec nous ! ». On comprend alors que son *Hymne homérique* qualifie sa baguette enchantée de « bâton merveilleux de prospérité et de richesse, aux trois feuilles d'or, protection contre chaque dommage » (v. 529-530). On reviendra sur cet aspect des choses, car, comme Hermès, Óengus est en relation étroite avec l'or. En Grèce, c'est bien Hermès qui fait découvrir l'or, ou d'autres métaux précieux : la découverte des mines d'argent de Marôneia, en Attique, en 483-482, est un *hérmaion*[151].

Il apporte aussi la paix : au chant XXI de l'*Iliade*, les dieux s'affrontent, deux à deux ; voici qu'*in fine*, Hermès se trouve face à Lètô : « Lètô, ce n'est pas moi qui entrerai en lutte contre toi ; il est dangereux d'en venir aux coups avec les épouses de Zeus, assembleur de nuées. Va, tu peux aller te vanter avec entrain, au milieu des

Immortels, d'avoir triomphé de moi par la force brutale », et cette proposition démobilise les adversaires, elle clôt l'affrontement (*Il.*, XXI, 497-501).

Dans la pièce d'Aristophane qui porte précisément le nom de *Paix*, c'est lui qui accueille le vigneron Trygaios venu au ciel la chercher, puis, dans la réorganisation de la religion qui doit s'ensuivre, on invoquera, dit le vigneron, Hermès, les Kharites, les Hôrai (Saisons), Aphrodite, le Désir, mais, ajoute Hermès, ni Arès, ni Enualios, les deux dieux de la guerre[152]. En effet, dans leurs mythes, Hermès et Óengus ne sont jamais des violents – contrairement, par exemple, à Lug et Apollon – et c'est précisément cette image qui permet de singulariser leur comportement, et d'y repérer un motif mythique commun, lorsqu'exceptionnellement l'un et l'autre décapitent quelqu'un (ci-dessus). On soulignera que presque tous les événements de la vie d'Óengus se produisent à Samain, et que cette fête correspond, comme le répètent les textes, à « un jour de paix entre les hommes d'Irlande ».

Horace dit encore de lui, dans une ode qu'il lui consacre : « Ministre favori, tu charmes tout ensemble les cieux et les enfers[153]. »

Des rapides

Ils sont des *rapides* : Hermès parcourt aussi rapidement la terre que les airs[154], et le bel article de Jean-Pierre Vernant[155] sur Hermès et Hestiâ montre comment ce couple connote, respectivement, la mobilité et l'immobilité. Dans l'*Hymne homérique*, dès que le soir tombe, la première nuit après sa naissance, il « parvient en courant » aux montagnes de Piérie[156] : il a traversé en un instant la Grèce du sud au nord. C'est de même qu'après le vol des vaches d'Apollon il retraverse toute la Grèce du nord au sud en quelques heures. La soudaineté le caractérise : voici qu'une conversation s'interrompt soudain, on dit : « Hermès vient d'entrer[157] ! » ; dans les *Choéphores*, Oreste doit quitter Delphes immédiatement : aussitôt Hermès apparaît, comme par enchantement, pour le conduire. L'étude étymologique a par ailleurs discerné, pour *erioúnios*, un sens primitif, celui de « bon coureur », différent de celui que comprenaient les Grecs à l'époque historique[158], phénomène qui se retrouve avec son épiclèse la plus célèbre, *Argeïphòntès* : si les anciens y lisaient le sens de « tueur d'Argos » (ci-dessus), on reconnaît aujourd'hui dans le radical la racine indo-européenne *H^2er-g-*, dont le sens est complexe : « voir/briller » et « être rapide[159] ». Eudôros, l'un des fils d'Hermès dont le nom connote une capacité du dieu, celle de fournir des richesses, est, selon l'*Iliade*, un bon coureur[160].

Pour des raisons évidentes, le dossier d'Óengus ne saurait être aussi riche. Mais on note au paragraphe suivant qu'il occupe une position aussi liminaire qu'Hermès. On ne s'étonne pas, alors, de la description, citée à l'instant, de trois héros par le druide Crom Deróil dans l'« Ivresse des Ulates », Óengus étant l'un d'eux : ils sont si rapides et légers que la rosée n'a pas le temps de s'attacher à leurs pieds ! Ils semblent donc voler au-dessus du sol, tellement ils vont vite, et cela ne peut qu'évoquer la comparaison d'Hermès avec le vent, quand, de retour avec les vaches, il rentre dans sa caverne natale, « pareil à la brise d'automne ». Quant à l'Óengus fils de Dichaime, il est décrit comme vif, et de fait est plus rapide que son oncle Eochaid lorsque celui-ci veut saisir la propre épée.

Des intermédiaires

Nos deux jeunes dieux sont par excellence des *intermédiaires* : Hermès est psychopompe[161], et héraut, *kêrux*, de Zeus. Dès l'*Iliade*, il est qualifié par son frère Apollon de *diáktoros*, « porteur de messages[162] ». Et dans l'*Odyssée* on le voit mener les âmes des prétendants, tués par Ulysse et ses compagnons, dans l'Hadès[163]. L'hymne homérique consacré à ce dieu mentionne aussi expressément ce pouvoir qui lui est donné « d'être le seul messager accrédité auprès d'Hadès[164] ». À partir du ve siècle son image figure sur les tombeaux, ce sont les « colonnes d'Hermès » dont parle par exemple Cicéron[165], ou sur les vases funéraires appelés lécythes, ou, sur les vases peints, c'est lui qui emmène les guerriers morts : un vase d'Euphronios, date de 515-510, conservé au Metropolitan Museum of Art, à New York, montre Hupnos (le Sommeil) et Thanatos (la Mort) soulever Sarpédôn mort, sous la protection d'Hermès[166]. Il s'empare des mourants, dit Eschyle[167], tandis qu'Ajax sur le point de se suicider lui demande de lui donner le repos[168], et il mène Œdipe qui s'est aveuglé jusqu'au lieu où il doit mourir[169]. Cette conception traverse les siècles : sous Pompée, au Ier siècle avant notre ère, une femme, voulant mettre fin à ses jours, verse une libation à Hermès en le priant de la conduire par un doux chemin vers un endroit tranquille du monde souterrain, puis boit la coupe de poison[170]. C'est donc une idée célèbre que celle d'Hermès psychopompe : mais elle ne résume pas sa fonction. En fait, il opère toutes les transitions, et on le verra ci-dessous porter des bébés là où ils doivent être élevés. « Là où un passage a lieu, là où un chemin est parcouru, le compagnon merveilleux est présent[171]. » Au début des *Euménides*, Oreste doit quitter Delphes et le temple d'Apollon, qui l'a protégé : Hermès est soudain là, pour mener le jeune homme, à travers la troupes des Érinyes endormies, jusque vers Athènes[172]. Hèraklès doit être mené à la reine Omphale, en Lydie : Hermès le conduira[173]. S'il mène les morts au-delà du fleuve Okéanos qui entoure la terre, lorsqu'Hadès se trouve dans ce lointain, Hermès fait circuler morts ou vivants, dieux ou hommes, aussi bien de haut en bas que de bas en haut : avec Athèna, protectrice attitrée du héros, il ramène Hèraklès, traînant le chien Cerbère, des Enfers[174] ; il conduit (vers le haut) Orphée revenant avec Eurydice des Enfers, puis (vers le bas) Eurydice y retournant[175] ; dans les *Perses* d'Eschyle, le chœur l'invoque pour qu'il aide l'âme de Darios à remonter des Enfers (v. 628-629). Dans l'*Hymne homérique à Dèmèter*, il est envoyé par Zeus aux Enfers pour en faire remonter Perséphone, persuade le dieu des Enfers, Hadès, d'accepter, et se fait aurige pour conduire la déesse (v. 375-385). Il fait sortir des Enfers Protésilâs, tué le premier devant Troie, puis autorisé à rejoindre son épouse pour trois jours[176]. Sur le trône d'Amyclées, il conduit le jeune Dionysos vers le ciel[177]. Lors des Anthestêria, fête d'Athènes et d'autres cités ioniennes où l'on accueillait les morts dans la cité, le dernier jour les âmes devaient partir (« Dehors les Kères ! », criait-on), et pour cela on sacrifiait à Hermès du monde souterrain. L'hymne homérique qui lui est consacré le montre « boucler un cycle cosmico-biologique », passant de la caverne natale au jour et à l'Olympe en même temps qu'il parcourt les âges de l'enfance (successivement bébé et *païs*), et ainsi « opère la conjonction des polarités[178] ». Et, dans les métaphores, le vocabulaire qui dépeignent la randonnée d'Hermès entre Arcadie et Piérie, dans le va-et-vient qu'il imprime au mouvement des vaches et à ses propres sandales, l'auteur que je viens de citer lit l'évocation de la rotation de la porte sur ses gonds[179]. On rappellera ici la bien plus grande importance de la porte dans les sociétés rurales anciennes que chez nous : toutes les pièces ont – au moins – une porte, tandis que dans l'Europe rurale, depuis le néolithique jusqu'aux tout derniers siècles, la plupart des maisons n'avaient qu'une porte, celle séparant le Dedans du Dehors. La porte opposait deux mondes, ce que confirme encore l'importance rituelle du seuil. Patronner le mouvement de la porte était une activité digne d'un dieu.

Ses épiclèses confirment qu'il en est par excellence le gardien : il est *Thuraîos* et *Púlios*, « Celui de la porte », *Prónaos*, « Celui situé devant le sanctuaire », *Propúlaios*, « Celui situé devant les portes », *Eúskopos*, « Le Bon Veilleur[180] », *Pulêdókos*, « Celui du battant [de la porte] ». Une autre de ses épiclèses, *Strophaîos*, fait allusion aux gonds, *stropheús*, *stróphinx*. Il est ainsi en position liminaire, entre deux mondes, celui de l'intérieur et celui de l'extérieur, mais, plus que cela encore, l'hymne homérique qui lui est consacré le montre pour ainsi dire continuellement en cette position, quant aux lieux, lorsqu'on le voit longer le rivage occidental du Péloponèse en menant les bœufs d'Apollon, quant aux moyens, lorsqu'il laisse avec ses sandales des traces qu'Apollon ne peut ensuite expliquer[181]. Dans l'*Yôn* d'Euripide, il agit aux frontières de la nuit et du jour (v. 40-41), et disparaît au lever du soleil (v. 82). Et l'on plaçait aux carrefours des villes, à l'entrée des marchés, aux frontières, ou près des portes des grandes demeures, des stèles appelées *Hermès*, sorte de piliers souvent parallélépipédiques surmontés de la tête du dieu et portant son sexe en érection[182]. Laquelle érection ne le constitue pas comme dieu « phallique », mais comme bon gardien : dans nombre de peuples, par exemple d'Austronésie, mettre des phallus en bois à l'entrée du village suffit à souligner la virilité des habitants et donc à décourager l'adversaire susceptible d'attaquer le village. Sans aller jusqu'au Pacifique, on trouve chez les anciens Celtes la coutume de mettre des phallus en pierre devant les gués[183]. Sans doute antérieurs aux *hermès*, on appelait *hermaiâ* les tas de pierres situés en bordure des chemins, souvent aux cols : le passant y ajoutait une pierre, pour que le dieu qui donnait son nom au petit cairn[184] favorise son trajet[185]. L'art l'a représenté avec le chapeau du voyageur (pétase), car il protège les marchands, mais il le fait bien sûr divinement : ses sandales ont des ailes.

De semblables valences s'attestent du côté d'Óengus, qui a en effet une relation spécifique avec l'une des quatre grandes fêtes celtiques, Samain, celle qui voit s'ouvrir, annuellement, les communications entre ce monde-ci et l'autre[186] : car c'est « un jour de Samain » que le Dagda lui dit de demander à Elcmar le Brug pour un jour et une nuit, qu'il s'en empare donc ; c'est à la Samain suivante que Midir le visite, qu'il perd un œil, et que s'enclenche le drame de l'histoire d'Étaín. Dans le « Rêve d'Óengus », toute l'histoire est rythmée par un cycle annuel : après avoir rêvé pendant un an de la jeune fille, Óengus demande du secours à Fingen, qui le renvoie à Bóand sa mère ; un an plus tard, appel au secours adressé au Dagda, qui mène Óengus à Bodb au Síd de Femen, lequel demande un an de délai, trouve les informations requises, et c'est encore un an plus tard, « à la prochaine Samain », qu'Óengus peut s'adresser à Caer Ibormaith, alors sous forme de cygne. Il s'ensuit que tous les événements de l'histoire ont eu lieu lors de fêtes de Samain[187].

Óengus occupe ainsi une position liminaire, dans l'année (dont Samain était le début dans l'Antiquité celtique) et dans l'espace, puisque Samain est le moment où s'ouvrent les *síd* d'Irlande, voies de l'Autre Monde souterrain : comme Hermès, Óengus est en relation avec le mouvement entre le bas et le haut. C'est à plusieurs Samain de suite qu'il se retrouve au bord du lac, pour y découvrir la jeune fille changée en oiseau blanc. Cette liminarité est aussi celle d'Hermès : dieu que l'on salue lorsque l'on va se coucher, il est crépusculaire[188].

Maître de la circulation, transitoire par excellence[189], gardien des portes, Hermès peut aussi les franchir – de même qu'il est le voleur et celui qui aide à retrouver les objets volés (ci-dessus, p. 398). Voleur aussi, Óengus, qui s'appropria comme Hermès un apanage par le vol.

Mais, de fait, Hermès peut aussi délivrer : c'est ce qu'il fait pour Iô, en tuant le géant Argos ; pour Arès, enfermé dans une jarre (*píthos*) par deux géants[190] ; ou pour Eirênê, la Paix, dans la pièce d'Aristophane portant ce nom, lorsqu'il aide les laboureurs attiques à la sortir de la caverne où elle est enfermée derrière un amoncellement de grosses pierres. Dans un récit irlandais, déjà évoqué ci-dessus[191], un nommé Corc Duibhne est retenu en otage à Tara par son oncle Cormac fils de Conn. C'est son père nourricier qui le délivre : il s'appelle Aonghus (= Óengus) Gaibhúalbhtheach[192]. Voici donc un Óengus dans une fonction de délivreur, semblable en cela à Hermès. Mais Aonghus aveugle accidentellement Cormac : il est alors exilé avec sa famille, le clan des Déisi. Une autre version[193] précise que les Déisi errèrent dans le Leinster, en Irlande du Sud-Est, et se fixèrent dans ce que sont aujourd'hui les comtés de Waterford et de South Tipperary, où un nommé Óengus mac Nagfraech leur donna des terres. Ces événements rappellent deux choses : on citait plus haut le récit selon lequel le tout jeune Óengus, élève chez Midir, creva un œil à celui-ci : voici qui confirme l'identité de l'Óengus divin et de l'Óengus héroïque. Ensuite, Corc Duibhne est, comme l'a montré C. Sterckx, une forme humanisée de Lug[194] ; c'est lui qui envoie en exil les Déisi, conduits par Aonghus Gaibhrúalbhtheach : ce qui évoque directement une répartition grecque des choses, lorsqu'Apollon est celui qui, essentiellement à partir de Delphes, ordonne l'émigration et la colonisation d'une terre lointaine, tandis qu'Hermès est le guide, celui qui trace et protège le chemin[195].

Hermès est échanson : Óengus officie également lors des repas. Dans une version quelque peu christianisée de la « Courtise d'Étaín » et intitulée la « Nourriture de la maison des deux gobelets », alors qu'Óengus est encore un jeune homme séjournant chez Elcmar, celui-ci organise un banquet. Et, dit le texte, « Óengus était avec les serviteurs, veillant à donner des ordres[196] ».

Hermès est héraut[197], intermédiaire entre les dieux et les hommes : il arrive à Óengus de l'être également. C'est lui, dans l'histoire de la « Poursuite de Diarmait et Gráinne », qui négocie, peu avant la trahison finale de Finn, lequel avait promis d'épargner Diarmait, la paix entre Gráinne et lui[198]. Dans celle de la « Maladie de Cúchulainn et l'unique jalousie d'Emer[199] », c'est un Óengus fils d'Aed Abrat, qui vient annoncer à Cúchulainn que Fand, épouse de Manannán, l'attend – et ce, à l'occasion d'une fête de Samain. Il est arrivé soudainement, alors qu'on ne l'attendait pas, et, immédiatement après s'être présenté, « l'homme alors s'éloigna d'eux et ils ne surent pas comment il était venu, ni d'où il était venu ».

Ce caractère d'intermédiaires, les deux dieux le tirent de leur origine : « Hermès assume absolument son origine d'être issu de la jonction même des polarités », note R. Sorel[200] : né de l'union du lumineux (Zeus l'Olympien) et du souterrain (Maia, fille d'Atlas, logée dans une caverne), le dieu conjoint ce qui est séparé – tant au sens « topographique » (haut-bas) que « chronologique » (la titanide Maia appartient à la génération précédant celle des Olympiens). Pareillement, Óengus est le fils d'un dieu céleste, le Dagda étant le dieu identifié en Gaule à Jupiter, et d'une figure chthonienne, la rivière Boyne ; il connote le haut et le bas, lorsqu'il est cygne qui s'envole, et une dimension à la fois horizontale et verticale, lorsqu'il agit à Samain, moment d'ouverture des voies souterraines de l'Irlande.

On notera enfin ce qui peut être un glissement théologique : Elcmar, l'époux de Boand, est tenu pour l'ambassadeur des dieux[201], et, par ailleurs, on l'identifie parfois à Ogma[202], lequel est dieu de l'éloquence[203] : or, ce sont là deux fonctions d'Hermès, qui est héraut des dieux et dieu de l'éloquence[204].

Outre les mythes, outre les aspects, une série de motifs est encore commune aux deux personnages.

ATTRIBUTS ET PATRONAGES IDENTIQUES

Des kourotrophes

Hermès et Óengus sont des *kourotrophes* : protecteur des jeunes gens, Hermès l'est de la manière la plus explicite, puisqu'il est le principal dieu, avec Hèraklès, dont on mettait la statue devant les gymnases[205]. À Athènes et ailleurs, les fêtes en l'honneur des garçons étaient les *Hermaîa*[206]. En tant qu'*Enagôgios*, *Agônios*, il préside à des *agônes*, des concours entre jeunes gens[207] : les sculpteurs aimeront le figurer en athlète. Dans les *Choéphores*, la tragédie d'Eschyle, note A. Moreau, Oreste a pour kourotrophes Hermès et Apollon, et plusieurs des épiclèses d'Hermès, *Stropheús* (« Celui qui tourne »), *Puládês* (« Celui de la porte »), *Dólios* (« le Rusé »), *Khthónios* (« le Terrestre ») ont, entre autres, valeur initiatique[208]. Selon Pindare (*Ném.*, X, 52-53), « les dioscures exercent avec Hermès et Héraklès la brillante charge de présider aux jeux ». Une tradition veut même qu'il ait enseigné la masturbation à Pan, qui est son fils selon certains auteurs[209]. Lucien le qualifie, dans son *Dialogue des dieux*, de *paidotribe*, « éducateur des garçons », et Proklos, à la fin de l'Antiquité, comprenait encore bien la nature du dieu lorsqu'il écrivait : « Les lettres et toute l'éducation des enfants sont rattachées à la chaîne d'Hermès[210]. » Il s'occupe aussi bien des petites filles : selon Callimaque[211], les Cyclopes et Hermès – celui-ci déguisé en épouvantail ou en père fouettard, accourant du fond de la maison tout barbouillé de cendres noires, autre manifestation de son pouvoir de ruse – aident les mères divines à se faire obéir de leurs filles indociles, contribuant ainsi à leur éducation. Il prend soin des enfants dès leur plus jeune âge : selon Pausanias[212], rapportant une tradition laconienne, les Dioscures, nés de Lèda, à Pephnos, île de la côte occidentale de la Laconie, furent ensuite portés par Hermès à Pellana, au nord de la province, où ils furent élevés[213], et l'on rapporte des traditions semblables pour les bébés Bakkhos-Dionysos[214], Erikhthonios, Arkas, Asklèpios, Hèraklès, Iôn, Aristaios.

Or, dans la « Courtise d'Étaín », lorsque Midir visite Óengus qui s'est emparé du Brug un an auparavant, il le trouve en charge de deux fois cent cinquante garçons – ce en quoi Óengus imite exactement son père adoptif, qui s'occupait du même nombre d'enfants au temps où Óengus était son élève. D'après le récit de la « Nourriture de la maison des deux gobelets », la femme de l'intendant du Brug est enceinte : Óengus annonce qu'il éduquera l'enfant à naître ; alors : « Tout autre enfant des Tuatha Dé Danann aura la même chose, dit Manannán, et tous le dirent en général », ce qui se fait : Óengus prend en charge l'éducation de la fille de Manannán, et de celle de l'intendant, « avec d'autres filles de chefs du même âge. [...] On fit un bel appartement pour les jeunes filles avec beaucoup de formes. Elles y furent élevées pendant un temps assez long. Il n'y eut plus jamais, ni avant ni après, une troupe de femmes qui fût plus sévère et plus chaste[215] ».

Nous ne connaissons pas les faits sociaux celtiques en rapport avec les mythes, puisque ceux-ci, conservés par les *filid* des cours royales, ont été mis par écrit longtemps après la disparition du paganisme. Cela dit, les mythes fondant des faits sociaux et des comportements, il est licite de penser que l'activité scolaire, d'abord comme jeune élève, puis comme maître, d'Óengus, qui, disait Dumézil[216], « favorise tous les jeunes », faisait de lui le patron de l'éducation des jeunes gens dans le monde celtique ancien.

Lorsque, plus haut, je signalais comment Hermès et Óengus sont des jeunes, j'insistais sur le fait qu'ils ont été d'abord les principaux « bébés » divins de leurs mythologies respectives. Les voici qui s'occupent des garçons, puis sont eux-mêmes des jeunes gens. Lorsqu'on sait que Lug et Apollon sont aussi des jeunes, mais qu'ils ont accompli l'exploit initiatique qui fait d'eux des adultes – et que ne réalisent jamais ni Hermès ni Óengus –, la correspondance sociale sous-jacente s'éclaire pleinement : en fait, les garçons, de la naissance à l'âge qui précède l'initiation, en gros à l'adolescence, sont, aussi bien chez les Grecs que chez les Celtes, sous la protection d'Hermès-Óengus ; à la suite immédiate de cela, lorsqu'ils accomplissent – même symboliquement, comme à Athènes – l'exploit initiatique qui les fait changer de statut social, et les fait accéder à l'égalité avec les adultes masculins, ils sont sous la protection d'un autre jeune dieu, plus âgé que le précédent, Lug-Apollon.

Le lien avec l'or

Hermès et Óengus ont un lien précis avec l'*or*.

Pour le premier, on rappellera que c'est une baguette d'or à triple feuille, gage de richesse, qu'Apollon lui offre, au terme de l'hymne qui lui consacré (v. 526-527), en échange de la syrinx[217]. Auparavant, dans son projet de pillage de Delphes, le jeune dieu précisait qu'il y prendrait tout l'or (*ibid.*, v. 180). Lorsqu'Aristophane le met en scène dans la *Paix*, le vigneron athénien Trygaios, qui est allé le voir au ciel, lui promet, pour son aide, une coupe à faire les libations – ce qui correspond à un rite, ci-dessous –, et Hermès de répondre : « Ah ! Comme je suis toujours compatissant aux coupes d'or[218] ! » Dans la tradition, c'est lui qui donne à Nèphèlè le Bélier d'or (*Khrusómallos*) qui permettra à Phruxos et Hellè de s'envoler vers la Colchide, où l'on conservera la Toison d'or jusqu'à l'arrivée de Jason[219] ; c'est lui aussi qui fait naître dans les troupeaux d'Atrée, à Mycènes, un agneau d'or, gage de royauté[220] : le scholiaste d'Apollonios de Rhodes[221] tient compte de ces légendes, lorsqu'en généralisant, il assure que, « des bergeries qui lui sont confiées, Hermès tire des béliers d'or[222] ».

Je mentionnais au début de cette étude le mythe dans lequel le Mac Óc aide le Dagda à détourner les vaches des Fomóire. À la même « époque » – celle de l'oppression des Túatha Dé Dánann par ces derniers – se situe un autre épisode des relations entre les deux personnages, qui forme le troisième exemple de ruse dont Óengus est l'auteur. Je cite :

> Le Dagda [qui construit des forteresses pour les Fomóire] fut alors fatigué de travailler. Il rencontra dans la maison un aveugle paresseux du nom de Cridenbél, dont la bouche était en dehors de la poitrine. Cridenbél trouvait que sa part était petite et que celle du Dagda était grande. Il dit : « O Dagda, par ton honneur, que les trois meilleurs morceaux de ta part me soient donnés. » Le Dagda les lui donnait donc chaque nuit. Cependant les morceaux du satiriste étaient grands : chaque morceau était de la taille d'un bon cochon. Or ces trois morceaux étaient le tiers de la part du Dagda. Sa santé en fut plus mauvaise.
>
> Un jour que le Dagda était dans la fosse, il vit le Mac Óc venir vers lui. « Ceci est bien, ô Dagda, dit le Mac Óc.
>
> – Hélas ! dit le Dagda.
>
> – Qu'est-ce qui te donne si mauvaise mine ?
>
> – J'ai matière à cela : Cridenbél le satiriste exige de moi chaque soir les trois meilleurs morceaux de ma part.

– J'ai un conseil pour toi », dit le Mac Óc. Il mit la main dans sa bourse, en sortit trois shillings d'or et il les lui donna.

« Mets, dit-il, ces trois shillings dans les trois morceaux que tu donnes à la chute du jour à Cridenbél. Ces trois morceaux seront alors les plus beaux sur ton plat. L'or tournera dans son ventre et il en mourra. L'art de Bres ne sera pas bon alors. On dira au roi : Le Dagda a tué Cridenbél par une herbe mortelle qu'il lui a donnée. Le roi dira de te tuer. Mais toi, tu lui diras : Ce n'est pas la vérité d'un souverain, ô roi des guerriers des Féne, que ce que tu prononces, car j'ai été observé par Cridenbél quand j'étais à mon travail, et il me disait : Donne-moi, ô Dagda, les trois meilleurs morceaux de ta part : ma maison est mal en point cette nuit. J'en serais donc mort si les trois shillings que j'ai trouvés aujourd'hui ne m'avaient pas aidé. Je les ai mis sur la part que j'ai donnée à Cridenbél, car la meilleure chose qui était devant moi, c'était l'or. L'or est donc dans Cridenbél et il en est mort.

– C'est clair, dit le roi, que l'on ouvre le ventre du satiriste pour savoir si on y trouve l'or. Si on n'y trouve pas l'or, tu mourras. Si cependant on l'y trouve, tu sauveras ta vie. »

Puis ils ouvrirent le ventre du satiriste. Les trois écus d'or furent trouvés dans son estomac et le Dagda fut sauvé[223].

La mention des shillings situe la rédaction de l'histoire après le Xe siècle, date de l'introduction de la monnaie d'or scandinave en Irlande[224], mais le récit est néanmoins traditionnel et attesté indépendamment de la version citée ici de la « Seconde bataille de Mag Tuired[225] ».

Ainsi Óengus est un riche – il a une bourse d'où il sort de l'or sans hésitation – et il se sert de sa richesse pour aider son père en difficulté. On notera que dans une version de la lutte de Zeus contre le formidable géant Tuphaôn, c'est Hermès qui sauve son père[226], et que l'un des symboles de celui-ci est… la bourse ! Mais le plus remarquable est le groupe d'inversions entre le petit mythe irlandais qu'on vient de rapporter et les motifs liés à l'or autour d'Hermès. À savoir :

– Óengus a fourni un or mortifère : Hermès donne un bélier d'or, salvateur, et par ailleurs un agneau d'or, garant de royauté.

– L'or d'Óengus va de l'intérieur (une bourse) à un intérieur (le ventre de Cridenbél) : l'or fourni par Hermès dans le mythe de la Toison d'or est extérieur (c'est une toison) et il aboutit à l'extérieur (la Toison sera suspendue dans le bois d'Arès, en Colchide).

À côté de ces inversions, il y a deux aspects rigoureusement parallèles :

– l'or d'Óengus sert de preuve, devant le roi ; l'agneau d'or né dans les troupeaux d'Atrée lui sert à prouver qu'il est l'élu des dieux, et lui procure effectivement la royauté à Mycènes.

– L'or d'Hermès est étroitement lié aux troupeaux, comme le dit l'*Hymne homérique*, où l'or du dieu est celui d'une baguette permettant de contrôler les troupeaux, et où la garde des troupeaux lui est explicitement attribuée[227], tandis que la relation entre Hermès et les troupeaux est confirmée par l'*Iliade*, où un Troyen nommé Phorbas, comblé de biens, surtout de troupeaux de moutons, était le protégé d'Hermès[228], par l'*Odyssée*, où on voit le berger faire des offrandes aux nymphes et à Hermès[229], par la *Théogonie* d'Hésiode, où le poète lui attribue, en commun avec Hékatè, la capacité de faire croître le bétail dans les étables[230], par le poète Simonide qui, confirmant l'*Odyssée*, dit des bergers qu'ils sont sous la protection d'Hermès et des nymphes[231], par Pausanias, qui affirme qu'« aucun dieu ne prend autant soin des troupeaux et de leur accroissement[232] », par l'iconographie, qui le montre parfois poussant un troupeau devant lui, ou, motif célèbre, portant un bélier sur les épaules (Hermès Criophore[233]), par ses épiclèses – il est *Epimélíos* (Celui qui « [veille] sur les moutons »), *Kranaíos* (« Celui du bélier »), *Kriophóros* (le « Porteur de bélier »), *Nómios* (« Celui des troupeaux »), et celles de « Conducteur », de « Guide » sur le chemin (*Agêtôr*, *Pompaîos*, *Hódios*), correspondent entre autres à cette fonction –, enfin par les mythes, où il est lié spécifiquement à ces ovidés que sont le bélier à la toison d'or et l'agneau d'or[234] : l'histoire de Cridenbél est intrinsèquement liée, dans le récit de la « Seconde bataille de Mag Tured », à l'autre épisode où Óengus aide le Dagda par la ruse, à savoir le détournement des vaches. Ch. Guyonvarc'h, pointant la mention des « shillings », note que jusqu'au Xᵉ siècle, la richesse en Irlande était comptée en troupeaux ; mais il ne s'ensuit pas que le motif des trois pièces d'or soit, en son principe, récent : cet or est royal – il est donné au Dagda – et le roi, en Irlande, est, en quelque sorte par définition, l'homme le plus riche en troupeaux[235]. Ainsi, bien avant d'avoir été monétaire, l'or a figuré, au côté des troupeaux, dans les éléments de la richesse royale[236].

Enfin, une légende où intervient Hermès rappelle par plusieurs traits l'histoire de Cridenbél : un chien d'or, gardien du sanctuaire de Zeus en Crète, fut volé par un certain Pandareôs, qui le confia ensuite à Tantalos. Plus tard, quand Pandareôs, ou bien Hermès – chargé par Zeus de le retrouver –, vint le demander à Tantalos, celui-ci nia l'avoir reçu. Hermès parvint cependant à le retrouver, et Tantalos fut puni d'ensevelissement, Pandareôs de pétrification[237]. Il apparaît que :

a) la punition de Pandareôs est celle-là même qu'Hermès imposa à Battos, à Onkhestos, également pour un parjure (*cf.* ci-dessus « La conquête d'un apanage », avant-dernier point) ;

b) une autre légende mettant en scène Pandareôs dit de lui que « Dèmèter lui avait accordé le don de n'avoir jamais l'estomac alourdi par les aliments, quelle qu'en fût la quantité absorbée[238] » :

ainsi Pandareôs, d'une part, peut absorber indéfiniment des nourritures, ce qui est bien ce que le Dagda reproche à Cridenbél, d'autre part il est finalement perdu pour s'être approprié un chien d'or, comme Cridenbél pour avoir absorbé de l'or ;

c) le don de Dèmèter à Pandareôs est exactement identique, mais de direction inverse, à la punition qu'elle avait infligée à un autre personnage, Erusikhthôn, pour avoir commis un sacrilège : il était affligé, lui, d'une faim inapaisable[239]. Or, cette légende et ce personnage sont liés au sanctuaire de Dèmèter dans la plaine Dôtienne, tout près de ces deux collines appelées les Jumeaux, Didumoi, dont on comparait ci-dessus (*cf.* note 80, p. 691) la situation et le sens (celui de seins de Dèmèter) au lieu de naissance d'Óengus, les Seins d'Ana.

Une fois encore donc, deux mythes concernant respectivement Hermès et Óengus sont très différents, mais brassent les mêmes motifs. Les recoupements internes à la tradition grecque montrent qu'il s'agit bien, autour d'Óengus/Hermès, d'une seule et même mythologie.

Le lien avec le feu

Óengus, comme Hermès, est lié au *feu*. Le dieu grec en est l'inventeur : après avoir caché les vaches volées à Apollon dans l'étable, « il rassemblait beaucoup de bois et cherchait l'art du feu. Il prit une belle branche de laurier et, la tenant bien en main, il la fit pivoter sur du bois de faux grenadier ; un souffle chaud s'en exhala. C'est Hermès qui, le premier, fit jaillir le feu et révéla les moyens d'en faire[240] ».

Ce n'est pas tout. Le même hymne multiplie les comparaisons entre Hermès lui-même et le feu. Lorsque le dieu nouveau-né se recouche après le vol des vaches, il « s'enfonça dans ses langes odorants ; comme une cendre épaisse couvre des charbons ardents de chêne-vert. Instantanément, il rentra tête, bras et jambes, appelant le doux sommeil[241] », ce que C. Leduc commente ainsi : « Hermès recroquevillé sous son lange, c'est la vision anthropomorphisée des braises rassemblées chaque soir sous leur couverture de cendres[242]. »

Plus tard, lorsqu'Hermès, réveillé par Apollon, lui soutient qu'il ignore ce qu'il est advenu de ses vaches, « pendant qu'il s'exprimait ainsi, Hermès lançait des regards brillants de dessous ses paupières et faisait danser ses sourcils en regardant de chaque côté[243] ». On ne s'étonne pas, dès lors, qu'il soit parfois honoré, en lieu et place d'Hèphaïstos, comme maître du feu[244].

Du côté irlandais, le lien d'Óengus avec le feu n'a pas pris une dimension mythique, mais il est, comme pour Hermès, quoique d'autre manière, métaphorique. Encore l'est-il de façon récurrente : selon le *Lebor Gabála Érenn*, le « Livre de la conquête de l'Irlande », le Dagda eut « trois fils, Óengus, Áed et Cermad Coem[245] ». Et *Áed* signifie « feu ». Óengus a donc un frère appelé « Feu ». Or, ce couple de frères demeure lors même que le troisième terme de la triade de frères change : dans un autre récit, l'« Exil des fils de Doel l'oublié », on explique à Cúchulainn qu'« il y a ici les trois filles de Riangabair : Eithne, Étan et Étaín. Sont également ici leurs trois frères : Eochaid, Áed et Óengus ; leur père Riangabair et leur mère Finnabair, conteuse de Riangabair[246] ». Les frères sont plus connus sous les noms de Lóeg, Íd et Sedlang, ces trois derniers noms étant ceux des cochers, respectivement, de Cúchulainn, Conall Cernach et Lóegaire Búadach : tous les cochers d'Irlande sont dits fils de Riangabair, et celui-ci paraît bien un substitut de Manannán[247]. Ainsi, cette triade, associée à la fameuse héroïne, ici triplée, Eithne/Étaín, est formée de deux des personnages qui sont, dans le *Lebor Gabála*, des fils d'Eochaid (le Dagda), et d'un homonyme de ce dernier. Dans le récit de la « Maladie de Cúchulainn » apparaît un Óengus, fils d'Áed Abrad, frère de Fand, épouse de Manannán[248]. Comme dans le cas précédent, ou Eochaid est soit un frère, soit le père des trois frères, Óengus peut être selon les versions fils ou frère d'Aed. Enfin, c'est le Dagda lui-même qui, parmi ses nombreux noms, a celui d'Áed Abaid Essa Rúaid, textuellement le « Feu vigoureux d'Assaroe[249] ».

Ainsi, Hermès est le dieu inventeur du feu, il porte le feu en lui, tandis qu'Óengus est fils d'un dieu qui est Feu, ou le frère d'un personnage portant ce même nom.

On n'ira pas jusqu'à voir en Hermès un dieu-feu[250] : ce rôle ne revient qu'à Hèphaïstos[251]. Hermès, on l'a dit, est dieu des commencements : bébé, garçon, il est le dieu du début de l'homme ; il est l'inventeur du feu, et dès que la flamme jaillit, elle est l'affaire d'Hèphaïstos, comme le dit l'*Hymne homérique* lui-même ; la suite du passage cité au début de ce paragraphe est la suivante : « Dans un trou creusa en terre, [Hermès] mit force bois sec, en prenant quantité de gros morceaux : le feu flambait et lançait au loin le souffle du brasier ardent. Pendant que l'illustre Héphaïstos faisait puissamment jaillir la flamme, il entraînait dehors, près du foyer, deux vaches mugissantes à la démarche torse » (v. 112-117).

Et c'est de la même façon qu'il invente la musique, mais c'est pour donner son principal instrument, la cithare, à Apollon, et se contenter ensuite d'un instrument de rang inférieur, la syrinx (ci-dessus) ; ou qu'il se contentera d'une forme inférieure de divination, laissant la principale, encore, à Apollon, son grand frère (ci-dessous). Dieu des petits, Hermès était celui du début des choses et de leur forme inférieure. On soupçonne qu'il en était de même d'Óengus.

Le casque merveilleux

Le casque ou chapeau d'Hadès est connu dans la tradition grecque pour conférer l'invisibilité à celui qui le porte[252]. Curieusement, lors du célèbre combat des dieux contre les Gigantes, il est attribué à Hermès : « Dans le combat, Hermès, portant le casque d'Hadès, tua Hippolutos[253]. » C'est aussi lui qui le donna – ce qui est d'ailleurs naturel, en raison de son rôle d'intermédiaire – à Persée, lorsque celui-ci s'en fut tuer la Gorgone Mèdousâ (« Méduse[254] »).

Or, rencontre singulière, un passage d'un autre texte irlandais, *Airne Fingen*, la « Veillée de Fingen », où l'on voit le personnage de ce nom être informé, à chaque nuit de Samain, par une femme divine, des merveilles nouvellement apparues en Irlande, contient l'indication suivante : « Les trois principaux objets précieux d'Irlande ont été trouvés et révélés cette nuit ; à savoir [en premier lieu] le casque de Brian des *síde* de Cruachan. C'est Bréo, fils de Smeathrach, l'artisan d'Óengus, fils d'Umor, qui l'a fait : c'est un casque de cristal pourpre, de la terre des Indes, avec à son sommet une pomme d'or qui a la dimension de la tête d'un homme. Il est entouré de cent fils d'escarboucles variées, de cent tresses en forme de crête d'or rouge affiné et de cent chaînes de bronze blanc comme ornement. Pendant de nombreuses années, jusqu'à cette nuit, il a été caché de la Mórrígan dans la source du Síd de Cruachan. Il a donc été dans le secret de la terre jusqu'à cette nuit[255]. »

Réglons tout de suite une question : cet Óengus fils d'Umor est connu par ailleurs comme Fir Bolg, c'est-à-dire membre de ce peuple qui affronta les Túatha Dé Dánann lors de la « Première bataille de Mag Tuired[256] » : mais on a dit comment les nombreux homonymes d'Óengus, ou aussi bien d'Áed, paraissent des doublets d'un Óengus et d'un Áed principaux ; et il y a de nombreux glissements entre familles Fir Bolg et familles Túatha Dé Dánann : par exemple, le *Lebor Gabála*, énumérant les membres des secondes, cite comme druide « Math, fils d'Umor[257] ».

On tiendra donc cet Óengus fils d'Umor pour un doublet, une forme, de l'Óengus fils du Dagda. Cela fait, on remarque un nombre étonnant de points communs entre les deux casques, le grec et l'irlandais : a) il s'agit de casques fondamentalement chthoniens : celui dit d'Hadès est désigné par cette seule expression comme appartenant au sous-sol ; celui fait par l'artisan Bréo a été en terre jusqu'à sa révélation ; b) le casque irlandais n'appartient pas plus à Óengus que celui que porte Hermès dans le combat contre les Gigantes n'est à lui, puisque les possesseurs en sont respectivement Brian et Hadès ; c) les dieux que nous comparons sont néanmoins en rapport étroit avec lui, puisque l'un le porte dans un combat, l'autre est le

« patron » de celui qui l'a fait ; d) l'un et l'autre casques sont en rapport avec la guerre : Hermès le met dans le cadre d'une bataille, celui du récit irlandais a été caché « de la Mórrígan » (c'est-à-dire à la Mórrígan ?), déesse de la guerre ; e) entre les deux casques il y a une double inversion : le casque d'Hadès sert à cacher ; tandis que le casque fait par Bréo a été très longtemps caché ; le premier rend invisible, le second est en cristal.

Il y a donc rien moins que *six points communs*, fournis du côté irlandais par un tout petit récit, entre ces casques liés respectivement à Hermès et à Óengus.

Ce n'est pas tout : le casque fait par Bréo est donné à un nommé Brian : c'est là le héros même dont la comparaison avec Hèraklès fait l'objet de mes *Celto-Hellenica*, V[258] : or, Hèraklès est le descendant de Persée, auquel Hermès donna le casque d'Hadès. On mentionne la Mórrígan : elle est précisément à Athèna ce qu'Óengus est à Hermès[259]. Or, aussi bien Persée qu'Hèraklès ont eu Athèna pour protectrice. Tout se passe donc comme s'il y avait ici le souvenir d'un ancien mythe, où ce casque merveilleux devait jouer un rôle en rapport spécifique avec Hermès/Óengus, mythe perdu, au point qu'on ignore complètement pourquoi, par exemple, Hermès, et Hermès seul, revêt le casque d'Hadès dans la Gigantomachie, tandis que, côté irlandais, on ignore le devenir du casque soudainement révélé à Fingen à Samain.

L'artisanat

On vient de citer un texte selon lequel Óengus, fils d'Umor, dispose d'un artisan, Bréo, fils de Smeathrach. C'est lui l'auteur du casque merveilleux dont il vient d'être question. Pour sa part, Hermès ne dispose pas d'un artisan : l'ouvrier des dieux est Hèphaïstos, et c'est lui qui fit la plupart des objets merveilleux qui constituent leurs attributs. Mais il n'est nullement au service d'Hermès.

Celui-ci fait mieux. Il patronne l'artisanat. Ainsi l'explique Ulysse, dans l'*Odyssée*, lorsque, déguisé en mendiant, il arrive à Ithaque et s'adresse à son vieux serviteur, Eumée : il soutient « ne pouvoir, par la grâce d'Hermès, être égalé à nul autre dans l'art du service : préparer le feu et fendre les bûches, détailler et rôtir la viande, verser le vin, tout ce que les gens du peuple font au service des nobles[260] ».

Hermès n'a donc pas un artisan à son service : il patronne les activités de tous les artisans.

On soupçonne alors que la mention d'un « artisan d'Óengus » peut, comme à l'accoutumée, répondre à une pratique sociale : peut-être l'ancien monde celtique faisait-il patronner son artisanat, comme la Grèce, pour ce qui concerne la connaissance technique précise et le coup de main, par l'équivalent ancien de l'Óengus irlandais. Et Bréo, fils de Smeathrach, serait le souvenir mythique de ce patronage.

Les chemins

Hermès est le patron des voies et des chemins : aux croisements, par exemple, les anciens Grecs déposaient, sur un tas déjà commencé, une pierre, en hommage au dieu, pour qu'il daigne veiller sur le voyageur et ne pas l'égarer : c'étaient les *hermaiâ*[261], tandis que les « hermès », on l'a dit, étaient des statues du dieu, comprenant tête et pénis, le reste étant une simple colonne, qu'on plaçait, en ville, aux carrefours ou près des portes des demeures, mais aussi aux frontières, en bordure des chemins, à la porte des marchés : le dieu de la transition est aussi celui qui contrôle les passages. L'une des épiclèses d'Hermès est *Hódios*, « Celui du chemin », d'autres sont *Hêgêmonos*, *Agêtôr*, c'est-à-dire « Conducteur », et *Euángelos*, « Le Bon Messager ». On connaît son iconographie canonique : il est coiffé du pétase, le chapeau qui abritait les voyageurs de l'antique Grèce aussi bien contre la pluie que contre le soleil ; au pied, il porte des bottes, chaussures de marche, et elles sont de surcroît pourvues d'ailettes, car, messager divin, il doit pouvoir voler. Ce patronage est naturellement fonction de ce rôle central, en la définition du dieu, d'intermédiaire.

Óengus a-t-il, en Irlande, exercé le même patronage sur le chemin ? Les mythes le concernant ne le disent pas, mais il y existe une indication en ce sens, fournie par le récit suivant, également mis dans la bouche de cette femme divine qui informe Fingen des nouveautés remarquables lors des nuits de Samain : « Et quelle autre merveille, y a-t-il, ô femme ? dit Fingen. Ce n'est pas difficile, dit la femme : les cinq premières routes d'Irlande qui n'ont pas été trouvées jusqu'à cette nuit et que n'ont parcourues ni rois ni chars », et elle énumère les noms de toutes les routes qui viennent de faire leur apparition. Chacune est pourvue d'un découvreur différent (la troisième est par exemple « la piste d'Asal qu'a trouvée Asal, fils d'Umor »), et elle en arrive à la dernière : « Et la grande piste, à savoir Eiscir Riadai ; c'est elle qui partage l'Irlande et qu'a trouvée Nar, fils d'Óengus Umall, avant les héros valeureux d'Irrus, se disputant entre eux, si bien que c'est eux qui atteignirent Tara les premiers[262]. »

Les textes appelés les *Dindsenchas de Rennes* précisent que la route partageait l'Irlande d'est en ouest, car elle allait d'Ath Cliath Cualann (c'est-à-dire Dublin) jusqu'à Ath Cliath Medraige (actuellement Clarin Bridge, près de Galway[263]).

Voici donc encore un Óengus, père, ici, d'un héros dont la fonction fut de tracer la voie principale, soit jusqu'à Tara – cette capitale de l'Irlande qui en était mythiquement le centre, et on étudiait plus haut

(« La conquête d'un apanage », avant-dernier point) les passages d'Hermès, ou d'Óengus, au centre du monde –, soit d'une mer à l'autre. On remarque que le texte des *Dindsenchas* fait aller la route d'un gué (*Ath*) à un autre : en Grèce, où la traversée des rivières ne présente pas du tout la même difficulté qu'en Europe occidentale, c'est aux cols des montagnes qu'on dressait souvent les hermès. Ces cols étaient à la Grèce ce que les gués étaient à la Gaule ou à l'Irlande. On soupçonne alors ici une fonction déléguée d'Óengus, qu'on a vu liminaire comme Hermès, à son fils, un peu comme, en Grèce, il existe des fonctions dévolues par ce même Hermès à Pan son fils[264]. Le contrôle des voies serait « de famille », et l'Asal mentionné ci-dessus est fils d'Umor, comme un des Óengus, théoriquement différent du dieu, mais pourtant à plusieurs reprises mentionné ici.

Quelques oiseaux

Hermès et Óengus sont liés à certains oiseaux. Le premier l'est, d'abord d'une façon, générale, par les ailes qu'il a aux pieds et qui lui permettent de voler. Puis, lors du combat des dieux contre le géant Tuphôn, il se métamorphose en oiseau[265]. Dans les mythes qui l'entourent, les ornithomorphoses sont nombreuses : son beau-père Daidaliôn est changé en épervier par Apollon[266], et lui-même change les Minyades respectivement en chouette, chauve-souris et hibou, deux des fils de Mérops en pluvier et en « corbeau de nuit » (un hibou), de Poluphontè en une sorte de hibou et ses fils en vautours, leur servante en pic-vert[267]. Quant à Óengus, il est en relation avec des oiseaux, qui sont d'un côté les formes prises par son amoureuse et ses amies, d'un autre celles de ses baisers parvenant dans des rêves à l'homme qui dort. On remarque un rapport entre ces derniers, qui arrivent de nuit, et certains des « oiseaux » issus des métamorphoses dont Hermès est responsable : chouette, chauve-souris et plusieurs sortes de hiboux. On notera qu'à l'exception des vautours, les oiseaux proches d'Hermès ne sont pas ceux proches de Lug et Apollon, qui n'ont aucun rapport avec les oiseaux de nuit ni avec le pic-vert.

Les fonctions prophétiques

Un texte irlandais, le « Dialogue des deux sages », *Immacallam in dá thuarad*, comporte un passage ambigu, selon la césure que l'on fait dans l'expression *for trianfessa* : Stokes[268] lisait *for tri anfesa*, « sur les trois ignorances » (de Mac ind Óic) ; il est suivi par Ch. Guyonvarc'h dans sa toute récente traduction du texte[269] ; par contre P.-Y. Lambert[270] comprend *trian fessa*, « l'un des trois savoirs », et en ce cas, c'est pour cela que le *file* Ferchertne consulte l'autre, car, dit une glose, « il ne savait pas quand il allait mourir, ni ce que serait sa mort ». Par conséquent, commente le dernier auteur (*ibid.*), Ferchertne va consulter l'oracle de Mac ind Óic, lequel « est, comme l'Apollon de Delphes ou de Délos, médecin et prophète ».

La fonction prophétique d'Óengus est en tout cas confirmée par un autre récit, « Le siège de Druim Damhguire », où, comme le roi Cormac osait douter de la richesse de la demeure de ce dernier, le Mac Óc lui apparaît, et en profite pour lui révéler son avenir : Cormac aura un règne brillant, mais au bout de quelques années apparaîtront de graves difficultés – lesquelles feront précisément l'objet du récit du conflit en question[271].

Or, on citait ci-dessus ce passage de l'*Hymne homérique à Hermès*, où, au cours de la réconciliation finale entre Apollon et Hermès, le premier confère au second une partie de ses propres pouvoirs : « Je vais, dit-il, faire de toi un dieu prophétique aux sûrs présages, entre les Immortels et entre tous les êtres », et la baguette qu'il lui donne fera « s'accomplir les décrets favorables – paroles et actes – que je déclare connaître de la bouche de Zeus » (v. 526-532). S'il garde pour lui l'essentiel de la fonction prophétique (*ibid.*, v. 533-549), Apollon concède encore autre chose à son jeune frère : on a parlé de ces Destinées, *Moîrai*, qui enseignèrent la divination à Apollon, et se nourrissent de miel[272]. À la fin de sa description de ces saintes créatures, Apollon poursuit : « Je te les concède désormais : réjouis ton cœur à les interroger sincèrement ; et si tu connais un homme mortel, il pourra écouter souvent ta voix, si le sort est pour lui » (*ibid.*, v. 564-566).

Ainsi Hermès présidera à une forme particulière, marginale par rapport à celle dont Apollon a la charge, de la divination. D'autres traditions le spécialisent autrement : Apollodore dit qu'il obtint d'Apollon la divination par les galets (*thriaí*) – catégorie de divination très inférieure, qui dégoûtait Apollon[273] –, et selon Apulée[274], il avait charge des oracles hydromantiques (par l'eau). Voici en tout cas qui fournit un équivalent exact à l'activité oraculaire, réelle mais à peine signalée – et encore, si la lecture de Lambert est la bonne ! –, de Mac ind Óic. Ajoutons encore que les abeilles divines désormais soumises à Hermès sont trois, que ce sont « trois savoirs » que le « Dialogue des deux sages » attribue à Óengus, et enfin, que Ferchertne questionne ce dernier au sujet de sa mort : or, les abeilles connotent en Grèce la vie éternelle[275], et c'est bien une question de devenir individuel d'Hermès, comme devin, devait prendre en charge – tandis qu'Apollon a charge, à haute époque, du sort des collectivités, cités ou groupes de migrants prêts à fonder une nouvelle cité[276]. Quant aux oiseaux dont Hermès est à l'origine (ci-dessus), ils sont prophétiques, comme plusieurs de ceux dont Lug et Apollon sont proches, mais avec de nettes différences : le « corbeau de nuit » est un « messager de malheur », un autre, encore une espèce de hibou, dormant la tête en bas, est « présage de guerre et de sédition », l'un des vautours « ne présage rien de bon », tandis que le pic-vert « offre à ceux qui se rendent à la chasse et aux festins des présages favorables[277] ». Ainsi, comme on le notait plus haut, ces oiseaux ne coïncident pas avec ceux qui entourent Lug et Apollon, à l'exception des vautours, mais de plus ils sont bien souvent de malheur.

Conclusions

La comparaison entre Óengus et Hermès est complète : elle s'étend sur la totalité des attributs, aspects, patronages et mythes d'Óengus Mac ind Óic, sur la majorité et les principaux des mythes et attributs, aspects, patronages d'Hermès. Là où ces dieux diffèrent, ou plutôt s'écartent, c'est essentiellement en fonction d'une variation de définition, disons de « clef » : Óengus est par excellence un maître du temps, Hermès un maître de l'espace ; c'est ainsi qu'on a vu le premier naître d'une manipulation du temps par le Dagda, et jouer ensuite sur le temps pour s'approprier un apanage, tandis que l'élément central de la naissance furtive d'Hermès est un lieu – la caverne où vivait sa mère –, et qu'à peine né, le jeune dieu traverse deux fois la Grèce du nord au sud pour voler des vaches ; et c'est la même différence qui opère au sujet des chemins : Hermès les patronne, tandis qu'un fils d'Óengus, *ab origine*, découvre le principal[278].

Mon objet était de faire la démonstration de cette identité des deux divinités. Celle-ci faite, l'enquête mériterait d'être poussée beaucoup plus loin. J'ai ainsi laissé de côté l'étude en profondeur du personnage de Brimô, l'amante d'Hermès au bord du lac Boibeis : mais lorsqu'on sait, soit que cette figure était adorée à Éleusis, dans le rôle de mère de l'Enfant divin Brimos, modèle des initiés, qu'elle est donc une forme de Dèmèter éleusinienne (*cf.* ci-dessus, note 71) – et que Dèmèter a été mère chevaline[279], comme Rhiannon, mère de l'Enfant divin dans le *Mabinogi* de Pwyll[280] –, soit qu'elle est identique à Perséphone, adorée aux mystères de Samothrace[281], on perçoit qu'une comparaison théologique de grande ampleur prolongerait sans difficulté la présente étude. De même, on a vu plusieurs fois l'enquête centrée sur Óengus et Hermès ouvrir des directions de comparaisons ailleurs : entre Dèmèter et Ana, entre Iô et Étaín, Hèra et Bóand, etc. Une autre est celle-ci : dans les *Ikhneutai* de Sophocle, les « Limiers », ceux-ci sont les Satyres, prêtés par Silènos à Apollon pour l'aider dans sa recherche des vaches. Les Satyres sont des êtres aux traits mi-humains, mi-animaux, et pour ce dernier aspect soit chevaux, soit boucs. Or, une catégorie d'êtres du légendaire irlandais, les *goborchin*, textuellement « têtes de chèvre », sont des « démons » de la famille des Fomóire[282]. Dès lors, la comparaison est comme obligée entre le chef des Fomóire, Bres, et le rival d'Hermès, Apollon. Sans développer la recherche dans cette direction[283], on notera :

a) que le nom de Bres était compris par les Irlandais comme signifiant « beau[284] » ; et Apollon est le plus beau des dieux grecs ;

b) la « Seconde bataille de Mag Tuired » (version I) raconte la naissance de Bres. Son père, Elatha, y est décrit comme un homme « de la plus grande beauté : il avait des cheveux jaunes comme de l'or sur les épaules, un manteau avec des bordures de fil d'or autour de lui, une chemise avec des broderies de fil d'or, une broche sur la poitrine, ayant l'éclat d'une pierre précieuse », etc.[285] : on ne s'étonne pas alors qu'O' Rahilly[286] ait vu en lui une figure solaire, et c'est bien à Apollon que ressemble cet Elatha[287] ;

c) le même texte[288] décrit la croissance de Bres comme deux fois plus rapide que la normale : de même Apollon grandit très vite, fait craquer ses langes, commence à arpenter Dèlos[289]...

On voit que le dossier comparatif s'avère riche et il n'est pas simple : car le représentant le plus authentique d'un personnage du type d'Apollon dans le légendaire celtique, c'est, évidemment, Lug[290], tandis que la présente comparaison, issue d'un développement de celle entre Hermès et Óengus, aboutit à laisser penser qu'un autre de ses équivalents était Bres, l'adversaire de Lug !

Je n'explorerai pas davantage les corrélats que l'on peut trouver au présent dossier comparatif en dehors des domaines celte et grec. Il serait ainsi possible de montrer que le personnage divin germano-scythique qu'a décelé Dumézil[291] en comparant le Scandinave Loki et l'Ossète Syrdon n'est autre qu'une transformation globale du dieu représenté ici par Hermès et Óengus. Les points communs entre Loki et Hermès sont d'abord leur caractère décepteur[292], ensuite la relation profonde à l'un et à l'autre avec le feu[293], enfin leur caractère éminemment rusé[294]. Par ailleurs, F. Blaive a pu rapprocher le meurtre injuste et déguisé de Palamède par Ulysse de celui de Baldr à l'instigation de Loki[295]. Or, selon une tradition, Ulysse était fils d'Hermès. Dès lors, tout se passe comme si un « axe » Ossètes-Scandinaves était parallèle à un « axe » Grèce-Irlande, ces « axes » unissant, d'une part, un décepteur fondamentalement négatif, d'autre part un être aussi rusé, mais essentiellement bénéfique. Les liens observés « transversalement », entre les deux « axes », par les points communs entre Hermès, ou son fils Ulysse, et Loki, indiquent que l'un des axes n'est que la transformation et l'inversion de l'autre.

Évidemment, ces « axes » ne résultent nullement de contacts à l'époque historique entre les quatre cultures considérées : ils se sont organisés dans la préhistoire, lorsque Proto-Iraniens, Proto-Germains, Proto-Grecs et Proto-Celtes voisinaient... de sorte qu'en cette époque lointaine, au lieu de deux axes, on ne pouvait avoir qu'un « paquet » de personnages, se différenciant à partir d'un type de décepteur unique d'abord, sans doute moins marqué initialement, ni bon ni méchant.

On conçoit que ce dossier est vaste : il n'a pas sa place ici.

Je conclurai par contre sur deux points.

1 – La coïncidence des motifs mythiques, des attributs, des corrélats et patronages, montre qu'Hermès et Óengus sont les reflets, respectivement grec et irlandais, d'un seul et même dieu. Comme, cependant, le groupement des motifs, les mythes, les noms, est totalement différent de la Grèce à l'Irlande, l'emprunt de l'une à l'autre, comme je l'ai dès l'abord signalé, est exclu. Il faut donc situer l'identité d'Óengus et d'Hermès en un temps où Celtes (ou Proto-Celtes) et Grecs (ou Proto-Grecs) cohabitaient dans la même région (Balkans septentrionaux, bas Danube, ou Europe centrale), ou plutôt même encore, lorsque l'expansion indo-européenne ne faisait que commencer, du côté des steppes au nord de la mer Noire, temps où leurs langues étaient encore très proches, voire intercompréhensibles, et où ils avaient de multiples échanges – peut-être cérémonies communes, poètes itinérants, domination partielle des uns sur les autres, etc. –, lorsque rites, mythes, systèmes de valeur, étaient en grande partie les mêmes. L'élaboration de plusieurs figures divines s'est faite dans ce contexte.

Cela élimine les thèses qui voyaient dans Óengus et dans Hermès des personnages empruntés indépendamment par les Irlandais et par les Grecs à leurs prédécesseurs préindo-européens[296].

2 – La comparaison que je viens de mener est éclatante : il ne semble pas, pourtant, qu'elle ait jamais été faite[297]. Quelle est la raison de cette « non-découverte » ?

Le responsable en est Caius Julius Caesar.

Celui-ci, dans son rapport d'activité en Gaule, intitulé *De Bello Gallico* (ce que nous traduisons par « La guerre des Gaules »), a l'heureuse idée de fournir quelques notions sur la religion celtique à ses futurs lecteurs, mais, pour être mieux compris, il « traduit » les noms des dieux gaulois en latin. C'est pourquoi apparaît un dieu appelé *Mercurius*, qui est décrit dans les termes suivants :

> Mercure est le dieu qui reçoit le plus d'hommages chez les *Galli*. Ses effigies sont les plus répandues. Il est, pour eux, l'inventeur de tous les arts, celui qui guide les voyageurs sur les routes, qui protège les marchands et peut leur faire gagner beaucoup d'argent[298].

Ce dieu n'est évidemment pas Óengus, car aucun des traits retenus par le général romain ne lui correspond : il n'est pas l'inventeur de tous les arts, rien ne dit qu'il protège les marchands et les voyageurs sur les routes, ni qu'il fait gagner de l'argent. Les celtisants on l'a vu ont précocement identifié le dieu celtique qui se cachait derrière la dénomination latine *Mercurius* : c'est Lug, celui que les mythes irlandais gratifient de la maîtrise de tous les arts, le plus grand dieu effectivement, et que la statuaire gallo-romaine présente de fait, dans la lignée de l'interprétation césarienne, comme un Mercure[299].

Là est le nœud du problème : car si, par quelques aspects, Lug rappelle Mercure – ce qui a permis ladite *interpretatio Romana* –, il ne ressemble en rien à Hermès, à qui les Romains avaient par ailleurs identifié leur *Mercurius*.

L'analyse a donc été oblitérée par l'*interpretatio* ancienne. L'équation Lug = Mercure (celui des Latins), lequel est identifié à Hermès (des Grecs), a interdit de percevoir l'identité profonde d'Hermès et d'Óengus. Il est typique à cet égard que deux des meilleurs exégètes de la religion celtique, Françoise Le Roux et Christian Guyonvarc'h, aient continuellement vu, jusque dans leurs travaux les plus récents, en Óengus un « Apollon dans son aspect de jeunesse[300] », car, curieusement, ils ne craignent pas de trouver plusieurs répondants à l'Apollon unique mentionné par César. Cet éclatement du dieu très précisément défini par César – l'Apollon qu'il mentionne a une seule fonction : chasser les maladies[301] – n'est nullement satisfaisant[302]. En fait, le répondant irlandais de l'Apollon gaulois est clairement et immédiatement identifiable : c'est évidemment le personnage appelé Diancecht, qui est le dieu médecin des Túatha Dé Dánann[303].

Óengus n'est pas Apollon : il n'en a aucune fonction, aucun attribut, aucun mythe. Son seul authentique répondant hors du monde celtique, c'est Hermès. Certes, Hermès a, dans la mythologie grecque, des liens étroits avec Apollon, et il y a eu des échanges d'attributs entre eux, par rapport, précisément, à ce qui est raconté d'Óengus[304]. Mais, d'une part, Óengus, lui, n'a pas de rapports particulièrement étroits avec Diancecht[305], d'autre part le correspondant celtique de l'Apollon grec n'est pas Diancecht, mais Lug.

Autrement dit, si l'Apollon de César est assimilable à Diancecht, et si son Mercurius est Lug, il s'ensuit qu'aucun des dieux mentionnés par l'auteur romain ne correspond à l'Óengus irlandais – dont il faut pourtant bien qu'il ait existé en Gaule, et chez tous les

Celtes de l'Antiquité, puisque les points communs qu'il a avec Hermès représentent un héritage commun, non un emprunt.

Pourquoi César n'a-t-il donc pas mentionné Óengus ? Il y a, me semble-t-il, trois réponses à cette question, qui peuvent d'ailleurs se superposer.

– César connaissait bien sûr la religion grecque : mais un texte comme l'*Hymne homérique à Hermès* ne devait pas être lu à son époque, et de même les détails de la théologie et de la mythologie grecques, qui répondaient à des pratiques, ne pouvaient être particulièrement familiers à César. Il connaissait l'Hermès grec comme un dieu commerçant (ce qui avait permis l'identification au *Mercurius* latin), psychopompe, héraut de Zeus ; il ignorait par contre certainement beaucoup des mythes que nous avons évoqués, car ils ne figurent pas dans les grands textes littéraires grecs, et sans doute nombre de pratiques quotidiennes intrinsèquement liées à la vie des Hellènes n'étaient transposables dans la société romaine. L'homme cultivé qu'il était, sachant le grec, ne possédait pourtant pas la connaissance « en profondeur » du dieu Hermès que nous-mêmes avons acquise en étudiant les textes sur plus de mille ans.

– Les druides ont exposé à César le noyau de leur religion, à savoir cinq divinités (Mercure, Mars, Jupiter, Apollon, Minerve) : donc, les principales. Óengus était sans doute secondaire. C'était aussi largement le cas d'Hermès, qui n'avait guère de temples importants en Grèce, et ne tient qu'une place réduite dans les grandes œuvres mythologiques, comme l'*Iliade* et l'*Odyssée*, ou la *Théogonie* d'Hésiode. Hermès est le plus jeune des dieux, et le serviteur de Zeus : toutes caractéristiques qui en font un dieu moins notable que la plupart des autres, même s'il jouait un très grand rôle dans la croyance populaire. Il est bien possible qu'Óengus ait été, par rapport aux cinq grands dieux de César, à l'instar d'Hermès en Grèce, un dieu de second plan.

– Il s'ajoute à cela que c'était, peut-être, enfin, un dieu partiellement secret : en Grèce, la partenaire d'Hermès, Brimô, est l'objet d'à peine une allusion mythique, alors qu'on devine en elle une grande déesse, identique à Perséphone ou à Dèmèter. Hermès, patron des gymnases, des *agones*, des rites de passage, est bien à sa place à la fois comme Dieu Fils héros de rites de renaissance, et comme patron ou participant des mystères. Si, en pays celtique, Óengus, kourotrophe, rusé, conquérant, jeune marié, patronnait des initiations de jeunes gens, il est normal que les druides aient été d'une certaine discrétion à son sujet. De fait, Hermès et Óengus ont à s'occuper, pédagogiquement, de jeunes enfants : on concevrait que les druides n'aient pas cru nécessaire d'en parler à César.

Je l'ai dit, en eût-il eu quelques échos, César ne faisait pas de comparatisme indo-européen, mais essayait seulement d'expliquer à ses concitoyens les choses religieuses celtiques en termes romains : il n'avait pas les mêmes exigences méthodologiques que les contemporains. Ceux-ci sauront désormais que les Grecs et les Celtes tiraient, de leur préhistoire commune, la belle figure d'un jeune dieu, fils du grand dieu céleste et d'une mère chthonienne, rusé, maître du feu, du sommeil et des rêves, des petits oracles de la quotidienneté, de la musique et des chemins, lié à la circulation des biens et en particulier de l'or, spécialiste des contacts entre ce Monde-ci et l'Autre, et capable ainsi d'en extraire un casque merveilleux.

CHAPITRE II

Athèna et la Bodb

Athèna est la déesse de la guerre, et des techniques, en Grèce ancienne. La Bodb est la déesse de la guerre dans les textes irlandais, ou, plus exactement, la forme guerrière de la grande déesse celtique[1]. Cette forme guerrière a toujours été l'une des plus importantes. Dès l'Antiquité, c'est elle que retient César lorsqu'il décrit en quelques mots le panthéon gaulois : à côté de Mercure, Mars, Jupiter et Apollon, soit quatre dieux masculins, il nomme une seule déesse, qu'il identifie à la Minerve latine[2]. Cette Minerve de Rome est une ancienne divinité, mais, à l'époque de César, elle a puissamment subi l'influence de l'Athèna grecque, et, à vrai dire, c'est la « triade capitoline » tout entière, formée de Jupiter, Junon, Minerve, qui, ayant remplacé l'ancienne triade authentiquement latine formée de Jupiter, Mars, Quirinus, qui reflète l'influence du panthéon grec, Jupiter étant assimilé à Zeus, Junon à Hèra et Minerve à Athèna. Cette dernière étant d'un côté déesse de la guerre, de l'autre des techniques, César paraît rencontrer une déesse fort proche chez ses interlocuteurs celtiques, puisqu'il nomme leur déesse – unique – *Minerva*, et dit d'elle qu'elle « s'occupe des arts et des métiers ».

Cette dénomination et cette définition à elles seules suggèrent que le conquérant a trouvé en pays celtique une déesse dont les traits rappelaient beaucoup l'Athèna grecque, au moins quant à deux traits principaux – guerre et patronage des techniques –, et pose la question de leur apparentement à un niveau historique, c'est-à-dire préhistorique, « indo-européen ».

Je ne sache pas, cependant, que cette direction de recherche ait été suivie. C'est sans doute que l'attention s'est toujours davantage portée sur les dieux de la guerre, si prégnants dans les théologies indo-européennes – Mars, Arès, Indra, Thórr, Hídhr et Ódhinn... –, tandis que l'existence de figures féminines guerrières dans d'autres mythologies que celles du domaine indo-européen – telle Anat, à

Ugarit – détournait l'attention qui pouvait être portée aux parentés de celles des peuples indo-européens. Et puis, si, du côté des hellénistes, la méconnaissance du dossier celtique est à peu près totale, les celtisants n'étaient guère plus en position de procéder à une étude comparative, tant la notion d'une déesse unique, globalisante, écartait de l'idée une comparaison avec une seule déesse du panthéon hellénique.

Il a pourtant fallu y venir. Françoise Bader en 1980, moi-même en 1992, étudiant le parallélisme étonnant qu'offrent les traits et les aventures d'Achille, dans l'*Iliade*, et de Cúchulainn, dans la *Táin bó Cualnge*, ne pouvions manquer de remarquer l'homologie des interventions d'une déesse, Athèna en Grèce, la Bodb dans les textes irlandais, en relation avec les faits et gestes des deux héros eux-mêmes homologues[3].

La Bodb est la déesse lorsqu'elle se manifeste en relation avec des héros guerriers ; un autre de ses noms est *Mórrígan*, et un autre encore *Nemain*. Lorsque par contre l'Irlande mentionne sa fonction de maîtresse des techniques, conforme à la définition de César, elle retient le nom de *Brigid*. Lorsqu'enfin on insiste sur ses fonctions généalogiques de mère ou de fille – fonctions qui, d'ailleurs, se superposent dans le mythe –, elle est essentiellement *Eithne*, *Ethne*, *Etan*, etc., ou encore *Dana*, tandis qu'identifiée à la terre, et singulièrement la terre d'Irlande, elle est *Ana*, *Banba*, *Fotla*, *Eriu*[4]...

La prise en compte du parallélisme des rôles d'Athèna et de la Bodb dans les épopées grecque et irlandaise induit la poursuite de la comparaison entre elles, au-delà de ces textes : et c'est alors, ce qu'on va voir ci-dessous, un vaste ensemble de traits communs qui apparaissent peu à peu et assurent qu'Athèna est à la Bodb ce qu'Apollon est à Lug et Hermès à Óengus – à savoir, qu'elles sont chacune le reflet d'une déesse ancienne, préhistorique, commune aux ancêtres des Celtes et aux ancêtres des Grecs. Il suffit de se laisser guider pour constater l'harmonie des correspondances.

Athèna et la Bodb dans l'épopée

L'*Iliade* est, non pas le récit de la guerre de Troie, mais l'épopée d'Achille. On sait qu'elle raconte la colère de celui-ci contre Agamemnon, qui lui a pris la jeune femme qu'il voulait, Briséis, au point qu'il se retire du combat avec ses troupes, c'est-à-dire le peuple des Myrmidons. Les conséquences sont rapidement terribles pour le camp des Grecs : les Troyens, menés par le plus fort d'entre eux, Hector, menacent bientôt, malgré la résistance de nombreux héros, le camp grec, fortifié par les proues des navires. Les chefs grecs obtiennent finalement qu'Achille laisse venir au combat ses Myrmidons, sous la conduite de son fidèle ami Patrocle, pour rétablir l'équilibre. Las ! Patrocle, après avoir repoussé les Troyens et en avoir massacré un bon nombre, est tué par Hector, et la menace d'une victoire troyenne se profile à nouveau.

Il y a alors combat pour le corps même du malheureux Patrocle. Il fait rage, et les Troyens sont près de l'emporter, lorsqu'Achille décide d'intervenir – non pas encore en reprenant les armes, mais en effrayant les adversaires. Je cite : « Passant le mur, le héros s'arrête au fossé, sans se mêler aux Achéens… Il s'arrête donc et, de là, pousse un cri – et Pallas Athènè fait, de son côté, entendre sa voix. Il suscite aussitôt dans les rangs des Troyens un tumulte indicible. On dirait qu'il s'agit de la voix éclatante que fait entendre la trompette le jour où des ennemis, destructeurs de vies humaines, enveloppent une cité. Ainsi, éclatante, sonne la voix de l'Aiakide[5]. Et à peine ont-ils entendu la voix d'airain de l'Aiakide, que leur cœur à tous s'émeut. Les chevaux aux belles crinières vite à leurs chars font faire demi-tour ; leur cœur pressent trop de souffrances !… Trois fois, par-dessus le fossé, le divin Achille jette un immense cri ; trois fois il bouleverse les Troyens et leurs illustres alliés. Là encore périssent douze des meilleurs preux, sous leurs propres chars ou par leurs propres piques » (*Il.*, XVIII, 217-231).

La comparaison du cri d'Achille augmenté de celui d'Athèna avec le son d'une trompette n'est certes pas un hasard : Athèna recevait la curieuse épiclèse de *Sálpinx*, « Trompette », comme on le verra ci-dessous. Et Pindare, parlant non de guerre, mais de la naissance de la déesse, mentionne déjà son cri guerrier : Athèna « jaillit du crâne de son père [Zeus], criant très loin son cri de guerre, et le ciel trembla, et la terre maternelle[6] ».

Pour l'heure, il faut revenir sur un épisode de l'épopée irlandaise, qui a déjà fait l'objet d'un rapprochement avec cet épisode de l'*Iliade*[7]. On rappellera d'abord qu'il concerne le héros Cúchulainn, dont la linguiste Françoise Bader et moi-même avons montré comment il est l'exact correspondant irlandais d'Achille, ce dont la seule explication est qu'ils prolongent l'un et l'autre un héros épique préhistorique, dont Grèce d'un côté, Irlande de l'autre, ont hérité dans leurs textes épiques respectifs.

Dans ce texte irlandais, la célèbre *Táin bó Cualnge*, Cúchulainn, héros du peuple des Ulates, dont le pays est situé dans le nord-est de l'Irlande (et les Vikings tireront du nom de ce peuple celui du pays, *Ulster*), est amené à en défendre l'accès, à la hauteur d'un gué, contre une armée composée des « quatre cinquièmes de l'Irlande », c'est-à-dire, puisque l'Irlande est divisée en cinq grandes provinces (Ulster, Leinster, Connaught, Munster, Meath), des quatre autres que l'Ulster, coalisées contre ce dernier sous la direction de la reine Medb et de son mari Ailill. Le passage qui nous intéresse est le suivant :

> Les autres cinquièmes d'Irlande établirent alors leur forteresse et leur campement dans le Brislech Mor de Mag Murthemne et envoyèrent une partie de leurs troupeaux et de leur butin derrière eux au sud, à Clighar Bó Ulad. Cúchulainn s'installa au tumulus de Lerga, à proximité d'eux, et son cocher alluma un feu pour lui dans la soirée de cette nuit-là, à savoir Loeg, fils de Riangabair. Il vit l'éclat resplendissant des armes d'or brillant au-dessus des quatre cinquièmes de l'Irlande, remplissant les nuages du ciel. Sa colère et sa grande rage lui vinrent à regarder l'armée, le grand nombre des adversaires et la multitude des ennemis. Il saisit ses deux lances, son bouclier et son épée. Il agita son bouclier, il brandit ses deux lances et il mania son épée. Il sortit un cri héroïque de son gosier, si bien que les mauvais esprits, les fantômes et les démons de la vallée, et les démons de l'air répondirent par la terreur des cris qu'ils lancèrent en l'air. Si bien que les Nemain mirent la confusion dans l'armée. Les quatre cinquièmes de l'Irlande allèrent dans la fièvre des armes sur les pointes de leurs lances et de leurs propres armes, si bien que cent guerriers moururent de peur mortelle et de tremblement de cœur dans la forteresse et le campement cette nuit-là[8].

Observons :

– les inversions et décalages par rapport à la version grecque : là où les Troyens font face à une coalition de tous les Grecs, ce sont les Ulates qui font face à une coalition de tout le reste de l'Irlande. Pourtant Achille est le héros des Grecs, il est donc dans le camp des coalisés, tandis que Cúchulainn défend un seul peuple, le sien, contre les alliés ;

– la colère d'Achille est motivée, dans le texte grec, par la mort de son plus grand ami. Dans le texte irlandais, rien de tel : Cúchulainn est pris de sa fureur guerrière à la vue de l'armée ennemie. Selon un thème commun à la Grèce et à l'Irlande (entre autres !), on oppose la multitude d'un côté, la valeur guerrière de l'autre, au bénéfice de la seconde bien sûr ;

– les textes irlandais sont d'origine préchrétienne, tout le prouve, mais ont été mis par écrit à basse époque, en un temps où l'Irlande était complètement christianisée. L'influence chrétienne, dont on a déjà vu des exemples, se manifeste ici par la mention des « mauvais esprits », « fantômes » et « démons », tandis que la mention des Nemain dans la phrase suivante surprend. Il faut rétablir l'économie du texte : les Nemain sont le nom irlandais des « démons », « fantômes » et « esprits » mentionnés immédiatement avant, et ce nom, au pluriel – il est habituel, en pays celtique, de démultiplier une figure divine en une collectivité, souvent une triade –, est celui de la déesse de la guerre, la Bodb – de fait, la Nemain est nommée au singulier, dans la plupart des textes qui l'évoque, comme épouse du dieu guerrier Net[9]. C'est bien la Nemain en effet qui a crié, comme l'assure un autre texte, où il est dit que le cri de la Nemain causa la mort de cent guerriers[10].

Moyennant quoi, les deux épisodes, celui de l'*Iliade* et celui de la *Táin*, sont fort proches : pour des raisons différentes, les deux héros ne souhaitent pas encore combattre – Achille, parce qu'il n'a pas mis un terme à sa « grève », Cúchulainn, parce qu'il attend l'ennemi à son gué. Mais l'armée ennemie approche : les Troyens menacent de prendre le corps de Patrocle en repoussant les Grecs, l'armée irlandaise vient camper dans la plaine de Murthemne, où se tient Cúchulainn. Alors, l'un et l'autre utilisent le même moyen pour stopper l'ennemi : leur cri, dont la puissance est telle qu'il sème la panique dans le camp adverse. C'est qu'ils n'ont pas crié seuls : le cri d'Achille a été amplifié par celui d'Athèna, et celui de Cúchulainn par la Nemain. Dans les deux cas, il est précisé que le trouble que ces cris provoquent dans l'armée adverse amène les propres armes ou les propres chars des ennemis à se retourner contre eux.

La conclusion s'impose : dans ces épisodes absolument parallèles, Nemain est à Cúchulainn ce qu'Athèna est à Achille. Or, s'il s'agit, en Grèce et en Irlande, d'une matière épique héritée, comme l'indique le parallélisme complet des héros Achille et Cúchulainn, il s'ensuit que les déesses de la guerre de l'une et l'autre cultures prolongent une déesse commune aux ancêtres des Grecs et des Celtes.

Cette conclusion est confirmée par plusieurs autres épisodes.

Au cours de sa fureur guerrière, Cúchulainn se caractérise par une gestuelle extraordinaire, qui voit les éléments de sa tête et de son corps prendre des formes ahurissantes. Les exégètes les ont depuis longtemps mises en relief, sous le nom de « contorsions du héros ». Par exemple,

> sa bouche se contorsionna de façon étrange. Il sépara sa joue de l'os de la mâchoire si bien qu'on lui vit le gosier. Ses poumons et ses bronches vinrent voler dans sa bouche et dans sa gorge, etc.[11].

Ces modifications comportent, entre beaucoup d'autres, trois éléments : l'un concernant ses yeux, un autre ses dents, le troisième une lumière qui jaillit de lui.

Dans la version du Livre de Leinster de la *Táin*, on dit qu'au cours de ses contorsions,

> il fit alors un *cuarch cera* de son visage et de sa face. Il enfonça l'un de ses deux yeux dans la tête, si bien qu'un héron sauvage aurait à peine réussi à le faire revenir du fond du crâne à la surface de la joue. L'autre œil jaillit si bien qu'il fut en dehors sur la joue.

Puis : « Il frappa un coup de lion de sa mâchoire supérieure contre son palais, si bien qu'étaient aussi grandes que la peau d'un bélier de trois ans les parcelles de feu qui venaient de sa bouche et de son cou. »

C'est peu après la « lumière du héros » qui vient couronner les stupéfiantes modifications du héros en fureur :

> L'auréole de la valeur se leva sur son front, et elle était aussi longue et aussi épaisse que la pierre à aiguiser d'un guerrier. Aussi haut, aussi vigoureux, aussi fort, aussi long que le mât d'un grand navire était le jet droit de sang noir qui jaillissait au sommet de sa tête vers le haut, si bien que cela faisait une brume druidique noire, comme la brume d'une auberge royale, quand le roi vient à son repas au soir d'un jour d'hiver.

Or, ces mouvements expriment l'action de la Bodb sur le héros. Entre les deux passages que l'on vient de citer, l'un sur les mouvements des yeux et de la mâchoire, l'autre sur la lumière du héros, se trouve le suivant : « On vit les lumières de la Bodb, des nuages de poison et des étincelles de feu rouge dans les nuages et les vapeurs au-dessus de sa tête comme des branches d'épines rouges autour du trou d'une vieille haie [12]... »

Tout cela est impossible en Grèce : la beauté d'Achille est intangible, et, écrivais-je, « l'*Iliade* admet le divin, et exclut le fantastique ». Achille, ni aucun autre héros grec, ne sont susceptibles de se voir attribuer des contorsions aussi extraordinaires que celles de Cúchulainn. Or, et pourtant, c'est précisément au sujet d'Achille que l'on trouve les traits qui s'en rapprochent le plus, comme si l'auteur de l'épopée avait fait effort pour sauvegarder, à son sujet, une tradition solide qui lui attribuait des modifications guerrières apparentées à celles du héros irlandais, et en se plaçant pour cela à la limite du vraisemblable. C'était le cas ci-dessus avec le cri mortifère. C'est encore ce qu'on va lire avec ce qui concerne les yeux, et avec la lumière du héros.

Achille ne sort pas l'un de ses yeux hors de son orbite, mais sa colère s'exprime par un regard terrible. Agamemnon l'a outragé, en le menaçant de lui retirer Briséis si, à lui-même, on prenait la jeune et belle Khruséis. Une colère terrible submerge Achille. Il songe à tirer l'épée – contre le roi de Mycènes, maître de la coalition ! Mais,

> tandis qu'en son âme et son cœur il remue ses pensées et qu'il tire déjà du fourreau sa grande épée, Athènè vient du ciel. C'est Hèrè qui la dépêche, la déesse aux bras blancs, qui en son cœur les aime et les protège également tous deux [Agamemnon et Achille : Hèrè protège les Grecs]. Elle [Athènè] s'arrête derrière le Péléide et lui met la main sur ses blonds cheveux – visible pour lui seul : nul autre ne la voit. Achille est saisi de

stupeur ; il se retourne et aussitôt reconnaît Pallas Athènè. Une lueur terrible s'allume dans ses yeux[13].

Le regard d'Achille est mentionné une seconde fois, lors de l'intervention d'une autre déesse – sa propre mère. Après le meurtre de Patrocle, Hector a pu prendre les armes de celui-ci, c'est-à-dire les armes mêmes d'Achille, qui les lui avait prêtées. Achille n'a plus d'armes ! et demande à sa mère, Thétis, d'intervenir. Elle ne lésine pas : elle va en demander directement au dieu forgeron, Hèphaïstos[14]. Lorsqu'enfin elle les lui apporte,

> il n'est point de Myrmidon qui ne soit saisi d'un frisson [en voyant la déesse] ; personne qui l'ose regarder en face sans un tremblement. Achille l'a à peine vue qu'il sent le courroux pénétrer en lui davantage ; dans ses yeux, par-dessous ses paupières, une lueur s'allume, terrible et pareille à la flamme : il a joie à tenir en main les présents splendides du dieu (*Il.*, XIX, 13-18).

Il reste l'épisode le plus étonnant, celui qui se rapproche le plus des « contorsions » de l'équivalent irlandais d'Achille : car on y retrouve le motif étonnant de la « lumière du héros ». Il se situe avant le précédent, lorsque les Troyens menacent le mur des Achéens, et qu'Achille intervient, sans armes : on mentionnait plus haut le cri terrible qu'il pousse alors. Mais immédiatement avant, voici comment son intervention commençe :

> Achille cher à Zeus se lève. Sur ses fières épaules, Athènè vient jeter l'égide frangée ; puis la toute divine orne son front d'un nimbe d'or, tandis qu'elle fait jaillir de son corps la flamme resplendissante. On voit parfois une fumée s'élever d'une ville et monter jusqu'à l'éther, au loin, dans une île qu'assiège l'ennemi. Tout le jour, les gens, du haut de leur ville, ont pris pour arbitre le cruel Arès ; mais, sitôt le soleil couché, ils allument des signaux de feu, qui se succèdent, rapides, et dont la lueur jaillit assez haut pour être aperçue des peuples voisins : ceux-ci peuvent-ils venir sur des nefs les préserver d'un désastre ? C'est ainsi que du front d'Achille une clarté monte jusqu'à l'éther », alors « les cochers perdent la tête, à voir le feu vivace qui flamboie, terrible, au front du magnanime Péléide et dont le flamboiement est dû à la déesse aux yeux pers, Athènè (*Il.*, XVIII, 203-214, 225-227).

À présent, Achille revêt sa nouvelle armure. Il va combattre. Athènè descend du ciel, « tel un faucon aux ailes déployées » – ce sur quoi on reviendra – et installe le nectar et l'ambroisie dans la poitrine du héros. C'est alors que celui-ci subit « les seules contorsions que l'auteur de l'*Iliade* pouvait tolérer[15] » : « Ses dents se heurtent bruyamment. Ses yeux brillent de l'éclat de la flamme » (*Il.*, XIX, 350-353).

Ainsi, les « contorsions » de Cúchulainn portent sur les yeux, les mâchoires, elles comprennent le jaillissement d'une lumière du sommet du crâne, et cela inclut la manifestation de la Bodb, qui accompagne, intimement, la fureur du guerrier. La colère et la fureur guerrière d'Achille comportent semblablement le regard terrible, le heurt des mâchoires, le jaillissement d'une lumière au-dessus de sa tête, et cela, toujours, à l'exception de l'apport des armes d'Hèphaïstos par Téthys, est en relation avec Athènè. Il est remarquable que la mention de la Bodb dans le *Livre de Leinster* parle de ses « lumières[16] », tandis que celle du *Lebor na hUidre* parle des « manteaux » de la Bodb : car, dans le chant XVIII de l'*Iliade*, c'est l'égide qu'Athènè jette sur les épaules du héros. Cette égide est une peau (de chèvre, d'où son nom, qui vient d'*aíx*, « chèvre » en grec), dont est normalement pourvu Zeus, et qui produit les éclairs lorsqu'il l'agite. Elle est donc vêtement et moyen de produire de la lumière. Les « manteaux » ou « lumières » de la Bodb ne sont pas autre chose.

C'est ainsi que, dans plusieurs épisodes de l'*Iliade*, et dans plusieurs de l'épopée de Cúchulainn, Athèna et la Bodb, ou Nemain, ont exactement même rôle, même fonction. On ne saurait mieux définir leur identité originelle.

Mentionnons encore un épisode. Après sa victoire sur Hector, Achille peut enfin organiser les jeux funèbres qui accompagnent les funérailles de Patrocle. Ils sont grandioses. La partie la plus importante est la course de char. Les dieux s'en mêlent – bien sûr, puisque chez les Grecs de ce temps, comme chez les Irlandais encore bien plus tard, les actions humaines sont agies par les dieux –, et Apollon entreprend de défavoriser le puissant Diomède, en faisant tomber son fouet. Athènè intervient aussitôt : elle rend son fouet à Diomède, et elle brise le joug des chevaux du char d'un autre coureur, Eumêlos, fils d'Admète (*Il.*, XXIII, 391-392).

Dans un passage du récit intitulé « la mort de Cúchulainn », son cheval préféré, le Gris de Macha, se tourne vers la gauche face à lui – c'est-à-dire fait demi-tour, en lui présentant son autre flanc. En effet, « la Mórrígu avait brisé le char la nuit auparavant : elle ne désirait pas que Cúchulainn allât au combat, car elle savait qu'il ne reviendrait pas à Emain Macha [la capitale des Ulates[17]] ».

Les épisodes se trouvent dans des contextes fort différents, et Eumêlos n'est pas Achille. Il est néanmoins intéressant que dans les deux séries épiques la déesse de la guerre brise un char, ou le joug des chevaux qui le tirent. Et Eumêlos est fils d'Admète, roi qui régnait en Thessalie, comme le père d'Achille ; une sœur de son père, Périopis, fut, selon une tradition, la mère de Patrocle, le meilleur ami d'Achille, ce qui indique des relations entre ces personnages.

Athèna, Bodb et les oiseaux

Un trait commun fondamental des déesses de la guerre celtique et grecque est leur habitude de se manifester sous forme d'oiseau.

L'*Iliade* en témoigne nettement. On citait plus haut[18] ce passage du chant VII où Athènè et Apollon viennent se poser sur un arbre, pareils (*eoikótes*) à des vautours, pour assister les hommes en débat, et le commentaire de Paul Mazon : ce n'est pas une simple comparaison, « le poète se représente bien les deux divinités se transformant en vautour et allant se percher sur un arbre ».

Du chant XIX, on citait, dans le paragraphe I, ce passage où Athènè descend du ciel, « tel un faucon ». Le participe employé (*eikuîa*) est issu du même verbe que le participe *eoikótes*. Quant à l'animal, « faucon » est la traduction de Mazon. Le mot grec, *hárpê*, est pourtant objet d'hésitation : Thompson, dans son étude magistrale des oiseaux des anciens Grecs, y voyait un oiseau de proie aquatique de la famille des procellaires (donc des pétrels[19]), d'autres pensent à un charognard, habitué des champs de bataille : donc peut-être de la famille des vautours.

De même, dans l'*Odyssée*, on voit Athèna prendre la forme d'un *órnis anópaia*[20], oiseau de mer vu le contexte (ainsi d'ailleurs traduisait Bérard), aigle selon Aristarque (*anópaia* peut signifier « à la vue supérieure »), hirondelle selon d'autres – laquelle n'est pas un oiseau maritime[21]. La traduction par « aigle » est préférable, sachant qu'il existe un aigle marin. Dans un autre endroit du même texte[22], Athènè, qualifiée de *glaukôpis* comme dans le passage précédent, est devenue visible (*eidoménê*) comme une orfraie (*phênê*).

On sait qu'à Athènes, la chouette est oiseau d'Athena, les monnaies de la ville figurent cet oiseau, mais, plus que cela, la chouette est bien l'une des formes que peut prendre la déesse : c'est ainsi qu'une chouette apparut aux Athéniens avant une bataille (celle de Marathon, vu le contexte du récit d'Aristophane), leur redonnant le courage d'affronter l'innombrable armée perse[23]. De même, à la bataille de Salamine, on vit une chouette traverser la flotte athénienne, annonçant la victoire[24]. Le nom de la chouette est *glaúx*, et il y a possibilité de jeu de mots dans l'épiclèse traditionnelle d'Athèna, *glaukôpis*, à la fois « Celle aux yeux clairs » et « Celle au regard de chouette[25] ». Oiseau de proie, la chouette est aussi, selon Dion Chrysostome, « le plus subtil des oiseaux[26] », ce qui en fait en quelque sorte par définition l'oiseau d'Athèna, déesse de la *mètis*, de l'intelligence.

Dans l'*Iliade* encore, alors qu'Ulysse et Diomède sont en expédition nocturne, c'est un héron que dépêche la déesse pour éveiller leur confiance, et les aider à découvrir l'ennemi : après avoir surpris l'espion envoyé par les Troyens, Dolôn, et massacré le roi Rhèsos et ses compagnons récemment arrivés en renfort, ils offrent les libations à Athènè[27].

Non loin, à Mégare, un rocher au bord de la mer était appelé rocher d'Athèna *Aíthuia*, c'est-à-dire « corneille de mer », forme de mouette[28].

Enfin Athèna a des relations manifestes avec la corneille. Celle-ci est oiseau prophétique d'Athèna, selon Callimaque[29], et Nonnos ne manque pas de le suivre, en montrant une corneille, « oiseau d'Athèna », pousser Kadmos à son mariage avec Harmoniâ[30] : comme à l'accoutumée, il se fonde sur une tradition ancienne[31]. Et l'on citait plus haut[32] une tradition selon laquelle une jeune fille nommée Korônis, poursuivie par Poséidon, fut changée en corneille par Athèna.

On ne peut qu'être étonné de cette attribution de la corneille à Athèna, tant la tradition grecque affirme que la chouette et la corneille sont des oiseaux mortellement rivaux[33] : il faut donc croire qu'Athèna coiffe une contradiction, en ayant comme oiseaux à son service, voire en ses propres métamorphoses, deux oiseaux adverses.

Or, du côté celtique à présent, la forme avienne de la déesse de la guerre est la chose au monde la mieux assurée. Le nom même de *Bodb* signifie en irlandais « corneille », et le mot est ancien, puisqu'il est attesté, en composition, dans plusieurs noms de l'Antiquité, sous la forme *bodua*. Une reine des Brigantes, dans l'Angleterre actuelle, s'appelait ainsi *Catubodua*, « Corneille de combat[34] ».

Dans les textes, cette déesse prend souvent une forme d'oiseau : ainsi, dans la version du *Lebor na hUidre* de la *Táin bó Cualnge*, la Mórrígan prend la parole à un moment où elle est « sous la forme d'un oiseau sur le pilier de Tara Cualnge[35] ». Dans un autre texte, l'un de ceux considérés comme « préliminaires » à la *Táin bó Cualnge*, la *Táin bó Regamna*, Cúchulainn rencontre une femme et dialogue avec elle : elle est « rouge, avec ses deux sourcils rouges », « son manteau et son équipement rouges aussi », installée dans un curieux char, puis soudain le char et la femme disparaissent, et Cúchulainn voit « que la femme était un oiseau à côté de lui ». Cette femme est évidemment la Mórrígan, et le rouge est, pour elle comme pour Cúchulainn, la couleur de la guerre[36]. Quant à l'oiseau, on peut légitimement penser que c'était une corneille[37].

De la même façon, après la *Táin bó Cualnge*, Cúchulainn est finalement tué par les manigances de son ennemie, la reine Medb de Connaught, et celle-ci bénéficie désormais de l'aide de la Bodb, qui s'est brouillée avec le héros pendant la *Táin*. Les enfants de Calatin, par leur magie, et quelques héros, dont un Lugaid[38], par leur audace, viennent de porter les coups décisifs au jeune héros. Le récit se retourne vers la cour de Medb (le manuscrit d'où est tiré ce texte est du XVIe siècle[39], l'orthographe des mots irlandais porte donc la marque de l'époque) :

> « Où est Bodhbh, fille de Caladin ? dit Medhbh.
> – Je suis ici, dit Bodhbh.
> – Va, dit Medhbh, et fais-moi savoir si Cúchulainn est vivant.
> – J'irai, dit la Bodhbh, que soit le mal qui m'advienne par lui. »
>
> Et la forme sous laquelle elle alla fut celle d'un oiseau voletant dans l'air au-dessus de sa tête, et « s'il est vivant, il me tuera du premier coup de sa fronde, car il n'est pas venu entre l'air et lui d'oiseaux vivants qu'il n'ait tués, et s'il est mort, je me poserai devant lui et vous entendrez mon appel ».
>
> Elle vint sous la forme d'un corbeau, c'est-à-dire d'une corneille, des profondeurs les plus élevées du firmament au-dessus de sa tête. Elle se laissa descendre petit à petit jusqu'à ce qu'elle fût à proximité de lui. Elle poussa ses trois grands cris au-dessus de lui et se posa sur le buisson d'aubépine en face de lui, si bien que « l'Aubépine de la corneille » est le nom du buisson d'aubépine dans la plaine de Muirthemne. Quand les hommes d'Irlande virent cela : « C'est vrai, dirent-ils, Cúchulainn est mort, approchons-nous de lui[40]. »

Il existe une autre version de la mort de Cúchulainn (dite A[41], la précédente étant appelée B), dans laquelle, pendant que les meurtriers sont en train de s'assurer de la mort du héros, « des oiseaux vinrent sur son épaule. "Ce pilier-là n'est pas habitué à être sous des oiseaux", dit Erc, fils de Coirpre. »

Erc est l'un des meurtriers, et Cúchulainn s'était attaché à un pilier (un menhir ?) pour mourir debout. Que des oiseaux viennent sur le pilier alors que Cúchulainn est appuyé contre lui est un signe indubitable, et Lugaid, un autre des meurtriers, comprend qu'il peut s'approcher pour lui couper la tête. « La nature de ces oiseaux ne fait aucun doute », notent F. Le Roux et Ch. Guyonvarc'h[42] : ils sont des manifestations, plurielles, comme plus haut « les Nemain », de la déesse de la guerre.

Les métamorphoses en oiseaux caractérisent donc l'une et l'autre déesses. Mais l'on peut préciser : il s'agit largement des mêmes. Selon un lexique irlandais ancien, le *Foclóir Gadhilge agus Bearla*, le terme *badhbh* et ses variantes ont les acceptions suivantes : « Un corbeau royston, un vautour ou autre oiseau vorace, une déesse de la bataille ; un cri, une malédiction ; une fée de fantôme qu'on dit attachée à certaines familles, apparaissant comme corneille brûlée ou corbeau royston[43]. »

La double acception « corneille » ou « corbeau », et « vautour », est parlante, puisque l'on a vu Athèna, dans l'*Iliade*, prendre la forme de vautour, et qu'on vient de signaler ses relations étroites avec la corneille. Il est à souligner qu'il s'agit en l'un et l'autre cas d'oiseaux charognards, de couleur voisine, telle qu'ils sont par exemple tous regroupés en anglais sous l'appellation *black birds*. C'est bien à la mort de Cúchulainn que la Bodb, ou des oiseaux qui en sont des formes multipliées, viennent se poser tout près de lui.

L'homologie des déesses celtique et grecque est donc par là encore confirmée.

Cette enquête admet quelques prolongements. D'une part, la relation entre Athèna et la chouette ne connaît pas de prolongement explicite en domaine celtique. Il est peut-être indirect. On citait, dans la première partie, une légende, d'origine grecque, mais connue principalement par un Latin, Ovide, selon laquelle une jeune fille, Nuktiménê, fut changée en chouette par Athèna pour avoir commis l'inceste avec son père. Ovide englobe le récit de cette histoire dans celle de la transformation de la nommée Korônis en corneille[44].

Or, une figure célèbre de la tradition celtique insulaire a été transformée en chouette : c'est Blodeuwedd, l'épouse infidèle de Lleu Llaw Gyffes[45]. Ainsi, Nuktiménê a été changée en chouette, par Athèna, pour une grave faute sexuelle (un inceste), et Blodeuwedd l'a été pour une faute aussi grave (un adultère). Je montre ailleurs que l'histoire de Nuktiménê est assurément apparentée à celle de Blodeuwedd[46]. S'ensuit-il que la déesse de la guerre celtique était liée à sa métamorphose, comme Athèna à celle de Nuktiménê ? Rien ne le prouve, et il se pourrait au contraire qu'Athèna ait été rendue responsable de la métamorphose de Nuktiménê parce que son oiseau sacré était la chouette[47].

Il reste que ce sont Apollon et Athèna qui, dans l'*Iliade*, apparaissent ensemble sous forme de vautours, et que le *Mabinogi de Math* associe précisément le héros transformé en « aigle pourri », Lleu, et son épouse, transformée en hibou. Et que la Grèce (ci-dessus) met précisément en scène dans une série d'histoires, au point qu'elle était devenue proverbiale, la rivalité de la corneille et de la chouette. Sont-ce des hasards ? Sûrement pas : en fait Blodeuwedd est une forme de la grande déesse celtique, toute pacifique celle-ci, et sa transformation nocturne est ainsi parallèle à celle d'Athèna en chouette. Mais j'hésite à m'engager sur cette piste, pourtant légitime : Athèna ne saurait être une adultère, épouse d'un Apollon... Ce qui a été dit ci-dessus suffit.

Une autre chose, à présent. Un paragraphe suivant parlera d'une nommée Rhiannon, dont les parentés avec Épona – et donc avec Athèna – sont manifestes. Pour l'heure, il faut signaler que cette Rhiannon possédait des oiseaux merveilleux, ou en était accompagnée. Ils ne sont jamais décrits, et ne sont guère identifiables[48]. Toujours est-il que ce sont eux qui devaient réjouir les héros gallois, dans le *Mabinogi de Branwen, fille de Llyr*, pendant qu'ils banquetteraient, sept ans durant, à Harddlech, en compagnie de la tête de leur roi géant, Vendigeit Bran, décapité par les Irlandais en chantant au loin sur la mer, pendant qu'ils mangeaient.

À moins qu'il ne s'agisse de corbeaux, comme l'a proposé M. Garcia Quintela[49], ce doivent être des oiseaux de la famille des mouettes ou de celle des pétrels – ce qui évoquerait directement certaines formes d'Athèna, en particulier comme *Aithuia*, « mouette ». Un autre texte donne à ces oiseaux de Rhiannon le pouvoir de ressusciter les morts et d'endormir les vivants[50] : c'est là un pouvoir donné, dans la tradition celtique, au chaudron situé sur le champ de bataille. Et cela se relie à l'action d'Athèna, ou de la déesse de la guerre, sur les lieux où tombent les guerriers : charognards d'un côté, elles pourraient bien aussi, en certains cas, assurer leur résurrection, ou, peut-être, leur métamorphose.

Les dames au cheval : Athèna, Épona, Rhiannon, Macha

Une déesse de la guerre proprement dite est mal attestée dans l'Antiquité celtique. On parlera de l'*Andrasta* des Icenii, dont on a sans doute une autre forme avec l'*Andarta* des Voconces. Cela ne définit pas une déesse nationale celtique[51] ! À moins que l'on admette tenir là le nom, ou un nom, celtique, de la déesse qu'on connaît par ailleurs sous le nom de *Bellona*, ce qui est un emprunt latin. C'est en effet le nom d'une déesse guerrière de Rome. Dans les inscriptions gallo-romaines[52], Bellona est parfois associée à Mars : de fait, les textes irlandais attribuent à Nemain un époux, un dieu guerrier, Neid ou Net, dont le nom signifie « combat, bataille[53] ».

Mais une forme de la déesse a connu un succès remarquable, bien plus que Bellona ou Andrasta/Andarta, à l'époque gallo-romaine. Il s'agit de la déesse Épona, fort connue, car l'Antiquité en a livré, par les textes et surtout les dédicaces, environ 70 fois le nom, et des figurations dont le nombre approche aujourd'hui 350[54]. Elles se répartissent en deux types principaux, l'un où la déesse est à cheval, en amazone, sur un poulain ou un cheval adulte, l'autre où elle est debout, devant un cheval, ou entre deux chevaux[55]. La première forme prévaut en Gaule, la seconde plus à l'est (Allemagne, Autriche, Italie). L'attitude de la déesse est en tout cas toujours toute pacifique, mais il s'agit pourtant bien d'un aspect de la grande déesse dont j'envisage ici l'aspect guerrier, car une série d'équations précises assure l'identité d'Épona et de la Mórrígan.

Cette série d'équations a été opérée par le celtisant Jean Gricourt en 1954, sous le titre parlant « Épona – Rhiannon – Macha », et précisée depuis, en deux de ses membres, d'un côté par Christian Guyonvarc'h, de l'autre par Claude Sterckx.

Partons du travail de ce dernier. Dans ce qu'on appelle la « Première branche du *Mabinogi* », intitulée *Pwyll pendefig Dyfed*, « Pwyll prince de Dyvet », il est conté comment ce roi, se tenant un jour tout près de sa capitale, sur un tertre magique, voit apparaître une jeune femme, montée sur un cheval qui marche au pas sur la route en contrebas. Il envoie un serviteur l'interroger, mais, malgré la vitesse à laquelle celui-ci la poursuit, il ne peut l'atteindre, bien que le cheval de la belle cavalière continue à marcher au pas. Pwyll ordonne qu'on recommence, avec le cheval le plus rapide de son écurie. Même résultat. La belle disparaît. Mais le lendemain, Pwyll s'étant installé à la même place, la cavalière arrive. Cette fois, le jeune roi la fait poursuivre par le meilleur cheval de ses États. En vain. Le troisième jour, Pwyll retourne sur la colline. Lorsque la cavalière apparaît, il se lance lui-même à sa poursuite. Son cheval s'essouffle, est près de s'effondrer, quand Pwyll appelle la jeune femme. Alors elle s'arrête, et se moque de lui : que ne l'a-t-il donc appelée plus tôt ? En effet, s'étant éprise de Pwyll, elle a refusé un prétendant que voulait lui imposer son père, et souhaite épouser le jeune roi de Dyved et bénéficier de son aide. Celui-ci ne se fait pas prier.

Un grave incident ternit le mariage à partir de la naissance d'un enfant : lorsque la jeune épouse, nommée Rhiannon, accouche, la nuit même de la naissance, le bébé disparaît, et les femmes qui veillaient l'accouchée, craignant d'être accusées, tuent un chiot, barbouillent la malheureuse mère de son sang, et prétendent qu'elle a dévoré son nouveau-né.

L'accusation porte. Rhiannon est condamnée : elle doit pendant sept ans rester près du montoir à chevaux, raconter son histoire à tous les visiteurs, et se proposer à eux comme monture.

En fait, Rhiannon est délivrée au bout de quatre ans, quand son enfant est retrouvé miraculeusement par un seigneur, Teyrnon Twryf Lliant, à qui à chaque 1er mai on volait un poulain qui naissait à cette date, jusqu'au jour où, après plusieurs échecs, il peut couper le bras du voleur : lorsqu'il rentre dans l'écurie, il trouve, non seulement son poulain sauvegardé, mais, à côté de lui, un merveilleux enfant.

La reine est rapidement justifiée, et restaurée dans ses droits. Ainsi finit le *Mabinogi de Pwyll*. Mais celui-ci et Rhiannon réapparaissent dans la « Seconde branche du *Mabinogi* », y subissent de terribles aventures dues à la malédiction du premier fiancé, évincé, de Rhiannon[56]. De ces aventures, je ne retiens ici qu'un élément, parlant pour le présent dossier : prisonnière, Rhiannon est condamnée à porter à son cou les licous des ânes de son geôlier[57].

Dès lors, on comprend qu'à peu près aussitôt que des auteurs ont été en mesure de comparer cette histoire et le « dossier » de la déesse Épona, ç'a été pour en souligner la parenté[58].

Il y a d'abord, en effet, une étroite concordance entre différents détails de l'iconographie d'Épona et des points explicitement soulignés par le texte du *Mabinogi* : a) « Lors de sa rencontre avec Pwyll, écrit C. Sterckx, Rhiannon monte un cheval merveilleux qui n'avance qu'au pas. Épona – en dehors de deux monuments dont l'un au moins est assez douteux – est toujours sur une monture au pas lorsqu'elle est représentée chevauchant » ; b) « Épona est fréquemment associée à un enfantelet. Rhiannon est étroitement associée à son fils Pryderi et la naissance de celui-ci, avec les événements qui s'y rattachent, constituent indubitablement l'un des épisodes essentiels de son histoire » ; c) « Souvent aussi, Épona est accompagnée d'un poulain : mais la naissance de Pryderi a pour doublet évident le poulinage de la jument de Teyrnon. »

Cette série d'équivalences se complète d'autres données : a) le nom gallois *Rhiannon* procède, par évolution phonétique normale, d'une forme celtique ancienne **Rigantona*, contenant le suffixe de nom divin *-ona*[59], et le radical du nom du roi, **rig-* : or, à Alise-Sainte-Reine, Épona est attestée, et y porte l'épithète de *Regina*, « Reine » : c'est manifestement la traduction latine d'un terme celtique. b) *Épona* est un nom formé avec le même suffixe qui caractérise les noms divins, et le radical, *epos*, « cheval », est un terme celtique bien attesté par toute une série de noms propres. Les textes cités ci-dessus du *Mabinogi* sont clairs : Rhiannon est non seulement une cavalière, mais on insiste sur son assimilation à un équidé : soit qu'elle serve de monture à la porte du palais de Pwyll, soit qu'elle porte le licou comme un âne, soit, encore, que l'homologie opérée par le texte entre les poulains de Teyrnon et l'enfant de Rhiannon induise l'homologie de leurs mères respectives : Rhiannon est un doublet de la jument de Teyrnon[60]. Dès lors, Rhiannon apparaît tantôt sous les traits d'une princesse, tantôt sous ceux d'une jument : exactement comme Épona, qui est le plus souvent figurée sous forme humaine, mais qui parfois l'est sous celle d'une jument, accompagnée de son poulain tétant. c) Il est alors possible d'invoquer des documents iconographiques plus anciens encore que les figurations gallo-romaines, car il s'agit d'images de monnaies de l'indépendance celtique. Sur l'une des Ambiani, on observe la naissance d'un poulain allaité par une jument androcéphale. Sur une autre, des Aulerci Cenomani (ceux-là ont laissé leur nom au Mans), on voit une jument « amaigrie par une récente maternité allaitant son poulain tandis qu'un dragon menaçant les survole », ce qui évoque évidemment l'histoire des poulains de Teyrnon[61].

La seconde branche de l'équation rapprochera à présent la galloise Rhiannon de l'irlandaise Macha. Elle se fait corrélativement avec la troisième branche, puisque le *Glossaire d'O Mulconry* propose la définition suivante de Macha : « Machae, c'est-à-dire Badb, ou c'est la troisième Morrigan, *unde* les glands de Machae, les têtes d'hommes après le massacre. » Texte qui assure la triple identité de Macha, de la Bodb et de la Mórrígan, et ancre immédiatement la première dans le contexte guerrier qui caractérise habituellement les deux autres, puisque les têtes coupées, butin si prisé des guerriers celtes, sont appelées métaphoriquement les « glands de Macha ».

Cela dit, s'il existe trois Mórrígan, aux dires du même texte, d'autres assurent également qu'il y a trois Macha. De cette trinité divine, je reparlerai ci-dessous, car elle offrira un beau parallèle avec Athèna dans le cadre d'une analyse trifonctionnelle. Ici, c'est l'une des trois seulement qui doit nous retenir. Cette Macha-ci avait épousé un paysan, Cruinniuc, et multipliait ses biens. Mais voici qu'un jour, à l'assemblée des Ulates, Cruinniuc se laisse aller à une singulière vantardise : il prétend au roi, Conchobar, que sa propre épouse court plus vite que les chevaux du roi. Celui-ci est outré, et exige que le dire de Cruinniuc soit immédiatement vérifié. Las ! Macha est enceinte. Qu'importe : par ordre du roi, elle doit courir. La course a lieu : Macha, de fait, devance les chevaux du roi, mais, au terme, elle s'effondre, accouche de deux enfants, et meurt, non sans avoir maudit les Ulates pour neuf générations : pendant tout ce temps, ils souffriraient, neuf jours par an, d'une faiblesse qui les rendrait aussi incapables qu'une femme en couches[62]. Cruinniuc a rencontré sa femme d'une bien curieuse façon. Dans la version de la *Ces Ulad*, « Faiblesse des Ulates », il était veuf depuis un certain temps, lorsque, « un jour qu'il était sur sa couche, seul dans sa maison, il vit une belle jeune femme dans la grande maison, venant vers lui avec excellence de forme, de vêtement et d'aspect. La femme s'assit sur le foyer et alla attiser le feu », et le récit continue en énumérant tous les gestes que fait une femme au foyer – jusqu'à finalement rejoindre son époux au lit. Dans un autre texte, *Tochmarc Cruinn ocus Macha*, « La Courtise de Crunn et de Macha », Cruinn, fils d'Agnoman, « partit vers le nord-ouest, et il vit une femme venant vers lui. Il n'avait jamais vu de femme qui fût plus belle de forme que la femme qui venait. Ils se saluèrent l'un l'autre », après quoi elle dit sa généalogie – qui assure qu'elle est déesse –, se définit comme druidesse, et accepte lorsqu'il lui demande de dormir avec lui[63].

Voilà qui vérifie l'identité de Macha et de Rhiannon. La course de la première le suggérait déjà : en vainquant les chevaux, Macha s'égale à eux, et son accouchement inverse en quelque sorte celui de Rhiannon : elle meurt en donnant la vie, tandis que Rhiannon restait en vie alors que son petit disparaissait. Mais voici, de plus, que son mode d'apparition est identique à celui de Rhiannon : dans l'un et l'autre cas, une créature surnaturelle apparaît à un homme (avec là encore inversion : à un jeune roi dans le *Mabinogi*, à un veuf en Irlande), et se considère comme son épouse avant même qu'ils se soient parlé (dans le *Ces Ulad*), ou dès qu'ils se parlent (dans la *Tochmarc Cruinn ocus Macha*), tandis que le récit du *Mabinogi* est à la synthèse de ces deux versions.

Ainsi, Épona est le nom ancien de Rhiannon, qui est identique à Macha, laquelle est aussi la Bodb. Et une confirmation à la solidité du groupe tient en ce que, si Épona n'est pas, on l'a dit, une déesse guerrière, ce sont bien souvent des soldats, des officiers, qui lui ont fait des offrandes et l'ont fait représenter[64], et, lorsqu'elle figure en association avec d'autres divinités, c'est en majorité avec Mars, suivi des *Campestres*, divinités caractéristiques du camp militaire[65]. Il est manifeste que ces officiers, qui tenaient garnison, ont préféré l'iconographie qui rappelait le mythe (car les parallèles soulignés plus haut ne permettent pas de douter que des formes des *Mabinogion* existaient déjà dès l'Antiquité celtique[66]) à des figurations rappelant la violence de la déesse de la guerre.

Il fallait présenter tout ce dossier pour opérer à présent une autre équation, un rapprochement plus lointain, mais tout aussi incontestable que ceux qui précèdent. Car si l'on a pu donner déjà de nombreux éléments démontrant l'identité d'Athèna et de la déesse celtique de la guerre, ce qu'on vient de rapporter le confirme entièrement.

Athèna, en effet, est étroitement liée à la cavalerie et aux courses de chevaux. Qualifiée d'*Hippíâ* (épiclèse très fréquente, car attestée à Kolônos et aux Akharnaï en Attique, à Olympie, à Manthouréa et Tégée en Arcadie, à Cyrène en Afrique) – parent de celui de terme *hippos* qui forme en pays celtique le nom *d'Épona* –, elle est la déesse qui apprit à Bellérophôn à brider le premier cheval[67], Pégase, de même qu'elle apprit aux gens de Cyrène et de Barkè à dresser et atteler les chevaux[68], de même qu'en Arcadie on lui attribue l'invention du quadrige[69], et c'est elle, selon une tradition ancienne, qui construisit le cheval de Troie[70]. Elle reçoit encore les épiclèses de *Damásippos*, « Celle qui dompte les chevaux », de *Khalinîtis*, « Celle du mors[71] ». Ce sont souvent aussi ses protégés qui inventent le char de guerre, tels Erekhtheus ou Thésée à Athènes.

Le char est aussi, en Grèce comme en Irlande ancienne, un instrument de course. À ce sport, c'est Athèna qui assure la victoire à celui qu'elle choisit. Au chant XXIII de l'*Iliade*, déjà cité, lors des jeux funèbres en l'honneur de Patrocle, Eumêlos s'apprête à être dépassé par Diomède. Apollon protège le premier : il fait tomber son fouet des mains du jeune Eumêlos. Aussitôt Athèna intervient, rend son fouet à Diomède, remplit d'ardeur ses chevaux, et – c'est ce que je citais – brise le timon du char d'Eumêlos ; celui-ci roule dans la poussière, contusionné de partout. Diomède le dépasse et gagne, car « Athèna a rempli ses chevaux d'ardeur et lui a donné la gloire [72] ».

Cependant, Macha court à pied : Athèna aussi. Callimaque, poète certes d'époque alexandrine, mais fort informé et respectueux des anciens mythes [73], évoque une course d'Athèna le jour du jugement de Pâris, où, exploit remarquable, elle parcourt en courant « deux fois soixante *diaules* », soit près de sept kilomètres [74] – il faut penser que rivalisant avec deux autres déesses, Hèra et Aphrodite, à cette occasion, elle veut démontrer au juge choisi, Pâris, sa valeur, puisque ce qu'elle lui propose comme avantage s'il l'élit, la conquête de la Grèce et de l'Anatolie, est d'ordre militaire – et comme tel est de l'ordre de la deuxième fonction indo-européenne [75]. De plus, Callimaque, citant cette course spécifiquement pédestre qu'est le *díaulos*, compare pour l'occasion Athèna aux « deux astres jumeaux de Lacédémone », c'est-à-dire aux Dioscures, Kastôr et Poludeukès, lesquels sont, partout en Grèce, et à Lacédémone comprise, représentés comme des cavaliers : de la sorte, Macha courant à pied est comparée à des chevaux dans le mythe, Athèna courant à pied est comparée à des cavaliers dans le texte poétique.

Ainsi praticienne de la course à pied, Athèna patronne normalement cette activité. À Sparte justement, on racontait que le père de Pénélope ayant organisé une course à pied pour déterminer qui serait son gendre, Ulysse gagna, et consacra aussitôt après trois temples à Athèna *Keleutheiâ* (c'est-à-dire « Du chemin », mais ce chemin est bien celui d'une course, comme l'indiquent à la fois le mythe qu'on vient de citer et la présence à côté du temple d'Athèna Keleutheia à Sparte d'un lieu dit *Aphetaïs*, « Point de départ [76] »). Et c'est le même Ulysse, qu'aux mêmes jeux funéraires de Patrocle au chant XXIII de l'*Iliade*, la déesse va favoriser et faire gagner : Ulysse et Ajax fils d'Oileus approchent de la ligne d'arrivée,

> quand soudain Ulysse en son cœur prie Athéné aux yeux pers : « Entends-moi, déesse, et viens, en ta clémence, prêter aide à mes pieds ! »
>
> Il dit : Pallas Athéné entend sa prière. Elle assouplit ses membres, ses jambes d'abord, puis – en remontant, ses bras. Et, au moment même où ils vont sauter sur le prix, Ajax en courant glisse – Athéné l'a fait trébucher – juste à l'endroit où s'étale la bouse des bœufs mugissants, victimes abattues en l'honneur de Patrocle par Achille aux pieds rapides. Sa bouche et ses narines s'emplissent de bouse, tandis que le divin et endurant Ulysse enlève le cratère : il est arrivé le premier ! (*Il.*, XXIII, 768-779 [77]).

Comme Athèna préside à la conduite du navire aussi bien qu'à celle du char[78], car elle est la déesse qui fournit au conducteur du navire l'intelligence permettant de déjouer les menaces de la mer, c'est-à-dire de Poséidon, on versera au dossier Athèna-Bodb, la représentation qui figure sur une monnaie attribuée aux Turones (le peuple qui a laissé son nom à Tours), où l'on voit un gros oiseau paraissant conduire un cheval, et le défendre contre un gros crustacé et un serpent[79] : ce pourrait être une forme avienne de la Bodb, cavalière, et ayant pour ennemis des animaux chthoniens, à l'instar de la jument équivalente à Rhiannon dans le *Mabinogi de Pwyll*. Le gros oiseau conduisant un cheval se retrouve sur d'autres monnaies, et, par ailleurs, sur la monnaie des Turones, l'oiseau laisse tomber une petite boule : Paul-Marie Duval en rapproche alors une « figure de proue de la barque de la déesse Sequana [découverte] aux sources de la Seine, en forme de canard », portant en son bec une petite boule qui est un fruit. L'auteur souligne donc qu'on a, avec les monnaies et la statuette, trois cas d'un oiseau en rapport avec la conduite d'un engin – un cheval, un bateau, un char –, « et tenant une boule qui l'empêche, à l'évidence, de se servir de son bec avant d'être menacé[80] ». Or ces offices sont exactement ceux attribués en Grèce à Athèna, et, si aucun mythe à ma connaissance ne met la conduite du char, du cheval ou du bateau sous la protection de l'Athèna oiseau, les auteurs de *Mètis* ont mis en relation l'existence d'une Athèna Aithuia, « Mouette », avec son action de patronage des activités maritimes, en particulier du guidage des navires[81].

Épona, enfin, est fort rarement associée à un personnage masculin[82]. Sans doute est-il difficile de penser que cette forme de la grande déesse celtique pouvait, comme certaines déesses grecques, être conçues comme vierge. Sans aller jusque-là, sur le plan théologique, il est tout de même patent, sur le plan iconographique et cultuel, qu'Épona est seule, comme Athèna est également seule, en refusant tout partenaire mâle[83].

La déesse patronne la cruauté guerrière

C'est un chapitre bien obscur des théologies celtique et surtout hellénique que j'ouvre ici. La déesse qu'on a vue sous des formes si calmes lorsqu'elle est Rhiannon, Épona ou Macha la fée, celle qui en Grèce est la gardienne des portes, des passages, et se tient toute droite, calme, lance et bouclier en main[84], est pourtant, comme le laissent percevoir certains documents, la patronne des rituels guerriers les plus cruels de leurs sociétés respectives.

En 61 de notre ère, les Iceni, peuple de l'est de l'actuelle

Angleterre, soumis aux Romains depuis 47, et victimes depuis cette date des exactions des publicains et des commerçants, se révoltent, sous la direction de leur reine Boudicca, entraînant un grand nombre d'autres Bretons : cela aboutit, selon Tacite, au massacre d'environ soixante-dix mille citoyens romains et alliés. Mais ils ne se contentent pas de tuer, ils accomplissent des rituels guerriers qui choquent par leur horreur. Ainsi, selon le même auteur : « Ils ne faisaient pas que prendre, vendre à l'encan ou user d'une quelconque loi de la guerre, mais ils se hâtaient d'employer le glaive, le gibet, le feu, la croix, comme s'il s'était agi de la vengeance anticipée du supplice qui devait leur être infligé[85]. » Un autre historien, Dion Cassius, est plus précis, et donne en particulier une indication essentielle sur l'aspect religieux de l'affaire : « Voici ce qu'ils firent de plus horrible et de plus féroce : ils pendirent les femmes les plus distinguées, ils leur coupèrent les seins et les leur cousirent sur la bouche afin de les voir pour ainsi dire manger. Après quoi, ils leur enfoncèrent des pieux aigus à travers le corps de bas en haut. Et tous ces forfaits, c'est pendant leurs sacrifices et leurs festins qu'ils s'y livraient, dans leurs temples et notamment dans le bois sacré d'Andrasta (c'est ainsi qu'ils nomment la Victoire) pour qui ils avaient une dévotion particulière[86]. »

Et il prête au général Paulinus, qui va les vaincre, les paroles suivantes, adressées à ses soldats pour les exhorter : « Mieux vaut tomber en braves sur le champ de bataille que d'être pris pour être empalés, pour se voir arracher les entrailles, pour être transpercés par des pieux enflammés, pour périr ébouillantés, comme si nous étions tombés au milieu des bêtes sauvages, sans lois et sans dieux[87]. »

À en croire ces historiens latins, les mises à mort des Romains pris par les révoltés bretons comprennent donc une série extraordinaire de supplices : décapitation (car c'est sans doute l'un des usages du « glaive » évoqué par Tacite), pendaison, incinération, crucifixion, mutilation et empalement des femmes, empalement et transpercement par pieux enflammés des hommes, arrachement de leurs organes après ouverture du corps, noyade dans l'eau bouillante.

Or, l'aspect rituel de ces opérations est fortement indiqué par Dion Cassius, lorsqu'il les assimile à des sacrifices, et ce, dans des sanctuaires et dans le bois sacré de la déesse de la victoire. On ne saurait douter qu'il a raison : d'une part, plusieurs de ces supplices sont déjà évoqués chez les Celtes de Gaule par César – sacrifices humains, entre autres d'hommes mis dans de grands mannequins d'osier et brûlés[88] –, d'autre part et surtout, par Strabon, qui utilise, comme d'ailleurs souvent César, les notes du savant stoïcien Poséidonios qui parcourut une partie de la Gaule quelque cent ans plus tôt : parmi les pratiques divinatoires des Celtes, « un homme avait-il été voué aux dieux, on le frappait par-derrière avec une épée de combat et l'on devinait l'avenir d'après les convulsions du mourant ; on ne sacrifiait jamais sans l'assistance des druides : ainsi parfois ils tuaient les victimes à coups de flèches, ou les crucifiaient dans leurs temples, ou bien encore ils fabriquaient un colosse avec du foin et du bois, y introduisaient des animaux domestiques et sauvages de toutes sortes avec des hommes et brûlaient le tout[89] ».

Ajoutons enfin Diodore de Sicile, en gros contemporain de Strabon, et donc, comme Poséidonios, César, et lui, antérieur à la révolte des Iceni : les Celtes « sont – c'est une conséquence de leur nature sauvage – d'une impiété monstrueuse en leurs sacrifices. Ainsi, ils gardent les malfaiteurs pendant une période de cinq ans, et puis, en l'honneur de leurs dieux, ils les empalent et en font des holocaustes en y joignant beaucoup d'autres offrandes, sur d'immenses bûchers préparés tout exprès. Ils se font aussi de leurs prisonniers de guerre des victimes pour honorer leurs dieux. Quelques-uns font le même usage des animaux qu'ils ont pris à la guerre. Ils les tuent avec les hommes ou les brûlent, ou les font périr dans d'autres supplices[90] ».

On a donc l'attestation, avant même la révolte bretonne, de modes sacrificiels qui sont bel et bien ceux que les Iceni mettront en pratique avec leurs prisonniers romains : incinération dans des mannequins ou sur de grands bûchers, mort lente d'un homme frappé du glaive par-derrière, ce à quoi l'évocation de la mort par le glaive dans le récit de Tacite doit certainement faire allusion aussi, et empalement.

Tous ces modes sacrificiels ont des parallèles ailleurs dans le monde indo-européen[91], et en particulier certains d'entre eux – empalement, crucifixion – dans le domaine iranien (on ignore trop souvent que le supplice du Christ est d'origine iranienne : les Romains ont appris la mise en croix de leurs adversaires proche-orientaux, qui la tenaient eux-mêmes des Iraniens d'avant la conquête d'Alexandre). Et l'on ajoutera ici que le mode de mise à mort des femmes, leurs seins cousus sur leurs bouches et elles-mêmes empalées, rappelle la démonstration d'Éric Pirart selon laquelle les modes sacrificiels iraniens, entre autres l'empalement, consistent à « boucher » la victime, pour des raisons religieuses[92].

Or, ce rituel concernant les femmes est spécifiquement placé par Dion Cassius sous le patronage d'une déesse de la victoire qu'il nomme Andrasta (ou Andate). C'est manifestement une forme de la Bodb ou Mórrígan. En effet, celle-ci est déesse de la guerre et des massacres. C'est parce qu'elle préside à la destruction des ennemis qu'elle est corbeau, animal charognard, et cela seul assure l'identification : c'est évidemment la grande déesse de la guerre que devaient invoquer Boudicca et ses guerriers lorsqu'ils se lançaient dans l'affrontement avec Rome. Il s'ajoute à cette évidence deux points qui la confirment : d'une part, le nom de la déesse paraît – c'est l'analyse qu'en fait Christian Guyonvarc'h – une « forme populaire ou évoluée » du nom dont la forme correcte serait *Andarta*, déesse connue chez les Voconces, et dont le sens, contrairement à ce qui se passe pour la forme bretonne, est clair : c'est la « Grande Ourse[93] ». Car les langues celtiques ont conservé, sous la forme **artos*, le nom indo-européen de l'ours : vieil irlandais *art*, gallois *arth*, vieux-breton *ard*, *arth*, breton *arz*, termes qui signifient non seulement « ours », mais aussi « guerrier ». Ainsi le prénom breton *Armel*, provenant d'*Arthmael*, c'est-à-dire d'**arto-maglos*, signifie « Seigneur-des-Ours », autrement dit « Chef des guerriers[94] ». Ainsi, Andrasta/Andarta n'est pas seulement la « Grande Ourse », c'est aussi la « Grande Guerrière ». D'autre part, en une de ces belles analyses dont il a le secret, le celtisant C. Sterckx a naguère démontré, en se fondant essentiellement sur le texte de Dion Cassius, comment, dans les conceptions celtiques, les seins étaient aux femmes ce que les têtes étaient aux hommes[95]. Or, on a dit plus haut que les têtes récoltées sur le champ de bataille étaient métaphoriquement appelées, en Irlande, les « glands de Macha ». Le cercle se referme : Andrasta recevait des femmes aux seins coupés, sacrifice du versant féminin, et assurément aussi, versant masculin, des têtes coupées. Ajoutons qu'en coupant les seins, organes nourriciers, et en les cousant sur la bouche des femmes sacrifiées, endroit par où l'on mange, on les frappait dans le domaine de la fécondité, en même temps qu'on dénonçait l'avidité des trafiquants romains. Dès lors, si une des trois Macha (j'y reviens ci-dessous) avait charge des têtes coupées, Andrasta se rapproche de la troisième Macha, l'épouse de Cruinniuc, qui avait en charge la fécondité, et fut d'ailleurs « sacrifiée » à l'intransigeance royale.

Tel est le « dossier » celtique de l'affaire. Si l'on se tourne maintenant vers la Grèce, que constate-t-on ? D'abord, que la victoire est du domaine d'Athèna : *Níkê*, la « Victoire », en grec, a d'abord été une épiclèse d'Athèna[96], et est devenue plus tard une déesse autonome, toujours associée à Athèna. Ensuite, que celle-ci s'intéresse à la guerre sous sa forme la plus crue, comme Hésiode l'indique déjà : Athèna est l'« éveilleuse terrible du tumulte, infatigable conductrice d'armées, auguste déesse qui se plaît aux clameurs, aux guerres, aux combats[97] ». Enfin, que les rites guerriers les plus cruels sont précisément, comme c'est le cas pour son homologue irlandaise, associés à cette déesse.

Macha, vient-on de rappeler, est associée à la décapitation : l'expression « glands de Macha », donnée par un lexique irlandais, prolonge un mythe. Des trois Macha, la deuxième est fondamentalement et presque exclusivement guerrière. Après de premières victoires sur ses rivaux, cette Macha doit affronter les cinq fils d'un roi vaincu, Dithorba, car « ils réclamèrent la royauté. Macha dit qu'elle ne la leur donnerait pas parce qu'elle ne l'avait pas prise par contrat mais par la force sur le champ de bataille. Une bataille fut livrée entre eux. Macha gagna la bataille sur les fils de Dithorba si bien qu'ils lui laissèrent un massacre de têtes. Puis elle les envoya en exil dans les déserts du Connaught[98] ».

Or, si la décapitation guerrière n'a guère été pratiquée dans la Grèce historique – elle a été évacuée, comme en témoigne une célèbre anecdote chez Hérodote[99] –, elle est fréquemment mentionnée dans la mythologie, et dès lors c'est Athèna qui, le plus souvent, est la divinité concernée.

Cela se voit, d'abord, sur toutes ses figurations ou presque : car elle porte, sur son bouclier, le *gorgóneion*, dont l'origine est la tête de Mèdousâ, coupée par Persée[100]. Ainsi la « décapitation guerrière » n'existait plus dans la Grèce classique, mais tout Grec savait qu'une tête coupée accompagne l'image de la déesse de la guerre.

Athèna a toujours protégé Hèraklès, comme elle avait protégé Persée, son grand-père. Or, Hèraklès, en digne petit-fils, est le principal coupeur de têtes de la mythologie grecque, mais aussi – corrélativement – celui qui s'est le plus heurté à des coupeurs de têtes : ainsi en Phrygie, le moissonneur Lituersès provoquait les gens à un concours de rapidité dans la coupe du blé, gagnait toujours, et décapitait le perdant ; Hèraklès accepta le jeu, gagna, coupa la tête de Lituersès et la jeta dans le fleuve Méandre[101] ; en Libye (non pas le pays actuel de ce nom, mais l'Afrique, puisque tel était le nom grec de ce continent), Antaios (« Antée ») édifiait un temple à son père Poséidon avec les crânes des passants, Hèraklès le tua ; de la même façon, un nommé Kuknos (le « Cygne ») édifiait un temple à son père Arès, Hèraklès le tua[102] ; on sait qu'il coupa les nombreuses têtes de l'hydre de Lerne, et il voulut encore décapiter Lukos, le régent de Thèbes, et Eurustheus, son éternel persécuteur[103].

Dans un autre récit concernant également Thèbes, la déesse Athèna protégeait le héros Tydée, et pensait même à le diviniser. Tydée faisait partie des « sept chefs » qui attaquèrent la ville de Thèbes, en Béotie, pour y rendre le trône à Polynice, à qui son frère, contrairement à leur accord initial, refusait de le remettre. Thèbes compte sept portes (les anciens Grecs opposaient Thèbes aux sept portes – la leur – et Thèbes aux cent portes : celle d'Égypte). Chacun des sept chefs s'attaqua à une des portes. Contre eux, le roi Étéocle plaça sept héros thébains – c'est le thème de la tragédie d'Eschyle, *Les Sept contre Thèbes*. C'est ainsi que Tydée eut pour adversaire Mélanippos (« Cheval noir ») : il le vainquit et le décapita ; Athèna était près de lui – entendons, présidait à ses actes –, mais voici que Tydée ouvre le crâne et mange la cervelle : Athèna recule d'horreur, et renonce pour toujours à diviniser le héros[104]. On verra dans le dénouement de cette histoire (qui n'est connue que par des sources tardives) une adaptation des idées aux représentations de basse époque : antérieurement, comme on le verra dans un instant, Athèna ne reculait pas d'horreur devant les rites guerriers les plus cruels. Et la manducation du cerveau du guerrier tué, qui n'est précisément attestée en Grèce que par cette anecdote mythique, a été un rite guerrier bien connu dans d'autres sociétés indo-européennes, dans les domaines iranien et celtique[105]. Stace, dans sa *Thébaïde*, assure déjà que Tydée avait offert à Athèna l'immense massacre de guerriers béotiens qu'il avait fait[106].

Athèna protège aussi Achille, qui est le plus grand coupeur de têtes de l'*Iliade* – ce qui est l'un des nombreux points communs que j'ai pu relever entre ce héros et Cúchulainn, protégé de la Mórrígan[107].

On sait que l'île de Chypre a conservé longtemps, jusqu'en pleine époque historique, des rituels qui s'étaient estompés et policés dans la Grèce des cités. Parmi eux, un sacrifice humain est opéré sous la protection d'Athèna : dans la ville de Salamine de Chypre, qui fut la principale cité grecque de l'île, on sacrifiait un être humain à Zeus dans l'enceinte sacrée consacrée à Athèna, à Diomède – le fils du Tydée qu'on vient de mentionner, et l'un des plus grands guerriers grecs de l'*Iliade* – et à Aglauros[108], et – à moins qu'il s'agisse d'un sacrifice différent – cela se passait de la manière suivante : dans le groupe des éphèbes (les jeunes guerriers), l'un d'eux était choisi pour être sacrifié ; on lui faisait accomplir une triple circumambulation de l'autel consacré à Diomède, et, à l'issue du troisième tour, le prêtre tuait l'éphèbe d'un coup de lance dans l'estomac[109]. Aglauros est peut-être ici un personnage masculin (identique à Achille[110] ?) car il est associé à une nymphe Agraulis, mais, à Athènes, une héroïne est appelée Aglauros, ou Agraulos, et est étroitement liée à Athèna : si une légende la dit avoir été aimée d'Arès, le dieu de la guerre, dont elle eu une fille, Alkippê[111], l'histoire la plus connue dit qu'elle et ses sœurs se virent confiée par la déesse la précieuse corbeille qui contenait l'enfant né du sperme d'Hèphaïstos tombé à terre lorsqu'il poursuivait Athèna de son désir. Hormis Pandrosos, nul ne devait regarder le contenu de la corbeille, mais Aglauros seule, ou bien elle et sa sœur Hersê furent trop curieuses : elles entrouvrirent le toit de la corbeille, et virent, soit un nouveau-né entouré d'un serpent, soit deux serpents, soit un bébé mi-serpent mi-être humain ; alors, selon les versions, horrifiées par leur vision, ou bien rendues folles par Athèna à qui une corneille était allé raconter leur indiscrétion, elles coururent se précipiter dans le vide du haut de l'Acropole ; ou encore, c'est le serpent de la corbeille qui les tua[112]. Aglauros fut aussi la première prêtresse d'Athèna, et en son enceinte sacrée, l'Aglaureion, sur l'Acropole d'Athènes, se célébrait une partie des rites d'initiation de jeunes filles lors des Arrhêphoria[113], mais surtout, une inscription a révélé que c'est là qu'était prêté chaque année par les éphèbes de l'Attique le serment de protéger militairement les terres du pays, et c'est sans doute à ce moment qu'ils recevaient leurs armes[114]. Par ailleurs, Pandrosos est aussi, dans certaines versions, une fille du roi d'Athènes Erekhtheus, et ce roi, obéissant à un oracle, fit sacrifier ses filles pour sauver l'Acropole lors de la guerre qu'il mena contre la ville (autrefois indépendante) d'Éleusis[115].

Autrement dit, Athèna a patronné à Chypre un rite initiatique masculin comprenant des mises à mort authentiques de jeunes hommes, tandis qu'à Athènes il y a eu dédoublement entre les fonctions d'une héroïne étroitement liée à Athèna, qui patronne d'un côté des rites éphébiques, sans mention de sacrifice humain, de l'autre des rites féminins où le thème de la mise à mort survit à la fois dans le mythe de l'autosacrifice ou du meurtre de trois jeunes héroïnes, et dans celui de sacrifice de trois jeunes sœurs au cours d'une guerre.

Liée ainsi à la décapitation guerrière et à des rites de sacrifices humains, Athèna est aussi la déesse qu'on rencontre chaque fois qu'en Grèce il est question d'une pratique particulièrement cruelle, l'écorchement : Athèna est aussi appelée *Pállas*, mais plusieurs textes font de Pallas un être distinct, et dès lors étroitement proche, d'Athèna. En somme, Pallas est Athèna ou son double. Selon un mythe, Athèna obtint l'*aigís* (l'égide) de la peau d'un géant, nommé Pallas. Selon un autre, le *xóanon* (statue de type primitif) de Pallas, ou *Palládion*, à Ilios, était recouvert d'une peau humaine[116]. On a signalé comment Hèraklès est le protégé d'Athèna. Passant dans l'île de Kôs, ce héros se heurte à un adversaire redoutable, Astéros, invulnérable aux coups des mortels. Mais Hèraklès gagne – bien sûr – grâce à une intervention d'Athèna, qui revêt ensuite sa peau[117].

D'aucuns auraient pu croire qu'il n'y avait que des divinités aztèques, pour être recouvertes de la peau d'écorchés ! Eh bien, il apparaît, de manière trop récurrente pour qu'elle n'ait pas répondu à une prescription rituelle, que les images de la déesse Athèna ont également été revêtues d'une peau humaine – à haute époque du moins, peut-être remplacée par une peau de chèvre (l'égide) à époque historique.

On évoquait plus haut le malheureux Marsuâs, qui fut écorché pour avoir perdu dans un concours musical. Son tortionnaire est Apollon. Mais, à l'origine du drame, c'est encore Athèna qu'on trouve : c'est elle qui, ayant inventé la double flûte, s'aperçoit en se regardant dans une rivière – ou bien Hèra et Aphrodite le lui disent (noter que, curieusement, on retrouve exactement ici les trois déesses du jugement de Pâris) – que jouer de cet instrument déforme hideusement le visage. Alors, Athèna jette la flûte au loin, déclarant que quiconque la ramassera souffrira les plus terribles châtiments. En ce sens, Apollon n'est que l'exécuteur de la malédiction d'Athèna. C'est elle l'ultime responsable de l'écorchement de Marsuâs.

On citera pour terminer un épisode donné pour historique : il serait en ce cas le seul, me semble-t-il, attribué à un Grec en pleine époque classique. Mais rassurons-nous : il baigne dans une atmosphère mythique. C'est en effet le lexicographe byzantin Stéphane de Byzance qui le rapporte, lorsqu'il explique que la ville nommée *Anthana* tirait son nom d'un nommé Anthès, fils de Poséidon, que Kléoménès, roi de Sparte (et historique ! il vécut approximativement de 520 à 547) tua, puis écorcha ; il écrivit ensuite sur sa peau, et cela réalisa d'antiques oracles[118]. Voir un roi historique combattre un fils de Poséidon étonne. Mais peu importe. Ce qu'il faut par contre souligner, c'est que Kléoménès fut l'un des membres de la dynastie des Agiades, et que, des deux dynasties qui régnaient conjointement à Sparte, c'est celle qui avait le plus d'affinités avec la guerre, et avec Athèna[119]. Et, dans cette dynastie, il assuma sa position au paroxysme, puisqu'il remplit sa vie d'actes de violence extrême, remporta plusieurs victoires, et finit par se suicider en se jetant sur son épée[120]. Or, son lien avec Athèna est plus direct encore : il n'eut qu'une fille unique, dit Hérodote[121], et elle s'appela *Gorgô* : c'est le nom même (les Grecs disaient aussi bien *Gorgô* que *Gorgôn*) de la figure hideuse inscrite sur le bouclier d'Athèna, la fameuse tête de Mèdousâ.

Ainsi, la totalité des cas connus d'écorchement dans la tradition grecque se rapportent, directement ou indirectement, à Athèna.

L'écorchement n'a pas été mentionné par les Anciens dans les pratiques celtiques, même parmi les horreurs que subirent les Romains de la part des Iceni. Il est pourtant attesté, par l'archéologie, en domaine celtique[122]. En dehors de cela, comme d'autres supplices (ci-dessus), il est principalement connu dans le monde iranien[123].

La déesse et le rouge

On a signalé des passages de textes irlandais où la déesse de la guerre est rouge, ou en relation avec cette couleur : ce sont les « lumières de la Bodb » composées entre autres d'« étincelles de feu rouge dans les nuages et les vapeurs au-dessus de la tête » de Cúchulainn, semblables à des « branches d'épines rouges autour du trou d'une vieille haie[124] », et par ailleurs la rencontre entre le même héros et une femme rouge, aux sourcils, au manteau et à l'équipement rouges, dans un char attelé d'un cheval rouge. Je signalais alors que le rouge est la couleur de la guerre dans la tradition celtique et indo-européenne[125]. On ne s'étonnera donc pas d'en trouver aussi l'attestation du côté d'Athèna.

L'attestation directe est tardive, car seule une scholie à l'*Alexandra* de Lykophron nomme une Athèna *Phoinikê*. Mais déjà Éphore, au IVᵉ siècle, parle d'une colline de Corinthe appelée *Phoinikaion*[126], et cette mention est confirmée par une inscription qui fait état d'un mois *Phoinikaios* à Corinthe. Lorsqu'on sait, d'une part, que les mois grecs tirent généralement leur nom de divinités et/ou de fêtes consacrées à des divinités, d'autre part que les sanctuaires d'Athèna sont très souvent situés au sommet d'une élévation (l'Acropole d'Athènes n'était que le cas, de loin ! le plus célèbre), on comprend que les spécialistes considèrent que ces éléments indiquent un culte d'Athèna Phoinikê à Corinthe, et ce, nécessairement anciennement, car le mois *Phoinikaios* se retrouve à Corcyre, colonie de Corinthe fondée dès le VIIIᵉ siècle[127]. *Phoiníkê* est une forme féminine de *phoînix*, « rouge pourpre », dont le génitif est *phoînikos*, et le grec connaît les formes dérivées *phoiníkis*, « vêtement ou étoffe d'un rouge écarlate », *phoinikioûs*, *phoinîkios*, « d'un rouge pourpre ». Le mot *phoinîx* a aussi les deux sens de « palmier » et de « Phénicien », mais l'on ne voit pas de raison qu'une ancienne déesse de Corinthe se soit appelée « Celle du palmier » ou « la Phénicienne ». Il s'agit donc bien de la « Rouge » : ainsi, comme la Bodb ou la Mórrígan, Athèna est rouge.

Le regard de la déesse

On vient de mentionner Mèdousâ, et le *gorgóneion*. Cet objet avait valeur apotropaïque : avec ses grands yeux, sa chevelure hérissée de serpents, sa langue pendante, le masque de la Gorgone fait peur, et écarte, repousse. Il correspond à ce rôle d'Athèna que j'ai souligné plus haut : garder les portes, c'est-à-dire contrôler les passages. Athèna est comme un hoplite : elle se tient droite, avec lance et bouclier, face à l'ennemi potentiel.

Mais la Gorgone avait aussi une valeur plus forte. On sait que, d'après le mythe, le regard des Gorgones pétrifiait, et Persée, pour couper le cou de Mèdousâ, dut ruser : il vint par-derrière et passa un miroir devant les yeux de l'horrible créature. Dans une autre version, c'est Athèna elle-même qui glissa le miroir devant les yeux de la Gorgone. La tête coupée de celle-ci était censée garder ce pouvoir : plus qu'apotropaïque, elle était menaçante, et en la maniant Athèna pouvait pétrifier l'adversaire. C'est d'ailleurs ce regard qui valut leur nom aux trois monstres femelles. *Gorgós* est un adjectif signifiant

« véhément, impétueux », et, appliqué au regard, il qualifie par exemple celui du cheval, et signifie « effrayant, terrible[128] ». C'est ce regard qu'a le formidable guerrier Hector, quand l'*Iliade* dit de lui que « dans ses yeux luit le regard de la Gorgone[129] ». Mais le regard de l'image qu'elle a sur son bouclier s'identifie bien sûr au regard de la déesse elle-même : elle est dite *Gorgôpis*, « Celle au regard *gorgós* » ou « Celle de la Gorgone », tandis que son épiclèse la plus commune, *Glaukôpis*, que Mazon et d'autres ont traduite par « aux yeux pers », est rendue par « au regard éclatant » par Detienne et Vernant[130]. Athèna reçoit encore les épithètes d'*Optillétis*, ce que Pausanias[131] traduit par *ophthalmîtis*, à Sparte, donc quelque chose comme « aux yeux étincelants », d'*Oxyderkès* (« Celle au regard aigu »), à Argos, en relation avec les exploits de Diomède, et avec son bouclier[132]. Elle est encore *Narkaíâ*, « Celle qui engourdit » (par son regard qui paralyse, comme celui de la Gorgone, bien sûr), à Élis, dans un sanctuaire consacré par un héros vainqueur de ses voisins[133].

Si l'Irlande mentionne le cri de la Bodb, elle ne s'attache pas à son regard. Par contre, un sanctuaire célèbre du monde celtique est celui découvert dans l'est de l'Angleterre, à Bath, anciennement *Aquae Sulis*, c'est-à-dire « Bains de la déesse Sulis ». Cette déesse est connue aussi sur le continent, à Alzey, en Hesse[134]. L'historien romain Solin la mentionne, preuve d'une certaine notoriété, et, détail particulièrement intéressant, la désigne par l'expression *Minerva Sulis*[135]. Or, cette identification à la déesse romaine de la guerre est confirmée par les fouilles britanniques du lieu de son sanctuaire, d'époque gallo-romaine : son fronton était en effet orné d'une Gorgone mâle[136], ce qui est un motif emprunté, hormis le sexe, à l'iconographie gréco-romaine, puisque, on l'a dit, le *gorgóneion* orne le bouclier d'Athèna. On ne peut évidemment attribuer le changement de sexe qu'aux idées indigènes – il s'agit peut-être d'une figuration solaire, car on a aussi une représentation solaire dans un des frontons du portique entourant la source sacrée du sanctuaire[137]. Le sens de *sulis* a été discuté, les auteurs hésitant entre les valeurs de « soleil » et d'« œil », mais les philologues penchent aujourd'hui pour la seconde interprétation, en raison du mot irlandais *súil*, provenant d'un ancien **sûli-*, quitte à supposer, comme le font K. H. Schmidt ou A. Bammesberger, que l'étymologie du mot le rattache à un sens antérieur de « soleil », par métaphore[138]. *Minerva Sulis* est donc bien la « déesse de la guerre caractérisée par son œil ». Cela seul évoque déjà la déesse grecque, caractérisée par son regard, qui est *glaukôpis*, *gorgôpis*, etc.

Mais il y a plus : la déesse d'*Aquae Sulis* avait en charge la santé de l'œil. Les fouilles à Bath ont livré un cachet d'oculiste, et un artisan de cette corporation avait pour nom *Minervalis*, ce qui, note

P.-Y. Lambert, « dit assez bien que la corporation des oculistes était sous la bannière de Minerva-Suli[139] ». Or tel était précisément l'un des offices d'Athèna Optillétis à Sparte : dans le mythe de fondation du sanctuaire, il est dit que Lukourgos, le grand législateur mythique de la ville, ayant eu l'œil crevé[140], s'enfuit, et parvint à l'endroit où fut ensuite fondé ce sanctuaire, où des Lacédémoniens le secoururent, en lui permettant de sauver l'œil qui lui restait[141]. Il fonda le temple en souvenir de cet événement, mais, selon une version que Plutarque cite d'après un nommé Dioskoridès, auteur d'un traité sur la *Constitution laconienne*, Lukourgos ne perdit pas son œil : il fut guéri, et c'est en souvenir de cette guérison qu'il fonda le sanctuaire[142].

Le regard de la déesse que je dirai celto-grecque est donc à la fois apotropaïque et éventuellement terrible (accompagné du *gorgóneion*), mais a aussi portée médicale : en son sanctuaire, on est soigné[143].

Notons enfin un détail singulier : Mèdousâ, lorsqu'elle est tuée par Persée, donne naissance, de son cou, à des êtres jumeaux : Khrusaôr, « Épée d'or », et le cheval Areiôn. Or, ce sont aussi à des jumeaux que donne naissance Macha, à la suite d'un concours (et le meurtre de Mèdousâ par Persée a valeur agonistique), et en mourant[144]. Mieux encore, une tradition rapporte qu'elle donna naissance à un fils et à un cheval, le Gris de Macha – dont une autre version veut qu'il naquit d'un lac[145]. Voici autant de fils qui relient les déesses grecque et celtique.

Les techniques

Un des aspects les plus importants de l'Athèna des Grecs est son patronage des techniques : interférant avec Hèphaïstos, maître des techniques métallurgiques, elle protégeait aussi bien le forgeron, car « l'ingénieux fondeur qui sait fabriquer de beaux vases d'or et d'argent est l'apprenti d'Athèna[146] » et « le forgeron qui assemble la charrue, Hésiode le nomme serviteur d'Athèna[147] », que les artisans du quartier du Céramique, à Athènes, fabriquant de la poterie, et le tissage, à ce titre surveillant l'éducation des petites filles lorsqu'elles apprennent ce qui sera un de leurs offices principaux de femmes, la fabrication des vêtements. Ainsi, par exemple, de Pénélope, à qui elle a prêté son étonnante habileté manuelle[148], ou des filles d'Oriôn, Métiokhê et Ménippê : « Athèna leur enseignait à tisser la toile à la perfection et Aphrodite leur donna une grande beauté[149]. » À ce patronage, très général, et assurément commun à toute la culture grecque[150], Athèna doit l'épiclèse d'*Ergánê*, « l'Industrieuse » (le radical du mot sur lequel est formé *ergánê* se retrouve dans notre propre mot *én-ergie*, et est apparenté aux mots anglais *work*, allemand *Werk*).

Les documents concernant ce registre dans le domaine celtique sont rares. Mais ils sont déterminants : le parallèle est absolu. En effet, quelle est la définition que, dans la *Guerre des Gaules*, César donne de la déesse qu'il est le premier à appeler « Minerve » ? « Minerve s'occupe des arts et des métiers » (*B. G.*, VI, 17). C'est bref, comme tout ce que dit César de la religion des *Galli*, et c'est essentiel : la déesse, qui est évidemment la déesse de la guerre des Celtes, la Bodb et la Mórrígan des Irlandais, patronne, tout comme l'Athèna grecque, les arts (entendons, les techniques) et les métiers. Elle interfère donc avec Lug, « sympolytechnicien », en une sphère certainement plus spécialisée, puisque lui-même se caractérise en coiffant l'ensemble des connaissances intellectuelles et techniciennes.

Les recoupements à cette définition fondamentale de César dans le domaine celtique indigène sont maigres. Ils existent toutefois, et sont aussi clairs. Rappelons-les.

Un nom irlandais de la grande déesse celtique est *Brigid*. Son identité avec la déesse de la guerre ne fait aucun doute. Le nom signifie « la Brillante », ce qu'on a depuis longtemps rapproché d'une épithète, celtique, de la Minerve gallo-romaine : *Belisama*[151] – terme qu'on doit traduire par « La Très Brillante ». Brigid est l'épouse de Bres, dont on a parlé à plusieurs reprises, et sur lequel on devra encore revenir[152], et elle est la mère de trois héros, Brian, Iuchar et Uar (ou Iucharba), dieux de l'art poétique[153]. La poésie est l'un des arts que possède Lug Samildanach : Brigid est ainsi mère de trois personnages qui possèdent une partie des savoirs de celui-ci. D'aucuns objecteront peut-être ici qu'aux points communs que je relève dans ce chapitre entre la déesse Athèna et la déesse homologue celtique fait obstacle la notion d'une Brigid mère : tant il est certain qu'Athèna est déesse vierge. Cet obstacle n'est pourtant pas rédhibitoire. La tendance des Grecs à attribuer la virginité à des déesses est un trait original, une dérive propre à eux, qui parvient à faire de trois d'entre elles des vierges, alors que leurs équivalents dans d'autres mythologies ne le sont pas.

Qu'il s'agisse d'une dérive, d'une évolution à partir d'un état antérieur où la virginité des divinités féminines n'était pas systématique, est prouvé, précisément dans le cas d'Athèna, par une épiclèse éléenne, et par un mythe : Pausanias a recueilli une curieuse tradition, selon laquelle les femmes d'Élide, inquiètes qu'à la suite de la guerre d'Hèraklès contre Élis leur pays soit privé d'hommes vigoureux, prièrent Athèna de pouvoir être fécondées dès leur première union avec leurs époux. Athèna répondit à leur demande, et pour la remercier les femmes fondèrent un sanctuaire à Athèna *Mêtêr*, c'est-à-dire « Mère[154] ». Le mythe et l'épiclèse s'accordent pour dire qu'il a existé en Grèce ancienne, très ancienne, une conception, que seule l'Élide a conservée jusqu'en pleine époque historique, selon laquelle Athèna favorisait les naissances et était « mère » elle-même, ce qui renvoie à un temps où la pulsion de l'esprit grec en l'idée de la virginité des déesses n'était pas encore aussi absolue[155]. En clair, on entrevoit par là qu'Athèna n'a pas toujours été une déesse vierge. Et de fait, un motif mythique existe, qui donne à Athèna un enfant. Unie à Hèphaïstos, elle aurait engendré Apollon Patrôos[156]. Il faut rapprocher de celui-ci un mythe athénien selon lequel, un jour où Athèna rendait visite à Hèphaïstos pour lui commander des armes, il tenta de la violer ; elle se débattit, et du sperme du dieu coula sur sa jambe ; dégoûtée, elle s'essuya avec de la laine, qu'elle jeta à terre. C'est alors la terre qui donna naissance à un enfant, qui sera l'un des premiers rois d'Athènes, Erikhthonios[157]. Un tel récit paraît l'adaptation d'une version plus crue, semblable au mythe précédent, où l'union entre le dieu forgeron et la déesse avait bel et bien lieu. Cela dit, on doit rapprocher le motif du sperme jeté à terre d'un récit indien analogue, où le dieu Vivasvat voulant s'unir à son épouse, la belle Saranyû, celle-ci le refusa, quoique ayant déjà eu des enfants avec lui, et prit la forme d'une jument ; il s'adapta aux circonstances, et se changea en étalon ; alors elle lui fit face. L'étalon éjacula sur l'herbe, et plus tard Saranyû jument mangea cette herbe, fut fécondée, et donna naissance à de nouveaux enfants, les Aśvina, dioscures indiens[158]. Saranyû rappelle donc directement Athèna et Épona, aussi « juments » qu'elle. Or, dans le mythe indien, c'est bien Saranyû qui consomme l'herbe imbibée de sperme, et qui est mère. Par là, le mythe athénien sur la naissance d'Erikhthonios rejoint l'épiclèse éléenne d'Athèna « Mère », qui est, du coup, justifiée.

Ce point réglé, on peut revenir à ce que l'Irlande a écrit sur sa Brigid. On a cité ce qu'elle dit de sa maternité. Mais un texte essentiel est la notice qu'un ancien dictionnaire irlandais, le *Sanas Cormaic*, donne, au mot *Brigit*, à savoir une définition de Brigit en trois personnes : l'une, dit-il, était poétesse, une seconde druidesse, et une troisième médecin et « forgeronne[159] ». On reviendra sur ce texte pour sa valeur fonctionnelle. Ce qu'il importe ici de souligner, c'est que Brigid couvre donc quatre « arts », ou techniques. Le premier, l'art poétique, redouble ce qui était dit de ses fils – et le confirme. Les trois autres sont nouveaux, mais l'un d'entre eux au moins recoupe à la fois la définition césarienne de « Minerve », et la définition grecque d'Athèna : les « arts et métiers » dont parle César doivent englober les arts du feu, et une Brigid forgeronne répond pleinement à la définition, comme à l'Athèna grecque, dont on a dit comment elle patronne, à côté d'Hèphaïstos – précisément son parèdre, dans les mythes qu'on vient de mentionner –, l'activité des forgerons. Dès lors, maîtresse d'une technique par excellence – où elle interfère avec le forgeron divin, Goibniu, exactement comme Athèna avec Hèphaïstos –, Brigid est bien l'un des répondants irlandais de la Minerva gauloise, et cette déesse mériterait, autant qu'Athèna, l'épiclèse d'*Ergánê* !

Cette comparaison peut enfin s'enrichir par un détour du côté des continuatrices d'Épona dans la tradition française. Un personnage connu dans le Jura bernois et la région de Montbéliard est la tante Arie. On la décrit parfois comme ayant des dents de fer et des pattes d'oie, et elle voyage toujours accompagnée d'un âne. Elle habite une grotte, et s'aide d'un bâton pour gravir la montagne d'où elle va s'envoler et distribuer des cadeaux : arrivée au sommet, elle tend le bâton vers le ciel, et il se change en oiseau, qui la portera de toit en toit. Trois caractères de la grande déesse celtique sont donc réunis en cette figure : les pattes d'oie rappellent que la déesse est entre autres oiseau aquatique – on signalait plus haut comment la déesse Sequana est liée au canard, et de la même façon Brigitte (forme continentale de Brigid) a, dans des contes ou dans la vie de la sainte de ce nom, des relations étroites avec cet oiseau[160] –, les dents de fer font penser à la maîtrise de la métallurgie de la même Brigitte, et l'âne qui accompagne Arie rappelle les figures où Épona est debout, encadrée de chevaux. On objectera peut-être qu'un cheval n'est pas un âne. Pourtant, les Gallo-Romains n'ont pas marqué la différence, quant au patronage divin : Tertullien déjà, au IIIe siècle de notre ère, rétorque à ceux qui accusent les chrétiens d'adorer une tête d'âne qu'ils ne font pas mieux, vénérant même l'âne tout entier, et les autres bêtes de l'écurie, lorsqu'ils rendent un culte à Épona[161]. Le troisième est le suivant : cette tante Arie sortait au moment de la nuit de Noël. Un document exceptionnel, appelé le calendrier de Guidizzolo, est l'infime reste d'un calendrier celtique, car trouvé près de Mantoue, qui fut terre celtique[162] ; sa seule partie lisible donne la date de la fête (ou d'une fête...) d'Épona : le 18 décembre. Or, la tante Arie, au sein d'un office global de récompense des gentils enfants et de punition des méchants, a une fonction précise, qu'elle partage d'ailleurs avec d'autres êtres légendaires féminins (la Beuffenie de Bourgogne, la reine Berthe de Franche-Comté[163], Lorraine et des pays germaniques) : exactement comme Athèna, elles punissent les fileuses négligentes, ou celles qui travaillent à une date proscrite, à savoir la nuit de Noël (24 décembre) ou dans la période voisine[164].

Labours et bovins

Un autre aspect de la compétence technique d'Athèna porte sur les labours. On lui attribue l'invention de l'araire et de l'attelage de bœufs. Elle reçoit pour ces raisons les épiclèses de *Boarmíâ*, « Celle qui attelle les bœufs », *Boúdeiâ*[165], « Celle qui lie les bœufs au joug », de *Tauropólos*[166], « Celle qui est honorée par des sacrifices de taureaux », d'*Ágriska*[167] ou d'*Agripha*, « Agricultrice[168] », et le charron est appelé « serviteur d'Athèna[169] » – parce que savoir conduire un véhicule, comme savoir mener les bœufs le long des sillons en boustrophédon, comme on le faisait en Grèce ancienne, relève d'une technique, d'un art.

Plusieurs indications suggèrent qu'il en était de même de son homologue celtique. Les données sont irlandaises, une fois encore. Un texte[170] parle du défrichement d'une plaine, Mag mBrig, textuellement « plaine de Brig », et ses habitants, les défricheurs donc, sont dits « amis de la Mórrígan ». Par ce double patronage, celui de Brig (forme abrégée de Brigid, ci-dessous) et de la Mórrígan, l'activité de fondation agraire est comparable à ce qui se passe en Grèce, où la déesse Athèna est à l'origine des travaux agricoles par le fait qu'elle en a inventé les moyens.

Quant à la relation avec des bovins, indiquée en Grèce principalement par des épiclèses, elle est attestée en Irlande dans différentes circonstances qui montrent une relation entre la déesse et des vaches. Dans le récit de la « Razzia des vaches de Regamain », lorsque Cúchulainn rencontre une femme rouge, sur un char tiré par un cheval à une patte (ci-dessus) – cette femme n'est autre que la Mórrígan –, il y aussi avec elle un homme rouge, poussant une vache devant lui. On apprend que la femme, qui est satiriste, donc poétesse, a gagné la vache pour un poème, et, dit-elle, « j'emmenai cette vache du Sid de Cruachan afin que le Brun de Cúalnge, c'est-à-dire le taureau de Dairé Mac Fiachna, la couvrît chez moi à Cúalnge. Tu resteras en vie [dit-elle à Cúchulainn] aussi longtemps que le veau qui est dans le ventre de cette vache sera un veau d'un an, et c'est cela qui sera appelé la Razzia des vaches de Cúalnge[171] ». Et c'est au cours de cette dernière que la Mórrígan apparaît à Cúchulainn « sous la forme d'une génisse blanche aux oreilles rouges, avec cinquante génisses autour d'elle et une chaîne entre chaque couple de génisses ». Il la blesse, et de même lorsqu'elle vient encore s'en prendre à lui sous la forme d'une anguille, puis d'une louve[172]. Quelque temps plus tard, elle lui réapparaît « sous la forme d'une vieille femme », « occupée à traire une vache à trois pis », grâce à laquelle elle peut désaltérer, à trois reprises, le héros torturé par la soif après de durs combats, et comme il l'en remercie chaque fois – « Que soit saine promptement celle qui m'a donné cela » –, il guérit en trois fois les blessures qu'il lui a faites[173].

Ailleurs, dans le même texte, c'est elle qui s'adresse au taureau, le Brun de Cúalnge, pour le mettre en garde contre les « hommes d'Irlande » qui vont venir pour l'enlever : « Bien, ô malheureux Brun de Cúalnge, fais attention, car les hommes d'Irlande vont venir à toi, et ils t'emmèneront à leur camp si tu ne fais pas attention[174] », et le désir de voler des vaches est directement placé sous le patronage de la déesse : Laeg, le cocher de Cúchulainn, réveille les Ulates pour les appeler au combat en rappelant que « la Bodb désire les vaches d'Imbel » (c'est-à-dire : les guerriers irlandais attaquent pour voler les vaches et le taureau), et il rappelle que « le Chien [c'est-à-dire Cúchulainn] frappe ce que réclame Macha de bon matin, si c'est pour les vaches de Cúalnge qu'ils se lèvent[175] ».

Instruments à vent et plainte funéraire

Athèna a d'importantes relations avec la musique. Selon Pindare[176], après la mort de Mèdousâ, voulant imiter les plaintes de ses sœurs Eurualê et Sthénô, et les sifflements des serpents de leurs chevelures, elle invente la flûte riche en sons de toutes espèces. « Ainsi, note A. Moreau, le meurtre et la douleur se transformèrent-ils en sons mélodieux[177]. » Athèna recevait par ailleurs, à Argos, l'épiclèse de *Sálpinx*, « Trompette[178] ».

Or, on citera ci-dessous, dans un autre contexte, un passage de la *Seconde bataille de Mag Tuired*, au terme duquel une nommée Brigh invente les lamentations funéraires pour son fils mort ; d'autre part, ajoute l'auteur en mentionnant cet épisode, « c'est cette Brigh qui avait inventé un sifflet pour appeler pendant la nuit[179] ».

Le parallélisme est remarquable :

– c'est à Athèna, en Grèce, à Brigh, en Irlande – forme abrégée de Brigid –, que l'on attribue l'invention d'instruments à vent : flûte, trompette, sifflet ;

– cette invention est liée à la création des lamentations funéraires : en Irlande, parce que c'est la même personne qui invente le sifflet et les lamentations, et le texte relie les deux événements ; en Grèce, parce qu'Athèna, dans le texte cité, invente la flûte à l'occasion d'un meurtre, et, ajoute Pindare, avant de raconter cette mise à mort de Mèdousâ, la poésie funèbre fut « inventée jadis [par] Pallas Athèna, quand elle tressa le thrène sinistre des Gorgones farouches[180] ».

On ne peut pas, dans un pareil cas, ne pas parler de mythologie héritée : la Grèce ne pouvait transmettre à l'Irlande des idées qui apparaissaient chez elle dissociées (ode pindarique d'un côté, tradition argienne de l'autre), pour composer, sur le personnage de la déesse Brigh, le même assemblement d'idées, d'ailleurs situées dans un contexte différent (Brigh n'est pas une déesse guerrière, et le sifflet avait sans doute, ci-dessous, un usage magique, plutôt que militaire). Il s'agit bien d'une matière dont la Grèce et l'Irlande sont les communes héritières.

Les déesses trivalentes

Le dernier point commun que je note entre les déesses de la guerre irlandaise et grecque est leur définition ou la répartition de leurs actions sur les trois fonctions indo-européennes[181].

Pour la Grèce, la démonstration en a été faite naguère par l'helléniste Francis Vian, lorsqu'il a noté qu'une inscription du Ve siècle avant notre ère[182] indique qu'on sacrifiait à Athèna, lors de sa grande fête à Athènes, les Panathénées, dans l'ordre suivant : d'abord à Athèna Hugeiâ (« médicale »), à l'« ancien sanctuaire » ; à Athèna Polias (« De la ville »), sur l'autel archaïque ; à Athèna Nikê (« Victoire »), sur le nouvel autel. L'« ancien sanctuaire » est sans doute celui dédié collectivement à Gê (la Terre), Pandôrâ et Pandrôsos, en contrebas de l'Acropole, tandis que les deux autres autels sont au sommet de celle-ci. Ainsi, la première forme d'Athèna connote la santé, et, par les associations du sanctuaire, la Terre et l'abondance (*Pandôrâ* : « Celle qui donne tout[183] »), la seconde est l'Athèna souveraine, celle de la cité (*pólis*) ; et la troisième est guerrière – on citait ci-dessus comment Athèna Nikè siège à l'entrée de l'Acropole pour veiller sur elle. C'est là un bel exemple grec de tripartition fonctionnelle[184].

En Irlande, c'est à trois reprises que la déesse de la guerre, ou plus exactement la grande déesse, s'offre à des lectures trifonctionnelles. Le premier cas est fourni par le célèbre trio des déesses appelées Macha, auxquelles il a déjà été fait allusion plusieurs fois dans ce qui précède. Il s'agit de trois déesses homonymes, si différentes dans leurs mythes respectifs :

– la première est l'épouse de Nemed (dont le nom signifie « le Sacré ») : elle est ainsi la première reine d'Irlande, et de plus, elle est voyante : elle « vit dans un rêve, longtemps avant que cela ne se produisît, tout le mal qui se ferait lors de la Razzia des vaches de Cúalnge[185] » ;

– la seconde est typiquement guerrière : alors que trois rois, Dithorba, Aed Ruad et Cimbaeth, ont conclu un accord selon lequel ils régneraient alternativement sept ans chacun, et que le mécanisme a fonctionné soixante-trois ans, à la mort du second, sa fille unique, Macha à la chevelure rouge, « réclama le tout de son père à la royauté. Cimbaeth et Dithorba dirent qu'ils ne laisseraient pas la royauté à une femme. Une bataille fut livrée entre eux et la bataille tourna en déroute devant Macha. Elle fut pendant sept ans dans la royauté. Dithorba tomba à Corann pendant ce temps. Il laissa cinq nobles fils : Breth, Bras, Bétach, Uallach et Borbchas. Ils réclamèrent la royauté. Macha dit qu'elle ne la leur donnerait pas parce qu'elle ne l'avait pas prise par contrat mais par la force sur le champ de bataille. Une bataille fut livrée entre eux. Macha gagna la bataille », et c'est alors qu'elle récolte sur les fils de Dithorba « un massacre de têtes » parmi leurs guerriers. Elle envoie les vaincus dans les déserts du Connaught, et cherche ensuite encore vengeance : après avoir épousé Cimbaeth, elle va provoquer les fils de Dithorba sous les traits d'une vieille lépreuse : chacun veut en profiter pour la violer, et part avec elle dans les bois. Mais « elle les lia tous par sa force physique et c'est avec un seul lien qu'elle les emmena chez les Ulates », où, plutôt que de les tuer, elle conseille de les réduire en servage pour leur faire construire une forteresse[186].

Ainsi, comme le notait Dumézil dès 1954, « les ressorts de tout le récit sont le combat et la force » : Macha vainc deux coalitions, capture des fils de rois en les domptant par la seule supériorité de sa force physique, et ne pense ensuite qu'à se servir d'eux pour construire un ouvrage défensif. Ajoutons qu'elle est rouge, couleur de la guerre : sa chevelure est rouge, et, dans la version du *Dindsenchas de Rennes*, lorsqu'elle se travestit en lépreuse, c'est en usant de pâte de seigle et de tourbe rouge. Quant à son époux Cimbaeth, son nom est un dérivé de *cimb*, « pillard » ;

– enfin, la troisième Macha est celle dont j'ai raconté la légende ci-dessus, légende qui la rapproche de la galloise Rhiannon et d'Épona. Soulignons seulement ici ses caractères : c'est une bonne fée, qui arrive chez Cruinniuc, le paysan, déjà riche, déjà père, faisant dans certaines versions fonction d'aubergiste, et elle se comporte aussitôt chez lui comme une bonne ménagère, comme sa femme, et sa présence enrichit le paysan. Lorsque celui-ci commet la bévue qui amène le roi à organiser un concours de vitesse[187] entre Macha et ses propres chevaux[188], celle-ci est enceinte, et elle enfante des jumeaux – les jumeaux sont signes de fertilité et de « pléthore », comme l'ont souligné respectivement Uno Holmberg et Daniel Dubuisson[189] –, tout en condamnant les Ulates à n'être pas plus valides qu'une femme en couches. Par l'insistance sur ces thèmes – abondance, nombre, féminité, fertilité –, cette Macha appartient pleinement à la troisième fonction[190].

On observera combien la situation de ces Macha rappelle ce que les trois déesses offraient à Pâris pour qu'il donne la pomme à l'une d'elles : Hèra lui promettait la royauté, sans avoir à définir un moyen ; Athèna lui promettait des conquêtes grandioses, sur lesquelles il pourrait alors régner. Il y a donc deux modes d'accès à la royauté : l'un en quelque sorte naturel, évident, l'autre par la conquête militaire. C'est exactement ce que la tradition irlandaise dit des deux Macha qui régnèrent : la première le fit simplement parce qu'elle était l'épouse de Nemed, deuxième émigrant en Irlande, premier roi ; la seconde règna certes après son père, mais n'y parvint que par la conquête, le combat, la force. Quant à la troisième Macha, c'était, dit l'une des versions, une « belle jeune femme », et, selon l'autre, Crunniuc « n'avait jamais vu de femme qui fût plus belle de forme que la femme qui venait » : c'est-à-dire que cette Macha était exactement ce que la troisième déesse grecque, Aphrodite, promettait à Pâris, en la personne d'Hélène.

Le second cas de trifonctionnalité a été mis en relief par C. Sterckx, dans l'un de ses premiers articles. On le citait plus haut, parce qu'il repose sur une définition de Brigid dans un dictionnaire, définition où la déesse est dite à la fois poétesse, druidesse, médecin, forgeronne[191]. Par l'ensemble de ce tableau, note l'auteur que je suis à présent, Brigid rappelle les déesses « transfonctionnelles » étudiées par Dumézil, c'est-à-dire, le plus souvent, explicitement trifonctionnelles[192]. Cela ne paraît pas le cas ici : les caractères de poétesse et de druidesse relèvent de la première fonction, ceux de médecin et de technicienne de la troisième. Mais, note Sterckx, la définition du *Sanas Cormaic* a négligé un aspect guerrier de Brigid parfaitement attesté par ailleurs : « La province de Leinster, qui se réclamait plus particulièrement du patronage de sainte Brigid, attendait son appui tout guerrier lorsqu'elle était engagée dans un conflit armé, et cet appui ne lui fut, semble-t-il, pas marchandé. » Et surtout, le début de l'hymne consacré à sainte Brigid par Ultán, au VIIe siècle, comprend en son début une invocation pleinement trifonctionnelle de la grande sainte (et ex-déesse) irlandaise : elle y est en effet invoquée pour faciliter l'accès au *royaume* éternel, pour donner la *victoire* dans le *combat* contre les vices et les assauts des démons, enfin pour l'extinction de tous les *désirs charnels*. Voilà qui donne certainement une image de la version la plus ancienne de la définition de Brigid[193].

Enfin, F. Le Roux et Ch. Guyonvarc'h notent, dans leur livre sur « la souveraineté guerrière de l'Irlande », que lorsque la déesse de la guerre est définie en trois personnes[194], Mórrígan, Bodb et Macha, la signification des noms est trifonctionnelle, puisque *Mórrígan* signifie – ce qu'ils ont toujours défendu, contre l'étymologie de Whitley Stokes qui faisait intervenir un mot initial ayant le sens de « cauchemar », et a recueilli l'approbation de la majorité des auteurs[195] – « la grande reine », *Bodb*, la « corneille », oiseau qui connote le champ de bataille – et d'ailleurs en Irlande comme certainement auparavant dans tout le monde celtique les « corbeaux » sont des métaphores des guerriers[196] –, enfin *Macha*, « plaine ». Donc, indépendamment de l'analyse de Macha en trois personnes correspondant aux trois fonctions, Macha « seule » désigne la troisième fonction dans la triple dénomination de la déesse[197].

Conclusion : la question soulevée au début de ce chapitre reçoit une réponse positive. S'il existe un certain nombre de déesses de la guerre, parmi les peuples de différentes familles linguistiques, les deux déesses que sont en Grèce Athèna et en Irlande Mórrígan-Nemain-Bodb-Macha présentent une quantité de points communs qui ne peuvent être expliqués par le seul hasard. Ces points communs sont les suivants :

– elles causent ou amplifient les gestes du héros de l'épopée, respectivement l'*Iliade* et la *Táin bó Cualnge* irlandaise, et ce dans des occasions précises : cri du héros, lumière miraculeuse jaillissant de sa tête, mouvement impressionnant des yeux, heurt des mâchoires l'une contre l'autre. Ces gestes appartiennent en Irlande à l'ensemble des « contorsions » guerrières de Cúchulainn, et les équivalents grecs ne sont attribués qu'à Achille, ce qui confirme l'identité foncière des deux héros, en même temps que ces traits portés sur le héros grec apparaissent comme des versions faibles des traits analogues, s'insérant dans d'autres « contorsions », du héros irlandais. Ces parallèles confirment que les deux épopées, la grecque et l'irlandaise, prolongent un même récit hérité, et, corrélativement, d'une part que les deux héros de ces épopées sont un seul et même personnage, en ses reflets respectivement irlandais et grec, d'autre part, et à nouveau corrélativement, que les déesses de la guerre en relation étroite avec ces héros sont elles-mêmes issues d'une figure unique, également partagée en un reflet irlandais d'un côté, grec de l'autre ;

– dans les mêmes épopées, l'une et l'autre déesses brisent un char, dans les deux cas pour favoriser un héros : Athèna, pour empêcher la victoire de Diomède et permettre celle d'Eumêlos, personnage qui a des relations avec Achille (Thessalien comme lui, parent de son meilleur ami Patrocle) ; la Mórrígan, pour tenter d'empêcher Cúchulainn d'aller au combat, et ainsi lui sauver la vie ;

– dans ces deux épopées, mais tout autant dans d'autres circonstances, la déesse grecque et la déesse irlandaise aiment prendre formes d'oiseaux : vautour, faucon ou aigle, chouette, mouette, pour Athèna, ce à quoi s'ajoutent des relations étroites entre la déesse et la corneille ; vautour, corneille ou corbeau pour la Bodb, ce qui met l'accent sur l'aspect charognard de la métamorphose : vautour, corbeau, corneille, mouette, mangent des morts. La déesse de la guerre grecque et celtique est donc l'oiseau qui se charge du décharnement des corps laissés sur le champ de bataille. La déesse de la guerre celtique ne prend pas la forme d'une chouette, mais Blodeuwedd, héroïne irlandaise qui est assurément une forme de la grande déesse, fut métamorphosée en chouette. De même, on ne voit pas, dans les récits irlandais, la déesse de la guerre se métamorphoser en oiseau marin, mais Rhiannon, autre forme de la grande déesse, est associée à des oiseaux dont on a vu que deux des traits qui leur sont attribués permettent de les identifier à des oiseaux marins ;

– l'association de la déesse de la guerre avec les chevaux est patente tant en Grèce ancienne que dans le domaine celtique : qu'il s'agisse d'Épona, de Rhiannon, de Macha, ou d'Athèna Hippiâ, la déesse a à voir avec l'élevage, l'entretien et la maîtrise du cheval. C'est pourquoi l'un de ses noms celtiques, Épona, et l'une de ses épiclèses grecques, Hippiâ, sont des formations (l'une nominale, l'autre adjectivale) dérivées du même nom indo-européen du cheval. En Irlande et en Grèce, elle patronne les courses de chevaux ;

– de spectaculaires courses à pied, auxquelles se livrent Macha et Athèna ;

– Athèna est la déesse qui conseille les navigateurs : il semble que cette liaison entre la déesse et la navigation se retrouve dans l'ancienne Gaule, comme le suggère la figure de la déesse Sequana sur une barque, où son association au canard montre son identité avec la déesse guerrière ;

– la déesse de la guerre porte dans l'une et l'autre cultures le nom de « déesse de la Victoire » : ainsi Dion Cassius désigne-t-il l'Andarta des Iceni (déesse dont le nom dérive d'**artos*, à la fois « ours » et « guerrier »), tandis que les Grecs honoraient Athèna Nikè ;

– Grecs et Celtes mettent sous le patronage de leur déesse de la guerre certains de leurs rites guerriers les plus cruels. Athèna est en rapport avec les gestes de décapitation mythiques, tandis qu'en Irlande les têtes coupées à l'issue du combat sont les « glands de Macha ». Pire que cela, les Iceni et Bretons consacraient à leur déesse Andarta les femmes romaines sacrifiées de manière horrible, par arrachement ou coupure des seins – les équivalents féminins des têtes coupées de guerriers –, et peut-être aussi bien les hommes ayant subi les tortures indiquées par les historiens romains de l'époque. En Grèce, le rite de l'écorchement, aussi rarement qu'il ait pu être pratiqué, est mis en relation avec Athèna chaque fois qu'il est mentionné ;

– la décapitation se relie en Grèce au pouvoir oculaire de la déesse : tant la tête de la Gorgone sur son bouclier qu'elle-même ont un regard terrible, fascinant, pétrifiant, ce qui se dit *gorgós*. Un tel pouvoir semble avoir disparu des textes insulaires, mais l'Antiquité témoigne d'un phénomène fort voisin lorsqu'elle parle de Minerve Sulis, « de l'Œil », dont le sanctuaire, exactement comme celui d'Athèna *Optillétis* à Sparte, témoigne d'un usage thérapeutique sur les troubles oculaires ;

– la décapitation de Mèdousâ avait constitué une épreuve pédestre pour Persée, et elle entraîna la naissance d'êtres jumeaux, l'un des deux étant un cheval. Dans un curieux parallélisme, la naissance des jumeaux de Macha (qui donna son nom à la capitale des Ulates : *Emain Macha*, « les Jumeaux de Macha »), est le résultat d'une épreuve, pédestre de la part de l'héroïne, mais où elle se mesura avec des chevaux ;

– Bodb, la Mórrígan, sont liées à la couleur rouge, au point que la seconde est une femme entièrement rouge, avec un cheval rouge, dans un des textes ; pareillement, Athèna est qualifiée de rouge, au moins à Corinthe et dans sa colonie Corcyre ;

– quoique déesses de la guerre, Athèna et son homologue celtique patronnent aussi bien les techniques. César le dit de la Minerve gauloise, et l'Irlande le confirme pleinement, en attribuant à Brigid la maîtrise de plusieurs arts et techniques. En particulier, les arts du feu – métallurgie, en Irlande, poterie, en Grèce – sont partiellement sous la protection de cette déesse ;

– Athèna est également kourotrophe, en ce qu'elle patronne l'apprentissage du tissage par les petites filles. Ce trait n'est pas attesté du côté celtique. Mais il est remarquable qu'une figure qui est la survivance traditionnelle d'Épona, la « Tante Arie » de l'est de la France, soit spécifiquement liée à l'activité de tissage des petites filles, et soit également kourotrophe, car elle récompense ou punit les enfants selon leur comportement ;

– au sujet de Brigid, on note que l'Irlande en fait une déesse mère. Aussi extraordinaire que cela soit, une province grecque, l'Élide, a conservé une épiclèse, et une tradition, qui font d'Athèna une « Mère » divine, protectrice de la natalité ;

– Athèna est puissamment en relation avec le labour, tant dans le mythe, qui lui attribue l'invention d'outils agraires, que par ses épiclèses, qui la mettent en relation avec la maîtrise des bœufs. La Bodb ou Mórrígan ne l'est pas moins, elle qui prend la forme d'une génisse, apparaît comme une femme en train de traire et nourrit le héros de lait, prévient le taureau des événements en cours et des menaces qui pèsent sur lui. L'exploitation des bovins est sous la coupe de la déesse de la guerre et des techniques ;

– les mêmes déesses ont inventé, en Grèce, la flûte, en Irlande le sifflet ; Athèna est de surcroît associée à la trompette : les instruments à vent sont donc du domaine de la déesse de la guerre ;

– en relation avec cette invention, ce sont aussi elles qui ont créé, pour la première fois, les lamentations funéraires : Brigh, pour son fils mort au combat, Athèna, après la mort de Mèdousâ, celle dont la tête ornera son bouclier ;

– enfin, héritières de la grande déesse trivalente indo-européenne, Athèna et ses équivalents irlandais couvrent les trois fonctions de tradition indo-européenne : Athèna est Médicale, Civique, et Victoire à Athènes, Macha est reine et devineresse, guerrière, belle et féconde, une Brigid christianisée est associée à la royauté, à la guerre, et, pour les combattre, aux plaisirs charnels, enfin une triade est composée de la Reine (Mórrígan), de la Corneille (Bodb), et de la Plaine (Macha), également trifonctionnelle.

Un tel tableau comparatif entraîne les considérations suivantes :

– les traits nombreux qui unissent les déesses sont pris dans un matériel varié, qui va en Grèce de l'*Iliade* aux voyages de Pausanias – soit environ mille ans –, et touche d'innombrables traditions dont une bonne part n'appartient assurément pas à ce qui a quitté la Grèce et navigué jusqu'aux rivages de la Celtique ; de l'autre côté, un matériel qui remonte à l'Antiquité (Épona, Andarta, Sequana, et les figurations sur monnaies de la Gaule indépendante), et s'est prolongé dans l'Irlande et le pays de Galles médiévaux. Il ne saurait donc s'agir d'un emprunt des Celtes aux Grecs : il n'aurait pu être aussi général, complet, massif. César attribue une déesse de la guerre et des techniques, Minerve, aux Gaulois, dès son arrivée en Gaule : elle n'est pas un emprunt au monde gréco-latin ;

– s'il ne s'agit pas d'emprunts[198], dès lors, les points communs extrêmement nombreux, et qui couvrent à peu près la totalité des traits des personnages, ne reçoivent qu'une explication : comme Apollon, comme Hermès (ci-dessus), comme Poséidon, Hèphaïstos et les Telkhines (ci-dessous), Athèna présente avec des figures du monde celtique une homologie telle qu'elle ne peut que représenter la version grecque d'une déesse également connue, dans le monde celtique, sous d'autres noms. Il s'agit bien, et nécessairement, d'héritage commun.

CHAPITRE III

Poséidon et Manannán

Poséidon est le dieu de la mer de la Grèce ancienne, Manannán est le dieu de la mer des anciens Irlandais. Le problème se pose donc de la même manière que le précédent : de nombreux peuples ont des dieux de la mer, par exemple en Afrique (Olokun, chez les Yoruba), en Sibérie (Erlik des Turcs de l'Altaï, Uhan Xad, chez les Buryat Exirit-Bulagat de Sibérie sud-orientale), dans le Pacifique (Ruahatu, chez les Polynésiens de Raiatea). Rien n'empêcherait donc que Grecs et Celtes aient élaboré, indépendamment les uns des autres, le concept d'un dieu de la mer, tout comme ils auraient pu créer des déesses de la guerre chacun de leur côté. Le présent chapitre va donc examiner la question sous l'angle suivant : sachant que Poséidon est aux Grecs ce que Manannán est aux Irlandais, et que le grec et l'irlandais appartiennent à une même famille linguistique – dite indo-européenne –, s'ensuit-il, ou non, que les deux dieux de la mer sont apparentés, c'est-à-dire peuvent représenter un héritage commun à partir d'une antique figure divine dont ils seraient les reflets respectivement grec et celtique ?

Je ne pose bien sûr la question que parce que la réponse est positive : en fait, comme dans le cas précédent, un travail antérieur, portant sur la comparaison entre un héros grec et un héros irlandais, induisait déjà celle entre les dieux de la mer de l'une et l'autre cultures. Si, dans le cas des déesses de la guerre, c'est la comparaison entre Achille et Cúchulainn qui impliquait leur protectrice divine à chacun, et suggérait déjà leur identité en fonction des relations analogues qu'elles entretenaient avec l'un et l'autre héros, allant jusqu'à accompagner leurs cris et leurs manifestations physiques, dans le cas présent, c'est l'histoire d'une longue quête, celle d'Hèraklès en Grèce, et celle de Brian et de ses deux frères en Irlande, qui montre, à l'arrière-plan, le dieu de la mer derrière chacun des adversaires qu'il faut affronter pour réunir les objets demandés[1].

Le présent chapitre va confirmer cette identité des deux grandes figures divines, en montrant comment mythes et attributs de Poséidon et de Manannán composent un ensemble cohérent, ceux de l'un répondant à ceux de l'autre[2], exactement comme on l'a vu pour Lug et Apollon, Hermès et Œngus, Athèna et Bodb. Là, encore, il suffit de se laisser guider par l'exposé des points communs pour en être convaincu. Il restera dès lors à tirer les conclusions de cet apparentement pour l'exégèse de la religion celtique, et pour l'interprétation des faits grecs quant à l'« origine » du dieu.

Les points communs entre Poséidon et Manannán

LE CHEVAL

Outre le patronage de la mer, qui va, comme on le verra, jusqu'à l'identité entre chacun des deux dieux et elle, le premier point semblable remarquable entre Poséidon et Manannán est leur commune affinité avec le cheval.

Poséidon reçoit les épiclèses d'*Híppios*, « Chevalin », très commune[3], ou encore, à Dèlos, d'*Hippagêtès*, « Meneur du cheval[4] », au cap Ténare, d'*Hippokoríos*, « Protecteur des cavaliers[5] ». Diodore explique que les hommes lui attribuent la domestication du cheval, et l'*hippokê*, c'est-à-dire la maîtrise de l'animal, l'art de la cavalerie, et que c'est pourquoi il est appelé *Híppios*[6]. Stace fait de lui l'inventeur du mors[7], ce que Pindare attribuait à son fils Bellérophon (ci-dessous). Il a donné naissance au cheval. Un mythe célèbre voit le dieu s'unir à la Gorgone Mèdousâ : lorsque, décapitée (ci-dessus), elle accouche de jumeaux, l'un d'eux est un cheval, Areiôn ou Pégase[8]. Dans la version arcadienne, c'est à Dèmèter qu'il s'unit (ci-dessous), et donne naissance à une fille, Despoinâ, et au cheval Areiôn. En Thessalie, le mythe du premier cheval, nommé Skuphios, voulait qu'il fût né d'une pierre humectée par la semence de Poséidon[9]. En Attique, on racontait qu'Athèna et Poséidon rivalisèrent pour la possession du pays : selon la version la plus commune[10], Poséidon fit jaillir sur l'Acropole la « mer Erekhtéide », en témoignage de sa puissance ; Athèna y fit alors pousser un olivier, pour montrer combien elle serait utile aux mortels. Mais le « Premier Mythographe du Vatican » donne une autre version, qui, quoique tardive, pourrait bien être une authentique variante de la version dominante : comme devait l'emporter celle des deux divinités qui ferait le plus beau cadeau aux mortels, « Neptune frappa alors le rivage et fit jaillir un cheval, qui est un animal bon pour la guerre ;

Minerve, en jetant sa lance, fit naître l'olivier, chose qui fut retenue comme la meilleure et qui représentait la paix[11]. » On disait aussi que Poséidon avait donné naissance à des sources, et que de celles-ci étaient nés à leur tour des chevaux – et une version de la naissance de Pégase le fait naître ainsi d'une fontaine appelée Hippokrênê (ci-dessous).

Mais Poséidon peut être lui-même cheval : un mythe arcadien, localisé au lieu-dit Onkeion, à Thelpousa, dans le nord-ouest de la province, raconte que Poséidon aperçut Dèmèter à l'époque où elle errait, cherchant sa fille (enlevée par le dieu des Enfers, Hadès), et la désira. Elle s'enfuit, et s'en alla « paître en se mêlant aux juments d'Onkos, mais Poséidon se rend compte qu'il est joué et s'unit à Dèmèter après avoir pris lui-même l'apparence d'un étalon[12] ». Selon la version la plus ancienne de la naissance des dieux, le dieu Kronos avalait ses enfants pour qu'aucun ne puisse un jour prendre sa place, mais leur mère Rhéâ lui donna une pierre emmaillotée à la place du dernier-né, Zeus, qui, une fois adulte, délivra ses frères et sœurs, avant de détrôner son père ; dans une variante du mythe, Rhéâ lui offrit, à la place de Poséidon, un poulain[13]. On a aussi soupçonné, en vertu des caractères parfois chevalins prêtés à Mèdousâ, que Poséidon aurait aussi pris l'aspect d'un cheval pour s'unir à elle, comme il le fit en Arcadie avec Dèmèter[14]. Une histoire célèbre, de Thessalie, est celle de la naissance des héros Nélée et Péliâs, tous deux futurs fondateurs de villes. Turô, fille de roi, était amoureuse d'un dieu-fleuve, Enipeus, et elle venait sur ses rives pleurer sa passion. Un dieu vint s'unir à elle : c'était Poséidon, qui avait pris pour l'occasion les traits de l'Enipeus. Honteuse de sa grossesse, la jeune fille accoucha, en secret, de jumeaux, et les abandonna. Une jument vint alors les nourrir. Péliâs sera plus tard fondateur de la cité de Phèrai en Thessalie, Nélée, de Pylos en Messénie, à l'autre bout de la Grèce[15]. Ce mythe magnifique témoigne, d'une part, de ce que tout fleuve, même individualisé, du simple fait qu'il est dénommé, est une forme de Poséidon, car il est eau ; d'autre part, que le dieu prend soin de ses rejetons : l'animal qui nourrit les jumeaux exposés est un cheval, féminin bien sûr, animal de Poséidon. Le motif se retrouve ailleurs en Grèce, à Éleusis, où l'on racontait semblablement qu'une jeune fille, Alopè, fut aimée de Poséidon, eut de lui un enfant, et, craignant (à juste titre !) son père, fit exposer le bébé. Une jument vint le nourrir. Mais le père, Kerkuôn, un brigand, découvrit l'affaire, fit tuer sa fille et exposer à nouveau l'enfant : une seconde fois, une jument vint s'occuper de lui. Le corps d'Alopè devint ensuite une fontaine[16].

On ne s'étonne pas dès lors que Poséidon ait eu à plusieurs reprises des enfants portant dans leur nom celui du cheval : il est ainsi le père d'un *Hippótès*[17], et l'enfant qu'il eut d'Alopê s'appela *Hippothóôn*. Platon se conforme à la meilleure tradition grecque lorsqu'il donne à Poséidon et à Kleitô, parmi leurs dix enfants qui se partagèrent le pays Atlantique (notre « Atlantide »), un *Elásippos*[18], « le Conducteur de cheval », ou « Celui qui lance le cheval », seul nom de la série qui comporte celui d'un animal (si l'on excepte un *Eumêlos* qui doit contenir celui des moutons : le bélier est aussi un animal du cercle de Poséidon), et qui fait écho au grandiose char de Poséidon dans la capitale atlante (ci-dessous). Il peut s'agir aussi de ses maîtresses : une, particulièrement célèbre dans l'Antiquité, parce qu'Euripide y avait consacré deux tragédies[19], s'appelait *Mélaníppè*, « la Pouliche noire ». Si le sacrifice par excellence à Poséidon est celui de taureaux, auquel de multiples textes font allusion, le cheval figure également parmi ses victimes spécifiques, et l'on n'évoquera ici qu'un exemple, spectaculaire, celui des sacrifices pratiqués par les Argiens dans ce qu'ils appelaient la Dinê : c'était, dans la mer, au sud-ouest de l'Argolide, une source d'eau douce, résurgence d'une rivière venue d'Arcadie, et jaillissant près de la côte, où elle provoquait un violent tourbillon. Non loin, les Argiens avaient bâti le sanctuaire de Poséidon Genésios, dont on parlera ci-dessous. Et là, « dans les temps anciens, les Argiens jetaient dans la Dinê des chevaux tout harnachés avec leurs brides[20] ». Un fragment de cratère géométrique argien représente sans doute ce rite de précipitation d'un cheval, qu'on voit tomber d'une bonne hauteur dans l'eau en contrebas[21].

On a beaucoup parlé plus haut de la cité d'Onkhestos, en Béotie, et de son antique importance, qui peut en avoir fait un centre du monde pour les populations environnantes, avant que ne s'impose la prééminence de Delphes[22]. L'hymne homérique à Apollon fait passer le dieu par cet endroit, et se livre alors à une singulière parenthèse, qui témoigne bien, entre autres choses, de l'importance religieuse du lieu : l'auteur expose comment, en cet endroit, un poulain « nouvellement dompté » (*neodmês* : on mentionnera ci-dessous un Poséidon *Damaîos*, dont l'épiclèse est de la même racine que la seconde partie de ce mot) est mené, attelé à un char bien chargé, au bois de Poséidon ; à son entrée, le cocher saute à terre. Les poulains soumis à ce rite sont alors seuls maîtres de la conduite du char. S'ils le brisent contre les arbres, « les conducteurs pansent les chevaux, laissant le char après l'avoir incliné[23] ». Il est admis aujourd'hui, après une remarquable analyse de Georges Roux[24], qu'il s'agit bien d'une épreuve[25] : les poulains ont été dressés, et ceux qui mènent un char sans le briser seront bons à l'usage domestique. Dans le cas contraire, il faudra recommencer l'apprentissage, le char abîmé, consacré à Poséidon, étant laissé sur place.

Au fil de ce qui suit, d'autres aspects de la relation entre Poséidon et le cheval apparaîtront. Mais passons dès maintenant au versant irlandais de la question.

Manannán n'a pas moins de relations avec le cheval que Poséidon, le moins grand nombre d'attestations tenant seulement à la plus grande rareté des documents dans le domaine celtique.

Manannán chevauche la mer. Lorsque, à la fin du récit intitulé « La maladie de Cúchulainn et l'unique jalousie d'Emer », il réapparaît à son épouse Fand, qu'il avait un long moment délaissée, elle improvise un chant, et proclame, entre autres,

> Je vois ici sur la mer,
> ne le voit pas quiconque est fou,
> un cavalier sur la mer écumante[26].

Lorsque Lugh est à cheval, c'est Manannán qui lui a fourni les montures. Ainsi, on mentionnait son arrivée à l'assemblée d'Uisnech, si brillant que nul ne put supporter l'éclat de son visage. Or, dit le texte, ceux qui arrivaient, « c'était Lugh au Long Bras, aux coups puissants, et la cavalcade féerique de la Terre de Promesse, ses propres frères de lait, à savoir les enfants de Manannán, qui sont Scoith Gleigal, fils de Manannán, Rabach Slaitin, Gleigeal Garbh, Goithne à l'œil sombre, Sine Sindearg, Domhnall rouge-sombre et Aod, fils d'Eathall. Voici quel était l'équipement de Lugh au Long Bras, à savoir l'Unique Branche de Manannán, aussi rapide que le vent froid et nu au printemps ; elle était aussi belle que la mer et la terre : son cavalier n'était pas tué sur son dos ; il avait l'armure de Manannán sur lui[27] ».

Il est ainsi clairement affirmé que Lug utilise à la guerre, lorsqu'il est monté, non pas son propre cheval, mais celui de Manannán, dont il faut penser qu'il a été son éducateur, puisque les enfants du dieu sont ses frères de lait. C'est sans doute le même cheval, appelé l'Unique Branche de Manannán, qu'il monte par la suite pour parcourir l'Irlande à la recherche de secours contre les Fomóire[28] ; plus tard, il le refuse aux fils de Tuireann, qui le lui réclament afin de mener à bien la quête qu'ils entreprennent pour réunir tout ce qu'il leur demande comme prix de composition à la suite du meurtre de son père[29], en insistant sur le fait que ce cheval n'est pas à lui, mais lui a été prêté[30]. Sachant que les autres dieux irlandais combattent à pied, il semblerait que Manannán soit le possesseur de l'unique cheval divin, ce qui rappellerait comment Poséidon est le père du cheval divin, que celui-ci se soit appelé Pégase ou Areiôn. Et que ce dernier cheval divin soit le modèle de tous les autres chevaux est montré par la légende de Bellérophon : celui-ci invente le mors lorsqu'il doit monter Pégase, dit Pindare[31], à moins que ce ne soit Poséidon, après qu'il ait engendré Areiôn, selon Stace (ci-dessus). Il s'ensuit que l'Unique Branche de Manannán est vraisemblablement le premier cheval (certes « unique » en son temps), et le prototype de tous les chevaux à venir en Irlande.

La relation entre le dieu de la mer celtique et le cheval est confirmée en pays de Galles par la *Troisième branche du Mabinogi*, où l'on voit Rhiannon, dont on rappelait ci-dessus l'identité avec Épona, épouser, en secondes noces, un personnage nommé *Manawyddan*, en lequel on a reconnu de longue date l'équivalent gallois de Manannán. Cette relation étroite entre le dieu et la déesse, sans équivalent en Irlande, rappelle par contre la Grèce, où, j'y reviendrai, Athèna forme un « couple », non conjugal, mais conceptuel, avec Poséidon. En tout cas Athèna est *Hippiâ* comme Poséidon est *Híppios*, adjectifs formés sur le même nom du cheval qu'*Épona*, l'équivalent celtique ancien de la galloise Rhiannon. Mais c'est aussi l'union entre Poséidon et Dèmèter que rappelle celle de Rhiannon avec Manawyddan : Poséidon et Dèmèter ont pris forme chevaline pour s'unir, tout comme la déesse celtique prend parfois forme chevaline, lorsqu'elle est Épona, et si les époux successifs de Rhiannon, Pwyll et Manawyddan, n'ont pas forme de cheval, il n'empêche que lorsque le bébé de la reine disparaît, on le retrouve quelques années plus tard dans une écurie, en compagnie d'un poulain. Le récit gallois d'une part, les parallèles grecs de l'autre, laissent percevoir un système d'équivalence tel que Pwyll, qui a poursuivi Rhiannon à cheval, pourrait bien être lui-même, sous une certaine forme, un étalon. Ce système d'équivalence est proposé comme suit par Raymond Christinger et Willy Borgeaud :

Mère :	la jument Épona/Rhiannon	la jument Dèmèter
Père :	l'étalon Pwyll (ou Manawyddan)	l'étalon Poséidon
Enfant :	Pryderi/le poulain de Teyrnon	le cheval Areiôn[32]

Maintenant, si l'on « consolide » (au sens lévi-straussien[33]) le mythe perceptible par ce tableau et le récit irlandais, il s'ensuit que le poulain de Teyrnon est le futur cheval appelé Unique Branche de Manannán… et que Pryderi est une forme de Lug[34] !

Laissons ce point ici. Il reste à chercher quel est le rapport entre le dieu de la mer et le cheval, si fort que Grecs et Celtes s'accordent pour l'affirmer.

Il est certain qu'il y a à la base une métaphore : comme d'autres animaux – pensons aux ovidés, qui fournissent le « moutonnement » de la mer, ou aux capridés, qui alimentent en Grèce ancienne une série de métaphores sur les eaux « bondissantes[35] » –, le cheval fournit une métaphore aisée pour les eaux, lesquelles sont précisément souvent dites « bondissantes », et la mer va fréquemment « au galop ». C'est bien le cas en Irlande : les vagues couronnées d'écume sont appelées « les chevaux du fils de Lir » (c'est-à-dire Manannán), et lorsque Cúchulainn expose, par une série de métaphores poétiques, à sa fiancée Emer, où il est allé (pour son initiation[36]), il emploie, au milieu d'une série de comparaisons maritimes, l'expression « sur l'écume des deux chevaux d'Emain », et encore « dans la lessive des chevaux de la déesse[37] ». C'est également le cas en Grèce, où l'on verra, ci-dessous, le cheval Pégase tirer son nom de la source d'où il naquit : l'eau « bondit » de la source comme un cheval ; et, plus récemment, de l'Angleterre, lorsqu'elle parle de *white horses* pour le moutonnement de la mer, ou encore des Gallois modernes, pour qui les vagues sont des « juments blanches[38] ».

Car la métaphore a été filée. Ce processus est d'ailleurs l'un de ceux qui créent la mythologie. Puisque le cheval exprime l'eau, alors le cheval – l'espèce cheval – est né de l'eau : la Grèce et l'Irlande s'accordent là-dessus[39], l'Inde également, lorsqu'elle nous dit que mille chevaux, issus de la rivière Gangâ, ont été offerts par Varuṇa à Ṛcîka[40] – et Varuṇa est, dans le *Mahâbhârata*, le dieu de l'océan.

La Grèce a été plus loin. Puisque la mer est chevaline, et qu'il faut la technique humaine aussi bien pour dominer la mer (par la navigation) que le cheval (par le mors), c'est dans un même concept que le travail technique de domestication du cheval et celui de contrôle de la route maritime trouvent leur patronne en Athèna, laquelle s'oppose au maître de la mer qui peut être démontée, du cheval qui peut être sauvage, Poséidon. Les auteurs de *Mètis*, Jean-Pierre Vernant et Marcel Detienne, l'ont longuement démontré[41], au point que lorsqu'on parle d'un Poséidon *Damaîos*, « Dompteur », et que l'apprentissage du poulain est mis sous sa protection à Onkhestos (ci-dessus), il faut voir en cela une interférence entre les deux versants, sauvage et domestique, de l'activité chevaline : après tout, c'est bien le char brisé qui est consacré à Poséidon. C'est à Athèna de dompter, c'est bien elle qui donne le mors à Bellérophon pour domestiquer le premier cheval, Pégase.

LE CHAR

Un autre prolongement de la métaphore est le suivant.

Sur la mer, Poséidon et Manannán voyagent en char. Je citerai ici Henri d'Arbois de Jubainville, qui a si bien souligné, et le premier à ma connaissance, le parallélisme : dans le récit irlandais intitulé le *Voyage de Bran, fils de Febal*, les héros croisent Manannán, sur son char à deux roues, parcourant la plaine liquide « qui est pour lui couverte de fleurs[42] ». Ainsi, note Arbois, « Manannan voyageait sur un char qui, roulant sur l'eau, n'enfonçait pas. Tel est le char sur lequel, dans l'*Iliade*, nous voyons Poséidon traverser la mer sans mouiller l'essieu de son char[43] ».

Comme à l'accoutumée, à une notation rapide dans un texte irlandais répond une documentation grecque surabondante : de nombreux textes, et d'innombrables figurations, montrent Poséidon en mer, seul ou accompagné d'Amphitrite, sur son char attelé de chevaux, parfois à queue de serpent ou de poisson. Citons seulement, pour illustrer ces affirmations, Himerios : « Les Grecs adorent Poséidon Hippios et sacrifient à ce dieu à l'Isthme, le représentant dans ses statues en tant que cocher[44] », et Platon, dont, je le répète, les idées sur l'Atlantide sont puisées directement dans la meilleure tradition grecque : dans l'immense temple qu'ils construisirent pour leur ancêtre et dieu, les Atlantes, adorateurs de Poséidon, « placèrent des statues d'or : le dieu debout sur son char attelé de six chevaux ailés, et il était si grand que le sommet de sa tête touchait le plafond[45] ».

On notait ci-dessus que Manannán a un cheval très rapide : sans qu'une tradition grecque attribue pareille monture à Poséidon, la rapidité du cheval le concerne au premier chef, car c'est sous son patronage qu'étaient placées les courses de chevaux et de chars. Il les patronne, d'abord, sous son épiclèse d'*Híppios*, comme le note Himerios, dans le texte cité ci-dessus, au sujet des jeux de l'isthme, qui lui étaient consacrés. De même, Pausanias signale en Arcadie, au mont Alèsion, au sud de Tégée, un site pour les courses de chevaux, au pied du mont où se trouve un temple à Poséidon Hippios[46].

Le dieu intervient dans les courses, sous deux noms, c'est-à-dire sous deux hypostases, Zeuxippos et Taraxippos. Le premier nom signifie « Qui met les chevaux sous le joug ». À l'hippodrome de Byzance, Zeuxippos est ainsi l'un des génies qui président à la course de chars. C'était sans doute le cas aussi à Athènes et à Corinthe[47]. Wilamowitz a montré comment, à Athènes, Basilê (« Royauté ») a été enlevée par Zeuxippos, ou par Ekhélos, ou par Nélée, dans le Kolônos, lieu nommé d'après les chevaux d'Adraste ou d'après Poséidon Hippios[48], Ekhélos et Nélée étant tout autant liés aux courses de chevaux[49]. En tant qu'il met « sous le joug » les chevaux, Zeuxippos les domine, et facilite le travail du cocher. Taraxippos fait l'inverse. Son nom signifie « Celui qui effraye les chevaux ». Or, parlant de celui dont l'autel est sur le champ de course d'Olympie, Pausanias assure qu'il est identique à Poséidon[50]. Puis il décrit : Taraxippos est une pierre de couleur feu, dont la lueur effraie les attelages ; et, commentent Detienne et Vernant, « à ces images de terreur répondent plusieurs récits mythiques dont le dénominateur commun est l'image d'un cocher tué avec son attelage, ou d'un conducteur renversé par ses chevaux ». Ainsi, « la borne de l'Effrayeur de chevaux serait le tombeau d'un nommé Daméon, tombé avec son cheval au cours d'une expédition guerrière. Selon d'autres, c'est à cet endroit qu'aurait été enterré Alkathos, une victime d'Oinomaos[51], qui serait devenu par ressentiment un “mauvais œil”, un *báskanos* pour tous les attelages. D'autres encore prétendent que Taraxippos était le nom porté par Glaucos, fils de Sisyphe, tué par ses chevaux dans les jeux isthmiques donnés par Akastos en l'honneur de son père. Mais ce Glaucos corinthien apparaît lui-même comme le double d'un Glaucos, béotien cette fois, qui meurt de façon tragique, dévoré tout vif par des chevaux sauvages qu'il se plaisait à rassasier de chair humaine[52] ». En somme, Zeuxippos et Taraxippos font travail inverse : l'un domestique, comme le fait Poséidon *Damios*, l'autre rend sauvages les chevaux, et la sauvagerie des chevaux non encore domptés est par excellence patronnée par Poséidon.

Poséidon contrôle ainsi les deux dimensions de la course de chevaux, celle du vainqueur et celle du malheureux perdant, brisé par ses chevaux devenus incontrôlables.

LES ÎLES

Manannán et Poséidon ont une relation étroite avec les îles. Manannán tire son nom de l'île de Man, située entre l'Irlande et le pays de Galles, et Manawyddan naturellement aussi : leurs noms signifient « le Manois[53] ». Un récit irlandais, la *Tochmarc Luaine*, distingue quatre Manannán, et fait de l'un d'eux, curieusement pas le plus célèbre, un roi de l'île de Man. On identifiait aussi le pays d'au-delà des mers de Manannán, Emain Ablach (ci-dessous), à des îles authentiques, appelées Aran, situées d'une part au nord-ouest de l'Irlande, d'autre part dans l'estuaire de la Clyde[54].

Manannán est généralement appelé « fils de Lir », c'est-à-dire « de Ler » au génitif, Manawyddan est toujours qualifié de « fils de Llyr ». Le nom, en ses formes irlandaise et galloise, signifie « flot, océan ». Or, indépendamment l'un de l'autre, et en même temps, Henri Fromage et moi-même avons étudié l'étymologie du nom de l'île de *Lérins*, dans Pline *Lerina*, dans Ptolémée *Leronê* : sachant que Strabon y place le sanctuaire d'un héros *Lêrôn*[55], et précise qu'il s'agit d'une île laissée par les Massaliotes aux indigènes, puisque ceux-ci, qu'ils aient été ligures ou celtes, parlaient des langues apparentées[56], et que le héros Lêrôn règne sur une île, on ne peut pas ne pas évoquer le cas de Manannán, le « Mannois », c'est-à-dire ne pas penser à son père, Lir : la forme celtique ancienne de ce nom, compte tenu de l'évolution phonétique des langues insulaires, était vraisemblablement **Lero-*, donc très proche du nom du héros Lêrôn qui, comme celui de l'île, doit contenir le suffixe de divinité *-on-* qu'on a déjà signalé ici dans *Ódhinn* ou dans *Épona*[57].

Poséidon ne tire pas son nom d'une île, mais il entretient des relations avec presque toutes les îles de l'Égée, avec les caps, avec l'isthme de Corinthe où se célébraient tous les quatre ans des jeux qui lui étaient consacrés, ou inversement – l'isthme étant une terre étroite entre deux mers –, avec l'Euripe, ce canal qui sépare l'île d'Eubée du continent grec, puisque Poséidon était adoré en Eubée sous l'épiclèse d'*Eurípios*. Les îles où il avait un ou plusieurs sanctuaires sont l'Eubée, Ténos, Dèlos, Mykonos, Syros, Kéôs, Amorgos, Samos, Lesbos, Khios, Kôs, Rhodes, Karpathos, Mèlos, Nisyros, Télos, Thèra, et en Crète, où on le tenait pour l'ancêtre des habitants, à Naxos enfin il aurait régné avant Dionysos[58] : ce sont bien la plupart des îles de quelque importance qui honoraient le dieu de la mer[59]. C'est ainsi qu'il peut recevoir une épiclèse du nom d'une île, comme celle de *Sámios* à Samos, mais aussi de ceux de plusieurs caps : il est *Tainários* au cap Ténare, à l'extrême sud du Péloponèse, où, sous ce nom, il était servi, dans le temple qui lui avait été élevé, par une société religieuse dite des *Tainárioi* ou *Tainariástai*[60] ; il est *Geraístios* au cap Geraistos qui termine l'île d'Eubée au sud-est, où il était honoré par des fêtes appelées les *Geraistía*[61] ; au cap Rhion, au nord-ouest du Péloponèse, il l'était par des sacrifices et des fêtes, appelées les *Rhíeia*[62].

Dieu de la mer, Poséidon a aussi créé nombre des terres qu'on pouvait y rencontrer. Il est en fait le grand faiseur d'îles de la tradition grecque. À Kôs, il poursuivait les Géants qui avaient attaqué les dieux : il prend un morceau de l'île et la jette sur le géant Polubotès. Ce morceau est devenu l'île de Nisyros. Ou bien, dit une autre version, c'est son trident qu'il lance sur le Géant, et en tombant l'arme sépare Kôs et Nisyros[63]. Quant à l'île de Kéôs, c'est le résidu d'une terre plus grande, foudroyée par Zeus et Poséidon qui veulent en punir les habitants, les Telkhines[64].

La disposition documentaire étant identique à ce qu'on a vu dans les cas précédents – abondance grecque, rareté celtique –, il reste que la liaison de Poséidon d'un côté, de Manannán de l'autre, avec les îles est un aspect essentiel de leurs personnalités respectives : ils en tirent leur nom ou une épiclèse (*Manannán*, Poséidon *Sámios*) ou les créent (Poséidon), ils y sont adorés (Poséidon), à moins que ce ne soit leur père (Ler, père de Manannán).

DES CRÉATEURS DE SOURCES

La fonction de Poséidon comme créateur de sources est bien connue. En effet, il est à la fois dieu des eaux, de toutes les eaux terrestres[65] (seule la pluie est réservée à Zeus), et dieu du sol : il est appelé *Ennosígaios*, « Celui qui fait trembler la terre », car c'est lui qui cause les séismes, et *Gaiáokhos*, « celui qui entoure [ou] supporte la terre[66] ». Cette double qualification l'habilite en quelque sorte par excellence à ouvrir la terre pour en faire jaillir l'eau. En plusieurs endroits de Grèce, Argos, Trézène, et sur le mont Hélikôn en Béotie, il a créé, d'un coup de trident, des sources appelées *Hippokrênê*, c'est-à-dire « Source du cheval[67] » ; c'est de l'une d'elles, celle située en Béotie, que surgit, selon l'une des versions de sa naissance, le cheval Pégase (dont le nom en grec, *Pêgasos*, dérive de *pêgê*, « source ») ; on disait, inversement, à Trézène, que c'est ce cheval qui fit jaillir la source[68] – mais ce n'est qu'une autre façon de dire la même chose, puisque le cheval est fils de Poséidon. À Athènes, ce dieu fit apparaître également d'un coup de son trident le trou d'eau appelé « mer Erekhthéide », sur l'Acropole, et d'autres sources lui sont attribuées à Athènes encore, en Thessalie, à Thèbes de Béotie[69]. Dans l'histoire que Platon imagine pour son île Atlantide, l'un des premiers actes de Poséidon sur la colline où il s'installe auprès de la vierge Kleitô est de faire jaillir du sol (*hupò gês ànô*) deux sources, l'une chaude, l'autre froide. Cela rappelle que, dans l'*Odyssée*, il y a dans l'île des Phéaciens, Skhériâ, près de la demeure du roi, deux sources[70] : les avantages considérables dont jouissent les Phéaciens sont des présents issus « des dieux », dit le texte (*theôn[...]aglaà dôra*, v. 132), mais les souverains de Skhériâ sont descendants, et ont été longtemps les protégés, de Poséidon, ce qui laisse penser que les deux sources de Skhériâ, comme celles de l'Atlantide, sont des dons de Poséidon. Enfin, on rappellera le célèbre mythe argien qui veut que Danaos et ses cinquante filles, arrivant en Argolide, découvrent celle-ci asséchée, en conséquence de la colère de Poséidon dans un conflit antérieur ; Danaos envoie l'une de ses enfants, Amumônè, chercher de l'eau. La jeune fille erre dans la campagne argienne, et ne trouve pas d'eau ; c'est par contre sur un Satyre qu'elle tombe – en Grèce ancienne, on pouvait rencontrer, à l'écart des villes, des Pans, des Satyres, des Centaures... – et il la course. Poséidon voit la scène, vole au secours d'Amumônè, chasse le Satyre – et le remplace : en remerciement pour l'amour que lui donne Amumônè, il fait surgir une source, et toute l'Argolide reverdit[71]. L'eau de Lerne est en fait une résurgence de cours d'eau qui se sont enfouis en terre dans la montagne arcadienne qui domine la plaine argienne, et les endroits où cette eau s'enfonce sont appelés les katavothres : bien entendu, Poséidon en est le maître[72].

Comme à l'accoutumée, les documents correspondants irlandais sont moins nombreux, mais ils n'en sont pas moins pertinents. Un passage de l'*Histoire d'Irlande* de Geoffrey Keating assure que « Oirbsean était le nom propre de Manannán. C'est de lui qu'est nommé Loch Oirbsean ["lac d'Oirbsean"]. Car c'est quand on creusa sa tombe que le lac jaillit dans le pays[73] ».

Dans cette version évhémérisée, ce qui est le cas de tous les textes mythologiques irlandais, Manannán devient un homme, et meurt. Il n'en reste pas moins étroitement lié à l'eau, puisqu'il donne son nom à un lac, lequel est né de sa propre tombe. Un autre texte le confirme : un fils de Manannán, Ibel, ayant été tué par un certain Bennan, fils de Boirchenn, ou Birchenn, son père pleura tant que de ses larmes naquirent trois lacs. Puis il vengea son fils en tuant Bennan. De là vient le toponyme « Benna Boirchi », « les pics de Boirche », qui désigne une partie des monts Mourne, dans le comté de Down, là où la rivière Bann prend sa source[74]. Un autre récit dit du *Loch Con*, « lac des Chiens », qu'il fut ainsi nommé parce que les chiens de Manannán et d'un autre chasseur, Mod, poursuivaient un sanglier qui les entraîna dans le lac où ils se noyèrent[75].

Ainsi Manannán crée des lacs, à l'instar de Poséidon qui fait naître des sources, et une importante rivière surgit là où une élévation tire son nom d'un meurtre accompli par Manannán. Il apparaît alors que Manannán est, exactement comme Poséidon, tout autant en relation avec les eaux douces qu'avec les eaux marines. Cela fait surgir une importante question, aux conséquences sérieuses pour l'étude de la théologie irlandaise et celtique.

Une source jouant en effet un rôle absolument essentiel dans la mythologie irlandaise est le « puits de Nechtan », dont on a parlé en étudiant le personnage d'Óengus et ses relations avec le dieu grec Hermès[76].

On a vu qu'alors la mère d'Óengus, Bóand, tenta de se disculper de son adultère avec le Dagda en se rendant auprès d'un puits proche de sa demeure, et appelé le puits de Nechtan. Elle en fit trois fois le tour, inconsidérément, car trois vagues en jaillirent,

> chaque vague vint contre un de ses membres :
> elles mutilèrent la femme douce et belle :
> une vague sur son pied, une vague sur son œil sain ;
> la troisième se brisa sur une de ses mains[77],

Bóand s'enfuit – bien que privée d'un membre sur deux ! –, pour échapper à la honte, mais l'eau la suit ; Bóand court, atteint la mer, l'eau l'engloutit, et ainsi naît la plus grande rivière d'Irlande, la

Boyne. Ce mythe est connu par plusieurs textes, qui mentionnent tous l'arrachement ou la blessure d'un bras et d'une jambe, ou d'une épaule et d'une cuisse, et d'un œil. Or ce mythe a un parallèle grec, qu'a relevé H. Wagner[78] : à Mantinée en Arcadie, un puits sacré se trouvait dans le sanctuaire de Poséidon Hippios. Ce sanctuaire fut victime d'un sacrilège : selon Pausanias, notre source extraordinaire sur les rites et légendes locales de la Grèce ancienne, « on sait qu'Aipytos, fils d'Hippothous, entra dans le sanctuaire [inviolable pourtant] : il ne passa pas par-dessus le fil [qui en fermait la porte], ne passa pas par-dessous, mais le coupa. Pour cette action impie, il perdit la vue : une vague s'abattit sur ses yeux et aussitôt il fut saisit par la mort inéluctable. Selon une antique légende un flot d'eau apparut dans le sanctuaire[79] ». Hippothous et Aiputos sont d'anciens rois de l'Arcadie unifiée, d'après le récit de Pausanias[80]. On soulignera que le nom du premier est tout à fait « poséidonien » : on signalait plus haut que le dieu a eu plusieurs fils aux noms composés en *-hippo-*, de la forme grecque du nom du cheval, et la forme féminine du même anthroponyme, *Hippothóê*, est le nom d'une jeune fille qui fut enlevée par Poséidon, dont elle eut des enfants[81]. Ce n'est donc assurément pas un hasard que le fils d'un *Hippóthoos* soit en relation avec un sanctuaire de Poséidon *Híppios*.

Si la cause du jet d'eau est fort différente (ordalie volontaire, en Irlande, sacrilège, en Grèce), le processus est bien identique. D'un « puits » jaillit une vague (trois, en Irlande) qui affecte gravement la victime : elle cause sa cécité, puis sa mort, dans le récit arcadien ; dans la version irlandaise, elle entraîne entre autres l'arrachement d'un œil, suivi de la mort de Bóand – le poète auteur du texte ci-dessus dit explicitement de la source de Nechtan :

> Trois vagues en surgirent
> et il en vint la mort de Bóand[82].

C'est donc que Nechtan et Poséidon ont mêmes pouvoirs. Et puisqu'on vient de voir que Manannán crée des lacs comme Poséidon crée des sources, qu'ainsi ces dieux règnent l'un et l'autre sur les eaux aussi bien de la mer que de l'intérieur des terres, cela pointe vers une identification de Nechtan et de Manannán.

C'est effectivement ce que j'ai soutenu, dans un article où je discute certaines identifications faites par les celtisants, et où je soulignais le point suivant[83] : alors que celle entre Nechtan et Manannán est gênée par les textes irlandais qui identifient le premier au mari de Bóand, Elcmar, un examen attentif du « dossier Nechtan » montre que celui-ci et Elcmar sont en réalité parfaitement différents, et que, dès lors, il n'y a aucun obstacle à l'identification de Nechtan et de Manannán. Je résume ici mon argumentation.

L'assimilation de Nechtan et d'Elcmar apparaît surtout dans des textes poétiques. Ainsi dans celui qu'on a cité jusqu'ici, de Cuan ua Lochain, qui écrit :

> Nechtan, fils de Labraid le Fier, dont Bóand était la femme, je l'affirme,
> il y avait une source secrète dans sa forteresse et il en surgissait toutes sortes de mauvais mystères[84].

De même le poète Cinaed ua hArtacain, mort en 978 :

> Bóand, femme de Nechtan, avec malice,
> vint sans inquiétude du dehors,
> à la maison d'Elcmar des chevaux,
> l'homme qui rendait ses jugements dans le Brug[85].

Dans un troisième poème, que son éditeur Edward Gwynn date du XIe siècle, Bóand est dite femme de Nechtan, et rencontre le Dagda, son amant, « dans la maison d'Elcmaire[86] ».

Enfin, la compilation d'études toponymiques appelé le *Dindsenchas en prose* s'inspire certainement de ces poètes pour dire : « Nechtan mac Labraid Lorc avait, je l'affirme, Boinn pour épouse. Il possédait dans son domaine une source secrète d'où émanaient toutes sortes de maux mystérieux[87]... »

Ces textes font état d'une discussion (« je l'affirme », disent deux d'entre eux : donc contre d'autres auteurs), portant sur la question de savoir si l'époux de Boand, Elcmar, était identique ou non à Nechtan, le maître de la source. Or, il est clair que ceux qui répondent positivement à cette question, et que suivent les trois textes cités, ont opéré une confusion. En effet :

– l'identification entre Elcmar et Nechtan est absurde dans la logique du mythe. On a dit comment le Dagda ruse pour qu'Elcmar ignore tout de l'adultère et de la naissance subséquente d'un enfant. Elcmar ne sait pas et ne doit pas savoir. Pour parvenir à ce résultat, le Dagda a dû manipuler le temps : il a fait en sorte qu'une journée d'Elcmar dure neuf mois. Si Elcmar était identique au maître de la source, tout cela n'aurait servi à rien : Elcmar saurait, puisqu'il serait celui qui punit Bóand. Il y a contradiction. La contradiction disparaît si l'on tient Elcmar et Nechtan pour deux personnages parfaitement différents : Elcmar est l'époux légitime, habitant une maison, le Brug, et qui s'est fait berner ; Nechtan est « dans » un puits, il est le dieu de l'eau de ce puits, il est maître d'une ordalie par l'eau, donc « il sait » que Bóand est fautive. Plus tard encore Elcmar se fait encore berner, par le fils de sa femme, Óengus (ci-dessus), qui peut s'emparer de son domaine par une ruse digne de celle de son père, et d'ailleurs conseillée par lui : à nouveau, Elcmar n'a rien deviné, n'a rien prévu, et tombe dans le piège. Dès lors, disais-je, « on ne peut concevoir deux personnages plus différents » que Nechtan et Elcmar ;

– la tradition irlandaise attribue des pères différents à Elcmar et à Nechtan. Le premier est fils de Delbaeth, fils d'Ogma[88], le second est fils de Nama, fils d'Eochaidh Garbh, fils de Duach Dall[89] ;

– les rapprochements théologiques opérés par les celtisants (éventuellement les mêmes que ceux qui acceptent l'identité de Nechtan et d'Elcmar !) se font dans des directions parfaitement différentes. On admet souvent qu'Elcmar, le « Grand Méchant », est identique à Ogma (qu'on vient de voir nommé dans les généalogies comme grand-père d'Elcmar : ce n'est pas rédhibitoire[90]), et les auteurs favorables à cette identification sont aussi ceux qui voient en ce personnage un dieu de type varunien, c'est-à-dire ayant des traits proches de celui du dieu indien Varuṇa[91]. Par contre le nom de Nechtan a été rapproché[92] de celui du dieu latin *Neptunus*, et, au-delà, du nom de la divinité à la fois indienne et iranienne *Apâm Napât*, divinité marine, qualifiée, dans le cas iranien, de « Feu dans l'eau » – ce qui rejoint, on le notera plus bas, un caractère de Poséidon, mais n'est nullement « varunien » ;

– enfin, « dans les textes mêmes qui identifient Elcmar et Nechtan, la confusion se lit dans leurs mots » : en fait, « dès que l'identification a été faite, elle a gêné : on voit Cinaed ua hArtacain dire que "Bóand, femme de Nechtan, vint dans la maison d'Elcmar", ce après quoi il raconte toute l'histoire de l'adultère en n'en nommant jamais la victime qu'*Elcmar* ». Même embarras dans l'un des poèmes recueillis par E. Gwynn :

> Bóand vint ici du sud,
> femme de Nechtan, à un rendez-vous d'amour,
> à la maison d'Elcmaire des chevaux...
> C'est alors que vint le Dagda,
> chez le fameux Elcmaire...

Le poète raconte alors lui aussi l'histoire de l'adultère, et le cocu n'est nommé qu'Elcmaire, tandis que lorsqu'il est question de la source de vérité, le nom de Nechtan réapparaît[93].

Il y a donc une « claire séparation des noms selon que l'on parle de l'adultère ou de la source ordalique », ce qui ne peut avoir qu'une explication : les poètes, lors même qu'ils considèrent que le mari de Bóand s'appelle indifféremment Elcmar ou Nechtan, sont tributaires de textes antérieurs, où *Elcmar* était le nom du mari (seulement du mari), et *Nechtan* le nom du maître de la source (seulement du maître de la source). Cela confirme qu'il y a eu, secondairement, confusion.

Ladite confusion a une origine patente : elle provient de l'incompréhension de la relation entre un maître de domaine et le maître d'une source située dans ce domaine. Le texte du *Dindsenchas en prose*, cité ci-dessus, dit pourtant explicitement les choses : le puits était dans le domaine d'Elcmar, et donc de son épouse. Des auteurs irlandais du haut Moyen Âge ont jugé de la situation à la lumière de la société de leur temps : il ne pouvait pas y avoir deux possesseurs du même domaine, donc Nechtan était identique à Elcmar. La situation antérieure, du paganisme celtique, et aussi bien de la Gaule romaine, est tout autre : un maître de domaine (humain) pouvait très bien avoir chez lui une source sacrée (dont il n'était évidemment pas le dieu ![94]). Or, de fait, le mythe de Bóand est extrêmement ancien, puisqu'on peut le rattacher à un rituel attesté dans l'Antiquité gallo-romaine, tel qu'il se décèle à travers la tablette dite « de Chamalières[95] ». Je ne reprendrai pas cette démonstration ici, mais devrai revenir sur ses conséquences, car elles concernent directement la question de l'identification de Nechtan, et de Manannán, dans l'Antiquité gallo-romaine. Pour l'heure, il me suffit d'avoir « opéré la scission de Nechtan et d'Elcmar », scission qui a peut-être autant de conséquences dans l'exégèse de la théologie celtique que celle de l'atome dans l'économie contemporaine…

L'une de ces conséquences est bien la suivante : puisque Manannán paraît avoir les mêmes offices aquatiques que Poséidon, et puisque Nechtan est maître d'une source – ordalique : de même, en Grèce, Poséidon a eu des pouvoirs ordaliques, j'y reviens ci-dessous –, que cette source émet des vagues comme celle de Poséidon Hippios à Mantinée, il s'ensuit que Nechtan est identique à Manannán.

Allons plus loin : autant le nom de Manannán est récent (il est une formation des langues insulaires, irlandais et gallois, à partir du nom de l'île de Man), autant celui de Nechtan est ancien (si l'on admet son rapprochement avec ceux de *Neptunus* et d'*Apâm Nâpat*). Dès lors, il se pourrait que le mythe du puits de Nechtan soit le seul où est conservé l'ancien nom du dieu de la mer celtique. Il se serait appelé *Nechtan* avant de s'appeler *Manannán*.

DES MAÎTRES D'ORDALIES

Le mythe de Bóand nous livre le plus beau et le plus célèbre récit d'une ordalie dans la tradition irlandaise. Envisageons immédiatement ce trait commun entre Poséidon et Manannán, qui se discerne dans l'identification entre le premier et Nechtan.

En Grèce, où l'on a hérité des temps indo-européens la notion de l'ordalie par l'eau, le dieu de la mer et des eaux terrestres en reçoit naturellement le patronage[96]. Plusieurs récits le montrent explicitement dans cette fonction : dans l'un, le héros Ajax, fils d'Oileus, ayant violé Kassandre, fille de Priamos, Athèna l'en punit en faisant détruire son vaisseau par la tempête ; Ajax parvint à se réfugier sur un rocher, et de là se vantait d'avoir survécu malgré la colère de la déesse : Poséidon brisa le rocher de son trident[97]. Poséidon est naturellement, implicitement, le responsable de la tempête ; ce dont Athèna est responsable, c'est de faire commettre au héros une erreur de direction du navire, le rendant ainsi victime des flots enragés. En pleine époque historique, au IVe siècle avant notre ère, à Sparte, au cours d'un conflit de royauté, un tremblement de terre chassa le roi Agis de sa maison : on le tint pour une preuve de la non-légitimité de son fils Leotykhidâs ; Poséidon, responsable des séismes, fut donc le juge de cette ordalie[98]. On évoquera plus bas un mythe où Thésée, en rivalité avec Minôs, s'imposa face à lui grâce au soutien de Poséidon, son père, dans une procédure de type ordalique. Enfin, Platon, encore, décrit le rituel auquel se livraient les rois de l'Atlantide, « tantôt tous les cinq, tantôt tous les six ans », consistant à capturer un taureau dans l'enclos sacré de Poséidon, à le sacrifier, et à en boire le sang ; ils faisaient alors serment « de juger en conformité avec les lois » que Poséidon avait inscrites sur une colonne ; après quoi ils buvaient du sang du taureau dans une coupe, qu'ils déposaient ensuite dans le sanctuaire de Poséidon ; alors, de nuit, en robe d'azur (couleur de Poséidon), ils se jugeaient les uns les autres[99].

Ainsi, comme à l'accoutumée, une indication unique en Irlande trouve en Grèce ses parallèles, multipliés.

DES NAVIGATEURS

Manannán est navigateur et météorologue : un récit, le *Tochmarc Luaine*, le montre faisant du commerce entre l'Irlande, l'île de Man et l'Écosse, et lui prête à cette occasion des connaissances dans la prévision du temps[100]. Le « Glossaire de Cormac », *Sanas Cormaic*, le confirme : « Manannán mac Lir était un merveilleux négociant [*cendaige*] qui vivait dans l'île de Man ; c'était le meilleur pilote qu'il y eût à l'ouest du monde. Par sa connaissance du ciel, c'est-à-dire en regardant l'aspect du ciel, c'est-à-dire de l'air, il savait le moment où il y aurait du beau temps et du mauvais temps et quand il y aurait changement de l'un à l'autre. C'est pour cela que les Scots et les Bretons l'appelaient dieu de la mer et qu'ils disaient qu'il était fils de la mer, c'est-à-dire mac Lir. Et c'est de lui que l'île de Man tire son nom[101]. »

Dans un autre récit, « La mort tragique des enfants de Tuireann », ce dernier conseille à ses fils de demander à Lugh son cheval, l'Unique Branche de Manannán (ci-dessus), et, comme il le refusera, mais qu'il ne peut pas refuser une seconde demande (c'est un interdit, un *geis*, comme il en pesait sur chacun dans l'ancienne société irlandaise), d'en obtenir ensuite « la barque de Manannán, à savoir le Sguaba Tuinne », car « la barque vaut mieux pour vous que les chevaux ». De fait, Lugh accepte de la leur prêter, et cela leur est fort commode, car cette barque obéit aux ordres : au premier que donne Brian, « cet ordre ne fut pas négligé par la barque, ainsi qu'elle en avait l'habitude. Elle prit sa course sur le sommet des vagues au vert côté, et, par le plus court chemin de l'océan, elle atteignit un port et un havre sur le rivage des Hespérides[102] ».

La Grèce n'a pas représenté le dieu Poséidon dans de semblables activités : l'image canonique du char était trop ancrée. En fait Poséidon est lui-même la mer, et s'il sillonne l'océan dans son char attelé de chevaux, il ne vise aucune activité : il règne sur son élément, c'est tout.

On n'oubliera pas que l'Irlande, comme le pays de Galles, parle de ses anciens dieux sans les considérer comme tels, puisque les textes ont été rédigés en époque chrétienne, et que ces personnages sont évhémérisés, c'est-à-dire traités en héros ou êtres quasi humains.

Mais que Poséidon, maître de l'eau, le soit par conséquent des routes maritimes, la Grèce le savait, qui n'oubliait pas de lui sacrifier avant chaque voyage en mer. Et puis, une mythologie analogue à celle de Manannán devait le concerner : mais au lieu de se reporter sur un Poséidon évhémérisé, qui n'avait pas de raison d'exister en Grèce ancienne, elle s'est reportée, comme c'est souvent le cas, sur ses fils.

D'Amumônè, dont on disait ci-dessus comment il fit naître une source pour elle, il eut un fils, Nauplios : le nom de celui-ci signifie « le Navigateur » (l'élément initial, *nau-*, signifie « bateau »). De fait, ce personnage, « qui sur tous l'emportait dans l'art de naviguer », ce qu'on rapporta encore d'un autre fils de Poséidon, Ankaios[103], se proposera d'être un moment le pilote des Argonautes[104]. Les mythes le montrent servant des rois pour emmener des personnes à noyer, qu'il préfère sauver – thème ordalique, comme l'a reconnu G. Glotz[105] : il navigue alors entre la Crète, l'Argolide, les îles égéennes[106]. Nauplios n'est pas séparable de son fils, Palamède, qui est à bien des égards son doublet, et dont la mort sera vengée par son propre père – qui, pour l'occasion, se fera naufrageur. Or, à ce héros, que les Grecs, jaloux de son intelligence, tueront par traîtrise devant Troie, on attribuait un grand nombre d'inventions, dont certaines sont proches de ce qui est dit du savoir météorologique de Manannán : il aurait ainsi estimé la durée des mois en observant le cours des astres. On disait aussi qu'il avait eu l'idée de la création de la lettre Y en observant un vol de grues[107].

Entre un Manannán navigateur et un Poséidon maître de la

navigation, entre un Manannán savant et des fils ou petit-fils de Poséidon savants, on sent encore une mythologie héritée attribuant des pouvoirs et savoirs mystérieux au dieu de la mer.

DES NOURRICIERS

La mer est féconde, et les eaux terrestres apportent la richesse, comme le dit explicitement, en Grèce, le mythe d'Amumônè (ci-dessus). On ne s'étonnera pas que ces traits existent, mais on remarquera qu'ils sont mis en lumière précisément au sujet des dieux de la mer de la Grèce ancienne et des Celtes insulaires.

Ainsi Manannán, lorsqu'il n'est pas dit fils de Ler ou de Lir, est considéré comme fils d'un nommé *Altaid*[108] : textuellement, « le Nourricier ». De fait, on dit de Manannán qu'il possède deux vaches qui donnent du lait de manière ininterrompue, et qu'il dispose d'un chaudron toujours plein[109]. Manawyddan, qui excella dans plusieurs métiers, fut en particulier un très bon cultivateur[110].

Du côté de Poséidon, ces traits ne sont pas moins affirmés : il reçoit les épiclèses, à Athènes, Trézène, Rhodes, de *Phutálmios*, « Celui qui fait croître » ou « qui nourrit », à Lerne celui de *Genésios*, « Producteur », et cela est en relation avec la naissance de la source Amumônè, à Sparte de *Genéthlios*, de même sens, encore de *Patêr*, « Père », à Éleusis, et ailleurs de *Patrigéneios*, « Père engendreur[111] ».

On comprend dans ces conditions que Poséidon soit étroitement associé à Dèmèter, la déesse de la fécondité, des céréales en particulier : on a dit comment, en Arcadie, il fut son partenaire, prenant forme de cheval, lorsqu'elle-même avait voulu se camoufler dans un troupeau de juments. À Éleusis, où il est *Patêr*[112], il paraît le grand dieu, sur une coupe de Hiérôn, au ve siècle : trace d'un état religieux où il était le partenaire de Dèmèter, là aussi, avant que Dionysos ne prenne la place de divinité masculine principale du sanctuaire – de fait, Poséidon est l'ancêtre des rois légendaires de la localité. Comme *Phutálmios*, il a un temple près de celui de Dèmèter Thesmophoros à Trézène[113] ; à Aigion, Poséidon, Korè et Dèmèter sont associés[114], ce qui rappelle ce qu'on vient de dire d'Éleusis. À Athènes, au Céramique, le temple de Poséidon Hippios était proche de celui de Dèmèter[115].

Si donc Manannán possède deux vaches fournissant toujours du lait, il est utile de rappeler que Dèmèter est en fait bien davantage liée aux bovins qu'aux chevaux. En Béotie, elle avait un temple à Mukalessos, car, disait-on, la vache que suivait Kadmos, et grâce à laquelle il allait fonder Thèbes là où elle s'arrêterait, avait beuglé (*emukêsato*) en passant à cet endroit[116] ; à Hermionè, en Argolide, on sacrifiait une vache à Dèmèter, et c'était un rituel exceptionnellement archaïque, car les sacrifiants étaient quatre femmes[117] ; en Béotie encore, Dèmèter reçoit l'épiclèse d'*Eurôpê*[118] : or, Eurôpè, Europe, est le nom de la jeune fille que Zeus, ayant pris la forme d'un taureau, enleva en Phénicie et emmena en Crète[119].

Enfin, on connaît, autour de Dèmèter, un mythe qui inverse le motif du chaudron inépuisable. C'est l'histoire de ce héros impie et violent dont il a été question plus haut, Erusikhthôn, qui osa un jour couper un bois sacré de Dèmèter : la déesse le punit en lui infligeant une faim inassouvissable[120]. Après avoir tout dévoré autour de lui, et malgré l'aide de sa fille, Mnestrâ, qui avait reçu de son amant Poséidon le don de métamorphose, et qui en usa et abusa pour fournir toujours de nouvelles ressources à son père, il finit par se dévorer lui-même.

Ainsi, on trouve en Irlande et en Grèce les mêmes thèmes en relation avec les dieux de la mer, dans une disposition originale pour chacun.

DES MÉDECINS

Dans l'île de Ténos, en mer Égée, Poséidon recevait l'épiclèse de *Iatrós*, « Médecin[121] ». L'*Odyssée* fait une allusion au pouvoir médical du dieu : lorsqu'Ulysse a aveuglé Polyphème, le Cyclope fils de Poséidon, il lui crie que son œil ne sera pas guéri, « même par l'Ébranleur de la terre » (IX, 525).

Un texte, à ma connaissance aussi unique que l'est l'épiclèse de Poséidon à Ténos, montre Manannán accourant d'Emain Ablach, l'île des Pommes, où il réside (ci-dessous) lorsqu'il apprend qu'une jeune fille, en Irlande (mais quelle jeune fille !), Eithne, est malade : elle refuse de se nourrir d'autre chose que du lait d'une vache dite la Vache brune, lait qu'Óengus trait chaque jour pour elle. Il vient avec l'intention de la soigner – « Je viendrai à ton aide cette nuit, ô jeune fille ». L'auteur (certes anonyme) précise : « Mais il y a quelque chose de plus : c'est ainsi qu'était l'homme qui avait prononcé ces paroles : il n'y avait pas d'homme malade ou en mauvaise santé dont il ne sût reconnaître ou identifier le mal, et il était guéri par son aide. Il n'y avait jamais eu auparavant chez un homme de la répugnance pour la nourriture ou la boisson sans qu'il lui en rendît rapidement le goût. » Il est vrai qu'en la circonstance Manannán échoue, malgré toutes ses magies, à faire absorber à la jeune fille autre chose que ce qu'elle prenait d'habitude : du moins diagnostique-t-il son mal[122].

DES GUERRIERS

Grèce et Irlande s'accordent encore pour donner en certaines occasions au dieu de la mer les traits d'un guerrier. Rappelons l'arrivée de Lugh à Tara, à l'assemblée des Túatha Dé Dánann, dans le récit de « La mort tragique des enfants de Tuireann » : « Il avait l'armure de Manannán sur lui ; il avait le casque sur la tête pour le protéger, avec une élégante pierre précieuse à l'arrière et deux sur le devant... Il avait la Freagarthach, c'est-à-dire l'épée de Manannán à son côté gauche. Et personne n'était blessé par elle, qui l'avait quittée en vie. On ne dégainait pas cette épée à l'endroit d'une bataille ou d'un combat sans que celui qui l'avait vu ou lui était opposé ait seulement la force d'une femme en couches[123]. »

L'un des noms de Manannán est *Gaer*, sans doute « Lance » (celtique ancien *gaiso-*), et il se montre souvent en combattant : dans l'histoire de Mongan, dont on parlera ci-dessous, il joue le rôle d'un chef de guerre qui va combattre et vaincre sur le champ de bataille l'ennemi de celui qui va devenir le père putatif de Mongan, Fiachna Lurga ; dans une version, il est « un homme de noble apparence », qui s'installe « devant les armées d'Aedan et de Fiachna[124] », dans une autre, Fiachna et ses guerriers « étaient en train de parler quand ils virent un grand guerrier s'approcher d'eux. Il portait un manteau vert autour de lui, une broche d'argent brillant à son manteau sur sa poitrine et une tunique de satin sur sa peau blanche. Il avait une baguette d'or autour de sa chevelure et deux sandales d'or aux pieds[125] ». C'est dans la bataille suivante, dite de Cuilenn, qu'il fut tué, par Uilenn aux sourcils rouges – donnant alors naissance à un lac (ci-dessus). Nechtan, en lequel j'ai dit qu'il faut voir un doublet, ou, mieux, le porteur du nom originel de Manannán, combat également, dans le cadre d'un cycle de vendetta entre familles : selon le texte du poème reconstitué par Thurneysen[126],

> Cairpre tomba – souviens-toi de cela –
> de la main de Nechtan, fils de Nama ;
> Nechtan tomba devant le poison
> de Sigmall, petit-fils du libre Midir[127],

ce Sigmall étant le fils de Cairbre (ou Cairpre) Crom, fils d'Elcmar. Or, c'est précisément Manannán qui tue Sigmall – ce qui indiquerait que la proximité des deux personnages était encore sentie lorsque ces récits ont été mis par écrit, mais leur identité oubliée :

> Fuamnach la blanche, qui était femme de Mider
> Sigmall et Bri, sans faute,
> à Bri Leith, c'était force vive,
> ils furent brûlés par Manannán[128].

La plupart de ces éléments mythiques vont se retrouver autour de Poséidon. Au chant XIV de l'*Iliade*, alors que les Achéens sont en pleine déroute face aux Troyens, les dieux qui soutiennent les premiers unissent leurs efforts pour redresser la situation au profit de leurs protégés. Pendant qu'Héra s'attache à endormir Zeus, à qui elle reproche de favoriser les Troyens, Poséidon intervient directement sur le chant de bataille. D'abord, sous les traits d'un vieil homme, il vient exhorter Agamemnon, puis il « pousse un grand cri, en s'élançant dans la plaine. Comme crient au combat neuf ou dix mille hommes engagés dans la lutte guerrière, ainsi, d'une voix pareille, jaillie du fond de sa poitrine, crie le roi Ébranleur du sol ; et il met au cœur de chaque Achéen une force infinie pour batailler et guerroyer sans trêve[129] ».

Puis, averti par Hupnos (« Sommeil ») que Zeus est enfin endormi, et ayant été encouragé par lui à agir directement, « le dieu aussitôt bondit jusqu'au front et commande » : « Argiens ! Allons-nous donc cette fois encore abandonner la victoire à Hector le Priamide, pour qu'il prenne nos nefs et conquière la gloire ?... Allons ! suivons tous l'avis que je donne. Couvrez-vous des boucliers qui sont les meilleurs, les plus grands, dans toute l'armée ; cachez vos fronts sous des casques flamboyants ; prenez en main les plus longues javelines ; puis marchons. J'irai à votre tête... » Ce qu'il fait : « Quand ils ont tous vêtu leurs corps du bronze éblouissant, ils se mettent en route. À leur tête marche Poséidon, Ébranleur du sol. Dans sa forte main, il tient une longue épée, terrible, pareille à l'éclair. Nul n'a le droit de l'approcher au cours de la mêlée cruelle ; l'épouvante retient les guerriers loin d'elle » (*Il.*, XIV, 354-387). Il redresse alors le combat. Hector est bientôt pressé par Ajax, cela précipite la défaite troyenne, le camp des Grecs est libéré[130].

Ce texte, le plus ancien de la littérature grecque concernant Poséidon, offre des parallèles stupéfiants avec ce qui vient d'être dit de Manannán.

En effet :

– Poséidon redresse une bataille, c'est-à-dire exactement ce que Manannán fait quand il secourt Fiachna Lurga. Dans l'un et l'autre cas des assaillants sont repoussés, la victoire change de camp grâce à l'intervention du dieu de la mer, qui paye de sa personne dans le combat. Rencontre plus étonnante encore, l'intervention directe du dieu en guerrier suit une union sexuelle : dans le récit irlandais, Manannán a imposé à la femme de Fiachna Lurga de s'unir à lui pour sauver la vie de son mari ; dans l'*Iliade*, Hèra endort Zeus en lui faisant l'amour, et, cela fait, Poséidon intervient pour se mettre à la tête des Achéens ;

– Manannán a une épée merveilleuse, qui tue dès qu'elle blesse, qui affaiblit les forces du guerrier opposé, à sa simple vue ; Poséidon a une épée merveilleuse, que nul n'a le droit d'approcher, et retient les adversaires au loin par l'épouvante qu'elle dégage ;

– Poséidon éprouve le besoin d'énumérer aux Achéens les armes dont ils vont avoir à se servir : or, on est au XIVe chant de l'épopée, et on s'y bat depuis le IIIe, sans compter que, selon la tradition, l'*Iliade* se déroule durant la dixième année de la guerre ! Que Poséidon vienne à ce moment enseigner aux Grecs ce que sont leurs meilleures armes semble traduire le désir de mettre en valeur une spécialité du dieu : celle des armes prestigieuses, comme son épée ; et cela évoque alors une énumération semblable, celle des « armes de Manannán » dont est équipé Lugh ;

– cette épée de Poséidon est qualifiée de « pareille à l'éclair », *eíkelon asteropê.* Dans l'iconographie, Poséidon porte canoniquement un trident. Il y a bien des raisons de penser que ce trident n'était pas seulement un instrument de pêche, comme les Grecs eux-mêmes paraissent l'avoir pensé aux temps historiques, mais était originellement foudroyant[131]. C'est un souvenir patent d'un motif bien attesté chez les Indo-Iraniens, où Apâm Napât est, chez les Indiens védiques, qualifié de « Feu dans l'eau », de « brillant », « resplendissant », « rayonnant » dans les eaux sans bûche, « revêtu de l'éclair », que les jeunes filles (les doigts des prêtres védiques) « allument » ; et, en Iran, sous la forme Apam Napât, il est qualifié de *xšaita-*, « brillant », adjectif qui, en dehors de lui, ne s'applique qu'au Soleil et au premier roi, Yima[132]. Si l'on ajoute enfin que, dans la version du *Dindsenchas en prose* de l'histoire de Boand, il est précisé qu'à la source de Nechtan, « quiconque y allait n'en revenait pas sans que ses yeux n'éclatassent, à moins que ce ne fussent Nechtan et ses trois échansons[133] », on a trace d'un pouvoir également igné de cette source, puisque les yeux sont sièges d'un feu – comme l'atteste leur comparaison fréquente avec le soleil – et que la source avait le pouvoir de les faire « éclater » : en les chauffant encore davantage ?

Par ailleurs le thème de la vengeance, sinon exactement de la vendetta, est au centre de la légende d'un fils et d'un petit-fils de Poséidon, Nauplios et Palamède : le second ayant été traîtreusement tué par les Grecs devant Troie, à leur retour, Nauplios son père allume des feux sur des récifs, au large de l'Argolide, pour que, de nuit, les navires des Grecs viennent s'y briser[134]. Ainsi Nauplios utilise le feu pour se venger, comme Manannán pour tuer Sigmall, Midir et Fuamnach.

Et cette vengeance terrible d'un fils de Poséidon rappelle que les rejetons du dieu de la mer sont souvent des guerriers, mais de la pire espèce, des *hubristaí*, dangers publics dont Hèraklès ou Thésée éliminèrent un bon nombre : ainsi les « brigands », éliminés par Thésée,

Kerkuôn[135], Procruste[136] et Skirôn[137], ou les défenseurs d'Éleusis lors de la guerre qui opposa cette localité à Athènes dans l'époque mythologique, Eumolpos, qui vint à son secours avec un contingent de guerriers thraces[138], Phorbos, qui laissa son nom au Phorbanteion, un gymnase d'Athènes[139], Hippothoôn, fils de Poséidon et d'Alopê, elle-même fille de Kerkuôn[140] ; les géants Ôtos et Éphialte, qui enfermèrent le dieu Arès dans une jarre de bronze, puis menacèrent les dieux de l'Olympe[141] ; Antaios (« Antée »), géant qui tuait les voyageurs passant près de lui, jusqu'à ce que l'étranger de passage fût Hèraklès[142] ; les Kourètes, jeunes guerriers, que Thésée tua au combat[143]. Et le vainqueur de nombre de ces fils de Poséidon, Thésée, en était lui-même fils... Ce qui a été dit précédemment révèle donc un aspect rarement signalé de Poséidon : en jouant le rôle de puissants guerriers, certains des fils du dieu prolongent directement l'un de ses caractères. Un autre fils de Poséidon s'appelle Hopleus[144], mot formé sur *hoplitès*, « soldat » ; et, d'un autre encore, Bêlos, on disait qu'il inventa le combat à l'épée[145] : il prolongeait donc dignement une activité de son père. Enfin, à Mantinée, Poséidon était poliade ; les hoplites l'invoquaient au combat[146], et portaient l'image de son trident sur leur bouclier[147] : les Arcadiens de cette ville admettaient donc encore le pouvoir militaire du dieu, comme au temps de la composition de l'*Iliade*, plusieurs siècles auparavant.

LE DIEU DE LA MER ET LA DÉESSE DE LA GUERRE

En Irlande, Manannán n'a pas de relations particulières avec la Bodb ou Mórrígan, cette déesse de la guerre irlandaise dont parlait le chapitre précédent. Par contre, dans la tradition galloise apparaît une étroite relation entre le dieu et l'équivalent local d'Athèna : dans la *Troisième branche du Mabinogi*, Rhiannon épouse en secondes noces Manawyddan : en effet, au retour d'une expédition malheureuse en Irlande, objet de la *Seconde branche du Mabinogi*, seuls sept héros gallois ont survécu ; parmi eux, Pryderi est pourvu à la fois d'une épouse et d'un royaume, car il a succédé à son père Pwyll, tandis que Manawyddan n'a ni l'une ni l'autre. Pryderi lui propose alors de venir dans son royaume, et d'épouser sa mère, Rhiannon. Le projet réussit à merveille car, dès leur premier repas ensemble, Rhiannon et Manawyddan parlent agréablement, Rhiannon est avertie de l'idée de son fils, elle accepte avec joie Manawyddan comme mari, de sorte qu'« avant la fin du repas, il coucha avec elle[148] ». Cette union sera indéfectible : lorsque, dans la suite du récit, Pryderi et Rhiannon disparaissent à la suite d'un enchantement, Manawyddan n'aura de cesse de les retrouver, et, se retrouvant seul pendant ce temps avec Kigva, la jeune épouse de Pryderi, il restera scrupuleusement fidèle à son épouse.

La relation entre Poséidon et le correspondant grec de Rhiannon, Athèna[149], n'est pas moins étroite – à une « nuance » près, c'est qu'Athèna étant une déesse canoniquement vierge, Poséidon ne pouvait s'unir à elle ni le jour où il l'a rencontrée, ni après. La relation existe, mais elle n'est pas mythique et sexuelle : elle est théologique.

Il y a d'abord tous les cas d'association cultuelle entre les deux divinités. Athèna et Poséidon voisinent, dans le même sanctuaire ou dans des sanctuaires jumeaux : à l'hippodrome d'Olympie, on a l'association Arès Hippios, Poséidon Hippios, Athèna Hippiâ[150] ; à Phénée en Arcadie du Nord, sont réunis Poséidon Hippios, Athèna Tritôniâ et Artémis Heurippâ (« Qui retrouve les chevaux ») ; on a dit comment Ulysse retrouva en cet endroit ses pouliches égarées, et consacra un temple à Artémis Hippiâ et à Poséidon Hippios[151] ; à Aséa, aussi en Arcadie, Ulysse fonda un culte à Athèna Soteirâ (« Libératrice ») et à Poséidon[152] ; à Corinthe, Poséidon Damios est associé à Athèna Khalinitis (« Du mors[153] ») ; à Sparte, le temple d'Athèna Agoraiâ (« De la place publique ») est à côté de celui de Poséidon Asphaleios[154], de même que celui de Poséidon Hipposthénès est proche de celui d'Athéna Axiopoinos (« Qui châtie justement[155] ») ; à Alalkomenai, en Laconie, Poséidon Hippios ou Hippobotès est associé à Athèna Tritôniâ[156], à Rhodes, Kadmos édifia des chapelles à Poséidon et à Athèna[157], puis fit de même à Thèra[158], d'où cela passa sans doute à Cyrène, où on connaît à la fois Poséidon Hippios[159] et Athèna Tritonis ou Tritogeneiâ, et aussi Hippiâ[160] ; à Trézène, Poséidon, qualifié de Basileus (« Roi »), et Athèna ont fait un accord, après s'être disputés, pour patronner ensemble la cité[161] ; on retrouve encore le couple Athèna-Poséidon à Athènes, dans sa proximité à Kolônos[162], vraisemblablement enfin à Mégalopolis en Arcadie[163]. À côté de ces associations cultuelles, il en existe de mythiques, qui excluent, comme on l'a dit, tout aspect sexuel : une tradition faisait d'Athèna la fille de Poséidon, et d'une océanide, Koruphè[164].

Il s'agit donc d'une liaison fondamentale dans la pensée grecque, et la raison en est connue : comme j'y ai déjà fait souvent allusion ci-dessus, Athèna et Poséidon sont en fait des divinités complémentaires, car c'est l'intelligence, l'adresse, de la première, qui permet à l'humanité d'affronter la sauvagerie du second. Poséidon est-il la mer, crée-t-il les tempêtes, comme il le fait à longueur d'*Odyssée* ? Athèna inspire le premier constructeur de navires, guide le pilote, protège Ulysse et tous les marins. Poséidon crée-t-il les chevaux, ou est-il leur père, en s'unissant à Médousâ ou à Dèmeter, ou en fécondant une pierre[165] ? Athèna donne le mors à Bellérophon, et enseigne l'équitation (l'usage du char) à Erekhtheus[166].

DES ARTISANS

Manawyddan est surtout célébré, dans la *Troisième branche du Mabinogi* gallois, qui porte son nom, comme sage, et comme artisan. Rappelons l'intrigue. Grâce à Pryderi, prince de Dyvet, royaume du sud du pays de Galles, Manawyddan a pu épouser Rhiannon, mère de celui-ci (ci-dessus). Un jour, Manawyddan, Pryderi et leurs épouses Rhiannon et Kigva se rendent au tertre d'Arberth après déjeuner. Or, c'est un endroit magique, celui-là même où, bien avant, Rhiannon était apparue, à cheval, au roi Pwyll, père de Pryderi[167]. De fait, un orage survient, une nuée couvre le tertre, et lorsqu'elle s'efface, les deux couples s'aperçoivent que tout, demeures et êtres humains, a disparu autour d'eux, excepté le palais royal, qu'ils visitent et découvrent lui aussi radicalement vide. Ils vivent, pendant deux ans, de la chasse, puis finissent par en être dégoûtés. Manawyddan conseille alors de passer en Angleterre (qui, elle, n'a pas subi la malédiction abattue sur le Dyvet !), et d'y vivre en exerçant le métier de sellier. « Manawyddan se mit à façonner des pommeaux, et à les colorer avec de l'émail azuré[168] comme il avait vu faire à Llassar Llaes Gygnwyt, et il réussit à faire de l'émail bleu aussi bien qu'un autre », en fait bien mieux, parce que tout le monde se précipite chez Manawyddan pour lui acheter ses fabrications, et les autres selliers de la ville (« Henford », c'est-à-dire peut-être Hereford) en sont jaloux et se mettent d'accord pour tuer leurs concurrents. Pryderi est prêt à en découdre, et à combattre. Manawyddan conseille l'évacuation : « Si nous nous battions avec eux, cela nous ferait une mauvaise réputation, et on nous mettrait en prison. Il vaut mieux pour nous que nous allions nous installer dans une autre ville pour gagner notre vie. » Ils se font alors fabricants de boucliers, mais il leur arrive la même aventure qu'à Henford. Dans une troisième ville, les voici cordonniers. À chaque fois, Manawyddan excelle, et provoque la jalousie de ses collègues.

Finalement, ils décident de rentrer en Dyvet. Hélas, là se produit bientôt une nouvelle conséquence de l'enchantement qui pèse sur le pays. Ils découvrent, en un endroit qui était auparavant un vallon sauvage, une magnifique forteresse. Les chiens de chasse de Pryderi s'y sont engouffrés, et il veut aller les chercher. Manawyddan le déconseille fortement : « Ton idée d'aller dans la citadelle n'est pas bonne : c'est une cité que nous n'avons jamais vue ici. Si tu veux suivre mon conseil, tu n'y rentreras pas. Celui qui a jeté un sort sur le royaume, c'est aussi celui qui a suscité par magie cette cité. » Pryderi n'en fait qu'à sa tête, il veut récupérer ses chiens, entre dans la forteresse – et n'en ressort pas. Manawyddan l'attend longtemps, et finit par aller retrouver les deux femmes. Rhiannon lui reproche de n'avoir rien tenté pour délivrer son compagnon, et décide d'aller y voir. Et comme Pryderi, elle se trouve figée au sol dès qu'elle a essayé de boire à une coupe d'or au bord d'une fontaine de marbre. Il ne reste plus en Dyvet que Manawyddan et Kigva. Ils n'ont plus même de chiens pour chasser. Retour en Angleterre. Manawyddan reprend son métier de cordonnier – avec les mêmes conséquences que la première fois. Kigva et lui doivent fuir. Mais il a la prudence d'emporter une charge de froment. Il sème, ensemence trois champs. La réussite est complète : « Le froment poussa le mieux du monde, les trois champs prospéraient d'une même croissance, si bien que personne n'avait jamais vu un plus beau froment. »

Malheureusement, les trois champs, une fois mûrs, sont dépouillés, l'un après l'autre, de leurs beaux épis. Il décide d'y passer la nuit, et découvre une invasion de souris. Il parvient à un capturer une, plus grosse et plus lente que les autres. Il veut la pendre. Kigva essaye de l'en dissuader : ce n'est pas digne d'un homme de son rang. Il tient bon, et Kigva s'incline. Il entreprend alors d'édifier les fourches pour la pendaison au sommet du tertre d'Arberth. Voici qu'arrive un clerc, qui essaye de le dissuader de pendre la souris, avec le même argument que Kigva, puis en lui proposant de l'argent ; Manawyddan tient bon. Le clerc s'en va, et presque aussitôt arrive un évêque, avec toute une troupe. Même dialogue, même proposition, même refus, y compris lorsque l'évêque lui offre ses coffres pleins de richesses.

> « Si tu ne veux pas de cela, dis ton prix.
> – D'accord, dit-il, je veux la libération de Rhiannon et de Pryderi.
> – Tu l'auras.
> – Ce n'est pas tout, entre moi et Dieu.
> – Que veux-tu d'autre ?
> – Délivrer les sept cantons de Dyved de l'ensorcellement. »

C'est seulement lorsque tout cela est réalisé que Manawyddan délivre la souris – qui était l'épouse, enceinte, de l'évêque. Et l'ensorcellement était la punition du royaume pour une mauvaise plaisanterie faite, jadis, lors du mariage de Rhiannon, à son premier fiancé[169]...

En Grèce, ce n'est pas Poséidon qui fait preuve d'aussi grands talents que Manawyddan. C'est, d'autre manière, le fameux Palamède, dont on parlait ci-dessus. Il est certes un peu éloigné dans la descendance de Poséidon – étant son petit-fils – mais il demeure intimement lié à lui tout de même, puisque Nauplios, son père, fils du dieu, se fit naufrageur (donc une sorte de Poséidon au paroxysme) pour venger sa mort, et que son frère Oiax, dont le nom signifie « barre de gouvernail », aurait cherché à prévenir de ce qui était arrivé à Palamède en l'inscrivant sur un aviron qu'il jeta à la mer : Nauplios, qui passait son temps à naviguer, trouverait nécessairement la rame un jour. Tel est le contexte très « poséidonien » de Palamède. Si donc Manawyddan a exercé, toujours avec le plus grand art, divers métiers manuels, la tradition grecque a crédité le héros grec de nombreuses inventions : on a mentionné ci-dessus la mise au point du calendrier, mais il s'y ajoute la mise en ordre de l'alphabet et l'invention de plusieurs lettres (dont l'Y, ci-dessus), les nombres, la monnaie, les jetons de vote, et plusieurs jeux – dés, osselets, et le jeu à échiquier appelé *petteia* (tenant du jeu de dame et du trictrac[170]). Il n'y a pas d'équivalent à l'intrigue galloise, Palamède n'a pas à gagner sa vie avec ses inventions, mais, dans l'un et l'autre cas, le génie pratique d'un sage est mis en relief.

UN DRUIDE, ET UN SAGE

C'est bien un sage, en effet, que Manawyddan. Tout au long du récit que j'ai résumé ci-dessus, il est l'homme de bon conseil : c'est lui qui suggère les solutions, comme passer en Angleterre pour y exercer un métier, lui qui tempère la fougue de Pryderi et recommande le départ plutôt que l'affrontement avec les concurrents jaloux, lui encore qui essaye de retenir Pryderi lorsque le jeune roi veut entrer dans la forteresse inconnue, lui qui pense à ramener du froment d'Angleterre pour ensemencer des champs et assurer leur subsistance, à Kigva et à lui ; et lui, surtout, qui a la constance de garder la souris en otage, lors même qu'il risque le ridicule, comme Kigva le lui fait sentir, et de tenir bon, quels que soient les trésors qu'on lui ait offerts pour la lâcher, jusqu'à ce qu'il obtienne la fin de l'enchantement qui pesait sur le pays.

Question intelligence et sagesse, Manannán n'est pas en reste. Dans la version de l'histoire d'Óengus de l'*Altrom Tige Da Medar*, « La nourriture de la maison des deux gobelets », c'est lui l'homme astucieux – ailleurs, on l'a dit, c'est le Dagda, ou encore Midir – qui conseille à Óengus de demander sa maison à Elcmar et de lui dire de ne pas y revenir avant que « ne soient mêlés le soleil et la lune ». Et, dans ce récit, Óengus hésite à faire cette vilenie. Alors Manannán se lance dans une explication théologique, comprenant un apologue où l'influence chrétienne est patente, et la casuistique de Manannán finit par avoir raison des scrupules d'Óengus[171].

On ne doutera pas que l'influence chrétienne ici perceptible n'ait fait que remplacer une matière païenne antérieure[172]. Car le *Tochmarc Luaine* fait de Manannán le druide des Túatha Dé Dánann[173], ce que confirme un texte qui le définit comme « druide, artisan et négociant[174] », et les pouvoirs « royaux » prêtés à Manannán précisément dans l'*Altrom Tige Da Medar* (ci-dessous) sont plus ceux d'un grand druide que d'un roi.

C'est encore Palamède qui fournira ici le point de comparaison en Grèce ancienne : ce héros était si intelligent, si sage, qu'il put déceler que le jeune Ulysse, à Ithaque, simulait la folie pour ne pas partir à la guerre, et, quand il eut rejoint les Grecs devant Troie, sut prendre les dispositions pour éviter une famine. Palamède parlait fort bien, et émettait des opinions si judicieuses qu'il en vint, dans l'esprit des soldats, à concurrencer le prestige d'Agamemnon. Manawyddan fut l'objet de menaces de mort de la part des artisans jaloux ; Palamède fut l'objet de la jalousie des autres chefs grecs, et cela permit à son rival Ulysse d'organiser sa mise à mort[175] : il apparaît bien comme une sorte de « druide » vis-à-vis des Grecs assemblés devant Troie.

DES ROIS

Fugitivement, les dieux de la mer de la Grèce et de l'Irlande apparaissent comme royaux. De Poséidon, on signalait ci-dessus l'épiclèse de *Basileús* qu'il portait dans l'île de Ténos : le mot ne signifie pas autre chose que « Roi ». Voici donc un Poséidon Roi.

En Irlande, l'*Altrom Tige Da Medar* commence par exposer la défaite des Túatha Dé Dánann devant les Fils de Mil, conçus comme les premiers des habitants humains de l'île, les ancêtres des Irlandais historiques. Puis il enchaîne : « Pour ce qui est des Túatha Dé Dánann, on en dira encore ci-dessous ce qui suit : après qu'Eremon [chef des Fils de Mil] eut remporté les batailles de Tailtiu et de Drom Lighean sur les héros et les guerriers à propos du partage des territoires de l'Irlande, on leur amena le noble roi suprême, Manannán à la grande puissance, afin qu'il prît conseil et avis. L'avis de Manannán aux guerriers fut de se disperser dans les *síde* et de s'établir dans les collines et les belles plaines d'Irlande. Bodb Derg et Manannán furent élevés à la royauté par les hommes d'Irlande. Manannán partagea entre les nobles leurs résidences dans les *síde* », et le texte énumère l'emplacement, tertre par tertre, de chacun des héros (c'est-à-dire en fait de chacun des dieux[176]).

Manannán apparaît ici comme le dernier roi des Túatha Dé Dánann. Royauté liminale, puisqu'elle correspond à la fin du règne des Túatha Dé Dánann sur l'Irlande, et qu'elle n'aura pas à s'exercer dans le mythe ; pas plus que celle de Poséidon.

LES BOVINS DES DIEUX DE LA MER

Manannán a des vaches, qu'il aurait rapportées de l'Inde[177], et dont le lait est intarissable. On en rapprochait plus haut Dèmèter, si étroitement liée aux bovins, et déesse de la production agricole. On rappellera ici que Poséidon possède des troupeaux, qu'il est le dieu qui reçoit, par excellence, des sacrifices de taureaux, et qu'il est lui-même qualifié de *Taúreios*, « Taurin », ce qui à son tour a donné le nom d'un mois, *Tauréôn*, connu à Milet, à Cyzique, à Olbia, à Sinope, et qui témoigne de l'existence d'une fête à Poséidon Tauréios en chacune de ces villes[178].

DES DIEUX VOLAGES

Des dieux qui ont fait l'objet des chapitres antérieurs, nous avons rencontré un Lug/Apollon qui a des relations bien difficiles avec ses partenaires féminines, et un Hermès/Óengus qui se contente d'un nombre restreint d'amours féminines. Avec Poséidon et Manannán au contraire, on se rapproche des dieux souverains, indéfiniment séducteurs – en Irlande, le Dagda séduit en un instant aussi bien Boand, femme d'Elcmar, que la Mórrígan ou la fille d'un roi des Fomóire, tout comme en Grèce Zeus est le grand collectionneur d'amours féminines de la mythologie : Poséidon est celui qui apparaît en second dans ce genre de prouesses : d'innombrables déesses ou femmes ont été ses maîtresses[179], et nombre de dynasties légendaires grecques l'ont eu pour ancêtre. Manannán a une épouse légitime, Fand, tout comme Poséidon a pour femme Amphitrite, mais, comme Poséidon, il connaît d'autres relations féminines. Il délaisse sa femme pour enlever Aine, fille d'Eogabal, et pour l'emmener à la Terre de Promesse[180]. De la sorte, lorsque, dans « La maladie de Cúchulainn et l'unique jalousie d'Emer », Fand tombe amoureuse de Cúchulainn parce que son époux l'a à nouveau délaissée (ci-dessous), et qu'il n'intervient nullement pour interrompre l'établissement de cette relation, lequel s'étale sur un an, puis la relation elle-même, qui dure un mois, on peut soupçonner que le dieu oublie une fois encore son épouse dans les bras d'une belle inconnue.

Notons, au sujet des épouses légitimes des deux dieux de la mer, quelques coïncidences. *Fand* signifie « hirondelle[181] ». Par ailleurs, au début du récit qu'on vient d'évoquer, le premier « contact » entre Cúchulainn et deux femmes divines, à savoir Fand et son amie Lí Ban, a lieu lorsqu'il blesse à la fronde l'un des deux oiseaux qui lui étaient apparus, liés par une chaîne d'or ; à la suite de cette blessure, les oiseaux « allèrent sous l'eau[182] », ce qui les désigne comme oiseaux marins. Amphitrite, de son côté, est une Néréide – j'ai rappelé ailleurs que les Néréides ont deux formes animales principales, celle de seiche et celle de mouette[183].

Selon un texte, « la chevelure de la femme de Manannán s'agite sur les côtes de l'Irlande[184] » : on ne doutera pas, avec J. Vendryes, qu'il ne s'agisse là d'une « jolie métaphore pour désigner les flots de l'Océan[185] ». Cela dit, c'est aussi sur un rivage, en Thessalie, près du cap Sépias (« de la Seiche »), qu'on pouvait rencontrer la plus célèbre parmi les Néréides, Thétis, la mère d'Achille, que Pélée dut dompter en la saisissant sur la grève où elle reposait, et en ne la lâchant pas malgré ses multiples métamorphoses.

Ainsi l'Irlande connaît trois « états » de l'épouse du dieu de la mer : forme humaine, forme d'oiseau, chevelure sur le rivage s'identifiant aux vagues ; la Grèce ancienne connaissait trois « états » principaux des Néréides : forme humaine, forme d'oiseau, forme de seiche qu'on peut trouver près d'un cap sur la grève.

Mythes communs

On a envisagé jusqu'ici des épiclèses, des traits, des fragments de mythes. Dans cette seconde partie, ce sont des récits plus complets, des mythes plus développés, qui vont permettre de poursuivre la comparaison.

DES ÉDUCATEURS

Manannán et Poséidon ont joué l'un et l'autre le rôle d'éducateur, ou du moins d'initiateur. Et leur élève n'est jamais n'importe qui. C'est, deux fois (une chacun !), un futur roi.

Dans l'*Echtra Cormaic i Tír Tairngiri*, « Aventure de Cormac dans la Terre de Promesse », celui-ci, petit-fils du célèbre roi Conn aux cent batailles, voit un jour arriver, alors qu'il est sur les murs de Tara, un guerrier magnifique, qui porte une branche d'argent avec trois pommes d'or. Ce guerrier est Manannán – encore incognito. Il révèle à Cormac qu'il vient du pays de la vérité, où l'on ne connaît ni vieillesse ni tristesse, ni haine ni envie. Il propose un accord à Cormac : il lui donne la branche d'argent avec les pommes d'or, mais Cormac devra, un an plus tard, satisfaire trois demandes du donneur. De fait, ce dernier revient un an après, et demande successivement : la fille, le fils, et l'épouse de Cormac. Cormac a pu donner les deux premiers sans trop d'hésitation, mais la troisième demande est inouïe. Cormac décide de suivre le guerrier. Il parvient ainsi, après avoir été isolé de ses compagnons par un brouillard, dans le pays merveilleux d'où venait Manannán – l'Autre Monde, j'y reviens ci-dessous –, où il est soumis à un véritable entraînement à la Vérité : si l'on veut manger, il faut faire cuire un cochon, et la cuisson ne s'obtient que si l'on raconte des histoires vraies, une par quartier. On en raconte quatre, Cormac se chargeant de la dernière, où il expose comment sa fille, son fils, sa femme ont disparu de Tara. Sa famille réapparaît alors, on lui offre une coupe de vérité, qui se casse si l'on profère trois mensonges, et se recolle si l'on dit trois vérités. Manannán se révèle alors : « Je suis Manannán Mac Lir, roi de la Terre de Promesse, et c'est pour un voyage dans cette terre que je vous avais amenés ici[186]. »

Or, un concept fondamental de l'ancienne Irlande est celui de la « Vérité du roi » : le roi doit dire la vérité, car tout l'équilibre cosmique en dépend. Mentir, de la part d'un roi, c'est menacer la santé publique, les récoltes, le droit, la sécurité car une guerre ne saurait être victorieuse, et attirer les catastrophes naturelles[187]. Dès lors, le voyage de Cormac est initiatique : il l'habilite à régner correctement, et fait de lui le véritable grand roi d'Irlande.

Poséidon a joué avec Pélops un rôle assez analogue à celui que Manannán joue avec Cormac. L'histoire est racontée tout du long par Pindare en sa première *Olympique*. Je résume.

Le poète proteste contre une version de l'histoire de Pélops selon laquelle les dieux, trompés par Tantale son père, s'étaient attablés avec celui-ci alors qu'il faisait bouillir dans un chaudron les morceaux de son fils, et l'une des divinités avait été assez distraite pour manger la part mise dans son plat. Lorsque les dieux reconstituèrent le jeune garçon, dit cette version, il manquait l'épaule, et on dut lui en faire une en ivoire. Pindare rejette cette présentation des choses, qui sera effectivement la plus répandue dans les sources postérieures à lui. Car, dit-il, « je ne peux appeler cannibale aucun des dieux ». La vérité est tout autre, dit-il : c'est Poséidon, épris de Pélops, qui l'avait enlevé, et mené au ciel, pour y servir d'échanson auprès de Zeus. La tradition voulait – c'est toujours Pindare qui parle – que cet enlèvement ait eu lieu lorsqu'on retira Pélops du chaudron, avec son épaule d'ivoire. Lui préfère opposer les traditions. Il accepte l'enlèvement, rejette la dévoration. Puis Pélops fut renvoyé sur terre, et, à l'âge nubile, il voulut tenter sa chance : en Élide, un roi, Oinomaos, proposait sa fille en mariage ; pour l'avoir, il fallait faire une course de chars avec lui ; les vaincus étaient systématiquement tués – treize avaient déjà succombé. Alors le jeune homme se rendit au bord de la mer, de nuit, et implora Poséidon : le dieu lui apparut, écouta sa prière, et lui accorda un char d'or attelé de chevaux ailés. Il vainquit Oinomaos, et épousa Hippodameiâ[188].

L'Élide que mentionne le poète est une litote : Oinomaos régnait précisément à Pise, c'est-à-dire sur le sud de l'Élide historique, là où s'élèvera plus tard la ville d'Olympie. La victoire de Pélops, non seulement lui confère la royauté, mais aussi fonde à la fois les Jeux olympiques (c'est en effet un des mythes d'origine de ces jeux), et plusieurs dynasties, car Pélops est l'ancêtre de nombre de familles qui régneront principalement sur l'est du Péloponèse[189].

Les affabulations irlandaise et grecque sont toutes différentes, ce qui, une fois encore, interdit de poser le problème de la relation entre Poséidon et Manannán en termes d'emprunt. Pourtant, les points communs sont manifestes :

– un jeune roi ou futur roi disparaît : il est entraîné dans la Terre de Promesse (Irlande), enlevé au ciel par un dieu (Grèce) ;

– là, le jeune homme doit servir les dieux au banquet (Grèce), ou aider à préparer le banquet (Irlande) ;

– cet enlèvement, cette disparition, l'habilitent à l'exercice de la royauté ;

– il faut pour cela conquérir une femme (Grèce), ou en récupérer une (Irlande) ;

– le dieu qui a organisé la disparition est le dieu de la mer ;

– l'épreuve accomplie, ou pour accomplir une épreuve, ce dieu est généreux : il donne une coupe d'or (Irlande), un char d'or (Grèce) ;

– ces objets d'or sont les moyens d'une épreuve de vérité.

Il ne s'agit donc pas du *même mythe*, mais du *même groupe d'idées*, mises en forme, en Irlande et en Grèce, dans des récits différents. Le thème est initiatique, et le dieu de la mer est celui qui initie le jeune roi, et lui fournit les moyens de réussir les épreuves royales.

DES CONSTRUCTEURS

Les Grecs célébraient l'activité de Poséidon comme constructeur, et particulièrement spécialiste de fortifications, de murailles infrangibles. Selon un passage de l'*Iliade*, Poséidon – c'est lui-même qui le dit – a construit seul la muraille de Troie, escomptant un salaire de la part du roi Laomédon, tandis qu'Apollon faisait paître ses bœufs[190] ; tandis que selon un autre, qui représente sans doute une simplification – car c'est également Poséidon qui parle –, il a construit cette muraille en collaboration avec Apollon[191].

Si, de par l'*Iliade*, cette œuvre de construction était très célèbre dans toute l'Antiquité, elle n'était pas la seule. Hésiode attribuait en effet à Poséidon d'avoir clos sur les Titans enfermés dans le Tartare les portes d'airain[192].

Il s'agissait donc d'une fonction attendue du dieu. Aussi bien les murailles du Tartare que celles de Troie étaient infrangibles (rappelons que les Grecs n'ont pu entrer dans Troie que par ruse, avec le cheval de Troie : prendre la ville d'assaut leur fut impossible tout au long de la guerre), et, puisque le dieu était connu pour cette capacité, cela entraînait pour lui un rôle rituel : à Athènes, selon Aristophane, Poséidon est pris à témoin quand on s'extasie de la taille d'un mur[193].

Aussi bien au pays de Galles qu'en Irlande, la capacité de constructeur du dieu de la mer est célébrée. Dans l'*Altrom Tige Da Medar*, après que Manannán eut réparti les tertres d'Irlande entre les Túatha Dé Dánann, il « enseigna aux nobles [Túatha Dé Dánann] à installer leurs résidences féeriques et à disposer leurs forteresses de façon qu'elles ressemblassent à la demeure de la belle Terre de Promesse et à la belle Emain Ablach[194] ».

La Terre de Promesse et Emain Ablach sont deux noms de l'Autre Monde insulaire sur lequel règne Manannán (ci-dessous). Dans cette courte notation, on découvre un Manannán maître en architecture, enseignant à ses pairs comment se construire de belles demeures, semblables à la sienne – au point qu'on peut supposer que c'est lui qui l'avait édifiée, palais modèle de ceux à venir dans tout le monde féerique.

En tout cas, son équivalent gallois est bien un constructeur, et ce qu'il construit trouvera un parallèle grec étonnant. Manawyddan a édifié une forteresse, à Annoeth, avec des ossements humains[195] : il est remarquable que ce singulier matériau soit aussi utilisé, en Grèce ancienne, non pas par le dieu Poséidon, mais par l'un de ses fils, le géant Antaios (« Antée »). Selon Pindare en effet, Antaios provoquait à la lutte les étrangers qui passaient dans son pays, et, les ayant vaincus, couronnait le temple qu'il avait construit pour son père de leurs crânes[196].

DES MAÎTRES DE L'AUTRE MONDE

Observant déjà que « Manannán est le Poséidon celtique », W. Borgeaud et R. Christinger explicitaient leur assertion en précisant, au sujet du premier : « Il est le souverain des eaux, des chevaux et des morts. Il est le maître de Mag Mell, la plaine délicieuse[197]. »

De fait, on a noté à plusieurs reprises dans ce qui précède comment les différents noms de l'Autre Monde irlandais apparaissent en relation avec le dieu de la mer : dans « Le meurtre des enfants de Tuireann », Lugh vient avec « la cavalcade féerique de la Terre de Promesse » (*Tír Tairngiri*) et ses frères de lait l'accompagnent, ce qui signifie que Lugh a été élevé chez Manannán, avec les fils de celui-ci, et c'est pour cela qu'il amène à Tara les chevaux de Manannán et l'armure que lui prête le dieu[198]. Dans l'« Aventure de Cormac dans la Terre de Promesse », dont le nom dit tout le programme, c'est bien Manannán, qui est assurément chez lui, et se présente comme « roi de la Terre de Promesse », qui accueille le jeune roi Cormac et lui impose les épreuves de vérité[199]. On vient de citer le passage de la « Nourriture des deux gobelets » selon lequel le dieu enseigne aux autres Túatha Dé Dánann comment bâtir des demeures en suivant le modèle de « la belle Terre de Promesse et de la belle Emain Ablach », c'est-à-dire de chez lui. Emain Ablach, l'« île des Pommes », est, comme la Terre de Promesse, un nom de l'Autre Monde insulaire, et ainsi les deux noms mis en conjonction désignent en fait un seul et même endroit. Dans le même texte, après un banquet chez Elcmar (ci-dessous), Manannán fait nettoyer la maison, et peut dire à son ami Óengus : « Cette maison est belle, ô Aengus, et je n'en ai pas vu de semblable, excepté Cruitin na Cuan ou Emain Ablach[200]. »

Il se confirme ici que le dieu connaît fort bien l'« île des Pommes », et que la maison qu'il y possède est très belle. Quant à Cruitin na Cuan, c'est encore une désignation du même endroit, ou d'une partie du même ensemble, comme nous l'apprend le même texte un peu plus loin : lorsqu'Eithne tombe malade (ci-dessus), « la nouvelle en parvint aussitôt à Cruitin na Cuan, à Emain Ablach et aux nobles de la Terre de Promesse. Ils étaient étonnés de la nouvelle qu'ils apprenaient d'Eithne en Irlande. Manannán envoya des messagers à Curcog, à sa troupe de femmes et à Eithne tout spécialement, pour savoir la raison pour laquelle elle ne consommait aucune nourriture », et c'est à la suite de cet échange d'informations que Manannán va venir comme médecin pour soigner Eithne[201], ce qui amenait ci-dessus sa comparaison avec le Poséidon *Iatrós* de Ténos.

Dans un récit du cycle d'Ulster, « La maladie de Cúchulainn et l'unique jalousie d'Emer », Cúchulainn a été requis par Lí Ban, une femme de l'Autre Monde, ici appelé la plaine des Délices, *Mag Mell*, pour aider son mari, Labraid à la main rapide, contre ses ennemis. Selon un thème qu'on trouve également au pays de Galles, le héros va donc combattre dans l'Autre Monde pour un roi contre un autre. Óengus, puis Lí Ban lui promettent en retour l'amour de Fand – bien que celle-ci soit l'épouse, il est vrai délaissée, de Manannán –, car elle attend le héros, au pays féerique. Tout se passe comme prévu, Cúchulainn vainc les ennemis de Labraid, puis passe un mois avec Fand. Quoique fort amoureux d'elle, il demande à rentrer chez lui. Fand l'accompagne. Il est accueilli par Emer, sa femme, furieuse, et cinquante autres femmes toutes armées de poignards. Il doit choisir. Fand le fait à sa place : femme de l'Autre Monde, elle n'est pas destinée au grand guerrier des Ulates. Alors – et alors seulement – Manannán vient, « de l'Est », la chercher. Malgré le désespoir des amants, les choses rentrent dans l'ordre : Fand retrouve son époux, et Emer le sien[202].

Enfin, un autre nom encore de l'Autre Monde est *Tír fo thuinn*, « la Terre sous les vagues », ce qui conforte le lien entre dieu de la mer et au-delà.

Il en est exactement de même en Grèce, où Poséidon a d'étroites relations avec le monde des morts. Si l'on sait, d'abord, que celui-ci est placé à l'ouest du monde, comme il apparaît dans l'*Odyssée*, puisqu'Ulysse, ayant doublé le cap Malée, au sud du Péloponèse, en venant de la mer Égée, est emporté, d'île en île, toujours davantage vers l'ouest, et que l'étape ultime de son voyage est sa visite à l'Hadès, sur la rive occidentale du fleuve Okéanos qui entoure le monde ; ensuite que ces mêmes régions sont remplies de fils de Poséidon : dans l'*Odyssée*, les Cyclopes, les Lestrygons, les Phéaciens ; dans les récits du cycle d'Hèraklès, Gêruoneus (« Géryon »), fils de Khrusaôr, fils de Poséidon, qui s'était uni dans une terre occidentale à Mèdousâ – cette terre est évidemment identique à l'île de Gêruoneus, appelée *Erutheiâ*, « la Rouge », nom qui évoque des couleurs crépusculaires –, on conçoit déjà que les chemins de l'Hadès et les domaines poséidoniens se conjoignent ou se superposent. Antaios et d'autres adversaires d'Hèraklès qu'on évoquera ci-dessous sont aussi des fils de Poséidon, rencontrés dans les terres occidentales qu'à partir de leur exploration de la Méditerranée de l'Ouest les Grecs localisèrent, qui en Afrique du Nord, qui en Espagne ou en Ligurie.

Les liens entre Poséidon et l'Autre Monde sont parfois plus explicites. C'est lui, on le rappelait plus haut, qui construit les murailles de bronze du Tartare. Au cap Ténare, dans le sud de la Laconie, Poséidon a un temple, et c'est à côté que s'ouvre un chemin qui conduit aux Enfers, et qu'Hèraklès emprunta pour aller y chercher le chien Cerbère.

Dans l'*Iliade*, il est fait deux fois allusion à une guerre menée par Hèraklès contre la ville de Pylos, en Messénie, dans le sud-ouest du Péloponèse. Dans l'un des deux récits, fait par Nestôr, lui-même roi de Pylos, il est dit qu'Hèraklès attaqua la ville au temps de Nélée, le père de Nestôr, et tua onze de ses douze fils, le douzième, épargné, étant lui, Nestôr[203]. Selon l'autre, fait par la déesse Dionê à Aphrodite, lorsqu'Hèraklès attaqua Pylos, il eut comme adversaire le dieu Hadès, et il le blessa d'une flèche, à l'épaule[204]. Des récits ultérieurs du même événement[205] donnent comme adversaire principal à Hèraklès l'un des fils de Nélée, Périkluménos, qui avait reçu de son grand-père, Poséidon, le don de métamorphose (ci-dessous). D'ailleurs, il est parfois dit lui-même fils de Poséidon. Et de toute façon, le fondateur de Pylos, Nélée, est fils de Poséidon. Ainsi, le royaume pylien est un domaine poséidonien[206], mais en ce domaine, il faut croire que le dieu des Enfers se sentait menacé, puisqu'il intervient, phénomène unique dans la mythologie grecque, pour combattre en personne le héros qui menace la ville.

Dans un travail publié en 1986, j'ai montré comment la découverte de la ville historique, réelle, car s'appelant bien *pu-ro*, c'est-à-dire *Pulos*, Pylos, dans les documents en linéaire B qui y ont été découverts, ne réduit pas à néant l'analyse antérieure des philologues, initialement allemands[207], qui avaient pu conclure des données homériques que le royaume de Pylos n'était autre qu'un royaume des morts : les documents mycéniens de Pylos montrent amplement que les Pyliens se considéraient effectivement comme habitant un pays infernal, la Messénie étant à la Grèce exactement ce que le Munster est à l'Irlande et le Dyved au pays de Galles : ces terres du Sud-Ouest, dans la direction du coucher du soleil au solstice d'hiver, ont été conçues par leurs voisins et leurs habitants eux-mêmes comme des terres proches de l'Autre Monde ou identiques à lui[208]. Et de là vient le nom même de Pylos : c'est une masculinisation de *púlê*, la « porte » : exactement comme au cap Ténare, le domaine poséidonien est celui qui ouvre sur la route de l'Autre Monde.

C'est en Dyved, justement, que Manawyddan se réfugie à l'appel de Pryderi son roi. C'est là que se déroulent les événements magiques qui feront disparaître Rhiannon et Pryderi. Quelles que soient les tentatives de Manawyddan et de ses proches pour gagner leur vie en Angleterre (ci-dessus), c'est en Dyved qu'ils reviennent, en leur royaume, et c'est là que, finalement, la fermeté de Manawyddan permettra au pays de retrouver tous ses habitants.

Ainsi, la liaison du dieu de la mer avec les terres de l'Ouest et du Sud-Ouest, avec l'Autre Monde insulaire et outre-mer, avec les routes de l'Autre Monde, est commun à la Grèce et au monde celtique[209].

DES AMATEURS DE BANQUETS

Au tout début de l'*Odyssée*, on apprend que Poséidon n'a pas encore commencé à importuner Ulysse : c'est parce qu'il est parti « chez les Aithiopes lointains, Aithiopes répartis au bout du genre humain, dans leur double domaine, les uns vers le couchant, les autres vers l'aurore : devant leur hécatombe de taureaux et d'agneaux, il vivait dans la joie, installé au festin » (I, 20-26). Comme cela se produit au changement d'année[210], on admet souvent qu'il s'agissait d'un banquet cyclique, Poséidon retrouvant les Aithiopes, aux marges du monde, chaque année, pour banqueter avec eux.

Or, c'est à la fin d'une « époque », celle du règne des Túatha Dé Dánann sur l'Irlande, que Manannán, selon l'*Altrom Tige Da Medar*, d'une part organise le festin régulier des Túatha Dé Dánann, d'autre part, après que les nobles (c'est-à-dire les Túatha Dé Dánann) lui ont enjoint « d'assister au festin de chaque demeure et au festin de chaque prince, afin qu'il reçût ce qui lui convenait, ses tributs et ce qui lui était dû dans chaque forteresse », est invité à un magnifique festin chez Elcmar, longuement décrit ; mais c'est au bout de trois jours qu'ayant nettoyé la maison, avec Óengus, il se rend compte qu'elle est belle, et suggère à ce dernier la ruse qui lui permettra de s'en emparer (ci-dessus[211]). Comme nous savons par ailleurs que ce changement de propriétaire eut lieu lors de la fête de Samain[212], nous pouvons en inférer que l'éviction des Túatha Dé Dánann par les Fils de Mil, le partage entre eux des tertres d'Irlande par Manannán, l'organisation de banquets réguliers, et l'invitation de Manannán à celui d'Elcmar correspondaient au changement d'année (fonction calendaire de Samain reconnue de longue date[213]), et qu'ainsi le ou les festins de Manannán se déroulaient, comme celui ou ceux de Poséidon, au changement d'année.

ILS ONT DES ENFANTS NÉS ADULTES

Un texte irlandais parle de trois bien curieux enfants dont la particularité a été de discourir dès la naissance : ce sont Noindiu Nóine (ou Noimbre) Naoibhreathach, né de Manannán et d'une mortelle ; Aí mac Ollamhan, qui de plus naquit chevelu et barbu ; et Morann mac Maoin, qui devint un juge célèbre de la tradition irlandaise[214].

Ces trois enfants, avouons-le, sont bien étonnants, mais plus étonnant encore, c'est en Grèce qu'ils trouvent leur parallèle le plus proche, et ce parallèle est fourni par un fils de Poséidon. Ce garçon, Erginos, naquit avec les cheveux blancs[215]. En cela, il rappelle Aí mac Ollamhan, né comme lui avec des traits qui connotent le vieillissement.

Donc Nóine Naoibhreathach, Aí mac Ollamhan, Morann mac Maoin et Erginos ont le point commun d'être nés avec des traits d'adultes, ou même, dans le dernier cas, de vieux, comme sans doute le deuxième. C'est ainsi un caractère commun à certains des fils du dieu de la mer en Grèce et en Irlande qu'ils aient des traits d'adultes dès la naissance.

De plus, dans la version du *Livre jaune de Lecan*, le nom de Manannán n'est pas prononcé, on dit seulement que Findgel, future mère de Noindiu, s'unit à un monstre venu de la mer[216] : or, si la tradition grecque ne voulait pas que Poséidon prisse explicitement la forme d'un monstre, c'est bien lui qui envoie des monstres marins dont l'intention est de s'unir à des jeunes filles exposées. Ce sont là les thèmes des histoires d'Andromède, dans le pays mythique des Aithiopes où Persée vint la délivrer et pétrifier le monstre, et d'Hésionè, à Troie, où ce fut Hèraklès qui la délivra. Dans cette dernière histoire, le monstre était envoyé par Poséidon parce que le roi de la cité, Laomédon, avait refusé de payer un salaire pour le dieu lorsqu'il avait construit les murailles de la cité[217]. La circonstance suggère donc bien que le monstre n'est autre que le dieu, mais la Grèce, refusant cette idée, interrompt le processus – l'union de la jeune fille et du monstre – en faisant intervenir le motif, classique, du héros vainqueur du monstre. De même, on racontait dans les environs de Delphes qu'un monstre appelé Lamia dévastait la région de Krisa : or, Lamia est ailleurs le nom d'une fille de Poséidon[218]. On retrouve le motif de l'exposition, cette fois d'un jeune homme, Alkuoneus, et c'est pris d'amour pour lui qu'un autre jeune, mais appartenant aux Kourètes, donc déjà un guerrier, et nommé Eurubatos, fils d'Euphêmos, intervint et tua le monstre[219]. Il est alors remarquable qu'Euphêmos soit le nom d'un autre fils de Poséidon, et signifie « Celui qui parle bien », sachant que précisément les personnages celtiques qui fournissent le sujet de l'actuel paragraphe ont parlé fort bien dès leur naissance, l'un d'eux, Morann, ayant été l'un des plus grands juges d'Irlande et fondateur du droit traditionnel. Dans l'histoire de Lamia, Poséidon est donc à la fois du côté de la victime (le monstre) et de son meurtrier (le fils d'Euphêmos) : l'affaire est donc poséidonienne de part en part, et l'on a l'impression que la Grèce a délibérément traité de manière héroïque et dramatique ce que l'Irlande, héritant du même matériel mythique, a traité sur un plan juridique[220]. On soupçonnera l'Irlande d'être en cela plus conservatrice que la Grèce, tant le modèle « meurtre d'un monstre » paraît une adaptation facile lors de l'apparition d'un dragon issu de la mer[221] !

MONGAN, THÉSÉE ET LES AUTRES

Si Nóine Naoibhreathach est proche d'Erginos, Mongan, autre fils de Manannán, a des traits communs avec plusieurs fils, et un protégé, de Poséidon. De ces fils, il s'agit avant tout de Thésée, qui apparaît véritablement comme le correspondant hellénique de Mongan, au point qu'il aurait pu figurer dans le volume précédant où j'étudiais la parenté de héros grecs et irlandais. Mais d'autres aspects du personnage de Mongan dans l'ensemble de récits le concernant[222] restent étrangers à Thésée, et pourtant ne sortent pas du présent « dossier », car ils rappellent, d'un côté, Pélops, dont on a raconté plus haut la relation avec Poséidon, et d'un autre, certains rejetons du même dieu, doués de la capacité de métamorphoses.

Je citerai ici le texte *Compert Mongain*, « La conception de Mongan », et raconterai ensuite celle de Thésée.

Fiachna Lurga était le père de Mongan. Il était le seul roi de la province. Il avait un ami en Écosse, Aedan, fils de Gabran. On alla de sa part chez Aedan ; on alla de la part d'Aedan chez Fiachna pour qu'il vînt à son secours. Il était en guerre contre les Saxons. Un guerrier horrible fut amené par eux pour tuer Aedan dans la bataille. Fiachna fit donc la traversée. Il laissa sa reine chez lui. Quand ses armées étaient au combat en Écosse, un homme de noble apparence alla trouver sa femme dans sa forteresse, le Rath Mor de Lac Line. Il n'y avait pas de foule dans la forteresse quand il vint. Il lui demanda un lieu de confiance. La femme dit qu'il n'y avait ni trésor ni richesse au monde pour lesquelles elle ferait quelque chose de honteux pour l'honneur de son mari. Il lui demanda si elle le ferait pour sauver la vie de son mari. Elle dit que si elle le voyait en danger et en difficulté, elle l'aiderait par tous les moyens en son pouvoir. Il lui dit alors de le faire « car ton mari est en grand danger. Il a été amené un homme horrible contre lui, sur qui ils ne peuvent rien [?] et il sera tué par lui. Si toi et moi nous faisons l'amour, tu lui engendreras un fils. Ce fils sera illustre, ce sera Mongan. J'irai, moi, au combat qui sera livré demain à la troisième heure, je le sauverai et je vaincrai le guerrier en présence des hommes d'Irlande. Je dirai à ton mari notre rencontre et que c'est toi qui m'as envoyé à son secours ».

Il en fut fait ainsi. Quand elles allèrent au combat l'une contre l'autre, les armées virent quelque chose : un homme de noble apparence devant les armées d'Aedan et de Fiachna. Il alla trouver Fiachna en particulier ; il lui dit l'entretien qu'il avait eu avec sa femme le jour auparavant et qu'il avait promis de venir à son secours. Il alla alors au combat contre l'autre, il vainquit le guerrier et la bataille devint une déroute devant Aedan et Fiachna.

Fiachna retourna dans son pays, la femme fut enceinte et elle donna naissance à un fils, Mongan, fils de Fiachna. Il remercia sa femme de ce qu'elle avait fait pour lui et elle lui raconta toutes ses aventures. Ce Mongan est un fils de Manannán, fils de Ler, bien qu'on l'appelle Mongan, fils de Fiachna. Car il [Manannán] laissa un quatrain à sa mère quand il partit au matin, et il dit :

Je vais chez moi,
le matin blanc et pur s'approche.
C'est Manannán, fils de Ler,
Le nom de l'homme qui est venu à toi[223].

La légende de la naissance de Thésée est la suivante :

Pittheus, petit-fils de Pélops, avait fondé la petite ville de Trézène, en face d'Athènes, de l'autre côté du golfe Saronique. Il avait une fille unique, Aithrâ. Un jour, il accueillit un héros, puissant guerrier, de passage, Aigeus. Il souhaita que sa fille ait un enfant de pareil homme, et s'arrangea pour qu'ils passent un moment de la nuit ensemble. Mais, la même nuit, Aithrâ s'unit à Poséidon : ou elle était amoureuse du dieu et entra dans l'eau, où elle fut fécondée, ou elle alla célébrer un rituel sur une île, dite alors Sphairia, puis l'île Sacrée

(Hiéra), qu'on pouvait atteindre à gué depuis le rivage, et Poséidon la féconda pendant son passage. Selon Pausanias[224], c'est à la suite d'un rêve envoyé par Athèna qu'elle décida d'aller verser des libations sur l'île, et c'est alors que Poséidon s'unit à elle. Aithrâ, à son retour, fonda un temple à Athèna Apatouriâ, et créa un rituel que devaient respecter les jeunes filles à marier.

Cette brève histoire est riche de motifs et de croyances anciennes : l'une concerne le pouvoir fécondant de l'eau – on cite souvent la formule des jeunes filles de Troade qui, avant le mariage, allaient se baigner dans le fleuve Scamandre, et disaient : « Scamandre, prends ma virginité ! », et une histoire de fécondation proche de celle d'Aithrâ était racontée au sujet d'Iphimédeiâ, petite-fille de Poséidon, et qui pourtant « s'éprit de [ce même dieu], et venait sans cesse sur le bord de la mer, puisant dans ses mains l'eau des vagues et la versant dans son sein ». Poséidon s'unit à elle et engendra deux fils, Ôtos et Éphialtês[225] : on ne saurait mieux dire que Poséidon, comme Manannán, s'identifie à la mer ; une autre croyance est celle en la fécondation double ou multiple, qui a survécu dans les campagnes d'Europe, pour les animaux tout au moins, jusqu'à aujourd'hui... Il faut donc prendre les textes grecs au sérieux : Thésée sera fils *à la fois* d'Aigeus et de Poséidon[226].

Dans l'histoire de Mongan, Manannán apparaît comme un guerrier, et on comparait plus haut ce dieu se mettant en tête de la bataille à Poséidon faisant de même dans un passage de l'*Iliade*. Aigeus est aussi un guerrier, « homonyme » d'un aristocrate thébain qui est l'ancêtre d'une famille de guerriers, les Aigéides[227]. On voit que dans les légendes des naissances de Mongan et de Thésée, une femme de rang royal (épouse d'un roi en Irlande, fille d'un roi en Grèce) s'unit à un dieu qui est celui de la mer, en une relation anormale (adultère en Irlande, union prémaritale en Grèce), sur la décision explicite d'un personnage (le dieu en Irlande, le père de la fille, ou bien la déesse Athèna, en Grèce), et avec l'accord conscient de la femme (par « contrat » en Irlande, par amour, en Grèce), pour engendrer un garçon qui sera héros, et cela se produit effectivement. Mais la paternité divine reste discrète, parce que le héros portera le nom de son père humain (« fils de Fiachna », « fils d'Aigeus »). Cela s'exprime en Grèce par une double paternité, Aithrâ s'étant unie la même nuit à un homme et à un dieu, tandis qu'en Irlande Fiachna n'est que père putatif. Cependant un autre récit[228] donne à Mongan un père humain, Cumall, qui double donc Manannán exactement comme Aigeus double Poséidon.

Mongan et Thésée sont ainsi tous deux des héros issus du dieu de la mer, dans des conditions exceptionnelles.

Ce ne sont pas les seuls points communs entre eux. On citait plus haut une autre version de la conception de Mongan, dans laquelle Manannán apparaît soudainement sous la forme d'un guerrier splendidement paré à Fiachna et à ses compagnons. Le dieu demande à Fiachna ce qu'il donnera pour être délivré de l'arme terrible de l'adversaire, à savoir des moutons empoisonnés. Le texte présente une lacune, mais l'on comprend que Fiachna, au point de désespoir où il en est, devant l'élimination progressive de tous ses combattants, est prêt à tout donner. « Dis le jugement, dit Fiachna [c'est-à-dire la condition] – Je vais te le dire, dit-il, donne-moi cette bague d'or que tu portes à ton doigt comme signe pour aller en Irlande trouver ta femme pour qu'elle dorme avec moi. » Fiachna tente de résister, mais le dieu insiste : « Il n'en viendra rien de mauvais pour toi, car je t'engendrerai un fils glorieux et c'est de toi qu'il sera nommé, à savoir Mongan le Beau, fils de Fiachna le Beau. J'irai là sous ton apparence, si bien que la femme ne sera pas déshonorée. Je suis Manannán, et tu auras la royauté sur la Scandinavie, l'Angleterre et la Bretagne[229]. »

Comme dans l'autre version, Manannán renverse le sens de la bataille, c'est-à-dire qu'ici il vainc les moutons, grâce à un chien empoisonné, puis va coucher avec la femme de Fiachna en empruntant les traits de celui-ci : la séquence de ces deux événements est seulement inversée d'une version à l'autre.

Relevons le motif de la bague, qui sert de signe de reconnaissance pour Manannán lorsqu'il se rend en Irlande avec l'intention de se faire passer pour Fiachna. Elle évoque, synthétiquement pourrait-on dire, *trois* éléments de l'histoire de Thésée :

– en quittant Aithrâ, Aigeus lui annonça qu'elle aurait un fils de lui. Il fixa alors dans la fente d'un rocher, à la sortie de Trézène, son épée et ses sandales, disant que seul son fils pourrait les en arracher, et que cela lui servirait de signe de reconnaissance lors de son voyage chez son père, à Athènes[230]. Entre ce signe de reconnaissance et celui de l'histoire de Mongan, il y a décalage : c'est le père humain qui le donne au père divin, en Irlande ; c'est le père humain qui le donne au fils, en Grèce ;

– beaucoup plus tard, Thésée fit un voyage en Crète, pour accompagner les sept jeunes gens et sept jeunes filles qu'en vertu d'une obligation les Athéniens devaient tous les ans livrer à Minôs, roi de Knôsos, comme pâture pour son fils le Minotaure. Un accord fut pris avec son père : il devait mettre au navire des voiles noires à l'aller, car le trajet était funeste, et, s'il revenait, des voiles blanches. Mais, à son retour, il oublia de changer les voiles : Aigeus, le voyant au loin arriver, crut que cela signifiait un malheur, il se jeta dans la mer, qui prit son nom (mer Égée : *Aigeús* est en effet francisé d'ordinaire en

Égée[231]). Il y a donc une seconde fois dans l'histoire des relations entre Thésée et son père le motif d'un signe de reconnaissance ;

– et surtout, il y a l'épisode célèbre, raconté par le poète Bacchylide, au ve siècle avant notre ère : alors que, dans la vulgate (par exemple la *Vie de Thésée*, de Plutarque), Thésée voyage incognito, déguisé en fille, et que Minôs attend en Crète, la version chantée par Bacchylide veut que Minôs se soit trouvé sur le bateau qui emportait Thésée et les jeunes victimes athéniennes. Une contestation s'éleva entre le roi crétois et Thésée au sujet de leur ascendance, c'est-à-dire de leur noblesse respective. Minôs a Zeus pour père, c'est donc à Zeus qu'il demande un signe : aussitôt, il tonne. Et, comme Thésée se prétendait issu de Poséidon, Minôs prend son anneau, le jette à la mer, et dit au jeune homme d'aller le chercher. Thésée n'hésite pas, il plonge, et des dauphins le mènent à Amphitrite et Poséidon, qui lui rendent l'anneau. Thésée remonte, triomphant, sur le pont du navire[232]. Entre l'anneau de Minôs et la bague de Fiachna, il y a identité formelle, mais ici l'anneau ne sert pas de signe de reconnaissance : en Grèce, l'objet permet une ordalie, au cours de laquelle Thésée se fait reconnaître comme d'origine divine. Mais c'est bien Poséidon qui lui rend l'anneau, comme c'est Manannán qui a pris la bague et l'a apportée en Irlande pour se faire « reconnaître » comme Fiachna par son épouse.

La suite du texte intitulé « La conception de Mongan et l'amour de Dub-Lacha pour Mongan », celui qui contient le motif de la bague, n'est pas moins intéressante. À peine né, Manannán enlève son fils : « Quand Mongan eut trois nuits, Manannán vint le chercher et il l'emmena pour l'élever dans la Terre de Promesse. Il promit de ne pas le laisser retourner en Irlande avant qu'il eût douze ans[233]. » Mongan vivra donc loin de son père et du royaume de celui-ci, tout comme Thésée vivra de l'autre côté d'un grand golfe par rapport à Athènes, à Trézène, jusqu'à l'adolescence[234], c'est-à-dire certainement jusqu'à seize ans[235], âge auquel Manannán ramène finalement Mongan en Ulster (ci-dessous). C'est là, côté irlandais, un exemple classique de fostérage, et, côté grec, l'un des cas de fostérage attestés dans le mythe alors que cela ne correspondait plus à une pratique réelle à l'époque historique[236]. Cependant : « Il y avait un autre guerrier en cosouveraineté avec Fiachna le Beau, à savoir Fiachna le Noir, fils de Deman, et il tenait grandement à la souveraineté. Il lui naquit une fille cette même nuit et on l'appela Dublacha à la Main blanche. On fiança Mongan et Dublacha[237]. » Bientôt, Fiachna le Noir peut surprendre son royal collègue alors qu'il se trouve avec une simple petite troupe d'hommes dans sa forteresse. Il la détruit, la brûle, tue Fiachna le Beau et ses compagnons, et peut ainsi s'emparer de toute la royauté sur l'Ulster. « Tous les gens d'Ulster souhaitèrent que

Mongan fut amené à l'âge de six ans, mais Manannán ne l'amena pas avant qu'il eût seize ans. Il vint alors en Ulster. Les gens d'Ulster firent la paix entre eux et Fiachna le Noir, à savoir que la moitié de l'Ulster revenait à Mongan, et Dublacha comme femme et épouse en compensation pour son père. Il en fut fait ainsi. »

« Un jour que Mongan jouait au *fidchell*[238], ils virent un petit clerc à toupet noir près du montant de la porte », et ce petit clerc rappelle Mongan à son devoir – à savoir, venger son père – et révèle qu'à ce moment précis Fiachna le Noir est dans situation analogue à celle de son ancien coadjuteur au moment de sa mort : dans une forteresse, avec peu d'hommes. Le petit clerc accompagne Mongan, et ensemble ils tuent Fiachna le Noir. « Mongan s'empara de la royauté d'Ulster ; le petit clerc qui avait commis la trahison était Manannán le très puissant[239]. »

Quiconque connaît la mythologie grecque ne peut qu'être frappé par les points communs entre cette histoire celtique et l'histoire, toujours, de Thésée. Non pas que tous les détails soient identiques – on a pu remarquer, dans ces études comparatives, qu'ils ne le sont que rarement –, mais la trame générale de l'histoire celtique offre de nets points communs avec la situation de l'Attique à l'époque du roi Aigeus. Celui-ci, en effet, avait un frère, du nom de Pallas, tous deux étant fils de Pandiôn. Cependant « certains disent qu'Aigeus était fils de Skurios, mais avait été adopté par Pandiôn[240] ». Ce Pallas avait cinquante fils, appelés les Pallantides. Ces garçons voyaient qu'Aigeus n'avait pas de fils – ils ignoraient l'existence de Thésée, retenu loin d'Athènes – et espéraient recueillir la royauté à la mort de leur oncle. Pire, selon Plutarque, si Aigeus eut l'idée de cacher son épée et ses chaussures comme signes de reconnaissance pour son fils à naître, en recommandant à sa mère de lui dire de venir en se cachant le plus possible, c'est qu'« il craignait beaucoup les Pallantides, qui complotaient contre lui et qui le méprisaient, parce qu'il n'avait pas d'enfant[241] ». Et naturellement, lorsque Thésée arrive à Athènes, que son père le reconnaît, et le désigne pour son successeur, les Pallantides sont furieux, et entrent en guerre : « Ils partagèrent leurs forces ; les uns marchèrent ouvertement de Sphettos [au sud-est d'Athènes] contre la ville, avec leur père, et les autres se cachèrent en embuscade à Gargettos [au nord], pour attaquer leurs adversaires de deux côtés à la fois. Ils avaient pour héraut un homme d'Hagnous, nommé Léos. Il découvrit à Thésée les plans des Pallantides. Et celui-ci, tombant à l'improviste sur ceux qui étaient en embuscade, les tua tous [...]. Depuis ces temps, dit-on, [...] dans le dème de Pallène [qui tire son nom de Pallas], les hérauts n'emploient pas la formule usuelle en Attique : "Écoutez, citoyens [*léôi*]", tant ils ont en horreur le nom de Léos, à cause de sa trahison[242]. »

Ainsi :

– à Athènes comme en Ulster, la royauté est un enjeu, entre deux personnes très proches : soit qu'elles portent le même nom (Fiachna), soit qu'elles aient même père, ou même lieu d'éducation (à Athènes, chez Pandiôn) ;

– il y a pourtant une différence comportementale sérieuse entre ces deux concurrents : en Irlande, le roi Fiachna le Beau incarne une royauté juste, qu'il sait défendre les armes à la main, et il s'oppose à un autre Fiachna qui n'hésite pas à employer la violence contre sa propre nation en attaquant l'autre roi légitime ; en Grèce, il a été montré de longue date par Francis Vian que les troupes de cinquante hommes de la mythologie grecque expriment des fraternités militaires, dans plusieurs cas dangereuses, car, détournant leur mission initiale de s'en prendre aux autres peuples, elles se tournent contre leur propre population. On a ainsi les cinquante Gigantes (« Géants »), qui menacèrent les dieux, les cinquante fils d'Aiguptos, qui poursuivirent les cinquante filles de Danaos et voulurent les épouser de force, les cinquante fils du roi terrible Lukaôn, en Arcadie, etc.[243] Le même auteur note, au sujet des Pallantides, qu'« il est significatif que les adversaires de Thésée soient les fils de Pallas, dont le nom est un synonyme de *koûros*, le jeune homme[244] » – et c'est aussi le nom d'un des Géants, vaincu par Athèna, qui utilisa sa peau pour faire un bouclier[245], d'un des Titans, qui furent les adversaires de Zeus, et d'un des fils de Lukaôn[246]. Les deux récits mettent donc identiquement en scène d'un côté un roi juste, quoique grand guerrier (Aigeus, Fiachna le Beau), de l'autre un roi également guerrier mais injuste (Pallas, avec ses fils, Fiachna le Noir) ;

– le camp qui use de la violence injuste et attaque le tenant légitime de la royauté n'hésite pas devant des moyens déloyaux : embuscade des fils de Pallas contre Thésée, attaque par ruse de Fiachna le Beau par Fiachna le Noir alors que le premier est dans sa forteresse avec un petit nombre de combattants ;

– après avoir réussi (Irlande), ou avant même d'avoir réussi (Grèce), le camp des « méchants » est victime d'une trahison : un petit clerc (Irlande) ou un héraut (Grèce) révèle la situation ou le plan des adversaires. Cela permet au fils du roi, que celui-ci soit mort (Irlande) ou encore vivant (Grèce), de rétablir la situation, en tuant les rivaux, assurant par là même sa propre royauté ;

– il s'ensuit que l'Ulster est à Mongan ce que l'Attique est à Thésée, et que réciproquement Trézène est à Athènes ce que la Terre de Promesse est à l'Irlande ;

– enfin le « petit clerc », qui aide Mongan est Manannán, l'homme qui aide Thésée s'appelle *Léos*, nom qui rappelle une épiclèse de Poséidon *Laoítas*, à Olympie (Paus., V, 24, 1) : les deux noms dérivent de *láos*, « peuple ».

La principale différence entre ces récits est que le père divin de Mongan joue un rôle essentiel d'un bout à l'autre de son histoire, tandis que le père divin de Thésée ne joue qu'un rôle discret, dans la conception d'abord, dans la restitution d'un anneau ensuite. Cela dit, il a été remarqué de longue date qu'Aigeus, qui donne son nom à une mer (la mer Égée), qui meurt en se jetant à l'eau, et dont l'*alter ego* dans la paternité de Thésée est Poséidon, ne doit être initialement qu'un doublet de ce dieu[247]. L'Irlande conserverait le rôle de protecteur de la royauté par le dieu de la mer – qu'on observe en Grèce dans l'histoire de Pélops[248] –, tandis qu'à Athènes le roi humain, doublet héroïque de Poséidon, assume ce rôle. Une autre différence réside dans l'agencement du temps : Thésée et Mongan reviennent chacun au pays de leur père à l'âge de seize ans, mais le drame a déjà eu lieu, en Irlande, et le jeune homme s'accommode longtemps d'une situation bancale, tandis que la tentative de meurtre d'Aigeus se produit à Athènes après le retour de Thésée. Dès lors Mongan venge son père longtemps après son meurtre, Thésée intervient à temps pour empêcher le meurtre de son père.

D'autres traits de l'histoire de Mongan évoquent des événements de la vie d'autres fils de Poséidon. Que Mongan ait été emmené sur la Terre de Promesse par son père, et y ait vécu de 3 jours à 12 ou 16 ans, rappelle que Pélops enfant ou tout jeune adolescent avait été emmené par son protecteur Poséidon dans le monde des dieux, et cela, selon Pindare, parce que le dieu était son amant ; or, j'ai amplement montré comment, dans les mythes et dans la pratique grecs, la phase pendant laquelle un adulte est éraste (« amoureux ») d'un tout jeune garçon, lui éromène (« aimé »), est le moment d'une instruction essentielle du second par le premier[249]. Dans ces conditions, l'enlèvement de Pélops au domaine des cieux par Poséidon n'avait pas uniquement pour but d'en faire un échanson, même s'il s'agissait effectivement d'une des tâches des jeunes gens[250], mais était nécessaire, dans l'esprit même de Pindare et de ses auditeurs, pour que le dieu transmette au jeune garçon les vertus qui l'habilitèrent plus tard à régner. D'un autre côté, il existe dans la tradition grecque plusieurs héros nommés Lukos, « Loup[251] », mais leurs mythes offrent tant de recoupements qu'on discerne aisément qu'il s'agit d'un seul et même personnage ancien, partagé selon les traditions locales des différentes cités grecques. Un de ces points communs est qu'ils sont souvent fils ou petits-fils de Poséidon. Et, de l'un d'eux, fils du dieu et de la Pléiade Kelaïnô, on racontait qu'il fut emporté par son père dans l'île des Bienheureux[252] – exact équivalent grec de la Terre de Promesse ou plaine des Plaisirs de la tradition celtique. Apollodore ne précise cependant malheureusement pas ni s'il s'agit d'un déplacement temporaire, comme ce fut le cas pour Pélops, ni s'il y avait une autre raison, tel un fostérage. De la même façon, on disait que Périkluménos, dont on parlera dans un instant, fut emmené par Poséidon, son père, à la Terre des bienheureux.

Dans la suite de l'histoire du héros irlandais Mongan, celui-ci voit sa femme, Dublacha, enlevée par le roi de Leinster, venu avec une grande armée la chercher. Elle part avec lui, et une autre jeune femme qui était l'épouse de Mac an Daimh, né la même nuit que Mongan d'un serviteur de son père l'accompagne. Dublacha obtient du roi de Leinster qu'il ne la touche pas pendant un an, et c'est précisément au bout de cette période que Mac an Daimh rappelle à Mongan, qui se languissait de douleur, qu'il serait temps qu'ils s'occupent d'aller récupérer leurs femmes. Faut-il rapprocher cet épisode d'un de ceux de la vie de Thésée, dans lequel celui-ci et son meilleur ami, Peirithoos, ayant décidé d'accomplir ensemble des exploits, entreprirent de se procurer une épouse, allant d'un côté enlever Hélène pour Thésée, de l'autre n'hésitant pas à aller aux Enfers pour en ramener Perséphone pour Peirithoos ? Il y aurait alors simple inversion, Thésée et Peirithoos étant des enleveurs, tandis que Mongan et Mac an Daimh sont des époux victimes de l'enlèvement de leurs compagnes et qui ne visent, très normalement, qu'à les récupérer.

Mais ce qui retient davantage l'attention dans cette dernière histoire, c'est le mode opératoire choisi par Mongan pour parvenir à ses fins : lorsque Mac an Daimh et lui rencontrent un prêtre, Tibraide, et un clerc qui portait son matériel, ils parviennent à les faire tomber à l'eau, ce après quoi « Mongan prit lui-même la forme de Tibraide et il mit Mac an Daimh sous la forme du clerc avec une grande tonsure sur la tête[253] ». Ainsi Mongan a le pouvoir de se métamorphoser, et de métamorphoser quelqu'un. Cela leur permet une première approche de Dublacha, qu'ils doivent renouveler quelque temps plus tard, alors que le roi de Leinster prépare son mariage avec elle. Alors, demande Mac an Daimh, « Quelle apparence aurons-nous ? ». Et quand ils étaient là, voici qu'ils virent la vieille femme du moulin, à savoir Cuimne. Elle était aussi grande qu'un métier de tisserand, avec une chaîne de chien traînant jusqu'à la meule et une corde tressée autour de son cou. Son nom était Brothar. Et ils virent une petite jument avec une vieille selle, apportant du blé et de la farine du moulin. « Quand Mongan les vit, il dit à Mac an Daimh : "Voici sous quelle forme nous irons et si jamais je regagne ma femme, ce sera cette fois-ci. – Que cela te convienne, ô noble prince, dit le serviteur. – Va, ô Mac an Daimh, et appelle Cuimne du moulin pour qu'elle vienne me parler. – Il y a trois fois vingt ans qu'aucun homme n'a demandé à me parler." Elle sortit et le chien la suivit. Quand Mongan les vit, il éclata de rire et lui dit : "Si tu suivais mon conseil, tu prendrais la forme d'une belle jeune fille et tu serais ma propre femme ou celle du roi de Leinster. – Je le ferai certainement", dit Cuimne. Il lui porta un coup de baguette magique et il fit du chien un chien blanc, le plus beau qui soit au monde, avec une chaîne d'argent autour du cou et une clochette d'or, si bien qu'il aurait tenu dans la paume de la main d'un homme. Il porta un coup à la veille femme et en fit une jeune fille, la plus belle des jeunes filles du monde, à savoir Ibeal aux Joues brillantes, fille du roi de Munster. Il prit lui-même l'apparence d'Aedh, fils du roi de Connaught, et il mit Mac an Daimh sous l'apparence de son serviteur. Il forma un palefroi blanc à la crinière pourpre, et il fit une selle dorée ayant toutes les couleurs de l'or et des pierres précieuses de la vieille selle. Ils montèrent deux autres juments ayant l'apparence de coursiers, et c'est ainsi qu'ils arrivèrent devant la forteresse[254]. »

Et un autre texte parle ainsi du fils qu'aura Manannán et qui sera prétendu fils de Fiachna :

> Il accordera la beauté de chaque *síd* ;
> il sera aimé de chaque bonne terre ;
> il révélera des secrets, flot de savoir,
> dans le monde sans crainte.
>
> Il aura la forme de chaque animal
> entre la mer verte et la terre.
> Il sera un dragon devant les troupes d'obscurité.
> Il sera le chien sauvage de chaque forêt.
>
> Il sera un cerf avec des cornes d'argent
> dans un pays où l'on va en char.
> Il sera un saumon tacheté dans un lac plein.
> Il sera un phoque, il sera un beau cygne blanc[255].

Or, un tel pouvoir de métamorphose est très exactement celui attribué à quelques-uns des rejetons de Poséidon. Le plus célèbre est Périkluménos, héros pylien : qu'il soit le fils de Poséidon, ou son petit-fils en tant que fils du fondateur de Pylos, Nélée, c'est de toute manière le dieu qui lui donna « le pouvoir de changer de forme[256] », en prenant toutes celles qu'il voulait[257], en particulier – comme Mongan dans le dernier texte cité – des formes animales. Cela lui fut d'une grande utilité lorsqu'il eut à s'opposer à Hèraklès qui attaquait la ville (ci-dessus), car il put alors prendre plusieurs formes pour, à la fois, parer ses coups et lui en porter : c'est ainsi que « dans le combat il devint un lion, un serpent, une abeille[258] », mais Hèraklès parvint à le tuer lorsque celle-ci se posait sur le timon de son char, ou, sous la forme d'un aigle, il déchira de ses serres le visage du héros, mais celui-ci parvint à le percer d'une flèche[259] ; toutes ces formes rappellent celles de Mongan selon *La Navigation de Bran*. Dans une autre histoire, c'est à une de ses maîtresses, Mnestrâ, fille d'Erusikhthôn, que Poséidon confère le don de prendre toutes les formes qu'elle voulait. Entre autres, pour aider son père, elle opère une métamorphose en quelque sorte inverse de celle de Cuimne : de belle jeune fille, elle prend l'apparence d'une esclave, pour se faire vendre au profit de son père et contribuer ainsi à nourrir son insatiable appétit[260]. Quant au roi de Leinster, qui s'enflamme pour toute belle jeune femme, qu'elle soit épouse d'un roi, lorsqu'il s'agit de Dublacha, femme de Mongan, ou fiancée, comme on le lui dit d'Ibeal, la vieille Cuimne transformée en belle fille et prétendue promise au jeune roi Aedh de Connaught, on peut dire qu'il est aussi insatiable sexuellement qu'Erusikhthôn l'est alimentairement !

C'est ainsi que trois enfants de Poséidon présentent des points communs, parfois extrêmement précis, avec Mongan, fils de Manannán.

LE DIEU DE LA MER ET LE PERSONNAGE TRIPLE

Un des mythes grecs les plus célèbres est celui du combat d'Hèraklès contre un étrange personnage, Gêruoneus (« Géryon »), possesseur d'un immense troupeau de bovins, dans une île située à l'ouest du monde, Erutheiâ. En effet, ce Gêruoneus était triple, c'est-à-dire formé de trois corps joints. Il était fils de Khrusaôr, qu'on a vu naître du cou tranché de Mèdousâ, et qui avait Poséidon pour père. Khrusaôr n'a d'autre fonction mythique que d'être le père de Gêruoneus. Et Hèraklès reçut la mission, de la part d'Eurustheus, à qui il devait obéir, d'aller voler les troupeaux du triple guerrier, accomplissant ainsi l'un de ses douze « travaux[261] ».

La localisation occidentale de l'île la situe en plein domaine poséidonien[262], et la constitue comme une fraction de l'Autre Monde. Gêruoneus est ainsi, comme Palamède, un digne petit-fils de son grand-père, et je disais plus haut comment ses chemins et ceux de l'Hadès se recoupent[263].

Dans le récit intitulé « La maladie de Cúchulainn et l'unique jalousie d'Emer », dont on résumait la trame ci-dessus[264], Lí Ban, disais-je, demande au jeune héros d'intervenir contre des ennemis de son mari Labraid : ce sont, plus précisément, trois rois de l'Autre Monde, Senach Siaborthe, Eochaid Iuil et Eogan Inbir[265]. Pour ce faire, « Cúchulainn alla avec elle dans le pays ; il emporta avec lui son char et ils arrivèrent dans l'île[266] », laquelle île n'est autre qu'une forme de l'Autre Monde, puisqu'on apprend auparavant que Labraid, qui attend Cúchulainn pour le combat, se trouvait « dans la plaine de Mell[267] » (le Mag Mell, la Plaine des Plaisirs), tandis que Lí Ban l'invite aussi bien à rejoindre Labraid « dans le *síd*[268] » : ce sont là deux manières de désigner l'Autre Monde, exactement comme en

Grèce ancienne une île du domaine occidental de Poséidon se confond avec le domaine infernal – les affinités infernales de l'île de Gêruoneus ont été de longue date soulignées[269] : ainsi les bœufs d'Hadès paissent à côté de ceux de Gêruoneus, et sont gardés par Ménoitês, qui est considéré à la fois comme le berger de Gêruoneus[270] ou d'Hadès[271] ; c'est pourquoi Hèraklès le rencontra une seconde fois lorsqu'il allait chercher le chien Cerbère aux Enfers ; ce chien Cerbère a plusieurs têtes, le plus souvent au nombre de trois, tout comme Orthros, le chien de Gêruoneus, qui en a deux ou trois selon les sources écrites ou les figurations. Les Étrusques, qui ont tant emprunté à l'art et à la religion grecs, ont bien compris cette proximité conceptuelle : sur une peinture de la Tomba dell'Orco, à Corneto (IVe siècle), Gêruoneus est un simple acolyte armé d'Hadès et Perséphone siégeant sur leurs trônes[272], ce qui rappelle (ci-dessus, n. 263), que l'on peut voir dans le « triple héros » de Pylos, associé à Despotès, une forme culturelle de Gêruoneus. Et si l'on prend un bateau pour gagner les îles poséidoniennes de l'Ouest, ou l'Hadès, dans l'*Odyssée*, une autre voie consiste à pénétrer sous terre, comme Hèraklès précisément le fit au cap Ténare pour aller chercher Cerbère[273]. Les localisations de l'Autre Monde dans le *Serglaige Con Culaind* coïncident donc exactement avec les localisations grecques : à la fois plaine lointaine, île, et territoire souterrain.

Par ailleurs, d'une part, l'un des trois adversaires de Labraid, Eoghan Inbir, « totalise en lui les trois personnages[274] », car la guerre contre eux peut se résumer à la guerre contre lui (« J'ai lancé un coup de la lance dans le camp d'Eogan Inbir », dit Cúchulainn, qui évoque aussi « l'armée très rouge [...] qu'a appelée Eogan Inbir », et Fand évoque plus tard « les plaines d'Eogan Inbir » où se rassemblèrent « les guerriers de l'océan[275] ») ; d'autre part, en ces mêmes passages, il y a identification, au moins suggérée, entre cet Eogan Inbir et Manannán : lorsqu'il est question de l' « armée très rouge », Cúchulainn dit qu'il a été poursuivi par elle, « le peuple de Manannán, qu'a appelé Eogan Inbir » ; de même Fand juxtapose leurs noms, « les plaines d'Eogan Inbir, Manannán élevé au-dessus du monde », précisant de surcroît : « Lorsque j'étais avec le fils de Lír, dans l'appartement de la forteresse d'Inbir, il nous semblait que le temps serait sans fin[276]. »

Nathalie Stalmans juge donc avec raison que le trio de rois est un des nombreux exemples de triplement intensif de la tradition celtique[277], présent aussi dans la tradition grecque avec la triplicité de Gêruoneus ou de Cerbère. Mais ce roi Eogan Inbir en trois personnes est aussi une sorte de doublet de Manannán, tandis que Gêruoneus est le petit-fils de Poséidon, occupant l'île même où sa grand-mère la Gorgone s'unit au dieu de la mer. Si Cúchulainn correspond bien plus à Achille qu'à Hèraklès[278], on sait cependant que c'est, par rapport à la mythologie grecque, un héros « englobant », car on trouve parmi les faits et gestes que lui attribue la littérature irlandaise des motifs qui se retrouvent, en Grèce, attribués à d'autres héros qu'Achille[279]. C'est ce qu'on observe ici : Achille n'alla pas combattre un adversaire triple dans une île transocéanique. Hèraklès, par contre, le fit, et, comme Cúchulainn, vainquit chez lui le puissant triplement d'un maître de l'Autre monde.

LES DIEUX DE LA MER, ENNEMIS D'HÈRAKLÈS ET DE BRIAN

On vient de voir comment Cúchulainn, combattant une sorte de doublet de Manannán, correspond en cela à Hèraklès, combattant en territoire poséidonien un petit-fils du dieu de la mer.

Mais, dans le premier volume de ce travail, j'ai montré qu'il existe un autre héros irlandais dont les exploits répondent exactement à ceux d'Hèraklès : il s'agit de Brian, lui aussi, d'ailleurs, triplifié, car il est la figure dominante d'un trio de frères. Après qu'ils ont tué le père de Lugh, celui-ci exige d'eux un prix de composition, et en énumère les éléments. Chacun des objets à fournir au dieu pour le dédommager du meurtre de son père résultera d'une quête. Ce sont ces objets et les quêtes correspondantes qui procurent un parallèle exact à la série des « travaux » d'Hèraklès, dont, d'ailleurs, l'une des explications fournies par les Anciens était également qu'il s'agissait d'un prix de composition à la suite d'un meurtre[280]. Et, au-delà de la comparaison portant sur chaque élément et chaque objet, je soulignais, à la suite d'un travail de Françoise Bader sur les cohérences d'ensemble dans la geste d'Hèraklès, comment de pareilles cohérences s'offraient aussi bien dans le récit irlandais, redoublant par là la correspondance avec la Grèce. Je relevais donc une cohérence géographique – Brian, comme Hèraklès, parcourt les confins du monde –, une cohérence thématique – les quêtes des versions irlandaise et grecque portent essentiellement sur des biens alimentaires et militaires –, enfin une cohérence théologique. C'est à Claude Sterckx que j'en devais l'idée, par une remarque qu'il fit à la suite de mon premier exposé de ce sujet, à Bruxelles, le 15 février 1992. Elle est la suivante : si, derrière les adversaires d'Hèraklès durant ses douze épreuves, on trouve Poséidon – car le héros combat souvent ses fils, ou ses protégés –, c'est exactement de la même façon qu'on trouve, à l'arrière-plan des possesseurs des objets que doit acquérir Brian pour réunir le prix de composition, le dieu Manannán.

C'est évidemment là l'une des plus belles preuves que Poséidon et Manannán, d'une part, sont équivalents, d'autre part, ne sont pas séparables : la mythologie comparée indique qu'ils jouaient le même rôle dans un mythe préhistorique contant une quête difficile d'objets – en prenant ce terme au sens large – par un puissant héros.

Je dois donc reprendre et développer un peu ce que j'écrivais en 1999, pour faire apparaître ici cette « cohérence mythologique ».

Ce que Lug demande aux trois fils de Tuireann, ce sont, on l'a dit, « trois pommes, une peau de porc, une lance, deux chevaux, un char, sept porcs, un jeune chien, une broche à rôtir et trois cris sur une colline ». Ce n'est pas beaucoup, pour un meurtre… Mais Lug précise bientôt sa demande, au grand dam de Brian et de ses frères, qui découvrent que la quête des objets demandés mettra leur vie en péril, autrement dit, que le soi-disant prix de composition est une vengeance déguisée[281] :

> « Bien, dit Lugh, les trois pommes que je vous réclame sont les trois pommes du jardin des Hespérides, à l'est du monde… Elles ont le goût du miel quand on en consomme ; elles ne laissent ni blessure sanglante ni maladie maligne à ceux qui les consomment ; elles ne diminuent pas quand on en consomme longtemps et toujours…
>
> La peau de porc que je vous demande est la peau du porc qui appartient à Tuis, roi de Grèce. Elle guérit et rend sains tous les blessés et les malades du monde, quelle que soit la gravité de leur état, pourvu qu'ils apportent un souffle de vie…
>
> La lance que je vous demande, c'est la lance très empoisonnée et illustre de Pisear, roi de Perse, que l'on appelle Airéadbhair. Tous les meilleurs exploits sont accomplis par elle : il y a toujours un chaudron d'eau sous sa tête pour que la ville où elle est ne soit pas incendiée. Il est difficile de l'avoir…
>
> Les deux chevaux et le char que je désire recevoir de vous, ce sont les deux chevaux nobles et merveilleux de Dobhar, roi de Sicile. La mer et la terre leur conviennent également [pour marcher] et il n'y a pas de chevaux plus rapides et plus forts qu'eux. Il n'y a pas de char meilleur en forme et en solidité. Aussi souvent qu'on les tue, ils restent entiers dans la même forme, pourvu qu'on en rassemble les os…
>
> Savez-vous quels sont les sept porcs que je vous demande ? Ce sont les porcs qu'a Asal, roi des Colonnes d'or, dit Lug. Même si on les tue chaque nuit, on les trouve vivants le matin, et quiconque en goûte un morceau n'a plus ni maladie ni blessure saignante ni mauvaise santé.
>
> Le petit chien que je vous demande est le petit chien qu'a le roi d'Ioruaidh. Failinis est son nom, et les bêtes du monde, à le regarder, tomberaient de leur position debout…
>
> La broche à rôtir que je vous demande est l'une des broches qu'ont les femmes de l'île de Fianchair.
>
> Et les trois cris que je vous demande de pousser sur une colline, ce sont trois cris à pousser sur la colline de Miodhchaoin au nord de Lochlann [la Scandinavie[282]]. C'est un interdit pour Miodhchaoin et ses enfants que de laisser un cri être poussé dans leur pays et en particulier sur cette colline.

C'est chez eux que mon père a fait son apprentissage et si, moi, je vous pardonnais, ils ne vous pardonneraient pas de leur plein gré. Quand bien même votre entreprise irait bien jusque-là, je pense qu'ils se vengeront sur vous. Cela est le prix de composition que je vous demande, dit Lugh[283]. »

La seule description des objets indique qu'ils sont de nature merveilleuse, et déjà cette commune définition leur confère une cohérence théologique : on soupçonne que seuls des dieux ont pu les créer. Et l'on peut de fait préciser : le créateur de chacun de ces éléments est Manannán.

S'agit-il des pommes ? Leur caractère inépuisable a amené le transcripteur médiéval irlandais lui-même à les rapprocher des pommes des Hespérides. Mais, dans la tradition celtique, où trouve-t-on des pommes merveilleuses ? Avant tout, dans un endroit appelé « île des Pommes », Emain Ablach en Irlande, ou île d'Avalon dans la tradition médiévale, et l'on a vu plus haut que c'est précisément l'un des noms du pays de Manannán : tant lorsque celui-ci accourt de là pour essayer de soigner la malheureuse Eithne[284], que lorsqu'il apprend aux autres Túatha Dé Dánann à construire des demeures semblables à celle qu'il possède chez lui, sur la belle Terre de Promesse et la belle Emain Ablach[285]. C'est encore Manannán qui tient une branche pourvue de trois pommes qu'il donne à Cormac lorsque celui-ci lui rend visite dans l'Autre Monde[286].

Les enfants de Tuireann doivent ramener une peau de porc aux vertus thérapeutiques, et sept porcs demeurant intacts même si on les mange ? On évoquait plus haut ce passage de l'*Altrom Tige Da Medar* selon lequel, lorsqu'à l'arrivée des fils de Mil les Túatha Dé Dánann doivent quitter la surface de la terre pour les *síd* souterrains, Manannán leur distribue les tertres, puis « il fit le *feth fiada* [don d'invisibilité], le festin de Goibniu et les porcs de Manannán pour les guerriers » – car, « par le *feth fiada* on ne pouvait plus voir les princes, par le festin de Goibniu les rois suprêmes étaient sans âge et sans déclin et les porcs de Manannán pouvaient être tués mais étaient vivants pour les guerriers[287] ». Autrement dit, « Asal, roi des Colonnes d'or », qui possède des porcs qui restent entiers même si on les consomme paraît n'être qu'une forme de Manannán, dont les porcs ont exactement la même vertu. Ces porcs de Manannán composaient donc sans doute l'essentiel des « festins de Goibniu », et en ce cas ajoutaient à la fonction nutritive celle d'une sorte de panacée, empêchant le vieillissement : les porcs de Manannán semblent ainsi réunir la fonction nutritive de ceux d'Asal et la fonction thérapeutique de la peau de porc de « Tuis, roi de Grèce » – lui, aussi, dans ces conditions, doublure de Manannán, dont on notait d'ailleurs plus haut la qualité de médecin.

La lance de Pisear, roi de Perse, lance terrible, fait songer à *Gaer*, l'un de noms de Manannán, signifiant vraisemblablement « Lance », et ce dieu apparaît souvent équipé en guerrier[288], on parle de « ses armées », ou encore de l'emprunt de tout son armement par Lugh : la lance fait partie de l'équipement normal du guerrier irlandais, et Lug, précisément, a une lance fameuse[289].

La relation du char et des chevaux avec Manannán est patente : comme Poséidon, on l'a dit, ce dieu circule parfois en char sur l'océan, et ni les chevaux ni le char ne s'enfoncent dans l'eau. Précisément, de ceux qu'il réclame, Lugh dit que « la mer et la terre leur conviennent également ». On ne saurait mieux suggérer que Dobar, roi de Sicile, est encore une forme de Manannán.

Le « petit chien » que demande Lugh rappelle d'abord que le chien est en Irlande, comme dans le reste du monde indo-européen, lié à l'Autre Monde : il le garde (Grèce : Cerbère), ou il en est issu (Irlande : la race des chiens les plus glorieux est née de la tombe où se trouvait la tête de Conganchnes, tué par Celtchar[290]). Et, dans une des versions du célèbre récit irlandais de la « Courtise d'Étain », comme le dieu Midir a enlevé cette dernière, son mari, Eochaid, roi de Tara, décide de fouiller tous les *síd* d'Irlande. Alors que ses hommes excavent l'un d'eux, ils voient deux chiens, Ecleth et Samair, en sortir, à la suite de deux corbeaux blancs. Leur quête aboutit : ils découvrent finalement Midir dans le *síd* de Bri Leith. Ces deux chiens paraissent un écho du couple de chiens que nombre de traditions indo-européennes assignent à la garde du monde des morts[291]. Et c'est là, à Bri Leith, que Manannán tua et brûla Fuamnach, la femme de Midir, et Sigmall, son petit-fils[292]. Mais il y a des rapports plus directs entre le dieu et le chien : de l'histoire de Mongan, on se rappelle que le père de celui-ci, Fiachna le Beau, ne parvenait pas à vaincre les hordes de moutons empoisonnés que les Scandinaves lançaient contre ses troupes, lesquelles mouraient en grand nombre, et que l'atout principal de Manannán, lorsqu'il décida que la femme de Fiachna serait la mère de son fils Mongan, fut de proposer à Fiachna de le débarrasser de ces moutons. Dès que Fiachna accepta, le dieu se nomma, puis « il tira alors un chien empoisonné de son manteau, avec une chaîne sur lui, et il dit : "Par ma parole, pas un seul mouton ne rapportera sa tête au roi de Scandinavie, il tuera trois cents guerriers des armées de Scandinavie..." Les moutons tombèrent ce jour-là devant le chien, en même temps que trois cents nobles de Scandinavie[293] ».

On racontait aussi que Mongan était l'incarnation de Finn, le célèbre héros du cycle de Leinster, éponyme de la troupe guerrière des Fiana[294]. Or, ce Finn a un auxiliaire, sa chienne Bran, qui l'accompagne sans faillir[295]. Enfin, une tradition irlandaise parle encore de la « meute de chiens » de Manannán (*conart Manannain*), qui participa à la poursuite d'un porc qui ravageait le pays, puis laissa son nom à un lac, le « lac des Chiens[296] ». Les relations entre Manannán et le chien sont donc bien attestées, et Failinis, le petit chien d'Ioruaidh, est aussi maléfique que le chien tiré de sous son manteau par Manannán. Il se pourrait donc bien que celui-ci se cache encore derrière le roi Ioruaidh.

La broche à rôtir n'évoque pas de trait ou d'attribut de Manannán. Cependant, c'est celui-ci qui instaure le « festin de Goibniu », qui assure jour après jour la pérennité des Túatha Dé Dánann dans le *síd*, et auquel il faut bien une broche pour cuire, comme je viens de le supposer, les porcs de Manannán.

Je signalais enfin que « si nul texte, semble-t-il, n'établit de rapport explicite entre ce dieu marin et le fait de crier » – puisque telle est l'étrange dernière demande de Lugh –, il en existe un malgré tout, « au deuxième degré en quelque sorte » : Manannán ayant été tué par un nommé Uillend lors de la bataille de Cuillen, un passage du *Dindsenchas de Rennes* expose ainsi la suite des événements : « Uillend fut tué après cela, au bout de trois jours, à la bataille de Cuilliu, par Mac Gréne en vengeance de Manannán. Mac Gréne cependant fut tué par Amergin à la bataille de Tara en vengeance de Uillend. C'est alors que Brigitte, la poétesse et la druidesse, fille d'Eochaid Ollathair, ordonne des pleurs et des lamentations pour les morts, et des gémissements en cas de besoin[297]. »

Ainsi, les rites funéraires sont créés à l'occasion de la mort du vengeur de Manannán : celui-ci est donc indirectement à leur origine.

Ainsi « tous les objets demandés par Lug sont, d'une manière ou d'une autre, du ressort de Manannán ». On ne saurait imaginer plus forte « cohérence théologique ». Et, si on considère l'ensemble de la quête de Brian et de ses frères, tous les objets demandés par Lugh se trouvaient « dans des terres transmarines, dans des secteurs appartenant à l'Autre Monde ; or c'est là par excellence le domaine de Manannán[298] ». Le détail même le confirme : « La localisation ancienne de l'île des femmes, où Brian s'en va saisir la broche à rôtir, était "entre l'Irlande et l'Écosse" : or une relation ancienne et spécifique a uni Manannán à la principale île réelle dans cette situation, l'île de Man, de laquelle il tire son nom[299]. » Dès lors, « si Manannán est le maître de ces espaces, et le possesseur authentique de tous ces objets, ne s'ensuit-il pas que les différentes figures masculines, qui chacune possède l'un des dits objets, ne sont autres que de simples hypostases de ce dieu ? Deux choses engagent à le penser. D'une part, aucun de ces personnages ne joue un rôle ailleurs dans le légendaire irlandais. Ils sont les possesseurs "de circonstance" de ces objets. Un peu comme s'il s'était agi de démultiplier Manannán pour soumettre l'affaire aux exigences du récit : voyage aux quatre orients, circumambulation de l'extrême est à l'extrême nord, multiplicité des affrontements. D'autre part, Manannán joue un singulier rôle dans l'*Oidhedh Chloinne Tuireann* lui-même. C'est d'abord lui, en effet, qui fournit, sans vraiment l'avoir décidé, le moyen des expéditions des trois frères », à savoir la barque Sguaba Tuinne[300]. « Plus tard, pour recevoir les trois héros à leur retour, munis des sept premiers objets, Lug entreprend de les tromper, ou, peut-être, simplement de leur laisser prendre le temps de comprendre qu'ils n'ont pas achevé leurs "travaux" ; quoi qu'il en soit, il se déguise ; il prend "l'habillement et l'équipement de Manannán, à savoir la mince armure grecque de Manannán, le manteau de la fille de Fleidheas et ses armes de valeur[301]". Il ne se dévoile que lorsque les sept objets ont été remis au roi d'Irlande. »

La cohérence qui se révèle ainsi en Irlande n'est pas moins grande du côté grec. Si Brian doit combattre, pour obtenir les objets requis, un grand nombre de figures qui paraissent souvent de simples doublures de Manannán, Hèraklès, le correspondant grec de Brian, se heurte, au cours de la réalisation de ses douze travaux, à quantité d'adversaires, qui sont souvent des fils ou des proches de Poséidon : Lerne, dans le sud-ouest de l'Argolide, où le héros alla combattre une hydre à plusieurs têtes, était au centre d'une région consacrée à Poséidon[302] ; le taureau qui ravageait la Crète, et dont l'élimination constitua une autre des épreuves imposées par Eurustheus à Hèraklès, avait été suscité par Poséidon ; Gêruoneus, dont il dut plus tard voler les troupeaux, était le petit-fils de ce dieu[303], et, sur le chemin du retour, parmi les nombreux adversaires que lui prêtait la tradition, se trouvaient les géants Alebiôn et Derkunos, fils du même dieu, tout comme Antaios, qu'il tua lors de sa quête des pommes des Hespérides[304] ; le Ténare, où il passa pour aller chercher le chien Cerbère dans l'Hadès, était lui aussi, en son extrémité, où s'ouvrait le chemin vers les Enfers, domaine poséidonien[305] ; enfin, dans d'autres combats, extérieurs au cycle des travaux, il affronta dans la mer le dieu Tritôn, ou alla, à Pylos, affronter Nélée, fils de Poséidon[306], et Périkluménos, fils de ce dieu ou de Nélée. Enfin le lion de Némée – première des douze épreuves canoniques du héros –, l'hydre de Lerne, et le chien Orthros, qui gardait les troupeaux de Gêruoneus, sont tous issus du géant Tuphaôn et de la déesse mi-femme mi-serpent Ekhidnâ[307], laquelle est la fille d'un couple de divinités marines, Kêtô et Phorkus[308].

Ce sont donc bien les dieux de la mer respectivement irlandais et grec qui constituent, par doublures ou fils, petits-fils et alliés interposés, les adversaires par excellence de ces héros de force que sont Brian et Hèraklès.

Conclusion

L'homologie entre le dieu de la mer celtique et son semblable grec est donc totale : mêmes patronages (eaux douces et salées, c'est-à-dire mer, fleuves, lacs et sources, îles, navigation, et aussi Autre Monde transmarin, fécondité, éducation, médecine), mêmes corrélats (cheval, char, armes dont épée, science et sagesse, royauté, déesse de la guerre, artisanat et technique, banquets, amours adultères), mêmes mythes (direction militaire ; cycle de vengeance ; construction ; fils aux traits d'adultes ; Pélops et Óengus ; Mongan et Thésée, et Périkluménos, et Pélops ; relation avec un guerrier triple ; situation à l'arrière-plan des adversaires du héros chargé d'une quête d'objets). La seule fonction poséidonienne importante qu'on ne retrouve pas autour de Manannán est le rôle que la Grèce attribuait à son dieu de la mer dans les tremblements de terre : Poséidon était le responsable des séismes, *Ennosígaios*, « Celui qui fait trembler la terre » – le motif ne pouvait en fait avoir la même importance en Irlande, située loin de l'Europe méditerranéenne et de ses mouvements relevant de la tectonique des plaques, qui font du séisme une expérience quasi quotidienne dans l'Hellade. Et encore, il peut y avoir un souvenir d'un pouvoir de Manannán sur le sous-sol dans le mythe selon lequel c'est lui qui a partagé les tertres d'Irlande entre les Túatha Dé Dánann[309].

Ces mythes, ces corrélats, ces attributs de Manannán, connus principalement par les textes médiévaux irlandais, pourraient *a priori* résulter d'emprunts : les documents grecs sont en effet antérieurs, et l'Irlande du haut Moyen Âge a connu la littérature grecque. Qui pourtant pourrait soutenir qu'il s'agit d'emprunts littéraires médiévaux ? C'est toute la conception d'un personnage, un ancien dieu, Manannán, qui est en jeu, et s'il y avait emprunt d'un type de figure divine, il conviendrait mieux de le placer dans l'Antiquité, quand Poséidon était encore l'objet d'une croyance de la part des Grecs, et que les Celtes de Gaule ou des îles étaient eux-mêmes polythéistes. Mais cela même est inconcevable : les mythes sont apparentés, mais sont autrement agencés. Mongan a des points communs avec Thésée, mais son histoire en diffère complètement, Mongan et Thésée n'ont pas les mêmes aventures : ce qui était le plus saillant, le plus connu, de Thésée, ce que Plutarque retient pour composer sa *Vie de Thésée* (le long trajet accompagné de meurtres de « brigands », entre Trézène et Athènes, l'attentat des Pallantides, le meurtre du Minotaure en Crète, le synœcisme et l'activité législatrice à Athènes, la mort par assassinat dans une île...) n'est pas ce qui compose l'histoire de Mongan. Leurs points communs sont ailleurs, et plus profonds : naissance analogue, mais dans un agencement différent (en pleine guerre, dans le récit irlandais, en pleine paix, pour les Grecs), quête de femmes (légitime, en Irlande, illégitime et signe de démesure, en Grèce), rivalité de deux prétendants à la souveraineté et trahison de l'un des deux (mais selon des modes différents en Grèce et en Irlande). Un anneau joue un rôle de reconnaissance dans les deux récits, mais il n'est pas situé en même situation narrative : il est signe laissé par le père, Manannán, en Irlande, ce que sont les sandales et l'épée d'Aigeus, tandis qu'il est objet appartenant au fils, Thésée, en Grèce, et envoyé au père, Poséidon. Manannán et Poséidon ont l'un et l'autre une épée brillante, chacun d'entre eux se met à la tête d'une armée, mais Manannán ne participe pas à ce qui est en Irlande l'équivalent de l'*Iliade*, la *Táin Bó Cualnge*. On trouve, dans l'environnement de Poséidon, un personnage insatiable : dans celui de Manannán, un chaudron inépuisable, c'est-à-dire l'inverse. Je pourrais multiplier les remarques analogues : elles prouvent à l'évidence que le matériel insulaire concernant Manannán et Manawyddan n'est pas inspiré, littérairement ou d'une autre manière, de ce que la Grèce ancienne a raconté de Poséidon et de ses fils ou maîtresses.

Dès lors, l'explication du grand nombre de points communs relevés ne peut avoir qu'une explication : comme dans les cas de Lug et Apollon, Hermès et Óengus, Athèna et la Bodb, il s'agit d'une ancienne matière théologique et mythique, héritée d'un côté par les Celtes, d'un autre par les Grecs, à partir d'un fonds religieux, et sans doute littéraire (comme dans le cas des « épopées » d'Hèraklès et de Brian) commun. Le cas du dieu de la mer rejoint celui des autres dieux étudiés dans ce volume : il représente une élaboration préhistorique, remontant, au moins, à une époque (IVe millénaire ?) où Celtes et Grecs ont voisiné du côté du moyen Danube. Il s'agit de théologie et de mythologie héritées.

Cette conclusion amène à trancher certaines questions abordées dans les travaux de divers auteurs, en particulier dans le domaine des études celtiques. D'abord, convient-il d'identifier Manannán à quelque autre grande figure de la tradition irlandaise ? Plusieurs auteurs ont ainsi pensé qu'il était le même dieu que le Dagda[310]. Je ne discuterai pas ici leurs arguments, me contentant de ce que j'appellerai des faits « massifs » qui s'opposent à une telle identification : le Dagda et Manannán n'ont pas les mêmes mythes, pas la même parenté, pas la même localisation (le Dagda n'est un dieu ni de la mer, ni de l'Autre Monde), le Dagda ne joue aucun rôle dans la quête des objets du prix de composition des fils de Tuireann, où apparaît le seul Manannán, tandis que celui-ci n'en joue aucun dans le conflit avec les Fomóire qui s'achève dans la formidable (seconde) bataille de Mag Tured. Ce sont des figures bien différentes : le Dagda est

« jupitérien », Manannán est clairement « poséidonien ». Les recoupements de traits qu'on observe entre les deux figures divines s'expliquent alors vraisemblablement par leur commune participation à la souveraineté : si la branche merveilleuse de Manannán « délivre les hommes de tout chagrin et de toute douleur en les endormant », « exactement » comme la harpe du Dagda[311], il ne s'ensuit pas que Manannán est le Dagda, pas plus qu'une branche de pommier n'est une harpe, mais que des dieux régnant chacun sur une partie du monde peuvent se voir pourvus d'attributs qui relèvent, dans la pensée celtique, d'une même conception des pouvoirs divins souverains.

Tout le présent chapitre, ensuite, montre à l'évidence qu'une figure de dieu de la mer a été individualisée, à la rigueur en dédoublant un dieu souverain céleste – ce que je dis comme concession à la thèse précédemment évoquée, mais que je me garderai bien d'essayer de démontrer –, bien avant qu'il n'existe des Celtes, et que, de la même façon, il y avait un dieu de la mer qui est devenu Poséidon chez les Grecs, avant que le peuple grec n'existe. « Manannán-Poséidon » est le dieu des eaux commun aux Celto-Hellènes de la préhistoire centre-européenne.

Une seconde question, d'ailleurs corrélative de la précédente, est la suivante : y eut-il un « Neptune » celtique ? J. Vendryes s'y est naguère opposé, considérant d'une part que Manannán ne devait être à l'origine « qu'un de ces personnages héroïques qui étaient en relation avec des îles lointaines », comme les héros de navigations légendaires, les Mael Duin, Ui Corra, Snedgrus et Mac Riagla, ou Bran fils de Febal, et fut de ce fait « compris dans le monde des fées[312] » – lors même qu'aucun des personnages qu'on vient de nommer ne connut pareille évolution ! –, d'autre part, que Lir ou Ler, son père, est une fabrication de littérature, à la suite d'une méprise, l'expression « mac Lir » ayant à tort été comprise comme « fils de Lir », alors que le sens doit être « fils de l'océan », sans doute au sens de « navigateur » : dès lors, « les mythologues » doivent « rayer le Ler du panthéon irlandais : ils devraient chercher ailleurs le Neptune celtique, à supposer qu'ils tiennent à en trouver un[313] ».

Sur la question de Ler, on a dit ce qu'il en était : déjà le fait que Manawyddan soit considéré, dans les textes gallois, comme « fils de Llyr », complique beaucoup l'interprétation de Vendryes[314], en montrant que, de longue date[315], le nom du père du dieu de la mer celtique était fixé ; et l'on rappelait ci-dessus comment l'existence d'un « héros » Lêros, qui a laissé son nom à l'île de Lérins, suggère fortement que le père du grand dieu de la mer celtique était déjà connu dans l'Antiquité, et adoré, tout comme Manannán et Poséidon, sur une île[316].

Ensuite, l'existence d'un culte antique à une divinité appelée Neptunus, par emprunt du nom latin, est bien assurée. Et il s'agit bien d'un dieu indigène : comme l'observe P.-M. Duval, « Neptune se montre, en Gaule, sous un aspect qu'il n'avait plus en Italie, dieu de toutes les eaux et non seulement des eaux marines, si bien qu'on peut le croire assimilé, çà et là, à certaines divinités de l'élément liquide. Plus de quarante représentations, moins de vingt inscriptions évoquent le culte de Neptune, généralement figuré sous son aspect le plus classique, barbu et chevelu, nu, tenant le trident et accompagné d'un dauphin. Or, il est rarement honoré sur les rivages » : à l'exception d'une figuration à Domburg, au Pays-Bas, à côté de la déesse locale Nehalennia « qui a le pied sur une barque », et d'une dédicace sur la côte armoricaine, qui l'honore comme dieu de l'océan, c'est à l'intérieur, sur les rives de fleuves, de lacs, près de sources, qu'on rencontre ce Neptune[317].

Je m'écarte de l'interprétation de Duval, en doutant que les Gallo-Romains aient pu utiliser si uniformément et le nom et les traits du Neptunus romain pour désigner « certaines » divinités, plutôt qu'une seule. En fait, ces documents montrent que les Celtes possédaient un dieu de l'eau, aussi bien de l'eau douce que de l'étendue marine, et qu'effectivement, il rappelait le Poséidon grec, ou le Neptunus ancien de Rome, dont on avait oublié, à l'époque où les Romains conquéraient la Gaule, qu'il régnait avant tout sur les eaux continentales. Là encore, tout le présent chapitre va à l'appui de cette déduction : les Celtes ont hérité de leurs plus lointains ancêtres, avant même qu'ils ne s'individualisent comme celtes, l'image d'un grand dieu des eaux, peut-être d'abord fluviales, mais tout naturellement marines dès qu'ils ont connu mer et océan.

Il reste que les attestations de Neptune dans le domaine celtique romanisé sont bien rares, en comparaison de l'importance que l'Irlande a accordée à Manannán. On aborde une question à laquelle j'ai fait allusion plus haut, et que je ne traiterai pas ici, tant le sujet est autonome par rapport à ce qui fait la matière du présent chapitre : le grand dieu associé aux sources dans le monde gallo-romain n'est pas Neptunus, mais Apollon. J'ai démontré ailleurs, et en détail, que les Gallo-Romains avaient procédé à cette identification (alors que l'Apollon des Grecs puis des Romains n'a pas de rapports privilégiés avec les eaux) en raison de la fonction médicale, thérapeutique, des sources – très amplement attestée dans toute la Gaule –, et le dieu *Medicus* latin était Apollon, non Neptune. Dès lors, le dieu qui répond, en fait, théologiquement, « scientifiquement », à l'Apollon des Gallo-Romains, c'est, non pas l'Apollon grec, dont on dit que son véritable correspondant celtique est Lug, mais, en Grèce, Poséidon, à Rome, l'ancien Neptunus, dans le monde indo-iranien, le dieu à la fois marin et lumineux Apam Napât[318]. Toutes les épiclèses de l'Apollon gallo-romain, toutes ses fonctions (médicale, ordalique, ou en relation avec la navigation) corroborent cette analyse, et en particulier, puisque le rite qui a voulu qu'on jette une tablette d'éviction (c'est-à-dire de malédiction) dans la source de Chamalières, en Auvergne, en invoquant le dieu Maponos, vers le Ier siècle de notre ère, se fonde manifestement sur un mythe qui n'est autre que celui de Boand consultant la source de Nechtan[319], il s'ensuit que Maponos, qui était identifié par les Gallo-Romains à Apollon, était en réalité un Nechtan, c'est-à-dire un Neptunus, et un ancêtre de Manannán et de Manawyddan.

Je résume. Il apparaît que les choses se sont théologiquement passées de la manière suivante :

a) Il existait, dès les temps indo-européens communs (Ve millénaire[320]), un dieu à la fois lumineux et aqueux indo-européen. Ses attestations sont : l'Apâm Napât indien, l'Apam Napât iranien, c'est-à-dire le « descendant des eaux », le Neptunus latin, le Nechtan irlandais ; avec renouvellement onomastique, dès le IIe millénaire avant notre ère au moins (documents mycéniens) le Poséidon grec, puis, au IIe millénaire de notre ère, mais remontant manifestement au Ier, le Manannán irlandais, le Manawyddan gallois.

b) Dans la partie occidentale du monde indo-européen, ancêtres des Grecs et ancêtres des Celtes ont voisiné, longtemps, alors même qu'ils appartenaient à des branches distinctes de la famille indo-européenne, mais dans une époque qu'il faut considérer comme assez ancienne pour que leurs langues aient été encore largement intercompréhensibles. À cette époque correspond une large élaboration commune de traits de civilisation, de figures théologiques, de création littéraire. L'ancien dieu des eaux indo-européen s'enrichit de nouveaux traits, de tout un légendaire, d'attributs qui se retrouveront communs aux traditions celtique et grecque.

c) Le nom celtique originel de ce dieu des eaux a vraisemblablement été l'équivalent de l'irlandais *Nechtan*, puisque ce nom est hérité. Par contre, aucune trace de ce nom divin n'existe en Grèce, où, dès les temps mycéniens, le grand dieu des eaux s'appelle Poséidon[321].

d) Lors de la romanisation de l'Europe occidentale, les Gallo-Romains, sensibles à leurs besoins du quotidien plus qu'aux grandes définitions théologiques, adoptent une interprétation romaine de leur dieu des sources et des cours d'eau en se fondant sur le critère médical : puisque ce dieu est guérisseur, il est identifié par eux au dieu guérisseur des Romains, Apollon *Medicus*.

e) Occasionnellement, une hésitation s'est produite sur cette identification, et certains Gallo-Romains, prenant en considération, davantage que la majorité de leurs concitoyens, l'aspect aquatique, voire marin, de leur dieu, ont préféré l'identifier au Neptunus des Romains, plutôt qu'à l'Apollon de ceux-ci.

f) À partir d'une époque déjà ancienne (haut Moyen Âge ?), les Irlandais et les Gallois ont identifié le pays du dieu de la mer à l'île de Man, et ont tiré le nom de ce dieu de celui de l'île[322] : alors il a commencé à s'appeler Manannán en Irlande et Manawyddan en pays de Galles. Il est possible, mais ce n'est pas certain, que le rapport entre Manannán et Nechtan ait été oublié, à l'époque où les grands textes mythiques ont été mis par écrit, c'est-à-dire en période chrétienne.

CHAPITRE IV

Hèphaïstos et Goibniu

On a mentionné à plusieurs reprises, dans les chapitres précédents, aussi bien Hèphaïstos, le dieu-forgeron des anciens Grecs, que Goibniu, son équivalent irlandais. Comme en d'autres occasions, la question se pose de savoir s'ils sont apparentés, c'est-à-dire s'ils ne représentent pas chacun une élaboration propre des peuples qui les ont adorés.

Le seul moyen d'en juger, en l'absence d'une parenté onomastique – les mots *Goibniu* et *Hèphaïstos* ne sont évidemment pas apparentés –, est l'étude des mythes.

De fait, plusieurs motifs sont communs aux histoires de ces deux maîtres divins du feu, et dans des conditions qui, comme à l'accoutumée ici, ne laissent guère supposer des emprunts, ou des convergences dues au hasard. Le dossier comparatif est beaucoup moins important que pour les autres divinités étudiées jusqu'à présent, mais il n'en est pas moins significatif.

Les armes merveilleusement vite faites

Goibniu, connu au pays de Galles sous la forme *Govannon*, est le forgeron divin, l'un des Túatha Dé Dánann, et il s'illustre en tant que tel pendant la seconde bataille de Mag Tured[1].

Il y joue un rôle majeur, car, alors que les armes des Fomóire étaient détruites au cours des combats, « il n'en était pas de même chez les Túatha Dé, car bien que leurs armes fussent détruites un jour, ils en avaient de nouvelles le lendemain matin, parce que Goibniu le forgeron était dans sa forge à faire des épées, des lances, et des javelots, et qu'il faisait ces armes en trois coups : le troisième était pour les achever et il les rivait dans le cercle de la lance. Et quand les armes étaient plantées dans le côté de la forge il ajustait les cercles des fûts et il n'était pas nécessaire de finir l'ajustage. Credne, l'artisan faisait alors des rivets en trois coups », et Luchtaire, le menuisier, sculptait les fûts de lance en trois coups de hache. Les armes ainsi fabriquées fournissaient aux Túatha Dé Dánann une telle efficacité qu'ils massacraient en masse leurs adversaires les Fomóire, au point que ceux-ci tentèrent de faire assassiner Goibniu en envoyant l'un d'eux, Ruadán, dans le camp ennemi[2].

Hèphaïstos ne fait pas moins dans l'*Iliade* : lorsqu'Achille a perdu ses armes, qu'il avait prêtées à Patrocle[3], sa mère Thétis vient le consoler, et le rassure en lui disant que la mort d'Hector, le tueur de Patrocle, est proche, et surtout elle ajoute : « Pourtant, ne plonge pas encore dans la mêlée d'Arès : attend de m'avoir vue de tes yeux revenir ici. Je viendrai à l'aube, avec le soleil levant, t'apporter de belles armes fournies par sire Hèphaïstos[4]. » Thétis annonce donc l'apport des armes nouvelles pour le lendemain, ce qui sera effectivement fait[5].

Or, il a fallu durant ce temps que Thétis se rende dans l'Olympe, parle avec l'épouse d'Hèphaïstos puis avec lui-même, qu'enfin celui-ci fasse les armes, à savoir le bouclier, dont la description couvre 530 vers (*Il.*, XVIII, 478-608), et : « Une fois fabriqué le bouclier large et fort, il fabrique encore à Achille une cuirasse plus éclatante que la clarté du feu ; il fabrique un casque puissant bien adapté à ses tempes, un beau casque ouvragé, où il ajoute un cimier d'or : il lui fabrique des jambières de souple étain » (*ibid.*, XVIII, 609-613).

Il faut dire que le bouclier, fait de cinq couches, et à triple bordure, a comme décor un véritable spectacle du monde : la terre, le ciel, la mer, la lune et le soleil, tous les astres tels les Pléiades, les Hyades, Orion, la Grande Ourse, et deux cités humaines, l'une en paix où l'on célèbre des noces et des festins, avec danses et musiciens, les Anciens délibérant, deux hommes en rivalité pour un talent d'argent, l'autre cité en guerre, femmes et enfants sur les remparts, Arès et Athèna en or, des guetteurs, des bergers innocents, leurs brebis, les chars d'où partent les javelines, le fleuve entre les combattants, Lutte et Tumulte, et puis encore une jachère et un champs fertile avec ses laboureurs et leurs bêtes, la terre labourée en boustrophédon, et puis un domaine royal, avec des gerbes labourées, les enfants ramassant les javelles, le roi avec son sceptre surveillant la scène, les hérault préparant le repas sous un chêne avec l'aide des femmes, et puis un vignoble aux échalas chargés de grappes, le fossé périphérique est en smalt et la clôture en étain, un enfant y joue du luth, les porteurs parcourent le sentier, on a encore un troupeau de vaches, en or et en étain, allant de leur étable à la pâture, le long d'un fleuve et de ses roseaux, accompagnées par quatre bouviers en or et neuf chiens, mais des lions menacent les vaches et ont déjà attaqué un taureau, non loin un pacage avec des brebis et des baraques couvertes, ailleurs une place de danse comme celle de Knôsos, où jeunes gens, portant épée au côté, et jeunes filles couronnées se tiennent par les mains, entourés par la foule tandis que des acrobates l'égayent en faisant la roue, enfin le bord du bouclier est orné du dessin du fleuve Okéanos.

Ainsi, Hèphaïstos a fait une œuvre extraordinaire, et toutes les autres armes, en moins d'une journée. Il permet à Achille de reprendre le combat dès le lendemain de la mort de Patrocle.

C'est dans des contextes légèrement différents, mais tous deux militaires, que la Grèce et l'Irlande ont attribué à leur dieu forgeron une identique vitesse d'exécution des armes.

Le jet d'une masse de métal incandescente

On a cité dans la première partie l'épisode central de la seconde bataille de Mag Tured, lorsque Lugh doit affronter Balor, et que les cent cinquante aides de Goibniu ne parviennent pas à saisir la masse de fer rouge destinée à aveugler Balor. C'est lui, le forgeron divin, qui la saisit de ses pinces, et la lance à Lugh. Celui-ci l'attrape et la renvoie dans l'œil unique de Balor, qu'il crève[6].

Ce qui ressemble le plus à la seconde bataille de Mag Tured en Grèce ancienne est la gigantomachie – même si les Fomóire ne ressemblent pas, en général, aux Géants du mythe grec, mais, bien plus, aux Telkhines[7], alors que ceux-ci ne participent pas à la Gigantomachie. En tout cas, l'affrontement des dieux grecs, collectivement, contre une troupe qui les menace rappelle la bataille livrée par les Túatha Dé Dánann contre un groupe d'ennemis et rivaux, dont le principal est un géant. Au cours de la Gigantomachie, chaque dieu tue un géant, et à chaque fois par ses moyens propres. Et c'est ainsi qu'Hèphaïstos tue le géant Mimâs « avec des traits de métal chauffé au rouge » (*múdros*[8]).

Il y a donc homologie entre la manière dont Mimâs fut abattu et celle dont Balor fut aveuglé. Le dieu-forgeron a usé des mêmes moyens pour l'une et l'autre opérations. Cela est, à ma connaissance, sans autre parallèle dans le domaine indo-européen.

Le dieu du feu et le festin d'immortalité

On se rappelle que lorsque Manannán distribue aux Túatha Dé Dánann les tertres d'Irlande, il organisa pour eux « le don d'invisibilité, le festin de Goibniu et les porcs de Manannán pour les guerriers », car « par le festin de Goibniu les rois suprêmes étaient sans âge et sans déclin et les porcs de Manannán pouvaient être tués mais étaient vivants pour les guerriers[9] ».

D'autres textes le confirment : « Aedh Mionbhreac d'Assaroe, dans le Nord, a pour épouse Bébhinn, fille d'Ealcmhar du Brugh, et c'est elle qui possède la liqueur de médecine et de guérison des Túatha Dé Dánann, ainsi que tout ce qui reste du festin de Goibhne. C'est d'ailleurs elle qui le leur sert[10] » ; ou encore : « On boit au festin de Goibhne, ni maladie ni tristesse ne viendront[11]. »

Cette circonstance où le dieu qui, partout ailleurs, agit comme forgeron, se retrouve fournisseur d'une nourriture d'immortalité est notable : dès 1924, Dumézil rappelait que Hèphaïstos, d'une part, est l'échanson des dieux[12], d'autre part, et en particulier, verse le nectar aux dieux[13].

On comprend que le rapprochement avec Hèphaïstos ait été souvent fait[14], car une telle fonction du forgeron est originale : dans le monde indo-européen, elle ne concerne qu'Hèphaïstos et Goibniu, et l'on ne signale de plus proche que la tradition indienne selon laquelle le forgeron divin Tvaṣṭṛ a fabriqué la coupe à boire des dieux[15], et, selon un verset védique, apporte à boire aux dieux – « Tvaṣṭṛ connaît les procédures magiques, lui, le plus actif d'entre les actifs, qui apporte les plus salutaires des coupes où boivent les devas[16] » –, ce qui paraît en faire un échanson : encore ce n'est qu'à peine esquissé, et Tvaṣṭṛ n'est pas tenu pour l'organisateur d'un festin d'immortalité. On discerne, là encore, un mythe d'abord indo-européen, où le forgeron divin a pu fabriquer la coupe du festin des dieux, puis, une élaboration gréco-celtique où il est devenu responsable de la distribution de la nourriture ou boisson d'immortalité aux dieux. Tout se passe d'ailleurs comme si les dieux grecs, tout *athánatoi*, « immortels », qu'ils soient, avaient eu besoin de ces nourritures, nectar et *ambrosía*, pour maintenir leur immortalité, exactement comme les Túatha Dé Dánann réfugiés dans les tertres avaient besoin désormais des nourritures et boissons de Goibniu.

Le dieu du feu est cocu

Plus original encore, Hèphaïstos et Goibniu ont tous deux été cocus.

Un texte irlandais[17] assure : « Alors que Goibhne le forgeron était à ses occupations, une accusation fut portée contre son épouse. À cette accusation, Goibhne fut pris de jalousie, et voici ce qu'il fit. Au moment où il apprit la chose, il avait à la main une baguette dont le nom était Ness. Il prononça un charme sur elle et se mit à en frapper ceux qu'il rencontrait. Même s'il l'on en réchappait, une masse de liquide sanglant et purulent se formait sur ceux qui avaient été frappés, et elle les brûlait comme du feu[18]. »

Or, s'il y a un mythe grec célèbre au sujet d'Hèphaïstos, c'est bien celui de l'adultère dont il fut victime, et de sa vengeance. C'est lorsqu'Ulysse était chez les Phéaciens que l'aède de ceux-ci, Dêmodokos, chanta l'épisode, « celui des amours d'Arès et d'Aphrodite au beau diadème, comme pour la première fois ils s'unirent en secret dans la demeure d'Hèphaïstos ; il l'avait séduite par maints présents, et c'est ainsi qu'il déshonora la couche du puissant Hèphaïstos ».

Mais bientôt Hèlios vint tout lui révéler ; car il les avait vus s'unir d'amour. Lors donc qu'Hèphaïstos eut entendu ce récit qui lui poignait le cœur, il s'en alla dans sa forge, roulant en lui-même sa vengeance. Il plaça sur sa base sa grande enclume, et il fabriquait du marteau des liens infrangibles, inextricables, afin d'y retenir fixés les amants. Puis quand il eut, dans sa colère contre Arès, fabriqué ce piège, il se rendit à la chambre, où sa couche était dressée ; autour de tous les montants du lit, il déploya son réseau ; une grande partie pendant d'en haut, du plafond ; c'était comme une fine toile d'araignée, que personne ne pouvait apercevoir, pas même l'un des dieux bienheureux, tant le piège était bien fabriqué. Quand il eut entouré de ce piège toute sa couche, il feignit de partir pour Lemnos à l'acropole bien construite, la terre qu'il préfère de beaucoup à toutes les autres. Et Arès aux rênes d'or avait l'œil bien ouvert pour le guetter ; car il vit s'éloigner Hèphaïstos, le glorieux artisan. Il partit donc pour la demeure du très noble Hèphaïstos, avec l'impatient désir de s'unir à Cythère au beau diadème. Elle, qui venait de quitter son père, le fils de Kronos à la force invincible, s'était assise en arrivant. Entrant dans la maison, l'amant la caressa de la main, prit la parole et salua de ces mots : « Viens ici, chérie, dans cette couche, allons y goûter la volupté ; Hèphaïstos n'est plus dans l'Olympe [...]. »

Ainsi disait-il, et la déesse sentit le désir de se coucher avec lui. Tous deux allèrent donc au lit et dormirent : et autour d'eux était déployé le réseau, artificieux ouvrage de l'ingénieux Hèphaïstos. Ils ne pouvaient plus remuer ni soulever leurs membres. Ils connurent alors qu'il ne leur restait plus nul moyen d'échapper. Et près d'eux arriva l'illustre ambidextre ; il était revenu sur ses pas avant d'arriver à l'île de Lemnos ; car Hèlios faisait le guet et lui avait tout raconté. Il revint donc à la demeure, le cœur affligé. Il s'arrêta au seuil de la chambre, et une sauvage colère le saisit. Il poussa un cri terrible et appela tous les dieux : « Zeus notre père et vous autres, dieux bienheureux et éternels, venez ici pour voir une chose risible et monstrueuse : parce que je suis boiteux, la fille de Zeus, Aphrodite, me couvre toujours de ridicule ; elle aime Arès, le destructeur, parce qu'il est beau, qu'il a les jambes droites, tandis que moi, je suis infirme [...]. »

Il dit, et les dieux s'assemblaient sur le seuil de bronze [...], et un rire inextinguible s'éleva parmi les bienheureux, à la vue du piège de l'artificieux Hèphaïstos » (*Od.*, VIII, 267-327).

On notera, entre la laconique notice irlandaise et le prolixe récit homérique, le strict parallélisme de l'enchaînement : le dieu forgeron est marié ; quelqu'un (le Soleil, en Grèce, un anonyme, en Irlande) lui apprend que sa femme le trompe ; la jalousie le prend ; il prépare sa vengeance ; il y met tout son art (par la forge proprement dite, en Grèce, en fabriquant un filet d'une finesse et d'une solidité extrêmes ; par la magie, en Irlande, en utilisant une baguette) ; et sa vengeance s'abat. Ici seulement Grèce et Irlande divergent, mais en quelque sorte par inversion : Goibniu se venge sur la collectivité[19], en frappant n'importe qui de sa baguette ; Hèphaïstos se venge bien de sa femme et de son amant, en prenant la collectivité à témoin. En somme, la collectivité est dans les deux cas le moyen de la vengeance du forgeron divin, comme victime exutoire dans un cas, comme témoin permettant de confondre les coupables dans le ridicule d'autre part.

Cette rencontre mythologique ne laisse aucun doute : le résumé contenu dans l'*Acallam na Senórach* est l'unique trace d'un mythe qui devait être beaucoup plus complet et contenir les noms des divers personnages en cause, comme le mythe grec apparenté.

Le dieu magicien

Je n'insisterai guère sur cet aspect du dieu forgeron, car c'est en fait un trait fort général, tant en Sibérie qu'en Afrique, par exemple, que des pouvoirs magiques soient associés au forgeron[20]. Toujours est-il que ni Goibniu, ni Hèphaïstos ne font défaut. Du premier, on vient de voir l'usage d'une baguette magique, semant la maladie autour d'elle. Dans un autre récit, évoqué ci-dessus, lorsque le Fomóire Ruadán vient au camp des Túatha Dé Dánann dans l'espoir d'y assassiner Goibniu, celui-ci parvient à le tuer à sa place, mais, comme il a été blessé, il se rend à une fontaine qui guérit sa blessure[21]. Comme l'a souligné Jan De Vries, tant la fabrication ultrarapide des armes, que la guérison du dieu constituent des « artifices qui n'allaient pas sans magie[22] ». Et un des premiers textes chrétiens d'Irlande confirme le danger représenté par les forgerons : il met en garde contre les sortilèges des femmes, des forgerons et des druides[23].

Du côté d'Hèphaïstos, le vaste dossier de ses relations avec la magie a été rassemblé par Marie Delcourt, sous le titre évocateur « Héphaïstos ou la légende du magicien[24] ». Elle y souligne – je dois impérativement sélectionner ! – « le pouvoir des liens », dont on vient précisément de voir le plus bel exemple, dans l'*Odyssée*, mais, note-t-elle, « dans toutes ses légendes Héphaïstos enchaîne » ; les ouvrages d'Hèphaïstos, comprenant des armes (ci-dessus), des talismans, des trépieds – dans l'*Iliade*, « à la base de chacun d'eux, il a mis des roulettes en or, afin qu'ils puissent, d'eux-mêmes, entrer dans l'assemblée des dieux, puis s'en revenir au logis – une merveille à voir[25] ! », des colliers, des couronnes, des trônes parfois, et, plus miraculeux, des êtres créés en métal, généralement en or, parfois en bronze, qui sont pourtant doués de vie : le chien de Pandareôs[26], celui de Képhalos, le géant Talôs, tandis qu'il est assisté, dans son atelier de l'Olympe, par deux servantes – en or, mais qui « ont l'aspect de vierges vivantes[27] ». Son infirmité même code son ambiguïté, c'est-à-dire son pouvoir puisant dans des forces que, s'il était un homme, un forgeron de chez nous, il faudrait bien qualifier de « divines[28] ».

Il n'est pas nécessaire d'augmenter ce paragraphe : les pouvoirs magiciens de Goibniu et d'Hèphaïstos sont assurés, et la claudication de l'un a le même sens que la baguette magique de l'autre[29].

Le dieu du feu comme accoucheur

Un autre mythe célèbre, en tout cas abondamment figuré dans l'art céramique grec, veut qu'Hèphaïstos ait été l'accoucheur d'Athèna : Zeus souffrant de la tête, on appela le dieu forgeron, qui, d'un coup de sa hache bipenne, fendit l'auguste et divin chef : Athèna en sortit tout armée.

Analysant les motifs de la double naissance de Lleu et de Dylan dans le *Mabinogi de Math, fils de Mathonwy*[30], C. Sterckx notait récemment que le simple fait pour Dylan d'« aller à l'eau » connote sa mort, car « il existe de nombreux exemples, à toutes les époques celtes, de la mort symbolisée par une transformation en eau[31] ».

On se rappelle que, dans le *Mabinogi*, il est ensuite dit que son oncle Govannon – l'équivalent gallois de Goibniu – le tua. Que peut dans ces conditions signifier ce meurtre ? Le savant belge fait alors la réflexion suivante : « Si la mort de Dylan se situe au moment même où le test de virginité d'Arianrhod débouche sur son avortement, c'est donc que Gofannon devait jouer un rôle direct dans l'affaire » – autrement dit, n'aidait-il pas Arianrhod à accoucher, et donc son rôle n'était-il pas équivalent à celui d'Hèphaïstos dans la naissance d'Athèna[32] ?

C'est là une hypothèse, comme le reconnaît l'auteur, très conjecturale, mais elle peut s'appuyer sur la considération suivante : il y a une véritable inversion entre le récit gallois, où Arianrhod, se prétendant vierge, accouche, par les voies normales, mais par l'action d'une baguette magique de jumeaux qui tombent, et le récit grec, où un dieu masculin, ayant absorbé la mère, Mètis, d'Athèna, accouche, par la tête, d'une déesse vierge qui s'élève, après le coup de bipenne du dieu forgeron.

Le dieu-feu

De même que Zeus est *pluie*, que Poséidon est *eau*, Hèphaïstos est *feu*. Comme le dit bien Marie Delcourt[33], « Héphaistos se sert du feu et, dans certaines de ses apparitions, il est le feu. Il l'est depuis quelques passages de l'*Iliade* » – ainsi, lorsqu'au chant XXI, Hèra l'appelle à résister au Scamandre qui risque de noyer Achille, il est à la fois le dieu qui contrôle l'incendie qu'il a allumé (« ton feu », lui dit la déesse) et ce feu lui-même[34] –, et l'hymne orphique à lui consacré le chante en ces termes :

> Héphaistos au cœur hardi, puissant, infatigable,
> Qui brûles en flammes brillantes, dieu qui luis pour les hommes,
> Porte-lumière, bras robuste, tout donné à l'art,
> Ouvrier, élément du monde, irréprochable composant[35],
> Qui dévores tout, domptes tout, domines tout, fais de toutes choses ton aliment,
> Toi éther, soleil, étoiles, lune, pure lumière :
> Tels se révèlent aux hommes les membres d'Héphaïstos.
> Tu possèdes toute maison, toute cité, tous les peuples,
> Tu occupes le corps des hommes, ô très riche, ô puissant.
> Écoute, bienheureux, je t'invite à venir vers de saintes libations,
> Afin que tu ailles, apaisé, vers des œuvres heureuses.
> Mets fin à la rageuse colère du feu infatigable,
> Tenant ta brûlante chaleur de la nature à l'intérieur de nos corps[36].

Ni les textes irlandais sur Goibniu, ni ceux du pays de Galles sur Govannon, ne permettent de déduire la même considération à leur sujet. Si une consubstantialité entre eux et le feu a existé, elle est oubliée, perdue, dans ces écrits qui, je le rappelle encore une fois, sont d'époque chrétienne, et couchés sur le parchemin alors que le paganisme était mort depuis longtemps.

Mais c'est de manière indirecte que se décèle l'identité essentielle entre Goibniu/Govannon et le feu. Dans l'article qu'on vient de mentionner, C. Sterckx signale la légende[37], déjà évoquée, qui fournit le meilleur parallèle irlandais connu au mythe de la naissance de Lleu et de Dylan et selon laquelle, de deux jumeaux nés d'un inceste, « le premier fut aussitôt brûlé et ses cendres furent jetées dans une rivière. Le second fut sauvé par un druide qui le cacha et l'emmena pendant un an dans une île avant que sa grand-mère le prenne en charge[38] ».

Ainsi, « tout comme Gwydion – qui représente la fonction sacerdotale dans le panthéon théorique [...] gallois[39] – dissimule Lleu et plus tard l'emmène au loin avant de contraindre, par ruse et par magie, sa mère à achever son éducation[40] [...], c'est un druide [dans cette légende irlandaise] qui cache le second jumeau et l'emmène au loin avant que sa grand-mère se charge de lui ; tout comme Dylan, le premier jumeau meurt et retourne à l'élément aqueux » : il se transforme en effet en poisson, sa tombe est située près de la mer[41], et presque chaque fois qu'un texte le mentionne, il est mis en relation avec la mer[42]. Or, dans ce récit irlandais, ce n'est pas un personnage anthropomorphe, tel un dieu, qui brûle le nouveau-né, ou qui plus tard le tue dans la mer, comme Govannon fit de Dylan. C'est un simple bûcher. Autrement dit, l'équivalent irlandais de Govannon dans ce mythe n'est pas Goibniu, mais un feu.

On ne saurait mieux suggérer que le dieu forgeron celtique était consubstantiel au feu, ni plus ni moins que son homologue grec.

Des fils de leur mère ?

On signalera une autre rencontre possible. Goibniu est dit « fils d'Ethle », dans les différents textes qui le mentionnent ; or, un mythe célèbre voulait qu'Hèphaïstos ait été fils d'Hèra seule. Il a pour lui l'autorité d'Hésiode, qui pouvait chanter : « Hèra, elle, enfanta l'illustre Hèphaïstos, sans union d'amour, par colère et défi lancé à son époux, Hèphaïstos, le plus industrieux des petits-fils d'Ouranos » (Hés., *Théog.*, 627-929).

Quant à Ethle, c'est un des noms de la grande déesse irlandaise[43].

Je ne signale cependant ce parallélisme entre un Goibniu « fils de la grande déesse » et un Hèphaïstos « fils de la déesse souveraine » qu'à titre de point commun possible. Car c'est le cas également d'autres divinités aussi bien celtiques (Lug, Ogma...) et grecques (Arès, Apollon et Artémis) que d'être désignées par leur matronyme plutôt que par leur patronyme. De la sorte, la pertinence du rapprochement est en question, quoiqu'il m'ait paru nécessaire de signaler cet ultime ressemblance entre les deux dieux forgerons.

Conclusion

Là encore, ce qui a été exposé dans ce chapitre ouvre sur deux pistes : l'une vers l'« amont », l'autre vers l'« aval ».

L'amont, c'est le passé indo-européen. En effet, un dieu forgeron n'est nullement spécifique, dans ce domaine linguistique, aux Grecs et aux Celtes. Les Indiens connaissent Tvaṣṭṛ, les Ossètes Kurdalægon, les Lettes et les Lituaniens un dieu appelé « Forgeron[44] ». Chacun de ces dieux présente quelques points communs avec Hèphaïstos et Goibniu/Govannon. On signalait comment Tvaṣṭṛ a fait une coupe pour les dieux et, selon un verset védique, paraît l'apporter aux dieux pour qu'ils y boivent. Par ailleurs, comme lui[45], et comme Hèphaïstos, le dieu Forgeron lette, installé au bord de la mer ou de la « grande Eau », *Daugawa*, forge pour les *Dévo sunélei*, « Fils de Dieu », et pour les « Filles du Soleil » couronnes et anneaux[46]. De Tvaṣṭṛ, le *Ṛg-Veda* dit que lorsqu'il eut tourné « le foudre bien fabriqué, d'or, aux mille pointes, lui le bon ouvrier, Indra le prend [en main], afin d'accomplir pour l'homme d'élite les œuvres [héroïques] : il a [ainsi] tué Vṛtra ; il a débouché le flot des eaux[47] ».

Or, c'est exactement l'office de Goibniu envers Lugh : Goibniu fabrique la boule de fer portée au rouge, et l'envoie à Lugh, qui s'en sert immédiatement pour tuer Balor[48]. Dès lors, on entrevoit un mythe indo-européen, que la Grèce aurait modifié, d'une part en faisant tuer directement par Hèphaïstos un géant durant la Gigantomachie (ci-dessus), d'autre part en attribuant la fabrication de la foudre à des êtres initialement indépendants d'Hèphaïstos, les Cyclopes.

Enfin, on signale, avec le Kurdalægon ossète, un remarquable parallèle à deux des principaux mythes d'Hèphaïstos. Un berger ayant aperçu la belle Satana qui lavait du linge à la rivière, court vêtue, et ne pouvant avoir accès à elle, éjacule sur une pierre. Satana se procure la pierre, l'emporte chez elle, et bientôt fend l'excroissance formée dans la pierre, un enfant en naît, lumineux, Soslan (ou Sosryko). Mais voici que le garçon se plaint de la nourriture qu'on lui donne. Satana comprend que c'est un être exceptionnel, et fait appel à Kurdalægon, lui disant qu'il faut tremper l'enfant dans du lait de louve. Kurdalægon fait l'auge, malheureusement, sur le conseil perfide de Syrdon (ci-dessus) la fait trop courte, ce qui expliquera que Soslan n'ait pas pu être trempé dans le lait aux genoux. Quand tout est prêt, Kurdalægon fait subir une véritable opération métallurgique au bébé : on le couvre de charbon au fond d'un ravin, et l'on met en mouvement cent soufflets de forge, qu'il fallut actionner jusqu'à ce que l'enfant se mette à rire. « Aussitôt, on vida dans l'auge le lait des louves. Kurdalægon prit Soslan, chauffé au rouge, et le jeta dans le lait », ce qui le rendra invulnérable, sauf, bien sûr, aux genoux qui dépassèrent[49].

Ce récit évoque deux mythes grecs d'Hèphaïstos, que ne peuvent s'être déroulés qu'en sens inverse de l'histoire ossète : dans le premier, c'est Hèphaïstos qui aide à la naissance d'Athèna, en brisant d'un coup de hache le crâne de Zeus : il en naît Athèna. Donc, dans l'un et l'autre mythes, une naissance extraordinaire comporte le motif du bébé se développant dans un habitacle anormal et à la paroi si dure qu'il faut une intervention spécifique pour la briser. Kurdalægon n'est pas celui qui opère cette césarienne très particulière, mais il intervient immédiatement après la naissance afin de pourvoir Soslan d'une peau invulnérable. Dans le second mythe grec[50], Hèphaïstos s'est épris, très sexuellement parlant, d'Athèna. Il la poursuit, elle s'enfuit, et il éjacule finalement dans l'herbe. Athèna récupère, comme Satana, la terre et l'herbe imbibées du sperme du dieu, et élève l'enfant, ou le confie à élever à de jeunes Athéniennes[51]. Autrement dit, Hèphaïstos répond à trois personnages ossètes successifs : au berger, quant à la concupiscence qui aboutit à une éjaculation dans la nature ; à Satana, lorsqu'il ouvre le crâne de Zeus ; enfin à Kurdalægon, lorsque celui-ci agit sur le bébé pour lui faire acquérir une peau aussi impénétrable que celle d'Achille lorsque la mère de celui-ci le plongea dans l'eau de la Styx, avec donc une inversion : Hèphaïstos fait sortir Athèna d'une paroi dure, Kurdalægon pourvoit le bébé d'une « paroi » (sa peau) dure.

On remarque aussitôt qu'aucun de ces deux mythes n'est attesté au sujet du dieu celtique correspondant, sauf à admettre (ci-dessus) l'hypothèse que Govannon pourrait avoir joué, dans une version ancienne du mythe de la naissance de Dylan et de Lleu, un rôle analogue à celui d'Hèphaïstos dans celle d'Athèna. Les points communs entre Hèphaïstos et le dieu celtique sont plus nombreux, tandis qu'avec l'Orient indo-européen (les Ossètes descendent des Alains, branche des Scythes), ce sont deux motifs qui sont communs avec la mythologie d'Hèphaïstos.

Une telle situation ne peut s'expliquer que d'une manière : à l'époque où se développe la mythologie autour du dieu forgeron, les ancêtres des Grecs se trouvaient entre les ancêtres des Indo-Iraniens et ceux des Celtes. Ce qu'on pourrait appeler des « isomythèmes » unissaient donc d'un côté leur dieu à celui des ancêtres des Indo-Iraniens, dieu qui donnera donc d'un côté Tvaṣṭr̥ en Inde, de l'autre le dieu scythe qui aboutira en pays ossète à Kurdalægon.

L'évolution peut se retracer alors comme suit :

a) au temps de l'indivision indo-européenne, le dieu du feu (ancêtre d'Agni, d'Âtar en Iran, de Vulcanus à Rome) devient aussi dieu de la forge[52]. Puis il s'individualise par rapport au dieu feu, et, tout en gardant un lien intime avec cet élément, il se voit pourvu de traits mythiques originaux. Son principal mythe fait de lui le dieu qui forge l'arme du grand dieu tueur de monstres (c'est le cas de Goibniu, de Tvaṣṭr̥, et, avec un aménagement local, d'Hèphaïstos) ; sans doute a-t-il déjà fonction d'apporter à boire et à manger aux dieux dans une ou plusieurs coupes qu'il a fabriquées ;

b) lorsque se produit une première expansion indo-européenne, c'est-à-dire, en gros, lorsque les Indo-Européens ne sont plus seulement sur la Volga, mais se sont étendus sur les plaines russes, les différentes ethnies, en cours de différenciation, mais gardant d'étroits contacts pendant des siècles, développent la mythologie de ce dieu du feu devenu dieu forgeron. Il devient celui qui forge des objets merveilleux (Hèphaïstos, Tvaṣṭṛ, le forgeron des Baltes). D'un côté (oriental), on le fait intervenir dans un mythe de naissance miraculeuse d'un dieu, soit qu'il l'assure en brisant une paroi dure, soit en en procurant une au dieu nouveau-né, en rapport avec le thème d'une fécondation de la terre ou de la pierre après échec d'une pénétration sexuelle (on a alors là le prototype d'Hèphaïstos et de Kurdalægon), d'un autre (plus occidental), on parle de son mariage avec une beauté qui le fait rapidement cocu, tandis que sa magie métallurgiste lui permet de fabriquer des armes extrêmement rapidement, et de jouer ainsi un rôle décisif dans une grande bataille (c'est alors le prototype de Goibniu et d'Hèphaïstos). Les Proto-Grecs sont ceux situés à l'interférence de cette double élaboration mythogénétique. Ils héritent de l'ensemble de ces traits dans leur figure de dieu forgeron.

Il est évident qu'un tel schéma est simplificateur : il n'a pour but que de rendre plus clair la discussion précédente en laquelle le lecteur peu habitué à la proto-histoire risquait de s'égarer. Un examen plus attentif, et à prétention plus exhaustive, se devrait d'en prendre compte, c'est-à-dire de reprendre, là où il l'avait laissé, l'énorme dossier du mythe indo-européen du vol de la boisson d'immortalité, étudié par Dumézil en 1924, dans un livre qu'il a rejeté par la suite. Celui qui réexaminera ce dossier devra à la fois vérifier ce qui était pertinent et ce qui, dans la démarche ultérieure de Dumézil, ne l'était plus, pour en extraire une matière réellement qualifiable d'« indo-européenne ». On conçoit que ce travail soit au-delà de celui qu'on veut présenter ici. Encore convient-il de l'évoquer, car il est patent que le dieu forgeron se situe au point de départ du mythe, en étant le fabriquant de la nourriture des dieux – Grecs, Irlandais, Indiens[53], s'accordent sur ce point.

Vers l'« aval » maintenant, il ressort de tout ce qui précède qu'Hèphaïstos est aussi pleinement grec qu'Apollon, Hermès, Athèna ou Poséidon. Tous ces dieux sont grecs depuis qu'il y a des Grecs. Cela anéantit toutes les thèses qui voulaient voir en lui un dieu emprunté, par exemple à l'île de Lemnos, avec laquelle il était particulièrement mis en relation[54] : c'est donc le contraire qu'il faut penser, à savoir Hèphaïstos a été mis en relation avec Lemnos, peut-être pour être identifié à une divinité de la population indigène (qui n'était pas grecque, mais apparentée aux Étrusques) : il n'en vient pas, il y a été apporté. Il est certain aussi que son culte dans la Grèce du Ier millénaire paraît singulièrement réduit, et est quasi limité à Athènes et à l'Argolide orientale[55]. Mais dès le IIe millénaire un nom propre d'homme, à Knôsos – *A-pa-i-ti-yo*, c'est-à-dire *Haphaïstios* –, est un dérivé du nom d'Hèphaïstos[56], et à Lemnos, Naxos, Samothrace, Imbros, Samos, en Crète, des mythes parlent d'Hèphaïstos, qui est de toute façon l'un des grands dieux dont font état l'*Iliade* et l'*Odyssée*, textes appris, rappelle-t-on, par tous les Grecs anciens qui faisaient des études. J'ignore les raisons de son déclin cultuel durant le Ier millénaire, mais il appartient sans aucun doute à la religion grecque, depuis ses plus anciens monuments.

CHAPITRE V

Les Fomóire et les Telkhines[1]

On terminera les études de ce livre par la comparaison de deux catégories d'êtres, qui ne sont pas à proprement parler des « dieux », mais qui offrent, du moins du côté irlandais, un net aspect « divin », puisqu'ils s'agit des Fomoré, ou Fomóire, les ennemis des Túatha Dé Dánann, lesquels sont bien des dieux, et puisque, vaincus par eux, ils apportent la fertilité à l'Irlande[2].

Présents à travers tout le « cycle mythologique » irlandais, les Fomóire apparaissent comme une catégorie de démons, aux formes monstrueuses, qui s'opposent successivement à tous les occupants de l'Irlande jusqu'au jour où ils sont définitivement chassés par quatre des Túatha Dé Dánann.

À ces êtres, qui ne sont pas entièrement négatifs, puisqu'ils ont un rôle dans la fécondité, des parallèles ont été cherchés dans les autres mythologies indo-européennes. Depuis Henri d'Arbois de Jubainville, ils sont comparés aux Titans de la mythologie grecque[3], quand ce n'est pas aux Cyclopes[4] : en effet, remarquait Arbois, le plus célèbre des Fomóire, le colossal Balor, a des points communs avec les Cyclopes, puisque certains textes leur attribuent un œil unique, et avec Kronos, qui était le souverain des Titans ; donc les Fomóire sont les répondants celtiques des Titans grecs[5].

Malheureusement, la comparaison ne peut aller plus loin que celle entre Balor et Kronos ou les Cyclopes : les Fomóire ne ressemblent en absolument rien d'autre aux Titans, sinon en ce qu'ils ont été adversaires des dieux, et ils ne ressemblent pas davantage aux Cyclopes, car l'étrangeté de ceux-ci ne réside qu'en l'unicité de leur œil, tandis que les Fomóire, lorsqu'ils sont décrits, sont beaucoup plus monstrueux. Quant aux Titans, ils ne sont nullement des démons, et ne sont pas difformes. On pourrait arguer que certains des Géants (*Gígantes*) le sont, mais Géants et Titans n'ont été confondus qu'à basse époque, ce sont deux catégories d'adversaires des dieux parfaitement distinctes à haute époque[6]. Les Titans régnaient au début du monde et ne reparaissent plus dans le mythe une fois qu'ils ont été vaincus, alors que les Fomóire réapparaissent sans cesse, à chaque nouvelle vague d'immigrants en Irlande. Enfin les Titans appartiennent fondamentalement à une catégorie d'êtres « royaux », de la sphère de la souveraineté[7], ce que ne sont aucunement les Fomóire.

En fait, et par contre, il y a bien dans la mythologie grecque une catégorie d'êtres mythiques qui correspond exactement aux Fomóire. Ils n'ont pas la renommée (contemporaine) des Titans, ni celle des Cyclopes, ni celle des Géants, mais cela ne constitue évidemment pas un obstacle à la comparaison. Ceux dont je parle sont les Telkhines, sortes de génies ou de sorciers qui jouent un rôle important dans certaines régions et dans certains mythes de la Grèce ancienne[8].

L'étude qui suit va donc étudier les points communs de ces derniers et des Fomóire, et ainsi démontrer leur identité profonde.

Des monstres

Le premier point commun des Fomóire et des Telkhines est formel : ce sont des êtres en gros anthropomorphes, mais cela de manière monstrueuse. Marie Delcourt, parlant de la description détaillée que Suétone nous a laissée des seconds, et que l'on citera abondamment dans les pages qui suivent, écrivait pertinemment que « peu de textes nous en disent si long sur les créatures inventées en Grèce par la superstition populaire[9] ». Que les auteurs aient pris le soin de décrire les Telkhines n'est pas un hasard, car aucun des êtres que l'on a rapprochés d'eux, dans la mythologie grecque – les Kourètes, les Korubantes, les Daktuloi –, ne présente de pareils caractères, et il n'y avait donc pas de raison particulière de consacrer des pages à leur description. Il en est tout autrement de nos personnages. Ce qui suit analyse comparativement les difformités attribuées aussi bien aux Telkhines qu'aux Fomóire.

DES PERSONNAGES INCOMPLETS

Selon le *Lebor Gabála Érenn*, la première occupation de l'Irlande, dont on aura à reparler, fut celle d'une femme, Cessair, et de ses cent cinquante compagnes et trois compagnons ; une seconde, après une longue période d'abandon de l'île, fut celle de Partholón et de ses compagnons. Ce sont eux qui, les premiers, eurent à affronter les Fomóire. Et voici comment cela est expliqué : « C'est trois ans après qu'eut lieu la première bataille d'Irlande, dans le royaume de Partholón à Slemne de Mag Itha, contre Cichol à la jambe torte (*nGlicorchossach*) des Fomoiré, des hommes ayant une seule jambe et un seul bras, des démons à forme humaine. Ils combattirent contre lui et la bataille éclata devant Partholón. Ils la livrèrent pendant une semaine, mais il n'y mourut aucun homme car c'était une bataille magique[10]. » Cette description des Fomóire comme des êtres « moitié » est confirmée par la version B du récit de « La mort de Cúchulainn », lorsqu'elle évoque « les monstres éveillés et les fantômes manchots, borgnes, n'ayant qu'une jambe, aux joues pâles » : même si le nom n'est pas prononcé, on reconnaît naturellement dans cette description celle de Fomóire[11].

Synthétisant les divers renseignements à leur sujet, Mme Le Roux écrivait de ces derniers : « Leurs caractéristiques principales sont la laideur, la difformité physique, le gigantisme, l'unicité des membres ou organes essentiels (un bras, une jambe, un œil), le pouvoir magique et la multiplicité[12] », et notait, après Waldemar Deonna, que l'unicité des organes des Fomóire est moyen de redoutable puissance[13]. De fait, ces personnages rappellent les démons-chamanes sibériens qui n'ont qu'un œil, un bras, un os, etc.[14] Par ailleurs, la description mythique des Fomóire renvoie, en Irlande même, à des rites où figuraient des « demi-hommes[15] », et qui pourraient bien avoir été les mises en scène des Fomóire, ce qui, on le verra, doit aussi avoir existé en Grèce ancienne avec les Telkhines. C'est alors le moment de parler de ceux-ci, pour les comparer à ce qui vient d'être dit des Fomóire.

Voici donc la description la plus complète des Telkhines, dans un écrit de Suétone, le bibliothécaire de l'empereur romain Hadrien, intitulé le *Perí dusphêman líxeon*, ou *Perì Blasphêmiôn*, c'est-à-dire dans l'un et l'autre cas « Au sujet des termes [grecs] injurieux » : « Ils sont amphibies et aptes à se métamorphoser de façon à ressembler à des démons, à des hommes, à des poissons, à des serpents. On dit que certains sont sans mains, sans pieds, et qu'ils ont des doigts palmés comme les oies. Tous ont les yeux gris, les sourcils noirs et le regard perçant[16]. »

Les celtisants, connaissant le « dossier » des Fomóire, remarqueront aussitôt que tous les traits ici énumérés par Suétone au sujet des Telkhines correspondent à des traits des Fomóire, comme il va être montré au cours de ce chapitre. Commençons par celui qui fait l'objet de ce paragraphe. Les Fomóire sont incomplets, en ayant la moitié du corps qui manque, au point que, lorsque des textes irlandais mentionnent un personnage n'ayant qu'un bras, qu'une jambe, etc., il est certain qu'il s'agit d'un Fomóire, comme le notait Mme Le Roux. Les Telkhines sont également incomplets, d'autre manière, en étant privés de membres. Ce sont bien les seuls êtres de la tradition grecque qui sont ainsi décrits.

Dans leur excellent ouvrage sur la *mètis* des Grecs, Marcel Detienne et Jean-Pierre Vernant ont comparé la description des Telkhines par Suétone avec celle des phoques dans la littérature grecque[17]. Le texte de Suétone lui-même leur attribue les formes de poisson et de serpent, animaux qui se caractérisent par l'absence de membres, ou, comme les phoques, par des membres réduits. Ces identifications ne correspondent pas exactement à celles des Fomóire : mais, d'une part, l'aspect essentiellement aquatique et marin est commun aux Fomóire et aux Telkhines[18], et d'autre part la forme serpentine est celle du monstre dit « anguipède » qui apparaît sur des sculptures d'époque gallo-romaine, et qu'il y a des raisons (ci-dessous) d'identifier aux Fomóire.

DES *DIPHUAÍ*

Fomóire et Telkhines ne sont pas seulement incomplets, ils sont aussi *diphuaí*, c'est-à-dire, souvent, à double forme. Un des Fomóire qui apparaissent dans la *Seconde bataille de Mag Tured*, où ils sont les formidables adversaires des Túatha Dé Dánann[19], était nommé Loch *Lethglas*, c'est-à-dire « Demi-vert » parce qu'il était « à moitié vert depuis la terre jusqu'au sommet de la tête[20] ».

D'un personnage nommé Eochaidh Earchcheann (« Tête de cheval »), Claude Sterckx remarque qu'il est roi de Man, dont les habitants, les Fir Fálgha, sur qui règnent Géadh et Eochaidh Eichbhéal (« Bouche de cheval »), sont aussi assimilés aux Fomóire[21].

On vient d'évoquer les sculptures dites du « Cavalier à l'anguipède » : toute une série de sculptures gallo-romaines montrent un cavalier, armé, triomphant, rayonnant, tenant un foudre ou une roue, souvent installé au sommet d'une colonne, où il chevauche un géant terrassé dont la partie inférieure du corps est en forme de serpent et la partie antérieure est une tête humaine monstrueuse. Le cavalier est le Jupiter gallo-romain, c'est-à-dire celui qui est appelé Dagda dans les textes irlandais. Selon Claude Sterckx, cet anguipède représente les forces du chaos primordial[22]. Vaincu par le dieu souverain, comme les Fomóire lors de la seconde bataille de Mag Tured, il est très vraisemblablement un Fomóire gallo-romain. Si tel est bien le cas, on voit que la plus ancienne conception des Fomóire les présentait déjà *diphuaí*, mi-humains mi-serpents. Je rappelle ci-dessous une étymologie récente de leur nom – qui suppose une identité entre celui-ci et le mot français « vouivre » : elle confirme à la fois l'existence ancienne des Fomóire dans le légendaire continental et l'antiquité de leur forme à la fois animale et aquatique.

À ces Fomóire à moitié vert ou partiellement chevaux ou demi-serpents, les Telkhines correspondent de manière rigoureuse, en tant qu'amphibies, mi-humains mi-bêtes marines, hommes mais en même temps phoques, poissons, serpents[23]. Ressemblant à des phoques dans la description précise que Suétone en donne, mais aux sourcils noirs, les Telkhines sont « à cheval » sur l'humanité et l'animalité : tout comme les Fomóire. Il n'existe malheureusement aucune représentation antique connue des Telkhines. Y en eût-il eu, on les aurait vus sans doute en serpents ou en poissons, ou en phoques, à tête humaine : c'est-à-dire comme l'anguipède ou parfois la vouivre[24].

On ajoutera, en pensant à cet Eochaidh Earchcheann, « Tête de cheval », que le poète Nonnos, dans ses *Dionysiaques*, mentionne les Telkhines, et insiste sur leur fonction de conducteurs de char : Dêriadês, l'adversaire de Dionysos, dans l'armée duquel figurent les Telkhines, dit aux siens de les massacrer et de lui rapporter ensuite les harnais de leurs chars et « de leurs chevaux qui savent courir sur les mers[25] » ; ailleurs le Telkhine Lukos, « Loup[26] », monté sur un char marin, amène la flotte construite pour Dionysos par les Rhadamanes[27] ; ou encore les Telkhines sont décrits derrière leurs chevaux « nourris par la mer », conduisant le char de leur père (Poséidon), solidement installé sur l'eau[28], ailleurs l'un des Telkhines, Damnameneus, est conducteur du char de son père[29], et son frère Skelmis participe à une course de chars où il a pour rival Erekhtheus, le maître athénien du char de guerre[30]. Si nul texte ne décrit les Telkhines comme ayant tête de cheval, leur relation avec la charrerie et les chevaux est manifeste, et l'on verra de plus ci-dessous que les Fomóire sont amateurs de courses de chevaux.

LE NOIR QUI EST EN EUX

Suétone assure : « Tous [les Telkhines] ont les yeux gris, les sourcils noirs. »

Les manuscrits sont ici, il est vrai, ambigus, et l'on peut hésiter entre *megalóphrues* « aux grands sourcils » et *melanóphrues* « aux sourcils noirs », mais cette dernière leçon est en tout cas celle d'Eustathe. Ce que les auteurs de *Mètis* commentent ainsi : « Quant à leur couleur sombre, toute une tradition homérique (*Il.*, I, 528 ; XV 102 ; XVII 209) nous invite à la reconnaître comme la teinte la mieux harmonisée à l'effroi que fait naître un regard fascinant[31]. »

Ce regard des Telkhines, j'en reparlerai, car il correspond à celui attribué aux Fomóire. Pour l'instant, il importe de souligner que ces derniers sont souvent liés à la couleur noire, ce en quoi ils se rapprochent à nouveau des Telkhines.

« Les géants que combattent les héros du cycle ossianique[32], note Mme Le Roux, ne sont pas constitués autrement que les Fomoiré », assertion pour laquelle elle fournit aussitôt un argument : « Un jour que le fils de Cumhall [c'est-à-dire Finn, le père d'Ossian] préparait la chasse de Slive Gullen, nous vîmes un redoutable guerrier venir vers nous à travers de véritables fondrières. Il avait un manteau noir de jais, de couleur sombre, les insignes d'un prince de haut rang [?]. Sombre était l'apparence du grand homme qui approchait de nous dans notre détresse. Cet homme de belle apparence avait un seul œil frénétique et sans beauté. Son nez héroïque et terrible était comme le poing de chaque champion des Fianna. Il avait deux lances de bataille, une épée large et horrible. Une forte massue de fer était suspendue à l'épaule du guerrier[33]. »

De même, dans le texte appelé *Togail bruidne Dá Derga*, « Destruction de l'hôtel de Dá Derga », le roi Conaire est en route avec ses hommes sur le chemin de Dublin : « C'est alors que les rattrapa l'homme à la chevelure rase et noire, avec une main, un œil, un pied. Il avait à la main une massue de fer fourchue. Il portait à son cou un porc à poil ras et noir, roussi et criant continuellement. Une femme à grande bouche, grande, noire, sombre, venait derrière lui. Même si son nez avait heurté une branche, la branche l'aurait supporté [?]. Sa lèvre inférieure descendait jusqu'au genou. » Cet homme était Fer Caille, dont la description est renouvelée plus loin :

> « J'ai vu devant le feu un homme à la chevelure rase et noire, avec un œil, une jambe, une main, avec un porc noir au poil ras, criant continuellement. Avec lui est une femme à grande bouche, grande. Compare cela, ô Fer Rogain !
>
> – Ce n'est pas difficile. C'est Fer Caille avec son porc et sa femme Cichuil. Ce sont ses instruments [?] pour la nuit où vous abattrez Conaire roi d'Irlande. Malheur à l'hôte qui courra entre eux ! Fer Caille et son porc sont en vérité un des interdits de Conaire[34]... »

Ces textes appellent trois observations.

1 – La noirceur est bien affirmée, y compris par la mention récurrente de la massue de fer car le fer est le métal noir[35]. C'est donc à juste titre que Christian Guyonvarc'h a pu définir les Fomóire comme « des démons noirs maîtres du sol[36] ».

2 – L'appartenance du dernier personnage masculin mentionné aux Fomóire est patente, de par la description qui en est faite ; elle est de surcroît confirmée par le nom de son épouse, *Cichuill*, car il est identique au nom du premier Fomor mentionné plus haut, *Cichol à la Jambe torte*, et c'est donc très justement que Mme Clémence Ramnoux commentait en ces termes le texte qu'on vient de citer sur Fer Caille et Cichuill : « Cichuill est un roi fomor, un génie provocateur de querelles qui apparaît tantôt sous forme masculine, tantôt sous forme féminine[37]. »

3 – Les textes cités à l'instant insistent à deux reprises sur la

grosseur du nez des personnages, et parfois sur celle des lèvres : c'est aussi sur un trait du visage, les sourcils, que le texte de Suétone insistait, soulignant leur couleur noire ou, selon une lecture alternative, leur dimension. Telkhines et Fomóire ont donc pour aspect commun que, même lorsqu'ils ont forme humaine, leurs traits sont monstrueux, à l'instar de ceux des têtes horribles des anguipèdes des statues gallo-romaines.

DES PERSONNAGES TORTS

Le quatrième trait commun des Telkhines et des Fomóire que je relève est leur caractère tordu.

On a mentionné Cicholl à la Jambe torte. Le caractère attribué à la jambe d'un Fomor s'intègre donc dans la série de traits typiques qui définissent cette race d'êtres : la difformité des membres, rejoignant celle du visage (ci-dessus).

Or, si les textes grecs antiques n'attribuent pas directement des membres torts aux Telkhines, les spécialistes du domaine grec ont bien marqué la relation qui existe entre ces êtres et divers autres qui présentent précisément ce caractère. C'est en particulier le cas d'Hèphaïstos, le dieu forgeron, dont les jambes ont été cassées lorsqu'il a été jeté du haut du ciel, et qui depuis boite : comme lui, les Telkhines, on le verra, sont forgerons. Et les auteurs qui ont mis ce trait le mieux en lumière d'ajouter : « Pour déceler [une] relation entre les extrémités ambiguës du phoque et l'activité métallurgique des Telkhines, le détour s'impose par un autre modèle animal qui intègre dans ses éléments constitutifs des affinités explicites entre la morphologie de ses extrémités et l'activité technique du forgeron. » L'animal en question est le crabe, *karkínos*, dont les anciens zoologistes grecs mentionnent les jambes torses (*rhaiboskelês*) et ajoutent qu'il marche de travers. Ainsi Hèphaïstos marche de travers comme le crabe, et est forgeron comme les Telkhines[38].

Si, comme la comparaison même que je mène ici semble l'impliquer, l'orientation métallurgique des Telkhines paraît une innovation grecque, car elle manque du côté des Fomóire, il s'ensuit que les Telkhines, êtres d'ailleurs marins et capables de se métamorphoser en poissons et serpents (autres animaux qui se tordent...), ont pu être rapprochés du crabe avant que de devenir des métallurgistes à l'instar d'Hèphaïstos et des Daktuloi.

Hèphaïstos est en tout cas boiteux. Cicholl, celui dont la jambe est torte, est fils de Goll, dont le nom signifie « Borgne[39] ». Or, la boiterie et la demi-cécité sont des notions proches, équivalentes[40] : l'une est à la marche ce que l'autre est à la vue. Les enfants de Calatin, dont on reparlera car ils se rattachent incontestablement au type des Fomóire, ont subi des mutilations qui ont accru leur force magique : on a coupé le pied droit et la main gauche aux garçons, et l'on a crevé l'œil gauche aux filles[41].

Les Fomóire, on l'a vu, sont souvent des géants. Les Telkhines ne sont pas présentés comme tels. On a même plutôt l'impression, à lire la plupart des textes les concernant, qu'il s'agissait de gnomes, de personnages infra-humains. Il existe pourtant une exception à cette tradition : chez Nonnos, dans ses *Dionysiaques*, les Telkhines sont de grande, voire de très grande taille. L'un, Lukos, est « au Long Bras » et tient une très longue lance[42] ; lors de la grande bataille contre les Indiens – puisque Dionysos est parti à la conquête de l'Inde –, l'un des Telkhines tient, comme arme, un grand pin, un autre un cornouiller, un troisième arrache... un cap (*ákron*) à une falaise et fonce avec lui sur les Indiens[43]. Or, quoique tardif (Ve siècle de notre ère), Nonnos est un auteur qui n'innove jamais véritablement : il choisit dans la tradition antérieure mais il n'invente pas. Il faut donc penser qu'une tradition grecque, non autrement attestée, attribuait aux Telkhines une taille colossale.

Dans les deux versions de la *Seconde bataille de Mag Tured*, les Fomóire sont équipés d'armes identiques à celles de leurs adversaires les Túatha Dé Dánann. Cependant, l'un des textes sur la mort de Cúchulainn dit de ses adversaires, les enfants de Calatin – des Fomóire, je viens de le signaler –, qu'« ils descendirent dans la prairie et ils prirent la forme de batailles sanglantes avec les digitales et les feuilles de chêne, et ils livrèrent ces grandes batailles, dangereuses et périlleuses, si bien qu'on entendit ces grondements très loin sur le territoire[44] ».

Plus tard, ayant repéré Cúchulainn grâce à ses chevaux, « les enfants de Calatin rassemblèrent alors des chardons pointus et au plumage acéré, et la digitale aux pointes légères ; ils formèrent des forêts volantes et fanées, et ils en firent des guerriers nombreux et armés, si bien qu'il n'y avait ni sommet ni colline autour de la vallée qui ne fût rempli de combats et de batailles, qu'on entendait jusqu'aux nuages du ciel et jusqu'aux murs du firmament les cris horribles et sauvages que poussaient les enfants de Calatin aux environs ; si bien que [le pays] fut plein de blessures et de dépouilles, d'incendies et de cadavres tombant rapidement, et que toute la contrée retentit de ces pouvoirs magiques des enfants de Calatin[45] ».

Ici se révèle un lien étroit entre les Fomóire d'un côté, les Telkhines de l'autre, avec la nature : des végétaux leur servent d'armes, ou ils en prennent la forme pour se battre, en une bataille magique dans le cas des premiers. Les uns et les autres bouleversent le paysage dans la bataille, par leur force ou leurs cris, ils brandissent des arbres ou forment des forêts de guerriers, la mention des « sommets » dans un texte irlandais répond à celle d'un « promontoire » dans l'épopée grecque.

Attributs

Outre des aspects qui se rejoignent très largement, comme deux variantes d'un même type d'êtres mythiques, Telkhines et Fomóire ont des relations avec des objets, des êtres, qui forment là encore une matière commune, et confirment leur identité profonde.

LE CHIEN (ET LE LOUP)

La Grèce livre deux traditions concurrentes sur l'origine des Telkhines : l'une, sur laquelle on reviendra, les fait naître de la mer, c'est la version dominante. Une autre, qui a pour elle l'autorité d'auteurs anciens, voulait qu'ils soient issus des chiens d'Aktaiôn (« Actéon »), changés en hommes par Zeus. C'est ainsi qu'Eustathe, se référant à Akousilaos, poète d'Argos du VIe siècle avant notre ère, écrit qu'il existait deux sortes de Telkhines : ceux nés de la mer et ceux nés de la métamorphose des chiens d'Aktaiôn[46], tandis que Suétone se référait à Parménide, auteur du Ve siècle avant Jésus-Christ, pour faire des Telkhines les chiens d'Aktaiôn métamorphosés[47].

Cette doctrine est donc certainement authentique, elle est en tout cas d'âge vénérable. On doit alors rappeler le mythe d'Aktaiôn : excellent chasseur, et même exagérément[48], il découvrit un jour la déesse de la chasse, Artémis, au bain : preuve qu'il n'avait pas su limiter et contrôler sa passion de la chasse. Furieuse de cette transgression, la déesse le changea aussitôt en cerf : incontinent ses chiens se jetèrent sur lui et le dévorèrent[49]. Le mythe connaît une double localisation, en Béotie et en Arcadie, ce qui indique son ancienneté. On a par ailleurs depuis longtemps deviné, derrière le mythe, l'allusion à des fêtes rituelles où d'authentiques hommes jouaient le rôle du cerf et ceux des chiens[50].

Le mythe d'Aktaiôn, étant arcado-béotien, est certainement originaire de Béotie puisque le mouvement des hommes a été, en Grèce continentale tout au moins, du nord vers le sud ; la passation de mythes de Béotie en Arcadie est antérieure à l'histoire, et n'a pu se dérouler qu'en plusieurs étapes, durant l'époque mycénienne et les temps postérieurs[51]. Or la Béotie est certainement l'un des lieux, ou le lieu, d'où s'est diffusée la légende des Telkhines : on parlera ci-dessous d'Athèna Telkhiniâ de Teumessos et, ci-après, de l'*íunx* d'Orchomène, Teumessos et Orchomène étant deux localités de Béotie[52]. Voilà autant de raisons de penser que la version singulière de l'origine des Telkhines que rapportent Akousilaos et Parménide est tout à fait authentique. Ajoutons que si la petite ville de Teumessos est notable par son culte d'Athèna Telkhiniâ, elle était également célèbre, dans le mythe, pour avoir été le lieu d'une chasse extraordinaire où le chien de Képhalos poursuivit en vain, pendant un an dit-on parfois, le renard de Teumessos, jusqu'à ce que tous deux fussent changés en pierre par Zeus[53].

Ce petit « dossier » des Telkhines et des chiens contient un prolongement du côté du loup. Un des rares Telkhines connus sous un nom individuel s'appelait *Lúkos*, « Loup ». Selon Diodore de Sicile, les Telkhines de l'île de Rhodes, se rendant compte qu'un déluge allait submerger l'île, la quittèrent et se dispersèrent. Lukos s'enfuit dans le pays situé au sud-ouest de l'Anatolie, face à Rhodes, et appelé la *Lukiâ* (notre « Lycie »), et y fonda le temple d'Apollon Lukios[54]. Un texte étonnant est ce passage de Servius, le commentateur de Virgile et l'un des grands érudits de la basse Antiquité, selon lequel les Telkhines eurent pour adversaire Apollon *in lupi habitur* « ayant pris la forme d'un loup[55] ». On vient de voir Lukos fonder un temple d'Apollon. C'est dire le lien, mieux, la ressemblance, des Telkhines et de leur adversaire : eux et lui sont parfois des loups. Or, on verra que c'est là exactement la nature des rapports entre les Fomóire et leurs adversaires les Túatha Dé Dánann. Et de même, ce sera Lug, l'équivalent celtique d'Apollon[56], qui sera leur vainqueur après avoir magiquement « fait le Fomor » en dansant sur une jambe et en fermant un œil[57]...

Les Telkhines offrent donc des relations étroites avec le loup et avec le chien. Ce dernier aspect se retrouve chez leurs cousins irlandais. L'un des quelques Fomóire qui bénéficient d'un relief personnel s'appelle *Conann*. Il est l'un de leurs chefs, selon le *Lebor Gabála Érenn* qui le présente ainsi : « Il y eut une grande oppression de la race de Némed après [ce]lui[-ci] en Irlande, du fait de Morc, fils de Dela, et de Conann, fils de Febar. C'est de lui qu'est nommée la tour de Conann, qui est appelée aujourd'hui Toirinis Cetne ; c'est là qu'était la grande flotte des Fomoiré[58]. »

En irlandais médiéval, les noms en *Con-*, avec un seul *-n-*, sont généralement des dérivés de *cú* « chien », génitif *con*[59].

Mais voyons la suite de l'histoire. Les enfants de Némed, opprimés, se révoltèrent, continue le texte cité : « Ils prirent d'assaut la tour. Conann et ses enfants tombèrent. Après cette prise, Morc, fils de Dela, vint contre eux avec les équipages de soixante navires et ils s'entre-tuèrent tous. La mer monta sur les hommes d'Irlande et aucun ne s'enfuit tant la bataille était rude. Il n'en réchappa qu'un navire sur lequel étaient trente hommes[60]. »

Ainsi, dans le légendaire grec, un déluge se produit à Rhodes après que les Telkhines, dont celui nommé « Loup », se fussent en allés, tandis que dans le légendaire irlandais, après la mort du Fomóire dont le nom est tiré de celui du chien, son compagnon vient submerger magiquement l'île d'Irlande avec l'eau de mer... Cette capacité commune aux Telkhines et aux Fomóire à commander l'action des eaux nous retiendra plus bas.

Un autre texte irlandais, celui de la *Seconde bataille de Mag Tured*, raconte les pourparlers, antérieurs à la bataille, entre les futurs adversaires, à savoir Fomóire et Túatha Dé Dánann. Et il précise : « On leur demanda de leurs nouvelles dans l'assemblée. Ils répondirent qu'ils étaient des hommes d'Irlande. On leur demanda s'ils avaient des chiens, car c'était la coutume en ce temps-là, quand une troupe allait à une autre assemblée, d'entreprendre des concours ou des jeux communs. “Nous avons des chiens”, dit Bres. Ils firent donc des courses de chiens, et les chiens des Tuatha Dé Danann étaient plus rapides que ceux des Fomoiré. On leur demanda ensuite s'ils avaient des chevaux. Ils répondirent : “Nous en avons.” Et ils étaient plus rapides que les chevaux des Fomoiré[61]. »

Ce n'est sans doute pas un hasard que les Fomóire aient tenu, au temps de leur domination, à faire des courses de chiens : après tout les Telkhines étaient, eux aussi, liés à des actions rituelles concernant les chiens d'Aktaiôn, tandis que, non loin de l'endroit où celui-ci fut dévoré, à Teumessos, lieu de culte d'Athèna Telkhiniâ, il y eut une course célèbre entre un chien et un renard. Quant aux chevaux, on a vu ci-dessus que Nonnos, selon une source il est vrai inconnue, faisait des Telkhines les maîtres de la conduite en char.

Et puis, c'est en faisant cuire du chien pour le manger[62] que les enfants de Calatin piégèrent Cúchulainn, qui avait précisément pour interdit de manger de cet animal. Ce groupe de Fomóire réussit là où tout le monde avait échoué, au meurtre de Cúchulainn, tout comme un groupe de Telkhines, sous forme de chiens, massacra Aktaiôn. Cúchulainn, il est vrai, n'avait pas pris la forme d'un cerf : c'est que lui-même était plus rapide que les cerfs, comme le montre l'épisode où il attrape à la course deux de ces animaux[63] – ce qui est exactement l'exploit accompli également par Artémis – la déesse de la chasse qui métamorphosa Aktaîon – dans sa propre jeunesse[64]. Cúchulainn attacha ces deux cerfs à son char, Artémis attela les cinq biches à son char.

On distingue alors, à cette étape de l'enquête, que Telkhines et Fomóire ont les uns et les autres été représentés par des acteurs de manière rituelle, et que cela se déroulait à l'occasion de jeux qui comprenaient des courses de chiens, et peut-être de renards, des courses de chevaux, et une chasse au cerf. Et, lors de cette dernière, les acteurs (en forme de chiens ?) avaient pour mission de punir, de mort – sans doute seulement symbolique et rituelle –, le jeune homme qui était *hubristès*, comme Aktaiôn, ou bien qui l'avait naguère été, comme Cúchulainn – en effet, la capture de deux cerfs par celui-ci se situe immédiatement après le moment où il vient de tuer trois formidables héros, les fils de Nechta, et revient, plein de chaleur et de fureur guerrières, en la capitale de son peuple Emain Macha. Et il est remarquable que, si Aktaiôn est tué au moment où il découvre Artémis nue, la fureur du tout jeune Cúchulainn est telle qu'on craint, à Emain, qu'il ne massacre les guerriers de son propre peuple, aussi « la décision qu'ils prirent fut de faire sortir une troupe de femmes à l'encontre du jeune garçon, c'est-à-dire trois cinquantaines de femmes, c'est-à-dire dix et sept fois vingt femmes fières et rougissantes de leur nudité, toutes en une seule fois, avec devant elles la princesse des femmes, Scandlach, pour lui montrer leur nudité et leur pudeur. Toute la troupe des femmes sortit, et elles lui montrèrent leur nudité et leur pudeur. Le garçon cacha sa figure devant elles et dirigea son visage vers le char pour qu'il ne vît pas la nudité et la pudeur des femmes. Alors le jeune garçon fut levé de son char. On le porta dans trois cuves d'eau froide pour lui noyer sa fureur[65] »...

Texte remarquable, souvent commenté, parce qu'il explique au mieux ce motif de la fureur du guerrier en pays indo-européen, et parce qu'il exprime bien un processus initiatique[66]. Ce à quoi l'on ajoutera ici qu'il comprend plusieurs des éléments du mythe d'Aktaiôn, mais autrement disposés. *Après la chasse au cerf*, Cúchulainn *voit des femmes nues*, *en détache son regard*, et est alors *baigné* pour être refroidi. *À l'issue de la chasse* aux cervidés, Aktaiôn *voit une femme nue*, c'est elle qui est *au bain*, et il est *changé en cerf* pour *n'avoir pas su s'en détourner* à temps. Si, comme le dit Vidal-Naquet, Aktaiôn, comme tous les « chasseurs noirs », est un « éphèbe qui a échoué[67] », Cúchulainn est évidemment un éphèbe qui a réussi, et il n'est pas tué. C'est plus tard, pourtant, après avoir été vainqueur dans d'innombrables combats, qu'il sera tué, comme Aktaiôn, par des sorciers déguisés, maniant des armes magiques végétales. Aktaiôn est dévoré *par des chiens*, Cúchulainn mourra *à cause d'un chien*. Les Telkhines sont les chiens du premier, des Fomóire sont ceux qui présentent le chien au second. On a bien là un ensemble mythique homogène, qui, réunissant les mêmes motifs, a été traité différemment en Grèce et en Irlande.

LE NOMBRE SIX

Je présente ici un trait commun aux Fomóire et aux Telkhines, et apparemment plus curieux : leur relation avec le nombre six. On citait à l'instant ce passage du *Lebor Gabála Érenn* où l'on voit le Fomor

Morc attaquer les enfants de Némed avec soixante navires. Ce nombre est tiré d'un poème cité dans le texte : « Soixante navires sur l'océan, tel est le nombre avec lequel vint Morc, fils de Dela[68]. »

Le récit de la *Seconde bataille de Mag Tured* précise de son côté que les Fomóire étaient au nombre de six trente-centaines, « à savoir deux trente-centaines dans chaque tiers[69] ».

Dans l'histoire de la mort de Cúchulainn, les filles et fils de Calatin, qui sont en fait, comme M. Guyonvarc'h et Mme Le Roux l'ont bien reconnu, des Fomóire[70], sont, selon l'une des versions, au nombre de six.

Il y a donc un lien récurrent entre les Fomóire et le nombre six ou son multiple par dix.

Or, il en est exactement de même en Grèce pour les Telkhines. Dans les légendes rhodiennes, ceux-ci ont une sœur, Haliâ, dont Poséidon eut six enfants, qui sont en fait une reproduction des Telkhines eux-mêmes (nés de la mer, ci-dessus, ils sont dits parfois fils de Poséidon), et ayant le même caractère néfaste : pour les en punir, Aphrodite les rendit fous, et ils tentèrent alors de violer leur propre mère[71].

On reviendra sur ce dernier mythe, mais il convient ici de s'interroger sur cette singulière relation de nos Fomóire-Telkhines avec le nombre six. Une première observation est que ce chiffre et son décuple sont rares dans les traditions aussi bien celtiques que grecques, comparativement à ce qui concerne les nombres trois, quatre, sept, dix et leurs décuples ou leurs carrés. C'est l'indice d'un choix. Henri d'Arbois de Jubainville le serrait de près lorsque, dans son étude comparée de l'épopée grecque et de l'épopée irlandaise, il notait :

> Six, par opposition à sept et à neuf, est un mauvais nombre chez les Grecs... Ce fut après six jours qu'[Ulysse] aborda chez les Lestrygons anthropophages, qui dévorèrent une partie de ses compagnons. Les survivants mangèrent pendant six jours les génisses du Soleil, sans se préoccuper de la colère de cet astre divin : le septième jour, c'est-à-dire quand le nombre six fut franc, ils s'embarquèrent et périrent dans une tempête... Le nombre des compagnons d'Ulysse tués par les Cicones est de six dans chaque navire. Le monstre Scylla a six têtes, autant de gueules où sont engloutis six des compagnons d'Ulysse. Six est aussi le nombre qu'en dévore le Cyclope Polyphème.

On s'étonne alors que cette belle énumération se close par les mots suivants : « Du chiffre six il n'est pas question dans le monde celtique[72]. »

Bien plutôt, on voit que Grecs et Celtes s'accordaient sur un point fondamental : à côté des nombres parfaits que sont trois et neuf son carré, qui expriment des totalités, et sont en harmonie puisqu'ils sont impairs tous les deux, six est à la fois un multiple de trois et un nombre pair, donc une monstruosité, à ranger aux côtés de la boiterie des Telkhines et des membres impairs des Fomóire[73] !

LA PRODUCTION AGRICOLE

Les Telkhines ont un rapport peu attesté mais certain avec le travail agricole. Le lexicographe byzantin Hésykhios enregistrait, sous la définition du mot *mulántheion*, le renseignement suivant, puisé évidemment dans une source antique : Mulas est le nom d'un Telkhine qui créa le culte des *theoí mulántheioi* à Kameiros (une des trois anciennes villes de l'île de Rhodes) et inventa le moulin. *Múlas* est un anthroponyme formé sur le nom grec de la « meule », *múlê*, et l'on découvre ainsi un aspect des Telkhines comme maîtres de la meunerie, à juste titre souligné par les auteurs de *Mètis*[74]. Rhodes était à l'époque historique le principal lieu du culte telkhinien et l'on soupçonnera donc que les *theoí mulántheioi*, « dieux du moulin », n'étaient autres que les Telkhines eux-mêmes[75].

Voici qui rappelle directement les pouvoirs des Fomóire tels qu'ils se manifestent à la fin de la seconde bataille de Mag Tured. Dans la version du manuscrit Harleian 5280, celle dont le titre est *Cath Maige Turedh an scél so sis ocus genemain Bres meic Elathain ocus a righe*, Bres, le roi, d'origine fomor, des Túatha Dé Dánann, s'est enfui ; découvert, il essaie de sauver sa vie :

> « Les vaches d'Irlande auront toujours du lait », dit Bres.
>
> Lug préfère en référer aux « sages d'Irlande » et l'un d'eux, Maeltne Mor-Brethach, juge que c'est trop peu car Bres n'a pas pouvoir « sur leur âge ou sur leur progéniture bien qu'il puisse leur faire avoir du lait aussi longtemps qu'elles vivent ». D'où un second temps de la négociation :
>
> « Y a-t-il quelque chose qui te sauvera, ô Bres ? » dit Lugh.
>
> – Il y a nécessairement quelque chose. Dites à vos juges que les hommes d'Irlande auront une récolte à chaque quart d'année pour m'avoir épargné. »

Maeltne est encore exigeant. Il veut des précisions.

> « Comment laboureront, comment sèmeront, comment moissonneront les hommes d'Irlande ? C'est après avoir fait connaître ces trois choses que tu seras épargné.
>
> – Dis-leur qu'ils labourent un mardi, qu'ils jettent la semence dans un champ un mardi, qu'ils moissonnent un mardi. » On relâcha Bres à cause de cette ruse[76].

Le pouvoir des Fomóire sur l'agriculture s'intègre assurément dans leur aspect de personnages primordiaux, maîtres de la création initiale[77]. Il est remarquable cependant que les Telkhines, ayant en charge, à Rhodes en tout cas, la meunerie, s'occupent du travail qui est *exactement la suite* de ceux dont Bres donne les règles dans le dernier récit.

ET LE SIFFLET ?

Un passage de la même version de la *Seconde bataille de Mag Tured* qui vient d'être citée attribue à une femme fomor l'invention du sifflet : le Fomor Ruadán ayant été tué par Goibniu, le dieu forgeron, « Brigh vint alors et elle se lamenta sur son fils. Elle cria d'abord puis elle pleura. C'est là qu'on entendit d'abord des pleurs et des cris en Irlande. C'est cette Brigh qui avait inventé un sifflet pour appeler pendant la nuit[78] ».

En Grèce, le sifflet proprement dit n'est pas lié aux Telkhines, mais il existe un instrument qui est une sorte de sifflet magique et se rencontre dans des mythes et contextes religieux qui rappelle précisément ce que l'on connaît des Telkhines. Les valeurs de cet objet, l'*íunx*, ont été magnifiquement étudiées par Marcel Detienne, et je vais suivre ici ses indications[79], dans la mesure bien sûr où elles intéressent le présent dossier.

Íunx, écrit Detienne, possède en grec « une triple signification : c'est une espèce d'oiseau ; c'est ensuite un instrument de la magie érotique ; c'est enfin une magicienne experte en philtres amoureux ». L'oiseau est le torcol, dont l'une des particularités soulignées par Aristote est d'être capable, à la manière des serpents, de faire un tour complet de la tête, gardant le reste du corps immobile. Une autre est de pouvoir sortir sa langue sur une longueur de quatre doigts, et de la ramener ensuite sur elle-même, ce qui à nouveau le rapproche des serpents[80]. On évoquait plus haut d'autres « tortillements » avec la démarche torte du crabe et Cichol à la Jambe torte : le torcol rejoint les animaux en lesquels aiment se changer les Telkhines.

Ce n'est pas tout. C'est en fixant solidement le torcol sur une roue qu'Aphrodite fabrique un charme tout-puissant destiné à séduire Médée et à l'attirer vers Jason. Attaché aux quatre membres dans un cercle qui tourne sans fin, le torcol est « l'oiseau du délire » (Pindare). Mais il s'agit de l'*íunx* initial, mythique. L'objet courant en Grèce ancienne était évidemment fabriqué. Grâce aux représentations céramographiques, A. S. F. Gow a pu reconstituer son aspect : « L'*iunx* se présente sous la forme d'une rouelle percée de deux trous de part et d'autre de son centre ; cette rouelle est maintenue par une corde que l'on fait passer dans un trou pour revenir vers l'autre, en ménageant une partie assez longue à l'un et l'autre bouts. C'est en tirant la corde aux deux extrémités que l'on met en mouvement la rouelle qui produit un vrombissement ou un sifflement étrange. Mobile comme l'oiseau de séduction, l'*iunx* est un instrument dont les voix multiples répondent aux mouvements qui l'animent. »

Voici bien une sorte de sifflet, à puissance magique. Dans *Les Magiciennes*, poème de Théocrite, « les neuf couplets incantatoires prononcés par une femme séparée de son amant [...] sont scandés par le vers, neuf fois répété : "*Iunx*, attire vers ma demeure cet homme, mon amant"... ».

Ces indications autorisent une hypothèse : quel est le rapport entre la mort de Ruadán et les pleurs de sa mère, d'un côté, l'invention d'un sifflet par la même femme, d'un autre ? Fomor, Brigh appartient à une race de magiciens[81]. Son invention du sifflet se déroule dans un contexte qui est donc voisin de celui de l'utilisation de l'*íunx* en Grèce. Et celle-ci sert à ramener l'amant à la femme abandonnée : dès lors, l'invention du sifflet par Brigh ne témoigne-t-elle pas d'un effort, de type « orphique » ou chamanique, de la part de la mère désespérée pour faire revenir près d'elle, magiquement, l'âme de son fils ?

Dans le mythe, Iunx était une magicienne qui séduisit Zeus ou attira celui-ci vers la belle Iô. C'est pourquoi Hèra, jalouse, la changea en l'oiseau homonyme, ou, inversement, en masse de pierre. La relation qui se discerne ici entre Hèra, la déesse souveraine, épouse de Zeus, et l'*íunx*, est immédiatement confirmée par un mythe célèbre, celui d'Ixiôn personnage qui, pour avoir voulu violer Hèra, fut attaché par les quatre membres à une roue laquelle, lancée dans l'espace, tourne indéfiniment. Or le mythe d'Ixiôn, note Detienne, « se rattache doublement aux valeurs de l'*íunx* : par une entreprise de séduction placée sous le signe de Peithô (la Persuasion, parfois donnée comme mère d'Íunx) aussi bien que par le châtiment qui le transforme en une espèce d'*íunx* ». Car le crime d'Ixion était non seulement de viol – ce qui, en Grèce ancienne n'était pas vraiment une grave affaire –, mais, accueilli au ciel par Zeus après un autre crime abominable qui l'avait fait rejeter par toutes les communautés humaines[82], en s'attaquant à Hèra il transgressait les lois sacro-saintes de l'hospitalité. On rappellera ici que l'un des méfaits les plus graves des Telkhines, ou du moins des fils de leur sœur, est d'avoir voulu violer leur mère : la magie des Telkhines baigne dans une atmosphère érotique, qui peut aussi se retrouver du côté des Fomóire dans l'invention par Brigh d'un sifflet pour « appeler la nuit ».

Cette présence d'Hèra dans la légende d'Íunx aussi bien que dans celle d'Ixiôn rappelle qu'à Rhodes et en divers endroits de la Grèce centrale[83] Hèra est dite *Telkhiniâ*[84], comme si c'était elle la grande déesse chargée de dominer localement[85] les forces dangereuses dégagées par les magiciennes ou, si j'ose dire, les Telkhines féminins.

Enfin la Fomor Brigh ne porte pas un nom neutre : il n'est autre que celui de la grande déesse de l'Irlande, mieux représenté sous la forme *Brigid*[86]. Déesse trivalente, couvrant l'ensemble des trois fonctions de tradition indo-européenne[87], Brigid est bien l'équivalent local à la fois d'Aphrodite et d'Hèra[88] : en plaçant Brigh chez les Fomóire, les Irlandais procèdent comme les Grecs lorsque ceux-ci parlent d'une Hèra *Telkhiniâ*.

Mais entamer la comparaison des déesses grecques avec la grande déesse celtique est un autre dossier, de taille, que je ne traiterai pas ici[89] ; les rapports entre le sifflet de Brigh, l'*íunx* et les Telkhines forment comme un aspect de ce vaste dossier.

Des êtres néfastes

Malgré leur commune participation à la production agraire, un point commun essentiel des Telkhines et des Fomóire est leur réputation, dans l'une et l'autre des traditions de leurs patries respectives, tout à fait négative. Elle est certes ambiguë : on verra que Fomóire et Túatha Dé Dánann sont très proches et parfois interchangeables, et on a parlé de Telkhines au rôle tout à fait positif, tel celui qui fonda un temple à Apollon, tel autre qui s'occupe de la meunerie. Mais dans cette ambiguïté le pôle négatif l'emporte largement. Dans les textes, Fomóire et Telkhines sont exactement ce que nos enfants appellent, dans les livres ou au cinéma, « les méchants ».

Cet aspect est, dans le dossier grec, le plus traité, le plus général.

Diodore : les Telkhines étaient jaloux et exclusifs de leur art. Ils pouvaient rassembler les nuages et la pluie, la grêle, la neige. Quant aux fils de leur sœur, dont on a dit qu'ils ne sont qu'une duplication des Telkhines, ils étaient arrogants et insolents, et ils empêchèrent d'aborder Aphrodite qui se rendait, au cours d'une de ses navigations, de Cythère à Chypre. Elle les en punit et c'est alors que, pris d'un désir insatiable, ils tentèrent de violer leur mère, puis ils commirent des violences contre les indigènes. Alors Poséidon, leur père, les envoya sous terre. On les appela désormais les « démons orientaux[90] ».

Strabon : ils arrosèrent l'île de Rhodes avec l'eau de la source infernale Stux pour la rendre infertile[91]. Ce que Nonnos précise : les Héliades (fils du Soleil) Thrinax, Makareus et Augès[92] luttèrent contre les Telkhines ; vaincus, ceux-ci, pour se venger, arrosèrent Rhodes avec l'eau de la Stux[93].

Pindare, s'exprimant ici au nom d'Euxanthios, héros de Kéôs : Zeus et Poséidon « ont un jour frappé ce pays de la foudre et du trident, et envoyé tout son peuple au fond du Tartare, en n'épargnant que ma mère et tout le bel enclos de notre maison » (*Péans*, IV, 40-45).

L'île de Kéôs est en effet l'un des deux endroits, avec Rhodes, où la mythologie des Telkhines est le mieux attestée. C'est pourquoi Pindare n'avait pas besoin de préciser que ces anciens habitants de Kéôs, envoyés par Zeus et Poséidon au fond du Tartare, étaient les Telkhines. C'était un mythe connu, auquel fait encore allusion Callimaque dans un poème où, évoquant l'histoire primitive de Kéôs, il poursuit :

> Le crime des sorciers [*góêtas*] Telkhines et leur mort par la foudre, et Dêmonax dont la folie méprise les dieux bienheureux, tout cela le vieillard l'a mis sur ses tablettes ; et aussi la vieille Makêlô, mère de Dexitheâ : seules, toutes deux, laissées vivantes par les immortels, quand ils dévastèrent l'île pour une criminelle insolence[94]. »

Il s'agit ici de l'allusion à des légendes qui ne sont connues par ailleurs, outre Pindare, que par quelques vers de Nonnos, les scholies à l'*Ibis* d'Ovide et une autre, de Servius, à l'*Énéide*[95]. Les détails en diffèrent : les scholies à Ovide parlent d'un Damô ou Damôn, assurément le même que le Dêmonax de Callimaque, chef des Telkhines, et d'une Makêlô, sa fille, tuée avec son mari par la foudre de Zeus. Les autres textes laissent voir qu'à l'époque où Zeus et Poséidon détruisaient les Telkhines[96] parce qu'ils avaient empoisonné la semence de blé avec l'eau de la Stux, ils épargnèrent Makellô et Dexitheâ[97] parce qu'elles les avaient accueillis, eux deux et Apollon, à leur table[98]. Dexitheâ, épouse de Minôs, mère d'Euxanthios, est aussi connue comme nymphe kéenne par Bacchylide[99]. Le « crime abominable » des Telkhines dont parlait Pindare est donc d'avoir, comme à Rhodes, stérilisé les semences avec une eau infernale.

Dans le recueil de Suétone sur les termes injurieux grecs, « Telkhine » est le seul nom de peuple mythique qui serve d'injure[100], à la différence donc des Daktuloi, Korubantes, Kourètes qu'on leur compare pourtant souvent.

On comprend pourquoi. Callimaque, dans un texte célèbre intitulé « Réponse aux Telkhines » et qui consiste en fait en une réponse ironique à ses adversaires et détracteurs, dit à ceux-ci ce qu'il pense d'eux à travers l'évocation des Telkhines : « Sans cesse vont bourdonnant contre moi les Telkhines, gens qui, ignorant de la Muse, ne sont point nés ses amis [...] Et moi, aux Telkhines, je dis ceci : race épineuse, experte à vous ronger le foie – oui, je sais que je suis poète – de brève poésie [...] Allez à la male heure, funestes enfants [*baskaniês génos*] de la Mauvaise Envie », et d'invoquer, comme son protecteur, Apollon Lukios, celui-là même dont le Telkhine rhodien Lukos aurait fondé le temple[101]. Même dans Nonnos où ils sont alliés de son héros Dionysos partant à la conquête de l'Inde, comme à peu près tout ce que le légendaire grec comptait de collectivités mythiques originales, les Telkhines n'en sont pas moins récuremment présentés comme des « envieux » (*phthoneroí*[102]) et Phthonos, le Dépit personnifié, est gratifié d'un « esprit telkhine » fait « de méchanceté et de ruse[103] ».

À la suite de Suétone, Eustathe et l'auteur d'un autre dictionnaire byzantin, l'*Etymologicum magnum*, disent que leur jalousie et leur méchanceté étaient passées en proverbe[104]. Et cette mauvaise réputation des Telkhines perdura. Au VIe siècle, le poète Paulus Silentarius, dans sa *Description de la grande Église*, attribue aux Telkhines le séisme qui fit tomber la coupole de Sainte-Sophie de Byzance.

Mais « surtout, écrit Marie Delcourt, ils ont le mauvais œil. Nicolas de Damas juge inutile de commenter l'équation Athéna Telchinia = Athéna Baskanos à propos du culte de Teumessos en Béotie [...] Les Telchines eurent toujours mauvaise réputation. Ainsi Ovide : "leur regard altérait toute chose et Jupiter indigné les noya sous les ondes fraternelles[105]". Et "Stésichore appela les Kères et les sombres Telchines[106]" (ce qui constitue l'une des plus anciennes mentions des Telchines, Stésichore d'Himère étant un poète du VIe siècle). Selon Suétone encore "Tous... ont le regard perçant (*oxuderkês*"[107]) ».

Concluons avec les auteurs de *Mètis* : « Leur regard altère toute chose, ils fabriquent des poisons avec un mélange de racines végétales, ils répandent sur la terre l'eau du Styx qui la dessèche, ils attirent là où ils veulent la grêle, la neige et la tempête[108]. » Bilan globalement négatif donc.

Les Fomóire ne valent pas mieux. Tout ce qu'on en a dit précédemment, sur leur noirceur, leur difformité, leur hostilité à tout nouvel immigrant en Irlande, le prouve. Mais, puisqu'on vient de mentionner le regard maléfique des Telkhines, passons tout de suite à Balor, le Fomor à l'œil néfaste par excellence : « Balor avait un œil maléfique qui n'était jamais ouvert, excepté sur le champ de bataille. Quatre hommes en soulevaient la paupière avec un crochet poli. Si une armée regardait cet œil, elle ne pouvait résister à quelques guerriers, quand bien même elle était au nombre de plusieurs milliers d'hommes. Il y avait du poison en lui : un jour que les druides de son père étaient en train de faire bouillir des charmes, il vint et regarda par la fenêtre, si bien que la fumée de l'ébullition vint jusqu'à lui et que le poison lui entra dans l'œil[109]. »

On observe donc au sujet de ce personnage qui sera le redoutable adversaire des Túatha Dé Dánann jusqu'à son meurtre par Lugh[110] :

1 – qu'il a un œil maléfique, comme les Telkhines ;

2 – qu'il a du poison dans l'œil ; les Telkhines sont experts en poison ;

3 – que l'œil n'est toutefois maléfique que lorsqu'on soulève sa paupière : de même les Telkhines[111] ne sont négatifs qu'à certains moments, lorsqu'ils le décident ;

4 – que le regard porté par cet œil paralyse l'armée adverse ; ce n'est pas là un pouvoir attribué explicitement aux Telkhines, mais il ne faut pas chercher longtemps pour le trouver dans leur environnement : Athèna, la déesse de la guerre, et dont l'action est précisément de tenir à distance l'armée adverse, porte l'épiclèse de *Telkhiniâ* à Teumessos en Béotie, ailleurs de nombreuses épiclèses qui connotent le pouvoir de son regard : *glaukôpis*, *gorgôpis*, *oxuderkês*, *optillétis*, *ophthalmîtis*, *narkaía*, cette dernière épithète étant tirée de *nárkè*, « engourdissement », qui a donné le mot français *narcotique* ; le regard d'Athèna a donc un pouvoir identique à celui de Balor[112] ;

5 – que le résultat de ce regard est l'anéantissement de l'armée adverse ; par d'autres moyens – déversement de l'eau de la Stux, déluge –, les Telkhines obtiennent un résultat analogue : anéantissement de la population complète d'une île.

La seconde version de la *Seconde bataille de Mag Tured* corrobore les indications de la première :

> Voici que se levèrent de l'autre côté les armées et les foules noires et sombres, à la vilaine couleur, la lourde compagnie, méchante, à la tête [mot illisible] et les grands hommes sauvages, horribles, la troupe choisie et venue par bateau des Fomoiré de la mer. Ils prirent leur équipement de bataille et de combat, leurs vêtements sombres et courts, leurs tuniques épaisses guerrières, et leurs [mot illisible] étrangers. C'était horrible et mortel que l'équipement effrayant de cette foule, avec le nombre de lances épaisses et grosses, les épées pointues et bien jointes, leurs casques épais et impétueux [sens incertain], leurs boucliers larges et rudes, leurs lourdes cuirasses de vétérans, si bien que les chevelures rudes et crépues étaient semblables au nuage noir d'une nuit sombre quand elles venaient du nord dans la plaine de Mag Tuireadh, pour maintenir les impôts et les taxes sur les hommes des Féné et ils s'approchèrent dans une charge [mot illisible]. Après s'être approchés, ils mirent leurs visages, leurs seins et leurs poitrines sur le sol et terre.
>
> Il fut proclamé par eux de dégager l'œil empoisonné et venimeux, dangereux et destructeur de Balor, de ses chaînes et de ses liens. Se levèrent alors trois fois neuf bons guerriers pour libérer l'épaisse paroi et la peau parcheminée, et le voile neuf, épais et large. Les Tuatha Dé Danann saisirent alors l'abri de leurs épais boucliers, et de leur ombre pour que le jet du flot de venin de l'œil empoisonné ne les atteignît pas et ils se mirent le haut du corps, la poitrine et le visage à l'abri du bouclier, à l'exception du guerrier brave et tenace, le lion rapide et coléreux, Lugh au Long Bras, le héros aux grands coups, car il attendait lui-même résolument pour lancer ses pierres rondes de fronde.

Car c'est Lugh qui va tuer Balor, comme son homologue Apollon combattit les Telkhines. Mais, dit un peu plus loin le texte, après que Goibnionn, le forgeron, eut lancé la pierre de fronde à Lug :

> Grande était en vérité la situation de détresse en cet endroit car il n'y avait pas de guerrier sans blessure avec les vents rapides et froids comme ceux du printemps, avec ce lac large et empoisonné, avec la rude goutte lourde, froide, neigeuse, avec le poison du liquide ardent et vénéneux, avec les lourdes et prodigieuses averses d'eau venant des sourcils et des bords de cet œil empoisonné, ici et là depuis le moment de son ouverture, et à cause de la lourdeur et de la chaleur de la boule de fronde de l'autre côté, à cause des lourds nuages de feu qui en venaient, à cause des décharges bouillonnantes et rouges d'étincelles bariolées qui l'entouraient, et à cause de la grêle tremblante et empoisonnée qui courait devant elle, à cause du jet des liquides brûlants et empoisonnés jaillissant de ses trous, et à cause des étincelles bien connues, longues et brûlantes qui surgissaient de ses bords.
>
> Les armées se tournèrent respectivement des deux côtés, leurs visages contre le sol et contre la terre, à l'abri de leurs boucliers, à l'exception de Lugh d'un côté, de Balor de l'autre, et des vingt-sept hommes qui tournaient le dos pour ouvrir l'œil et pour ouvrir la peau noire, parcheminée et rude[113].

Il fallait citer ce long texte : chaque mot, pour ainsi dire, y rappelle les Telkhines ou, sinon, quelque être de leur environnement conceptuel.

Noirceur des Fomóire, mention de la pluie, de la neige et de la grêle, toutes choses que les Telkhines peuvent attirer ; flot de venin qui tuera les guerriers s'ils ne se protègent pas, comme les Telkhines ont versé les flots de l'eau de la Stux sur l'île de Rhodes ; mention des sourcils dégouttant d'eau empoisonnée de même que les Telkhines sont « aux sourcils noirs [ou grands] »...

Quant aux méfaits des Fomóire, ils sont innombrables.

La cause de la seconde bataille de Mag Tured est tout simplement que les Túatha Dé Dánann eurent à souffrir des Fomóire : en fonction d'une alliance, ils avaient pris pour roi Bres, issu des Fomóire. Il ne fut pas plus tôt sur le trône qu'il les exploita :

> Depuis que Bres avait pris la royauté, les Fomoiré, à savoir Indech, fils de Domnann, Elatha, fils de Delbaeth, et Tethra, les trois rois fomoire, avaient imposé leur tribut à l'Irlande, si bien qu'il n'y avait pas la fumée d'un toit qui ne fût sous leur tribut. Les champions furent réduits à leur service : Ogme portait un fagot de bois de chauffage et le Dagda était constructeur de forteresses[114].

Ce n'était pas la première fois : déjà lors d'une immigration antérieure à celle des Túatha Dé Dánann, celle des fils de Némed, les descendants de ceux-ci avaient été soumis par les Fomóire : chaque

Samain, ils devaient leur verser les deux tiers de leurs grains, de leur lait, de leurs animaux nés dans l'année[115].

Selon un autre texte, après la révolte des Túatha Dé Dánann et avant la bataille qui mit fin au pouvoir des Fomóire, les consignes de Balor à ses congénères furent : « Enchaînez [...] l'Irlande [...] faites en sorte que l'eau profonde vienne à sa place, mettez-là au nord de la Scandinavie[116]... »

C'est-à-dire qu'il lui promet un sort à peu près aussi peu sympathique que celui que les Telkhines firent subir à l'île de Rhodes, laquelle, racontait-on parfois, avait d'ailleurs été autrefois flottante[117]. Quant à Kéôs, c'est *à cause* des Telkhines qu'elle fut disloquée, par leur père Poséidon, et l'île ne représentait plus, pensait-on, qu'une fraction d'un territoire insulaire initialement beaucoup plus grand[118]. Destruction et déplacement d'îles sont donc au programme des Fomóire comme des Telkhines.

La connotation hostile, négative, dangereuse, de l'œil unique se retrouve ailleurs. Selon le récit de *La Mort de Cúchulainn*, la reine Medb manigança cette mort en faisant des sorciers des trois fils et des trois filles posthumes de Calatin, que Cúchulainn avait tués ainsi que ses vingt-sept fils. Or ils étaient ou avaient été rendus muets et borgnes de l'œil gauche. L'une des versions les présente ainsi :

> « Medb se leva de bonne heure le matin dans son appartement de verre et elle vit les six sorcières aveugles de l'œil gauche, horribles, étranges et immobiles dehors devant la pelouse[119] », et l'autre version : « [Cúchulainn] vint au gué de la Vieille devant Slíabh Fuaid et il vit de chaque côté de la fumée. Il s'approcha, pensant que c'était la foule des hommes d'Irlande à la frontière de la province. "O Laeg, dit Cúchulainn, met l'aiguillon aux chevaux pour que nous allions voir qui a fait le feu là-bas." Ils s'approchèrent de la foule haïssable qui avait fait la fumée. C'est eux qui avaient fait le feu, à savoir ses ennemis héréditaires, les sorciers dépourvus de bon sens, à savoir ses ennemis les six créatures faciles à reconnaître : un seul œil très rouge dans le front large et noir de chaque sorcier ; une seule main aux grosses veines et aux ongles très longs devant le corps de chaque sorcier ; une seule jambe recroquevillée, mince et laide derrière chaque méchant ennemi ; avec des fardeaux très lourds et débordants de capuchons de peau durs et noirs de jais, une grande quantité de têtes de boucs et de béliers, de pattes de grues et de bernaches, d'os très blancs, de cornes pointues et acérées attachées ensemble et liées de chaque côté de chaque peau vieille et dure pendillant devant eux ; une cuisine de jambons de petits chiens et de viande de chiens sauvages sur des broches pointues de sorbier à bout rouge[120]. »

Ce que Christian Guyonvarc'h commente : « La description des enfants de Calatin, avec leur attirail de sorciers médiévaux, est la plus complète que nous connaissions. Il serait en tout cas difficile de leur refuser la qualité de “Fomoiré[121]”... »

C'est bien ce qu'indiquent leur difformité, leur monophtalmisme, leur noirceur, leur pouvoir magique, leur relation avec le chien... Et Françoise Le Roux, rassemblant la documentation sur ce pouvoir de l'œil unique chez les Fomóire et les autres êtres qui leur sont apparentés, conclut : « Nous pourrions multiplier les exemples des personnages inquiétants qui peuplent et animent l'arrière-plan de la légende : non pas druides ou héros, mais substituts, continuateurs des Fomóire, représentant la partie sinistre et maléfique de l'au-delà... L'aveuglement, la cécité d'un œil (c'est régulièrement l'œil gauche) dépendent d'un pouvoir suprahumain dont on a tout à craindre[122]. »

Ces observations des celtisants sont à comparer avec les propos des hellénistes, cités ci-dessus, au sujet des pouvoirs semblables des Telkhines : ils sont superposables.

Des magiciens

De fait, les textes cités jusqu'ici ont fait largement état de la puissance magique des Telkhines aussi bien que des Fomóire. C'est en effet l'un de leurs points communs principaux, en opposition par exemple avec les Titans ou avec les Cyclopes qui ne sont pas crédités de ce type de pouvoir. Rappelons l'essentiel des données.

Selon Diodore, les Telkhines étaient sorciers (*góêtes*) ; ils pouvaient causer pluie et nuages, neige et grêle[123]. Ils étaient magiciens et enchanteurs, rapportent Nicolas de Damas et Eustathe[124], tandis que Strabon cite des auteurs qui essaient de rendre compte de cette tradition en disant qu'il s'agissait là d'une calomnie de leurs rivaux[125]. En tout cas, toute une tradition antique explique leur nom par le verbe *thélgein* « chanter, enchanter, séduire[126] ».

Il est vrai qu'on faisait également d'eux des inventeurs, particulièrement des métallurges. Selon Diodore ils inventèrent beaucoup de choses, principalement l'art de faire des statues des dieux, et c'est ainsi que s'expliquerait le nom de certaines images divines anciennes de l'île de Rhodes : Apollon *Telkhínios* à Lindos, Hèra et les nymphes *Telkhiníai* à Ialysos, Hèra *Telkhiniâ* à Kameiros[127]. Selon Strabon ils furent les premiers à travailler le cuivre et le fer[128]. Pour Nicolas de Damas par contre, ils ne furent que les imitateurs de devanciers. Cependant, selon une tradition rhodienne, les Telkhines donnèrent à Zeus et Athèna un vase en matière inconnue, leur œuvre[129]. Strabon explique qu'on présente les Telkhines « tantôt comme une race d'enchanteurs et de sorciers (*baskánous [...] kai góêtas*) qui, en arrosant les champs d'un mélange de soufre et d'eau de la Stux, empoisonnaient les habitants et les plantes, tantôt comme une race éminemment industrieuse [...], qui la première réussit à travailler le fer et le cuivre, puisque la tradition fait de la faux de Cronos un ouvrage telkhine[130] ». Outre la faux ou faucille avec laquelle Kronos castra son père Ouranos, on leur attribue la fabrication du trident de Poséidôn[131] ou celle, en commun avec les Cyclopes et Héphaïstos, du collier d'Harmonia, l'épouse de Kadmos[132].

Je rejoindrai ici le commentaire de Marie Delcourt : « Les Telkhines, essentiellement sorciers mais métallurges d'occasion, fabriquent des objets. La confusion avec les Kourètes et Korubantes est tardive (Strabon, puis Nonnos, Eustathe, etc.[133]) [...] Les Dactyles sont sidérurges et magiciens [...] [Au sujet des Telkhines], les Anciens ont défini une dualité analogue. Mais les Telkhines sont essentiellement sorciers, orfèvres seulement à l'occasion[134]. »

En effet, les Fomóire, eux, sont nettement magiciens, jamais métallurgistes. Au plus verra-t-on, ci-dessous, un Fomor naviguer dans un bateau d'argent, tandis que les Telkhines, dans une tradition citée par Suétone et Eustache, étaient trois, aux noms respectivement tirés de l'or, de l'argent, du bronze (Khrusôn, Argurôn, Khalkôn). Cela peut rappeler une tradition celtique faisant des Fomóire des connaisseurs en matière métallurgique, capables de fabriquer, comme les Telkhines, un objet métallique merveilleux. Mais il ne s'agit que d'un indice. Pour l'essentiel, le caractère métallurgiste des Telkhines paraît un développement proprement grec[135]. Ainsi que je l'ai souvent exprimé, le parallélisme des traditions gréco-celtiques renvoie à un passé extrêmement ancien, pas plus récent que le début du IIIe millénaire avant notre ère. La métallurgie n'avait pas pris à cette époque l'importance qu'elle a dans les sociétés historiques, et l'on conçoit aisément que l'évolution qui a rapproché les Telkhines d'Héphaïstos, des Daktuloi, etc., ait été ignorée dans le monde celtique, où la sphère du forgeron divin (Goibniu) et celle des Fomóire sont demeurées distinctes[136].

Sur le plan de la magie, en tout cas, ces derniers ne sont pas en reste. On citait ce texte du *Lebor Gabála Érenn* où une bataille, la première d'Irlande, oppose pendant une semaine les Fomóire de Cichol à la Jambe torte aux compagnons de Partholón : « Il n'y mourut aucun homme car c'était une bataille magique. » C'est aussi la magie qui permet aux enfants de Calatin de tuer Cúchulainn, et voici comment ils l'avaient apprise :

> « Entreprenez maintenant un voyage pour faire votre apprentissage des sciences du grand monde, dit Medb, cherchez les druides et les grands savants du monde et prenez d'eux savoir et enseignement. »
>
> Ils partirent vite dans le pays d'Alba [l'Écosse] et ils y furent une année,

> ils allèrent de là chez les Saxons et ils y furent une année. Ils partirent de là pour Babylone et ils cherchèrent les druides du monde en faisant leur apprentissage, et jusqu'à ce qu'ils eussent atteint les régions surpeuplées de l'enfer, et ils y furent une année : Bhalcan le forgeron leur fit des armes, c'est-à-dire trois épées, trois poignards et trois lances...
>
> Les enfants de Calatin sortirent vite de l'enfer, vinrent sur les nuages bruyants et arrivèrent sur la pelouse de Cruachan, c'est-à-dire chez les gens du Connaught[137],

et la suite est cette bataille végétale, aussi magique que celle des Fomóire contre les gens de Partholón qu'on évoquait plus haut.

À la fin de la seconde bataille de Mag Tured, un Fomor, Loch Lethglas (« À moitié vert », *cf.* ci-dessus) demande grâce. Lug la lui accorde en échange de quelques promesses et révélations. Et Loch Lethglas exprime alors une connaissance érudite et immédiate du nombre des victimes Fomóire de la bataille, et des noms d'une série de chars, de ceux de leurs cochers, de leurs fouets, de leurs chevaux[138].

On comprend pourquoi les frères Rees ont pu écrire que les Fomóire, adversaires des Túatha Dé Dánann durant la seconde bataille de Mag Tured, sont « les seuls êtres comparables en mystères et magie aux Tuatha Dé Danann eux-mêmes[139] ».

Des incarnations du chaos aquatique primordial

Les liens des Telkhines avec la mer sont extrêmement étroits. Ils y sont intrinsèquement liés. La tradition dominante les en dit fils, qu'elle soit Pontos masculin ou Thalattâ féminine[140]. Nonnos seul, mais ce n'est qu'une variante, les dit fils de Poséidon[141].

Selon Diodore, Rhodes est habitée en premier lieu par les Telkhines, fils de Thalattâ. Ils élèvent Poséidon avec Kapheirâ, fille d'Okeanos, lequel est le fleuve immense qui fait le tour de la Terre. Plus tard Poséidon, devenu adulte, tombe amoureux de leur sœur Haliâ[142] et en a six enfants et une fille, Rhodos. On a dit comment ces six enfants, vraies incarnations de leurs oncles, tentèrent de violer leur mère : alors celle-ci devint la déesse marine Leukothea[143]. Plus tard encore, comme on l'a vu, les Telkhines, ayant prémonition d'un déluge qui allait submerger Rhodes, évacuèrent l'île et se dispersèrent[144].

On signalait également plus haut comment Eustathe, d'après Akousilaos, en distingue deux sortes : ceux nés de la mer et ceux nés de la métamorphose des chiens d'Aktaiôn. Et, dit-il, ils furent détruits par une inondation[145]. C'est-à-dire que, nés de l'eau, ils y retournent. De même selon Ovide, Zeus les foudroie et les précipite au fond de la mer[146], et selon Nonnos, qui les localise à Kéôs[147], ils furent engloutis par Poséidon – donc leur propre père[148].

Suétone confirme que, selon certains, ils sont fils de la mer et, on l'a vu, il les dit amphibies. Nonnos insiste sur leurs chevaux qui courent sur l'eau[149] ; l'un d'eux, Skelmis, est dit « le cocher de la mer[150] » ; ils sont les « Telkhines abyssaux[151] » ou encore « les démons de la mer[152] » ; et ils viennent « des fonds caverneux de la mer[153] ». C'est leur relation avec l'eau qui rend compte également de leur localisation systématiquement insulaire. On les a vus situés à Rhodes et à Kéôs. Mais on les présente parfois comme une race originaire de Crète, venue à Chypre d'abord, puis à Rhodes[154]. Stéphane de Byzance dit que la Crète s'appela d'abord *Telkhiniâ*, de ses habitants les Telkhines[155], et de même, selon l'*Etymologicum magnum*, les Telkhines vivaient en Crète avant d'aller à Rhodes[156]. Ils sont originaires de Chypre selon Pausanias[157]. Rhodes s'appela également *Telkhiniâ*[158]. La seule terre continentale qui aurait également porté ce nom fut la ville de Sicyone en Péloponèse[159]. Ils passèrent aussi à Samothrace. Selon Conon, « Rhodes, aux temps anciens, était habitée par une population autochtone que commandait la famille des Héliades : des Phéniciens les avaient chassés et occupé l'île[160] », ce qui représente une confusion : Diodore, notre meilleure source sur les traditions rhodiennes, distingue bien deux temps, le premier appartenant aux Telkhines, puis, après le départ de ceux-ci par crainte du déluge, l'arrivée des Héliades.

On se rappelle comment les auteurs de *Métis* ont souligné les affinités entre les Telkhines et un être de la mer : le phoque. Le mieux est de leur donner à nouveau la parole ici : « Entre le modèle du phoque dans la pensée grecque et la représentation des Telkhines dans les mythes, les ressemblances se marquent sur des points fondamentaux. Comme les phoques, les Telkhines hésitent entre le statut d'hommes et la condition de poissons : premiers habitants de l'île rhodienne, ils ont surgi de la mer où ils seront finalement rejetés par les fils du Soleil. Plus précisément, leur rôle dans les traditions mythiques de Rhodes les désigne comme des médiateurs entre la mer et la terre, comme des puissances dont toute la carrière est inséparable de la représentation de Rhodes en tant qu'île flottante, en tant que terre à moitié confondue avec l'eau de mer[161]. »

Or les conclusions des exégètes de la mythologie celtique au sujet des Fomóire sont extrêmement semblables.

Les Telkhines sont une population primordiale liée à l'eau ? Les Fomóire sont des « démons noirs maîtres du sol » qui font partie intégrante du sol et des eaux d'Irlande[162], tandis que l'union d'Elatha et d'Eri, d'où naquit Bres, le futur roi mauvais des Túatha Dé Dánann, est incestueuse, car Eri et Elatha sont tous deux fille et fils de Delbaeth (qui est, étymologiquement, « la forme indifférenciée »), tout comme ce que les « neveux » rhodiens des Telkhines tentèrent avec leur propre mère, et cet inceste est primordial[163].

Les Telkhines sont fils de « Mer » (Thalattâ, ou Pontos, ou Poséidon) ? L'un des trois rois des Fomóire, à l'époque où Bres règne sur les Túatha Dé Dánann, s'appelle *Tethra*, « Mer » – et on reviendra sur le problème du nom même des Fomoiré. Pour la tradition irlandaise unanime en tout cas, leur nom contient celui de la mer et signifie textuellement « les Sous-Marins ». Et rappelons la rencontre entre Eri et Elatha : « Il y avait une femme de chez eux qui regardait un jour la mer et le pays depuis la maison de Maeth Scene. C'était Eri, fille de Delbaeth, et elle regardait la mer parfaitement calme comme si elle avait été une table plane. Elle était là, et voici qu'elle vit quelque chose : un navire d'argent lui apparaissait sur la mer... Elle vit alors qu'il y avait là un homme de la plus grande beauté[164] », et ils s'unirent aussitôt sur le rivage. Puis l'homme repartit.

Les Telkhines sont par excellence des insulaires ? Les frères Rees observent que les Fomóire n'apparaissent jamais comme maîtres de l'Irlande. Leur pays est l'ensemble des îles périphériques, lointaines, et la mer. Lorsque, à l'arrivée des fils de Míl, c'est-à-dire des Irlandais « humains », les Túatha Dé Dánann furent envoyés habiter les *síde* et les îles, ils obtinrent là ce qui était la part des Fomóire quand les Tuatha Dé Danann possédaient l'Irlande, et leur rôle est devenu identique à celui des Fomóire : procurer des vivres, causer des conflits, et ils ont le pouvoir de détruire ou de préserver les productions du pays[165].

À l'époque des fils de Némed, on l'a dit, les Fomóire les oppriment et leur imposent un lourd tribut. Or leur puissance est maritime : le texte du *Lebor Gabála Érenn* mentionne leur point fort sur la côte d'Irlande, dit « tour de Conann » : « C'était là qu'était la grande flotte des Fomoiré » ; et lorsque la révolte éclate, qu'une grande bataille s'ensuit, « ils étaient trois mille sur mer, trois mille autres sur terre ; ils prirent d'assaut la tour ; Conann et ses enfants tombèrent[166] ».

Les Telkhines sont menacés par un déluge, disparaissent dans une inondation ? Le *Lebor Gabála Érenn* continue en racontant comment, après cette prise de la tour de Conann, Morc, fils de Dela, vint contre les fils de Míl ; il s'en suivit un massacre réciproque, puis « la mer monta sur les hommes d'Irlande et aucun ne s'enfuit tant la bataille était rude », un seul navire de rescapés peut prendre la mer.

Les survivants de cette bataille et de cette inondation se dispersèrent : « Ibath et son fils Baath allèrent au nord du monde ; Matach,

Erglan et Iartach, les trois fils de Beoan, allèrent à Dobar et Iardobar au nord de l'Écosse ; Sameon alla au pays des Grecs[167] » : or dans les traditions rhodiennes, à l'approche d'un déluge, les Telkhines en font autant. Et : « L'Irlande fut vide pendant une période de deux cents ans après la prise de la tour de Conann, jusqu'à ce que vinrent les Fir Bolg. »

De même, les Telkhines ayant évacué Rhodes, selon Diodore, l'île était donc vide lorsqu'y arriva une nouvelle population, les Héliades.

Ce n'est pas tout. Alwyn et Brinley Rees ont insisté sur l'aspect féminin des Fomóire : hésitation sur leur sexe[168], rôle de partenaires matrimoniaux des Túatha Dé Dánann, etc. Dès lors ils ont pu rapprocher des Fomóire des personnages, à dominante entièrement féminine, à qui la tradition irlandaise attribuait la toute première « conquête » de l'Irlande, à savoir le groupe de Cessair, ou Banba[169]. Dans ces conditions, puisqu'il s'agit d'une toute première occupation de l'Irlande, on est encore plus proche des traditions rhodiennes. D'ailleurs, « Cessair et ses gens arrivèrent quarante jours avant le Déluge [...] [après quoi] l'Irlande fut déserte après le Déluge pendant une période de trois cent onze ans, ou mille deux ans, comme d'autres disent, jusqu'à ce que Partholón y arrivât, ce qui est plus exact[170] », de sorte que la séquence /première invasion/Déluge/seconde invasion/ coïncide rigoureusement avec la séquence mythique rhodienne. Quant au nom de Cessair, il signifie « Grêle » ou « Averse[171] », ce qui, pour une créature qui représente l'eau primordiale, est certes pertinent, mais est d'autant plus intéressant qu'il évoque l'un des pouvoirs aussi bien de l'œil de Balor que des Telkhines de Rhodes : produire la pluie et la grêle !

Au sujet du nom des Fomóire, les spécialistes se divisent entre ceux, rares, qui acceptent l'étymologie traditionnelle irlandaise[172] et ceux qui n'y voient qu'une étymologie populaire. De ceux-ci, la majorité a suivi une étymologie proposée par Rudolf Thurneysen, qui comparait la seconde partie du mot à des termes germaniques – allemand *Mahr*, vieux-haut-allemand et norrois *mara*, etc. – signifiant « spectre, lamie, elfe[173] ». Christian Guyonvarc'h a proposé une autre explication, qui a l'avantage de ne se fonder que sur des termes attestés en celtique : la forme ancienne aurait été **uo-bero-*, qui serait également à l'origine du français « vouivre », apparenté donc à l'irlandais *fobhar* « esprit, spectre[174] ». Dans tous les cas envisagés, le premier terme est bien l'irlandais *fo* « sous ». Les Fomóire sont ainsi, par définition, en situation « inférieure ». « Sous » quoi sont-ils ? Dillon et Chadwick, fidèlement à la conception irlandaise, traduisent « les spectres sous [la mer] », et les autres exégètes admettent généralement que, quelle que soit l'étymologie réelle, le sens maritime est présent d'une manière ou d'une autre dans le nom des

Fomóire[175]. Il n'est donc pas simplement issu de l'assimilation médiévale des Fomóire aux Vikings, comme on l'a pensé. Au contraire, c'est la nature maritime des Fomóire, la mention de leur « flotte » dans des traditions certainement bien antérieures à l'âge viking, qui ont permis cette identification. Et la « vouivre » est, dans la tradition française, un animal mythique des rivières. Là encore, donc, le caractère fondamentalement aquatique, et animal, des Fomóire paraît confirmé. On est très proche des Telkhines.

La conclusion, c'est à Claude Sterckx qu'on l'empruntera. Voici comment, à l'issue d'une discussion sur les Fomóire et l'étymologie de leur nom, il définit leur nature profonde : « Ils représentent en effet les forces brutes de la nature telles qu'elles sont contenues dans la virtualité des eaux primordiales : le Chaos non réalisé s'opposant à l'Acte Créatif qui doit actualiser et organiser le monde pour que celui-ci soit. Il est naturel que Néimeadh [Nemed] et les siens succombent [devant eux] : seule la science divine est capable de vaincre le chaos[176]... »

Ce que l'on doit comparer aux paroles de Detienne et Vernant citées ci-dessus, au sujet de la liaison intrinsèque des Telkhines et de l'eau et sur leur caractère primordial à Rhodes. Il s'agit bien de la même mythologie en deux versions, l'une grecque et l'autre celtique.

Adversaires de Lug/Apollon

En étudiant le motif du chien, on a souligné que c'est Apollon, dans une version, qui anéantit les Telkhines, ayant pris la forme d'un loup et, néanmoins, avec ses flèches[177] ; or, dans la seconde bataille de Mag Tured, qui voit l'affrontement des Fomóire et des Túatha Dé Dánann, le grand vainqueur des Fomóire est Lugh[178], lequel, je l'ai abondamment montré, est l'équivalent exact, dans la théologie celtique, du Grec Apollon[179].

Un autre point doit être joint au précédent : lors de la seconde invasion de l'Irlande, celle des fils de Némed, le principal vainqueur – provisoire – des Fomóire est un nommé Fergus au Côté rouge :

> Torinis, l'île de la Tour,
> Forteresse de Conann, fils de Feabar ;
> C'est par Fergus lui-même, valeur de combat,
> Que fut abattu Conann, fils de Feabar[180].

Ce Fergus est homonyme d'un « autre » Fergus, qui joue un grand rôle dans le Cycle d'Ulster : prédécesseur de Conchobar, il est évincé par lui de la royauté, et plus tard rejoint les adversaires des Ulates, à la suite de la trahison d'un serment par le roi Conchobar, et il devient l'amant de la reine Medb. L'expérience montre que bien souvent, en mythologie, lorsque deux personnages portent le même nom dans deux cycles ou deux provinces distincts, il s'agit en fait du même partagé par les traditions selon leurs besoins[181]. Ce Fergus ulate, fils de Roech, a un caractère particulier : il était gigantesque et toutes les dimensions de son corps étaient données par sept : les « heptades » de Fergus[182]. Or en Grèce sept est le nombre sacré d'Apollon, et c'est un trait qu'il partage avec Lug[183]. Lug, et Apollon, sont gigantesques[184], comme Fergus.

Ainsi dans l'une et l'autre guerres entre les Fomóire et des occupants de l'Irlande, leur adversaire est lugien/apollinien...

On a souvent insisté sur le phénomène suivant : certes, les Fomóire sont des personnages néfastes, hostiles, négatifs. Mais leurs adversaires divins... ne valent pas mieux ! Ou du moins pour les vaincre ils empruntent leurs traits et se mettent à leur niveau.

Ainsi avant la seconde bataille de Mag Tured Lugh se mit à chanter un chant « avec une seule jambe et un seul œil, en faisant le tour des hommes d'Irlande[185] », ce que Mme Le Roux a commenté ainsi : « Dans la geste de Lug il y a probablement un mimétisme, apotropaïque et prophylactique, donnant magiquement aux troupes irlandaises un "mauvais œil" capable de contrebalancer les funestes effets de celui des Fomoiré[186] », et encore : « Tout Fomoiré (et est *a priori* "Fomoiré" tout ce qui est foncièrement mauvais), démon, mauvais roi, mauvais poète ou mauvais guerrier, appartient *ipso facto* à Ogmios en tant que dieu-lieur, pour la bonne raison que "Ogmios", dieu souverain sombre, commande aux puissances sombres et mauvaises confondues. C'est encore la raison pour laquelle, voulant assurer la victoire des Túatha Dé sur l'armée des Fomoiré, Lug chante le *glám dicinn* sur un pied, avec une main, un œil... pour faire œuvre de magicien efficace, jeter le mauvais œil et paralyser, Lug se transforme temporairement en Fomoiré, ou plutôt comme le contorsionniste guerrier ou comme le guerrier borgne, il emprunte la forme, l'aspect, les capacités du Fomoiré borgne, manchot et unijambiste... C'est parce qu'il a lui-même des ascendances "fomoiréennes", si paradoxales qu'elles soient en apparence, que Lug peut combattre l'ennemi, avec ses propres armes », et : « Disons provisoirement aussi que le principe "fomoiréen" de l'unicité convient parfaitement au cas du manchot accidentel qu'est le dieu-roi Nuada, cet autre aspect du "Mars celtique[187]". »

De même Alwyn et Brinley Rees, soulignant que les Fomóire sont partenaires matrimoniaux des Túatha Dé Dánann, ont noté qu'ils sont largement interchangeables avec eux dans leur fonction. Ils rapprochent la grande bataille qui s'est livrée entre eux de rites d'hostilité institutionnelle, avec par exemple injures rituelles (aischrologie) entre groupes, comme l'ethnologie l'a révélé en de nombreux endroits[188]. Ils notent aussi que le personnage de Manannán, ce dieu marin qui, dans la *Courtise d'Étain,* apparaît comme souverain et distribue aux Túatha Dé Dánann ce qui sera désormais leurs demeures dans les *síde* d'Irlande, a pour sa part une demeure mystérieuse, au-delà des mers[189] : il est en cela semblable à Tethra, ce roi des Fomóire à l'époque où Bres était roi des Túatha Dé Dánann. Pour l'un et l'autre, en effet, on dit que leur bétail est formé par les poissons, et leurs noms à eux deux signifient « mer[190] ». Dans l'histoire de la *Mort de Cúchulainn*, les trois sorcières, filles de Calatin, qui seront responsables de cette mort, sont assimilées à la Bodb, déesse de la bataille, et appelées *Bodb*[191]. Or un texte nous dit que les quatre derniers Fomóire furent définitivement chassés d'Irlande par quatre Túatha Dé Dánann, à savoir la Bodb, Midir, la Mórrígan et Mac ind Óc[192]. Brigh est la mère d'un Fomor, Ruadán, mais elle est aussi identique à Brigid, fille du Dagda. Selon la *Mort de Cúchulainn* encore, les enfants de Calatin, ayant appris la magie dans le monde infernal, rejoignirent l'Irlande sur des nuages : or c'est là exactement ce que firent les Túatha Dé Dánann, qui vinrent « sans vaisseaux ni barques, sur des nuages sombres, sur l'air, par la force de leur druidisme, et ils atterrirent sur la montagne de Conmacne Rein au Connaught[193] ».

Les textes grecs anciens ne nous disent pas exactement que les Telkhines étaient pareillement interchangeables avec les grands dieux. Pourtant, d'une part, les affinités entre les Telkhines et deux grands dieux, le forgeron Hèphaïstos et Poséidon, sont profondes, comme on la vu ; d'autre part on a évoqué en diverses occasions ces épiclèses divines qui caractérisent Athèna, Hèra, Apollon et même les nymphes : *Telkhínios, Telkhiniâ*. Que signifient-elles ? Assurément, que ces divinités ont la possibilité d'exercer des pouvoirs semblables à ceux des Telkhines pour, éventuellement, s'opposer à eux et les contrôler – ainsi dans le cas d'Apollon, qui est leur adversaire[194] –, mais surtout parce qu'ils sont capables d'actions identiques : c'est ainsi qu'Athèna est *Telkhinía* et *Baskanía*, et que les Telkhines sont qualifiés de *baskaníoi* (« sorciers »). Les yeux des Telkhines ont une force maléfique ; ceux d'Athèna ont un pouvoir de mise à néant (*Narkaía*, Celle qui endormit) de l'ennemi. Hèra est maître d'une magie amoureuse dont on a vu qu'elle se rapproche d'un pouvoir de Brigh, la Fomor.

En somme, Athèna, Apollon, Hèra ont des pouvoirs « telkhiniens », comme Lug, Ogmios, Nuada, la Bodb, les Túatha Dé Dánann collectivement, ont des pouvoirs « fomoiréens ».

Il n'y a rien d'équivalent en ce qui concerne les autres collectivités divines grecques, Titans, Cyclopes ou bien Kourètes, Korubantes. Il s'agit donc bien d'une spécificité telkhine.

Considérons un dernier point. Selon certains auteurs[195], les Telkhines, alors Péloponésiens, luttèrent en compagnie des Karuates (les habitants de la ville de Karuai, dans le nord de la Laconie) contre Phorôneus et Parrhasios. Vaincus après une lutte acharnée, ils furent chassés du Péloponèse et allèrent à Rhodes. On disait aussi qu'ils occupèrent Sicyone, qu'ils appelaient *Mekonê.* Aigialê les en chassa et donna son nom à la ville.

Ces traditions sont intéressantes en ce qu'elles font état de véritables guerres entre les Telkhines et d'autres personnes : car cela rappelle les guerres entre les Fils de Nemed et les Fomóire, entre les Túatha Dé Dánann et les Fomóire ; et dans les uns et les autres cas il s'est agi de guerres « acharnées » dont le résultat était l'éviction totale des vaincus. Mais on a évoqué ci-dessus à plusieurs reprises l'aspect rituel, institutionnel, qui se discerne dans les guerres menées contre les Fomóire. Les traditions grecques qu'on vient de résumer, en fait, le confirment. Car il s'agit de guerres affectant les régions périphériques de l'Arcadie : les habitants de la ville de Karuai, en Laconie du Nord, à la limite de l'Arcadie, Parrhasios, éponyme de la Parrhasie, la province du nord-ouest de l'Arcadie, touchant à l'Élide, et Phorôneus, le roi mythique fondateur d'Argos, au nord-est de l'Arcadie. C'est en Arcadie aussi qu'on localise souvent l'aventure d'Aktaiôn dévoré par ses chiens, épisode en lequel je rappelais qu'on a souvent vu un jeu rituel, et les Telkhines sont issus de la métamorphose de ses chiens[196]. J'ai déjà exposé à diverses reprises que l'Arcadie, à très haute époque (mycénienne) ne comprenait de véritables villes qu'en son midi, et que tout le nord était alors une zone sauvage, lieu idéal de pratiques initiatiques, comme l'attestent précisément plusieurs récits au sujet de héros originaires d'Argolide, qui trouvaient là, à l'ouest de leur pays, de vastes territoires aptes à accueillir leurs chasses et leurs exploits à valeur probatoire[197]. Ces guerres où s'affrontent des Telkhines et des habitants de zones frontières laissent de nouveau l'impression qu'il s'agit de souvenirs de comportements rituels comprenant une chasse et un sacrifice, et des affrontements fortement ritualisés, comme le suggère le fait même de la présence des Telkhines aux côtés des Karuates[198].

« La mort de Balor, écrivait Mme Le Roux, délivre les Irlandais du chaos dans lequel la lutte titanesque du *Cath Maige Tuired* les plongeait : c'est la grande victoire du jour sur la nuit, la victoire de l'équilibre sur la magie, du contrat et de l'amitié sur le désordre, la vengeance et la guerre, de la vie sur la mort et le néant[199]. »

Tel était bien l'avis des Grecs, de ceux de Rhodes en tout cas. Après le déluge qui chassa les Telkhines de l'île, une nouvelle population s'y installa : c'étaient les enfants d'Hèlios, les sept Héliades, population toute positive, et Hèlios était le grand dieu des Rhodiens à l'époque historique[200]. Dans Nonnos toutefois, on l'a dit, il y eut guerre entre les Telkhines et les Héliades, qui les chassèrent de l'île de Rhodes. En tout cas, ces derniers introduisirent, selon Diodore, l'instruction, l'astrologie, les techniques de navigation, instituèrent le culte à Athèna, divisèrent le jour en heures[201]. C'est-à-dire qu'ils apportèrent lumière, ordre, équilibre, civilisation. Les idées grecques et celtiques sont étonnamment proches ici.

Tout cela implique la comparaison entre le *Lebor Gabála Érenn* et les traditions de la série des saisies de Rhodes...

Pour ici, il me suffit d'avoir montré que les Telkhines sont bien à la Grèce, et singulièrement à Rhodes, ce que les Fomóire sont au monde celtique, et singulièrement à l'Irlande.

Élargissement indo-européen

Le couple Telkhines/ Fomóire est-il formé de personnages limités au domaine grec et au domaine celtique ?

Une autre catégorie d'êtres dans les mythologies indo-européennes rappelle les Fomóire : ce sont les géants du monde scandinave (*Iotunn* ou *Thurs*, *Troll*, *Risi*), qui sont non seulement gigantesques – ce que l'on dit parfois aussi des Telkhines –, mais aussi quelquefois monstrueux. Ils représentent souvent des formes fondamentales (mer, feu, montagnes, neige...), ils sont très liés à l'élément liquide (comme l'indiquent les noms propres *Hymir*, *Gymir*[202], et aussi que le dieu de la mer Ægir, soit un géant, et que le survivant du Déluge soit le géant Bergelmir) ou aussi au limon originel (nom propre *Aurgelmir*). Ils sont tenus pour la première population ou les premiers habitants du Nord. En tant que tels, ils sont souvent les pères des dieux, comme Balor est aïeul de Lug et les Telkhines parfois de Poséidôn. Ils habitent la périphérie du monde, au-delà de cours d'eau, comme les Fomoire au-delà de la mer. Ils disposent parfois d'un savoir occulte : ainsi Mímir, le conseiller d'Ódhinn dans les situations graves, est parfois donné pour un géant, tandis que le géant Vafthrúdnir est consulté par Ódhinn parce qu'il sait « de tous les dieux le destin », et c'est lui qui révèle que lorsque le Déluge se produisit, à cause du meurtre du géant primordial Ymir, Bergelmir et son épouse montèrent sur la plate-forme de leur moulin – or on a vu les liens des Telkhines avec le moulin. Enfin des géants veulent enlever Idunn ou Freyja, jeunes déesses de la fécondité et de l'amour, tandis que les Telkhines offensent Aphrodite[203]. La comparaison entre Telkhines et Fomóire s'accroîtrait donc facilement d'un troisième membre. Je ne fais que le signaler ici, pour ne pas multiplier encore le volume de cette étude.

Je ne connais en tout cas rien de pareil en Italie ancienne, en Iran. Et il ne faut pas oublier que nous ignorons à peu près tout des traditions illyrienne, thrace, balte et slave, arménienne, préchrétienne.

C'est cependant en Inde que je trouve d'autres personnages qui ont bien des traits communs avec les Fomóire : ce sont les « fils de Sagara », nom qui à lui seul leur confère une certaine parenté avec les démons irlandais en question, car *sagara* signifie « océan ». Le bon roi Sagara avait deux épouses, très, trop imbues de leur beauté. Sagara s'attire cependant, par ses mérites personnels, les bontés du dieu Śiva, qui accorde à l'une de ses femmes soixante mille fils. Ils deviennent, hélas, des « guerriers arrogants », « destinés à périr ensemble ». Un seul fils est accordé à l'autre femme. Durant la célébration d'un aśvamedha, au cours duquel un cheval doit errer où bon lui semble, protégé par des guerriers du roi qui organise le sacrifice, les soixante mille fils de Sagara accablent hommes et dieux, jusque dans les régions infernales où le cheval les a entraînés. Ils insultent même Kapila, forme de Viṣṇu, qu'ils prennent pour un voleur. Alors, « le sage [Kapila], tiré de sa méditation, les regarde, et les voilà réduits en cendres ». Enfin la Gangâ (le Gange) recouvre les cendres ; elle purifie ainsi les fils de Sagara, et remplit l'océan (*sagara*[204]).

Ainsi, on retrouve en ce court mythe : la naissance maritime, le nombre six, les êtres négatifs, guerriers, associés à un rite centré sur le cheval, exterminés collectivement, et ce par un regard terrible, puis recouverts par l'eau – donc la naissance puis le retour dans l'élément liquide –, opération qui les purifie : de même, l'accord de paix qui s'opère à la fin de la seconde bataille de Mag Tured laisse aux Fomóire le sous-sol de l'Irlande, à charge par eux de pourvoir à sa fécondité. Dans ces conditions, on ne saurait douter que les fils de Sagara sont la pâle image orientale des Fomóire, et les équivalents indiens des Telkhines. Cela seul suffit pour qu'on puisse considérer les Telkhines, les Fomóire, les fils de Sagara, et sans doute les Géants germaniques, comme les héritiers d'une catégorie de démons aquatiques d'époque indo-européenne.

CONCLUSION GÉNÉRALE

À l'issue de ce gros travail où ont été comparés deux à deux des dieux et des catégories de démons grecs et celtiques, il paraît légitime d'aborder en quelques mots la question sous-jacente : à quoi sert la comparaison ? La réponse est multiple. C'est-à-dire que la comparaison sert à plusieurs choses.

Un premier aspect est historique. C'était assurément le point de vue de Georges Dumézil. En découvrant des modes de classification identiques d'un bout à l'autre du domaine indo-européen, celui-ci entendait reconstituer les modes de pensée des Indo-Européens préhistoriques, de ce peuple, disparu, mais dont la parenté, étroite, des langues indo-européennes implique l'existence (car, s'il y a eu un indo-européen commun dont dérivent les différentes langues qui composent la famille linguistique dite indo-européenne, il a fallu des gens pour le parler !).

C'est assurément l'un des objectifs ici poursuivis. Dans la mesure du possible, je ne sépare pas mythe et rite ; les pratiques sociales sont indissociables des mythes, ou des conceptions théologiques, et ces pratiques s'inscrivent dans l'histoire des peuples. Dès lors, saisir une parenté mythique, une autre théologique, et une troisième sociale, c'est nécessairement envisager un passé commun tel que, à l'époque où ils étaient voisins, où leurs langues respectives étaient intercompréhensibles, voire où ils ne formaient encore qu'un seul et même peuple, les ancêtres des Grecs et des Celtes avaient déjà les mêmes conceptions, lesquelles correspondaient aux mêmes pratiques. Par exemple, Hermès et Apollon sont des dieux proches, parce qu'ils sont en continuité : tous les deux ont une responsabilité dans la formation et l'initiation des jeunes, mais, avec l'un et l'autre, l'accent n'est pas mis sur le même moment : Hermès a en charge le jeune âge, depuis le bébé jusqu'à l'adolescent, Apollon s'occupe du passage initiatique, de l'épreuve décisive qui transforme un jeune garçon en homme jeune[1]. La comparaison celtique, malheureusement dysharmonique, puisqu'on ne possède ni les rites, ni de documents nombreux sur les conceptions sociales, laisse toutefois penser qu'il en était exactement de même de ce côté : les documents archéologiques laissent entrevoir qu'en pays celtique, Lug, comme Apollon en pays grec, peut être barbu ou non barbu, et que cette différence est un codage à la fois théologique et social, puisqu'il évoque le passage initiatique des jeunes gens. Dès lors, c'est une histoire que je saisis, à la fois sociale, mythique, théologique : tout indique que, dès l'époque où les ancêtres des Celtes et des Grecs formaient un même peuple, ou deux peuples voisins en étroite relation, le même codage devait exister, et organisait à la fois la pratique sociale et les représentations théologiques, avec les mythes correspondants.

De même, de la comparaison des mythes grecs sur Delphes, ou sur Argos, sur Mégare, avec les traditions irlandaises à la fois sur la fondation des jeux et assemblées de Lugnasad, et sur la succession opérée dans quantité de sites d'un potentat hostile à un saint Patrick vainqueur, il ressort impérativement qu'il y a là une mythologie, une théologie et une pratique religieuse communes et héritées par chaque peuple – héritées d'un passé où, déjà, ancêtres lointains des Grecs et ancêtres lointains des Celtes partageaient les mêmes sanctuaires, sanctuaires où était adoré un jeune dieu lumineux, et où, déjà, on racontait qu'il avait succédé à un maître des lieux, ancêtre de Crom Dubh ou Cormac Dubh, de Poséidon ou Dionysos, ou du serpent Puthôn, ou bien (version alternative) à une créature féminine, Tailtiu, ou Nás, ou Gaia, ou Thémis. Sans doute déjà le maître masculin représentait l'alternance hivernale, le dieu jeune et brillant ne le possédant qu'à la belle saison, tandis que la créature féminine, la déesse Terre, était bien la fondatrice mythique du sanctuaire. Je me garderai bien de chercher sur une carte de l'Europe où était ce sanctuaire ou ces sanctuaires préhistoriques, précurseurs de Delphes ou d'Argos, et des « sites Lugnasad » d'Irlande.

Car l'« histoire » que je reconstitue n'a pas encore les moyens de se constituer en histoire absolue, avec ses dates et ses lieux. L'unité gréco-celtique dont je parle est imprécise : s'agit-il de peuples qui furent voisins, ayant célébré des rites et des fêtes en commun ? Alors on peut supposer que cela se passait dans la région du Danube, celui de Roumanie, et avant le IIIe millénaire avant notre ère[2], donc au IVe. Ou s'agit-il d'un seul et même peuple, avant qu'il ne se scinde en rameaux distincts ? Alors, tant l'écart linguistique entre groupes celtique et grec, que les parallèles orientaux signalés parfois (Apollon/Lug et Rudra, et Savitṛ, Apollon/Lug/Ódhinn et Varuṇa ; Telkhines/Fomóire et Fils de Sagara ; il faut ajouter Bodb/Athèna et Durgâ[3]) n'admettent qu'une hypothèse : ce peuple indivis, antérieur à la fracturation en dialectes, eux-mêmes ancêtres des différentes langues indo-européennes, c'est le peuple indo-européen dont je parlais ci-dessus. Celui-ci, les travaux modernes permettent de le localiser, sur la moyenne Volga, et de le dater : son unité avant dispersion remonte au Ve millénaire[4]. Je n'entends pas trancher ici entre les deux hypothèses. Elles ne sont d'ailleurs pas inconciliables, et la documentation comparative indique, par exemple, que les Indo-Européens avaient une déesse de la guerre, tandis que l'existence d'un dieu de la guerre est passablement douteuse[5]. Alors, à partir d'une image théologique commune à l'orient et à l'occident du monde indo-européen, tout se passe comme si Grecs et Celtes avaient « travaillé » ensemble pour construire l'épopée où cette déesse joue un si grand rôle auprès du principal héros – Achille/Cúchulainn. Car la Déesse hindoue, Devî, Durgâ, ne joue nullement le même rôle, dans le *Mahâbhârata*, auprès d'Arjuna[6]. L'élaboration occidentale, gréco-celtique, de la grande épopée guerrière indo-européenne a pourvu le héros d'une protectrice de choix, la déesse de la guerre, ce que n'ont pas fait les Indiens.

Dès lors, on envisage deux phases dans cette épopée : une première réalisation, qui met en scène un héros guerrier ; sa protection divine, à cet état extrêmement ancien, est imprécise – je soupçonnerai pourtant que c'était déjà une déesse qui avait charge de protéger le héros ; il s'agit de l'« âge », de l'étape, indo-européenne commune : puis, après l'isolement des Indo-Iraniens, et celui des Indiens, la version orientale de l'épopée met le héros en rapport précis avec le dieu de la guerre (Arjuna est fils d'Indra) ; tandis qu'à l'ouest, les pré-Grecs et pré-Celtes partagent longtemps une même version de l'épopée, de telle sorte que les innovations y sont communes : le héros devient, ou demeure, le protégé de la déesse de la guerre, et les métamorphoses en oiseau de celle-ci, son cri, sont les éléments qui demeurent dans l'*Iliade* et dans la *Táin bó Cualnge* des millénaires après la séparation des ancêtres des Grecs et des ancêtres des Celtes.

Il s'agit bien d'histoire – ici, celle de la littérature. Car, avant qu'il n'y eût une littérature écrite, depuis un peu plus de cinq millénaires[7], il y eut l'immense durée pendant laquelle les hommes parlaient mais n'écrivaient pas, et une petite partie (trois millénaires !) de cette durée a été celle de la littérature orale indo-européenne[8]. Les travaux de Dumézil, puis ceux de Rüdiger Schmitt, de Françoise Bader, de Daniel Dubuisson, de Nick Allen, de Frédéric Blaive, de Christian Rose, et les nôtres, rendent indubitable l'idée que l'*Iliade*, l'*Odyssée*, la *Théogonie* d'Hésiode, le *Mahâbhârata*, le *Râmâyana*, la *Táin bó Cualnge*, la *Gylfaginning* nordique, prolongent environ trois textes épiques et théogoniques d'âge indo-européen[9]. Jusqu'à nouvel ordre, c'est là que commence l'histoire littéraire commune à l'Europe et à l'Inde[10].

Histoire sociale, histoire théologique, histoire mythologique, et histoire littéraire : voici quelques-uns des intérêts de la comparaison.

C'est à un autre ordre, mais non moins important, qu'appartient un autre intérêt de cette pratique scientifique. Il s'agit de l'apport méthodologique.

On a dit qu'« il faut que la comparaison serve le mythe, non l'inverse » (Éric Pirart[11]). C'est là envisager une tout autre dimension de l'opération : par exemple, l'œuvre de Lévi-Strauss, au long des quatre tomes de ses *Mythologiques*, a révélé qu'en un récit, tout détail, quelque infime qu'il paraisse, compte. Ce n'était pas l'évidence : les mythologues antérieurs, cherchant davantage à classer les mythes en grandes catégories, avaient tendance naturelle à négliger les détails, qui, de leur point de vue, compliquaient les choses. Mais voici que, dans tel mythe sud-américain, une grenouille est mentionnée, qui n'a aucune importance dans le récit. On pourrait, si l'on voulait résumer le mythe, la négliger, l'affaire n'en serait aucunement bouleversée. Ce mythe, le comparatiste le rapprochera alors de deux ou trois autres mythes, de la même aire géographique. Et surprise : la grenouille, inutile dans le premier mythe, prend une importance décisive dans un de ceux à qui on le compare, et devient l'un des principaux protagonistes. La comparaison réalise ici un apport purement méthodologique, indépendamment de ce que le même auteur a cherché à prouver sur la « pensée sauvage » et la raison à l'œuvre dans l'ensemble des mythes : elle fait comprendre que tout détail avait une importance, et que la grenouille inutile du premier mythe était l'image affaiblie de la grenouille essentielle d'un des autres mythes auquel il était comparable. Le résumé, disais-je, aurait éliminé la grenouille du premier mythe : on voit que c'était au prix de perdre de la matière mythique.

Mutatis mutandis, la comparaison de dieux que j'ai opérée tout au long de cet ouvrage offre le même intérêt : combien d'helléniste ont essayé de « ramener » Apollon ou Hermès à l'« essentiel », en décrétant, en tout arbitraire, qu'ils avaient été à l'« origine » des dieux fort simples, dieu-pierre ou -feu ou -vent pour Hermès, dieu-vent, ou dieu des troupeaux, ou dieu-loup, etc., pour Apollon[12]. La comparaison montre à tout le moins que cela ne s'est pas déroulé dans la préhistoire de la seule Grèce : des millénaires avant le début de la littérature grecque, Apollon avait déjà la quasi-totalité des traits dont il est pourvu dans la Grèce historique, puisque c'était aussi ceux de Lug, et qu'une telle ressemblance ne peut remonter qu'à deux ou trois millénaires auparavant. C'est ici que la comparaison avec ce que j'ai dit de l'apport lévi-straussien est pertinent : je pouvais, s'il m'en prenait l'envie, décréter que le rapport d'Apollon avec tant d'animaux, le corbeau, le vautour, le faucon, le roitelet, le cygne, le coq, la grue, le dauphin, l'ours, le loup, le chien, le cerf, le sanglier, le cheval, le serpent, la tortue, relevait d'une hypertrophie, d'un gonflement, et que, à part deux ou trois relations fondamentales et anciennes – celles avec le corbeau et le loup, je présume –, les autres s'étaient opérées autour de Delphes, en accompagnant la croissance du rôle du dieu dans la société grecque, en somme que tout cela datait de l'époque historique. Mais une fois Lug joint au dossier Apollon, je ne le peux plus. Le plus petit document sur une liaison entre Apollon et un animal – telle l'unique mention de Plutarque sur le roitelet oiseau oraculaire du dieu – prend tout son sens dans la comparaison, car *tous* les animaux que les Grecs ont mis en relation avec Apollon se retrouvent, parfois seulement sous une autre modalité (phoque au lieu de dauphin, etc.) dans l'environnement du dieu celtique Lug. Le roitelet de Plutarque rejoint le roitelet qu'a frappé Lleu, et c'est soudainement tout un pan de symbolique et de rites royaux qui se dévoile.

Ici, c'est bien la comparaison qui sert le mythe, et avec lui la théologie, les rites, la sociologie.

La comparaison a encore un autre intérêt. Elle permet de trancher dans la problématique des dieux celtiques. Il y a en gros deux thèses à leur sujet. L'une domine chez tous les celtisants anciens, jusqu'aux années 1950 incluses. La seconde est celle défendue précocement par Georges Dumézil, Françoise Le Roux et Christian Guyonvarc'h, et qui s'impose aujourd'hui chez un grand nombre d'auteurs.

La première, partant d'une part de l'absence de coïncidence entre les classifications des dieux chez les Celtes et chez les Romains, d'autre part de la méconnaissance extrême dans laquelle nous sommes de l'ancienne religion celtique (absence presque totale de textes mythiques et théologiques), aboutit à l'idée que les dieux celtiques étaient imprécis. Une des plus lucides pourtant des auteurs de cette génération, Marie-Louise Sjoestedt, parlait de « l'indifférence fonctionnelle » des dieux de la Gaule[13]. Pour Camille Jullian, il ne fallait pas parler ici d'« êtres ayant un nom propre, personnel et immuable, une physionomie précise et arrêtée, des traits distinctifs et un timbre de voix, comme nous nous figurons un Mercure, un Apollon, un Jupiter Capitolin. Les dieux [gaulois] ne deviennent des individualités franches et nettes qu'après avoir longtemps vécu sous la forme humaine, que lorsque poètes et artistes ont fixé leur figure et raconté. Ceux de la Gaule en étaient encore à la première période de leur existence[14] ». Cette position, qui consiste tout simplement à *réifier* notre ignorance, c'est-à-dire à transformer notre ignorance en savoir, est celle d'Albert Grenier, Fernand Benoît, Joseph Vendryes[15], etc.

La seconde position est totalement différente. Elle se fonde, d'emblée, sur la comparaison : pourquoi les Celtes auraient-ils eu une théologie plus fruste et plus imprécise que les Grecs, les Latins, les Indiens, les Iraniens ? Sans doute y a-t-il de profondes différences entre les panthéons de ces peuples, et celui de Rome était-il infiniment moins riche que celui de la Grèce, avant que précisément l'influence grecque ne transforme les dieux romains en dieux pourvus de familles et d'activités à l'instar de leurs équivalents grecs. Cela dit, dès Rome la plus ancienne, les dieux étaient définis, avaient chacun un (ou plusieurs) office(s) défini(s).

À vrai dire, on pourrait se poser la question de l'utilité d'un panthéon imprécis. Les dieux n'ont d'existence que s'ils sont différenciés. Mais, sans se lancer dans ce débat, on confirmera ici l'apport de la comparaison extérieure dans l'étude du panthéon celtique. Les Dumézil, Le Roux, Guyonvarc'h, fondaient leur conviction d'une individualité et d'une spécificité des dieux celtiques par l'apport des textes irlandais : c'est dans ceux-ci que Nuada est roi, Goibniu forgeron, Luchtai charpentier, etc. Alors, grande question : cet état irlandais était-il déjà celui des anciens Celtes ? Ou au contraire doit-on voir dans les textes mythologiques irlandais le résultat d'un longue évolution, d'une élaboration littéraire locale et érudite, de telle sorte qu'ils ne sont d'aucune utilité pour éclairer l'ancienne religion celtique ?

Dans ce débat, la première position est celle de la majorité des archéologues. L'autre est celle de la majorité des philologues spécialistes du domaine celtique.

Qu'apporte le présent livre au débat ?

Il verse une immense matière (580 pages !) en faveur de la seconde position. Et, plus précisément, il n'admet comme possible que celle-ci. En effet, la comparaison entre dieux grecs et dieux celtiques s'est faire dans un dialogue continuel entre archéologie et textes. La relation entre Lug et le roitelet répond à celle entre Apollon et le même oiseau grâce à un texte médiéval gallois : celle entre Lug et le serpent répond à la métamorphose d'Apollon en serpent grâce à des statues antiques du Mercure gallo-romain. Et, d'un bout à l'autre du présent ouvrage, textes médiévaux et documents figurés antiques concourent au même titre à fournir, dans les dossiers « Lug », « Bodb », « Manannán », les équivalents complets et rigoureux des dossiers « Apollon », « Athèna », « Poséidon ». Voudrait-on se limiter à une seule partie des documents, disons seulement les documents archéologiques, les comparaisons deviendraient prodigieusement boiteuses, l'unité serait impossible à réaliser entre les Épona, Andarta, Brigid, et Mercure ne fournirait ni roitelet, ni cygne, ni pomme et branche nourricière, ni les nombres 7 et 9 à la comparaison avec Apollon.

D'un bout à l'autre de ce travail, ce sont non seulement les documents archéologiques et les documents littéraires, intrinsèquement liés, qui ont fourni et alimenté la documentation, mais aussi, en Irlande la continuité chrétienne traditionnelle, y compris avec des rites et des mythes recueillis au XXe siècle de notre ère (au siècle dernier, je veux dire), s'atteste dans les légendes attachées à saint Patrick et aux « sites Lugnasad », tandis qu'en France, les tradition sur saint Gengould fournissent à la fois la preuve absolue qu'il a existé dans l'ancienne Gaule un équivalent du *Mabinogi de Math*, sous la forme d'une histoire de *Lugus identique à celle de Lleu, et celle qu'avec son bâton qui, planté en terre, donne naissance à un arbre, Gengould est aussi l'équivalent du Lugh irlandais. J'ai donc quatre termes : documentation archéologique et épigraphique, tradition hagiographique médiévale, légendes irlandaises, légendes françaises (et aussi espagnoles, autour du roitelet et du corbeau) : ces quatre termes se complètent continuellement au fil de ces pages, et ils fournissent solidairement un dossier celtique équivalent au dossier grec « Apollon ».

Je conclus : la mythologie celtique était bien une ; et la théologie celtique était formée de dieux fortement différenciés, tels que, par exemple, deux dieux jeunes, Lugus et *Óengus, étaient nettement différenciés par les classes d'âge qu'ils patronnaient, et que les dieux médecins, Lugus, son fils, et l'« Apollon gaulois », étaient non moins différenciés, par leurs offices et leurs modes d'opération.

Les faits que j'apporte ici ne reçoivent pas d'explication en dehors de cette vision des choses.

ABRÉVIATIONS

(sont indiquées entre parenthèse les traductions de textes utilisées)

AC : *L'Antiquité classique.*
ACL : *Archiv für Celtische Lexicographie* (Halle).
AESC : *Annales, Économie, Sociétés, Civilisations*, Paris.
AJA : *American Journal of Archaeology.*
AJPh : *American Journal of Philology.*
A. L., *Mét.* : Antoninus Liberalis, *Les métamorphoses* (M. Papathomopoulos, CUF, 1968).
ALUB : Annales littéraires de l'université de Besançon.
Ant. Kar., *Hist. Mirab.* : Antigone de Karystos, *Historia mirabilia* (Histoires merveilleuses).
A. P. : *Anthologie Palatine.*
Apd. : Pseudo-Apollodore
 seul ou *Bibl.* : *Bibliothèque* (J.-C. Carrière et B. Massonie, ALUB 443, 1991).
 Ep. : *Épitomé* (J.-C. Carrière et B. Massonie, ALUB 443, 1991).
Arch. : *Archéologia.*
A. Rh., *Arg.* : Apollonius de Rhodes, *Argonautiques* (F. Vian-E. Delage, CUF, 1974-1981, t. I-IV).
Aratos, *Phén.* : *Phénomènes.*
Artt. : Aristote
 H.A : *Histoire des animaux.*
Artph. : Aristophane
 Cav. : *Les Cavaliers.*
 Lys. : *Lysistrata.*
 Thesm. : *Les Thesmophories.*
ARW : *Archiv für Religionwissenschaft.*
ATDM : *Altrom Tige Da Medar.*
Ath : Athénée, *Les Deipnosophistes.*

Bacch. : Bacchylide, *Dithyrambes, Épinicies, fragments.*
BBCS : *The Bulletin of the Board of Celtic Studies.*
BCH : *Bulletin de Correspondance Hellénique.*
BLAEC : *Bulletin de la Société des Amis des Études celtiques.*

BSAF : *Bulletin de la Société des Antiquaires de France.*
BSMF : *Bulletin de la Société de Mythologie Française.*
Bsl : *Bulletin de la Société de Linguistique de Paris.*

Call. : Callimaque,
Épigrammes, Hymnes (Émile Cahen, CUF, 1972).
HAp : *Hymne à Apollon.*
HArt. : *Hymne à Artémis.*
HD : *Hymne à Dèlos.*
Hék. : *Hékalè.*
César, *B. G.* : Caius Julius Caesar, *De Bello Gallico.*
Cic. : Cicéron
Div. : *De Divinatio.*
Nat. Deor. : *De Natura Deorum.*
CIA : *Corpus Incriptionum Atticae.*
CIG : *Corpus Inscriptionum Graecarum* (Berlin, Boeckh, 4 vol., 1828-1877).
CIL : *Corpus Inscriptionum Latinarum.*
CIR : *Corpus Inscriptionum Romanarum.*
Cl. Ph. : *Classical Philology.*
Clém. Al., *Protr.* : Clément d'Alexandrie, *Protreptique.*
CMT I : *Cath Maige Turedh an scél so sis ocus genemain Bres meic Elathain ocus a righe* (« La seconde bataille de Mag Tured », version I, textuellement « La bataille de Mag Tured est le récit ci-après, et la naissance de Bres fils d'Élatha… »), éd. Stokes, 1891, Thurneysen, 1918 a ; trad. *TM*, 47-59.
CMT II : *Do chath Mhuighe Tuireadh ann so* (« La seconde bataille de Mag Tured », version II de David Duigenan, d'après le ms. 24P9 de la Royal Irish Academy de Dublin) éd. Ó Cuiv. 1945 ; trad. *TM*, 60-78.
CN : *Cahiers Numismatiques.*
CRAI : *Comptes rendus des séances de l'Académie des Inscriptions et Belles Lettres.*
CUF : Collections des Universités de France (Paris, Éditions des Belles Lettres).

DA : Daremberg et Saglio, 1877-1919.
DdM : *Dindsenchas métriques.*
DdP : *Dindsenchas en prose.*
DdR : *Dindsenchas de Rennes.*
DHA : *Dialogues d'Histoire Ancienne.*
Dictys, *G. T.* : Dictys de Crète, *La guerre de Troie.*
DIL : v. Martstrander *et al.* 1913-1976, en bibliographie.
Dion. : Nonnos, *Dionysiaques.*
D. L. : Diogène Laerce, *Vie des Philosophes.*
DM : *Dictionnaire des mythologies*, 1999 (Bonnefoy, 1982, 1999).
D. Per. : Denys le Périégète.
D. S. : Diodore de Sicile, *Histoires.*

EC : *Études celtiques*, Paris.
Élien (Ailianos) :
H. A. : *Histoire des animaux.*
H. V. : *Histoire véritable.*

E. M. : *Etymologicum magnum.*
Ératosth., *Catast* : Ératosthène, *Catastérismes.*
Esch. : Eschyle
Agam. : *Agamemnon.*
Eum. : *Les Euménides* (L. Méridier, CUF, 1972, 8e tirage, Eschyle, t. II).
Khoéph. : *Les Choéphores.*
Sept : *Les Sept contre Thèbes* (P. Mazon, CUF, 1969, 10e tirage, Eschyle, t. I).
Eur. : Euripide
Alk. : *Alkestis* (*Alceste*).
Andr. : *Andromaque.*
Bacch. : *Les Bacchantes.*
Hel. : *Hélène.*
Hèr. : *Hèraklès furieux.*
Hipp. : *Hippolyte.*
Iph. T. : *Iphigénie en Tauride.*
Œd. : *Œdipe* (Jouan et Van Looy, 1999, 429-458).
Œd. R. : *Œdipe Roi.*
Or. : *Oreste.*
Phoin. : *Les Phéniciennes.*
Suppl. : *Les Suppliantes.*
Eus., *Prép. Ev.* : Eusèbe, *Préparation évangélique.*
Eust. : Eustathe, *Commentaire à l'Iliade.*

frg. : *Fragment(s).*

HAp : Callimaque, *Hymne à Apollon* (E. Cahen, CUF, 1972, 219-231).
HArt : Callimaque, *Hymne à Artémis* (E. Cahen, CUF, 1972, 233-255).
HD : Callimaque, *Hymne à Délos* (E. Cahen, CUF, 1972, 257-283).
Hdt. : Hérodote, *Histoires.*
Héracl., *Allég.* : Héraclite, *Allégories d'Homère.*
Hésiode, *Frg.* (les références sont à l'édition Merkelbach-West, 1967, v. bibliographie).
Théog. : *Théogonie* (P. Mazon, CUF, 7e tirage, 1967).
Trav. : *Les Travaux et les Jours* (P. Mazon, CUF, 7e tirage, 1967).
HHA : *Hymne homérique à Apollon* (Humbert, CUF, 1976, 61-101).
HHD : *Hymne homérique à Dèmèter* I (Humbert, CUF, 1976, 25-58).
HHH : *Hymne homérique à Hermès* (Humbert, CUF, 1976, 103-139).
Himerios, *Or* : *Orationes.*
Hor., *O.* : Horace, *Odes.*
Hskh. : Hésykhios, *Lexikon.*
Hyg. : Hygin
Astr. : *Astronomie* (A. Le Bœuffle, CUF, 1983).
F. : *Fables* (Jean-Yves Boriaud, CUF, 1997).

IAS : Institute for Advanced Studies (Dublin).
IF : *Indogermanische Forschungen.*
I. G. : *Inscriptiones Graecae* (Berlin, Reimer, puis De Gruyter, 1873-1968).
IIJ : *Indo-Iranian Journal.*

Il. : Homère, *Iliade* (P. Mazon, CUF, 6ᵉ tirage, 1967, t. I-IV).
Isocr. : Isocrate
Or. : *Orationes* (*Discours*).
Panath. : *Discours panathénaïque.*
Panég. : *Panégyrique d'Hélène.*
ISU : Institut der Sprachwissenschaft der Universität Innsbruck.
ITS : Irish Texts Society (Dublin).

Jambl., *Vie P.* : Jamblique, *Vie de Pythagore.*
JAs : *Journal Asiatique.*
JHS : *Journal of Hellenic Studies.*

Lact., *Inst. Div.* : Lactance, *Institutions divines.*
LBÉ : *Lebor Gabála Érenn* (« Livre des Conquêtes de l'Irlande »), éd. Macalister, 1938-1956, trad. des textes à contenu mythologique *TM*, 4-17.
LJL : *Livre Jaune de Lecan.*
LIMC : *Lexicum iconographicum mythologiae classicae*, sous la direction de Lilly Kahil, Artemis Verlag, Zurich-Munich puis Düsseldorf, 1981-1999.
LL : *Livre de Leinster.*
LU : *Lebor na hUidre.*
Luc. : Lucien
Astrol. : *L'Astrologie.*
Bis accus. : *La double accusation.*
Cataph. : *La traversée.*
Dial. deor. : *Dialogue des dieux.*
Dial. Marin. : *Dialogue des dieux marins.*
Herc. : *Hercule* (*Hèraklès*).
Prom. Cauc. : *Prométhée au Caucase.*
Lyk., *Al.* : Lykophrôn, *Alexandra.*

Macr., *Sat.* : Macrobe, *Saturnales.*
MH : *Museum Helveticum.*
MMM : *Mabinogi de Math fils de Mathonwy* (trad. Lambert, 1993, 99-118).
MSBEC : *Mémoires de la Société belge d'études celtiques.*

Nic. D. : Nicolas de Damas.
Nonn., *Dion.* : Nonnos de Panopolis, *Dionysiaques.*

OCT : *Oidhe Chloinne Tuireann* (« La mort tragique des enfants de Tuireann »).
Od. : *Odyssée* (V. Bérard, CUF, 5ᵉ édition, 1953-1956, t. I-III).
Oll. : *Ollodagos. Actes de la Société Belge d'Études celtiques*, Bruxelles.
Orph., *Arg.* : *Argonautiques orphiques.*
Ov. : Ovide
Amat. : *Amatorius* (« Art d'aimer »).
Mét. : *Métamorphoses.*

Parth. : Parthénios
Erôt. Erôtica.
Narr. : *Narrationes.*
Paus. : Pausanias, *Périégèse.*

Phér. : Phérécyde.
Philostr. : Philostrate,
Hér : *Héroïques.*
Imag. : *Imagines* (« La galerie de tableaux »).
Photios, *Lex.* : Photios, *Lexikon.*
Pindare, *Isthm., Ol., Ném., Pyth.* : Pindare, *Isthmiques, Olympiques, Néméennes, Pythiques* (Puech, CUF, 5e tirage, 1961-1967, 4 t.).
Plat. : Platon
Gorg. : *Gorgias.*
Krat. : *Cratyle.*
Tim. : *Timée.*
Pline, *H.N.* : *Histoire Naturelle.*
Plut. : Plutarque
Agés. : *Vie d'Agésilas.*
Alcibiade : *Vie d'Alcibiade.*
Banquet : *Le banquet des Sept Sages.*
Cic. : *Vie de Cicéron.*
Def. or. : *De defectu oraculorum* (« Sur la disparition des oracles »).
De E Delph. : *De E delphico* (« Sur l'E de Delphes »).
Erôt. : *Erôtikos* (« Dialogue sur l'amour »).
Herod. Mal. : *De Malignitate Herodoti* (« De la malignité d'Hérodote »).
Inst. Lac. : *Institutions Laconiennes.*
Lyk. : *Vie de Lykourgos.*
Mor. : *Moralia* (Œuvres morales).
Mul. Vir. : *Mulierum Virtutes* (« Conduites méritoires de femmes »).
De Mus. : *De Musica* (« De la musique »).
Numa : *Vie de Numa Pompilius.*
Parall. : *Parallela Graeca et Romana* (« Mise en parallèle des Grecs et des Romains »).
Pélop. : *Vie de Pélopidas.*
Pyrrh. : *Vie de Pyrrhos.*
Pyth. Or. : *De Pythiae Oraculis* (« Sur les oracles de la Pythie »).
Q. G. : *Questions Grecques* (J. Boulogne, CUG, *Moralia*, t. IV, 2002).
Qu. conv. : *Quaestionum convivialum* (« Propos de tables »).
Sept. Sap. : *Septem sapientum praecepta* (« Le banquet des sept sages »).
Ser. num. : *De sera numinis vindicta* (« Sur les délais de la vengeance divine »).
Soll. anim. : *De sollertia animalium* (« De l'intelligence des animaux »).
Thém. : *Vie de Thémistocle.*
Thésée : *Vie de Thésée* (R. Flacelière, E. Chambry, M. Juneaux, CUF, *Vies*, t. I, 1964).
P. Mela. : Pomponius Mela, *Chorographie.*
PMG : *Poetae Melitae Graecae* (édition Loeb par D. L. Page).
PMV : *Première Mythologie Vaticane.*
Porph. : Porphyre
Abst : *De l'abstinence.*
Vie P. : *Vie de Pythagore.*
Poll. *Onom.* : Pollux, *Onomastikon.*

PP : *La Parola del Passato.*
PRIA : *Proceedings of the Royal Irish Academy.*
Prop. : Properce, *Élégies* (P. Boyancé, Les Belles Lettres, 1968).
Ps. : Pseudo.
Ptol. : Ptolémée.

Q. Sm, *Posthom.* : Quintus de Smyrne, *Posthomerica.*

RA : *Revue archéologique*, Paris.
RAE : *Revue archéologique de l'Est et du Centre-Est.*
RBPH : *Revue belge de Philologie et d'Histoire.*
RC : *Revue celtique*, Paris.
RE : Wissowa *et al.* 1894.
REA : *Revue des Études anciennes*, Bordeaux.
REG : *Revue des Études grecques*, Paris.
REL : *Revue des Études latines.*
Rh. M. : *Rheinische Museum*, Bâle.
RHR : *Revue de l'Histoire des Religions*, Paris.
R.I.A. : Royal Irish Academy, Dublin.
RPh : *Revue de Philologie.*
R. V. : *Rg-Veda.*

Sch. : *Scholie.*
SEG : *Supplementum Epigraphicum Graecarum*, Sijthoff, puis Sijthoff & Noordhoff, Alphen aan den Rijn (Pays-Bas) et Germantown (Maryland, États-Unis).
Sén., *Agam.* : Sénèque, *Agamemnon.*
Serv. : Servius, *Scholies à* Virgile.
S.I.E. : *Studia Indo-Europea* (Bucarest).
SMV : *Seconde Mythologie Vaticane.*
Solin : Solin, *Collectanea rerum memorab.*
Soph. : Sophocle
Ant. : *Antigone.*
Œd. Col. : *Œdipe à Colone.*
Œd. R. : *Œdipe Roi.*
Trakh. : *Les Trachiniennes.*
Stace, *Theb.* : *Thebaïde.*
St. Byz. : Stéphane (Étienne) de Byzance, *Lexikon.*
StCel : *Studia Celtica*, Cardiff.
Stés. : Stésichore d'Himère.
Stobée, *Serm.* : Stobée, *Sermones.*
Strab. : Strabon, *Géographie* (G. Aujac, F. Lasserre, pour les t. I-III, livres I-VI, CUF, 1967-1969).
STT : *Suidigud tellaig Temra* (« Fondation du royaume de Tara »).
s. v. : *Sub voce* (« au mot indiqué »).

Tac. : Tacite
Ann. : *Annales.*
Germ. : *Germanie.*
TBC : *Táin bó Cúalnge* (« Razzia des vaches de Cooley »).

TGF : *Tragicorum Graecorum Fragmenta* (éd. Nauck 2).
Théocr. : Théocrite, *Idylles.*
Théophr. : Théophraste
  Ps. Théophr., *Signis* : *De signis et temporibus* (attribué à Théophraste).
Thuc. : Thucydide, *Histoire de la guerre du Péloponèse.*
TM : Guyonvarc'h 1980.
Tz., *Khil.* : Tzetzès, *Khiliades.*

UWPB : University of Wales Press Board.

Varron, *LL* : *De lingua latina.*
Virg. : Virgile
  Aen. : *Aeneis* (*Énéide*).
  Buc. : *Bucoliques.*
  Géorg. : *Géorgiques.*
  Ecl. : *Eglogues.*
v. irl. : vieil irlandais.

Xén. : Xénophon
  Anab. : *Anabase.*
  Hell. : *Hellenika.*
  Kurop. : *Kuropaideia* (*Cyropédie*).

ZCP : *Zeitschrift für Celtische Philologie*, Halle/Tübingen, Max Niemeyer.
Zén. *Cent.* : Zénobios, *Centuries.*

NOTES

INTRODUCTION

1. Sergent, 1999 a.
2. Sergent, 1988 (= 1999 a, 27-64).
3. Sergent, 1991-1992 a (= 1999 a, 203-220).
4. Sergent, 1992 (= 1999 a, 221-228).
5. Sergent, 1993 c (= 1999 a, 65-99).
6. Sergent, 1992 b (= 1999 a, 101-201).
7. Sergent, 1992 b, 197-205 (=1999 a, 139-148).
8. Sergent, 1993 c, 122-128 (= 1999 a, 93-97).
9. *Ibid.*, 62-64, 229-240.
10. Sergent, 1995 e, 113-115, avec les références.
11. *Ibid.*, 68-72, avec les références.
12. Sur la pertinence de l'emploi de ces textes pour l'étude de la religion celtique, *cf.* Sergent, 1999 a, 15-19.
13. Le travail comparatif entre Rome et le mode celtique n'est qu'ébauché (un bel exemple dans Sterckx, 1991 c), et devra tenir compte de ces conditions, de ces évolutions divergentes.

PREMIÈRE PARTIE

CHAPITRE PREMIER

1. Sergent, 1994 a (= ci-dessous, p. 369-422).
2. Sergent, 1992 b, 267-268 (= 1999 a, 198-199).
3. Loth, 1914, 215 ; Sjœstedt, 1940, 59 ; De Vries, 1963, 61 ; Christinger et Borgeaud (1963), 2000, 110, 140, n. 56 ; Le Roux, 1965, 182 ; 1973, 455 ; Guyonvarc'h, 1980, 134 ; MacNeill, 1982, 412 ; *cf.* aussi Goetinck, 1996, 203-204, qui ne dépend manifestement pas de mon travail antérieur.
4. Il s'agit, à l'origine, d'une communication présentée le 13 février 1993

à la Cinquième journée belge d'Études celtiques et comparatives, à l'Institut des Hautes Études de Belgique. Claude Sterckx en publia ensuite le texte dans l'une des monographies de la revue *Ollodagos*, en 1995.

5. M. Goudineau occupe la chaire d'*Antiquités nationales*. Même si cela inclut l'archéologie celtique, cela ne l'identifie pas à une chaire d'études celtiques.

6. D'après Loth, 1914, 206, qui ne fournit pas de référence (par contre, Arbois, 1873, identifie le Mercure gallo-romain à l'Ogmios celtique) ; en tout cas, c'est l'opinion de Jullian, 1908-1926, II, 118, n. 2 ; Loth, 1914 ; Even et Le Roux, 1952, 289 ; Le Roux, 1968, 790-794 ; Gricourt, 1955, 63 ; Benoît, 1959, 164 ; De Vries, 1963, 61-62, puis la majorité des modernes, tels Duval, 1976, 27-28 (1993, 27-28, 69-71) ; MacNeill, 1982, 429 ; Le Roux et Guyonvarc'h, 1983, 3 ; MacCana, 1985, 27-28 ; Hatt, 1989, 207-209 ; Sterckx, 1990-1991, 84-85 ; 2002, 45 ; Olmsted, 1994, 106-111 ; Gricourt et Hollard, dans tous leurs travaux.

7. Buchholtz, 1984, 433.

8. Ce dernier chiffre était donné par Benoît, 1959, 103.

9. Tovar, 1980-1982 ; Marco Simón, 1986 ; Sagredo et Hernández Guerra, 1996.

10. Comme le notent par exemple MacCana, 1985, 24-25, ou Le Roux et Guyonvarc'h, 1986, 403.

11. *Cf.* Benoît, 1959, 151-152.

12. Detienne, 1998, 15 ; *cf.* Miller, 1986.

13. Detienne, 1998, 244, n. 15 ; de même Humbert, 1976, 70-71 ; et, sur ces débats, Strauss Clay, 1989.

14. Texte du manuscrit R.I.A. 23 E 16 (Betham 110), édité par O'Duffy, 1901.

15. *LJL*, col. 740-749.

16. Bader, 1980 ; Sergent, 1999 a, 99-200.

17. *Harleian* 5280, f° 119.

18. 1861, 618-622.

19. *Ogam*, 14, 1962, 365-362.

20. *Harleian* 5280.

21. *Ms. 24* P 9, rédigé par David Duigenan en 1651-1652.

22. Gricourt et Hollard, 1997 a et b ; 1998 ; 2000 a ; 2001 ; 2002 ; Hollard, 1999 ; Gricourt, Hollard et Pilon, 1999 ; Hollard et Delestrée, 2001.

23. Brañas, 2001 ; Santos Estevéz, 2002 ; García Quintela, 2003 a, b, c.

24. *TM*, 106, § 5. La traduction de l'*OCT* figure aux p. 106-120 de *TM*. Sur Manannán, ci-dessous, p. 465-526.

25. *TM*, 108-109, § 19-20.

26. *Ibid.*, 161, § 14-15.

27. Guyonvarc'h, 1980, 177. *Contra*, Sterckx, 1994 a, 24 ; 1991-1995, n. 6, 11.

28. *TM*, 172, § 66-72. Les paragraphes sont ceux de l'édition Meyer, 1907 (traduction *in TM*, 156-168).

29. Ci-dessous, p. 48, 50, 104.

30. *TBC* (version du *LU*), § 154, *in* Guyonvarc'h, 1963, 280.

31. *CMT II*, § 77 (*TM*, 66-67).

32. *CMT II*, § 19-26, *in TM*, 63. Comme à diverses reprises dans les textes celtiques médiévaux, il y a influence chrétienne, toujours superficielle. Ici on voit les Fomóire assimilés aux descendants de Caïn. Il semble que l'épisode mythique de la course de Lug figure sur des monnaies celtiques : tout un groupe, attribué aux Veliocassi (le peuple qui donna son nom au *Vexin*, aujourd'hui partagé entre Vexin français et Vexin normand) ou aux Bellovaci (celui qui ont laissé leur nom à Beauvais) montre un personnage courant à grandes enjambées, et, sur certains exemplaires, il est entouré d'une ou plusieurs séries de pointillés jointifs (ou « lignes perlées ») qui paraissent bien figurer des chaînes, en particulier la monnaie BN 7322 ; *cf.* Scheers, 1977, 152-155, relevé p. 668-675. Je remercie Dominique Hollard de m'avoir transmis ces documents.

33. *Veillée de Fingen*, 4, *in TM*, 190.

34. Guyonvarc'h, *in TM*, 198.

35. Gricourt et Hollard, 2000 a, 24-25.

36. MacNeill, 1982, 417. Et *cf.* ci-dessous n. 66.

37. 1914, 207-209.

38. Even et Le Roux, 1950-1953, 306, n. 44 (d'après Guyonvarc'h évidemment) ; *TM*, 134 ; Le Roux, 1968, 789 ; Le Roux et Guyonvarc'h, 1983, 3, 7 ; 1986, 403.

39. En fait *Les Miracles de saint Germain d'Auxerre*, texte rédigé au IXe siècle. Édition moderne de Duru.

40. Even et Le Roux, 1950-1953, 306, n. 44 ; dans le même sens, Pedersen, 1909, I, 98, auteur de cette étymologie ; Loth, 1914, 208-209 ; Gricourt, 1955, 67 ; Blázquez Martinez, 1962, 91 ; O'Riain, 1978, 156 ; Tovar, 1980-1982, 595-596 ; Le Roux et Guyonvarc'h, 1986, 403 ; Bader, 1989 a, 29 ; Lambert, 1993, 365, n. 51 ; Olmsted, 1994, 312-313 ; Gricourt et Hollard, 1997 a, 228, n. 24, 235, n. 54 ; 1998, 47 ; Sterckx, 1998 b, 98 ; Degavre, 1998, 287. Lambert, 1986, 118, et Bader, 1989 a, 29, soulignent que la racine est en fait **leu-*, et l'élargissement est en *-g-* dans le nom de Lug, non en *-k-* : donc **Leug-*.

41. Tous motifs sur lesquels on reviendra !

42. Traduction de Fleuriot, 1981, 117. *Cf.* Loth, 1913, 195-196.

43. *Ibid.*, 195, n. 1 ; Lambert, 1993, 365, n. 51.

44. Rhys, 1898 (1re édition 1888), *passim* ; 1891, 130 ; 1901, 97 ; Loth, 1914, 8 ; Gruffydd, 1928, 61-62 ; Even et Le Roux, 1950-1953, 296 ; Williams, 1951, 275-276 ; Gricourt, 1955, 57 ; Rees et Rees, 1961, 52 ; Guyonvarc'h, 1961, 476 ; Dumézil, 1959, 283 ; 1969, 130 ; Blázquez Martinez, 1962, 91 ; Jackson, 1963, 441 ; 1994, 441 ; Bromwich, 1979, 421 ; Tovar, 1980-1982, 595-596 ; Sterckx, 1989, 153 ; 1991 a, 137 ; 1999 ; Lambert, 1993, 365 ; Lea, 1997 ; Gricourt et Hollard, 1997 a, 228.

45. Cernuti et Gaspani, 1997, 9. Et sur Apollon météore, ci-dessous, p. 152.

46. *Cf.* Hollard, 1999 ; Gricourt et Hollard, 2002 ; Hollard et Tache, 2003.

47. Et dès l'Antiquité, le Mercure celtique à lui identifié est associé à des figures solaires : ainsi sur des monnaies danubiennes, Gricourt et Hollard, 1997 b, 11, 14.

48. *Il.*, I, 43, 64, 72, 182 ; V, 455 ; VII, 452 ; IX, 405 ; XV, 59 ; XXI, 515,

545 ; XXII, 7, 213 ; *Od.*, VIII, 339 ; XV, 256, 307 ; XVI, 500, 527, 715, 743 ; Hés., *Théog.*, 14 ; *Trav.*, 68, 100 ; *frg.* 6, 22, 33 (a), 29, 185, 1, 307, 1, 357, 3 ; *HHA*, 130, 201, 285, 294, 362, 375, 388, 395, 399, etc.

49. *Il.*, XV, 221 ; XVI, 788 ; XX, 152 ; XXI, 436, 447 ; Hés., *frg.* 171, 8, 51, 3, 60, 3 ; *HHA*, 20, 48, 120, 134, 254, 257, etc.

50. Chantraine, 1980, 1216-1217 ; et *cf.* Schmid, 1923 ; Sanchez Ruipérez, 1953 ; Nilsson, 1976, 559, n. 2 ; Carlier, 1999 (1982), 96 ; Detienne, 1998, 211, et n. 228, p. 324.

51. Gershenson, 1991, 65, traduit « la Manifeste ».

52. *Cf.* Chantraine, *DELG*, 272.

53. Pindare, *Ol.*, XIV, 10 (15) ; Isyllos, *Péan*, 11 ; A. Rh., *Arg.*, IV, 1709.

54. *Il.*, I, 37, 49, 451 ; V, 449, 517 ; *Od.*, VII, 63, 323 ; Hés., *frg.* 185, 9 ; *HHArt.*, I, 5 ; Tyrtée, cité par D. S., III, 12, 6 ; Isyllos, *Péan*, 11.

55. *Il.*, V, 209 ; XV, 256 ; Hés., *Trav.*, 771 ; *HHA*, 123, 395 ; Pind., *Pyth.*, V, 104 (140) ; Orph., *Arg.*, 141 ; Héraclite, *Allég.*, VII, 12. Sur ce, Sauzeau, 1997, 107.

56. *Il.*, V, 509 ; XV, 256 ; *HHA*, 214 ; *HHArt.*, II, 3 ; Bacch., *Epinicies*, III, 28.

57. *HHA*, 123.

58. *HD*, 10.

59. Pind., *Pyth.*, I, 1 ; Artph., *Thesm.*, 315 ; *Hymnes orph.*, XXXIV, 3.

60. Eur., *Iph. T.*, 1253.

61. Alcée, *Frg.*, 307 c Lobel-Page ; Nonn., *Dion.*, IV, 106.

62. *Il.*, I, 15.

63. *HHA*, 205 ; Pind., *Ol.*, VI, 41 (71) ; VII, 32 (58) ; *Péan*, V, 41 Puech ; Eur., *Iph.T.*, 1236, *Suppl.*, 975 ; Artph., *Oiseaux*, 216 ; Tyrtée, cité par D. S., III, 12, 6 ; *Hymne* 2 de Delphes, str. 2, *in* Bélis, 1992, 88.

64. *CIG*, II, 2342.

65. Pind., *Pyth.*, II, 16 (24) ; *Péan*, V, 40-41 ; Stace, *Théb.*, I, 698. La longue chevelure dorée d'Apollon est encore mentionnée dans la IIIe *Pythique* de Pindare (ci-dessous, p. 291), et dans un vers d'un poète indéterminé cité par Aristote, *Rhétorique*, III, 1409 a (58).

66. On aimerait ajouter à cela la documentation antique, mais évidemment l'or est ce qui a disparu en premier des sanctuaires lorsqu'ils ont été pillés. Quoi qu'il en soit, un dieu gallo-romain, appelé couramment « le dieu au torque » (Deyts, 1992, 16-18), est tenu par plusieurs auteurs pour une des formes iconographiques de Lug (Gricourt et Hollard, 1997 a, 243, qui mentionnent aussi des bracelets ; 1997 b, 11 ; Gricourt, Hollard et Pilon, 1999, 154, sur le dieu d'Euffigneix, et 165-168). On ne doutera pas que le torque ainsi figuré ait été en or, car tel est le métal des torques les plus précieux livrés par l'archéologie. Par ailleurs, le sanctuaire de Toulouse où des Celtes auraient apporté l'or pillé à Delphes (Strab., IV, 1, 13 = 188) était dédié à Apollon, lequel était peut-être en fait Lugus ; *cf.* Gricourt, 1961, et Le Roux, 1973, 455.

67. Il est raconté par Callimaque, *Aitia*, II (Cahen, 58) ; A. Rh., *Arg.*, IV, 1701-1730 ; Orph., *Arg.*, 1353-1359 ; Apd., I, 9, 26 ; Conon, *Narr.*, 49 Jacoby (*FGH*, I, 199-200 ; d'après Photios, *Bibl.*, 141b).

68. Textuellement, « L'Allumement ».

69. A. Rh., *Arg.*, IV, 1701-1718. Sur les localisations, voir les notes de Vian, à ce texte, 207.

70. Strab., IX, 2, 11 (404).

71. *Cf.* Skythinos, cité par Plut., *Pyth. or.*, 16 (402 a-b) : « C'est le bel Apollon qui l'accorde/Le fils de Zeus, principe et fin universels :/Pour plectre, il a l'éclat radieux du soleil. »

72. Moreau, 1996, 13-27. Sur la roue, López Cuevillas, 1951, 194 ; Piccirelli, 1967 ; Sergent, 1994 b, 50-52 ; Gricourt et Hollard, 2003 ; García Quintela, 2003 a, 121-122.

73. Rhys, 1888, 314-315 ; Krappe, 1931, qui s'appuie sur la comparaison des données indiennes concernant Savitṛ (*cf.* ci-dessous, p. 361-363) ; Christinger et Borgeaud (1963), 2000, 110, 140, 144 ; Gricourt et Hollard, 1997 a, 237, 241, 272 ; 1997 b, 9-14 ; Hollard, 1999 ; Hollard et Delestrée, 2001, n. 5 (le long bras de Lug « traduit l'incommensurable capacité ainsi qu'une assimilation de ce membre aux rayons de l'astre solaire qu'il dirige ») ; Gricourt et Hollard, 2002.

74. Nonn., *Dion.*, XXVII, 253.

75. Hdt., I, 69.

76. Épiclèses attestées à Argos, Lerne, Sicyone, Mégare, Épidaure, Delphes, Athènes, Eressos à Lesbos, Lemnos, Kalymna, Paros, Erythrai et Miletos, en Asie, Xanthos et Milyas en Lycie, Métaponte en Italie, Jader (Zadar) en Illyrie, Marseille. Le nom de mois *Lukios*, qui indique certainement un culte au même dieu, est connu à Lamia en Thessalie, Khaleion en Locride Ozolienne, Épidaure Limera en Laconie, Byzance, Khersonnêsos. Références dans Gershenson, 1994, 13, n. 60 et 61.

77. *Il.*, IV, 101, 119, où c'est le Lycien (de Zeleia, en Troade) Pandaros qui invoque Apollon Lukêgenès.

78. Paus., II, 9, 7 ; 19, 3-4 ; Serv., à *Aen.*, IV, 377. Et autres références dans Gershenson, 1994, 13-17.

79. *Cf.* ci-dessous, 1re partie, chap. II, « Le chien, le loup ».

80. Serv., à *Aen.*, IV, 377 ; Élien, *H. A.*, X, 26 ; *E.M.*, *s. v.* πόλιοι λύκοι ; mais *cf.* Hdt., I, 182, source la plus ancienne sur ce point, et pour qui Apollon *vint* en Lycie.

81. Eust., à *Il.*, II, 284 (354).

82. On a en *Il.*, VII, 433, *amphilúkê*, épithète de la nuit légèrement lumineuse avant l'aurore, comme substantif « lumière qui précède le matin » ; *lukaugês*, ce qui concerne le crépuscule, du soir ou matin. Le lexicographe byzantin Hésykhios a relevé cinq termes, *lukoeidês*, *lukoeidéos*, *lukoeidés*, *lukóphôs*, où l'élément **luk-* exprime la lumière, les quatre premiers se référant à la lueur aurorale. D'autres textes fournissent le mot *lukóphôs*, « crépuscule, lueur aurorale ». On comparera, ci-dessous, p. 32 et 211, Apollon auroral.

83. Thèse stoïcienne, fondée sur l'assimilation d'Apollon et du soleil ; *cf.* Macr., *Sat.*, I, 17 ; 36-37 : l'idée remonte à Cléanthe, l'un des fondateurs du stoïcisme.

84. Müller, 1824, 313-317 ; Ronchaud, 1874, 313 ; Wernicke, 1895, 59-60 ; Usener, 1896, 199-203 ; Bailly, 1929, 1207 ; sur quoi Gershenson, 1991, 53-54 ; *cf.* Mazon, 1969, 115.

85. Wide, 1893, 93-94 ; Schrader, 1909, 36 ; Farnell, 1909, I, 112 ; Wilamowitz-Möllendorf, 1931, 324-325 ; 1932, 28-29 ; Krappe, 1943-1946, 125-126 ; Guthrie, 1956, 82-84 ; Nilsson, 1950, 516 ; 1976, 537-538 ; Thomson, 1954, 114 ; Willetts, 1962, 267 ; Mazon, 1969, 115 ; Chantraine, 1968-1980, 650 ; Gershenson, 1991, 1-23.

86. Chantraine, 1968-1980, 650. *Cf.* aussi Bolling, 1953. Il est remarquable qu'un même auteur, P. Mazon, ait traduit le même mot, *Lúkeios*, par « tueur de loups » au vers 7 de l'*Électre* de Sophocle, et par « Lycien » au vers 645 ! Noter aussi que, déjà, Servius (à *Aen.*, IV, 377) rapprochait l'épiclèse *Lúkeios* à la fois du nom de la Lycie, de celui du loup et de l'adjectif *leukós* « blanc », qui est effectivement de la famille de mots évoquée ici et signifiant « lumière ».

87. 1963, 367.

88. Alkman, *frg.* 73, 36 Bergk, 87 B 4 ; *CIA*, III, 291, 21.

89. Ainsi à Koressos ou à Ortugiâ, près d'Éphèse ; à Teguraï, en Béotie (sur quoi, *cf.* ci-dessous, p. 364) ; au cap Zôster, en Attique ; à Amphigeneia en Messénie... Liste des endroits dans Wernicke, 1895, 22.

90. Ci-dessus, n. 77.

91. *Cf.* Welcker, 1857, 477 ; Stoll, 1895 ; Wilamowitz-Möllendorf, 1903 ; 1931, 324-326 ; à sa suite Nilsson, 1906, 102 ; 1911 ; 1918 ; 1925, 132, n. 2 ; 1927, 452-454 ; 1941, 327-329 ; 1976, 536-538 ; Autran, 1920, 18 ; Otto, 1929 (= 1993, 82) ; Latte, 1940 ; et encore Guthrie, 1955 ; 1976, 64 ; Chantraine, 1968, 98 (avec de nombreuses références, en particulier – Laroche, Heubeck – critiques) ; Schretter, 1974 ; Humbert, 1976, 61-64 ; Erbse, 1986, 169-192 ; Lévêque et Séchan, 1990, 213-216, 223-225. Quant à Krappe, 1943-1946, et Dowden, 1979, ils pensent à une origine proche-orientale du dieu... En Allemagne, E. Meyer, 1909, 639, G. Güntert, 1919, 134, E. Bethe, 1923, répondaient déjà à Wilamowitz qu'Apollon était un dieu grec, que les Hellènes avaient porté en Asie, non l'inverse ! Et en Angleterre, le rejet fut à peu près général ; *cf.* Farnell, 1896-1900, IV, 99 ; Harris, 1927, 17 ; Cook, 1925, 452-453 ; Rose, 1928, 134 ; Sturtevant, 1925, 76. En Allemagne, Friedrich Sommer (1937, 176-182) rétorquait à Émile Forrer, l'inventeur du rapprochement Apollon-Appaliuna, que l'on ne sait si ce personnage, nommé une fois seulement dans un texte, est dieu ou homme, masculin ou féminin ! *Cf.* aussi Laroche, 1947, 80. Et sur cette question, ci-dessous, Conclusion, p. 360-363.

92. Chantraine, 1968-1980, 650.

93. Bailly, 1929, 1207, traduit curieusement « père de la lumière ». Le sens des formations en *-génès* n'est pas celui-ci en grec. *Cf.* aussi Sauzeau, 1993, IIe partie, II, 2 b : « "Lycie" ou "lumière" ? »

94. VII, 10-11, traduction de Félix Buffière. L'influence grecque en Lycie se fait sentir à partir de 400 avant notre ère environ, d'abord par la construction d'un sanctuaire à Lètô sur celui de la grande déesse locale. Ses enfants n'y apparaissent qu'ensuite. Ce n'est pas avant qu'Apollon et Artémis ont pu y naître !

95. De même Windekens, 1954.

96. Even et Le Roux, 1950-1953, 306, n. 44.

97. Guyonvarc'h, 1980, 134 ; Le Roux et Guyonvarc'h, 1986, 403. *Cf.* aussi la discussion de Loth, 1914, 206-207.

98. Sur quoi, *cf.* ci-dessous, p. 360-363.

99. Detienne, 1998, 57.

100. *Cf.* ci-dessous, p. 72-73, 90.

101. Pedersen, 1908-1913, I, 98, 186 ; II, 49-50 ; Scherer, 1953, 71 ; Pokorny, 1956, 690.

102. Lajoye, 2002, fig. 1.

103. 2000 a, 29.

104. Gricourt et Hollard, 1990, 308, fig. 25 ; García Quintela, 2003 a, 130.

105. *Ibid.*, 127-128.

106. *Ibid.*, 120.

107. Ci-dessous, p. 78.

108. Selon Call., *HAp*, 83-84.

109. Paus., II, 19, 3.

110. *Ibid.*, VIII, 134 ; Soph., *Œd. Roi*, 21.

111. Soph., *Ant.*, 1005 ; Eur., *Bacch.*, 257.

112. *Cf.* Detienne, 1998, 263, n. 24.

113. *Ibid.*, 167.

114. Roux, 1976, 99-100 ; Audiat, 1932.

115. Plut., *De E Delph.*, 2 (*Mor.*, 385 c).

116. Références sur ce dans Detienne, 1998, 307, n. 231.

117. Detienne, 1998, 293, d'après Vial, 1984, 202-207. Sur Apollon Prytane lui-même, ci-dessous, p. 134.

118. Detienne, 1998, 107.

119. Artph., *Oiseaux*, 864-869.

120. Sur ce mythe, ci-dessous, p. 118, 122.

121. Esch., *Eum.*, 10-14.

122. *Sch.* à *Id.*, 13.

123. *Frg.* A 17, Dumont, Delattre, Poirier, 497.

124. *Frg.* 2 Diels (de *Sch.* à *Il.*, II, à Y, et de Porph., I, 240, 14 Schrader).

125. Macr., *Sat.*, I, 17, 8. Sur tout cela, Boyancé, 1966, 160-161, 166.

126. Arbois, 1884, 215 ; Rhys, 1892, 316-317 ; Krappe, 1927, 3 ; Gruffydd, 1928, 73-74 ; Rees et Rees, 1961, 214 ; MacNeill, 1982, 8.

127. En II, 4.

128. *CMT*, § 58 (*TM*, 51).

129. Ci-dessous, p. 54-55.

130. Gricourt, Hollard, Pilon, 1999, 164.

131. Duval, 1952, 43-45 ; Huppe, 1997, 103 ; Gricourt, Hollard, Pilon, 1999, 161.

132. Espérandieu, VII, n° 5490 ; Hatt, 1989, 208, fig. 174 ; Huppe, 1997, 197, n° 156 ; Gricourt, Hollard, Pilon, 1999, 160-163.

133. MacNeill, 1982, 413.

134. *Ibid.*, 273.

135. Charrière et Audin, 1966, 367-368 ; Gricourt et Hollard, 2000 a, 23, 36, n. 27 ; et ci-dessous, p. 183-184.

136. Comme le veut Girard, 2003, 3-7, qui insiste beaucoup sur les liens

entre Lug et le feu, avec des arguments très inégaux, et en négligeant... la plus grande partie du dossier !

137. Loth, 1914, 213.

138. Ci-dessus, p. 29. Et de même Stace, *Théb.*, I, 715.

139. *CMT I*, 54 *sq. Cf.* ci-dessous, p. 56-57.

140. *MMM*, Loth, I, 173-176, 181-182 (et Lambert, 1994 a, 99-103). Sur ces « enfants de Dôn » : Dumézil, 1985, 93-111.

141. Sur ce, *cf.* ci-dessous, p. 237.

142. *MMM*, Loth, I, 173, 210.

143. *HHA*, 229-266.

144. *Iph. T.*, 1234-1258. Apollon est souvent figuré dans les bras de Lètô, tout petit, et tuant le serpent, *cf. LIMC*, 988-992.

145. Ci-dessous, p. 49-50, 235-236.

146. *HHA*, 448-450.

147. Guillon, 1964 ; Rolley, 1983, 24, sur la statuette de *koûros* scellée dans la table à offrandes du sanctuaire d'Apollon et d'Artémis à Kalapodi (Hyampolis), entre 480 et 450. Le temple d'Apollon Hulátès à Kourion en Chypre a livré de nombreuses têtes de *koûroi*.

148. Sokolowski, 1962, texte n° 45, il. 41-43.

149. *Od.*, XX, 276-278.

150. Sur quoi Detienne, 1998, 217.

151. *HA*, 13-16.

152. II, 7, 7.

153. Sokolowski, 1962, n° 96, l. 29 ; Detienne, 1998, 259, n. 101.

154. Sur quoi Wernicke, 1895, 11 ; Otto, 1993 (1929), 89-90 ; Siska, 1933, 32-36 ; Delorme, 1960, 338 ; Carlier, 1999, 98.

155. *Tochmarc Étaíne* (« Courtise d'Étain »), version I, 1-8 (*in TM*, 242-243) ; *ATDM*, 3-5 (*TM* 258-260) ; *Cinaed ua hArtacain*, poème traduit *in TM*, 266-270, str. 40, 65.

156. *HHH*, *passim.*

157. Sergent, 1994 a, = ci-dessous, p. 369-422.

158. *HHA*, 1-13.

159. *Ibid.*, 1-2 (ci-dessous, p. 49).

160. Ci-dessous, « Des maîtres des techniques », p. 155-157.

161. *Od.*, V, 43, 94 ; *Il.*, II, 103 ; Hés., *Theog.*, 938-939 ; et *cf. HHH*, 331 ; Apd., III, 10, 2 ; etc.

162. *Cf.* sur ce déjà Sergent, 1994, n. 167.

163. Traduction de Guyonvarc'h, *in* Le Roux, 1962, 365-366. Sur ce récit et la beauté de Lug, *cf.* Even et Le Roux, 1956, 98-99 ; Dillon *et al.*, 1974, 150-152.

164. *MMM*, Loth, 1913, I, 192-193.

165. Étienne, Müller et Prost, 1999, 176.

166. D. S., XIII, 108, 4.

167. Sur le Colosse de Rhodes : Strab., XV, 2, 5 (652) ; *Anthologie*, IX, 556 ; Appien, 357 ; Pl., *H. N.*, XXXIV, 18 (41) (*cf.* Le Bonniec et Gallet de Santerre, 1983, 193, n. 3) ; Luc., *De la manière d'écrire l'histoire*, 23. Sur celui d'Apollonia : Strab., VII, 6, 1 (619) ; Pl., *H. N.*, XXXIV, 18 (39) ; Appien, *Illyr.*, 30. Sur celui de Tarente : Strab., VI, 3, 1(278) ; Pl., *H. N.*,

XXXIV, 18 (40). Sur celui d'Amyclées, Paus., III, 19, 1-3. Sur celui d'Étrurie : Pl., *H. N.*, XXXIV, 18 (43).

168. Strab., XII, 5, 2 (567).

169. Sergent, 1990, 261.

170. Sterckx, 1975 a.

171. Pl., *H. N.*, XXXIV, 18 (44). Sur cette statue, et ses imitations, Boucher, 1976, 103-106 et 250-251.

172. Ponséel, 1990, 211.

173. Benoît, 1959, 93.

174. Gricourt et Hollard, 2002, 137.

175. Rémy, 1994, 192.

176. *Supra*, p. 24. García Quintela, 2003 c (23), en rapproche aussi le soleil qui apparaît comme de très grande taille à son coucher sur la côte occidentale de l'Ibérie (Strab., III, 1, 5 [132]), ce en quoi il voit à juste titre un thème mythique.

177. Zén., *Abrégé*, I, 54.

178. II, 5.

179. *Proverbes*, I, 93.

180. Le Bas et Foucart, 1870, n° 180 ; Ross, 1801, II, 659, n° 21.

181. Pieuchot et Pieuchot, 1999, 20.

182. Sergent, 1993 b. C'était déjà l'avis d'Arbois, 1898, 249, de Sjœstedt, 1941, 31, de F. Le Roux, 1973, 449. Je suis également suivi sur ce point par Robreau, 2002, 133-134. Claude Sterckx m'objecte (communication orale) qu'Ésus paraît un personnage âgé sur ses différentes figurations, et pense en conséquence qu'Ésus n'est pas Lug, mais, situé au pied de l'arbre, correspond à Gwydion, qui, protecteur de Lleu, l'a retrouvé perché en haut d'un arbre et l'a fait redescendre (*cf.* chap. II, « L'aigle pourri », p. 201-209). Pourtant, on verra souvent de nombreux cas où Lugus est figuré comme un adulte, ce que code la présence d'une barbe, pour certaines images de Mercure et surtout du « dieu aux oiseaux » (ci-dessous, p. 186-187). Cela s'explique aisément si Lug, comme Apollon, est le dieu du passage entre l'âge adolescent (donc imberbe) et l'âge adulte (donc barbu). Sur l'autel de Paris, Ésus paraît s'apprêter à sacrifier un taureau (ci-dessous, p. 82), autre marque de son accès à l'âge adulte (parallèles grecs dans Sergent, 1996 a, 18).

183. *Cf.* ci-dessous, p. 61-62.

184. Benoît, 1959, 159 ; Duval, 1993, 70, = E. Babelon et Adrien Blanchet, *Catalogue des bronzes de la Bibliothèque nationale*, n° 362.

185. *Cf.* Sergent, 1996 a, 25, 78, 107-109, 428, 438-440, 456, pour les données grecques, 530 pour les Macédoniens ; 2000 b, 215-216, pour les parallèles celtiques. Et ci-dessous, p. 139, 187. La même opposition, c'est-à-dire le même codage, s'observe dans des stèles d'Alise-Sainte-Reine : sur l'une, Mercure est barbu, tient un maillet et un glaive, et est accompagné de la déesse de l'abondance ; sur une autre, il est imberbe, a le torse nu, tient la bourse et la lance (Benoît, 1959, 156).

186. Sterckx, 2000, 9, catalogue, avec références Espérandieu, Deonna, Deyts.

187. *Ibid.*, n° 7, d'après Deonna, 1941, 121-122.

188. *Ibid.*, n° 9, d'après Deonna, 1941, 121-122.

189. À Osma et à Peña Amaya en Vieille-Castille, à Monforte, à Otero de Rey et à Sober en Galice, références dans Sterckx, 1991 a, 36 ; 2002, 15 ; à Lugo en Galice, García Quintela, 2003 b, 36, n. 13. Il n'est au singulier en Espagne qu'à Peñalba de Villastar et peut-être dans une inscription proche de Guadalajara, Gricourt et Hollard, 2002, 124, avec références.

190. *CIL*, II, 2818 ; XIII, 5078 ; XII, 3080 ; *CIR*, 469 ; sur quoi Tovar, 1959, et 1977, 54 ; Fleuriot, compte rendu de Blazquez, 1979, 1980, 361 ; Dillon et Chadwick, 1974, 14 ; Sterckx, 2000, 9.

191. 1991 a, 35.

192. Brañas, 2000, 54.

193. Espérandieu, III, 2083 ; Bober, 1951, 40 ; Benoît, 1959, 159.

194. Espérandieu, II, 1316 ; Benoît, 1959, 159.

195. Espérandieu, V, 3655 ; Benoît, 1959, pl. XI, 1 ; Deyts, 1992, 117. Je rejette les formules comme celles de Buchholtz, 1984, 434, qui veut que les Remi aient figuré Mercure avec trois têtes, ou celle de Deyts, *l. c.*, pour qui les Remi et Suessiones sont les auteurs d'une « création vraiment originale » avec le Mercure tricéphale : non, il ne se s'agit pas de création locale, mais de conceptions théologiques communes à l'ensemble du monde celtique, comme le révèle l'identité des faits en France, en Belgique, en Espagne, etc.

196. Espérandieu, XI, 7700 ; Benoît, 1959, pl. XI, 2.

197. MacNeill, 1982, site 42, 172. Elle suppose toutefois (426) qu'il s'agissait de la tête du dieu antérieur au jeune dieu (Lug), sur quoi *cf.* ci-dessous, p. 83, 327-328 : mais, dit-elle, ce dieu devait regarder dans toutes les directions ; en ce cas, pourquoi n'aurait-il eu que trois faces ?

198. Amand, 1977, 59.

199. O'Donovan, 1856, I, 18-21 ; *cf.* Arbois, 1884, 208-217 ; Rhys, 1892, 314-316 ; Krappe, 1927, 2-3 ; Gruffydd, 1928, 65-87.

200. Sjoestedt, 1941, 58 ; Le Roux, 1956, 295 ; Powell, 1958, 129 ; Sterckx, 1991 a, 35.

201. Deonna, 403-428 ; Benoît, 1959, 160.

202. *CIL*, II, 2818.

203. Ci-dessus, p. 28, et ci-dessous, p. 194 et p. 298.

204. Rhys, 1888, 424-428 ; Güntert, 1923, 162 ; Gruffydd, 1928, 237 ; Krappe, 1931, 105-106 ; Gricourt, 1955, 69-70 ; De Vries, 1963, 59-60 ; Guyonvarc'h, *in* Dillon et Chadwick, 1974, 408, n. 23 ; mais Sterckx, 2002, 19-21, parle, au sujet de l'inscription d'Osma, de trois Lugoves.

205. Ci-dessous, p. 244-245, 294-295, 350-351.

206. *Cf.* ci-dessous, p. 116.

207. Ci-dessous, chap. II, « Le cheval », p. 246-260.

208. Actuellement dédiée à saint Laurent : notation pertinente des auteurs cités à la note suivante, car saint Laurent est fêté le 10 août, date qui entre dans la période de Lugnasad, fête de Lug. De son côté, J.-P. Lelu, 1971 b, a remarqué que les saints Crépin et Crépinien sont fêtés le 25 octobre (donc très près de la date irlandaise de Samain, le 1er novembre), et qu'on a, deux jours avant, au 23 octobre, en Picardie et Artois, les saints Lugle et Luglien, aux noms bien proches de celui de Lug.

209. Gricourt et Hollard, 2002, 124.

210. En particulier au chap. II, « L'aigle pourri », p. 201-209.

211. Gricourt et Hollard, 1998, 16, 18-31, et fig. I a.

212. *Ibid.*, 19, n. 47. Il est possible que perdure un reste de cela dans la tradition populaire irlandaise : dans trois endroits d'Irlande où la célébration de Lugnasad a été signalée dans les siècles derniers, Lugh porte le nom de Scáil, « Fantôme », ce qui est confirmé dans le récit intitulé *Baile an Scáil*, où il est le « Scáil » en question. Or, dans l'une de ces trois histoires, c'est une femme (MacNeill, 1982, 6).

213. Gricourt et Hollard, 1998, 22.

214. Ci-dessous, chap. II, « L'arme et le jet », p. 167-171.

215. Ci-dessus, n. 180.

216. *LIMC*, « Apollon », n° 82-162. Signalons que le *LIMC* recense non moins que 1 094 figurations d'Apollon !

217. Pour eux, Lug et Apollon sont un dieu chamane, et les chamanes présentent souvent une ambivalence sexuelle, *cf.* 1998, 20-21. Sur cette question, ci-dessous, chap. II, n. 861, p. 664.

218. Sur le mariage comme moment critique, dans la tradition indo-européenne, *cf.* Sergent, 1995 a, 228-229.

219. Sur la féminisation des jeunes hommes avant l'initiation, il y a l'énorme dossier de l'homosexualité entre jeune adulte (*éraste*, en grec) et adolescent (*éromène*), concernant une large partie du monde indo-européen, et que j'ai traité dans mes livres de 1984 et 1986 (= 1996 a). Apollon y joue un grand rôle, comme éraste. *Cf.* n. 221.

220. Call., *HAp*, 47-52, cités ci-dessous, p. 57.

221. Sergent, 1996 a, 126-134.

222. *Ibid.*, *passim.*

223. On pourrait penser encore à deux autres explications. Si l'on suit une thèse de Mircea Eliade (1962, 155-165), l'hermaphrodite, réunissant les deux sexes, symbolise la totalité ; or, c'est assurément un aspect d'Apollon et de Lug (ci-dessous, « Des polytechniciens », p. 56-58). Par ailleurs, il arrive que des divinités agraires changent de sexes en cours d'année (*Ibid.*), et l'on verra également (« Des maîtres des moissons », p. 86-98) qu'Apollon et Lug sont maîtres des moissons et (« Associés aux arbres », p. 98-99) du temps. Les deux ont donc pu jouer un rôle dans l'androgynie des deux dieux. Cependant, les données connues parlent moins en leur valeur que celles qui expliquent avant tout une symbolique initiatique.

224. Ci-dessous, p. 106, 143.

225. Detienne, 1998, 86.

226. *HHA*, 119.

227. *HD*, 255.

228. Sur quoi voir ci dessous, p. 282.

229. *HHA*, 127-129.

230. Lambert, 1993, 107.

231. Humbert, 1976, 79.

232. De même Detienne, 1998, 20.

233. *Cf.* ci-dessous, p. 236.

234. « Archer » traduit ici *hekáergos*, traduction qui n'est toutefois pas acceptée par tous les auteurs, *cf.* ci-dessous, p. 110. Et sur cette épiphanie, Detienne, 1998, 36-37.

235. *Ibid.*, 37.
236. Sur *Hekáerge*, *cf.* n. 234.
237. Arbois, 1892, 189.
238. *Ibid.*, 188.
239. Detienne, 1998, 20.
240. *Ibid.*, 276, n. 83.
241. Ci-dessus, n. 32, avec les références.
242. Webster, 1989, 11, et fig. 5 et 44, p. 14.
243. MacNeill, 1982, 408 et 426 ; comme cela rappelle un trait de l'Hermès grec, dieu de l'« occasion », *kairòs*, et que les Romains assimilaient à leur Mercure, Mme MacNeill propose de voir là la raison de l'identification de Lug à Mercure par César.
244. Paus., V, 7, 10.
245. *Théb.*, VI, 384-386.
246. *Cf.* ci-dessous, 1re partie, chap. III, « La fondation des jeux ».
247. Plut., *Qu. conv.*, VIII, 4 (724 c) ; *CIG*, 1446, 2556 (Wide, 1893, 65, 84).
248. Paus., III, 13, 6.
249. IX, 405.
250. Sur quoi *cf.* Kraus, 1950, et Detienne, 1978, 137-138.
251. Schachter,1981, I, 151 ; Sauzeau, 1997, 112.
252. Ci-dessus, p. 27-28.
253. Gricourt, 1955, 67-68.
254. Voir ci-dessous, p. 307.
255. Gricourt et Hollard, 1997 b, 10-11.
256. *Ibid.*, 9, et 1997 a, dont fig. 1b.
257. Sur quoi ci-dessous, chap. II, « Le corbeau », p. 180-194.
258. *Ibid.*, « L'aigle pourri », p. 201-209.
259. García Quintela, 2003 a, 107. Sur l'épigraphie de Lug en Espagne, *cf.* Sagredo et Hernández Guerra, 1996.
260. *LBÉ*, VII, 47, 305 (= *TM*, 4, 12) ; *CMT II*, 77 (= *TM*, 67) ; Keating, X, = I, 203 (trad. *TM*, 83) ; un texte du *LJL* : Hull, 1930 ; *TM*, 80.
261. *CMT I*, 133-135 (*TM*, 57). Je remplace « pierre de fronde » de la traduction par « balle de fronde ».
262. Sur les rapports entre celui-ci et Hèphaïstos, ci-dessous, IIe partie, chap. IV.
263. *CMT II*, 83-95 (*TM*, 68-69). Je remplace ici aussi « pierre de fronde » de la traduction par « balle de fronde ».
264. Ci-dessous, chap. III, « Le meutre des géants borgnes », p. 304-310.
265. *Il.*, I, 8-58. Dans *Khrusês*, le radical est *khrusòs*, « or », métal dont on a vu les rapports avec Apollon.
266. Conon, *Narr.*, 19 Jacoby, d'après Photios, *Bibl.*, 133 b (Henry, 1959-1977, III, 16).
267. On reviendra sur ce motif ci-dessous, p. 345-346.
268. Conon, *Narr.*, 26 Jacoby, d'après Photios, *Bibl.*, 135 a (Henry, 1959-1977, III, 20) ; *Sch.* à Théocr., V, 83 ; Paus., III, 13, 4.
269. Apd., II, 5, 9.
270. Paus., II, 7, 7.

271. *Sch.* à *Il.*, II, 39, se référant à Polémon.

272. Par exemple *Il.*, XV, 326-327 ; XVI, 78-80.

273. Le Roux, 1968, 788 ; Le Roux et Guyonvarc'h, 1986, 403 ; *cf.* aussi De Vries, 1963, 60 ; Sterckx, 1991 a, 36.

274. Le Roux, 1968, 788-790 ; Le Roux et Guyonvarc'h, 1983, 3 ; 1986, 34-35, 249, 403 ; 1991, 84-86, 108-110 ; 1980, I, 93-95.

275. *CMT II*, 56-68 (= *TM*, 51-53). J'ai supprimé les copules « dit-il », « le portier répondit ». Sur ce texte, voir les études citées à la note précédente.

276. Dumézil, 1985, 240.

277. *Ibid.*, 87-92 (d'après Hés., *Théog.*, 411-452).

278. Le dieu-druide par excellence est le Dagda : Le Roux, 1960 a ; 1968, 792 ; Le Roux et Guyonvarc'h, 1983, 3-4 ; 1986, 335-340, 379 ; 1991, 96, 110-111.

279. Ci-dessous, p. 299-301.

280. *CMT I*, 98-119 (*TM*, 54-55) ; Le Roux, 1968, 788-789 ; Le Roux et Guyonvarc'h, 1983, 3 ; 1986, 34-35, 249, 403 ; 1991, 84-86, 108-110 ; 1980, 93-94.

281. *CMT I*, 129 (*TM*, 56).

282. *CMT II*, 101 (*TM*, 69-70).

283. Le Roux, 1968, 789 ; Le Roux et Guyonvarc'h, 1986, 175 ; 1997, 370-376.

284. Ps.-Plut., *Des fleuves* (= Kleitophôn de Rhodes, *in FGH*, III A, 293, *frg.* 3). Traduction citée : Le Roux, 1968, 819.

285. C'est l'avis de la grande majorité des spécialistes : Loth, 1914, 205-206 ; Rees et Rees, 1961, 31 ; De Vries, 1963, 58 ; Guyonvarc'h, 1963, 368-376 ; Le Roux et Guyonvarc'h, 1991, 108 ; Evans, 1967, 220, n. 5 ; Lambert, 1994 a, 30, 38 ; Gricourt et Hollard, 1997 a, 246-247 et 251-254 ; Gricourt, Hollard et Pilon, 1999, 168 ; Sterckx, 2000, 38 ; Delamarre, 2001, 178 ; Robreau, 2002, 124 ; Delavigne, 2002, 54-55. *Contra* Flobert, 1968 et Sindou, 2001, 20, qui admettent la traduction « Mont Lumineux » donnée au IXe siècle par Héric d'Auxerre, *Vita sancti Germani*, IV, 2 – mais qualifier de « Mont Lumineux » la colline de Fourvière, où se situait le sanctuaire gaulois, est tout de même quelque peu paradoxal. Le nom authentique de la ville était *Lugudunum*, ce qui exclut l'étymologie du pseudo-Plutarque par un **lugos*, et « n'admet que celle sur le théonyme Lugus » (Sterckx, *l. c.*) ; et Maier, 2001, 87-88, qui pense que les noms en *dunum* ne sont jamais formés sur le nom d'une divinité. Il lui faut pour cela ignorer *Camulodunum*, car *Camulos* est un nom de divinité bien attesté, et tout le reste du dossier « Lug », les corbeaux, le nom *Atepomaros* (épithète du Mercure gaulois), la date du Consilium des Gaules au 1er août, ce qui sera la date en Irlande de la fête de Lugh, etc.

286. Traduction de Guyonvarc'h, *in* Le Roux, 1962, 366.

287. Arbois, 1891, 120-121 ; Hild, 1896, 38 ; Le Roux, 1959, 219 ; Evans, 1967, 52-53 ; Le Roux, 1968, 797, 819 ; Birkhan, 1970, 391-393 ; Sterckx, 1986, 58 ; Delamarre, 2001, 49 ; Gricourt et Hollard, 2002, 126.

288. Lugdunum sera la capitale des Segusiaves.

299. On ne connaît pas d'étymologie du nom *Mômoros*. Gricourt et

Hollard, 1997 a, 245, en rapprochent le nom du grand juge *Morann* de la tradition irlandaise, qui possède un collier et un bracelet ordaliques, issus, comme Lug lui-même – qui est dieu au torque – de l'Autre Monde.

290. « … mais sans épouse », p. 289-396.

291. W. Stokes, *O'Mulconry Glossar*, n° 826, *Archiv für Celtische Lexicologie*, II, p. 27, 1 ; Loth, 1914, 219.

292. Ci-dessous, p. 290.

293. Lea, 1997, 39.

294. Ce qui a encore un certain parallèle du côté d'Apollon : le devin Idmôn, fils de ce dieu, capable de lire le vol des oiseaux, apprend ainsi qu'il va bientôt mourir. Il ne se dérobe pas. Il sera tué par un sanglier (Hyg., *F.*, XIV, 11, 26).

295. Lambert, 1994, 106.

296. Sterckx, 2000, 76-77.

297. Je tâcherai de préciser la nature du lien entre Lleu, donc Lug, et les personnages du type Merlin ci-dessous, p. 223.

298. Lambert, 1981, 97-98. Texte *in* Brynley F. Roberts, *Cyfranc Lludd a Llefelys*, Dublin, DIAS, 1975.

299. Ils sont trifonctionnels et seront étudiés plus bas en tant que tels.

300. En premier Rhys, 1898, 125 ; et à sa suite Dumézil, 1947, 160, 187 ; 1968-1973, I, 613 ; Natrovissus, 1952, 244 ; Vendryes, 1952-1954 b, 362 ; Rees et Rees, 1961, 46, 51 ; De Vries, 1963, 109 ; Guyonvarc'h, 1963, 235 ; Sterckx, 1982, 87 ; 1991-1995, IV, 76-79 ; 2000, 53 ; Carey, 2002, 120. Le passage de *n-* à *ll-* est dû à l'influence du nom de son frère, *Llewelys*, ou à celle de son épithète, *Llawereint* (hypothèse préférée par Rhys et Carey ; ce dernier note que le temple de Nodons, forme antique de *Nuada*, se trouve au pays de Galles sur l'île de Lydney, étymologiquement *Ludd' Island*, ce qui prouve que l'assimilation allitérative s'était déjà produite au VIIe siècle). Le même auteur (2002, 124-125, n. 9) donne des raisons de penser que l'idée de faire de Llewelys le frère de Lludd (alors que Nuada et Lug n'ont nullement un tel lien de parenté) provient de confusions généalogiques médiévales.

301. Dumézil, 1947, 188-189 ; 1968-1973, I, 61 ; Ford, 1977, 112 ; Koch, 1991, 25 ; Le Roux et Guyonvarc'h, 1991, 175 ; Sterckx, 1991-1995, IV, 77-79 ; 2000, 53 ; Carey, 2002, 102 ; et *cf.* Lambert, 1993, 384, n. 3.

302. Loth, 1913, I, 232-234.

303. *Cf.* Le Roux, 1968, 819.

304. MacCana (1985, 66) le confirme aussi lorsqu'il observe que Llevelys joue auprès de Lludd le même rôle qu'en Irlande Lugh auprès de Nuada : il aide le souverain dans la défense de la royauté menacée, et même provisoirement anéantie, par les démons.

305. Benoît, 1959, 31 ; Olmsted, 1994, 418 ; Gricourt, Hollard et Pilon, 1999, 160. D'autres étymologies sont toutefois possibles, *cf.* Degavre, 1998, II, 453 ; Sterckx, 2000, 41.

306. Delamarre, 2001, 234 ; *cf.* Gricourt et Hollard, 1997 a, 254.

307. Gricourt, Hollard, Pilon, 1999, 152-156, fig. p. 153.

308. *Ibid.*, 138-141, fig. p. 139.

309. *Ibid.*, 127-138, fig. p. 134. Le radical est celui qu'on retrouve

peut-être dans le nom de *Sulis*, appliqué à Minerve en Grande-Bretagne ; *cf.* ci-dessous, p. 450.

310. *Ibid.*, 141-144, fig. p. 141.

311. *Ibid.*, 144-146, fig. p. 144.

312. Important site gallo-romain, aux fouilles duquel l'auteur du présent ouvrage se fait l'honneur d'avoir participé en sa prime jeunesse.

313. *Ibid.*, 145, n. 64.

314. *Ibid.*, 147-149, fig. p. 148.

315. Lajoye, 2002, 2.

316. Gricourt, Hollard, Pilon, 1999, 150-152 ; Guyonvarc'h, 1960 b.

317. Gricourt, Hollard, Pilon, 1999, 165-171, fig. p. 167. Les auteurs observent aussi que le dédicant s'appelle *Pompeius*, et que la famille des Pompei a compté des prêtres du culte impérial à Lyon, culte qui avait succédé à celui de Lug.

318. Hollard, 2003.

319. Stokes, 1862, 36-38.

320. 1960 b.

321. Et ci-dessous, p. 294-295.

322. Millat, 2001, 17.

323. Sergent, 200 b ; et sur le groupe Nechtan, Manannán, Poséidon, ci-dessous, p. 480-483.

324. Références des textes et des inscriptions dans Sterckx, 1996, 91-102.

325. Référence ci-dessous, n. 332.

326. *CIL*, XIV, 3535.

327. *Ad nationes*, II, 8, 5.

328. Une des soixante inscriptions d'Aquilée parle de Belenus *defensor aug(ustus)*, Hérodien, VIII, 3, 8, et l'*Histoire Auguste*, XXII, 1-2, le créditent d'avoir victorieusement défendu Aquilée contre le tyrannique empereur Maximin en 238.

329. Sterckx, 1996, 98.

330. Le Roux et Guyonvarc'h, 1995, 202.

331. *CIL*, XIII, 113.

332. Gricourt et Hollard, 2002, 133-134, et n. 65. Ils ajoutent qu'on connaît le nom ancien de la jusquiame : *belinuntia*, dérivé de *Belenos*, *belinos*. Celle-ci produit un poison, qui est aussi une drogue qui a pu être utilisée par les groupes de jeunes guerriers.

333. Hérodien, réf. à la n. 328, ci-dessus ; traduction dans Sterckx, 1996, 92.

334. Gricourt, Hollard, Pilon, 1999, 169. On notera que le souvenir de ce pouvoir s'est maintenu dans la tradition populaire : à Varennes-sur-Amance, en Lorraine, un aveugle qui touche le cercueil de saint Gengoulph, continuateur de Lug, on l'a dit, retrouve la vue ; non loin, à Lauterbach, la fontaine liée au culte de saint Gengoulph guérit les maladies de peau et d'yeux (Montelle et Kieffer, 1994, 170, 174).

335. Sur quoi Amandy, 1950 ; Delcourt, 1955 ; Parke et Wormell, 1956 ; Roux, 1976 ; Fontenrose, 1978 ; et Detienne, 1998, 141-147.

336. Plut., *Pélop.*, XVI, 5 ; *Déf. or.*, 5 (412 b-c).

337. Et deux fois, en tant qu'Ismênios et en tant que Spódios, *cf.* Detienne, 1998, 79, et n. 111, p. 269, sur la discussion.

338. Considéré comme ancien dans un décret de Demetrias, Robert, 1948, 17, ll. 13-15.

339. Vu la mention d'une prophétesse d'Apollon Lukeios dans Plut., *Pyrrh.*, XXXI, 7.

340. Fontenrose, 1988.

341. Strab., IX, 3, 11 (422).

342. Nom moderne. Sur ce sanctuaire, révélé par l'archéologie, *cf.* Robert, 1978, et Detienne, 1998, 66-69.

343. Wernicke, 1895, 14.

344. *CIG*, III, 5973.

345. *Ibid.*, 5039.

346 . Soph., *Frg.* 942 Nauck (2).

347. Nonn., *Dion.*, V, 216.

348. Esch., *Agam.*, 1202-1212 ; Apd., III, 12, 5 ; Hyg., *F.*, 93 ; Serv., à *Aen.*, II, 247 ; *PMV*, II, 78 ; *SMV*, 196 ; *Sch.* à *Il.*, VII, 44.

349. Paus., X, 12, 2.

350. Serv., à Virg., *Buc.*, VIII, 29.

351. Conon, *Narr.*, 33 Jacoby, d'après Photios, *Bibl.*, 136b (Henry 1959-1977, III, 24) ; Luc., *De la maison*, 24, *Dial. deor.*, 2-4. *Cf.* sur ce Sergent, 1984 a, 136-137 (= 1996 a, 138-139).

352. *Il.*, I, 72.

353. Soph., *Ant.*, 1005 ; Eur., *Bacch.*, 257. Et celui-ci est enterré à côté du temple d'Apollon Tilphossios, Strab., IX, 2, 27 (411) ; Paus., IX, 33, 1.

354. Arktinos, *Frg.* 49 Kinkel ; Apd., *Ep.*, IV, 17-18 ; Dion. Hal., I, 48, 2 ; Q. Sm., *Posthom.*, XII, 444-449 ; Tz., à Lyk., *Al.*, 347 ; Hyg., *F.*, 135, etc.

355. Paus., IV, 36, 3 ; sur quoi Detienne, 1998, 201.

356. Hyg., *F.* 19, 2.

357. Praxilla, *Frg.* 753 D. L. Page.

358. Pind., *Ol.*, VI, 36-59 (60-101) ; Paus., VI, 2, 5.

359. A. Rh., *Arg.*, I, 436-439 ; Hyg., *F.*, 14, 11.

360. Ci-dessous, p. 302-303.

361. Pind., *Péan*, IX, 41-44 Puech ; Strab., IX, 2, 34 (413) ; Paus., IX, 10, 6 ; 26, 1 ; Tz., à Lyk., *Al.*, 1211.

362. Hésiode, *frg.* 279, d'après Strab., XIV, 5, 16-17 (675-676).

363. Apd., III, 10 ; D. S., V, 62, 2 ; Virg., *Aen.*, III, 80, et Serv., à *loc.* ; Ov., *Mét.*, XIII, 631-633 ; etc.

364. *Loxías* est une des épiclèses les plus fréquemment utilisées pour désigner Apollon. *Cf.* ci-dessous, p. 153.

365. *Pyth.*, IV, 4-6 (5-8).

366. Pindare, 43-44 (55-59).

367. Wernicke, 1895, 12-13 ; Defradas, 1964, 63, 89 ; Nilsson, 1976, 422 ; Otto, 1993, 40, 91 ; Dumézil, 1982, 74-85.

368. I, 86. À Sparte, le principal dieu, Apollon Karneios, était également appelé… Zeus ! (*Sch.* à Théocr., V, 83 b) : preuve de leur proximité.

369. On verra plus bas que celui-ci est sans doute son père ; *cf.* chap. III, « Le père : le grand dieu céleste », p. 286.

370. Lambert, 1994, 100-101.

371. *Il.*, I, 69. Mazon traduit simplement par « devin », l'affaire allant de soi ; *cf. Il.*, VI, 76 ; Esch., *Suppl.*, 58, quoique le mot propre, en ce sens général, soit *mántis* ; *cf.* la discussion de Plutarque, *Démon de Socrate*, 24 (*Mor.*, 593 c).

372. Soph., *Ant.*, 999 ; Eur., *Bacch.*, 346-350. L'ornithoscopie était fort pratiquée chez les anciens Celtes ; *cf.* D. S., V, 31, 2 ; Élien, *H. A.*, XVII-XIX ; sur quoi Le Roux et Guyonvarc'h, 1986, 129-130, qui notent en particulier que le roitelet était considéré en Irlande comme oiseau-druide (par jeu de mots étymologique) et oiseau qui fait des prophéties : or, le roitelet est étroitement lié à Lug ; *cf.* chap. II, « Le roitelet », p. 194-201.

373. *PMV*, II, 15, 1-3.

374. Luc., *Bis accus.*, 2. Une inscription découverte près de Khalkêdôn, dans la Chersonèse de Thrace, à Amukos, mentionne le *dàphnê mainoménê*, « le laurier qui rend fou », ou « met en transes », Wernicke, 1895, 13.

375. *Cf.* ci-dessous, p. 98 ; une coupe datée de – 440 donne la seule figuration de la Pythie, rendant un oracle au roi d'Athènes Égée : elle a en main un rameau de laurier et une coupe.

376. 1997, 64.

377. Jambl., *Vie P.*, 3 ; Porph., *Vie P.*, 52.

378. Jambl., *Vie P.*, 100, 149.

379. 1970, 192.

380. Ci-dessous, p. 83, 328-329.

381. MacNeill, 1982, 396-397.

382. *Ibid.*, 410 ; *cf.* O'Rahilly, 1946, 323-325.

383. Strab., VI, 3, 9 (284) ; *cf.* également Lyk., *Alex.*, 1047-1052, 1127, et Tz., à Lyk., 1047.

384. Ci-dessous, p. 388-389.

385. Dans *CMT II* ; ci-dessus p. 26.

386. Dans la « Fondation du domaine de Tara », ci-dessus, p. 25.

387. Dans la *TBC* et dans *CMT I* ; ci-dessus p. 24 et 36.

388. *CMT II*, 15, 17, 19 (*TM*, 61).

389. Ci-dessus, p. 26.

390. *CMT II*, 77-79 (*TM*, 67).

391. *Ibid.*, 108 (*TM*, 71).

392. *Ibid.*, 129-163 (*TM*, 74-77).

393. *Ibid.*, 165-168 (*TM*, 77-78).

394. *TBC* (version du *LU*), 154 (Guyonvarc'h, 1963 b, 280).

395. *TBC* (version du *LU*), 163 (Guyonvarc'h, 1963 b, 284).

396. Hull, 1898, lix. De même Arbois, 1898, 246-249, Rees et Rees, 1961, 59 ; Gray, 1989-1990 ; Hily, 2002.

397. Comme le note pertinemment Le Roux, 1965, 393.

398. *Triade* 20 ; Lambert, 1994 b, 99. Il est vrai que le mythe ne le montre pas en acte de combattant. Mais il est remarquable qu'un auteur (Hily, 2002) ait pu montrer que bon nombre d'épisodes de la vie de Cúchulainn ont leurs parallèles dans l'histoire de Lleu : ainsi, la forme galloise et le fils irlandais de Lug s'avèrent parallèles. Ce qui confirme l'étroitesse de la relation entre Lugh et son fils.

399. Hollard et Tache, 2003.

400. Quoique Roscher, 1882, 435-438, retienne dans sa définition d'Apollon sa qualité de « dieu de la guerre ». Mais Wernicke, en 1889, dans la *RE*, voit en Apollon un dieu des morts, principalement parce qu'il tue (c. 17).

401. Kléarkhos (*FHG*, II, 318, *Frg.* 46) *in* Ath., XV, 701 c ; et documents figurés (p. ex. dans Roux, 1976, 47, acrotère de terre cuite d'un temple de Veiès).

402. Qu'on songe, par exemple, à Indra effrayé par sa victoire sur Vṛtra et s'enfuyant (*Mahâbhârata*, V, 9, 8-9), à Zeus prisonnier et dévitalisé par Tûphaôn (Apd., I, 6, 3 ; Nonn., *Dion.*, I, 510-512)...

403. Hèraklès ne parvient pas à brûler seul les neuf têtes de l'hydre de Lerne, Jason ne triompherait pas du dragon de Colchide sans l'aide de Médée, il faut trois coups pour tuer le dragon de Mons (Collette, 1991), etc.

404. Ci-dessous, chap. III, « Le meurtre des géants borgnes », p. 304-310.

405. *Cf.* Brelich, 1958, 360 ; 1969, 435 ; Dörig et Gigon, 1961, 46-48 ; Bérard, 1971, 71.

406. Wernicke, 1895, 11.

407. À Delphes : Plut., *Qu. conv.*, VIII, 4 (*Mor.*, 724 c).

408. *Sch.* à *Il.*, XXIII, 660 ; Ov., *Mét.*, XI, 424.

409. *HHA*, 277-280. Sur Phorbas, les Phlégyens et Apollon : Sergent, 1984 a, 150-157 (= 1996 a, 152-159).

410. Paus., V, 7, 10.

411. Wernicke, 1895, 11.

412. *Laossóos*, *Il.*, XX, 79.

413. *Cf.* Jameson, 1980.

414. *Cf.* Sergent, 1984 a, 113-117 (= 1996 a, 115-119), avec les sources.

415. Artt., *Constitution des Laconiens*, *frg.* 532 Rose, *in Sch.* à Pind., *Isthm.*, VII, 18 c (citée dans Vian, 1963, 218).

416. *Cf.* Vian, 1963, 216-225 ; Sergent, 1984 a, 88-90 (= 1996 a, 90-92) et 1993 c.

417. Proklos, *in* Photios, *Bibl.*, 239, 321 b (Henry, 1959 -1977, V, p. 163-184).

418. *Cf. infra.*

419. Karageorghis, 1990, 89 ; *Héritage*, 1996, 46, 47.

420. Plut., *Pyth. Or.*, XVI (402 a).

421. Macr., *Sat.*, I, 17, 67. On compare *Il.*, XV, 229-230, où il brandit l'égide.

422. Wernicke, 1895, 12.

423. Sergent, 1994 b.

424. Demetrios de Skepsis, cité par Ath., IV, 141 e-f.

425. Karageorghis, 1990, 137.

426. Au comparatif : *kreíssôn kai areíôn* (*HHA*, 266), où ce dernier adjectif est un dérivé du nom d'Arès, dieu de la guerre violente.

427. *Cf. infra* p. 205.

428. Sur les divers Kuknos, Sergent, 1984 a, 274-280 (= 1996 a, 276-280) ; et Janko, 1986.

429. Apd., *Epit.*, III, 23.

430. Artt., *frg.* 170 (Jaboby, 1923, II, p. 157) ; Paus., X, 14, 1-2 ; D. S., V, 83 ; Plut., *Q. G.*, 28, 287 d-f ; Conon, *Narr.*, 28 Jacoby (*FGH*, I, 199) ; Photios, *Bibl.*, 186, 125 b (Henry 1959-1977, III, 21-22) ; *Sch.* à *Il.*, I, 38 ; St. Byz., *s.v. Tenedos.*

431. *HHA*, 66-68.

432. *Orestie*, *PMG*, *Frg.* 215-219 ; sur quoi Neschke, 1986.

433. Paus., II, 31, 6-8 ; 32, 2.

434. Varron, *Antiquitates*, XI, cité par Probus, *Proem. in Buc.*, *in* Serv., III, 2.

435. Delcourt, 1959, 104, 106. Cela dit, purifier est une des fonctions les plus importantes d'Apollon. Il l'a fait envers Oreste, comme il le fera envers tout autre Grec. *Cf.* sur ce Roscher, 1884, 441-442 ; Wernicke, 1895, 15 ; Séchan et Lévêque, 1966, 2078 ; Detienne, 1998, *passim.*

436. Au point que certains auteurs ont vu en cela son trait principal : ainsi Wernicke, 1895, col. 59-60 ; Nilsson, 1976, 538-536 ; Eckels, 1937. Et *cf.* Wernicke, col. 10 ; Lévêque et Séchan, 1966, 204-206.

437. Si le terme peut en théorie signifier aussi bien « des lois » que « des troupeaux » (Gershenson, 1991, 10), les occurrences ne laissent possible aucune hésitation : dans Hésiode (cité ci-dessous), il est invoqué par Aristaios, fils d'Apollon aux occupations tout agrestes, et le texte latin de Servius le traduit par *pastoralis* ; dans Callimaque, le terme résulte de l'activité pastorale du dieu chez Admète.

438. Hés., *Frg.*, 216.

439. De même dans Apd., I, 9, 15 ; III, 10, 4.

440. *Il.*, VII, 452-453 ; XXI, 441-457 ; Hés., *Frg.*, 41, 61-64 ; Pind., *Ol.*, VIII, 30-35 (40-47) ; Apd., II, 5, 9 ; Luc., *Des sacrifices*, 4 ; *Sch.* à *Il.*, XXI, 444 ; Tz., *Sch.* à Lyk., *Al.*, 34 ; Virg., *Géorg.*, I, 502 ; Hor., *O.*, III, 3, 21-23 ; Hyg., *F.*, 89 ; Ov., *Mét.*, XI, 194-220 ; Serv., à *Aen.*, VIII, 157 ; *PMV*, I, 46, 6 ; *SMV*, 193. Sur ce mythe, Dumézil, 1953, 28, n. 10 ; 1985 a, 31-37 ; puis Sergent, 1998, 58-62.

441. Paus., VIII, 34, 5 ; *Héritage*, 1996, 46. Wernicke, 1896, 10, le suppose à Dèlos, en fonction de l'autel *Kerátôn*, « des cornes », sur lequel *cf.* ci-dessous, p. 81, 272.

442. Macr., *Sat.*, I, 17 ; Thuc., III, 3, 3 ; V, 53 ; *Sch.* à Artph., *Nuées*, 144 ; Hskh., *s. v. Mallœis* ; St. Byz., *s. v. Mallœis* ; Proklos, *in* Photios, *Bibl.*, 239, 321 (Henry, 1959-1977, V, 164 : *Galáxios* est donné par certains manuscrits, au lieu et place de Khalazios) ; *cf.* Robert, 1973, 106. *Cf.* aussi Soph., *Œd. Col.*, 1091.

443. *Cf.* ci-dessous, p. 345-346.

444. Paus., III, 13, 4-5 ; *CIG*, 1446.

445. Paus., III, 13, 3.

446. Wernicke, 1895, 10-11.

447. *LIMC*, n° 334-340.

448. *Ibid.*, 335.

449. *Ibid.*, 337.

450. Karageorghis, 1989, 56-57 ; 1990, 59.

451. Ci-dessus, p. 44 ; et ci-dessous, p. 221-222.

452. Lettre à M. García Quintela, citée par celui-ci, 2003 c 45-46.

453. Ponséel, 1990, 211.

454. *HHA*, 70-71, *cf.* 18 ; Soph., *Ikhneutai* ; Apd., III, 10, 2 ; *cf.* A. L., *Mét.*, XXIII, 2-3 ; Ov., *Mét.*, II, 680-707.

455. Ci-dessous, p. 374-377.

456. Soph., *El.*, 6, et *Schol.* ; Plut., *Soll. anim.*, 966 a ; Porph., *abst.*, I, 22, 1 ; Hskh., *s. v.*

457. Sur ce Gershenson, 1991, 7-213, avec de nombreuses références. Il ne peut y avoir d'hésitation sur ce point : l'origine du culte d'Apollon Lukeios à Sicyone, rapportée par Pausanias (II, 9, 6), explique directement l'épiclèse par la protection accordée par le dieu contre les loups. C'est aussi l'explication du terme *Lukoktónos* dans la Scholie à Euripide et à l'entrée d'Hésykhios citées n. précédente, le lexicographe byzantin se référant à Aristarque, savant d'époque alexandrine. De même Festus, cité par Servius-Danielis, à Virg., *Aen.*, IV, 377. L'hostilité de Gershenson, 1991, 15-17, au prétexte que le loup est animal d'Apollon, est vaine : l'auteur de la scholie à Euripide note que le loup est à Apollon ce que le cerf est à Artémis – donc il est à la fois animal sacré d'Apollon et chassé par lui, car Artémis chasse le cerf.

458. *Il.*, I, 315-317, et, sur ce qui précède, 64-65, 93-100, 309.

459. *HHA*, 56-57.

460. *Ibid.*, 249, 260, 288, 366 ; Porph., *Abst.*, II, 15 (de la part d'un Thessalien), 16 (de la part d'un citoyen de Magnésie du Méandre), 17 (de la part des « tyrans », sans doute de Sicile ; *cf.* Bouffartigue, 1979, 204, à n. 2 de la p. 85).

461. *HAp*, 79.

462. *Od.*, XX, 276-278.

463. *Pyth.*, X, 31-36.

464. Helly, 1970, 185-186.

465. D'après *Sch.* à Lyk., *Al.*, 34.

466. Call., *HAp.*, 83-84.

467. Detienne, 1998, 63-84, chap. « Parmi les bouchers, un dieu sensualiste » ; les citations sont aux p. 63, 67 et 79.

468. Paus., IX, 10, 2-3 ; 11, 1-12. Sur quoi Schachter, 1986, II, 21-22, et la correction de Detienne, 1998, 269, n. 111 (où on trouvera d'autres références – M. Holleaux, S. Symeonoglou – sur ce dieu).

469. Morelli, 1959, 22 et 103.

470. Paus., V, 13, 11.

471. Ainsi dans les passages cités de l'*Iliade*, ou à Cyrène.

472. Sergent, 1987, 569. Sur Apollon pâtre, *cf.* Nilsson, 1976, 536-538, avec références à des auteurs modernes.

473. Karageorghis, 1990, 132.

474. *OCT*, 19 (*TM*, 108-109).

475. *CMT I*, 148-150 (*TM*, 88).

476. Stokes, 1894, 438-440 (*TM*, 104).

477. *Cf.* le poème de Flann Mainistrech, 11, cité et traduit *in TM*, 124.

478. Sergent, 1994 a, 186-189 = ci-dessous, p. 374-377.

479. Ci-dessus, p. 39.

480. De *Pyth. Or.*, 29 (*Mor.*, 409 a-b). Le texte en vers est attribué

hypothétiquement à Pindare, *cf.* n. 3, p. 183 de l'édition des Belles Lettres, t. VI, par R. Flacelière, Paris, 1974, des *Œuvres morales* de Plutarque.

481. Schachter, 1981, 48.

482. Borgeaud et Christinger, 2000, 105.

483. *Cf. infra.*

484. De Vries, 1963, 51 ; Laubie, 1965, 279-281 ; Sterckx, 1998 a, 32. Rémy, 1994, 191, 204, signale ainsi parmi les attributs de Mercure des boucs, en bronze, d'Annemasse et d'Arenthon (Haute-Savoie), et une stèle de Vienne, où Mercure est accompagné d'un bouc.

485. Even et Le Roux, 1950-1953, 291 ; Benoît, 1959, 143, 152 ; De Vries, 1963, 51 ; Laubie, 1965, 279-281.

486. Benoît, 1959, 156, et pl. IX, 1.

487. *Ibid.*, 150, 153.

488. Hatt, 1985, 212 et 227 : figuration du monument de Conweiler, avec Mercure et Apollon en haut, et en bas plusieurs animaux dont un bouc et un taureau.

489. Paus., X, 16, 5.

490. Ci-dessous, p. 342-343.

491. Ci-dessus, p. 26.

492. 1959, 71 et 143, d'après Monceaux, 1887.

493. Ci-dessous, p. 272.

494. Sur cette question, *cf.* ci-dessus, n. 182.

495. De Vries, 1963, 185-186, et bibliographie dans Sterckx, 1991-1995, IV, 53-54.

496. *Cf.* ci-dessous, p. 274-275, où des comparaisons grecques permettent de préciser le contexte rituel de ces monuments. Le taureau est recouvert d'un tapis, et est dans l'attitude des bovins qui, dans l'art céramique grec, sont prêts à être sacrifiés ; la mise à mort elle-même n'est jamais représentée.

497. MacNeill, 1982, 7, 73, puis *passim* ; c'était déjà l'avis de Czarnowki, 1919 ; ils sont suivis par Muller, 1995, 58, n. 9. Il en est de même en France, si j'en crois un article récent de J. Merceron : saint Patrice, dans le centre de la France, est patron des pêcheurs, traverse la Loire à la nage, plante son bâton qui reverdit (Merceron, 2003, 29-30) : tous ces caractères se retrouvent avec Lug, ou, pour la nage, avec Apollon lorsqu'il se fit dauphin !

498. MacNeill, 1982, 434-482, et 393-398, pour la synthèse des mythes.

499. À Knochroe, en Galway, et à Aghagower, près de Croagh Patrick ; *ibid.*, 414. Parfois aussi par un cheval, ce sur quoi on reviendra.

500. *Ibid.*, 410, d'après O'Rahilly, 1946, 323-325. Dans un récit gallois, le *Songe de Rhonabwy*, le héros dort sur la peau d'un veau, et a aussitôt des visions (Lambert, 1993, 191-192). *Cf.* Piggott, 1962, 118. Et *cf.* ci-dessus, p. 67-68.

501. C'est aussi l'idée de Mme MacNeill, 1982, 410, 422-423, 426-427. Elle note que de tels sacrifices sont effectivement attestés en Écosse, au XVIIe siècle, au Loch Maree. Ce qui évoque l'ordre donné à un taureau, ci-dessus, de se précipiter dans un lac.

502. Ce que note d'ailleurs Mme MacNeill, *ibid.*, 416.

503. Strab., VI, 3, 9 (384) ; Lyk., *Al.*, 1050-1051, 1127.

504. Paus., II, 19, 3-4. Traduction de P. Sauzeau, 1993, 241.

505. Et il interdit désormais une interprétation comme celle de Gershenson, 1991, 41, selon laquelle tout le récit en question est une ecphrasis des sculptures du temple d'Apollon Lukios à Argos : comme on y voit un loup combattant un taureau, et une femme, sans doute Artémis, levant une pierre en direction du taureau, on aurait secondairement inventé l'histoire du loup de Danaos opposé au taureau de Gêlanôr, pour expliquer les sculptures. C'est l'inverse : le mythe (évidemment !) était là avant les sculptures.

506. MacNeill, 1982, 397.

507. *Scholie* de Servius-Danielis à Virg., *Aen.*, IV, 377.

508. Paus., II, 19, 5.

509. MacNeill, 1982, 423.

510. Ci-dessous, chap. II, « Héron, grue », p. 211-213.

511. Olmsted, 1999, 144-147, note aussi ce point commun entre eux.

512. Le Roux et Guyonvarc'h, 1986, 238-249 ; 1995, 113-164.

513. MacNeill, 1982, 91.

514. Strab., XIII, 1, 64 (613).

515. De Ronchaud, 1873, 313 ; Grégoire *et al.*, 1949, *passim* ; Gershenson, 1991, 31-35 ; il signale, 32, des monnaies d'époque romaine d'Antigoneia-Alexandria où l'on voit Apollon marchant sur un trou de souris.

516. Paus., I, 24, 8, qui explique qu'Apollon libéra l'Attique d'une invasion de ces bêtes. De même, Hèraklès reçoit une épiclèse semblable, *Kornopiôn*, chez les Oïtaiens, en raison d'un exploit identique, Strab., *ibid.*

517. *Hymnes orphiques*, XXXIV, 3.

518. Paus., X, 15, 2.

519. Strab., XIII, 1, 64 (613).

520. Hskh., *s. v.*

521. Wernicke, 1895, 9.

522. Alcée, *Hymne à Apollon*, cité par Himerios, *Or.*, XIV, 10.

523. *Cf.* sur ce Wernicke, 1895, 9 ; Deubner, 1932, 198-201, 224-226 ; Jeanmaire, 1939, 312-313, 247-350 ; Detienne, 1972, 206-207.

524. De Ronchaud, 1873, 313.

525. Gershenson, 1991, 24.

526. *Ibid.*, 24, 119.

527. Ci-dessous, p. 218, 322.

528. Fontenrose, 1960, 112.

529. Grimal, 1964, 264, avec les sources.

530. Au sujet desquelles il est toujours bon de lire le bel article de Louis Gernet (1928), « Frairies antiques ».

531. Conon, *Frg.*, 5 Jacoby (*FGH*, I, 210).

532. *Cf.* Gershenson, 1991, 24. Rappelons que le « bouc émissaire » tire son nom du rituel équivalent hébraïque. Il n'y a donc, *a priori*, pas de rapport entre ce rituel hébraïque et le nom, lacédémonien, de Karnos.

533. *CIG*, II, 2054.

534. La première épiclèse à Naukratis, Séleucie sur le Tigre, Philippai ; des fêtes *Kômaia* étaient célébrées à Thasos et on connaît à Kolophon un mois de *Kômaôn*, Graf, 1985, 187 ; la seconde à Eruthrai et à Ainos, *ibid.*, 185-186.

535. Strab., IX, 3, 12 (422).

536. Detienne, 1998, 316, n. 80 ; il renvoie sur ce à Rouse, 1902 (1975), 39-47 ; Parke, 1948 ; Ducat, 1974, 93-114. Pour Apollon agraire, *cf.* aussi Parke, 1977, 197 ; Rudhardt, 1992, 96 ; Simon, 1983, 77-78 ; Calame, 1990, 316-317.

537. *HHA*, 491.

538. Rougemont, 1977, 83-85.

539. Detienne, 1998, 217.

540. *Ibid.*

541. García Quintela, 2003 c, 13.

542. Et cela est développé ci-dessous, chap. II, « Le corbeau ».

543. Fr. Lasserre a suggéré – après Kersabiec, 1868, 120 – que ce pourrait être Brandû, en breton *vran-deü*, « deux corbeaux », à 17 kilomètres au nord-ouest de La Baule (Strabon, t. II, CUF, 1966, 163 et n. 3). Rejet de Guyonvarc'h, 1997, 303 ; et de Gricourt, Jacques et Prilaux, 2003, n. 52.

544. Strab., IV, 4, 6 (198).

545. Deonna, 1958, 7 ; De Vries, 1963, 51 ; Laubie, 1965, 279-281.

546. Duval, 1952-1954 ; Le Roux, 1968, 791 ; Lambert, 1994 a, 107, 148 ; Delamarre, 2001, 243 ; *cf.* De Vries, 1963, 67.

547. Deonna, 1958, 7 ; *cf.* Thévenot, 1957, 101, 132.

548. MacNeill, 1982, chap. IV, 47-66.

549. *Ibid.*, 408.

550. *Ibid.*, 33.

551. *Ibid.*, 35, 37, et 422, sur les localisations, et les différents rites.

552. *HHA*, 139.

553. MacNeill, 1982, 422.

554. Wilde, 1890, 125, cité par MacNeill, 1982, 34.

555. Proklos, *in* Photios, *Bibl.*, 239, 321b (V, 164).

556. Paus. cité par Eust., à *Il.*, XXII, p. 1283, 6 ; et *Souda*, *s. v.* Les Anciens ajoutaient qu'elle jouait un rôle aux Thargêlia, mais Deubner, 1932, 191-192, 201, a montré que cette attribution était due à des confusions d'auteurs tardives.

557. Plut., *Thés.*, XVIII, 1.

558. *Ibid.*, XXII, 6.

559. Plut., *ibid.*, selon qui les prémices en question comprenaient des figues, du pain, du miel, du vin ; selon Porphyre, *Abst.*, II, 7, qui cite Théophraste, *Peri Eusebeia*, on portait en procession « de la boue, de l'herbe, du chiendent sur un lit de noyaux, des rameaux de supplication [l'*ikétèria*], des légumes secs, des glands, des fraises, de l'orge, du blé, une galette de fruits secs, un gâteau fait de farine de blé et d'orge, un gâteau droit et une marmite pleine » (trad. Jean Bouffartigue, et *cf.* ses notes, 1979, 199-200) ; la stérilité avait commencé lorsque Minôs avait maudit le pays à la suite du meurtre de son fils, *cf.* Plut., *Thés.*, XV, 1. L'identité de l'*ikétèria* et de l'*éirésiônè* est indiquée par Hskh., *s. v. Thargêlia.*, et par la *Souda*, *s. v. éirésiônè.*

560. Schachter, 1981, I, 85.

561. *Cf.* Farnell, 1909, 284-286 ; Vernant, *in* Vidal-Naquet et Vernant, 1972, 119-121 ; Calame, 1977, I, 191-193.

562. MacNeill, 1982, 423.

563. *Ibid.*, 397-398.

564. *Ibid.*, 408.
565. *Ibid.*, 420, dans le chap. XIX, « Les rites et concepts originaux ».
566. *Ibid.*
567. Ci-dessous, chap. III, « La succession de Terre », p. 310-318.
568. En Ire partie, chap. III, « La fondation des jeux », sur les parallèles entre Delphes et l'Irlande.
569. Deyts, 1988, 58-65.
570. Benoît, 1959, 151-152.
571. À Saint-Pierre de Lisieux, ci-dessus, p. 33.
572. Sterckx, 2000, 41-42 ; García Quintela, 2003, 121.
573. MacNeill, 1982, 403-406, 412-416. Mais l'étymologie n'est pas certaine ; *cf.* ci-dessous, n. 44 de la IIIe partie.
574. MacNeill, 1982, 426.
575. *Ibid.*, 420.
576. *Ibid.*, 426.
577. *Etymologicum Gudianum*, *s. v.*
578. Hskh., *s. v.*
579. Ptol. Héph., 7 ; sur quoi Gershenson, 1991, 35.
580. Dumézil, 1966, 163.
581. *Ddm*, § 6 ; Gwynn, 1913-1935, III, p. 2, cité par Le Roux, 1962, 355.
582. *DdR*, 18, *in* Stokes, 1894, 311, cité par Le Roux, 1962, 355.
583. *Ddm*, § 11-14 ; Gwynn, 1913-1935, III, p. 3, cité par Le Roux, 1962, 355.
584. MacNeill, 1982, 412.
585. *Ibid.*, 407.
586. *Ibid.*, 411.
587. *Ibid.*, 420.
588. Plut., *Q. G.*, 12 (293 d-f). Sur ce, *cf.* Jeanmaire, 1939, 407 ; Roux, 1976, 169-171.
589. Je modifie ici ce que j'écrivais antérieurement (1996 c, 142, 150), où je situais la Kharilâ en fin d'hiver. Il me paraît aujourd'hui plus probable que la « famine » répond à la période de soudure, à laquelle met fin la moisson de blé.
590. Ci-dessous, p. 314, 319.
591. Le Roux, 1962, 358.
592. *Ibid.*, 345, et *cf.* 351-353.
593. *Ibid.*, 356.
594. *Ibid.*, 358-359.
595. *Ibid.*, 363.
596. MacNeill, 1982, 398.
597. Selon Helen Harrison, 1912, 437, c'était l'équivalent ou le nom delphique des Daphnèphoria, fête d'Apollon connue à Thèbes et ailleurs, *cf.* plus haut, p. 72-73, 90.
598. Plut., *Def. or.*, 15 (418 a-b). La procession de Tempè à Delphes, c'est-à-dire le retour, est déjà connue de Callimaque, *Aitia*, *frg.* 86-89, 194 Pfeiffer ; de Pind., *Pyth.*, III, avec les scholies. Sur ce, *cf.* Jeanmaire, 1939, 388-401 ; Brelich, 1969, 388-438 ; Helly, 1987, 140-142.

599. Comme le note d'ailleurs Plutarque, *Q.Gr.*, 12 (293 c). Par contre, il le conteste dans le texte cité à la note précédente.

600. Sur l'équivalence entre le roi de Delphes et le serpent *Pythôn*, ci-dessous, n. 411 de la IIIe partie, p. 352. Et sur Crom Dubh, ci-dessous, p. 327.

601. MacNeill, 1982, 410.

602. Jeanmaire, 1939, 396-401.

603. MacNeill, 1982, 408.

604. Delavigne, 1992 ; 2002, 54.

605. C'est ce que disent l'*HHA*, 117 et Théognis, *Élégies*, I, 5, mais dès l'*Odyssée* (VI, 162), Ulysse compare Nausikaa, la fille du roi des Phéaciens, au palmier de Dèlos.

606. Call., *HD*, 262 ; *Hymne* 2 de Delphes (d'époque romaine), strophe 2, *in* Bélis, 1992, 88 ; Hyg., *F.*, 140, 4 ; Tz., à Lyk., *Al.*, 401 (nomme le laurier et l'olivier) ; Strab., XIV, 1, 20 (639) ; Tac., *Ann.*, III, 61, 6 (ces deux derniers auteurs mentionnent alors la naissance d'Apollon près d'Éphèse, et non à Dèlos, Strabon précisant que Lètô vint dans un bois de cyprès bordant le fleuve Kenkhrios). *Cf.* aussi plus bas (p. 364) la tradition de Teguraï en Béotie qui, revendiquant la naissance d'Apollon et d'Artémis chez eux, montraient l'olivier et le palmier.

607. *H. N.*, XVI, 89.

608. Tz., *cf.* ci-dessus, dans n. 606 ; Serv., à Virg., *Aen.*, III, 91.

609. Wernicke, 1895, 9.

610. Ci-dessous, Ire partie, chap. III, « La passion du dieu suprême ».

611. Ci-dessus, p. 33.

612. Ci-dessus, p. 82.

613. Pour l'objet, *cf.* Wuilleumier, 1936 ; Picard, 1972 ; Hatt, 1986, 252-256. Pour l'identification du dieu, Sterckx, 1998 a, 32 ; 2000, 43, n. 65, sur quoi ci-dessous, p. 185-186. Une survivance notable de cette relation entre Lug et l'arbre s'observe en Espagne si, avec F. Delpech (1997, 106-107 et n. 143) on reconnaît dans Lug le prototype de Jaun Zuria (« Jean le Blanc »), fondateur de la dynastie des nobles de Guernica, cité célèbre par son arbre central, le chêne devant lequel tout nouveau comte devait prêter serment ; Guernica est la capitale de la Biscaye, laquelle se partage en cinq *merindades*, comme l'Irlande se partage en cinq cinquièmes, autour de l'omphalos d'Uisnech ; Guernica et Uisnech paraissent donc avoir été l'un et l'autre d'anciens *Medionemeton* celtiques. *Cf.* Delpech et García Quintela, 2003.

614. Ci-dessus, p. 42.

615. *Ibid.*, p. 40.

616. Soren, 1987, 42-43.

617. García Quintela, 2003 a, 115-119. Pour Libenice, *cf.* Cernuti et Gaspani, 1997.

618. Titre d'un paragraphe de MacNeill, 1982, 408, sauf la partie entre crochets. Les légendes de ce type sont regroupées à cette entrée dans son index.

619. *Ibid.*, 394.

620. *Ibid.*, 414.

621. *Ibid.*, 420-421.
622. *Ibid.*, 421.
623. Chap. I, « Dieux des hauts lieux ».
624. Proklos, *in* Phot., 231, 21 ; *cf.* ci-dessus, p. 73.
625. I, 86-87.
626. Dans la version plus classique de Bacchylide, III, 29 et 55, c'est Zeus.
627. Paus. *in* Eust., à *Il.*, XXIII, 1283, 6
628. *Théb.*, I, 662-670.
629. Pind., *Pyth.*, IX, 59-66 (104-115) ; Apoll. Rh., *Arg.*, II, 516-528 ; IV, 1132-1133 ; *Sch.* à Pind., *Pyth*, IX, 112 ; Virg., *Géorg.*, I, 14-15 ; Timée, *in* D. S., IV, 81, 2 ; Cic., *Nat. Deor.*, III, 18 ; Pl., *H. N.*, VII, 199 ; Plut., *Erôt.*, XIV, 757 d ; Paus., VIII, 4, 1 ; Ps. Artt., *Mir. Ausc.*, 100 ; Ps. Oppien, *Cyn.*, IV, 271 ; Justin, XIII, 7, 10 ; Nonn., *Dion.*, V, 558-568 ; XIII, 252-277 ; XIX, 230-262. Pour la navigation, *ibid.*, III, sur le voyage de Grèce en Égypte. Pour une étude d'ensemble d'Aristée, Chuvin, 1976, 89-95.
630. Gershenson, 1991, 43, 80, qui rappelle, 20-21, que certains auteurs, principalement à l'époque de l'« école naturaliste » du XIXe siècle, ont mis en relief ce rôle d'Apollon : pour W. W. Kelly, 1863, dans l'*Iliade* Apollon n'est pas encore soleil, mais dieu des tempêtes d'été ; de même F. L. W. Schwartz, 1860 ; et J. V. Grohmann, 1862, tient Apollon pour un dieu de la tempête. Quant à Gershenson lui-même, il veut absolument réduire Apollon à un dieu-vent !
631. Robreau, 2002, 129.
632. Hyg., *F.*, 147.
633. Dans D. S., II, 47, 7 ; El., *N. A.*, XI, 1.
634. Strabon, VII, 3, 1 (295).
635. *Frg. Inc.* 870 Nauck (2).
636. *HD*, 291-293.
637. *Cf.* Amandry, 1950, 215-225, références et discussion.
638. Conon, 35 Jacoby (*FGH*, I, 202). Gershenson, 1991, 48, note que l'aventure se déroule au pied du mont Lusson, « nommé d'après le loup ». S'agissant d'un élément de relief anatolien, rien n'est moins sûr. Le nom d'Éphèse lui-même n'est pas grec.
639. Paus., II, 19, 7.
640. Plut., *Ser. num.*, 12 (557 c). On reviendra sur cette histoire d'affrontement entre Hèraklès et Apollon, ci-dessous, p. 330.
641. Gershenson, 1995, 24-66 ; Le Quellec, 2001, 87-92.
642. Ps. Théoph., *Signis*, 46 ; Aratos, *Phén.*, 1124-1128 ; *Geoponica*, I, 3.
643. 1991, 46, mais, à l'encontre de la thèse de cet auteur sur un Apollon-vent, on notera que rien ne concerne Apollon dans les mêmes secteurs !
644. *Cf.* ci-dessous, p. 131-132.
645. García Quintela, 2003 c, 42.
646. Pontfarcy, 1996, 33.
647. Version du *LL*, Guyonvarc'h, 1994, 144.
648. Version du *LU* et du ms. Egerton 1782, *in* Guyonvarc'h, 1963, 401.
649. Alcée, *Hymne à Apollon*, connu par Himerios, *Or.*, XIV, 10 ; Plut.,

De E Delph., 9 (389 c) ; sur quoi *cf.* Nilsson, 1906, 283-284 ; Roux, 1976, 31, 176, 180 ; Otto, 1993, 81-82.

650. Plut., *Q. Gr.*, 9 (292 e-293 a). On a prétendu qu'il s'agissait d'une tradition tardive ; *cf.* par exemple Amandry, 1950, 197. Mais le 7 du mois comme jour de naissance d'Apollon est connu déjà d'Hésiode, *Trav.*, 770-771, et cela seul implique une conception cyclique – or, aucun auteur n'a soutenu qu'Apollon était mort le 6 Busios ! il s'agissait donc bien de son retour –, et dès le Ve siècle Aristophane s'amuse à qualifier Apollon de *Kisseús* (épithète dionysiaque) et Dionysos de *Mántis* (le Mantis par excellence, le « Devin », est Apollon), puis le temple construit au IVe siècle met en honneur Apollon sur le fronton oriental, Dionysos sur le fronton occidental (Paus., X, 19, 4). Sur l'ancienneté de cette répartition, *cf.* Yoshida, 1966.

651. À Virg., *Aen.*, IV, 143.

652. *Q. Gr.*, 9 (292 e).

653. Gaignebet et Lajoux, 1985, 81-87, 90.

654. Ainsi pour Lugnasad, la seule datation de la fête de Lug au 1er août dès l'Antiquité celtique implique celle des trois autres fêtes, qui en sont solidaires, aux mêmes dates calendaires qu'en Irlande.

655. Vallois, 1931, 269.

656. Bischoff, 1919, 1589.

657. Roscher, 1882, 425-430 ; Detienne, 1998, 277, n. 98.

658. Plut., *Q. Gr.*, 9 (*Mor.*, 292 f) ; Ath., XIV, 647 d, et XI, 502 b.

659. Calame, 1977, I, 192.

660. Théognis, 777-780.

661. Pollux, VIII, 119 ; Plut., *Thés.*, XVIII, 2. Sur ce, *cf.* Sontheimer, 1933 ; Jeanmaire, 1939, 274-277 ; Magrath, 1975, 186-189 ; Graf, 1979, 17 ; Sergent, 1990 d, 180-181, 186-187, 192, 204, 215.

662. Nilsson, 1906 ; 435-439 ; sur cette fête, *cf.* ci-dessous, p. 218.

663. Hymne de Ténos, *CIG*, II, 2342.

664. Lyk., *Alex.*, 352.

665. Wernicke, 1896, 10. *Cf.* ci-dessous, n. 910, p. 626 : c'est le sens étymologique du mot *Apollon*, selon F. Bader.

666. Wernicke, 1896, 57-61.

667. *Od.*, XX, 275-278 ; XXI, 257-268.

668. Austin, 1975, 239-295.

669. Ci-dessous, p. 307-309.

670. Guyonvarc'h, 1963, 281.

671. Sur quoi Le Roux et Guyonvarc'h, 1995, 113-163, 203-208.

672. Gricourt et Hollard, 1998, 30 ; de même Gricourt, 2003, 8-9. Mais *cf.* la nuance que j'apporte ci-dessous.

673. *Ibid.*, n. 90, d'après Espérandieu, 1907-1966, IX, 276-277, n° 7070 ; Thévenot, 1955, 62-62 et pl. VI.1 ; Boucher, 1976, 87, 132-133, pl. 17, fig. 80 ; Duval et Pinault, 1986, 35-73.

674. Detienne, 1998, 57 ; et déjà Roscher, 1882, 423-425.

675. *Cf.* Chantraine, 1974, 649. Quattordio Moreschini, 1988, note que le suffixe *-bas* indique une origine anatolienne du mot. Il est donc douteux que le radical, *luka-*, signifie « lumière » : les langues anatoliennes sont très distinctes, quant au vocabulaire, entre autres, du grec.

676. Detienne, 1998, 56-57.

677. C'était déjà la définition de Dion Chrysostome, VII, 84 : le début du mois.

678. Tanguy, 1987, 476, d'après Owen, 1968, 63-64.

679. Ci-dessous, 1re partie, chap. II, « Le roitelet ».

680. García Quintela, 2003 c, 8.

681. Roscher, 1882, 423-434 ; Bader, 1997, 64.

682. Ci-dessous, p. 370.

683. *Cf.* ci-dessous, p. 144, et Sergent, 1999 a, 103-104.

684. Ci-dessus, p. 26.

685. Ci-dessus, p. 99.

686. Ci-dessus, p. 29.

687. Le Roux, 1962, 184.

688. *Il.*, I, 47. Sur ce, Vivante, 1983 ; Detienne, 1998, 42.

689. Pind., *Ol.*, VI, 62-75 (109-122).

690. Paus., IV, 2, 2 ; 33, 5 ; A. L., *Mét.*, IV, 2 ; *cf.* Phér., *FGH*, III, 82 ; *Sch.* à Soph., *Trakh.*, 354 ; St. Byz., *s. v. Eretria* ; Strab., X, 1, 10 (447-448).

691. Hésiode, *frg.* 261.

692. Bader, 1997, 57.

693. *HHA*, 372-373.

694. Bader, 1997, 58, malgré Chantraine, 1974, 953. Rappelons que F. Bader a fait partie, avec trois autres linguistes, des auteurs qui ont achevé le dictionnaire de Chantraine après le décès de celui-ci ! Sur le pourrissement, *cf.* ci-dessous, chap. II, « La pourriture », p. 277-280.

695. Je résume *HHA*, 244-276. *Cf.* ci-dessous, p. 324-325.

696. Ap. Rh., *Arg.*, II, 706.

697. Le couple est voulu, car il fait partie de ce que le même auteur a appelé des mutations conceptuelles par changement de consonne : à côté du couple Delphousa/Telphousa, elle cite le double nom de la mandragore, *dirkaía*, *kirkaía*, la forme alternative *Pélarges* au nom des Pélasges, la double forme du nom des Pléiades et Péléiades, issues respectivement de formes **pel-H*1- et **pel-H*2-, ou l'alternance des noms des dieux de l'orage indo-européen, qui sont formés soit sur **ter-H*2- (*Taranis*, *Tarhunda*), soit sur **per-H*2- (*Perun*, *Perkûnas*, *Parjanya*), ou sur **ker-H*2- (*keraunós*, nom de la foudre de Zeus), *cf.* Bader, 2001, 40.

698. Bader, 1997 b, 58-61.

699. Lambert, 1993, 107-108.

700. Ci-dessous, p. 277-280.

701. Gricourt, 2003, 11, et références à la n. 76.

702. Sur ce, *cf.* aussi ci-dessous, p. 361-362.

703. Gricourt et Hollard, 2003. Sur Lug et le cheval, ci-dessous, p. 246-260.

704. Graf, 1985, 122, 250.

705. Esch., *Eum.*, 62.

706. Graf, 1985, 171-172.

707. Wernicke, 1895, 15-16.

708. D. S., V, 74, 6.

709. Detienne, 1998, 229, et *cf.* Masson, 1988 ; Ehrhardt, 1989 ; Kryzickij et Vinogradov, 1995, 109-111.

710. Pugliese Carratelli, 1970.

711. Proklos, *in* Photios, *Bibl.*, 239, 320 a (Henry, 1959-1977, V, 160).

712. Les traducteurs se partagent entre les sens de « qui lance ses traits au loin » (déjà antique, *cf.* par exemple Héraclite, *Allégories d'Homère*, I, 8, 1), ainsi Humbert dans l'hymne homérique à Apollon (*cf.* ci-dessus, n. 234) ou Cahen, *in* Callimaque (*cf.* ci-dessus, n. 236), « Celui qui accomplit sa volonté » (Philipp, 1951 ; Kuiper, 1960, 62 ; Schmitt, 1967, 59, 175-176 ; Bader, 1997 a, 61) ; « Qui œuvre à son gré », Jacqueline Duchemin et Louis Bartholdet, *in* Bacch., *Dithyrambes*, *Frg.*, V, 11, p. 65 de l'édition CUF), et « Préservateur » : ainsi Mazon dans l'*Iliade* (V, 439 ; XV, 243, 253 ; XXI, 461, 472, 478 ; XXII, 15...). L'étude étymologique de Chantraine, 1968, 327-328, tranchait en faveur du troisième de ces sens, mais F. Bader revient au deuxième (1997, 61).

713. Nonn., *Dion.*, IX, 275-282 ; *cf.* X, 105.

714. Detienne, 1998, 125, d'après Sokolowski, n° 115, ll. 4-7.

715. Sur ce dossier, *cf.* Gagé, 1955, 24-25 ; Nilsson, 1976, 239-241 ; *cf.* aussi Roux, 1976, 4.

716. *Kratyle*, 405 a 3.

717. Ci-dessus, p. 55-56, et ci-dessous, p. 149.

718. Detienne, 1998, 124, d'après Pugliese-Caratelli, 1963-1964 (1965, 1976).

719. *LBÉ*, VII, 311 (*TM*, 13) ; *CMT I*, 8 (*TM*, 47) ; Keating, XI-XII = I, p. 216-208 (*TM*, 85-86).

720. Bader, 1980.

721. Que Diancecht et ses enfants, sur lesquels voir *infra*.

722. Le Roux et Guyonvarc'h, 1986, 100. Loth, 1914, 214, note que selon certains textes, ce sont les *éli Loga*, prières, charmes ou incantations de Lugh, qui ont endormi Cúchulainn.

723. Stésichore, *Frg.* 47, Page ; Euphorion, *Frg.*, 56 Powell.

724. Gricourt, Hollard et Pilon, 1999, 127. De deux des mêmes auteurs, sur Lug et les autres dieux médecins, *cf.* Gricourt et Hollard, 2001.

725. *Ibid.*, 158-159 ; de même Thévenot, 1950, 420-421.

726. Stokes, 1862, 36-38.

727. Guyonvarc'h, 1960, 200.

728. Gricourt, Hollard, Pinon, 1999, 151. Et ci-dessus, p. 62.

729. Ci-dessus, p. 45-74.

730. Le Roux, 1961-1962, XIII, 477-480 ; XIV, 344, 348, avec les références et d'autres courts textes, redondants par rapport à ceux cités ici.

731. On reviendra sur les relations féminines de Lug et d'Apollon.

732. Le Roux, 1961-1962, XIV, 364 d'après le *DdM* (Gwynn, 1903-1935, III, 40) : poème attribué à Fland Mac Lonnan.

733. Le Roux, 1961-1962, XIV, 364 ; Ettlinger, 1952-1954, 39, d'après le *DdM* (Gwynn, 1903-1935, IV, 49-50).

734. La plupart des fondations du légendaire irlandais ont en fait pour responsable direct une femme : Rees et Rees, 1961, 167 ; Ettlinger, 1952-1954, *passim*.

735. *DdM*, Gwynn, 1903-1935, III, 5 ; *DdP* 2 (Stokes, 1894-1895, XVI, 277 ; trad. *in TM*, 178-179) ; *ATDM*, § 1 (*TM*, 257).

736. *CMT I*, 15 (*TM*, 61) ; *OCT*, 18 (*TM*, 108) ; Keating = II, 251-252 (*TM*, 186), sur quoi *cf.* O'Cuiv, 1945, n. 85. Et, comme on en verra plus bas des exemples avec Óengus, les personnages de la mythologie irlandaise qui portent le nom de Lugaid paraissent souvent des hypostases du dieu. *Cf.* ci-dessous, sur Lugaid Láigbe ; et, sur Lugaid Reobderg, Sterckx, 2002, 15 ; un des saints irlandais qui « prolongent » Lugh s'appelle *Lugaid mac Fintain* (O'Riain, 1978, 147-148).

737. *Cf.* ci-dessus, p. 24-25, 42.

738. *STT*, § 20 (*TM*, 162).

739. Meyer, 1907, § 81 (*TM*, 173).

740. *STT*, § 22-23 (*TM*, 162-164).

741. Cruachan, capitale d'Ailill et Medb de Connaught, lui était également associé : Ettlinger, 1952-1954, 53, d'après le *DdM* (Gwynn, 1903-1935, III, 469-470) ; *cf.* aussi MacNeill, 1982, 348.

742. En 1re partie, « La fondation des jeux », p. 318-326.

743. *HAp*, 56-68. La ville de Battos et de Callimaque est Cyrène ; le dernier paragraphe évoque la fondation de Cyrène qui, à l'époque de Callimaque, est tombée sous la domination des Lagides d'Alexandrie (plus connus sous le nom de *Ptolémées*).

744. *Cf.* Detienne, 1998, 92, 97, 108-110.

745. *STT*, § 21 et suiv. (*TM*, 162).

746. Roscher, 1884, 440-441 ; Wernicke, 1895, V, 3 ; Schmid, 1947, *passim* ; Parke, 1956, I, 51 ; Bérard, 1960, 62 ; Forrest, 1956 ; Nilsson, 1976, 637-640 ; Valenzo-Mele, 1977 ; Prinz, 1979 ; Lombardo ; Detienne, 1998, 85-104, 106-107, 143-144 ; 2000, 100.

747. Attesté, pour Cyrène précisément, par Pindare, *Pyth.*, V, 60, et par l'épigraphie, par la « Stèle des Fondateurs », *SEG*, IX, 3, 1, 10. Et aussi à Naxos et Rhègion, en Italie du Sud, Halicarnasse en Carie, Hiérapolis en Phrygie, Cyzique en Propontide, Égine et Mégare, en Grèce même, et dans les colonies de la dernière, Selinonte puis Mégara Hyblaia en Sicile, Byzance et Kalkhédon sur le Bosphore, Kallatis et Hèrakleia sur la mer Noire. *Cf.* Detienne, 1998, 92.

748. 1984, 360-363 ; *cf.* aussi Roscher, 1882, 438-441 ; Detienne, 1998, 275, n. 67 et 70.

749. Pomp. M., I, 108. Sur quoi Detienne, 1998, 87, et n. 23-24, p. 273, avec les références modernes.

750. Plut., *Banquet,* 20 (*Mor.*, 163 b). Cela, dans le cas de la colonisation de Lesbos. *Puthókhrêstos* désigne aussi le devin, protégé d'Apollon, à Athènes, *cf.* Detienne, 1998, 144, et 296, n. 64, 297, n. 79.

751. *Ibid.*, IV, 41-45. *Cf* . Detienne, 1998, 143. Il faudrait écrire en fait « ne pas consulter un oracle [...] était une faute », *cf.* ci-dessous. Mais Sparte avait Delphes pour oracle principal : Dôrieus devait y consulter le dieu.

752. Ci-dessous, p. 254-255.

753. Comme le note Solders, 1935, 153.

754. Schmid, 1947, 159-162 ; Vian, 1963, 78-79.

755. Ci-dessus, p. 45, 59, ci-dessous, p. 182-183.

756. *Cf.* Guyonvarc'h, 1963 b ; Delavigne, 1998 a ; Lelu, 2000, 36-37. Ce sont, par exemple, *Lugdunum Convenarum*, aujourd'hui Saint-Bertrand-de-Comminges, dans les Pyrénées ; *Lugdunum Remorum*, Laon ; *Lugdunum Consoranorum*, aujourd'hui Saint-Lizier (Ariège), *Lugdunum Batavorum*, aujourd'hui Rottenburg, aux Pays-Bas ; *Lugidunum*, Liegnitz, en Autriche, une série des trois localités alignées dans l'ancien pays des Carnutes (*Lion-en-Sullias*, *Lion-en-Beauce*, *Laons*), *cf.* Robreau, 2002, 124, ailleurs *Lion*, *Montlion*, *Montleu*... En tout plus de trente toponymes, en Europe occidentale, peuvent être dérivés de *Lugdunum* ou de formes proches.

757. Pour la première, ci-dessous, et pour la seconde *cf. Sch.* à Pind., *Ném.*, V, 81. Detienne, 1998, 275, n. 75.

758. Paus., I, 43, 7-8.

759. *Oreste,* 1643-1647. *Cf.* Detienne, 1998, 206-208, 216, 326, n. 257 ; et *cf.* 145, le cas parallèle d'Alcméon.

760. A. L., *Mét.*, XXXII, 3-4.

761. Detienne, 1998, 19-39.

762. Sur quoi Roux, 1966.

763. *Cf.* ci-dessus, p. 76.

764. C'est-à-dire l'un et l'autre « Chasseurs ».

765. Theognis, 773-774 ; Paus., I, 42, 2 (et 41, 3) ; Ov., *Mét.*, VIII, 15-16.

766. Hesychios de Milet, *Frg.* IV, 12 ; *FHG*, IV, 147.

767. *Ibid.*, 13-16. Sur quoi *cf.* Detienne, 1998, 272, n. 20.

768. *F.*, 9, 2.

769. A. Rh., *Arg.*, II, 686-693. Detienne, 1998, 85.

770. *HHA*, 555.

771. Detienne, 1998, 272, n. 8. Et sur les autels, 35-39, 78 ; sur la continuité de l'autel à la cité, 98-101.

772. *Ibid.*, 34. Et 252, n. 143 : « Sur trente exemples de *naós* ("sanctuaire, temple") dans les *Hymnes homériques*, il y en a vingt et un dans l'*Hymne à Apollon.* » Et tout le chapitre v, « Fonder-créer une cité : l'œuvre politique », 105-133.

773. *Cf.* Sergent, 1995 e, 391-392.

774. Delpech, 1997, 107, n. 143.

775. *HHA*, 225-228.

776. Ci-dessus, p. 24-25.

777. *STT*, 23 (*TM*, 162).

778. Sergent, 1981, 50.

779. *Q. Gr.*, 17 (*Mor.*, 295 b), peut-être d'après la *Constitution de Mégare* d'Aristote.

780. IV, 70, 1.

781. D'après les notes de J. Boulogne, *in* Plutarque, *Conduites méritoires des femmes – Étiologies romaines – Étiologies grecques – Parallèles mineurs*, CUF, 2002, 404.

782. Sur elle, *cf.* Le Roux, 1961 a ; Rees et Rees, 1961, 146-185 ; Guyonvarc'h, 1982, 184-185.

783. V. 759-760.

784. *SST*, 24 (*TM*, 162).

785. Le Roux, *cf.* ci-dessus, n. 782.

786. Ci-dessous, p. 296-303.

787. Sur quoi Polignac, 1984, 134-135 (1996, 171-172).

788. Hdt, IV, 33-35.

789. Paus., I, 43, 4. Les fouilles ont confirmé les données de Pausanias, *cf.* Detienne, 1998, 95.

790. Linckenheld, 1947, 86-89 et 102 ; Benoît, 1959, 150, 177.

791. Tombes de Dionysos, ou du serpent Puthôn, d'une part, de Néoptolème, d'autre part ; *cf.* Detienne, 1998, 271, n. 139, et ci-dessous, p. 329, 336-337.

792. Paus., I, 43, 2.

793. Detienne, 1998, 110-114.

794. Paus., I, 42, 2-3, traduction de Detienne, 1998, 94.

795. Vian, 1963, 75.

796. Phér., *FGH*, I, 3 *Frg.* 124 ; A. Rh., *Arg.*, I, 735-741 ; Apd., III, 5, 5 ; Paus., IX, 5, 6-8 ; Prop., I, 9, 10 ; IV, 2, 3-4 ; Hor., *O.*, III, 11, 2 ; *Art poétique*, 394-396.

797. A. Rh., *l. c.* à la n. précédente.

798. *TM*, 52.

799. Dougherty, 1994.

800. *STT*, § 9 (*TM*, 158-159).

801. *STT*, § 11 (*TM*, 160), 30 (*TM*, 163), 33-35 (*TM*, 164-166).

802. *Dialogue de Fintan et du Faucon d'Achill*, Meyer, 1907, traduit *in TM*, 169-174 ; poème attribué à Fintan dans le *DdM*, Gwynn, 1913-1935, III, 3-5, traduit *in TM*, 178.

803. *Cf.* le commentaire de Le Roux, 1961-1962, XIV, 351. De même dans le *LBÉ*, VII, 311 (cité par Le Roux, 1961-1962, XIV, 354, n. 33).

804. Rhys, 1898, 413.

805. *Cf.* ci-dessus p. 82.

806. *Ibid.* De même Czarnovski, 1925, 16.

807. Sergent, 1984 a, 167-171, 200-205 ; 1986 a, 118 (= 1996 a, 169-173, 202-207, 446) ; 1994 c, 1997 b, 1999 b.

808. *HHA*, 388-396. Tant les hommes et leurs moutons à qui le dragon femelle « faisait tant de mal » (v. 302-304) que « les familles innombrables d'hommes » miraculeusement apparus, avec les architectes Trophonios et Agamèdès, pour bâtir le temple de Delphes (v. 295-299) ont alors, tout aussi miraculeusement, disparu. À vrai dire ils n'étaient apparus que pour les besoins de la cause, et n'exprimaient en aucune manière un premier peuplement humain de la région delphique.

809. D. S., V, 83. L'île était par contre habitée, par des gens qui élirent roi Tennès, selon Conon, *in* Photios, 135 b.

810. Detienne, 1998, 26, après son étude de 1990.

811. *Ibid.*, 21-23 (paragraphe intitulé « Un dieu se met en route »), 26-28 (« Défricher, fonder »), 28-31 (« Terrible est le pas d'Apollon »), 87-89 (« Ouvrir la route : entre l'exégète et le bélier »), 96-98 (« Dans les bras de Phoibos, de Mégare à Cyrène »), 138-150 (« Montrer et signifier », « Un dieu vers qui l'on chemine », « Que faire ? Où aller ? », « Quelle terre pour un matricide ? », « Le Vieux de la mer et la nef argonautique »), 212-227 (« Des meurtriers sur le seuil de l'oracle », « Oreste fondant Rhégion », « La longue

marche des décimés », « Des Magnètes, venus de Delphes, pour fonder la cité des lois », « Les prémices vivantes du Soleil et d'Apollon ») ; et 2000, 100.

812. *Ibid.*, 15.

813. Curtius, 1855 (= 1894, I, 1-116) ; 1887, II, 46-47.

814. *Cf.* Defradas, 1964, 70-71 ; Miller, 1986, 56-70 ; Helly, 1987 ; Baladié, 1996, 214 ; Detienne, 1998, 245, n. 33.

815. Detienne, 1998, 20.

816. *HHA*, 140-245 ; Detienne, 1998, 21-24 ; la citation est p. 21.

817. Phérécrate, *in Sch.* à Artph., *Guêpes,* 875 ; Helladios, *in* Photios, n° 279, p. 535 b ; sur quoi, Nilsson, 1906, 102 ; Solders, 1935, 146-147. *Cf.* figurations dans le *LIMC*, qui a une entrée spécifique « Apollon Aguieus ».

818. En l'espèce devant la porte méridionale de Mégare, Paus., I, 44, 2. Il est aussi connu dans sa colonie Sílinonte.

819. Sur ce dieu, Cook, 1925, II, 1, 160-166 ; Lévêque et Séchan, 1966, 206-207 ; Filippo Balestrazzi, 1980-1981.

820. Detienne, 1998, 28.

821. Paus., I, 44, 2.

822. Ainsi à Kallipolis sur la mer Noire et à Eumenia en Phrygie, Graf, 1985, 173.

823. À Mégistè dans la Pérée rhodienne, c'est-à-dire dans la partie continentale de l'Anatolie faisant face à l'île de Rhodes, Graf, 1985, 174, ou à Cyrène, Detienne, 1998, 124.

824. Graf, 1985, 173. Et sur Apollon gardien des portes : Charitonidis, 1960 ; Mauer, 1961 ; Pugliese-Caratelli, 1963-1964 ; Detienne, 1998, 123-125.

825. Benoît, 1959, 169.

826. Gricourt et Hollard, 2002, 138, font le rapprochement entre Lug et Apollon Aguieûs, tous deux maîtres des voies.

827. *Il.*, XV, 261-262, 355-357.

828. Detienne, 1998, 138-140, 149.

829. *Ibid.*, VI, 34.

830. Kern, 1900, n° 17, ll. 19-30 ; Parke et Wormell, 153-155, n° 378-382.

831. Paus., V, 3, 5-6 ; Apd., II, 8, 3 ; *Sch.* à Pind., *Pyth.*, III, 19, 22 ; à *Ol.*, III, 19 ; Polyen, *Strat.*, V, 48 ; *Souda*, *s. v. Trióphthalmos.*

832. Apd., I, 9, 2.

833. Thuc., VI, 3, 1. *Cf.* Detienne, 1998, 99.

834. *I. G.*, VII, 39-40.

835. Paus., II, 5, 4 ; Strab., VIII, 6 (380) ; St. Byz., *s. v. Tenea.*

836. Ci-dessus, p. 29-30, et ci-dessous, p. 330.

837. Esch., *Suppl.*, 212-213.

838. *Cf.* Detienne, 1998, 147, 195, 202-212, 216.

839. Eur., tragédie perdue *Alcméon* (*Frg.* 66-88) ; D. S., IV, 65, 7 ; Paus., VIII, 24, 7-8 ; Apd., III, 7, 5-6 ; Ov., *Mét.*, IX, 407-411 ; Hyg., *F.*, 123 ; Thuc., II, 102, 7-8 ; Plut., *Quomodo adolescens,* 13 (*Mor.*, 35 c). Et Detienne, 1998, 144-147, 202, 214.

840. Parth., *Erôt.*, 5, 48-50 Martini ; Conon, *in* Photios, 135 b ; Kern, 1900, n° 17. Sur quoi Piérart, 1977, 2-13 ; Detienne, 1998, 218-221.

841. Varron, XI, *in* Probus, *Proem. in Buc.*, *in* Serv., III, 2.

842. *Sch.* à Théoc., *Prolegomena* B. a, éd. C. Wendel, p. 2, 1, ll. 13-20.

843. Apd., II, 8, 2. L'auteur ne le nomme pas, parlant seulement d'un « devin » récitant des oracles.

844. Conon, *FGH*, 26, *Frg.* 1 Jacoby (= Photios, 135 a).

845. Paus., III, 13, 3.

846. Detienne, 1998, 87-89.

847. Références dans Detienne, 1998, 273, n. 25.

848. Detienne, 1998, 296, n. 64.

849. Paus., III, 13, 6.

850. A. Rh., *Arg.*, I, 359-362, 404. C'était aussi une épiclèse culturelle à Éphèse, Wernicke, 1895, 51.

851. A. Rh., *Arg.*, I, 966 et 1186. Dès *HHA*, 456-461, Apollon s'inquiète du débarquement des Crétois qu'il a amenés à Krisa : ils ne vont pas assez vite à son gré, car ils ne se comportent pas comme des marins en ont coutume.

852. I, 359-362, 966, 1186. Des autels à Apollon Embásios sont mentionnés à Pagasai et à Éphèse, Detienne, 1998, 250, n. 119 ; 294, n. 22.

853. *Cf. ibid.*, 1998, 138-139.

854. *Ibid.*, 139.

855. A. Rh., *Arg.*, II, 927.

856. Sur ce, Detienne, 1998, 137-140. Et 30, sur les composés et emplois de *baínein*, « aller, marcher », dans le champ d'action d'Apollon.

857. Paus., I, 31, 1.

858. Wernicke, 1895, 17.

859. V. 508 : *kaí bômón poiêsan epí rhêgmîni thalássês.*

860. Thuc., VI, 3, 1.

861. D. S., XIII, 108, 4.

862. Liste dans Jessen, *RE* ; et dans Gershenson, 1991, 60.

863. Graf, 1985, 56-57. Partout il est à la fois lié à la navigation et aux éphèbes, Graf, 1979, 2-22.

864. Le Quellec, 1995, 254 (= 1998, 262).

865. Thévenot, 1968, 76-77.

866. Rémy, 1994, 187.

867. Deyts, 1992, 117.

868. Robreau, 2002, 124.

869. Mérel, 2000, 28-29.

870. Lajoye, 2002, 5.

871. Fromage, 2000 b, 73.

872. Paus., X, 24, 4.

873. Strab., X, 2, 9 (452). Sur ce sanctuaire *cf.* aussi Thuc., III, 94, 2 ; Élien, *N. A.*, XI, 8 ; Ov., *Tristes*, III, 1, 42 ; V, 2, 76 ; Prop., IV, 60, 69 ; Ptol. Khennos, 147 b (612) ; Ampelius, *Liber Memorabilis*, 8 ; Photios, *Lex.*, *s. v. Leukátès*. Et Janssens, 1961, 384 ; Sergent, 1984 a, 146-147 (= 1996 a, 148-149).

874. Hdt, V, 92 ; Paus., I, 17, 5.

875. Janssens, 1961, 393.

876. Bouc émissaire : Strabon, cité n. 873 ; ordalie : Glotz, 1904, 15, 34,

48 ; purification : Janssens, 1961, 386-389 ; Sergent, 1984 a, 149 (= 1996 a, 151) ; initiation : *Ibid.*, 146-150 (= 1996 a, 148-151).

877. Ci-dessus, p. 39.

878. Ci-dessous, p. 144-145.

879. López Cuevillas, 1951, 192.

880. Ci-dessous, Ire partie, chap. I, « Des maîtres tout court », sur Lug et Apollon comme maîtres des hauts lieux.

881. García Quintela, 2003 c, 38-39.

882. Procope, IV, 48-57.

883. Lambert, 1993, 115.

884. *Cf.* sur ce, Gricourt et Hollard, 1998 ; Sterckx, 1998, 30-33 ; 2000, 41-42, 51-52, 55-56 ; Delpech, 2001, 181, n. 20 ; Gricourt, 2003, 26, n. 105 ; et Ire partie, chap. III, « La passion du dieu suprême ».

885. *TM*, 123, d'après Thurneysen, 1918 b.

886. Cité par Le Roux, 1961-1962, XIV, 367.

887. *LL*, 24556, cité par Guyonvarc'h, 1999, 151.

888. Binchy, 1958, 124-125.

889. MacNeill, 1982, 67-430.

890. Le « peuple » étant parfois en Grèce, comme les « hommes d'Irlande », la réunion des seuls aristocrates.

891. Detienne, 1998, 129 ; dans les *Lois*, 624 a, Platon rappelle que Sparte doit les siennes à Apollon.

892. Hdt., VI, 57.

893. Nilsson, 1976, 640-644.

894. *Frg.*, 1 Puech.

895. *Cf.* Helly, 1987, 157 ; Ehrhardt, 1989, 121 ; Schachter, 1990, 12, 20 ; Detienne, 1998, 127-128.

896. Graf, 1979, *passim* ; et Detienne, 1998, 127.

897. Wernicke, 1895, 14.

898. Schachter, 1990, 36-41, 55. Et sur cette fonction politique d'Apollon dès les hautes époques, Farnell, 1909, IV, 153-155 ; Roux, 1976, 177, qui évoque « le dieu organisateur de la cité, le garant de ses lois, de ses cultes, de sa hiérarchie disciplinée qui fait sa force » ; Schachter, 1994, III, 50.

899. *I. G.*, XII, 8, 263 ; 267 ; *Suppl.*, 350, 355, 358, 362 ; *SEG*, XVIII, 347 ; XXXVI, 790.

900. Schachter, 1990, 37-39 ; Detienne, 1998, 291, n. 164 ; et pour les deux épithètes citées, Graf, 1985, 185-189. Pour Sparte, Plut., *Lyk.*, VI, 2.

901. Meiggs et Lewis, 1989, n° 8, p. 14-17. Sur le nombre 7 et Apollon, ci-dessous, p. 268-270.

902. Helly, 1987, 141.

903. *AP*, VI, 212 = Simonide, *Épigrammes*, 164, 2 de l'éd. Bergk.

904. Detienne, 1998, 133, avec les références, 292, n. 170.

905. *Cf.* Detienne, 1998, 123, 126, et n. 116-118, 135, p. 288-290. Et, sur Apollon et les assemblées, Burkert, 1975 ; Sauzeau, 1993, IIe partie, II, 2 a.

906. De Vries, 1963, 50 ; Fouet et Soutou, 1963, 289 ; Hatt, 1989, 212. P. Raingeard a signalé la découverte de 34 reliefs et statues de Mercure, Benoît, 1959, 112, n. 60. Il est intéressant de noter que, de ces trois peuples, l'un tire son nom de la racine **leu-k-* qu'on retrouve, sous une forme

alternante, dans le nom de Lug (ci-dessus), tandis qu'un autre tire le sien de noms de fleuves désignés comme « Mère divine » : Hubert, 1974, I, 132 ; Sergent, 1993 a, 111.

907. Audin, 1979, 34, 43.

908. Paus., IV, 4, 2-3.

909. Burkert, 1975 ; 1985, 144 ; Fagerström, 1988, 151-154 ; Schachter, 1990, 37-38 ; Sauzeau, 1993 (IIe partie II, 2 a) ; Detienne, 1998, 128-131 ; 2000, 122.

910. Preller, 1894, 232 ; Farnell, 1909, IV, 99 ; Harrison, 1912, 439 ; Solders, 1935, 144-145 (mais il considère que le sens premier est « enclos ») ; Burkert, 1975 et Fagerström, 1988 ; Nagy, 1994 ; Bader, 1999, 482-483, et 2003, 120-121, qui accepte le rapprochement mais va au-delà, remontant pour Apollon à la racine **hew-el-*, « ouvrir » : Apollon serait alors l'« Ouvreur », opposé à Hermès qui serait le « Fermeur », au sens de « Lieur », les deux dieux étant complémentaires.

911. Nilsson, 1906, 464-465.

912. Strab., III, 3, 7 (155).

913. Pour le bouc, associé en Gaule à Mercure, ci-dessus, p. 77 et 81 ; pour le cheval, ci-dessous, p. 247-250.

914. *Cf.* MacNeill, 1982, 68 : les assemblées populaires des environs du 1er août comprenaient des danses, des jeux sportifs, des courtises, des combats fictifs.

915. Brañas, 2000, 64.

916. *Od.*, II, 67-68.

917. Helly, 1995, 31-32, 329-345 ; Avram et Lefèvre, 1995 ; Detienne, 1998, 299-300, n. 120.

918. Sur ce, et un développement complet sur les pouvoirs juridico-politiques de Thémis, Detienne, 1998, 152-156.

919. Il avait à haute époque valeur ordalique ; *cf.* Sergent, 1995 e, 315-317.

920. Voir en particulier Graf, 1979, 7-12.

921. *Il.*, II, 371 ; IV, 288 ; VII, 132 ; XVI, 97, 97 ; *Od.*, IV, 341 ; VII, 311 ; XVII, 132 ; XVIII, 235.

922. Wernicke, 1895, 14.

923. Detienne, 1998, 128 ; référence à la n. 146, p. 291.

924. XI, 636 e.

925. Wagner, 1970. On ne retiendra par contre pas l'argument, supplémentaire en ce cas, selon lequel le nom de Lug serait apparenté au vieil-irlandais *lu(i)ge*, « serment » (Pokorny, 1959, 687 ; Wagner, 1970, 21-24 ; 1972 ; Olmsted, 1994, 110 ; Gricourt et Hollard, 1997 a, 233-234).

926. *Cf.* Rees et Rees, 1961, 143 ; Mela, 1988, 187 ; Olmsted, 1994, 134, qui a aussi souligné que Lug et Apollon patronnent les assemblées.

927. *LIMC*, « Apollon », no 582-584 ; *cf.* ci-dessus, p. 36-37, et tout le paragraphe sur la beauté et la jeunesse du dieu. Le meurtre de dragon est un exploit initiatique typique, et la fuite subséquente du dieu à Tempè, à l'extrême nord de la Thessalie, en un pays où un autre mythe le fait vivre, à titre de punition pour ce meurtre, chez le roi Admète, c'est-à-dire chez Hadès, constitue une véritable mort initiatique (ci-dessous). Jeanmaire l'avait

bien vu, et je ne comprends pas la condamnation de sa position par Detienne, 1998, 319, n. 152. *Cf.* sur ce Nilsson, 1955 (1976), 556-557 ; Vian, 1963, 117 ; Burkert, 1975 ; Calame, 1977, *passim*, et en particulier I, 204-209 ; Jameson, 1980 ; Schröder, 1986 ; et sur la série des exploits initiatiques d'Apollon dans l'*HHA*, Bader, 1997, 56, 57, 59, 63 ; Sergent, 1984 a, 129-131 (1996 a, 131-133).

928. Orph., *Hymnes*, XXIV, 5 ; Wernicke, 1895, 11.

929. Harrison, 1912, 439-441.

930. Detienne, 1998, 127.

931. Paus., II, 7, 7-8.

932. *Od.*, XIX, 86.

933. Moreau, 1992.

934. Nilsson, 1955 (1976), 556.

935. Homolle, 1895, 45 ; Detienne, 1998, 130-131.

936. Labarbe, 1953 ; Vidal-Naquet, 1981, 148.

937. Plut., *Thés.*, V, 1. Selon Xénophon (*Hell.*, I, 7, 8), les participants aux Apatouria devaient avoir le crâne rasé.

938. Plut., *Thés.*, XXI, 1.

939. Ci-dessous, p. 272-273.

940. *Od.*, XIX, 86. Le massacre des prétendants aura lieu au moment d'une fête d'Apollon ; ci-dessous, p. 149.

941. Hés., *Théog.*, 346-348. *Cf.* Roscher, 1884, 442-449 ; Otto, 1993, 89-90.

942. Sergent, 1984 a et 1986 a, réunis en 1996 a.

943. Jeanmaire, 1939, 526-529 ; Brelich, 1969, 135 ; Sergent, 1996 a, 115-119.

944. Paus., III, 19, 5.

945. *Dion.*, XIX, 101.

946. Sergent, 1996 a, 104-114.

947. *HAp*, 47-52 ; *cf.* aussi Plut., *Numa*, IV, 8.

948. *S.v. Admètou Korè.*

949. Ce qui a également un parallèle dans l'histoire de Lug ; ci-dessous, p. 304-310.

950. Sergent, 1984 a, 124-132 (1996 a, 126-134).

951. *Ibid.* (1996 a), 132.

952. Zevi, 1979.

953. De Vries, 1963, 49. Mais pour le second, Delamarre, 2001, 89, 259, comprend plutôt « Dur aux soumis ».

954. *TBC* (version du *LL*) ; Guyonvarc'h, 1959, 211, 235 ; *Brislec mor Maige Murthemni*, § 40, Guyonvarc'h, 1966 a, 153. *Cf.* Sergent, 1992 b, 178 (= 1999 a, 131).

955. Guyonvarc'h, 1994, 144.

956. *Il.*, II, 542. Le rapprochement est fait par Plut., *Thés.*, V, 1.

957. P. 26-27.

958. Gricourt et Hollard, 2000 a, 24-25.

959. Eust., à *Od.*, XIII, 408 ; Photios, *s. v. es kórakas* (Naber 215).

960. Zénobios, *in* Leutsch et Schneidewin, *Paroemiographi Graeci*, I, Göttingen, 1839 (réimpr. Hildesheim, 1958), 78.

961. Kern, 1900, n° 17, l. 16-20 = *FGH*, 485, *Frg.*, 3.

962. Sur ce récit et le rôle d'un nommé Leukippos, *cf.* ci-dessous, p. 254-255.

963. Huxley, 1967, 201. Apollon portait l'épiclèse de *Koropaíos*.

964. *Cf.* Sergent, 1996a, 177, sur les Parthéniens et les Thespiades.

965. Calame, 1977, I, 173, 190-193.

966. *Ibid.*, IV, 145 : VI, 138 ; Eust., *frg.* 767 ; Artph., *Lys.*, 645 (et scholies) ; *Scholies* à Luc., *Cataph.*, 25 ; *Souda*, *s. v. Árktos è Braurôniois*, *Embaros* ; Eust., *Sch.* à *Il.*, II, 732 ; Apostolius, VII, 10 ; *Append. Prou.*, II, 54 ; Bekker, *Anecdota*, 444 ; etc.

967. Guyonvarc'h, 1965, 366-367.

968. *Ibid.*, 378-379.

969. Pour un parallèle rigoureux à cette histoire, en Grèce, dans le mythe de la naissance d'Achille, dont la mère est également susceptible de métamorphose en oiseau, *cf.* Sergent, 1999 a, 102-111 ; pour un autre cas d'initiations féminines grecques avec métamorphose en oiseaux, Sergent, 1996 b.

970. Nilsson, 1976, 485-486 ; Sergent, 1986 a, 22 ; 1992-1993, 142.

971. Hés., *Théog.*, 246-247.

972. Ci-dessus, p. 49.

973. *CMT II*, 27 (*TM*, 62) ; ce passage fait suite à celui qui a été cité ci-dessus, p. 26.

974. Detienne, 1998. *Cf.* en particulier 10-11, 28-29, sur Apollon terrible, 122-123, sur l'*húbris* et la violence d'Apollon, 41-84, 177, sur Apollon amateur de sang, 225-229, sur Apollon cause de fléaux.

975. *Od.*, XI, 576-581, et *Schol.* ; Pind., *Pyth.*, IV, 90-91 (160-164) ; *Sch.* à Pind., *Pyth.*, IV, 90 (160) ; Esch., tragédie perdue *Niobè* (*T.G.F.* Nauck 2, 50 et suiv., 228 et suiv.) ; Phér., *fgr.* 19 ; Eur., *Phén.*, 159, et *scholie* ; Apd., I, 4, 1 ; *Sch.* à *Od.*, VII, 324 ; Eust., *Sch.* à *Od.*, VII, 324 ; A. Rh., *Arg.*, I, 761-767 ; *Schol.* à Apollonius, I, 761 ; Strab., IX, 3, 14 (423) ; Ov., *Mét.*, IV, 457-458 ; Lucrèce, III, 984-985 ; Virg., *Aen.*, VI, 595-600 ; Hyg., *F.*, 54 ; Paus., III, 18, 5 ; X, 4, 5 ; 11, 1 ; 29, 3 ; Strab., IX, 3, 14 (423) ; Ov., *Mét.*, IV, 457-458 ; VI, 146-312 ; *PMV*, I, 13.1 ; *SMV*, 104.

976. *Il.*, XXIV, 599-617 ; *Sch.* à *Il.*, XXIV, 604 ; Eur., *Kresphontès*, *Frg.* 8 ; Apd., III, 5, 6 ; El., *H. V.* XI, 1, 36 ; D. S., IV, 74 ; Paus., I, 21, 3 ; II, 21, 9 ; V, 11, 2 ; 16, 4 ; VIII, 2, 5, 7 ; Lact. Plac., *Sch.* à Stace, *Théb.*, III, 191 ; Eur., *Phén.*, 159 ; *Sch.* à Eur., *Phén.*, 159 ; Soph., *Ant.*, 822 ; *Électre*, 150 ; *Schol.* à Bacch., *Frg.* 20 d 6 Snell-Maehler ; Tz., *Sch.* à Lyk., 111 ; *Sch.* à Plt., *Tim.*, 22 a ; Parth., *Erôt.*, 33 ; Hyg., *F.*, 9 et 191.

977. *Od.*, VIII, 215-228.

978. Hdt., VII, 26 ; D. S., III, 58-59 ; Paus., I, 24, 1 ; II, 7, 9 ; 22, 9 ; X, 30, 9 ; Plut., *De mus.*, 5, 7 (1136 a) ; Ov., *Mét.*, VI, 383-400 ; *Fastes*, VI, 696-710 ; Palaiphatos, *Incr.*, 48 ; Hyg., *F.*, 125 ; *Schol.* à Esch., *Perses*, 917 ; Tz., *Khil.*, I, 15 ; Apd., I, 4, 2 ; *PMV*, II, 23 ; etc.

979. Pas toujours à juste titre, *cf.* ci-dessous, p. 442, 448.

980. Ci-dessus, p. 51.

981. *Il.*, X, 557-564 ; *Sch.* à *Il.*, IX, 557 ; Apd., I, 7, 7-8 ; Plut., *Parall.*, 40 ; Eust., *à Il.*, IX, p. 776 ; Paus., IV, 2, 7 ; V, 18, 2 ; Tz., *Sch.* à Lyk., 561. Sur la méchanceté d'Apollon, *cf.* aussi Detienne, 1986.

982. Je reviendrai sur cette mise à mort, qui n'est pas ordinaire.

983. *OCT*, 30 (*TM*, 111).

984. *OCT*, 65-66 (*TM*, 120). Sur quoi Sergent 1993 c (= 1999 a, 65-99).

985. *TM*, 134.

986. *Ibid.*, 136-137.

987. Ci-dessus, p. 37 ; et sur l'étymologie, Le Roux et Guyonvarc'h, 1986, 402.

988. Hyg., *F.*, 239, 2.

989. *Ibid.*, 241.

990. *Ibid.*, 242, 5.

991. *Od.*, III, 278-283. Françoise Létoublon, 1996, a exploré les relations, et le jeu de mots, entre *Phoibos* et *Phobos*, la Peur divinisée.

992. Ci-dessus, p. 139-140.

993. *Od.*, VII, 64-65.

994. *Ibid.*, XXII, 1-8. Sur quoi *cf.* Detienne, 1998, 60-61, 176.

995. Eur., *Andr.*, 1147-1148.

996. Ci-dessous, p. 329. Et *cf.* déjà Sergent, 1999 a, 195-196.

997. Detienne, 1998, 190.

998. 1995, n. 51.

999. Ci-dessus, p. 109-112.

1000. Ci-dessus, p. 76-86.

1001. Ci-dessus, p. 109.

1002. Macr., *Sat.*, I, 17, 15.

1003. Ci-dessus, p. 79 ; et sur ce Gricourt et Hollard, 1997 a, 279, n. 261 ; Gricourt, Hollard et Pinon, 1999, n. 37.

1004. Ci-dessus, p. 28, ci-dessous, et p. 194-201.

1005. Gricourt, Hollard et Pinon, 1999, 24 ; et sur la pendaison, ci-dessous, p. 353.

1006. MacNeill, 1982, 393.

1007. Ci-dessus, p. 83.

1008. *F.*, 9, 4.

1009. *CMT II*, 165-169 (*TM*, 77-78).

1010. Tout comme, dans l'*Odyssée*, à l'issue du massacre des prétendants, Ulysse n'épargne que le chanteur Phémios et le héraut Médôn (XXII, 310-380).

1011. *Cf.* ci-dessus, p. 23.

1012. *OCT*, 7 (*TM*, 107).

1013. *Ibid.*, 134.

1014. Harpocration, *s. v. pharmakós* = Istros, *FGH* 334, *fgr.* 50 ; *Souda*, *s. v.* ; Deubner, 1932, 179-188 ; Bremmer, 1983 ; Burkert, 1985, 82-84 ; 1979, 59-77, 168-176.

1015. *Ibid.*, 72, 76, qui, après Radke, 1952, se fonde sur la version de Parthénios, *Erôt.*, 9, de l'histoire de Polukritè, sur laquelle *cf.* aussi Plut., *Mul. Virt.*, 17 (*Mor.*, 254 b-f).

1016. Plut., *Q. Gr.*, 13 (294 a).

1017. Examen des principales versions dans Chambry, 1985, X-XVII.

1018. *Pap. Gol.*, 122 ; sur quoi Wiechers, 1961, 33-36.

1019. *LIMC*, « Apollon », n° 53, 51, 62. Les monnaies sont des IVe et IIIe siècles avant notre ère.

1020. Lévi-Strauss, 1971, 305-308 et voir « Putiphar (transformation) » à l'index.

1021. *Sch.* à Eur., *Phén.*, 1408. *Cf.* Nilsson, 1908, 169-170 ; Solders, 1935, 151.

1022. *DdR*, 118 ; Stokes, 1895, 70.

1023. Ci-dessus, Ire partie, chap. I, « Pratiquant des épiphanies pour élus ».

1024. *Cf.* déjà Sergent, 1988 b, 1266-1267.

1025. Rohde, 1894, 250.

1026. Wernicke, 1895, 15.

1027. *Cf.* ci-dessous, Ire partie, chap. II, « La danse en rond sur un pied ».

1028. Comme García Quintela, 2003 a, 107-108, 2003 c, 36, le souligne pour Lug.

1029. *Cf.* ci-dessus, p. 80.

1030. Poème de Flann Mainistrech, str.11 (*TM*, 125). Sur quoi Sterckx, 1992, 71.

1031. Detienne, 1998, 90, d'après Isocr., *Arkhidamos*, 17 ; Apd., II, 8, 2-5.

1032. Hdt., I, 53-54, 75-86.

1033. *Ibid.*, I, 165-166 ; Detienne, 1998, 101-102. Un autre oracle ambigu rendu par Apollon au roi d'Épire Pyrrhos figure dans Cicéron, *De div.*, II, 116, mais il est… en latin !

1034. Jeannière, 1959, 111.

1035. *Arg.*, I, 424.

1036. *Cf.* le maître livre de Detienne et Vernant, 1974.

1037. *Cf.* précisément ce livre, 271-272 ; et Corsano, 1988, 112-125.

1038. Ci-dessous, p. 220-221.

1039. Sterckx, 1998 a, 46.

1040. García Quintela, 2003 b, 41, n. 46.

1041. Ci-dessus, p. 41.

1042. Gricourt et Hollard, 1997 a, 246-261 ; Sterckx, 2002, 19-20.

1043. Gricourt et Hollard, 1998, 7-9.

1044. Ci-dessus, p. 44-45.

1045. Ainsi la « gale », nom générique des maladies cutanées, à Juranzé, près de Bar-sur-Aube ; le panaris, appelé « mal de Saint Gengoult », à Vougrey, en Champagne humide, Millat, 2001, 23, 11.

1046. Lajoye, 2003 b, 11.

1047. Gricourt et Hollard, 1998, 3 et 16.

1048. Christinger et Borgeaud, 2000, 95.

1049. MacNeill, 1982, 410, 426. Sur la peau de taureau, ci-dessus, p. 67-68.

1050. Karageorghis, 1990, 89.

1051. *Ibid.*, IV, 14. Sur Aristéas, ci-dessous, p. 180-181.

1052. 1998, 39.

1053. Ov., *Mét.*, XI, 291 ; Hyg., *F.*, 200 ; Paus., VIII, 4, 6.

1054. Ov., *Mét.*, I, 243-259, suivant une tragédie perdue de Sophocle, *Les Kamikoi*.

1055. Deonna, 1932, 421-490, et pl. XXVII.

1056. Vollgraff, 1909, 178-179.

1057. P. 157-159.

1058. Sur laquelle ci-dessous, p. 168.

1059. Lambert, 1993, 118.

1060. *LBÉ*, VII, 312 (*TM*, 13).

1061. Ci-dessous, p. 299-301.

1062. *CMT I*, 74 (*TM*, 52).

1063. *Cf.* Guyonvarc'h, *in TM*, 94.

1064. Sterckx, 2004, 301-303.

1065. Paul Mazon, dans l'*Iliade*, traduisait par « sire » : connotation médiévale gênante à mon sens. D'autres (par exemple Detienne, 1998, *passim*) utilisent « seigneur », ce qui convient mieux.

1066. *Il.*, I, 159, etc. ; *HHA*, 63 ; *HHH*, 215 ; Hés., *Théog.*, 345 ; Hdt. I, 159 ; Esch., *Ajax*, 513 ; Soph., *Électre*, 645, *Œd. R.*, 80 ; Eur., *Krêtês*, *Frg.*, 4 (II, p. 325 ; Apollon y est *ánax* et *mégas*, « Grand ») ; inscription 690 de l'Amyklaion, *in* Tod et Wace, 1906, etc.

1067. Par exemple Aristoph., *Bouclier*, 875 ; Eur., *Frg.*, 480.

1068. Sur des inscriptions, réf. dans Wernicke, 1895, 8.

1069. *CIG* III, 4859 et ci-dessous note 1066.

1070. PY Na 334, 1356, Ta 711.1, La 622 v°, Un 2.1,219.7, Eq 1426.2, Fr 1220.2 ; pour les autres tablettes Fr, *cf.* note suivante. Par contre le mot qui servira en grec classique à dire « roi », *basileús*, existe aussi en mycénien, mais les *kwasileis* d'alors sont inféodés au *wanax*.

1071. Fr 1215, 1227, 1235.

1072. Leonard Palmer en 1958. Rappelons que le déchiffrement du Linéaire B, qui note le grec mycénien, est de 1953, et la première publication de cette découverte de 1954.

1073. Outre Palmer, L. Stella, T. B. L. Webster, H. J. Rose, J. Puhvel, W. K. C. Guthrie, cités par Gérard-Rousseau, 1968, 242 ; ajouter Lévêque, 1975, 45 ; Lejeune, 1962, 15-16 ; Chantraine, 1968, 84 ; Dubois, 1977 (c'est-à-dire les auteurs français ! que Mme Gérard-Rousseau a négligés). D'autres auteurs ont proposé un nom de lieu au locatif (*cf.* Chadwick, dans Ventris et Chadwick, 1973, 479 ; Gérard-Rousseau, 1968, 240-241 ; Hiller, 1969) ; d'autres encore des desservants de culte (Gérard-Rousseau, 1968, 241 ; Adrados, 1970, 180).

1074. Palmer, 1958, 6-7, 23-24 ; 1965, 134-135 ; Chadwick et Baumbach, 1963, 172 ; Chadwick, dans Ventris – Chadwick, 1973, 480 ; Doria, 1965, 239.

1075. Car il est appelé *ánax anaktôn* par Esch., *Suppl.*, 524 ; *cf.* Stella, 1965, 239-240 et n. 47.

1076. Petruševski, 1963, 311 ; van Leuven, 1979, 126, n. 45.

1077. Paus., II, 7, 7. Sur quoi *cf.* Detienne, 1998, 10, 198-200.

1078. Ci-dessus, p. 83.

1079. Altadavin en Tyrone, Carrickatuke en Armagh, Struel en Down, MacNeill, 1982, 153-154, 157, 159, 602-604.

1080. Sergent, 1995 e, 366-367.

1081. *Sch.* à Lucain, 126 6 f Rabe.

1082. Notée aussi par Olmsted, 1994, 134 : Lug et Apollon ont des relations avec des collines où se déroulent des festivals. J'en donne les preuves ci-dessous, et l'on est stupéfait de lire sous la plume de Kevin Clinton (1973, 283) qu'il ne connaît pas de sanctuaire d'Apollon en haut lieu !

1083. *Frg.* 51 a Snell-Maehler, cité *in* Strabon, IX, 3, 23 (412).

1084. Paus., I, 28, 4 ; *cf.* Eur., *Ion*, 492-506. C'était le sanctuaire d'Apollon « Sur les Hautes Roches » : les fouilles de P. Kavvadias, à la fin du XIXe siècle, ont confirmé l'existence de ce sanctuaire, car plusieurs plaques dédicatoires à « Apollon sur les Hautes [Roches] » y ont été trouvées. Elles sont souvent du Ier siècle avant J.-C., et du Ier au IIIe après J.-C., mais l'une est du VIe siècle avant J.-C., de sorte que Kavvadias pense que les plus tardives en ont remplacé de plus anciennes (1987, *col.* 15-16).

1085. Paus., VIII, 41, 7.

1086. *Ibid.*, I, 43, 7.

1087. Sauzeau 1993 (IIe partie, IV, 2, b).

1088. Paus., II, 28, 7.

1089. *Ibid.*, II, 5, 4.

1090. Hskh., *s. v. Toxíou bounós.*

1091. Paus., III, 10, 8.

1092. *Ibid.*, III, 12, 8.

1093. Strab., VII, 7, 6 (324-325).

1094. *Cf.* ci-dessous, p. 202 et n. 303, p. 645.

1095. *Il.*, VIII, 20-21.

1096. Paus., X, 32, 6. Apollon apprécie les sauts vertigineux : on l'a vu au sujet de Leucade (ci-dessus, p. 130), et on en reparlera avec le sanctuaire d'Apollon Hulatès, à Chypre, dont le nom évoque celui de Hulai, l'un et l'autre étant issus du nom de la forêt (*húlè*).

1097. *Cf.* ci-dessus, p. 77 et *HHA*, 186-187.

1098. *HHA*, 281-285. Et pour l'ensemble, Wernicke, 1895, 17.

1099. *Cf.* ci-dessus, p. 41. Et Benoît, 1959, 112.

1100. *CIL*, XIII, 1517, 1525.

1101. *Ibid.*, 4550 ; Raingeard, 1934, 321-322, 327-329. *Cf.* ci-dessus, p. 99, 121, 135.

1102. Drioux, 1934, 9 ; Benoît, 1959, 112.

1103. *Ibid.*, avec références antérieures à la n. 30. Rappelons que toute l'Allemagne du Sud jusqu'à la latitude du Harz était encore celtique une génération avant la guerre des Gaules, soit jusque vers 100 av. J.-C.

1104. Espérandieu, VII, 5605 ; Benoît, 1959, 106.

1105. *Ibid.*, 32 ; Rémy, 1994, 180, 189.

1106. *Ibid.*, 52.

1107. *CIL*, XIII, 2636.

1108. *Ibid.*, 2830.

1109. *Ibid.*, 2889.

1110. Benoît, 1959, 93.

1111. *Ibid.*, 104, n. 6 ; Thévenot, 1968, 90.

1112. Gricourt et Hollard, 2002, 122.

1113. La saint Laurent est le 10 août : c'est une date comprise dans la période du Lugnasad, qui durait, disent les textes irlandais, de 15 jours avant à 15 jours après le 1er août.

1114. *Ibid.*, 123, d'après Marco Simón, 1998.

1115. *Cf.* ci-dessus, p. 45, 59, et ci-dessous, 182-183.

1116. García Quintela, 2003 a, 103-104.

1117. Girard, 2000, 3.

1118. Lajoye, 2000 et 2002 ; Delavigne, 2002.

1119. MacNeill, 1982, 71-242.

1120. *Ibid.*, 420.

1121. *Ibid.*, 423.

1122. Noté par Benoît, 1959, 107.

1123. Mérel, 2000, 35.

1124. Benoît, 1959, 112.

1125. Girard, 2002, 3-4.

1126. Thouvenot, 1979.

1127. Benoît, 1959, 78-79, sur Taranis dieu des sommets.

1128. Ci-dessus, p. 117.

1129. *Ibid.*

1130. *Ibid.*, p. 114.

1131. *Ibid.*, p. 121-122. Théognis, v. 773-774, fait aussi allusion à la pierre musicale de Mégare.

1132. Ci-dessus, p. 107-108.

1133. *Cf.* par exemple dans Pausanias : I, 31, 6 (à Akharnai, en Attique) ; II, 19, 8 (à Argos) ; VIII, 32, 4-5 (à Mégalopolis) ; VIII, 53, 1-3 et 6 (à Tégée).

1134. Ci-dessus, p. 126.

1135. Paus., VIII, 32, 2.

1136. Ci-dessus, p. 71-72.

1137. Par exemple *Il.*, XI, 147.

1138. Zén., *Proverbes*, III, 63.

1139. Solders, 1935, 152, avec références antérieures.

1140. Plut., *Q. Gr.*, 13 (294 a-c).

1141. Nilsson, 1906, 167 ; Solders, 1935, 149.

1142. *Cf.* ci-dessus, p. 75, 117.

1143. Paus., II, 31, 4 (à Trézène) ; III, 22, 1 (à Gythion en Laconie).

1144. *Ibid.*, IX, 11, 2 et 7 ; *cf.* Solders, 1935, 149.

1145. Paus., IX, 10, 3. Sur l'identité plausible d'Apollon Spodios et d'Apollon Ismènios, Holleaux, 1898.

1146. Paus., X, 24, 6.

1147. Ci-dessus, p. 150.

1148. A. L., *Mét.*, IV, 7.

1149. Sur l'association d'Apollon Aguieus et de cultes héroïques, *cf.* Farnell, 1909, IV, 130 ; Nilsson, 1906, 166-167 ; Solders, 1935, 147.

1150. Au point que Solders a cherché de ce côté l'étymologie de son nom, en invoquant un mot *pélla*, attesté par exemple en macédonien, et signifiant « pierre » (1935, 154).

1151. 2002 a, 5-11.

1152. Ci-dessus, p. 27-28.

1153. *Ibid.*, p. 82.

1154. Ci-dessous, Ire partie, chap. II, « Le roitelet ».

1155. Santos Estévez et García Quintela, 2000. L'auteur que je suis remarque (p. 7) que ce mouvement rappelle le *digvyasthaparam*, « ascension des quarts de l'espace », auquel se livre le roi indien au cours de la fête de consécration royale du *râjasûya*, et consistant à faire un pas dans chacune des quatre directions de l'espace (Heesterman, 1957, 103).

1156. Ci-dessus, p. 42.

1157. *Ibid.*, p. 50.

1158. *Ibid.*, p. 161.

1159. Caractère différentiel qui permet de dire que, contrairement, par exemple, au géant de Cerne Abbas, il n'est pas le Dagda (*cf.* ci-dessus, p. 41).

1160. *Cf.* par exemple ci-dessus, p. 28.

CHAPITRE II

1. *Cf. supra* p. 29-30, 48-49, 56-57. Et encore *Il.*, I, 14, 37, 45, 49, 75, 96, 370 ; V, 444-445, 449, etc. ; *Od.*, XX, 78 ; Hés., *Théog.*, 94 ; *Bouclier*, 58, 100 ; *frg.* 64, 16, 185, 9 ; *HHA*, 1, 5-9, 126, 140, 178, 215, 220, 276-277, 300-301 ; *HHH*, 218, 509, 523 ; Pind., *Pyth.*, VIII, 17-18 ; *Ol.*, VI, 100 ; XIV, 11 ; *Adesp.*, 30 (d'après Ath., I, 226) ; Soph., *Œd. R.*, 162 ; Eur., *Alkestis*, 35, 39-40 ; Call., *HAp*, 11, 99, 1004 ; A. Rh., *Arg.*, I, 88, 420 ; II, 706, etc. Sur quoi Wernicke, 1895, 17 ; Otto, 1993 (1929), 92-95 ; Lévêque et Séchan, 1966, 204 ; *LIMC*, « Apollon », n° 43, 55-76 ; Neschke, 1986, 297-299.

2. *Cf.* ci-dessus, p. 25, 53, et n. 259. Sur ce, *cf.* aussi Hull, 1930 ; Gricourt et Hollard, 1997 a, 261-276 ; Hily, 2003, 85-88 ; Hollard et Bernard, 2004.

3. *Cf.* ci-dessus, p. 54-55.

4. *LGÉ*, VII, 305 ; *cf. TM*, 12.

5. Lambert, 1993, 367, n. 84.

6. Sterckx, 1991 a, 35 ; 1996, 46, n. 3 ; Gricourt et Hollard, 1997 a, 257, s'inspirant de la reconstitution de R. Mowat, 1890.

7. Benoît, 1959, 156.

8. Hollard et Bernard, 2004.

9. Gricourt et Hollard, 1990.

10. Gricourt et Hollard, 2002, 131-132.

11. Hollard et Delestrée, 2001, 8, et fig. 4. Ces documents annulent l'opinion de Benoît *(l. c.)* selon laquelle la lance, lorsqu'elle est aux mains du Mercure gallo-romain, est un emprunt à Mars.

12. Guyonvarc'h, 1993, 283 (Appendice III, « La mort de Cuchulainn », à *La Razzia des vaches de Cooley*).

13. Stokes, *DdR*, 1894, 305. Son nom, *Gae*, rappelle le nom ancien de la lance en celtique, *gaesa*.

14. MacNeill, 1982, 14-15..

15. Ci-dessous, p. 244-245.

16. Sterckx, 1991, 43, avec références.

17. Delavigne, 1998 b, 38.

18. *Il.*, I, 370 ; V, 444 ; *HHA*, 277, etc.

19. *Il.*, I, 479, etc. ; *HHA*, 157 ; *CIG*, I, 1176.
20. *HHA*, 140.
21. Sur Argurótoxos et Khrusótoxos, réf. ci-dessus, p. 29.
22. *Il.*, I, 385 ; VII, 83 ; XX, 71, 295 ; *HHA*, 1, 63, 276 ; Artt., *Rhét.*, III, 8, etc.
23. Orph., *Frg.*, 160.
24. *Il.*, I, 14, 373 ; *HHA*, 45 ; Soph., *Œd. R.*, 163, etc.
25. Aristide, *Sur la rhétorique grecque*, II, 511 Spengel.
26. *Il.*, IV, 101 ; Nonn., *Dion.*, I, 330, etc.
27. Pind, *Ol.*, VI, 59 (100).
28. *Hymnes orphiques*, XXXIV, 6.
29. Pind., *Pyth*, IX, 27 (45) ; et *Frg.*, 115.
30. *Aen.*, III, 75.
31. Hskh., *s. v.* Toξιου βομου.
32. Apollon Philêsios est connu dans des colonies milésiennes : Diduma, Trapézonte. Et sur l'iconographie d'Apollon archer, *cf.* les références au *LIMC*, ci-dessus, n. 1.
33. *Cf.* Sergent, 1999 a, 197-198.
34. Dans les *Ehoia* d'Hésiode et dans l'épopée perdue appelée la *Minyade*, selon Paus., X, 31, 3 ; un décor de sarcophage le confirme, *cf.* Wernicke, 1895, 17.
35. *Il.*, XXIV, 758 ; *Od.*, III, 279 ; VII, 63 ; XV, 409-411.
36. *Il.*, II, 827 ; IV, 101 et 119 ; XV, 441 ; XXIII, 872 ; *Od.*, XXI, 267 et 338.
37. *Ibid.*, VIII, 226-228.
38. Ci-dessus, Ire partie, chap. I, « Pratiquant des épiphanies pour élus ».
39. Le Roux, 1958, 392.
40. Guyonvarc'h, 1966, 347, § 17.
41. Dörig et Gigon, 1961, 46-49.
42. *Cf.* ci-dessus, p. 71-72.
43. Paus., III, 10, 8. Il est vrai que selon Plutarque (*Inst. Lac.*, 28 = *Mor.*, 239 a), toutes les divinités spartiates portaient une lance. Mais cela n'est confirmé que pour Aphrodite et, surtout, Apollon (Richer, 1999, 136-137).
44. *HAp*, 103-104. *Cf.* Cahen, 1972, 228, n.
45. Sergent, 1991 b. Sur les monument gaulois, l'arc ne figure que dans des scènes de chasse.
46. Vidal-Naquet, 1972 ; 1983, 193 ; 1989, 402 ; Sergent, 1991 b.
47. Schnapp, 1987, II, 351 ; Sergent, c1 b.
48. Sergent, 1984 a ; 1986 a (1996 a).
49. Olive, 2003, 32.
50. *Cf.* ci-dessus, p. 48.
51. *HHH*, 496-510.
52. *Il.*, I, 603 ; *HHA*, 187-189 ; Hés., *Bouclier*, 201-202 ; *cf.* Paus., V, 18, 1.
53. *Il.*, I, 603-604 (phorminx d'Apollon et chant des Muses) ; XXIV, 63 ; Pind., *Nem.*, V, 23-24 (43-45) : la phorminx à sept voix, *Hymnes* 2 (Puech, 1961-1967, IV, 92 ; D. S., III, 59, 2). Pour les figurations, *LIMC*, « Apollon », n° 82-238.

54. *Krat.*, 405 a 3.
55. Ci-dessus, p. 121.
56. Pour le mariage de Thétis et de Pélée, Esch., *Frg.*, 350 ; pour celui d'Harmonia et de Kadmos, Pind., *Frg.* 6 Bergk, D. S., V, 49, 1.
57. Wernicke, 1895, 16.
58. Alcman, *Frg.*, 102.
59. Plut., *De mus.*, 14.
60. Elle est au musée Piéridès de Larnaka.
61. Pind., *Frg. Adèla* Puech, 20, 1 ; Plt., *Lois*, II, 653 d ; *CIG*, II, 2342 ; Str., X, 3, 10 (468).
62. *Frg.*, 17 Kinkel.
63. Pind., *Frg.*, 125 Bergk = *Adèla* 30 Puech.
64. *Hymnes orphiques*, XXIV, 6.
65. Artph., *Lys.*, 1281.
66. *Cf.* ci-dessous, p. 360-361.
67. Boyancé, 1966, 167, d'après Clément d'Al., *Strom.*, V, 8, 49 ; Aristide Quintilien, *De musica*, III, 25, p. 94 Lahn. Pour Philon le Juif, *Vita Moysi*, III, 9, le Soleil « accorde l'instrument véritablement musical et divin », à savoir l'heptacorde cosmique, la lyre d'Apollon.
68. *Ibid.*, 168, d'après Cornutus, c. 32 (*Frg.*, 503 von Arnim).
69. C'est tout le sujet de son bel article de 1966.
70. Sterckx, 1987, 8, 45.
71. Le Roux et Guyonvarc'h, 1986, 403.
72. Paquette, 1969, 38.
73. Le Roux et Guyonvarc'h, 1986, 293 ; *CMT I*, 161 (*TM* 58).
74. *Cf.* ci-dessus, p. 40, 47, 75, 172.
75. *CMT I*, 73 (*TM*, 52).
76. Benoît, 1959, 150.
77. Ci-dessus, p. 177.
78. Gricourt, Hollard et Pilon, 1999, 152.
79. Fischer, 1981-1982, n° 218.
80. *CMT I*, 161 (*TM*, 58-59).
81. *Cf.* Vendryes, 1958-1959, 27 ; Fromage, 1987, 7.
82. *Cf. Il.*, X, 515-519 ; A. L., *Mét.*, V, 4. Sur Hermès : Sergent, 1994 a, 30, = ci-dessous, p. 388-389.
83. Pind., *Pyth.*, I, 6-12 (9-23). Ce rapprochement a été fait par Dominique Hollard, dans une lettre qu'il m'a adressée le 25 novembre 2002.
84. Par exemple Batateanu, 1938, 12.
85. Sterckx, 1987, 8, 45.
86. Renou *et al.*, 1947, 379.
87. Les références sont innombrables : voir en particulier le *De musica* du pseudo-Plutarque.
88. Jornandes, *Gothica*, II, 10.
89. Niederle, 1926, 324 : elle y est mentionnée dès 591.
90. Les spécialistes ont plusieurs fois noté le parallélisme entre données grecques et données celtiques sur ce point : par exemple Arbois, 1899, 73-81 ; Loth, 1904, 154 (citant Withley Stokes) sur la harpe à neuf cordes. Sur les mythes fondateurs de la musique et de la lyre, outre la comparaison

entre Hermès et Óengus (Sergent 1994 a = ci-dessous, IIe partie, chapitre Ier), il faut aussi signaler l'étroit parallèle entre le même Hermès et le héros ossète Syrdon : comme dans l'hymne homérique à Hermès, l'invention de l'instrument à cordes (ossète *foendyr*) est liée à un vol de vaches (Dumézil, 1985, 227). On est alors en droit de parler de mythe indo-européen de l'origine de la musique.

91. Dumézil, 1982 *(Apollon sonore)*, 25-41.

92. Alcée, *Hymne* 1 (éd. Puech, Paris, Les Belles Lettres, 1960, p. 29) ; connu par la paraphrase d'Himerios, *Or.*, XIV, 10.

93. Call., *HAp*, 1-5.

94. Claudien, *De sext. consul. Honor.*, 32.

95. Mattéi, 1996, 82.

96. *Od.*, XXI, 404-413. Et sur ce Fink, dans Heidegger et Fink, 1973, 218-219.

97. *Cf.* Detienne, 1998, 49.

98. *Cf.* ci-dessus, p. 55-56.

99. *Il.*, I, 37 et 32.

100. *Ibid.*, 451 et 456.

101. *Ibid.*, 603-604.

102. *Cf.* Detienne, 1998, 42.

103. *HHA*, 131-164, *passim.*

104. *Ibid.*, 182, 184-202.

105. *Ibid.*, 1-4, sur quoi ci-dessus, p. 49.

106. Ps. Censorinus, *Ad Q. Caerelium de Die Natali*, éd. Carion, 1581, 21 ; *cf.* Hollard, 2003.

107. Sur ce Dumézil, 1982, 26-29 ; Carlier, 1999 (= 1982), 102-103 ; Detienne, 1998, 21. Celui-ci note, p. 261-262, que « longue est la lignée des commentateurs qui ont exploré les harmoniques de la comparaison entre l'arc et la lyre. Peu, très peu ont été sensibles à l'évidence apollinienne de la lyre ou de la cithare associées à l'arc dans les mains du même dieu, que se soit à sa naissance selon l'*Hymne homérique*, dans ses épiphanies du chant I de l'*Iliade* ou dans ses représentations figurées, vases ou statues » – absence de « sensibilité » due à la surestimation des aspects « apolliniens » (au sens de noble, pacifique, beau !).

108. *TMI*, I, § 60 (*TM*, 51).

109. Ci-dessus, p. 167-196.

110. Lambert, 1993, 109.

111. Ernout et Meillet, 1967, 667 ; et sur ce Gricourt et Hollard, 1997 a, 232-233, passage qui inspire tout cet enrichissement de mon travail par rapport à celui de 1995, 73-75.

112. D. Hollard, communication du 21 novembre 2002.

113. *Le Monde*, 7 mars 2003.

114. Ci-dessous, p. 207.

115. Hollard, 2003, 2.

116. Dumézil, 1982, 9-108.

117. *Cf.* Sergent, 1999 a, 195-199.

118. *Andr.*, 1145-1149. Je cite la traduction de Detienne, 1998, 189-190.

119. Ath., XIV, 619 b, citant Hermippos (*Frg.* 88 Wehrli).

120. Strab., XII, 2, 9 (539).
121. Svenbro, 1988, 136.
122. Ci-dessous, p. 516.
123. Roscher, 1882, 434-435 ; Wernicke, 1895, 12-14 ; Lévêque et Séchan, 1966, 208-210.
124. Sur la fondation comme genre poétique, ci-dessus, p. 122.
125. *TMI*, I, § 62 (*TM*, 51).
126. Ci-dessus, p. 62.
127. Lambert, 1993, 110.
128. Ci-dessous, p. 201-202 et 343.
129. Dumézil, 1968, 70-89.
130. En vertu des liens sémantiques et parfois étymologiques entre « liage » et « récit », liens encore sensibles, par exemple, dans les deux mots *texte* et *textile*. Gricourt et Hollard, 1997 a, 232-233, qui se réfèrent à Bader, 1990, 32-34, sur le travail des peaux, 36-48 sur la poésie et le chant comme métaphore du liage.
131. Ci-dessus, p. 172.
132. Ci-dessus, n. 71 de la Ire partie.
133. Strab., III, 1, 5 (138).
134. *Frg.* 51 Buech., d'après Nonius, 100, 25 ; Boyancé, 1966, 168.
135. *Cf.* Krappe, 1947, 229.
136. *Ibid.* Et ci-dessous, chap. III, « La passion du dieu suprême », p. 349-350, pour le mythe de Marsyâs.
137. *Pyth.*, X, 32-33 (52-53). Une inscription de Delphes (*CIG*, 1699 l. 14) mentionne aussi ces sacrifices d'ânes, et contient, par ailleurs, le serment des amphictyoniens.
138. Sur la notion d'« anti-sacrifice » en Grèce ancienne, *cf.* Detienne et Svenbro, 1979.
139. Sur quoi *cf.* Cook, 1894, 88-90, sur les relations entre les ânes et la musique, dès l'époque mycénienne.
140. *HN*, XI, 87, n° 215.
141. Poplin, 1994.
142. MacNeill, 1982, 401.
143. *Cf. Od.*, XVII, 545 ; Xén., *Anab.*, III, 2, 9 ; Plut., *Thém.*, XIII, 3. Dans le deuxième de ces textes, le présage de l'éternuement est lié à Zeus, dans le troisième à Dionysos.
144. *Od.*, XVII, 546.
145. *Chrestomathie*, résumée par Photios, *Bibl.*, 279, 535 b.
146. *Cf.* ci-dessus, p. 113, et ci-dessous, p. 286-287.
147. *HHA*, 404.
148. Plut., *Pyth. Or.*, 12 (399 d), 22 (405 c).
149. *Banquet*, 7 (*Mor.*, 152 d).
150. Gasperini, 1995, 5-7. L'article publie une dizaine d'inscriptions votives sur vases, de l'enceinte du temple d'Apollon à Cyrène.
151. Ov., *Mét.*, V, 329 ; *PMV*, I, 85, 3.
152. Hdt., IV, 15.
153. *H. N.*, VII, 174. Sur quoi, Gricourt et Hollard, 1998, 39. On ne peut

que rappeler la mort de Lleu : lorsqu'il reçoit le coup de lance mortel, il s'envole sous la forme d'un oiseau.

154. Eur., *Ion*, 373-377 ; Théophr., *Signis*, VI, 1, 15-16 ; Plut., *De tuenda sanitate*, 14 (129 a) ; Bianor, *in A. P.*, IX, 272 ; Virg., *Géorg.*, I, 382, 410 ; Élien, *N. A.*, VII, 7 ; Pl., *H. N.*, X, 12 (33) (« seuls les corbeaux parmi les oiseaux fournissent des présages »), et XVIII, 87 (362-363) ; Porph., *Abst.*, III, 4, 1 et 5, 5. Selon Pindare (cité par Fulgence, *Myth.*, I, 12), le corbeau a soixante-quatre cris différents. Sur le corbeau divinatoire : Bouché-Leclercq, 1879, I, 133 ; Krappe, 1928, 33-34 ; Amandry, 1950, 58-59 ; Schmidt, 2002.

155. Robert, 1949, 97, pl. XI ; Amandry, 1950, 58, n. 3.

156. Clém. Al., *Protr.*, II, 11, 3.

157. Strab., IX, 3, 6 (420).

158. *LIMC*, « Apollon », n° 351 (coupe de Faleries, Apollon tient un corbeau), 455 (coupe de Delphes, Apollon assis, un corbeau posé sur un perchoir devant lui).

159. Ps.-Théophr., *Signis*, I, 15 ; VI, 3, 39 ; Cic., *Div.*, I, 39 ; Virg., *Géorg.*, I, 378, 383-410 ; *Buc.*, IX, 15 ; Pl., *H. N.*, X, 12 (30) ; XVIII, 87 (363) ; Élien, *H. A.*, VII, 7.

160. *Cf. supra*, p. 51 ; ci-dessous, p. 291-292.

161. Hésiode, *frg.* 60 (traduction de Grégoire *et al.*, 1949, 16).

162. Phér., *frg.* 3 a Jacoby, d'après *Sch.* à Pind., *Pyth.*, III, 29 (traduction de Grégoire *et al.*, 1949, 17). Sur les lieux du mythe, *ibid.*, 113-114.

163. A. L., *Mét.*, XX, 7.

164. Grégoire *et al.*, 1949, 115, n. 20 ; Ov., *Mét.*, II, 544-632 ; Hyg., *F.* 202 ; *Astr.*, II, 40, 2 ; *PMV*, II, 14. Sur les fondations indiquées par un corbeau blanc : Vian, 1963, 79 ; Huxley, 1967 ; Piérart, 1977, 10 (Cyrène, Mallos, Kardia, Magnésie du Méandre).

165. Krappe, 1936, 238-239. Mathieu, 1984, 287, le signale chez les Inuit, les Tahltan, chez les Koryak, en Grèce ancienne, et aussi en Australie.

166. C'est le cas chez les Dene du nord-ouest du Canada, Petitot, 1876, 74 ; et chez les Sioux-Brûlés, Erdoes et Ortiz, 1995, 380-381 ; chez les Eskimo de Repulse Bay, c'est la conséquence d'une querelle entre le Plongeon et lui (Norman, 2003, 106).

167. Par exemple Delaby, 1999 (1982), 370, dans une variante septentrionale du mythe d'origine des Tunguz, l'esprit céleste a créé les âmes et les a mises à sécher, les plaçant sous la garde d'un corbeau ; mais le frère néfaste de l'esprit céleste obtient du corbeau qu'il les lui laisse voir, en lui promettant un foie à manger. *Cf.* encore, pour les Tlingit, Krause, 1956, 179 ; pour la Chine, Mathieu, 1984, 287-288 ; pour les Koryak, *ibid.*, 287 ; chez les Nez-Percés, Lévi-Strauss, 1971, 305 ; chez les Hoh et Quileute, Erdoez et Ortiz, 2000, 14 ; chez les Tainana, Horman, 2003, 59.

168. Ov., *F.*, II, 247-266 ; *PMV*, II, 3-5.

169. Call., *Hék.*, II, *in* Cahen, 1972, 196 (où la corneille raconte elle-même l'événement) ; Amelesagoras, *Frg.* 1, *FGH*, III B, 330 ; Ov., *Mét.*, II, 560-570 ; Hyg., *F.*, 166, 3-4.

170. *Frg.* 241.7 Rose. Gershenson, 1991, 62-64, observe que cet aspect du rôle du corbeau rappelle celui du loup, animal également étroitement lié à Apollon (ci-dessus, p. 30-32, et ci-dessous, p. 213-221).

171. *Cf.* ci-dessus, n. 756, p. 613.

172. Ainsi Loth, 1914, 206 ; Grenier, 1945, 341 ; De Vries, 1963, 176. Sur le corbeau et la corneille oraculaires en Gaule, *cf.* aussi Le Roux et Guyonvarc'h, 1986, 129-130 ; Gendre et Hollard, 2001 ; 2002 ; et ci-dessus, p. 59, 88, et ci-dessous, sur les corbeaux ordaliques du « port des Deux-Corbeaux ». Le corbeau de la *Sorglige* est Lug, selon Gendre et Hollard, 2001, 37.

173. Le Roux et Guyonvarc'h, 1983, 77 ; García Quintela, 2003 c, [19].

174. On a invoqué un terme breton et erse *lugu*, « corbeau », Leclercq et Cabrol, 1931, *s. v. Lyon*. J'ignore sa réalité.

175. *Cf.* par exemple Loth, 1914, 212 ; Roman, 1985 ; Maier, 1998, 88-89. Dans le même sens qu'ici par contre, De Vries, 1963, 59.

176. Loth, 1914, a rapproché un nom de l'irlandais du Moyen Âge, *lug*, « fauve », en particulier « loup-cervier », génitif *loga*. Charrière et Audun, 1963, 366, rappellent qu'en grec le mot *lúkos*, au sens propre « loup », désigne aussi, dans Aristote (*H. A.*, IX, 24, 617 b), une variété de choucas, c'est-à-dire de corbeau noir. B. Helly en conclut que les *lúkoi* de la ville d'Atrax, en Thessalie (Lyk., *Alex.*, 1909 ; *cf.* Eust., à *Il.*, B, p. 337) étaient des corbeaux plutôt que des loups (1987, 152, n. 63). On retrouve le terme sous la forme *lúkios* (*cf.* ci-dessus, le mythe de la transformation d'un nommé Lukios en corbeau, et dans Hskh.). Il est curieux, comme le soulignent Charrière et Audin *(l. c.)*, qu'on trouve le double sens de « loup » et de « choucas » en grec dans un mot qui ressemble à celui de *lug*, « fauve » en moyen irlandais, et à *lugus*, « corbeau » en gaulois selon le texte du Pseudo-Plutarque.

177. Mathieu, 1984.

178. *Ibid.*, 302, avec les références.

179. García Quintela, 2003 c, 25-26.

180. Ou blanchis à la craie, dans les versions conservées : c'est évidemment une rationalisation, comme le note Huxley, 1967, 201.

181. Ci-dessus, p. 142 ; Huxley, 1963, 201.

182. Helly, 1987, 152, d'après Pl., *H. N.*, X, 31, et Ant. Kar., *Mir.*, 15.

183. Republié dans Audin et Couchoud, 1955, 45.

184. Loth, 1914, 206.

185. Wuilleumier et Audin, 1952, 68-70, 73-75, n° 97-103 ; Audin et Couchoud, 1955, 45-47 ; Sterckx, 2000, 38.

186. Hatt, 1986, fig. 7 ; Gricourt et Hollard, 1997 a, 251-254 ; Gendre et Hollard, 2001, 36 ; Hollard et Bertrand, 2004, 43 ; Sterckx, 2000. Antérieurement, à Rome, le Génie public était lié à Apollon. Il est intéressant qu'en étant adopté en Gaule pour un culte local, il passe du côté de Mercure, pour s'identifier à un dieu celtique qui, en réalité, est très proche d'Apollon… *Cf.* sur ce Charrière et Audin, 1963, 369.

187. *Ibid.*, 362.

188. Wuilleumier, 1936 ; Picard, 1972 ; *cf.* aussi Charrière et Audin, 1966. Bonnes illustrations *in* Hatt, 1989, 124-125.

189. Hatt, 1985, 222-223 ; 1989, 122-125.

190. Sterckx, 1998 a, 53-54 ; 2000, 38, 42 ; dans le même sens, Gricourt et Hollard, 1997 a, 253. Mais, pour eux, la « bourse » est… une tortue !

191. Sterckx, 2001, 2, avec le dessin développé du gobelet.

192. Gricourt et Hollard, 1997 a ; *cf.* 1997 b, 9. Sur Lug cordonnier, ci-dessus, p. 27-28, 200.

193. Gendre et Hollard, 2002.

194. III, n° 2027, fig. 8.

195. Sur lequel ci-dessus, p. 61-62.

196. Gricourt, Hollard et Pilon, 1999, 159-160.

197. Hatt, 1985, 227.

198. Deyts, 1973, 47 ; 1992, 49-51.

199. Deonna, 1941, 120-122, 126.

200. *Ibid.*, 125, 127 ; Sterckx, 2000, 11.

201. Deonna, 1941, 125.

202. *CIL*, XIII, 2885.

203. 1893-1907, I, 397 ; correction acceptée par Deonna, 1941, 127 ; Even et Le Roux, 1952-1953, 295 ; Sterckx, 1991, 35 ; 1996, 46 ; Gricourt et Hollard, 1997 a, 257.

204. Ci-dessus, p. 53, et ci-dessous p. 307 ; rapprochement déjà fait par Tassel Graves, 1963, 228, n. 10 ; suivi par Gricourt et Hollard, 1997 a, 257. *Cf.* aussi Olmsted, 315, n. 54.

205. 1996, 9. *Cf.* auparavant Deonna, 1941 ; et Sterckx, 1996, 46-47.

206. Ce pourquoi Sterckx, 2000, 11, refuse son interprétation comme un Apollon, ci-dessous.

207. Ci-dessus, Ire partie, chap. I, « Et hermaphrodites ».

208. García Quintela, 2003 a, 126.

209. Espérandieu, 1925, 223 ; 1907-1966, IX, 436 ; Newell, 1939 ; Benoît, 1959, 77.

210. Sergent, 2000 a, 2000 b, 2002 c ; et ci-dessous, p. 524-526.

211. Comme l'ont bien montré Gricourt, Hollard et Pinon, 1999, 150-151, 155, 165-171.

212. Sterckx, 1996, 43. Je ne peux suivre mon estimé collègue lorsqu'il rapproche Moritasgos de Merlin, au prétexte qu'il y a le même élément, *mori*, « mer », en première partie de leur nom à chacun. Les noms celtiques en *Mori-* sont légion (*cf.* Delamarre, 2001, 193), comme aussi bien ceux en – *tasgos* (*Ibid.*, 247). *Cf.* aussi Lambert, 1994 a, 199.

213. Ci-dessous, p. 235-246.

214. Marco Simón, 1986, 749 ; Gricourt et Hollard, 2000 a, 22.

215. Sterckx, 2000, 41.

216. *Cf.* le texte publié par B. Ó Cuiv en 1952, du manuscrit H4, 25, du Trinity College et traduit *in TM*, 105 ; de même le « Dialogue entre Fintan et le faucon d'Achill » (Meyer, 1907, *in TM*, 171, § 50) : « Il y avait l'occasion de ronger des os à côté de Lugh à la main héroïque. »

217. Guyonvarc'h, *TM*, 187.

218. Meyer, 1907 (*TM*, 169-187). Sur ce personnage, *cf. infra*.

219. *TM*, 170, § 14-21, 26-28 : selon le § 20, c'est un corbeau qui lui prit un œil.

220. Le Roux et Guyonvarc'h, 1986, 390. Noter encore le personnage de Fiacha Muillethan, dont le nom peut venir de *fiach* « corbeau » (Le Roux et Guyonvarc'h, 1986, 389) : sa mère mourut en couches, comme Korônis.

221. Idée attestée dans la Grèce ancienne (Hés., *Frg.*, 304, cité par Plut., *Def. or.*, XX [415] : le corbeau vit trois fois plus longtemps que le cerf, lequel vit quatre fois autant que la corneille, laquelle a une durée de vie de neuf âges d'homme ; seuls des êtres mythiques – le phénix, les Nymphes – vivent plus longtemps que le corbeau), dans l'Europe traditionnelle, en Asie septentrionale (Mathieu, 1984, 287). Aratos, *Phén.*, 1022, cite également la « corneille aux neuf vieillesses ».

222. Dans le même sens, García Quintela, 2003 c, 25, 33.

223. C. Sterckx, conférence à la Société des amis des Études celtiques, au Collège des Irlandais à Paris, le 21 novembre 2000. Et Tymoczko, 1990.

224. Sterckx, 2000, 18.

225. Lambert, 1993, 74.

226. Str., III, 1, 5 (138).

227. *Ibid.*, 4 (138).

228. Du moins à Agen. *Cf.* Walter, 1993.

229. 1967, I, 146.

230. Leite de Vasconcellos, 1905, 214-215.

231. Selon le chroniqueur du XVIe siècle Duarte Galvâo ; García Quintela, 2003 c, 28.

232. Traduction du chevalier Jaubert, revue par Nef, 1999, 263. La traduction « manger » se trouve dans une version espagnole.

233. García Quintela, 2003 c, 33-35.

234. *Ibid.*, 19-20.

235. *TM*, 173, str. 77-80.

236. García Quintela, 2003 c, 34 ; Lambert, 1993, 74-75.

237. Ci-dessus, p. 51.

238. Lambert, 1993, 74.

239. Pind., *Pyth.*, III, 39 (68-69).

240. Ci-dessus, p. 44. Et *cf.* ci-dessous, p. 244-245.

241. Montelle et Kieffer, 1994, 174. À Schweighouse, également en Alsace, à la même date (le 11 mai), on vend aussi des sifflets, de deux sortes : ceux imitant le coucou, et ceux, remplis d'eau, en la forme d'un « oiselet joli », dont on peut ainsi imiter le gazouillement (Sterckx, 1991, 47). Le coucou et l'oiselet sont des passereaux, et il n'y a pas besoin d'insister sur les rapports entre le coucou et le cocuage !

242. Ci-dessus, p. 131-132.

243. García Quintela, 2003 c, 39.

244. Ci-dessus, p. 27-28.

245. MacNeill, 1982, 72-73.

246. *Ibid.*, 74.

247. On appelle paléo-Asiatiques, ou paléo-Sibériens, les peuples de Sibérie centrale et extrême-orientale qui n'appartiennent à aucun des grands groupes qui se partagent le reste de la Sibérie, Ouraliens, Turks, Mongols, Tunguz.

248. Charrin, 1983, 26. *Cf.* aussi Mathieu, 1984, 304.

249. Gricourt et Hollard, 2000 a, 34-35.

250. *Le Monde*, 8-9 septembre 2002 : on comprendra que je ne retienne

pas ces données dans le paragraphe sur les rapports entre Lug et Apollon et le nombre sept… *Cf.* aussi Mayaud, 1974, 588, 596.

251. *PMV*, II, 14. On reliera cela à l'idée selon laquelle le corbeau parle : Pl., *H. N.*, X, 43, 60 = 121-122 ; Macr., *Sat.*, II, 4. *Cf.* Helly, 1987, 151.

252. Ci-dessus, p. 27-28.

253. Muller, 1992.

254. Ce sont les formes *Bertaud*, *Beré*, *Berichon*, etc. : Le Quellec, 1996, 83 ; Gricourt et Hollard, 2000 a, 22.

255. Guyonvarc'h, 1960 b, 56.

256. Le Quellec, 1996, 85.

257. Guyonvarc'h, 1960 b.

258. *Ibid.*

259. Sur les relations entre les légendes celtique et grecque du roitelet, *cf.* Peirani, 1992. Il est intéressant aussi qu'un héros grec du nom d'Alkandros ait été transformé en roitelet (A. L., *Mét.*, XIV, 1, 3), et qu'un autre héros du même nom ait été le disciple, « un tout jeune homme », de Lukourgos de Sparte, instaurateur des lois de cette cité, bien qu'il lui eût crevé un œil avec son bâton au cours d'une sorte d'émeute contre lui ; et Alkandros devint après cet accident « un homme plein de modération et de sagesse » (Plut., *Lyk.*, XXI). Or, Lug, sous le nom de Trefuilngid, a donné leurs institutions aux Irlandais, par l'intermédiaire de Fintan : lequel eut un œil crevé, par le corbeau ou faucon avec qui il dialogue dans un texte cité ci-dessus. Quant à Lukourgos, « Celui qui fait œuvre de loup », c'est évidemment un maître en initiation. Alkandros, qui a double lien avec Apollon (en tant que devin et en tant que roitelet) est comme lui un initié paradigmatique. Il s'agit donc bien du même cycle légendaire : Lukourgos, Fintan – et Ódhinn – sont tous trois borgnes, tous trois initiés et/ou initiateurs.

260. Van Gennep, 1988, 3326-3330.

261. Sergent, 1999 c.

262. Ci-dessus, p. 143-144, et ci-dessous.

263. Peirani, 1992, 62.

264. Gricourt et Hollard, 2000 a, 23.

265. Le Quellec, 1996, 89.

266. *Cf.* Loth, 1914, 214.

267. Le Quellec, 1996, 86.

268. Gricourt et Hollard, 2000 a, 37, n. 37.

269. Gricourt, Hollard et Pilon, 1999, 163-164 ; Gricourt et Hollard, 2000 a, 23.

270. Le Quellec, 1996, 90.

271. Gricourt et Hollard, 2000 a, 29-31.

272. Frazer, 1935, 282-285 (= 1983, 380-383).

273. Loth, 1926.

274. 1987, 473-476.

275. Résultat d'un déplacement pour éviter la coïncidence avec le jour de Noël ? (García Quintela, 2003 c, 7, n. 26).

276. Frazer, 1934.

277. Pensado Tomé, 1983, 76 ; traduction de M. García Quintela.

278. García Quintela, 2002 c, 35-37.

279. Loth, 1913, 205-207 ; Lambert, 1993, 115. Sur ce mythe, *cf.* aussi Sterckx, 2002, 17.

280. *Il.*, VII, 58-62.

281. Mazon *et al.*, 1937-1955, II, 5 n. *Cf.* aussi sur ce Séveryns, 1966, 63 ; Schnapp-Gourbeillon, 1981, 185-186.

282. *Agam.*, 49-56.

283. Conon, *Narr.*, 35 Jacoby, *in* Photios, 186, 137ab (Henry, 1959-1977, III, 26).

284. Detienne, 1972, 50-51. Textes cités : D. Pér., *Ixeutikon*, I, 3 *frg.* 5 Garzya ; Pl., X, 19 ; Philon, *De anim. propr.*, 115-120 ; Ésope, *F.* 6 Chambry.

285. Elle n'est pas comprise ni par Rabel, 1982, ni par les auteurs antérieurs qu'il cite (dans ses notes 2-5 : H. L. Ahrens, F. H. M. Blaydes, Rose, F. W. Schneidewin, Sigdwick, A. W. Verrall, E. Fraenkell, H. Llloyd-Jones, J. D. Denniston et D. Page, qui, tous, pour expliquer l'apparition d'Apollon au début de l'*Agamemnon*, pensent devoir étudier le rapport entre Apollon et le vautour dans le cadre général de sa relation avec les oiseaux). Detienne n'aborde pas la question dans son livre de 1998, Gershenson, 1991, 48, n'y voit que du loup – parce que la montagne d'Éphèse où les deux héros du mythe gardaient leurs moutons s'appelle mont *Lusson*... (sur quoi *cf.* ci-dessus, n. 638).

286. Comme le dit Jessen, 1917, 1042.

287. Esch., *Agam.*, 47-48 ; Cornutus, XXI ; A. L., *Mét.*, XXI, 5.

288. Ci-dessous, Ire partie, chap. II, « La pourriture ».

289. Ci-dessus, p. 72-73. Annie Schnapp-Gourbeillon remarque (1981, 189) que des deux principaux mots grecs qui désignent le vautour, l'un *aigupiós*, sert aux comparaisons héroïques et divines, tandis que l'autre, *gúps*, est réservé au charognard. Apollon n'a que faire de cette distinction : il est à la fois *gúps* et *aigupiós*.

290. *Cf.* ci-dessous, p. 343.

291. Ci-dessus, p. 69.

292. Pas toujours heureux, *cf.* p. 184.

293. Conon, *l. c.*

294. Ci-dessus, p. 74.

295. Detienne, 1972, 44-48.

296. Waterman, 1914, 47.

297. Lévi-Strauss, 1964, 149-150.

298. *Ibid.*, 41-86 ; 1968, 164, 206, 250 ; 1971, 24-40. Un lointain lien « historique » entre le mythe amérindien et le mythe grec est possible puisque le même auteur observe (1991, 261-262) que le mythe du dénicheur d'oiseau est l'inverse du conte de Jean de l'Ours, très répandu, lui, dans l'Ancien Monde, jusques et y compris en Europe occidentale. Certaines versions du dénicheur d'oiseaux de la côte du Nord-Ouest (Canada-Alaska) sont d'ailleurs à peine « inversées » par rapport à l'histoire de Jean de l'Ours. Je projette un ouvrage qui reviendra sur cette question.

299. Sur le même thème, noter le mythe du Géant Tituos qui avait voulu violer Lètô : un vautour lui dévore le foie, qui renaît sans cesse (*Od.*, VIII,

229 ; XXIV, 84 ; XXVIII, 206 ; *cf.* aussi *HHA* (II), 1 ; *HAp*, 5, *HArt*, 249-255).

300. *Cf.* ci-dessous, p. 345-348.

301. *Cf. ibid.* p. 342-354.

302. De même, lors de la fondation de Lyon, Lugus « est » à la fois Atepomaros, l'un des deux fondateurs, et les corbeaux qui apparaissent à lui et à son frère.

303. Ci-dessus, p. 188.

304. Radcliffe-Brown, 1951 (1952) ; Lévi-Strauss, 1974 (1962), 123-132 ; Hamayon, 1990, 301-302.

305. Gricourt et Hollard, 1998, 16, et fig. Ia.

306. Gricourt et Hollard, 1997 b, 9 ; 1997 a, 258-260.

307. Sterckx, 1998, 32-33 ; 2000, 42.

308. *Ibid.*, 41-42.

309. García Quintela, 2003, 123 et fig. 21.

310. Gricourt et Hollard, 2000 a, 29-31.

311. Je m'accorde ici avec C. Sterckx, 2000, 41, contre Gricourt et Hollard, 2000 a, 29. La flèche, sur la monnaie, passe entre les jambes du personnage, c'est-à-dire menace davantage ses parties sexuelles que son dos : frapper quelqu'un aux testicules est à la fois une autre forme de l'adultère et une expression de la mise à mort. Il a pu, il a dû, exister plusieurs versions du même mythe dans l'Antiquité. Le *Mabinogi de Math* ne nous en a sauvé qu'une, par la force des choses – et c'est heureux !

312. *Cf.* Muller, 1996.

313. *Cf.* par exemple Deyts, 1992, 98, Taranis avec aigle, musée de Limoges, et Sterckx, 2000, 42, qui cite, avec toutes les références, « quelques exemples incontestables » de Jupiter (souvent sous la forme du cavalier à l'anguipède) associés à l'aigle, à Séguret (Vaucluse), Aley (Hesse), Jioux (Haute-Vienne) et Willingham (Cambridgeshire), tandis qu'on a à Alise-Sainte-Reine un aigle terrassant lui-même l'anguipède : le dieu est donc assimilé à l'oiseau, comme Zeus en Grèce.

314. *Il.*, XV, 237, et Eust., *ad loc.* ; Artph., *Oiseaux*, 516 ; Hdt. II, 156 (qui identifie Horus, le dieu-faucon, à Apollon).

315. *Abst.*, III, 5 ; en II, 48, il dit, d'après Théophraste [?], que certains devins, pour recevoir l'inspiration, mangent « le cœur des corbeaux, des taupes et des faucons ». Le mode d'inspiration est fort étrange en terre grecque (*cf.* note de Bouffartigue, 1979, 221, n. 7 à la p. 113) ; mais la liste paraît apollinienne : le corbeau et le faucon sont oiseaux liés à Apollon ; quant à la taupe, elle joue un rôle central dans la démonstration de Grégoire *et al.*, 1949 ; *cf.* p. 44-108 et 127-135.

316. *H. A.*, II, 43 ; *cf.* aussi Plut., *De soll. anim.*, 12 (968 d), 13 (969 c-f).

317. *Mét.*, XI, 341 ; Sterckx, 2000, 82. Mais la comparaison s'arrête aux motifs : je ne comprends pas pourquoi Marie Delcourt, 1957, 160, que suit Sterckx, lit dans Ovide que Daidaliôn est fils d'Apollon : le poète latin dit très clairement que le héros était frère de Kéyx (*Métam.*, XI, 294), lequel était fils de Lucifer (*ibid.*, XI, 271-272), c'est-à-dire en grec Eôsphoros.

318. Sur la sculpture du musée de Limoges, Taranis est à pied : c'est le modèle archaïque, antérieur à Taranis monté, qui est dû à une influence

orientale (*cf.* Benoît, 1959, 39). Il est alors douteux que l'aigle soit dû à une influence classique.

319. *Cf.* ci-dessus, p. 74-75.

320. Apollon et le coq dans les figurations : *LIMC*, « Apollon », 343-350.

321. Alcée, *Hymne à Apollon*, cité par Himerios, *Or.*, XIV, 10 ; de même Nonnos, *Dion.*, VIII, 229 ; XXIV, 84 ; XXVIII, 206.

322. *Ibid.*, II, 218-220.

323. Et à sa suite Call., *HAp*, 5 ; *HArt*, 249-255. Sur Apollon et le cygne, *cf.* Krappe, 1942 ; 1943-1946 ; Ahl, 1982 ; Bader, 1996, 6 ; et 1997 b.

324. De Vries, 1963, 140 et *cf.* *s. v.* « cygne » à l'index.

325. Ci-dessus, Ire partie, chap. I, « Des dieux lumineux ».

326. Le Roux, 1966 b, 143-147 ; Le Roux et Guyonvarc'h, 1986, 288-292 ; Sergent, 1999 a, 108.

327. *Tochmarc Etain* (troisième version, du *LJL*, éd. Bergin et Best, 1938) c. 876-877, § 15 (*TM*, 250).

328. De Vries, 1963, 57.

329. *Cf.* ci-dessus, Ire partie, chap. II, « L'arme et le jet ».

330. *Cf.* ci-dessus, Ire partie, chap. I, « Des dieux jeunes, beaux et grands » et « Des médecins ».

331. Le Roux, 1968, 798 ; Guyonvarc'h, 1980, 275, 277 ; Le Roux et Guyonvarc'h, 1986, 402 ; Sterckx, 1982, 116 ; 1986, 78-79 ; 1991-1995, IV, 102.

332. Lambert, 1981 ; Dillon et Chadwick, 1974, 150-152 ; Robreau, 2001, 149. En fait, Manannán est l'équivalent celtique de Poséidon ; *cf.* ci-dessous, IIe partie, chap. III.

333. Une des désignations de l'Autre Monde : Rees et Rees, 1961, 136 ; Dillon et Chadwick, 1974, 245. Dèlos, de son côté, est une sorte d'Autre Monde « réalisé », *cf.* Sergent, 2004 b, sur l'équivalence entre Dèlos et l'île mythique irlandaise Emain.

334. *Frg.* I 1 Reinach.

335. De Rochaud, 1873, 317 ; *LIMC*, « Apollon », 1008. Sur les Hyperboréennes à Délos, *ibid.*, IV, 33-35 et ci-dessus.

336. Stésichore, *Frg.*, 207, *in* Denys Page, *Poetae Melici Graeci.*

337. Plut., *Pyth. or.*, 12 (400 d). C'était par exemple le cas de l'Apollon Philèsios de Kanakhos, dont les attributs étaient le coq et l'arc, Zevi, 1979, 62-64. Le coq pouvait aussi servir à la divination, Boyancé, 1937, 141.

338. Ci-dessus, p. 32.

339. Gershenson, 1991, 118, d'après Apollonios, II, 686 et 700 ; Arrien, *Périple du Pont-Euxin*, 24 ; Anonyme, *Périple du Pont-Euxin*, 6 ; Pl., *H. N.*, VI, 32.

340. Even et Le Roux, 1950-1953, 291 ; Benoît, 1959, 143, sur un autel de Châlon, où Mercure est associé à plusieurs animaux, dont le coq ; De Vries, 1963, 51 ; Laubie, 1965, 281 ; Deonna, 1918, 150-151, remarque ce point commun entre Mercure et Apollon.

341. *CIL*, XIII, 5235 ; *Année épigraphique*, 1992, nº 1300 ; *cf.* Jouet, 1996, 17 et 257 ; Gricourt et Hollard, 1997 a, 240-240 ; 2002, 129 ; 2004, 42.

342. Ci-dessus, p. 82.

343. Ci-dessus, p. 43 et n. 183, p. 599.

344. Gricourt et Hollard, 2000 a, 33, concluant un excellent dossier sur les ornithomorphoses de Lug, p. 20-25.

345. Gershenson, 1991, 128.

346. Élien, *H. A.*, VI, 35, 18, 580 a.

347. *Cf.* Sergent, 1991-1992 b, 205 n. 11, et 1999 c ; Rees et Rees, 1961, 143, rapprochent les treize jours durant lesquels Nuada reste debout face à Lug, après lui avoir cédé sa place (la royauté ?), du cycle des Douze Jours, qui correspondent souvent au règne d'un roi provisoire durant lequel le monde est bouleversé. C'est bien effectivement ce qui arrive sous Lug, la bataille de Mag Tured mettant fin à la domination des démoniaques Fomóire. Le parallèle gréco-celtique ici pointé mériterait à lui seul une étude.

348. Élien, *H. A.*, X, 26. Sur *Lukábas*, *cf.* ci-dessus, p. 32, 105.

349. *Questions naturelles*, 38. D'autres auteurs suivent ces écrits sans rien ajouter de nouveau : *Schol.* A. Rh., *Arg.*, II, 124 ; Ant. Kar., *Mir.*, 56 (61) ; *Et. M.*, *s. v. Polioì lúkoi.*

350. A. L., *Mét.*, XXXV, 2.

351. Comme le souligne Krappe, 1943-1946, 124 : le loup de Lètô n'a rien de lycien, il ne figure en ce pays ni sur les monnaies, ni ailleurs. Et Eckels, 1937, 64-65, lors même qu'il admet une parenté entre le nom de la Lycie et les épiclèses d'Apollon, note que l'animal lié en Lycie à Apollon n'est pas le loup mais le lion.

352. Antoninus Liberalis ; *E. M., s. v. Lúkeion tópon*, Lètô est changée en louve pour douze jours lorsqu'elle accouche. Porphyre, *Abst.*, IV, 16, 5, mentionne une Artémis *Lúkaina*, « Louve » : soit influence de son frère, soit héritage maternel !

353. Roscher, *s. v. Apollon.*

354. Eckels, 1937.

355. Mainoldi, 1983, 28-30.

356. Servius-Danielis, à Virg., *Aen.*, IV, 377.

357. Sur cet épisode, *cf.* ci-dessous, p. 550.

358. Dans la version la plus commune, Apollon se met lui-même le laurier sur la tête (Plut., *Q. G.*, 12 [*Mor.*, 293 c] ; El., *H. V.*, III, 1).

359. *Cf.* ci-dessus, Ire partie, chap. I, « Des protecteurs des troupeaux ».

360. Ci-dessus, p. 84-85.

361. Gershenson, 1991, 16-17.

362. Gershenson, 1991, se donne beaucoup de mal pour exclure du dossier tout ce qui parle d'une rivalité entre Apollon et les loups, pour ramener la norme à un Apollon-loup n'ayant par définition que des relations positives avec l'animal. C'est, à mon sens, parfaitement vain.

363. Et Gershenson note précisément des affinités, quant à la fonction oraculaire et quant à la voix, entre loup et corbeau (*ibid.*, 62-63).

364. Paus., II, 9, 6.

365. D'après Sophocle, *El.*, 6.

366. Restauration de Kaibel, 1878, 821.6.

367. *Cf.* ci-dessus, Ire partie, chap. I, « Des protecteurs des troupeaux », et Gershenson, 1991, 10, qui entreprend d'expliquer que *lukóktonos* et *Nómios* sont des épithètes rares…

368. Confirmé par *Sch.* à A. Rh., *Arg.*, II, 124 Wessauer, qui se fonde sur

les commentaires de Philostephanos de Cyrène (lequel semble toutefois parler de loups-garous, *cf.* Gershenson, 1991, 11).

369. A *El.*, 6 – citée par Gershenson, 15.

370. *S. v. Lukoktónos theós.*

371. *Cf.* Ire partie, chap. I, n. 457, p. 602.

372. *Cf.* Ire partie, chap. I, n. 76, p. 587.

373. En p. 30-31.

374. *Cf.* Ire partie, chap. I, « Des dieux lumineux ».

375. D. S., V, 56, 1. Sur ce Telkhine, *cf.* ci-dessous, p. 550.

376. *S. v. Lúkeion topón.*

377. Paus., X, 14, 7.

378. El., *H. A.*, X, 26.

379. A. Rh., *Arg.*, IV, 1490. La « cithare lykôréienne », *in A. P.*, 279, 4, est une désignation poétique de la cithare d'Apollon.

380. Call., *HAp*, 19 ; Euphorion, *Frg.* 19 Meineke ; *Hymne orphique à Apollon* (XXIV [XXXIII]) ; Eustathe conserve un hymne à Apollon Lukôreus – identifié, comme chez Apollonios, à Phoibos oraculaire.

381. Strab., IX, 3, 3 (418) ; Paus., X, 3, 1-2 ; 6, 2-3 ; Luc., *Timon*, 3 ; *Sch.* à A. Rh., *Arg.*, II, 1490 ; IV, 711 ; St. Byz., 279 Holst ; *E. M.*, 571.

382. Paus., X, 6, 2.

383. IV, 1490-1495.

384. *Mét.*, XXX, 1.

385. *Od.*, XIX, 430-466.

386. Gershenson, 1991, 72, 82.

387. Paus., X, 3, 2.

388. Sur Autolukos comme « Phlégyen », et remontant ainsi à l'époque mycénienne, Sergent, 2004 a.

389. Paus., II, 9, 7.

390. *Sept*, 145-146.

391. St. Byz., *s. v. Galeôtai.* Leur éponyme Galéôtès fut le fils issu de cette union.

392. Apd., I, 9, 2 ; *Sch.* à Plt., *Minos*, 315 c ; Tz., à Lyk., *Al.*, 22 ; *E.M.*, *s. v. Athamántion* ; *Sch.* à A. Rh., *Arg.*, II, 513 ; St. Byz., *s. v. Alos.* Sur quoi, *cf.* surtout l'étude de Detienne et Svenbro, 1979, 226-227.

393. *LIMC*, « Apollon », n° 323.

394. *FGH*, III, 257, *frg.* 36.

395. *Cf.* Schwartz, 1894, *RE*, 1, col. 2537-2538 ; et Gershenson, 12.

396. *Her.*, X, 4, p. 710 F.

397. *Cf.* Apd., I, 7, 2, et *Sch.* à A. Rh., *Arg.*, II, 1147 ; à IV, 699 ; *cf.* aussi Paus., II, 21, 2, et III, 17, 8. Sur le déluge de Deukaliôn, ci-dessous, p. 339.

398. *Cf.* ci-dessus, Ire partie, chap. I, « Des médecins ».

399. *Cf.* Plut., *Or. Pyth.*, 12 (*Mor.*, 400 a) : « Apollon aime les corbeaux, les cygnes, les loups et les éperviers » ; *Sch.* à Soph., *El.*, 6, sur *lukoktónos*.

400. Apd., III, 12, 5.

401. Nikandros, *in Sch.* à Eur., *Hékabè*, 3.

402. Selon un fragment lyrique anonyme cité par Dion de Prousias, *Premier discours à Tarsos*, XXXIII, 59, *in* von Arnim. *Cf. Fragm. mel. adespota* 52 (Bergk-Hiller 1897) (traduction Méridier, 1956, 174).

403. Eur., *Hékabè*, 1273.

404. Herzog, 1931, 17-19 ; Jenkins, 1957, 65 ; Sterckx, 1996, 91.

405. Paus., I, 43, 7 ; *Il.*, XVIII, 570 et *Schol.* au v. 569 ; Ps. Ov., *Ibis*, 478 ; *A. P.*, VII, 154 ; Conon, *Narr.*, 19 Jacoby, *in* Photios, *Bibl.*, 133 b-134 a ; Élien, *H. A.*, XII, 34.

406. Conon, *Narr.*, 19 Jacoby, *in* Photios, *Bibl.*, 186, 133 b-134 a ; Paus., I, 43, 7-8. Sur ce, Mainoldi, 1983, 51-58.

407. Paus., VIII, 18, 1 ; IX, 29, 6-7.

408. Gershenson, 1991, 109.

409. Soph., *Électre*, 6-7. Sur Apollon et le loup ou le chien, *cf.* aussi Kothe, 1970 (qui propose une étymologie du nom d'Apollon à partir d'une forme **pel-* ou **kel-* retrouvée dans l'albanais *këlysh* « chien » ; Mainoldi, 1983, 72-75 ; Gershenson, 1991, *passim* ; Sauzeau, 1993 [IIe partie, II 3a : à Argos ; IV 2c : à Delphes d'après Élien, *H. A.*, XII, 40 et Paus., X, 14, 7, sur le loup qui retrouva un trésor volé au dieu]).

410. Gershenson, 1991, 35 ; *cf.* Gundel, 1927, 337, qui rappelle que selon certains modernes, K. O. Müller, 1825, 195-186, Preller, 1894, I, 463, et B. von Schweitzer, *in Arch. Anzeiger Jarhbücher des deutschen Arch. Inst.*, 34, 1919, 41, la fête argienne pouvait être consacrée à Sirius, mais, souligne-t-il, les souces anciennes (Élien, Athénée) n'en disent plus rien.

411. Hollard, Gricourt et Pinon, 1999, 156-60.

412. Benoît, 1959, 150, par exemple au Donon, 152. Le chien ne paraît cependant pas attaché au seul Mercure, car il a des relations étroites avec l'Apollon gaulois, sous sa forme Belenos, *cf.* Sterckx, 1996, 91-102 – cependant, Gricourt et Hollard, 2002, 133-136, ont montré que l'Apollon appelé Belenos est bel et bien Lug, sur quoi ci-dessus, p. 63. Dès lors, cela confirme la spécificité du lien entre Lug et le chien !

413. Sterckx, 1996, 89-90.

414. Vendryes *et al.*, 1959, C 257 ; Guyonvarc'h, 1969, 343 ; Sterckx, 2002, 19, n. 44.

415. Chap. III, « Le meurtre des géants borgnes ».

416. *LBÉ*, VII, 314 (*TM*, 13).

417. *Cf.* Sergent, 1999 a, 159-164 ; Sterckx, 2002, 19.

418. Thurneysen, 1918 b (*TM*, 131).

419. Je n'utilise pas ici les relations entre Pryderi, héros de la *Première branche* du Mabinogi, et les chiens (*cf.* Sterckx, 2002, 18). La question de l'identification entre Pryderi et Lug, quoique admise par plusieurs auteurs, est des plus épineuses. *Cf.*, ici, n. 578, p. 655, et p. 470, et références n. 34.

420. Sterckx, 2002, 19. Je dois modifier légèrement sa phrase !

421. Lambert, 1993, 105-106.

422. *Cf.* ci-dessous, Ire partie, chap. III, « Le père, le grand dieu céleste ».

423. Sterckx, 2002, 16-18, qui n'hésite pas à intituler le paragraphe « Lleu triple animal ».

424. MacNeill, 1982, 414.

425. *Cf.* ci-dessus, p. 129, 155 ; ci-dessous, p. 229.

426. Merdrignac, 2002, *passim*, dont 227 pour le dernier point.

427. Benoît, 1959, 149.

428. Ross, 1967, 34.

429. Identification proposée par López Cuevillas, 1951, 194, puis précisée par Marco Simón, 1986, 749-750, qui a comparé l'image à une figure de Peñalba de Villastar, et García Quintela, 2003 c, 42-45. Il est remarquable que les enfants de la localité devaient se tenir devant l'image gravée pour apprendre leurs leçons ! C'est un des plus étonnants et plus persistants souvenirs de Lugh Samildanach !

430. Benoît, 1959, 153.

431. Sterckx, 1998 a, 32.

432. Hatt, 1985, 222-223.

433. Lantier, 1934.

434. Lettre à M. García Quintela, citée par celui-ci, 2003 c, 43-44.

435. Vissurix, 1950 b, 122 ; Gricourt et Hollard, 1997 a, 243-244. Benoît, 1959, 157, parle de Mercure-Cernunnos ; pour de nombreux auteurs, par exemple Gaignebet et Lajoux, 1985, 91, 95-98, Merlin est le prolongement de Cernunnos ; or, d'autres (ci-dessous) voient en Merlin un équivalent humain de Lug.

436. Lajoye, 2001 c ; et déjà 2001 a, 3.

437. Gricourt, 2003 ; *cf.* aussi Gricourt, Jacques et Prilaux, 2003, 30 ; Gricourt et Hollard, 2004.

438. Altjohann, 2002.

439. Lantier, 1950, 170 ; Lerat, 1950, 101, n. 17 ; Benoît, 1954, 121 ; Deonna, 1956 a et b.

440. Sterckx, 1998 a, 38 ; Gricourt, Hollard et Pilon, 1999, 152.

441. *Ibid.*, 156.

442. Deonna, 1956, dont p. 9.

443. Deonna, 1941, 1213 ; Esperandieu ; VII, 5384.

444. Hollard, Delestrée et Gouet, 2002, 13.

445. Siké, 1994, 189.

446. Gricourt, 2003, 9.

447. Ci-dessus, p. 220.

448. Deonna, 1926, 36-37 ; 1956 a et b, dont le second, p. 10.

449. Walter, 1996 ; 2001 ; Lea, 1997 ; Sterckx, 2001.

450. *L'histoire de Tuan fils de Cairell [racontée] à Finnén de Mag Bilé, in TM*, 145-148.

451. Geoffroy de Monmouth, *Vita Merlini*, vers 450-470.

452. Micha, 1994, 195-196. Selon cet auteur, « ce Merlin-cerf est une image qui s'inspire de la *Vita Merlini* » : les parallèles irlandais invitent à considérer que ce n'est nullement le cas. Merlin est capable de métamorphose en cerf, et aussi bien, corrélativement, de monter un cerf.

453. *Sch.* à Soph, *El.*, 6.

454. Dès *l'Hymne homérique à Artémis*, II, 2.

455. Plut., *Qu. conv.*, IV, 1 (660 d) ; *Mul. Vir.*, 2 (244 b-e) ; Paus., X, 1, 6 ; *CIG*, IX, 1, 90.

456. *I.G.*, IX.1, 87 ; *cf.* Brelich, 1961, 51.

457. Strab., VIII, 3, 12 (343). Et Paus., VI, 22, 10-11.

458. Nilsson, 1956, 491.

459. Villard, 1979, 26, fig. Et *LIMC*, « Apollon », n° 324-333 (peintures

de vases, monnaies). Le n° 207, une gemme de Latone, montre Apollon tenant une petite lyre, un cerf au pied ; de même, n° 242, amphore de Tarente ; n° 329, il tient un petit cerf dans la main droite.

460. *LIMC*, « Apollon », n° 328.

461. *Ibid.*, n° 391. La pièce est datée d'entre 530 et 473 avant notre ère.

462. Wernicke, 1895, 10.

463. Ci-dessus, p. 73.

464. Noté par Olmsted, 1994, 137.

465. *TBC* (version du *LL*), *in* Guyonvarc'h, 1994, 100.

466. Il existe d'autres points communs entre Artémis et Cúchulainn : *cf.* Rose, 2000, 140, n. Cela méritera un jour une étude spécifique.

467. *CIL*, XIII, n° 5676 ; et Mennella, 1992, 115.

468. Arbois, 1899, 391 ; Dottin, 1927 ; Even, 1952-1953, 311 ; Le Roux, 1961 b, 495 ; Quentel, 1977 ; Hamp, 1987, 187 ; Sterckx, 1998, 44-45 ; 2002, 17 ; Robreau, 2001, 151 ; Delamarre, 2001, 192.

469. Brañas, 2000, 56.

470. Bonne figuration dans Hatt, 1989, 123.

471. Sterckx, 1998, 38.

472. Hatt, 1985, 227.

473. Gricourt et Hollard, 1997 b, 13-14 ; et Sterckx, 1998, 45. Les Eravisci étaient une puissante tribu celtique du sud de la Hongrie.

474. 2002, 17, n. 24.

475. *Ibid.*, 39.

476. Ci-dessus, p. 185.

477. Wuilleumier, 1936, 50.

478. Sterckx, 1998, 33 ; 2000, 42. Photos dans Hatt, 1989, 123.

479. Sterckx, 2000, 42 ; *cf.* ci-dessus, p. 207.

480. *Cf.* ci-dessus, Ire partie, chap. II, « L'aigle pourri » ; Ire partie, chap. III, « Les épreuves et les acquisitions transfonctionnelles ».

481. Cerruti et Gaspani, 1997, 9.

482. Synthèse sur ce dans Sterckx, 1998, 20-21 ; *cf.* aussi Douétil, 1998-1999 ; Vendries, 1999. Le sanglier est, après le cheval, l'animal le plus souvent représenté dans l'art monétaire celtique.

483. *OCT*, 14-17 (*TM*, 108).

484. Arbois, 1886 ; et après lui Even, 1950-1953 ; Quentel, 1977, 77-78 ; Bernier, 1982, 150 ; Merdrignac, 1983 ; 1985 ; 1989, 256-257 ; 1999, 150-152 ; Sterckx, 1997 a ; 1998, 46 ; 2002, 16 ; Robreau, 2001, 149.

485. *Vita sancti Hoaruei*, 33-34 ; traduction de Falhun, 1990, 129, légèrement modifiée, dans Sterckx, 1998, 46.

486. Tanguy, 1990, 27. Les manuscrits de la *Vie de saint Hervé* permettent des lectures *Huccan* ou *Huctan* du nom du démon, mais le toponyme *Roz-Huzan* incline B. Tanguy à pencher en faveur de la forme *Huctan*.

487. Comme l'ont bien vu Sterckx, 1997 a, 9, n. 14 ; 1998, 46, n. 3 ; Robreau, 2001, 150.

488. D'après C. Sterckx ; *cf.* ci-dessus, p. 220.

489. Mac Neill, 1982, 401, et n. 1.

490. Delamarre, 2001, 241.

491. Ptol. Héph., *Histoire nouvelle*, *in* Photios, *Bibl.*, 190, 146 b-147 a (Henry, 1959-1977, III, 52).

492. *Cf.* par exemple Sergent, 1984 a, 298-299 (= 1996 a, 300-301) ; 1992-1993, 220-221. Greve, 1877, 17, rejette purement et simplement le passage de la mythologie d'Adônis en Grèce, comme étant une pure invention de Ptolémée. Autres réflexions analogues citées par Atallah, 1966, 57, qui montre, 57-59, que Ptolémée n'a pas dû inventer. Photios a sélectionné précisément les versions originales qu'il trouvait chez lui et qui lui paraissaient présenter de l'intérêt.

493. Frazer, 1921, II, 85 ; Bottéro et Kramer, 1989, 317.

494. Apd., II, 14, 4 ; Bion, *Idylle*, I ; Cornutus, *Theologiae graecae compendium* 28 ; Plut., *Qu. conv.* IV, 5, 3 (671 b) ; Ath., II, 80 ; Tz., *Sch.* à Lyk., 831 ; Aristide, *Apologie*, 106-107 (Rendel Harris, 44) ; Prop., III, 4 (5), 53-54 ; Ov., *Mét.*, X, 710-739 ; Hyg., *F.*, 248 ; Macr., *Sat.* I, 21, 4 ; Lact., *Inst. divines*, I, 17 ; Firmicus Maternus, *De errore profanarum religionum*, 9 ; Augustin, *De Civ. Dei*, VI, 7.

495. *Cf.* Jost, 1985, 404 ; Bader, 1985, 30.

496. Paus., VIII, 24, 1.

497. *Ibid.*, 24, 5.

498. *Ibid.*, 38, 8 (traduction de Jost, 1985, 480).

499. Ath., VIII, 62, d'après Kléophulos, *Hôroi des Éphésiens*.

500. Paus., VIII, 38, 8.

501. Celui de la divinité découverte en son bain, et qui punit le responsable – cela existe dans la légende d'Artémis : entre autres une semblable légende était racontée tout près de l'Erumanthos au sujet du héros et du fleuve Bouphagos (*ibid.*, 27, 17) ; et ce Bouphagos était fils d'une nymphe Thornax, ce qui est le nom d'une montagne des confins arcado-laconiens où était adoré Apollon – le mythe du meurtre au cours d'une chasse au sanglier : on retrouve ce motif par exemple dans la légende, d'ailleurs évoquée au même endroit par cet auteur, du fils de Kroisos de Lydie (Hdt., I, 43), et, dans la légende des Argonautes, leur devin Idmôn, fils d'Apollon, fut tué par un sanglier au cours d'une chasse ; enfin celui du meurtre, par Apollon, d'un de ses protégés : il tua ainsi Huakinthos, son élève et éromène, Linos, autre élève, autre favori, et à Chypre même Kinuras, son fils, ou amant, ou rival (Atallah, 1966, 61, avec les références).

502. 152 b (*in* Henry, III, p. 66).

503. Ci-dessus, p. 130.

504. Ptol. Héph., *in* Photios, 190, 153 a (Henry, III, p. 70-71). Comme il n'y a pas de ville d'Argos à Chypre, S. Ménardos (1908) a proposé de remplacer *Argos* par *Arsos*.

505. Atallah, 1966, observe que Ptolémée Héphaistiôn nomme rien moins que six fois Adônis dans le texte résumé par Photios. Une seule fois il cite sa source : Euphoriôn de Khalkis, poète alexandrin, né vers 276 av. J.-C. Il n'est pas impossible que ce soit là finalement la source de tout ce que dit Ptolémée. Au-delà, note le même chercheur, des auteurs du Ve siècle, Pansais, Antimakhos, avaient traité la légende d'Adônis, mais leur œuvre est entièrement perdue : la relation entre Adônis et Apollon, le motif d'Apollon sanglier, y figuraient-ils déjà ?

506. Le Roux, 1968, 790 (*contra* Arbois, 1899, 391, et Dillon et Charwick, 1974, 16). De même Brañas, 2000, 56, note que le porc a valeur sacerdotale, et, ajoute-t-elle à juste titre, psychopompe. C'est bien une truie qui mène Gwydion à l'arbre où Lleu-aigle dépérit. Sur cet aspect du porc, Poli, 1992 ; et Merdrignac, 1999, 148-150.

507. Ci-dessus, p. 143-144.

508. On évoquera plus loin un passage de « La mort tragique des enfants de Tuireann » *(OCT)* qui mentionne « Lugh au Long Bras, aux coups puissants, et la cavalcade féerique de la Terre de Promesse », composée de « ses propres frères de lait, à savoir les enfants de Manannán ». Comme le notent Borgeaud et Christinger, 2000, 138, n. 19, Lug apparaît alors comme maître de la chasse sauvage. Je ne développe pas ce point, car il n'offre pas de parallèle du côté d'Apollon. Il est par contre un remarquable trait commun à Lug et à Ódhinn.

509. Tz., à Lyk., *Al.*, 266.

510. A. L., *Mét.*, XXXII, 1-3.

511. Even et Le Roux, 1952-1953, 291 ; Benoît, 1959, 142-144, et pl. VIII-XI ; De Vries, 1963, 51 ; Laubie, 1965, 281 ; Buchholz, 1984, 433-434 ; Duval, 1993, 70 ; Gricourt et Hollard, 2000 a, 39, n. 69 (un dieu qui ne peut être que Mercure/Lug tient un serpent, sur une stèle de Langres).

512. Benoît, 1959, 143-144, et pl. VIII.1.

513. Rémy, 1994, 192, 203, 204.

514. 1997 a, 253-254.

515. Robreau, 2002, 132-133. Sur Mercure et le serpent, *cf.* aussi Thévenot, 1968, 83.

516. Apd., *Ep.*, III, 25-27.

517. Ci-dessus, p. 76, 78, 102, 118.

518. Pind., *Ol.*, VIII, 37-44 (46-58).

519. Guyonvarc'h, 1967 ; Le Roux et Guyonvarc'h, 1986, 405.

520. *CIL*, XII, 2199 ; Even et Le Roux, 1952-1953, 290 ; De Vries, 1963, 122 ; Le Roux, 1968, 790.

521. *Ibid.*

522. Brañas, 2000, 54-55.

523. *Cf.* ci-dessus, p. 142.

524. Artt., *Constitution d'Ithaque, in E. M.* (*frg.* 504 Rose). Sur quoi Sergent, 1988 a, n. 13, 33.

525. Sergent, 1991 a, 24.

526. Paus., VIII, 35, 8.

527. Brelich, 1969, 240-276, 304-305.

528. Il avait pris les traits d'Artémis (!) pour approcher Kallistô.

529. Apd., III, 9, 2 ; Hyg., *F.*, 185 ; Serv., *à Aen.*, III, 113 ; *PMV*, I, 39.

530. Sergent, 1991 a, 24.

531. Siké, 1994, 84 ; Olive, 1996, 26.

532. Guyonvarc'h, 1967 ; Le Roux, 1968, 790.

533. *HHA*, 183-206.

534. *Ibid.*, 449.

535. Vilatte, 1988, 313.

536. Ci-dessus, Ire partie, chap. I, « Des rapides », pour la rapidité ; Ire partie, chap. II, « Des dieux jeunes, beaux, grands », pour la kourotrophie.

537. Vilatte, 1988, 315.

538. *Ibid.*, 313.

539. Gershenson, 1991, 85-97.

540. Artémidore, II, 16.

541. Cic., *Div.*, II, 70 ; Pl., *H. N.*, XXXII, 15.

542. « Océan fils de la Vague » (Lambert), ou « Dylan Pareil-à-la-Vague » (Sterckx). Si le sens des deux derniers mots est clair, celui du premier l'est moins. Les poètes médiévaux gallois emploient parfois *dylan* au sens de « mer, océan ». Ce n'est pas là un terme du vocabulaire commun, et l'étymologie est obscure. Gruffydd, 1928, 215 et n. 30, a rapproché le mot irlandais *dealgán*, qui désigne une sorte de poisson épineux.

543. Loth, 1913, 191-192. Sur la signification de Dylan, Rees et Rees, 1961, 50.

544. O'Donovan, 1856, I, 18-21 ; Borgeaud et Christinger, 2000, 100.

545. Rees et Rees, 1961, 231. Sur un autre lien, indirect, entre Lug et le phoque : Boutet, 1989, 1237.

546. Benoît, 1959, 143-144.

547. *Ibid.*, 155, n. 57, d'après A. Legrand, *in DA*, III, 1820.

548. Ci-dessus, p. 61.

549. Polycharme, *in* Ath., VIII, 333 a ; Pl., *H. N.*, XXXII, 8 (17).

550. Ath., VII, 306 a, citant une pièce de Phérékrates et un poème d'Épicharme ; *cf.* 287 a, 325 a-b.

551. Ath., VII, 306 a, d'après Aristote.

552. Apd., III, 12, 6.

553. *Od.*, IV, 349-570.

554. Gershenson, 1991, 89, qui cite les *Geoponica*, I, 14, qui s'inspirent eux-mêmes de Philostrate.

555. Apd., III, 12, 6.

556. Nicandre, cité par A. L., *Mét.*, XXXVIII.

557. *Ibid.*, XI, 381-406.

558. *Sch.* à Lyk., *Al.*, 175.

559. Plut., *De soll. anim.*, 36 (985 c).

560. *Ibid.*, I, 24 ; Ov., *Fastes*, II, 79-119 ; Hyg., *Astr.*, II, 17, 3 ; *F.*, 194 ; Serv., à Virg., *Ecl.*, VIII, 55 ; *Sch.* à Arat., 165 Br.

561. Grimal, 1963, 51.

562. Serv., à Virg., *Aen.*, III, 332, d'après Corn. Longus, et *cf. ibid.*, XI, 247.

563. *E. M.*, *s. v.*

564. *Sch.* à Eur., *Or.*, 1647.

565. Gershenson, 1991, 85-86.

566. Artt., *Frg.* 232, *apud* Pollux, IX, 80 ; *cf.* Probus, à Virg., *Géorg.*, II, 197. C'est Taras qui est représenté, à dos de dauphin, sur les monnaies de la ville.

567. Sur ce, Sergent, 1996 a, 115-115.

568. Plut., *Sept. Sap.*, 20 (136 b-d).

569. *De sol. anim.*, 36 (984 e).

570. XI, 466 c.

571. Sur quoi ci-dessous, p. 488-490.

572. Un autre héros grec, Bellérophôn, est crédité d'un pareil exploit (Plut., *Mul. Vir.*, 9 = *Mor.*, 247 f-248 d) : c'est un fils de Poséidon. Sur cet épisode de sa carrière, Sergent, 1999, 215.

573. Plut., *Sept. Sap.*, 20 (136 b-d). Sur la complicité et la complémentarité d'Apollon et de Poséidon, Detienne, 1998, 166-167 et 308, n. 235. Et ci-dessus, p. 38, le dialogue d'Apollon et de Poséidon dans l'*Iliade*. À Tarse, on disait qu'il possédait le premier le trident, l'arme caractéristique de Poséidon (Dion Chrisostome, XXXIII).

574. Plut., *Thésée*, XVIII, 1-2.

575. Mommsen, 1898, 451 ; Bourboulis, 1949, 63-64 ; Sergent, 1990 d, 181-182 ; Gershenson, 1991, 42, 86.

576. P. 127-130.

577. Ci-dessous, IIe partie, chap. III.

578. *Cf.* p. 65, 81. Se fondant sur les traditions irlandaises modernes, Christinger et Borgeaud, 2000, 85, 135, n. 27, 140, n. 56, pensent pouvoir faire de Lugh le fils de Manannán ; car, disent-ils, Lugh est, dans la version de Donegal, fils de Mac Kineely, qui « est l'exact équivalent de [Manannán] Mac Lic » ; en effet, *Mac Kineely* est l'anglicisation de *Mac Cinnfhaolid*, « Fils tête de loup », ce en quoi ils voient l'équivalent de « Mac Lir, Mab Llyr ». À cette identification, les textes irlandais médiévaux s'opposent radicalement : Lugh est fils de Cian, que rien ne permet d'identifier à Lir (il n'est en tout cas pas le moins du monde marin !), et Lugh a été en fostérage – institution typiquement celtique – chez Manannán : le père adoptif est par définition distinct du père. Quant à Robreau, 2001, 149, il identifie Lug à Manannán : cela pose les mêmes difficultés. Manannán est foncièrement un dieu de la mer, comme Poséidon, Lug a des affinités avec la mer, mais ni plus ni moins qu'Apollon – c'est-à-dire que ni l'un ni l'autre ne peuvent être qualifiés de « dieux de la mer ». Par ailleurs, si l'on identifie le héros Pryderi, qui apparaît dans les trois premières branches du *Mabinogi*, alors que Lleu n'appartient qu'à la quatrième, à ce même dieu (*cf.* ci-dessus, n. 420 ; et ci-dessous, p. 470 et n. 34), Pryderi est un long moment le compagnon et l'associé de Manawyddan, l'équivalent gallois de Manannán, et leur couple rappelle celui que formera, dans la quatrième branche du *Mabinogi*, Lleu avec son protecteur Gwydion.

579. Paus., X, 5, 6 ; Vilatte, 1988, *passim* ; sur Poséidon à Delphes, Roux, 1976, 29-30, 189.

580. MacNeill, 1982, 426-427.

581. Ci-dessus, p. 83-84, 93-94.

582. Ci-dessous, Ire partie, chap. III, « Irlande, Delphes, Argos ».

583. Ce dieu prit en effet la forme d'un dauphin pour s'unir à Mélanthô, fille de Deukaliôn, et il en eut un fils du nom de Delphos, éponyme de Delphes (Ov., *Mét.*, VI, 120, et *scholies*). C'est sans doute cette métamorphose qui est rappelée par le fait que, selon Hygin, « ceux qui font des statues en l'honneur de Neptune [...] placent un dauphin dans sa main ou à son pied ; cela, pensent-ils, fait le plus grand plaisir à Neptune » (*Astr.*, II, 17, 1).

584. Mac Neill, 1982, 399.

585. *Ibid.*, 65.
586. Gershenson, 1991, 80, 119.
587. Ci-dessous, p. 480-481.
588. Q. Sm., *Posthom.*, I, 294-301.
589. *Cf.* ci-dessous, p. 467.
590. *HHA*, 300.
591. *Ibid.*, 386-387.
592. Paus., IX, 2, 1.
593. Pl., *H. N.*, II, 232 ; Tac., *Ann.*, II, 54.
594. Gershenson, 1991, 32.
595. Paus., VII, 21, 13.
596. MacNeill, 1982, 415.
597. P. 44-45.
598. Ci-dessus, p. 44 ; et Sterckx, 1991 a, 43-44.
599. Ci-dessous, Ire partie, chap. III, « … mais sans épouses ».
600. *Cf.* Gravier, 1993 ; Millat, 2001 ; Montelle et Kieffer, 1994, 173. Il crée des sources en plantant en terre son bâton ou son épée.
601. IIe partie, chap. II, « Athèna et la Bodb dans l'épopée ».
602. Ci-dessous, p. 477-480.
603. Je remercie D. Hollard de m'avoir signalé ce rapprochement par une lettre du 12 juillet 2001.
604. *LIMC*, « Apollon », n° 988-992.
605. Bader, 1997, 56-60. Sur la racine, *cf.* aussi Pokorny, 1959, 473.
606. Chantraine, 1968, 261.
607. L'expression est de Pierre Lévêque : Apollon « se déguise » en dauphin, dans l'*HHA*.
608. Gricourt, 2003.
609. D. Hollard, lettre du 12 septembre 2001 ; Gricourt et Hollard, 2002, 126.
610. Ci-dessus, p. 44.
611. Gricourt et Hollard, 2002, 124, et fig. 1a, d'après Taracena, 1924, 48 et fig. D, 5.
612. *Ibid.*, 122-123, d'après Meid, 1995, 350-351.
613. Kruta, 2000, 332, 417.
614. Gricourt et Hollard, 2002, fig. 1b, d'après Taracena, 1924, 57 et fig. 17.
615. *Ibid.*, fig. 1c, d'après Taracena, 1924, 54-55 et fig. 14.
616. Gricourt et Hollard, 2000 a, 25-26, qui citent le catalogue de La Tour, n°s 4068, 4072, 4173, 4867, 6578, 6585, 6950-2, 8424-6, 9016, 9926.
617. D'après une glose du *LL*, 1148, citée par Stokes, 1891, 127, Lugh a inventé la jeu de *fidchell* (« échecs », *cf.* ci-dessous, p. 300), le jeu de balle, et la cavalerie. Car il monta en premier à cheval, Guyonvarc'h, 1962, 22, § 45.
618. Gricourt et Hollard, 2002, 127 et n. 29, d'après Le Roux, 1957 ; Duval et Pinault, 1986, 403 (et 424 pour le mois Equos) ; Le Roux et Guyonvarc'h, 1995, 35-43, 183-163. De même Lainé-Kerjean, 1942-1943, 258-259, 274-275.
619. Vaste bibliographie sur ce point : Gricourt et Hollard citent Déchelette, 1910, 413-418 ; Forrer, 1932, 86 et *passim* ; Roes, 1938, 164-165 ;

Deonna, 1950, 167 ; Engler, 1962, 173-174, 204-205 ; König, 1982, 119-120 ; Briard, 1987, 30, 68-69 ; Hollard, 1999, 18-20 ; ajouter Kruta, 1992, 124, 219.

620. Gricourt et Hollard, 2002, fig. 2.

621. *Ibid.*, 130, n. 41.

622. *Ibid.*, n. 44.

623. *Ibid.*, fig. 5.

624. Lettre de D. Hollard en date du 21 novembre 2002.

625. Gricourt et Hollard, 1997 b, 14.

626. *Ibid.*, 2002, 132.

627. Espérandieu, IV, 119, n° 2978 ; Provost, 1988, 66-68, n° 35, avec bibliographie.

628. *Cf.* ci-dessus, p. 53 et 173, et ci-dessous, p. 267.

629. Egger, 1952, 304.

630. Gricourt et Hollard, 2003. Sur ce document, *cf.* ci-dessus, p. 91.

631. Ci-dessous, Ire partie, chap. III, « Des fils et leurs mères ».

632. Gricourt et Hollard, 137, n. 75.

633. Espérandieu, X, 16-17, n° 7297 ; Magnen et Thévenot, 1953, 55, n° 182 ; Sterckx, 1986, 36, n° 308 ; Boucher, 1990, 994, n° 214.

634. Espérandieu, VI, 76-77, n° 4650 ; Magnen et Thévenot, 1953, 57, n° 207 ; Sterckx, 1986, 12, n° 32 ; Boucher, 1990, 993, n° 185.

635. Ci-dessus, p. 185.

636. Gricourt et Hollard, 2000 a, 138.

637. *Ibid.*, 2002, 138.

638. Lambrecht, 1950, 112.

639. Gricourt et Hollard, 2002, 137, n. 78, avec les références.

640. *Ibid.*, 138.

641. Meid, 1994, 35 ; 1995, 351.

642. Gricourt, 1954.

643. En ce sens Le Roux et Guyonvarc'h, *TM*, 98 ; 1995, 146-152 ; Gricourt et Hollard, 2002, 146-150.

644. Ci-dessous, p. 438-439.

645. Sterckx, 1996, 70-72.

646. Gricourt et Hollard, 2002, 152-153.

647. Dans le livre le plus complet sur Macha, celui de Françoise Le Roux et Christian Guyonvarc'h sur la *Souveraineté guerrière de l'Irlande* (1983), Ethne ne figure qu'à la p. 116, où Macha est nommée par ailleurs : elles n'y sont nullement assimilées.

648. Sur la pluralité des épouses de Lug, ci-dessous, chap. III, « … mais sans épouses », p. 289-296.

649. Gricourt et Hollard, 2002, 159.

650. Ci-dessus, p. 23.

651. *Cf.* Borgeaud et Christinger, 2000, 135, n. 27.

652. Guyonvarc'h, 1962, 500, § 45. Il est curieux de constater combien cette invention de la monte du cheval est liée à Cúchulainn : en effet, sur trois initiateurs, l'un, Conall, est son frère de lait, un autre, Lugh, est son père divin, le troisième, dont le nom est une forme alternante de Sualtam, est son père humain.

653. *L.L.* 24556, cité *in* Guyonvarc'h, 1999, 85, n. 138.

654. MacNeill, 1982, 398, et 414.

655. J'aurais pu invoquer d'autres faits encore, que je ne fais que signaler ici pour ne pas alourdir la démonstration : on a cité plus haut (p. 222) l'histoire de ce Daire qui nomme tous ses fils *Lugaid*, dont l'un acquiert la royauté sur l'Irlande à la suite d'une course de chevaux ; C. Sterckx a montré (2002, 16-17) que Lug est lié aux trois formes animales des fils de Gwyddion et Gilvaethwy, qui comprennent, dans ce texte gallois (le *Mabinogi de Math* : Lambert, 1993, 106-108) le loup, le cerf et le sanglier, mais que, dans des versions continentales du même récit, apparaît le cheval (c'est en effet un poulain, dans histoire de Carados, où il est la forme alternante du cerf qu'on a ailleurs) ; enfin, M. Meulder a montré récemment que Lleu, Ulysse, Arjuna, ont des points communs (entre autres, comme Lleu, Ulysse récupère à Ithaque son nom, des armes et une épouse ; sur ces acquisitions trifonctionnelles de Lleu, ci-dessous, p. 298-299) ; or, il est notable qu'Ulysse et Arjuna soient des étalons, le second, métaphoriquement, le premier parce qu'il a été métamorphosé en cheval par Kirkè (Ptol. Héph., *in* Photios, *Bibl.*, 150 a ; Meulder, 2002, 38, et 42, n. 39.

656. *LIMC*, « Apollon », 487 a, et Apollon associé au Cavalier thrace, n° 1-17.

657. Par exemple un vase « mélien », *c.* 640, montre Apollon en char, cithare en main, et les chevaux sont ailés (Villard, 1979, 26 ; *cf.* aussi *LIMC*, « Apollon », 833 c 845 : Apollon en char dans des scènes de mariage ; c'est alors l'idée même de procession nuptiale des familles aristocratiques, qui fournit à Apollon et à Artémis un tel moyen de transport) ; sur des monnaies de Tarse, en Cilicie (sud-est de l'actuelle Turquie) et de Thyateira, en Lydie, les unes et les autres du IIe siècle de notre ère, il est en char, et associé au Soleil (*LIMC*, « Apollon », n° 14-15, 272, 481).

658. Paus., III, 16, 1-2.

659. *Cf.* à présent *LIMC*, « Dioscures ».

660. Apd., III, 10, 3 ; Paus., II, 26, 3-7 ; IV, 3, 2 ; 31, 12 ; *Sch.* à Pind., *Pyth.*, III, 8 (14).

661. Paus., III, 16, 1.

662. Sur quoi, *cf.* ci-dessus, p. 127, 141-142, 184.

663. Dans Parth., *Erôt.*, 5.

664. Kern, 1900, n° 17.

665. Detienne, 1998, 229-230.

666. Sur ce *cf.* aussi Piérart, 1977, 9-12.

667. Paus., VIII, 20, 2 ; Parth., *Erôt.*, 15.

668. A. L., *Mét.*, XVII.

669. *HHA*, 212-213.

670. Piccirelli, 1967, 107, d'après les fouilles de Tsountas, en 1890, et de Furtwängler, en 1904.

671. Paus., VIII, 25 ; et sur le mythe de Poséidon et de Dèmèter, ci-dessous, p. 466.

672. Ci-dessous, p. 469.

673. Sergent, 1999 a, 65-97.

674. Vian, 1963, 109-110, 139-141.

675. Detienne, 1998, 23.

676. Call., *HAp* II, 48 ; *Sch.* à *Il.*, XXIII, 288 ; Stace, *Théb.*, VI, 332-333.

677. Ci-dessus, p. 78, 179 ; et A. L., ci-dessous ; de même Call., *Frg.* 492 et 186, 10 Pfeiffer ; Apollodore *apud* Clém. Al., *Protr.*, II, 29, 4.

678. Sur cette question, *cf.* les références dans la note de Detienne à A. L. *Mét.*, XX, 1, p. 115, n. 9, de l'édition de 1968. Ajouter Krappe, 1947, et Cook, 1925, II, 463, n. 1.

679. A. L., *Mét.*, XX.

680. Hskh., *s. v.* ; Poll., *Onom.*, VII, 56, qui donne le mot pour dorien. C'est un des mots signifiant « gris », et substantivé pour désigner l'animal, *cf.* Chantraine, 531.

681. *Protr.*, II, 28, 3.

682. Ci-dessus, p. 201-209.

683. *Cf.* Moreau, 1996, 23.

684. Il est caractéristique que Wernicke (1895, 9) commence son exposé des pouvoirs d'Apollon en notant qu'il règne sur les trois domaines que se partagent les Kronides (ciel de Zeus, mer de Poséidon, Enfers d'Hadès), car il est effectivement dieu de la mer, du ciel et de la terre (*cf.* Porph., à Serv., *Aen.*, V, 66), tandis que des celtisants, analysant les pouvoirs de Lugus tels qu'on les décèle dans les documents antiques, déduisent qu'il exerce une souveraineté sur les trois mondes (Gricourt et Hollard, 1997 a, 261-276). Gershenson, 1991, 64, observe également qu'Apollon, lié au loup, au corbeau et au dauphin, règne sur les trois mondes. *Cf.* aussi García Quintela, 2003 c, 44 : le dieu de Vestro Aloniego, identifiable à Lugus, a les bras en croix, signe qui peuvent évoquer sa possession de tout l'espace.

685. On a signalé qu'une chanson bretonne appelle le roitelet *Merlin*... (Le Quellec, 1996, 92).

686. *Cf.* surtout Sterckx, 2000, 45-51, 63-81. Pour une comparaison iranienne (Zarathuštra), Sergent, 2005 a.

687. Le Quellec et Sergent, 2005, *s. v. hypostase.*

688. Rappelons que les Celtes, et tous les Indo-Européens anciens, comprenaient le déroulement du temps comme fait d'une succession de périodes cosmiques, séparées par des catastrophes qui anéantissaient le monde. C. Sterckx retient le terme *éons* pour les désigner. C'est toujours la conception de l'Inde.

689. Ci-dessus, chap. I, « Des maîtres des moissons ».

690. *TM*, 104.

691. *ATDM*, 4, 8 (*TM*, 258, 261-262).

692. Le Roux et Guyonvarc'h, 1986, 374.

693. Chotzen, 1948 ; Marx, 1967, 54 ; Rees et Rees, 1961, 39, 49 ; Dillon et Chadwick, 1974, 246 ; Le Roux et Guyonvarc'h, 1986, 366 ; Sterckx, 1986, 80, Hily, 2003, 19-21.

694. Arbois, 1884, 229-233 ; Rhys, 1885, 90-91 ; Le Roux, 1962, 350, 354 ; Borgeaud et Christinger, 1963 (2000), 102 ; Dillon et Chadwick, 1974, 152 ; Guyonvarc'h, *TM*, 1980, 19 ; Le Roux et Guyonvarc'h, 1986, 400.

695. Gricourt et Hollard, 1997 b, 243.

696. Deyts, 1992, 50 ; pour l'identification à Lug, Gricourt et Hollard, 1997 b, 251, n. 121.

697. Millat, 1996, 77.

698. Ci-dessus, p. 44 ; et *cf.* ci-dessous, p. 275, 294.

699. Garcia Quintela, 2003 c, 36.

700. *STT*, 29-30 (*TM*, 163) ; *Colloque de Fintan et du faucon d'Achill*, 68, 77-84 (*TM*, 172-173).

701. *Cf.* ci-dessus, p. 24.

702. *A. P.*, IX, 357 (au tome VIII de l'édition des Belles Lettres).

703. Robert, 1949, 93-104 : les boules dans les types militaires agonistiques, avec les références ; Amandry, 1950, 73, n. 3.

704. Roux, 1973, 172-173, 185.

705. Et selon Libanios (*Progymnasmata*, 9, Förster, VIII, 277), à son époque « le palmier devint la couronne de tout concours et son feuillage est le souvenir de la victoire, mais le pommier couronne le concours pythique ».

706. Elle a donc été frappée à l'occasion de Puthia locales, imitation de Puthia delphiques.

707. Robert, 1949, 103 (avec les références à la n. 4).

708. Les Phliasiens sont les habitants de Phlious.

709. Strab., VII, 3, 1 (295) ; Soph., *Frg.* Inc., 870 Nauck (2).

710. Strab., IV, 33.

711. Le prix des concours pythiques fut d'abord de l'argent (Roux, 1974, 172). Cela n'empêche pas de penser que le lien d'Apollon à la pomme ne peut être qu'ancien, et avoir précédé le lien entre Apollon et le laurier (ci-dessus).

712. Ci-dessus, p. 106-107.

713. *Ibid.*, p. 89-91.

714. *Colloque de Fintan et du faucon d'Achill*, 68, 77-78 (*TM*, 172-173).

715. *STT*, § 20 (*TM*, 162).

716. *STT*, § 29 (*TM*, 163).

717. Montelle et Kieffer, 1994, 165.

718. C'est ce qu'évoquent sans doute les nombreuses figurations (sur gemmes, monnaies, reliefs, peintures) qui montrent Apollon un rameau en main (*LIMC*, « Apollon », n° 239-308).

719. Ci-dessus, p. 189-190.

720. Strophe 11 (*TM*, 169). On apprend aux strophes 5 et 6 qu'Aichill (autre orthographe du nom) est un port situé à l'ouest de l'Irlande, où l'oiseau a toujours eu « son content, par sa force, de poisson, de gibier et de venaison ».

721. Sauf précisément Fintan, qui a le même âge que l'oiseau d'Aichill, c'est-à-dire a vécu quinze ans avant le déluge, puis mille cinq cents ans après (str. 8 et 11). Sur ce type de personnages, *cf.* ci-dessus, p. 60, 223, 259.

722. García Quintela, 2003 c, 33-34.

723. Paus., X, 5, 9.

724. D'après Stésichore, ci-dessus, p. 75, et *cf.* Esch., *Choeph.*, 953-958.

725. Paus., II, 31, 4 et 8.

726. Roux, 1976, 125.

727. *Cf. TM*, 185, texte du *Dindsenchas en prose* sur ces arbres ; Le Roux et Guyonvarc'h, 1986, 144-158 et 228-231 ; Sergent, 1990 e, 16-17 ; Sterckx, 1994 a, 9-12 ; 1996, 8-9.

728. Gwynn, 1903-1935, III, 296, cité et traduit *in* Le Roux et Guyonvarc'h, 1986, 229.
729. *Cf.* Sterckx, 1994 a, 9-19.
730. *Sch.* à Artph., *Ploutos*, 213.
731. *Iambes*, IV, *Frg.* 194 Pfeiffer, v. 26-27.
732. Ci-dessus.
733. Humbert, 1976, 95, n. 2.
734. Stokes, 1894-1895, 456 ; traduit dans Sterckx, 1996, 8.
735. *Cf.* Le Quellec et Sergent, 2005, *s. v. Nombres*.
736. Comme l'a signalé en premier, je crois, Natrovissus, 1952-1953.
737. Ci-dessus, p. 43-44.
738. *Ibid.*, p. 44.
739. *Ibid.*, p. 61 ; et ci-dessous 301-302.
740. Ci-dessus, p. 147-148, 227.
741. *Ibid.*, p. 148.
742. *Ibid.*, p. 43-44.
743. *Ibid.*
744. *Ibid.*, p. 233.
745. Hollard et Delestrée, 2001, 6, et fig. 1a.
746. Ci-dessus, p. 248.
747. Gricourt et Hollard, 2002, 124, et fig. 1b, 1d.
748. *Ibid.*, 136.
749. Ci-dessus, p. 53.
750. Gricourt et Hollard, 1997 a, 261-276, avec de nombreuses comparaisons indo-européennes.
751. Ci-dessus, p. 82, et ci-dessous, p. 273-275.
752. Ci-dessus, p. 196.
753. *Ibid.*, p. 44.
754. *Ibid.*, p. 69, 102-103, 112.
755. *Ibid.*, p. 122-123.
756. *Ibid.*, p. 115.
757. *Ibid.*
758. *Ibid.*, p. 26.
759. *Ibid.*, p. 145.
760. *Ibid.*, p. 153.
761. *Ibid.*, p. 93.
762. MacNeill, 1982, 425.
763. Ci-dessus, p. 259, et note 686.
764. Ci-dessous, chap. III, « Les épreuves et les acquisitions trifonctionnelles », p. 296-303.
765. Ci-dessus, p. 101, 103.
766. *Ibid.*, p. 30.
767. *Ibid.*, p. 234.
768. *Ibid.*, p. 72.
769. *Ibid.*, p. 154.
770. *Ibid.*, p. 101.
771. *Ibid.*, p. 87.
772. Hés., *Travaux*, 771. C'est-à-dire le 7 Busios, en termes delphiques

(Plut., *Q. Gr.*, 9 = 292 e) ou le 7 Thargêlios, en termes athéniens (D. L., II, 44 ; III, 2 ; Plut., *Banquet*, VIII, 1, 20). *Cf.* aussi Plut., *De E delph.*, 17 (391 f) ; et Amandry, 1950, 81.

773. *Q. Gr.*, 9 (292 e).

774. Vallois, 1931, 269.

775. Hdt., VI, 57.

776. Graf, 1974 ; Detienne, 1998, 57.

777. *De E Delph.*, 17 (391 f). Callisth., *frg.* Jacoby, *F.G.H.* 2 B, 655 ; Anaxandridas, *Id.*, 3 B, 298.

778. *HD*, 251.

779. Pind., *Ném.*, V, 23-24 (42-43).

780. *Sept*, 800-802.

781. Ci-dessus, p. 38, 138.

782. Plut., *Banquet*, XX (163 a-b). *Cf.* plus haut, p. 241-242.

783. Ci-dessus, p. 99.

784. Ci-dessus, p. 147.

785. Esch., Eur., Artph. (d'après *Schol.* à Eur., *Phén.*, 159), D. S., Ov., Apd., Hyg., Lact. Plac., l'auteur de la *PMV*, cités ci-dessus, n. 976 du chapitre I.

786. Hdt., I, 86-87.

787. *F.*, CCLXXIII, 7.

788. Sur Apollon et le nombre sept, *cf.* Cook, 1925, 236, n. 5 ; Halliday, 1928, 60-61 ; Amandry, 1950, 81 ; Delcourt, 1955, 190 ; Moreau, 1996, 25-26, et réf. n. 80.

789. Boyancé, 1960, 160.

790. Burkert, 1990.

791. *Od.*, III, 305-310.

792. Velleius Paterculus, *Histoire romaine*, I, 1.

793. *Cf.* ci-dessus, p. 23, 79.

794. *OCT*, 5 (*TM*, 106).

795. *CMT I*, 83 (*TM*, 53).

796. Le Roux et Guyonvarc'h, 1986, 244.

797. *TM*, 198.

798. *Veillée de Fingen*, 4 (*TM*, 190). *Cf.* ci-dessus, p. 26.

799. Gricourt et Hollard, 2002, 130, n. 44.

800. Proklos, *in* Photios, *Bibl.*, 321 a-b (Henry, 1959-1977, V, 163-164).

801. Cité par Strabon, X, 3, 21 (473).

802. Paus., II, 31, 4.

803. Roscher, 1906, 55 ; *cf.* aussi Defradas, 1964, 167-168.

804. Démétrios de Skepsis, *in* Ath., IV, 141e.

805. Cité par Diodore, II, 47, 7, et Élien, *H. A.*, XI, 1.

806. *CMT I*, 95, 129 (*TM*, 54, 56). *Cf.* aussi Natrovissus, 1951.

807. *CMT I*, 129 (*TM*, 56).

808. On se rappelle que, dans ce texte, l'aveuglement et la mort de Balor sont deux épisodes distincts.

809. *CMT II*, 101 (*TM*, 69-70).

810. Hatt, 1989, 208.

811. *Ibid.* ; *cf.* aussi Deonna, 1956 c ; c'est le nº 48, p. 65, du catalogue des bronzes figurés de la Gaule romaine de Salomon Reinach.

812. Plut., *Thésée*, XXI, 1-3.

813. Séchan, 1930, 121 ; Rubensohn, 1937 ; Armstrong, 1943 ; Lawler, 1946 ; Petrikovitz, 1952 ; De Vries, 1957, 75 ; Thompson, 1966, 75 ; Bruneau, 1970, 31 ; Was, 1971 ; Santarcangeli, 1974, 221-233 ; Detienne, 1983 ; Delpech, 1991, 96 ; Moreau, 1988 ; 1989 ; 1992, 208 ; Delavaud-Roux, 1994, 69-82, en particulier 78, 80, 86 n. 29 et 31.

814. Artt., *H. A.*, IX, 10 (614 b).

815. Thomson, 1943, 63.

816. Plut., *Thésée*, XVII.

817. Descendre « vers la mer » en Mounukhiôn, c'est rejoindre le temple d'Artémis Mounukhiâ.

818. Sur d'autres faits parallèles dans les rituels apolliniens, Jeanmaire, 1939, 396, 403-404, 528.

819. Plut., *Thésée*, XXII, 4.

820. Hskh., *s. v.* Thésée est donc le premier *geranoulkos*. Et bien avant, il était allé à Delphes donner à Apollon, comme cela se faisait à son époque (Plut., *Thésée*, V, 1-3), les prémices de sa chevelure, rite qui consistait à se faire couper les cheveux devant et à les laisser longs derrière, ce qui offre un parallèle avec Lug, ci-dessus, p. 141. Sur le labyrinthe et la danse de Thésée : Irigoin, 1970, et les références données ci-dessus à la n. 815.

821. Ci-dessus, p. 211-213.

822. Ci-dessus, p. 76-86.

823. Höfer, 1916-1924, 128-132 ; Czarnovski, 1925, 36 ; Benoît, 1950, 90. *Cf.* Duval, 1982, 102 ; Armada Pita et Garcia Vuelta, 2003.

824. Lui-même fils de Zeus changé en taureau et d'Eurôpè.

825. Strab., X, 4, 21 (483). Sur ce récit, *cf.* Sergent, 1996 a, 17-55.

826. *Ibid.*, 24.

827. Sergent, 1995 e, 283.

828. 1959, 71 et 143 ; *cf.* ci-dessus, p. 82.

829. Ci-dessus, p. 44, 244-245, 261, et ci-dessous, p. 294, avec les références.

830. Hans, 1986, 24 ; Gravier, 1993, 63.

831. *Ibid.*

832. Lorsqu'il arrive à Dèlos, Thésée vient de se rendre coupable, non d'un adultère, mais d'un abandon : il a laissé Ariadnè, qui l'aimait, seule à Naxos.

833. De Vries, 1957 ; Deonna, 1959 ; Delpech, 1996.

834. *Ibid.*, 184-186.

835. Call., *HD*, 303-315.

836. Plusieurs auteurs (par exemple – à la suite d'un scholiaste à *Il.*, XVIII, 590 – Johansen, 1945 ; De Vries, 1957, 71-72 ; Yoshida, 1964, 9 ; Frondisi-Ducroux, 1975, 147 ; Delavaux-Roux, 1994, 84 ; Capdeville, 1995, 245-247) comparent à juste titre la danse du Géranos à Dèlos avec celle qu'Hèphaïstos a figuré, à Knôsos, sur le bouclier d'Achille : elle réunit, sur la place de danse que Dédale bâtit pour Ariadnè (celle qui aida Thésée, et partit

avec lui), des jeunes gens et des jeunes filles « pour lesquelles un mari donnerait bien des bœufs », *Il.*, XVIII, 592-593.

837. Le Roux et Guyonvarc'h, 1986, 248.

838. MacNeill, 1982, 33, 423-424.

839. *Ibid.*, 424.

840. *Cf.* Le Roux, 1961 c, 333-334.

841. Plut., *Thésée*, XXIII, 2-3. Sur quoi Jeanmaire, 1939, 346-347, 524, 588 ; Vidal-Naquet, 1983, 164-168 (avec références p. 164) ; Sergent, 1986 a, 134-135.

842. Le rapprochement entre le taureau aux trois grues et la danse du Géranos a déjà été fait par Czarnowski, 1925, 36-37, 41, 48-53.

843. Ci-dessus, p. 201-202 ; et texte cité ci-dessous, p. 343.

844. Ci-dessus, chap. II, « L'aigle pourri », p. 201-209.

845. *Ibid.*, « Le corbeau », p. 180-194.

846. *Ibid.*, « Le roitelet », p. 194-201.

847. Gaignebet, 1982.

848. *HHA*, 371-374 ; Paus., X, 605.

849. Et encore dans l'hymne delphique d'époque romaine édité par Annie Bélis, 1992, 112 (*Hymne*, II, str. 7-8).

850. *DELG*, I, 953.

851. Bader, 1997 b, 58, n. 41 : « L'étymologie par πυθ [...] est confortée par d'autres emplois de πύθω avec un nom de la "terre" comme lieu de pourrissement des os », motif dont plusieurs exemples, pris par l'auteur dans l'*Iliade* et l'*Odyssée*, attestent l'existence, et les associations ainsi fréquentes de la même racine avec un nom de la terre « révèlent le sens du mythe : le "pourrissement" des os dans la terre s'applique à la mort sans inhumation. C'est elle dont la maîtrise vaut à Apollon son nom de Puthios ».

852. Gricourt et Hollard, 2000 a, 37, n. 27.

853. *Cf.* ci-dessus, p. 30-31 et 172.

854. Dans Macr., *Sat.*, I, 17, 36.

855. Il est remarquable que dans un rituel grec, de Béotie, les Daidala (Paus., IX, 3, 2-8), dont M. García Quintela (2003 c) a montré la parenté avec le mythe de la fondation de Lyon, mais qui est adressé à Zeus, non à Apollon, les corbeaux oraculaires soient attirés avec de la viande cuite : tout se passe comme si le changement de dieu avait impliqué un changement de traitement de la matière alimentaire.

856. C'est ce que signifie *-ios* : *Lúkios* est « maître des loups », *Púthios* « maître de la pourriture » (Gershenson, 1991, 128).

857. Gricourt et Hollard, 2000 a, 36-37, n. 27.

858. Dans le *BSMF*, 125, 1982, 25.

859. Lambert, 1993, 366, n. 74.

860. Hily, 2003, 90, n. 9. Je n'ajouterai par contre pas un vingt-deuxième « point commun » entre Lug et Apollon, à savoir leur commune relation avec le « chamanisme ». D'un côté, Gricourt, Hollard et Pilon, 1999, 160-165, ont insisté (après Christinger et Borgeaud, 2000 [= 1964], 107) sur ce qu'ils considèrent comme les traits chamaniques de Lug, d'un autre, il a été souligné que les phénomènes de chamanisme en Grèce sont toujours reliés à Apollon (Dodds, 1965, 145-149 ; Dowden, 1979), d'un autre encore, il est

manifeste que si le chamanisme a existé dans l'Inde la plus ancienne, Rudra en était le patron (*cf.* Renou, 1956, 132, sur l'hymne X, 136 du *Ṛig-Veda*, et n. p. 256). Mais, à mon sens, il s'agit là de faits hétérogènes (par exemple, il n'y a pas de chamanisme grec : des faits extérieurs, thraces ou scythiques, ont été rattachés à Apollon), et, surtout, un dieu ne peut pas être « chamanique » tout seul : la société est chamanique ou non. Or, traiter de la question de savoir si l'ancienne société indo-européenne était chamanique est une autre affaire ; elle nécessite à tout le moins un livre – que j'écrirai peut-être un jour !

CHAPITRE III

1. Lambert, 1993, 107.
2. Sterckx, 1989, 160.
3. *HHA*, 15-16. J. Humbert (1976, 79) remarque, d'après C. Picard, que cette Ortugyâ « peut désigner le lieu, voisin d'Éphèse, où Artémis avait son plus fameux sanctuaire ». Notons que la tradition irlandaise connaît une sœur de Lugh, Ebliu (Eblend, Eibhleann...) qu'épousa Fintan, le disciple ou continuateur de Lugh selon le *Suidigud tellaig Temra*, 34 (*TM*, 165). Or un texte, racontant l'histoire du débordement du Lough Neagh, parle d'une « autre » Ebliu, étroitement liée au thème de la fontaine et de l'eau (Joyce, 1979, 97 ; résumé dans Bertrand, 1971, 39-41). Cette Ebliu est évidemment identique à l'autre (*cf.* Sterckx, 1982, 142) et il est notable que l'Artémis grecque est également étroitement liée à l'eau, aux marais, à la mer... (*cf.* Jost, 1985, 412-414) ; Sauzeau, 1993 (IIe partie, II 5c). Je n'insiste pas davantage ici.
4. *Cf.* Gricourt et Hollard, 2002, 158, ajoutent que son équivalent de la *Première branche du Mabinogi* Gwri Wallt Euryn est élevé par un homme dont le nom, Teirnon Twrv Vliant, signifie « Seigneur du bruit des flots ».
5. Ó' Hógáin, 1990, 43-45.
6. Hyg., *F.*, 147.
7. Ci-dessus, p. 195, 213. Ces auteurs sont tardifs, mais Aristote connaît déjà la métamorphose de Lètô en louve en relation avec les douze jours. Selon Antigone de Karystos, *Hist. mir.*, 56 (61), Lètô vint à Dèlos pour douze jours, puis alla chez les Hyperboréens.
8. Gernet, 1966.
9. Detienne et Vernant, 1974, 72.
10. Amandry, 1950, 203 ; Gernet, 1968, 383 ; Detienne, 1967, 30-50 ; Detienne et Vernant, 1974, 104-107 ; Roux, 1976, 46 ; Detienne, 1998, 161 ; *cf.* Jost, 1985, 310-311.
11. Loth, 1914, 217 ; Pokorny, 1959-1969, I, 1061 ; Le Roux, 1962, 349 ; De Vries, 1963, 60, 128, 138 ; Le Roux et Guyonvarc'h, 1986, 219, 247.
12. Ci-dessus, p. 37.
13. *OCT*, 17 (*TM*, 108).
14. *OCT*, 23 (*TM*, 109).
15. *Ibid.*, 136.
16. Un vase de la fin de la première moitié du Ve siècle, du Peintre de Codros, montre Thémis dans la position de la Pythie, ce qui, note Detienne

(1998, 161) est contemporain des *Euménides* d'Eschyle, où la Pythie expose que s'assirent successivement sur le siège pythique Gaia, Thémis, Phoibê, et enfin Apollon qu'elle-même – la Pythie – représente (*Eum.*, 1-8).

17. Lambert, 1993, 107.

18. Loth, 1913, 191, n. 1 ; Roth et Guirand, 1935, 210 ; Thomas, 1950-1982, 205, 384 ; MacKillop, 1998, 21 ; Sterckx, 1991 a, 56 ; 2000, 109, n. 28. Il est vrai que cette signification dépend de l'orthographe du nom, *cf.* Lambert, 1993, 365, n. 43. On notera qu'en Grèce, la Couronne boréale est liée à l'histoire de Thésée : soit qu'il s'agisse de la couronne d'Ariadnè, offerte par Dionysos à celle-ci ; soit que, faite par Hèphaïstos d'or et de pierres précieuses, elle illumina le Labyrinthe et permit à Thésée d'en sortir ; soit encore qu'Amphitrite, ou bien Thétis, la donna à Thésée lorsqu'il plongea au fond de l'océan pour récupérer l'anneau qu'y avait jeté Minôs (sur le mythe, *cf.* ci-dessous, p. 507) (Eratosth., *Catast.*, 5 ; Hyg., *Astr.*, II, 5) : or, Thésée est à la fois le protégé d'Apollon, son adorateur, le fondateur de certains des rites qui lui sont consacrés. Ainsi, la Couronne boréale, d'une part, est celle d'une femme au pays de Galles et dans une des versions grecques, d'autre part est indirectement liée à Lug au pays de Galles, à Apollon en Grèce ancienne.

19. Elle préside à l'obscurité et à la nuit de noces, en particulier à l'union de Zeus et d'Hèra, « prototype des unions humaines » (Delcourt, 1957, 103), lorsque Zeus enlève Hèra et l'emmène dans la grotte du Cithéron que protège Lètô Mukhiâ (c'est-à-dire « de la profondeur [de la grotte] ») pour s'unir à elle (Eus., *Prép.*, III, 1, 3, citant Plutarque, *Frg.* 3 de *Dardal. Plat.*, et qui ajoute « certains disent Nukhiâ », c'est-à-dire « qui préside à la nuit »), et A. L., *Mét.*, XVII, 6. Sur quoi *cf.* Haudry, 1987, 23, 112, 140, 164-165.

20. *Théog.*, 406-409.

21. Sterckx, 1989.

22. Ci-dessus, p. 277-280, sur la pourriture.

23. Bader, 1997 b, 58-61.

24. Lambert, 1993, 108.

25. Pour Dèlos, *cf.* Sergent, 2004 b.

26. Ci-dessus, chap. I, « De très grands "druides" », p. 58-68.

27. P. 65-66.

28. *Bonedd yr arwyr*, *in* Bartrum, 1966, 90. Et sur ces variantes, Sterckx, 1997 a, 33.

29. Stokes, 1894, 318.

30. § 311 (*TM*, 13).

31. *CMT II*, 39, 70 (*TM*, 63, 65).

32. *Aireach meanman Urairdmic Coise*, texte du Xᵉ siècle, cité par Sterckx, 1997 a, 13.

33. Borgeaud et Christinger, 2000, 135, n. 27 et 140, n. 56.

34. Au sujet duquel Borgeaud et Christinger, *ibid.*, 140, n. 56, donnent un exemple de fourvoiement lorsqu'ils supposent que l'un des noms du père de Lug, Kineely, « Tête de loup », doit être une désignation de l'océan et de l'Autre Monde (en renvoyant à Hubert, 1913, sur le gallois *Gweil-gi*, désignation à la fois de l'océan et de carnassier androphage), dès lors *Mac Cinnfhaolid* devrait signifier « Fils de la Mer » ou « Fils d'Hadès », et serait donc

synonyme de Mac Lir, désignation du dieu de la mer Manannán. Il y a à mon sens erreur : *cf.* ci-dessus, p. 23-24, et n. 578, p. 655.

35. Müller-Lisovski, 1948 ; Rees et Rees, 1961, 97.

36. Sterckx, 1997 a, 44-49. Sources : *Tucaid ionnarba nan nDéise i Mumhain ocus oidheadh Chormaic* (Hull, 1958-1959, 32-45), *Cath Maighe Leana* (Jacqson, 1938), Keating, I, 314, et tradition populaire, Ó' Hógáin, 1990, 100-119.

37. *Ibid.*, 50. De même 1998 a, 48 ; 1999 ; Gricourt et Hollard, 2000, 21 ; Gricourt, 2003. Ils ont été précédés par Valente, 1988.

38. Lambert, 1994, 103, rejette vigoureusement cette thèse : « Si Gwydion conseille à Math d'utiliser la virginité d'Arianrhod, on imagine mal qu'il mette en péril lui-même cette virginité avant ou après l'épreuve. Il n'en pourrait tirer aucun bénéfice personnel, particulièrement après sa complicité dans le viol de la vierge Goewin. » Il est vrai qu'il y a une incohérence : Gwydion devrait savoir que sa sœur n'est pas vierge, s'il l'a engrossée ! Il reste, pour sauver la thèse de R. Valente et de C. Sterckx, qu'on peut supposer qu'il ignorait qu'il avait couché avec sa sœur. Cela arrive – par exemple dans le fameux mythe amérindien dit « vulgate amérindienne », où un frère et une sœur, futurs lune et soleil respectivement, couchent ensemble sans que l'un des deux, au moins, sache qui est son partenaire nocturne. *Cf.* Le Quellec et Sergent, 2005, *s. v. Vulgate amérindienne.*

39. *Histoire d'Irlande*, 311, cité par le Roux, 1962, 354. Et de même *Agallam na senóra*, 1941-1942, 2058, 2374, 2563 (Stokes, 1900, 55, 58-59, 67, 72) ; *Ban senchus*, éd. Dobbs, 1931, 169, 205 ; *De gabháil in t-Sída* (Hull, 1933, 55) ; *DdM*, Gwynn, 1903-1935, IV, 278 ; *DdR*, 46 (Stokes, 1894-1895, XV, 439) ; *Lebor Bhretnach*, 12 (éd. van Hamel, 1932) ; *LBÉ*, VII, 311 (MacAlister, 1938-1965, IV, 116) ; *Auraicept na n-éces*, 1162-1163, 2803, 4258, 5484-5485 (Calder, 1917), etc.

40. Loth, 1914, 222, n. 3 ; et à sa suite Le Roux, 1962, 348, n. 9.

41. *HHH*, 158, 253 ; Hés., *Bouclier*, 279 ; Artph., *Cav.*, 1081 ; A. Rh., *Arg.*, I, 439 ; IV, 1704 ; *A. P.*, IX 357, XI, 3 ; etc.

42. Pind., *Pyth.*, I, 13 (22) ; III, 63 (118).

43. Artt., *Éthique à Eudème*, 1.

44. Eur., *Iph. T.*, 1260.

45. MacNeill, 1982, 416, discerne dans Eithne le sens de « noyau, grain », c'est-à-dire qu'elle l'interprète par l'irlandais *etne*, mot qui a cette signification (Marstrander *et al.*, 1913-1975, E 246), mais Ethne est par ailleurs identique à Etan, dont le nom signifierait cette fois « front, sourcil » (Marstrander *et al.*, 1913-1975, E 212) ; de plus rien ne dit laquelle des formes en *-l-* et des formes *-n-* en est la plus authentique. Les tentatives de J. De Vries (1933, 222) pour partir d'une base **petona* ou **petina-*, et de Christinger et Borgeaud (2000, 84) à partir de **Petiliôn*, **Peteliôn*, formes rapprochées du nom du grec du fleuve, *potamós*, me paraissent désespérées. Pour Lètô, *cf.* Chantraine, 638, pour qui l'étymologie du nom est « obscure ». Plusieurs auteurs ont invoqué un mot lycien, *lada*, signifiant « dame » (Bethe, 1923, 20-21 ; Kretschmer, 1925 ; 1925 ; Schwyzer, 1939, I, 60 ; Krappe, 1943-1946, 121 ; Wilamowitz, 1959, I, 234). Mais pourquoi une déesse

grecque attestée dès Homère et Hésiode (et sans doute dès le mycénien, si le nom de la ville crétoise de Latô, attesté à Knôsos en linéaire B sous la forme *ra-to*, dérive du nom de la déesse, comme il est probable, si l'on songe à l'importance qu'elle avait en Crète, étant adorée à Gortyne, Drèros, Hiérapytna, et Latô même où elle avait un temple) aurait-elle, seule en son cas, un nom d'origine lycienne ? L'étymologie est donc refusée par Nilsson, 1955 (1976), 562, Laroche (*CRAI*, 1974, 121) ; Chantraine, 1968-1984 ; Haudry, 1987, 23, 112, 140, 164-165, a rapproché le nom de Lètô de celui de la déesse indienne de la nuit, *Râtrî* (« *Lêtô* est l'hypocoristique d'un ancien nom de la nuit correspondant au vieil-indien *râtrî* »). Ce mot lui-même n'est pas d'étymologie claire : on l'explique soit par la racine indo-européenne **rè-*, « sombre », soit par celle du latin *lateo*, grec *lanthâno*, « cacher » (Pokorny, 1956, 651, 853 ; Mayrhofer, 1976, 53), dont Osthoff, 1895, 309, rapprochait précisément le nom de Lètô.

46. Sergent, 1988 a, 292 n. 98. Pour des cas semblables d'assonances entre noms celtiques et germaniques, Krahe, 1955, 138-139.

47. Sur des parentés entre Lètô et les personnages féminins celtiques, *cf.* Gricourt et Hollard, 2002, 152-153. C'est une matière trop complexe pour que je l'aborde en détail ici. J'observe seulement que si l'on « consolide », au sens lévi-straussien, c'est-à-dire si l'on met bout à bout les histoires de la naissance de Cúchulainn, dans la version I (Deichtine est donnée comme épouse à Sualtam après un inceste entre elle et son frère Conchobar) (ci-dessus, p. 144-145) et de la course de Macha (ci-dessous, p. 438-439), il apert que la véritable raison de la colère de Conchobar contre Macha est la jalousie ; on est alors proche de l'histoire de la jalousie d'Hèra envers Lètô, qui oblige également celle-ci à une « course » à travers le monde.

48. On lui a tardivement attribué parfois comme femme la Muse Kalliopè. Cela sent le raccommodage : on a été gêné qu'Apollon n'ait pas d'épouse ! En fait Kalliopè n'était initialement qu'une de ses nombreuses maîtresses ; d'après une scholie au *Rhèsos* d'Euripide, v. 895, Pindare disait qu'elle avait eu Ialménos d'Apollon et Orphée d'Oiagros (*cf.* Puech, 1961, 210-211).

49. Sur l'identité de ces formes, Sterckx, 1999, 238, n. 31 : *Buach* est en fait un génitif de *Búa*, pris pour un nominatif (Bergin, 1927, 400).

50. Toutes les quatre sont nommées dans un *Dindsenchas*, Gwynn, 1903-1935, III, 483.

51. Knowth, près de Drogheda.

52. Dans le comté de Kildare.

53. Even et Le Roux, 1952-1953, 151. *Nás* signifie d'ailleurs « Sort, Présage », Loth, 1914, 219.

54. Gwynn, 1903-1935, IV, 48-50.

55. Sterckx, 1999, 239.

56. Gwynn, 1903-1935, III, 49 (« Nás, mère d'Ibheac, fils de Lugh ») ; IV, 48-50 ; Stokes, 1894-1895, XV, 317. Cela permet de nuancer l'assertion de Guyonvarc'h, *TM*, 138, selon laquelle on ne connaît à Lugh aucune descendance porteuse de son nom.

57. Le Roux, 1962, 362 d'après l'édition de Bergin, 1927, 406.

58. *Flann Mainistrech*, 20-21 (Thurneysen, 1918 b ; *TM*, 125). L'allusion

au « druide qui a menti » est bien obscure mais elle a un parallèle grec ! *Cf. infra* : dans la mésaventure conjugale de Ténès, son épouse soudoie le joueur de flûte Eumolpos pour qu'il rende un faux témoignage : or en pays celtique, un joueur de flûte aurait été un barde, catégorie de druides.

59. *Flann Mainistrech*, 22 (Thurneysen, 1918 b ; *TM*, 125).

60. Loth, 1913, 201-202.

61. *Cf.* le tableau dans Sterckx, 1999, 244 ; l'auteur note de surcroît que Cermait est fils du Dagda, le dieu « jupitérien » irlandais, et que deux textes gallois font de Gronw Pebyr un fils de Gwydion, l'équivalent « jupitérien » du Dagda au pays de Galles (*ibid.*, 243-244) ; et que plusieurs textes disent que le Dagda parvint à ressusciter son fils (*Gofraidh Finn Dálaigh*, *in* Mac Cionnaith, 1939, 196-197 ; *Aodh Abaid Easa Ruaidh mise*, Bergin, 1927, 402-403) ; ainsi, c'est la victime de l'adultère (Lleu) qui est ressuscitée au pays de Galles, et son responsable, en Irlande : mais, dans les deux cas, par le personnage jupitérien (Sterckx, 1999, 245-246). Par ailleurs, si, comme on l'a noté, les Merlin, Suibhne, Fintan... sont des formes semi-humanisées de Lug (ci-dessus, p. 259), il faudrait joindre à ce dossier, comme le note Lea, 1997, 39, que Merlin et Lailoken sont liés à des histoires d'adultère, et que Suibhne avait une aversion totale pour les femmes, au point d'en accuser une d'avoir tenté de le ramener à un état de folie. Il est par ailleurs tué par un homme qui le soupçonnait, bien à tort, d'avoir séduit son épouse.

62. Thurneysen, 1936, 197.

63. Lambert, 1993, 117. On se rappelle qu'à la fête de saint Gengoult, le 11 mai, à Lauterbach en Lorraine, on vend des sifflets qui imitent le hibou, le corbeau, les passereaux. Souvenir d'une relation entre la femme de Gengoult et un oiseau nocturne ?

64. Sterckx, 1999, 243-244 ; l'étude est consacrée aux ennuis de Lug avec les femmes. Notons les importantes survivances traditionnelles de ce motif : jusqu'à la fin du XIXe siècle, c'est la chouette qui symbolise le cocu, dans les îles Britanniques ; MacNeill, 1982, 414, signale l'histoire, liée au site de Croag Patrick en Irlande occidentale, selon laquelle la fille du païen chez qui arriva Patrick disparaissait et réapparaissait merveilleusement, jusqu'à ce que Patrick la change en oiseau, et la mette dans une cage à oiseaux : évidemment, cette femme ne peut pas être l'épouse ou l'amante de Patrick, mais elle reste son ennemie. Comme me le rappelle D. Hollard dans une lettre du 12 juillet 2001, le clerc adultère et assassin, « percé » par la vengeance de saint Gengoulph, perd ses intestins par le fondement, tandis que sa femme infidèle, devenue pétomane (*Vita Gangulphi*, II, 12, citée par Sterckx, 1991, 45 ; Gravier, 1993, 62 ; Montelle et Kieffer, 1994, 171), se cache de honte : tout comme Blodeuwedd devenue chouette se cache de tous les oiseaux (noté aussi par Sterckx, 1991, 47).

65. Du poète Giolla Mochuda : Bergin, 1927, 400.

66. Sterckx, 1999, 240-241.

67. Pind., *Pyth.*, III, 8-26 (14-46). Autres sources de cette histoire, *in* Grimal, 1963, 101. *Cf.* Grégoire, 1949, 16-23, 99-101.

68. *Cf.* ci-dessus, p. 51, 181-182.

69. De même que sa sœur Artémis restait éternellement vierge.

70. Loth, 1913, 93, 208.

71. De même Blodeuwedd se promenait dans la cour de son domaine lorsqu'elle entendit le bruit de la chasse.

72. Ov., *Mét.*, II, 542-595. Sur Nuktiménê, voir encore Hyg., *F.*, 204, 253 ; Serv., à *Géorg.*, I, 403. Et Sergent, 2002 b.

73. Ci-dessous, p. 446.

74. Apd., I, 7, 7-9 ; *cf.* aussi Plut., *Parall.*, 40 (315 e-f) ; Paus., IV, 2, 7.

75. A. L., *Mét.*, XX, 7.

76. Eur., *Ion*, 10-11 ; Ps. Amulius Victor, *Origines du peuple romain*, II.

77. Ci-dessus, p. 254-255.

78. *HHA*, 212-213.

79. *Cf.* ci-dessus, p. 255.

80. Nonn., *Dion.*, VIII, 227.

81. *Cf.* surtout ci-dessus, p. 254-255.

82. *Cf.* ci-dessus, *ibid.* ; pour l'amour incestueux du dernier Leukippos, Parth., *Erot.*, 5.

83. Ci-dessus, p. 244.

84. Une autre survivance paraît la suivante : un saint personnage nommé Jehan Paulus, à la fois lié à l'ours et au nombre sept, viola une jeune fille, puis la jeta dans un puits, où elle resta sept ans ; elle en sortit fraîche et belle comme elle était auparavant (Lajoux, 1996, 54-56) : on verra aisément en l'ensemble de ces motifs la transformation de ceux de l'histoire de Lug.

85. Montelle et Kieffer, 1994, 166. Sur Brigitte grande déesse celtique, *cf.* ci-dessous, p. 459.

86. Montelle et Kieffer, 1994, 166-169.

87. Thuriet, 1891, 153.

88. Sterckx, 1991, 42 ; *Petits Bollandistes* : Guérin, 1866, 198-201 ; Montelle et Kieffer, 1994, 170.

89. Laquelle fut faite de trois fleurs, ci-dessous. L'une des fleurs est celle du genêt, qui est jaune. Or, les fleurs jaunes, couleur des cocus, sont importantes dans les rites liés à saint Gengoult ; *cf.* Millat, 2001, 24-26, dont précisément le genêt, à Fontette, dans le sud du Barrois.

90. Montelle et Kieffer, 1994, 166.

91. Version alsacienne, *in ibid.*, 169 ; champenoise, *in* Millat, 2001, 20.

92. Ci-dessous, p. 370.

93. Comme l'ont vu Sterckx, 199 a ; Montelle et Kieffer, 1994, 173-174 ; Gricourt et Hollard, 1998, 6.

94. Montelle et Kieffer, 1994, 173.

95. Millat, 2001, 31-32.

96. Sur l'attitude borgne de Lug, *cf.* ci-dessus, p. 59.

97. Millat, 2001, 34.

98. Montelle et Kieffer, 1994, 169.

99. Gravier, 1993, 63.

100. *A. P.*, IX, 125 (d'un poète anonyme) : « Les Celtes intrépides éprouvent leurs enfants dans le Rhin, fleuve jaloux, et ne sont pas leurs pères avant d'avoir vu le nouveau-né baigné dans l'onde sacrée. Aussitôt qu'ayant glissé du sein maternel le petit verse sa première larme, le Celte le soulève et place lui-même sur un bouclier son propre enfant, sans aucun souci. Car il n'a pas le cœur d'un père, avant de l'avoir vu éprouvé par ce bain dans le fleuve,

juge du mariage. La mère, au sortir des couches, ajoute à ses douleurs une douleur nouvelle ; elle a beau connaître le vrai père de l'enfant, elle attend en tremblant ce dont s'avisera l'onde incertaine » – tradition confirmée par Julien, *Discours*, III (II), 81 d ; Id., *Épître*, 191 (16) ; Claudien, *in* Rufinum, II, 112 ; Georges Pisidès, *Ekstrateia Hèrakleiou*, I, 41.

101. Rémy, 1994, 191, 203.

102. Chuvin, 1976, 94. Le texte essentiel est Pindare, *Pyth.*, IX, 13-17 (21-31).

103. *Ibid.*, 7-8 (11-13), 20-23 (36-42)

104. Ci-dessus, p. 81.

105. Celui dont parle Lucien, *Herc.*, I, 6-7 ; sur quoi Le Roux, 1960 b ; De Vries, 1963, 73-79 ; Le Roux et Guyonvarc'h, 1986, 410.

106. *CMT I*, 72 (*TM*, 52).

107. Dumézil, 1938.

108. Dumézil, 1982, 26-27.

109. *Ibid.*, 27-34.

110. *Cf.* ci-dessus, p. 27-28, 44, 194.

111. *Cf.* ci-dessus, p. 28.

112. Loth, 1913, 195-199.

113. Dumézil, 1958-1959, 283, n. 1 ; repris *in* 1964, 190, n. 4 ; *cf.* aussi 1985, 111 ; et à sa suite Rees et Rees, 1961, 273, 275 ; Le Roux et Guyonvarc'h, 1991, 179 ; Robreau, 2001, 156 ; Sterckx, 2002, 20-21, qui observe que l'épisode où Lleu reçoit un nom est celui où son protecteur et lui se sont présentés à Arianrhod comme des cordonniers, et le jeune garçon est en train de faire une chaussure à sa mère (ci-dessus, p. 28, 44, 155) : or, dans des rites d'intronisation royale indo-européens, comprenant la remise de cadeaux trifonctionnels, celui de troisième fonction est souvent une chaussure d'or ou remplie d'or ; *cf.* Dubuisson, 1978 a ; Briquel, 1983 ; Delpech, 1997 ; de Lazero, 1999. On a dit aussi (ci-dessus, n. 656 du chapitre II de la Ire partie) comment M. Meulder a signalé un parallèle à ce motif dans l'*Odyssée*. Et, sur le pied dans les rites royaux occidentaux, ci-dessus, p. 197-199.

114. Ci-dessus, p. 56-57.

115. *CMT I*, 69 (*TM*, 52).

116. *CMT I*, 71-74 (*TM*, 52).

117. Rees, 1981, 281 (je n'ai pas trouvé la référence antérieure indiquée).

118. Van Hamel, 1939 ; Rees et Rees, 1961, 154-155 ; Sterckx, 1976 ; Le Roux et Guyonvarc'h, 1986, 384.

119. Le Roux et Guyonvarc'h, 1991, 89-91. Un texte dit que ce jeu aurait été inventé par Lugh.

120. *Cf.* ci-dessus, p. 54-55.

121. Belis, 1992, 112 ; *Hymne* de Delphes 2, strophes 7-8.

122. *TM*, 94.

123. Le Roux et Guyonvarc'h, 1991, 91.

124. *Cf.* Sergent, 1979 a, 1175.

125. A. Rh., *Arg.*, I, 735-741 ; Apd., III, 5, 5 ; Paus., IX, 5-8 ; Prop., I, 9-10 ; IV, 2, 3-4 ; Hor., *O.*, III, 11, 2 ; *Art poétique*, 394-396.

126. O'Cathasaigh, 1983. Un autre chercheur britannique, P. Ford, a proposé de voir dans Bres un roi commettant des fautes sur les trois

fonctions : il est tyrannique, rend impuissant les guerriers des Tuátha Dé Danann, et manque de générosité en même temps qu'il brime la fertilité par le poids des impôts (1999, 111). J. Carey lui oppose qu'il tire ces caractéristiques d'un tableau global qui présente Bres comme un mauvais souverain, sans que le texte n'offre de nettes articulations d'une répartition structurée de ses fautes (2002, 105).

127. Cela aussi a survécu à travers la christianisation, cette fois dans la vie de saint Hervé : *cf.* Robreau, 2001, 156-157 : le saint prononce dans sa vie trois malédictions, une qui porte sur la croissance des gens, une seconde sur la dureté des pierres, telle que les gens du village concerné ne purent jamais les casser, et la troisième qui rend aveugle la victime de la malédiction. On a là un bel exemple de tripartition fonctionnelle médiévale, dans l'ordre III, II, I.

128. P. 61.

129. Dumézil, 1955, 177-182 ; 1964, 612-616. On rappellera que le pouvoir attribué aux Coranniei, celui d'entendre toute conversation, est précisément celui que la tradition galloise attribue également à Math, un roi, et l'Inde ancienne à Varuna, dieu souverain.

130. Carey, 2002, 106-107.

131. Virg., *Aen.*, XII, 391-397 ; traduction de Dumézil, 1979, 219.

132. *Ibid.*, 219-220.

133. Sergent, 1995 e, 336-339.

134. Ci-dessus, p. 54-55.

135. Eur., *Alk.*, 1-7.

136. *Ibid.* (et *Schol.* au v. 1) ; D. S., IV, 71, 1-3 ; Apd., III, 10, 4 ; Hyg., *F.*, 49 ; Serv., *à Aen.*, VII, 761 ; *PMV*, I, 46.6). Selon Phérécyde cité par la *Sch.* à Euripide indiquée, Apollon ne tua pas les Cyclopes, mais leurs fils.

137. Mêmes références qu'à la note précédente, et Pind., *Pyth.*, III, 54-50 (96-108) ; Eur., *Alk.*, 123-129.

138. Ci-dessus, p. 147-149.

139. Ci-dessus, p. 290.

140. *Ibid.*

141. Hés., *Théog.*, 140 ; Phér., *Sch.* à Eur.

142. Paus., I, 23, 4, V, 20, 3 ; *Sch.* à Plut., 639, 707.

143. Diancecht correspond assurément à la principale des figures divines appelées « Apollon » à l'époque gallo-romaine, celui que César définit uniquement comme médecin (Duval, 1976, 32 ; Le Roux et Guyonvarch, 1983, 5 ; 1991, 114 ; Guyonvarc'h, 1997, 232 ; Sergent, 1994 a, 227 ; Gricourt et Hollard, 2001, 11).

144. *LBÉ*, VII, 314 (*TM*, 13).

145. Sur lesquels *cf.* Le Roux et Guyonvarc'h, 1986, 98-100, 141-142.

146. *LBÉ*, VII, 310 (*TM*, 12).

147. *CMT I*, 33-35 (*TM*, 49). Sur le remplacement du bras de Nuada par Miach, *cf.* également *OCT*, 1-4 (*TM*, 106).

148. *CMT I*, 123 (*TM*, 55). Sur quoi voir le commentaire de Guyonvarc'h (92-93). Et de même *OCT*, 63 (*in TM*, 119).

149. Un autre parallèle pourrait être le suivant : on attribue à saint Marcellin (l'un des saints successeurs de Lug, selon Gricourt, 2003, 15-16) un miracle attribué en Grèce à Asklèpios et consistant en la réparation

instantanée d'un vase qui avait été cassé, *ibid.*, n. 100. Mais il s'agirait d'un emprunt littéraire, pour Dufourcq, 1907, 279-280.

150. Ci-dessus, p. 233.

151. Ci-dessus, p. 41-42.

152. Ci-dessus, p. 61 ; mais *cf.* p. 188.

153. *Dialogue de Fintan et du faucon d'Achill*, str. 20 (*TM*, 170).

154. Hdt., IX, 2.

155. Hés., *Théog.*, 501-506 ; Apd., I, 2, 1 ; III, 10, 4 ; Proklos, *Comm.* à Plt., *Tim.*, II, 100 ; etc.

156. Noter aussi que selon l'*HHA*, 305-354, le monstrueux Tuphaôn, suscité par Hèra, avait été confié au dragon (femelle) de Delphes : Tuphaôn sera abattu par la foudre de Zeus et le dragon par la flèche d'Apollon.

157. *Cf.* Delcourt, 1957, 48-64.

158. *CMT II*, 115 (*TM*, 72).

159. Loomis, 1927, 46-47 ; Marx, 1957, 51.

160. Ci-dessus, p. 100.

161. *CMT II*, 93 (*TM*, 69).

162. *Ibid.*, 96-97, 99-101.

163. Ci-dessus, p. 72-73.

164. Proklos, *in* Photios, *Bibl.*, 239, 321b (V, 164).

165. Aspect bien étudié par Lincoln, 1991, 181-182.

166. Rhys, 1888, 318-319, 396-411 ; Borgeaud et Christinger, 2000 (1963), 101-102, 140, n. 60 ; 141, n. 66.

167. 1982, 413.

168. Gricourt, 1955, 71, n. 25.

169. Sergent, 1995 c, où les choses sont développées plus qu'ici.

170. Le Roux et Guyonvarc'h, 1986, 366.

171. Hatt, 1973, 466.

172. Ci-dessus, p. 113-114.

173. *LBÉ*, VII, 311 (*TM*, 13) ; Le Roux, 1962, 354, n. 3.

174. Ci-dessus, p. 283.

175. *Ibid.*, p. 136-137, 283.

176. Paus., X, 16, 3 ; Strab., IX, 3, 5 (419) ; Pind., *Adespota*, XII, 207 du tome IV de l'édition des Belles Lettres.

177. I, 4, 1.

178. *Rhétor. Gr.*, éd. Spengel, III, 441 ; Amandry, 1950, 202.

179. Paus., X, 5, 5-6.

180. *Fouilles de Delphes*, III, 2, 11, 18-19 ; et Aristonoos, *Péan pour Apollon*, éd. J. V. Powell, *Collectanea alexandrina*, 1970 (1925), 162-164, ll. 21-22 ; Amandry, 1950, 202 ; Detienne, 1998, 162.

181. *Schol.* à Pind., *Pyth.*, *Argument* ; Amandry, 1950, 38.

182. *Sera num.*, 28 (566 b-c) ; Amandry, 1950, 38.

183. *Def. orac.*, 21 (421 c) ; Detienne, 1998, 162.

184. *Sera num.*, 29 (566 c-d) ; Detienne, 1998, 162.

185. *Herod. Mal.*, 23 (860 d).

186. *FGH*, 70, *Frg.*, 31 b, *in* Strab., IX, 3, 11 (422) ; Amandry, 1950, 202 ; Detienne, 1998, 162.

187. *Oreste,* 164.

188. Quelques autres données dans Detienne, 1998, 305, n. 182.

189. *Cf.* ci-dessus, p. 114.

190. § 13, cité dans Le Roux, 1962, 345.

191. Ci-dessus, p. 40.

192. Par exemple MacCana, 1955-1959 ; Sterckx, 1982, 157-160 ; Le Roux et Guyonvarc'h, 1986, 418.

193. Ci-dessus, p. 283.

194. Plut., *De Pyth. Or.*, 17 (402 c-d) ; *Fouilles de Delphes*, III, 5, 25 col. III A, ll. 3-4 ; Amandry, 1950, 203 ; Roux, 1976, 19-34 ; et surtout Detienne, 1998, 163-167, et 305, n. 194, qui souligne qu'elle a en elle-même, dans l'ensemble de la Grèce, une faible fonction oraculaire, mais qu'elle est à Delphes le fondement de toute assise.

195. Ci-dessus, p. 124 : c'est le passage que je n'ai pas cité à nouveau, dans le texte des *Euménides*, ci-dessus.

196. Le Roux, 1962, 350.

197. Ci-dessus, p. 60.

198. Ci-dessus, p. 67, 98.

199. Ci-dessus, p. 114.

200. Ci-dessus, p. 296-297.

201. De même Kurènè semble une hypostase de la Terre, *cf.* ci-dessus, p. 296. Dès lors Apollon a à la fois pour nourrice (Thémis), pour rivale (Gé), et pour maîtresse (Kurènè) des formes de la Terre. Cela rappelle encore la situation de Lug.

202. De nombreuses discussions ont été consacrées au rapport entre Gaia, Apollon, Dionysos, Poséidon à Delphes, bibliographie (jusqu'à 1950), *in* Amandry, 1950, 7-12 ; ajouter Delcourt, 1955 ; Roux, 1976 ; Detienne, 1998, 160-169.

203. *Cf.* dans le même sens Sourvinou-Inwood, 1987 ; Detienne, 1998, 161.

204. Sur ce rite, ci-dessous, p. 468.

205. *Cf.* Roux, 1976, 40.

206. *HHA*, 243-276, 375-387. Sur cet épisode, *cf.* ci-dessus, p. 108.

207. Mueller, 1844, 142, n. 3 ; Grégoire *et al.*, 1949, 98, n. 2 avec bibliographie ; Fontenrose, 1959, 372-373, 617 ; Vian, 1963, 107, n. 7, qui pensaient tous à une parenté ; pour la correction apportée par Mme Bader, ci-dessus, p. 107-108.

208. *Sch.* à Soph., *Ant.*, 126 ; *Théb.*, *Frg.*, 4 Allen ; *Sch.* à *Il.*, XXIII, 346-347 ; Call., *Frg.*, 652 Pfeiffer.

209. Paus., VIII, 24, 4-6, 11.

210. Antimakhos, *Théb.*, *Frg.*, 32 Wyss.

211. Wilamowitz, 1931, 391-393 ; Guillon, 1948, 110 ; Nilsson, 1976, 214, 479 ; Schachermeyr, 1950, 40-41 ; Fontenrose, 1959, 366-368 ; Vian, 1963, 108 ; Roux, 1976, 39.

212. Ci-dessus p. 257, et ci-dessous, p. 381.

213. Ci-dessus, p. 284.

214. Rhys, 1901, 207-209 ; Dumézil, 1981, 332, 337 et n. 16.

215. Ératosthène, *Hermès*, cité *in* Hyg., *Astr.*, II, 43 ; Paus., IX , 25, 2 ; Manilius, I, 750-754 ; *Sch.* à Germinus, 104, 4 ; 187, 4.

216. Loth, 1913, 92-117 ; Lambert, 1995, 41-56.

217. *Cf.* Gricourt, 1952, 203 ; pour un rapprochement entre Arianrhod, Dechtire et Rhiannon, Bertrand, 1971, 77 ; et ci-dessous, p. 436.

218. Ci-dessus, p. 113-115, 312-313.

219. *Dindshenchas métrique*, 14-20 (Le Roux, 1962, 345).

220. Et aussi dans les § 23-27 du même texte.

221. Tuée par Cridenbel, Lugh Laebach, Be Chuille et Ai.

222. § 2-4, 18-20, 31, 37-48, 53, 54, 59, 65, 72 (Le Roux, 1962, 355-359).

223. Le « probablement » me paraît de trop : Strabon (IX, 3, 10 [422]) affirme nettement que tel était le thème.

224. Roux, 1976, 172-173. Strabon, *l. c.*, donne également le nom des cinq parties du récit chanté.

225. Amandry, 1950, 81 ; Roux, 1976, 70, 73 ; et ci-dessus, p. 103.

226. Amandry, 1950, 81 (d'après Plut., *Q. Gr.*, 9 = *Mor.* 292 e-f) ; ci-dessus, p. 267-268.

227. Le Roux, 1962, 174-178 ; Le Roux et Guyonvarc'h, 1986, 232-233.

228. Par exemple le matériel rassemblé par Merceron s.d., 18, 29, 96-97, 134, 241, 202, 213-214, et Lelu, 1970, 72 ; 1972, 24.

229. Ci-dessus, p. 102-103.

230. Ci-dessus, p. 107.

231. *Cf.* références de la n. 227.

232. Tradition remontant à Philokhoros, *cf.* Amandry, 1950, 198.

233. Luc., *Astrol.*, 23 ; Hyg., *F.*, 140, 5 (ayant tué Python, Apollon met ses os dans un chaudron, et institue les Pythia, qui sont donc des jeux funébres) ; *cf.* Amandry, 1950, 225.

234. *Cf.* l'article essentiel d'Elen Ettlinger, 1952-1954.

235. Conon, *Narr.*, 19 Jacoby, *in* Photios, *Bibl.*, 133 b-134 a.

236. Pind., *in Sch.* à Eur., *Rhèsos*, 892 ; à *Or.*, 1675 ; à Pind., *Pyth.*, IV, 313 ; à A. Rh., *Arg.*, IV, 1304.

237. En dernier lieu, ci-dessus, p. 289, sur Ethle et Lètô.

238. *Kármanôr* n'a pas d'étymologie en grec. Ce peut avoir été initialement un toponyme, *cf.* Pseudo-Plutarque, *Des fleuves*, 18. Karmanôr joue un double rôle dans la légende d'Apollon : c'est lui, selon une tradition, qui purifia le dieu après le meurtre du dragon, et lui encore qui abrita les amours du dieu avec une héroïne crétoise, Akakallis (Paus., II, 7, 7 ; 30, 3 ; X, 7, 2 ; 16, 5). Il a une quadruple affectation géographique : Delphes (par son fils Khrysothémis), Argolide (il y est père d'Euboulos : lequel est une hypostase du dieu Hadès !) – et c'est en Argolide que le Pseudo-Plutarque place un fleuve Karmanôr –, Lydie (Ps.-Plut., *Fleuves*, 7), enfin Créte, où l'on situe la purification d'Apollon et d'Artémis, et les amours du dieu avec Akakallis : cette quadruple localisation reflète tout simplement le courant migratoire grec, de la Grèce centrale à l'Anatolie et au Péloponèse, et de celui-ci à la Crète. Il faut que Karmanôr ait été, en une haute époque, un personnage particulièrement important, pour qu'il ait ainsi été mené par les Grecs là où ils s'installaient. Sans doute le devait-il à sa relation avec Apollon.

239. MacNeill, 1982, 2-5, 39-66, 358, 375-389, 407-430, 594-596.

240. Ci-dessus, p. 95.

241. Hdt., IV, 33 ; *HD*, 280-299.

242. Ci-dessus, p. 296 et ci-dessous, note 19 p. 720.

243. Ghedini, 1988, 198-202, et pl. 26-27 ; Detienne, 1998, 74.

244. Ci-dessus, p. 34, 135, sur Apollon Lakeutês.

245. Le Roux, 1962, 353.

246. *Ibid.*, 346.

247. En particulier la pierre de Turoe, dans le comté de Galway, Irlande : *cf.* Dillon et Chadwick, 1974, pl. 34 ; *cf.* celle de Pfalzfeld, à Sankt Goar dans le Hunsrück, *ibid*, pl. 63 ; *cf.* aussi Laurent, 1990, 269, 285 (le « bétyle » de Kermaria).

248. Ci-dessus, chap. II, « L'instrument à cordes », p. 172-180.

249. Strab., IX, 3, 9 (421).

250. Ci-dessus, p. 323.

251. *HHA*, 257-274.

252. Ci-dessus, p. 325.

253. Sergent, 2004 a.

254. Depuis au moins Strabon, IX, 3, 9 (421).

255. Ci-dessus, p. 324-325.

256. Ci-dessus, n. 250 ; l'auteur de l'*HHA*, 147-150, mentionne dans les fêtes dèliennes d'Apollon le pugilat, la danse, les chants, les *agônes*. De même ne sont pas « pré-indo-européens » Lètô (malgré Lévêque et Séchan, 1966, 194), Artémis, Rudra (malgré Lévêque, 1984, 72, n. 3) ou le groupe de mythes de Thésée ou du Minotaure.

257. Ci-dessus, p. 114.

258. Sergent, 1995 b, 146-153.

259. Sur laquelle on consultera surtout Binchy, 1958 et Le Roux-Guyonvarc'h, 1995, 113-164.

260. Rhys, 1888, 421-423 ; 1901, 312 ; Hull, 1928, 23-24 ; Westropp, 1916-1917, 1917-1919 a et b, 1918-1920 a et b, 1921, 1923.

261. MacNeill, 1982, chap. XVII, 392-408.

262. *Ibid.*, chap. XVIII, 409-417.

263. Appendice I, 433-600.

264. Ci-dessus, p. 84-85.

265. MacNeill, 1982, 434-482.

266. P. 83-84.

267. MacNeill, 1982, 393-394, 436-437.

268. Paus., X, 5, 6, d'après Mousaios.

269. Detienne, 1998, 162.

270. Ci-dessus, p. 244, 256, et ci-dessous, p. 376, 468.

271. Plut., *Thésée*, I, 19, 1.

272. Ci-dessus, p. 67 et 253.

273. MacNeill, 1982, 397, 411.

274. Paus., V, 14, 10. *Cf.* sur ce Amandry, 1950, 201-214 ; Detienne, 1998, 163-167.

275. MacNeill, 1982, 397.

276. Tradition remontant, pour Dionysos, à Philokhoros, *FGH*, *Frg.*, 22-23 ; Varron, *LL*, VII, 17 ; Hskh., T 1134 ; Tz., à Lyk., 208 ; pour Python, Hyg., *F.*, 140 ; Serv., à Virg., *Aen.*, III, 360. Sur ce, Sergent, 1997 c, 149-150.

277. P. 71.

278. *Cf.* Grimal, 1963, 108-110, sur les divers personnages en lesquels a

éclaté le guerrier *hubristès* Kugnos. Sur l'unicité initiale de celui-ci, *cf.* ci-dessus, p. 74-75.

279. *Ibid.*, p. 29.

280. Ci-dessous, p. 480.

281. Apd., II, 6, 2 ; Plut., *De E delph.*, 6 (387 d) ; *Def. orac.*, 7 (413 a) ; *Ser. Num.*, 12 (557 c) ; Paus., III, 21, 8 ; VIII, 37, 1 ; X, 7-8 ; *Sch.* à Pind., *Ol.*, IX, 29 (43) ; Cic., *Nat. Deor.*, III, 16, 42 ; Hyg., *F.*, 32 ; Serv., à Virg., *Aen.*, VIII, 300. Le sujet a souvent été traité dans l'art figuré, par exemple sur le fronton du trésor des Siphniens à Delphes.

282. Ci-dessus, p. 117. Koroïbos est très lié à Delphes et à Apollon ; *cf.* Paus., I, 43, 7-8 ; II, 19, 8 ; Stace, *Théb.*, I, 570-672 ; Conon, *Narr.*, 19 Jacoby (Photios, *Bibl.*, 133 b-134 a). La version argienne, qui se reflète dans certaines de ces sources, appelle le héros Krotôpos.

283. Le n° 4 de M. MacNeill, 101-105.

284. Eur., *Iph. T.*, 1244-1245 ; Call. *HD*, 92-93 ; Ov., *Mét.*, I, 440 ; Nonn., *Dion.*, IV, 314, pour Python ; Esch., *Eum.*, 24 ; Eur., *Iph. Tr.*, 1243-1244, X, 32, 5, pour Dionysos et les nymphes.

285. Ci-dessus, p. 97.

286. Liste dans MacNeill, 1982, 399-400 ; et exposé de toutes les versions, 502-525.

287. Ce que Mme MacNeill elle-même, 1982, 412, a rapproché du combat d'Apollon contre le serpent.

288. Sur lesquels Sergent, 1997 d.

289. *Caorthannach* peut venir de *caortheine*, « balle de feu, éclair, foudre », elle est parfois dite mère du diable. *Corra* dérive soit d'un nom de lieu, soit de l'adjectif *carr*, « brillant », MacNeill, 1982, 411.

290. Roux, 1976, 179-185. *Cf.* en particulier Esch., *Eum.*, 23-24.

291. Call., *HD*, 91-93. Le poète Stace, en *Théb.*, I, 563, se souvient de ce passage lorsqu'il dit que le serpent entourait Delphes de ses sept anneaux.

292. Plut., *Q. Gr.*, 12 (293 c).

293. Jean d'Eubée, *in* A. Delatte, *Anecdota Atheniensia*, I, 325-328 ; selon la *Scholie* à Eur., *Or.*, 1094, la première Pythie, Phémonoè, était fille de Delphos et de Kastalia. Pour Kassôtis, Paus., X, 24, 7 ; et Amandry, 1950, 134-139 ; Pouilloux et Roux, 1963, 79-101 (chapitre « La fontaine Cassotis ») ; Roux, 1976, 14, 45, 136-145.

294. Si Puthôn est généralement tenu pour le gardien de l'oracle au temps des déesses, il est lui-même prophète selon Hygin, *F.*, 140, 1. La source de ce poète latin est évidemment grecque, comme le prouve un document figuré (un lécythe à figure noire, donc du VIe siècle avant notre ère) où l'on voit Puthôn sous la forme d'un homme à tête et buste humains mais queue de serpent, assis sur le trépied, et Apollon, assis sur un monticule, prêt à le flécher (Kahil, 1966 ; document republié dans *LIMC*, « Apollon », n° 998). Être assis sur le trépied était la position de la Pythie.

295. Amandry, 1950, 209-210.

296. Soph., *Ant.*, 1126-1130.

297. *HHA*, 300-301 ; Stace, *Théb.*, I, 564-567 (Apollon tue le dragon alors qu'il buvait l'eau de Kastalia). Tradition assurément delphique, puisque, selon Kléarkhos (*FHG*, II, 318 ; *Frg.*, 46), *in* Ath., XV, 701 c, Apollon tua

Pythôn « près du platane », et qu'on sait que les platanes sont, en Grèce, toujours liés à des sources ; *cf.* Amandry, 1950, 229.

298. Sergent, 1979 a, 1166. De fait les auteurs conjoignent dans leurs textes le Parnasse avec sa grotte et son espace dionysiaque et la source Kastalia : *cf.* Soph., *Ant.*, 1127-1130 ; Eur., *Phén.*, 220-238.

299. MacNeill, 1982, 511. Texte irlandais, 509-510.

300. Ci-dessus, p. 70.

301. *Ibid.*, p. 218-219.

302. Eusèbe, à *Il.*, 772, 1-10, d'après Akousilaos ; Suétone, *Mots injurieux*, 92, d'après Parménide ; *cf.* ci-dessous, p. 550.

303. Suétone, *l. c.* ; pour Lukios, ci-dessous, p. 550.

304. P. 54-55.

305. Stace, *Théb.*, I, 567 : Apollon épuisa ses flèches en multipliant les blessures du serpent.

306. MacNeill, 1982, 401, et 526-541 pour les textes ; pour l'aveuglement de Balor, ci-dessus, p. 55.

307. MacNeill, 1982, 533-534.

308. *Ibid.*, 408 et 542-545.

309. Ci-dessus, p. 96-97.

310. R. Flacelière, n. 8, p. 188 à Plut., *Dial. pythiques* (= *Œuvres morales*, t. VI, CUF, 1974).

311. Ceci corrige Halliday, 1928, 70, qui soutenait que c'était une fête initialement indépendante d'Apollon.

312. MacNeill, 1982, 402-403 et 545-548.

313. Gwynn, 1903-1935, IV, 281.

314. *Ibid.*, III, 436-437 ; MacNeill, 1982, 547.

315. Nombreux textes sur ce mythe : Pind., *Ném.*, VII, 41-46 (61-69) ; *Péans*, VI, 112-120 ; Soph., *Hermionè*, *Frg.*, 202-203 Pearson ; Phér., *FGH*, III, 64, *in Sch.* à Eur., *Or.*, 1155 ; Eur., *Andr.*, 49-55, 1085-1160 ; *Or.*, 1656-1657 ; Asklépiadès, *FGH*, XII, *Frg.*, 15 ; Apd., *Ep.*, VI, 14 ; Paus., I, 13, 9 ; IV, 17, 4 ; X, 24, 4 ; *Sch.* à Eur., *Andr.*, 53 ; Strab., IX, 3, 9 (421) ; *Sch.* à Pind., *Ném.*, VII, 42 (62) ; Triphiodore, *Prise d'Ilion*, 640-643 ; Hyg., *F.*, 123 ; Velleius Paterculus, I, 1, 3 ; Dictys, *G. T.*, VI, 12-13 ; Héliodore, II, 34 ; Justin, XVII, 3, 7 ; Serv., à Virg., *Aen.*, III, 297 et 330.

316. Eur., *Andr.*, 1104 : *neanías.*

317. Pind., *Ném.*, VII, 39 (52).

318. Selon Phérécyde et Asklépiadès, cités ci-dessus. Sur le mythe du meurtre de Néoptolème, *cf.* Fontenrose, 1960 ; Delcourt, 1965, 44-53 ; Pouilloux et Roux, 1963, 101-122 (« La mort de Néoptolème à Delphes selon Euripide ») ; Roux, 1964-1965 ; Nagy, 1994 (1979), 153-178 ; Detienne, 1998, 186-194.

319. Sergent, 1999 a, 195-200. Marcel Detienne (1998, 193) arrive à la même conclusion que moi, et indépendamment, pour le seul Néoptolème évidemment, puisque son livre sur Apollon ne porte aucunement sur la comparaison celtique. Par contre on ne suivra pas Fontenrose, 1960, qui pense que Purrhos (Néoptolème) a précédé Apollon à Delphes. Encore une fois, il n'y a pas d'histoire diachronique dans la prétendue succession des figures divines ou héroïques à Delphes.

320. MacNeill, 1982, 410, se demande si les histoires de jeunes qui meurent sur les collines des « sites Lugnasad » ne sont pas le souvenir de sacrifices humains. C'est possible ; mais non nécessaire : les meurtres des jeunes et formidables guerriers Néoptolème et Lugaid Reo nDerg ont une utilité fondatrice, de protection des sanctuaires ; ils n'exigent aucune répétition.

321. MacNeill, 1982, 404-405 et 564-566.

322. Pind., *Ném.*, X, 66-69 (123-130) ; Apd., III, 11, 2. Selon le premier, c'était la stèle funéraire du tombeau de leur père, Aphareus.

323. MacNeill, 1982, 405-406 et 570-572.

324. Amandry, 1950, 215-225 ; Roux, 1976, 93-95.

325. Luc., *Astrol.*, 23.

326. *Def. orac.*, 42 (433 d) ; 46 (435 d).

327. D. S., XVI, 26 ; je cite la traduction de Roux, 1976, 65-66.

328. Sur celle-ci, ci-dessus, p. 92.

329. Finn est le principal héros de tout un cycle légendaire irlandais, appelé le « Cycle de Leinster » ou « Cycle de Finn ». Il est tenu par quelques auteurs pour une forme humanisée de Lugh (Murphy, *in* Mac Néill et Murphy, 1904-1954, III, LXX-LXXXV ; O'Rahilly, 1946, 277-279 ; MacNeill, 1982, 415 ; MacCana, 1987 ; O'Hógáin, 1988, 8-10. Carey, 2002, a par contre montré les relations de Finn avec Nuadu, le roi des Tuátha Dé Danann à l'époque de la seconde bataille de Mag Tured).

330. MacNeill, 1982, 406 et 573-576.

331. Paus., X, 6, 2.

332. La tradition attribue à Apollon la responsabilité d'un autre déluge local : il aurait bouché les conduits de drainage de la plaine de Phénéos, en Arcadie du Nord, parce que Hèraklès, ayant volé le trépied delphique (*cf.* ci-dessus, p. 330), y aurait porté l'objet de son larcin, et l'inondation ainsi déclenchée anéantit la population de la ville (Plut., *Ser. num.*, 12 = 557 c).

333. Santrot et Fabre, 1997, 523.

334. Benoît, 1959, 186 ; Gricourt, Hollard et Pilon, 1999, 170.

335. MacNeill, 1982, 406 et 548, 576-579.

336. *IIHH*, 550-566. *Cf.* ci-dessous, p. 376, 378.

337. St. Byz. et *E. M.*, *s. v.*, d'après Archiloque, Phér., Philochore, Soph., *Frg.*, 445, 489 ; Eur., *Frg.*, 481 Nauck (2). *Cf.* Amandy, 1952, 27-29 ; Roux, 1976, 185 ; Jeanmaire, 1970, 190-191, qui les identifie aux trois abeilles, à tort, selon Roux.

338. MacNeill, 1982, 406-407 et 579-584.

339. Ci-dessus, p. 88, 94.

340. Giraud de Cambrie, *Topographia Hiberniae*, II, 67-68 ; ce feu d'époque chrétienne aurait été allumé par sainte Brigitte ; mais dès l'Antiquité, pour le temple de Sulis, sur lequel ci-dessous, p. 450, déesse identique à la déesse irlandaise Brigid, un feu inextinguible est mentionné par Solin, XXII, 10 ; *cf.* Sterckx, 1991 b, 36.

341. Plut., *De E Delph.*, 2 (385 c).

342. Delcourt, 1965, 105-106 ; Roux, 1976, 86-88.

343. Paus., II, 19, 5.

344. Call., *HAp*, 83.

345. Paus., X, 5, 6 ; *cf.* sur ce Amandry, 1950, 60.

346. Sergent, 1984 b, 468-469.

347. Lesquelles ont aussi un parallèle grec frappant, *cf.* Sergent, 1995 a, 296-297, et ont aussi un aspect « carnavalesque » qu'a souligné F. Delpech ; *cf.* ci-dessus, p. 164.

348. Loth, 1913, 204-207.

349. P.-Y. Lambert, conférence aux Rencontres indo-européennes de Tours, le 1er juin 1989 ; Carey, 1991 ; Sergent, 1998 ; Sterckx, 1999, 229 ; 2000, 39, 41-4251, 94 ; Gricourt et Hollard, 2000, 22. On ne peut suivre Lea, 1997, 37, 39, 42, et même Lambert, 1994, 105, selon qui Lleu est seulement blessé. C'est à la fois jouer sur les mots, car de fait le terme de « mort » ou « mourir » n'est pas prononcé – on remarquera que, de même, il n'est à peu près jamais prononcé dans un poème comme l'*Iliade*... – et faire un contresens sur le texte : Gronw Pebyr a rempli toutes les conditions requises pour le meurtre, il est impossible qu'il ne réussisse pas ; et la forme d'oiseau que prend Lleu est celle que, dans un nombre impressionnant de cultures, on donne aux âmes des morts. Lambert, *l. c.*, 107, admet que Lleu a pu être tué dans un état ancien du récit, mais qu'il ne l'est pas dans le conte tel qu'il nous est parvenu. Mais alors que faire de la pourriture ? Un être pourrissant est bien un cadavre !

350. *Hávamál*, 138-141 ; traduction de Renauld-Krantz, 1972, 76-77.

351. *Sch.* à Lucain, *Pharsale*, I, 444-446 ; textes dans Deonna, 1958, 8.

352. Sergent, 1993 b ; et déjà en ce sens Czarnowski, 1925, 16. *Cf.* aussi Rees, 1982, II, 380. On ne suivra donc pas Loth, 1914, 222, lorsqu'il soutient que le meurtre de Lug est récent et dû à une influence chrétienne : bien au contraire, les textes irlandais qui la mentionnent en offrent des versions « faibles » par rapport à ce que l'on décèle par les parallèles gallois et germaniques.

353. *Cf.* Tac., *Germ.*, X, 1-3 ; sur quoi Dumézil, 1959, 52 ; Polomé, 1961, 136 ; 1989, 3.

354. Par exemple Krappe, 1936, 238-239 ; De Vries, 1963, 62 ; Bader, 1989 b, 29 ; Polomé, 1989 a, 101 ; Le Roux et Guyonvarc'h, 1986, 175, n. 1, 46, 403 ; 1991, 110 ; Olmsted, 1994, 148-150 ; Gricourt et Hollard, 2000, 32-34.

355. Apd., I, 6, 3 ; Nonn., *Dion.*, I, 481-534.

356. Plut., *Q. Gr.*, 12 (293c) ; *De la disparition des oracles*, 21 (421c).

357. Ci-dessus, p. 47.

358. Il existe un net parallèle celtique à ce motif : un personnage nommé Pwyll (le père de Pryderi, *cf.* ci-dessous, p. 437), est amené, dans le récit appelé le *Mabinogi de Pwyll prince de Dyved*, à régner sur l'Autre Monde pendant un an ; il y amène la prospérité par sa bonne gestion (Lambert, 1993, 39-41).

359. Apd., II, 8, 3.

360. Théopompe, *in Sch.* à Théocr., V, 83 ; Paus., III, 13, 4.

361. Ce qui traduit *hos phásma Apóllonos* : textuellement « comme apparition, manifestation, image d'Apollon ».

362. Conon, *Narr.*, 26 Jacoby, *in* Photios, *Bibl*, 186, 135 a (III 20).

363. Pour Gershenson, 1991, 76, Hippotès est un « tueur d'Apollon » au « second degré ».
364. *TM*, 132, 25 (d'après Thurneysen 1918 a).
365. Ci-dessus, p. 26.
366. *HHA*, 91-92.
367. *Ibid.*, 117.
368. *Ibid.*, 30-50.
369. *Gylf.*, 49 (Dillmann, 1991, 90).
370. Chose curieuse, le mythe de Baldur est par ailleurs l'inversion complète d'un autre mythe grec, celui de Korè et de son enlèvement par Hadès ; *cf.* Sergent, 1990 b.
371. Frazer, 1934, 245-265.
372. Ci-dessus, p. 283-284.
373. *Gylf.*, 22 (Dillmann, 1991, 55).
374. Esch., *Agam.*, 1202-1212 ; Apd., III, 12, 5 ; Hyg., *F.*, 93 ; Serv., *à Aen.* II, 247 ; *PMV*, II, 78 ; *SMV*, 186.
375. Ci-dessus, p. 26, 51, 146.
376. Ci-dessus, p. 235.
377. Hdt., VII, 26 ; Xén., *Anabase*, I, 2, 8 ; D. S., III, 59, 1-5 ; Nicandre, *Alexipharmaka*, 301-302, et *Schol.* ; Luc., *Tragopododagra*, 314-315 ; Archias de Mytilène, *in A. P*, VII, 696 ; Philostr., *Imag.*, I, 3 ; Longus, *Pastorale*, IV, 8 ; Apd., I, 4 2 ; Plut., *Alcibiade*, II, 6 ; Paus., I, 24, 1 ; II, 22, 9 ; Ov., *Mét.*, VI, 382 ; *Fastes*, VI, 697-710 ; Quinte-Curce, III, 1, 1-5 ; Pl., *H. N.*, V, 106 ; Hyg., *F.*, 165 ; Nonn., *Dion.*, XIX, 317-327 ; *PMV*, II, 23 ; *SMV*, 115 ; Zén., *Cent.*, IV, 81 ; Tz., *Khil.*, I, 353 et suiv.
378. Dumézil, 1982, 49.
379. Hdt., VII, 76.
380. Dumézil, 1929, 243 et n. 5 ; *cf.* aussi Vian, 1952, 267 ; Roux, 1947, 254.
381. *Cf.* Grimal, 1963, 322.
382. Ci-dessus, p. 38-39, 138.
383. Paus., II, 7, 9.
384. Sur le caractère (devenu) intrinsèquement grec de Marsuâs, *cf.* Leclerc-Neveu, 1989, 365.
385. Paus., VIII, 9, 1. Et la Piérie, qu'évoque le nom de Piéros, est cette région où Apollon possédait des troupeaux (ci-dessus).
386. *In* Photios, *Bibl.*, 190, 149 a (Henry, t. III, 58).
387. Voir ci-dessus, n. 376 (Nicandre et *Sch.* à Luc. ; Archias ; Philostr. ; Longus ; Zén. ; Tz.).
388. Pl., *H. N.*, XVI, 240.
389. Ajoutons que si Lleu est oiseau, Marsuâs était également parfois un animal – bouc ou cheval (*cf.* Dumézil, 1929, 234 ; Reinach, 1913, 351, avec références).
390. Gricourt et Hollard, 2000, 23.
391. L'écorchement est en effet une pratique anciennement attestée chez les peuples indo-européens, au point qu'on peut la tenir pour indo-européenne commune, puisqu'on la trouve à la fois en Iran (ci-dessus, n. 379), en Grèce (*cf.* ci-dessous : Athèna obtient l'Aigis de la peau de Pallas, selon une

version, et le *xoanon* de la déesse Pallas à Ilios était recouvert d'une peau humaine, Vian, 1953, 257 avec références), et chez les Celtes (*cf.* Cadoux et Lancelin, 1989, 19), sans parler des Germains et de leur « aigle de sang » (*cf.* Sergent, 1988-1990, 124, et Frank, 1984 ; je remercie Claude Sterckx de m'avoir communiqué cette dernière référence).

392. Sur quoi *cf.* Batateanu, 1948, *passim* ; Dumézil, 1941, 251 ; 1982, 49.

393. Sur lesquels ci-dessus, p. 44, 155-156.

394. Gricourt et Hollard, 1998, 7-8.

395. Ci-dessus, p. 67, 83.

396. MacNeill, 1982, 410, 426.

397. *Dion.*, XIX, 319-322, trad. de J. Gerbeau.

398. Gricourt et Hollard, 1998, 12-13. *Cf.* aussi Olmsted, 1994, 150-152.

399. Gricourt et Hollard, 1998, 11.

400. Sur Cacus, *cf.* Liou-Gille, 1980, 41-48 ; Capdeville, 1995, 97-146.

401. Solin, *Frg.*, 7 Peter.

402. Halm-Tisserand, 1993, 156 a.

403. Porph., *Vie P.*, 16 ; sur quoi *cf.* Amandry, 1951, 143 et 255.

404. *Cf.* ci-dessus, p. 96-97.

405. Hygin, *F.*, 140 ; Serv., à Virg., *Aen.*, III, 360.

406. Philochore, *in FHG*, *Frg.*, 22-23 ; Varron, *L.L.*, VII, 17 ; Hskh., T 1134 ; Tz., à Lyk., *Al.*, 208.

407. Eur., *Iph. Taur.*, 1244-1245 ; Call., *HD*, 92-93 ; Ov., *Mét.*, I, 440 ; Nonn., *Dion.*, IV, 314. *Cf.* Fontenrose, 1959, 406-433.

408. Esch., *Eum.*, 24 ; Eur., *Iph. Taur.*, 1243-1244 ; Paus., X, 32, 5, texte qui attribue l'antre Corycien, au-dessus de Delphes dans le Parnasse, à Dionysos ; or, dans un autre mythe, un antre homonyme, localisé en Cilicie, est le domaine du géant aux membres serpentiformes Tupheus, dont Fontenrose a montré la proximité avec Puthôn ; *cf.* aussi Delcourt, 1957, 122-123.

409. Porph., *Abst.*, II, 55, 3. *Cf.* Jeanmaire, 1970, 229, 256.

410. Fontenrose, 1959, 460-461 (à l'époque historique, le meurtre est situé en été ; mais initialement ce devait être au retour d'Apollon, le 7 Busios, en février).

411. Holland, 1933.

412. Sergent, 1997 c, 148-149, après Harrison, 1912, 429 (pour qui Puthôn est déposé ou tué lors du Steptèrion), et Fontenrose, 1959, 375-380. Gershenson, 1991, 128, note de son côté que dans l'histoire de Marsuâs, dans celle du meurtre de Puthôn, dans le motif des sacrifices d'ânes qu'Apollon reçoit en Hyperborée, alors que les ânes sont des animaux par excellence dionysiens, tout cela exprime la subjonction du monde dionysiaque ; donc Dionysos est le monstre de Delphes (72, 142-143).

413. Wikander, 1938, 79 ; Fontenrose, 1959, 461 ; Masson, 1991, 71-110 ; Sergent, 1996 c.

414. Gricourt, 2003, 7.

415. Pour Apollon, Wernicke, 1889, c. 17 ; Bader, 1997, 58-62 (*cf.* ci-dessus, p. 109).

416. *Ibid.*, p. 278-290.

417. M. García Quintela (2003 c, 4-5) a montré que le meurtre de Lleu représente l'inversion du rite d'investiture royale celtique.

418. *Víkarsbálkr* ; *Gautrekssaga*, 3-7 ; Saxo Grammaticus, *Gesta Danorum*, VI, 5, 7 ; sur quoi Dumézil, 1969, 85-88 ; 1971, 27-30, 41-42.

419. Ci-dessus, p. 344.

420. MacNeill, 1982, 34, 410, et ci-dessus, p. 335-336.

421. Salinas de Fréas, 1983. Selon Strabon, III, 3, 7 (154), les Lusitaniens sacrifient des boucs, des chevaux et des prisonniers de guerre à leur grand dieu, « Arès » – lequel, selon M. García Quintela, n'est autre que Lugus.

422. Jeanmaire, 1938, 525.

423. Paus., V, 7, 6.

424. Gershenson, 1991, 25.

425. Ci-dessus, p. 152.

426. *Cf. ibid.*, p. 152.

427. St. Byz., *s. v. Galeôtai.* Elle en eut Galeôtès, ancêtre des Galeôtai, famille de devins siciliens. Mais leur nom est issu d'un terme, *galéè*, désignant la belette ou le putois, et l'on a aussi *galéôtès*, lézard moucheté. Ces noms s'intègreraient donc dans le dossier traité par Grégoire, Goossens et Mathieu en 1949 (*cf.* 43-52, sur le lézard).

428. Pl., *H. N.*, IV, 26, 90 ; Paus., X, 32, 5 ; A. L., *Mét.*, XX.

429. Strab., XIV, 6, 3 (683).

430. Ci-dessus, p. 131.

431. *Ibid.*, p. 153.

432. *Cf.* en particulier Gershenson, 1991, 112-113, qui note aussi (98-117) que la connotation de la mort par le loup engage Apollon, puisque celui-ci était étroitement lié à cet animal.

CONCLUSIONS

1. César, *B. G.*, VI, 17. Sur quoi, *cf.* Le Roux et Guyonvarc'h, 1983, 1-8.

2. *Cf.* ci-dessus, p. 12-13.

3. Ci-dessous, p. 369-422.

4. *Ibid.*, p. 423-464.

5. *Ibid.*, p. 465-526.

6. *Ibid.*, p. 527-540.

7. *Cf.* ci-dessous, p. 373, 479-481.

8. Sur le problème de l'identification, Sergent, 2000 b.

9. Gricourt, Hollard et Pilon, 1999, 155.

10. Ci-dessus, p. 45, 247.

11. *Ibid.*, 62.

12. Derrrière saint Gengoulph et l'ordalie qu'il impose à sa femme se profile Apollon Grannos d'Autun, qui punit les parjures de ses eaux vengeresses (D. Hollard, lettre du 12 juillet 2001).

13. Gricourt et Hollard, 2002, 133-134 (et avant eux, Le Roux et Guyonvarc'h, 1986, 237 ; Desnier, 1999, 208) ; et ci-dessus, p. 63.

14. *Ibid.*, p. 187.

15. Une « polyvalence » de l'Apollon gallo-romain, disaient Le Roux et Guyonvarc'h, 1983, 6-7.

16. Sans aller toutefois jusqu'à une différence de nature comme le

supposait par exemple un Fernand Benoît : les dieux celtiques n'étaient pas des forces imprécises, mais d'authentiques figures divines aussi solidement constituées que les dieux grecs ou romains. Ce sont les définitions qui ne coïncidaient pas, ce qu'on appellerait aujourd'hui la « fourchette » des pouvoirs.

17. *Cf.* ci-dessus, n. 91 du premier chapitre de la Ire partie.

18. Elle va alors jusqu'à la caricature. Dowden, 1979, 310, après avoir défini Apollon comme un dieu chamanique, décide de le faire venir du Proche-Orient par la Phénicie : c'est-à-dire d'une région du monde où le chamanisme n'est aucunement attesté !

19. Ce à quoi ont excellé Dumézil, 1969, 133-145 (1985, 215-230) ; Ivanov et Toporov, 1970 ; Watkins, 1987. *Cf.* aussi Masson, 1991, 95-112 ; et Sergent, 1997 c.

20. Ci-dessus, p. 299-301.

21. 1966, 214-216.

22. 1925, 76. De leur côté, Lévêque et Séchan, 1966, 214, comparent un dieu hittite *Apulunaš*, protecteur des portes du temple. Est-ce l'Appaliuna du traité dit d'Alakšandu ? Dans ce cas, c'est peut-être tout simplement, comme l'avait supposé Emil Forrer… l'Apollon grec ! *Cf.* sur ce Laroche, 1947, 80.

23. Position également de Farnell, IV, 99 ; Bethe, 1923 ; Kretschmer, 1926, pour qui, tous, Apollon est venu avec les Grecs. *Cf.* ci-dessus, n. 91 de la Ire partie.

24. Grégoire *et al.*, 1949.

25. Ci-dessus, p. 342-354.

26. Mazoyer, 1999, 2003.

27. Par exemple Karageorchis, 1990, 89.

28. Von Schroeder, 1888.

29. Gershenson, 1991.

30. Grohmann, 1862 ; Kelly, 1863, 244-245.

31. Rendel Harris, 1917, 1925.

32. Solders, 1935.

33. *Cf.* sur ce Sergent, 1995 e, 431-434 ; 2001.

34. Sur l'école naturaliste, Le Quellec et Sergent, 2005, *s. v. Écoles*.

35. Ainsi Müller, 1824, I, 288-290 ; Welcker, I, 1857, 545 ; Gerhard, 1840, 392 ; Usener, 1868, 373 ; Roscher, 1884, 422-423.

36. 1886-1890, c. 1996.

37. 1857, 546-549.

38. Farnell, 1909, IV, 136.

39. Otto, 1993 (1929), 98.

40. 1959, 1966.

41. 1968.

42. 1996.

43. Fragment des *Bassarides* cité *in* Eratosth., *Catast.*, 24 ; et aussi *Suppl.*, 213-214 : « Je salue les rayons sauveurs du Soleil / Qui est aussi le pur Apollon, dieu jadis exilé du ciel. »

44. *Phaéthon*, *Frg.*, 775. Harrison, 1912, 446, remarque qu'au tout début du ve siècle, les Perses, adorateurs des astres, épargnèrent les sanctuaires de

Dèlos et d'Éphèse (d'après la *Scholie* à Artph., *Paix*, 410) : eux, au moins, identifiaient Apollon et Artémis au Soleil et à la Lune.

45. *Frg.*, 13 Bergk.

46. Il attribue pour cela une grande influence aux pythagoriciens (1966, 153-164).

47. Moreau, 1996. *Cf.* aussi la discussion de Plutarque, *Pyth. or.*, 12 (399 d – 400 d). Et encore sur cette question, Schwartz, 1860 ; Kelly, 1863 ; Gershenson, 1991, 14-23 et 131-133.

48. *HHA*, 369, 371, 374, 436.

49. IV, 89, 14.

50. *Sch.* à Artph., *Cav.*, 729 et *Ploutos*, 1054. La *Souda* précise, *s. v. eiresiônê*, que celle-ci était offerte au Soleil et aux Hôrai. Sur cette fête, *cf.* Gebhard, 1934 ; Deubner, 1932, 198-201, 224-226 ; Jeanmaire, 1939, 312-313, 347-249 ; Detienne, 1972, 206-207 ; Parke, 1977, 146-149.

51. Ci-dessus, p. 33.

52. *Cf.* ci-dessus, p. 41.

53. O'Rahilly, 1946, 289-290.

54. Cité par Plut., *Pyth. Or.*, 16 (402 a). *Cf.* ci-dessus, n. 71 de la Ire partie. Opinion confirmée quelques siècles plus tard par Philon le Juif, lorsqu'il dit que le Soleil « accorde l'instrument véritablement musical et divin », c'est-à-dire la lyre d'Apollon, ci-dessus, p. 172, n. 67.

55. *Cf.* Bergaigne, 1883, II, 333, 487-488 ; III, 38-64, 252-253, 258 ; Oldenberg, 1903, 53-55 ; Hillebrandt, 1927, II, 100-120 ; Renou *et al.*, 1947, 423 ; Dumézil, 1947, 69 ; Gonda, 1979, 118. Les hymnes védiques à Savitṛ sont groupés et traduits par Renou, 1966, 14-34.

56. Ainsi Gricourt et Hollard, 1997, 12-13 ; Hollard et Delestrée, 2001, 10, n. 5 ; García Quintela, 2003 a, 107-108 ; 2003 c, 12.

57. Stokes, 1891, 127, d'après une glose du manuscrit *Harleian* 5280, f° 69 b.

58. Mazoyer, 2003, 163-201.

59. Ci-dessus, p. 73.

60. Gricourt et Hollard, 2002, 132 ; García Quintela, 2003 a, 131.

61. *Il.*, I, 47.

62. Ci-dessus, p. 29.

63. Detienne, 1998, 233.

64. Ci-dessus, p. 100.

65. Buchholtz, 1984, 435.

66. P. 33.

67. Ci-dessus, p. 32.

68. Ci-dessus, p. 284.

69. Sissa, 1987, 51-58, qui se fonde sur Plutarque, *Pyth. or.*, 21 (404 c-d), disant que la Pythie réfléchit la lumière d'Apollon comme la lune réfléchit celle du soleil.

70. *HHH*, 192.

71. *Ibid.*, 193-194.

72. Bader, 2003, 112 (les chiens sont *kharopoí*, littéralement « brillants » ou « au regard brillant » ; cela a gêné les traducteurs : Humbert parle de « chiens au poil fauve ») ; à comparer avec *Od.*, XIV, 21, aux quatre chiens

– nombre parlant, donc – qui ont gardé les troupeaux d'Ulysse pendant ses vingt ans d'absence (*ibid.*, 111).

73. Malgré la curieuse assertion de Dumézil, 1985, 208 ; à quoi ont déjà répondu Le Roux et Guyonvarc'h, 1991, 92.

74. *Cf.* Dumézil, 1958-1959, 283, n. 1 (= 1968, 189, n. 1).

75. Sergent, 2004 a.

76. Ci-dessous, p. 381-382.

77. Plut., *Pélop.*, XVI, 6 ; *Déf. orac.*, 5 (412 b-c).

78. Wernicke, 1995, 8 et 22.

79. *Pélop.*, XVI, 7. Strab. (IX, 3, 14 = 423) localise l'événement à Panopée, où Pausanias (X, 4, 5) place également le tombeau de Tituos : c'est à une douzaine de km. à vol d'oiseau de Teguraï.

80. *Sch.* à Paus., IX, 23, 6 ; et Pind., *Adèla*, *Frg.*, 11 Puech, où il décrit les voyages d'Apollon.

81. De pareils compromis sont connus ailleurs ; par exemple, au cap Zôster (« Ceinture »), dans le sud de l'Attique, on revendiquait la naissance des Lètôïdes, puis il fallut composer avec Dèlos ; on décida alors que Lètô délia sa ceinture pour accoucher au cap, et fut aussitôt conduite par Athèna à Dèlos (Hypéride, *Frg.*, 70 Blass ; Aristide, *Panathénées*, 97, 157 ; Paus., I, 31, 1 ; St. Byz., *s. v.*). De même, on combina la naissance délienne et la naissance lycienne : après l'accouchement, Lètô alla en Lycie, menée par des loups (*Sch.* à *Il.*, IV, 101 ; Ov., *Mét.*, VI, 313 ; A. L., *Mét.*, XXXV). *Cf.* Wernicke, 1895, 22.

82. Sur le sanctuaire mycénien qui a précédé le sanctuaire classique, *cf.* Lerat, 1938 ; Amandry, 1950, 205-207 ; Taylour, 1964, 70, 74 ; Vermeule, 1972, 288 ; Nilsson, 1976, 339 ; Roux, 1976, 33-34 ; et surtout Müller, 1992. Il est remarquable qu'on ait découvert une tombe mycénienne en pithos exactement à l'emplacement où la tradition plaçait la tombe de Néoptolème, et qu'ait été apporté de Crète dans ce sanctuaire un rhyton en forme de tête de lionne, du XVe siècle, ce qui rappelle directement la tradition de la participation de Crétois à la fondation du sanctuaire de Delphes, sous la conduite d'Apollon.

83. Les statuettes trouvées dans le sanctuaire mycénien de Delphes sont surtout celles d'animaux et de figures féminines. On ne saurait en conclure qu'aucun dieu masculin n'était adoré là : la quasi-totalité des statuettes humaines mycéniennes sont féminines, alors que la lecture des textes en Linéaire B a montré que des dieux étaient tout autant vénérés que des déesses. Pour des raisons qui nous échappent, les Mycéniens représentaient leurs déesses mais pas leurs dieux. Ce que j'écris ici m'interdit de penser, comme nombre d'auteurs contemporains, qu'Apollon est apparu à Delphes au VIIIe siècle, au prétexte que c'est alors qu'apparaissent des statuettes masculines dans le sanctuaire (la majorité des auteurs cités par Amandry, 1961, 7-10 ; puis Dörig et Gigon, 1961 ; Roux, 1976, 36 ; Dowden, 1979, 301 ; etc.). À ce titre, il n'y aurait eu aucun dieu en Grèce mycénienne, alors que les textes disent expressément le contraire.

84. Dumézil, 1959, 58-66 ; 1977, 189-195.

85. Plt., *Krat.*, 405 d.

DEUXIÈME PARTIE

CHAPITRE PREMIER

1. Et que l'on voit parfois changer en pleine époque historique, *cf.* Sergent, 1987, 52 ; ainsi, la forme d'homosexualité celtique qui choque les auteurs grecs, vers le Ier siècle de notre ère, est celle-là même que les Grecs pratiquaient vers les VIIe-VIe siècles avant notre ère.

2. Ce qui reste en grande partie vrai à l'époque historique, *cf.* par exemple Strabon, III, 3, 7 (154-155), pour qui les rites sacrificiaux et matrimoniaux des Lusitaniens sont identiques à ceux des Grecs. Pour des éléments de comparaison rituelle celto-hellénique, *cf.* l'étude récente de Petropolou, 1993.

3. *Cf.*, sur ce, outre les parentés proprement mythiques (Sergent, 1988 ; 1992 a, b, c, et 1993), les curieuses assonances entre noms mythologiques grecs et noms mythologiques celtiques (Sergent, 1988, 292, n. 98 et ci-dessus, p. 389).

4. Cette version I de la « Courtise d'Etaín », ou « Ainsi commence la courtise d'Etaín », se trouve au complet dans le *LJL*, col. 985-990 ; édition Bergin et Best, 1938 ; traduction française, seule recevable, Guyonvarc'h, *in TM*, I, 242-246.

5. *Ibid.*, 242, § 1.

6. Ce poème, dont l'auteur est mort en 978, est contenu dans le *LL*, f° 208 b-209 a ; édition Best et O' Brien, 1965, 1007-1015 ; traduction anglaise, défectueuse (*dixit* Guyonvarc'h), L. Gwynn, 1914 ; traduction française, *in TM*, 266-268.

7. Autres sources sur cet épisode : un poème attribué à Cuan úa Lochain, publié par Gwynn, 1903-1935, III, 26-32, sous le titre « Boand I », traduit en français par Guyonvarc'h, *TM*, 270-271 ; un autre poème, du XIe siècle (?), publié également par Gwynn, 1903-1935, III, 34-38, sous le titre « Boand II », est traduit en français, *in TM*, 271-272.

8. Ci-dessous, p. 477-481.

9. Dumézil, 1973, 21-87, en particulier 27-34 sur Bóand.

10. Ci-dessous, p. 477.

11. D. S., IV, 9, 2 ; Apd., II, 4, 8 ; *Arg. Orph.*, 118-121. Leur source est sans doute Phérécyde, au Ve s. ; *cf. Sch.* à *Il.*, XIV, 323, et *Sch.* à *Od.*, XV, 266.

12. *Sch.* à *Il.*, XIV, 323.

13. *Il.*, XIX, 95-124 ; Apd., II, 4, 5 ; *Sch.* à *Il.*, XIX, 119 ; Tz., *Khil.*, II, 172 et suiv., 192 et suiv.

14. Leduc, 1995, 17.

15. *Ibid.*, 12.

16. *HHH*, 17-19, 150-154.

17. *TM*, 53-44, § 84-85, 93.

18. *Cf.* par exemple à Sparte, Plut., *Lyk.*, XV, 5-11 ; ou les multiples anecdotes érotiques de l'*Anthologie palatine*, sur le moment de « la lampe qui s'éteint ».

19. *Cf.* Strab., IV, 4, 1 (195), sur les Irlandais ; Hieronymus, *Contre Jovinien*, II, sur les Attaconi (également irlandais).

20. *Cf.*, sur les Proïtides, ci-dessus, p. 64 ; ci-dessous, p. 393 ; pour Iô, ci-dessous, « La naissance des arbrisseaux », p. 389-394.

21. Paus., II, 38, 2.

22. *Cf.* le poème de Cuan úa Lochain, strophes 1-10 ; Dumézil, 1973, 29 (= « Boand I », *TM*, 270-271) ; et « Boand II » (*ibid.*, 271-272, str. 2-6).

23. Sterckx, 1986, 83.

24. Je supprime ici un passage du texte initial de cette étude. À la suite de la plupart des celtisants, je tenais à l'époque pour une évidence l'assimilation du Mac Óc irlandais au Maponos gallois, et cela me fournissait un petit prolongement à ce qui précède. J'ai depuis rejeté cette assimilation : Maponos est un dieu étroitement lié à l'eau et aux sources, il s'identifie donc au Nechtan irlandais, tandis que le Mac Óc/Óengus n'a aucune relation avec l'eau, hormis sa rencontre avec une jeune fille au bord d'un lac... *Cf.* Sergent, 2000 a et b, 2002 c et ci-dessous, p. 525.

25. *Cf.* Le Roux, 1963 ; Le Roux et Guyonvarc'h, 1986, 334-335.

26. *Cf.* Dumézil, 1941, 168 ; Heichelheim et Housman, 1948 ; Natrovissus, 1952, 242-243 ; De Vries, 1963, 45-48 ; Sterckx, 1975 a ; Duval, 1976, 62-64 ; Guyonvarc'h, 1980, 98 ; Le Roux et Guyonvarc'h, 1983, 1-4 ; Sterckx, 1986, 55-78, 95-96 ; 1992, 29, 48.

27. *TM*, 48, § 25. La plupart des textes irlandais concernant Óengus/Mac ind Óic sont rassemblés dans ce volume.

28. *Ibid.*, § 31-32.

29. *Ibid.*, 59, § 163.

30. *Cf.* Humbert, 1976, 115. Même datation chez Leduc, 1995, 6, qui souligne que les critères de datation de l'œuvre ne sont pourtant pas décisifs.

31. On remarquera l'archaïsme de la formulation : les calendriers helléniques historiques ne sont plus divisés en deux moitiés, ce qu'étaient par contre certainement les mois indo-européens, vu l'opposition indienne, et spartiate, entre la moitié « claire » et la moitié « sombre » des mois lunaires.

32. Suivant une juste expression de Mme Le Roux (par exemple 1960 a, 253) au sujet de Zeus ; *cf.* de même Briquel, 1983-1984, 44, ainsi que Mole, 1959, 300-304 et Sterckx, 1982, 107. Zeus est essentiellement mitrien, mais il lui arrive de réunir les aspects aussi bien varuniens que mitriens. *Cf.* par exemple Sergent, 1976, 32-35.

33. *Bibl.*, III, 10, 2.

34. *Mét.*, XXIII, 3.

35. Ces auteurs dépendent de Sophocle, qui avait consacré un drame satirique, les *Ikhneutai*, à cette légende.

36. Sur les Fomóire, ci-dessous, p. 541-574.

37. Grimal, 1963, 207.

38. *TM*, 243, § 5.

39. Dans certaines versions, c'est le Dagda qui est victime : ainsi dans le poème de Cináed úa hArtacáin (*ibid.*, 268-269, str. 53-62), et dans un poème du *file* MacNia mac Óengusa (*in* Gwynn, 1903-1935, II, 18-24 ; *cf. in* Le Roux et Guyonvarc'h, 1983, 32) ; *cf.* sur ce Best, 1954-1983, V, 1120 ; Dumézil, 1977, 169-170. Dans un autre poème, anonyme (*TM*, 130, § 66-67

= « Annexe II » à la « Mort tragique des enfants de Tuireann »), un certain Óengus Ollmucach tue le roi de Tara Eochu (nom identique à celui d'*Eochaid*, qui est un des noms du Dagda, lequel régna à Tara) ; et un autre Óengus encore, appelé Óengus Tuirmech, était roi de Tara et fils d'un Eochaid Altlethan (*TM*, 127, str. 17 ; *cf.* aussi *TM*, 253, § 1, la « Courtise d'Étaín », version II bis, du Ms. Egerton 1782). Or, on verra ci-dessous que la plupart des (nombreux) personnages du légendaire irlandais qui ont porté le nom d'Óengus sont des doublets d'Óengus/Mac ind Óic. Un texte du *Dindsenchas de Rennes* (§ 79, *in* Stokes, 1894, 482-483) confirme que le Brug du Mac ind Óc est le « terrain de jeu d'Oengus et de Midir » car ceux-ci ont collaboré pour en chasser Ríb, fils de Mairid, et Eochaid son frère. Un autre passage encore, dans le *De gabháil in t-Sída* (Hull, 1933, 55-56), confirme cette version. Mais est-elle authentiquement ancienne ?

40. *TM*, 242, § 5.

41. A. L., *Mét.*, XXIII, 3-6. Sur cet épisode, *cf.* à présent l'étude de Svenbro, 1990-1992.

42. *Il.*, II, 506 ; *HHAp*, 230-238 ; Strab., IX, 2, 33 (412) ; Paus., IX, 26, 4.

43. À moins que le vieillard d'Onkhestos ne soit tout simplement Poséidon. En *Il.*, XIV, 136, ce dieu prend les traits d'un vieil homme (*palaiós*) pour s'adresser à Agamemnon. Ce qui va en ce sens est qu'Onkhestos est par excellence domaine de Poséidon, et que le vieillard paraît dans le mythe comme le seul habitant d'Onkhestos. De plus, le vieillard s'appelle *Battos*, ce qui est aussi le nom du fondateur légendaire de Cyrène, en Afrique du Nord, lequel descend d'Euphèmos, fils de Poséidon. Detienne, 1998, 246, n. 46, fait la même supposition : le maître d'Onkhestos, Poséidon Gaièokhos, peut être ici « travesti en vieillard des taillis ».

44. Paus., IX, 37, 1, et 38, 4 ; Apd., II , 4, 11 ; *Sch.* à A. Rh., *Arg.*, I, 185.

45. Sur Orchomène mycénienne, *cf.* Schliemann, 1881 ; Bulle, 1906 ; Kunze, 1934 ; Keramopoullos, 1917 ; Hope Simpson, 1965, 113-114 ; Vermeule, 1972, 170 ; *BCH*, 89, 1895, 137-140 ; 98, 1974, 641 ; 99, 1975, 637 ; 101, 1977, 584 ; 102, 1978, 696 ; 109, 1985, 798 ; Mountjoy, 1983. Sur Thèbes, Keramopoullos, 1917 ; Vian, 1963, 229 ; Taylour, 1964, 103 ; Hope Simpson, 1965, 121-122 ; Vermeule, 1972, 341 ; Symeonoglou, 1973 et 1985 ; Spyropoulos, 1975 ; *BCH* I, 88, 1964, 776-779 ; 90, 1966, 848-853 ; 94, 1970, 1034 ; 95, 1971, 921-928 ; 96, 1972, 694-699 ; 98, 1974, 651-653 ; 99, 1975, 642 ; 102, 1978, 698 ; 104, 1980, 631 ; 105, 1981, 815 ; 107, 1983, 781 ; 108, 1984, 784-786 ; 110, 1986, 709 ; 112, 1988, 642 ; 113, 1989, 632.

46. *Cf.* Sergent, 1975, 112-113, 119, 125, 128-129, 140.

47. Strab., VIII, 6, 14 (373-374) ; Paus., II, 32, 2 ; *cf.* Harland, 1925 ; Guillon, 1963, 59 ; Lévêque, 1964, 142 ; Sergent, 1975, 117-119, Roesch, 1977.

48. 1985, 154-155.

49. 1975, 142-144 ; 1984 a, 154 (= 1996 a, 156).

50. La position d'Onkhestos contrôle les routes de Grèce centrale, note Schachter, 1990, 16.

51. Je m'oppose ici à C. Leduc, 1995, 14, qui place Onkhestos dans les confins, et l'Arcadie natale du dieu au centre du monde : cela s'oppose absolument au texte de l'hymne, qui ne mentionne pas un seul lieu au sud de

l'Arcadie. Tout ce qui est indiqué en géographie se situe au nord (Piérie, Béotie) ou à l'ouest (côte occidentale du Péloponèse et bas-Alphée). Dès lors Hermès est né au sud du monde, et, je le répète, le seul lieu où il y a hésitation sur les chemins se situe à mi-chemin entre Piérie et Arcadie, à Onkhestos.

52. La comparaison pourrait être filée : a) si, dans la « Courtise d'Étaín » (version I), le Dagda siège à Uisnech, dans d'autres textes (*cf.* n. 39, ci-dessus) c'était au Brug na Bóinne ; b) or, un ancien poème, attribué à Colum Cille et Mongán mac Fiachna (Gwynn, 1903-1935, III, 100 ; traduction, *in TM*, 220), parle d'un monstrueux dragon, à quatre têtes et cent quarante pattes, qui « fut abattu au Brug du Mac Óc » (tradition à laquelle fait peut-être allusion MacNia mac Óengusa lorsqu'il parle du « rempart d'Óengus » bâti « sur les os de la bête », *cf.* Gwynn, 1903-1935, II, 24, et Le Roux et Guyonvarc'h, 1983, 32) : or, à Delphes, Apollon tue le serpent.

53. Keating, XI, *in TM*, 85.

54. *Ibid.*, 275-276, Le Roux et Guyonvarc'h, 1986, 385, *s. v. Elcmar* : « grand envieux, jaloux ».

55. Le Roux et Guyonvarc'h, 1983, 4, 183 ; 1986, 379, 385, 410 ; Sterckx, 1986, 71.

56. *Cf.* ci-dessous, p. 343-348, 365.

57. *Cf.* ci-dessus, p. 147.

58. *Cf.* aussi l'une des étymologies proposées pour le nom d'Apollon (Nagy, 1979, 143, n.). Claude Sterckx ajoute (lors de la Journée d'études « Comparatisme et mythologie », Louvain-la-Neuve, le 5 décembre 1992) que si Elcmar et Ogma ne sont pas désignés comme solaires, ils appartiennent à une série de personnages de la tradition celtique, Brân le Béni, Celtchar, Yspaddaden Penkawr, le roi Méhaigné, qui sont caractérisés par l'impuissance sexuelle, la castration, et la décapitation, ce qui, comme le soleil, les désigne comme disposant de la vie à titre de potentialité. Tandis que la naissance d'Óengus correspond à l'actualisation de la vie, réalisée par l'épouse de ce souverain impuissant avec l'autre souverain, fécondateur. Sur ce caractère solaire, et les différents personnages en question, *cf.* Sergent (1988), Sterckx (1986, 70-72 ; 1992, 32-52, dont la remarque, n. 184, p. 38).

59. *Inni diata cuslinn Brighde ocus Aidhed mic Dhichaime* (« Quelle est l'origine de la flûte de Brigitte, et la mort du fils de Dichaim »), Meyer, 1903 ; traduction partielle dans Milin, 1991, 48-52.

60. *HHH*, v. 17, 25-61. Sur cette lyre d'Hermès, *cf.* Leduc, 1995, 18-22, qui montre son rapport avec la copulation, qui lui est commun avec les autres inventions du dieu dans l'*Hymne*.

61. Apd., III, 5, 5 ; Paus., IX, 5, 7-8.

62. Dans l'iconographie, Hermès est souvent musicien : *LIMC*, V, 1-2, 310-357.

63. *TM*, 234, § 7.

64. *Ibid.*, 59, § 163.

65. Et un troisième, hors le cycle d'Hermès, le motif selon lequel Óengus a craché du sang en se jetant face à terre, tant lui pesait le secret que le roi Eochaid avait des oreilles de cheval est évidemment exactement celui qui

figure dans la légende du roi Midâs aux oreilles d'âne (punition pour son mauvais jugement, *cf.* ci-dessus, p. 179), son barbier s'étant également jeté contre terre pour dire son secret, et les roseaux qui poussèrent à cet endroit répétèrent : « Le moi Midâs a des oreilles d'âne. » Dans l'histoire irlandaise aussi, les arbres apprennent à des musiciens que le roi Eochaid a des oreilles de cheval, *cf.* Milin, 1991. Chose remarquable, on créditait aussi Midâs de l'invention d'un instrument de musique, la flûte traversière (Pline, VII, 204).

66. Dans la pensée grecque, le gattilier a un rapport net avec le sang : il provoque chez les femmes le lait et les menstrues, lesquels ont la même origine sanguine (Detienne, 1979, 213, n. 3).

67. L'*Aislinge Óenguso* est connu par le Ms. Egerton 1782 du British Museum, *F.* 70 r° 1, 71 v° ; l'édition principale est celle de Shaw (1934) ; traduction française, *in TM*, 233-235.

68. *Ibid.*, 235, § 13-14.

69. *Élégies*, II, 2, 11.

70. Sur Brimô, *cf.* A. Rh., *Arg.*, III, 861, 1210-1211 ; Lyk., *Al.*, 1176 ; Orph., *Arg.*, 17, 429 ; Clém. Al., *Protr.*, II, 15, 1 ; Hippolyte, V, 8, 39 ; Hskh., *s. v.* ; et Reinach, 1905, V, 97-100 ; Delcourt, 1957, 181 ; Jeanmaire, 1970, 473 ; Lévêque, 1973, 38 ; 1981, 69 ; 1982, 191, 197 ; Daraki, 1985, 130.

71. *TM*, 251, § 15.

72. Sterckx, 1986, 78 ; Le Roux et Guyonvarc'h , 1991, 115. Sterckx, 1992, 28, dit que Midir est un « dieu obscur, mais dont tout indique qu'il n'est qu'un doublet de Manannán », et que ce dernier est « précisément une hypostase du Jupiter irlandais » (*ibid.*, 31, n. 53), c'est-à-dire du Dagda. J'avoue ne pas partager cette opinion quant à de semblables identifications.

73. Eur., *Hél.*, 16-20 ; Luc., *Dial. deor.*, XX, 14, et Charidemus, 7 ; *Sch.* à *Od.*, XI, 298 ; Hyg., *F.*, 77, et *Astr.*, II, 8 ; Bode, 1834, I, 27, 64, 119-120, 183 ; Apd., III, 10, 7 ; Paus., III, 1, 4 ; 13, 8 ; 16, 1 ; 21, 2 ; Serv., à Virg., *Aen.*, VIII, 130.

74. Ci-dessus, Ire partie, chap. II, « Le corbeau », p. 180-194.

75. *HH.* à *Askl.* ; Pind., *Pyth.*, III, 8 (14)-46 (83), et *Sch.* à 8 (14) ; A. Rh., *Arg.*, IV, 616 et suiv. ; D. S., IV, 71, 1 ; V, 74, 6 ; Apd., III, 3 ; Serv., à Virg., *Aen.*, VI, 6127 ; Lact. Plac., à Stace, *Théb.*, III, 506 ; Bode, 1834, I, 17 et 37. Sur cette légende, *cf.* le commentaire de Grégoire, 1949, 16-18, et sur sa localisation, *ibid.*, 21-22, ainsi que Lazenby et Hope Simpson, 1970, 135.

76. Ov., *Mét.*, II, 551-632.

77. Hés., *Frg.*, 60 ; Call., *Hék.*, IV, 1-10 ; Istros, *in FGH*, 334, n° 66 = Hyg., *Astr.*, II, 40 ; Apd., III, 10, 3 ; Ov., *Mét.*, II, 534-632 ; Hyg., *F.*, 102 ; Serv., à Virg., *Aen.*, VII, 71 ; *PMV*, I, 115 ; II, 22 et 128.

78. *Mét.*, XX, 5-8.

79. Papathomopoulos, 1968, 115, n. 19, à A. L., *Mét.*, XX. Sur les corbeaux blancs dans les légendes de fondation coloniales, précisément originaires de Thessalie et de Béotie, *cf.* Vian, 1963, 78-79. Là encore, un prolongement des comparaisons faites est ici possible : selon Claude Sterckx, 1986, 69, « le double tumulus où est traditionnellement située la naissance d'Aonghus est défini par un texte comme les seins de sa mère (Gwynn,

1903-1935, II, 18 [c'est le poème de MacNia mac Óengusa, cité *in* Le Roux et Guyonvarc'h, 1983, 32]. *Cf.* Hogan, 1896-1907, 324 [qui parle des] "deux seins de la Mórríoghan"). Une double colline du Kerry est également désignée comme *Dá Chíoc Anann*, "les deux seins d'Ana", autre hypostase canonique de la Déesse-Mère [...]. Et cette assimilation confirme bien que la Déesse-Mère est identifiée à l'Irlande, ou, en vertu de l'homologie entre microcosmes et macrocosmes, au Monde ». Or, Dèmètèr était adorée en Thessalie, aux abords du lac Boibéis, près de deux collines jumelles appelées les *Didumoi* (« jumeaux » ; noter que c'est aussi le nom de l'emplacement du célèbre oracle d'Apollon à Klaros en Anatolie), situées dans la plaine de Dotion, tout près des villes de Lakereia et d'Amuros où la légende localisait l'aventure de Korônis et la naissance d'Asklèpios (Hés., *Frg.*, 59, 2) ; *cf.* sur ce Grégoire, 1949, 16 et 22-23. Ce qui implique un rapprochement entre la Dana/Ana irlandaise et Dèmètèr...

80. *HHH*, 14 ; *Il.*, XXIV, 445 ; *Od.*, V, 47-48 ; et Otto, 1993, 139 ; Kahn, 1978, 109, 111.

81. *Od.*, VII, 137-138 ; Hérakl., *Allég.*, 72, 19 ; Strat., *in* Ath., 32 b, 473 c.

82. *Il.*, XXIV, 343-344 ; 445-466 ; *Od.*, V, 47-48 ; XXIV, 2-4 ; Ov., *Mét.*, II, 735 ; XI, 307-308 ; Virg., *Aen.*, IV, 244 ; Stace, *Théb.*, I, 30-31 (il endort Cerbère, pour que le chien ne l'empêche pas de sortir des Enfers l'âme d'un défunt), et 306-307. Dans la version que donne Antoninus Liberalis du vol des vaches d'Apollon (*Mét.*, XXIII, 2), Hermès commence par endormir les chiens qui les gardaient.

83. *Il.*, XXIV, 374-446.

84. *HHH*, 448-559.

85. *Ibid.*, 14.

86. A. Rh., *Arg.*, IV, 1731, et scholie.

87. *DdR*, 117, *in* Stokes, 1895, 68-69.

88. Ramnoux, 1959 (1986), chap. IV : « Hermès le Nukhios ».

89. *HHH*, 66-67.

90. *Il.*, XVI, 184-186.

91. Otto, 1993, 135 ; et aussi 139-140.

92. Sorel, 2000, 89.

93. 1905, V, 99 ; il rapprochait en effet le passage de Cicéron (*Nat. Deor.*, III, 22), selon lequel Mercurius avait été violemment ému en voyant Proserpine, donc avait dû la voir nue. La thèse que défendait Reinach était que l'identification de Brimô à Dèmètèr résultait d'une confusion. Je ne discuterai pas ce point ici. Je note seulement que Reinach était un chaud partisan de l'explication des mythes par des confusions, et qu'on est revenu de ce genre de thèses.

94. VIII, 339-342.

95. *HHAphr*, I, 262-263.

96. XVI, 180-186.

97. Hés., *Frg.*, 128 et 294 ; *ibid.*, I, 1-2 ; II, 41 ; Apd., II, 1, 2-3 ; Paus., II, 16, 1 ; III, 18, 3 ; Luc., *Dial. deor.*, III ; Ov., *Mét.*, I, 583-770 ; Hyg., *F.*, 145, 124, 9, 155, et *Astr.*, II, 21 ; Esch., *Suppl.*, 41-175, 291-324, 556-589 et *Prom.*, 589-695 ; D. S., I, 13, 5, 25 ; III, 74 ; V, 60 ; Parth., *Narr.*, 1 ; Macr.,

Sat., I, 19, 12 ; Prop., I, 3, 20 ; Martial, *Epigr.*, XI, 47, 4 ; *Souda*, *s. v. Iô* et *Isis* ; *Sch.* à A. Rh., *Arg.*, II, 168 ; à *Od.*, II, 120 ; Pl., *H. N.*, XVI, 239.

98. D'après *TM*, 243-245, § 9-22.

99. Donnée par MacNia mac Óengusa (*cf.* Gwynn, 1903-1935, II, 24), cité par Le Roux et Guyonvarc'h, 1983, 34. Sur quoi, *cf.* Thurneysen, 1941.

100. Comme le note Guyonvarc'h, *in TM*, 274 et 278.

101. *Mét.*, I, 612.

102. Pour un glissement semblable d'un épisode de début en fin de mythe, Sergent (1990 b : 18, 27, 29).

103. § 17, *in TM.*

104. *Cf.* Hés., *Frg.*, 296, d'après St. Byz., *s. v. Abantis* ; Ov., *Mét.*, I, 547-600 ; Strab., X, 1, 3 (445).

105. D'aprés Eusèbe, *Chron.*, II, 34 Schöne ; Georges le Syncelle, 296, 16.

106. Apd., II, 1, 3.

107. Hés., *Frg.*, 129, 24-25 ; Bacch., X, 40-112 ; Apd., II, 2, 2 ; *Sch.* à *Od.*, XV, 225 ; à Pind., *Pyth.*, III, 96 ; à *Ném.*, IX, 30 ; *ibid.*, IX, 34 ; D. S., IV, 68 ; Strab., VIII, 3, 19 (346) ; Paus., II, 7, 8 ; 9, 8 ; 16, 2-5 ; 18, 4 ; 25, 7-8 ; V , 5, 10 ; VIII, 17, 7-8 ; Virg., *Ecl.*, VI, 48 et suiv., et Serv., *ad loc.* ; Ov., *Mét.*, XV, 322.

108. *Cf.* la « Conception des deux porchers », *in* Guyonvarc'h, 1960 a, 86 et 87 n., et la « Courtise d'Étaín », version II, *TM*, 146, § 1.

109. Apd., II, 1, 3 ; Paus., II, 16, 1 ; *Sch.* à Eur, *Oreste*, 932, pour Iasos ; Esch., *Prom.*, 589-590 ; Hdt., I, 1 ; Plut., *Herod. Mal.*, 11 (*Mor.*, 856 b) ; Luc., *Dial. deor.*, III, et *Dial. Marin.*, VII, 1 ; l'annaliste Kastôr, cité par Apd., *l. c.* ; Paus., III, 18, 13 ; Ov., *Mét.*, I, 583-586 ; Hyg., *F.*, 145, pour l'Inakhos ; Hés. et Akousilaos, cités par Apd., *l. c.*, pour Peirènos.

110. Apd., II, 1, 4-5 ; Ov., *Amat.*, I, 13 ; Paus., II, 15, 4 ; Hyg., *F.*, 169 ; un drame, perdu, d'Eschyle portait sur cette légende, *cf. Sch.* à *Il.*, IV, 171. Sur ce mythe, *cf.* ci-dessus, p. 215.

111. Sterckx, 1981, 92-94 ; Sergent, 1990 a, 122-123.

112. *HHH*, 115-141.

113. Kahn, 1978, 62-73.

114. Étude et références complètes, *in* Bloomfield, 1893, 143-163.

115. Ci-dessous, p. 401-405.

116. Sur la fonction des échansons comme connotant l'immaturité, *cf.* Sergent, 1984 a, 27-28, 238, 241-242 (= 1996 a, 29-30, 240, 243-244).

117. *LIMC*, V, 1-2, 81-91 (Hermès juvénile) et 981-983 (Hermès enfant).

118. Durand, 1978. *Cf.* Legrand, 1905, 1808 et Majorel, 2003 b, 62-63.

119. *Lois*, VII, 808 d 5-8.

120. *Cf.* ci-dessous, p. 504-505.

121. XXIV, 347-348.

122. *Od.*, X, 278-280. *Cf.* aussi Luc., *Dial. deor.*, 22.

123. Legrand, 1904, fig. p. 1808, 1809, 1913. Sur le codage ainsi mis en œuvre, *cf.* Sergent, 1996 a, 21, 25, 78, 108-109, 415-416, 438-440, 456, 430.

124. *TI*, 242, § 2.

125. Trad. Guyonvarc'h, 1961, 344, § 25.

126. Dottin, 1980, 57.

127. Trad. Guyonvarc'h, 1963, 286, § 179.

128. Comme l'ont vu Otto, 1993, 126-149 ; Vernant, 1963 ; Kahn, 1978 ; Zografou, 1997 ; Majorel, 2003 a et b.

129. *Cf.* Hés., *Trav.*, 78 ; *HHH*, 13 (*polútropon, aimulométên*), 66, 76, 245, 361, 505, 409 (*dólos*), 76 (*doliês*), 155 et 514 (*poikilométa*), 282 (*dolophradés*), 317 (*t'khnêsín te kaè aimulíoici lógoisin*), 361 (*dolophrosúnên*), 439 (*polútrope*), 318 (*exapatân*). *Cf.* sur ce Kahn, 1978, *passim*.

130. Apollon le définit comme tel dès l'*HHH*, 282-292, et l'auteur de l'hymne, v. 66-67, le compare aux brigands qui agissent de nuit ; *cf.* aussi Eur., *Rhèsos*, 216-217 ; Hipponax, *Frg.*, 1 (il est « Compagnon des voleurs »), Hor., *O.*, X (à Mercure), 8.

131. *Il.*, XXIV, 24.

132. *Trav.*, 77-78.

133. Paus., VII, 27, 1.

134. Sur Hermès voleur, bibliographie complète, jusqu'à 1953, *in* Yalouris, 1953-1954, 162-184 ; ajouter Vernant, 1965, 100 ; Séchan-Lévêque, 1966, 275-276 ; Nilsson, 1976, 509 ; Kahn, 1978, 51, 75 ; Otto, 1993, 131-132, 138 ; Majorel, 2003 b, 109-110 ; le livre de Brown, 1947, a été réédité en 1969.

135. Plut., *Q. Gr.*, 55 (303 d).

136. Ainsi Thurneysen, 1921, 599 ; De Vries, 1963, 47, 57, 117 ; Marx, 1967, 53 ; Le Roux, 1960, 357 ; 1966, 149 ; Le Roux et Guyonvarc'h, 1986, 296, 410 ; Sterckx, 1986, 116-117, etc.

137. *Od.*, XIX, 395-398.

138. Hés., *Frg.*, 67.

139. Soph., *El.*, 504-515 ; Eur., *Or.*, 989-991 ; D. S., IV, 73 ; Apd., *Ep.*, II, 6-7 ; Paus., VIII, 14, 10-11 ; Hyg., *F.*, 84 ; *Astr.*, II, 13 ; Ov., *Ibis*, 369 ; *Sch.* à *Il.*, II, 104 ; à Soph., *El.*, 505-508 ; à A. Rh., *Arg.*, I, 752 ; à Eur., *Or.*, 990, 998.

140. Paus., VIII, 14, 11.

141. *DdR*, § 78 (Stokes, 1894, 478-480).

142. Lambert, 1981, 39.

143. *Il.*, XX, 72 ; XXIV, 360, 457, 679.

144. *Grenouilles*, 1144.

145. Mazon, 1919, 316 ; Chantraine, 1974-1984, 372, *s. v.*, Humbert, 1976, 104, et Liddell-Scott et Jones, 1968, 639, disent plus prudemment : « signification incertaine ». *Cf.* ci-dessous.

146. *Il.*, XX, 20, 72.

147. Orgogozo, 1949-1950, 150, et *cf.* Chantraine, 1977, 1083. On traduit cependant le mot par « puissant » (Bailly, 1929, 1889, *s. v.* ; Mazon, traduction de l'*Iliade*, *loc. cit.* ; Esch., *Eum.*, 36, emploie un dérivé *sôkéô*, « être fort »).

148. *Il.*, XVI, 185 ; *Od.*, XXIV, 10 ; Call., *HArt*, 143 ; Paus., VIII, 30, 6. *Cf.* Eitrem, 1912, col. 783 : Hermès est le dieu du bonheur.

149. *Od.*, VIII, 335 ; aussi *HH à Hestiâ*, I, 8. Comme le remarque Otto, 1993, tous les dieux sont de même « donneurs de richesse » (*Od.*, VIII, 325 ; Luc., *Prom. Cauc.*, 18), mais cela s'applique tout spécifiquement à Hermès.

150. *Il.*, II, 179, 186 ; *cf.* Sulzberger, 1925, 293 ; Otto, 1993, 133. Il est fils d'une Polumêla, dont le nom évoque la richesse en troupeaux ; *cf.* ci-dessous.

151. Esch., *Eum.*, 947.

152. V. 456-458 ; sur ce, Majorel, 2003 b, 107.
153. Hor., *O.*, X, 19-20.
154. Humbert, 1976, 104 ; Otto, 1993, 138.
155. Vernant, 1963 ; repris *in* 1969.
156. V. 68-70.
157. Plut., *Du bavardage*, 2 (502 f).
158. Chantraine, 1974-1984, 372, *s. v. eriounês*.
159. Bader, 1999, 483.
160. *Il.*, XVI, 186.
161. *Cf.* Legrand, 1904, 1810-1812 ; Rhomaios, 1911 ; Otto, 1993 (1929), 136-137 ; Raingeard, 1935 ; Kerényi, 1949 ; Robert, 1950, 66 ; Benoît, 1959, 147 ; Nilsson, 1976, 196-197, 224, 509 ; Moret, 1992, 341 ; Sorel, 2000, 89-90 ; Majorel, 2003 a, 66, 68.
162. *Od.*, VIII, 335.
163. *Ibid.*, XXIV, 1-14.
164. *HHH*, 572.
165. *Des lois*, II, 65.
166. Sur l'iconographie d'Hermès messager, guide (par exemple des héros : Persée, Thésée, Hèraklès), *LIMC*, V, 1-2, 358-585 ; et conduisant une procession : *ibid.*, 796-799.
167. *Choéph.*, 622.
168. Soph., *Ajax*, 832.
169. Soph., *Œd. Col.*, 1547-1548.
170. Valère Maxime, II, 6, 8.
171. Otto, 1993, 138.
172. Esch., *Eum.*, 90-91.
173. Hyg., *F.*, 32, 4.
174. *Od.*, XI, 623 ; Apd., II, 5, 12.
175. Otto, 1993, 137.
176. Apd., *Ep.*, III, 30, et Hyg., *F.*, 104, s'inspirant du *Protésilaos* perdu d'Euripide (sur lequel Jouan et Van Looy, 2000, 567-589).
177. Paus., III, 18, 11.
178. Leduc, 1995, 17.
179. *Ibid.*, 16.
180. *Il.*, XXIV, 24 ; *Od.*, I, 38.
181. Croci, 1977-1978, 182-184 ; Kahn, 1978, 26, 147-148, 154-160, 183-184 ; Lincoln, 1982, 74-77.
182. *LIMC*, V, 1-2, 9-187. Ils orientaient, entre Athènes et la campagne attique (Majorel, 2003 b, 100-102)
183. Il y en avait ainsi un naguère près de Laval, sur la Mayenne, dont j'avais pu prendre la photo alors qu'il était encore en place.
184. Et non l'inverse, comme il est couramment enseigné.
185. *Cf.* ci-dessous, n. 261.
186. Le Roux et Guyonvarc'h, 1986, 249-259.
187. *TM*, I, 236.
188. Dès 1868, G. Paris soulignait la nature « équivoque et crépusculaire » d'Hermès (409, n. 1). Et F. Bader relie ce caractère à l'étymologie de

son nom : le Fermeur, ou plus exactement le Lieur, de la racine indo-européenne **ser-*, « lier, entrelacer, tresser » (1999, 483).

189. Et *HHH*, 146-147, et *cf.* 283-285.

190. *Il.*, V, 390-391.

191. P. 287.

192. *Tucaid ionnarba nan nDéise i Mumhain 7 oidheadh Chormaic*, cité par Sterckx, 1997 a, 46-48.

193. *Tochomolod na nDéssi*.

194. Sterckx, 1997 a, 44-50.

195. Otto, 1993, 133-134 ; Nilsson, 1976, 507. C'est en particulier le cas dans les *Euménides*, 89-93, où Apollon, de Delphes, confie le jeune Oreste, meurtrier de sa mère, à Hermès pour qu'il le protège et le conduise.

196. *TM*, 258, § 4.

197. *Cf.* Hés., *Théog.*, 938-939 ; *HHH*, 331 ; Apd., III, 10, 2 (« Zeus le fait *kêrux* pour lui-même et pour les dieux infernaux »). Sur Hermès (comparé à l'indien *Pûṣan*) comme descendant d'un dieu indo-européen médiateur, incarnant les notions d'échange et de réciprocité et assurant la circulation des messages, des biens et des femmes, selon les trois termes lévi-straussiens, *cf.* Watkins, 1970. Les enfants d'Hermès sont à leur tour ambassadeurs et hérauts : l'un de ses fils, Aithalidès, est le héraut officiel des Argonautes (A. Rh., *Arg.*, I, 53 ; 649-651 ; III, 1175), et son père lui avait donné le pouvoir de vivre alternativement sur terre et dans les Enfers (Phér., *Frg.*, 109 Jacoby, t. III), c'est-à-dire l'avait pourvu de ce qui fait la spécificité d'Hermès lui-même, et d'Óengus. Dans Nonnos, les Satyres sont fils d'Hermès, et ce sont eux qui servent d'ambassadeurs à Dionysos (*Dion.*, XIV, 112-113, 299-302, 319 ; XVIII, 313-322 ; XXI, 200-302).

198. Marx, 1967, 48 ; dans une autre version (trad. Dottin, 1980, 464), Óengus vient sauver, en bateau, Diarmait et Gráinne qui sont encerclés par Finn et ses hommes.

199. Trad. Guyonvarc'h, 1958, 289-90, § 10-12.

200. Sorel, 2000, 88.

201. Dans le poème de Cináed úa hArtacáin (*cf. TM*, 267) ; et, sur ce, Sterckx, 1986, 70.

202. Le Roux et Guyonvarc'h, 1983, 4 et 184 ; 1986, 385, 410 ; Sterckx, 1986, 71.

203. D'après Lucien, au sujet d'Ogmios, *cf.* Le Roux, 1960, *passim*, Le Roux et Guyonvarc'h, 1983, 4.

204. *HHDém.*, 413 ; *Actes des Apôtres*, XIV, 12 ; Ov., *Fastes*, V, 665-669 ; Jambl., *Mystères d'Égypte*, I, 1 ; Pseudo-Dionysius, *Arepagita*, 29, n. 1 H. Koch ; *cf.* Séchan, 1966, 276 ; Kahn, 1978, 147-161.

205. Pind., *Ném.*, X, 52 (98) ; Paus., I, 2, 5 ; 30, 2 ; V, 14, 9 ; VIII, 14, 10 ; 32, 3 ; 47, 4 ; IX, 22, 1 ; Plt., *Phèdre*, 239 c ; Anakreon, *Frg.*, 111 Mathews ; Il « aime la palestre », dit Ovide, *Fastes*, V, 665 ; sur ce, Wide, 1893, 84 ; Roux, 1976, 196 ; Préaux, 1978, I, 203 ; sur ce, *cf.* Toutain, 1932, 297, 299 ; Siska, 1933 ; Delorme, 1960, 284-285, 339-340 ; Sergent, 1984 a, 141, 281 (= 1996 a, 143, 283) ; Jost, 1985, 451-452 ; Majorel, 2003 a, 63.

206. Paus., VIII, 14, 10 (à Phèneôs) ; Orgogozo, 1949-1950, 175 (à Samos et en Crète) ; Gernet, 1968, 202-203, et Schneider, 1974, 42 (à Pallènè).

Selon Platon, *Lysis*, 206 d, à la palestre, enfants et adolescents sont séparés, sauf lors des Hermaia.

207. Pind., *Ol.*, VI, 79 (134-135) ; *Pyth.*, II, 10 (17), et *Sch.* à II, 18 ; *Isth.*, I, 60 (85) ; *Ném.*, X, 53 ; Esch., *Frg.*, 384 Nauck ; *cf.* Sergent, 1984 a, 281-282 (= 1996 a, 283-284).

208. Moreau, 1997, 275.

209. Dion Chrysostome, VI, 20.

210. *Commentaire au Premier Alcibiade*, 196.

211. *HA*, v. 66-71.

212. Paus., III, 26, 2.

213. C'est lui aussi qui porte le petit Œdipe, dans Soph., *Œd. R.*, 1104 ; ou le petit Dionysos dans A. Rh., *Arg.*, IV, 1131-1140, *cf.* Legrand, 1904, 1809 ; Séchan, 1966, 279.

214. Apd., III, 28 ; A. Rh., IV, 1135 ; Paus, III, 18, 11.

215. *TM*, 260, § 6.

216. Dumézil, 1977, 170.

217. Hermès est déjà muni de sa baguette d'or (il est *khrusórrhapis*) en *Od.*, X, 277, lorsqu'il visite Ulysse, dans l'île de Kirkê, sous les traits d'un *kouros*, *cf.* ci-dessus. Et de même en *Od.*, V, 87 ; *Arg. Orph.*, 137, etc.

218. V. 424-425. Traduction d'Hilaire Van Daele.

219. A. Rh., *Arg.*, I, 763-765 ; II, 1140-1150 ; D. S., IV, 47 ; Apd., I, 9, 1-2 ; Hyg., *F.*, 1-3, et *Astr.*, II, 20 ; Eust., à *Il.*, VII, 86, p. 667 ; Lact. Plac., à Stace, *Achil.*, I, 65 ; Zén., *Cent.*, IV, 38 ; Apostolios, *Cent.*, XI, 58 ; *Sch.* à Artph., *Nuées*, 257 ; *PMV*, I, 23 ; *SMV*, 134 ; les tragédies perdues, *Athamas* de Sophocle et *Phrixos* d'Euripide ; et l'étude de Roux, 1949, 247-297.

220. Eur., *Oreste*, 995-1000 ; sur ce motif, Roux, 1949, 267-268, 279, et Sergent, 1990 b, 25-26, où j'ai montré le parallélisme entre l'Hermès grec et l'Hermodhr scandinave.

221. À *Arg.*, II, 1144.

222. Sur Hermès et l'or, *cf.* Nilsson, 1976, 510.

223. *TM*, 49, § 26-30.

224. *Ibid.*, 125, § 25 ; et *cf.* Guyonvarc'h, *in ibid.*, 92.

225. Donc cela s'oppose à l'assertion précédente de Guyonvarc'h (*ibid.*).

226. Apd., I, 6, 3.

227. V. 497-498, 567-568.

228. *Il.*, XIV, 490-491.

229. *Od.*, XIV, 435-436.

230. *Théog.*, V, 444.

231. *Frg.*, 18.

232. Paus., II, 3, 4.

233. Perdrizet, 1903 ; Legrand, 1904, 1809-1910 ; Otto, 1993, 132-134. Et *LIMC*, V, 1-2, 241-307 (dont criophore, 260-297 ; associé au bouc, au bélier, 254-259, 298-307).

234. Sur ce rôle, Otto, 1993 (1929), 132-134 ; Nilsson, 1976, 502-507 ; Windelsons, 1961 ; Majorel, 2003 b, 104.

235. Le Roux et Guyonvarc'h, 1991, 16.

236. Sergent, 1990 b, 23-26. C'est par cela que la bourse, bien avant l'invention de la monnaie, peut avoir été un objet lié au dieu Hermès-Óengus.

237. A. L., *Mét.*, XXXVI (c'est Pandareôs qui réclame le chien) ; *Sch.* à *Od.*, XX, 66, et XIX, 518 ; à Pind., *Ol.*, I, 91 (c'est Hermès). *Cf.* sur cette légende les riches notes de Papathomopoulos (1968 : 149-151 ; et Zografou, 1997). Il y aurait par ailleurs à comparer la prétendue « herbe mortelle » qu'Óengus aurait fournie à Cridenbél pour le tuer, avec l'herbe, de vertus inverses (*Od.*, X, 301-306 ; Apd., III, 15, 1) dite « herbe de Kirkè » ou *môlu* : dans l'*Odyssée*, c'est Hermès qui la cueille pour Ulysse, afin que la drogue de Kirkè n'agisse pas sur lui (rapprochement suggéré par M. Marc Le Court). L'or est également présent dans ce mythe : c'est dans une coupe d'or que Kirkê présente au héros la mixture dont le *môlu* constitue l'antidote (*Od.*, X, 316) ; dans le récit d'Apollodore, l'héroïne Prokris donne la « plante de Kirkè » à son époux, Minôs, pour éviter que son sperme ne la tue ; or, elle a été précédemment séduite, par le don d'une couronne d'or (Apd., *l. c.*) ou de « beaucoup d'or » (A. L., *Mét.*, XLI, 2-3) ; par ailleurs Minôs donna à Prokris, pour la remercier, un chien (Apd. et A. L., *loc. cit.*), lequel était de bronze (Poll., *Onom.*, V, 39, sur quoi Delcourt, 1957, 54), ce qui rappelle l'histoire du chien d'or de Pandareôs. Noter que la légende de Prokris a un net parallèle irlandais, ce qui a fait l'objet de mes *Celto-Hellenica*, I (Sergent, 1988 = 1999 a, 27-64).

238. A. L., *Mét.*, XI, 1.

239. Ath., X, 416 b, d'après Hellanikos ; Call., *H. à Dèm.*, 24 et suiv. ; Lyk., *Al.*, 1393, et Tz., *Sch.* au v. 1396 ; Ov., *Mét.*, VIII, 738-878 ; sur quoi *cf.* Sergent, 1984 a, 157 (= 1996 a, 159).

240. *HHH*, v. 108-111.

241. *Ibid.*, v. 235-239.

242. Leduc, 1995, 38.

243. *HHH*, vv. 278-280.

244. Par exemple à Ainos, *cf.* Cahen, 1972, 172, au sujet de Call., *Iambes*, III.

245. *TM*, 13, § 313. Dans les *Dindsenchas de Rennes* (§ 4), un fils du Dagda s'appelle Áed Luirgnech (Stokes, 1894, 292-293).

246. Trad. Arbois, 1892, 161.

247. Guyonvarc'h, 1959, 327 et n. 39 ; et dans *TM*, 279.

248. Guyonvarc'h, 1958, 290, § 10-12.

249. *Yellow Book of Lecan*, col. 789-790, *in* Bergin, 1927 ; *cf.* Sterckx, 1982, 105-107.

250. Leduc, 1995, 29-39, 41-43 et 45-46. Mme Leduc a envisagé les aspects techniques du « dossier » Hermès, mais non les aspects sociaux.

251. Ci-dessous, IIe partie, chap. v.

252. *Il.*, V, 644-846 ; Ps.-Hés., *Bouclier*, 226-228.

253. Apd., I, 6, 2.

254. *Ibid.*, I, 4, 3.

255. *TM*, 190, § 5.

256. *Ibid.*, 11, § 298.

257. *Ibid.*, 13, § 314. Óengus, fils d'Umor, est mentionné aussi dans un passage des *Dindsenchas de Rennes* (§ 78, Stokes, 1894, 479-480), comme s'installant à Dún Oengusa en Aran : c'est là une petite île, à l'ouest de l'Irlande. On notera que le voyage vers une île ou un territoire occidentaux

est un office naturel d'Hermès : c'est lui qui, dans l'*Odyssée*, peut aller s'adresser à Ulysse jusque dans les lointaines îles de Kalupsô (la « Cachée ») ou de Kirkè, et c'est lui qui mène les âmes dans l'Hadès, conçu en Grèce ancienne comme à la fois souterrain et occidental.

258. Sergent, 1993 c = 1999 a, 65-99.

259. Ce qu'indiquait déjà l'étude comparée d'Achille et de Cúchulainn (Sergent, 1992 b, 197-205 = 1999 a, 139-140). *Cf.* à présent ci-dessous, p. 515-521.

260. *Od.*, XV, 319-324.

261. Otto, 1993 (1929), 137-138 ; Nilsson, 1976, 503-505, 507-508. *Cf.* Vernant, 1969, 99-101, Kahn, 1978, 47. Les sources sont par exemple *Od.*, XVI, 471 ; Cornutus, 16, 24, et *A. P.*, IV, 254.

262. *TM*, 191, § 6.

263. *DdR*, § 58, *in* Stokes, 1894, 454-455.

264. *Cf.* en dernier lieu sur ce Bader, 1989.

265. C'est un ibis, dans les versions tardives, reflétant une influence des contacts entre Grèce et Égypte, dans Ov., *Mét.*, V, 331, et dans A. L., *Mét.*, XXVIII, 3.

266. Ov., *Mét.*, XI, 291-345 ; Hyg., *F.*, 200 ; Paus., VIII, 4, 3.

267. A. L., *Mét.*, X, 4 ; XV, 4 ; XXI, 4, 6.

268. Stokes, 1905, 31.

269. Guyonvarc'h, 1999, 85, 153.

270. Lambert, 1979, 148.

271. Sjoestedt, 1926.

272. Ci-dessus, p. 340.

273. Zén., *Cent.*, 75, et Stéph. Byz, *s. v. Thriaí.*

274. *Apologie*, 42. Sur Hermès oraculaire, Nilsson, 1976, 168.

275. *Cf.* Roscher, 1983 ; Dumézil, 1929, 86, 120 ; Roux, 1949, 220, 250-251 ; Delcourt, 1966, 146.

276. Ci-dessus, p. 34-35, 115-117, 125-126.

277. A. L., *Mét.*, XV, 4 ; XXI, 4, 6.

278. J'emprunte évidemment les concepts, mythologiques, de « clef » à Claude Lévi-Strauss, et d'événement *ab origine* à Mircea Eliade.

279. Paus., VIII, 25, 6-7. Sur un rapprochement avec Rhiannon et Épona, *cf.* Catarnos, 1952, 200, 203.

280. Loth, 1913, 80-117 ; Lambert, 1993, 31-52 ; ci-dessous, p. 436-437 ; et *cf.* l'analyse de Sterckx, 1986, 40-44, 48-54, 58-61, 65, 70, 73.

281. *Cf.* sur ce Reinach, 1905, V, 99, qui condamnait l'identification à Dèmèter, l'attribuant à une erreur (*cf.* ci-dessus, n. 93).

282. Le Roux et Guyonvarc'h, 1978, 390 ; pour une comparaison de ces derniers avec les Telkhines grecs, *cf.* Sergent, 1995 d = ci-dessous, p. 541-574.

283. D'autant qu'il faudrait la conjuguer avec la comparaison antérieure entre Lug et Apollon ! En première approximation, on dira que la tradition irlandaise a séparé le personnage divin (Lugh, l'équivalent d'Apollon d'un point de vue théologique) d'un personnage démoniaque (Bres, équivalent de Lug spécifiquement dans le mythe du vol des vaches) – ou qu'inversement, la tradition grecque, faisant d'Apollon la victime du vol, et non un adversaire

des dieux, a conjoint le grand dieu et la figure démoniaque d'un mythe antérieur.

284. *TM*, 48, § 21.

285. *Ibid.*, § 15-22.

286. O' Rahilly, 1946, 304-305.

287. *Contra* Sterckx, 1982, 125 : pourquoi ?

288. *Ibid*, § 21.

289. *HHAp*, 127 et suiv.

290. Ci-dessus, Ire partie.

291. Dumézil, 1986, 9-229 (après une première édition en 1948).

292. *Cf.* sur ce Meulder, 1991, 127-128 ; 1992, 249-250 ; 1994, 47. Sur Hermès comme décepteur, aussi Doty, 1993.

293. Dumézil, 1986, 230-232.

294. Meulder, mêmes références qu'à la note 293, et 2001, 84-85.

295. Blaive, 1996.

296. Ettlinger, 1952-1954, 40, pour le premier ; Kahn, 1978, 10, 14, pour le second, conformément à l'école à laquelle elle se rattache, tout heureuse de pouvoir proclamer, en se fondant sur l'étymologie (à son avis non grecque, non indo-européenne) du mot *Hermès*, et sur le caractère bien flou des rapprochements antérieurs avec d'autres mythologies indo-européennes (*cf.* sur ce Legrand, 1904, 1802-1803), qu'Hermès n'est pas un dieu indo-européen. Désolé, mais des paragraphes entiers de son travail garderaient toute leur valeur si l'on y permutait le mot « Hermès » par le mot « Óengus »...

297. Elle est entrevue, mais non développée, par Le Roux et Guyonvarc'h, 1986, 310, n. 102.

298. *B. G.*, VI, 17, 1, trad. G. Walter.

299. Arbois, 1884, 178, 218, 304, 381 ; Dumézil, 1941, 168 ; Natrovissus, 1952, 242 ; Even, 1952 ; 1956 ; De Vries, 1963, 61-62 ; Le Roux et Guyonvarc'h, 1983, 1-2, 7, 181. Sur Lug, ci-dessus, Ire partie.

300. Le Roux, 1966, 140 ; *TM*, 98 ; Le Roux et Guyonvarc'h, 1983, 5, 7, 181 ; 1986, 143, 379, 403, 410 ; 1991, 114. De même Lambert, 1979, 146, 165-166. La comparaison remonte à Rhys, 1888, 423, 577.

301. *B. G.*, VI, 17, 2.

302. *Cf.* de même Gricourt et Hollard, 2001, 9, après Sergent, 1994 a, 227.

303. Dumézil, 1941, 168 ; De Vries, 1963, 85-86 ; *TM*, 98 ; et Le Roux et Guyonvarc'h, 1983, 2, 5-7, 181 ; et ci-dessus, p. 356.

304. *Cf.* ci-dessus (notamment « Le détournement des vaches », p. 374, « L'invention d'un instrument de musique », p. 383, « La naissance des arbrisseaux », p. 385, « Les chemins », p. 414, « Quelques oiseaux », p. 415). Au sujet d'un glissement entre le personnage du père et celui du fils, *cf.* ci-dessus, p. 11, 64-66-, 86-87, et aussi la conclusion ; Claude Sterckx me fait également remarquer que si, d'un côté, en Grèce, les piliers hermaïques représentent la tête d'Hermès et un phallus dressé, de l'autre, c'est le Dagda qui est figuré, dans le monde celtique, comme ithyphallique (*cf.* Sterckx, 1975 a, *passim*).

305. Il fait appel à lui pour soigner Midir, ci-dessus (« La naissance des

arbrisseaux », p. 385), ce qui est conforme à sa fonction de médecin, et ne constitue donc pas un lien particulier entre eux.

CHAPITRE II

1. Que la plupart des formes divines féminines du monde celtique soient les formes d'une seule et même grande déesse, exactement comme en Inde les divers noms divins féminins désignent des aspects de la « déesse » par excellence, *Devî*, est admis aujourd'hui par les meilleurs celtisants. *Cf.* Hatt, 1981 ; Le Roux et Guyonvarc'h, 1983 ; Sterckx, 1982, 137-141.

2. *B. G.*, VI, 17.

3. Bader, 1980 ; Sergent, 1992 b, repris *in* 1999 a, 101-200.

4. Le meilleur exposé sur ce point est celui de Sterckx, cité à la n. 1. Sur Ana, *cf.* aussi n. 79 du chap. I de cette IIe partie, avec un parallèle grec à ses « seins », et sur Eithne, ci-dessus, p. 370, 387, 411 ; sur Brigid, ci-dessous, p. 484, 499.

5. Achille est fils de Pélée, lequel est fils d'Éaque (en grec, Aiakos). Achille est donc « descendant d'Éaque », c'est-à-dire Aiakide.

6. *Ol.*, VII, 36-38 (67-70). La traduction est celle d'Otto, 1993, 61.

7. Sergent, 1999 a, 140-141.

8. Guyonvarc'h, 1963, 280, § 153 ; 1994, 143.

9. Le Roux et Guyonvac'h, 1983, 40-44.

10. *Ibid.*, 40-41, d'après la version de la *Táin* du *LL*. Les auteurs citent d'autres textes sur le cri de la Nemain.

11. Guyonvarc'h, 1963, 283, § 161 ; version du *LL* : Guyonvarc'h, 1994, 148.

12. *Ibid.*, 1993, 148-149. Le claquement de dents se retrouve dans la « Mort de Cúchulainn » : « C'était aussi grande qu'une peau de feu qu'était la lave de flammes et d'étincelles de feu qu'allumaient ses dents dans sa bouche et dans sa gorge », Guyonvarc'h, 1962, 495, § 34.

13. *Il.*, I, 193-200.

14. Sur quoi, *cf.* p. 528-529.

15. Je me cite : 1999 a, 143.

16. Guyonvarc'h, 1993, 149.

17. *Ibid.*, 1993, 281.

18. P. 202.

19. Thompson, 1936, *s. v.* ; Chantraine, 114.

20. *Od.*, I, 319-320.

21. *Cf.* Vielle, 1996, 56, n. 197.

22. *Od.*, III, 371-372.

23. Artph., *Guêpes*, 1086.

24. Plut., *Thém.*, XII, 1 ; Hskh., et *Sch.* à Artph., *Guêpes*, 1086.

25. Otto, 1993, 76.

26. *Orationes*, XII, 1-3.

27. *Il.*, X, 274-579.

28. Paus., I, 5 ; *Sch.* à Lyk., *Al.*, 359.

29. *Hék.*, II-III.

30. *Dion.*, III, 97-123.

31. *Cf.* Chuvin, 1976, 6, 14 : dans les versions de Hellanikos (4 F 23 Jacoby), d'Éphore (70 F 120 Jacoby), et de Dèmagoras (*Frg.*, 1 Müller), Kadmos enlève Harmoniâ grâce à Athèna. Sur la corneille prophétique, *cf.* encore Ap. Rh., *Arg.*, III, 927-938.

32. P. 387.

33. *Cf.* Artt., *H. A.*, IX, 1, 609 a ; El., *H. A.*, III, 9.

34. Nombreux anthroponymes et toponymes cités par Le Roux et Guyonvarc'h, 1985, 102-111, et dans Delamarre, 69-70.

35. Guyonvarc'h, 1963, 159, § 58.

36. Le Roux et Guyonvarc'h, 1983, 17-19 ; sur le rouge d'Achille et de Cúchulainn, *cf.* Sergent, 1999 a, 136-138.

37. Le Roux et Guyonvarc'h, 1983, 37.

38. Sergent, 1999 a, 197-198.

39. Ms. XLV de la National Library of Scotland, publié par A. G. van Hamel sous le titre *Aided Con Culaind*, dans ses *Compert Con Culaind and Other Stories*, Mediaeval and Modern Irish Series, III, p. 69-133.

40. Guyonvarc'h, 1961-1962, 499, § 42 ; cité *in* Guyonvarc'h et Le Roux, 1993, 38.

41. Du *LL*, folios 77a1-78b2, publié par Whitley Stokes, *RC*, 3, 1878, 175.

42. Le Roux et Guyonvarc'h, 1983, 39.

43. Éd. de 1927, 68 b ; et celle de Niall o'Donaill, 1978, 75 a. Cité par Le Roux et Guyonvarc'h, 1983, 37.

44. *Mét.*, II, 542-632.

45. Ci-dessus, p. 209, 291.

46. Sergent, 2002 b.

47. C'est ce que je suppose dans Sergent, 2002 b.

48. *Cf.* ci-dessus, p. 189-191.

49. *Ibid.*

50. Loth, 1913, I, 307, n. 1.

51. De Vries, 1963, 122, 145.

52. *CIL*, XIII, 5343-5353.

53. Le Roux et Guyonvarc'h, 1983, 42-43.

54. Dossier dans Sterckx, 1986, 9-38, complet jusqu'à cette date. *Cf.* aussi Magnien et Thévenot, 1953-1956.

55. Il y a dans le *LIMC* une entrée « Épona », due à Stéphanie Boucher.

56. *Cf.* ci-dessous, p. 490-491.

57. Lambert, 1993, 94.

58. Hubert, 1925, et à sa suite Dumézil, 1929, 263-265 ; Vaillant, 1950-1953 ; Gruffydd, 1953 ; Gricourt, 1954 ; De Vries, 1963, 134-135 ; Ford, 1981-1982, 118-119 ; Sterckx, 1986, 44-47.

59. Comme dans *Épona* ou *Bellona*.

60. Ford, 1977, 5-11 ; 1981-1982, 121-122 ; Sterckx, 1986, 45.

61. Sterckx, 1986, 44-47.

62. Textes *in* Le Roux et Guyonvarc'h, 1983, 48-56.

63. *Ibid.*, 1983, 48-51.

64. De Vries, 1963, 134.

65. *Ibid.*

66. C'est précisément ce que démontre Sterckx, 1986 ; et ce qui ressort de ce que j'écris plus haut au sujet de Lleu Llaw Gyffes ; pour les autres branches du *Mabinogi*, *cf.* à présent Robreau, 2001.

67. Pind., *Ol.*, XIII, 60-69 (85-98).

68. Soph., *Électre*, 727 ; Mnéséas, *Libuká*, *Frg.*, 40, cité par Hskh., *s. v.*

69. Cic., *Nat. Deor.*, III, 23.

70. *Od.*, VIII, 493 ; et peintures de vases.

71. Paus., II, 4, 1.

72. *Il.*, XXIII, 377-400.

73. *Cf.* ci-dessus pour Apollon, p. 19, 28, 50, 52, 57-58, 65, 76, 78-79, 87, 115, 170.

74. *Bain de Pallas*, v. 23.

75. Sur ce Sergent, 1998, 39-58.

76. En ce sens Farnell, 1896, I, 311 ; Gruppe, 1906, II, 1216, n. 3 ; Detienne et Vernant, 1974, 215-216, qui observent, p. 218, qu'à Sparte les Dioscures sont *aphetêrioi*, donc protègent également le point de départ, et, p. 219, que la trinité des sanctuaires doit correspondre aux trois points difficiles d'une course de stade : le point de départ (*áphesis*), le tournant (*kámptron*), la ligne d'arrivée (*térma*).

77. Athèna protège Ulysse dans l'*Odyssée* comme Achille dans l'*Iliade*. *Cf.* sur ce Clay, 1983.

78. Comme le soulignent Detienne et Vernant, 1974, 221. Athèna a enseigné à Danaos, ou à Argos, les moyens d'opérer la première navigation, à moins que ce ne soit aux Phéaciens (*Od.*, VII, 108). Lors des Panathénées, à Athènes, on promène le navire sacré de la déesse et des régates ont lieu.

79. Duval, 1982, 98.

80. *Ibid.*, 98-99.

81. Detienne et Vernant, 1974, 201, et tout le chapitre intitulé « La corneille de mer », 201-241.

82. *Cf.* Gricourt et Hollard, 2002, 137, avec liste des cas, n. 75. Et *cf.* ci-dessus, p. 250-251.

83. Je ne suis certes pas le premier à comparer Épona et Athèna Hippiâ ! Comme Juvénal, *Satires*, VIII, 157, est l'un des quelques auteurs antiques qui mentionnent Épona, une scholie médiévale à son texte dit : « La déesse Hippona était honorée des éleveurs de chevaux et des vétérinaires ; *ippos* en grec signifie cheval » (cité par Lajoye, 2003 a, 27). Ainsi, sans connaître le celtique, l'auteur de la scholie rapprochait le nom d'Épona du nom grec du cheval, en passant par une déesse ***Hippona* qui confondait évidemment Épona et (Athèna) Hippiâ. L'auteur médiéval eut un successeur : un traducteur de Plutarque, dans un texte qui mentionne également Épona (ci-dessous), « traduit » le nom par *Hippona* ! (Lajoye, *ibid.*, 22).

84. Athèna est *Prómakhos*, « Face à la bataille », *Promakhórna*, « *id.* », *Epipurgîtis* « [Gardienne] des tours », *Pulaîtis* « [Gardienne] des portes », *Kleidoûkhos*, « Gardienne des serrures ». Sur ce caractère d'Athèna, *cf.* Otto, 1993, 64-65 ; Vian, 1968, 57-58. On rappellera que c'est lorsque Cúchulainn garde le gué que la déesse de la guerre vient le plus à son secours et amplifie ou suscite ses « contorsions ».

85. *Annales*, XIV, 33. Ce texte et les deux suivants sont cités dans Le Roux et Guyonvarc'h, 1986, 27, que je suis ici.

86. *Histoire*, LXII, 9.

87. *Ibid.*, LXII, 11.

88. *B. G.*, VI, 16.

89. *Géographie*, IV, 4, 5 (198).

90. D. S., V, 32, 6 ; ces troix textes sont cités dans Le Roux et Guyonvarc'h, 1986, 68-69, avec malheureusement des références inexactes pour les deux derniers.

91. Sergent, 1995 d, 373-374, et *cf.* 1990 a.

92. Pirart, 1996, en particulier 10-12. Les Perses arrachaient aussi les yeux, coupaient les oreilles, le nez, la langue : soit neuf orifices corporels.

93. Guyonvarc'h, 1967 ; 1986, 363.

94. Delamarre, 2001, 48-49.

95. Sterckx, 1981.

96. À Athènes et à Mégare : Paus., I, 42, 4 ; Eur., *Ion*, 1529. Sur Athèna comme déesse donnant la victoire, Otto, 1993, 62, 77.

97. *Théog.*, 925-926.

98. Texte cité *in* Le Roux et Guyonvarc'h, 1983, 47.

99. *Hdt.*, IX, 78-79 : au vainqueur de Platée, Pausanias de Sparte, un certain Lampôn d'Égine propose que lorsqu'on aura trouvé le corps du général perse, Mardonios, on lui fasse subir le sort que les Perses avaient fait subir à Léonidas après la bataille des Thermopyles : qu'il soit mis en croix et décapité. Pausanias refuse : les Grecs, dit-il, n'ont pas la barbarie d'outrager un mort.

100. Jost, 1975.

101. Poll., *Onom.*, IV, 64 ; Ath., X, 415 ; Tz., *Khil.*, II, 596 ; Serv., à Virg., *Ecl.*, VIII, 68 ; *Sch.* à Théocr., *Id.*, VIII ; X, 41 ; Hskh., *s. v. Lituérsê.*

102. Apd., II, 7, 7 ; *Sch.* à Pind., *Ol.*, II, 82 (147) et à X, 15 (19).

103. Eur., *Hèr.*, 567 et 939.

104. Apd., III, 6, 8 ; Tz., *Sch.* à Lyk., 1066 ; *Schol.* à Pind., *Ném.*, X, 7 (12) ; *Sch.* à *Il.*, V, 126.

105. Sergent, 1990 c, 121-123.

106. *Théb.*, II, 705-706.

107. Sergent, 1999, 165-166.

108. Lact., *Inst. Div.*, I, 21.

109. Porph., *Abst.*, II, 54, 3, qui ajoute (55, 1) que le sacrifice fut à une certaine époque tout de même remplacé par celui d'un bœuf. *Cf.* également Eusèbe, *Prép.*, IV, 16, 2-3. Et sur ce Yon, 1980, 85-88, 100.

110. Gershenson, 1991, 82.

111. Apd., III, 14, 2.

112. Eur., *Ion*, 20-26, 266-279 ; Apd., III, 14, 6 ; Paus., I, 18, 2 ; Ant. Kar., *Hist. Mir.*, 12 ; Ov., *Mét.*, II, 552-562 ; Hyg., *F.*, 165 ; *Astr.*, II, 13 ; Fulgence, *Mythol.*, II, 14 ; Lact., *Inst. Div.*, I, 17 ; *PMV*, 128 ; *SMV*, 27, 40. Le mythe est aussi attesté au ve siècle par des peintures de vases ; *cf.* Brommer, 1957, 157-159.

113. Hdt, VIII, 53 ; Paus., I, 18, 2 ; 27, 3 ; Philochore, 183. Sur ce, Bousquet, 1964 ; Burkert, 1966 ; Magrath, 1975, 180.

114. Jeanmaire, 1939, 308 ; Merkelbarch, 1972 ; Vidal-Naquet, 1983, 145, 164.

115. *Cf.* Plt., *Ménéxène*, 239 b ; Isocr., *Or.*, XII (*Panath.*), 193 ; Thuc., II, 15, 1 ; Lycurgue, *Contre Léokratès*, 98, 10 ; Apd., III, 6, 8 ; Paus., I, 27, 4. Pour Pandrosos fille d'Erekhtheus, *cf.* Frazer, note à Apollodore, t. II, p. 102, de l'édition Loeb (1970), et Connelly, 1997, 75-77, n. 146.

116. *Sch.* à *Il.*, VI, 88 = Eust., à *Il.*, VI, 91.

117. *Méropide, Frg.*, 3-6, *in* Albert Bernabé, *Poetarum epicorum Graecorum Testimonia et fragmenta*, Leipzig, Teubner, 1987.

118. St. Byz., *s. v. Anthana.*

119. Sergent, 1976, à compléter aujourd'hui par Sergent, 2003.

120. Sur cet aspect du personnage, Sergent, 1976, 20.

121. Hdt., V, 48.

122. Cadoux et Lancelin, 1989, 19 : dans les ossuaires de Ribemont-sur-Ancre, l'écorchement au couteau est attesté au niveau des côtes droites et au niveau du sternum des squelettes des vaincus.

123. Hdt, IV, 64 ; Pomp. M., II, 2, 14 ; dans le mythe : Dumézil, 1929, 81-82 ; Vielle, 1996, 173 ; c'est de là sans doute qu'il passa dans le monde slave : Dumézil, 1929, 81.

124. Ci-dessus, p. 428.

125. *Ibid.*, p. 432.

126. Cité par St. Byz., *s. v. Phoinikaion.*

127. Will, 1955, 143.

128. Ainsi dans Eschyle, *Sept*, 537 ; Eur., *Phén.*, 145 ; *Suppl.*, 322 ; Xén., *Kurop.*, IV, 4, 3 ; *Banquet*, I, 10.

129. *Il.*, VIII, 349.

130. Detienne et Vernant, 1974, 173, et discussion, avec références, 174, n. 33. *Cf.* aussi Delcourt, 1957, 142.

131. Paus., III, 18, 2.

132. *Ibid.*, II, 24, 2.

133. *Ibid.*, V, 16, 7 ; Delcourt, 1957 ; Otto, 1993, 76-77.

134. Sterckx, 1996, 73.

135. Solin, XXII, 10.

136. Cunliffe, 1986, 7-8.

137. Green, 1991, 121 ; Sterckx, 1996, 74.

138. Schmidt, 1957, 270-271 ; Lambert, 1980, 176 ; Bammesberger, 1982 ; Delamarre, 2001, 243.

139. Lambert, 1980, 176.

140. Ci-dessus, n. 260, p. 643.

141. Paus., III, 18, 2.

142. Plut., *Lyk.*, XI, 9.

143. Cette correspondance est notée par Lambert, 1980, 176.

144. Rapprochement déjà fait par Dexter, 1990, 289.

145. *Cf.* Sergent, 1999 a, 153, avec le parallèle entre les chevaux de Cúchulainn (le Gris de Macha est l'un des deux) et ceux d'Achille. Sur le Gris de Macha fils de Macha, Gricourt, 1954, 82-83.

146. *Od.*, VI, 233.

147. *Trav.*, 430 ; je cite Otto, 1993, 74.

148. *Od.*, II, 116, 122.
149. A. L., *Mét.*, XXV, 1.
150. Sur quoi Otto, 1993, 73-75 ; Nilsson, 1976, 439-440.
151. Inscription de Saint-Lizier, Ariège : *Minervae Belisamae sacrum*, *CIL*, XIII, 8.
152. Ci-dessus, p. 23, 37, 80, 86, 154, 301-302, 320, 370, 374, 377, 385, 408, 418, et ci-dessous, p. 551, 554-555, 561-562.
153. Thurneysen, 1918 b, 31, n. 2. Sur ces trois personnages, *cf.* Sergent, 1999 a, 65-97.
154. Paus., V, 3, 2.
155. D'autres théories ont essayé de rendre compte de la bizarrerie de l'épiclèse. Farnell, I, 303-304, a pensé qu'elle faisait allusion à son rôle de kourotrophe. Nilsson, 1976, 444, pense plutôt à Athèna comme protectrice des arts féminins. Kerényi, 1952, invoque la trace d'une opposition entre ordre matriarcal et ordre patriarcal... Je rejoins donc ici les auteurs antérieurs à Farnell, qui voyaient dans Athèna Mêtêr l'indice d'un état ancien où elle était mère – références (O. Jahn, S. Wide, A. Dieterich, H. von Prott, F. Pfister) dans Nilsson, 443, n. 1 –, ne me distinguant d'eux qu'en voyant dans Athèna et dans les déesses irlandaises des formes de la déesse trivalente indo-européenne (ci-dessous), et non de la « Terre Mère » si à la mode en gros de 1850 à 1950...
156. Artt., *Frg.*, 617 Rose.
157. Apd., *Bibl.*, III, 14, 6-7 ; Paus, I, 2, 6 ; 18, 2 ; 24, 7 ; *Sch.* à *Il.*, II, 547, etc.
158. *Ṛg-Veda*, X, 17, 1-2 ; *Bṛhaddevatâ*, VI, 162-VII, 7.
159. Sterckx, 1974-1975, 230-231.
160. Gaignebet, 1974, 106 ; Fromage, 1995, 5 ; Montelle, 1995.
161. *Apolog.*, XVI ; *Ad nation.*, I, 11. Cité par Sterckx, 1986, 9.
162. On n'oubliera pas que le « cygne de Mantoue » est Virgile, dont le nom est tout celtique : il signifie « le petit travailleur ».
163. Celle-ci n'est pas cavalière dans ces pays, mais on signale, dans l'église de Payenne, en Angoumois, une « selle de la reine Berthe », *cf.* Delavigne, 1982.
164. Christinger et Borgeaud, 1999, 279 ; Montelle, 2000, 204-505, pour Tante Arie ; Christman, 1990, 59, pour Berthe (« Dans la région de Metz, l'usage du rouet était interdit durant les douze jours, de Noël au 6 janvier ») ; Lelu, 1971 a, 91-92 ; Colombet, 1999, 52, pour la Beuffenie.
165. Lyk., *Al.*, 520, 359 ; Tz., à Lyk., 520 ; St. Byz., *s. v.* ; Serv., à *Aen.*, IV, 402 ; Eust., à *Il.*, XVI, 571.
166. *Sch.* à Artph., *Lys.*, 448 ; *Souda*, *s. v.*
167. Lyk., *Al.*, 1152.
168. Hskh., *s. v.*
169. Hés., *Trav.*, 430.
170. *DR*, 111.
171. Le Roux et Guyonvarc'h, 1983, 17-18.
172. Guyonvarc'h, 1993, 137.
173. *Ibid.*, 141.

174. *Ibid.*, 107, version du *LL*. Cette version et celle du *LU*, *in* Le Roux et Guyonvarc'h, 1983, 21-22.

175. *Ibid.*, 256.

176. *Pyth.*, XII, 18-24 (33-42).

177. Moreau, 1999, 101, n. 74.

178. Paus., II, 21, 3.

179. *TM*, 56. Ci-dessous, p. 555-557.

180. Pind., *Pyth.*, 8 (13-14).

181. Sur celles-ci, ci-dessus, p. 296-303.

182. *I. G.*, II (2), 334.

183. Hésiode fait semblant de comprendre « celle qui a reçu tous les dons », c'est un jeu de mots. Le mot signifie bien « Celle qui donne tout » ; *cf.* Vernant, 1969, 188.

184. Vian, 1952, 251 ; Sergent, 1979 a, 1164.

185. *LGÉ*, éd. Macalister, III, p. 130-132, cité par Le Roux et Guyonvarc'h, 1983, 46 ; *Dindsenchas*, du manuscrit d'Édimbourg, *s. v. Ard Macha*, cité *ibid.*, 45-46.

186. *Incipit de Fhlathiusaib Herend 7 dia hamseraib o ré Mac Miled co hamsir Tuathail TechTMair* (« Des souverainetés d'Irlande depuis le temps des fils de Mile jusqu'au temps de Tuathal Techtmar »), texte du *LL*, f°s 20 a, 46-21 a, 5, édité par Best, Bergin et O'Brien, Dublin, 1954, I, 79-80, l. 2514-2559, traduit et cité par Le Roux et Guyonvarc'h, 1983, 47-48 ; *DdR*, *in* Stokes, 1895, 279-283.

187. La vitesse est l'un des traits caractéristiques des êtres de troisième fonction dans la tradition indo-européenne. *Cf.*, pour les dioscures grecs, Alcée, *Frg.* 20 Puech ; Plut., *Vie de Coriolan*, XLIII, 5 ; *Vie de Paul-Émile*, XXV, 1 ; Strab., VI, 1, 10 (261) ; Ov., *Fastes*, V, 705-706 ; en Inde le char à trois roues des Aśvina, ou leur cheval blanc, en Scandinavie le sanglier de Freyr, sont ultra-rapides, et l'on précise du dernier qu'il court plus vite qu'un cheval, de plus le bateau du même dieu, Skidbladhnir, a toujours vent favorable, Dumézil, 1947, 210 ; 1977, 219-220. *Cf.* aussi Grisward, 1981, 269 ; 1983, 20-21.

188. On rappellera que les dioscures, qui représentent souvent la troisième fonction dans la tradition indo-européenne, ont une relation spécifique avec les chevaux ; *cf.* par exemple Sergent, 1997 a, 317-318.

189. Holmberg, 1924 ; Dubuissson, *in Magazine littéraire*, 229, avril 1986, 43 ; *cf.* aussi 1981, 154.

190. Dumézil, 1954 a, repris *in* 1968, 602-312 ; Le Roux et Guyonvarc'h, 1983, 45-60.

191. Ci-dessus, p. 453.

192. Dumézil, 1945, 170-180 ; 1947, 57-61 ; 1954 b ; 1958, 59-61 ; 1966, 294-295 ; 1968, 103-124 ; Sergent, 1997 a, 313-315.

193. Sterckx, 1974-1975.

194. Dans le *Glossaire d'O'Mulconry*, *cf.* plus haut, p. 424.

195. Stokes, 1891, 128 ; Arbois, 1908, 195, n. 3 ; Thurneysen, 1921, 63 ; Kluge, 1934, 371 ; Sjoestedt, 1941, 44 ; Pokorny, 1959, 736 ; Vendryes, 1960, M 64-65 ; De Vries, 1943, 146 ; Sterckx, 1982, 75-76. *Contra*, Le Roux, 1970, 800 ; Le Roux et Guyonvarc'h, 1983, 95-102 ; 1986, 407. Mais

tous les auteurs voient dans le second élément celui de l'irlandais signifiant « reine », de sorte que la déesse reste « royale » quelle que soit la traduction !

196. Sur quoi Le Roux et Guyonvarc'h, 1983, 89-93.

197. *Ibid.*, 8, 36.

198. Ni d'un héritage aux pré-Hellènes, comme Papachatzis, 1988, le propose, à titre de vue nouvelle sur l'origine d'Athèna !

CHAPITRE III

1. Sergent, 1999 a, 93-97. Et ci-dessous, p. 515-521.

2. Comme l'ont déjà noté Arbois, 1899, 312 ; Borgeaud et Christinger, 2000, 74, 80 ; Eliade et Couliano, 1990, 98 ; Stalmans, 1995, 53.

3. Poséidon Hippios est attesté : en Attique (Artph., *Nuées*, 83), à Athènes (trésor de l'opisthodome du Parthénon, *CIA*, I, 197 ; au Céramique, à l'Académie, Paus., I, 30, 4 ; Soph., *Œd. Col.*, 55), et à Kolônos (Soph., *Œd. Col.*, 1070 ; Eur., *Phén.*, 1707 ; Paus., I, 30, 4) ; en Achaïe, à Patras (Paus., VII, 21, 7) ; en Arcadie, à Mantinée (*ibid.*, VIII, 10, 2-3 ; Polybe, IX, 8, 11 ; XI, 11, 4, 6 ; 12, 6), à Phènéôs (Paus., VIII, 14, 4), à Méthydréon (*ibid.*, 36, 2), à Akakèsios (*ibid.*, 37, 10), en Élide, à Olympie (*ibid.*, V, 15, 5-6 ; 16, 6), en Afrique, à Cyrène (*Sch.* à Lyk., 749), en Thessalie (*Sch.* à Pind., *Pyth.*, IV, 246 ; *E. M.*, *s. v. Híppios ho Poseidôn*). Des inscriptions le nomment à Épidaure, à Rhodes, à Érythrée, etc. ; à Alalkomènes, où l'épiclèse est *Híppios* ou bien *Hippobótès* (« Celui qui nourrit/élève des chevaux » ; Will, 1955, 135). À son temple du cap Tènare, dans l'extrême sud de la Laconie, il était *Híppios* et *Hippokouríos*.

4. *Sch.* à Lyk, 766.

5. Paus., III, 14, 2.

6. D. S., V, 69, 4.

7. *Théb.*, VI, 302-305.

8. Hés., *Théog.*, 276-285, d'où D. S., IV, 17-18 ; Apd., II, 4, 2 ; Ov., *Mét.*, IV, 784-786 ; VI, 119-120 ; Hyg., *F.*, 151.

9. *Sch.* à Pind., *Pyth.*, IV, 246, et à A. Rh., *Arg.*, III, 1244 ; Tz., à Lyk., 766 ; Lact. Plac., à Stace, *Théb.*, IV, 43 ; *E. M.*, *s. v. Híppios ho Poséidon.*

10. Apd., III, 14, 1, etc.

11. *PMV*, I, 2.

12. Paus., VIII, 25, 5.

13. *Ibid.*, 8, 2.

14. Malten, 1914, 182-184 ; Borgeaud et Christinger, 2000, 75.

15. *Od.*, II, 120 ; XI, 235-238 ; Apd., I, 9, 8 ; D. S., IV, 68 ; Soph., tragédie perdue *Turô*, *cf.* Nauck (2), 272-277 ; Hyg., *F.*, 60, 239, 254 ; Strab., VIII, 3, 32 (356) ; Prop., I, 13, 21. Sur Pylos, ci-dessous, p. 500-501.

16. Hskh., *s. v. Alópê* ; Hyg., *F.*, 187, 1, 5, 7, 238, 252 ; Paus., I, 5, 2 ; 14, 3 ; 39, 3 ; Eur., tragédie perdue, *Alópè* ou *Kerkuôn* (Jouan et Van Looy, 1998, 137-147).

17. Vian, 1952, 229.

18. *Critias*, 114 c.

19. *Mélanippè enchaînée* et *Mélanippè philosophe*. Elles sont l'une et l'autre perdues. Fragments dans Jouan et Van Looy, 2000, 347-396.
20. VIII, 7, 1-2 ; sur ce, Sauzeau, 1993, 254-256.
21. *Ibid.*, pl. XII. Et sur les rites de consécration par immersion, Gernet, 1968, 112-119.
22. Ci-dessus, p. 381-382.
23. *HHA*, 229-238.
24. Roux, 1964.
25. Par exemple Detienne et Vernant, 1974, 191-194.
26. § 45, *in* Guyonvarc'h, 1958, 305.
27. *OCT*, § 5 (*TM*, 106).
28. *OCT*, 12-13 (*TM*, 107-108).
29. Sur cette quête et son parallèle grec, *cf.* Sergent, 1999 a, 65-110, et ci-dessous, p. 515-521.
30. *OCT*, 35 (*TM*, 112). Et ci-dessus, p. 252-253.
31. Pind., *Ol.*, XIII, 63-90 (89-132). *Cf.* ci-dessous, p. 489.
32. Christinger et Borgeaud, 2000, 74, tableau légèrement modifié.
33. Le Quellec et Sergent, 2005, *s. v.*
34. Identification proposée aussi, pour d'autres raisons, par Goetinck, 1996, 198-204 ; Sterckx, 2001, 18 ; Gricourt et Hollard, 2002, 157-158.
35. Bader, 1994, 243 ; 1997, 52-53.
36. Sur laquelle Sergent, 1999 a, 203-220, pour le parallèle grec, dans l'histoire de Bellérophon.
37. Le Roux et Guyonvarc'h, 1983, 132. Sur les chevaux comme métaphore de la mer, *cf.* aussi Vendryes, 1952-1954 a, 246.
38. Sur les vagues comme « moutons » et « chevaux », Dumézil, 1968, 186-187.
39. Sergent, 1999 a, 108, 109, 153, pour les chevaux d'Achille et de Cúchulainn.
40. *Mahâbhârata*, III, 115, 10 152.
41. Vernant et Detienne, 1974, 176-241.
42. *Immran Brain*, I, 19 ; Vendryes, 1952-1954 a, 246.
43. *Il.*, XIII, 25-31 ; Arbois, 1899, 312.
44. Himerios, *Or.*, III, 10.
45. *Critias*, 116 d.
46. Paus., VIII, 1, 10.
47. Will, 1955, 136.
48. *Sch.* à Soph., *Œd. Col.*, 712.
49. Wilamowitz, 1932, 45 ; et *cf.* Will, 1955, 138 ; Wycherley, 1960.
50. Paus., VI, 20, 18.
51. Oinomaos est le roi qui imposait un concours de course de chars aux prétendants de sa fille, *cf.* ci-dessous, p. 496.
52. Detienne et Vernant, 1974, 182, résumant et commentant Paus., VI, 20, 15-19.
53. Windisch, 1912, 112-113 ; Williams, 1926-1927 ; Bergin, 1929-1930, 249 ; Le Roux et Guyonvarc'h, 1986, 404 ; Sterckx, 1949, 78.
54. Vendryes, 1952-1954 a, 240-241.
55. *Géogr.*, IV, 1, 10 (187).

56. Le ligure est une langue indo-européenne, *cf.* Sergent, 1995 a, 72, 76-77, avec références.

57. Fromage, 2000 a, 228-229 ; Sergent, 2000, 239 – ces deux travaux remontent en fait à 1992. Il s'ensuit que *mac Lir* ou *mac Ler* aurait bien le sens de « fils du dieu *Leros », et non pas celui, général, de « marin », malgré Vendryes, 1952, 249.

58. Plut., *Qu. conv.*, X, 6.

59. Durrbach, 1905, 68.

60. Hskh., *s. v. Tainarías*.

61. *Od.*, III, 187 ; *E. M.*, 227, 41 ; Strab., X, 1, 7 (446) ; St. Byz., *s. v.*

62. Plut., *Banquet*, 19 (162 e).

63. Apd., I, 6, 2 ; Strab., X, 5, 16 (488) ; St. Byz. et *Souda*, *s. v. Nisuros* ; Eust., à D. Pér., 525. *Cf.* Vian, 1952, 202-203.

64. Ci-dessous, p. 558.

65. *Cf.* Wüst, 1953, 490-493.

66. Paus., III, 20, 2 ; Xén., *Hell.*, VI, 5, 30.

67. Hés., *Théog.*, 6 ; Strab., VIII, 6, 21 (379) ; IX, 2, 25 (410) ; Paus., II, 31, 9 ; IX, 31, 3 ; Ov., *Mét.*, V, 256-266 ; *Fastes*, III, 456 ; V, 7-8 ; Prop., III, 3, 2 ; *cf.* aussi A. L., *Mét.*, IX, 2. Et sur ce Schachermeyr, 1950, 174-188.

68. Paus., II, 31, 9.

69. Esch., *Sept*, 310 ; *ibid.*, VI, 76 ; Apd., II, 1, 5 ; Paus., II, 15, 4-5 ; 20, 6 ; 22, 4 ; Hyg., *F.*, 169 ; Serv., à Virg., *Géorg.*, I, 12 ; Probus, à Virg., *Géorg.*, I, 18 ; *PMV*, I, 2.2 ; 45.3 ; *SMV*, II, 119 ; III, 5, 4 ; *Sch.* à *Il.*, IV, 171. Et *cf.* Schachermeyr, 1950, 23-26 ; 73-96 ; Guthrie, 1956, 113-118 ; Nilsson, 1976, 450-451 ; Grimal, 1976 (1963), 390-391 ; Desnier, 1995, 40. Poséidon commande évidemment aussi aux eaux qui font le mouvement inverse, en s'enfonçant dans le sol, comme par exemple en Arcadie, les rivières qui pénètrent dans le sol, par les katavothres, et resurgissent en mer (la Dinè, ci-dessus) ou dans la plaine argienne ; *cf.* Jost, 1985, 286-287 et 291.

70. *Od.*, VII, 129-132. Le rapprochement est fait par Vidal-Naquet, 1983, 342.

71. Apd., II, 1, 4-5 ; Ov., *Am.*, I, 13 ; Paus., II, 15, 4 ; Hyg., *F.*, 169 ; *Sch.* à *Il.*, IV, 171, faisant allusion à un drame satirique d'Eschyle intitulé *Amymonè*.

72. Gershenson, 1991, 50.

73. Keating, XII, traduit et cité *in TM*, 87. Et de même dans *DdR*, § 159, *in* Stokes, 1895, 277.

74. *DdR*, § 98, *in* Stokes, 1895, 50, et note de celui-ci.

75. *DdR*, § 74, *in* Stokes, 1894, 475.

76. Ci-dessus, p. 370.

77. Cuan ua Lochain, *in DM*, traduction *in TM*, 271 (« Boand I », 16).

78. Wagner, 1981.

79. Paus., VIII, 10, 3-4, épisode évoqué aussi en 5, 5. Traduction de M. Jost, 1985, 289, et sur ce sanctuaire, *ibid.*, 132-133.

80. J'ai montré (1980) que les fondements de cette tradition, qui étonne, puisque l'Arcadie historique était partagée en un grand nombre de cités indépendantes, tiennent à la situation du pays à l'époque mycénienne, quand seul

le Sud était densément peuplé, et que la ville principale était manifestement Tégée. *Cf.* ci-dessous, p. 575.

81. Apd., II, 4, 5 ; Tz., à Lyk., *Al*, 932 ; *Sch.* à A. Rh., *Arg.*, I, 747.

82. Cuan ua Lochain, *in DdM*, traduction *in TM*, 271 (« Boand I », 15).

83. Sergent, 2000 b, 241-245.

84. Cuan ua Lochain, *in DdM*, traduction *in TM*, 271 (« Boand I », 11).

85. Poème conservé par le *LL*, f°s 208 b-209 a, str. 12, traduit *in TM*, 266-267.

86. « Boand II », str. 7, *in TM*, 272.

87. Gwynn, 1935, 26 ; traduction *in* Sterckx, 1994 a, 5.

88. Aussi bien pour le *LBÉ* (Macalister, IV, 192, cité et traduit *in TM*, 21) et pour Keating, XI (*TM*, 85).

89. Keating, *l. c.*, et dans un poème que R. Thurneysen a reconstitué à partir du manuscrit Rawlinson et du *Livre de Lecan*, traduit *in TM*, 125.

90. Ainsi Le Roux et Guyonvarc'h, 1983, 3-4 ; 1986, 143, 386, 410 ; Sterckx, 1986, 68-72 ; 1994 b, 67-69 ; 1997 b, 272.

91. Le Roux, 1960 b ; Guyonvarc'h, 1969 ; 1974, 353-358 ; Le Roux et Guyonvarc'h, 1983, 4 ; 1986, 410 ; Sterckx, 1982, 93-104 ; 1994 b, 67-69 ; Stalmans, 1995, 56-57.

92. Dumézil, 1963 ; 1971, 34-38 ; Pinault, 1964 ; Guyonvarc'h, 1966 b ; Sterckx, 1986, 85 ; Puhvel, 1987, 277-283. *Contra*, Polomé, 1997, 231.

93. « Boand II », str. 7-8 et 12 (*TM*, 271).

94. Ce dont je donne un exemple, 2000 b, 245-246. Pensons aussi aux sources sacrées de Gaule : elles étaient nécessairement souvent sur le territoire de *villae*, et leur maître divin n'était pas le propriétaire de la ferme.

95. Sergent, 2000 a, 2002 c.

96. Sergent, 1995 a, 317-318 ; et, sur les ordalies par l'eau en Grèce ancienne, Glotz, 1904, 15-90.

97. *Od.*, IV, 499-511 ; Hagias, *Nostoi*, *in* Proklos = *Epicorum Graecorum Fragmenta* G. Kinkel, 53 ; Eur., *Troyennes*, 69-94 ; Call., *in Sch.* à *Il.*, XIII, 66 ; Virg., *Aen.*, I, 39-45 ; Hyg., *F.*, 166 ; Sén., *Agam.*, 532-556 ; Dictys, *G. T.*, VI, 1 ; Apd., *Ep.*, VI, 6 ; Q. Sm., *Posthom.*, XIV, 530-589 ; Tz., *Sch.* à Lyk., *Al.*, 365, 387, 389, 402.

98. Xén., *Hell.*, III, 3 ; Plut., *Agés.*, III, 9.

99. *Timée*, 119 d-120 c. Sur les ordalies par le sang de taureau en Grèce, Dümmler, 1894, 5-7 ; Glotz, 1904, 112-113 ; Rivaud, 1925, 245 ; Herter, 1966, avec les références.

100. Stokes, 1903, 276-277. *Cf.* De Vries, 1963, 94.

101. Ed. K. Meyer, n° 896, traduction de Vendryes, 1952-1954 a, 240. La dérivation est évidemment inverse : c'est l'île qui a fourni son nom au dieu !

102. *OCT*, 35-38 (*TM*, 112-113).

103. A. Rh., *Arg.*, II, 866-868.

104. Apd., II, 1, 5 ; 7, 4 ; III, 2, 2 ; A. Rh., *Arg.*, I, 133-138 ; II, 896-897.

105. Glotz, 1904, 55-56.

106. Grimal, 1963, 309, avec les références.

107. *Ibid.*, 338.

108. Ils sont donc sans doute identiques, Altaid étant un autre nom de Lir, Lajoye, 2001 b, 29, qui l'identifie de plus à… Elcmar.

109. C'est sans doute ce trait qui a fait identifier Manannán au Dagda par certains auteurs (Le Roux et Guyonvarc'h, les frères Rees, Sterckx), car le Dagda possède également un chaudron d'abondance, inépuisable. Cependant, il suffit de comparer les données germaniques pour voir qu'une identité des possesseurs de chaudrons en raison du caractère inépuisable de ceux-ci n'est nullement obligatoire : au ciel, Odhinn dispose d'une cuve d'hydromel inépuisable, et d'un sanglier qui renaît chaque jour, le tout fournissant nourriture et boisson aux Einherjar, les guerriers morts. Par ailleurs, le dieu de la mer, Ægir, possède également un récipient inépuisable, où il brasse la bière, selon la *Lokasenna*, et selon le *Hymiskvida*, qui exprime encore la même idée en montrant (str. 1) les Ases se rendant chez lui et y trouvant « profusion de chaudrons » ; il peut nourrir les Ases, ses invités, de manière ininterrompue, parce que, dit un texte (*Skáldskaparmál*, 31), son épouse Rán dispose d'un filet avec lequel elle attrape tout, par exemple les pêcheurs et navigateurs). En somme, le chaudron inépuisable du Dagda est une prérogative du souverain en tant que donateur généreux, celui de Manannán est une matérialisation de l'aspect inépuisable de la mer.

110. Lambert, 1993, 89 ; ci-dessous, p. 491.

111. Nilsson, 1976, 452, avec les références.

112. Paus., I, 38, 6.

113. *Ibid.*, II, 32, 8.

114. *Ibid.*, VII, 24, 2.

115. Vian, 1952, 231.

116. Paus., IX, 19, 4.

117. *Ibid.*, II, 25, 4-7. Et il y avait là ordalie par le sang de bovin.

118. *Ibid.*, IX, 39, 4-5.

119. Grimal, 1963, 151, avec les références. Sur cette question de Dèmèter et des bovidés, *cf.* Sergent, 1998, 225-226.

120. Ci-dessus, p. 410.

121. Philochore, *Frg.*, 184.

122. « La nourriture de la maison des deux gobelets », 8 (*TM*, 261).

123. *OCT*, 5 (*TM*, 106).

124. *Compert Mongáin*, 1 (*TM*, 204), et cité ci-dessous, p. 503-504.

125. *Compert Mongáin ocus Serc Duibe-Lacha do Mongan*, « La conception de Mongan et l'amour de Dub-Lacha pour Mongan », *Livre de Fermoy*, p. 131 a ss. (*TM*, 206-311, § 4, 207).

126. Ci-dessus, n. 89.

127. Str. 16 (*TM*, 125).

128. *Ibid.*, str. 29. Le meurtre de Fuamnach, Midir et Sigmall par Manannán est confirmé par la *Tochmarc Etaine*, version du *LJL*, § 26 (*TM*, 246), et par une de celles du *LU* (version III de Guyonvarc'h, *TM*, 251-252, § 21 et 23). Sur Midir et Fuamnach, ci-dessus, p. 390-394.

129. *Il.*, XIV, 135-153, le passage cité est aux vers 146-153.

130. *Ibid.*, du passage cité en dernier jusqu'à la fin du chant.

131. Sur ce Reinach, 1909, 348 ; Kern, 1926, 147-148 ; Wilamowitz, 1931, 213 ; Bloch, 1985, 128 ; Gricourt et Hollard, 1997 a, 263-265 ; Sergent, 2000 b, 226-227. Pour Walters, 1893, le trident de Poséidon est un symbole de souveraineté.

132. Bergaigne, 1880, 18 ; Dumézil, 1973, 22 ; Pirart, 1992, 72 ; Sergent, 2000 b, 225-226.

133. Stokes, 1894, 315-316 ; *TM*, 270.

134. Sophocle, pièce perdue, *Naúplios Purkáôs*, *cf.* Nauck, *TGF*, 223-227 ; Eur., *Hél.*, 766-767, 1126-1131 ; Apd., *Ep.*, VI, 7-77 ; Prop., IV, 1, 115-117 ; Hyg., *F.*, 166 ; Sén., *Agam.*, 557-575 ; Dictys, *G. T.*, VI, 1 ; Serv., à Virg., *Aen.*, XI, 260 ; Lact. Plac., *Sch.* à Eur., *Or.*, 432 ; Q. Sm., *Posthom.*, XIV, 611-628 ; *PMV*, I, 45, 2 ; *SMV*, 201 ; Tz., *Sch.* à Lyk., *Al.*, 384.

135. Paus., I, 14, 3.

136. Hyg., *F.*, 28, 3.

137. Apd., *Ep.*, I, 1 : il dit que Skirôn était fils de Poséidon selon les uns, de Pélops selon d'autres. Pélops est par ailleurs un élève de Poséidon, ci-dessous, p. 496.

138. Eur., *Erekhtheus* ; Isocr., IV (*Panég.*), 68 ; XII (*Panath.*), 143 ; Apd., III, 15, 4 ; Paus., I, 38, 2 ; *Sch.* à Eur., *Phèn.*, 854 ; Hyg., *F.*, 157.

139. Hskh., *s. v. Phorbanteion* ; Hypéride, *Contre Patroklès*, *Frg.*, 195 ; Hellanikos, *Atthis*.

140. Paus., I, 5, 2 ; 39, 3.

141. Hyg., *F.*, 28.

142. Ci-dessous, p. 498.

143. Hyg., *F.*, 28, 1.

144. Apd., I, 7, 4.

145. Hyg., *F.*, 274.

146. Paus., VIII, 10, 8.

147. Bacch., *Frg.*, 41.

148. Lambert, 1993, 81-82.

149. Ci-dessus, IIe partie, chap. II.

150. Paus., V, 16, 6.

151. *Ibid.*, VIII, 14, 4-5.

152. *Ibid.*, 44, 4.

153. *Sch.* à Pind., *Ol.*, XIII, 102.

154. Paus., III, 11, 9.

155. *Ibid.*, 15, 6-7.

156. Will, 1955, 135.

157. D. S., V, 58.

158. Théophr., *in Sch.* à Pind., *Pyth.*, IV, 11.

159. *Sch.* à Lyk, *Al.*, 749.

160. *Sch.* à Pind., *Pyth.*, IV, 1.

161. Paus., II, 30, 5-6.

162. *Ibid.*, I, 30, 4.

163. *Ibid.*, VIII, 31, 7. Sur les filiations entre ces divers cultes, Wide, 1883, 37-39 ; Kichle, 1963, 32-33.

164. Mnéséas, *Europe*, I, *F.H.G.*, III, 149, *Frg.*, 2. Hérodote, IV, 180, attribue à des peuples d'Afrique du Nord l'idée qu'Athèna est fille de Poséidon et d'une nymphe du lac Tritônis.

165. Ci-dessus, p. 466, mythe du cheval Skuphios.

166. *Cf. ibid.*, p. 440.

167. *Ibid.*, p. 436.

168. On signalait plus haut que l'azur est la couleur de Poséidon.

169. Lambert, 1993, 81-94.

170. Sources *in* Grimal, 1963, 337, n. Et ci-dessous, n. 175.

171. *ATDM*, 4 (*TM*, 258-259).

172. La démonstration par Manannán qu'il est à la fois de l'honneur d'Óengus d'accomplir cette vilenie et qu'elle est dans l'ordre des choses rappelle, quelle que soit sa brièveté, et malgré quelques lacunes dans le texte, le thème de la *Bhagavat Gîta*, dans le *Mahâbhârata*, où Kṛṣṇa démontre semblablement à Arjuna qu'il est dans l'ordre des choses (le *dharma*) qu'il tue Karṇa, malgré ses scrupules.

173. Stokes, 1905, 274, § 18.

174. *DdR*, § 159, *in* Stokes, 1905, 276.

175. Eur., tragédie perdue *Palamèdès*, *in* Jouan et Van Looy, 2000, 487-513 ; Paus., X, 31, 1-3 ; Apd., *Ep.*, III, 7 ; VI, 8-9 ; Philostr., *Hér.*, XXXIII, 4 ; Dictys, *G. T.*, I, 4-5 ; II, 15, 20 ; *Sch.* MTAB à Eur., *Or.*, 432 ; Hyg., *F.*, 95 et 105 ; Serv., à Virg., *Aen.*, II, 81 ; Tz., à Lyk., *Al.*, 381, 815, etc.

176. *ATDM*, § 2 (*TM*, 258).

177. *ATDM*, § 7-8 (*TM*, 261-262).

178. Sakellariou, 1958, 72.

179. Liste dans Würst, 1953, 462-468.

180. *Acallach na Senorach*, 3683 ; Vendryes, 1952-1954 a, 245.

181. Et non « larme », comme le comprenaient les Irlandais médiévaux ; *cf.* Le Roux et Guyonvarc'h, 1986, 388.

182. *Seirgligi Con Culaind*, § 7 ; Guyonvarc'h, 1958, 289.

183. A. Rh., *Arg.*, IV, 966. Sur ce, Sergent, 1999 a, 108.

184. *Otia Merseiana*, II, 83.3.

185. Vendryes, 1952-1954 a, 247.

186. Stokes, 1904 b ; Windish, 1905, 183-225 ; résumés de Lambert, 1981, 56, et de Dillon et Chadwick, 150-151.

187. *Cf.* Dillon, 1947 ; Rees et Rees, 1961, 129-130 ; Watkins, 1979 ; 1981 ; Le Roux et Guyonvarc'h, 1983, 47-48 ; 1991, 144.

188. Pind., *Ol.*, I, 23-96.

189. Sur ce, Sergent, 1996 a, 77-86.

190. *Il.*, XXI, 446-447 ; et de même Virg., *Aen.*, II, 625 = III, 3 ; Triphiodore, *Prise d'Ilion*, 681.

191. *Il.*, VII, 452 ; et de même Pind., *Ol.*, VIII, 31-33 (41-44) ; Hellanikos, 4, *Frg.*, 26 Jacoby ; Eur., *Troyennes*, 4-6 ; Dionysos Pér., 817 ; Hyg., *F.*, 89, 1. Sur les conséquences du non-paiement du salaire prévu par Laomédon, ci-dessous, p. 503.

192. *Théog.*, 732-733.

193. Artph., *Oiseaux*, 1130-1131. Brisson, 1970, 420, n. 3-4, a souligné ce rôle de Poséidon comme constructeur.

194. *ATDM*, 2 (*TM*, 258).

195. De Vries, 1963, 95.

196. Pind., *Isthm.*, IV, 53-54 (91-94).

197. Christinger et Borgeaud, 2000, 80.

198. Ci-dessus, p. 23.

199. *Ibid.*, p. 495-496.
200. *ATDM*, 4 (*TM*, 258).
201. *ATDM*, 8 (*TM*, 261).
202. *Seirgligi Con Culaind*, § 39-47 ; Guyonvarc'h, 1958, 306-306.
203. *Il.*, XI, 690-692.
204. *Ibid.*, V, 395-402.
205. Mais se fondant sur des sources anciennes, car Périkluménos est déjà connu de l'*Odyssée*, XI, 281.
206. Ce que la découverte de la Pylos historique à Ano Englianos en Messénie ne dément pas : Poséidon y était le principal dieu masculin (*cf.* Gérard-Rousseau, 1968, 181-185).
207. En particulier H. D. Müller, 1857, 151 ; et U. von Wilamowitz-Müllendorf, 1906, 67-68 (= 1937, 161-162) ; 1931, I, 109, 318, 337-338.
208. Sergent, 1986 b : « Pylos et les Enfers ». Sur les parallèles celtiques, *ibid.*, 31-32, et Rees et Rees, 1961, 128, 134-136, 178-179.
209. Sur Manannán et l'Autre Monde, *cf.* aussi Vendryes, 1952-1954 a, 244-245.
210. *Od.*, I, 16.
211. *ATDM*, § 2-4 (*TM*, 258). Plus tard, lorsque l'épouse de Dicu, l'intendant d'Elcmar, est enceinte, « Aengus fit le festin de la résidence pour Manannán et les nobles des Túatha Dé Dánann » (*ATDM*, § 6, *TM*, 260).
212. Ci-dessus, p. 379.
213. *Cf. ibid.*, p. 403.
214. *Ceadlabhra Aí agus Morainn agus Nóine*, 3, connu principalement par le *LL*, 126 a 30 et lignes suiv., incomplet car il manque une page après celle numérotée 126, et *LJL*, 808-810 (dans l'édition en fac-similé 139 a 10-140 a 39), où le texte est résumé : Dobbs, 1933 ; Thurneysen, 1918 c ; 1936, 196-197 ; Sterckx, 1994 a, 55.
215. Pind., *Ol.*, IV, 26-27 (39-42), et *Sch.* à IV, 32 a.
216. Thurneysen, 1936, 198.
217. Sur quoi *cf.* ci-dessus ; et sur l'histoire d'Hésionè, Apd., II, 5, 9 ; III, 12, 3-4 ; Ath., II, 42 e ; Hyg., *F.*, 89 ; Tz., à Lyk., *Al.*, 467. Noter que le nom *Hésionè* désigne toujours des personnages appartenant au cercle de Poséidon : dans Eschyle (*Prom.*, 555 ; et *Sch.* à *Od.*, X, 2), c'est le nom d'une Océanide ; selon Euripide, *Or.*, 432, que suit Apd., II, 1, 5, c'est celui de l'épouse de Nauplios, lequel est un fils de Poséidon, ci-dessus, p. 482, 487.
218. Paus., X, 12, 1.
219. A. L., *Mét.*, VIII.
220. En effet, outre Morann, grand juge, Noindiu Noimbre définit, immédiatement après sa naissance, toutes les règles sociales concernant les soins qu'une mère doit donner à son enfant, Thurneysen, 1936, 199-200.
221. On pourra consulter sur ce mythe Rohde, 1925, 154, n. 115 ; Fontenrose, 1959, 44, 102-103 ; Sergent, 1986, 271-275 (= 1996 a, 272-276).
222. Et rassemblés par Guyonvarc'h, *in TM*, 203211, sous le titre « La légende de Mongan ».
223. *LU*, f° 133 a, traduction *in TM*, 204. Autres textes contenant tout ou partie du même récit : *LJL*, col. 911 ; Ms. H. 3.18, p. 63 ; Ms. Egerton 88, f° 15 b.

224. Paus., II, 33, 1.

225. Apd., I, 7, 4.

226. Sur ce, Sergent, 1989, 12-14.

227. Sur eux, Vian, 1963, 213-225 ; et sur le rapport entre Aigeus d'Athènes et eux, Sergent, 1994 c, 370-371.

228. *Scél asa mberar combad hé Find mac Cumaill Mongán 7 aní día fil Fothaid Airgdig a scél so sís*, « Une histoire où il est dit que Mongan était Finn fils de Cumall et qu'il fut cause de la mort de Fothad Airgdeh », *LU*, f° 133 a-134 a, traduction *in TM*, 204-205. Autres textes contenant tout ou partie du même récit : *LJL*, col. 912 ; 23, n. 10, p. 64 ; Ms. Egerton 88, f° 15 b.

229. *Compert Mongáin ocus Serc Duibe-Lacha do Mongan*, « La conception de Mongan et l'amour de Dub-Lacha pour Mongan », *Livre de Fermoy*, p. 131 a et suiv. (*TM*, 206-311), texte V de « La légende de Mongan », § 4, p. 207.

230. Apd., III, 15, 7 ; 16, 1 ; Plut., *Thésée*, III, 6-7.

231. D. S., IV, 61, 4 ; Plut., *Thésée*, XIX ; Apd., *Ep.*, I, 7 ; Hyg., *F.*, 42 ; Serv., à Virg., *Aen.*, VI, 14, et *Géorg.*, I, 222 ; Lact. Plac., à Stace, *Théb.*, XII, 676 ; I, 43 ; *SMV*, 124 ; *Sch.* à *Od.*, XI, 322 ; *Sch.* à *Il.*, XVIII, 590 ; Eust., à *Od.*, XI, 320, p. 1688.

232. Bacch., *Odes*, XVII ; Paus., I, 17, 2-3. Sur ce mythe, *cf.* Jakobsthal, 1911 ; Alpers, 1963, 13-43.

233. *TM*, 207, § 5.

234. Plut., *Thésée*, VI, 2.

235. C'est en effet l'âge de la majorité à Athènes ; *cf.* sur ce Vidal-Naquet, 1983, 136, 146, 148.

236. *Cf.* Gernet, 1964 (1932), dont 23, sur Thésée chez Pittheus, et son premier exemple, p. 19, est pour rappeler que Thésée lui-même envoya son fils Hippolutos à Trézène pour qu'il y soit élevé (Paus., I, 22, 2). Sur cet aspect du « décalage » historique entre Grecs et Celtes, Sergent, 1999 a, 21.

237. *TM*, 207, § 5.

238. Sur ce jeu, *cf.* ci-dessus, n. 617 du chap. II de la Ire partie.

239. *TM*, § 6-7.

240. Apd., III, 15, 5 ; et Plut., *Thésée*, XIII, 1.

241. *Ibid.*, III, 7.

242. *Ibid.*, XIII, 2. Et *cf.* Apd., *Ep.*, I, 8 ; Paus., I, 22, 2 ; 28, 10 ; *Sch.* à Eur., *Hipp.*, 35, citant Philochore.

243. Vian, 1952, *passim* ; 1963, 186 ; Sergent, 1984 a, 174 (= 1996 a, 176).

244. 1968, 63, n. 35, renvoyant à 1952, 271-276.

245. Ci-dessus, p. 447.

246. Nombreuses références sur l'un et l'autre, *cf.* Grimal, 1963, 341.

247. Durrbach, 1905, 67 ; Radermacher, 1938, 268 ; Wüst, 1953, 458, 459 ; Flacelière, Chambry, Juneaux, 1964, 223, n. à Plut, *Thésée*, VI, 1 ; et *cf.* Capdeville, 1995, 238.

248. Ci-dessus, p. 352, 398, 496.

249. Sergent, 1984 a et 1986 a, rassemblés en 1996 a.

250. *Cf.* ci-dessus, n. 117 du chap. II de la IIe partie.

251. Grimal, 1963, 267-268, par exemple, en retient huit.

252. Eratosth., *Catast.*, 23 ; Apd., III, 10, 1 ; *Sch.* à *Il.*, XVIII, 386.
253. *Compert Mongáin ocus Serc Duibe-Lacha do Mongan*, § 9-15 (*TM*, 208-209).
254. *Ibid.*, § 22-23 (*TM*, 210).
255. *La Navigation de Bran*, cité *in TM*, 231.
256. Apd., I, 9, 9 ; Ov., *Mét.*, XII, 557-558.
257. *Ibid.*, XII, 559 ; Eust., à *Od.*, XI, 285 ; *Sch.* à *Od.*, XI, 286.
258. Apd., I, 9, 9 ; Eust., à *Od.*, XI, 285 ; *Sch.* à *Il.*, II, 336.
259. Ov., *Mét.*, XII, 555-574 ; Hyg., *F.*, 10.
260. Ov., *Mét.*, VIII, 738-878. Et ci-dessus, p. 484.
261. Hés., *Théog.*, 287, 979-983 ; Stésichore, *Gêruoneîs* ; Hékatée de Milet, *Frg.*, 1 *F.*, 26 ; Pisandre, *Frg.*, 5 Dübner ; Phér., *F.G.H.*, I, *Frg.*, 33 h ; Esch., *Agam.*, 870 ; Stés., *Frg.*, 7 Page (de la *Gêruoneis*) ; Pind., *Frg.*, 169 ; *ibid.*, IV, 8 ; Eur., *Her.*, 423-424 ; Plt., *Gorg.*, 484 b ; D. S., IV, 17-18, 2 ; Apd., II, 5, 10 ; Lucrèce, I, 28 ; Ov., *Mét.*, IX, 184-185 ; Strab., III, 2, 11 (148) ; Pomp. M., III, 6, 47 ; Pl., *H. N.*, IV, 20 ; Hor., *O.*, II, 14, 7 ; Macr., *Sat.*, V, 21, 16 et 19 ; Paus., III, 18, 13 ; IV, 36, 3 ; V, 19, 1 ; Q. Sm., *Posthom.*, VI, 249-250 ; Solin, XXIII, 12 ; Hyg., *F.*, 30 ; 151 ; Avienus, *Orb. descript.*, 739 ; Eust., à D. Per., 558 ; Ath., XI, 468 e ; 469 d-470 d ; 781 d ; Serv., à Virg., *Aen.*, VI, 289 ; *Sch.* à Plt., *Tim.*, 24 e ; Tz., *Khil.*, II, 322 ; à Lyk., *Al.*, 652.
262. Ci-dessus, p. 498-501.
263. Deux tablettes mycéniennes de Pylos mentionnent un *ti-ri-se-ro-e*, c'est-à-dire « triple héros », et l'une l'associe à la fois à un *Do-po-ta* à comprendre comme *Despotès*, c'est-à-dire certainement Hadès, et à une *po-si-da-e-ya*, *Poseidaia*, forme féminine de Poséidon, dans le temple d'une *Po-ti-ni-ja*, *Potnia*, qui est manifestement Dèmèter (tablettes PY Tn 316 recto 5 et Fr 1204). J'ai supposé (1986 b, 36-39 ; 1990 d, 177, 215-216 ; 1999 a, 84) que ce triple héros, localisé à *Pa-ki-ja*, c'est-à-dire dans l'île de Sphakteria, qui ferme à l'ouest le golfe de Pylos, associé à Hadès et à Poséidon, n'était autre qu'une forme divine de Gêruoneus, dont la tradition ultérieure ne connaît le personnage que dans le mythe : il ne joue plus, au-delà des temps mycéniens, de rôle religieux et rituel.
264. P. 494.
265. *Serglaige Con Culaind* ; § 13 ; Guyonvarc'h, 1958, 55.
266. *Ibid.*, § 35, 301.
267. *Ibid.*, § 13, 297.
268. *Ibid.*, § 31, 298.
269. Par exemple Weickert, 1912, 1289 ; Ballabriga, 1986, 50.
270. Apd., II, 5, 10.
271. *Ibid.*, 12.
272. Bober, 1951, 42.
273. En territoire poséidonien, ci-dessus, p. 500.
274. Stalmans, 1995, 36.
275. *Serglaige Con Culaind*, § 38 et 45 ; Guyonvarc'h, 1958, 303 et 305.
276. *Ibid.*
277. Stalmans, 1995, 36.
278. Sergent, 1999 a, 101-200.

279. *Ibid.*, 201-240.

280. *Ibid.*, chap. II, « Les travaux de Brian », 65-97.

281. D'où le titre du récit : *Aided Chloinne Tuireann*, « La mort violente des enfants de Tuireann ».

282. Indication à valeur essentiellement d'orientation spatiale ; *cf.* Sergent, 1999 a, 89-90.

283. *OCT*, § 31-34 (*TM*, 111-112). Cité *in* Sergent, 1999 b, 75-76.

284. Ci-dessus, p. 484, 499.

285. *Ibid.*, p. 498.

286. *Ibid.*, p. 495.

287. *ATDM*, § 2 (*TM*, 258).

288. Ci-dessus, p. 485.

289. *Ibid.*, p. 167-169.

290. Sergent, 1999 a, 30.

291. *Ibid.*, 2002 a, 207-228.

292. *Tochmach Etaine*, version III, § 16 (*TM*, 250). Et ci-dessus, p. 485.

293. *Compert Mongáin ocus Serc Duibe-Lacha do Mongan*, § 4 (*TM*, 207). Et ci-dessus, p. 506.

294. *Scél asa mberar combad hé Find mac Cumaill Mongán 7 aní día fil Fothaid Airgdig a scél so sís*, « Une histoire où il est dit que Mongan était Finn fils de Cumall et qu'il fut cause de la mort de Fothad Airgdeh », *cf.* ci-dessus, n. 228.

295. Hubert, 1913, 9.

296. *DdR*, § 74, *in* Stokes, 1894, 475.

297. *DdR*, § 159, *in* Stokes, 1896, 276-277, traduit *in* Le Roux et Guyonvarc'h, 1986, 64.

298. Sur quoi ci-dessus, p. 498-500.

299. *Ibid.*, p. 473. Les passages mis ici entre guillemets sont ceux où je me cite (Sergent, 1999 a, 94-96).

300. Ci-dessus, p. 412.

301. *OCT*, § 58-59 (*TM*, 117-118).

302. *Cf.* ci-dessus, p. 468, sur le sacrifice de la Dinè, p. 394, sur Amumônè ; et Sauzeau, 1993, 145-306.

303. Ci-dessus, p. 513.

304. *Ibid.*, p. 488, 498.

305. *Ibid.*, p. 409, 467, 474, 500.

306. *Ibid.*, p. 500.

307. Hés., *Théog.*, 306-318.

308. *Ibid.*, 270 et 295.

309. Ci-dessus, p. 499, 501, 517.

310. Le Roux et Guyonvarc'h, 1966, 353 ; 1983, 6 ; Sterckx, 1986, 77-79 ; Stalmans, 1995, 26, 53-54.

311. Sterckx, 1986, 79.

312. Vendryes, 1952-1954 a, 245.

313. *Ibid.*, 254.

314. De fait elle l'embarrassait ; *cf.* son article, 1952-1954 a, 249-252.

315. Malgré une suggestion, hésitante, de Vendryes, et l'opinion analogue de Gruffydd, 1953, 80-82, Manawyddan n'est pas un emprunt à l'Irlande, les

formes des deux noms excluant l'emprunt ; *cf.* Jarman, 1953-1954, 128 ; Bromwich, 1979, 442 ; Sterckx, 1986, 78.

316. Ci-dessus, p. 473-474, avec les références.

317. Duval, 1993, 85-86.

318. Sergent, 2000 b.

319. *Ibid.*, 2000 a.

320. *Ibid.*, 1995 a, 395-400.

321. C'est un des rares noms de dieux grecs qui a une étymologie. Il est vrai qu'on en a proposé plusieurs, mais la plus cohérente est celle de G. Dumézil (dans une lettre du 9 avril 1984) : la variante *Potoidôn* indique qu'il s'agit d'une forme en *-daôn* (mycénien *Po-se-da-o*, génitif *Po-se-da-o-no*), apparenté au grec *daêmôn*, « savant, habile », et surtout au sanskrit védique *daṣra*, « habile, capable d'œuvres merveilleuses » ; ce second terme indique donc l'habileté du dieu dans le domaine indiqué par le premier terme, au locatif, **potei-*, **potoi-*, terme désignant l'eau, car il est à *potamós*, « fleuve », ce que *plókos*, « tresse », dans Eschyle et les tragiques, est à *plókamos*, « chevelure bouclée », dans Homère. Il se retrouve en slave, *potu*, « sueur », sans doute de la même racine que le verbe grec *píptô*, « tomber ». Il s'agit donc d'une forme analogue à celle qu'on en a en grec dans *Halios Gerôn*, le « Vieillard de la mer », ou en indo-iranien dans précisément *Apam Napât*, ou dans *Ahi Budnya*, le « Serpent des profondeurs ».

322. Déjà Mona, dans les textes des géographes latins.

CHAPITRE IV

1. Sur Goibniu, l'étude la plus complète se trouve dans Sterckx, 1982, 78-84.

2. *CMT II*, § 122-124 (*TM*, 55-56).

3. Ci-dessus, p. 430.

4. *Il.*, XVIII, 134-137. C'est immédiatement après cette conversation avec sa mère qu'Achille est amené à pousser un cri terrible pour faire peur aux Troyens (ci-dessus, p. 427).

5. *Ibid.*, XIX, 1 : Thétis arrive auprès du camp des Grecs à l'aurore.

6. Ci-dessus, p. 54-55.

7. Ci-dessous, chap. V.

8. Apd., I, 6, 2, 2. Sur *múdros*, *cf.* Capdeville, 1995, 272, qui note qu'un des bois de Lemnos, l'île favorite d'Hèphaïstos, ci-dessous, s'appelle *Múdros*.

9. Ci-dessus, p. 517, et réf. n. 287, chap. III.

10. *Agallam na Senórach*, 6803-6807. Traduction *in* Sterckx, 1982, 80.

11. *Ibid.*, 6402. Traduction *in* Sterckx, 1982, 81.

12. Dumézil, 1924, 94, 163.

13. *Il.*, I, 597-600.

14. Dumézil, 1924 ; Sterckx, 1982, 81 ; Le Roux et Guyonvarc'h, 1991, 96 : Goibniu « brasse la boisson des dieux, c'est-à-dire comme son homologue grec le breuvage d'immortalité ».

15. Sterckx, 1982, 81.

16. *R. V.*, X, 53, 9. Traduction de Cornillot, 1997, 73.

17. *Sanas Cormaic*, 975.

18. Traduction *in* Sterckx, 1982, 80.

19. Et non sur sa femme. Cette différence de réaction du mari en cas d'adultère de la femme entre Grèce et monde celtique est systématique, comme j'ai déjà eu l'occasion de le souligner (*cf.* 1999 a, 43 : dans le mythe de Celtchar, son épouse Brig Brethach, « à l'instar d'autres célèbres femmes adultères irlandaises, ne subit aucune conséquence pour son acte ». Inversement, en Grèce, la femme adultère est toujours l'objet de la vengeance de l'homme).

20. *Cf.* principalement Eliade, 1977.

21. *CMT II*, § 124-126 (*TM*, 55-56).

22. De Vries, 1963, 97.

23. *Hymne* de saint Patrice, 8-9 ; Sterckx, 1982, 82.

24. Delcourt, 1957.

25. *Il.*, XVIII, 374-377.

26. Ci-dessus, p. 409-410.

27. *Il.*, XVIII, 417-418.

28. Delcourt, 1957, 110-136 ; Lévi-Strauss, 1958, 235-241 ; Delpech, 1997, 74-75.

29. Goibniu n'est pas boiteux, et l'on se méprendrait au titre d'un récent article (« À propos du pied d'or : la claudication du forgeron indo-européen en Europe occidentale », Leroy, 1982) qui laisse penser que le forgeron boiteux est attesté à la fois en Grèce (Hèphaïstos), chez les Germains (mythe de Völund ou Wieland le forgeron), et dans le sud-ouest de la France, avec le conte ou mythe de pied d'or, recueilli par Jean-François Bladé dans les environs de Lectoure : en fait Mme Leroy n'a pas vu que le matériel français découle ici entièrement du matériel germanique. Le « forgeron indo-européen d'Europe occidentale » ne doit rien aux anciens Celtes. Sur quoi *cf.* Sergent, 2004 c.

30. *Cf.* ci-dessus, p. 27, 37, 237, 286-287.

31. Sterckx, 1989, 160, avec références, n. 47.

32. *Ibid.*, 162.

33. Delcourt, 1957, 224 ; *cf.* aussi Graz, 1965, 198-199.

34. *Il.*, XXI, 324-382.

35. Ces deux expressions sont une allusion à la théorie des quatre éléments en lesquels s'analyserait l'ensemble des constituants du monde. Les Grecs en faisaient remonter la découverte à Empédocle. Il s'agit en fait d'une théorie beaucoup plus ancienne, héritée des temps indo-européens, et vraisemblablement antérieure encore.

36. Delcourt, 1957, 224. Sur Hèphaïstos feu, *cf.* aussi Hennig, 1939 ; Nilsson, 1976, 529 (qui pensent tous deux au feu des volcans).

37. Sterckx, 1989, 161-162 ; *cf.* ci-dessus, p. 387.

38. D'après Comynn et Dinneen, 1902-1914, II, 317.

39. Sterckx, 1972 ; 1975 b, 9-11 ; Dumézil, 1985 b, 211-215.

40. Ci-dessus, p. 298-299.

41. Jones, 1967, 135-136 ; Jarman, 1982, 36.

42. Gruffydd, 1928, 218-221 ; Jones, 1967, 106-107.

43. Le Roux et Guyonvarc'h, 1986, 385.

44. Pour les Lituaniens, Greimas, 1985, 109-110. Je ne joins à cette série divine ni Agni, qui est Feu et seulement Feu, en Inde, ni Vulcanus, qui est Feu, comme Agni, et ne paraît être devenu forgeron que sous l'influence grecque après son assimilation, précisément, à Hèphaïstos.

45. Oldenberg, 1903, 196-197.

46. Mannhardt, 1875, 319-324 ; Dumézil, 1924, 209, qui font la comparaison avec Hèphaïstos.

47. *R. V.*, I, 85, 9. Traduction de Louis Renou. *Cf.* aussi *ibid.*, X, 48, 3, où Indra dit : « C'est pour moi que Tvaṣṭṛ a forgé le foudre de fer » ; et *ibid.*, I, 32, 2 ; 52, 7 ; 61, 6 ; VI, 17, 10 ; V, 31, 4 ; X, 1, 85, 9.

48. Ci-dessus, p. 54-55.

49. Dumézil, 1989 (1965), 69-71.

50. Déjà rapproché du mythe ossète par Lozach'meur, 1992. Je le faisais pour ma part dans une lettre, évidemment non publiée ! à Christian Rose, du 14 février 1995. Lozach'meur, et d'autres, ont proposé un rapprochement linguistique entre les noms de *Satana* et d'*Athèna*.

51. Cic., *Nat. Deor.*, III, 55, *cf.* 58 ; Clém. Al., *Protr.*, II, 28, se référant à Aristote.

52. L'expansion indo-européenne coïncide précisément avec le début du Chalcolithique, ou âge du cuivre et du bronze ; *cf.* Sergent, 1995 a, 395-401.

53. Sur Tvaṣṭṛ comme fabriquant du Soma, Bergaigne, III, 48-49.

54. *Cf.* Nilsson, 1976, 528, Capdeville, 1995, 272-273.

55. Malten, 1913, 313-314 ; Delcourt, 1957, 164-165 ; Capdeville, 1995, 283-287.

56. KN L 588 ; Gérard-Rousseau, 1968, 34-35.

CHAPITRE V

1. Initialement, communication présentée à la Sixième journée belge d'Études celtologiques et comparatives, la samedi 19 février 1994, à l'Université Catholique de Louvain, et publiée l'année suivante par C. Sterckx (= Sergent, 1995 d).

2. Ci-dessus, p. 79-80.

3. Le Roux, 1961 c, 334, 1966, 286 ; Le Roux et Guyonvarc'h, 1986, 391 : « comme les Titans ».

4. Le Roux 1961 c, 334 ; de même Camassa, 1983, 72 ; critique dans Sterckx 1991-1995, IV, 65, n. 315.

5. Arbois, 1884, 205-206.

6. Vian, 1952, 169-174, et *cf.* 1968, 61-63.

7. Ce qui d'ailleurs n'empêche pas le rapport entre Balor et Kronos : on notera que les Telkhines firent la faucille de Kronos (Strab., XIV, 2, 7 = 654). Or Balor, l'Irlandais, est identique à Yspaddaden Penkawr, du récit gallois *Culhch et Olwen*, dont le nom signifie précisément « le Châtré » (Le Roux, 1966, 283-286 ; Guyonvarc'h, 1980, 96-97 ; Le Roux et Guyonvarc'h, 1986, 366 ; et sur le nom, Guyonvarc'h, 1963 ; Le Roux et Guyonvarc'h, 1986, 366 ; Sterckx, 1991-1995, IV, 41-42). Simplement ce personnage n'a pas été classé par les Grecs et les Celtes dans la même catégorie d'êtres.

8. Camassa, 1983, 74, est le seul à ma connaissance à avoir déjà noté cette ressemblance.

9. Sur eux, voir les exposés complets de Darier, 1877-1919 ; Blinkenberg, 1915 ; Herter, 1934. Les auteurs du XIXe siècle, cités par Darier, et Blinkenberg encore, ont un point de vue « historiciste » obsolète : les Telkhines comme peuple ancien…

10. *LBÉ*, VII, 216, traduction de Guyonvarc'h, *TM*, I, 6.

11. Le Roux, 1966, 386-387 ; 1968, 144 ; Le Roux et Guyonvarc'h, 1983, 43.

12. *Ibid.*, 1968, 144.

13. *Ibid.*, 1966, 387, citant Deonna, 1959.

14. Éliade, 1968, 47.

15. *Cf.* Stokes, 1904 a, 257.

16. Blinkenberg, 1915, 278 ; Taillardat, 1957, 54. Traduction de Delcourt, 1957, 169.

17. Detienne et Vernant, 1976, 244-249.

18. Ci-dessous, p. 565-569.

19. Ci-dessus, p. 54-55, 68-69.

20. *CMT II*, § 136 (*TM*, 57).

21. Sterckx 1991-1995, IV, 100 et n. 449.

22. *Ibid.*, 1994-1995 (avec toute la bibliographie antérieure, en particulier sur les Fomóire et leur parenté avec l'Anguipède, IV, 62-84). Noter que la vouivre (*cf. infra*) est souvent mi-serpent mi-femme : voir par exemple Lelu, 1976, 5, et Montelle, 1998 ; et qu'un des chefs fomoiré, dans le *Lebor Gabála Érenn*, s'appelle Morc, nom qui paraît signifier « Sanglier » (*DIL*, IV, 171) : or il arrive que le cavalier à l'anguipède soit remplacé par un sanglier (Sterckx, 1991-1995, III, 13) : inversion des rôles ?

23. D. S., V, 55 ; Suétone, *loc. cit.* ; Eust., à *Il.*, 771, 64. Sur le problème de lecture, *cf.* Taillardat 1957, 135 ; Detienne et Vernant, 1974, 243.

24. Sur celle-ci, Montelle, 1998.

25. Nonn., *Dion.*, XXVII, 105-109.

26. *Cf. infra.*

27. Nonn., *Dion.*, XXXIX, 6-13.

28. *Ibid.*, XXIV, 114-116.

29. *Ibid.*, XIV, 38.

30. *Ibid.*, XXXVII, 290-346, 449. Sur Erekhtheus comme maître du char : Euripide, *Erekhtheús*, *Frg.*, 854.

31. Detienne et Vernant, 1974, 243, n. 4. La déduction de Taillardat, 1967, 135, selon laquelle il fallait préférer *megalóphrues* à *melanóphrues* parce que les Telkhines ont le mauvais œil (*cf.* Ov., *Mét.*, VII, 366) est donc remise en cause.

32. Les aventures de Finn et de son fils Ossian forment le « Cycle de Leinster », l'un des grands cycles légendaires irlandais.

33. Le Roux, 1961 c, 338 ; *Duanaire Finn* 9 (éd. MacNéill et Murphy, 1904-1954, II, 4).

34. Le Roux, 1961 c, 340, d'après l'édition de *Togail bruide Da Derga* 38, 136 (Stokes, 1902).

35. Comme le remarque pertinemment Ramnoux, 1952, 267.

36. Guyonvarc'h, *TM*, 17.
37. Ramnoux, 1952, 267.
38. Detienne et Vernant, 1974, 253-255.
39. Rees et Rees, 1961, 31, qui ajoutent que Goll « Borgne » est fils de Garb « Grossier ». Et Lot, mère de Cichol, était monstrueuse : elle avait des lèvres renflées sur la poitrine, quatre yeux dans le dos. Elle était d'une puissance colossale, puisqu'elle égalait ses troupes en force.
40. Voir par exemple Delcourt, 1957, 121, 124 ; Dumézil, 1948, 163-204 ; 1952,128 ; 1977, 198-200 ; Lévi-Strauss, 1964, 61.
41. Delcourt, 1957, 121, d'après Marie-Louise Sjœstedt.
42. Nonn., *Dion.*, XIV, 38.
43. *Ibid.*, XXX, 226-230.
44. Guyonvarc'h, 1961-1962, 514, § 15. Voir aussi Le Roux et Guyonvarc'h, 1983, 43.
45. Guyonvarc'h, 1961-1962, 516, § 20.
46. Eust., à *Il.*, 772, 1-10.
47. Suétone, *loc. cit.* Taillardat, 1957, 134, discute l'attribution à Parménide. L'édition des présocratiques (Dumont *et al.*, 1988, 272) classe cela aux fragments apocryphes de Parménide (n° XXIV).
48. Il se rattache ainsi à la série des chasseurs *hubristai* de la tradition grecque, attardés dans l'adolescence, qu'a étudiés P. Vidal-Naquet sous le nom de « Chasseur noir », 1983, 151-176.
49. Eur., *Bacch.*, 337-340 ; D. S., IV, 81 ; Apd., III, 4, 4 ; Paus., I, 44, 8 ; Hyg., *F.*, 181 ; Non., *Dion.*, V, 287-387 ; Ov., *Mét.*, III, 131-252.
50. *Cf.* Reinach, 1908, 24 ; Jeanmaire, 1939, 560 ; Burckert, 1972, 128-129 ; Sergent, 1984 a, 268 (= 1996 a, 270) ; Halm-Tisserand, 1993, 182.
51. *Cf.* Sergent, 1979 b, 83-85 ; 1984 c, 91-96.
52. Sur l'origine béotienne des habitants de Kéôs, l'une des îles qui se donnaient les Telkhines pour premiers habitants, voir ci-dessous. *Cf.* Sergent, 1984 a, 122 et n. 119 (= 1996 a, 124-125) ; Gerbeau, 1992, 13.
53. Apd., II, 4, 6-7 ; Ps.-Eratosthène, *Catast.* 33 ; Paus., IX 19 1 ; A. L., *Mét.*, XLI, 8-10 ; Hyg., *Astr.*, II, 35, 1 ; Eust., à *Il.*, II, 631 (p. 307, 5), etc. Sur ce mythe, Sergent, 1988 a = 1999 a, 27-64.
54. D. S., V, 56 ; *cf.* Hskh., *s. v. Lúkos*. Selon Nonnos, *Dion.*, XIV, 36, il accompagna Dionysos aux Indes.
55. Serv., à *Aen.* IV, 377.
56. Sergent, 1995 b = ci-dessus, p. 23-367.
57. Ci-dessus, p. 271-277.
58. *LGÉ*, 243 (*TM*, 9).
59. Vendryes *et al.*, 1987, C 257 : « de *cú* "chien", gén. *con*, nombreux noms propres en *Con-*, *Conall*, *Conchabar*... *Conaire*, etc. », et C 187 et suiv. sur les mots en *con-* avec un seul *-n*.
60. *LGÉ*, 242-243 (TI, 9).
61. *CMT II*, 43 (*TM*, 50).
62. *Cf. infra.*
63. Guyonvarc'h, 1994, 100.
64. Call., *HArt*, 105-106.

65. Guyonvarc'h, 1994, 101. C'est la version du *LL*. Dans celle du *LJL* et du *LU*, c'est la propre femme du roi Conchobar, Mugain, ou Férach, qui conduit la troupe des femmes, et montre ses seins à Cúchulainn.

66. Par exemple Moreau, 1952 ; Le Roux, 1966 c ; Rees, 1963, 248-249 ; Dumézil, 1969, 121-122 = 1985, 200-202.

67. Vidal-Naquet, 1983, 173.

68. *LGÉ*, 243, 245 (TI, 9).

69. *CMT II*, 43 (TI, 50).

70. Le Roux, 1961 c, 337 ; Guyonvarc'h, 1962, 630. Ci-dessus, p. 551-552.

71. D. S., V, 55.

72. Arbois, 1899, 270-271 (avec les références). Noter que Skulla est une chienne (de par son nom), qu'elle est marine et qu'elle est, comme les Telkhines et les Fomóire, marquée par le chiffre six. Il y a quelques points communs entre la description de Scylla dans l'*Odyssée* et celle de Lot, la mère de Cichol : *cf.* ci-dessus, n. 39, p. 723.

73. Sur le caractère inégal du nombre six, voir Artt., *Seconds analytiques*, 73 a-b. *Cf.* Tricot, 1987, 24, n. 3 : le carré d'un nombre s'exprime précisément, en dessin, par un carré, tandis que le six appartient à la catégorie des nombres « oblongs ». Le six est par contre un nombre parfait dans des traditions marginales grecques, orphiques (Sorel, 2000, 96-97) et pythagoriciennes.

74. Detienne et Vernant, 1974, 242.

75. Noter qu'on connaît aussi à Kameiros un Apollon *Mulántios* (Morelli, 1959, 24 : inscription du IIIe siècle avant notre ère) : encore une fois quasi-identité entre les Telkhines et leur adversaire. Sur les dieux Mulánteioi, les *promulaía*, les Mulantía de Kameiros : *ibid.*, 107.

76. *CMT II*, 148-159 (*TM*, 58).

77. *Cf. infra.*

78. *CMT II* (version I), 125 (*TM*, 56).

79. Detiennc, 1972, 160-167.

80. Artt., *H. A.*, II, 12 504 a 11 et suiv. *Cf.* Pl., *H. N.*, XI, 256.

81. *Cf. infra.*

82. Il avait assassiné son beau-père.

83. Et Ixion est lui-même un Phlégyen, un habitant d'Orchomène en Béotie ou de la région de Phocide jouxtant la Béotie.

84. Daux, 1963, 622 : la « grande démarchie » mentionne Hèra Telkhiniâ (A7). On ne connaissait une Hèra Telkhiniâ qu'à Kameiros, par Diodore. Mais il y a aussi Hésykhios : « *Thelxiniâ* : Hèra honorée par les Athéniens ». Il y a encore une fête *Telkhinia* mentionnée sur la cippe des Labyades à Delphes, col. D.

85. Ce serait plutôt Apollon à Rhodes.

86. Sterckx, 1974-1975, 374 ; 1982, 145-148 ; Le Roux et Guyonvarc'h, 1986, 83.

87. Sterckx, 1974-1975 ; 1982, 143-147 ; Le Roux et Guyonvarc'h 1983, 6.

88. Aphrodite est trivalente à Thèbes, Vian, 1963, 143-147, et Sergent, 1979 a, 1164 ; Hèra est trivalente à Sparte (*ibid.*, 1165).

89. En dehors d'Athèna et Bobd, ci-dessus, p. 423-463. Athèna elle-même était dite Telkhiniâ à Teumessos (Paus., IX, 19, 1).

90. D. S., V, 55.

91. Strab., XIV, 2, 9 (654).

92. Successeurs des Telkhines à Rhodes, selon Diodore.

93. Nonn., *Dion.*, XIV, 601.

94. Call., *Origines*, IV, 64-69.

95. Nonn., *Dion.*, XVIII, 35-38 ; *Sch.* a-b à Ov., *Ibis*, 475 ; Serv., *à Aen.*, VI, 618, citant Euphoriôn (*Frg.*, 115 Powell).

96. Les Phlegues dans le texte de Servius.

97. Sa mère selon les uns, sa sœur selon les autres.

98. Voir Grimal, 1963, 273 (qui, lors même qu'il mentionne la fondation de Korêsos, ville de Kéôs, à la suite de ces événements, suppose que la légende est rhodienne !) et surtout Gerbeau, 1992, 10-13.

99. Bacch., *Épinicies*, I, 36-66 (73-132).

100. Avec « Titan » et « Kentauros » au singulier, et « Kerkôpes » au pluriel : Taillardat, 1957, 49, 53-54.

101. *Réponse aux Telkhines* (Cahen, 1972, 84-87).

102. Nonn., *Dion.*, XIV, 36 ; XXX, 226. Ce paradoxe est noté par Pierre Chuvin, 1992, 188, n.

103. Nonn., *Dion.*, VIII, 108.

104. Eust., d'après D. Pér., 74, *in Sch.* à *Il.* 772 3 ; *E. M.*, *s. v. Telkhis.*

105. Ov., *Mét.*, VII, 367.

106. Stésichore, *Frg.*, 94 Bergk (Eust., à *Il.*, 772.3).

107. Delcourt, 1957, 142, 170. Nic. D., *in* Stobée, *Serm.*, II. Le temple d'Athèna Telkhiniâ à Teumessos aurait été fondé par les Telkhines de Chypre (Paus., IX, 19, 8). *Cf.* aussi Detienne et Vernant, 1974, 243, n. 4.

108. *Ibid.*, 252.

109. *CMT II*, 133 (*TM*, 137).

110. Ci-dessus, p. 303-310.

111. À la différence, par exemple, de la Gorgone.

112. Sur le pouvoir du regard d'Athèna, Detienne et Vernant, 1974, 173-175, 180, et Delcourt, citée ci-dessus. Précisément la Gorgone, dont Athèna porte le masque sur la poitrine, avait un regard qui pétrifiait quiconque le croisait ; son nom est issu de l'adjectif *gorgòs* qui qualifie le pouvoir oculaire d'Athèna (et celui du cheval), *cf.* Detienne et Vernant, 1974.

113. *CMT II*, 82-83, 93-94 (*TM*, 67, 69).

114. *CMT II*, 25 (*TM*, 48).

115. *LGÉ*, 242 (*TM*, I, 9).

116. *OCT*, 10 (*TM*, 107).

117. *Cf. infra.*

118. Nonn., *Dion.*, XVIII, 36-38.

119. Cité par Le Roux, 1961-1962, 338 (texte du *LL*, f[ols] 77a1-78b2).

120. Guyonvarc'h, 1961-1962, 520, § 30 (texte du manuscrit XLV de la National Library of Scotland).

121. *Ibid.*, 630.

122. Le Roux, 1961 c, 338, *cf.* 337-342.

123. D. S., V, 55.

124. Nic. D., *in* Stobée, *Serm.*, II, 53 ; Eust., à *Il.* 772.3.

125. Strab., XIV, 2, 7 (653).

126. Eust., à *Il.*, 435 ; Hskh., *s. v. Telkhînes* ; *Souda*, *s. v. Thélgein* ; *E. M.*, *s. v. Telkhînes*.

127. D. S., V, 55 ; Eust., à *Il.*, 771 50.

128. Strab., XIV, 2, 7 (654) ; Eust., à *Il.*, 772.

129. *Chronique de Lindos*, citée par Forsdyke, 1956, 45.

130. Strab., XIV, 2, 7 (653) ; Eust., à D. Pér., V, 504.

131. Call., *HD*, 31 ; Eust., à D. Pér., V, 504.

132. Stace, *Théb.*, II, 274-275 ; *Sylves*, IV, 47.

133. *Cf.* Eust., à *Il.*, 772.3.

134. Delcourt, 1957, 166.

135. Ce qui ne veut pas dire qu'il soit, à l'intérieur de celle-ci, récent : les liens entre les Telkhines et Héphaïstos le montrent (*cf.* Jeanmaire, 1938, 439 ; Delcourt, 1957, 166 ; Vernant, 1969, 207 ; Detienne et Vernant, 1974, 242-258). Mais le lien à Poséidon est manifestement plus profond, et antérieur (*cf.* les traditions rhodiennes ; il n'y a pas d'Héphaïstos Telkhinios, et Héphaïstos est tout autant absent des traditions concernant les Telkhines à Kéôs, en Péloponèse, etc.).

136. Ce qui n'empêche toutefois pas les enfants de Calatin d'avoir reçu leur éducation, entre autres, chez un forgeron ; *cf.* ci-dessous.

137. Guyonvarc'h, 1961-1962, 509, § 1-3.

138. *CMT II*, 139-146 (*TM*, 57).

139. Rees et Rees, 1961, 31.

140. Simnius de Rhodes, chez Clém. Al., *Strom.*, V, 654 ; D. S., V, 55 ; Eust., à *Il.*, 772.

141. Nonn., *Dion.*, XIV, 38-40 ; XXIV, 125 ; XXVII, 107.

142. De *hals*, encore un nom de la mer.

143. Celle qui apparaît dans l'*Odyssée* où elle sauve Ulysse pris dans la tempête, en V, 333-353.

144. D. S., V, 55-56.

145. Eust., à *Il.*, 772.1-10, 776.64.

146. Ov., *Mét.*, VII, 367 ; de même Lact., *Argum. fab.*, X.

147. Et qui les confond avec les Phlègues.

148. Nonn., *Dion.*, XVIII, 36-39 ; Vian, 1960, 220 ; Gerbeau, 1192, 13.

149. *Cf.* ci-dessus, p. 722, n. 25-30.

150. Nonn., *Dion.*, XXXVII, 449.

151. *Ibid.*, XXVII, 107.

152. *Ibid.*, XIV, 40-41.

153. *Ibid.*, XIV, 37.

154. Nic. D., chez Stobée, *Serm.*, II ; Simmias (*Frgt*, 17 Fränkel), cité par Suétone (Taillardat, 1967, 54).

155. St. Byz., *s. v. Telkhîs*.

156. *E. M.*, 741-744 ; Eust., à D. Pér., XXIV.

157. Paus., IX, 19, 1.

158. St. Byz., *s. v. Telkhîs* ; Strab., XIV, 2, 7 (653) ; Eust., à *Il.*, 772.3, et à D. Pér., 74, 504.

159. Eust., à *Od.*, V, 54 ; *cf.* St. Byz., *s. v. Sikuôn*.

160. Conon, *Frg.*, 47, 4 Jacoby.
161. Detienne et Vernant, 1974, 252.
162. Guyonvarc'h, 1980 (*TM*), 17.
163. *Ibid.*, 91.
164. *CMT II*, § 16 (*TM*, 48).
165. Rees et Rees, 1961, 39-40.
166. *LGÉ*, § 242 (*TM*, 9).
167. *Ibid.*, § 243-244 (*TM*, 9).
168. On le signalait plus haut au sujet de Cichol/Cichull.
169. Rees et Rees, 1961, 31, 40, 114-115.
170. *LGÉ*, § 177, 208 (*TM*, 5).
171. Le Roux et Guyonvarc'h, 1986, 373.
172. Rhys, 1885, 591 ; Meyer, 1913, II, 6.
173. Thurneysen, 1921, 64.
174. Le Roux et Guyonvarc'h, 1986, 393 ; 1987 ; Sterckx, 1992, 64.
175. Dillon *et al.*, 1974, 143 ; Rees et Rees, 1961, 114 ; Sterckx, 1992, 64. Pour les variantes graphiques du nom des Fomóire, Guyonvarc'h et Le Roux, 1983, 101.
176. Sterckx, 1992, 64.
177. Eust., à *Il.*, 771 ; Suétone, *in* Taillardat, 1963, 54.
178. Guyonvarc'h, *TM*, 47-78.
179. Sergent 1994 a = ci-dessus, p. 23-367.
180. *LGÉ*, § 245, XI (*TM*, 9).
181. Voir par exemple sur les différents Lugaid, David, 1993, 24, et ci-dessus, p. 153, 222, 223, et n. 736, p. 620 ; sur les différents Óengus, ci-dessus, p. 383-386, 397-399, 404, 410-415, et dans la mythologie grecque les cas de Phorbas, de Dioklès, de Glaukos, d'Aktaiôn, de Kugnos (Sergent, 1984 a, 150-163, 201-206, 217-223, 261-269, 277-280 [= 1996 a, 152-165, 203-208, 219-225, 263-271, 279-282] respectivement) ou de Leukippos ci-dessus, p. 254-256.
182. Rees et Rees, 1961, 153.
183. *Cf.* ci-dessus, p. 268-270.
184. Ci-dessus, p. 41-42.
185. *CMT II*, § 129 (*TM*, 56).
186. Le Roux, 1961 c, 334.
187. *Ibid.*, 1966, 396-387.
188. Rees et Rees, 1961, 40 ; *cf.* aussi Le Roux, 1968, 386.
189. Sur lui, ci-dessus, p. 465-525.
190. Rees et Rees, 1961, 39.
191. *Cf.* Le Roux, 1966, 389.
192. Veillée de Fingen, § 9 (*TM*, 191).
193. *LGÉ*, § 306 (*TM*, 12).
194. Et leur partenaire : un Lukos, Telkhine, a fondé un temple à ce dieu…
195. Eusèbe, *Chron.*, II, 270 ; Paul Orose, I, 7.
196. *Cf.* ci-dessus, p. 549.
197. Sergent, 1980 ; 1996 b ; 1997 c, 132-136.
198. Sur les guerres rituelles en Grèce : Brelich, 1961, où sont justement évoqués les faits arcadiens.

199. Le Roux, 1966, 387.
200. Sept est le nombre apollinien que j'ai dit plus haut.
201. D. S., V, 56-57.
202. Boyer, 1992, 51.
203. Voir en dernier lieu sur ces géants le dossier rassemblé dans *ibid.*, 150-154.
204. Biardeau, 1999, 849-850.

CONCLUSION GÉNÉRALE

1. Les auteurs se sont comme complus à souligner les parentés entre les deux divinités, allant jusqu'à suggérer leur identité originelle : ainsi Preller-Robert, 1894, I, 393 ; Farnell, 1909, V, 19-20 ; Kalinka, 1920, 409-410 ; Solders, 1935 (Hermès et Apollon sont étroitement liés aux pierres, ils ont mêmes lieux de cultes, mêmes objets culturels [par exemple kledonomantie, oracle d'Apollon à Thèbes, Paus., IX, 11, 7 ; d'Hermès à Pharai, *ibid.*, VII, 22, 2-3 ; *cf.* Halliday, 1913, 229-330], il y a donc parenté ou identité originelle de ces dieux) ; Schachter, 1996, 17 (Apollon et Hermès sont tous deux Karukeios) ; Moreau, 1997, 275 (dans les *Khoèph.* d'Eschyle, Oreste a pour kourotrophes Apollon et Hermès) ; Christinger et Borgeaud, 2000, 235 (« similitudes frappantes entre Apollon et Hermès ») ; Sterckx, 1996, 129-130, *cf.* aussi 2000, 61, n. 124 (Apollon et Hermès ont en commun d'être jeunes, rapides, rusés, maîtres de probations et initiations, liés au feu, musiciens, prophètes). Tout cela est vrai, mais ce qu'il y a à expliquer est l'existence de deux divinités, là où les observations de ces auteurs devaient amener logiquement à l'idée qu'il n'y en a qu'un. Comme l'a souligné, après Georges Dumézil (1966, 166 et 215-256), Jean-Pierre Vernant : « Les dieux helléniques sont des Puissances, non des personnes », il n'y a donc pas d'unité ontologique des divinités, un dieu n'a d'« être que par le réseau de relations qui l'unit au système divin dans son ensemble » (« La personne dans la religion », *in* 1971, 79-94, p. 86). Dès lors, comprendre l'existence de deux divinités proches, c'est avant tout saisir leurs différences. C'est bien ce qu'ont fait Françoise Bader, 1999, 482-483, en notant qu'étymologiquement Apollon est ouvreur et Hermès fermeur ; et surtout Marcel Detienne, en rappelant que si Apollon et Hermès ont tous deux rapport avec la route, le premier l'ouvre, la crée, tandis qu'Hermès s'occupe des chemins, et voit déjà là (1998, 23, 121) que le frère aîné marche droit, et le cadet sait user de chemins détournés (*ibid.*, 30), autrement dit « le mouvement et l'espace offrent un champ expérimental très riche pour examiner les traits différentiels entre Hermès et Apollon » (*ibid.*, 249, n. 105), enfin en son premier sacrifice Hermès invente les procédures, crée le feu, tandis que le premier sacrifice organisé par Apollon ne voit rien de tel, les éléments du sacrifice apparaissent sans avoir à être créé (37 et 253, n. 170 ; *cf.* aussi n. 111, p. 269 ; et Bader, 1999, 483). C'est une autre différenciation que je fais ici, en distinguant les deux grands dieux par les classes d'âge et les étapes de la formation auxquelles ils président. En suivant les indications de Dumézil et de Vernant, le « micro-analyste » examinera donc les relations d'Hermès avec Apollon, mais aussi, pour saisir le « réseau de relations » du premier, son opposition

avec Hestia, sa relation avec Aphrodite, pour le second celles qu'on a pu noter dans le cours de cet ouvrage avec Dionysos, Poséidon, avec Zeus, avec Gaia, avec Thémis, aussi avec Dèmèter qui présidait les Thargêlia avec lui (*cf.* Detienne, 2000, 98-100). Certes, des interférences entre les deux dieux proches – l'un et l'autre fils du dieu céleste, nés d'un adultère sinon d'un inceste, et ayant en charge des « terrains » voisins – ont pu se produire, et je signalais ci-dessus qu'en Irlande c'est Lugh le dieu du *kairos*, du coup de chance (MacNeill, 1981, XXXIV, 7, 409), tandis que c'est en Grèce une affaire typiquement hermaïque. L'accent est davantage mis sur la naissance d'Óengus en Irlande, d'Apollon en Grèce (Sterckx, 1996, 129), etc. Mais cela ne retire rien aux figures d'ensemble et aux matières mythiques très riches qui sont, d'un côté, exclusives d'Hermès/Óengus, de l'autre, d'Apollon/Lug.

2. Parce que dès le IIIe les Grecs étaient dans l'ouest des Balkans et commençaient à se répandre en Grèce, *cf.* Sergent, 1995 e, 413-415.

3. Allen, 2001. Et Sergent, 2005 b.

4. Mallory, 1989 ; Sergent, 1995 e, 393-403.

5. En effet, autant Athèna a des parentés à la fois avec une déesse extrême occidentale, Bodb/Mórrigan (ci-dessus) et avec la déesse extrême-orientale (à l'intérieur du domaine indo-européen) Durgâ, autant les dieux de la guerre – Indra, Arès, Mars, Thórr – offrent entre eux, dans leurs mythes, peu de relations. Ils paraissent des créations indépendantes à chaque peuple.

6. Qui est bien l'équivalent d'Achille ; *cf.* Vielle, 1996.

7. Cela commença à Sumer.

8. Puisque les premiers textes épiques écrits dans le monde indo-européen remontent au IIe millénaire, en pays hittite, tandis que l'unité indo-européenne est datable du Ve millénaire.

9. Pour l'*Iliade*, Schmitt, 1967 ; Bader, 1980 ; Costa, 1987 ; Vielle, 1996 ; Allen, 1996 b ; 2000 b ; 2002 ; Sergent, 1999, 99-227 ; pour l'*Odyssée*, Allen, 1993, 1995, 1996 a, 1998 a, 2000 a, 2001 ; pour la *Théogonie* et la *Gylfaginning*, Sergent, 1998, 221-234 ; pour le *Mahâbhârata*, Dumézil, 1968 ; Costa, 1987 ; Allen, 1993, 1995, 1996 a et b, 1998, a et b ; Vielle, 1996 ; Rose, 1998 ; Allen, 2002 ; pour le *Râmâyana*, Dubuisson, 1978 b, 1979, 1985, 1991 ; Vielle, 1996 ; Allen, 2000 a ; pour la *Táin*, Bader, 1980 ; Dubuisson, 1996 ; Sergent, 1999, 99-227 ; Allen, 2000 b.

10. Des hellénistes considèrent que l'épopée grecque n'est pas née avant le début du Ier millénaire (Schefold, 1971 ; Rolley, 1977, 140). Mais tous les travaux cités à la note précédente démentent cette assertion. Il n'y a eu, à l'époque géométrique, qu'une actualisation de l'ancienne épopée indo-européenne autour de la prise d'une ville, Troie, située en Anatolie près des détroits, souvenir, peut-être, d'un événement historique.

11. Communication personnelle.

12. *Cf.* ci-dessus, p. 360.

13. Sjoestedt, 1940, 32.

14. Jullian, 1908-1926, II, 119.

15. Par exemple Grenier, 1954 ; Benoit, 1959 ; Vendryes, 1997 (1948), 34-35

16. Je regrette que cet ouvrage complètement dépassé ait été réédité, même avec une préface de Pierre-Yves Lambert.

RÉFÉRENCES BIBLIOGRAPHIQUES

ABAEV, Vsaseslav, *et al.*, 1960 : *Hommages à Georges Dumézil*, Bruxelles, collection « Latomus », vol. 45.

ADRADOS, Francisco Rodrigues, 1970 : « Les invocations religieuses mycéniennes », *Minos*, 11, 170-203.

AHL, Fred M., 1982 : « Amber, Avallon and Apollo singing swans », *AJPh*, 103, 373-411.

ALLEN, Nick, 1993 : « Arjuna and Odysseus : a comparative approach », *South Asia Library Group Newsletter*, 40, janvier 1993, 39-43.

–, 1995 : « Why did Odysseus become a horse ? », *Jaso, Journal of the Anthropological Society of Oxford*, 26.2, 143-154.

–, 1996 a : « The Hero's Five Relationships : A Proto-Indo-European Story », *in* Julia Leshidi dir., *Mythology and Mythmaking*, Londres, Curzon, 1-19.

–, 1996 b : « Homer's Simile, Vyasa's Story », *Journal of Mediterranean Studies*, 6.2, 206-218.

–, 1998 a : « The Indo-European Prehistory of *yoga* », *International Journal of Hindu Studies*, 3.1, 1-20.

–, 1998 b : « Hinduism, Structuralism and Dumézil », *in Miscelanea Indo-Europea*, *JIES* Monograph 33, 241-260.

–, 2000 a : « Argos and Hanuman : Odysseus' Dog in the Light of the *Mahâbhârata* », *JIES*, 28.1-2, 3-16.

–, 2000 b : « Cúchulainn's Women and Some Indo-European Companions », *Emania*, 18, 57-64.

–, 2001 : « Athena and Durgâ : warrior goddesses in Greek and Sanskrit Epic », *in* Susan Deacy et Alexandra Villig dir., *Athena in the Classical World*, Leyde, Boston, Cologne, Brill, cap. 20, 367-382.

–, 2002 : « *Mahâbhârata* and *Iliad* : a common origin ? », *Annals of the Bhandarkar Oriental Research Institute*, 83, 165-177.

ALPERS, Antony, 1963 : *Dolphins. The Myth and the Mammal*, Londres, 2e éd. (trad. allemande de Fritz Moeglich, *Delphine, Wunderkinde des Meeres*, Presses de l'université de Francfort-sur-le-Main, 1966).

ALTJOHANN, Michael, 2002 : « Cernunnos ? », *in* Charles Marie Ternes et Hartmut Zinser dir., *Dieux des Celtes, Goetter der Kelten, Gods of the Celts*, Luxembourg, Études luxembourgeoises d'histoire et de sciences des religions, 149-180.

AMANDRY, Pierre, 1950 : *La Mantique apollinienne à Delphes. Essai sur le fonctionnement de l'oracle*, Paris, E. de Boccard.

ANDREE, Richard, 1891 : *Die Flutsagen ethnographisch betrachtet*, Brunschwig, Friedrich Wiewegund Sohn.

ANDRONIKOS, Manolis, 1978 : « Les tombes royales de Vergina », *Arch.*, 125, 16-25.

ARBOIS DE JUBAINVILLE D', Henri, 1873 : « Le Mercure gaulois », *RA*, II, 96.

–, 1884, *Cours de littérature celtique*, t. II : *Le Cycle mythologique irlandais et la mythologie celtique*, Paris, Thorin et Fontemoing.

–, 1886 : « Une légende irlandaise en Bretagne », *RC*, 7, 230-233.

–, 1891 : *Les Noms gaulois chez César et chez Hirtius*. I. *Les composés dont* rix *est le dernier terme*, Paris, Albert Fontemoing.

–, 1892 : *Cours de littérature celtique*, t. V : *L'Épopée celtique en Irlande*, Paris, Albert Fontemoing.

–, 1898 : « Ésus, Tarvos Trigaranus. La légende de Cúchulainn en Gaule et en Grande-Bretagne », *RC*, 19, 245-251.

–, 1899 : *Cours de littérature celtique*, t. VI : *La Civilisation des Celtes et celle de l'épopée homérique*, Paris, Albert Fontemoing.

–, 1908 : « Enlèvement du taureau divin et des vaches de Cooley », *RC*, 29, 153-211.

AMAND, Marcel, 1977 : « Belgique : les énigmatiques vases à bustes », *Arch.*, 104, 57-60.

ARMADA PITA, Xosé-Luis et GARCÍA VUELTA, Óscar, 2003 : « Bronces con motivos de sacrificio del área noroccidental de la península ibérica », *Archivo Español de Arqueología*, 187-188, 47-75.

ARMSTRONG, E. A., 1943 : « The Crane Dance in East and West », *Antiquity*, 17, 71-76.

ATALLAH, Wahib, 1966 : *Adonis dans la littérature et l'art grec*, Paris, Klincksieck.

AUDIAT, Jean, 1932 : « L'hymne d'Aristonoos à Hestia », *BCH*, 299-312.

AUDIN, Amable, et COUCHOUD, Paul-Louis, 1955 : « Le Génie de Lyon et son culte sous l'Empire romain », *RHR*, 148, 44-67.

AUDIN, A., 1979 : *Lyon, miroir de Rome*, Paris, Fayard.

AUSTIN, Norman, 1975 : *Archery at the Dark of the Moon*, Berkeley, University of California Press.

AUTRAN, Charles, 1920 : *Phéniciens. Essai de contribution à l'histoire antique de la Méditerranée*, Le Caire, Imprimerie de l'Institut français.

AVRAM, A., et LEFÈVRE, F., 1995 : « Les cultes de Callatis et l'oracle de Delphes », *REG*, 108.1, 7-23.

BADER, Françoise 1980 : « Rhapsodies homériques et irlandaises », *in* Bloch dir., 9-83.

–, 1985 : « De la préhistoire à l'idéologie tripartie : les travaux d'Héraklès », *in* Bloch dir., 9-124.

–, 1989 a : *La Langue des dieux ou l'hermétisme des poètes indo-européens*, Pise, Giardini.

–, 1989 b : « Pan », *Revue de philologie, de littérature et d'histoire ancienne*, 63, 7-46.

–, 1990 : « Le liage, la peausserie et les poètes-chanteurs Homère et Hésiode : la racine *seh_2-“lier” », *BSL*, 85.1, 1-59.

–, 1994 : « À propos de Ludwig Rübekeil, *Suebica, Völkernamen und Ethnos* », *RPh*, 78.1-2, 239-246.

–, 1996 : « Pénéloppe l'Agnelle Oie-Renarde, cousine d'Hélène et mère de Pan », tapuscrit, à paraître.

–, 1997 a : « Principes de méthode étymologique », *Atti del Convegno de la S.I.G., L'indoeuropeo : prospettive e rettrospettive*, Milan, UILM, 16-18 octobre 1997, 31-80.

–, 1997 b : « Apollon, l'ambre et le chant du cygne », *in* Luciano Agostiniani, Maria Giovanna Arcamone, Onofrio Carruba, Fiorella Imparati et Riccardo Razza dir., *Do-ra-qe pe-re, Studi in memoria di Adriana Quattordio Moreschini*, Pise – Rome, Istituti Editoriali e Poligrafici Internazionali, 47-74.

–, 1999 : « Des Pléiades à *Vṛtra-hán-*, au loup-garou et à l'orage : l'hermétisme étymologique des poètes », *Essays in Poetry, Literary, History and Linguistics, Presented to Viacheslav Vsevolodovich Ivanov on the Occasion of his Seventieth Birthday*, Moscou, OGI, 476-487.

–, 2001 : « Une traversée menée à terme : noms de conquérants indo-européens en étrusque », *S.I.E.*, 1, 31-53.

–, 2003 : « L'astronomie de l'*Iliade* et la météorologie des funérailles de Patrocle », *in* Christophe Cusset dir., *La Météorologie dans l'Antiquité entre science et croyance, Actes du colloque international interdisciplinaire de Toulouse, 2-4 mai 2002*, Saint-Étienne, Publication de l'université de Toulouse, 97-150.

–, 2004 : « Les phoques de Protée : énigmes autour de l'énigmatique embryogenèse mortifère », à paraître.

BAILLY, M. Anatole, 1929 : *Dictionnaire grec-français*, 13e éd., Paris, Hachette.

BALADIÉ, Raoul, 1996 : Notes à Strabon, *Géographie*, t. VI (Livre IX), Paris, Les Belles Lettres.

BALLABRIGA, Alain, 1986 : *Le Soleil et le Tartare. L'image mythique du monde en Grèce archaïque*, Paris, Éditions de l'École pratique des Sciences sociales.

BAMMESBERGER, Alfred, 1982 : « Le mot irlandais désignant l'œil », *EC*, 19, 155-157.

–, dir., 1989 : *Proceedings of the Eichstätt Symposium on Runes*, Heidelberg, Winter.

BARTRUM, Peter Clement, 1966 : *Early Welsh Genealogical Tracts*, Cardiff, UWPB.

BATATEANU, Vlad, 1938 : « Termes de culture grecs d'origine égéo-asiatique », *Revue des études indo-européennes* (Bucarest), I, 107-138.

BÉLIS, Annie, 1992 : *Corpus des inscriptions de Delphes*, t. III, *Hymnes à Apollon*, École française d'Athènes, diffusion de Boccard.

BENVÉNISTE, Émile, 1946 : « La doctrine médicale des Indo-Européens », *RHR*, 130, 5-12.

BENOÎT, Fernand, 1950 : *Les Mythes de l'outre-tombe, le cavalier à l'anguipède et l'écuyère Épona*, Bruxelles, coll. « Latomus », 3.

–, 1954 : *L'Héroïsation équestre*, Aix-en-Provence, Publications de la faculté des lettres, VII.

–, 1959 : *Mars et Mercure. Nouvelles recherches sur l'interprétation gauloise des divinités romaines*, Publications des Annales littéraires de la faculté des lettres, Aix-en-Provence, nouvelle série, n° 2, éd. Ophrys.

BÉRARD, Claude, 1971 : « Le daphnèphorion. Architecture érétrienne et mythologie delphique », *Antike Kunst*, 14, 59-72.

BÉRARD, Jean, 1960 : *L'Expansion et la colonisation grecques jusqu'aux Guerres médiques*, Paris, Aubier.

BERGAIGNE, Abel, 1883, rééd. 1963 : *La Religion védique d'après les hymnes du Rig-Veda*, Paris, Librairie Honoré Champion, 3 tomes.

BERGIN, Osborn, 1927 : « How the Dagda got his magic staff », *in* Rajna *et al.* dir., 399-406.

–, 1929-1930 : « Observations on "*The Mythology of Lough Neagh*" », *Béaloideas*, 2, 246-252.

BERGIN, O., et BEST, R.I., 1938 : « Tochmarc Étaíne », *Eriu*, 12, 137-196.

BERGIN, O., *et al.*, 1907-1913 : *Anecdota from Irish Manuscripts*, Halle, Niemeyer, et Dublin, Figgis and Co.

BERNIER, Gildas, 1982 : *Les Chrétientés bretonnes continentales depuis les origines jusqu'au IXe siècle*, Saint-Malo, Université de Rennes.

BEST, Richard Irvine, 1910 : « The Settling of the Manor of Tara », *Eriu*, 4.2, 121-172.

BEST, R.I. et O' BRIEN, M. A., 1965 : *The Book of Leinster*, t. IV, Dublin.

BETHE, Erich, 1923 : « Apollon der Hellene », *ANTIΔΩPON Festschrift Jakob Wackernagel*, Göttingen, Vanderhoeck und Ruprecht, 14-21.

BIARDEAU, Madeleine, 1981 : *Études de mythologie hindoue*. I. *Études purâṇiques*, Paris, Publications de l'École française d'Extrême-Orient, 128.

–, 1999 : « Introduction », *in* Vâlmîki, *Râmâyaṇa*, Paris, Gallimard, IX-LII.

BINCHY, Daniel Anthony, 1958 : « The Fair of Tailtiu and the Feast of Tara », *Eriu*, 18, 113-138.

BIRKHAN, Helmut, 1970 : *Germanen und Kelten bis zum Ausgang der Römerzeit*, Vienne, Österraischisch Akademie der Wissenschaften, philologisch-historisch Klasse, Sitzungsberichte 272.

BISCHOFF, Helmut, 1919 : « Kalender (griechischer) », *RE*, X, 1568-1602.

BLAIVE, Frédéric, 1996 : « L'industrieux Ulysse : un Loki grec ? », *Oll.*, 9.1, 117-120.

BLÁZQUEZ MARTINEZ, José María, 1962 : *Religiones primitivas de Hispania*, I, *Fuentes literarias y epigraficas*, Rome, Consejo Superior de investigaciones Cientificas.

–, 1979 : « Ultimas Aportaciones a las Religiones primitiva de Hispania », *in Homenaje a Julián Gállejos Serrano*, Madrid, Museo Nacional del Prado.

BLINKENBERG, Christian, 1915 : « Rhodische Urvölker », *Hermes*, 50, 271-303.

BLOCH, Raymond, dir. 1980 : *Recherches sur les religions de l'Antiquité classique*, Paris-Genève, Droz et Champion.

–, 1985 : « Quelques remarques sur Poséidon, Neptune et Nethuns », *in* Bloch dir., 125-139.

–, dir. 1985 : *D'Héraklès à Poséidon, mythologie et protohistoire*, Paris-Genève, Droz et Champion.

Bloomfield, Maurice, 1893 : « Contributions to the interpretation of the Veda, I : The story of Indra and Namuci », *Journal of the American Oriental Society*, 15, 143-163.

Bober, Phyllis Fray, 1951 : « Cernunnos : origin and transformation of a Celtic divinity », *AJA*, 55.1, 13-51.

Bode, Georg Heinrich, 1834 : *Scriptores rerum mythicarum latini*, Zell ; rééd. Göttingen et Paris, Botha, 1888 (réimpr. Hildesheim, 1968).

Bolling, George Melville, 1953 : « Three Puzzles in the Language of the *Iliad* », *Language*, 29, 293-296.

Bonnefoy, Yves, dir. 1982 : *Dictionnaire des mythologies*, Paris, Flammarion ; réimpr. 1999.

Bonnet, Jacques, dir. 1981 : *Georges Dumézil*, Paris, Cahiers pour un temps, Centre Georges Pompidou-Pandora Édition.

Bottéro, Jean, et Kramer, Samuel Noah, 1989 : *Lorsque les dieux faisaient l'homme. Mythologie mésopotamienne*, Paris, Gallimard.

Bouché-Leclercq, Auguste, 1879 : *Histoire de la divination dans l'Antiquité*, Paris, É. Leroux, Réimpr. Grenoble, Jérôme Millon, 2003.

Boucher, Stéphanie, 1976 : *Recherches sur les bronzes figurés de Gaule préromaine et romaine*, Rome, École française de Rome, palais Farnèse ; Paris, de Boccard.

–, 1990 : « Épona », *LIMC*, V.1, 985-999.

Bouffartigue, Jean, et Patillon, Michel, 1979 : Porphyre, *De l'abstinence*, t. II, livres II et III, traduction et notes, Paris, Les Belles Lettres.

Bourboulis, Photeine P., 1949 : *Apollo Delphinios*, Thessalonique, N. Nikolaïdes.

Bousquet, Jean, 1964 : « Delphes et les Aglaurides d'Athènes », *BCH*, 88, 124-136.

Boutet, Dominique, 1989 : « Lancelot : préhistoire d'un héros arthurien », *AESC*, 44, 1229-1244.

Boyancé, Pierre, 1937 : *Le Culte des Muses chez les philosophes grecs. Études d'histoire et de psychologie religieuses*, Bibliothèque des Écoles françaises d'Athènes et de Rome, 141 ; rééd. 1997, Paris, de Boccard.

–, 1959 : « L'interprétation solaire d'Apollon », *Bulletin de la société Ernest Renan*, 8, 5-6 (repris dans *RHR*, 157, 1960, 129-130).

–, 1966 : « L'Apollon solaire », *Mélanges d'archéologie, d'épigraphie et d'histoire offerts à Jérôme Carcopino*, Paris, Hachette, 149-170.

Boyer, Régis, 1992 : *Yggdrasil. La religion des anciens Scandinaves*, Paris, Payot.

Brañas, Rosa, 2000 : *Deuses, heroes e lugares sagrados na cultura castrexa*, Santiago de Compoestela, Sotelo Blanco.

Brelich, Angélo, 1958 : *Gli eroi greci. Un problema storico-religioso*, Rome, Éd. del Ateneo.

–, 1961 : *Guerre, agoni e culti nella Grecia arcaica*, Bonn, R. Habelt.

–, 1969 : *Paides e parthenoi*, Rome, Éd. del Ateneo (Incunabula Graeca XXXV).

BREMMER, Jan, 1983 : « Scapegoat rituals in ancient Greece », *Harvard Studies in Classical Philology*, 87, 299-320.

–, dir., 1987 : *Interpretation in Greek Mythology*, Londres et Sydney, Routledge.

BRIARD, Jacques, 1987 : *Mythes et symboles de l'Europe préceltique. Les religions de l'âge du bronze (2500-800 av. J.-C.)*, Paris, Errance.

BRIQUEL, Dominique, 1983 : « Sur l'équipement royal indo-européen », *RHR*, 200, 67-74.

–, 1983-1984 : « Les adversaires de Zeus : Titans, Géants, Typhée, Prométhée », *Ogam-Tradition celtique/ Études indo-européennes*, 1, 43-58 (paru en 1989).

BRISSON, Luc, 1970 : « De la philosophie politique à l'épopée, le *Critias* de Platon », *Revue de métaphysique et de morale*, 402-438.

BROMMER, F., 1957 : « Attische Könige », *Charites*, Bonn, 152-164.

BROMWICH, Rachel, 1979 : *Tryoedd Ynys Prydein*, 2e éd. (1re 1961), Cardiff, UWPB.

BROWN, Norman O., 1947 : *Hermes the Thief. The Evolution of a Myth*, New York (2e éd. 1969, New York, Vintage Books).

BRUNEAU, Philippe, 1970 : *Recherches sur les cultes de Délos à l'époque hellénistique et à l'époque impériale*, Paris, Bibliothèque des Écoles françaises d'Athènes et de Rome, 217, E. de Boccard.

BUCHHOLTZ, Peter, 1984 : « Odin : Celtic and Siberian affinities of a Germanic deity », *Mankind Quarterly*, 24.4, 427-437.

BULLE, Heinrich, 1907 : *Orchomenos*, t. I, *Die älteren Ansiedlungsschichten*, Münich, *Abhandlungen der Bayerischen Akademie der Wissenschaften, I. Klasse* 24/2.

BURKERT, Walter, 1966 : « Kekropidensage und Arrephoria », *Hermes*, 94, 1-25.

–, 1972 : *Homo necans*, Berlin, De Gruyter (traduction en anglais de Peter Bing, *Homo Necans. The Anthropology of Ancient Greek Sacrifical Ritual and Myth*, Berkeley-Los Angeles, University of California Press, 1979) (rééd. allemande, 1997).

–, 1975 : « Apellai and Apollon », *RhM*, 118, 1-21.

–, 1979 : *Structure and History in Greek Mythology and Ritual*, Berkeley, University of California Press.

–, 1985 : *Greek Religion*, Harvard University Press, trad. complétée de *Griechische Religion* par John Raffan, Stuttgart, Kohlhammer, 1977, ouvrage réédité en 1994 et 2000.

–, 1990 : « Apollo of Didyma and Olbia », *Vestnik Drevnij Istorii*, 193, 155-160 (en russe, résumé en anglais).

CADOUX, Jean-Louis, et LANCELIN, Patrice, 1989 : « Les découvertes de Ribemont-sur-Ancre (Somme) », *Les Nouvelles de l'Archéologie*, 35, 10-16.

CAHEN, Émile, 1972, trad. et éd. de Callimaque (1re : 1925) : *Hymnes, épigrammes, fragments choisis*, Paris, coll. des Universités de France, 3e édition, revue par Émile Deloge.

CALAME, Claude, 1977 : *Les Chœurs de jeunes filles en Grèce ancienne*, 2 t., Rome, Éd. del Ateneo.

–, 1990 : *Thésée et l'imaginaire athénien*, Lausanne, Payot.

CALDER, George, 1917 : *Auraicept na n-éces*, Édimbourg, J. Grant.

CAMASSA, Giorgio, 1983 : *L'occhio e il metallo. Un mitologema greco a Roma ?*, Gênes, Il melangelo, Series historica 1.

CAPDEVILLE, Gérard, 1995 : *Volcanus. Recherches comparatistes sur les origines du culte de Vulcain*, Rome, École française de Rome, Bibliothèque des Écoles françaises d'Athènes et de Rome, 289.

CARÉNINI, André, dir., 2000 : *Substitution et actualisation des mythes. XV*e *Congrès de la Société de mythologie française, 3-5 septembre 1992, Tende-vallée des Merveilles mont Bégo*, Centre d'ethnologie des Alpes méridionales, Omega Éditions, Turin.

CAREY, John, 1991 : « A British Myth of Origin ? », *History of Religion*, 31, 23-38.

CARLIER, Jeannie, 1999 (1982) : « Apollon », *in DM*, I, 96-104, Paris, Flammarion.

CARRASCO, Raphael, dir., 1991 : *Solidarités et sociabilités en Espagne (XVI*e*-XX*e *siècles)*, Besançon, Annales littéraires de l'université de Besançon 436.

CATARNOS (= VAILLANT, Roger), 1952 : « Épona-Rigantona », *Ogam*, 4, 200-205.

CERNUTI, Silvia, et GASPANI, Adriano, 1997 : « Les connaissances astronomiques des anciens Celtes », compte rendu de la conférence à la Société des amis des Études celtiques du 27 mai 1997, *BLAEC*, 16, 15-19.

CHADWICK, John, et BAUMBACH, Lydia, 1963 : « The Mycenæan Greek vocabulary », *Glotta*, 61, 157-271.

CHAMBRY, Émile, 1985 : Ésope, *Fables*, 4e tirage (1re éd. 1927), Paris, Les Belles Lettres.

CHANTRAINE, Pierre, 1968-1984 : *Dictionnaire étymologique de la langue grecque. Histoire des mots*, Paris, Klincksieck.

CHARITONIDIS, S., 1960 : « Hiéron Pulês », *Mitteilungen des deutschen archäologischen Instituts*, 75, 1-3.

CHARRIÈRE, G., et AUDIN, Amable, 1966 : « Le pseudo-Plutarque avait raison », *Cahiers d'histoire*, 8, 357-370.

CHARRIN, Anne-Victoire, 1983 : *Le Petit Monde du Grand Corbeau. Récits du Grand Nord sibérien*, Paris, PUF.

CHOTZEN, T. M. T., 1948 : « *Emain Ablach, Ynys Avallach, Insula Auallonis*, île d'Avalon », *EC*, 4, 255-264.

CHRISTINGER, Raymond, et BORGEAUD, Willy, 2000 : *Mythologie de la Suisse ancienne. Des pratiques chamaniques et du monde celtique aux métamorphoses modernes*, Genève, Géorg, réédition en un volume, avec préface de Philippe Borgeaud, des deux tomes de 1963 et 1965.

CHRISTMAN, Jean, 1990 : « Berthe », *BSMF*, 157, 59-62.

CHUVIN, Pierre, 1976 : *Nonnos de Panopolis : Les Dionysiaques*, II, établissement du texte, notice, notes et traduction, Paris, Les Belles Lettres.

–, 1992 : *Nonnos de Panopolis : Les Dionysiaques*, III, établissement du texte, notice, notes et traduction, Paris, Les Belles Lettres.

CLAY, Jenny Strauss, 1983 : *The Wrath of Athena. Gods and Men in the Odyssey*, Princeton University Press (rééd. Lanham, Rowmana et Littlmeton, 1997).

CLINTON, Kevin, 1973 : « Apollo, Pan, and Zeus, avengers of vultures of *Agamemnon*, 55-29 », *AJPh*, 94, 282-288.

COLLETTE, F., 1991 : « Le combat dit du “Lumeçon” à Mons, un jeu traditionnel en constante évolution », *Hainaut-Tourisme*, 265, 47-54.

COLOMBET, Albert, 1999 : *La Côte-d'Or mythologique*, Dijon, L'Arche d'or (1re éd. 1985).

CONNELLY, J. B., 1997 : « Parthenon and Parthenoi : A Mythological interpretation of the Parthenon Frieze », *AJA*, 100, 53-80.

COOK, Arthur Bernhard, 1894 : « Animal Worship in the Mycenaean Age », *JHS*, 14, 81-169.

–, 1925 : *Zeus. A Study in Greek Religion* II, Cambridge University Press (rééd. New York, Biblo and Tannen, 1940-1965).

CORNILLOT, François, 1997 : « Le Feu des Scythes et le Prince des Slaves » (3e partie), *Slovo*, 18-19, 41-218.

CORSANO, Marinella, 1988 : *Themis. La norma et l'oracolo nella Grecia antica*, Lecce, Caratina.

COSTA, Gabriele, 1987 : « Guerriere indoeuropei e fortezze orientali ; il distruttore di muri nella poesie greca e nella poesia vedica », *Studi et Saggi linguistici*, 27, 151-175.

COUSSÉE, Bernard, dir. 1990 : *Mythologie en Nord. Actes du IVème Congrès international de mythologie*, Lille, août 1989, Beauvais, Société de mythologie française.

COX, Georg William, 1870 : *The Mythology of the Aryan Nations*, 2 vol., Londres, Longmans, Green and Co.

CROCI, Giancarlo, 1977-1978 : « Mito e poetica nell'inno a Ermes », *Bollettino dell'Istituto di Filologia greca*, Université de Padoue, 4, 175-184.

CROON, J. H., 1953 : « The Cult of Sul-Minerva at Bath », *Antiquity*, I27, 79-83.

CURTIUS, Ernst, 1855 : *Zur Geschichte des Wegebaus bei den Griechen*, Berlin, Hertz.

–, 1887 : *Histoire grecque*, traduction d'Auguste Bouché-Leclercq, Paris, Leroux.

–, 1894 : *Gesammelte Abhandlungen*, Berlin, Besser.

CZARNOWSKI, Stefan, 1919 : *Le Culte des héros et ses conditions sociales (Saint Patrick héros national de l'Irlande)*, Paris, Félix Alcan.

–, 1925 : « L'arbre d'Ésus, le taureau aux trois grues et le culte des voies fluviales en Gaule », *RC*, 42, 1-57.

CUNLIFFE, Barry, 1986 : « The Sanctuary of Sulis Minerva at Bath : A Brief Review », *in* Henig, Martin, et King, Anthony, dir., *Pagan Gods and Shrine of the Roman Empire*, Oxford, University Commitee for Archaology, 1-14.

DARAKI, Maria, 1985, *Dionysos*, Paris, Arthaud.

DAREMBERG, Charles, et SAGLIO, Edmond, dir. 1877-1919 : *Dictionnaire des antiquités grecques et romaines*, Paris, Hachette.

DARIER, Gaston, 1877-1919 : « Telchines », *DA*, V, 66-67.

DAUX, Georges, 1963 : « La Grande Démarchie : un nouveau calendrier sacrificiel d'Attique », *BCH*, 87, 603-633.

DAVID, Christian, 1993 : « Le nom de Lancelot est-il français, gallois ou breton ? », *BSMF*, 168-169, 21-24.

DAVIES, Marc I., 1979 : « L'oiseau sur le casque : le corbeau divin des Celtes, M. Valerius Corv(in)us, et Tite-Live, 7, 26 », *Cahiers d'archéologie romande*, 17, *Actes du Vᵉ Colloque international sur les bronzes antiques, Lausanne, 8-13 mai 1978*, Lausanne, diffusion de Boccard, 127-132.

DÉCHELETTE, Jules, 1910 : *Manuel d'archéologie préhistorique, celtique et gallo-romaine*, II, *Archéologie celtique ou protohistorique. Première partie : Âge du bronze*, Paris, Picard.

DEFRADAS, Jean, 1964 : *Les Thèmes de la propagande delphique*, Paris, Klincksieck (rééd. 1972).

DEGAVRE, Jean, 1998 : *Lexique gaulois. Recueil de mots attestés, transmis ou restitués et de leurs interprétations*, Bruxelles, MSBEC 9-10.

DELABY, Laurence, 1999 (1982) : « CIEL. La grande divinité céleste de Sibérie », *DM*, I, 368-370.

DELAMARRE, Xavier, 2001 : *Dictionnaire de la langue gauloise*, Paris, Errance.

DELAVAUX-ROUX, Marie-Hélène, 1994 : *Les Danses pacifiques en Grèce ancienne*, Aix-en-Provence, Publications de l'université de Provence.

DELAVIGNE, Raymond, 1982 : « Des Dames de l'Épiphanie et du Carnaval à la reine de Saba dans les traditions hébraïques, éthiopiennes, islamiques et chrétiennes », *BSMF*, 125, 1-25.

–, 1998 a : « Continuité mythologique autour du *Camp de César* à Laudun (Gard) », *BSMF*, 190-191, 58-78.

–, 1998 b : « L'eau symbolique et sacrée en Île-de-France », *BSMF*, 192, 9-41.

–, 2002 : « Montdidier (Somme), un *Lugdunum* qui s'ignore », *BSMF*, 209, 53-60.

DELCOURT, Marie, 1955 : *L'Oracle de Delphes*, Paris, Payot (rééd. 1981).

–, 1957 : *Héphaistos ou la légende du magicien*, Liège-Paris, Bibliothèque de la faculté de philosophie et lettres de l'université de Liège 146.

–, 1959 : *Oreste et Alcméon. Étude sur la projection légendaire du matricide en Grèce*, Paris-Liège, Les Belles Lettres-Bibliothèque de la faculté de philosophie et lettres de l'université de Liège.

–, 1965 : *Pyrrhos et Pyrrha. Recherches sur les valeurs du feu dans les légendes helléniques*, Paris-Liège, Les Belles Lettres-Bibliothèque de la faculté de philosophie et lettres de l'université de Liège.

–, 1966 : « Tydée et Mélanippe », *Studi e materiali di storia delle religioni*, 37, 169-180.

DELPECH, François, 1991 : « Los de la Bigornia (Picara Justina, II 1 1-2). Notes de folklore festif », *in* Carrasco, dir., 1991, 76-107.

–, 1996 : « Camino del infierno tanto anda el cojo como el viento. Monosandalisme et magie d'amour », *in* Jean-Paul Duviol et Annie Molinié-Bertrand dir., *Enfer et damnation dans le monde hispanique et hispano-américain*, Paris, PUF, 175-191.

–, 1997 : « Le rituel du "pied déchaussé". Monosandalisme basque et inaugurations indo-européennes », *Oll.*, 10, 55-115.

–, 2001 : « Finistères, têtes coupées et monuments talismaniques », *S.I.E.*, 1, 171-212.

DELPECH, F., et GARCÍA QUINTELA, Marco, 2003 : *El árbol de Guernica. Mémoria celtica de los ritos vascos de soberania*, à paraître.

DEONNA, Waldemar, 1936 : « Du divin au grotesque. Cernunnos et le Cocu », *Revue d'ethnologie et des traditions populaires*, 7, 28-36.

–, 1932 : « Ex-votos déliens : 1. L'échelle aux serpents. 2. Instruments de métiers », *BCH*, 56, 410-490.

–, 1941 : « L'art national de la Suisse romande. La divinité aux oiseaux de Martigny et d'Avenches », *Genava*, 19, 119-186.

–, 1950 : « Phalères celtiques et gallo-romaines avec décor de tête humaine », *RA*, 1, 35-37 et 147-181.

–, 1954 : « Trois superlatifs absolus, à propos du taureau tricornu et de Mercure tricéphale », *AC*, 23, 403-428.

–, 1956 a : « Le dieu gallo-romain à l'oreille animale », *AC*, 25, 85-99.

–, 1956 b : « Tête caricaturale en bronze à cucullus et à oreilles animales », *Genava*, 3.4, 5-10.

–, 1956 c : « Mercure, un pied chaussé, l'autre nu », *Revue archéologique de l'Est*, 7.

–, 1958 : « Les victimes d'Ésus », *Ogam*, 10, 3-29.

–, 1959 : *Un divertissement de table : à cloche-pied*, Bruxelles, coll. « Latomus » XL.

DEROY, Lucien, 1957 : « Du latin *Aerumna* au grec *αισυμνητης* », *AC*, 27, 404-410.

DESNIER, Jean-Luc, 1995 : *Le Passage du fleuve. Essai sur la légitimité du souverain*, Besançon-Paris, Annales littéraires de l'université de Besançon, n° 560, L'Harmattan.

–, 1999 : « Centres de pouvoirs. Éléments pour un paysage sacré », *Oll.*, 12, 181-225.

DETIENNE, Marcel, 1967, rééd. 1973 : *Les Maîtres de vérité dans la Grèce ancienne*, Paris, Maspero.

–, 1972 : *Les Jardins d'Adonis*, Paris, Gallimard.

–, 1979 : « Violentes "eugénies". En pleines Thesmophories : des femmes couvertes de sang », *in* Detienne et Vernant dir., 133-214.

–, 1983 : « La grue et le labyrinthe », *Mélanges de l'École française de Rome et d'Athènes*, 95.2, 541-553.

–, 1986 : « L'Apollon meurtrier et les crimes de sang », *Quaderni Urbinati di Cultura Classica*, 22, 7-17.

–, 1998 : *Apollon le couteau à la main. Une approche expérimentale du polythéisme grec*, Paris, Gallimard.

–, 1990 : « Apollon Archégète. Un modèle politique de la territorisation », *in* Detienne dir., *Tracés de fondation*, Bibliothèque de l'École des Hautes Études, t. 93, Paris-Louvain, Peeters, 301-311.

–, 2000 : *Comparer l'incomparable*, Paris, Seuil.

DETIENNE, Marcel, et SVENBRO, Jesper, 1979 : « Les loups au festin ou la Cité impossible », *in* Detienne et Vernant dir., 215-238.

DETIENNE, M., et VERNANT, Jean-Pierre, 1974 : *Les Ruses de l'intelligence, la* mètis *des Grecs*, Paris, Flammarion.

–, dir., 1979 : *La Cuisine du sacrifice en pays grec*, Paris, Gallimard.

DEUBNER, Ludwig, 1932 : *Attische Feste*, Berlin, Keller (rééd. Berlin, Akademisches Verlag, 1956, et par Bruno Doer, Hildesheim, Olm, 1969).

DE VRIES, Jan, 1933 : *The Problem of Loki*, Helsinki, FFC, 110.

–, 1956-1957 : *Altgermanische Religionsgeschichte*, 2e éd., Berlin, De Gruyter.

–, 1957 : *Untersuchung über das Hüpfspiel Kinderspiel-Kulttanz*, Helsinki, FFC 173.

–, 1963 : *La Religion des Celtes*, traduit de l'allemand par L. Jospin, Paris, Payot, « Bibliothèque historique ».

–, 1965 : *Kleine Schriften*, Berlin, De Gruyter.

DEYTS, Simone, 1983 : « La religion gallo-romaine en Bourgogne », *Arch.*, 57, 21-27.

–, 1992 : *Images des dieux de la Gaule*, Paris, Errance.

DEXTER, Miriam Robbins, 1990 : « The Hippomorphic Goddess and Her Offspring », *JIES*, 18.3-4, 285-307.

DILLMANN, François-Xavier, 1991 : *L'*Edda. *Récits de mythologie nordique par Snorri Sturlusson*, Paris, Gallimard.

DILLON, Miles, 1947 : « The Hindu act of truth in Celtic tradition », *Modern Philology*, 44, 140.

DILLON, Miles, et CHADWICK, Nora, 1974 : *Les Royaumes celtiques*, traduction, avec des textes originaux irlandais et gallois, par Ch.-J. Guyonvarc'h, édition augmentée d'un chapitre sur « La Gaule dans le monde celtique », par Ch.-J. Guyonvarc'h et F. Le Roux, Paris, Fayard.

DOBBS, Margaret C., 1930-1932 : « The *Ban-Senchus* », *RC*, 47, 283-339 ; 48, 163-243 ; 49, 437-489.

–, 1933 : « The Story of Noidhiu Nae-mBreathach », *ZCP*, 19, 48-52.

DODDS, E. R., 1965 : *Les Grecs et l'irrationnel*, traduit de l'anglais par Michaël Gibson, Paris, Montaigne ; rééd. Paris, Flammarion, 1977 (1re éd., Berkeley, University of California Press, 1959).

DORIA, Mario, 1965 : *Avviamento allo studio miceneo : struttura, problemi e testi*, Rome, Éd. del Ateneo (Incunabula Graeca VIII).

DÖRIG, José, et GIGON, Olef, 1961 : *Der Kampf der Götter und Titanen*, Lausanne, URS Graf Verlag Olten.

DOTTIN, Georges, 1908 : *Histoire des religions – La religion des Celtes avant le Xe siècle*, Paris, Bloud.

–, 1927 : « Sur les noms d'animaux dans l'onomastique gauloise », *in Mélanges bretons et celtiques offerts à M. J. Loth*, Rennes, *Annales de Bretagne* (hors-série), 92-98.

–, 1980 : *L'Épopée irlandaise*, Brest, Terre de Brume ; Paris, Les Presses d'aujourd'hui (rééd. tronquée de celle de 1926, Paris, La Renaissance du livre).

DOTY, William G., 1993 : « A Lifetime of trouble-making : Hermes as trickster », *in* Hymes et Doty, 46-85.

DOUÉTIL, Jennifer, 1998 : « Le thème du sanglier dans l'iconographie monétaire celtique », *BAEC*, 19, mai-juin 1998, 3-7 ; 20, octobre-novembre 1998, 9-13 ; 21, février-mars 1999, 13-16.

DOUGHERTY, Carol, 1994 : « Archaic Greek Foundation Poetry : Questions of Genre and Occasion », *JHS*, 114, 35-46.

DOWDEN, K., 1979 : « Apollon et l'esprit dans la machine : origines », *REG*, 92, 293-318.

DRIOUX, Georges, 1934 : *Cultes indigènes des Lingons*, Paris, Picard.

DUBOIS, L., 1977 : « Les formes du cas oblique duel dans les dialectes grecs », *BSL*, 72, 160-186.

DUBUISSON, Daniel, 1978 : « L'équipement de l'inauguration royale dans l'Inde védique et en Irlande », *RHR*, 193, 153-164.

–, 1978 b : « La reine chevelue et la reine coiffeuse. Recherches sur un thème épique de l'Inde ancienne », *JAs*, 266, 291-309.

–, 1979 : « Trois thèses sur le *Râmâyaṇa* », *AESC*, 464-489.

–, 1981 : « Structure idéologique et structure sociale : l'apport de Georges Dumézil », *in* Bonnet dir.

–, 1985 : « La préhistoire des Pândava », *RHR*, 102.3, 227-241.

–, 1991 : « Hélène et Sîtâ ou le jeu des reines », *Oll*, 2.2, 219-230.

–, 1996 : « Draupadî et Medb : regards sur quelques reines indo-européennes », *Oll.*, 9.2, 151-176.

DUCAT, Jean, 1971 : *Les kouroi du Ptoion*, Paris, BEFAR 219.

–, 1974 : « Les thèmes de récits de la fondation de Rhégion », *in Mélanges helléniques offerts à Georges Daux*, Paris, de Boccard, 93-114.

DUFOURCQ, Albert, 1907 : *Études sur les Gesta martyrium romains*, II, *Le Mouvement légendaire lérinien*, Paris, Fontemoing.

DUMÉZIL, Georges, 1924 : *Le Festin d'immortalité*, Paris, Geuthner.

–, 1929 : *Le Problème des Centaures*, Paris, Geuthner.

–, 1938 : « La préhistoire des flamines majeurs », *RHR*, 118, 188-200.

–, 1941 : *Jupiter, Mars, Quirinus* I, Paris, Gallimard.

–, 1944 : *Jupiter, Mars, Quirinus* II, *Naissance de Rome*, Paris, Gallimard.

–, 1945 : *Jupiter, Mars, Quirinus* III, *Naissance d'archanges*, Paris, Gallimard.

–, 1947 : *Tarpeia. Essais de philologie comparative indo-européenne*, Paris, Gallimard.

–, 1948 : *Mitra-Varuṇa. Essai sur deux représentations indo-européennes de la souveraineté*, Paris, Gallimard.

–, 1952 : *Les Dieux des Indo-Européens*, Paris, PUF.

–, 1953 : « Les trois fonctions dans quelques traditions grecques », *Hommages à Lucien Febvre*, II, Paris, Armand Colin, 25-32.

–, 1954 a : « Le trio des Macha », *RHR*, 146, 5-17.

–, 1954 b : « *Iuno S.M.R.* », *Eranos*, 52, 105-119.

–, 1955 : « Triades de calamités et triades de délits à valeur trifonctionnelle chez divers peuples indo-européens », *Latomus*, 14, 173-185.

–, 1958-1959 : « Remarques comparatives sur le dieu scandinave Heimdallr », *EC*, 8, 263-283.

–, 1959 : *Les Dieux des Germains*, Paris, PUF.

–, 1963 : « Le puits de Nechtan », *Celtica*, 6, 50-61.

–, 1966 : *La Religion romaine archaïque*, Paris, Payot.

–, 1968-1973 : *Mythe et épopée*, Paris, Gallimard (I, 1968, II, 1971, III, 1973).

–, 1969 : *Heur et malheur du guerrier*, Paris, PUF. Seconde édition complétée, Paris, Flammarion, 1985.

–, 1977 : *Les Dieux souverains des Indo-Européens*, Paris, Gallimard, coll. « Bibliothèque des sciences humaines ».

–, 1979, rééd. 1988 : *Mariages indo-européens, suivi de quinze questions romaines*, Paris, Gallimard.

–, 1981 : « La tradition druidique et l'écriture : le vivant et le mort », *in* Bonnet dir., 1981, 325-338.

–, 1982 : *Apollon sonore et autres essais*, Paris, Gallimard.

–, 1985 a : *L'Oubli de l'homme et l'honneur des dieux, et autres essais. 25 esquisses de mythologie*, Paris, Gallimard.

–, 1985 b : *Heur et malheur du guerrier*, 2e édition augmentée, Paris, Flammarion.

–, 1986 : *Loki*, 3e éd. refondue, Paris, Flammarion, coll. « Nouvelle bibliothèque scientifique » (1re éd. 1948).

–, 1989 (1965) : *Le Livre des héros. Légendes sur les Nartes*, traduit de l'ossète avec une introduction et des notes par –, Paris, Gallimard/Unesco (1re éd. 1965).

DÜMMLER, Ferdinand, 1894 : *Delphyka. Untersuchungen zur griechischen Religionsgeschichte*, Bâle, L. Reinherdt.

DUMONT, Jean-Paul, *et al.*, 1988 : *Les Présocratiques*, Paris, Gallimard.

DUNAND, Françoise et LÉVÊQUE, Pierre, dir., 1975 : *Les Syncrétismes dans les religions de l'Antiquité. Colloque de Besançon (22-23 octobre 1973)*, Leyde, Brill.

DURAND, Gilbert, 1978 : « Pérennité, dérivations et usure du mythe », *in* J. Hani dir., *Actes du Colloque de Chantilly, Problèmes du mythe et de son interprétation*, Paris, Les Belles Lettres, 27-50.

DURRBACH, Félix, 1905 : « Neptunus », *DA*, IV, 59-72.

DUVAL, Paul-Marie, 1952-1954 : « Le dieu *Smertrios* et ses avatars gallo-romains », *EC*, 6, 219-239.

–, 1954 : « Observations sur les dieux de la Gaule », *RHR*, 145, 5-17.

–, 1976 : *Les Dieux de la Gaule*, 2e éd., Paris, Petite bibliothèque Payot (1re éd. 1957, PUF).

–, 1982 : « Observations sur la mythologie celtique : les sources numismatiques », *EC*, 19, 93-105.

–, 1993 : *Les Dieux de la Gaule*, 4e édition, Paris, Payot.

DUVAL, P.-M., et PINAULT, Georges, 1986 : *Recueil des inscriptions gauloises*, III, *Les Calendriers*, Paris, Éditions du CNRS.

ECKELS, Richard Preston, 1937 : *Greek Wolf-Lore*, Philadelphie, University of Pennsylvania Press.

EGGER, Rudolf, 1952 : « Le Maître du Magdalensberg et son signe », *Ogam*, I-IV, 298-306.

EHRHARDT, Norbert, 1989 : « Apollon *Ietros*. Ein verschollener Gott Ioniens ? », *Istanbuler Mitteilungen*, 39, 115-122.

EITREM, Samson, 1912 : « Hermes », *RE*, VIII.1, 738-792.

ELIADE, Mircea, 1962 : *Hermaphrodite et l'androdyne*, Paris, Gallimard.

–, 1968 : *Le Chamanisme et les techniques archaïques de l'extase*, 2e éd., Paris, Payot.

–, 1977 : *Forgerons et alchimistes*, Paris, Gallimard.
–, dir., 1987 : *The Encyclopedia of Religions*, New York, University of Chicago.
ELIADE, Mircea, et COULIANO, Ioan Peter, avec la collaboration d'H. S. Wiesner, 1990 : *Dictionnaire des mythologies*, Paris, Plon (rééd. 1997).
ENGLER, H. Rudolf, 1962 : *Die Sonne als Symbol. Der Schlüssel zu den Mysterien*, Küsnacht-Zurich, Helianthus-Verlag.
ERDOES, Richard, et ORTIZ, Alfonso, 1995 : *L'Oiseau-Tonnerre et autres histoires. Mythes et légendes des Indiens d'Amérique du Nord*, traduit de l'américain par Simone Pellerin, Paris, Albin Michel.
ERBSE, Hartmut, 1986 : *Untersuchungen über die homerische Götter*, Berlin et New York, De Gruyter.
ESPÉRANDIEU, Émile, 1907-1966 : *Recueil général des bas-reliefs, statues et bustes de la Gaule romaine*, 15 volumes, Paris, Imprimerie nationale, puis PUF (avec suppléments de Raymond Lantier, et Tables par Paul-Marie Duval, 1981).
–, 1925 : « Note sur les fouilles d'Alésia en 1925 », *CRAI*, 222-224.
SANTOS ESTÉVEZ, Manuel, et GARCÍA QUINTELA, Marco, 2000 : « Petroglifos podomorfos del Noroeste Peninsular : nuevas comparaciones e interpretaciones », *Revista de Ciéncias Históricas*, 15, 7-40.
ÉTIENNE, Roland, MÜLLER, Christel, et PROST, Francis, 2000 : *Archéologie historique de la Grèce antique*, Paris, Ellipses.
ETTLINGER, Ellen, 1952-1954 : « The association of burials with popular assemblies, fairs and races in ancient Ireland », *EC*, 6, 30-61.
EVANS, David Ellis, 1967 : *Gaulish Personal Names*, Oxford, Clarendon.
EVEN, Arzel, et LE ROUX, Françoise, 1952-1953 : « Notes sur le Mercure celtique, I : Lug et Mercure », *Ogam*, 2-4, 289-297.
–, 1956 : « Notes sur le Mercure celtique, III : le dieu celtique Lugus », *Ogam*, 8, 81-110.
EVEN, Arzel, 1952-1953 : « Le démon Huccan », *Ogam*, 2-4, 309-312.
FAGERSTRÖM, Kåre, 1988 : *Greek Iron Age Architecture*, Göteborg, P. Aström.
FALHUN, Saïk, 1990 : « Vie de saint Hoarvé (ou Hervé) », *in* Tanguy *et al.*, 109-133.
FARNELL, Lewis Richard, 1896-1900 (1re éd.), 1909 (2e éd.) : *Cults of the Greek State*, Oxford, Clarendon.
FILIPPO BALESTRAZZI, Elena di, 1980-1981 : « L'*aguieûs* e la città », *Centro richerche e documentazione sull'antichità classica, Atti* 11, Rome, 93-108.
FISCHER, Brigitte, 1981-1982 : « Bulletin de numismatique celtique (1962-1979) », *EC*, 18, 319-357 ; 19, 343-385.
FLACELIÈRE, Robert, CHAMBRY, Émile, JUNEAUX, Marcel, 1964 : Plutarque, *Vies*, t. I, *Thésée-Romulus – Lycurgue-Numa*, Paris, Les Belles Lettres.
FLEURIOT, Léon, 1980 : comptes rendus, *EC*, 18, 361-370.
FLEURIOT, L., LOZAC'HMEUR, Jean-Claude, et PRAT, Louis, 1981 : *Récits et poèmes celtiques. Domaine brittonique, VIe-XVe siècles*, Paris, Stock.
FLOBERT, Pierre, 1968 : « Une étymologie gauloise de l'empereur Claude (Sénèque, *Apoc.*, VII.2 v. 9-10) », *REL*, 46, 264-280.

FONTENROSE, Joseph, 1959 : *Python. A Study of Delphic Myth and its Origins*, Berkeley-Los Angeles, University of California Press.

–, 1960 : *The Cult and Myth of Pyrrhos at Delphi*, Berkeley-Los Angeles, University of California Press.

–, 1968 : *The Gods Invoked in Epic Oaths : Aeneid, XII, 175-215*, Baltimore, John Hopkins Press.

–, 1978 : *The Delphic Oracle, its Responses and Operations, with a Catalogue of Responses*, Berkeley, University of California Press

–, 1988 : *Didyma : Apollo's Oracle, Cult, and Companions*, Berkeley, University of California Press.

FORD, Patrick K., 1977 : *The Mabinogi and Other Medieval Welsh Tales*, Berkeley et Los Angeles, University of California Press.

–, 1981-1982 : « Prolegomena to a Lecture of the Mabinogi : "*Pwyll*" and "*Manawyddan*" », *StCel.*, 16-17, 110-125.

FORRER, Robert, 1932 : « Les chars cultuels préhistoriques et leurs survivances aux époques historiques », *Préhistoire*, 1.1, 19-123.

FORREST, W. G. G., 1957 : « Colonisation and the rise of Delphi », *Historia*, 6, 160-175.

FORSDYKE, John, 1956 : *Greece before Homer*, Londres, W. W. Norton and Cie.

FOUET, G., et SOUTOU, A., 1963 : « Une cime pyrénéenne consacrée à Jupiter : le mont Sacon (Hautes-Pyrénées) », *Gallia*, 21, 175-294.

FRANCK, R., 1984 : « Viking Atrocity and Skaldic Verse : The Rite of Blood Eagle », *English Historical Review*, 99, 332-342.

FRAZER, James-George, 1934 : *Balder le Magnifique*, traduit de l'anglais par Pierre Sayn, Paris, Geuthner (1re éd. Cambridge, 1913), t. II.

–, 1935 : *Esprits des blés et des bois*, traduit de l'anglais par Pierre Sayn, Paris, Geuthner, t. II (réimpression dans *Le Rameau d'or, Esprits des blés et des bois, Le bouc émissaire*, en un volume, Paris, Laffont, 1983).

FROMAGE, Henri, 1984 : « La musique dans la mythologie celtique », *BSMF*, 135, 3-10.

–, 1995 : « Fidélité des Seois (ou Sagii) à la Dame-Oiseau, déesse celtique », *BSMF*, 179-180, 3-8.

–, 2000 a : « Proposition de lecture de la légende de saint Honorat », *in* Carénini dir., 225-233.

–, 2000 b : *Beauvais 2000. Deux mille ans de Plan d'Occupation Sacrée des Sols. Essai d'étude de géo-mythologie*, Beauvais, Centre d'études picardes de l'université Jules-Verne, XLVIII.

FRONTISI-DUCROUX, Françoise, 1975 : *Dédale, mythologie de l'artisan en Grèce ancienne*, Paris, Maspero.

GAGÉ, Jean, 1955 : *Apollon romain*, Paris, de Boccard.

GAIGNEBET, Claude, 1974 : *Le Carnaval. Essais de mythologie populaire*, préface de Claude Mettra, Paris, Payot.

–, 1982 : intervention après une intervention de Raymond Delavigne, *in BSMF*, 125, 25.

GAIGNEBET, C., et LAJOUX, Jean-Dominique, 1985 : *Art profane et religion populaire au Moyen Âge*, Paris, PUF.

GARCÍA QUINTELA, Marco, 2003 a : « Imágines, Textos, Paisajes e Ideas : Los santuarios castreños en contexto », *Semata*, 14, Santiago de Compostela, 37-149.

–, 2003 b : *Souveraineté et sanctuaires dans l'Espagne celtique (études comparées d'histoire et d'archéologie)*, en collaboration avec Felipe Criado Boado, Francisco J. González García, César Parceno Oubiña, Manuel Santos Estévez, Bruxelles, MSBEL, 17.

–, 2003 c : *El reyezuelo, el cuervo y el dio céltico Lug : aspectos del dossier ibérico*, tapusprit envoyé par l'auteur. À paraître, en espagnol, dans *Arys*, et en français, dans *Oll.*

GASPERINI, Lidio, 1995 : « Nuove dediche vascolari all'Apollo di Cirene », *Quaderni di archeologia, Libya*, 17, 5-12.

GEBHARD, Victor, 1934 : « Thargelia 1 », *RE*, deuxième série, V.2, 1287-1306.

GENDRE, Pierre, et HOLLARD, Dominique, 2001 : « La parole du corbeau et le cri de la corneille : à propos d'un pendentif antique trouvé à Vendeuil-Caply (Oise) », *CN*, 147, 33-42.

–, 2002 : « Le corbeau sur la bouche : un nouveau type de la série "gallo-romaine" de Picardie », *CN*, 153, 27-30.

GEORGIEV, Vladimir, 1981 : *Introduction to the History of the Indo-European Languages*, 2e éd., Sofia, Bulgarian Academy of Sciences.

GÉRARD-ROUSSEAU, Monique, 1968 : *Les Mentions religieuses dans les tablettes mycéniennes*, Rome, Éd. del Ateneo (Incunabula Graeca XXIX).

GERBEAU, Joëlle, 1993 : *Nonnos de Panopolis. Les Dionysiaques*, VII, Paris, Les Belles Lettres.

GERHARD, Edmund Friedrich Wilhelm, 1840 : *Über die Lichtgottheiten auf Kunstdenkmäler*, Berlin, Druckerei der königlischen Akademie der Wissenschafften.

GERNET, Louis, 1928 : « Frairies antiques », *REG*, 41, 313-359 ; rééd. *in* 1968, 21-61.

–, 1932 : « Fostérage et légende », *in Mélanges S. Glotz*, I, 385 ; rééd. *in* 1964, 19-28.

–, 1964 : *Droit et société dans la Grèce ancienne*, 2e éd., Paris, Maspero.

–, 1968 : *Anthropologie de la Grèce ancienne*, Paris, Maspero.

GERSHENSON, Daniel E., 1991 : *Apollo the Wolf-God*, Washington, *JIES*, Monograph n° 8.

GHEDINI, F., 1988 : « Un rilievo da Golgoi e il culto di Apolon Magirios », *Mitteilungen des deutschen archäologischen Instituts, Athenische Abteilung*, 103, 193-202.

GIRARD, Paul M., 2002 : « Lug-nasad : Lug-aux-liens », *Lettre d'Île-de-France*, 40, 2-7.

GLOTZ, Gustave, 1904 : *L'Ordalie dans la Grèce primitive. Étude de droit et de mythologie*, Paris, Albert Fontemoing.

GOETINCK, Glenys, 1996 : « In Search of King Bladud », *Oll.*, 11.2, 177-220.

GONDA, Jaan, 1979 : *Les religions de l'Inde* I. *Védisme et hindouisme ancien*, Paris, Payot (traduit de l'allemand par L. Jospin).

GRAF, Fritz, 1979 : 1974 : « Das Kollegium der Molpoi von Olbia », *MH*, 31, 209-215.

–, 1979 : « Apollon Delphinios », *MH*, 39, 2-22.

–, 1985 : *Nordionische Kulte : religionsgeschichtliche und epigraphisque Untersuchungen zu den Kulten von Chios, Erythrai, Klazomenai und Phokaia*, Rome, Schweizerisches Institut.

GRAVIER, Gabriel, 1993 : « Saint Gangolphe, patron des fontaines et des maris trompés », *BSMF*, 168-169, 62-66.

GRAY, E. A., 1989-1990 : « Lug and Cú Chulainn : King and Warrior, God and Man », *StCel*, 24-25, 38-52.

GRAY, Louis H., 1952 : « Notules étymologiques sur les inscriptions gauloises », *EC*, 6, 62-70.

GRAZ, Louis, 1965 : *Le Feu dans l'Iliade et l'Odyssée*, Paris, Klincksieck.

GREEN, Miranda Jane, 1991 : *The Sun-God of Ancient Europe*, Londres.

GRÉGOIRE, Henri, avec la collaboration de René GOOSSENS et Marguerite MATHIEU, 1949 : *Asklèpios, Apollon Smintheus et Rudra. Études sur le dieu à la taupe et le dieu au rat dans la Grèce et dans l'Inde*, Bruxelles, Mémoires de l'Académie royale de Belgique, Classe des lettres 45.

GRENIER, Albert, 1945 : *Les Gaulois*, Paris, Payot.

–, 1954 : « Aspects de la religion romaine en Provence », *CRAI*, 335.

GREVE, Wilhelm, 1877 : *De Adonide, dissertatio inauguralis mythologica*, Leipzig, Poeschel et Trepte.

GRICOURT, Daniel, 2003 : « Le couple gémellaire Lugus-Cernunnos : antagonisme, alternance et complémentarité », *CN*, 156, 3-26.

GRICOURT, Daniel, et HOLLARD, Dominique, 1990 : « Taranis, le dieu celtique à la roue. Remarques préliminaires », *DHA*, 16.2, 275-320.

–, 1991 : « Taranis, Caelestium Deorum Maximum », *DHA*, 17.1, 343-400.

–, 1992 : « Sur la transposition d'un prototype grec dans le monnayage gaulois », *Bulletin de la Société française de numismatique*, 47, 305-307.

–, 1997 a : « Le dieu celtique Lugus sur les monnaies gallo-romaines du IIIe siècle », *DHA*, 23.1, 221-286.

–, 1997 b : « Lugh Lamfháda et le monnayage des Celtes du Danube », *CN*, 133, 9-13.

–, 1998 : « L'ornithomorphose de Lugus : mythe indo-européen et héritage chamanique », *Oll.*, 11, 3-57.

–, 2000 a : « Lugus ornithomorphe sur quelques représentations monétaires », *CN*, 146, 21-40.

–, 2001 : « Les dieux-héros médecins et bienfaiteurs dans les panthéons grec, celte et germanique », *Oll.*, 15.1, 7-95.

–, 2002 : « Lugus et le cheval », *DHA*, 28.2, 121-168.

–, 2003 : « Le cavalier sur la roue : Lugus, le cheval solaire et la course du temps », *CN*, 157, 15-18.

–, 2004 a : « L'accesssion à la royauté, la reine équine et les jumeaux divins. Du mythe au folklore : la princesse d'Anfondasse et les *Mabinogi* », *BSMF*, 214, 32-48.

–, 2004 b : *Lugus et Cernunnos ou les Dioscures celtes retrouvés*, à paraître.

GRICOURT, D., HOLLARD, D., et PILON, Fabien, 1999 : « Le Mercure *Solitumaros* de Châteaubleau (S.-et-M.) : Lugus macrophthalme visionnaire et guérisseur », *DHA*, 25.2, 127-180.

GRICOURT, D., JACQUES, Alain, et PRILAUX, Gilles, 2003 : « Quelques figurations zoomorphes des Dioscures celtes, à propos d'une série inédite de petits bronzes atrébates “aux segments de cercles” (type BN 8030) », *CN*, 155, 23-37.

GRICOURT, Jean, 1954 : « Épona – Rhiannon – Macha », *Ogam*, 6, 25-40 ; 75-86 ; 137-138 ; 165-188.

–, 1955 : « Prolégomènes à une étude du dieu Lug », *Ogam*, 7, 63-78.

–, 1961 : « L'enclos du dieu Lug », *Latomus*, 20, 79-84.

GRIMAL, Pierre, 1963 : *Dictionnaire de la mythologie grecque et romaine*, Paris, PUF, rééd. 1976.

GRISWARD, Joël, 1981 : *Archéologie de l'épopée médiévale. Structures trifonctionnelles et mythes indo-européens dans le cycle des Narbonnais*, préface de Georges Dumézil, Paris, Payot.

–, 1983 : « Des Scythes aux Celtes. Le Graal et les talismans royaux des Indo-Européens », *Artus*, 14, 15-22.

GROHMANN, Joseph V., 1862 : *Apollo Smintheus und die Bedeutung der Maüse in der Mythologie der Indogermanen*, Prague, J. G. Calve.

GRUFFYDD, William J., 1928 : *Math vab Mathonwy*, Cardiff, UWPB.

–, 1953 : *Rhiannon*, Cardiff, UWPB.

GRUPPE, Otto, 1906 : *Griechische Mythologie*, 2 t., Munich, Beck (réimpr. Arno Press, 1975).

GUÉRIN, Paul, 1866 : *Les Petits Bollandistes, Vie des Saints*, t. V, 7e éd., Bar-le-Duc, F. Guérin.

GUILLON, Pierre, 1943 : *Les Trépieds du Ptoion. Dispositif matériel, signification historique et religieuse*, Paris, de Boccard.

–, 1948 : *La Béotie antique*, Paris, Les Belles Lettres.

–, 1963 : *Études béotiennes. Le bouclier d'Héraclès et l'histoire de la Grèce centrale dans la période de la première Guerre Sacrée*, Publications des Annales de la faculté des lettres, Aix-en-Provence.

GUNDEL, Wilhelm, 1927 : « Sirius », *RE*, III, cc. 314-351.

GÜNTERT, Hermann, 1919 : *Kalupso*, Halle, Max Niemeyer.

–, 1923 : *Die arische Weltkönig und Heiland*, Halle, Niemeyer.

GUTHRIE, William Keith Chambers, 1950 : *The Greeks and their Gods*, Londres, Methuen et Cie.

–, 1955 : *Id.*, 2e éd., Boston, Beacon Press.

–, 1956 : *Les Grecs et leurs dieux*, Paris, Payot (traduit de l'anglais sur la 1re édition).

GUYONVARC'H, Christian-Joseph, 1958 : « La maladie de Cuchulainn et l'unique jalousie d'Emer », *Ogam*, 10, 285-331 (traduction et commentaire du *Seirgligi Con Culaind inso sís 7 óenét Emire*).

–, 1959 : « Les exploits d'enfance de Cuchulainn, d'après la version du Tain Bo Cualnge du Livre de Leinster », *Ogam*, 11, 56-65 et 325-336.

–, 1960 a : « La conception des deux porchers », *Ogam*, 12, 74-89 (traduction du *De chophur in dá muccida*).

–, 1960 b : « Notes d'étymologie et de lexicographie celtiques et gauloises », *Ogam*, 12, V, 16, 55-57, VI, 20, 200.

–, 1961a : « L'ivresse des Ulates (Mesca Ulad) », *Ogam*, 13, 343-360 (suite d'*Ogam*, 12, 1960, 487-506).

–, 1961b : « Notes d'étymologie et de lexicographie gauloise et celtique X », *Ogam*, 12, 471-480.

–, 1961-1962 : « La mort de Cúchulainn », *Ogam*, 13, 507-520 ; 14, 625-634.
–, 1962 : « La mort de Cúchulainn (Version B) », *Celticum*, 7.
–, 1963 a : « Le théonyme Nodons/Nuada », *Ogam*, 15, 229-240.
–, 1963 b : « Notes de toponymie gauloise 2. Répertoire des toponymes en *LVGDVNVM* », *Celticum*, 6, 368-376.
–, 1963-1964 : « La razzia des vaches de Cooley », *Ogam*, 15, 139-160, 265-288, 393-412 ; 16, 225-230.
–, 1965 : « La conception de Cúchulainn », *Ogam*, 17, 363-391.
–, 1966 a : « La mort de Cúchulainn. Version A », *Ogam*, 18, 343-364.
–, 1966 b : « Nechtan (**Nept-ono-*) ou fils de la sœur », *Celticum*, 15, 377-382.
–, 1967 : « La "pierre", "l'ours" et "le roi". Gaulois *artos*, irl. *art*, gall. *arth*, bret. *arzh*. Le nom du roi *Arthur* », *Celticum*, 16, 215-238.
–, 1969 : « Les Volcae celtiques, l'irl. *olc* "méchant, mauvais" et le nom du "loup" en indo-européen », *Ogam*, 21, 337-348.
–, 1974 : « La Gaule dans le monde celtique », *in* Dillon et Chadwick, 341-382.
–, 1980 : *Textes mythologiques irlandais I*, Rennes, *Celticum*, 11/1.
–, 1994 : *La Razzia des vaches de Cooley*, traduit de l'irlandais ancien, présenté et annoté par Guyonvarc'h, Paris, Gallimard.
–, 1997 : *Magie, médecine et divination chez les Celtes*, Paris, Payot.
–, 1999 : *Le Dialogue des deux sages*, Paris, Payot.
GWYNN, Edward J., 1903-1935 : *The Metrical Dindsenchas*, 5 t., Dublin, Todd Lecture Series, 8-12.
GWYNN, Lucius, 1914 : « Cináed úa hArtacáin's poem on Brug na Bóinne », *Eriu*, 7.2, 210-238.
HALLIDAY, William Reginald, 1928 : *The Greek Questions of Plutarch*, Oxford, Clarendon.
–, 1913 : *Greek Divination*, Londres, Macmillan (rééd. Chicago, Argonaut Publisher, 1967).
HALM-TISSERAND, Monique, 1993 : *Cannibalisme et immortalité. L'enfant dans le chaudron en Grèce ancienne*, Paris, Les Belles Lettres.
HAMAYON, Roberte, 1990 : *La Chasse à l'âme*, Paris, Société d'ethnologie.
HAMEL, Anton Gerard van, 1932 : *Lebor Brethnach*, Dublin, IAS.
–, 1939 : « The Games of the Gods », *Arkiv för Nordisk Filologi*, 50, 218-242.
HAMP, Eric, 1987 : « The Pig in Ancient Northern Europe », *in* Susan Nacev Skomal et Edgar C. Polomé, *Proto-Indo-European : The Archaology of a Linguistic Problem. Studies in Honor of Marija Gimbutas*, Washington, Institute for the Study of Man, MacLean, 185-190.
HARLAND, J. P., 1925 : « The Calaureian Amphictyony », *AJA*, 29, 160-170.
HARRIS, James Rendel, 1917 : *The Ascent of Olympus*, Manchester University Press et Longman (New York).
–, 1925 : « Apollo at the back of the North Wind », *JHS*, 45, 229-242.
HARRISON, Jane Ellen, 1912 : *Themis : A Study of the Social Origins of Greek Religion*, Cambridge University Press (2e éd., revue, 1927 ; réimpr. Cleveland, World Press, 1957, 1962, 1969, 1972 ; Londres, Merlin, 1963 ; Gloucester, Smith, 1974 ; New York, University Books, 1962).

HASTINGS, James, 1908-1926 : *Encyclopædia of Religion and Ethics*, Édimbourg, T. and T. Clark.

HATT, Jean-Jacques, 1973 : « Claude et le dieu Lug », *RAE*, 24, 465-469.

–, 1981 : « La divinité féminine souveraine chez les Celtes continentaux, d'après l'épigraphie gallo-romaine et l'art celtique », *CRAI*, 12-20.

–, 1986 : « Du gobelet d'argent aux reliefs de Plancus et du Génie : la roche sacrée des Lyonnais », *RAE*, 27, 252-261.

–, 1985 : « Apollon guérisseur en Gaule. Ses origines, son caractère, les divinités qui lui sont associées. Caractères de l'Apollon gaulois d'après les principaux textes anciens. César, Lucain et les gloses de Berne », *in* André Pelletier dir., *La Médecine en Gaule*, Paris, Picard, chap. III, 205-237.

–, 1989 : *Mythes et dieux de la Gaule*, I, *Les Grandes Divinités masculines*, Paris, Picard.

HAUDRY, Jean, 1987 : *La Religion cosmique des Indo-Européens*, Paris-Milan, Arché/Les Belles Lettres.

HEESTERMAN, Johannes Cornelius, 1957 : *The Ancient Indian Royal Consecration*, La Haye, Disputationes Rheno-Traiectinae 2.

HEICHELHEIM, M. F. et HOUSMAN, J. E., 1948 : « Sucellus and Nantosuelta in Mediaeval Celtic Mythology », *AC*, 17, 305-316.

HEIDEGGER, Martin, et FINK, Eugen, 1973 : *Héraclite*, trad. française de J. Launay et P. Lévy, Paris, Gallimard.

HELLY, Bruno, 1970 : « Convention des Basaidai », *BCH*, 94.1, 161-189.

–, 1987 : « Le *Doton Pedion*, Lakéreia et les origines de Larisa », *Journal des savants*, juillet-décembre 1987, 127-158.

–, 1995 : *L'État thessalien, Aleuas le Roux, les Tétrades et les Tagoi*, Lyon, Maison de l'Orient méditerranéen.

HENNIG, R., 1939 : « Griechische Sagengestalten als Personifikation von Erdfeuern und vulkanischen Vorgängen », *Arch. Jb.*, 54, 230.

HENRY, René, 1959-1977 : *Photius. Bibliothèque*, Paris, Les Belles Lettres.

HÉRITAGE 1996 : *L'Héritage chypriote – L'art ancien de Chypre comme il est exposé au musée de Chypre*, Limassol, K. P. Kyriakou.

HERTER, Hans, 1966 : « Das Königsritual der Atlantis », *Rh.M.*, 109, 236-259.

HERTER, W., 1934 : « Telkhines », *RE*, V, 192-224.

HERZOG, Rudolf, 1931 : *Die Wunderheilungen von Epidauros, ein Beitrag zur Geschichte der Medizin und der Religion*, Leipzig, Dieterich.

HILD, J. A., 1896 : « L'inscription du Peu-Berland », *RC*, 17, 34-40.

HILLEBRANDT, Alfred, 1927 : *Vedische Mythologie*, 2e éd., Breslau, M. et H. Marcus.

HILLER, Stefan, 1969 : « Wanasoi tono eketerijo », *Minos*, 10, 78-92.

HILY, Gaël, 2002 : « Lleu et Cúchulainn : destins croisés », *Oll.*, 16.2, 231-254.

–, 2003 : *L'Autre Monde celte, ou la source de vie*, Bruxelles, MSBEC, 18.

HÖFER, U., 1916-1924 : « Taruos Trigaranos », *in* Roscher 1884-1937, V, 128-132.

HOGAN, Edmund Ignatius, 1896-1907 : *Onomasticon goidelicum*, Dublin, Hodges, Figgis and Co. ; Londres, Williams and Morgate (réimpr. Dublin et Portland [Oregon], Four Courts Press, 1993).

HOLDER, Alfred, 1893-1907 : *Altceltischer Sprachschatz*, 3 t., Leipzig, Teubner.

HOLLAND, Leicester B., 1933 : « The Mantic Mechanism at Delphi », *AJA*, 37, 201-214.

HOLLARD, Dominique, 1999 : « Le cheval solaire et le loup mangeur de lune : à propos d'un exemplaire du type BN 7229 trouvé en forêt de Saint-Germain-en-Laye », *CN*, 142, 11-24.

–, 2003 : « La voix, la lyre et l'arc : images de Lugus sonore », *CN*, 158.

HOLLARD, D., et BERTRAND, Bernard, 2004 : « Une représentation de Lugus en dieu à la lance sur un bronze gaulois épigraphe inédit », *CN*, 159, 39-44.

HOLLARD, D., et DÉLESTRÉE, Louis-Pol, 2001 : « Lugus "Long-Bras" : persistance d'un concept théologique celtique sur le numéraire frappé en Gaule », *CN*, 149, 5-11.

HOLLARD, D., DELESTRÉE, L.-P., et GOUET, Samuel, 2002 : « Deux représentations de cerf sur des monnaies de bronze gauloises », *CN*, 152, 7-23.

HOLLARD, D., et TACHE, Marcel, 2003 : « Une variété nouvelle du type BN 7229 découverte à Saint-Germain-en-Laye (Yvelines) », *CN*, 155, 39-41.

HOLLEAUX, Maurice, 1898 : « *Απόλλων Σποπίος* », *Mélanges Henri Weil, recueil de mémoires concernant l'histoire et la littérature grecques*, Paris, A. Fontemoing (rééd. Amsterdam, Rodopi, 1974), 193-207.

HOLMBERG, Uno, 1924 : « Doppelfrucht im Volksglauben », *Mémoires de la Société finno-ougrienne*, 52, 48-66.

HOMOLLE, Léon, 1895 : « Inscriptions de Delphes », *BCH*, 19.

HOPE SIMPSON, Robert, 1965 : « A gazetteer and atlas of Mycenaean sites », *Bulletin of the Institute of Classical Studies*, Londres, suppl. 16.

HUBERT, Henri, 1913 : « Gweil-Gi, l'océan, et le carnassier androphage », *RC*, 34, 1-10.

–, 1925 : « Le mythe d'Épona », *in* Charles Bally, dir., *Mélanges linguistiques offerts à M. J. Vendryes par ses amis et élèves*, Paris, 187-198.

–, 1974 : *Les Celtes depuis l'époque de La Tène et la civilisation celtique*, 3e éd., avec une bibliographie complémentaire de René Jouffroy, Paris, Albin Michel (1re éd. 1932, La Renaissance du livre).

HULL, Eleanor, 1898 : *The Cuchulinn Saga*, Londres, Todd Lecture Series, Grimm Library.

–, 1928 : *Folklore of the British Isles*, Londres, Methuen and Co.

–, 1930 : « The Four Jewels of the Tuatha Dé Danann », *ZCP*, 18, 83-88.

–, 1933 : « *De gabháil in tSídha* », *ZCP*, 19, 53-58.

–, 1958-1959 : « The Later Version of the *Expulsion of the Déssi* », *ZCP*, 27, 14-63.

HUMBERT, Jean, 1976 (1959) : Traduction et édition d'Homère, *Hymnes*, 6e tirage revu et corrigé, Paris, Les Belles Lettres, CUF.

HUPPE, Joachim, 1997 : « Studien zum Gott Merkur in römischen Gallien und Germanien », *Trierer Zeitschrift*, 60, 53-227.

HUXLEY, George Leonard, 1967 : « White Ravens », *Greec, Roman and Byzantin Studies*, 8, 199-202.

HYMES, William J., et DOTY, William G., 1993 : *Mythical Trickster Figures.*

Contours, contexts, and criticisms, Toscaloosa et Londres, The University of Alabama Press.

IRIGOIN, Jean, 1970 : « Le thème du héros au labyrinthe dans la vie de Thésée », *Kôkalos*, 16, 30-52.

IVANOV, Viatcheslav, et TOPOROV, Vladimir, 1970 : « Le mythe indo-européen du dieu de l'orage poursuivant le dragon : reconstitution du schéma », *in* Jean Pouillon et Pierre Maranda dir., *Échanges et communications. Mélanges offerts à Claude Lévi-Strauss à l'occasion de son 60e anniversaire*, La Haye, Mouton, t. II, 1180-1205.

JACKSON, Kenneth H., 1938 : *Cath Maige Léna*, Dublin, IAS.

–, 1948 : « On Some Romano-British Place-Names », *Journal of Roman Studies*, *38*, 73-89.

–, 1994 : *Language and History in Early Britain*, 3e éd., Dublin, Four Courts.

JAKOBSTHAL, Paul, 1911 : *Theseus auf dem Meeresgrunde*, Leipzig, E. A. Seemans.

JACOBY, Félix, 1923-1969 : *Die Fragmente der griechischen Historiker*, Berlin puis Leyde, Weidmann.

JAMESON, Michael H., 1980 : « Apollo Lykeios in Athens », *Archaiognosia*, 1, 213-236.

JANKO, R., 1986 : « The Shield of Herakles and the Legend of Cygnus », *Classical Quarterly*, 36, 38-59.

JANSSENS, Émile, 1961 : « Leucade et le pays des morts », *AC*, 30, 381-394.

JARMAN, A. O. H., 1953-1954 : « Adolygiad i W.J. Gruffydd », *Llên Cymru*, 3, 123-128.

–, 1982 : *Llyfr Du Caerfyrddin*, Cardiff, Gwasg Prifysgol Cymru.

JEANNIÈRE, Abel, 1959 : *La Pensée d'Héraclite d'Éphèse*, Paris, Aubier.

JEANMAIRE, Henri, 1939 : *Couroi et Courètes*, Avesne-sur-Helpe, G. Deloffre.

–, 1970 : *Dionysos. Histoire du culte de Bacchus*, Paris, Payot, coll. « Bibliothèque historique » (1re éd. 1951 ; réimpr. 1985).

JENKINS, Franz, 1957 : « The Role of the Dog in Romano-Gaulish Religion », *Latomus*, 16, 60-76.

JOHANSEN, K. F., 1945 : *Thésée et la danse à Dèlos. Étude herméneutique*, Det Kgl. Danske Videnskabernes Selskab., Arkeologiskkunshistoriske Meddelelser, 3, 3.

JONES, T., 1967 : « The Black Book of Carmarthen "Stanzas of the Graves" », *Proceedings of the British Academy*, 53, 97-137.

JONES, Thomas Gwynn, 1930 : *Welsh Folklore and Folk-Custom*, Londres, Methuen and Co.

JOST, Madeleine, 1975 : « Statuettes de bronze archaïques provenant de Lykasoura », *BCH*, 99, 339-364.

–, 1985 : *Sanctuaires et cultes d'Arcadie*, Paris, Vrin, coll. « Études péloponésiennes », 9.

JOUAN, François, et VAN LOOY, Herman, 1998 : Euripide, *Fragments*, 1re partie, *Aigeus-Autolykos*, Paris, Les Belles Lettres.

–, 2000 : Euripide, *Fragments*, 2e partie, *Bellérophon-Protésilas*, Paris, Les Belles Lettres.

JOUET, Philippe, 1996 : *L'Aurore celtique. Fonction du Héros dans la Religion cosmique*, Paris, Porte-Glaive.

JULLIAN, Camille, 1908-1926 : *Histoire de la Gaule*, Paris, Hachette, 8 vol.

KAHIL, Lilly Gali, 1966 : « Apollon et Python », *Mélanges offerts à Kazimierz Mikhalowski*, sous la direction de Marie-Luise Bernhard, Varsovie, Panstwowe wydawnictvo Naukowe, 481-492.

KAHN, Laurence, 1978 : *Hermès passe, ou les ambiguïtés de la communication*, Paris, Maspero.

KAIBEL, Georg, 1878 : *Epigrammata Graeca*, Berlin, Georg Olms.

KALINKA, Ernst, 1920 : « Die Herkunft der griechischen Götter », *Neue Jahrbücher für klassischen Altertum*, 45, 401-413.

KAMERBEEK, Jan Caeuraad, 1974 : *The Plays of Sophocles*, V, Leyde, E. J. Brill.

KARAGEORGHIS, Vassos, 1989 : *Le Musée de Chypre*, Nicosie, C. Epiphanou Publ. Ltd.

–, 1990 : *Les Anciens Chypriotes. Entre Orient et Occident*, Paris, Errance.

KAVVADIAS, P., 1897 : « *Τοπογραφικα Αθηνων κατα τας περι την Ακροπολιν ανασκαφας* », *Arch. Eph.*, col. 1-33.

KEATING, Geoffrey : *Fóras feasa ar Éirinn* (*Les bases de la connaissance de l'Irlande*, ou *Histoire d'Irlande*, première moitié du XVIIIe s.), *The History of Ireland*, éd. David Comyn et Patrick S. Dinneen, 4 t., Londres, ITS, 4, 8-9, 15, 1901-1914 (ici respectivement I, II, III, IV).

KELLY, Walter W., 1863 : *Curiosities of Indo-European Tradition and Folklore*, Londres, Chapman & Hall.

KERAMOPOULLOS, Antonios D., 1917 : *Thebaïka*, Athènes, tiré à part de l'*Archailogikon Deltion*.

KERÉNYI, Karl, 1949 : *Hermes der Seelenführer, des Mythologen vom männlichen Lebensursprung*, Zurich, Rhein Verlag.

KERN, Otto, 1900 : *Die Inschriften von Magnesia am Meander*, Berlin, W. Spemann.

–, 1926-1938 : *Die Religion der Griecher*, 3 t., Berlin, Weidmann.

KERSABIEC, Sioc'han. de, 1868 : *Études archéologiques*, Nantes, Forest et Grimaud.

KIECHLE, Franz, 1963 : *Laconia und Sparta. Untersuchungen zur ethnische Struktur und zur politischen Entwicklung Lakoniens und Sparta bis zum Ende der archaischen Zeit*, Munich et Berlin, C. H. Beck.

KLINTON, Kevin, 1973 : « Apollo, Pan, and Zeus, avengers of vultures : *Agamemnon*, 55-59 », *AJPh*, 94, 282-298.

KLUGE, Friedrich, 1934 : *Etymologisches Wörterbuch der deutschen Sprache*, Berlin, De Gruyter (21e édition, Berlin-New York, De Gruyter, 1975).

KOCH, John T., 1991 : « Eriu, Alba and Letha : When was a language ancestral to Gaelic first spoken in Ireland ? », *Emania*, 9, 17-27.

KÖNIG, Marie, 1982 : *Notre passé est encore plus ancien*, traduit de l'allemand par Frédérique Daber, Paris, Laffont.

KOTHE, Heinz, 1970 : « Apollons ethnokulturelle Herkunft », *Klio*, 52, 205-230.

KRAHE, Hans, 1955 : *Sprache und Vorzeit. Europäische Vorgeschichte nach Zeugnis der Sprache*, Heidelberg, Quelle und Meyer.

KRAPPE, Alexander Haggerty, 1927 : *Balor with the Evil Eye, Studies in Celtic and French Literature*, New York, Columbia University Press.
–, 1928 : *Études de mythologie et de folklore germaniques*, Paris, É. Leroux.
–, 1931 : « Lug Lavada », *RA*, 5e série, 33, 102-106.
–, 1936 : « Les dieux au corbeau chez les Celtes », *RHR*, 114, 236-246.
–, 1942 : « Apollon Kuknos », *Cl. Ph.*, 37.4, 353-370.
–, 1943-1946 : « Apollon », *Studi e Material di Storia delle Religioni*, 19-20, 115-132
–, 1947 : « Apollon Onos », *Cl. Ph.*, 42, 223-234.
–, 1952 : *La Genèse des mythes*, Paris, Payot.
KRAUS, Walther, 1950 : « Apollon Aphetor », *in* W. Kraus dir., *Aus Allem Eines. Studien zur antiken Geistesgeschichte*, Heidelberg, L. Stehm (réimpression Heidelberg, Stehm, 1984), 40-42.
KRAUSE, Aurel, 1885 : *Die Tlinkit-Indianer, Ergebnisse einen Reise nach Nochwestküste von Amerika und der Beringstrasse*, Iena, Hermann Costlenoble (traduction en anglais, *The Tlingit Indians*, par Erna Gunther, Seattle, Publications for the American ethnolological Society by the University of Washington, 1956).
KRETSCHMER, Paul, 1923 : in *Glotta*, 14.
KRUTA, Venceslas, 1992 : *L'Europe des origines*, Paris, Gallimard.
–, 2000 : *Les Celtes. Histoire et dictionnaire. Des origines à la romanisation et au christianisme*, Paris, Laffont.
KRYZICKIJ, Sergej Dmitrievic, et VINOGRADOV, Jurij G, 1995 : *Olbia. Eine altgriechische Stadt im nord-westlichen Schwarzmeerraum*, Leyde et New York, Brill.
KUIPER, Franciscus B., 1960 : « Svá-vṛṣṭi-, *ṚS* I.52.5a, 14c », *IIJ*, 4, 49-63.
KUNZE, Emil, 1934 : *Orchomenos*, t. 3 *Die Keramik der frühen Bronzezeit*, Munich, Abhandlungen der Bayerischen Akademie der Wissenschaften 8.
LABARBE, Jules, 1953 : « L'âge correspondant au sacrifice du *koureion* et les données historiques du sixième discours d'Isée », *Bulletin de l'Académie royale de Belgique, classe des lettres*, 39, 358-394.
LAINÉ-KERJEAN, Célestin, 1942-1943 : « Le calendrier celtique », *ZCP*, 23, 249-284.
LAJOYE, Patrice, 2000 : « Les saints lexoviens », *Bulletin de la Société historique de Lisieux*, 46.
–, 2001 a : « Hellequin, le dieu au bois de cerf et le Dagda », *BSMF*, 202, 2-13.
–, 2001 b : « Belenos dans les textes antiques et médiévaux », *BSMF*, 204, 21-34.
–, 2001 c : « L'étymologie de Cernunnos », *BSMF*, 205, 37.
–, 2002 : « Le culte de Mercure dans la cité des Lexovii », *Bulletin de la Société historique de Lisieux*, 46.
–, 2003 a : « Épona, déesse gauloise des chevaux : Histoire d'un succès religieux », *Histoire antique*, 9, juin-juillet 2003, 22-27.
–, 2003 b : « À la recherche de Lug : deux exemples médiévaux français », *BSMF*, 211, *Hommages à Jean-Paul Lelu*, 9-13.
LAMBERT, Pierre-Yves, 1979 : « La tablette gauloise de Chamalières », *EC*, 16, 141-169.

–, 1980 : « Étymologies », *EC*, 17, 169-180.

–, 1981 : *Les Littératures celtiques*, Paris, PUF, coll. « Que sais-je ? », 809.

–, 1986 : « Comptes rendus », *BSL*, 81, 118-121.

–, 1993 : *Les Quatre Branches du Mabinogi. Contes gallois du Moyen Âge*, Paris, Gallimard.

–, 1994 a : *La Langue gauloise*, préface de Michel Lejeune, Paris, Errance.

–, 1994 b : « Magie et pouvoir dans la Quatrième branche du *Mabinogi* », *StCel*, 28, 97-107.

LAMBRECHTS, Pierre, 1950 : « Épone et les Matres », *AC*, 19, 103-112.

LANTIER, Raymond, 1934 : « Le dieu celtique de Bouray », *Fondation Eugène Piot. Monuments et Mémoires*, XXXIV, 35-38.

–, 1950 : Notice, *in Bulletin des Musées de France*.

LAROCHE, Emmanuel, 1947 : *Recherches sur les noms des dieux hittites*, Paris, Maisonneuve.

LATTE, Kurt, 1940 : « The coming of the Pythia », *Harvard Theological Review*, 23, 9-18.

LAUBIE, Bernard, 1965 : « Statuette d'un dieu gallo-romain au bouc et au serpent cornu trouvée à Yzeures-sur-Creuse (Indre-et-Loire) », *Gallia*, 33, 279-284.

LAURENT, Donatien, 1990 : « Le juste milieu. Réflexion sur un rituel de circumambulation millénaire : la troménie de Locronan », *in* Tenèze *et al.*, 1990, 255-292.

LAWLER, Lilian B., 1946 : « The Geranos Dance. A New Interpretation », *Transactions of the American Philological Association*, 77, 112-130.

LAZENBY, John Francis, et HOPE SIMPSON, Richard 1970 : *The Catalogue of the Ships in Homer's Iliad*, Oxford, Clarendon.

LAZERO, Octav Eugen de, 1989 : « The Dynastic Myth of the Premyslids in the *Chronica Bohemorum* by Cosmas of Prague », *Oll.*, 12.1, 123-175.

LEA, Anne E., 1997 : « Lleu Wyllt : an Early British Prototype of the Legend of the Wild Man ? », *JIES*, 25.1-2, 35-47.

LE BAS, Philippe, et FOUCART, Paul, 1870 : *Voyage archéologique en Grèce et en Asie Mineure*, II, *Mégaride et Péloponèse*, Paris, Firmint-Didot.

LE BONNIEC, Hervé, et GALLET DE SANTERRE, Henri, 1983 : *Pline l'Ancien. Histoire naturelle. Livre XXXIV*, Paris, Les Belles Lettres.

LECLERCQ, Henri, et CABROL, Fernand, 1931 : *Dictionnaire d'archéologie chrétienne et de liturgie*, Paris, Letouzey et Ané.

LECLERCQ-NEVEU, Bernadette, 1989 : « Marsyas, le martyr de l'aulos », *Mètis*, 4.2, 251-268.

LEDUC, Claudine, 1995 : « Une théologie du signe en pays grec. L'hymne homérique à Hermès (1) : commentaire des vers 1-181 », *RHR*, 212.1, 5-50.

LEGRAND, Adrien, 1904 : « Mercurius », *DA*, III, 1802-1823.

LEITE DE VASCONCELLOS, José, 1905 : *Religiões da Lusitania na parte principalmente se refere a Portugal*, Lisbonne, Comissão Central Executiva do Centenario da India, t. II.

LEJEUNE, Michel, 1958 : *Mémoires de philologie mycénienne. Première série (1955-1957)*, Paris, Éditions du CNRS.

–, 1962 : « Études de philologie mycénienne. V. Le suffixe *-tero-* », *REG*, 84, 5-19.
LELU, Jean-Paul, 1970 : « La Saint-Martin dans le calendrier », *BSMF*, 77, 72-73.
–, 1971 a : « La Beuffenie et son partenaire en Bourgogne », *BSMF*, 81, 90-105.
–, 1971 b : « Note pour les chercheurs de la Somme et du Pas-de-Calais : les saints Lugle et Luglien ont-ils succédé aux Lugoves ? », *BSMF*, 81, 108.
–, 1972 : « Matériaux pour une mythologie du loup » (2e partie), *BSMF*, 84, 22-29.
–, 1976 : « Le dragon et les trois chevaliers nantais », *BSMF*, 100, 5-12.
–, 2000 : « Le souvenir de la royauté et de la souveraineté celtiques dans la toponymie (2) », *BSMF*, 201, 36-39.
LE QUELLEC, Jean-Loïc, 1995 : *Dictionnaire des noms de lieux de la Vendée*, Parthenay, Geste Édition (réédition 1998).
–, 1996 : « Le roi des oiseaux : Rabertaud, Sibbus, Rokh et Garuda », *BSMF*, 181-182, 81-108.
–, 2001 : *Vents et mots*, Beauvoir-sur-Mer, L'Étrave.
LE QUELLEC, Jean-Loïc, et SERGENT, Bernard, 2005 : *Dictionnaire critique de mythologie*, à paraître.
LERAT, Jules, 1938 : « Fouilles de Delphes (1934-1935). Rapport préliminaire », *RA*, 183-227.
–, 1950 : « Trois petits bronzes gallo-romains du musée de Besançon », *Gallia*, 8, 95-104.
LE ROUX, Françoise, 1956 : « Notes d'histoire des religions III », *Ogam*, 8, 293-316.
–, 1957 : « Le calendrier gaulois de Coligny (Ain) et la fête irlandaise de Samain (« *Samonios ») », *Ogam*, 9, 337-342.
–, 1959 : « Introduction à l'étude de l'Apollon gaulois », *Ogam*, 11, 216-226
–, 1960 a : « Le dieu druide et le druide divin », *Ogam*, 12, 349-378
–, 1960 b : « Le dieu celtique aux liens : de l'Ogmios de Lucien à l'Ogmios de Dürer », *Ogam*, 12, 209-234.
–, 1961 a : « Le Celticum d'Ambigatus et l'Omphalos gaulois », *Ogam*, 13, 159-184.
–, 1961 b : « Études sur le festiaire celtique I », *Ogam*, 13, 481-506, 174-184, 343-370.
–, 1961 c : « Le guerrier borgne et le devin aveugle, la cécité et la voyance », *Ogam*, 13, 331-342.
–, 1962 : « Étude sur le festiaire celtique. II-IV – Lugnasad ou la fête du roi », *Ogam*, 14, 174-184, 343-372.
–, 1963 : « Nodons/Nuada et l'*interpretatio romana* de Mars », *Ogam*, 15, 256.
–, 1965 a : « Aspects de la fonction guerrière chez les Celtes », *Ogam*, 17, 175-188.
–, 1965 b : « Le conception de Cúchulainn. Commentaire du texte », *Ogam*, 17, 393-410.
–, 1966 a : « La mort de Cúchulainn », *Ogam*, 18, 364-399.
–, 1966 b : « Le rêve d'Oengus, commentaire du texte », *Ogam*, 18, 132-150.

–, 1966 c : « Pectore nudo », *Ogam*, 18, 369-372.
–, 1968 : « La religion des Celtes », *in* Puech dir., I, 781-840.
–, 1968 : « La mythologie irlandaise du Livre des Conquêtes », *Ogam*, 20, 381-404.
–, 1973 : « Notes d'histoire des religions » X, *Ogam*, 15-16, 447-458.
–, 1983-1984 : « Sur quelques sacrifices et rites sacrificiels celtiques sans effusion de sang », *Ogam*, 35-36, 95-110.
LE ROUX, F., et GUYONVARC'H, Ch.-J., 1978 : *Les Druides*, *cf.* nouv. éd. 1986.
–, 1983 : *Mórrigan-Bodb-Macha. La souveraineté guerrière de l'Irlande*, Rennes, *Celticum*, 25.
–, 1986 : *Les Druides*, Rennes, Ouest-France Université (4e édition ; 1re Paris, PUF, 1961, 2e éd., Rennes, *Celticum* 14, 1978 ; 3e éd. *Celticum*, 1981).
–, 1987 : « Fomoiré », *in* Eliade dir., 1987, VII, 385-386.
–, 1991 : *La Société celtique*, Rennes, Ouest-France Université.
–, 1995 : *Les Fêtes celtiques*, Rennes, Ouest-France Université.
–, 1997 : *Magie, médecine et divination chez les Celtes*, Paris, Payot.
LEROY, Marie-Magdeleine, 1982 : « À propos de Pieds d'or : la claudication du forgeron indo-européen en Europe occidentale », *Ethnologie française*, 12, 291-296.
LESCHHORN, Wolfgang, 1984 : *Gründer der Stadt. Studien zu einen politisch-religiösen Phänomen der greichischen Geschichte*, Stuttgart, F. Steiner.
LÉTOUBLON, Françoise, 1996 : « *Phobos* et Phoibos », *in* Pierre Glaudes dir., *Terreur et représentation*, Grenoble, ELLUG, 289-306.
LEUVEN VAN, Jon C., 1979 : « Mycenæan Goddesses Called Potnia », *Kadmos*, 18, 112-129.
LÉVÊQUE, Pierre, 1964 : *L'Aventure grecque*, Paris, Armand Colin (5e tirage 1990).
–, 1973, « Continuités et innovations dans la religion grecque de la première moitié du 1er millénaire », *PP*, 1, 12-50.
–, 1975 : « Le syncrétisme créto-mycénien », *in* Dunand et Lévêque dir., 19-75.
–, 1981 : « Contribution à une théorie historique de la production de la pensée religieuse dans les sociétés du Paléolithique et du Néolithique », *DHA*, 7, 53-92.
–, 1982 : « Structures imaginaires et fonctionnement des mystères grecs », *Studi Storico-Religiosi*, 6.1-2, 185-208.
–, 1984 : « La dépendance dans la structure trifonctionnelle indo-européenne », *DHA*, 10, 51-71.
–, dir. 1987 : *Peuples et civilisations*, I, *Des despotismes orientaux à la cité grecque*, Paris, PUF.
LÉVÊQUE, P., et SÉCHAN, Louis, 1966 : *Les Grandes Divinités de la Grèce*, Paris, de Boccard (réédition 1990).
LÉVI-STRAUSS, Claude, 1958 : *Anthropologie structurale*, Paris, Plon.
–, 1964 : *Mythologiques*, I, *Le Cru et le Cuit*, Paris, Plon.
–, 1968 : *Mythologiques*, III, *Origines des manières de table*, Paris, Plon.
–, 1971 : *Mythologiques*, IV, *L'Homme nu*, Paris, Plon.
–, 1974 (1962) : *Le Totémisme aujourd'hui*, 4e éd., Paris, PUF (1re éd. 1962).
–, 1991 : *Histoire de Lynx*, Paris, Plon.

LIDDELL, Henry George, SCOTT, Robert et JONES, Henry Stuart 1968, *Greek-English Dictionary*, Oxford, Clarendon Press.

LINCKENHELD, Émile, 1947 : « Le sanctuaire du Donon, son importance pour l'étude des cultes et des rites celtiques, d'après les récentes fouilles », *Cahiers alsaciens d'histoire et d'archéologie*, 128, Strasbourg.

LINCOLN, Bruce, 1982 : « Place Outside Spaces, Moments Outside Time », dans Polomé dir., 69-84.

–, 1991 : *Death, War and Sacrifice. Studies in Ideology and Practice*, préface de Wendy Doniger, Chicago-Londres, University of Chicago Press.

LIOU-GILLE, Bernadette, 1980 : *Cultes « héroïques » romains. Les fondateurs*, Paris, Les Belles Lettres.

LOMBARDO, M., : « Le concezioni degli antichi sul ruolo degli oracoli nelle colonizzazzione greca », *in* Giuseppe Nenci dir., *Ricerche sulla colonizzazzione greca*, *ASNP*, 3, 2, 63-89.

LOOMIS, Roger Sherman, 1927 : *Celtic Myth and Arthurian Romance*, New York, Columbia University Press.

LÓPEZ CUEVILLAS, F., 1951 : « Esculturas zoomorfas y antropomorfas de la cultura de los castros », *Cuadernos de Estudios Gallegos*, 19, 177-203.

LOTH, Joseph, 1904 : « L'année celtique d'après les textes irlandais, gallois, bretons et le calendrier de Coligny », *RC*, 25, 113-162.

–, 1913 : *Les Mabinogion du Livre rouge de Hergest avec les variantes du Livre blanc de Rhydderch, traduits du gallois*, 2 t., Paris, Thorin et Fontemoing (rééd. complétée des t. 3 et 4 du *Cours de littérature celtique* d'H. d'Arbois de Jubainville, 1889 ; réimpr. Genève, Slatkine, 1975).

–, 1914 : « Le dieu Lug, la Terre-Mère et les Lugoves », *RA*, II 205-230.

–, 1926 : « Chronique gallo-romaine », *REA*, 28, 265.

LOZACH'MEUR, Jean-Claude, 1992 : « Athéna, Satana et le dieu forgeron », *in Au miroir de la culture antique. Mélanges offerts au président René Marache*, Presses universitaires de Rennes, 339-343.

LUCAS, Heinz, 1971 : *Der Tanz der Kraniche und die Hochzeit auf dem Meeresgrund. Ein Breitag zur vergleichenden Maskenforschung*, Emsdetten, Lechte.

MACALISTER, Robert Alexander Stewart, 1936-1956 : *Lebor Gabala Erenn. The Book of the Taking of Ireland*, 5 tomes, Dublin, ITS.

MACCANA, Proinsias, 1970 : *Celtic Mythology*, Londres, Hamlyn.

–, 1985 : *Celtic Mythology*, 2e éd., New York, Peter Bedrick.

–, 1987 : « Fianaigecht in the pre-Norman pediod », *in* Bo Almqvist, Séamas Ó Catháin et Pádraig Ó Héalai dir., *The Heroic Process : form, function and fantasy in folk epic : the proceedings of the International Folk Epic Conference, University College Dublin, 2-6 september 1985*, Dun Laoghaire, Glendale Press, 75-99.

MAC CIONNAITH, Lambert A. J., 1939 : *Díoghluim Dána. A Miscellany of Irish Bardic poetry, historical and religious, including the historical poems of Duanaire in the Yellow Book of Lecan*, traduction, introduction, notes et glossaires, Dublin, ITS.

MACKILLOP, James, 1998 : *Dictionary of Celtic Mythology*, Oxford University Press.

MacNéill, Eóin, et Murphy, Gerard, 1904-1954 : *Duanaire Finn (The Book of the Lays of Fionn)*, 3 vol., Dublin, ITS.

MacNeill, Máire, 1982 : *The Festival of Lughnasa. A Study of the Survival of the Celtic Festival of the Beginning of Harvest*, Dublin, Comhairle Bhéaloideas Éireann (reprint de la 1re éd., 1962, Oxford University Press).

Mactoux, Marie-Madeleine, et Gény, Évelyne, 1988-1990 : *Mélanges Pierre Lévêque, Annales de l'université de Besançon*, Centre de recherches d'histoire ancienne, 6 t. (Annales littéraires de l'université de Besançon).

Magnien, René, et Thévenot, Émile, 1953-1956 : *Inventaire supplémentaire des monuments à Épona. Additif à l'ouvrage Épona, déesse gauloise des chevaux, protectrice des cavaliers*, Bordeaux, Delmas.

Magrath, William T., 1975 : « The Athenian King List and Indo-European Trifunctionality », *JIES*, 3.2, 173-194.

Maier, Bernhard, 2001 : *Die Religion der Kelten. Götter, Mythen, Weltbild*, Darmstadt, C.-H. Beck.

Maier, Franz Georg, 1961 : « Torgötter », *Eranion, Festchrift für H. Hommel*, Tübingen, Max Niemeyer, 93-104.

Mainoldi, Carla, 1984 : *L'Image du loup et du chien dans la Grèce ancienne d'Homère à Platon*, Paris, Ophrys.

Majorel, Florence, 2003 a : « Hermès ou le mouvement spiralé de l'initiation », *Bull. de l'assoc. Guillaume Budé*, 1, 55-81.

–, 2003 b : « Rythmes d'Hermès entre mobilité et immobilité », in *Rythmes et lumières en Méditerranée*, Presses universitaires de Perpignan.

Mallory, James P., 1997 : *À la recherche des Indo-Européens. Langue, Archéologie, Mythe*, Paris, Seuil, traduit de l'anglais par Jean-Luc Giriborne (*In Search of the Indo-Europeans. Language, Archaology and Myth*, Londres, Thames and Hudson, 1989).

Malten, Lubor, 1914 : *Das Pferd im Totenglauben*, Jahrbuch des deutschen archäologischen Instituts.

Mannhardt, Wilhelm, 1875 : « Die lettischen Sonnenmythen », *Zeitschrift für Ethnologie*, 7, 73-104, 209-244, 261-330.

Marco Simón, Francisco, 1986 : « El dios celtico Lug y el Santuario de Peñalba de Villastar », *Estudios en Homenaje al Dr. Antonio Beltran Martínez*, Saragosse, université de Saragosse, 731-759.

–, 1998 : « Deis Equeunu(bo) », *in* Francisco Villar et F. Beltran dir., *Pueblos, lenguas y escrituras en la Hispania preromana, Actas del VII colloquio sobre lenguas y culturas paleohispánicas*, Saragosse-Salamanque, 481-490.

Markale, Jean, 1971 : *L'Épopée celtique d'Irlande*, Paris, Payot (rééd. 1979).

Marstrander, Carl, *et al.*, 1913-1976 : *(Contributions to a) Dictionary of the Irish Language*, Dublin, RIA.

Marx, Jean, 1967 : *Les Littératures celtiques*, Paris, PUF, coll. « Que sais-je ? » 809.

Masson, Émilia, 1991 : *Le Combat pour l'immortalité. Héritage indo-européen dans la mythologie indo-européenne*, Paris, PUF.

Masson, Olivier, 1988 : « Le culte ionien d'Apollon Oulios, d'après les données onomastiques nouvelles », *Journal des Savants*, 173-181.

MATHIEU, Rémi, 1984 : « Le corbeau dans la mythologie de l'ancienne Chine », *RHR*, 201, 281-309.
MATTÉI, Jean-François, 1996 : *Platon et le miroir du mythe. De l'Age d'or à l'Atlantide*, Paris, PUF.
MAYAUD, Noël, 1974 : « Ornithologie », *in* Tétry, A., *Zoologie*, t. IV, Paris, Gallimard.
MAYRHOFER, Manfred, 1976 : *Kurtgeffässes altindisches etymologisches Wörterbuch*, Heidelberg, C. Winter, t. III.
MAZON, Paul, 1919 : « Les premiers vers des *Choéphores* », *REG*, 32, 376-383.
–, 1967 : *Homère, Iliade*, Paris, Les Belles Lettres.
–, 1969 : *Eschyle, Œuvres*, t. I, Paris, Les Belles Lettres.
MAZOYER, Michel, 1999 : « Télipinu et Apollon fondateurs », *Hethitica*, 14, 55-62.
–, 2003 : *Télepinu, le dieu au marécage. Essai sur les mythes fondateurs du royaume hittite*, Paris, L'Harmattan.
MC CONE, Kim, 1987 : « Hund, Wolf und Krieger bei den Indogermanen », *in* Meid dir., 101-154.
MEID, Wolgang, dir., 1987 : *Studien zum indogermanischen Wortschatz*, Innsbruck, ISU.
MEID, Wolfgang, 1994 : *Celtiberian Inscriptions*, Budapest, Archaeolingua.
–, 1995 : « La inscripción celtibérica de Peñalba de Villastar », *Kalathos*, 13-14, 347-353.
MEIGG, Russell, et LEWIS, David M., 1989 : *A Selection of Greek Historical Inscritions*, Oxford, Clarendon.
MÉLA, Charles, 1988 : « Le temps retrouvé dans la *Vita Merlini* », *Le Nombre du Temps, en hommage à Paul Zumthor*, Paris, Champion, 171-193.
MÉNARDOS, S., 1908 : « Where did Aphrodite find the body of Adonis ? », *JHS*, 28, 133-137.
MENNELLA, G., 1992 : « Le iscrizione rupestri della valle delle Meraviglie e della valle dell'Ossola », *in* Lidio Gasperini dir., *Rupes loquentes*, Rome, Istituto italiano per la Storia antica, 23-31.
MERCERON, Jacques, (inédit) : *Saint Laurent, avatar de Gargantua et « martyr caniculaire »* (manuscrit en la possession de l'auteur).
–, 2003 : « Calendriers, géographie, motifs et rituels des "saints et saintes à l'aubépine" », *BSMF*, 211, *Hommages à Jean-Paul Lelu*, 14-37.
MERDRIGNAC, Bernard, 1983 : « Lug le "Polytechnicien" dans la vie de saint Hervé », *in* Xavier Barral i Altet, G. de Carné, A. Chédeville et coll., *Artistes, artisans et production artistique en Bretagne au Moyen Âge*, Rennes, université de Haute-Bretagne, 26-28.
–, 1985 : *Recherches sur l'hagiographie armoricaine*, Saint-Malo, Centre régional archéologique d'Alet.
–, 1989 : « À la rencontre du folklore médiéval dans quelques *uitae* armoricaines des XIe-XIIIe siècles », *in* Donatien Laurent *et al.*, *Du folklore à l'ethnologie en Bretagne*, Brasparts, Beltan, 253-262.
–, 1999 : « Truies et verrats, cochons et sangliers, porcs et porchers dans les *Vitae* de saints bretons du Moyen Âge », *in* Walter Philippe, dir., *Mythologies du porc*, Grenoble, Jérôle Millon, 123-153.

–, 2002 : « Les saints et les loups », *Oll.*, 16.2, 195-229.

MÉREL, Gérard, 2000 : « À la découverte des réseaux de sanctuaires dédiés à saint Michel », *BSMF*, 119, 35-43.

MERKELBACH, Reinhold, 1972 : « Aglauros. Die Religion der Epheben », *Zeitschrift für Papyrologie und Epigraphik*, 9, 277-283.

MERKELBACH, Reinhold, et WEST, Martin Litchfield, 1967 : *Fragmenta hesiodea*, Oxford University Press.

MEULDER, Marcel, 1991 : « Platon peintre des âges de la vie humaine », *AC*, 60, 102-129.

–, 1992 : « Ruse et violence au livre VIII de la *République* de Platon », *Mètis*, 7, 231-252.

–, 1994 : « La *mètis* du tyran ou l'aporie d'un pouvoir malin », *AC*, 63, 271-284.

–, 2001 : « Une eschatologie indo-européenne dans Platon, *République VIII* », *Oll.*, 16.1, 93-108.

–, 2002 : « Séquences trifonctionnelles dans l'*Odyssée* », *AC*, à paraître.

MEYER, Eduard, 1909 : *Geschichte der Altertums*, I, Stuttgart et Berlin, J. G. Cotta.

MEYER, Kuno, 1903 : « Stories and Songs from Irish Manuscripts », *Otia Merseiana*, 3, 46-54.

–, 1907 : « The Colloquy between Fintan and the Hawk of Achill », *in* Bergin *et al.*, 1907-1913, I, 24-39.

–, 1913 : *Über die älteste irische Dichtung*, Berlin, Königlische Preussische Akademie der Wissentschaft.

MICHA, Alexandre, 1994 : Robert de Boron, *Merlin, roman du XIIIe siècle*, publié, traduit et annoté par Micha, Paris, Garnier-Flammarion.

MILIN, Gaël, 1991 : *Le Roi Marc aux oreilles de cheval*, Genève, Droz.

MILLAT, Pierre, 2001 : « Le culte de Saint-Gengoult (patron des "mal mariés") dans le département de l'Aube », *BSMF*, 202, 15-36.

MILLER, Andrew M., 1986 : *From Delos to Delphi. A Literary Study of the Homeric Hymne to Apollon*, Leyde, Brill.

MOLE, Marijan, 1959 : « La guerre des géants d'après le Sûtkar Nask », *IIJ*, 3, 242-305.

MOMMSEN, August, 1898 : *Feste der Stadt Athen im Altertum geordnet nach attische Kalendar*, Leipzig, Teubner.

MONCEAUX, 1887 : « Le temple du Puy de Dôme », *Revue historique*, 12e année, 1, 225-262.

MONTELLE, Édith, 1995 : « Quand une femme apportait les cadeaux de Noël... », *BSMF*, 179-180, 9.

–, 1998 : *L'Œil de la Vouivre. Récits mythologiques*, Strasbourg, La Nuée bleue, Éditions de l'Est.

–, 2000 : « Évolution et métamorphoses d'Épona la Grande Reine », *in* Carénini dir., 201-207.

MONTELLE, Édith, et KIEFFER, Jean-Louis, 1994 : *L'Ondine de la Nied et autres contes*, Serpenoise/F.O.L. Moselle.

MOREAU, Alain, 1988-1989 : « Le labyrinthe et la grue », *Connaissance hellénique*, 37, 7-16 ; 38, 24-33.

–, dir., 1992 a : *L'Initiation. Actes du colloque international de Montpellier,*

11-14 avril 1991, Montpellier, Publications de la recherche, Université Paul-Valéry, Montpellier-III.

–, 1992 b : « Initiation en Grèce ancienne », *DHA*, 18, 191-244.

–, 1995 : « Euripide ou le sacrifice de l'enfant Oreste », *in Enfants et enfances dans les mythologies*, Montpellier, Université Paul-Valéry, Montpellier-III, 169-194.

–, 1996 : « Quand Apollon devint soleil », *in Les Astres. Les astres et les mythes, la description du ciel, Actes du Colloque international de Montpellier, 23-25 mars 1995*, études rassemblées par Béatrice Bakhouche, Alain Moreau et Jean-Claude Turpin, Publications de la Recherche, Université Paul-Valéry, Montpellier-III, t. I, 11-35.

–, 1997 : « Jason et Oreste : d'un système à l'autre : du héros épique au misérable », *in* Jacques Boulogne dir., *Les Systèmes mythologiques*, Lille, Presses universitaires du Septentrion, 271-282.

–, 1999 : *Mythes grecs*, I. *Origines*, Montpellier, Université Paul-Valéry.

MOREAU, Jacques, 1951 : « Les guerriers et les femmes impudiques », *Annuaire de l'Institut de Philologie et d'Histoire orientales et slaves, Mélanges Henri Grégoire*, III, 283-300.

MORELLI, Donato, 1959 : *I culti di Rhodi*, Pise, Libreria Goliardica.

MORET, Jean-Marc, 1992 : « Les départs aux Enfers dans l'imagerie apulienne », *RA*, fasc. 2.

MOUNTJOY, Penelope A., 1983 : *Orchomenos*, t. 5 : *Mycenaean pottery from Orchomenos, Eutresis and other Boeotian Sites*, Munich, Verlag der Bayerische Akademie der Wissenschaften.

MOWAT, Robert, 1890 : « Bas-relief antique découvert dans la Côte-d'Or », *BSAF*, 144-146.

MÜLLER, Heinrich Dieterich, 1857 : *Mythologie der griechischen Stämme*, I, Göttingen, Vandenhoeck und Ruprecht.

MÜLLER, Karl Ottfried, 1824 : *Geschichte hellenischer Stämme und Städte*, 3 vol., Breslau, J. Max, 1820-1824, dont *Die Dorier*, 2 vol., 1824 ; 2e éd. 1844 (trad. en anglais d'Henry Tufnell et Georges Cornewallis, *The History and Antiquities of the Doric Race*, 2 vol., Oxford, 1830 ; 2e éd. Oxford, J. Murray, 1939).

–, 1825 : *Prolegomena zu einer wissenschaflichen Mythologie*, Göttingen, Vandenhoeck und Ruprecht (trad. brit., *Introduction to a Scientific System of Mythology*, Londres, 1844).

MÜLLER, Karl Ottfried, et SCHNEIDEWIN, Friedrich Wilhelm, 1844 : *Orchomenos und die Minyer*, 2e éd., Breslau, série Geschichten hellinistischen Stämme und Städte, Max.

MULLER, Sylvie, 1992 : *Vie et mort du roitelet dans le rituel et les contes irlandais*, Nice (thèse).

–, 1995 : « La tradition populaire irlandaise : une autre façon de penser le monde », *BSMF*, 179-180, 49-62.

–, 1996 : « Le roitelet et l'aigle, ou le roi et la souveraineté dans la tradition populaire irlandaise », *Oll.*, 9.1, 59-75.

MÜLLER, Sylvie, 1992 : « Delphes et sa région à l'époque mycénienne », *BCH*, 116, 445-496.

MÜLLER-LISOVSKI, K., 1948 : « Contributions to a Study of Irish Folklore. Traditions about Donn », *Béal*, 18, 142-199.

MUTHMANN, Friedrich, 1975 : *Mutter und Quelle. Studien zur Quellenverehrung im Altertum und im Mittelalter*, Bâle, Archäologischer Verlag in Basel.

NAGY, Gregory, 1979 : *The Best of the Achaeans. Concepts of the Hero in Archaic Greek Poetry*, Baltimore-Londres, Johns Hopkins University Press (traduction française de Jeannie Carlier et Nicole Loraux, *Le Meilleur des Achéens. La fabrique du héros dans la poésie grecque archaïque*, Paris, Seuil, 1994).

–, 1994 : « The Name of Apollo : Etymology and Essence », *in* Jon Solomon dir., *Apollo. Origins and Influence*, University of Arizona Press, 3-7 et 135-136.

NATROVISSUS, 1952-1953 : « Les nombres lugiens trois, neuf et vingt-sept », *Ogam*, 2-4, 184-186, 208.

–, 1952 : « L'"état-major" des Tuatha Dé Danann », *Ogam*, 12, 241-245 et 261-263.

NAUCK, August, 1889 : *Tragicorum Graecorum Fragmenta*, Leipzig, Teubner, 2e éd. (réimpr. Hildesheim, G. Olms, avec supplément par B. Snell, 1964).

NEF, Annlies, 1999 : *La Première Géographie de l'Occident. Idrîsî*, présentation, notes, index, chronologie et bibliographie, par Henri Besc et Annliese Nef, traduction du chevalier Pierre Amédée Jaubert revue par A. Nef, Paris, Flammarion.

NESCHKE, Ada, 1986 : « L'Orestie et la tradition littéraire du mythe des Atrides avant Eschyle », *AC*, 55, 283-301.

NEWELL, Adrien N., 1939 : « The Dove-Deity of Alesia and Serapis-Moritasgus », *RA*, II, 133-158.

NIEDERLE, Lubor, 1926 : *Manuel de l'Antiquité slave.* II, *La Civilisation*, Paris, Champion.

NILSSON, Martin Persson, 1906 : *Griechische Feste von religiöse Bedeutung mit Ausschlusse der Attichen*, Leipzig, Teubner.

–, 1911 : « Die älteste Zeitrechnung. Apollo und der Orient », *ARW*, 14, 423-448.

–, 1918 : « Entstehung und religiöse Bedeutung des griechischen Kalenders », *Lunds Universitets årsskrift*, 14.21.

–, 1925 : *A History of Greek Religion*, Oxford, Clarendon.

–, 1927 : *Minoan-Mycenæan Religion*, Lund, Gleerup.

–, 1941 : *Geschichte der griechische Religion*, Munich, C. H. Beck (1re éd.).

–, 1950 : *Minoan-Mycenæan Religion*, Lund, Gleerup ; Londres, H. Milford ; Paris, Champion (2e éd.).

–, 1976 : *Geschichte der griechische Religion*, I, Munich, C. H. Beck (4e éd.).

NORMAN, Howard, 2003 : *Contes du Grand Nord. Récits traditionnels des peuples inuits et indiens*, Paris, Albin Michel.

O'CATHASAIGH, Tomás, 1983 : « Cath Maige Tuired as exemplary myth », *in Folia Gadelica, Melanges R. A. Bretnach*, P. de Brún, Seán O'Colileáin et Pádraig O'Riain dir., Cork University Press, 1-19.

O'CUIV, Brian, 1945 : *Cath Muighe Tuireadh, The Second Batle of Magh Tuireadh*, Dublin, IAS.

–, 1952 : « Lugh Lamfhada and the Death of Balor ua Néid », *Celtica*, 2, 64-64.

O'CURRY, Eugene, 1861 : *Lectures on the MS Materials of Ancient Irish History*, Dublin, J. Duffy (rééd. New York, B. Franklin, 1965 ; Porland, Four Courts Press, 1995).

O'DONAILL, Niall, 1978 : *Foclóir Gaeilge-Béaria*, Dublin (rééd. 1998, an Guni ; an Roinn Oídeachois).

O'DONOVAN, John, 1856 : *Annals of the Kingdom of Ireland by the Four Masters*, Dublin, IAS, 2e éd.

O'DUFFY, Richard J., 1901 : *Oidhe chloinne Tuireann*, Dublin, Society for the Preservation of the Irish Language, t. VIII.

Ó'HÓGÁIN, Dáithi, 1988 : *Fionn mac Cumhaill : Images of the Gaelic Hero*, Dublin, Gilland Macmillan.

–, 1990 : *Myth, Legend and Romance, an Encyclopaedia of Irish Tradition*, Londres, Ryan.

O'RAHILLY, Thomas F., 1946 : *Early Irish History and Mythology*, Dublin, DIAS.

O'RIAIN, Pádraig, 1978 : « Traces of Lug in early Irish hagiography », *ZCP*, 36, 138-156.

OLDENBERG, Hermann, 1903 : *La Religion du Véda*, traduit de l'allemand par Victor Henry, Paris, Félix Alcan.

OLIVE, Jean-Louis, 1996 : « La salutation au soleil. Notes d'ethnographie héliotropique en Pyrénées catalanes I », *BSMF*, 183, 1-25.

–, 2003 : « Lapidations liminales et grêles de pierres autour de saint Étienne, protomartyr en Pyrénées catalanes. Confréries de garçons, rites d'initiation et de territorialisation », *BSMF*, 213, 19-47.

OLMSTED, Garett S., 1994 : *The Gods of the Celts and the Indo-Europeans*, Innsbruck-Budapest, ISU.

ORGOGOZO, Janine, 1949-1950 : « L'Hermès des Achéens », *RHR*, 136, 10-30 ; 137, 139-179.

OSTHOFF, Hermann, 1895 : « Griechische und Lateinische Wortdeutungen », *IF*, 5, 275-324.

OTTO, Walter, 1929 : v. 1996.

–, 1959-1961 : « Apollon », *Paideuma*, 7, 19-34.

–, 1996 : *Les Dieux de la Grèce. La figure du divin au miroir de l'esprit grec*, Paris, Payot, préface de Marcel Detienne (traduit de l'allemand par Claude-Nicolas Grimbert et Armel Morgant ; 1re éd. allemande, 1929 ; 1re éd. française, 1984).

OWEN, Trefor Meredith, 1968 : *Welsh Folk Customs*, Cardiff, National Museum of Wales.

PALMER, Leonar R., 1963 : *Mycenæans and Minoans. Ægean Prehistory in the Light of the Linear B Tablets*, Oxford, Faber and Faber (2e éd. ; 1re : 1961).

–, 1963 : *The Interpretation of the Mycenæan Greek Texts*, Oxford, Clarendon.

PAPACHATZIS, Nicolaos, 1988 : « Les origines de la déesse Athèna », *Kernos*, 1, 79-92.

PAPATHOMOPOULOS, Manolis, 1968 : *Antoninus Liberalis. Les métamorphoses*, Paris, Les Belles Lettres.

PAQUETTE, Daniel, 1969 : « Les instruments de musique d'après la céramique antique », *Arch.*, 30, 34-39.

PARIS, Gaston, 1868 : « Le Petit Poucet », *Bulletin et Mémoire de la Société de Linguistique de Paris*, I, 372-402.

PARKE, Hubert Williams, 1948 : « Consecration to Apollon », *Hermathena*, 72, 82-114.

–, 1977 : *Festivals of the Athenians*, Londres, Thames and Hudson (rééd. Cornell University Press, 1977).

PARKE, H. W., et WORMELL, Donald Ernest William, 1956 : *The Delphic Oracle*, t. II, *The Oracular Responses*, Oxford, Blackwell.

PEDERSEN, Holgar, 1909-1913 : *Vergleichende Grammatik der keltischen Sprachen*, 2 vol., Göttingen, Vandenhoeck und Ruprecht (reprint. 1977 ; trad. anglaise abrégée d'Henry Lewis et H. Pedersen, *A Concise Celtic Comparative Grammar*, Göttingen, Vandenhoek und Ruprecht, 1937).

PEIRANI, Bernard, 1992 : « De dauphin en roitelet ou le temps du Petit Prince », *BSMF*, 165-166, 60-65.

PENSADO TOMÉ, J. L., 1983 : « La caza del "rey charlo" en Vilanova de Lourenzá », *in* José Luis Alonso Hernández dir., *Literatura y folklore : problemas de intertextualidad*, université de Salamanque, 75-82.

PERDRIZET, Paul, 1903 : « Hermès criophore », *BCH*, 27, 300-313.

PETITOT, Émile, 1876 : *Monographie des Dènè-Dindjié*, Paris, É. Leroux.

PETRIKOVITZ, Harald van, 1952 : « Troiaritt und Geranostanz », *Beiträge zur älteren europäischen Kulturgeschichte, Festschrift für Rudolf Egger*, Klagenfurt, Verlag des Geschichtsvereines für Kärnten, 126-143.

PETROPOLOU, Angeliki, 1993 : « The Laphrian Holocaust at Patrai and its Celtic Parallel. A ritual with Indo-European components ? », *in* Joachim Dalfen dir., *Religio Graeco-Romana, Festschrift für Walter Pötscher*, Graz-Horn, *Grazer Beiträge, Supplementband* 5, 313-334.

PETRUŠEVSKI, Mihail D., 1963 : « Discussions mycénologiques », *Živa Antika*, *12*, 293-312.

PHILIPP, Rosemarie, 1951 : « Zur griechischen Wortbildung, 2. *εκάεργος* (**Fεκα-Fεργος*), ein Epitheton des Apollon », *in Sprachwissenschafliche Beiträge, Herrn Prof. Dr. Ernst Fraenkel zum 70. Geburtstag am 160 Oktober 1951 in dankbarer Verehrung gewidmet*, Indogermanischen Seminar der Universirät Hamburg.

PICARD, Charles, 1922 : *Éphèse et Claros. Recherches sur les sanctuaires et les cultes de l'Ionie du Nord*, Paris, de Boccard.

PICARD, Gilbert-Charles, 1972 : « Le gobelet d'argent de Lyon », *BSAF*, 80-81.

PICCIRELLI, Luigi, 1967 : « Ricerche sul culto di Hyakinthos », *Studi Classici e Orientali*, 16, 99-116.

PIÉRART, Marcel, 1977 : *Platon et la cité grecque*, Bruxelles, Palais des Académies.

PIEUCHOT, Jean et Josette, 1999 : « Voyage au cœur du passé mythique de l'Irlande », *BLAEC*, 23, 17-21.

PIGGOTT, Stuart, 1962 : « Heads and hoofs », *Antiquity*, 36, 110-118.

PINAULT, Georges, 1964 : « Nechtan <*Nept-ono », *Ogam*, 16, 221-223.

PIRART, Éric, 1996 : « Le sacrifice humain. Réflexion sur la philosophie religieuse indo-iranienne ancienne », *JAs*, 284.1, 1-35.

POKORNY, Julius, 1959-1969 : *Indogermanisches etymologisches Wörterbuch*, Berne-Munich, Frank.

POLI, Diego, 1992 : « Le divin porcher : un essai de comparaison », *EC*, 29, 375-381.

POLIGNAC, François de, 1984 : *La Naissance de la cité grecque. Cultes, espace et société, VIIIe-VIIe siècles avant J.-C.*, préface de Claude Mossé, Paris, Maspero (réédition, revue et mise à jour, 1996).

POLOMÉ, Edgar C., 1961 : Compte rendu de Marco Scovazzi *ed.*, *Taciti. De origine et situ Germanorum*, Turin, Paravia, 1956. *Latomus*, 20, 134-136.

–, dir., 1982 : *Homage to Georges Dumézil*, Washington, *JIES* monographies n° 3.

–, 1989 a : *Essays on Germanic Religion*, Washington, *JIES* monographies n° 6.

–, 1989 b : « The Names of the Runes », *in* Bammesberger dir., 1989.

–, 1997 : « Some Reflexion on the Vedic Religious Vocabulary », *in* Dorothy disterheft, John Greppin et E. C. Polomé dir., *Studies in honor of Jaan Puhvel*, *JIES* monographies 20-21, t. II, 225-234.

PONSÉEL, Régine, 1990 : « L'énigmatique Mont Saint-Michel de Saint-Jean-lès-Saverne », in Coussée dir., 205-223.

PONTFARCY, Hélène de, 1996 : « Introduction » à *La Razzia*, adaptation anglaise de Thomas Kinsella (The *Táin*, Dolmen Press, Oxford University Press, 1969), traduction française de Jean-Philippe Imbert, Paris, Alfil éd., 13-44.

POPLIN, François, 1994 : « L'âne, l'os et l'aulos... et pourquoi pas le canard ? », in *L'Homme, l'animal et la musique*, Parthenay, Famdt éditions.

POUILLOUX, Jean, et ROUX, Georges, 1963 : *Énigmes à Delphes*, Paris, de Boccard.

POWELL, Thomas George Eyre, 1958 : *The Celts*, Londres, Thames et Hudson (réimpr. 1980) (trad. française de la première édition par Raymonde Coutou, Paris, Arthaud, 1961).

PRÉAUX, Claire, 1978 : *Le Monde hellénistique. La Grèce et l'Orient (323-146 av. J.-C.)*, Paris, PUF, coll. « Nouvelle Clio ».

PRELLER, Ludwig, 1894 : *Griechische Mythologie*, Berlin, Weidmann, 4e édition, par Carl Robert, 3 vol.

PRINZ, Friedrich, 1979 : *Gründungsmythen und Sagenchronologie*, Munich, Beck.

PROVOST, Michel, 1988 : *Carte archéologique de la Gaule. Le Loiret 45*, Paris, coédition ministère de la Culture-ministère de l'Enseignement supérieur et de la recherche.

PRINZ, Friedrich, 1979 : *Gründungsmythen und Sagenchronologie*, Munich, C. H. Beck.

PUECH, Abel, 1961-1967 : *Pindare*, Paris, Les Belles Lettres, 4 t.

PUECH, Henri Charles, dir., 1968-1970 : *Histoire des religions*, Paris, Gallimard, 3 t. (réimpr. 1999).

PUGLIESE-CARATELLI, Giovanni, 1963-1964 (1965, 1976) : « Chresmoi di Apollo *Kareios* e Apollo *Klarios* a Hierapolis in Frigia », *Annuario della Scuola archeologica di Atene*, 41-42, 360-365, repris et prolongé dans « *Theoi Propylaioi* », *in Studi in onore di Luisa Banti*, Rome, L'Erma, 1965, 281-284, repris dans Pugliese-Caratelli, *Scritti sul mondo antico*, Naples, Biblioteca della *PP*, 1976, 505-512.

–, 1970 : « Ancora su *Phôlarchos* », *PP*, 27, 243-248.

PUHVEL, Jaan, 1958 : « Helladic Kingship and the Gods », *Minoica. Festschrift Sundwall*, Berlin, Akademie-Verlag, 327-333.

–, 1987 : *Comparative Mythology*, Berkeley, John Hopkins University Press.

QUATTORDIO MORESCHINI, Adriana, 1988 : « *Lukabas* e *Lukabettos* : un esempio di rapporti greco-anatolici », *Annali della Scuola Superiore di Pisa*, 18, 1411-1418.

QUENTEL, P., 1977 : « Mercurius Moccus », *Revue internationale d'onomastique*, 29, 61-82.

RABEL, Robert J., 1983 : « Apollo in the vulture simile in the *Oresteia* », *Mnemosyne*, 35, 324-326.

RADCLIFFE-BROWN, Alfred Reginald, 1951 (1952) « The Comparative Methode in Social Anthrolopogy », *Huxley Memorial Lecture for 1951*, *JRAI*, 1951, 81, parts 1 et 2 (publié en 1952 ; republié in *Method in Social Anthropology*, University of Chicago Press, 1958, chap. V).

RADERMACHER, Ludwig, 1938 : *Mythologie und Sage*, 2e éd., Vienne, Munich, Brünn (2e édition complétée 1943 ; réimpr. Darmstardt, Wissenschaftliche Burggeselschaft, 1968).

RADKE, Gerhardt, 1952 : « Polykrite », *RE*, II.1, c. 1763-1759.

RAINGEARD, Pierre, 1935 : *Hermès psychagogue. Essai sur les origines du culte d'Hermès*, Paris, Les Belles Lettres.

RAJNA, Pio *et al.*, 1927 : *Mediæval Studies in Memory of Gertrude Schoepperle Loomis*, Paris-New York, Champion-Humphrey Milford (reprint Slatkine, 1974).

RAMNOUX, Clémence, 1950-1953 : « De l'aubergiste, de l'allumeur du feu, du champion et de quelques autres personnages et objets remarquables », *Ogam*, 2-4, 264-269.

–, 1956 : *La Nuit et les enfants de la Nuit dans la tradition grecque*, Paris, Flammarion (2e éd. 1986).

RAPP, 1884 : « Helios », *in* Roscher, I, 2, col. 1993-2026.

REES, Alwyn, et REES, Brinley, 1961, rééd. 1979 : *Celtic Heritage*, Londres, Thames and Hudson.

REES, B., 1981 : « Georges Dumézil et les traditions celtiques », *in* Bonnet, 1981, 271-282 (traduit de l'anglais par H. Clermont).

–, 1982 (1999) : articles sur la mythologie celte, *in DM*, *passim*.

REINACH, Adolphe, 1909 : « Itanos et l'"*inventio scuti*" », *RHR*, 60, 161-189, 309-349.

–, 1913 : « Trophées macédoniens », *REG*, 26, 347-398.

REINACH, Salomon, 1908 : *Cultes, mythes et religions*, t. III, Paris, É. Leroux (rééd. Paris, Laffont, 1996).

RÉMY, Bernard, 1994 : « Le culte de Mercure dans la cité de Vienne au Haut-Empire », *Mélanges offerts à Bernard Grosperrin*, recueillis par Michel Vergé-Franceschi avec la participation de Christian Sorel, Chambéry, université de Savoie, Bibliothèque des études savoisiennes et Mémoires et documents de la Société savoisienne d'histoire et d'archéologie, t. 96, 179-204.

RENDEL HARRIS, James, 1916 : *The Origin of the Cult of Apollon*, Bull John Rylands Library.

–, 1925 : « Apollo at the back of the North Wind », *JHS*, 45, 237.

RENOU, Louis, 1956 : *Hymnes spéculatifs du Véda*, tranduits du sanskrit et annotés par –, Paris, Gallimard.

–, 1966 : *Études védiques et pāṇinéennes* XV, Paris, de Boccard.

RENOU, L., avec Jean FILLIOZAT, Pierre MEILE, Anne-Marie ESNOUL, Liliane SILBURN, 1947 : *L'Inde classique. Introduction aux études indiennes*, I, Paris, Payot (réimpr. Jean Maisonneuve, 1996).

RHOMAIOS, K., 1911 : « Arkadikoi Hermai », *Ephemeris Arhaiologike*, 1911, 149.

RHYS, John, 1885 : *Celtic Heathendom*, Oxford, Hibbert Lectures series.

–, 1888 : *Lectures on the Origin and Growth of Religion as Illustrated by Celtic Heathendom*, Londres, Hibbert Lectures series, 1986, Williams and Norgate.

–, 1891 : *Studies in Arthurian Legends*, Oxford, Clarendon.

–, 1892 : *Lectures on the Origins and Growth of Religion as Illustrated by Celtic Heathendom*, 2e éd., Londres, Hibbert Lectures series.

–, 1898 : *Lectures on the Origin and Growth of Religion as Illustrated by Celtic Heathendom*, 3e éd., Londres, Hibbert Lectures series.

–, 1901 : *Celtic Folklore : Welsh and Manx*, Oxford, Clarendon.

RICHER, Nicolas, 1999 : « La recherches des appuis surnaturels topiques par les Spartiates en guerre », *in* Josette Renard dir., *Le Péloponnèse. Archéologie et histoire. Actes de la rencontre internationale de Lorient (12-15 mai 1998)*, Presses universitaires de Rennes, 135-148.

RIVAUD, Albert, 1925 : « Notices », dans Platon, *Œuvres complètes*, tome X, *Timée – Critias*, texte établi et traduit par A. Rivaud, Paris, Les Belles Lettres (5e tirage revu et corrigé, 1970), p. 3-123 et 231-253.

ROBERD, Fernand, 1950 : *Homère*, Paris, PUF.

ROBERT, Jeanne, et ROBERT, Louis, 1973 : « Bulletin épigraphique », *REG*, 86, 48-211.

ROBERT, Louis, 1948 : *Hellenica*, V, Paris, Adrien-Maisonneuve.

–, 1949 : *Hellenica*, VII, Paris, Adrien-Maisonneuve.

–, 1978 : « Sur un Apollon oraculaire à Chypre », *CRAI*, 338-344.

ROBREAU, Bernard, 2001 : « Hagiographie et *Mabinogi* », *Oll.*, 15.2, 149-201.

–, 2002 : « Les dieux des Carnutes », I, *Suppl.* au *Bulletin de la Société archéologique d'Eure-et-Loir*, 75, 4e trimestre, 119-136.

ROHDE, Erwin, 1894 : *Psyche, Seelencult und Unsterblichkeitsglaube der Grieschen*, Fribourg en Brisgau, P. Siebeck (2e éd., 1898 ; 9e éd., Tübingen, J. C. B. Mohr, 2 vol. ; trad. angl. : *Psyche : The Cult of Souls and Belief in Immortality among the Greeks*, Londres, 1950 ; trad. fr., d'Auguste Raymond, *Psyché, le culte de l'âme chez les Grecs et leur croyance à l'immortalité*, Paris, Payot, 1952).

ROES, Anne, 1938 : « L'animal au signe solaire », *RA*, II, 153-182.

ROESCH, Paul, 1977 : « Onchestos, capitale de l'État fédéral béotien », *Cahiers d'histoire*, 22, 82-83.

ROLLEY, Claude, 1977 : *Fouilles de Delphes*, V, 3, *Les Trépieds à cuve clouée*, Paris, de Boccard.

–, 1983 : *Les Bronzes grecs*, Fribourg, Office du Livre ; Paris, éd. Vilo.

ROMAN, Yves, 1985 : « Le corbeau de Lyon et l'origine du nom de Lugdunum », *Bulletin de liaison de la bibliothèque Salomon Reinach*, 3, 51-53.

RONCHAUD, Louis de, 1874 : « Apollo », *in DA*, I, 310-321.

ROSCHER, William H., dir., 1884-1937 : *Ausführliches Lexikon der griechischen und römischen Mythologie*, Leipzig, Teubner (réimpr. K. Ziegler, Hildesheim, 10 vol., 1965).

–, 1884 : « Apollo », *in* Roscher dir., I, 422-449.

–, 1906 : « Die Sieben- und Neunzahl im Kulten und Mythen der Griechen », *Abhandlungen der sächsische Gesellschaft der Wissenschaft*, 4.

ROSE, Christian, 1998 : « Esquisses indo-grecques, II, Autour du mytho-cycle héroïque indo-européen », *Oll.*, 11.2, 239-272.

–, 2000 : « D'Indra triple pécheur et de Trita Âptya au triple péché conjoint de Zeus et d'Athèna Tritogéneia », *Oll.*, 14.1, 105-157.

ROSE, Herbert Jenninks, 1928 : *A Handbook of Greek Mythology*, Londres, Methuen (6e éd. Londres, Methuen ; New York, E. P. Dutton, 1965).

ROSS, Anne, 1967 : *Pagan Celtic Britain, Studies in Iconography and Tradition*, Londres, Constable (rééd. 1992).

ROSS, Lidwog, 1801 : *Hellenika, Archiv archäologische, philologische, historische und epigraphische Abhandlungen und Aufsätze*, Leipzig, Schwetschke (rééd. 1845).

ROTH, Georges, et GUIRAND, Félix, 1935 : *Mythologie générale*, 4 t., Paris, Quillet.

ROUGEMONT, Georges, 1977 : *Corpus des inscriptions de Delphes*. I. *Lois sacrées et expérience religieuse*, Paris, École française d'Athènes.

ROUSE, William Henry Denham, 1902 (1975) : *Greek Votive Offerings, an Essay in the History of Greek Religion*, Cambridge University Press (réimpr. New York, Arno Press).

ROUX, Georges, 1964 : « Sur deux passages de l'hymne homérique à Apollon », *REG*, 77, 6-22.

–, 1964-1965 : « Meurtre dans un sanctuaire sur l'amphore de Panaguristé », *Antike Kunst*, 7-8, 30-41.

–, 1966 : « Testimonia Delphica I. Note sur l'*Hymne homérique à Apollon*, vers 298 », *REG*, 79, 1-5.

–, 1976 : *Delphes, son sanctuaire et ses dieux*, Paris, Les Belles Lettres.

ROUX, R., 1948 : *Le Problème des Argonautes*, Paris, de Boccard.

RUBENSOHN, Otto, 1937 : « Hè Géranos », *Ephemeris Archaiologikos*, 100.2, 590-598.

RUDHARDT, Jean, 1992 : *Notions fondamentales de la pensée religieuse et actes consécutifs du culte en Grèce ancienne*, Paris, Picard (1re éd. 1958, Genève, Droz).

RUDOLF, Otto, 1932 : *Gottheit und Gottheiten der Arier*, Giessen, Töpelmann.

SAGREDO, L., et HERNÁNDEZ GUERRA, L., 1996 : « Los testimonios epigráficos de LVG en Hispania », *Memorias de Historia Antigua*, 17, 179-201.

SAKELLARIOU, Michel, 1958 : *La Migration grecque en Ionie*, Institut français d'Athènes.

SALINAS DE FRÉAS, V. M., 1983 : « El culto al dios celta Lug y la práctica de sacrificios humanos en Celtiberia », *Studia Zamorensia*, 4, 303-311.

SANCHEZ RUIPÉREZ, M., 1953 : « Etymológica : Phoibos Apollôn », *Emerita*, 21, 14-17.

SANTARCANGELI, Paolo, 1974 : *Le Livre des labyrinthes*, Paris, Gallimard.

–, 1984 : *Il libro dei labirinti*, 2e éd., Milan, Frassinetti.

SANTOS ESTÉVEZ, Manuel, 2002 : *Arte Rupestre y Santuarios en la Edad del Hierro*, tapuscrit envoyé par l'auteur.

SANTROT, Jacques, avec le concours de FABRE, Georges, 1997 : « Le vœu du visionnaire : l'Apollon lyricine au torque de la grotte de la Male Coste, à Saint-Amand-de-Coly (Dordogne) », *REA*, 99, 507-524.

SAUZEAU, Pierre, 1993 : *Les Partages d'Argos*, Lyon-II (thèse).

–, 1997 : « *Χρυσάωρ*, *χρυσάορος*, et l'épée d'or de Déméter », *RPh*, 71.1, 103-118.

SCHACHERMEYR, Fritz, 1950 : *Poseidon und die Entstehung des griechischen Götterglauben*, Berne, L. Lehnen.

SCHACHTER, Albert, 1981-1994 : *Cults of Boiotia*, Londres, Bulletin of the Institute of Classical Studies, Suppl. 38, 4 vol.

–, 1990 : « Policy, cult, and the placing of Greek Sanctuaries », *in* Olivier Reverdin et Bernard Grange dir., *Le Sanctuaire grec*, Entretiens sur l'Antiquité classique, t. XXXVII, Genève, Vandœuvres, 1-64.

–, 1996 : « Costituzione e sviluppo dell'*ethnos* boetico », *Quaderni Urbinati di Cultura Classica*, nouvelle série, 52.1, 7-29.

SCHEERS, Simone, 1977 : *Traité de numismatique celtique*, publié sous la direction de J.-B. Colbert de Beaulieu, Paris, Les Belles Lettres.

SCHEFOLD, K., 1971 : « Poésie homérique et art archaïque », *RA*, 1, 14-22.

SCHERER, Anton, 1953 : *Gestirnnamen bei den Indogermanischen Völkern*, Heidelberg, Carl Winter.

SCHLIEMANN, Heinrich, 1881 : *Orchomenos*, Leipzig, Brockhaus (traduction en anglais dans *JHS*, 2, 1881, 122-163).

SCHMID, Benno, 1947 : *Studien zu griechische Ktisissagen*, Fribourg, thèse.

SCHMID, Wilhelm, 1923 : « Phoibos Apollôn », *ARW*, 20, 217-223.

SCHMIDT, Gudrun, 2002 : *Rabe und Krähe in der Antike*, Wiesbaden, Reichert.

SCHMIDT, Karl Horst, 1957 : « Die Komposition in Gallischen Personennamen », *ZCP*, 26, 1-4.

SCHMITT, Rüdiger, 1967 : *Dichtung und Dichtersprache in indo-germanischer Zeit*, Wiesbaden, Otto Harrassowitz.

SCHNAPP, Alain, 1987 : *La Duplicité du chasseur : comportement juvénile et pratique cynégétique en Grèce ancienne aux époques archaïque et classique*, Paris (thèse) (éditée sous le titre *Le Chasseur et la cité. Chasse et érotique dans la Grèce ancienne*, Paris, Albin Michel, 1997).

SCHNAPP-GOURBEILLON, Annie, 1981 : *Les Représentations de l'animal chez Homère*, Paris, Maspero.

SCHNEIDER, Jean, 1974 : édition, traduction et commentaire de Simonide de Keos, *Fragments lyriques*, Paris, thèse de IIIe cycle, Université de Paris IV-Sorbonne.

SCHRADER, Otto, 1909 : « Aryan Religion », *in* Hastings, 1908-1926, II, 13-55.

SCHRETTER, Manfred K., 1974 : *Alte Orient und Hellas. Fragen der Beeinflussung griechishen Gedenkengutes aus altientalischen Quellen dargestellt aus den Göttern Nergal, Rescheph, Apollon*, Innsbruck, ISU.

SCHRÖDER, E., 1986 : « Der Apollo Lykeios und die attische Ephebie der 4. Jhs. », *Athenische Mitteilungen*, 101, 167-184.

SCHROEDER, Ludwig von, 1888 : « Apollon-Agni », *Kühn Zeitschrift*, 29, 193-229.

SCHWARTZ, Fridrich Lebrecht Wilhelm, 1860 : *Der Ursprung der Mythologie, darlegegt am griechischen und deutschen Sage*, Berlin, Wittertz, avec la collaboration d'Adalbert Kuhn.

SCHWYZER, Eduard, 1939 : *Griechische Grammatik*, Munich, C. H. Beck.

SÉCHAN, Louis, 1930 : *La Danse grecque antique,* Paris, de Boccard.

SERGENT, Bernard, 1975 : *Recherches sur la royauté mycénienne*, Paris, thèse de IIIe cycle, Université de Paris X-Nanterre.

–, 1979 a : « Les trois fonctions indo-européennes en Grèce ancienne : bilan critique », *AESC*, 34, 1155-1186.

–, 1979 b : « Mythologie et histoire en Grèce ancienne », *DHA*, 5, 59-101.

–, 1980 : « Le royaume d'Arcadie à l'époque mycénienne », *Index. Quaderni camerti di studi romanisti*, 9, 79-97.

–, 1981 : « Pylos et Corinthe », *Minos*, 17.1, 35-66.

–, 1984 a : *L'Homosexualité dans la mythologie grecque*, Paris, Payot (rééd. 1996).

–, 1984 b : « Observations sur l'origine du cycle des Narbonnais », *Romania*, 105, 462-491.

–, 1986 a : *L'Homosexualité initiatique dans l'Europe ancienne*, Paris, Payot (rééd. 1996).

–, 1986 b : « Pylos et les Enfers », *RHR*, 203.1, 5-39.

–, 1987 a : « Les Indo-Européens. Genèse et expansion d'une culture », *in* Lévêque dir., 1987, 471-604.

–, 1987 b : « Amours guerrières », *Artus*, 25-26, 49-52.

–, 1988 a : « Celto-Hellenica I : Celtchar et Kephalos », *in* Mactoux et Geny dir., I, 261-292, repris et développé *in* 1999, 27-97.

–, 1988 b : Compte rendu d'Emmanuel Desveaux, *Sous le signe de l'ours. Mythe et temporalité chez les Ojibwas septentrionaux*, Paris, Éditions de la Maison des sciences de l'homme, 1988, *AESC*, XLIII, 1265-1267.

–, 1989 : « Les trois excellentes raisons de se débarrasser de ce bébé-là », *Nouvelle revue d'ethnopsychiatrie. L'Enfant exposé*, Paris, La Pensée Sauvage, 11-53.

–, 1990 a : « Initiations, ordalies, pénalités, marques de victoire dans le monde indo-européen », *Oll.*, 1, 117-137.

–, 1990 b : « L'or et la mauvaise femme », *L'Homme*, 113, 13-42.
–, 1990 c : « Les origines sacrées de Bavay », *in* Coussée dir., 1990, 247-261.
–, 1990 d : « Héortologie du mois pylien *Plowistos* », *DHA*, 16.1, 175-217.
–, 1990 e : « Les arbres de Faubouloin », *BSMF*, 157, *Actes du congrès de Château-Chinon*, 15-18.
–, 1991a : « Ethnozoonymes indo-européens », *DHA*, 17, 9-95.
–, 1991b : « Arc », *Mètis*, 6, 223-252.
–, 1991-1992 : « Un cycle celtique des douze jours ? » *Oll.*, 3, 203-236.
–, 1992 a : « Celto-Hellenica II : Cúchulainn et Bellerophôn », *Oll.*, 3, 151-184, repris et développé *in* 1999 a, 203-222.
–, 1992 b : « Celto-Hellenica III : Achille et Cúchulainn », *Oll.*, 4, 127-180, repris et développé *in* 1999 a, 101-200.
–, 1992 c : « Celto-Hellenica IV : la ruse », *in* Alain Moreau dir., *L'Initiation. Actes du Colloque international, Montpellier, 11-14 avril 1991*, t. I, Montpellier, Université Paul-Valéry, 39-50, repris et développé *in* 1999 a, 221-227.
–, 1993 a : « Couples », *in* François Piquet dir., *Le Fleuve et ses métamorphoses. Actes du colloque international*, Lyon, Paris, Didier Érudition, 111-120.
–, 1993 b : « L'arbre au pourri », *EC*, 29, 391-402.
–, 1993 c : « [Celto-Hellenica V :] les travaux de Brian », *Oll.*, 5, 69-129, repris et développé *in* 1999 a, 65-99.
–, 1994 a : « Celto-hellenica IV : Hermès et Œngus », *in* Christophe Vielle *et al.* dir., *Comparatisme, mythologies, langages en hommage à Claude Lévi-Strauss*, Louvain-la-Neuve, Peeters, 185-236.
–, 1994 b : « Svantovit et l'Apollon d'Amyklai », *RHR*, 211, 15-57.
–, 1994 c : « Les petits nodules et la grande Béotie (I) », *REA*, 96.3-4, 365-384.
–, 1995 a : *Les Trois Fonctions indo-européennes en Grèce*, Paris, Economica.
–, 1995 b : « Celto-Hellenica VII : Lug et Apollon », *MSBEC*, 3.
–, 1995 c : « La mort de Karna et celle de Balor », *Oll.*, 7.2, 273-302.
–, 1995 d : « Celto-Hellenica VIII : les Fomoire et les Telkhines », *Oll.*, 7.2, 135-194.
–, 1995 e : *Les Indo-Européens. Histoire, langues, mythes*, Paris, Payot.
–, 1996 a : *Homosexualité et initiation chez les peuples indo-européens*, Paris, Payot (réédition en un volume de 1984 a et de 1986, avec une postface).
–, 1996 b : « Ces demoiselles de Stymphale », *in Héraklès, les femmes et le féminin, Actes du Colloque de Grenoble, Université des Sciences sociales, 22-23 octobre 1992*, édités par Colette Jourdain-Annequin et Corinne Bonnet, Bruxelles-Rome, Institut historique belge de Rome, 19-34.
–, 1997 a : *Genèse de l'Inde*, Paris, Payot.
–, 1997 b : « Les petits nodules et la grande Béotie (II) », *REA*, 99, 11-32.
–, 1997 c : « La Grèce ancienne a-t-elle connu des dragons rituels ? », *Eurasie* 7, *Serpents et dragons en Eurasie*, 123-160.
–, 1997 d : « Saints sauroctones et fêtes celtiques », *Actes du Congrès « Rôle des traditions dans la construction de l'Europe. Saints et dragons », à*

Mons (Belgique), les 24-26 mai 1996, Cahiers internationaux du symbolisme, n° 86-88, sous la direction de Claire Lejeune et Jean Fraikin, Mons, 45-69.

–, 1998 : « Anecdotes de l'Autre Monde », *La Mandragore*, 3, 7-13.

–, 1999 a : *Celtes et Grecs*, I, *Le Livre des héros*, Paris, Payot.

–, 1999 b : « Les petits nodules et la grande Béotie (III) », *REA*, 101.3-4, 309-329.

–, 1999 c : « Histoire ancienne des Douze Jours », *BSMF*, 196, 2-12.

–, 2000 a : « Maponos : la malédiction », *in* Alain Moreau et Jean-Claude Turpin dir., *La Magie, du monde babylonien au monde hellénistique*, Université de Montpellier-III, t. I, 197-218.

–, 2000 b : « Elcmar, Nechtan, Œngus : qui est qui ? », *Oll.*, 14.2, 179-277.

–, 2000 c : « Le dragon dans l'île », *in* Carénini dir., 235-242.

–, 2001 : « Gli Indoeuropei prima dell'avvento dei Kurgan », *in* Gianluca Bocchi et Mauro Ceruti dir., *Les radici prime dell'Europa. Gli intrecci genetici, linguistici, storici*, Milan, Bruno Mondadori, 252-264, traduction italienne de Marco di Sario.

–, 2002 a : « Les Phéaciens avant l'*Odyssée* », *in* André Hurst et Françoise Létoublon dir., *La Mythologie et l'Odyssée, hommage à Gabriel Germain*, Genève, Droz, 199-222.

–, 2002 b : « C'est chouette, ça ? », *Mélanges en l'honneur de Jean Batany*, à paraître.

–, 2002 c : « Maponos et Nechtan », *in* Charles-Marie Ternes et Hartmut Zinser dir., *Dieux des Celtes – Götter der Kelten – Gods of the Celts*, Luxembourg, Études luxembourgeoises d'histoire et de science des religions, 81-97.

–, 2003 : « Reines de Sparte », *in* D. Accorinti et Pierre Chuvin dir., *Mélanges offerts à Francis Vian*, Alessandria, Éd. dell'Orso, 109-134.

–, 2004 a : « Les petits nodules et la grande Béotie (IV) », *REA*, à paraître.

–, 2004 b : « Une Dèlos celtique », *Oll.*, à paraître.

–, 2004 c : « Pieds d'or, Wieland, Dédale et Hèphaïstos », *BSMF*, 215, 32-40.

–, 2005 a : « Merlin et Zarathuστra », *Oll.*, à paraître.

–, 2005 b : « Athèna et Durgâ », *Oll.*, à paraître.

SÉVERYNS, Albert, 1966 : *Les Dieux d'Homère*, Paris, PUF.

SHAW, Francis, 1934 : *The Dream of Óengus, Aislinge Óenguso, an Old Irish Text Critically Restored and Edited with Notes and Glossary*, Dublin, Browne and Nolan (rééd. Athchló, 1977).

SIKÉ, Yvonne de, dir., 1994 : *Fêtes et croyances populaires en Europe*, Paris, Bordas.

SIMON, Erika, 1983 : *Festivals of Attica. An Archaeological Commentary*, Madison, University of Wisconsin Press.

SINDOU, Raymond, 2001 : « Les origines de la toponymie européenne », *Nouvelle revue d'onomastique*, 37-38, 5-26.

SISKA, Heinz, 1933 : *De Mercurio ceterisque deis ad artem gymnasicam pertinentibus*, dissertation, Université de Halle.

SISSA, Julia, 1987 : *Le Corps virginal*, Paris, Vrin.

SJŒSTEDT, Marie-Louise, 1926 : « Le siège de Druim Damhgaire », *RC*, 43, 9-123.

SJŒSTEDT-JONVAL, Marie-Louise, 1941 : *Dieux et héros des Celtes*, Paris,

É. Leroux. Rééd. Rennes, Terre de Brume, 1993, avec une introduction de Bernadette Leclerc-Neveu.

SOKOLOWSKI, Franciszek, 1962 : *Lois sacrées des cités grecques. Supplément*, École française de Rome, Travaux et mémoires des anciens membres étrangers de l'École et de divers savants, XI.

SOLDERS, Severins, 1935 : « Der ursprüngliche Apollon », *ARW*, 32, 142-155.

SOMMER, Friedrich, 1937 : « Ahhiwawa und kein Ende ? », *IF*, 55, 169-297.

SONTHEIMER, Walter, 1933 : « Munichion », *RE*, XVI (1), 568-569.

SOREL, Reynal, 2000 : *Critique de la raison mythologique. Fragments de discursivité mythique*, Paris, PUF.

SOREN, Daniel, 1987 : *The Sanctuary of Apollo Hylates at Kourion, Cyprus*, Tucson, University of Arizona Press.

SOURVINOU-INWOOD, Christiane, 1987 : « Myth as History. The Previous Owners of the Delphic Oracle », *in* J. Bremmer dir., 215-241.

SPYROPOULOS, Theodoros G., 1975 : *The Thebes Tablets*, t. II, Salamanque, *Minos*, Suppl. 4.

STALMANS, Nathalie, 1995 : *Les Affrontements des calendes d'été dans les légendes celtiques*, Bruxelles, *MSBEC* 2.

STELLA, Luigia Achillea, 1965 : *La civiltà micenea nei documenti contemporanei*, Rome, Éd. dell'Ateneo, Incunabula Graeca VI.

STERCKX, Claude, 1972 : « Efydd ab Dôn : l'Ogmios gallois ? », *Annales de Bretagne*, 79, 837-843.

–, 1974-1975 : « Une formule païenne dans des textes chrétiens de l'Irlande ancienne », *EC*, 14, 229-233.

–, 1975 a : « Le Géant de Cerne Abbas », *AC*, 44, 560-580.

–, 1975 b : « Le panthéon théorique des Indo-Européens et le nombre cinq », *Latomus*, 34, 3-16.

–, 1976 : « Les jeux de damier celtiques », *EC*, 13, 733-749.

–, 1981 : *La Tête et les seins. La mutilation rituelle des ennemis et le concept de l'âme*, Sarrebruck, *Forschungen zur Anthropologie und Religionsgeschichte*, 6 (rééd. à paraître, L'Harmattan).

–, 1982 : « La Théogonie irlandaise », *Jahrbuch für Anthropologie und Religionsgeschichte*, 4, 67-211.

–, 1985 : « Survivances de la mythologie celtique dans quelques légendes bretonnes », *EC*, 22, 393-406.

–, 1986 : *Éléments de cosmogonie celtique*, Bruxelles, Faculté de philosophie et lettres de l'université de Bruxelles, 97.

–, 1987 : *Histoire brève de la musique celtique des origines à nos jours*, Plymouth Meeting.

–, 1988 : « Le fils de Taranis *Taranucnos : Mabon ab Mellt ? », *Oll.*, 1, 21-27.

–, 1989 : « Gallois *escor midyrími* : une curieuse formule juridique relative à l'avortement et ses échos dans le mythe de la naissance de Lleu et Dylan », *ZCP*, 43, 151-164.

–, 1990 : « Le manteau de Gwydion », *Oll.*, 1.6, 211-214.

–, 1990-1991 : « Manuel élémentaire pour servir à l'étude de la civilisation celtique », *Oll.*, 2, 1-217.

–, 1991-1995 : « Le Cavalier et l'anguipède », *Oll.*, 3, 1991, 1-107 ; 4, 1992, 1-126 ; 6, 1994, 1-196 ; 7, 1995, 230-239.
–, 1991 a : « Saint Gengoulph cocu et martyr : Lugus christianisé ? », *Ludus Magistralis, Études offertes à Jacques Henri Michel*, 65, 35-59.
–, 1991 b : *Le Mythe universel de la mère virginal*, Charleroi, Centre universitaire. Repris dans *Marie, la mère de Jésus*, Cahier de la FOREL, n° 5, CIFOP, 1994, 11-34.
–, 1991 c : « Les sept rois de Rome et la sociogonie indo-européenne », *Latomus*, 51.1, 52-72.
–, 1994 a : *Les Dieux protéens des Celtes et des Indo-Européens*, Bruxelles, *MSBEC* 4.
–, 1994 b : « Nûtons, Lûtons et dieux celtes », *ZCP*, 46, 39-79.
–, 1996 : *Dieux d'eau : Apollons celtes et gaulois*, Bruxelles, *MSBEC*, 6.
–, 1997 a : « Lugus, Lugh, Lleu… : recherche en paternité », *Oll.*, 10.1, 5-54.
–, 1997 b : « Athèna méhaignée », *Kreiz*, 6, 271-283.
–, 1998 a : *Sangliers père et fils. Rites, dieux et mythes celtes du porc et du sanglier*, *MSBEC*, 8.
–, 1998 b : *Essai de dictionnaire des dieux, héros, mythes et légendes celtes*, Fascicule I, Bruxelles, *MSBEC*.
–, 1999 : « Les malheurs conjugaux de Lleu et de Lugh », *Oll.*, 12, 227-248.
–, 2000 : *Des dieux et des oiseaux. Réflexions sur l'ornithomorphisme de quelques dieux celtes*, Bruxelles, *MSBEC*, 12.
–, 2001 : « Lugh, les prophéties de Merlin et les prophéties de l'Aigle », *BLAEC*, 27, 3-6.
–, 2002 : *Le fils parfait et les frères animaux : Lugus, Pan et les Draupadeya*, *MSBEC*, 16.
–, 2004 : « Quand Lugh devient-il roi ? », *Oll.*, 18.2, 301-305.
STOKES, Whitley, 1862 : *Three Irish Glossaries : Cormac's glossary (Codex A), O'Davoren's glossary, and a glossary to the Calendar of Oingus the Culdee*, Londres et New York, Ams Press.
–, 1891 : « The Second Battle of Moytura », *RC*, 12, 52-130.
–, 1894-1895 : « The Prose Tales in the *Rennes Dindshenchas* », *RC*, 15, 272-336, 418-484 ; 16, 31-83, 135-167, 269-312.
–, 1902 : *Togail bruide Da Derga*, Paris, Émile Bouillon.
–, 1903 : « *Tochmarc Luaine* », *RC*, 24, 270-287.
–, 1904 a : « O'Davoren's Glossary », *ACL*, 2, 197-504.
–, 1904 b : « *Echtra Cormaic* », *RC*, 24, 190-203.
–, 1905 : « The Colloquy of two Sages », *RC*, 26, 4-64.
STOKES, W., et WINDISCH, E., 1900 : *Irische Texte*, Leipzig, Hirzel, t. IV.
STRAUSS CLAY, Jenny, 1989 : *The Politics of Olympus. Form and Meaning in the Major Homeric Hymns,* Princeton University Press.
STURTEVANT, Edgar E., 1925 : « Remarks on the Lydian inscriptions », *Language*, 1, 69-79.
SULZBERGER, Max, 1925 : « ΟΝΟΜΑ ΕΠΩΝΥΜΩΝ », *REG*, 39, 381-447.
SVENBRO, Jesper, 1988 : *Phrasikleia. Anthropologie de la lecture en Grèce ancienne*, Paris, La Découverte.
–, 1990-1992, « Ton luth, à quoi bon ? La lyre et la pierre tombale dans la

pensée grecque », *Mêtis*, 7.1-2, 135-160 (parution antérieure, sans les notes, in *Nuovi Argumenti* 36, octobre-décembre 1990, 104-114).

SYMEONOGLOU, Sarantia 1973, *Kadmeia I. Mycenaean finds from Thebes, Greece. Excavations at 14 Œdipous Street*, Göteborg, *SIMA* 35.

–, 1985 : *The Topography of Thebes from the Bronze Age to Modern Times*, Princeton University Press.

TAILLARDAT, Jean, 1967 : *Suétone. Des termes injurieux. Des jeux grecs*, Paris, Les Belles Lettres.

TANGUY, Bernard, 1987 : « Le Roi de Brest », *Études sur la Bretagne et les pays celtiques. Mélanges offerts à Yves Le Gallo*, Brest, Institut culturel de Bretagne, 463-476.

–, 1990 : « Saint Hervé », *in* Tanguy *et al.*, 11-108.

TANGUY, B., *et al.*, 1990 : *Saint Hervé. Vie et culte*, Landévennec, Treflenenez, Minihi-Levenez.

TARACENA, Blas, 1924 : *La cerámica ibérica de Numancia*, Madrid, Samarán y Compaña.

TASSEL VAN GRAVES, Eugene, 1963 : « UCUETIS, "swift flyer" », *Ogam*, 15, 225-228.

TAYLOUR, William D., 1964 : *The Mycenaeans*, Londres, Thames and Hudson (2e éd. augmentée, Londres, Thames and Hudson, 1994).

TENÈZE, Marie-Louise, *et al.*, 1990 : *Tradition et histoire dans la culture populaire. Rencontres autour de l'œuvre de Jean-Michel Guilcher*, Grenoble, Centre alpin et rhodanien.

TERNES, Charles-Marie, 1983 : « Éléments d'une symbolique de Mercure », *in* Lucien Ried dir., *Homo Religiosus* 11, *Le symbolisme dans le culte des grandes religions, Actes du colloque de Louvain-la-Neuve, 4-5 octobre 1983*, 187-201.

THÉVENOT, Émile, 1954 : « Médecine et religion aux temps gallo-romains : le traitement des affections de la vue », *Latomus*, 9, 415-426.

–, 1957 : « Le dieu à la lance et aux épis de Dijon », *Revue archéologique de l'Est et du Centre-Est*, 7, 101-108.

–, 1960 : « Le culte des eaux et le culte solaire à Entrains (Nièvre) », *Ogam*, 6 (143), 9-21.

–, 1968 : *Divinités et sanctuaires de la Gaule*, Paris, Fayard.

THOMAS, Richard James, 1950-1982, dir. : *Geiriadur Pryfysgol cymru*, Cardiff, UWPB.

THOMPSON, d'Arcy Wentworth, 1936 : *A Dictionary of Greek Birds*, Londres, Oxford Université Press, Milford (réimpr. Hildesheim, Olms, 1966).

THOMSON, George, 1942 : « The Greek Calendar », *JHS*, 63, 53-65.

–, 1954 : *Studies in Ancient Greek Society*. I *The Prehistoric Aegean*, Londres, 2e éd. (3e Lauwrence and Wishort, 1961).

THOUVENOT, France, 1979 : « Sur le chemin de pèlerinage de Montargis à Ferrières en Gâtinais », *BSMF*, 114, 102-111.

THURIET, Charles, 1891 : *Traditions populaires du Doubs*, Paris, Librairie historique des provinces.

THURNEYSEN, Rudolf, 1918 a : « Zu irischen Texten », *ZCP*, 12, 401-406.

–, 1918 b : « Tuirill Bicrenn und seine Kinder », *ZCP*, 12, 239-250.

–, 1918 c : « Zur keltischen Literatur und Grammatik », *ZCP*, 12, 271-289.

–, 1921 a : *Die irische Helden- und Königssage bis zum siebzehnten Jahrhundert*, Halle, Niemeyer.
–, 1936 : « Die drei Kinder, die gleich nach ihrer Geburt sprachen », *ZCP*, 20, 192-200.
–, 1941 : « Tochmarc Étaíne », *ZCP*, 22, 3-23.
TOD, Marcus Niebuhr, et WACE, Alan J. B., 1906 : *A Catalogue of the Sparta Museum*, Oxford, Clarendon.
TOUTAIN, Jules-François, 1929 : *Les Cultes païens dans l'Empire romain*, t. III, Paris, É. Leroux.
–, 1932 : « Hermès dieu social chez les Grecs », *Revue d'histoire et de philosophie religieuse*, 11, 289-299.
TOVAR, Antonio, 1959 : « Las incripciones celtibérias de Peñalba de Villastar », *Emerita*, 27, 346-365.
–, 1977 : « Indogermanisch, Keltisch und Keltiberisch », *in* Karl-Horst Schmidt dir., *Indogermanisch und Keltisch*, Wiesbaden, Reichert, 44-65.
–, 1980-1982 : « The God Lugus in Spain », *BBCS*, 29, 595-596.
TRICOT, Jules, 1987 : « Note », à Aristote, *Organon*, 4, 24, n. 3.
TYMOCZKO, M., 1990 : « The Semantic Field of Early Irish Terms for Black Birds and Their Implications for Species Taxonomy », *in* Ausrys T. E. Matonis et Daniel F. Melia dir., *Celtic Language, Celtic Culture. A Festschrift for Eric P. Hamp*, Van Nuys (Californie), Ford and Bailie, 151-171.
USENER, Hermann, 1868 : « Kallone », *RM*, 23, 316-377.
–, 1896 : *Götternamen – Versuch einer Lehre von der religiösen Begriffsbildung*, Bonn, F. Cohen (3e éd., Francfort-sur-Main, Schulte-Bulmke, 1948).
VAILLAT, Claudius, 1932 : *Le Culte des sources dans la Gaule antique*, Saint-Pierre-de-Salernes, G. Monfort.
VALENTE, Roberta, 1988 : « Gwydion and Aranrhod : crossing the Borders of gender in *Math* », *BBCS*, 35, 1-9.
VALENZO-MELE, Nazarena, 1977 : « Hera ed Apollo nella colonizzatione euboica d'Occidente », *MEFRA*, 89, 493-524.
VALLOIS, René, 1931 : « Les strophes mutilées du péan de Philodamos », *BCH*, 55, 241-364.
VAN GENNEP, Arnold, 1988 : *Manuel de folklore français contemporain. Tome premier*, VIII, *Cycle des Douze Jours : de Noël aux Rois*, rédigé par Bernadette Guichard, Paris, A. et J. Picard.
VENDRIES, Chistophe, 1999 : « La trompe, le Gaulois et le sanglier », *REA*, 101, 367-391.
VENDRYES, Joseph, 1930 : « L'oiseau qui arrache les yeux », *RC*, 47, 202-203.
–, 1948 : « La religion des Celtes » *in* Albert Grenier *et al.*, *Les Religions étrusque et romaine. Les religions des Celtes, des Germains et des anciens Slaves*, Paris, PUF, coll. « Mana », 239-320.
–, 1952-1954 a : « Manannan Mac Lic », *EC*, 6, 239-254.
–, 1952-1954 b : « Compte rendu de J. Marx, *La Légende arthurienne et le Graal*, Paris, PUF, 1952 », *EC*, 6, 356-366.
–, 1958-1959 : « La destruction de Dind Rig », *EC*, 8, 7-40.
–, 1960 : *Lexique étymologique de l'irlandais ancien. Lettres MNOP*, Dublin-Paris, IAS-CNRS.

–, 1997 : *La Religion des Celtes*, Spézet, Coop Breizh, préface de Pierre-Yves Lambert (reproduction de l'ouvrage publié à Paris, PUF, 1948).

VENDRYES, J., BACHELLERY, Édouard, et LAMBERT, Pierre-Yves, 1987 : *Lexique étymologique de l'irlandais ancien. Lettre C*, Dublin-Paris, IAS – CNRS.

VENTRIS, Michael, et CHADWICK, John, 1973 : *Documents in Mycenæan Greek*, Cambridge, 2e éd., Cambridge University Press.

VERMEULE, Emily, 1975 : *Greece in the Bronze Age*, Chicago et London, University Press.

VERNANT, Jean-Pierre, 1963 : « Hestia-Hermès. Sur l'expression religieuse de l'espace et du temps chez les Grecs », *Revue française d'anthropologie*, 3, 12-50 (repris *in* 1969, 97-144).

–, 1966 : « Le mythe hésiodique des races : un essai de mise au point », *Revue philologique*, 400, 247-276 (repris *in* 1969, 1-47).

–, 1968, dir. : *Problèmes de la guerre en Grèce ancienne*, La Haye, Mouton.

–, 1969 : *Mythe et pensée chez les Grecs, études de psychologie historique*, Paris, 2e éd., Maspero.

VIAL, Claude, 1984 : *Délos indépendante (314-167 avant notre ère). Étude d'une communauté civique et de ses institutions*, Athènes, École française d'Athènes, et Paris, de Boccard.

VIAN, Francis, 1952 : *La guerre des Géants. Le mythe avant l'époque hellénistique*, Paris, Klincksieck.

–, 1960 : « La triade des rois d'Orchomène : Étéoclès, Phlégyas, Minyas », *Mélanges Georges Dumézil*, coll. *Latomus*, Bruxelles, 1960, 214-224.

–, 1963 : *Les Origines de Thèbes. Cadmos et les Spartes* Paris, Klincksieck.

–, 1968 : « La fonction guerrière dans la mythologie grecque », *in* Vernant dir., 53-68.

VIAN, Francis, et DELAGE, Émile, 1974-1981 : *Apollonius de Rhodes. Argonautiques*, Paris, Les Belles Lettres, Collection des Universités de France.

VIDAL-NAQUET, Pierre, 1972 : « Le "Philoctète" de Sophocle et l'éphébie », *in* Vidal-Naquet et Vernant dir., 160-184.

–, 1983 : *Le Chasseur Noir. Formes de pensée et formes de société dans le monde grec*, Paris, 2e éd., Maspero.

–, 1989 : « Retour au Chasseur noir », *in* Mactoux et Gény dir., II, 387-411.

VIDAL-NAQUET, P., et VERNANT, Jean-Pierre, 1972 : *Mythe et tragédie en Grèce ancienne*, Paris, Maspero.

VIELLE, Christophe, 1996 : *Le Mytho-cycle héroïque dans l'aire indo-européenne. Correspondances et transformations helléno-aryennes*, Institut orientaliste de Louvain-la-Neuve, Peeters.

VILATTE, Sylvie, 1988 : « Apollon le dauphin et Poséidon l'Ébranleur : structure familiale et souveraineté chez les Olympiens ; à propos du sanctuaire de Delphes », *in* Mactoux et Geny dir., I, 307-330.

VILLARD, François, 1979 : « Mer Égée, Grèce des Iles », *Arch.*, 130, 18-27.

VISSURIX, 1950 a : « Le jeu du Cheval-Mallet et la Mari Lwyd », *Ogam*, 10, 72-75 ; 11, 102-103.

–, 1950 b : « Kernunnos », *Ogam*, 11, 106-123, 128.

VIVANTE, Paolo, 1983 : « On *Iliad*, I, 46-47 », *Eranos*, 1-6.

VOLLGRAFF, Wilhelm, 1909 : « Inscriptions d'Argos », *BCH*, 33, 171-200.

VORAGINE, Jacques de, 1967 : *La Légende dorée*, Paris, Garnier-Flammarion, 2 vol.

WAGNER, Heinrich, 1970 : « Studies in the Origins of Early Celtic Civilisation », *ZCP*, 31, 21-24.

–, 1972 : « Beiträge in Erinnerung an Julius Pokorny », *ZCP*, 32, 87-89.

–, 1981 : « Origins of the Pagan Irish Religion », *ZCP*, 38, 1-28.

WALTER, Philippe, 1993 : « Les corbeaux de saint Vincent et le coq de saint Tropez. Du mythe celtique à l'emblème médiéval », *Taíra. Revue du centre de recherches et d'études lusophones et intertropicales*, 5, 121-142.

–, 1996 : « Merlin, l'enfant-vieillard », *in* Danièle Chauvin dir., *L'Imaginaire des âges de la vie*, Grenoble, Ellug, 117-133.

–, 2001 : « Merlin, un mythe celtique au Moyen Âge », *BLAEC*, 28, 3-6.

WALTERS, H. B., 1893 : « Poséidon's trident », *JHS*, 13, 13-20.

WATERMANN, T. T., 1914. « The explanatory element in the folk-tale on the North-American Indian », *Journal of the American Folk-Lore*, 27, 1-54.

WATHELET, Paul, 1994 : « Mentor/Athéna, maître d'initiation dans l'*Odyssée* », *Uranie*, 4, 11-23.

WATKINS, Calvert, 1970 : « Studies in Indo-European legal language, institutions, and mythology, IV : An Indo-European god of exchange and reciprocity ? », *in* George Cardona *et al.* dir., *Indo-European and Indo-Europeans*, Philadelphie, University of Pennsylvania, Haney Foundation Series 9, 345-354.

–, 1979 : « *Is tre fír flathemon* : marginalia to *Andacht Morainn* », *Eriu*, 30, 181-198. Repris *in Indo-European Studies*, Cambridge (Mass.), Cambridge University Press, IV, 1981.

–, 1987 : « How to kill a dragon in Indo-European ? », *in* C. Watkins dir., *Studies in Memory of Waren Cowgill (1929-1985)*, Berlin – New York, De Gruyter, 270-299.

WEBSTER, G., 1989 : « Deities and religious scenes on Romano-British pottery », *Journal of Roman Pottery Studies*, 2.

WEBSTER, Thomas Bertram Lonsdale, 1958 : *From Mycenæ to Homer*, Londres, Methuen and Co.

WEICKERT, Wilhelm Georg, 1912 : « Geryoneus », *RE*, VII, 1286-1296.

WELCKER, Friedrich Gottlieb, 1857 : *Griechische Götterlehre*, Göttingen, Dieterisch.

WERNICKE, Conrad, 1895 : « Apollo », *in RE*, II, 1-111.

WESTROPP, Thomas J., 1916-1917 : « On certain typical Earthworks and Ring-walls in the county Limerick ». Part II. « The royal forts in Coshlea », *PRIA*, 33, 444-492.

–, 1917-1919 a : « The ancient sanctuaries of Knockainey and Clogher, county Limerick, and their goddesses », *PRIA*, 34, 47-67.

–, 1917-1919 b : « The Earthworks, traditions, and the gods of South-Eastern co. Limerick, especially from Knocklong to Temair Erann », *PRIA*, 34, 127-183.

–, 1918-1920 a : « The assembly-place of ÓnachCairbre and Síd Asaid at Monasteranenach, county Limerick », *PRIA*, 35, 363-377.

–, 1918-1920 b : « Dun crot and the "Harp of Clíu", on the Galtees, country Limerick », *PRIA*, 35, 378-384.

–, 1921 : « The Promontory Forts of Beare and Bantry », *Journal of the Royal Antiquaries of Ireland*, 51, Part II, 1-16 ; Part III, 101-115.

–, 1923 : « A Study of the Folklore of the coasts of Connacht, Ireland », *Folk-Lore*, 34, 235-237, 333-349.

WIDE, Sam, 1893 : *Lakonische Kulte*, Leipzig, Teubner.

WIECHERS, Anton, 1961 : *Aesop in Delphi*, Meisenheim-am-Glan, A. Hain.

WIKANDER, Stig, 1938 : *Der arische Männerbund. Studien zur indo-arischen Sprach- und Religionsgeschichte*, Lund, Hakan Ohlssons.

WILAMOWITZ-MÖLLENDORFF, Ulrich von, 1903 : « Apollon », *Hermes*, 38, 575-586. Article traduit en anglais par Gilbert Murray, *Greek Historical Writing and Apollo*, Oxford, Clarendon, 1908 (réimpr. Chicago, Ares, 1979 ; et *Oxford Lectures on Classical Subjects*, 1909-1920, Londres, Oxford University Press, 1924, 10 vol., t. III).

–, 1906 : « Ueber die ionische Wanderung », *SPAW*.

–, 1931 : v. 1959.

–, 1936 : *Kleine Schriften*, V, 1, Berlin, Weidmann.

–, 1959 : *Die Glaube der Hellenen*, avec nouvelle introduction de William Gillies, Darmstadt, Wissenschaftlische Buchgesellschaft (1re éd., 1931-1932, Berlin, Weidmann).

WILDE, Jane Francesca Elgee, 1890 : *Ancient Cures, Charms and Usages of Ireland*, Londres, Ward and Downey.

WILL, Edouard, 1955 : *Korinthiaka. Recherches sur l'histoire et la civilisation de Corinthe, des origines aux guerres médiques*, Paris.

WILLIAMS, Ifor, 1926-1927 : « Manawyddan, golydan », *BBCS*, 3, 49.

–, 1951 : *Pedeirc Keinc y Mabinogi*, Cardiff, 2e éd., Gwasc Prifysgol Cymru.

WINDEKENS VAN, Albert Joris, 1954 : « ΛΥΚΑΒΕΤΤΟΣ », *Beiträge zur Namenforschung*, 5, 31-34.

–, 1961 : « Réflexions sur la nature et l'origine du dieu Hermès », *Rh. M.*, 104, 289-301.

WINDISH, Ernst, 1905 : *Irische Texte*, Leipzig, Hirzel, t. III.

–, 1912 : *Das keltische Britannien bis sur Kaiser Arthur*, Leipzig.

WISSOWA, Georg, dir., 1894 : *Realencyclopädie der Classischen Altertumswissenschaft*, Stuttgart, Metzler.

WUILLEUMIER, Pierre, 1936 : « Gobelet en argent de Lyon », *RA*, II, 46-63.

WUILLEUMIER, P., et AUDIN, A., 1952 : *Les Médaillons d'applique gallo-romains de la vallée du Rhône*, Paris, les Belles Lettres.

WÜST, Ernst, 1954 : « Poseidon », *RE*, 22 (1), 446-557.

WYCHERLEY, R. E., 1960 : « Neleion », *Annual of the British School at Athens*, 60-66.

YALOURIS, Nikolaos, 1953-1954 : « Ô Ermou Bouplex », *Arch. Ephemeris*, 92-93/2, 162-183 (paru en 1958).

YON, Marguerite, 1980 : « Zeus de Salamine », *in* Bloch dir., 85-103.

YOSHIDA, Atsuhiko, 1964 : « La structure de l'illustration du bouclier d'Achille », *RBPH*, 42, 5-15.

–, 1966 : « Le fronton occidental du temple d'Apollon, à Delphes et les trois fonctions », *RBPH*, 44, 5-11.

ZEVI, Fausto, 1979 : « Découvertes exceptionnelles à Pompéi », *Arch.*, 136, 62-64.

ZOGRAFOU, Athanasia, 1997 : « Hécate et Hermès. Passages et vols de chiens », *Uranie*, 7, 173-191.

INDEX DES NOMS PROPRES ET CONCEPTS PRINCIPAUX